广东蓝柯路新材料有限公司

Guangdong Lencolo New Material Co., Ltd.

功能UV树脂

01 哑光手感UV树脂系列

02 抗污耐磨UV树脂系列

03 耐钢丝绒UV树脂系列

04 双重固化UV树脂系列

05 真空镀膜UV树脂系列

06 甲油胶UV树脂系列

07 胶黏剂UV树脂系列

08 3D打印UV树脂系列

09 喷墨打印UV树脂系列

邮编：523170
电话：0769-88330466
传真：0769-82630466
地址：广东省东莞市道滘镇金年新付工业区

Kotian 科田

国家高新技术企业
GR201644007193

南雄科田化工有限公司
中山市科田电子材料有限公司
广东科田化学材料有限公司

公司简介

　　本公司主要从事 UV 合成的高新技术企业，我公司已通过 ISO9001–2015 版国际质量认证，拥有年产 30000 吨的生产车间，产品销往国内外大型涂料企业，目前我司设有 4 个研发团队，拥有高级研发人员 12 人，产品研发速度与国际同步。是集产品开发、生产、销售、服务完整产业链为一体的新兴科技公司。

　　公司自 2000 年成立以来，始终遵循"追求卓越、客户满意、员工满意"的企业精神，对客户承诺：在对等、公平的前提下，为客户创造价值优先于自己的利益。

资质证书

高新技术企业

危险化学品安全生产许可证

污染排放许可证

ISO 证书

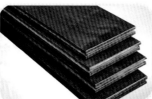

主要产品

胶印油墨树脂推荐

型号：2402、2403、2408、2601、2602、3212、3271、3340、4261、7410、7420、7810

特点：固化速度快，低收缩率，颜料亲和性佳，水墨平衡好，触变性突出，粘性调整性强

甲油胶树脂推荐

型号：3210、3212、3250、3290、3310、3340、3350、3361、3910、5330、7118

特点：固化速度快，附着力好，韧性佳，耐候性佳，颜料润湿性佳，低收缩

无溶剂喷涂体系树脂推荐

型号：2301、2302、2303、2304、3620、4234、4235、4268、7410、7420、7810

特点：粘度低，固化速度快，对素材润湿性好，光泽高，硬度高，耐磨性能好，特别适用于无溶剂喷涂

烟包皱纹油墨树脂推荐

型号：1113D、3210、3271、3332、3340、3371、3390

特点：出纹快，效果好，柔韧性佳，固化速度快，不含苯

胶粘剂用树脂推荐

型号：3212、3276、3290、3298、3299、4272、7118

特点：韧性佳，气味低，延伸率佳，收缩率低，粘结效果好

附着力促进剂

型号：7112、7113、7116

特点：粘度低，相容性好，各种基材上促进附着力

哑光体系树脂推荐

型号：2103、4260、4268、5210、5310、7231、

特点：流平佳、低收缩、易消光（7231 全哑）

木器漆系列树脂推荐

底漆：2102、2103、2202、4212、4230、4234、4238、5210、5313、5317、7112、7115、7420

面漆：3670、3910、4200、4212、4218、4260、4252、4268、4269、5210、5310、5330、5340、5640、5910、7231、7420、9610

Kotian科田

国家高新技术企业
GR201644007193

南雄科田：广东省南雄市珠玑工业园平安大道西三号

中山科田：中山市黄圃镇大雁工业区广兴路六号

广东科田：广东省肇庆市四会市江谷镇精细化工区创新大道 20 号

电话：0751-3888709　传真：0751-3888710　邮件：13527169864@139.com

UV固化超耐磨,耐钢丝绒UV树脂系列
纳米技术和UV树脂的结合,让塑料表面更加接近"玻璃"质感

UA-1020
经典的纳米杂化树脂
- ◆ 耐钢丝绒摩擦
- ◆ 耐污染易清洁

UA-1117
高硬度!高耐磨!
- ◆ 硬度达到6H
- ◆ 耐污染易清洁

UA-1730
高耐磨和柔韧的矛盾平衡!
- ◆ 耐磨达到5000次!
- ◆ 通过45mm弯曲测试

UV固化哑光抗污染触感树脂
让塑料表面像硅橡胶般柔软触感

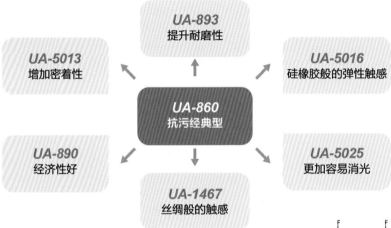

UA-893 提升耐磨性

UA-5013 增加密着性

UA-5016 硅橡胶般的弹性触感

UA-860 抗污经典型

UA-890 经济性好

UA-5025 更加容易消光

UA-1467 丝绸般的触感

UV/PU固化抗指纹、易清洁树脂及助剂

- ◆ 超低表面张力,水/油接触角高
- ◆ 油性记号笔、指纹易清洁
- ◆ 耐污染效果持久
- ◆ UV/PU 体系均有对应产品

UV固化氟树脂:DSP-552F

UV固化助剂:DSP-730F(氟助剂)
DSP-3315(硅助剂)

PU固化助剂:DSP-3890

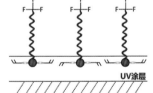

UV涂层

塑胶基材

PU/UV固化型自修复树脂

TPU车衣适用树脂:PU-361
PVC/TPH膜材适用树脂:PU-362
UV固化自修复树脂:UA-1806

硬物划过,涂膜变形　　涂膜回弹,划痕修复

中山市杰事达精细化工有限公司　传真:0760-85529610
电话:0760-85529616　邮箱:info@jesida.com　地址:广东省中山市南朗镇南朗工业区

光固化材料
性能及应用手册
（第二版）

金养智　编著

化学工业出版社

·北京·

内 容 提 要

本书介绍了光固化行业的现状和发展趋势，本书共有 16 章，第 1 章为概述；第 2～5 章介绍了光固化原材料的结构和性能，附有合成方法实例；第 6～11 章介绍了光固化产品的性能要求，附有合成方法实例及参考配方；第 12 章为光固化材料在其他领域的应用；第 13 章为光聚合和光接枝；第 14 章简介了 UV-LED 固化；第 15 章为电子束固化；第 16 章为紫外光源和设备。本次再版介绍了光固化行业的最新发展情况及前景，并更新了对光固化产品的介绍。

本书适合于从事光固化材料开发和生产的工程技术人员、生产管理人员和营销人员阅读，也可供从事光固化技术研究或相关专业的高校师生参考。

图书在版编目（CIP）数据

光固化材料性能及应用手册/金养智编著. —2 版.
—北京：化学工业出版社，2020.10（2024.6重印）
ISBN 978-7-122-37413-4

Ⅰ.①光… Ⅱ.①金… Ⅲ.①热敏材料-手册
Ⅳ.①TB39-62

中国版本图书馆 CIP 数据核字（2020）第 129545 号

责任编辑：高　宁　仇志刚　　　　　　装帧设计：李子姮
责任校对：王　静

出版发行：化学工业出版社（北京市东城区青年湖南街 13 号　邮政编码 100011）
印　　装：北京建宏印刷有限公司
787mm×1092mm　1/16　印张 60　字数 1504 千字　　2024 年 6 月北京第 2 版第 3 次印刷

购书咨询：010-64518888　　　　　　售后服务：010-64518899
网　　址：http://www.cip.com.cn
凡购买本书，如有缺损质量问题，本社销售中心负责调换。

定　　价：358.00 元　　　　　　　　　　　　　　　版权所有　违者必究
京化广临字 2020——08

作者于 1964 年毕业于华东师范大学化学系，1972 年到北京化工大学工作，有幸自 1973 年以来一直从事感光材料的研究开发工作。1976 年成立感光材料研究室后，开始接触感光性树脂的合成和应用，1986 年参加了国家"七五"科技攻关项目"光固化阻焊剂研制"，后来又参与了光固化环氧丙烯酸树脂和聚氨酯丙烯酸树脂的开发、UV 纸张上光油、UV 光盘油墨、UV 皮革涂料和 UV 喷墨油墨等课题的研发工作，较早地投身于光固化领域，亲自参加了光固化原材料和产品的实际开发和应用工作。1981 年参与了中国感光学会的筹建和成立工作，1993 年又参与了辐射固化专业委员会的成立工作，并一直在辐射固化专业委员会工作，直至 2010 年。其间参加组织了 1995 年在桂林、2001 年在昆明、2005年在上海举办的三届"亚洲辐射固化国际会议"，参加了 1999 年在马来西亚吉隆坡、2003 年在日本横滨举办的"亚洲辐射固化国际会议"和 2001 年在瑞士巴塞尔举办的"欧洲辐射固化国际会议"，参加了历届"中国辐射固化年会"、历届辐射固化技术高级研讨班、两届"中国国际辐射固化技术研讨会"、三届"海峡两岸辐射固化技术研讨会"、五届"中国国际 UV/EB 固化展览会"以及辐射固化技术培训班等工作，也到有关的光固化生产企业进行学习和讲课等技术交流活动。这些经历使我学到了宝贵的知识，积累了丰富的资料和心得。

进入 21 世纪，随着人们对环境保护和节约能源日益关注，各国政府都加强了控制挥发性有机物排放和温室气体排放的立法，我国又提出保护生态环境，实现经济可持续发展，建立和谐社会的宏伟蓝图。在全球节能减排的大背景推动下，具有高效、环保、节能、优质特点的光固化技术得到了迅速的推广和发展。众多的企业和研究者纷纷加盟到光固化事业中，我国的光固化产业得到了前所未有的发展，这极大地激发了作者编写一本较全面地反映光固化技术手册的想法，把学到的知识、积累的资料和亲身实践的经验奉献给对光固化事业感兴趣的人们，与正在从事或准备从事光固化技术的同仁们共享，2010 年 7 月与化学工业出版社合作，出版了《光固化材料性能及应用手册》。手册出版后得到了广大读者热烈欢迎，已印刷四次。但近十年来，辐射固化技术发展迅猛，辐射固化应用领域不断拓宽，特别是 UV-LED、光快速成型和 UV-3D 打印等新技术的发展，尤其是国内辐射固化原材料生产企业壮大和发展，不断开发新的活性稀释剂、低聚物、光引发剂,满足了广大 UV 固化涂料、油墨、胶黏剂等辐射固化产品用户的需求。为了适应新的发展形势需要,作者和化学工业出版社再度合作,进行了手册再版编著。

手册再版分 16 章,第 1 章概述了光固化技术的发展历史和应用;第 2～5 章介绍了光固化原材料的结构和性能,以较大篇幅介绍了国内辐射固化原材料生产企业的产品,并附有 240 个合成方法;第 6～14 章介绍了光固化产品的性能要求,特别增加了两章:第 9 章 光快速成型材料,第 14 章 UV-LED 固化,附有 691 个参考配方和 98 个合成方法;第 15 章简介了电子束固化;第 16 章为光源和设备。

光固化技术涉及光化学、高分子科学、材料科学、表面化学等多种学科,是一门综合性很强的技术,受作者学术水平所限,书中疏漏之处在所难免,恳切希望读者提出批评和宝贵意见,以便随时修正。本书的编写得到了中国感光学会辐射固化专业委员会和辐射固化同行的大力支持、关心和鼓励,也得到了杨金梁、商春华、佟晨和化学工业出版社的帮助,在此深表感谢。

编著者

2020 年 6 月

目 录

第1章 概述

1.1 光固化技术的特点

紫外光（UV）固化是 20 世纪 60 年代出现的一种材料表面处理的先进技术，利用紫外光引发具有化学活性的液态材料实现快速聚合交联，瞬间固化成固态材料。它与电子束（EB）固化统称为辐射固化（Rad Tech）。

光固化技术是一种高效、环保、节能、优质的材料表面处理技术，被誉为面向 21 世纪绿色工业的新技术。2004 年 5 月在美国夏洛特市召开的北美辐射固化国际会议上，光固化和电子束固化技术被归纳为具有"5E"特点的工业技术：efficient（高效）；enabling（适应性广）；economical（经济）；energy saving（节能）；environmental friendly（环境友好）。

（1）高效

光固化产品最常见的为 UV 涂料、UV 油墨和 UV 胶黏剂，它们的最大特点是固化速率快，固化时间一般在几秒到几十秒，最快的可在 0.05～0.1s 的时间内固化，是目前各种涂料、油墨、胶黏剂中干燥固化速率最快的。如 UV 光纤涂料最快的已达 1500～3000m/min，UV 胶印油墨也可适应 100～400m/min 的印刷速度，这就能满足大规模自动化流水线的生产要求，大大提高了生产效率，还节省了半成品堆放的空间。而通常溶剂型或热固型涂料、油墨和胶黏剂干燥固化的时间需要数小时甚至几天，需要很大的生产车间来堆放半成品。

（2）适应性广

光固化产品可适用于多种基材，如纸张、木材、塑料、金属、皮革、石材、玻璃、陶瓷、纺织品等，特别对一些热敏感材质（如纸张、塑料或电子元器件等）尤其适用。

（3）节能

光固化产品是常温快速固化，其能耗只有热固化配方产品的 1/10～1/5。光固化仅需要用于激发光引发剂的辐射能，而不像热固化那样需要加热基质、材料和周围空间，还要蒸发除去稀释用的溶剂或水，耗费大量能量。

（4）环境友好

光固化产品还有一个优势是它基本不含挥发性溶剂，所用的活性稀释剂都是高沸点有机物——丙烯酸多官能团单体，而且固化时都参与交联聚合，成为交联网状结构的一部分，因此不会造成空气的污染，也减少了对人体的危害及火灾的危险性，是一类环境友好的产品。

（5）经济

光固化产品的生产效率高、能耗低；而且光固化设备投资相对较低，特别适合流水线生产，厂房占地面积较少，可省大量投资；不含溶剂，减少污染，节省资源；也不需要治理三废的设施，所以综合考虑是经济的。

随着世界各国对生态环境保护的重视，对大气排放物 VOC 进行严格的立法限制，光固化产品的优越性就显得更为突出。美国、欧洲和日本等发达国家及地区均将采用光固化技术作为减少 VOC 排放的重要手段之一。为了实现持续的发展，建立和谐的社会，我国加大了对环境的治理和保护，这无疑为光固化产业发展提供了机遇。可以相信，随着国家的发展，社会的进步，人与自然和谐相处，绿色环保的光固化产业一定会与日俱进，欣欣向荣。

1.2 光固化技术的发展

1.2.1 光固化技术的发展历史

1968 年德国拜耳公司首先开发了不饱和聚酯/苯乙烯体系的第一代紫外光固化木器涂料，使光固化技术实现了产业化。

实际上，光固化技术最早的应用可以追溯到 19 世纪，当时主要用于印刷照相制版。1826 年法国化学家尼普斯利用沥青的光固化特性，将天然沥青涂在石板上，经光学镜头长时间曝光后，用松节油除去未固化的沥青，得到照相图像；1832 年德国人舒柯发现重铬酸盐具有感光性；1852 年美国人塔尔博特将重铬酸盐与明胶涂在钢板上制得照相凹版；1855 年柏依蒂文用重铬酸盐与明胶研制成珂锣版；1942 年美国人彼尔发明了印制电路技术，重铬酸盐作为光刻胶用于制造印制电路板，这是最早应用于电子工业的光固化材料；1945 年盖茨利用烯类化合物的光聚合反应，制得了光聚合型印刷凹版；1946 年美国 Inmont 公司首先发表了不饱和聚酯/苯乙烯体系的光固化油墨的专利；1954 年美国柯达公司明斯克等研究聚乙烯醇肉桂酸酯为代表的感光性高分子，成功地用作光刻胶（KPR），开创了合成高分子在微电子工业用光刻胶的历史，并应用于照相制版和印制电路板的制作；1958 年柯达公司又发明了双叠氮化合物-环化橡胶系光刻胶；1963 年美国杜邦公司用甲基丙烯酸乙二醇酯与聚乙烯醇，以蒽醌作光引发剂，制得感光性树脂凸版（Dycril）；1968 年德国拜耳公司首先研发了不饱和聚酯和苯乙烯光固化木器涂料；同年美国杜邦公司开发了光敏抗蚀干膜；1970 年杜邦公司又开发了感光性树脂柔性版（Cyrel）。

1.2.2 光固化产业的发展现状

随着科学技术的发展，光固化技术应用从最早的印制版材、光刻胶发展到光固化涂料、油墨、胶黏剂，应用领域不断扩大，形成了一个新的产业。为了加强光固化行业内的企业、研究院所和高等院校之间的交流，促进它们相互间的合作，推动光固化技术的发展，各大洲先后成立了行业协会。1974 年北美辐射固化协会最早成立，接着在 1983 年欧洲也成立了欧洲辐射固化协会，1997 年在中日两国辐射固化协会共同倡议下成立了亚洲辐射固化协会。

我国的光固化技术开发起步于 20 世纪 70 年代初，当时上海、北京和天津等地先后开展了 UV 木器涂料和 UV 印刷油墨的研发，但限于原材料尚无商品供应，都需自己合成开发；紫外光源也在研发中，不能配套，无法实现工业化生产。进入 20 世纪 80 年代，家电、建材和印刷包装工业发展迅速，国内引进了多条印制电路、木器加工和纸张上光生产线，都需要使用光固化涂料和油墨，推动了国内企业和研究院所、高校对光固化材料的研究开发。到了 20 世纪 90 年代，国内开始生产 UV 纸张上光油、UV 木器涂料、UV 网印油墨、UV 阻焊油墨等光固化产品。同时光固化原材料活性稀释剂、低聚物和光引发剂也开始工业生产。1993 年 5 月，国内从事光固化产业的企业、研究院所和高校同仁成立了辐射固化分会，1996 年设立了辐射固化信息网站，并出版了《辐射固化通讯》。2001 年 11 月经民政部正式批准成立中国感光学会辐射固化专业委员会。进入 21 世纪，我国的光固化产业获得了快速的发展，从产量上已超过美国和日本，成为光固化原材料和配方产品的最大生产国，特别是已成为世界上光引发剂最大的生产国和出口国，已初步形成一个新的高新产业。表 1-1 列举了 2011～2019 年我国光固化产品统计情况。

表 1-1　2011～2019 年我国光固化产品统计

项目		2011 年	2012 年	2013 年	2014 年	2015 年	2016 年	2017 年	2018 年	2019 年
统计企业/家		120	92	89	81	87	90	100	98	100
原材料产量/t	活性稀释剂	99800	81120	121032	121561	128446	140297	151272	166170	179298
	低聚物	116631	57470	72755	80614	88296	103923	116762	130340	146014
	光引发剂	24172	18869	21550	32354	32630	33393	33245	37790	38418
	合计	240605	157459	215337	234529	249372	277613	301279	334300	363730
配方产品产量/t	UV 涂料	75187	52467	66294	68659	68176	74399	89016	107750	127634
	UV 油墨	27200	32204	34581	41496	42345	50416	56081	70380	83972
	UV 胶黏剂	2206	1874	1567	1050	1649	1795	2167	2550	2920
	合计	104593	86545	102442	111205	112170	126610	147264	180680	214526
总计/t		345198	244004	317779	345734	361542	404233	448543	514980	578256

在北美、欧洲和日本等发达国家和地区，从事光固化和电子束固化生产的企业发展迅速，巴斯夫、拜耳、陶氏化学、大日本油墨、艾坚蒙、湛新、沙多玛、帝斯曼等跨国公司纷纷加盟，已形成具有一定市场规模的产业，其中光固化产品约占 95%，电子束固化产品约占 5%。

2015 年世界辐射固化原料产量为 50.6 万吨，其中活性稀释剂 24.6 万吨，低聚物 22.7 万吨，光引发剂 5.3 万吨。2015 年世界辐射固化产品产量亚洲为 22.63 万吨，美洲为 14.27 万吨，欧洲及其他地区为 16.4 万吨。2015 年世界辐射固化市场亚洲占 36%，北美占 27%，欧洲占 27%，其他地区占 10%。

1.3　光固化技术的应用

光固化技术由于具有快速固化、生产效率高、节能、环保、优质、经济、适用于多种基材等优点，已广泛应用于印刷、包装、广告、建材、装潢、光电子、通信、计算机、家电、汽车、航空、航天、仪器仪表、体育、卫生、医疗、美容等各行各业。光固化产品主要以 UV 涂料、UV 油墨、UV 胶黏剂、感光性印刷版材、光刻胶、光快速成型材料等形式出现，在人们日常生活中，光固化产品到处可见，光固化产品的使用已是无处不在。

UV 木器涂料是最早应用也是目前用量最大的 UV 产品。在实木地板、复合实木地板、竹地板、复合地板生产过程中，大多采用 UV 腻子、UV 底漆和 UV 面漆进行涂装；中密度板使用 UV 罩光清漆或色漆；家具 UV 涂装也从过去板式家具辊涂或淋涂，发展到喷涂、三维固化，可以实现雕花家具的 UV 立体涂装。PVC 扣板、PVC 地板砖、塑料地板革、人造石材、玻璃钢、石材等经 UV 涂装后提高了耐磨、抗划伤和耐抗性，也大大提高了装饰效果。玻璃的蚀刻、黏合、彩色印刷，安全玻璃的制造也离不开紫外光固化技术。UV 耐磨涂料还广泛应用于橱柜、铝合金门窗和塑料门窗的涂装保护及装饰中。

印刷行业上，UV 胶印油墨的使用一改过去印刷品因油墨不干而需喷粉的弊病，并且色彩更鲜艳饱和，清晰度更佳。目前 UV 油墨已在网印、胶印、柔印、凹印、凸印、移印等不同印刷方式中得到应用。尤其开发出多种具有特殊效果的 UV 装饰性油墨，如冰花油墨、仿金属磨砂油墨、折光油墨、皱纹油墨、锤纹油墨、水晶油墨、发泡油墨等，它们都成了高档烟酒、保健品、化妆品和礼品包装的重要印刷材料。进入 21 世纪，UV 喷墨油墨开发成功，成为户外大型广告和指示牌制作的生力军。另外，纸张的 UV 上光、局部上光，已成为书刊封面、明信片、广告宣传品、画张、外包装纸盒、装饰纸袋的重要装饰方法。生产不干胶标签最理想的方式是采用 UV 压敏胶和 UV 印刷，而用 UV 有机硅离型涂料制作的离型纸又是不干胶标签的理想衬底。饮料用易拉罐、食品用金属容器的涂装和装饰大量使用 UV 涂料和 UV 油墨。真空镀铝保护、塑料包装盒的金属化涂装，都需使用 UV 底漆和面漆，目前用来大量制作化妆品包装。

印刷版材制造是光固化技术最早应用的领域，胶印用 PS 版，凸印用的固体树脂和液体树脂版，柔印用的液体感光性柔性版和固体感光性柔性版，凹印用感光性树脂凹版，网印用感光胶和感光菲林膜，以及近年来发展的计算机直接制版（CTP）版材中的胶印高感 PS 版、紫激光版、UV-CTP 版、CTP 柔性版和网印 CTS 版，都是光固化产品。

在光电子、信息和通信工业中，光固化技术更是大有作为。光刻胶也是较早应用的光固化产品，如早期的聚乙烯醇肉桂酸酯、环化橡胶和邻叠氮萘醌，到目前制造大规模集成电路用的远紫外光刻胶、电子束光刻胶以及纳米压印光刻胶；近年来光刻胶又在平板显示器制作上大放光彩，液晶显示器、等离子体显示器、有机电致发光显示器的制作都离不开光刻胶。

光纤制造是光固化技术成功应用的领域之一。石英经熔融拉丝后，马上涂覆 UV 光纤内层涂料和 UV 光纤外层涂料，再涂覆 UV 着色油墨，制成光纤；12 种不同颜色的光纤用 UV 并带涂料黏结为并带，最后组合成光缆。光纤之间的连接则要使用 UV 胶黏剂。

印制电路板（PCB）制造是光固化技术应用的又一成功领域。单面板和挠性板制作需用 UV 抗蚀油墨、UV 阻焊油墨、UV 字符油墨；双面板和多层板制作需用抗蚀干膜或光成像抗蚀油墨、阻焊干膜或光成像阻焊油墨以及 UV 字符油墨；积层印制板则需用 UV 树脂进行光致成孔。

各种家用电器，如电视机、电冰箱、空调和笔记本电脑等塑料外壳需用 UV 耐磨涂料进行涂装保护。手机制作中，UV 涂料、UV 油墨和 UV 胶黏剂用于手机塑料壳体保护涂层、键盘的制作、键盘的表面印刷、手机机芯的多层板、液晶显示器和多种元器件的拼装黏合。磁卡、IC 卡的保护涂层和文字图案印刷，电子标签（RFID）芯片和天线制作，重要仪器和设备主板的"三防"保护涂层，电子元器件的封口、黏合和固定，线圈的黏结、密封和固定，触摸开关的制作等，都是各种光固化产品大显身手的领域。

汽车工业中，汽车的前灯和后灯反光镜都是由工程塑料经 UV 金属化涂装制得，车灯的灯罩是用聚碳酸酯经 UV 耐磨涂料涂装而成，汽车轮毂也可用 UV 耐磨涂料涂装，汽车内部塑料部件很多都使用 UV 涂料涂装，汽车修补也开始用 UV 底漆和 UV 面漆。电动车和摩托车油箱及防护板也需用 UV 涂料涂装保护。

光固化立体成型技术是最早实用化的快速成型技术，采用液态光固化树脂原料用于制造多种模具、模型等，是机械行业快速成型制作模具最快速、方便和有效的一种途径。光源从

UV 激光、UV 光源发展到 UV-LED 光源，由点光源扫描曝光发展到面光源曝光。21 世纪发展起来的光固化 3D 打印的快速成型，利用喷墨技术，使用液态光固化树脂成型制件，可以制造全彩色模型。

钢材和钢管可用 UV 防锈涂料保护，彩涂钢板可用 UV 彩钢涂料。金属标牌的制作和保护，螺帽、螺栓固定和粘接也需用光固化材料。显微镜、照相机、望远镜等各种光学仪器中光学棱镜组合的定位和粘接，激光器和探头、反射镜、透镜及光栅等组装是 UV 胶黏剂的最佳使用场合，快速、高效又能提高精度。

光固化技术很早就在牙科修补中应用，现在使用的是可见光固化牙科材料。光聚合制备水凝胶，可作为药物缓释载体、组织工程支架材料。UV 医用导电压敏胶已成功地用于理疗电极、一次性使用心电电极和高频电刀用板电极等。注射用针头与注射针筒黏合，各种医疗器械上的阀门、多向接头及其他配件的粘接都大量使用 UV 胶黏剂。

雪橇、钓鱼竿、高尔夫球杆、防震头盔等体育用具，也是经 UV 耐磨涂料涂装制成的。

UV 光源开发也非常迅速，从汞弧灯、金属卤素灯、无极灯到 UV-LED 灯。特别是 UV-LED 灯是一种半导体发光的新光源，体积小、效率高、寿命长、低电压、不用汞、无臭氧产生，其节能、环保的特色已引起人们广泛的注意和认可，是 UV 技术发展的一个新的方向。为了推广 UV-LED 固化技术，正在积极开发适用于 UV-LED 光源的光引发剂、活性稀释剂和低聚物，并大力开发 UV-LED 固化涂料、油墨和胶黏剂。

总之，随着光固化技术的发展，将有更多、更新、更好的光固化产品被开发出来，光固化技术的应用领域将更加广泛，作为面向 21 世纪的绿色工业的新技术，将更有效地服务于社会，造福于人类。

第2章 活性稀释剂

2.1 概述

活性稀释剂（reactive diluent）通常称单体（monomer）或功能性单体（functional monomer），它是一种含有可聚合官能团的有机小分子，在光固化产品的各种组分中活性稀释剂是一个重要的组成，它不仅溶解和稀释低聚物，调节体系的黏度，而且参与光固化过程，影响光固化产品的光固化速率和固化膜的各种性能，因此选择合适的活性稀释剂是光固化产品配方设计的重要环节。

活性稀释剂从结构上看，自由基光固化用的活性稀释剂都是具有" $\diagdown C = C \diagup$ "不饱和双键的单体，如丙烯酰氧基、甲基丙烯酰氧基、乙烯基、烯丙基，光固化活性依次为：

丙烯酰氧基＞甲基丙烯酰氧基＞乙烯基＞烯丙基

因此，自由基光固化活性稀释剂主要为丙烯酸酯类单体。阳离子光固化用的活性稀释剂为具有乙烯基醚" $CH_2 = CH - O -$ "或环氧基" $\overset{CH_2 - CH -}{\underset{O}{\diagup}}$ "的单体。乙烯基醚类单体也可参与自由基光固化，因此可用作两种光固化体系的活性稀释剂（见表2-1）。

表2-1 活性稀释剂的种类

名称	官能团	实例	光固化类型
丙烯酸酯	$CH_2 = CH - COO -$	$CH_2 = CHCOO - (CH_2 - \underset{CH_3}{CH} - O)_3 - COCH = CH_2$ 三缩丙二醇二丙烯酸酯（TPGDA）	自由基
甲基丙烯酸酯	$CH_2 = C(CH_3) - COO -$	$CH_2 = C(CH_3) - COO - CH_2CH_2 - OH$ 甲基丙烯酸β-羟乙酯（HEMA）	自由基
乙烯基类	$CH_2 = CH -$	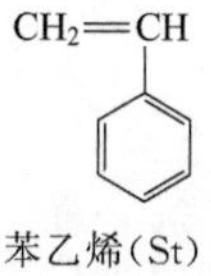 $CH_2 = CH$ 苯乙烯（St）	自由基
乙烯基醚类	$CH_2 = CH - O -$	$CH_2 = CH - O - (CH_2CH_2O)_3 - CH = CH_2$ 三乙二醇二乙烯基醚（DVE-3）	自由基、阳离子
环氧类	$CH_2 - CH -$ $\diagdown O \diagup$	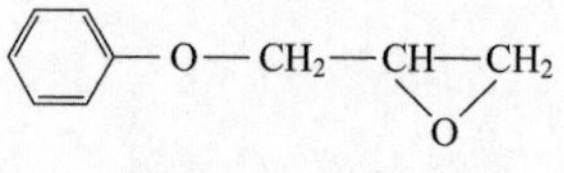 $O - CH_2 - CH - CH_2$ 苯基缩水甘油醚（PGE）	阳离子

活性稀释剂按其每个分子所含反应性基团的多少，可以分为单官能团活性稀释剂、双官能团活性稀释剂和多官能团活性稀释剂。每个分子中含有官能团的数目称为官能度，所以单官能团活性稀释剂的官能度为 1，双官能团活性稀释剂的官能度为 2，多官能团活性稀释剂的官能度可以是 3、4 或更多。活性稀释剂中含有可参与光固化反应的官能团越多，官能度越大，则光固化反应活性越高，光固化速率越快，从光固化活性看：

多官能团活性稀释剂＞双官能团活性稀释剂＞单官能团活性稀释剂

　　随着活性稀释剂官能度的增加，除了增加光固化反应活性外，同时增加固化膜的交联密度。单纯的单官能团单体光聚合后，只能得到线型聚合物，不发生交联。当官能度≥2 的活性稀释剂存在时，光固化后得到交联聚合物网络，官能度高的活性稀释剂可得到高交联度的网状结构。交联度的高低对固化膜的力学性能和化学性能产生极大的影响。表 2-2 列出了活性稀释剂官能度和分子量对固化膜性能影响的一般规律。

表 2-2　活性稀释剂官能度和分子量对固化膜性能影响的一般规律

固化膜性能	固化速率	交联度	伸长率	硬度	柔韧性	耐磨性	抗冲击性	热稳定性	耐化学品性	收缩率
官能度提高	慢 ↓ 快	低 ↓ 高	高 ↓ 低	软 ↓ 硬	柔 ↓ 脆	差 ↓ 好	好 ↓ 差	差 ↓ 好	差 ↓ 好	低 ↓ 高
分子量增加	慢 ↓ 快	高 ↓ 低	低 ↓ 高	硬 ↓ 软	脆 ↓ 柔	好 ↓ 差	差 ↓ 好	好 ↓ 差	好 ↓ 差	高 ↓ 低

　　活性稀释剂自身的化学结构对固化膜的性能有很大影响，因此在制备光固化产品时，要根据产品性能要求，选择合适的活性稀释剂结构。表 2-3 列出了活性稀释剂化学结构对固化膜性能的影响。

表 2-3　活性稀释剂化学结构对固化膜性能的影响

活性稀释剂结构	固化膜性能特点
链烷结构	耐高温,疏水性,耐候性,抗黄变,耐化学品,促进附着力
酯结构	耐候性,耐高温,抗黄变,抗紫外,耐溶剂,但遇碱易水解,良好的附着力
芳香环结构	耐高温,耐化学品,提供硬度、附着力、疏水性,易黄变
酯环结构	耐高温,耐候性,不黄变,耐化学品,提供附着力、疏水性
醚结构	固化快,耐碱和链烷类溶剂,对环氧和聚氨酯溶解力良好,一旦氧化易黄变

　　活性稀释剂中随着官能团的增多，其分子量也相应增加，分子间相互作用增大，因而耐候也增大，这样稀释作用就减少。从活性稀释剂的耐候看：多官能团活性稀释剂＞双官能团活性稀释剂＞单官能团活性稀释剂。从活性稀释剂的稀释作用看：单官能团活性稀释剂＞双官能团活性稀释剂＞多官能团活性稀释剂。

　　表 2-4 列出常用活性稀释剂对体系黏度和固化速率的影响。

　　制备光固化产品选择活性稀释剂时，应考虑以下因素。

　　① 低耐候：稀释能力强。

　　② 低毒性：低气味、低挥发、低刺激，对人体和环境影响少。

表 2-4　常用活性稀释剂对体系黏度和固化速率影响[1]

活性稀释剂	官能度 f	体系黏度/mPa·s	固化时间/s
2-EHA	1	1180	12.5
NVP	1	1400	75
POEA	1	5000	110
IBOA	1	13000	75
HDDA	2	2088	100
TEGDA	2	4050	125
TPGDA	2	7550	100
TMPTMA	3	10400	15
PETA	3	25000	110
TMPTA	3	25400	200
OTA-480[2]	3	46250	125

[1] 活性稀释剂：低聚物＝30∶70。

[2] 甘油衍生物三丙烯酸酯。

③ 低色相：特别在无色体系、白色体系必须加以考虑。

④ 低体积收缩：增加对基材的附着力。

⑤ 高反应性：提高光固化速率。

⑥ 高溶解性：与树脂相容性好，对光引发剂溶解性好。

⑦ 高纯度：水分、溶剂、酸含量、聚合物含量低。

⑧ 玻璃化转变温度 T_g：适合涂层性能的要求。

⑨ 热稳定性好：利于生产加工、运输和储存。

⑩ 价格便宜：降低成本。

　　要根据光固化产品应用时需要的耐候、固化速率、基材的附着性能、产品所要求的力学性能（如光泽、硬度、柔韧性、抗冲击性、拉伸强度、耐磨性、耐化学品性、耐黄变性等），综合考虑进行选择。单一的活性稀释剂不能满足上述要求，大多数要选择二种或多种不同官能度的活性稀释剂搭配，以获得综合性能最佳的光固化产品配方。表 2-5 为部分活性稀释剂的固化收缩率和表面张力。

表 2-5　部分活性稀释剂的固化收缩率和表面张力

产品代号	化学名称	分子量	官能度	收缩率/%	表面张力/(mN/m)
IBOA	丙烯酸异冰片酯	208	1	8.2	32
EB114	乙氧基化丙烯酸氧苯酯	236	1	6.8	39
ODA	丙烯酸十八烷基酯	200	1	8.3	30
TCDA	三环癸基二甲醇二丙烯酸酯	304	2	5.9	40
EB145	丙氧基化新戊二醇二丙烯酸酯	328	2	9.0	31

产品代号	化学名称	分子量	官能度	收缩率/%	表面张力/(mN/m)
DPGDA	二丙二醇二丙烯酸酯	242	2	13.0	35
TPGDA	三丙二醇二丙烯酸酯	300	2	18.1	34
HDDA	己二醇二丙烯酸酯	226	2	19.0	36
EB160	乙氧基化三羟甲基丙烷三丙烯酸酯	428	3	14.1	39
OTA-480	丙氧基化甘油三丙烯酸酯	480	3	15.1	36
TMPTA	三羟甲基丙烷三丙烯酸酯	296	3	25.1	38
EB40	烷氧基化季戊四醇四丙烯酸酯	571	4	8.7	40
EB140	二羟甲基丙烷四丙烯酸酯	438	4	10.0	38

2.2　活性稀释剂的合成

2.2.1　自由基光固化稀释剂

丙烯酸酯类活性稀释剂的合成方法主要有直接酯化法、酯交换法、酰氯法、相转移法和加成酯化法等，但大多数是通过直接酯化法制得。

（1）直接酯化法

$$CH_2\!=\!CHCOOH + ROH \xrightarrow{\text{催化剂}} CH_2\!=\!CHCOOR + H_2O$$

直接酯化法常用催化剂为浓硫酸、对甲苯磺酸（CH₃—⟨苯环⟩—SO₃H），甲磺酸（CH_3SO_3H）等。用浓硫酸作酯化反应的催化剂，常使反应物发生脱水、氧化和自身酯化等副反应，产生多种副产物，给产物的精制和原料回收带来困难，使后处理过程复杂化，影响产品质量，同时腐蚀设备，所以目前生产中大多用对甲苯磺酸作催化剂，它具有用量少、反应温度低、转化率高、产品质量好等优点；反应结束后，催化剂和产物容易分离，工艺流程简便。

酯化反应生产的水，通过脱水剂除去。常用脱水剂有苯、甲苯、二甲苯、环己烷、正庚烷等，利用与酯化反应生产的水形成共沸液而带走水。烷烃价格贵，挥发性强；二甲苯沸点高；苯沸点偏低，挥发性大，不易回收，其毒性大。故一般选用甲苯作脱水剂。甲苯沸点110℃，与水共沸点84℃，在减压蒸馏脱溶剂中易于冷凝，回收率高，甲苯毒性比苯低，价格也较便宜。但近年来，涂料、油墨和胶黏剂对苯系溶剂限制使用，因此不少生产企业已不再使用甲苯作脱水剂，而改用烷烃类脱水剂。

酯化反应必须要加阻聚剂，以防止原料丙烯酸和产物丙烯酸酯聚合。常用的阻聚剂有对苯二酚、叔丁基对苯二酚等酚类化合物，噻吩嗪，对苯二胺等胺类化合物，二甲氨基二乙基氨基酸铜、二丁基二硫代氨基甲酸铜等铜配位化合物，由一种或几种化合物组成。

对于丙烯酸高级酯也可以用熔融酯化法进行酯化反应，不必用脱水剂，催化剂和阻聚剂用量也可减少，在 110～120℃回流反应后，进行脱水，最后减压蒸馏除去未反应的丙烯酸和残余水，得到纯度较高的丙烯酸高级酯，产率也高。

（2）酯交换法

$$CH_2\!=\!CHCOOCH_3 + ROH \longrightarrow CH_2\!=\!CHCOOR + CH_3OH$$

酯交换法制备丙烯酸高级酯或官能性丙烯酸酯时，低级酯大多用丙烯酸甲酯，由于其沸点较低（80℃），故酯化反应只能在较低温度下进行，使反应时间延长；产物甲醇又能与丙烯酸甲酯形成共沸物，其沸点 62～63℃，会将反应物丙烯酸甲酯带走，从而降低高级酯的收率。丙烯酸甲酯和丙烯酸高级酯容易发生共聚和均聚，也使高级酯产率降低，因此常要使用更多的阻聚剂。从成本和后处理困难考虑，工业上本法已不用于制备丙烯酸高级酯和官能性丙烯酸酯。

（3）酰氯法

$$CH_2\!=\!CHCOOH + SOCl_2 \longrightarrow CH_2\!=\!CHCOCl + HCl + CO_2$$

$$CH_2\!=\!CHCOCl + ROH \longrightarrow CH_2\!=\!CHCOOR + HCl$$

本方法先将丙烯酸与二氯亚砜反应制得丙烯酰氯，再与醇酯化反应，不用催化剂和脱水剂，由于低温反应也不用加阻聚剂，酯化反应几乎定量进行，产品纯度高。但要经二步反应，成本高。反应中有大量 HCl 和 SO_2 产生，要用多级稀碱液和水吸收。

（4）相转移法

$$2CH_2\!=\!\overset{CH_3}{\underset{}{C}}\!-\!COOH + Na_2CO_3 \longrightarrow 2CH_2\!=\!\overset{CH_3}{\underset{}{C}}\!-\!COONa + CO_2 + H_2O$$

$$CH_2\!=\!\overset{CH_3}{\underset{}{C}}\!-\!COONa + ClCH_2\!-\!\overset{O}{\overset{\diagup\!\diagdown}{CH}}\!-\!CH_2 \xrightarrow{\text{催化剂}} CH_2\!=\!\overset{CH_3}{\underset{}{C}}\!-\!COOCH_2\!-\!\overset{O}{\overset{\diagup\!\diagdown}{CH}}\!-\!CH_2 + NaCl$$

甲基丙烯酸钠是固体，环氧氯丙烷是液体，在无催化剂存在下，它们之间很难发生反应，需用相转移催化剂进行催化反应。相转移催化剂有季铵盐、季鏻盐、冠醚等，但以季铵盐最常见，如十六烷基三甲基溴化铵、苄基三甲基氯化铵、四甲基氯化铵等。在反应体系中有水存在时，会有副反应，因此要提高产率就应该保持原料和系统干燥无水。

（5）加成酯化法

$$CH_2\!=\!\overset{R_1}{\underset{}{C}}\!-\!COOH + \overset{O}{\overset{\diagup\!\diagdown}{CH_2}}\!-\!CH\!-\!R_2 \xrightarrow{\text{催化剂}} CH_2\!=\!\overset{R_1}{\underset{}{C}}\!-\!COO\!-\!CH_2\!-\!\overset{OH}{\underset{}{CH}}\!-\!R_2$$

将环氧乙烷或环氧丙烷直接通入（甲基）丙烯酸，在催化剂存在下发生开环加成酯化反应，可制得（甲基）丙烯酸羟基酯。

2.2.2 阳离子光固化稀释剂

阳离子光固化活性稀释剂乙烯基醚可以通过以下方法合成：

（1）乙烯氧化法

$$ROH + CH_2\!=\!CH_2 + 1/2O_2 \xrightarrow{\text{催化剂}} ROCH\!=\!CH_2 + H_2O$$

用醇、乙烯和氧气在催化剂 $PdCl_2 \cdot CuCl_2 \cdot HCl$ 存在下，生成乙烯基醚和水。

（2）乙烯交换法

$$ROH + CH_2\!=\!CHOCOCH_3 \xrightarrow{\text{催化剂}} ROCH\!=\!CH_2 + CH_3COOH$$

将醇与乙酸乙烯酯在催化剂 $PdCl_2 \cdot Na_2WO_4$ 存在下，生成乙烯基醚和乙酸。

（3）乙炔法

$$CH\!\equiv\!CH + ROH \longrightarrow ROCH\!=\!CH_2$$

在高温高压下，醇与乙炔直接反应制得乙烯基醚，但本法使用高压高温设备，收率低，特别是乙炔气有爆炸危险（乙炔的爆炸极限范围宽，与空气的体积比为 $2.5\% \sim 81\%$），操作稍有不慎就会引发爆炸。为此改用 CaC_2，不直接使用乙炔气与醇反应制备乙烯基醚。

$$CaC_2 + ROH \longrightarrow ROCH = CH_2 + Ca(OR)_2$$

（4）脱卤化氢法

$$XCH_2 - CH_2OR \xrightarrow[-HX]{\text{催化剂}} CH_2 = CHOR$$

催化剂用碱金属化合物如 KOH、NaOH 等；通常需要高压反应釜并在 220℃ 以上进行高温反应，如使用相转移催化剂如季铵盐等，可使反应更为温和，150℃ 反应即可。

（5）缩醛热分解法

$$R_1R_2CHCY(OR_3)_2 \xrightarrow[\triangle]{\text{催化剂}} R_1R_2C = CY - OR_3 + R_3OH$$

式中，R_1，$R_2 = C_1 \sim C_3$ 烷基、芳基、H；$R_3 = CH_3$、C_2H_5；$Y = H$、CH_3。

以前用气相裂解法，催化剂为铂等贵金属，价格昂贵，裂解设备要求耐压，反应条件控制要求严格，产物复杂，后处理困难。

用液相分解，设备简单，反应条件温和，容易控制，催化剂为 $85\% \ H_3PO_4$、98% H_2SO_4 或 $CH_3 -\!\!\!\!\bigcirc\!\!\!\!- SO_3H$，但仍存在转化率较低的问题。

2.3 单官能团活性稀释剂

单官能团活性稀释剂每个分子中仅含一个可参与光固化反应的活性基团，分子量较低，因此具有如下的特点：

① 黏度低，稀释能力强。

② 光固化速率低，这是因为单官能团活性稀释剂的反应基团含量低，导致光固化速率低。

③ 交联密度低，只含一个光活性基团，因此在光固化反应中不会产生交联点，使反应体系交联密度下降。

④ 转化率高，由于单官能团活性稀释剂的碳碳双键的含量低，黏度小，容易参与聚合，故转化率高。

⑤ 体积收缩率低，在自由基加成聚合时，碳碳双键转化成单键，原来分子间距离变小，密度增大，造成体积收缩。但单官能团活性稀释剂因碳碳双键含量低，所以体积收缩较少。

⑥ 挥发性较大，气味大、易燃，毒性也相对较大。

常见单官能团活性稀释剂的物理性能见表 2-6，部分活性稀释剂的挥发性（以失重速率计）和闪点见表 2-7。

表 2-6 常见单官能团活性稀释剂的物理性能

活性稀释剂	分子量	沸点 /℃	密度(25℃) /(g/cm³)	黏度(25℃) /mPa·s	折射率 (25℃)	表面张力 /(mN/m)	玻璃化转变温度/℃
St	104	145	0.906	0.78	1.5468		100

续表

活性稀释剂	分子量	沸点 /℃	密度(25℃) /(g/cm³)	黏度(25℃) /mPa·s	折射率 (25℃)	表面张力 /(mN/m)	玻璃化转变 温度/℃
VA	86	72	0.9312(20℃)	0.43(20℃)	1.3959		30
NVP	111	123(6666Pa)	1.04	2.07	1.5110		
BA	128	147	0.894	0.9	1.4160		−56
2-EHA	184	213	0.881	1.54	1.4330	28.0	−74
IDA	212	158(6666Pa)	0.885	5	1.440	28.6	−60
LA	240		0.88	8		29.8	−65
HEA	116	202	1.1038(20℃)	5.34	1.4505(20℃)		−60
HPA	130	205	1.057(20℃)	5.70	1.4450(0℃)		−60
HEMA	130	205	1.064		1.4505		55
HPMA	144	96(1333Pa)	1.027		1.4456		26
POEA	192	134(1333Pa)	1.10	12		39.2	5
IBOA	208	275	0.990	9	1.4744	31.7	94
GA	128	83(2666Pa)		5	1.4472		
GMA	142	176	1.073	3.39	1.4482		41

注：上述活性稀释剂中文名见下文。

表 2-7　部分活性稀释剂的挥发性和闪点

活性稀释剂	失重速率/(mg/min)	闪点/℃	活性稀释剂	失重速率/(mg/min)	闪点/℃
St	19.0	31	IDA	0.08	127
BA	17.0	49	NPGDA	0.07	115
2-EHA	0.5	90	HDDA	0.02	151
IBOA	0.2				

　　单官能团活性稀释剂从结构上的不同可分为丙烯酸烷基酯、（甲基）丙烯酸羟基酯、带有环状结构或苯环的（甲基）丙烯酸酯和乙烯基活性稀释剂。

2.3.1　丙烯酸烷基酯

（1）丙烯酸丁酯（BA）

$$CH_2{=}CHC{-}O{-}CH_2CH_2CH_2CH_3$$
（带有 O 双键，结构式）

　　低黏度，稀释效果好，早期作为活性稀释剂使用；但气味大、挥发性大，易燃，故现在已基本不用。

（2）丙烯酸异辛酯（2-EHA）

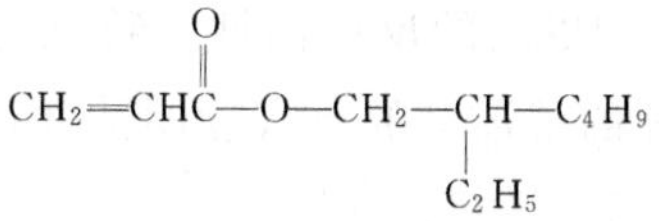

$$CH_2=CHC-O-CH_2-CH-C_4H_9$$

低黏度，稀释效果好，低 T_g，有较好的增塑效果，早期作为活性稀释剂使用；因有气味、挥发性稍大，影响使用。

（3）丙烯酸异癸酯（IDA）

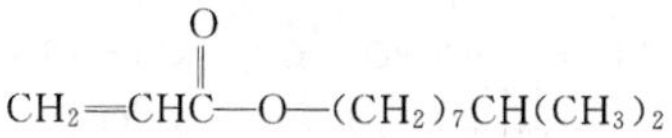

$$CH_2=CHC-O-(CH_2)_7CH(CH_3)_2$$

低黏度，稀释效果好，低 T_g，有较好的增塑效果，挥发性较小。

（4）丙烯酸月桂酯（LA）

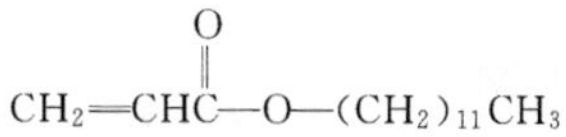

$$CH_2=CHC-O-(CH_2)_{11}CH_3$$

低黏度，低挥发，有疏水性脂肪族长主链，低 T_g，有较好的增塑效果。

（5）丙烯酸乙氧基乙氧基乙酯（EOEOEA）

$$CH_2=CHCOOCH_2CH_2-OCH_2CH_2-OCH_2CH_3$$

低黏度、低挥发、低 T_g、有较好增塑效果。

2.3.2　（甲基）丙烯酸羟基酯

（1）丙烯酸羟乙酯（HEA）和丙烯酸羟丙酯（HPA）

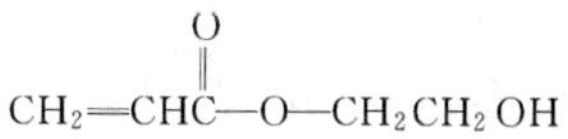

$$CH_2=CHC-O-CH_2CH_2OH \qquad (HEA)$$

$$CH_2=CHC-O-CH_2CH_2CH_2OH \qquad (HPA)$$

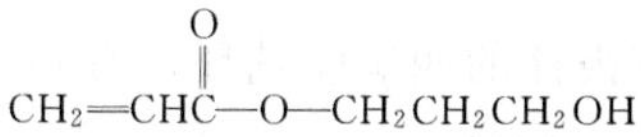

高沸点，低黏度，低 T_g，反应活性适中，带有羟基，有利于提高对极性基材的附着力，是较常用的单官能团活性稀释剂；但皮肤刺激性和毒性较大，目前在光固化产品中只能适量使用。由于 HEA 和 HPA 分子带有丙烯酰氧基，又含有羟基，可与异氰酸基反应，现主要作为制备聚氨酯丙烯酸酯（PUA）的原料。

（2）甲基丙烯酸羟乙酯（HEMA）和甲基丙烯酸羟丙酯（HPMA）

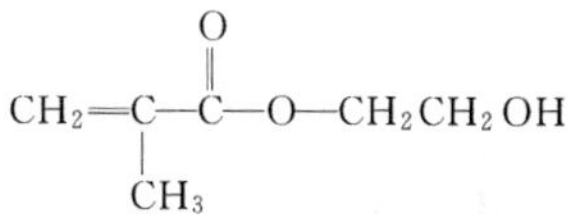

$$CH_2=C-C-O-CH_2CH_2OH \qquad (HEMA)$$
$$\quad CH_3$$

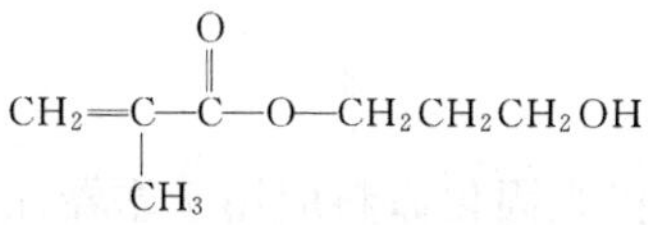

$$CH_2=C-C-O-CH_2CH_2CH_2OH \qquad (HPMA)$$
$$\quad CH_3$$

高沸点，低黏度，因是甲基丙烯酸酯，所以固化速率比 HEA 和 HPA 慢，但皮肤刺激性和毒性又低于 HEA 和 HPA，带有羟基，有利于提高对极性基材的附着力，所以 HEMA 是阻焊剂常用的活性稀释剂。

（3）4-丙烯酸羟丁酯（4-HBA）

$$CH_2=CH-COO-CH_2-CH_2-CH_2-CH_2-OH$$

相比 HEA，具更高的沸点（100℃/0.9kPa），更低的黏度（5.5mPa·s/20℃），更低的 T_g（－80℃），具有更好的柔韧性和更高的反应活性，特别是皮肤刺激性（PII 为 3.0）远低于 HEA 的 7.2，是综合性能较好的带羟基的单官能团活性稀释剂。

2.3.3 带有环状结构或苯环的（甲基）丙烯酸酯

（1）甲基丙烯酸缩水甘油酯（GMA）

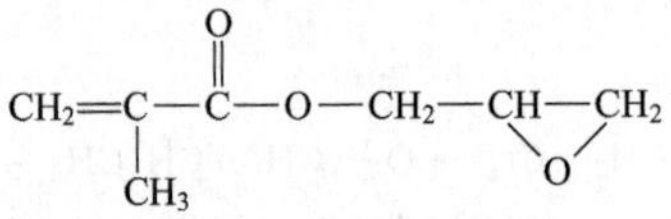

$$CH_2=C-C-O-CH_2-CH-CH_2$$

沸点较高，低黏度，带有环氧基，有利于提高附着力，但价格贵，因是甲基丙烯酸酯，固化速率较慢。

（2）甲基丙烯酸异冰片酯（IBOMA）

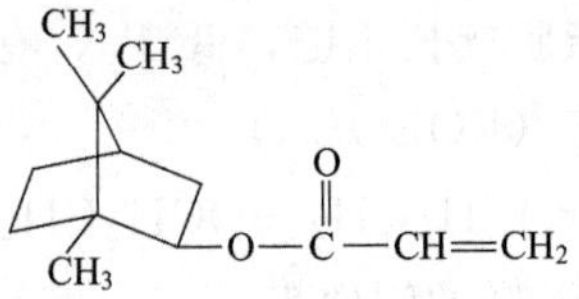

高沸点，黏度较低，高折射率和高 T_g，固化收缩率低（8.2%），有利于提高附着力，低皮肤刺激性，但价格高，又有气味，影响其使用。

（3）丙烯酸四氢呋喃甲酯（THFA）

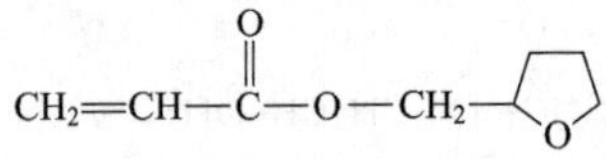

高沸点，黏度较低，低 T_g，含有极性的四氢呋喃环，有利于提高附着力。

（4）丙烯酸苯氧基乙酯（POEA、2-PEA）

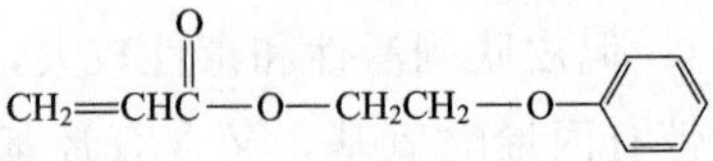

高沸点，黏度较低，低 T_g，反应活性较高，低皮肤刺激性，但有酚的气味。

2.3.4 乙烯基活性稀释剂

（1）苯乙烯（St）

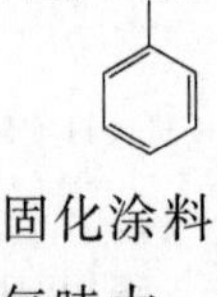

最早与不饱和聚酯配合作为第一代光固化涂料应用于木器涂料，虽然价廉，黏度低，稀释能力强，但因其高挥发性、高易燃性、气味大、毒性大以及固化速率较慢，目前在光固化涂料中很少使用 St 作活性稀释剂。

（2）乙酸乙烯酯（VA）

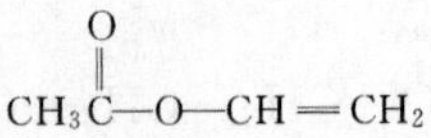

价廉，黏度低，稀释能力强，反应活性较高，但低沸点，高挥发性、易燃易爆，实际上光固化涂料中不采用 VA 作活性稀释剂。

（3）N-乙烯基吡咯烷酮（NVP）

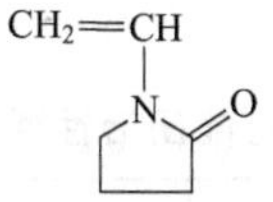

$$CH_2=CH$$

低黏度，稀释能力强，反应活性高，低皮肤刺激性，曾是最受欢迎的单官能团活性稀释剂。但因价格贵，气味大，特别是被发现有致癌毒性，限制了它的使用，目前已不再使用。而且因 NVP 及其聚合物都是水溶性的，加入量大会影响材料的耐水性。

2.3.5　其他单官能团活性稀释剂

（1）邻苯基苯氧乙基丙烯酸酯（OPPEA）

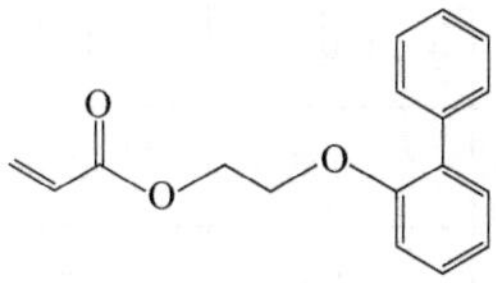

这是一种高光泽、高折射率、低体积收缩率的单官能团活性稀释剂，表面张力 41.7mN/m，折射率 1.575。

（2）乙氧基化邻苯基苯氧乙基丙烯酸酯〔OPP(OE)$_2$A〕

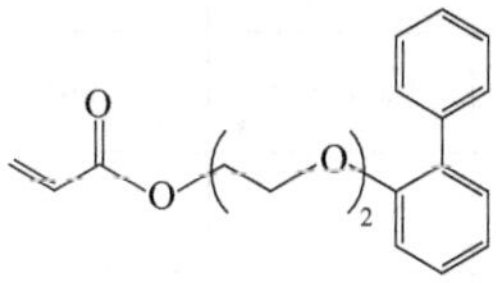

这是一种高光泽、高折射率、低皮肤刺激性、低体积收缩率的单官能团活性稀释剂，表面张力 42.6mN/m，折射率 1.566。

（3）环三羟甲基丙烷甲缩醛丙烯酸酯（CTFA）

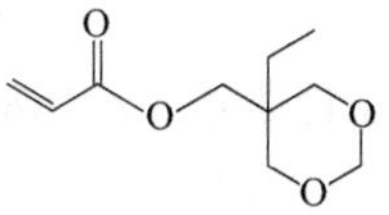

这是一种附着力佳、稀释力佳、柔韧性佳的单官能团活性稀释剂，黏度 10mPa·s（25℃），表面张力 34.8mN/m，折射率 1.462。

（4）3,3,5-三甲基环己基丙烯酸酯（TMCHA）

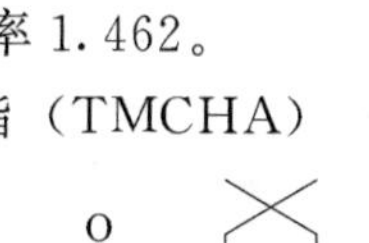

这是一种低黏度、低皮肤刺激性、低体积收缩率的单官能团活性稀释剂，黏度 2.7mPa·s（25℃），折射率 1.455。

2.4　双官能团活性稀释剂

双官能团活性稀释剂每个分子中含有两个可参与光固化反应的活性基团，因此光固化速率比单官能团活性稀释剂要快，成膜时发生交联，有利于提高固化膜的力学性能和耐抗性。由于分子量增大，黏度也相应增加，但仍保持良好的稀释性，挥发性较小，气味较低，因此双官能团活性稀释剂大量应用于光固化产品中。表2-8列出了常用双官能团活性稀释剂的物理性能。

表 2-8 常用双官能团活性稀释剂的物理性能

活性稀释剂	分子量	沸点/℃	密度(25℃)/(g/cm³)	黏度(25℃)/mPa·s	折射率(25℃)	表面张力/(mN/m)	玻璃化转变温度/℃
BDDA	198	275	1.0572	5	1.456	35.2	45
HDDA	226	295	1.03	7	1.456	35.1	43
NDDA	268		0.99	8	1.457	50.3	
NPGDA	212		1.03	10	1.452	33.8	107
DEGDA	214	100(400.0Pa)	1.006	12		38.2	100
TEGDA	258	162(266.6Pa)	1.109	15		39.1	70
PEG(200)DA	302		1.11	25		41.3	
PEG(400)DA	508		1.12	57	1.467	42.6	3
PEG(600)DA	742			90		43.7	−42
DPGDA	242			10		32.8	104
TPGDA	300		1.05	15	1.457	33.3	62
PDDA	450			150			

注：上述活性稀释剂中文名见下文。

双官能团活性稀释剂从二元醇结构上可分为乙二醇类二丙烯酸酯、丙二醇类二丙烯酸酯和其他二醇类二丙烯酸酯。

2.4.1 乙二醇类二丙烯酸酯

(1) 二乙二醇二丙烯酸酯（DEGDA）

$$CH_2=CH-\overset{O}{\overset{\|}{C}}-O-CH_2-CH_2-O-CH_2-CH_2-O-\overset{O}{\overset{\|}{C}}-CH=CH_2$$

低黏度，光固化速率快，但皮肤刺激性严重，故现在很少使用。

(2) 三乙二醇二丙烯酸酯（TEGDA）

$$CH_2=CH-\overset{O}{\overset{\|}{C}}-O-CH_2-CH_2-O-CH_2-CH_2-O-CH_2-CH_2-O-\overset{O}{\overset{\|}{C}}-CH=CH_2$$

低黏度，光固化速率快，因皮肤刺激性大，现在很少使用。

(3) 聚乙二醇二丙烯酸酯系列

聚乙二醇(200)二丙烯酸酯[PEG(200)DA]

聚乙二醇(400)二丙烯酸酯[PEG(400)DA]

聚乙二醇(600)二丙烯酸酯[PEG(600)DA]

$$CH_2=CH-\overset{\overset{\displaystyle O}{\|}}{C}-O-(CH_2-CH_2-O)_n-O-\overset{\overset{\displaystyle O}{\|}}{C}-CH=CH_2$$

以上是聚乙二醇二丙烯酸酯系列产品，PEG(200)DA 中 $n=4$，PEG（400）DA 中 $n=8\sim9$，PEG(600)DA 中 $n=13$，随着 n 增大，黏度变大，T_g 下降，毒性和皮肤刺激性降低，而固化膜柔韧性增加，但亲水性也增加。

2.4.2 丙二醇类二丙烯酸酯

（1）二丙二醇二丙烯酸酯（DPGDA）

$$CH_2=CH-\overset{\overset{\displaystyle O}{\|}}{C}-O-CH_2-\overset{\overset{\displaystyle CH_3}{|}}{CH}-O-CH_2-\overset{\overset{\displaystyle CH_3}{|}}{CH}-O-\overset{\overset{\displaystyle O}{\|}}{C}-CH=CH_2$$

低黏度，稀释能力强，光固化速率快，但皮肤刺激性稍大，是常用的活性稀释剂之一。

（2）三丙二醇二丙烯酸酯（TPGDA）

$$CH_2=CH-\overset{\overset{\displaystyle O}{\|}}{C}-O-CH_2-\overset{\overset{\displaystyle CH_3}{|}}{CH}-O-CH_2-\overset{\overset{\displaystyle CH_3}{|}}{CH}-O-CH_2-\overset{\overset{\displaystyle CH_3}{|}}{CH}-O-\overset{\overset{\displaystyle O}{\|}}{C}-CH=CH_2$$

黏度较低，稀释能力强，光固化速率快，体积收缩率较小，皮肤刺激性也较小，价格较低，是目前最常用的双官能团活性稀释剂。

2.4.3 其他二醇类二丙烯酸酯

（1）1,4-丁二醇二丙烯酸酯（BDDA）

$$CH_2=CH-\overset{\overset{\displaystyle O}{\|}}{C}-O-CH_2-CH_2-CH_2-CH_2-O-\overset{\overset{\displaystyle O}{\|}}{C}-CH=CH_2$$

低黏度，对低聚物溶解性好，稀释能力强，但皮肤刺激性大，较少使用。

（2）1,6-己二醇二丙烯酸酯（HDDA）

$$CH_2=CH-\overset{\overset{\displaystyle O}{\|}}{C}-O-CH_2-CH_2-CH_2-CH_2-CH_2-CH_2-O-\overset{\overset{\displaystyle O}{\|}}{C}-CH=CH_2$$

低黏度，稀释能力强，对塑料基材附着力好，可改善固化膜的柔韧性，但皮肤刺激性较大，价格较高，是常用的双官能团活性稀释剂之一。

（3）新戊二醇二丙烯酸酯（NPGDA）

$$CH_2=CH-\overset{\overset{\displaystyle O}{\|}}{C}-O-CH_2-\overset{\overset{\displaystyle CH_3}{\overset{\displaystyle |}{\underset{\displaystyle |}{\underset{\displaystyle CH_3}{C}}}}}-CH_2-O-\overset{\overset{\displaystyle O}{\|}}{C}-CH=CH_2$$

低黏度，稀释能力强，高活性，光固化速率快，对塑料基材附着力好，高 T_g，但皮肤刺激性较大，是常用的双官能团活性稀释剂之一。

（4）邻苯二甲酸乙二醇二丙烯酸酯（PDDA）

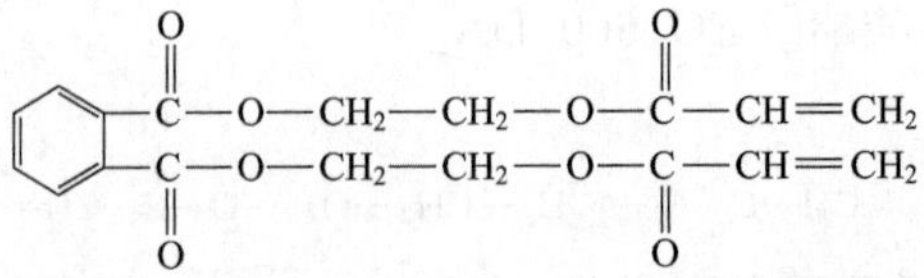

价廉，光固化速率较快，是我国自行开发的双官能团活性稀释剂，因黏度高，稀释效果稍差。

2.5 多官能团活性稀释剂

多官能团活性稀释剂每个分子中含有三个或三个以上可参与光固化反应的活性基团，因此不仅光固化速率快，而且交联密度大，相应地固化膜硬度高，脆性大，耐抗性优异。分子量大，黏度高，稀释性较差；高沸点，低挥发性，固化体积收缩率大。对光固化速率快、耐抗性能要求高的光固化产品通常要使用一定量的多官能团活性稀释剂，才能达到性能要求。常用多官能团活性稀释剂的物理性能见表 2-9。

表 2-9 常用多官能团活性稀释剂的物理性能

活性稀释剂	分子量	密度 25℃ /(g/cm³)	黏度(25℃) /mPa·s	折射率 (25℃)	表面张力 /(mN/m)	玻璃化转变 温度/℃
TMPTA	296	1.11	106	1.475	36.1	62
PETA	298	1.18	520	1.477	39.0	103
PET_4A	352	1.185(20℃)	342(38℃)		40.1	103
$DTMPT_4A$	482	1.11	600		36.0	98
DPPA	524	1.18	13600	1.491	39.9	90

注：上述各稀释剂中文名见下文。

（1）三羟甲基丙烷三丙烯酸酯（TMPTA）

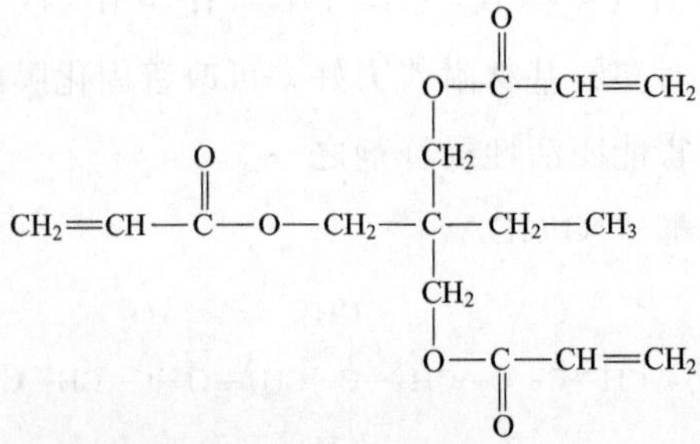

黏度虽较大，但在多官能团活性稀释剂中是最低的；光固化速率快，交联密度大；固化膜坚硬而发脆，耐抗性好。价格较廉，虽然皮肤刺激性较大，但仍是最常用的多官能团活性稀释剂。

（2）季戊四醇三丙烯酸酯（PETA）和季戊四醇四丙烯酸酯（PET₄A）

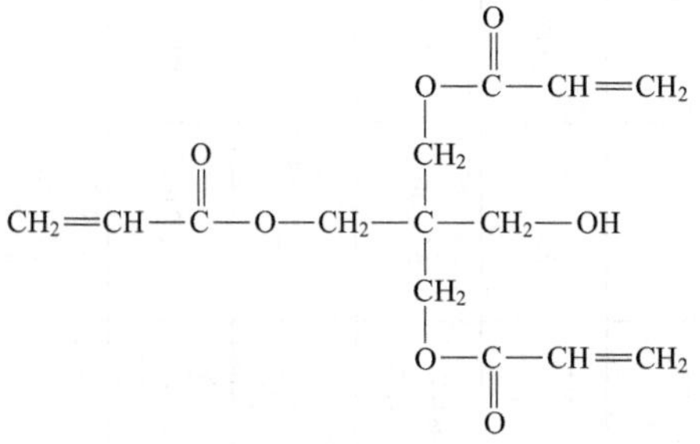

PETA　　　　　　　　　　　　　　　PET₄A

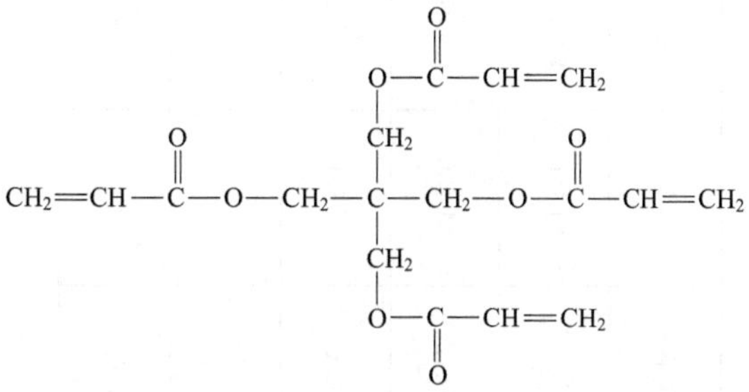

黏度大，稀释性差；光固化速率快，交联密度大；固化膜硬而脆，耐抗性好。PETA 有羟基，有利于提高附着力，也是用于制造多官能团聚氨酯丙烯酸酯的原料。但 PETA 毒性大，怀疑有致癌性，因而影响其使用。

（3）二缩三羟甲基丙烷四丙烯酸酯（DTMPT₄A）

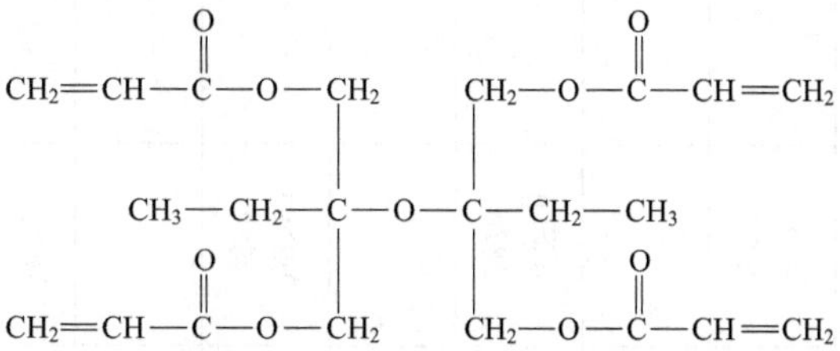

高黏度，高反应活性，高交联密度，极低的皮肤刺激性；固化膜硬，富有弹性而不脆，耐抗性优良。在光固化产品中往往不作活性稀释剂，而用来提高光固化速率和交联密度。

（4）二季戊四醇五丙烯酸酯（DPPA）和二季戊四醇六丙烯酸酯（DPHA）

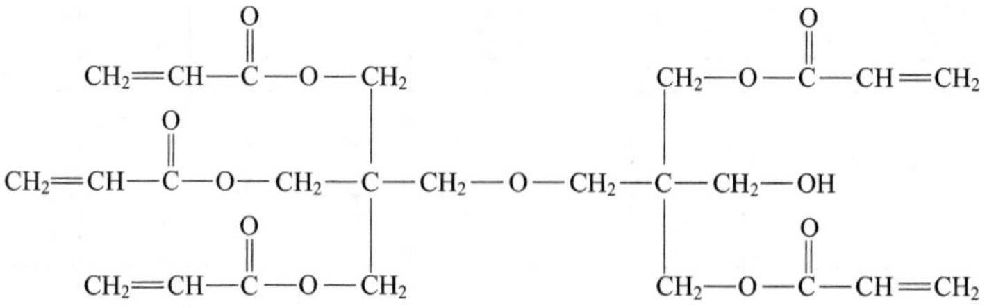

（DPPA）

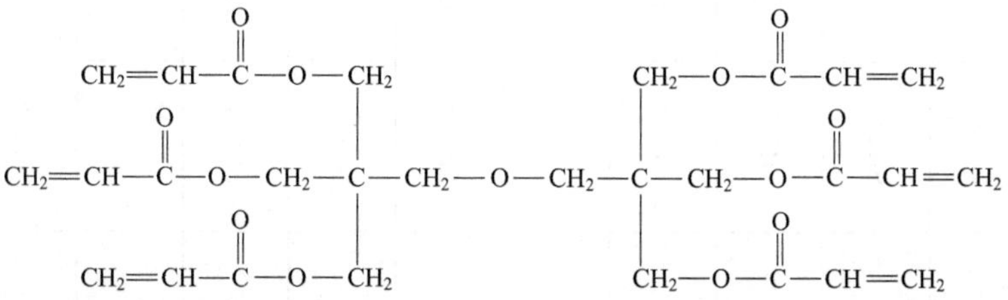

（DPHA）

高黏度，极高反应活性和交联密度，极低的皮肤刺激性；固化膜有极高的硬度、耐刮性和耐抗性。同样在光固化产品中往往不作活性稀释剂，而用来提高光固化速率和交联密度。由于 DPPA 和 DPHA 分离提纯比较困难，故一般为 DPPA 与 DPHA 的混合体。

常用的单、双、多官能团活性稀释剂的主要生产厂家和产品代号见表 2-10，丙烯酸羟基酯和甲基丙烯酸羟基酯的主要生产厂家和产品见表 2-11。

表 2-10　常用的单、双、多官能团活性稀释剂的主要生产厂家和产品代号

活性稀释剂	官能度	沙多玛	湛新	巴斯夫	艾坚蒙	瑞士 RAHN	帝斯曼	东亚迪爱生	新中村	大阪有机	美源	长兴
EOEOEA	1	SR256			Photomer 4211		AgiSyn 2880			Viscoat 190	M 170	EM211
IDA	1	SR395		LA	Photomer 4810					IDAA	M 130	EM219
LA	1	SR335			Photomer 4812		AgiSyn 2896			LA	M 120	EM215
THFA	1	SR285			Photomer 4142					Viscoat 150		
IBOA	1	SR506	IBOA		Photomer 4012	GENOMER 1121	AgiSyn 2870		A-IB	IBXA		EM70
IBOMA	1											
PHEA	1	SR339	EB110	POEA	Photomer 4035		AgiSyn 2832		AMP-10G	Viscoat 192		EM210
BDDA	2	SR213		BDDA						Viscoat 195	M 204	EM2241
HDDA	2	SR238	HDDA	HDDA	Photomer 4017	GENOMER 1223Y	AgiSyn 2816		A-HD-N	Viscoat 230	M 200	EM221
PDDA	2											
NPGDA	2	SR247									M 212	EM225
TEGDA	2	SR272				GENOMER 1225					M 270	

续表

活性稀释剂	官能度	沙多玛	湛新	巴斯夫	艾坚蒙	瑞士 RAHN	帝斯曼	东亚迪爱生	新中村	大阪有机	美源	长兴
PEG(200)DA	2	SR259			Photomer 4050				A200		M 282	EM224
PEG(400)DA	2	SR344			Photomer 4054		AgiSyn 2834	M240	A400		M 280	EM226
DPGDA	2	SR508	DPGDA	DPGDA	Photomer 4226	GENOMER 1224Y	AgiSyn 2833				M 222	EM222
TPGDA	2	SR306	TPGDA	TPGDA	Photomer 4061	GENOMER 1230Y	AgiSyn 2815	M220	APG-200	Viscoat 310	M 220	EM223
TMPTA	3	SR351	TMPTA	TMPTA	Photomer 4006	GENOMER 1330Y	AgiSyn 2811	M309	TMPT	Viscoat 295	M 300	EM231
PETA	3	SR444				Photomer 4335	GENOMER 1329Y	M305	AgiSyn 2884	A-TMM-3	Viscoat 300	M 340
PET$_4$A	4	SR295	PETA					M450		A-TMM-4		M 410
DTMPT$_4$A	4	SR355	EB140			Photomer 4306		M408	AgiSyn 2887	D-TMPA		M 410
DPPA	5	SR399			4399	Photomer 4399					M 500	
DPHA	6		DPHA			Photomer 4666	GENOMER 1658Y	M400	AgiSyn 2830L	DPHA		M 600

续表

活性稀释剂	官能度	国精化学	天津久日	江苏三木	江苏利田	江苏开磷瑞阳	无锡金盛	上海道胜	上海三桐	广州谄科	广州润奥	深圳科大	中山千佑	中山科田
EOEOEA	1	GM61W00	EOEOEA	EOEOEA	EOEOEA			EOEOEA		CM 2126				
IDA	1				IDA					CM 2112			PD6109	
LA	1	GM61J00	LA		LA			LA		CM 2113			PD6110	
THFA	1	GM61P00						THFA					PD6105	
IBOA	1	GM61Q00	IBOA	IBOA	IBOA			IBOA	ST 1021		LuCure 648		PD6107	
IB0MA	1										LuCure 746			
PHEA	1	GM61Z00	PHEA	PHEA	PHEA			PHEA	ST 1011	CM 2121	LuCure 346		PD6103	
BDDA	2		BDDA	SM624				BDDA		CM 2227			PD6209	
HDDA	2	GM62B00	HDDA	SM626	HDDA	R206		HDDA	ST 1012	CM 2121	LuCure 659	HDDA	PD6202	211
PDDA	2		PDDA		PDDA			PDDA						
NPGDA	2	GM62E00	NPGDA	SM625	NPGDA	R205		NPGDA		CM 2233			PD6204	
TEGDA	2		TEGDA							CM 2121				

续表

活性稀释剂	官能度	国精化学	天津久日	江苏三木	江苏利田	江苏开磷瑞阳	无锡金盛	上海道胜	上海三桐	广州谱科	广州润奥	深圳科大	中山千佑	中山科田
PEG (200)DA	2	GM62V20	PEG(200)DA					PEG (200) DA		CM 2215			PD6216	
PEG (400)DA	2	GM62V40						PEG (400) DA		CM 2216			PD6211	
DPGDA	2	GM62D00	DPGDA	SM627	DPGDA	R203		DPGDA					PD6203	
TPGDA	2	GM62A00	TPGDA	SM623	TPGDA	R204		TPGDA	ST 1002		LuCure 353	TPGDA	PD6201	210
TMPTA	3	GM63C00	TMPTA	SM631	TMPTA	R302		TMPTA	ST 1003			TMPTA	PD6301	310
PETA	3	EM235	GM63F00		SM634	PETA			M006		LuCure 865	PETA	PD 6303	
PET₄A	4	EM241	GM64F00							CM 2411				
DTMPT₄A	4	EM242	GM64U00		SM642					CM 2421	LuCure 577		PD 6401	
DPPA	5		GM66G0H											
DPHA	6		GM66G00		SM641	DPHA	DPHA		DPHA	CM 2611	LuCure 295		PD 6601	

表 2-11　丙烯酸羟基酯和甲基丙烯酸羟基酯的主要生产厂家和产品

生产企业	大阪有机	江苏银燕	常州海克莱	北京东方业峰	枣庄玮成	无锡铭朗	无锡金盛助剂厂	池州方达
HEA	HEA	HEA	HEA		HEA	HEA	HEA	HEA
HPA	HPA	HPA	HPA		HPA	HPA	HPA	HPA
4-HBA	4-HBA			HGA-400				
HEMA		HEMA	HEMA		HEMA	HEMA	HEMA	HEMA
HPMA		HPMA	HPMA		HPMA	HPMA	HPMA	HPMA

2.6　第二代（甲基）丙烯酸酯类活性稀释剂——烷氧基化丙烯酸酯

第二代的丙烯酸酯活性稀释剂，都是由乙氧基化（—CH_2—CH_2—O—）或丙氧基化（—CH_2—CH_2—CH_2—O—）的醇类丙烯酸酯构成。

乙氧基化或丙氧基化的醇类丙烯酸酯活性稀释剂的开发是为了改善第一代丙烯酸酯活性稀释剂存在的皮肤刺激性和毒性偏大以及固化收缩率大的弊病，同时仍保持其较快的光固化速率和较好的稀释性能。由表 2-12 和表 2-13 可看到丙烯酸酯母体经乙氧基化或丙氧基化后，皮肤刺激性和固化收缩率有明显的降低，有的黏度也有所降低。

表 2-12　活性稀释剂烷氧基化性能比较

活性稀释剂	性能	母体	乙氧基化	丙氧基化
NPGDA	黏度(25℃)/mPa·s	10	13	15
	PII[①]	4.96	0.2	0.8
TMPTA	黏度(25℃)/mPa·s	106	60	85
	PII	4.8	1.5	1.0
PETA	黏度(25℃)/mPa·s	600		225
	PII	2.8		1.0

① PII 为初期皮肤刺激指数。

表 2-13　乙氧基化、丙氧基化及甲氧基化活性稀释剂固化收缩率

活性稀释剂	固化收缩率/%
TMPTA	26
TMP(EO)TA	17～24
TMP(PO)TA	12～15
TMP(EO)MEDA	19

活性稀释剂	固化收缩率/%
TMP(PO)MEDA	6
HDDA	14
HDDMEMA	8
TEGDA	20
TEGMEMA	9

表 2-14 列出部分烷氧基化丙烯酸酯活性稀释剂的物理性能，表 2-15 为不同乙氧基化的 TMPTA 的物理性能，显然，随着分子中乙氧基增加，黏度增加，表面张力也增大，而玻璃化转变温度下降，亲水性也增加，TMP(EO)$_{15}$TA 已变为易溶于水了。

表 2-14　部分烷氧基化丙烯酸酯活性稀释剂的物理性能

烷氧基化活性稀释剂	分子量	黏度(25℃)/mPa·s	表面张力/(mN/m)	玻璃化转变温度/℃
NPG(PO)$_2$DA	328	15	32.0	32
BP(EO)$_3$DA	468	1600	43.6	67
TMP(EO)$_3$TA	428	60	39.6	13
TMP(PO)$_3$TA	470	90	34.0	−15
PE(EO)$_4$T$_4$A	528	150	37.9	2
GP(PO)$_3$TA	428	95	36.1	18

表 2-15　不同乙氧基化 TMPTA 的物理性能

乙氧基化 TMPTA	分子量	黏度(25℃)/mPa·s	表面张力/(mN/m)	玻璃化转变温度/℃	其他
TMP(EO)$_3$TA	428	60	39.6	13	
TMP(EO)$_6$TA	560	95	38.9	−8	
TMP(EO)$_9$TA	692	130	40.2	−19	
TMP(EO)$_{15}$TA	956	168	41.5	−32	易溶于水
TMP(EO)$_{20}$TA	1176	225	41.8	−48	水分散性

乙氧基化的三羟甲基丙烷三丙烯酸酯［TMP(EO)$_n$TA］分子式如下：

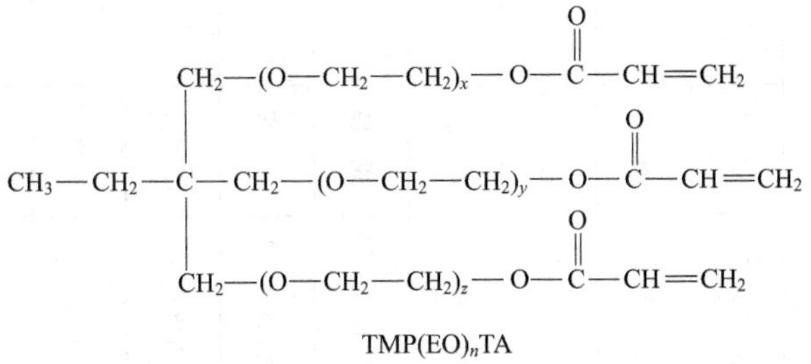

TMP(EO)$_n$TA

烷氧基化活性稀释剂的主要生产企业和产品见表 2-16。

表2-16 烷氧基化活性稀释剂的主要生产企业和产品

生产企业	沙多玛	瑞士 RAHN	艾坚蒙	大阪有机	美源	帝斯曼	长兴	国精化学	天津久日	江苏利田	江苏三木	江苏开磷瑞阳	无锡金盛	广州诺科
$NPG(PO)_2DA$	SR 9003		Photomer 4127				EM 2251	GM 62E2P	$NPG(PO)_2DA$	$NPG(PO)_2DA$	SM 625P	R208		CM 2235
$(PO)_2HDDA$			Photomer 4362											CM 2242
$TMP(EO)_3TA$	SR 454	GENOMER 1343Y	Photomer 4149	Viscoat 360	M 310	AgiSyn 2836	EM 2380	GM 63C3E	$TMP(EO)_3TA$	$TMP(EO)_3TA$	SM 631E	R307		CM 2312
$TMP(EO)_6TA$	SR 499							GM 63C6E						
$TMP(EO)_9TA$	SR 502		Photomer 4157		M 314		EM 2382	GM 63C9E		$TMP(EO)_9TA$		R313	$TMP(EO)_9TA$	
$TMP(EO)_{15}TA$	SR 9035		Photomer 4158		M 312		EM 2386	GM 63CFE			SM 631(15)E		$TMP(EO)_{15}TA$	
$TMP(EO)_{20}TA$	SR 415							GM 63CTE						
$TMP(PO)_3TA$	SR 492		Photomer 4072		M 360		EM 2381		$TMP(PO)_3TA$	$TMP(PO)_3TA$	SM 631P			CM 2316
$TMP(PO)_6TA$	CD 501													
$GP(PO)_3TA$	SR 9020	GENOMER 1348Y				AgiSyn 2844	EM 2384	GM 63X00	$GP(PO)_3TA$	$GP(PO)_3TA$		R309		CM 2322
$PE(EO)_4T_4A$	SR 494		—		M 4004		EM 2411	GM 64F5E						CM 2412
$PE(EO)_5T_4A$							EM 2421			$PE(EO)_5T_4A$				CM 2416
$PE(PO)_5T_4A$														
$(EO)_2OPPEA$												R112		

2.7　第三代（甲基）丙烯酸酯类活性稀释剂

　　最新开发的第三代（甲基）丙烯酸酯类活性稀释剂为含甲氧端基的（甲基）丙烯酸酯活性稀释剂，它们除了具有单官能团活性稀释剂的低收缩性和高转化率外，还具有高反应活性。目前已商品化的有沙多玛公司的 CD550、CD551、CD552 和 CD553，艾坚蒙公司的 8061、8127、8149。

　　（1）甲氧基聚乙二醇（350）单甲基丙烯酸酯（CD550）

$$CH_3-(O-CH_2-CH_2)_8-O-\overset{\displaystyle O}{\overset{\displaystyle \|}{C}}-\underset{\underset{\displaystyle CH_3}{|}}{C}=CH_2$$

　　（2）甲氧基聚乙二醇（350）单丙烯酸酯（CD551）

$$CH_3-(O-CH_2-CH_2)_8-O-\overset{\displaystyle O}{\overset{\displaystyle \|}{C}}-CH=CH_2$$

　　（3）甲氧基聚乙二醇（550）单甲基丙烯酸酯（CD552）

$$CH_3-(O-CH_2-CH_2)_{12}-O-\overset{\displaystyle O}{\overset{\displaystyle \|}{C}}-\underset{\underset{\displaystyle CH_3}{|}}{C}=CH_2$$

　　（4）甲氧基聚乙二醇（550）单丙烯酸酯（CD553）

$$CH_3-(O-CH_2-CH_2)_{12}-O-\overset{\displaystyle O}{\overset{\displaystyle \|}{C}}-CH=CH_2$$

　　（5）甲氧基三丙二醇单丙烯酸酯（8061）

$$CH_3-(O-CH_2-CH)_3-O-\overset{\displaystyle O}{\overset{\displaystyle \|}{C}}-CH=CH_2$$
$$\underset{\displaystyle CH_3}{|}$$

　　（6）甲氧基丙氧基新戊二醇单丙烯酸酯（8127）

$$CH_3O-CH_2-\underset{\underset{\displaystyle CH_3}{|}}{\overset{\overset{\displaystyle CH_3}{|}}{C}}-CH_2-(OCH_2-\underset{\underset{\displaystyle CH_3}{|}}{CH})_n-O-\overset{\displaystyle O}{\overset{\displaystyle \|}{C}}-CH=CH_2$$

　　（7）甲氧基乙氧基三羟甲基丙烷二丙烯酸酯（8149）

$$CH_3-O-CH_2-\underset{\underset{\displaystyle CH_2-(O-CH_2-CH_2)_n-O-\overset{\displaystyle \|}{\underset{\displaystyle O}{C}}-CH=CH_2}{|}}{\overset{\overset{\displaystyle CH_2-(O-CH_2-CH_2)_n-O-\overset{\displaystyle O}{\overset{\displaystyle \|}{C}}-CH=CH_2}{|}}{C}}-CH_2-CH_3$$

　　表 2-17 介绍了甲氧基化丙烯酸酯活性稀释剂的物理性能。

　　此外，SNPE 公司生产的 Acticryl CL-960、CL-959 和 CL-1042 为含氨基甲酸酯、环碳酸酯的单官能团丙烯酸酯，却显示出高反应活性和高转化率，见表 2-18。

表 2-17　甲氧基化丙烯酸酯活性稀释剂的物理性能

公司	活性稀释剂	黏度(25℃)/mPa·s	密度(25℃)/(g/cm³)	表面张力/(mN/m)	玻璃化转变温度/℃
沙多玛	CD550	19			−62
	CD551	22			
	CD552	39			−65
	CD553	50			
艾坚蒙	8061	8	0.99	30.1	
	8127	8	0.96	25.7	
	8149	28	1.08	35.2	

$$CH_2\!=\!CH\!-\!C\!-\!O\!-\!CH_2\!-\!CH_2\!-\!NH\!-\!C\!-\!O\!-\!CH\!-\!CH_3 \quad (CL\text{-}960)$$

$$CH_2\!=\!CH\!-\!C\!-\!O\!-\!CH_2\!-\!CH_2\!-\!N\!-\!CH_2 \quad (CL\text{-}959)$$

$$CH_2\!=\!CH\!-\!C\!-\!O\!-\!CH_2\!-\!CH_2\!-\!O\!-\!C\!-\!O\!-\!CH_2\!-\!CH\!-\!CH_2 \quad (CL\text{-}1042)$$

表 2-18　SNPE 公司不同活性稀释剂的光固化特性比较

低聚物	活性稀释剂	官能度	相对反应活性	敏感度/(J/m²)	不饱和键残余量/%
PUA	EDGA	1	1	1.0	2
	Acticryl CL-960	1	10	0.06	4
	Acticryl CL-959	1	14	0.05	3
	Acticryl CL-1042	1	18	0.04	4
	TPGDA	2	3	0.4	10
	HDDA	2	3	0.43	15
	TMPTA	3	11	0.1	36
EA	EDGA	1	1	0.9	5
	Acticryl CL-960	1	7	0.13	9
	Acticryl CL-959	1	13	0.06	10
	Acticryl CL-1042	1	17	0.05	18
	TPGDA	2	3	4	20
	HDDA	2	3	4	23

注：配方为低聚物 50 份，活性稀释剂 50 份，光引发剂 5 份。

广州谛科复合材料技术公司也生产有第三代端甲氧基活性稀释剂产品，见表 2-19。

表 2-19　广州谛科复合材料技术公司第三代端甲氧基活性稀释剂性能

产品名称	化学名称	官能度	黏度(25℃)/mPa·s	特性
CM2191	乙二醇单甲醚丙烯酸酯	1	1~2	低刺激性,低收缩率,稀释性佳,高柔韧性

产品名称	化学名称	官能度	黏度(25℃)/mPa·s	特性
CM2192	三丙二醇单甲醚丙烯酸酯	1	5～10	高反应性,低黏度,低收缩率,低刺激性,稀释性佳,润湿性佳,水溶性
CM2193	丙氧基新戊二醇单甲醚丙烯酸酯	1	6～11	低表面张力,良好的润湿性、流平性,低刺激性,水溶性,易分散
CM2195	甲氧基聚乙二醇(350)丙烯酸酯	1	20～30	快速表面固化,润湿性极佳,高度柔韧性,低 T_g
CM2196	甲氧基聚乙二醇(400)丙烯酸酯	1		快速表面固化,润湿性极佳,高度柔韧性,低 T_g
CM2197	甲氧基聚乙二醇(550)丙烯酸酯	1	45～60	快速表面固化,润湿性极佳,高度柔韧性,低 T_g
CM2291	乙氧基三羟甲基丙烷单甲醚二丙烯酸酯	2	25～30	高反应性,低刺激性,溶解能力强,水溶性

上海华谊集团技术研究院精细化工研究所也生产有乙二醇单甲醚丙烯酸酯和二乙二醇单甲醚丙烯酸酯这两种第三代活性稀释剂。

2.8　阳离子光固化活性稀释剂

2.8.1　乙烯基醚类活性稀释剂

乙烯基醚类活性稀释剂是 20 世纪 90 年代开发的一类新型活性稀释剂,它是含有乙烯基醚($CH_2=CH-O-$)或丙烯基醚($CH_2=CH-CH_2-O-$)结构的活性稀释剂。氧原子上的孤电子对与碳碳双键发生共轭,使双键的电子云密度增大,所以乙烯基醚的碳碳双键是富电子双键,反应活性高,能进行自由基聚合、阳离子聚合和电荷转移复合物交替共聚。因此,乙烯基醚可在多种辐射固化体系中应用,可在自由基固化体系、阳离子固化体系以及混杂体系(自由基光固化与阳离子光固化)中作为活性稀释剂使用。另外,还可与马来酰亚胺类缺电子双键配合,乙烯基醚与马来酰亚胺形成强烈的电荷转移复合物(CTC),经光照后,可在没有光引发剂存在下发生聚合,这也是正在研究开发中的无光引发剂的光固化体系。

乙烯基醚与丙烯酸酯类活性稀释剂相比,具有低黏度、稀释能力强、高沸点、气味小、毒性小、皮肤的刺激性低、反应活性优良等优点,但价格较高,影响了它在光固化产品的应用。

乙烯基醚类活性稀释剂的生产厂家有国际特品公司和陶氏化学公司,目前商品化的乙烯基醚类活性稀释剂如下。

(1) 三甘醇二乙烯基醚 (DVE-3)

$$CH_2=CH-O-CH_2-CH_2-O-CH_2-CH_2-O-CH_2-CH_2-O-CH=CH_2$$

(2) 1,4-环己基二甲醇二乙烯基醚 (CHVE)

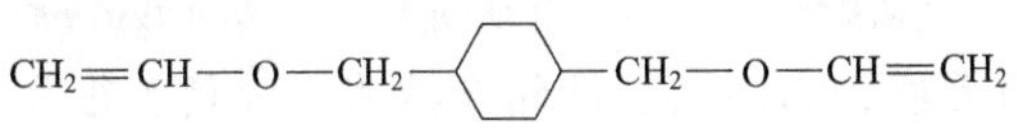

$$CH_2=CH-O-CH_2-\bigcirc-CH_2-O-CH=CH_2$$

（3）4-羟丁基乙烯基醚（HBVE）

$$CH_2=CH-O-CH_2-CH_2-CH_2-CH_2-OH$$

（4）甘油碳酸酯丙烯基醚（PEPC）

$$\begin{array}{c}O\\\|\\C\\O\quad\quad O\\CH_2-CH-CH_2-O-CH=CH-CH_3\end{array}$$

（5）十二烷基乙烯基醚（DDVE）

$$CH_3-(CH_2)_{11}-O-CH=CH_2$$

这 5 个乙烯基醚类活性稀释剂的物理性能见表 2-20。

表 2-20　国际特品公司乙烯基醚类活性稀释剂的物理性能

物理性能	DVE-3	CHVE	HBVE	PEPC	DDVE
化学品名	三甘醇二乙烯基醚	1,4-环己基二甲醇二乙烯基醚	4-羟丁基乙烯基醚	甘油碳酸酯丙烯基醚	十二烷基乙烯基醚
官能度	2	2	2	1	1
外观	澄清液体	澄清液体	澄清液体	澄清液体	澄清液体
气味	淡	特殊气味、持久	淡	淡	淡
沸点(13332.2Pa)/℃	133	130	125	155	120~142 (666.6Pa)
凝固点/℃	−8	6	−39	−60	−12
闪点/℃	119	110	85	165	115
密度(25℃)/(g/cm³)	1.0016	0.9340	0.94	1.10	0.82
黏度(25℃)/mPa·s	2.67	5.0	5.4	5.0	2.8
急性经口毒性/(mg/kg)	>5000	>5000	2050	5000	7500
皮肤接触毒性/(mg/kg)	>2000	>2000			
皮肤刺激性	极小	中等	弱	无刺激	

2.8.2　新型光固化阳离子活性稀释剂

阳离子光引发体系具有不受氧阻聚影响、体积收缩率小、光照后还能后固化等优点，其应用和研究范围日益广泛。以往阳离子光引发体系使用的活性稀释剂主要为乙烯基醚类和环氧类稀释剂，品种较少。近年来，人们研究开发了多种阳离子光固化用的活性稀释剂，对促进和推动阳离子光引发体系的应用起重要作用。

（1）烯基醚类

CH₃ OR	C₂H₅ OR	C₃H₇ OR
1-丙烯基醚	1-丁烯基醚	1-戊烯基醚

此类活性稀释剂多为无色、高沸点、低黏度液体，都具有很高的阳离子聚合活性。

（2）乙烯酮缩二乙醇类

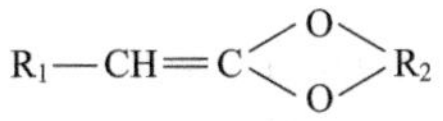

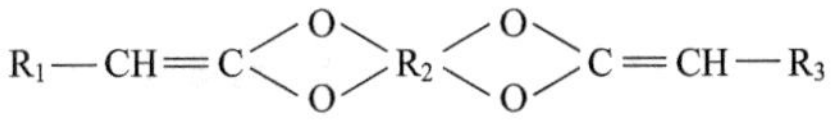

$$R_1-CH=C\overset{O}{\underset{O}{\diamond}}R_2 \qquad R_1-CH=C\overset{O}{\underset{O}{\diamond}}R_2\overset{O}{\underset{O}{\diamond}}C=CH-R_3$$

此类活性稀释剂中双键与两个强的释电子基团相连，因此特别易被亲电子试剂进攻，所以比乙烯基醚类活性稀释剂更活泼，更易进行阳离子聚合。

（3）环氧类

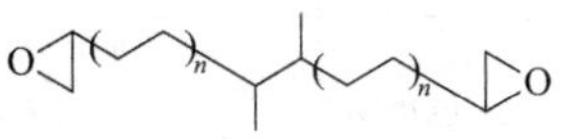

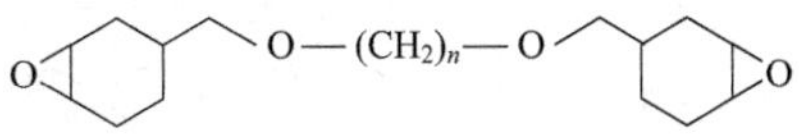

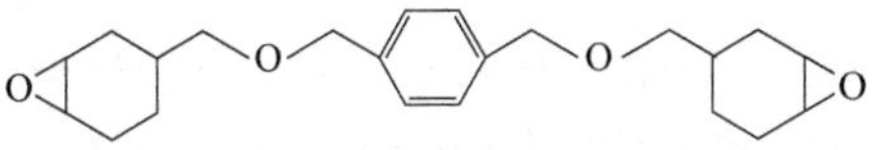

此类活性稀释剂阳离子聚合活性比常用的环氧单体 3,4-环氧环己基甲基-3,4-环氧环己基甲酸酯快，聚合转化率高。由于后者有酯羧基，会使反应活性降低。

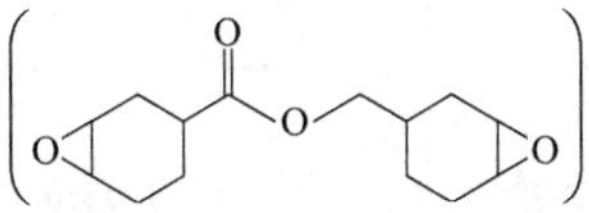

（4）环氧化三甘油酯

自然界中不少植物的种子含有不饱和三甘油酯，如已经大规模商业生产的大豆油、亚麻油、向日葵籽油和蓖麻油等。经环氧化可以得到各种环氧化单体，进行阳离子光聚合，它们原料丰富、合成容易、价格低廉、毒性低，是一类很有潜力的阳离子光固化的活性稀释剂。

（5）氧杂环丁烷类

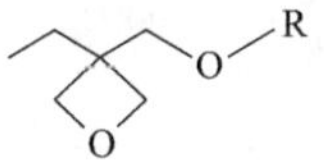

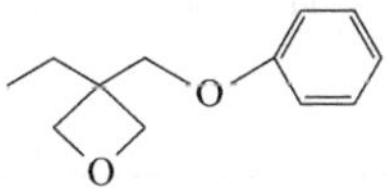

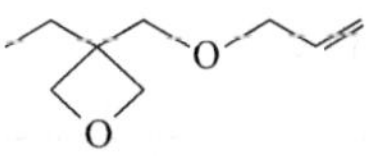

氧杂环丁烷类都可以进行阳离子光聚合，也是一类低黏度阳离子活性稀释剂。

（6）含有环氧基和烯醇醚基团的混合型活性稀释剂

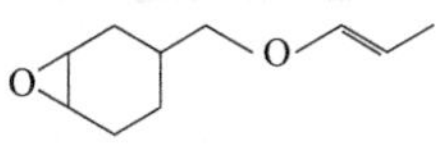

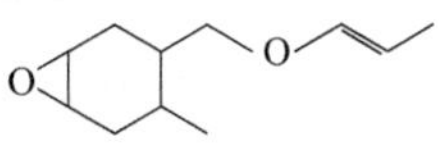

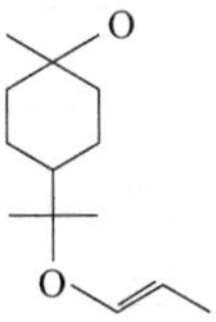

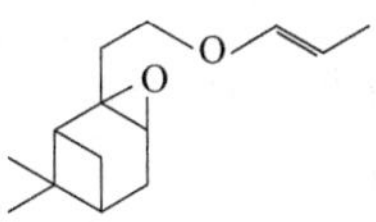

这一类活性稀释剂含有环氧基和烯醇醚基，都可以进行阳离子光聚合。而且由于烯醇醚基的存在，使环氧基聚合活性显著增强。

湖北固润科技公司生产的氧杂环丁烷单体见表 2-21，江苏泰特尔新材料科技公司生产的脂环族环氧和缩水甘油类单体见表 2-22。

表 2-21　湖北固润科技公司生产的氧杂环丁烷单体

产品代号	化学品名	化学结构式	外观	纯度	沸点/℃	黏度（30℃）/mPa·s
GR-OXT-1	3-乙基-3-氧杂环丁烷甲醇	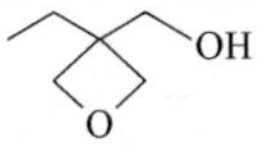	无色透明液体	≥98%	84（2.8torr）	15.0±0.5

续表

产品代号	化学品名	化学结构式	外观	纯度	沸点/℃	黏度（30℃）/mPa·s
GR-OXT-2	3-乙基-3-氯甲基氧杂环丁烷		无色透明液体	≥98%	63～73（13torr）	4.0±1
GR-OXT-3	3,3-[氧基双亚甲基]双[3-乙基]氧杂环丁烷		无色透明液体	≥98%	274.6（760torr）	10.0±0.5
GR-OXT-4	3-乙基-3-[(2-乙基)-己氧基甲基]氧杂环丁烷		无色透明液体	≥98%	273.1（760torr）	4.8±1
GR-OXT-6	3-乙基-3-[(苄氧基)甲基]氧杂环丁烷		无色透明液体	≥98%	280.4（760torr）	8.0±0.5
GR-OXT-8	3-乙基-3-[(苯氧基)甲基]氧杂环丁烷		无色透明液体	≥98%	274（760torr）	10.0±0.5
GR-OXT-11	3-乙基-3-烯丙基甲氧基氧杂环丁烷		无色透明液体	≥98%	193（760torr）	3.9±1

注：1torr＝133.3Pa。

表2-22 江苏泰特尔新材料科技公司生产的脂环族环氧和缩水甘油类单体

产品代号	产品名称	环氧当量/(g/eq)	黏度（25℃）/mPa·s
TTA21	3,4-环氧环己基甲酸3,4-环己基甲酯	126～135	220～450
TTA26	双[(3,4-环氧环己基)甲基]己二酸酯	190～210	400～750
TTA11	1,2-环氧-4-乙烯基环己烷		
TTA15	3,4-环氧-4-环己基甲基甲基丙烯酸酯	190～210	30max
TTA3150	聚[(2-环氧乙烷基)-1,2-环己二醇]2-乙基-(羟甲基)-1,3-丙二醇醚	170～200	
TTA20	1-甲基-4-(2-甲基环氧乙烷基)-7-氧杂双环(4,1,0)庚烷	84～100	5～30
TTA22	4-乙烯基-1-环己烯二环氧化物	70～80	
TTA27	双环戊二烯二环氧化物	82～85	
TTA60	1,4-环己烷二甲醇-双(3,4-环氧环己烷甲酸)酯	190～210	
TTA34	2-(3,4-环氧环己基)-5,5-螺(3,4-环氧环己基)-1,3-二氧六环	130～160	10000～40000
TTA182	四氢邻苯二甲酸二缩水甘油酯	150～180	350～700
TTA184	环己烷-1,2-二甲酸缩水甘油酯	160～180	600～900

产品代号	产品名称	环氧当量/(g/eq)	黏度(25℃)/mPa·s
TTA186	4.5-环氧环己烷-1,2-二甲酸缩水甘油酯	125	3000～5000
TTA500	三缩水甘油基对氨基苯酚	100～115	1500～3000
TTA520	4,4,-亚甲基-二（N,N-二缩水甘油基苯胺）	100～130	3000～6000
TTA224	1,4-丁二醇二缩水甘油醚	121～135	10～20
TTA225	新戊二醇二缩水甘油醚	133～147	16～21
TTA236	三羟甲基丙烷三缩水甘油醚	135～147	90～180

2.8.3　杂化型活性稀释剂

杂化型活性稀释剂是指含有自由基光固化和阳离子光固化两种不同光聚合机理的活性基团的活性稀释剂，由于杂化型活性稀释剂中分子内部两种活性基团相互作用，使得自由基光聚合和阳离子光聚合可以相互促进，从而加快光聚合速率，提高转化率。

大阪有机化学公司开发的新产品 OXE-10 和 OXE-30 就是杂化型活性稀释剂，其（甲基）丙烯酰氧基可进行自由基光固化，而氧杂环丁烷基团可进行阳离子光固化。OXE-10 和 OXE-30 的物理性能见表 2-23。

OXE-10　　　　　　OXE-30

表 2-23　OXE-10 和 OXE-30 的物理性能

产品名	外观	黏度/mPa·s	折射率	T_g/℃	表面张力/(mN/m)
OXE-10	微黄色清澈液体	4.3	1.456	−5	35.1
OXE-30	微黄色清澈液体	4.1	1.454	2	33.9

2.9　功能性甲基丙烯酸酯

甲基丙烯酸酯由于其光固化速率慢，很少在光固化产品上作活性稀释剂使用。但甲基丙烯酸酯对人体皮肤刺激性比丙烯酸酯要小，其聚合物的玻璃化转变温度要比丙烯酸酯聚合物高，硬度也高，因此在部分光固化产品中得到应用：如牙科用光固化材料都用功能性甲基丙烯酸酯作活性稀释剂，用甲基丙烯酸光固化树脂作低聚物；有些 3D 打印用光固化材料也使用功能性甲基丙烯酸酯作活性稀释剂；光固化粉末涂料的低聚物也使用甲基丙烯酸光敏树脂。功能性甲基丙烯酸酯的主要生产企业有沙多玛公司、德固莎公司、美源特殊化工公司、上海和创化学科技公司、广州谛科复合材料技术公司等，常用作活性稀释剂的甲基丙烯酸酯的物理性能见表 2-24。

表 2-24　常用作活性稀释剂的甲基丙烯酸酯的物理性能

甲基丙烯酸酯	官能度	沸点/℃	折射率(25℃)	密度(25℃)/(g/cm³)	黏度(25℃)/mP·s	T_g/℃	表面张力(20℃)/(mN/m)
甲基丙烯酸烯丙酯	1	32(9.5mmHg)	1.4327	0.93			
甲基丙烯酸异癸酯	1	99～100(1.3mmHg)	1.4414	0.878	5	−40	29.4
甲基丙烯酸十二酯	1	272～343	1.442	0.872	6	−65	
甲基丙烯酸十八酯	1	310～370	1.4485	0.866	14	38	
甲基丙烯酸羟乙酯	1	95(10mmHg)	1.4505	1.064	8	55	
甲基丙烯酸羟丙酯	1	96(10mmHg)	1.4456	1.027	9	72	
甲基丙烯酸 2-苯氧基乙酯	1		1.5109	1.079	10	54	38.2
甲基丙烯酸缩水甘油酯	1	75(10mmHg)	1.447	1.073	5	41	
甲基丙烯酸异冰片酯	1	112～117(2.5mmHg)	1.474	0.979	11	110	30.7
1,4-丁二醇二甲基丙烯酸酯	2	88(0.2mmHg)	1.4545	1.019	7		34.1
1,6-己二醇二甲基丙烯酸酯	2		1.4556	0.982	8	30	34.3
新戊二醇二甲基丙烯酸酯	2		1.451	1.000	8		31.9
二乙二醇二甲基丙烯酸酯	2		1.4607	1.061	8	66	34.8
三丙二醇二甲基丙烯酸酯	2			1.01	11		
三羟甲基丙烷三甲基丙烯酸酯	3		1.4701	1.061	44	27	33.6

2.10　烷氧基化双酚 A 二（甲基）丙烯酸酯

烷氧基化双酚 A 二（甲基）丙烯酸酯（简称为 BPA 活性稀释剂）是一类含有双酚 A 结构且不同程度乙氧基化或丙氧基化的活性稀释剂。

表 2-25～表 2-29 介绍了长兴公司、新中村化学工业株式会社、沙多玛公司商品化的烷氧基化双酚 A 二（甲基）丙烯酸酯活性稀释剂的性能。

表 2-25　长兴公司 BPA 活性稀释剂结构与名称

化学名称	商品名	R₁	R₂	$m+n$
二乙氧基双酚 A 二丙烯酸酯	EM2260	H	H	2
四乙氧基双酚 A 二丙烯酸酯	EM2261	H	H	4
十乙氧基双酚 A 二丙烯酸酯	EM2265	H	H	10
十丙氧基双酚 A 二丙烯酸酯	EM2268	H	CH₃	10
二乙氧基双酚 A 二丙烯酸酯	EM3260	CH₃	H	2
四乙氧基双酚 A 二丙烯酸酯	EM3261	CH₃	H	4
十乙氧基双酚 A 二丙烯酸酯	EM3265	CH₃	H	10
三十乙氧基双酚 A 二丙烯酸酯	EM3269	CH₃	H	30

表 2-26 长兴公司 BPA 活性稀释剂的物理性质

单体名	黏度(20℃)/mPa·s	表面张力/(mN/m)	折射率(25℃)	T_g/℃	分子量	与水相容性
EM2260	固态		1.5482	101.9	424	不溶于水
EM2261	1222	42.9	1.5387	87.5	512	水油分离
EM2265	678	43.0	1.5166	5.8	776	乳化
EM2268	927		1.4921		916	水油分离
EM3260	1492	38.7	1.5436	98.6	452	水油分离
EM3261	676	40.7	1.5330	55	540	水油分离
EM3265	474	41.9	1.5137	1	804	乳化
EM3269	714		1.4914		1684	溶解于水
EA621	4000~7000(60℃)					

表 2-27 长兴公司 BPA 活性稀释剂应用配方的性能

配方中所含活性稀释剂	黏度[1](20℃)/mPa·s	固化速率[1]/(m/min)	固化膜光泽(60°)		固化膜硬度[2]/H
			银白色底材	黑色纸材	
EM2260	1290	20	97.7	92.6	4
EM2261	1070	19.5	97.5	92.0	3
EM2265	800	18.5	95.7	89.4	2
EM2268	1150	9.2	95.4	90.4	2
EM3260	992	7.4	96.6	91.8	4
EM3261	746	8.5	96.1	91.1	3
EM3265	605	10	96.2	91.4	2
EM3269	750	13	94.3	90.6	2
TPGDA			93.8	86.9	3
TMPTA			94.3	89.3	3
EA(621A-80)			96.1	89.8	3

[1] 试验配方:脂肪族 PUA 30 份、BPA 活性稀释剂 40 份、TMPTA 18 份、184 3 份、BP 4 份、活性胺 5 份、助剂 0.2 份。

[2] 试验配方:脂肪族 PUA 30 份、BPA 及比较材料 40 份、TMPTA 25 份、184 5 份、助剂 0.2 份。

从表 2-26、表 2-27 可看到 BPA 类活性稀释剂具有如下特点:

① 比一般低聚物,如标准型双酚 A 环氧双丙烯酸酯(621)黏度低很多,而且随烷氧基化增加,黏度有逐渐下降趋势。

② 含有双酚 A 结构,具有较高的折射率,用于配方产品中可以获得高光泽。

③ 随着乙氧基化或丙氧基化程度增加,涂层的 T_g 下降、柔性增加、抗冲击性能提高。

④ 二乙氧基化的两种 BPA,对提高涂层硬度的作用超过了双酚 A 环氧丙烯酸酯和 TMPTA。

⑤ 随着乙氧量化程度的增加,BPA 活性稀释剂由亲油疏水过渡到亲水疏油,甚至可溶解于水。

表2-28　新中村化学工业株式会社乙氧基化双酚 A 二（甲基）丙烯酸酯的物理性质

商品名	R_1	R_2	$m+n$	分子量	色度（APHA）	黏度（25℃）/mPa·s	折射率	T_g/℃	皮肤刺激性（PII）
ABE-300	H	H	3	466	30	1500	1.543		
A-BPE-4	H	H	4	512	150	1100	1.537	82	0.7
A-BPE-6	H	H	6	600	70	710	1.528		
A-BPE-10	H	H	10	776	70	550	1.516	-12	
A-BPE-20	H	H	20	1216	200	700	1.504		
A-BPE-30	H	H	30	1656	100	750	1.493		
BPE-80N	CH₃	H	2.3	452	50	1200	1.543		
BPE-100N	CH₃	H	2.6	478	50	1000	1.540		
BPE-200	CH₃	H	4	540	50	600	1.532		1
BPE-300	CH₃	H	6	628	50	500	1.525		
BPE-500	CH₃	H	10	804	150	400	1.512	7.5	0.9
BPE-900	CH₃	H	17	1112	50	500	1.502		
BPE-1300N	CH₃	H	30	1680	50	650	1.491	−65	

表2-29　美国沙多玛公司乙氧基化双酚 A 二（甲基）丙烯酸酯的物理性质

商品名	R_1	R_2	$m+n$	黏度（25℃）/mPa·s	色度（APHA）	表面张力（20℃）/(mN/m)	T_g/℃
SR349	H	H	3	1600	80	43.6	67
SR601	H	H	4	1080	130	36.6	60
SR602	H	H	10	610	80	37.6	2
CD540	CH₃	H	4	555	100	35.2	108
CD541	CH₃	H	6	440	50	35.3	54
CD542	CH₃	H	8	420	40		
SR101	CH₃	H	2	1100	2.5	41.0	

2.11　特殊性能的活性稀释剂

2.11.1　含磷的阻燃型丙烯酸酯

阻燃剂的发展趋向于低烟、低毒和无卤化，故含磷化合物成为重要的高效、无卤阻燃剂。普通的丙烯酸酯都为易燃有机物，而丙烯酸磷酸酯则有较好的阻燃效果，见表2-30。

表2-30　含磷的阻燃型丙烯酸酯

代号	化学名称	代号	化学名称
DEAMP	丙烯酸甲基磷酸二乙酯	DEMMP	甲基丙烯酸甲基磷酸二乙酯
DEAEP	丙烯酸乙基磷酸二乙酯	DEMEP	甲基丙烯酸乙基磷酸二乙酯
DAP	丙烯酸乙基磷酸二甲酯		

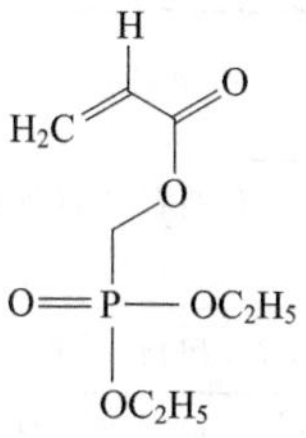

DEAMP 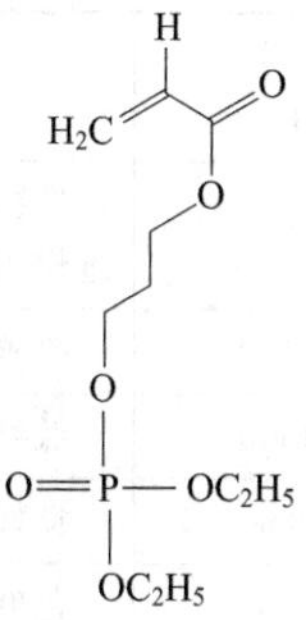 DEAEP 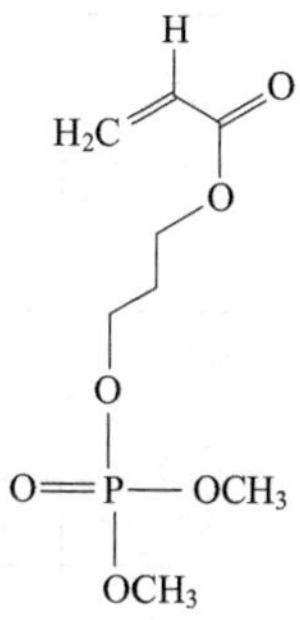 DAP 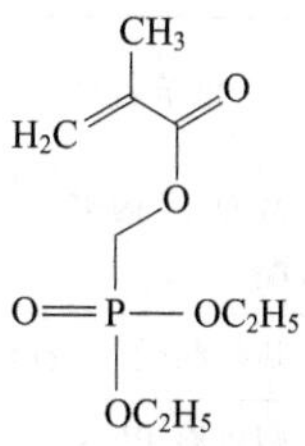 DEMMP 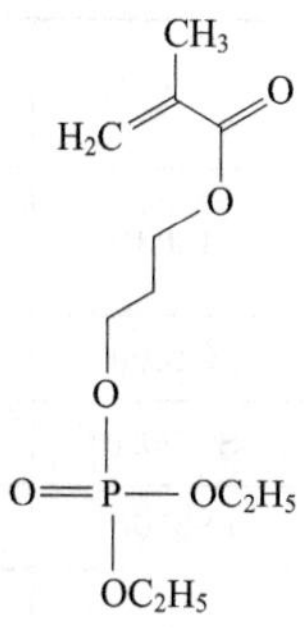 DEMEP

阻燃性试验结果如下：

PMMA：480℃，93s 自燃；氧指数 17.2。

PMMA＋10%DEMMP：480℃，未自燃；氧指数 22.8。

大阪有机化学公司生产的含磷丙烯酸酯 Viscoat-3PA 为三丙烯酸乙基磷酸酯，Viscoat-3PMA 为三甲基丙烯酸乙基磷酸酯。

2.11.2 提高附着力的活性稀释剂

提高附着力的活性稀释剂，最常用的是为了提高对金属附着力的（甲基）丙烯酸磷酸酯 PM-1 和 PM-2。PM-1 和 PM-2 的合成比较容易，当用甲基丙烯酸羟乙酯与五氧化二磷按等摩尔比反应时得到 PM-2；当用 2mol 甲基丙烯酸羟乙酯与 1mol 五氧化二磷反应，再水解得到 PM-1。

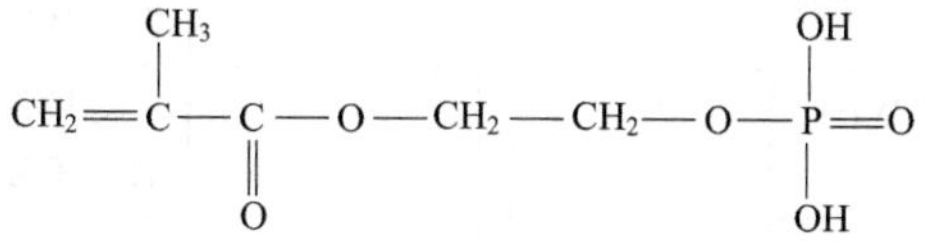

凡是带有酸性基团的活性稀释剂都能提高对金属的附着力，可作为金属涂层附着力促进剂。表 2-31 介绍了国内外部分用于提高附着力的活性稀释剂及其性能特点。

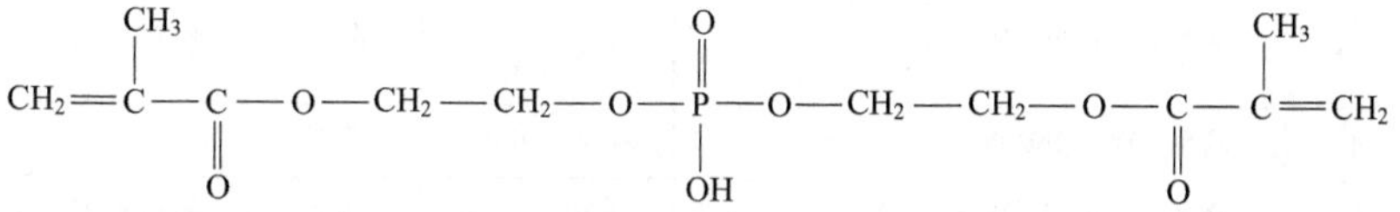

表 2-31 国内外部分用于提高附着力的活性稀释剂

公司	产品代号	化学名称	官能度	黏度（25℃）/mPa·s	产品性能特点
沙多玛	SR9008	烷氧基三官能团丙烯酸酯	3	70	快速固化，金属、塑料附着力促进剂，低收缩率，柔韧性好
	SR9009	三官能团甲基丙烯酸酯	3	35	快速固化，金属、塑料附着力促进剂
	SR9016	二丙烯酸金属盐	2		溶于水，对金属附着力强，低皮肤刺激
湛新	EB168	酸改性甲基丙烯酸酯		1350	促进对金属、玻璃的附着力
	EB170	酸改性丙烯酸酯		3000	促进对金属的附着力
	EB375	巯基衍生物		500	促进对金属附着力，出色的柔韧性

续表

公司	产品代号	化学名称	官能度	黏度(25℃)/mPa·s	产品性能特点
艾坚蒙	4703	高酸值丙烯酸膦酸酯			低黏度,对塑料和玻璃附着力有促进作用
美源	SC1400	磷酸酯丙烯酸酯	1.5	1100	改善金属、塑料、玻璃附着力
	SC6631	碱可溶PEA	1	3500	低黏度,改善困难基材的附着力
	PS2500	PEA	2	6000(60℃)	良好的附着力和低酸值
双键	272	羧酸PEA	1	12000	色度低,黏度低,固化后高温延伸率高,金属、玻璃附着力促进剂
	275	羧酸PEA	1	12000	不黄变,气味低,低收缩,金属、玻璃附着力促进剂
	9166	酸改性甲基丙烯酸酯		800~1500	低色度,低黏度,稳定性好,相容性好
国精化学	GA2600Y	甲基丙烯酸磷酸酯	2	1000~1500	低色度,低黏度,金属、玻璃密着性佳
	GA2700Y	磷酸酯丙烯酸酯	1	2000~4000	低色度,低黏度,金属、玻璃密着性佳
	GA2700Z	甲基丙烯酸磷酸酯	1	2000~4000	低色度,低黏度,金属、玻璃密着性佳
广东博兴	B-01	磷酸酯丙烯酸酯	2.5	1500~2200(30℃)	耐盐雾、高温高湿和耐水性好,促进金属和玻璃基材附着力
	B-55	金属附着力促进剂		60~100(30℃)	耐盐雾、耐水煮、耐酸碱性优,有效提高对金属基材附着力
	B-66	特殊聚酯附着力促进剂			对极性基材和非极性基材有良好的层间附着力
中山千佑	UV7421A	磷酸酯丙烯酸酯	3	15~30s(涂-4杯)	附着力好,耐候性佳
	UV7424	磷酸酯丙烯酸酯	3	3000~6500	附着力好
	UV7426	磷酸酯丙烯酸酯	3	2500~5000	附着力好,耐候性佳,抗水性好
陕西喜莱坞	UVD5200	磷酸酯丙烯酸酯	2	30000~35000	耐黄变,附着力佳,光反应性好
湖南赢创未来	AMO6301	磷酸酯丙烯酸酯	2	1000±200	阻燃性好,增进金属、塑料附着力
	AMO6602	磷酸酯丙烯酸酯	6	2000±500	具有阻燃性,增进金属、塑料附着力
	SPE9223	高附着高柔韧丙烯酸酯	2	1000±200	在玻璃、陶瓷、金属上有很好的附着力,柔韧性好
广州五行	95F	附着力促进剂			低黏度,低收缩率,耐水煮,对金属附着力强
	96F	附着力促进剂			储存稳定性、耐水煮和耐碱性佳,对金属附着力强
	907F	附着力促进剂			低黏度,低酸值,耐水煮性佳,对金属有极强附着力

公司	产品代号	化学名称	官能度	黏度（25℃）/mPa·s	产品性能特点
上海三桐	SZ1771	磷酸酯丙烯酸酯	3	150±20	附着力佳,耐水煮,相溶性佳
	SZ1774	磷酸酯丙烯酸酯	3	150±200	附着力佳,耐水煮
	SZ9166	甲基丙烯酸酯改性体		270	附着力佳,反应快
中山科田	7112	磷酸酯丙烯酸酯	2	600～3000	黏度低,颜色浅,相溶性好
深圳科大	KD1501	磷酸酯丙烯酸酯	2	200～300	促进附着力,提高硬度、耐水煮性,稳定性好,用于木器、塑料涂料
	KD1502	磷酸酯丙烯酸酯	2	1500～3000	促进附着力,提高硬度、耐水煮性,稳定性好,用于木器、塑料涂料
广东昊辉	HC5150	磷酸酯丙烯酸酯	1		极强附着力,快速固化,耐水煮,储存稳定性佳
	HC5351	磷酸酯丙烯酸酯	3		极强附着力,快速固化,耐水煮,储存稳定性佳,更高硬度
	MH5203	附着力促进 PEA	3	60000～100000	低收缩率,耐水煮、柔韧性、润湿性好,对玻璃、瓷砖良好附着力
广州谛科	PAM102	磷酸酯丙烯酸酯		800～1200	附着力促进剂(铜、铁、铝等)
开平姿彩	M221	磷酸酯丙烯酸酯	2	700～1600	耐金属、塑料基材有优异的附着力,有阻燃性
上海道胜	FR1501	混合型丙烯酸酯	4		极佳的附着力,高硬度,高光泽
	FR1503	混合型丙烯酸酯	4		极佳的附着力,高硬度,高光泽
江门恒之光	1100	磷酸酯丙烯酸酯	2	600～2000	增进涂层与表面致密性基材附着力
	1101	磷酸酯丙烯酸酯	3	180±280	低收缩率,耐水性、耐盐雾性优异,成膜柔软,对银粉漆罩光固化 UV 涂层、金属镀层及金属基材有卓越附着力
鹤山铭丰达	MF-P120	磷酸酯丙烯酸酯		3000～5000	酸值高,相溶性好,有效增进涂层基材附着力
	MF-P125	磷酸酯丙烯酸酯		200～500	酸值高,相溶性好,有效增进涂层基材附着力

2.11.3 提高光固化速率的活性稀释剂——活性胺

这是一类带叔胺基团的丙烯酸酯,俗称活性胺,它们作为助引发剂,与二苯甲酮等夺氢型自由基光引发剂配合使用,能提高光固化速率;能减少氧阻聚的影响,有利于改善表面固化;带有可聚合的丙烯酸基团,能参与光固化反应,避免以往用低分子叔胺气味大、不能参与光固化反应、残留易迁移的弊病。表 2-32 列举了部分国内外企业生产的活性胺。

同时,国内长沙新宇化工实业公司、佛山顺德现代化工公司、温州恒立新材料公司、无锡科润特种化学品公司、天津久日化学公司等企业都有多种活性胺的产品。

表 2-32　部分国内外企业生产的活性胺

公司	产品代号	化学名称	黏度（25℃）/mPa·s	官能度	性能特点
沙多玛	CN373	叔胺丙烯酸酯			低迁移,低刺激,高效助引发剂
	CN383	叔胺丙烯酸酯			低黏度,低气味,高效助引发剂
	CN386	叔胺丙烯酸酯			低黏度,低迁移,低刺激性,表面不起花,高效助引发剂
湛新	P115	叔胺丙烯酸酯			低黏度,高效助引发剂
	7100	叔胺丙烯酸酯			有良好附着力,高效助引发剂
艾坚蒙	photomer 4771	丙烯酸酯化胺类增感剂	700	2	固化速率快,非黄变性,低黏度
	photomer 4775	丙烯酸酯化胺类增感剂	3200	2	固化速率快,非黄变性,低黏度
	photomer 4967	丙烯酸酯化胺类增感剂	23	1	固化速率快,高反应活性,耐化学性,抑制氧阻聚
巴斯夫	LR8956	叔胺丙烯酸酯			低黏度,高效助引发剂
美源	AS5142	丙烯酸酯胺增效剂	15~30	1	高效能,无表面胺迁移
长兴	641	叔胺丙烯酸酯	25~40	1	低黏度,高效助引发剂,提高光泽
	6420	反应型叔胺丙烯酸酯	15~25		低气味,低黏度,表面固化快速,稳定性佳
	6430	叔胺丙烯酸酯	10~20	1	低气味,低黏度,高效助引发剂,稳定性佳
奇钛	Chivacure115	反应型胺增感剂			多官能反应型胺增感剂,用于色漆、油墨、上光油
	Chivacure225	聚合型胺增感剂			聚合型胺增感剂,用于油墨、涂料,可提高附着力
石梅	M8300	叔胺丙烯酸酯			低气味,高效助引发剂
	M8400	叔胺丙烯酸酯			高效助引发剂
国精化学	GC1000W	反应性胺助引发剂	10~30	1	低成本,高固化速率,高光泽度,低黄变
	GC1100W	反应性胺助引发剂	80~120	2	低成本,高固化速率,高光泽度,低黄变
	GC1200C	反应性胺助引发剂	3000~4500	3	低气味,高固化速率,高光泽度,低黄变
肇庆宝骏	8000	反应性胺助引发剂	800	2	促进固化速率,低黄变
	8600	反应性胺助引发剂	3000	2	促进固化速率,低黄变
广东博兴	B-21	叔胺丙烯酸酯	20~25s（涂-4 杯）	1.5	无苯,色浅,低气味,不迁移,可促进固化速率
	B-22	叔胺丙烯酸酯	11~13s（涂-4 杯）	1	无苯,色浅,低气味,不迁移,柔韧,可促进固化速率
中山千佑	P113	叔胺丙烯酸酯	20~40s（涂-4 杯）	1~2	活性高,表干快,低色度,低黏度,固化快
	P116	叔胺丙烯酸酯	1500~2500	1~2	耐黄变,低色度,低气味,流平好
	P616	反应性胺助引发剂	120		表面迁移少,有效提高表面固化,低挥发

续表

公司	产品代号	化学名称	黏度(25℃)/mPa·s	官能度	性能特点
陕西喜莱坞	UVB2000	叔胺丙烯酸酯	20～40s(涂-4 杯)	1	增加固化速率,低黏度,无胺迁移
	UVB2200	反应性叔胺丙烯酸酯	20～25s(涂-4 杯)	2	增加固化速率,附着力好,无胺迁移
湖南赢创未来	RAS7201	活性胺	60±20	2	提高深层和表面固化,低挥发,低气味,高硬度
	RAS7301	活性胺	70±20	3	提高深层和表面固化,低挥发,低气味,高硬度
	RAS7302	无苯活性胺	70±20	3	无苯,提高深层和表面化,低挥发,低气味,高硬度
开平姿彩	ZC3706	活性胺	50～100	3	提高表面固化速率
江苏开磷瑞阳	RY4101	活性胺	70～110		色浅,气味小,不变红,催化效果高
	RY4102	无苯活性胺	50～80		无苯,色浅,气味小,不变红,催化效果高
	RY4103	无苯活性胺	70～100		无苯,色浅,气味小,不变红,催化效果高
上海三桐	SZ115	反应性胺助引发剂	20		固化速率快,韧性佳
	SZ225	反应性胺助引发剂	800		固化速率快,附着力佳,颜料润湿性佳
	SZ300	反应性胺助引发剂	2250(60℃)		固化后无残留气味,不黄变,耐候性佳
无锡金盛	P115	活性胺	30±25	2	提高深层和表面化,低气味,低迁移,附着力好
中山博海	P113	活性胺	100±30	1.5	光敏增感剂
	P115	活性胺	100±50	2.5	光敏增感剂
中山科田	1113	活性胺	80～100		色浅,气味小,不变红,催化效果高
	无苯 1113	无苯活性胺	80～100		无苯,色浅,气味小,不变红,催化效果高
深圳科大	KD181	活性胺	80～120		增强反应活性,通用性强,用于塑料、木器涂料
	KD182	活性胺	80～120		增强反应活性,通用性强,用于塑料、木器涂料
深圳鼎好	DH-P115	活性胺	90～120		
	DH-P115A	活性胺	90～120		
	DH-P113	活性胺	10～25		
江苏利田	RAP115	反应性胺助引发剂	10000～30000		低气味,低色度,低挥发
江苏三木	SM6338	活性胺	30～100		色浅,气味小,不变红,通用性强
	SM6339	活性胺	40～90		色浅,气味小,不变红,低成本

公司	产品代号	化学名称	黏度(25℃)/mPa·s	官能度	性能特点
上海道胜	FR3115	胺助引发剂	15～25		高效助引发剂
	FR3710	胺助引发剂	1000		低黄变,高效助引发剂
江门恒之光	A115	活性胺	80～120		黏度低,可克服氧阻聚,快速固化
	A11B	无苯活性胺	80～120		黏度低,可克服氧阻聚,快速固化
	A160	低气味活性胺	500～1000		黏度低,可克服氧阻聚,快速固化,气味低
鹤山铭丰达	MF-P113	活性胺	80～100		活性高,气味小,胺含量高

2.11.4　改善颜料分散性的活性稀释剂

沙多玛公司 CD802 为烷氧基化二丙烯酸酯就属于此类活性稀释剂,黏度不高,对颜料分散的稳定性好,还能增加已磷化钢材表面的附着力。

2.11.5　高纯度活性稀释剂

高纯度活性稀释剂具有极低的酸含量和残留溶剂含量[如沙多玛公司的高纯度活性稀释剂,残留溶剂含量只有 10ppm(1ppm＝1mg/kg)],因此固化后几乎没有溶剂逸出,可用于高性能光固化产品中。表 2-33 为商品化的高纯度活性稀释剂。

表 2-33　商品化的高纯度活性稀释剂

公司	产品代号	化学名称
沙多玛	SR306HP	高纯度 DPGDA
	SR351HP	高纯度 TMPTA
	SR454HP	高纯度三乙氧基化 TMPTA
	SR9020HP	高纯度三丙氧基化丙三醇三丙烯酸酯
湛新	DPGDA DE0	高纯度 DPGDA
	TMPTA DE0	高纯度 TMPTA
	TPGPA DE0	高纯度 TPGPA
	EB53	高纯度甘油衍生物三丙烯酸酯
	EB1110	高纯度 POEA
	EB1140	高纯度 DTMPTTA
	EB1160	高纯度乙氧基化 TMPTA

2.11.6　自固化丙烯酸酯活性稀释剂

通过分子结构设计,采用特殊的合成方法,突破传统光引发剂结构,赋予活性稀释剂一定的感光自引发活性,合成出一种自固化的丙烯酸酯活性稀释剂,可以在无传统的光引发剂前提下自行发生光固化交联。这类自固化丙烯酸酯活性稀释剂在光解时不产生苯系碎片,残留的未反应分子本身低毒或为非苯系化合物，气味低，更环保和安全。由于具有自引发活性，固化速率快，特别适用于有色体系和厚涂层体系的深层固化，以及立体涂装涂层固化。目前，广东博兴新材料科技公司已开发生产自固化丙烯酸酯活性稀释剂系列产品，其性能和应用见表 2-34。

表 2-34　广东博兴新材料科技公司自固化丙烯酸酯的性能和应用

产品	官能度	色度（APHA）	黏度（30℃）/mPa·s	酸值/(mg KOH/g)	特性与应用
B-11	2	200Max	2700～3500	≤1.0	固化速率快，气味低，有效提高有色体系的深层固化
B-12	3	200Max	9000～13000	≤1.0	固化速率快，气味低，有效提高有色体系的深层固化
B-13	5	200Max	35000～45000	≤1.0	固化速率快，气味低，有效提高有色体系的深层固化
B-14	1	200Max	200～300	≤1.0	低收缩，柔软性好，气味低
B-15	1	200Max	140～180	≤1.0	低收缩，柔软性好，气味低

另外，江门恒光化工公司生产的 HQ303 也是属于自引发的活性稀释剂。

2.11.7　高折射率的活性稀释剂

一些含苯环的（甲基）丙烯酸酯具有较高的折射率，特别适用于光学性能相关的光固化产品。致德化学（上海）公司生产的高折射率的活性稀释剂，适用于 TFT-LCD 背光模组用增光膜/扩散膜的涂布 UV 胶、UV 光纤涂料、树脂镜片以及感光干膜。表 2-35 介绍了该公司高折射率活性稀释剂的物理性能。

表 2-35　致德化学（上海）公司高折射率活性稀释剂的物理性能

产品名称	化学名称	分子量	色度（AHPA）	黏度（25℃）/mPa·s	折射率（25℃）
PHEA	丙烯酸 2-苯氧基乙酯	192	100Max	12	1.519
PGE-001	丙烯酸 2-羟基-3-苯氧基丙酯	222	200Max	160	1.520
PTEA	丙烯酸 2-(苯硫基)乙酯	208	150Max	16	1.557
CPEA	丙烯酸 2-(对异丙苯基-苯氧基)乙酯	310	100Max	180	1.557
PBA			100Max	14	1.565
PPEA	丙烯酸邻苯基苯氧基乙酯	268	100Max	140	1.575
OPPA	丙烯酸 2-羟基-3-邻苯基苯氧基丙酯	298	200Max	17000	1.560
BPA(3)EODMA	三乙氧基双酚 A 二丙烯酸醋	455	200Max	1459	1.5468
BPA(4)EODMA	四乙氧基双酚 A 二丙烯酸醋	512	200Max	1080	1.539
BPA(10)EODMA	十乙氧基双酚 A 二丙烯酸醋	776	200Max	610	1.5147
BPA(30)EODMA	三十乙氧基双酚 A 二丙烯酸醋	1656	200Max	750	1.493
BPS(4)EODMA	四乙氧基双酚 S 二丙烯酸酯	502	200Max	800	1.5645
BPS(10)EODMA	十乙氧基双酚 S 二丙烯酸酯	766	200Max	500	1.5316
BPFEODA	乙氧基二苯基芴二丙烯酸酯	547	200Max	700(50C)	1.600

2.11.8　无苯活性稀释剂

随着人们环保意识的增强，国家也出台了强制性的产品标准，2008 年率先在烟包印刷上限制苯系溶剂的含量，这就要求纸品上光油和印刷油墨不能含有苯系溶剂。鉴于烟包印刷上大量使用 UV 光油和 UV 油墨，就不能用含有苯系溶剂的活性稀释剂、低聚物和光引发剂作原料来生产。而活性稀释剂传统的生产工艺是用甲苯作脱水剂，产品中难免会残留一定量的甲苯，为了生产不含甲苯的活性稀释剂，不少生产厂采用烷烃作脱水剂的新工艺，生产出不含苯系溶剂的活性稀释剂，从而保证了烟包印刷用无苯 UV 光油和 UV 油墨的生产，也使国内活性稀释剂的生产上了一个新台阶。部分生产无苯活性稀释剂的企业和产品见表 2-36，此外，江苏利田公司、天津久日化学公司等多家活性稀释剂生产企业也都有生产无苯活性稀释剂。

表 2-36　部分无苯活性稀释剂生产企业及产品

公司	商品名	产品组成	官能度	黏度(25℃)/mPa·s
沙多玛	SR238 TFN	无苯 HDDA	2	5~8
	SR306 TFN	无苯 TPGDA	2	10~15
	SR351 TFN	无苯 TMPTA	3	90~140
	SR355 TFN	无苯 DTP4A	4	483~861
	SR454 TFN	无苯 EO-TMPTA	3	50~75
	SR492 TFN	无苯 PO-TMPTA	3	70~110
	SR508 TFN	无苯 DPGDA	2	7~13
	SR9003 TFN	无苯 PO-NPGDA	2	10~20
	SR9020 TFN	无苯 PO-GPTA	3	80~120
艾坚蒙	Photomer4017	无苯 HDDA	2	8
	Photomer4061	无苯 TPGDA	2	13
	Photomer4226	无苯 DPGDA	2	10
	Photomer4006	无苯 TMPTA	3	100
	Photomer4094	无苯 PO-GPTA	3	85
	Photomer4194	无苯 EO-TMPTA	3	63
长兴	EM221-TF	无苯 HDDA	2	5~10
	EM222-TF	无苯 DPGDA	2	7~13
	EM223-TF	无苯 TPGDA	2	8~16
	EM2251-TF	无苯 PO-NPGDA	2	10~20
	EM231-TF	无苯 TMPTA	3	70~110
	EM2380-TF	无苯 EO-TMPTA	3	50~70
	EM2387-TF	无苯 PO-GPTA	3	70~100
	EM242-TF	无苯 DTP4A	4	400~700
	EM321-TF	无苯 HDDMA	2	6~9

公司	商品名	产品组成	官能度	黏度(25℃)/mPa·s
国精化学	GM62A0F	无苯 TPGDA	2	10~18
	GM62B0F	无苯 HDDA	2	5~10
	GM62D0F	无苯 DPGDA	2	7~13
	GM62E2F	无苯 PO-NPGDA	2	10~20
	GM63C0F	无苯 TMPTA	3	70~120
	GM63C3F	无苯 EO-TMPTA	3	40~80
	GM63X0F	无苯 PO-GPTA	3	70~100
	GM64U0F	无苯 DTP4A	4	400~800
江苏三木	SM631 W	无苯 TMPTA	3	70~110
	SM623 W	无苯 TPGDA	2	10~16
	SM626 W	无苯 HDDA	2	5~12
	SM627 W	无苯 DPGDA	2	6~12
江苏开磷瑞阳	R204 TF	无苯 TPGDA	2	8~16
	R206 TF	无苯 HDDA	2	5~12
	R302 TF	无苯 TMPTA	3	70~110

2.11.9 低皮肤刺激性活性稀释剂

部分活性稀释剂的皮肤刺激性大，是光固化产品的一个很大的弊病，严重影响了光固化产品的生产、使用和推广。因此，开发低皮肤刺激性（PII≤2.0）的活性稀释剂一直是光固化行业内科研人员努力的目标。人们发现除了烷氧基化活性稀释剂外，还有一些聚乙二醇、聚丙二醇和双酚 A 结构的活性稀释剂以及大分子丙烯酸酯也具有低皮肤刺激性，这些新活性稀释剂的开发和应用，可大大地减少光固化产品生产和使用时对人体的伤害。部分低皮肤刺激性活性稀释剂生产企业和产品见表 2-37。

表 2-37 部分低皮肤刺激性活性稀释剂生产企业和产品

公司	商品牌号	产品组成	官能度	黏度(25℃)/mPa·s	分子量	PII
大阪有机	Viscoat 150D	2-丙烯酸大分子四氢呋喃酯	1	5~9	150~550	0
	Viscoat 190D	丙烯酸大分子乙氧基乙氧基乙酯	1	4~8	180~600	1.6
	Viscoat 230D	丙烯酸大分子 1,6-己二酯	2	12~24	220~1000	0.4
	Viscoat 700HV	双酚 A 乙氧基二丙烯酸酯	2	1000~1300	504	0.6
	Viscoat 540	双酚 A 二环甘油醚二丙烯酸酯	2	13000~17000	518~522	0.2
新中村	A-400	聚乙二醇(400)二丙烯酸酯	2	58	508	0.4
	A-600	聚乙二醇(600)二丙烯酸酯	2	106	708	1
	APG-400	聚丙二醇(400)二丙烯酸酯	2	34	536	0.8
	APG-700	聚丙二醇(700)二丙烯酸酯	2	68	808	1.2
	A-BPE-4	四乙氧基双酚 A 二丙烯酸酯	2	1100	512	0.7

公司	商品牌号	产品组成	官能度	黏度（25℃）/mPa·s	分子量	PII
	IBOA	丙烯酸异冰片酯	1	9		1.8
	EB150	双酚 A 二丙烯酸酯	2	1400		1.7
湛新	OTA480	甘油三丙烯酸酯	3	90		1.5
	EB140	双三羟甲基丙烷四丙烯酸酯	4	1000		0.5
	EB7100	活性胺		1200		1.6

2.11.10　适用于 UV-LED 的活性稀释剂

随着 UV-LED 光源的广泛应用，为配合 UV-LED 而开发了适用于 UV-LED 的活性稀释剂，见表 2-38。

表 2-38　部分适用于 UV-LED 的活性稀释剂

公司	商品名	产品组成	官能度	黏度（25℃）/mPa·s	性能特点
广东昊辉	HU0037	特殊功能丙烯酸酯		90～130	低黏度,各种基材附着力佳,可 LED 固化
江门恒之光	HQ105A	新型合成单体	2	10～15	低黏度,低气味,低皮肤刺激性,良好附着力,高固化速率,耐磨性优,高耐热性,用于指甲油
	HQ303	自引发功能单体		100～150	表干快,抗氧阻聚,用于指甲油,LED 固化涂料

2.12　特殊结构的活性稀释剂

2.12.1　丙烯酸二恶茂酯

丙烯酸二恶茂酯是一类杂环结构的活性稀释剂，具有低皮肤刺激性的特点。它是由丙三醇和酮在对甲苯磺酸催化下，脱水生成缩醇；再与丙烯酸甲酯，在锡催化剂和正己烷中，经酯交换反应制得：

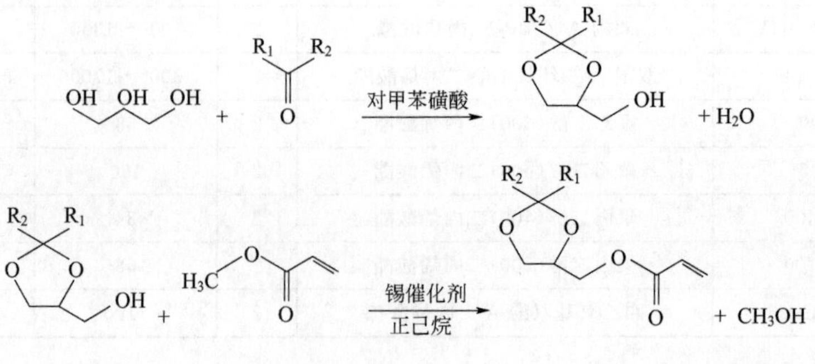

已商品化的丙烯酸二噁茂酯为大阪有机化学公司的 MEDOL10、MIBDOL10、CHDOL10，它们的理化性能见表 2-39。从表中看到 MEDOL10 和 MIBDOL10 都有较低的黏度，三个活性稀释剂皮肤刺激指数都很低，尤其 CHDOL10 仅为 0.6。DOL 系列活性稀释剂与低聚物相容性良好，光固化速率：

$$CHDOL10 > MEDOL10 > MIBDOL10$$

　　表 2-40 和表 2-41 是 DOL 系列活性稀释剂对不同基材的粘接性能和固化膜性能。CHDOL10 粘接性能最好，除 PET 外，对其他塑料和玻璃与铝都有极好的粘接性能，弹性拉伸模量也最好。

表 2-39　大阪有机化学公司 DOL 系列活性稀释剂的理化性能

商品名称	MEDOL10	MIBDOL10	CHDOL10
化学名称	丙烯酸(2-乙基-2-甲基-1，3-二氧戊环)4-甲酯	丙烯酸(2-异丙基-2-甲基-1，3-二氧戊环)4-甲酯	丙烯酸(5-环己基-2-甲基-1，4-二氧戊环)2-甲酯
化学结构			
分子量	200.2	228.3	226.3
密度(20℃)/(g/m³)	1.056	1.017	1.104
折射率(20℃)	1.447	1.447	1.475
溶解性(20℃，水中)/%	1.2	0.7	0.9
固化膜 T_g/℃	−7	−19	22
表面张力/(mN/m)	32.3	29.9	37.4
黏度(20℃)/mPa·s	5.1	5.3	16.9
沸点/℃	100(0.7kPa)	115(0.7kPa)	135(0.7kPa)
闪点/℃	113	124	—
PII 值	1.3	1.0	0.6
艾姆斯氏试验	阴性	阴性	阴性

表 2-40　DOL 系列活性稀释剂的粘接性能（划格法）

基材 产品	玻璃	铝	PC	PVC	ABS	PET
MEDOL10	12	52	100	100	100	0
MIBDOL10	23	32	100	100	100	0
CHDOL10	100	100	100	100	100	0

　　注：试验配方为 PUA 70 份，DOL 30 份，1173 4 份。

　　粘接性能：100 为最好，0 为最差。

表 2-41　DOL 系列活性稀释剂的固化膜性能

产品 ＼ 性能	弹性拉伸模量/MPa	拉伸率/%	铅笔硬度
MEDOL10	50	55.8	H
MIBDOL10	39	57.6	H
CHDOL10	205	47.4	H

注：试验配方为 PUA 70 份，DOL 30 份，1173 4 份。

2.12.2　含氟的活性稀释剂

大阪有机化学公司生产的含氟丙烯酸酯在高氧条件下有良好的反应活性，低折射率，良好的水、油排斥性和耐候性，目前有五个商品牌号（见表 2-42），其物理性能见表 2-43。

表 2-42　大阪有机化学公司含氟丙烯酸酯

C 原子数	F 原子数	丙烯酸酯商品名	甲基丙烯酸酯商品名
1	3	3F	3FM
2	4	4F	
4	8	8F	8FM

表 2-43　大阪有机化学公司含氟丙烯酸酯物理性能

商品名	折射率	沸点/℃(kPa)	闪点/℃	黏度(25℃)/mPa·s
3F	1.348	92(99.8)	13	1.1
3FM	1.361	115(101.3)	25	1.0
4F	1.363	106(21)	46	1.9
8F	1.347	121.8(18.7)	72	3.1
8FM	1.357	179.6(101.3)	76	4.0

2.12.3　异氰酸酯活性稀释剂

异氰酸酯活性稀释剂是昭和电工株式会社生产的含有—NCO 的活性稀释剂 Karenz 系列产品，目前有下列六个品种：

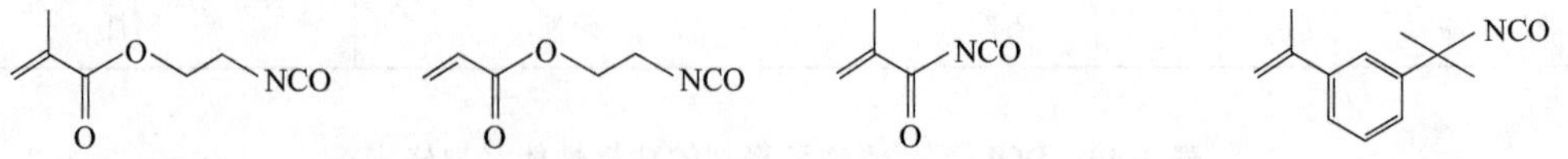

MOI　　　　　AOI　　　　　MAI　　　　　TMI

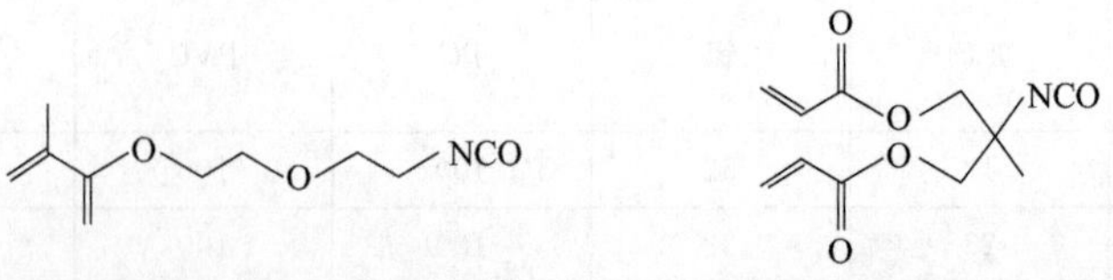

MOI-EG　　　　　　　　　BEI

Karenz 系列异氰酸酯活性稀释剂分子内同时含有—NCO 和 C ＝C 双键，由于分子内具有两个不同类型的反应性基团，C ＝C 双键可以进行 UV/EB 固化，而—NCO 可以用于热固化或—OH 固化，因此，Karenz 系列异氰酸酯活性稀释剂是具有双重固化性能的活性稀释剂。

Karenz 系列异氰酸酯活性稀释剂虽然是脂肪族异氰酸酯，但—NCO 基团活性很高，具有芳香族异氰酸酯 TDI 同等的反应活性。同时，Karenz 系列异氰酸酯活性稀释剂的不饱和双键也具有较高的反应活性，与 HEA/HEMA 相比，由 AOI/MOI 引入的不饱和双键具有更高的反应活性。

采用异氰酸酯活性稀释剂可直接与多元醇一步反应制得聚氨酯丙烯酸树脂，得到分子量分布狭窄而且低黏度的低聚物，可以减少光固化配方产品中稀释单体的使用量。

2.12.4　特殊结构的活性稀释剂

张家港东亚迪爱生公司还生产一些特殊结构的丙烯酸酯活性稀释剂，其部分物理性能见表 2-44，特别是低皮肤刺激性，很适合用于光固化产品上使用。

表 2-44　特殊结构的丙烯酸酯活性稀释剂的物理性能

商品名称	化学名称	官能度	黏度(25℃)/mPa·s	折射率	PII	T_g/℃
M-101A	二乙氧基化苯氧基丙烯酸酯	1	10～20	1.514	0.7	−8
M-102	四乙氧基化苯氧基丙烯酸酯	1	20～40	1.507	0	−18
M-100	邻苯基苯氧基乙基丙烯酸酯	1	75～175	1.577		30
M-110	2-(对-异丙苯基-苯氧基)乙基丙烯酸酯	1	100～210	1.554	1.6	35
M-111	壬基酚聚氧乙烯醚丙烯酸酯	1	60～90	1.507	2.3	17
M-113	壬基酚四聚氧乙烯醚丙烯酸酯	1	80～120	1.501	1.1	−20
M-117	丙氧化壬基酚丙烯酸酯	1	90～140	1.493	0.6	−3
M-120	乙氧化乙基己酯丙烯酸酯	1	4～7	1.45	3.5	−65
M-140	2-(1,2-环己烷二羧酰亚胺)乙基丙烯酸酯	1	350～550	1.506	0.9	56
M-208	乙氧基化双酚 F 二丙烯酸酯	2	500～700	1.539	0	75
M-211B	乙氧基化双酚 A 二丙烯酸酯	2	950～1350	1.536	0.4	75
M-215	异氰脲酸二丙烯酸酯	2	3500～15000	1.515	3.7	166
M-313	异氰脲酸三丙烯酸酯	3	20000～36000	1.509	0	>250

2.12.5　丙烯酸双环戊烯基酯和丙烯酸三环戊烯基酯

丙烯酸双环戊烯基酯（DCPA）与丙烯酸三环戊烯基酯（TCPA）是很有特点的单体。这两种单体中都带有聚合活性高的丙烯酸酯双键 CH_2 =CH—COOH—，聚合活性低的环戊烯双键—CH =CH—，与对自由基较活泼的烯丙基氢。

CH_2 =CHCO₂— ⬡⬡　　CH_2 =CHCO₂— ⬡⬡⬡　　CH_2 =CHCO₂— ⬡

　　　DCPA　　　　　　　　　　TCPA　　　　　　　　　　IBA

由于 DCPA 与 TCPA 存在烯丙基氢的结构，烯丙基氢可以作为氢给予体，与 BP 光照下形成稳定的烯丙基自由基，也可与 651 光分解的活性自由基发生氢转移，同样形成烯丙基自由基；烯丙基自由基可以吸氧、提氢进一步转化成烯丙基过氧化氢，在光引发剂作用下光照分解成活性自由基继续引发聚合，同时起到排除氧的阻聚作用，所以能顺利引发 DCPA与 TCPA 光聚合。BP 与 651 混合光引发剂是 DCPA 与 TCPA 较好的光引发剂，因为 BP 与酯基上的烯丙基氢可以充分发挥吸氧的作用，而 651 又可充分起到在无氧下快速聚合的作用。因此，可以看到带有环戊烯双键的 DCPA 与 TCPA，能够顺利地与 BP、651 或其混合物，在空气中光引发聚合。而具有饱和酯基的 IBA，则显示相当大的空气阻聚（见表 2-45）。

表 2-45　DCPA、TCPA、IBA 光固化性能比较

配方					环境		光固化至实干时间
DCPA/份	TCPA/份	IBA/份	BP/%	651/%	空气	水覆盖下	/s
100			2		√		45
100				2	√		60
100			2	2	√		20
100			2			√	60
100				2	√		5
	100		2	2	√		5
70	30		2	2	√		10
		100	3		√		180
		100		2	√		75
		100	2	2	√		60
		100	3			√	80
		100		2		√	5

TCPA 的光固化速率大大高于 DCPA。这与 TCPA 有较大的酯基，增加了链终止的空间位阻有关；与 TCPA 中含有少量有双丙烯酸酯的 TCPDA，由于交联加速了固化有关；还与 TCPA 上庞大的三环戊烯基覆盖在表面，遮挡了氧的渗入，减轻了氧的阻聚有关。还可看到仅含 30％TCPA 的 DCPA 混合物也比 DCPA 光固化速率快一倍，而该混合液的黏度与DCPA 相近，便于应用，同时简化合成，是一种很有发展前途的新单体品种。

由于 DCPA 与 TCPA 分子结构中存在烯丙位氢，在采用适当光引发剂时可克服链转移与氧阻聚的不利影响，可在空气下较快聚合，并形成光亮的漆膜。形成的聚合物上有双键存在，可通过高温使其进一步交联。聚合物具有高的硬度与耐热性，没有流动温度出现。由于存在庞大的多脂环酯基，使单体与聚合物具有较低表面能与吸水率。TCPA 比 DCPA 的聚合速率更快，在聚合物硬度与耐热性上亦有较大提高。而 TCPA 与 DCPA 的混合物兼有这些特点，并降低了臭气、黏度与合成成本，更适于应用。因而 DCPA 与 TCPA 是十分适合于涂料、特别是无溶剂与塑料用涂料的单体。

DCPA 与 TCPA 国内生产厂家有广西玉林万方林化科技有限公司，另外广东新华粤新材料公司和广东希必达新材料科技公司也生产 DCPA。

2.12.6　芴系活性稀释剂

含芴结构的化合物都具有高折射率，特别适合用于光学性能有关的光固化产品。黄骅市信诺立兴精细化工公司生产下列芴系丙烯酸酯单体，具有高折射率，因其聚合物的分子链的刚性较强，玻璃化转变温度较高，吸水性较小，耐湿热性能高，主要用于高折射率

（≥1.600）的液晶增亮膜、超薄眼镜镜片、相机镜头材料、偏振膜以及高档涂料（如汽车涂料和轨道交通涂料）等。

（1）双醚芴二丙烯酸酯（A-BPEF）

学名 9,9-双[4-(2-丙烯酰氧基乙氧基)苯基]（$C_{35}H_{30}O_6$），分子量 546.451，官能度 2；室温下为无色或微黄色透明黏稠状液体，黏度（35℃）为（950000±5000）mPa·s，折射率（25℃）1.6105。

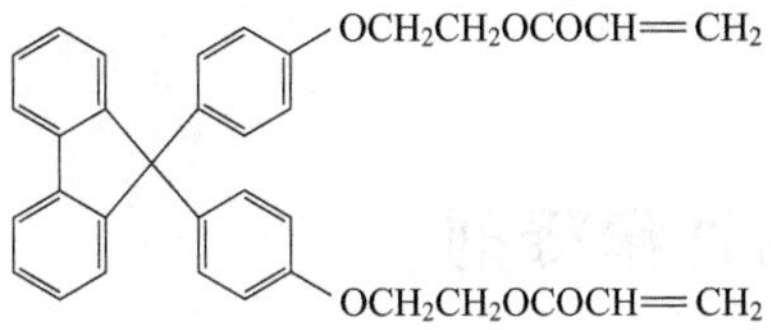

（2）环氧丙基双酚芴二丙烯酸酯（A-MBPF）

学名 9,9-双[4-(2-羟基-3-丙烯酰氧基丙氧基)苯基]芴（$C_{37}H_{36}O_8$），分子量 608.358，官能度 2；室温下为白色固体或无色透明黏稠状固体，熔程 46～52℃，黏度（55℃）为（45000±10000）mPa·s，折射率（25℃）1.6175。

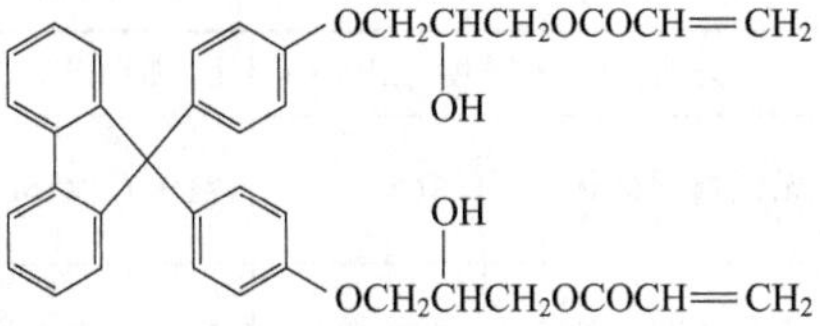

（3）苯基双醚芴二丙烯酸酯（A-BBPEF）

学名 9,9-双[3-苯基-4-(β-丙烯酰氧基乙氧基)苯基]芴（$C_{47}H_{38}O_6$），分子量 698.42，官能度 2；室温下为白色固体或无色或微黄色透明黏稠状固体，熔程 122～124℃，折射率（25℃）1.6610。

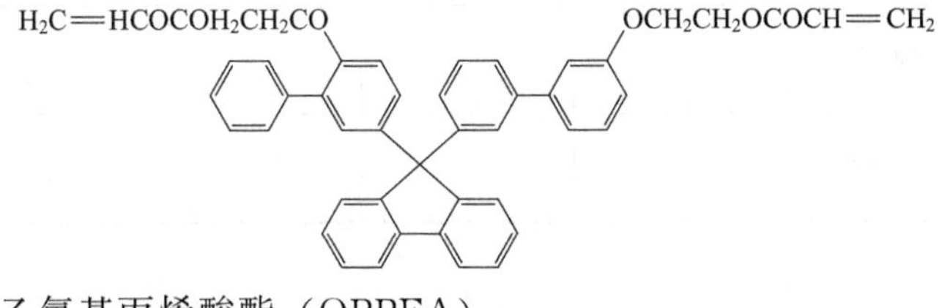

（4）邻苯基苯乙氧基丙烯酸酯（OPPEA）

分子式为 $C_{17}H_{16}O_3$，分子量 268.30，官能度 1；室温下为澄清透明液体，密度（25℃）1.135g/mL，黏度（25℃）130～170mPa·s，25℃折射率 1.5760，闪点＞110℃。

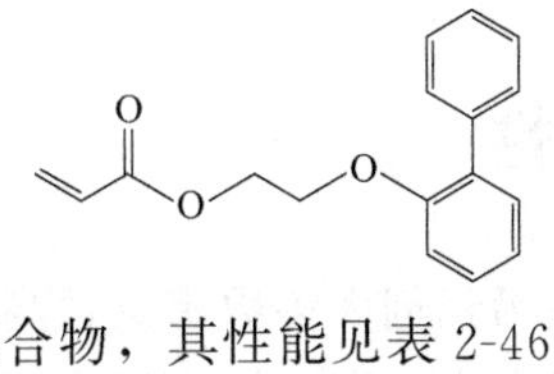

另外，还生产了上述单体的混合物，其性能见表 2-46，它们的折射率都高于 1.60。

表 2-46　黄骅信诺立兴精细化工公司生产的芴系混合单体的物理性能

商品名	主要成分	外观	黏度(25℃)/mPa·s	折射率
XNO65-40 胶	60% A-BPEF/40% OPPEA	无色或微黄色透明黏稠状液体	≤30000	1.6020

商品名	主要成分	外观	黏度(25℃)/mPa·s	折射率
XNO65-30	70% A-BPEF/30% OPPEA	无色或微黄色透明黏稠状液体	≤40000	1.6070
XNO65-25 胶	75% A-BPEF/25% OPPEA	无色或微黄色透明黏稠状液体	≤50000	1.6100
XNO65-20 胶	80% A-BPEF/20% OPPEA	无色或微黄色透明黏稠状液体	≤50000	1.6120

2.13 丙烯酰胺类活性稀释剂

丙烯酰胺类单体是最近发展起来用于辐射固化的活性稀释剂，它具有低黏度，稀释性能好；两亲性高，与各种低聚物和活性稀释剂相容性好；有较高的固化速率，同时可增强对塑料、金属、玻璃等的附着力。表 2-47 介绍主要的丙烯酰胺类活性稀释剂。

表 2-47 主要的丙烯酰胺类活性稀释剂的性能

产品缩写	产品名称	外观	黏度/mPa·s	沸点/℃	PII	提供性能
DMAA	N,N-二甲基丙烯酰胺	无色透明液体	1.3(20℃)	171~172(torr)		低黏度,亲水性,相溶性,附着力,保湿性
DEAA	N,N-二乙基丙烯酰胺	无色透明液体	1.7(25℃)	55(2mmHg)		低黏度,亲水性,相溶性,附着力,低表面张力
HEAA	N-羟乙基丙烯酰胺	无色透明液体	280(25℃)	124~126(0.1torr)	0	高固化速率,气味弱,亲水性,无刺激性,附着力
ACMO	丙烯酰吗啉	无色透明液体	12(25℃)	180(50torr)	0.5	高固化速率,低刺激性,相溶性,附着力,高折射率
NIPAM	异丙基丙烯酰胺					耐热性,黏着性,聚合物有感温性
DMAPAA	二甲氨基丙基丙烯酰胺					水溶性,相溶性,耐水解性,三级胺催化作用

注：1torr=1mmHg=133.322Pa。

上述丙烯酰胺类活性稀释剂日本科巨希化学股份公司都有生产，润奥化工公司、上海联志化工公司、天津久日化学公司等有部分产品供应。

2.14 活性稀释剂的毒性

目前光固化产品中常用的活性稀释剂大多数沸点很高，蒸气压很小，不易挥发，在光固化过程中又都参与固化反应，所以在生产和使用中极少挥发到大气中，也就是说具有很低的VOC 含量，这就使光固化产品成为低污染的环保型产品。

从化学品的毒性看，光固化产品常用的丙烯酸酯类活性稀释剂具有较低的毒性；但在生产和使用时，长时间暴露在丙烯酸酯的气氛下，则会引起对皮肤、黏膜和眼睛的刺激，直接接触会产生刺激性疼痛，甚至出现过敏、灼伤；由于沸点高，室温下蒸气压很低，对呼吸系统没有明显的伤害。

化学毒性通常用半致死计量 LD$_{50}$（Lethal Dose-50）来表示毒性程度，通过实验动物（鼠、兔）的口服吸收、皮肤吸收和吸入吸收造成死亡 50% 来确定毒性大小，见表 2-48。

表 2-48 半致死计量 LD$_{50}$ 的毒性表示

LD$_{50}$/(mg/kg)	<1	1～50	50～500	500～5000	5000～15000	>15000
毒性程度	剧毒	高毒	中毒	低毒	实际上无毒	相当于无毒品

皮肤刺激性可用初期皮肤刺激指数 PII（primary skin initiation index）来表示，见表 2-49。

表 2-49 初期皮肤刺激指数 PII 对应的皮肤刺激性程度

PII	0.00～0.03	0.04～0.99	1.00～1.99	2.00～2.99	3.00～5.99	6.00～8.00
皮肤刺激性程度	无刺激	略感刺激	弱刺激	中刺激	刺激性较强	强刺激

表 2-50 和表 2-51 分别列出了部分活性稀释剂的半致死计量 LD$_{50}$ 和初期皮肤刺激指数 PII。

表 2-50 部分活性稀释剂的半致死计量 LD$_{50}$

活性稀释剂		BA	2-EHA	IDA	HEA	HPA	IBOA	DEGDA	TMPTA	PETA	NPG(PO)$_2$DA
LD$_{50}$/(mg/kg)	口服	3730	5600	10885	600	1120	2300	1568	>5000	1350	15000
	皮肤	3000	7488	3133					5170	>2000	5000

表 2-51 部分活性稀释剂的初期皮肤刺激指数 PII

活性稀释剂	NVP	IDA	POEA	IBOA	DEGDA	TEGDA	PEG(200)DA	PEG(400)DA	NPGDA
PII	0.4	2.2	1.5	1.8	6.8	6.0	3.0	0.9	4.96
活性稀释剂	DPGDA	TPGDA	BDDA	HDDA	TMPTA	PETA	PET$_4$A	DTMPT$_4$A	DPPA
PII	5.0	3.0	5.5	5.0	4.8	2.8	0.4	0.5	0.54
活性稀释剂	HEA	HPA	4-BAH	LA	TFAH	EOEOEA	EO-TMPTA	PO-TMPTA	PO-NPGDA
PII	7.2	6.1	3.0	3.0	5.0	4.9	1.5	1.0	0.8

在生产和使用过程中，应避免直接接触活性稀释剂，一旦接触应立即用清水冲洗有关部位。若发现出现红斑甚至水疱，应立即去医院请医生治疗。

2.15 活性稀释剂的储存和运输

（1）储存容器

活性稀释剂要存放在不透明、深色、干燥的内衬酚醛树脂或聚乙烯的铁桶或深色的聚乙烯桶内。铁或铜类容器会引发聚合，因此应避免接触这类材料。

注意容器中要留有一定空间，以满足阻聚剂对氧气的需要。

（2）储存温度

储存温度低于30℃，最好10℃左右。大批量储存推荐温度为16～27℃。如果发生冻结，请将材料加热至30℃，并低温搅拌混合，使阻聚剂均匀混在材料中。这些预防措施对于保持产品的性能指标是必要的，否则容易发生聚合反应，而使产品固化报废。

（3）储存条件

储存时除注意温度条件外，应避免阳光直射，避免与氧化剂、引发剂和能产生自由基的物质接触。

储存时须加入足量的阻聚剂对甲氧基苯酚（MEHQ）和对苯二酚（HQ）以增强在储存时的稳定性。

注意定期检查阻聚剂含量及材料黏度的变化以防聚合。

产品在收到六个月内使用可得到最好的效果。

（4）运输

运输时，注意避免阳光直射；温度不要超过30℃；要防止局部高温，以免发生聚合；同时不能与氧化剂、引发剂等物质放于一起。

在生产过程中输送活性稀释剂时，必须要用不锈钢、聚乙烯管或其他塑料管道。

2.16 活性稀释剂的合成方法实例

2.16.1 单官能团活性稀释剂的合成

（1）丙烯酸十八酯的合成

在带有分水器的三口烧瓶中加入0.1mol十八醇和适量环己烷、1.5%对苯二酚，搅拌升温60℃，待熔化后加入0.12mol丙烯酸和1.5%对甲苯磺酸，加热至80～86℃，使反应液处于微沸状态，待分水器分出水量达到理论值时（约6h）停止反应。反应液先用5%硝酸钠洗涤，去除下层，再用10%碳酸钠或氢氧化钠洗至微碱性，最后用饱和氯化钠溶液和蒸馏水洗至中性。用无水硫酸镁干燥过夜、过滤减压蒸馏除去环己烷和微量丙烯酸，得到黏稠液体，冷却后即为丙烯酸十八酯蜡状固体，酯化产率89%，提纯收率95%以上。

（2）熔融酯化法合成丙烯酸高碳醇酯

在装有分水器的三口烧瓶中加入1mol高碳醇（C_{12}～C_{18}）、投料量1%对甲苯磺酸和投料量0.6%对苯二酚，加热至60℃固体全部熔融，再加入1.2mol丙烯酸，在120～130℃回流，当分水器中水量与理论值相当时停止反应。常压蒸出未反应丙烯酸，先用70℃、5%NaOH水溶液洗涤，再用热的去离子水洗涤，真空干燥24h，得丙烯酸高碳醇酯，精制后酯化率95%以上。丙烯酸高碳醇酯的物理性能见表2-52。

（3）丙烯酸高级酯的微波合成

在带有搅拌、冷凝器、油水分离器的250mL微波反应器（三乐牌W-650型总功率650W，南京陵江科技开发公司生产）中依次加入丙烯酸、相应的高级醇（酸：醇在1.2：1～1.4：1，摩尔比）、0.7%（质量分数）对甲苯磺酸、0.3%（质量分数）对苯二酚，在微波功率260W条件下，辐射时间10～16min，反应结束后，分别制得相应粗丙烯酸高级酯，将粗酯减压蒸馏提纯，收集20Pa下112～115℃、132～135℃、148～150℃及152～156℃馏

表 2-52　丙烯酸高碳醇酯的物理性能

高碳醇酯	折射率 n_D^{20}		沸点(1.33×10^3Pa)/℃	
	实验值	文献值	实验值	文献值
C₁₂	1.4435	1.4439	159	158
C₁₄	1.4461	1.4469	184	185
C₁₆	1.4497	1.4494	206	209
C₁₈	1.4467	1.4458	234	

分，即为十二酯、十四酯、十六酯、十八酯。

　　用微波合成比传统酯化法反应速率可提高 20 倍以上，酯产率≥96％，所得产物的物理性质、分子结构与传统方法加热制备的产物无明显差异。微波合成丙烯酸高级酯的反应条件见表 2-53。

表 2-53　微波合成丙烯酸高级酯的反应条件

条件	十二酯	十四酯	十六酯	十八酯
酸：醇(摩尔比)	1.2:1	1.3:1	1.4:1	1.4:1
辐射时间/min	10	12	14	16
精馏条件(20Pa)/℃	112~115	132~135	148~150	152~156

　　(4) 酯交换法合成甲基丙烯酸高碳烷基酯

　　在三口烧瓶中加入 1mol 高碳醇、2.5mol 甲基丙烯酸甲酯、0.1％氮氧自由基阻聚剂和 3％有机锡催化剂，加热回流，控制一定回流比，使甲醇-甲基丙烯甲酯共沸物不断移出反应体系，反应 3h。反应结束，在 5.3kPa 下蒸出未反应甲基丙烯酸甲酯，然后在 0.67kPa 下蒸馏得到产品，蒸馏残液作为催化剂重复使用。各种甲基丙烯酸高碳烷基酯的合成结果见表 2-54。

表 2-54　各种甲基丙烯酸高碳烷基酯的合成结果

高碳烷基酯	转化率/％	产品收率/％	反应温度
2-乙基己酯	99.6	96.6	111~126
正葵酯	99.5	96.5	115~130
正十二酯	99.6	96.2	117~132

　　(5) 相转移法合成丙烯酸缩水甘油酯

　　用丙烯酸和氢氧化钠溶液在 24~43℃中和至 pH=7~8，得到丙烯酸钠 (SA)，用喷雾干燥器干燥得粉末状丙烯酸钠 (含水量<1％)。

　　在三口烧瓶中加入粉状丙烯酸钠、环氧氯丙烷 (EPC) (EPC:SA=5:1，摩尔比)、三乙基苄基氯化铵 (6.9％SA) 升温 90℃，反应 2h，反应结束水洗，控制水温 30~40℃，加入水量与生成 NaCl 的质量比为 1:0.36。反应液明显分为水层和有机层，水层在下层，NaCl 可完全溶于水，有机层减压蒸馏，除去 EPC，收集 266.4Pa/83℃馏分即为丙烯酸缩水甘油酯，含量 97％，折射率 1.4472 (20℃)，收率 78.2％。

　　(6) 甲基丙烯酸缩水甘油酯的合成

　　在三口烧瓶中加入 100mL 甲基丙烯酸、100mL 正庚烷，搅匀缓慢滴加 103g 50％

NaOH 溶液，反应温度不超过 55℃，加毕搅拌 30min，加入 0.2g 对羟基苯甲醚，在 85～90℃、30.7～36.0kPa 条件下减压脱水干燥得甲基丙烯酸钠盐。

三口烧瓶中加入 40g 干燥的甲基丙烯酸钠盐，0.2g 对羟基苯甲醚，1.2g 三乙基苄基氯化铵，250g 环氧氯丙烷，升温 105～110℃ 搅拌反应 3h，过滤除去 NaCl，滤液在 80～85℃、6.7～8.0kPa 条件下减压蒸馏出环氧氯丙烷，再在 100～105℃、1.1～1.6kPa 条件下减压蒸馏出无色透明的液体甲基丙烯酸缩水甘油酯，收率 80%。

（7）IBOMA 的合成

在三口烧瓶中加入 20g 杂多酸催化剂（锆铵酸）●、0.018g 吩噻嗪阻聚剂、50mL（0.59mol）MAA，搅拌下在（40±2）℃、2h 内缓慢滴加 50mL（0.59mol）MAA 和 136g（1mol）3,3-二甲基亚甲基撑双环［2.2.1］庚烷混合液，加毕保温反应 5～8h，用气相色谱跟踪反应无莰烯峰，停止反应。过滤，用石油醚（60～90℃）洗涤 3 次（每次 30mL），滤液用水泵回收石油醚和未反应的 MAA，减压收集 98～102℃/2～3kPa 馏分，即为 IBOMA，收率 86.1%。

2.16.2 双官能团活性稀释剂的合成

（1）丙烯酸缩乙二醇酯的阳离子交换树脂催化合成

在装有分水器的三口烧瓶中加入缩乙二醇、丙烯酸（羟基：羧基摩尔比为 1：1.1）、3% 的 742 型酸性阳离子交换树脂、0.1% 对羟基苯甲醚和适量甲苯，加热至回流，在回流温度下共沸脱水 5h。除湿过滤，滤液减压蒸馏除去溶剂和过量丙烯酸得到丙烯酸缩乙二醇酯。产率见表 2-55。

表 2-55　双酯产率

缩乙二醇	乙二醇	一缩二乙二醇	二缩三乙二醇
双酯产率/%	63.7	46.50	39.06

（2）酯交换法制备甲基丙烯酸缩乙二醇双酯

在三口烧瓶加入二缩三乙二醇 450g(3mol) 甲基丙烯酸甲酯 1500g(15mol)、氯化亚铜 30g、浓硫酸 30mL，加热油浴 100～110℃，控制分馏柱塔顶温度 64～68℃，8～10h 蒸出甲醇-甲基丙烯酸甲酯混合液约 500mL，冷却，用 5% 硫酸洗四次，饱和氯化钠溶液洗二次（每次 500mL），分出油层加入 30g 活性炭，搅 1～2h，放置过夜，溶液搅拌下减压蒸馏除去甲基丙烯酸甲酯，先 60～70℃、60～100mmHg 蒸出大部分，再 20mmHg 90℃ 蒸尽甲酯，得浅黄色油状液体 600～680g，折射率 $n_D^{25}=1.4570$，收率 70%～80%。各二元醇双酯的性能见表 2-56。

（3）HDDA 的合成

将 59g 己二醇、丙烯酸 78g 及甲苯 250mL 置于装有分水器的三口烧瓶中，加入对苯二酚 2g、对甲苯磺酸 3.5g 在 105～108℃ 回流反应，直到没有水分离出来为止，冷却后用 5% NaOH 中和到 pH 为 7，再水洗二次，用无水 CaCl₂ 干燥过夜，在 60℃、20mmHg 下将甲

● 杂多酸锆铵酸的制备：三口烧瓶中加入 176g(0.52mol) 八水合二氯氧化锆和 1600mL 去离子水，搅拌溶解后，2h 内滴加 100mL 25% 氨水，至 pH=8～9，得白色氢氧化锆沉淀，过滤，用去离子水洗至无 Cl⁻，真空干燥（100℃×1.3kPa）24h，约得 80g 干燥的氢氧化锆，加上无水硫酸铵 12g，在研钵中研磨均匀，在马弗炉中 650～660℃ 加热 8h，即为杂多酸锆铵酸，冷却后置于干燥器中备用。

表 2-56　各二元醇双酯的性能

二元醇双酯	双酯分子量	平均产率/%	n_D^{25}
一缩二乙二醇双酯	242	62.5	1.4566
二缩三乙二醇双酯	286	72	1.5470
三缩四乙二醇双酯	330	70	1.4590
混缩二乙醇双酯	300～330	72	1.4576

苯蒸去，最后 40℃、10mmHg 以下真空蒸馏至无甲苯，产品为无色透明（或浅黄色）液体己二醇二丙烯酸酯（HDDA）。收率≥90%。

（4）二缩三乙二醇甲基丙烯酸酯的合成

在带有精馏柱的三口烧瓶中，加入二缩三乙二醇（TEG）、甲基丙烯酸甲酯（MMA）（TEG：MMA＝1：6）、对甲氧基苯酚和催化剂，加热反应至沸腾，反应生成的甲醇与 MMA 形成共沸物（沸点 64.2℃左右）经精馏除去。反应 4h 左右当精馏柱头温度下降至室温时，停止反应，冷却、沉淀并分离除去催化剂，在 55℃下减压蒸馏除去残余的 MMA 和甲醇，得产品二缩三乙二醇双甲基丙烯酸酯（TEGDMA），收率 95.77%，TEG 转化率 97.25%，双酯：单酯为 33.1：1。

（5）乙二醇二缩水甘油醚二丙烯酸酯的合成

在装有搅拌器、等压滴液漏斗、回流冷凝管和温度计的 500mL 四口烧瓶中，加入 0.5mol 左右的乙二醇二缩水甘油醚，称取 1.0mol 左右的丙烯酸于烧杯中，倒入 250mL 等压滴液漏斗中。在四口烧瓶中加入按乙二醇二缩水甘油醚和丙烯酸总质量计的质量分数为 0.20%～0.40%对苯二酚或对羟基苯甲醚作为阻聚剂以及质量分数为 0.30%～0.90%的三苯基膦作为催化剂。开动搅拌，用油浴加热升温，在80～120℃滴加丙烯酸，滴加毕，在80～120℃，维持反应 2～6h，定时测定酸值，至酸值小于 6mg/g KOH 以下时结束反应，得乙二醇二缩水甘油醚、二丙烯酸酯。

（6）光活性单体 4,4′-二羟乙氧基联苯二丙烯酸酯的合成

① 4,4′-二羟乙氧基联苯的合成　在装有回流冷凝管、温度计和滴液漏斗的三口烧瓶中加入 1.86g(0.01mol) 联苯二酚、30mL 无水乙醇、1.60g(0.04mol) 氢氧化钠，滴加 3.22g (0.04mol) 氯乙醇的 10mL 乙醇溶液，反应混合物回流 24h，反应液冷却后过滤，固体用氢氧化钠溶液洗涤一次，再用 50mL 水洗一次，干燥得 2.06g 4,4′-二羟乙氧基联苯，收率 80%，熔点 210℃。

② 光活性单体 4,4′-二羟乙氧基联苯二丙烯酸酯的合成　在室温下，将 1.15g (0.011mol) 甲基丙烯酰氯的 10mL DMF 溶液，滴加到装有 1.37g(0.005mol) 4,4′-二羟乙氧基联苯、40mL DMF、1.11g(0.011mol) 三乙胺的三口烧瓶中，搅拌，用薄层色谱展开跟踪反应进程。反应完后过滤，滤液加入 100mL 蒸馏水析出产物，过滤，固体产物在 40℃下真空干燥 24h，用乙醇重结晶得 4,4′-二羟乙氧基联苯二丙烯酸酯，收率 50%，熔点 82～85℃。

$$HO-\!\!\!\!\bigcirc\!\!\!\!-\!\!\!\!\bigcirc\!\!\!\!-OH + ClCH_2CH_2OH \xrightarrow[CH_3CH_2OH]{NaOH}$$

$$HOCH_2CH_2O-\!\!\!\!\bigcirc\!\!\!\!-\!\!\!\!\bigcirc\!\!\!\!-OCH_2CH_2OH$$

2.16.3　多官能团活性稀释剂的合成

（1）三羟甲基丙烷三丙烯酸酯的合成

在装有回流冷凝管、分水器和搅拌的三口烧瓶中，加入三羟甲基丙烷 67g、丙烯酸 135g、甲苯 250mL、对苯二酚 2g、对甲苯磺酸 3.5g。在 103～108℃回流反应，直到没有水分离为止，冷却后，用 5% NaOH 中和到 pH 为 7，水洗二次，经无水 CaCl$_2$ 干燥过夜，60℃、20mmHg 下将甲苯蒸出，再在 40℃、10mmHg 下减压蒸馏至无甲苯，得产品三羟甲基丙烷三丙烯酸酯，为无色透明到浅黄色黏稠液体，收率在 78%。

（2）三羟甲基丙烷三甲基丙烯酸酯的合成

在装有分水器的三口烧瓶中，加入 0.1mol 三羟甲基丙烷、0.35mol 甲基丙烯酸、3g 对甲苯磺酸、0.08g 苯二酚，通入空气 2mL/min，加适量溶剂控制反应温度<85℃回流反应 9h。冷却加 10mL 水搅拌 10min 分出水相，油层用 10% NaOH 溶液和水洗至中性，加入对甲氧基苯酚，减压蒸馏除去溶剂和水，得浅黄色液体三羟甲基丙烷三甲基丙烯酸酯，收率 93.3%。

（3）酯交换法制备甲基丙烯酸三羟甲基丙烷三酯

在三口烧瓶加入 804g(6mol) 三羟甲基丙烷、3000g(30mol) 甲基丙烯酸甲酯、氯化亚铜 60g、浓硫酸 60mL，升温油浴 100～115℃，经 10～12h，共蒸出甲醇-甲基丙烯酸甲酯混合液 1000～1200mL，冷却，用 5%浓硫酸洗 4 次，饱和氯化钠溶液洗二次（每次 800mL），分出油层加入 50g 活性炭，搅拌 1～2h 后放置过夜，滤液搅拌减压蒸除甲酯，得浅黄色甲基丙烯酸三羟甲基丙烷三酯 1500～1600g(得率为 70%～80%)，折射率 n_D^{25} 1.4670。

（4）酰氯法合成季戊四醇三丙烯酸酯

在三口烧瓶中加入氯化亚砜，搅拌下缓慢滴加丙烯酸（氯化亚砜：丙烯酸＝1：1，摩尔比），加毕升温 35～40℃继续反应 30min，水泵抽除氯化氢和二氯化硫，得到丙烯酰氯。

三口烧瓶中加入季戊四醇，边搅拌边滴加丙烯酰氯（醇：酰氯＝1：3.1，摩尔比），除去副产物氯化氢，使反应完全，依次用 5%稀碱液和去离子水洗涤产物，并用有机溶剂将产物水洗液中萃取出来，干燥蒸除溶剂，得浅黄色黏稠液体（季戊四醇三丙烯酸酯），黏度 720mPa·s，纯度>97%，收率>96%。

（5）乙二胺改性三羟甲基丙烷三丙烯酸酯的合成

在装有搅拌器、回流冷凝管、滴液管和温度计的 250mL 四口烧瓶中，依次加入 6.0g 乙二胺，少量的 2,6-二叔丁基-4-甲基苯酚，升温至 50℃时缓慢滴加 59.5g TMPTA、少许氯甲烷，0.5h 内滴完，75℃时进行保温反应 3h，之后减压除去体系中未反应的原料，得到无色透明液体产物，即为乙二胺改性三羟甲基丙烷三丙烯酸酯。

（6）四甲基丙烯酸季戊四醇酯的合成

三口烧瓶中加入 0.1mol 季戊四醇、0.46mol 甲基丙烯酸、4g 对甲苯磺酸、0.108g 对苯酚和适量的溶剂，并通过补加溶剂控制反应温度低于 90℃，通入空气量为 2mL/min，搅拌回流 10h，冷却，加 10mL 水搅拌 10min，分出水相，油层经 10% NaOH 和水洗至中性后过滤，加少量溶剂、少量对甲氧基苯酚，减压蒸馏出溶剂，得白色固体，真空干燥恒重得四甲基丙烯酸季戊四醇酯，收率为 89.8%。

（7）双季戊四醇五丙烯酸酯的合成

在装有分水器的三口烧瓶中加入双季戊四醇 10.0g、丙烯酸 16mL、对甲苯磺酸 1.3g、甲苯 50mL、对甲氧基苯酚 1.0g 和 2,2,6,6-四甲基-4-羟基哌啶氮氧自由基，升温 110～120℃反应，至无水带出，冷至室温，加入 80mL 甲苯，30mL 20%NaOH 溶液，搅拌 10min，分液，油层用 5%NaOH 溶液中和至 pH 为 9，水洗 3 次，分去水层、油层，加入无水 Na_2SO_4 干燥过夜，过滤，40～50℃减压蒸馏除去甲苯，得橙色黏稠油状液体，再加入一定量甲醇和活性炭，加热 45℃搅拌 0.5h，过滤减压蒸去甲醇，得浅黄色黏稠状液体为双季戊四醇五丙烯酸酯。产率 94%。

（8）双季戊四醇六丙烯酸酯的合成

在三口烧瓶加入 19.8g 经重结晶双季戊四醇（羟值 39.6）、40g 丙烯酸、70mL 甲苯、4.0g 对甲苯磺酸和 1.6g 阻聚剂 YD（自制）回流反应 4h，冷至室温，加入 80mL 甲苯和 30mL 水，分去水层，油层由 10%氢氧化钠中和，水洗至中性，减压蒸馏，回收溶剂，得黏稠液体 32.1g（双季戊四醇六丙烯酸酯），收率 71.4%阻聚剂用量与黏附物关系见表 2-57。

表 2-57　阻聚剂用量与黏附物的关系

阻聚剂用量/g	对苯酚	对苯酚-硫酸铜	YD
0.8	+++	+++	++
1.2	+++	+++	++
1.6	+++	++	+
2.0	++	++	+

注：＋代表黏附物极少；＋＋代表少许黏附物；＋＋＋代表较多黏附物。

2.16.4　含氟、含磷的活性稀释剂的合成

（1）全氟辛酸甲基丙烯酰氧乙酯的合成

在无水条件下，装有碱液吸收装置的三口烧瓶中加入全氟辛酸和过量亚硫酰氯（全氟辛酸：亚硫酰氯＝1:2 摩尔比）和催化剂二甲基甲酰胺（3.2%全氟辛酸，质量分数），加热至 70～75℃反应 2h，无气体产生时停止反应，用分液漏斗静止分层，下层白色透明具有强烈刺激气味的液体为全氟辛酰氯，减压蒸馏除去过量的亚硫酰氯。平均收率为 97.1%。

将计量的甲基丙烯酸羟乙酯加入装有碱液吸收装置的三口烧瓶中，搅拌下，于 20℃以下缓慢滴加等摩尔的全氟辛酰氯，升温至 60～62℃，反应时间 11h。冷至室温，加入一定量的乙醚和 5%的氢氧化钠溶液，有机层用蒸馏水洗 1 次，减压蒸馏除去溶剂，得至全氟辛酸甲基丙烯酰氧乙酯，平均收率 75.2%，总收率 73%。

（2）甲基丙烯酸-2,2,3,4,4,4-六氟丁酯的合成

在装有 HCl 及 SO_2 吸收装置的三口烧瓶中加入 120g 二氯亚砜，40～45℃下缓慢滴加 93g 甲基丙烯酸，加毕升温到 60℃保温 5h。再缓慢滴加 164g 2,2,3,4,4,4-六氟丁醇，加毕，升温到 80℃保温反应 4h。降至室温，冷却下用 20% NaOH 中和至中性，分出有机层，用饱和食盐水洗，用无水 $MgSO_4$ 干燥，减压蒸馏，收集 77～87℃馏分，得到 210g 无色透明液体甲基丙烯酸-2,2,3,4,4,4,-六氟丁酯，产率 93%。

（3）含氟环氧单体双全氟烷氧基取代的氧化环己烯衍生物（EFPO）的合成

将 12.50g（322.3mmol）氢化锂铝（LiAlH₄）的 200mL 四氢呋喃溶液缓慢滴加到 20g（128.9mmol）四氢邻苯二甲酸酐的四氢呋喃溶液中，在 0℃下搅拌 0.5h 后回流 15h。向反应体系中加入 30mL 酒石酸钾钠饱和水溶液，直至无气泡逸出，继续回流 10h，过滤，用乙醚洗涤沉淀，合并四氢呋喃和乙醚溶液，无水硫酸钠干燥，蒸去溶剂，即得中间产物环己烯二元醇，产率 63%。

在装有回流冷凝管和恒压漏斗的三口烧瓶中，加入 0.1mol 的环己烯二元醇和 150mL 无水乙醚，室温下缓慢滴加 0.2mol 六氟环氧丙烷二聚体或三聚体，在搅拌下反应约 12h。除去反应混合物中的乙醚后，经减压蒸馏得到含氟环己烯酯（CHDF），产率 85%。在烧瓶中依次加入 30mmol CHDF、0.58g 钨酸钠、0.28g 甲基三辛基氯化铵（Aliqut336）、18g 8% H₂O₂ 和 2mL 磷酸，搅拌回流 24h。反应混合物用无水乙醚萃取，无水硫酸钠干燥，蒸除溶剂，即得含氟环氧单体双全氟烷氧基取代的氧化环己烯衍生物（EFPO），产率约 70%。

（4）UV-磷腈阻燃单体的合成

将 7.8g（0.06mol）丙烯酸羟丙酯、6.06g（0.06mol）三乙胺、0.05g 氯化亚铜溶于四氢呋喃中，加入三口烧瓶中，再将 3.48g（0.01mol）六氯环三磷酯（50℃干燥 2h）溶于四氢呋喃至稀释至 50mL，在氮气保护下冰水浴中逐滴滴加入三口烧瓶中，再室温反应 4h，减压过滤，滤液 65℃蒸馏除去四氢呋喃，制得 UV-磷腈阻燃单体 HPA-NP，产率 80.3%。各单体氧指数见表 2-58。

表 2-58　各单体氧指数

单体类别	不含磷腈单体	含磷腈单体
氧指数	23	27

由于 P—O 键能（625.8kJ）比 C—O 键能（1079.4kJ）低，因此含磷腈阻燃单体固化物的起始热分解温度低。受热后能放出 CO、NH₃、N₂、H₂O 气体，会阻断氧的供应，实现阻燃增效。燃烧时有 PO·形成，可与火焰区域中的 H、HO 自由基结合，起到抑制火焰的作用，终止链反应。磷腈单体表面成炭更容易，延缓了材料的热分解，故燃烧后残余物增加很多。

（5）环状含磷紫外光固化单体（ANP）的合成

将 20.8g（0.2mol）新戊二醇和 60mL 三氯甲烷加入到装有回流冷凝管、滴液漏斗、温度计和氮气入口的 250mL 四口瓶中，缓慢先其中滴加 31.6g（0.2mol）三氯氧磷，利用磁性搅拌器搅拌，保持反应温度 60~65℃，反应 2h 至无氯化氢气体放出后通氮气把残余的氯化氢除去，减压蒸馏除去三氯甲烷，得白色固体中间体新戊二醇磷酰氯。

在装有干燥管、滴液漏斗、温度计和氮气入口的 250mL 四口瓶中加入 36.9g（0.2mol）新戊二醇磷酰氯，在加入 50g 甲苯溶解中间体后固定在冰盐浴中冷却至 0℃，并向其中缓慢地滴加由 23.4g（0.2mol）丙烯酸羟乙酯（HEA）与过量的三乙胺（24g）组成的混合溶液，室温下反应 12h 后升温至 40~50℃下反应 2h。过滤除去反应生成的三乙铵盐，滤液分别用 5% 的磷酸、5% 碳酸氢钠水溶液和饱和食盐水洗涤（各洗 3 次），有机相最后用无水硫酸钠干燥，减压干燥得常温下白色的固体新戊二醇磷酸酯丙烯酸酯（ANP）。

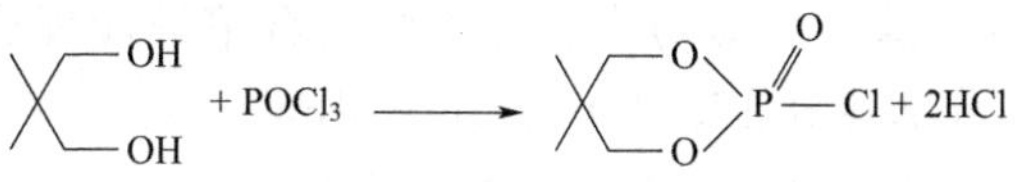

新戊二醇磷酰氯

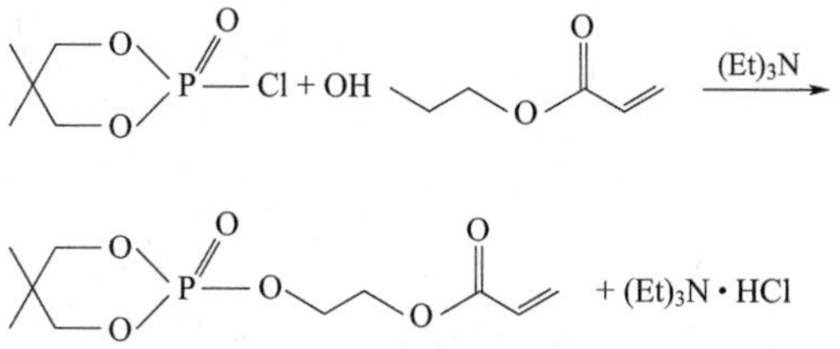

新戊二醇丙烯酸酯磷酸酯

2.16.5　其他活性稀释剂的合成

（1）低皮肤刺激性二噁茂烷结构丙烯酸酯的合成（DOL 系列）

DOL 系列是由丙三醇与酮在酸催化下脱水缩合成缩醛，再与（甲基）丙烯酸甲酯经酯交换反应合成。

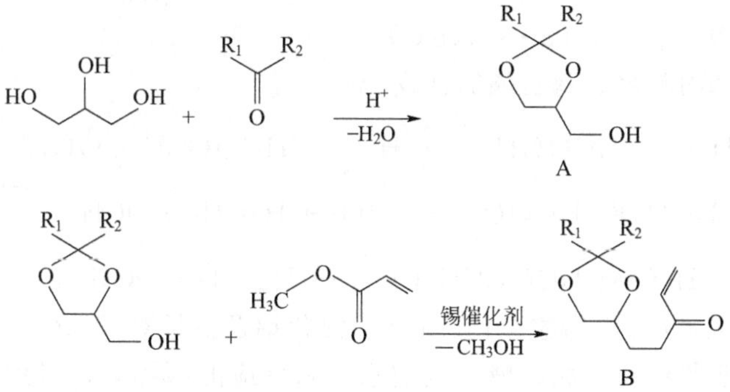

在甲乙酮和丙三醇通过对甲苯磺酸催化下，用环己烷作脱水剂，反应制得产物 A。溶液中和后，经蒸馏提纯，可得 A 纯度为 98%。然后 A 和丙烯酸甲酯，加入锡催化剂和正己烷，利用甲醇和正己烷共沸带出反应生成物甲醇，未反应的原料、甲醇、正己烷和过量的丙烯酸除去后，所得蒸馏产物 B 含量可达 98%（2-乙基-2-甲基-1,3 二噁茂）4-丙烯酸甲酯，商品名称 MEDOL 10。

（2）UV 粘接性单体（10-甲基丙烯酰氧癸基硫磷酸二氯）的合成

三口烧瓶中加入 19.17g（0.11mol）1,10-癸二醇、30mL 环己烷加热至 72℃全部溶解，加入 0.40g 对甲苯磺酸作催化剂，滴加 8.61g（0.10mol）甲基丙烯酸，加热至 80℃，换上分水装置，回流至水层高度不增加时停止反应（约 6h），降温，减压蒸馏去除环己烷，用二氯甲烷稀释产物，用 5%NaOH 水溶液洗至中性，水洗 3 次，用无水 Na_2SO_4 干燥、过滤、减压蒸馏蒸出二氯甲烷，得淡黄色油状液体，用硅胶层折柱对粗产品提纯，展开剂为二氯甲烷，得甲基丙烯酸 10-羟癸酯。

三口烧瓶中加入 2.55g 二氯硫磷，15mL 四氢呋喃，缓慢滴加 3.10g 甲基丙烯酸-10-羟癸酯和四氢呋喃溶液，开始滴加时反应剧烈，有大量白色沉淀生成，放热，加毕在氮气保护下反应 3h，过滤除去沉淀，减压蒸馏除去四氢呋喃，得黄色 10-甲基丙烯酰氧癸基硫磷酸二氯，加入二氯甲烷，水洗 3 次，用无水 Na_2SO_4 干燥过夜，减压蒸馏除去二氯甲烷，得淡黄色油状液体，用硅胶层析柱对粗产品提纯，展开剂为二氯甲烷。

10-甲基丙烯酰氧癸基硫磷酸二氯与水、三乙胺混合溶液能促进复合树脂与钛合金、钴铬合金的粘接，剪切强度分别达到 17.3MPa、18.1MPa。

（3）丙烯酸羟乙酯基羟氯丙基顺丁烯二酸酯的合成

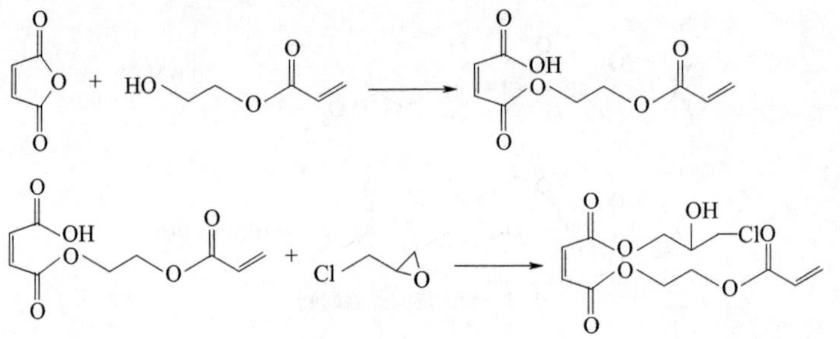

三口烧瓶中加入 1.02mol 丙烯酸羟乙酯、1mol 顺丁烯二酸酐、0.3％投料量对甲苯磺酸（催化剂）和适量 2,6-叔丁基对甲酚，升温至 85～90℃，反应 0.5h，测量酸值在 240～260mg KOH/g（理论酸值为 260mg KOH/g）停止反应。再加入 1.07mol 环氧氯丙烷和 0.15％（总投料量）二甲基咪唑，升温至 120℃，反应 2～2.5h，测酸值＜10mg KOH/g 停止反应（环氧值控制＜0.01mol/100g，得到带羟基的单丙烯酸酯，即丙烯酸羟乙酯基羟氯丙基顺丁烯二酸酯，黏度在 20mPa•s（25℃）。

（4）β-丙烯酰氧基丙酸甲氧基乙酯的合成

$$2\ H_2C\!\!=\!\!CHCOOH \xrightarrow{AlCl_3} H_2C\!\!=\!\!CHCOOCH_2COOH$$

$$H_2C\!\!=\!\!CHCOOCH_2COOH\ +\ HO\!-\!CH_2CH_2\!-\!OCH_3 \xrightarrow[-H_2O]{对苯磺酸}$$

$$H_2C\!\!=\!\!CHCOOCH_2COO\!-\!CH_2CH_2\!-\!OCH_3$$

在三口烧瓶中加入 300g 丙烯酸、13g 无水三氯化铝及少量对苯二酚，搅拌下升温 156～158℃反应 2h，过滤残留物和沉淀，减压蒸馏除去未反应的丙烯酸，得到 β-丙烯酰基丙酸，转化率 80％左右。

将 1mol β-丙烯酰氧基丙酸、1mol 乙二醇单甲醚和配方量的苯、对甲苯磺酸加入装有分水器的三口烧瓶内，加少量沸石升温，84℃左右沸腾，反应 6～7h，停止反应，用稀 NaOH 溶液洗至 pH＝7.0，分液，上层苯和酯层用无水硫酸镁干燥后减压蒸馏除去苯，得到 β-丙烯酰氧基丙酸甲氧基乙酯，转化率 96％，该单体均聚物 $T_g=-54℃$。

（5）含酰胺基的活性稀释剂的合成

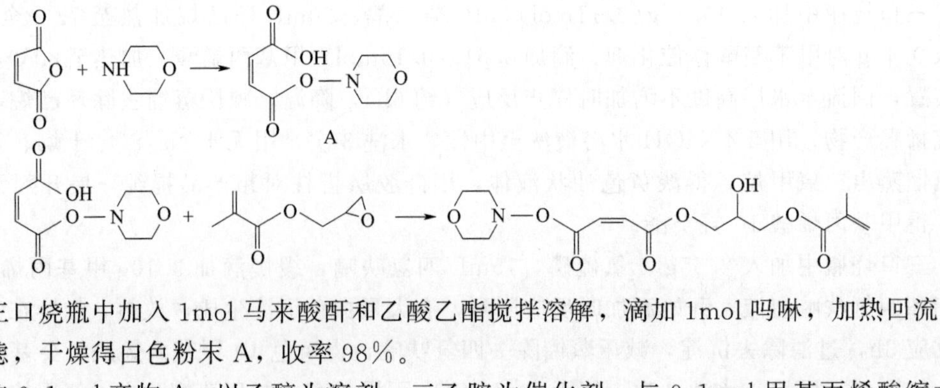

在三口烧瓶中加入 1mol 马来酸酐和乙酸乙酯搅拌溶解，滴加 1mol 吗啉，加热回流 1h，冷却过滤，干燥得白色粉末 A，收率 98％。

称取 0.1mol 产物 A，以乙醇为溶剂，三乙胺为催化剂，与 0.1mol 甲基丙烯酸缩水甘油回流反应 5h，真空蒸出溶剂，得淡黄色黏稠液体即为含酰胺基的甲基丙烯酸酯。

（6）三羟甲基丙烷二烯丙基醚的合成

将 120g 氢氧化钠溶于 1000mL 水中，加入三口烧瓶，升温 60℃加入 134g（1mol）三羟甲基丙烷，待全部溶解后加入质量分数 1%的季铵盐催化剂，升温至 70℃开始滴加 191g（2.5mol）氯丙烯，滴加速度使温度保持 70℃，加入一半氯丙烯时出现明显的淡黄色有机相和白色沉淀，经 2～2.5h 加毕，保温反应 2h，升温至 75℃，反应 2h，停止反应，分去水相和盐，有机相用磷酸中和至 pH=7～8，用少量热水（总质量的 20%），洗去中和时生成的盐，分去水相，有机相加入阻聚剂减压蒸馏，先蒸出水和丙烯醇，收集 110℃/35×133Pa 以上馏分为三羟甲基丙烷二烯丙基醚，收率 94.90%。

2.16.6　双重固化活性稀释剂的合成

（1）氨酯乙烯基醚结晶性单体的合成

三口烧瓶中加入 46.46g（0.4mol）的羟丁基乙烯基醚（HBVE）通氮气，60℃下缓慢滴加 33.64g（0.2mol）HDI，加毕加入适量二月桂酸二丁基锡，升温至 100℃，反应 2～3h 得粉状白色固体产物氨酯乙烯基醚结晶性单体（UVE），熔点 101～102℃。

用 20%～40%的正辛醇、乙二醇单丁醚或乙二醇单乙醚代替 HBVE，得到改性 UVE，熔点 75～90℃，适合 UV 粉末涂料中应用，并且有自由基/阳离子双重光引发功能。

（2）杂化单体丙烯氧基丙氧基丙烯酸酯的合成

三口烧瓶中加入 22.8g（0.3mol）1,3-丙二醇和 75mL 甲苯，搅拌、通氮气，升温 40℃，加入 0.4g 四丁基溴化铵，升温 50℃，加入 4g（0.1mol）氢氧化钠，加热至 65℃，滴加 12.1g（0.1mol）烯丙基溴和 15g 甲苯混合液，约 6h 加毕，继续反应 1h，冷至室温。抽滤除去固体，旋转蒸馏除去溶剂，减压蒸馏收集 10mmHg 78～82℃馏分，为烯丙基羟丙醚（A）。

三口烧瓶中加入 11.6g（0.1mol）A、50mL 二甲基亚砜和 2.26g（0.2mol）叔丁醇钾，升温 100～110℃，恒温 1h 后冷至室温。抽滤除去固体后，加入 100mL 蒸馏水，用乙醚：正己烷=1：1（体积比）溶液萃取 3～4 次，有机相旋蒸除去溶剂得丙烯基羟丙醚（B）。

三口烧瓶中加入 7.05g（0.06mol）B、6.14g（0.06mol）三乙胺和 80mL 甲苯，冰浴下边搅拌滴加 5.50g 丙烯酰氯和 20mL 甲苯混合液，3h 滴加完毕，抽滤，滤液用 0.1mol/L 盐酸洗 3 次，再用 0.1mol/L 碳酸氢钠溶液洗 3 次，用无水硫酸钠干燥过夜，旋蒸除去溶剂，得到杂化单体丙烯氧基丙氧基丙烯酸酯。

（3）杂化单体 2-(1-丙烯基)氧烷基缩水甘油醚的合成

将 0.6mol 的 1,2-乙二醇（或 1,4-丁二醇，或 1,6-己二醇）及 85mL 甲苯（合成 6-羟己基烯丙基醚时，溶剂改用环己烷）加入三口烧瓶中搅拌，通氮气，加热到 30℃，加入 1.2g 四丁基溴化铵，升温至 40℃时加入 6g（0.15mol）氢氧化钠，继续加热升温至 65℃，滴加 18.15g（0.15mol）烯丙基溴和 10mL 甲苯混合液，先滴加 1～2 滴，约 0.5h 开始反应后，缓慢均匀滴加，6h 加毕，前 4h 慢加，后 2h 稍快，继续反应 1～2h 后停止加热，继续通氮气，搅至室温，抽滤，滤液旋蒸除去溶剂，减压蒸馏，收集相应馏分得羟乙基烯丙基醚。

将 0.1mol 的 2-羟乙基烯丙基醚（或 4-羟丁基烯丙基醚，或 6-羟己基烯丙基醚）与 100mL 二甲基亚砜加入三口烧瓶中，搅拌升温至 80℃，加入 3.54g（3.03mol）叔丁醇钾，升温至 100～110℃，恒温 1h 后冷至室温。抽滤，滤液加入 400mL 蒸馏水，用乙醚：正己烷＝1：1（体积比）的溶液洗 5～6 次，合并有机相，用无水硫酸镁干燥过夜，旋蒸除去溶剂，得 2-羟乙基丙烯基醚。

将 10.6g(0.115mol) 环氧氯丙烷及 40mL 甲苯加入三口烧瓶中，30℃加入 1.07g 苄基三乙基氯化铵，完全溶解后，缓慢加入 4.2g(0.105mol) 氢氧化钠，在 35℃ 缓慢滴加 0.1mol 的 2-羟乙基丙烯基醚（或 4-羟丁基丙烯基醚，或 6-羟己基丙烯基醚），反应放热，待反应平稳后，升温 40℃，恒温 5.5h，抽滤，用 10mL 的 70℃蒸馏水洗滤液 4 次，用甲苯萃取水相 1～2 次，合并所有有机相，用无水碳酸钠干燥过夜，常压蒸馏除去甲苯，所得粗品先用氯仿/乙酸乙酯（12：1，质量比），再用正己烷/乙酸乙酯（4：1，质量比）为洗脱剂进行柱色谱分离，得产物 2-(1-丙烯基)氧乙基缩水甘油醚 ［或 4-(1-丙烯基)氧丁基缩水甘油醚，或 6-(1-丙烯基)氧己基缩水甘油醚］。

（4）双重固化活性稀释剂丙烯氧基丙氧基丙烯酸酯的合成

三口烧瓶中加入 22.8g(0.3mol) 1,3-丙二醇和 75mL 甲苯，通氮气，升温至 40℃，加入 0.4g 四丁基溴化铵，升至 50℃时加入 4g(0.1mol) 氢氧化钠，搅匀升温至 65℃，滴加 12.1g(0.1mol) 烯丙基溴和 15g 甲苯混合液，6h 滴完，继续反应 1h，继续通氮气至体系冷至室温。抽滤除去固体，旋转蒸发出溶剂，减压蒸馏 10mmHg 收集 78～80℃馏分，得羟丙基烯丙基醚(A)。

11.6g(0.1mol) 烯丙基羟丙基醚和 50mL 二甲基亚砜加入三口烧瓶，搅拌，加入 2.26g(0.2mol) 叔丁醇钾，加热至 100～110℃，恒温 1h，冷至室温，抽滤除去固体，加入 100mL 蒸馏水，用乙醚：正己烷＝1：1（体积比）的溶液萃取洗 3～4 次，有机相旋转蒸发除去溶剂，得产物丙烯基羟丙基醚（B）。

7.05g(0.06mol) 丙烯基羟丙基醚、6.14g(0.06mol) 三乙胺和 80mL 甲苯加入三口烧瓶搅拌，置于冰浴，滴加 5.50g 丙烯酰氯和 20mL 甲苯混合液，3h 滴完。抽滤，滤液用 0.1mol/L 盐酸洗 3 次，再用 0.1mol/L 碳酸氢钠溶液洗 3 次，加入无水硫酸钠过夜，旋转蒸发得产物丙烯氧基丙氧基丙烯酸酯。

丙烯氧基丙氧基丙烯酸酯在硫鎓盐作用下可以发生有效的杂化光聚合反应，与自由基光固化速度相当，特别对羟基阻聚作用不敏感，为对湿度不敏感的烯基醚型单体。

（5）双重固化活性稀释剂 4-(1-丙烯基)氧丁基缩水甘油醚的合成

在三口烧瓶中加入 0.6mol 的 1,4-丁二醇及 85mL 甲苯，通氮气，升温 30℃，加入 1.2g

四丁基溴化铵搅拌溶解，加热至 40℃，加入 6g(0.15mol) 氢氧化钠，搅匀，升温 65℃，滴加 18.15g(0.15mol) 烯丙基溴和 10mL 甲苯混合液，先滴加 1～2 滴，约半小时开始反应，用 6h 滴加，前 4h 慢滴，加毕反应 1～2h，通氮气搅拌冷至室温，抽滤，旋转蒸发除去溶剂，减压蒸馏，收集相应馏分为 4-羟丁基烯丙基醚（A）。

三口烧瓶中加入 0.1mol 的 4-羟丁基烯丙基醚，加热 80℃，加入 3.45g(0.03mol) 叔丁醇钾，升温 100～110℃，恒温 1h 后，冷至室温，过滤除去固体，加入 400mL 蒸馏水，用乙醚：正己烷=1：1（体积比）洗 5～6 次，合并有机相，无水硫酸镁干燥过夜，旋转浓缩除去溶剂，得 4-羟丁基丙烯基醚（B）。

三口烧瓶中加入 10.6g(0.115mol) 环氧氯丙烷及 40mL 甲苯，30℃加入 1.07g 苄基三乙基氯化铵，完全溶解后，缓慢加入 4.2g(0.105mol) 氢氧化钠，恒温 35℃，缓慢滴加 0.1mol 的 4-羟丁基丙烯基醚，加毕，升温至 40℃，恒温 5.5h，抽滤除去固体，用 10mL 甲苯洗涤滤并再用 100mL 的 70℃蒸馏水洗涤滤液 4 次，用甲苯萃取水相 2 次，合并所有有机相，用无水碳酸钠干燥过夜，常压蒸馏除去甲苯，粗产品先用氯仿：乙酸乙酯=12：1（质量比）溶液、再用正己烷：乙酸乙酯=4：1（质量比）的溶液为洗脱剂进行柱色谱分离，得到 4-(1-丙烯基)氧丁基缩水甘油醚。

双重固化活性稀释剂的光聚合性能见表 2-59。

表 2-59　双重固化活性稀释剂的光聚合性能

光引发剂（4%用量）	环氧基转化率/%	双键转化率/%
硫锑盐(UV1-6976)	69	71
碘锑盐(Omnicat-440)	35	60

第 3 章 低聚物

3.1 概述

光固化产品用的低聚物（oligomer）也称预聚物（prepolymer），原译为"齐聚物"，这一概念并不合适，用低聚物较恰当。它是一种分子量相对较低的感光性树脂，具有可以进行光固化反应的基团，如各类不饱和双键或环氧基等。在光固化产品的各组分中，低聚物是光固化产品的主体，它的性能基本上决定了固化后材料的主要性能，因此，低聚物的合成和选择无疑是光固化产品配方设计的最重要环节。

自由基光固化产品用的低聚物都是具有" $\diagup C = C \diagdown$ "不饱和双键的树脂，如丙烯酰氧基（$CH_2 = CH—COO—$）、甲基丙烯酰氧基 [$CH_2 = C(CH_3)—COO—$]、乙烯基（ $\diagup C = C \diagdown$ ）、烯丙基（$CH_2 = CH—CH_2—$）等。按照自由基聚合反应速率快慢排序：

丙烯酰氧基＞甲基丙烯酰氧基＞乙烯基＞烯丙基

因此，自由基光固化用的低聚物主要是各类丙烯酸树脂，如环氧丙烯酸树脂、聚氨酯丙烯酸树脂、聚酯丙烯酸树脂、聚醚丙烯酸树脂、丙烯酸酯化的丙烯酸树脂、不饱和聚酯及乙烯基树脂等。其中实际应用最多的是环氧丙烯酸树脂、聚氨酯丙烯酸树脂和聚酯丙烯酸树脂。表 3-1 列举了几种常用低聚物的性能。

表 3-1 常用低聚物的性能

低聚物	固化速率	拉伸强度	柔韧性	硬度	耐化学品性	耐黄变性
环氧丙烯酸树脂(EA)	高	高	不好	高	极好	中
聚氨酯丙烯酸树脂(PUA)	可调	可调	好	可调	好	可调
聚酯丙烯酸树脂(PEA)	可调	中	可调	中	好	不好
聚醚丙烯酸树脂	可调	低	好	低	不好	好
纯丙烯酸酯树脂	慢	低	好	低	好	极好
乙烯基树脂	慢	高	不好	高	不好	不好

阳离子光固化产品用的低聚物，具有环氧基团（ $\diagup C—C \diagdown \atop O$ ）或乙烯基醚基团（$CH_2 = CH—O—$），如环氧树脂、乙烯基醚树脂。

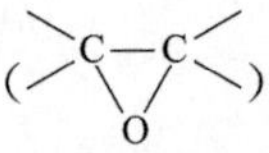

光固化产品中低聚物的选择要综合考虑下列因素：

（1）黏度

选用低黏度树脂，可以减少活性稀释剂用量；但低黏度树脂往往分子量低，会影响成膜后力学性能。

（2）光固化速率

选用光固化速率快的树脂是一个很重要的条件，不仅可以减少光引发剂用量，而且可以满足光固化产品在生产线快速固化的要求。一般说来，官能度越高，光固化速率越快，环氧丙烯酸酯光固化速率快，胺改性的低聚物光固化速率也快。

（3）力学性能

光固化产品涂层的力学性能主要由低聚物固化膜的性能来决定，而不同品种的光固化产品其力学性能要求也不同，所选用的低聚物也不同。固化膜层的力学性能主要有下列几种：

① 硬度　环氧丙烯酸酯和不饱和聚酯一般硬度高；低聚物中含有苯环结构也有利于提高硬度；官能度高，交联密度高，T_g 高，硬度也高。

② 柔韧性　聚氨酯丙烯酸树脂、聚酯丙烯酸树脂、聚醚丙烯酸树脂和纯丙烯酸酯一般柔韧性都较好；低聚物含有脂肪族长碳链结构，柔韧性好；分子量越大，柔韧性也越好；交联密度低，柔韧性变好；T_g 低，柔韧性好。

③ 耐磨性　聚氨酯丙烯酸树脂有较好的耐磨性；低聚物分子间易形成氢键的，耐磨性好；交联密度高的，耐磨性好。

④ 拉伸强度　环氧丙烯酸酯和不饱和聚酯有较高的拉伸强度；一般分子量较大，极性较大，柔韧性较小和交联度大的低聚物，有较高的拉伸强度。

⑤ 抗冲击性　聚氨酯丙烯酸树脂、聚酯丙烯酸树脂、聚醚丙烯酸树脂和纯丙烯酸酯有较好的抗冲击性；低 T_g、柔韧性好的低聚物，一般抗冲击性好。

⑥ 附着力　固化体积收缩率小的低聚物，对基材附着力好；含—OH、—COOH 等基团的低聚物对金属附着力好。低聚物表面张力低，对基材润湿铺展好，有利于提高附着力。

⑦ 耐化学品性　环氧丙烯酸酯、聚氨酯丙烯酸树脂和聚酯丙烯酸树脂都有较好的耐化学品性；但聚酯丙烯酸树脂耐碱性较差。提高交联密度，耐化学品性增强。

⑧ 耐黄变性　脂肪族和脂环族聚氨酯丙烯酸树脂、聚醚丙烯酸树脂和纯丙烯酸酯有很好的耐黄变性。

⑨ 光泽　环氧丙烯酸酯和不饱和聚酯有较高的光泽；交联密度增大，光泽增加；T_g 高、折射率高的低聚物光泽好。

⑩ 颜料的润湿性　一般脂肪酸改性和胺改性的低聚物有较好的颜料润湿性；含—OH 和—COOH 的低聚物也有较好的颜料润湿性。

（4）低聚物的玻璃化转变温度 T_g

低聚物 T_g 高，一般硬度高，光泽好；低聚物 T_g 低，柔韧性好，抗冲击性也好。表 3-2 为常用低聚物的折射率和玻璃化转变温度。

表 3-2　常用低聚物的折射率和玻璃化转变温度

产品代号	化学名称	折射率（25℃）	玻璃化转变温度 T_g/℃	拉伸强度/Pa	伸长率/%
CN111	大豆油 EA	1.4824	35		
CN120	EA	1.5556	60		
CN117	改性 EA	1.5235	51	5400	6
CN118	酸改性 EA	1.5290	48		

产品代号	化学名称	折射率（25℃）	玻璃化转变温度 $T_g/℃$	拉伸强度/Pa	伸长率/%
CN2100	胺改性 EA		60	1900	6
CN112C60	酚醛 EA（含 40%TMPTA）	1.5345	40		
CN962	脂肪族 PUA	1.4808	−38	265	37
CN963A80	脂肪族 PUA（含 20% TPGDA）	1.4818	48	7217	6
CN929	三官能团脂肪族 PUA	1.4908	13	1628	58
CN945A60	三官能团脂肪族 PUA（含 40%TPGDA）	1.4758	53	1623	6
CN983	脂肪族 PUA	1.4934	90	2950	2
CN972	芳香族 PUA	1.4811	−47	142	17
CN970E60	芳香族 PUA（含 40%EOTMPTA）	1.5095	70	6191	4
CN2200	PEA		−20	700	20
CN2201	PEA		93	5000	4
CN292	PEA	1.4681	1	1345	3
CN501	胺改性聚醚丙烯酸酯	1.4679	24		
CN550	胺改性聚醚丙烯酸酯	1.4704	−10		

（5）低聚物的固化体积收缩率

低的固化体积收缩率有利于提高固化膜对基材的附着力，低聚物官能度增加，交联密度提高，固化体积收缩率也增加。表 3-3 为常见低聚物固化体积收缩率。

表 3-3　常见低聚物固化体积收缩率[①]

低聚物	分子量	官能度 f	收缩率/%
EA	500	2	11
酸改性 EA	600	2	9
大豆油 EA	1200	3	7
芳香族 PUA（1）	1000	6	10
芳香族 PUA（2）	1500	2	5
脂肪族 PUA（1）	1000	6	10
脂肪族 PUA（2）	1500	2	3
聚醚丙烯酸酯	1000	4	6
PEA（1）	1000	4	11
PEA（2）	1500	4	14
PEA（3）	1500	6	10

① 100%低聚物，5% 1500 光引发剂；在 120W/cm、10m/min 条件下固化。

（6）毒性和刺激性

低聚物由于分子量都较大，大多为黏稠状树脂，不挥发，不是易燃易爆物品，其毒性也较低，皮肤刺激性也较低。表 3-4 为部分常用低聚物的皮肤刺激性。

表 3-4 部分常用低聚物的皮肤刺激性

产品代号	化学名称	官能度	PII
EB600	双酚 A 型 EA	2	0.2
EB860	大豆油 EA	3	0.4
EB3600	胺改性双酚 A 型 EA	2	0.1
EB3608	脂肪酸改性 EA	2	0.5
EB210	芳香族 PUA	2	2.2
EB230	高分子量脂肪族 PUA	2	2.3
EB270	脂肪族 PUA	2	1.7
EB264	三官能团脂肪族 PUA(含 15%HDDA)	3	3.0
EB220	六官能团脂肪族 PUA	6	0.7
EB1559	PEA(含 40%HEMA)	2	1.8
EB810	四官能度 PEA	4	1.3
EB870	六官能度 PEA	6	0.6
EB438	氯化 PEA(含 40%OTA480)		2.2
EB350	有机硅丙烯酸酯	2	0.9
EB1360	六官能团有机硅丙烯酸酯	6	1.2

3.2 不饱和聚酯

不饱和聚酯（unsaturated polyester，简称 UPE）是最早用于光固化产品的低聚物。1968 年德国拜耳公司开发的第一代光固化产品就是不饱和聚酯与苯乙烯组成的光固化涂料，用于木器涂装。

3.2.1 不饱和聚酯的合成

不饱和聚酯是由二元醇和二元酸加热缩聚而制得。其中二元醇有乙二醇、多缩乙二醇、丙二醇、多缩丙二醇、1,4-丁二醇、1,6-己二醇等。二元酸必须有不饱和二元酸或酸酐，如马来酸、马来酸酐、富马酸；并配以饱和二元酸或酸酐如邻苯二甲酸、邻苯二甲酸酐、丁二酸、丁二酸酐、己二酸、己二酸酐等。不饱和二元酸通常用马来酸酐，价廉易得，而且随马来酸酐用量增加，光固化速率也会增加，并达到一个最佳值，通常马来酸酐摩尔含量应不低于总羧酸量的一半。加入饱和二元酸可改善不饱和聚酯的弹性，起到增塑作用，还可减少体积收缩，但会影响树脂的光固化速率。一般使用酸酐和二元醇反应制备不饱和聚酯，可减少水的生成量，有利于缩聚反应进行，特别是马来酸酐不易发生均聚，可在较高反应温度下进行脱水缩聚。

将二元酸、二元醇和适量阻聚剂（如对苯二酚）加入反应器中，通入氮气，搅拌升温到160℃回流，测酸值至200mg KOH/g左右，开始出水，升温至175～200℃，当酸值达到设定值时，停止反应，降温至80℃左右，加入20%～30%活性稀释剂（苯乙烯或丙烯酸酯类活性稀释剂）和适量阻聚剂出料。

反应中通氮气，可促进脱水，也能防止树脂在反应中因高温而颜色变深。反应程度控制通过测定反应体系的酸值来监控；反应结束可以通过测定产物的碘值了解产物的双键含量。

3.2.2 不饱和聚酯的性能和应用

不饱和聚酯由于原料来源方便、价廉，合成工艺简单，与苯乙烯配合使用，价格便宜，得到固化涂层硬度好，耐溶剂和耐热，在木器涂装上涂成厚膜，产生光泽丰满的装饰效果，故至今仍在欧洲、美国、日本等国家和地区的木器涂装生产线使用，用作光固化木器涂料的填充料、底漆和面漆，我国基本上不使用。

不饱和聚酯光固化基团是乙烯基C＝C双键，反应活性低，因此光固化速率慢，表干性能差，涂层不够柔软，聚酯主链上大量酯基耐碱性差。苯乙烯作为不饱和聚酯的活性稀释剂，价廉，黏度低，稀释效果好，反应活性也较高，但它是易挥发、易燃、易爆液体，有特殊臭味，具有较大毒性，使用受到限制。可以用部分丙烯酸酯活性稀释剂来代替苯乙烯，克服上述弊病。部分商品化的不饱和聚酯低聚物的性能和应用见表3-5。

表 3-5　部分商品化的不饱和聚酯低聚物的性能和应用

公司	产品代号	化学名称	黏度/mPa·s	特点和应用
艾坚蒙	500	UPE(含32%St)	1600(23℃)	柔韧性优,抛光性优,丰满度好,用于亮光木器上
	UAVPLS2380	UPE(含30%TPGDA)	29000(23℃)	漆膜坚硬,光泽高,良好的附着力及打磨性,用于木器及家具底漆和面漆
	UAVPLS2110	UPE(含30%TPGDA)	17000(23℃)	耐黄变,更佳的抗刮擦性,用于木器及家具底漆和面漆
盖斯塔夫	UV78	UPE(含30%St)		抛光性、丰满度好,用于淋涂木器着色底漆和面漆
	UV82	UPE(含25%St)		抛光性,用于辊涂木器底漆
	UV92	UPE(含25%St)		高反应活性,用于木器打磨底漆
巴斯夫	UP35D	UPE(含45%DPGDA)	3000～6000(23℃)	高硬度,高耐抗性,良好的砂磨性能,用于木器涂料

3.3　环氧丙烯酸酯

环氧丙烯酸酯（epoxy acrylate，简称EA）是目前应用最广泛、用量最大的光固化低聚物，它是由环氧树脂和（甲基）丙烯酸酯化而制得。环氧丙烯酸酯按结构类型不同，可分为双酚A环氧丙烯酸酯、酚醛环氧丙烯酸酯、环氧化油丙烯酸酯和改性环氧丙烯酸酯，其中以双酚 A 环氧丙烯酸酯最为常用，用量也最大。

3.3.1　环氧丙烯酸酯的合成

$$CH_2—CH—R—CH—CH_2 + 2CH_2=CH—COOH \xrightarrow{催化剂}$$

$$CH_2=CH—C—O—CH_2—CH—R—CH—O—C—CH=CH_2$$

环氧丙烯酸酯是用环氧树脂和丙烯酸在催化剂作用下经开环酯化而制得。为了得到高光固化速率的环氧丙烯酸酯，要选择高环氧基含量和低黏度的环氧树脂，这样可引入更多的丙烯酸基团。因此双酚 A 环氧丙烯酸酯一般选用 E-51 ［环氧值为 (0.51 ± 0.03)eq/100g］ 或 E-44 ［环氧值为 (0.44 ± 0.03)eq/100g］；酚醛环氧树脂选用 F-51 ［环氧值为 (0.51 ± 0.03)eq/100g］ 或 F-44 ［环氧值为 (0.44 ± 0.03)eq/100g］。

催化剂一般用叔胺、季铵盐，常用三乙胺、N,N-二甲基苄胺、N,N-二甲基苯胺、三甲基苄基氯化铵、三苯基磷、三苯基锑、乙酰丙酮铬、四乙基溴化铵等，用量 $0.1\%\sim3\%$（质量分数）。三乙胺虽然价廉，但催化活性相对较低，产品稳定性稍差；季铵盐催化活性稍强，但成本稍高；三苯基磷、三苯基锑、乙酰丙酮铬催化活性高，产物黏度低，但色泽较深。

丙烯酸和环氧基开环酯化是放热反应，因此反应初期控制温度是非常重要的，通常采用将环氧树脂升温至 80～90℃，滴加丙烯酸、催化剂和阻聚剂混合物，控制反应温度 100℃，同时取样测定酸值，到反应后期升温至 110～120℃，使酸值降至小于 5mg KOH/g 停止反应（一般反应时间需要 4～6h），冷却到 80℃ 出料。由于环氧丙烯酸酯黏度较大，可以在冷却至 80℃ 以下时，加入 20%活性稀释剂（三丙三醇二丙烯酸酯、三羟甲基丙烷三丙烯酸酯）和适量阻聚剂。

由于反应温度较高，为防止丙烯酸和环氧丙烯酸酯的聚合必须加入阻聚剂，常用的阻聚剂为对甲氧基苯酚、对苯二酚、2,6-二甲基对苯二酚、2,6-二叔丁基对甲苯酚等，加入量为 $0.01\%\sim1\%$（质量分数）。

丙烯酸和环氧树脂投料比，大多数情况下控制在环氧树脂稍微过量，即丙烯酸：环氧树脂环氧基＝$(1:1)\sim(1:1.05)$（摩尔比），以防止残存的丙烯酸对基材和固化膜有不良影响。但残留的环氧基也会影响树脂的储存稳定性。

环氧丙烯酸酯的合成（以双酚 A-环氧丙烯酸酯为例）主反应为：

$$CH_2—CH—R—CH—CH_2 + 2CH_2=CH—COOH \longrightarrow$$

$$CH_2=CH—C—O—CH_2—CH—R—CH—O—C—CH=CH_2$$

其中，R：

$$—CH_2—O{\Big(}\!\!\!\underset{CH_3}{\overset{CH_3}{C}}\!\!\!—O—CH_2—\underset{OH}{CH}—CH_2—O{\Big)}_n\!\!\!\underset{CH_3}{\overset{CH_3}{C}}\!\!\!—O—CH_2—$$

$$n=0\sim4$$

副反应为：

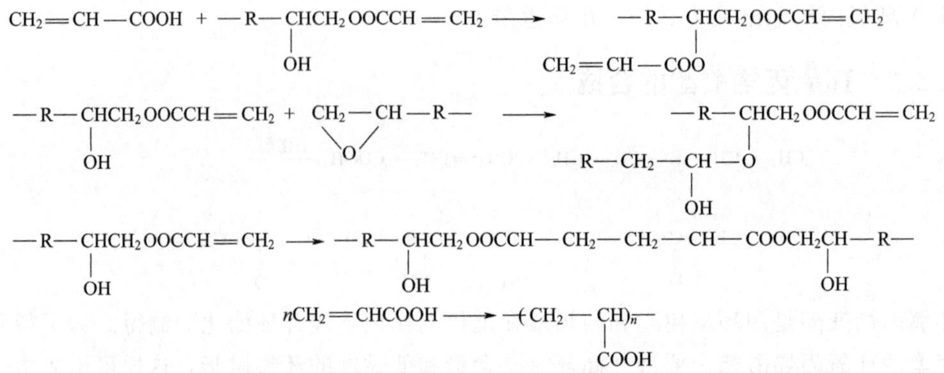

$$CH_2=CH-COOH + R-CHCH_2OOCCH=CH_2 \longrightarrow R-CHCH_2OOCCH=CH_2$$
$$\quad\quad\quad\quad\quad\quad | \quad\quad\quad\quad\quad\quad\quad\quad\quad\quad\quad\quad\quad | \quad\quad\quad\quad\quad\quad\quad\quad\quad\quad |$$
$$\quad\quad\quad\quad\quad\quad OH \quad\quad\quad\quad\quad\quad\quad\quad\quad\quad\quad\quad CH_2=CH-COO$$

后三个副反应都可以引起树脂发生交联而凝胶，因此反应时控制好反应温度，反应初期和中期温度不宜过高，极为重要。反应程度控制测定反应体系的酸值来了解；反应结束可以通过产物的碘值测量，了解合成过程中双键的损失，还可以通过产物的环氧值了解残存的环氧基含量。

3.3.2　环氧丙烯酸酯的性能与用途

（1）双酚 A 环氧丙烯酸酯

双酚 A 环氧丙烯酸酯分子中含有苯环，使树脂有较高的刚性、强度和热稳定性，同时侧链的羟基有利于极性基材的附着，也有利于颜料的润湿。

双酚 A 环氧丙烯酸酯为双官能团低聚物，但在低聚物中是光固化速率最快的一种，固化膜具有硬度大、高光泽、耐化学品性能优异、较好的耐热性和电性能等优点，加之双酚 A 环氧丙烯酸酯原料来源方便、价格便宜、合成工艺简单，因此广泛地用作光固化纸张、木器、塑料、金属涂料的主体树脂，也用作光固化油墨、光固化胶黏剂的主体树脂。

双酚 A 环氧丙烯酸酯的缺点主要是固化膜柔性差、脆性高，同时耐光老化和耐黄变性差，不适合户外使用，这是由于双酚 A 环氧丙烯酸酯含有芳香醚键，漆膜经阳光（紫外线）照射后易降解断链而粉化。

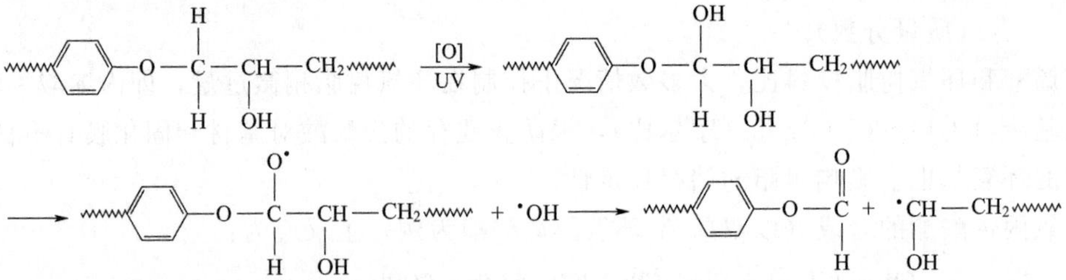

（2）酚醛环氧丙烯酸酯

酚醛环氧丙烯酸酯为多官能团丙烯酸酯，因此比双酚 A 环氧丙烯酸酯反应活性更高，交联密度更大；苯环密度大，刚性大，耐热性更佳。其固化膜也具有硬度大、高光泽、耐化学品性优异、电性能好等优点。只是原料价格稍贵，树脂的黏度较高，因此目前主要用作光固化阻焊油墨，一般很少用于其他光固化产品。

（3）邻甲酚环氧丙烯酸酯

邻甲酚环氧丙烯酸酯也是多官能团丙烯酸酯，光固化反应活性高，其固化膜具有硬度大，耐化学品性优异，电性能好，耐热性比酚醛环氧丙烯酸酯更好，是专门为高档印刷电路板光固化阻焊油墨和光成像阻焊油墨使用的低聚物。

（4）环氧化油丙烯酸酯

环氧化油丙烯酸酯具有价格便宜、柔韧性好、附着力强的优点，对皮肤刺激性小，特别是对颜料有优良的润湿分散性；但光固化速率慢，固化膜软，力学性能差，因此在光固化油墨中不单独使用，只是与其他活性高的低聚物配合使用，以改善柔韧性和对颜料的润湿分散性，环氧化油丙烯酸酯主要有环氧大豆油丙烯酸酯、环氧蓖麻油丙烯酸酯等。

环氧化油丙烯酸酯是以生物基为原料而制得的光固化低聚物，不依赖石油和煤，而且安全、环保，它的开发和应用，可以开辟一条新的途径来制造光固化低聚物，不与社会争夺石油和煤等能源，是非常有前途的绿色环保产品。

（5）改性环氧丙烯酸酯

① 胺改性环氧丙烯酸酯 利用少量的伯胺或仲胺与环氧树脂中部分环氧基缩合，余下的环氧基再丙烯酸酯化，得到胺改性环氧丙烯酸酯。

② 脂肪酸改性环氧丙烯酸酯 先用少量脂肪酸与环氧树脂中部分环氧基酯化，余下的环氧基再丙烯酸酯化，得到脂肪酸改性环氧丙烯酸酯。

③ 磷酸改性环氧丙烯酸酯 先用不足量的丙烯酸酯化环氧树脂，余下的环氧基用磷酸酯化，得到磷酸改性环氧丙烯酸酯。

④ 聚氨酯改性环氧丙烯酸酯 利用环氧丙烯酸酯侧链上羟基与二异氰酸和丙烯酸羟乙酯摩尔比1∶1的半加成物中异氰酸根反应，得到聚氨酯改性环氧丙烯酸酯。

⑤ 酸酐改性环氧丙烯酸酯 酸酐与环氧丙烯酸酯侧链上羟基反应，得到带有羧基的酸酐改性环氧丙烯酸酯。

⑥ 有机硅改性环氧丙烯酸酯 环氧树脂的环氧基与少量带胺基或羟基的有机硅氧烷缩合，再与丙烯酸酯化得到有机硅改性的环氧丙烯酸酯。

上述几种改性环氧丙烯酸酯的性能特点见表3-6，不同酸酐改性环氧丙烯酸酯性能见表3-7。

表 3-6 改性环氧丙烯酸酯的性能特点

改性环氧丙烯酸酯	性能特点
胺改性	提高光固化速率，改善脆性、附着力和对颜料的润湿性
脂肪酸改性	改善柔韧性和对颜料的润湿性
磷酸改性	提高阻燃性、对金属附着力
聚氨酯改性	提高耐磨性、耐热性、弹性
酸酐改性	变成碱溶性光固化树脂作光成像材料的低聚物；经胺或碱中和后，作水性 UV 固化材料的低聚物
有机硅改性	提高耐候性、耐热性、耐磨性和防污性

表 3-7 不同酸酐改性环氧丙烯酸酯性能比较①

性能	EA	丁二酸酐改性 EA	戊二酸酐改性 EA	马来酸酐改性 EA	苯酐改性 EA	四溴苯酐改性 EA	四氢苯酐改性 EA
硬度	3H	3H	3H	4H	4H	4H	4H
耐磨性/(mg/1000r)	8.4	7.5	7.6	6.8	6.8	6.8	6.8

① 低聚物50份，TMPTA 20份，TPGDA 25份，光引发剂651 5份；在80W/cm、30m/min条件下固化。

3.3.3 常用环氧丙烯酸酯生产企业

环氧丙烯酸酯生产企业较多，表3-8列举了国内外部分生产厂商的常用环氧丙烯酸酯低聚物的性能和应用。

表 3-8　部分常用环氧丙烯酸酯低聚物的性能和应用

公司	产品代号	化学名称	官能度	黏度(25℃)/mPa·s	特点和应用
沙多玛	CN104	双酚A EA	2	18900(49℃)	高反应性、硬度高、耐化学品性好，用于木器、纸张、金属涂料
	CN2101	脂肪酸改性 EA		43000	快速固化，柔韧性和强度兼有，适用柔印、胶印、凹印、丝印油墨
	CN112C80	酚醛 EA(含 20% TMPTA)	3	57900	高反应活性、耐热性、硬度好，用于阻焊剂、纸张、木器、金属涂料
湛新	EB600	双酚A EA	2	3000(60℃)	极低皮肤刺激性(PII=0.2)、快速固化、高光泽、抗溶剂性好，用于罩光清漆
	EB3600	胺改性 EA		2200(60℃)	快速固化、优异耐溶剂性，适用于罩光清漆
	EB639	酚醛 EA(含 30% TMPTA和 5% HEMA)	3	10000	高反应活性、高交联密度、耐热性好，用于阻焊剂和金属、木器涂料
巴斯夫	EA81	双酚A EA(含 20% HDDA)	2	8000~14000	硬度高、固化快、耐化学品性优异，用于各种涂料
	LR8986	改性 EA	2.5	3000~6000	低黏度、硬度好、耐化学品性优异，用于各种涂料
	LR9022	脂肪族 EA	2	20000~30000	低黏度、低黄变、耐化学品性优异，提高附着力，用于各种涂料
帝斯曼	AgiSyn 1010	双酚A EA	2	4000~7000(60℃)	多功能性树脂，提供良好力学性能
	AgiSyn 9760	酚醛 EA(含 50% TMPTA)	3	15000~25000	良好耐热性及低收缩，用于单面板阻焊油墨
	AgiSyn 9720	酚甲醛 EA	2	35000~45000	提供良好力学性能、耐热性及镀金效果，用于液态感光阻焊油墨
艾坚蒙	Photomer 3015	双酚A EA	2	65000	光泽度、硬度、耐化学品性好
	Photomer 3005	大豆油 EA	2	20000	柔韧性好，优良的颜料润湿性
	Photomer 3701	酚甲醛 EA(含 40% TMPTA)	3	10000	耐化学品性、耐热性、表面硬度好，高反应活性
嵩泰	SE110	双酚A EA	2	5000	固化速率快、耐热性、耐化学品性好、硬度高，用于纸张、木器、塑料涂料和胶印、网印油墨
	SE1702	脂肪酸改性双酚A EA	2	5000	流动及流平性、颜料润湿性、耐溶剂性、耐水性好，光泽度高，用于纸张、木器、塑料涂料和胶印、网印油墨
	SE1656	酚醛 EA(TMPTA 稀释)	3.2	45000	固化速率快、耐热性、耐化学品性、金属基材附着力好，硬度高，用于阻焊油墨

公司	产品代号	化学名称	官能度	黏度(25℃)/mPa·s	特点和应用
长兴	621A-80	双酚A EA(含 20% TPG-DA)	2	28500~40000	快速固化,高光泽,硬度、耐化学品性好,用于纸张、塑料、木器涂料、油墨
	6261	大豆油 EA	3~4	25000	柔韧性和颜料分散性佳,用于纸张、塑料清漆、木器涂料
	625C-45	酚醛 EA(含 55% TMP-TA)	3~4	6000~9000	快速固化,高硬度,耐热性、耐化学品性极佳,用于阻焊剂,丝印油墨
奇钛	SE-140	双酚A EA	2	25000	色泽明亮,光泽、硬度高,快干,低气味,耐溶剂性好,用于纸张、木器、塑料涂料和网印油墨
	SE-186	大豆油 EA	3	1000(60℃)	低皮肤刺激性,良好的流平性、颜料润湿性和黏附性,用于纸张、木器、塑料涂料和油墨
	SE-1636	酚醛 EA(含 35% TMP-TA)	3.5	25000	耐热性、金属附着力好,硬度高,低收缩,用于阻焊油墨和提高金属附着力与耐热性应用
石梅	M6200	双酚A EA(含 20% TPG-DA)	2	300000~500000	快速固化,硬度高,耐化学品性好,用于纸张、木器涂料,丝印油墨
德谦	UE-1	双酚A EA(含 20% TPG-DA)	2		快速固化,硬度高,用于纸张、木器、硬塑料、金属涂料
江苏三木	6104	双酚A EA	2	7000~10000(60℃)	低色相,高光泽,硬度佳,耐化学品性佳,用于纸张、地板、摩托车涂料、油墨、胶黏剂
	6109	脂肪酸改性 EA(含 20% TPGDA)	2	3000~6000(60℃)	润湿性、流平性佳,高反应活性,用于亚光涂料、金属、塑料涂料
	6118	溴化双酚A EA(含 20% TPGDA)	2	2000~8000(60℃)	阻燃性、耐热性佳,用于木器、塑料涂料、油墨
江苏开磷瑞阳	RY1101	双酚A EA	2	7000~11000(60℃)	硬度佳,高光泽,高反应性,用于 UV 涂料、油墨、胶黏剂
	RY1201	大豆油 EA	3~4	12000~24000	颜料分散及流平性佳,柔韧性佳,附着力佳,低刺激性,用于纸张涂料和胶印、柔印油墨
	RY1305	改性 EA	2	1000~3000	黏度较低,固化速率快,光泽高,柔韧性佳,用于纸张、木器、塑料涂料和油墨
江苏利田	F01-100	双酚A EA	2	1500~2500(60℃)	硬度高,光泽度高,附着力好,用于纸张、木器、塑料、金属涂料,UV 油墨
	F03	大豆油 EA		8000~20000	低收缩性,柔韧性佳,流平性佳,用于木器涂料和 UV 油墨
	F09	改性 EA(含 20% TPGDA)		10000~30000	固化速率快,附着力佳,柔韧性佳,耐化学品性好,用于木器、塑料涂料和 UV 油墨
无锡博强	WDS-125-80	双酚A EA	2		成膜性优良,光泽饱满,施工性好,用于 UV 丝印油墨,UV 纸张、木器、塑料上光油

续表

公司	产品代号	化学名称	官能度	黏度(25℃)/mPa·s	特点和应用
无锡金盛助剂厂	JS-9150	双酚A EA	2	20000～40000	高光泽,快速固化,用于纸张、木器、塑料涂料,油墨
	JS-9220	癸二酸改性EA	2	130000～150000	高光泽,固化速率快,耐黄变,流平润湿好,附着力好,用于木器、塑料涂料和胶印油墨
	JS-9240	脂肪族EA	2	40000～50000	低黏度、柔软性,流平润湿性优异,用于纸张、木器、塑料、金属各类UV涂料
陕西喜莱坞	EA200	双酚A EA	2	800～1300(50℃)	低黏度,高硬度,高光泽,快速固化,低刺激性,良好的耐溶剂性,用于纸张、木器、塑料涂料,油墨,胶黏剂
	EA220	大豆油EA	2	900～1500	低黏度,优异的柔韧性,优异的颜料润湿性,良好的流平性和附着力,固化速度慢,用于胶印、丝印油墨
	UV1100	酸酐改性EA(含20% TPGDA)	2	16000～24000	促进坚韧性、耐刮性与抗化学品性佳,用于纸张、木器、塑料、金属涂料,胶印、丝印油墨
中山千佑	UV1101	胺改性EA	2	30000～50000	高固化速率,耐溶剂性佳,硬度和附着力好,用于纸张上光,木器底漆、面漆,金属、塑料表面涂装,胶印、丝印和金属装饰油墨
	UV1006-2	六官能团EA	6	4500～7500	固化速率极快,硬度高,附着力佳,抗刮伤,用于纸张、塑料、金属涂料,胶印、丝印油墨
	UVF1000	酚醛EA	3	11000～17000	固化速率快,硬度高,附着力好,用于阻焊油墨和耐高温油墨
中山科田	4210	双酚A EA	2	70000～80000	固化速率快,高光泽,表干佳,硬度高,附着力好,用于各种UV涂料
	4232	己二酸改性EA	2	230000～270000	固化速率快,高光泽,表干佳,硬度高,附着力好,对颜料润湿性好,用于各种UV油墨
	4410	酚醛EA	3	35000～50000	硬度高,耐高温,电绝缘性好,用于阻焊剂、UV胶黏剂
中山博海精化	BH-001F	环氧丙烯酸酯	2	20000±5000	固化速率快,气味小,硬度高,用于木器涂料、淋涂面漆
	BH-1208A	环氧丙烯酸酯	2	30000±5000	耐黄变性好,润湿性好,硬度高,用于木器涂料、白色面漆
广州嵩达	SD7201	环氧丙烯酸酯	2	26000～40000	固化速率快,高反应性,高光泽,高硬度,用于木器、塑胶涂料和油墨
	SD7203	环氧丙烯酸酯	2	6000～15000(60℃)	颜料润湿性好,低收缩,附着力、柔韧性、耐水性佳,用于金属、塑料涂料和油墨
	SD1218	环氧丙烯酸酯	2	20000～40000(60℃)	玻璃附着力好,耐水煮,耐酒精,耐氢氟酸,用于玻璃涂料、油墨、耐氢氧酸玻璃保护胶

续表

公司	产品代号	化学名称	官能度	黏度(25℃)/mPa·s	特点和应用
润奥	FSP2651	改性 EA	2	20000	优异的韧性、上镀性、耐水煮性,良好的颜料润湿性,用于真空电镀、塑料涂料和油墨
广东博兴	B-100	双酚A EA	2	5000～7000(60℃)	固化速率快,高光泽,高流平,优异的耐化学品性,用于纸张上光、地板光油和丝印油墨
	B-151	脂肪酸改性 EA	2	1000～1500(60℃)	与B-100 相比,柔韧性好,固化速率稍有降低,仍保持其他优异性能,用于 UV 油墨和 UV 光油
深圳鼎好	DH-306	双酚A EA	2	9500～17500	用于各种 UV 涂料和油墨
	DH-307	改性 EA	2	9500～17500	用于纸张上光、胶印、凹印油墨
江门制漆厂	PJ9801	双酚A EA	2	5000～7000(60℃)	固化速率快,高光泽,硬度高,耐化学品性好,用于各种 UV 涂料
	PJ9803A	聚酯改性 EA	2	5000～7000(60℃)	固化速率快,高光泽,硬度高,耐化学品性好,用于各种 UV 涂料
	PJ9804A	脂肪酸改性 EA	2	5000～6500(60℃)	固化速率快,高光泽,硬度高,耐化学品性好,用于各种 UV 涂料
深圳科大	UV2104E	双酚A EA	2	6000～10000	固化速率快,硬度高,低成本,用于塑料、木器涂料
	UV2301	大豆油 EA	2	20000～30000	颜料润湿性好,流平好,反应快,用于纸张印刷、木器涂料
深圳众邦	UVR1240	改性 EA	2	60000～90000	高光泽,高反应性,耐黄变佳,用于纸张、木器、塑料涂料和油墨
	UVR9295	邻甲酚改性 EA	2	1500～3500	固化速率快,良好的脱膜性,耐酸性强,用于切割胶
深圳哲艺	700	双酚A EA	2	7000～8000(60℃)	高反应活性,高光泽,耐化学品性佳,用于各种 UV 涂料
	713	改性 EA	2	3000～4000	固化速率快,柔韧性佳,颜料润湿性好,用于木器涂料、丝印、柔印油墨、真空电镀涂料
开平姿彩	ZC8801	双酚A EA(20% TPGDA)	2	20000～48000	固化速率快,硬度高,用于各种 UV 涂料和油墨
	ZC8802	大豆油 EA	2	8000～16000	柔韧性好,耐着力佳,颜料润湿性好,用于木器、纸张涂料和油墨
	ZC8805	酚醛 EA	3	12000～20000	固化速率快,硬度高,耐高温,用于耐较高温度的油墨和涂料
湖南赢创未来	EA1210-100	双酚A EA	2	70000～90000(40℃)	固化速率快,光泽高,硬度好,耐化学品性优,广泛用于涂料、油墨和胶黏剂
	EA1230	酚醛 EA	2	180000～220000	固化速率快,表面硬度高,耐热佳,耐化学品性佳,用于丝印油墨、阻焊油墨、汽车灯罩电镀

公司	产品代号	化学名称	官能度	黏度(25℃)/mPa·s	特点和应用
上海雷呈	AER	双酚A EA	2		固化速率快,高光泽,耐化学品性佳,用于各种 UV 涂料和油墨
	AER-2	胺改性 EA	2		固化速率快,柔韧性佳,附着力好,用于纸张、PVC 上光涂料和丝印油墨
	YP7127P	改性 EA(20% TPGDA)	2	2500~4500(60℃)	柔韧性佳,附着力优异,用于纸张、木器、塑料、金属涂料和油墨
江门恒之光	9104	双酚A EA	2	5500~7000(60℃)	固化速率快,高光泽,高硬度,用于各种 UV 涂料、油墨和胶黏剂
	6700	大豆油 EA	2~3	30000~45000	流平性好,颜料润湿性好,柔韧性佳,用于 UV 纸张、木器、塑料涂料和 UV 油墨
	6900	酚醛 EA	3~4	6500~9000	快速固化,高硬度,耐热性、耐化学品性极佳,用于阻焊剂,丝印油墨和耐高温涂料
顺德本诺	1208-100	双酚A EA	3	70000~90000(40℃)	固化快,高光泽,高硬度,附着力好,用于纸张、木器、塑料涂料,UV 油墨
	1410	酚醛 EA	4	12000±3000	耐高温,高硬度,电绝缘姓好,附着力好,用于阻焊剂,BMC 车灯底漆,胶黏剂
	1420	邻甲酚 EA	4	90000±10000	耐高温,高硬度,电绝缘姓好,附着力好,用于阻焊剂,BMC 车灯底漆,胶黏剂
东莞叁漆	L-6114	双酚A EA	2	3000~6000(60℃)	固化速率快,表干好,高光泽,润湿性好,耐化学品性好,用于木器、纸张、塑料涂料
	L-6136	改性 EA	2	25000~55000(60℃)	高丰满度,高柔韧性,耐水煮,上镀性好,用于木器、纸张、塑料涂料、油墨
肇庆宝骏	700	双酚A EA	2	7000(60℃)	反应快,耐磨性好,用于木器、印刷光油、油墨、胶黏剂、真空电镀底面漆
	713	胺改性 EA	2	3000(60℃)	反应快,柔韧性好,用于木器、印刷光油、油墨、胶黏剂、真空电镀底面漆
鹤山铭丰达	MF-2120	双酚A EA	2	50000~70000	固化速率快,高光泽,高硬度,附着力好,耐化学品性好,用于各种 UV 涂料、油墨
	MF-2125	改性 EA	2	4000~6000(60℃)	固化速率快,表干好,流平润湿好,附着力好,耐化学品性好,用于各种 UV 涂料

3.4 聚氨酯丙烯酸酯

聚氨酯丙烯酸酯（polyurethane acrylate，简称 PUA）是又一种重要的光固化低聚物。它是用多异氰酸酯、长链二醇和丙烯酸羟基酯经二步反应合成。由于多异氰酸酯和长链二醇有多种结构可选择，通过分子设计来合成设定性能的低聚物，因此是目前产品牌号最多的低聚物，广泛应用在光固化涂料、油墨、胶黏剂中。

3.4.1 聚氨酯丙烯酸酯的合成

聚氨酯丙烯酸酯的合成是利用异氰酸酯中异氰酸根—NCO 与长链二醇和丙烯酸羟基酯中羟基—OH 反应，形成氨酯键—NHCOO—（氨基甲酸酯）而制得。

（1）多异氰酸酯

用于聚氨酯丙烯酸酯合成的多异氰酸酯为二异氰酸酯，又有芳香族二异氰酸酯和脂肪族二异氰酸酯两大类，主要有下列几种：

① 甲苯二异氰酸酯（简称 TDI） 为水白色或浅黄色液体，是最常用的芳香族二异氰酸酯，它有 2,4-体和 2,6-体二种异构体，商品 TDI 有 TDI-80（80% 2,4-体和 20% 2,6-体）、TDI-65（65% 2,4-体和 35% 2,6-体）、TDI-100（100% 2,4-体）三种。TDI 价格较低，反应活性高，所合成的聚氨酯硬度高，耐化学品性优良，耐磨性较好；但耐黄变性较差，其原因是在光老化中会形成有色的醌或偶氮结构。TDI 有强烈的刺激性气味，对皮肤、眼睛和呼吸道有强烈刺激作用，毒性较大。国际标准规定，空气中允许浓度 $0.2mg/m^3$。

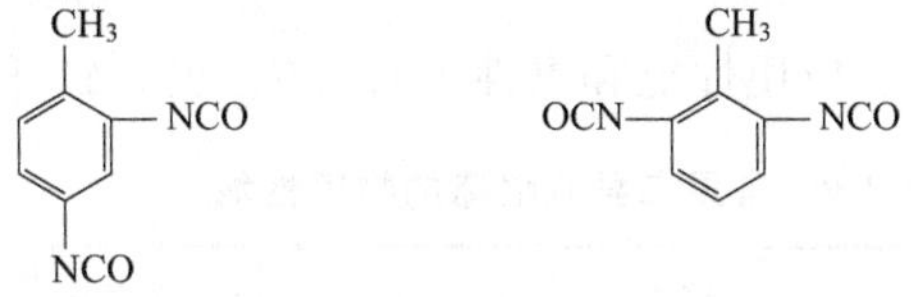

2,4-TDI   2,6-TDI

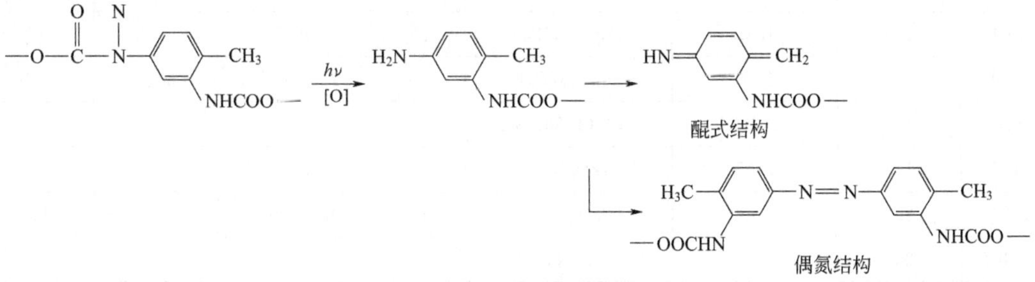

醌式结构

偶氮结构

② 二苯基甲烷二异氰酸酯（MDI） 为白色固体结晶，室温下易生成不溶解的二聚体，颜色变黄，要低温贮存，又是固体，使用不方便。为此有商品化液体 MDI 供应，为淡黄色透明液体，—NCO 含量为 $28.0\% \sim 30.0\%$。MDI 毒性比 TDI 低，由于结构对称，故制成涂料漆膜强度、耐磨性、弹性优于 TDI，但其耐黄变性比 TDI 更差，在光老化中，更易生成有色的醌式结构。

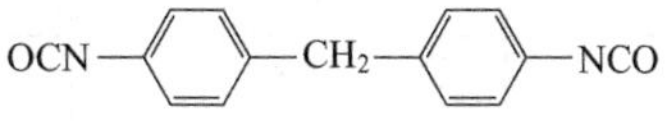

MDI

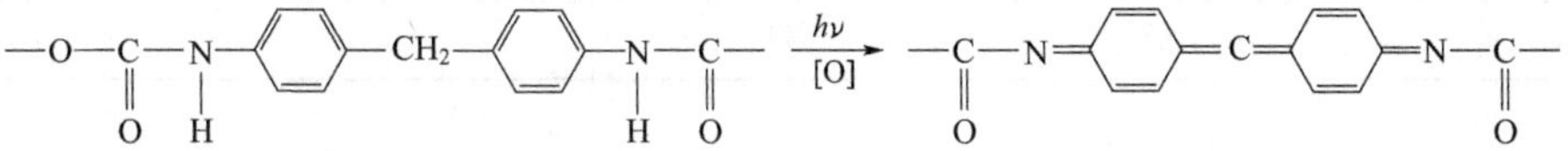

③ 苯二亚甲基二异氰酸酯（XDI） 为无色透明液体，由 71% 间位 XDI 和 29% 对位 XDI 组成。XDI 虽为芳香族二异氰酸酯，但苯基与异氰酸基之间有亚甲基间隔，因此不会像 TDI 和 MDI 那样易黄变，接近脂肪族二异氰酸酯。它的反应性比 MDI 快，但泛黄性和保光性比 TDI 稍差，比 MDI 优越。

间XDI　　　　　　　　　对XDI

④ 六亚甲基二异氰酸酯（HDI）　为无色或浅黄色液体，是最常用的脂肪族二异氰酸酯，反应活性较低，所合成的聚氨酯丙烯酸酯有较高的柔韧性和较好的耐黄变性。

⑤ 异佛尔酮二异氰酸酯（IPDI）　为无色或浅黄色液体，是脂环族二异氰酸酯，所合成的聚氨酯丙烯酸酯有优良的耐黄变性，良好的硬度和柔顺性。

⑥ 二环己基甲烷二异氰酸酯（HMDI）　为无色或浅黄色液体，也是脂环族二异氰酸酯，其反应活性低于 TDI，所合成的聚氨酯丙烯酸酯有优良的耐黄变性，良好的挠性和硬度。

HDI　　　　　　　IPDI　　　　　　　　　HMDI

常见二异氰酸酯的物理性能、应用性能和毒性见表 3-9、表 3-10 和表 3-11。

表 3-9　常见二异氰酸酯的物理性能

二异氰酸酯	分子量	相对密度(25℃)	沸点/℃	闪点/℃	蒸气压/Pa	—NCO 含量	
						/%	当量值
TDI	174	1.22	120(1333Pa)	127	3.3(25℃)	48.2	87
MDI	250	1.19	190(667Pa)	202	107(160℃)	33.5	125
XDI	188	1.202	161(1333Pa)	185		44.6	94
HDI	168	1.05	112(667Pa)	130	1.5(20℃)	50.0	84
IPDI	222	1.058	153(1333Pa)	155	0.09(20℃)	37.8	126
HMDI	258	1.07	160~165(110Pa)	>202		32.5	131

表 3-10　常见二异氰酸酯的应用性能

二异氰酸酯	反应活性	耐黄变性	相容性	价格
TDI	高	差	好	低
MDI	较高	最差	较好	低
XDI	较高	较好	好	较低
HDI	低	好	差	高
IPDI	最低	好	好	高
HMDI	低	好	好	高

表 3-11　常见二异氰酸酯的毒性

二异氰酸酯	饱和蒸气浓度(20℃)/(mg/m³)	LD₅₀经口服(大鼠)/(mg/kg)	LD₅₀吸入(大鼠)/(mg/kg)	危险品操作等级[①]
TDI	142	5800	110(气溶胶,4h)	有毒

续表

二异氰酸酯	饱和蒸气浓度(20℃) /(mg/m³)	LD₅₀经口服(大鼠) /(mg/kg)	LD₅₀吸入(大鼠) /(mg/kg)	危险品操作等级[①]
MDI	0.8	>1500	370(气溶胶,4h)	有害健康
HDI	47.7	913	150(气溶胶,4h)	有毒
IPDI	3.1	4700	123(气溶胶,4h)	有毒
HMDI	3.5	>11000		有毒

① 欧洲经济共同体采用的危险品标识。

二异氰酸酯中—NCO基团与醇羟基反应活性和二异氰酸酯结构有关,芳香族二异氰酸酯比脂肪族二异氰酸酯活性要高;—NCO基团邻位若有—CH₃等其他基团,由于空间位阻影响反应活性,所以 TDI 中 4 位—NCO活性明显高于 2 位—NCO;二异氰酸酯中,第一个—NCO基团反应活性又高于第二个—NCO,见表3-12。

表 3-12 二异氰酸酯醇羟基反应活性比较

二异氰酸酯	第一个—NCO 基团反应活性	第二个—NCO 基团反应活性
TDI	400(4 位)	33(2 位)
XDI	27	10
HDI	1	0.5

(2) 长链二元醇

用于合成聚氨酯丙烯酸酯的长链二元醇,主要有聚醚二元醇和聚酯二元醇两大类。

① 聚醚二元醇 有聚乙二醇、聚丙二醇、环氧乙烷-环氧丙烷共聚物、聚四氢呋喃二醇等。

$$HO{-}(CH_2CH_2O)_n{-}H \qquad 聚乙二醇$$

$$HO{-}(CH_2CHO)_n{-}H \qquad 聚丙二醇$$
$$\qquad\qquad CH_3$$

$$HO{-}(CH_2CH_2O)_m{-}(CH_2CHO)_n{-}H \qquad 环氧乙烷-环氧丙烷共聚物$$
$$\qquad\qquad\qquad\qquad CH_3$$

$$HO{-}(CH_2CH_2CH_2CH_2O)_n{-}H \qquad 聚四氢呋喃二醇$$

由于聚醚中的醚键内聚能低,柔性好,因此合成的聚醚型聚氨酯丙烯酸酯低聚物黏度较低,固化膜的柔性好,但是力学性能和耐热性稍差。

② 聚酯二元醇 传统的聚酯二元醇,由二元酸和二元醇缩聚制得,或由聚己内酯二醇制得。

$$HO{-}R'{-}(O{-}\overset{O}{\overset{\|}{C}}{-}R{-}\overset{O}{\overset{\|}{C}}{-}O{-}R')_n{-}OH \qquad 聚酯二元醇$$

$$H{-}(OCH_2CH_2CH_2CH_2CH_2{-}\overset{O}{\overset{\|}{C}})_n{-}OH \qquad 聚己内酯二醇$$

聚酯键一般机械强度较高,因此合成的聚酯型聚氨酯丙烯酸酯低聚物具有优异的拉伸强度、模量、耐热性。若聚酯为苯二甲酸型,则硬度好;己二酸型,则柔韧性优良。若酯中二元醇为长链碳,则柔韧性好;但如用短链的三元醇或四元醇代替二元醇,则可得到具有高度交联能力的刚性支化结构，固化速率快，硬度高，力学性能更好。但聚酯遇碱易发生水解，故聚酯型聚氨酯丙烯酸酯耐碱性较差。

（3）（甲基）丙烯酸羟基酯

有丙烯酸羟乙酯（HEA）、丙烯酸羟丙酯（HPA）、甲基丙烯酸羟乙酯（HEMA）、甲基丙烯酸羟丙酯（HPMA）、三羟甲基丙烷二丙烯酸酯（TMPDA）、季戊四醇三丙烯酸酯（PETA）等。

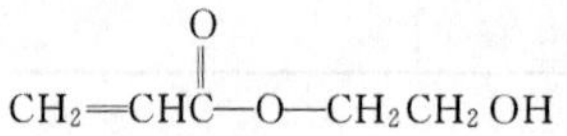

$$CH_2{=}CHC{-}O{-}CH_2CH_2OH \qquad (HEA)$$

$$CH_2{=}CHC{-}O{-}CH_2CH_2CH_2OH \qquad (HPA)$$

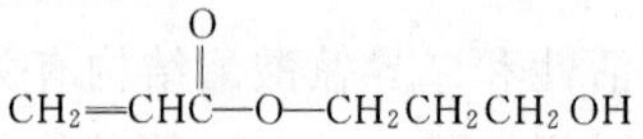

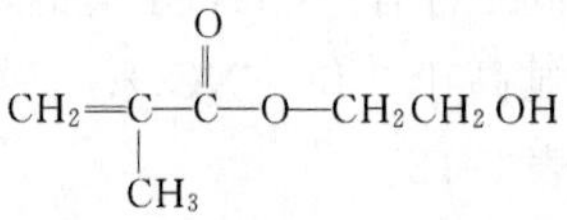

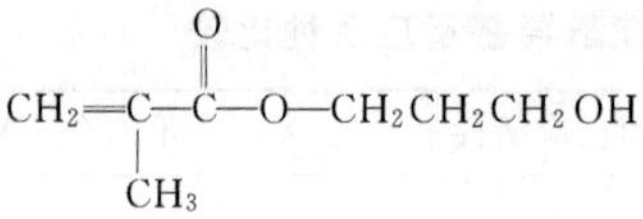

$$CH_2{=}C{-}C{-}O{-}CH_2CH_2OH \qquad (HEMA)$$
$$CH_3$$

$$CH_2{=}C{-}C{-}O{-}CH_2CH_2CH_2OH \qquad (HPMA)$$
$$CH_3$$

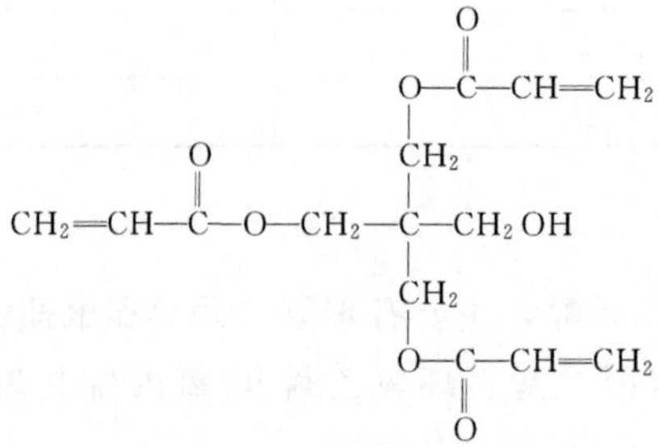

(TMPDA)

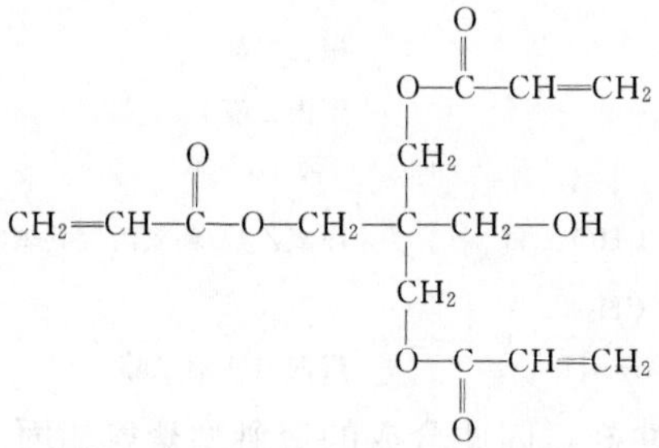

(PETA)

由于丙烯酸酯光固化速率要比甲基丙烯酸酯快得多，故绝大多数时候用丙烯酸羟基酯。

醇羟基与异氰酸根的反应活性：

伯醇＞仲醇＞叔醇。

相对反应速率约为：

伯醇∶仲醇∶叔醇＝1∶0.3∶(0.003～0.007)。

因此大多数用 HEA（伯醇羟基）与异氰酸酯反应，而较少用 HPA（仲醇羟基）。为了制备多官能度的聚氨酯丙烯酸酯，需用 TMPDA 和 PETA 与异氰酸酯反应。

（4）催化剂

二异氰酸酯中—NCO 与醇羟基虽然反应活性高，容易进行，但为了缩短反应时间，加快反应速率，引导反应沿着预期的方向进行，反应中都需要加入少量催化剂，常用的催化剂有叔胺类、金属化合物和有机磷，不同催化剂的催化活性不同，见表 3-13。实际应用上，常用催化剂为月桂酸二丁基锡，用量为总投料量的 0.01%～1%。

表 3-13　不同催化剂的作用情况

催化剂	—NCO∶OH=1∶1,密封后凝胶时间/min		
	TDI	XDI	HDI
无	>240	>240	>240
三乙醇胺	120	>240	>240
三亚乙基二胺	4	80	>240
月桂酸二丁基锡	6	3	3
辛酸亚锡	4	3	4
辛酸钴	12	4	4
辛酸铅	2	1	2
环烷酸锌	60	6	10

叔胺对芳香族 TDI 有显著催化作用，但对脂肪族 HDI 催化作用极弱；金属化合物对芳香族和脂肪族异氰酸酯都有强烈的催化作用，但环烷酸锌对芳香族 TDI 催化作用弱，而对脂肪族 HDI 作用较强。

在 2,4-TDI 中，4 位—NCO 与 2 位—NCO 反应活性有较大差距，但温度升高，则两者差距缩小，见表 3-14。

表 3-14　甲苯二异氰酸酯中 NCO 反应速率[①]

反应温度/℃	29	49	72	100
2 位—NCO	1.5×10^{-6}	1.8×10^{-5}	7.2×10^{-5}	3.2×10^{-4}
4 位—NCO	4.5×10^{-5}	1.2×10^{-4}	3.4×10^{-4}	8.5×10^{-5}
相差倍数	7.9	6.7	4.7	2.7

① 表中反应速率是指用己二酸与一缩二乙二醇制得的聚酯，取 0.2mol 聚酯与 0.02mol 的 2,4-TDI 在氯苯中反应，不同温度下的反应速率常数 k，单位为 L/(mol·s)。

在较低温度下，2,4-TDI 主要是 4 位—NCO 与醇羟基反应，因此利用二异氰酸酯中—NCO 基团与醇羟基反应活性的差别，可以选择性进行反应，制得分子量分布较均匀的半加成物和聚氨酯丙烯酸酯低聚物。

（5）聚氨酯丙烯酸酯的合成工艺

聚氨酯丙烯酸酯的合成路线有两条，第一条合成路线是二异氰酸酯先与二元醇反应，再与丙烯酸羟基酯反应。

$$2OCN—R—NCO+HO—R'—OH \longrightarrow OCN—R—NH—\overset{O}{\underset{||}{C}}—O—R'—O—\overset{O}{\underset{||}{C}}—NH—R—NCO$$

$$OCN—R—NH—\overset{O}{\underset{||}{C}}—O—R'—O—\overset{O}{\underset{||}{C}}—NH—R—NCO + 2CH_2=CHC—O—CH_2CH_2OH \longrightarrow$$

$$CH_2=CHC—O—CH_2CH_2O—\overset{O}{\underset{||}{C}}—NH—R—NH—\overset{O}{\underset{||}{C}}—O—R'—O—\overset{O}{\underset{||}{C}}—NH—R—NH—\overset{O}{\underset{||}{C}}—OCH_2CH_2O—\overset{O}{\underset{||}{C}}—CH=CH_2$$

第二条合成路线是二异氰酸酯先与丙烯酸羟基酯反应，再与二元醇反应。

$$OCN-R-NCO+ CH_2=CHC-O-CH_2CH_2OH \longrightarrow CH_2=CHC-O-CH_2CH_2O-C-NH-R-NCO$$

$$2CH_2=CHC-O-CH_2CH_2O-CNH-R-NCO +HO-R'-OH \longrightarrow$$

$$CH_2=CHC-O-CH_2CH_2O-C-NH-R-NH-C-O-R'-O-C-NH-R-NH-C-OCH_2CH_2O-C-CH=CH_2$$

两条合成路线比较，由于第一条合成路线是异氰酸酯先扩链，再丙烯酸酯酯化，这样丙烯酸酯在反应釜内停留时间较短，有利于防止丙烯酸酯受热时间过长而容易聚合、凝胶。虽然可能因丙烯酸酯封端反应不彻底，会存在少量没有反应的丙烯酸羟基酯，但不会影响使用。而第二条合成路线，由于二异氰酸酯先与丙烯酸羟基酯反应生成丙烯酸酯，再与二元醇反应时，丙烯酸酯受热聚合可能性增加，需加入更多阻聚剂，这对产品的色度和光聚合反应活性产生不良影响。

对芳香族 2,4-TDI 来讲，由于 4 位—NCO 基团反应活性远高于 2 位—NCO 基团活性，可以在较低温度下与二元醇反应，生成 4 位半加成物，再在较高温度下，2 位—NCO 基团与丙烯酸羟基酯反应制得分子结构和分子量较均匀的聚氨酯丙烯酸酯。

由于异氰酸基团与羟基反应是放热反应，为避免反应因放热而使反应温度升高，以至发生凝胶化，故反应物要采取滴加方法，将二元醇慢慢滴加在含有催化剂的二异氰酸酯中。

异氰酸基团也极易与水反应，生成胺，可继续与异氰酸酯反应，形成缩脲结构。

$$\sim\!\sim\!\sim NCO + H_2O \longrightarrow \sim\!\sim\!\sim NH-C-OH \longrightarrow \sim\!\sim\!\sim NH_2 + CO_2$$

$$\sim\!\sim\!\sim NH_2 + OCN \sim\!\sim\!\sim \longrightarrow \sim\!\sim\!\sim NH-C-NH \sim\!\sim\!\sim$$

在碱性条件下，二异氰酸酯与二元醇生成的氨基甲酸酯（$\sim\!\sim\!\sim NH-C-O-$）会继续与—NCO 基团反应。

$$\sim\!\sim\!\sim NH-C-O \sim\!\sim\!\sim + OCN \sim\!\sim\!\sim \longrightarrow \sim\!\sim\!\sim N-C-O \sim\!\sim\!\sim$$
$$\qquad\qquad\qquad\qquad\qquad\qquad\qquad\quad C-NH \sim\!\sim\!\sim$$

这两个副反应会使聚氨酯丙烯酸酯合成过程中黏度增大，甚至发生交联而凝胶化，因此所用二元醇和丙烯酸羟基酯都需进行脱水处理和清除微量碱离子。

聚氨酯丙烯酸酯的合成是将 2mol 二异氰酸酯和催化剂月桂酸二丁基锡加入反应器中，升温到 40～50℃，慢慢滴加 1mol 二元醇，反应 1h 后，可升温到 60℃，测定—NCO 值到计算值，加入 2mol 丙烯酸羟基酯和阻聚剂对苯二酚，升温至 70～80℃，直至—NCO 值为零。鉴于—NCO 有较大毒性，反应时可以适当使丙烯酸羟基酯稍微过量一点，以使—NCO 基团完全反应。反应完毕考虑到聚氨酯丙烯酸酯黏度较大，可加入适量的丙烯酸酯活性稀释剂，如三丙二醇二丙烯酸酯进行稀释，搅拌均匀出料。

3.4.2 聚氨酯丙烯酸酯的性能和应用

聚氨酯丙烯酸酯分子中有氨酯键，能在高分子链间形成多种氢键，使固化膜具有优异的耐磨性和柔韧性，断裂伸长率高，同时有良好的耐化学品性和耐高、低温性能，较好的抗冲击性，对塑料等基材有较好的附着力，总之，PUA 具有较佳的综合性能。

由芳香族异氰酸酯合成的 PUA 称为芳香族 PUA，由于含有苯环，因此链呈刚性，其固化膜有较高的机械强度和较好的硬度和耐热性。芳香族 PUA 相对价格较低，最大缺点是固化膜柔韧性和耐候性较差，易黄变。

由脂肪族和脂环族异氰酸酯制得的 PUA 称为脂肪族 PUA，主链是饱和烷烃和环烷烃，耐光、耐候性优良，不易黄变，同时黏度较低，固化膜柔韧性好，综合性能较好，但价格较贵，涂层硬度较差。现在中高档的光固化产品大多选用脂肪族和脂环族 PUA 作主体树脂。

由聚酯多元醇与异氰酸酯反应合成的 PUA，主链为聚酯，一般机械强度高，固化膜有优异的拉伸强度、模量和耐热性，但耐碱性差。由聚醚多元醇与异氰酸酯合成的 PUA，有较好的柔韧性，较低的黏度，耐碱性提高，但硬度、耐热性稍差。

PUA 虽然有较佳综合性能，但其光固化速率较慢，黏度也较高，价格相对较高，在中高档的光固化产品中作主体树脂用，在一般的低档的光固化产品中较少用 PUA 作为主体树脂，常常为了改善涂料的某些性能，如增加涂层的柔韧性、改善附着力、降低应力收缩、提高抗冲击性而作为辅助性功能树脂使用。芳香族 PUA 在光固化纸张、木器、塑料涂料上应用，脂肪族 PUA 在光固化摩托车涂料、汽车车灯涂料、真空镀膜涂料和手机涂料上应用。

3.4.3　非—NCO 合成聚氨酯丙烯酸酯

上述采用二异氰酸酯经二元醇扩链，再与丙烯酸羟基酯反应制得聚氨酯丙烯酸酯，是传统的制备聚氨酯丙烯酸酯方法。但原料二异氰酸酯有很强的毒性，而且在反应过程中不可避免地会有残留的异氰酸酯，这会给人体和环境带来一定的伤害。为此，人们研究出不用异氰酸酯来合成聚氨酯丙烯酸酯的新方法，从根本上消除异氰酸酯带来的危害。

非—NCO 合成聚氨酯丙烯酸酯原理是先用取代胺与碳酸乙烯酯反应，制得取代氨基甲酸羟乙酯，再与丙烯酸甲酯经酯交换反应制得聚氨酯丙烯酸酯。研究表明非—NCO 合成的聚氨酯丙烯酸酯与传统方法合成的聚氨酯丙烯酸酯在性能上没有明显的区别，但非—NCO 方法不用异氰酸酯，具有低毒性。湛新公司已经开发了一系列非—NCO 方法合成的双官能度、四官能度的聚氨酯丙烯酸酯，其性能见表 3-15。

表 3-15　湛新公司用非—NCO 合成聚氨酯丙烯酸酯的性能

产品名称	分子量	官能度	黏度/mPa·s	纯度(摩尔分数)/%
—NCO-PUA$_1$	442	2	7010	92
非—NCO-PUA$_1$	442	2	7100	93
非—NCO-PUA$_2$	301	2	89	95
非—NCO-PUA$_3$	984	2	1160	95
非—NCO-PUA$_4$	1016	2	495	91
非—NCO-PUA$_5$	1156	4	3370	92

上述非—NCO-PUA$_1$～PUA$_5$ 的合成反应式如下：

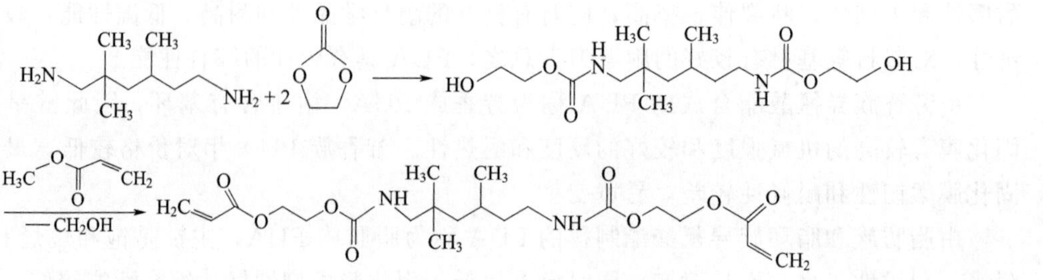

（非—NCO-PUA₁）

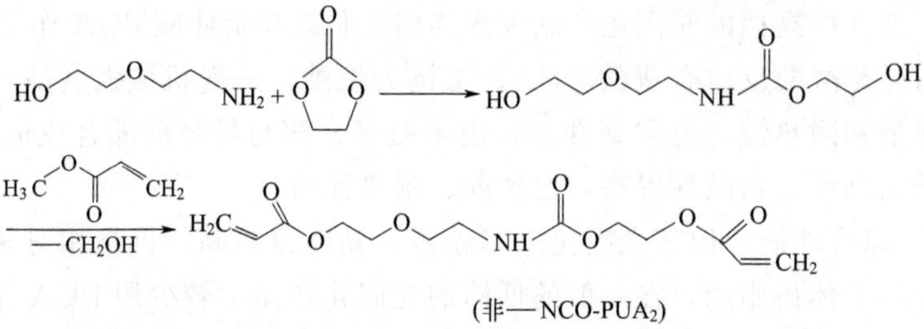

（非—NCO-PUA₂）

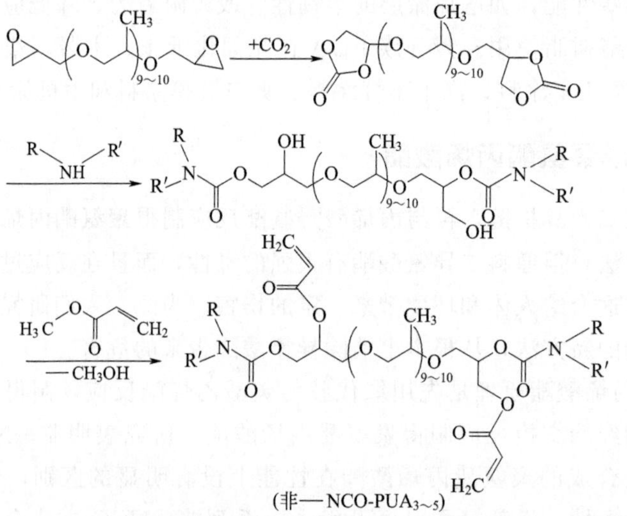

（非—NCO-PUA₃~₅）

3.4.4　聚氨酯丙烯酸酯生产企业

聚氨酯丙烯酸酯的生产企业较多，产品也较多，表 3-16 为部分商品化的芳香族聚氨酯丙烯酸酯低聚物的性能和应用，表 3-17 为部分商品化的脂肪族聚氨酯丙烯酸酯低聚物的性能和应用。

表 3-16　部分商品化的芳香族聚氨酯丙烯酸酯低聚物产品的性能和应用

公司	产品名	产品组成	官能度	黏度（25℃）/mPa·s	特点和应用
沙多玛	CN 972	芳香族 PUA	2	4155	低 T_g，柔韧性好，用于纸张、木器、金属涂料，油墨，胶黏剂
	CN 997	芳香族 PUA	6	25000	快速固化，耐化学品性好，用于金属、塑料涂料，油墨
	CN 999	经济型芳香族 PUA	2	1200	低黏度，杰出的耐摩擦性，比 EA 更好的耐磨性和耐候性，用于高耐磨涂料

续表

公司	产品名	产品组成	官能度	黏度(25℃)/mPa·s	特点和应用
湛新	EB 210	芳香族PUA	2	3900(60℃)	具有广泛的通用性,用于各种罩光清漆
	EB 205	芳香族PUA(含25%HDDA)	3	17000	非常好的反应活性和耐磨性,用于各种罩光清漆
	EB 2220	芳香族PUA	6	28500	固化速率极快,高硬度和耐溶剂性,常加入涂料、油墨中加快固化速率
巴斯夫	UA 9031V	芳香族PUA	2.1	43000(65℃)	高反应活性,坚韧,良好的耐磨性能
石梅	M 1772	芳香族PUA	2	30000～50000	硬度高,韧性佳,用于纸张、木器、金属涂料,油墨
长兴	6120F-80	芳香族聚酯PUA(含20%TPGDA)	2	30000	柔韧性、耐刮性和附着力佳,耐化学品性好,用于纸张、木器清漆、胶印、丝印油墨
	6146-100	芳香族PUA	6	25000	固化速率快,耐磨性、柔韧性、耐溶剂性佳,用于纸张、塑料涂料、油墨
奇钛	SU-710	芳香族PUA	2	3900(60℃)	柔软性和触感好,色泽明亮,耐溶剂性、耐刮性好,附着力好,用于纸张、木器、塑料涂料和网印油墨
	SU-88	芳香族PUA	6	28000	高光泽、高硬度,,耐溶剂性、耐刮性好,用于木器、塑料涂料和油墨
德谦	UR-23	芳香族PUA(含25%HDDA)	2	25000～40000	固化速率快,兼具硬度与耐磨性,适用于纸张、木器、塑料涂料,丝印油墨
	UR-33	芳香族PUA(含25%稀释单体)	2.5		交联密度高,耐溶剂性好,用于各种涂料和油墨
江苏三木	SM 6201	芳香族聚醚PUA(20%TPGDA)	2	8000～12000	柔韧性和附着力佳,用于各种涂料和油墨
	SM 6318	芳香族聚醚PUA(20%TPGDA)	3	30000～60000	反应活性高,硬度高,耐刮性好,用于清漆、涂料和油墨
江苏开磷瑞阳	RY2101	芳香族PUA	2	2000～6000(60℃)	低收缩性,柔韧性、附着力佳,用于涂料、UV油墨、UV光油
	RY2130	芳香族PUA	3	3000～8000(60℃)	高反应性,硬度高,耐磨性佳,用于木器、塑料涂料,UV油墨
	RY2150	芳香族PUA	6	3000～6000(60℃)	高反应性,高硬度,耐磨性、耐溶剂、耐候性佳,用于UV涂料、UV油墨
江苏利田	F3201	芳香族PUA	2	2000～6000(60℃)	低收缩性,柔韧性佳,用于塑料、金属涂料,UV油墨
	F3301	芳香族PUA	3	4000～8000(60℃)	固化速率快,耐磨性、柔韧性佳,用于木器、金属、塑料涂料
	F3601	芳香族PUA	6	4000～9000(60℃)	固化速率快,耐磨性、抗括性、硬度佳,用于木器、金属涂料,UV油墨、UV光油

续表

公司	产品名	产品组成	官能度	黏度(25℃)/mPa·s	特点和应用
无锡金盛助剂厂	JS6200	芳香族PUA	2	27000～39000	低气味,透明,光泽好,固化快,硬度高,流平润湿性好,用于木器、塑料、家具涂料
	JS6130	芳香族PUA	3	2000～4000(60℃)	柔韧性、耐磨性好,用于木器、塑料涂料
	JS6160	芳香族PUA	6	4000～6000(60℃)	固化速率快,硬度高,耐磨性好,用于木器、塑料涂料、油墨
无锡博强	WDS-262	芳香族PUA			柔韧性好,反应快,耐化学品性好,低收缩率,用于UV塑料涂料、UV丝印油墨、UV胶黏剂
陕西喜莱坞	UA 315	芳香族聚酯PUA	2	3500～4500(50℃)	高光泽,固化速率快,优良的柔韧性,用于各种涂料、油墨和胶黏剂
广东博兴	B601	芳香族PUA	6	5000～7000(60℃)	高硬度,高耐磨,固化快,不耐黄变,用于塑料喷涂和油墨体系
肇庆宝骏	600	芳香族PUA	6	1200(60℃)	反应快,硬度高,耐磨性好,颜料润湿性好,用于木器、塑料涂料和油墨
中山千佑	UV 2100	芳香族PUA	2	4500～8500	附着力、柔软性、流平性好,用于木器、塑料涂料、网印油墨和光油
	UV 2300	芳香族PUA	3	65000～85000	固化快,硬度、耐磨性、润湿性好,用于各种涂料、油墨
	UV 2600	芳香族PUA	6	11000～19000(60℃)	固化快,硬度高、耐磨性好,用于各种涂料、油墨
深圳科大	UV1210	芳香族PUA	2	20000～30000(40℃)	柔韧性好,性价比高,用于木器涂料
	UV5016	芳香族PUA	6	15000～25000	硬度高,反应速率快,耐磨、耐化学品性好,用于木器、塑料涂料、纸张油墨
深圳鼎好	DH328N	芳香族PUA	2	9500～18500	用于木器、塑料涂料,UV油墨、UV光油
深圳哲艺	2022	芳香族PUA	2	6000～8000(60℃)	固化快,柔韧性好,高硬度,良好耐溶剂性,用于木器、塑料涂料,真空电镀底漆,网印油墨
	2600	芳香族PUA	6	800～1000(60℃)	高反应活性,高耐磨,高交联密度,耐化学品性佳,用于胶印、网印、PCB油墨
东莞叁漆	L-6230	芳香族PUA	2	40000～60000	固化速率快,极佳弹性和柔韧性,耐水煮,对皮革附着力好,用于塑料涂料、弹性涂料、皮革保护油墨
	L-6604	芳香族PUA	6	1000～1800	高固化速率,高硬度,高光泽,高耐磨,低收缩,用于塑料、木器涂料,高光清漆和油墨

公司	产品名	产品组成	官能度	黏度(25℃)/mPa·s	特点和应用
江门恒之光	7120	芳香族PUA	2	8000~10000	收缩率低,柔韧性好,流动性、附着力佳,颜料润湿性好,用于UV纸张、塑料、木器涂料和UV油墨
	7130	芳香族PUA	3	6000~9000(60℃)	拉伸强度高,耐水解、耐候性好,耐磨性佳,用于UV耐磨涂料、真空电镀涂料和UV油墨
	7160	芳香族PUA	6	4000~6000	低黏度,固化速率快,流平性好,抗溶剂性、耐擦性佳,用于UV耐磨涂料和UV油墨、胶黏剂
鹤山铭丰达	MF-8130	芳香族PUA	3	90000~120000	收缩率低,柔韧性好,有弹性,附着力佳,用于各类涂料
	MF-8260	芳香族PUA	6	100000~120000	固化速率快,高硬度,耐热性好,附着力佳,用于高硬度、耐磨涂料
润奥	FSP8293	芳香族PUA	6	2200(60℃)	耐磨、耐刮擦、耐水煮、耐化学品性佳,用于木器、PVC涂料和UV油墨
长沙广欣	LT6121	芳香族PUA	2	8500±1000	表干好,高漆膜强度和韧性,易消光,用于塑料涂料、真空镀底漆
	LT6160	芳香族PUA	6	55000~70000	固化快,耐磨性好,良好附着力,用于塑料、木器涂料、油墨

表3-17 部分商品化的脂肪族聚氨酯丙烯酸酯低聚物产品的性能和应用

公司	产品名	产品组成	官能度	黏度(25℃)/mPa·s	特点和应用
沙多玛	CN965	脂肪族PUA	2	9975	柔韧性好,耐黄变,用于金属涂料,丝印油墨,胶黏剂
	CN929	脂肪族PUA	3	15600	低黏度,耐黄变,固化速率快,用于各种涂料,移印、胶印油墨
	CN9006	脂肪族PUA	6		高硬度,高耐磨,用于高耐磨涂料
湛新	EB245	脂肪族PUA(含25%TPGDA)	2	2500(60℃)	良好的柔韧性,耐黄变,低刺激性,用于塑料等各种涂料、胶黏剂
	EB264	脂肪族PUA(含15%HDDA)	3	4500	良好的反应活性,耐候性,抗磨损性,用于地板、PVC涂料、丝印油墨
	EB5129	脂肪族PUA	6	700(60℃)	良好的抗划伤性,抗磨损性和柔韧性,用于各种涂料、油墨、胶黏剂
巴斯夫	LR 8987	脂肪族PUA(含30%HDDA)	2.8	2000~6000	低黏度,良好的室外耐候性、耐老化性、硬度和反应活性,用于各种涂料
	UA 19T	脂肪族PUA	2	20000~35000	低黄变性、柔韧性和黏附性佳,用于各种涂料
帝斯曼	AgiSyn 230T1	脂肪族PUA	2	55000~75000	良好柔软性、耐磨性及韧性
	AgiSyn 298	脂肪族PUA	4	5000~9000	反应活性高,非常高的耐磨耗抵抗性
	AgiSyn 230A2	脂肪族PUA	6	65000~85000	良好耐刮性,对多种塑料具有优异的附着性

光固化材料性能及应用手册（第二版）

续表

公司	产品名	产品组成	官能度	黏度(25℃)/mPa·s	特点和应用
RAHN	GENOMER 4230	脂肪族 PUA	2	50000	柔韧性好,低黄变
	GENOMER 4425	脂肪族 PUA	4	4500	高反应性,低黏度,柔韧性和硬度平衡
	GENOMER 4690	脂肪族 PUA	6	80000	高硬度,耐划伤,耐磨,低黄变
艾坚蒙	Photomer 6009	脂肪族 PUA	2	30000	易操作,良好的耐候性、非黄变性
	Photomer 6008	脂肪族 PUA	3	16000(60℃)	硬度高,拉伸强度、耐化学品性、非黄变性佳
	Photomer 6628	脂肪族 PUA	6	80000	固化速率快,抗冲击性、耐划及耐化学品性、非黄变性佳
石梅	M1800	脂肪族 PUA（含 10% EHA)	2	12000～15000	柔韧性和可挠性佳,用于塑料、PVC、金属涂料
长兴	611B-85	脂肪族 PUA（含 15% HDDA)	2	22000～32000	耐黄变,硬度、光泽与柔韧性佳,用于清漆、木器、PVC 涂料
	6130B-80	脂肪族 PUA	3	40000～60000	气味低,高交联密度,硬度佳,用于木器、塑料涂料,油墨
	6145-100	脂肪族 PUA	6	55000～75000	固化速率快,高硬度,高光泽,促进附着力,用于纸张、木器涂料,硬涂料,阻焊剂
德谦	UR-21	脂肪族 PUA（含 15% HDDA)	2		耐黄变,硬度和柔韧性佳,用于PVC、木器涂料,油墨
	UR-22	脂肪族 PUA（含 20% EHA)	2		低黏度,耐黄变,延展性佳,作韧性改性树脂,用于木器、PVC涂料,油墨
奇钛	SU-500	脂肪族 PUA（含 20% EHA)	2	2000(60℃)	柔软性和触感好,不黄变,色泽明亮,用于木地板漆、塑料漆、上光油、网印油墨
	SU-522	脂肪族 PUA	6	1450(60℃)	耐刮性、耐溶剂性和附着力好,不黄变,高硬度,高光泽,快干,用于木器漆和塑料耐刮涂料
	SU-5260	脂肪族 PUA	3	1500(60℃)	耐刮性、耐污性和触感好,不黄变,色泽明亮,快干,用于塑料涂料、清漆
陕西喜莱坞	UVU6208	脂肪族聚醚 PUA	2	5000～8000(40℃)	柔韧性好,耐磨性佳,用于木器、塑料、金属涂料,胶黏剂
	UVU6451	脂肪族 PUA	4	30000～40000	强韧耐磨,超耐候,用于耐磨木器、塑料、金属涂料,胶印油墨
	UVU6609	脂肪族 PUA	6	25000～35000	高反应性,高光泽,抗黄变性,用于木器、塑料涂料,胶印、丝印油墨
中山科田	3250	脂肪族 PUA	2	45000～50000	耐黄变,耐候性,柔韧性好,气味小,用于塑料、真空电镀涂料、丝印油墨
	3330	脂肪族 PUA	3	90000～110000	耐黄变,耐候性,柔韧性好,表干好,用于塑料、真空电镀涂料
	3610	脂肪族 PUA	6	65000～75000	固化速率快,表干好,耐黄变,光泽保持性和附着力好,用于耐磨、耐刮木器和塑料涂料

90

续表

公司	产品名	产品组成	官能度	黏度(25℃)/mPa·s	特点和应用
中山千佑	UV 3000	脂肪族 PUA	2	110000~150000	耐黄变、柔韧性好
	UV 3500	脂肪族 PUA	4	9000~9500	固化速率快,耐黄变,用于皱纹、雪花油墨
	UV 3600	脂肪族 PUA	6	60000~90000	固化速率快,硬度高,耐磨性好
中山博海精化	BH 3309A	PUA	3	30000±5000	耐黄变、固化快,硬度高,润湿流平好,易消光,用于木器辊涂亚光面漆
中山杰事达	UA 1009	脂肪族 PUA(含 25% 乙酸丁酯)	3		低收缩,高韧性和密着性,用于塑料涂料
	UA 2001	脂肪族 PUA(含 20% 乙酸丁酯/甲苯)	6		高光泽,高韧性,透明性好,高硬度,用于塑料涂料
江门制漆厂	PJ9825A	脂肪族 PUA	2	25000~35000	柔韧性佳,良好的附着力,用于木器和塑料涂料
江门恒之光	7200	脂肪族 PUA	2	8000~12000 (60℃)	柔韧性高,抗冷热冲击性能佳,耐黄变,改善附着力,用于 UV 涂料、手机涂料、金属涂料和油墨,真空镀涂料和转印胶
	7300	脂肪族 PUA	3	30000~35000	耐黄变性、柔韧性佳,附着力佳,高拉伸强度和高伸长率,耐水煮性好,用于 UV 塑料、家具、橱柜淋涂
	7600	脂肪族 PUA	6	45000~65000	固化速率快,表面硬度高,优异的耐磨性和附刮性,用于超耐磨 UV 涂层,UV 塑料涂料和真空电镀涂料
广东博兴	B-205	脂肪族聚酯 PUA	2	35000~45000 (30℃)	优异的耐候性、柔韧性、耐划伤性,较高的表面硬度,用于涂料和油墨
	B-302	脂肪族蒙醚 PUA	3	5000~7000 (60℃)	耐黄变,柔韧性、丰满度和流平性好,用于塑料涂料和油墨
	B-618	脂肪族 PUA	6	22000~32000	高光泽,高硬度,耐划伤性好,用于耐磨和耐刮性高的硬涂层
润奥	LuCure 8352	脂肪族 PUA	2	91300	优异的耐水煮性、耐高温高湿、层间附着力,用于真空电镀底漆,塑料罩光和胶黏剂
	FSP8060	脂肪族 PUA	3	3000	优异的坚韧性、附着力,良好的耐水煮性、耐磨及展色性佳,用于真空电镀面漆,塑料涂料
	UT30096	脂肪族 PUA	6	3700	耐候性佳,不黄变,优异的流平性,用于耐候涂料、户外涂料

续表

公司	产品名	产品组成	官能度	黏度(25℃)/mPa·s	特点和应用
广州嵩达	SD1223	脂肪族 PUA	2	22000～32000	塑料附着力、耐热性、耐候性佳,用于塑料喷涂面漆、BMC 车灯涂料、耐热产品
	SD1301	脂肪族 PUA	3	50～200	快速固化,硬度高,坚韧性、耐磨、耐刮性佳,用于真空电镀面漆、塑料喷涂面漆、木器耐磨面漆、膜材硬化涂层、玻璃保护涂层
	SD2101	脂肪族 PUA	6	15000～30000	快速固化,硬度高,高光泽,耐黄变、耐磨、耐刮性佳,用于真空电镀面漆、塑料喷涂面漆、木器耐磨面漆、膜材硬化涂层、金属、玻璃保护涂层
肇庆宝骏	2622	脂肪族 PUA	2	4000	反应性快,柔韧性好,不黄变,丰满度高,用于塑料涂料、真空电镀面漆、指甲油色胶
	2608	脂肪族 PUA	3	20000	反应快,柔韧性、耐磨性好,耐黄变,硬度高,用于塑料涂料、真空电镀底漆、指甲油胶、PCB 油墨、胶黏剂
	236	脂肪族 PUA	6	1600	反应速率快,硬度高,低黄变,用于木器、塑料涂料、真空电镀面漆、上光油
开平姿彩	ZC6523	脂肪族 PUA	2	15000～30000(60℃)	柔韧性极好,附着力好,用于木器、塑料涂料
	ZC6531	脂肪族 PUA	3	8000～25000	硬度高,耐黄变,用于各种涂料
	ZC6566	脂肪族 PUA	6	8000～15000	固化速率快,硬度好,耐磨性好,用于涂料、油墨
深圳鼎好	DH-3000B	改性脂肪族 PUA	2	45000～65000(60℃)	高柔韧性,耐黄变,弹性好,用于金属、玻璃、真空电镀底漆、难于附着塑料基材的涂料
	DH-400U	改性脂肪族 PUA	6	80000～100000	固化速率快,极高柔韧性,低气味,用于手机、家电、金属涂料
深圳科大	UV1005	脂肪族 PUA	2	4000～8000(60℃)	附着力好,柔韧性好,丰满度高,耐弯折,耐黄变,用于塑料、木器涂料
	UV3800	脂肪族 PUA	3	2500～3500	附着力好,兼顾柔韧性与耐磨性,流平佳,反应速率快,用于塑料涂料
	UV5800	脂肪族 PUA	6	30000～50000	抗污性、坚韧性好,高硬度,高丰满度,用于 3C 电子 UV 涂料
深圳众邦	UVR3210	脂肪族 PUA	2	20000～40000	柔韧性好,耐黄变,固化速率快,用于塑料、木器、纸张涂料
	UVR8418	脂肪族 PUA	4	3000～4000	附着力好,流平性好,用于玻璃、金属涂料、真空镀面漆
	UVR3630	脂肪族 PUA	6	20000～40000	固化速率快,低收缩率,耐化学品性好,用于 3C 涂料、木器涂料

续表

公司	产品名	产品组成	官能度	黏度(25℃)/mPa·s	特点和应用
深圳哲艺	202	脂肪族 PUA	2	4000～5000（60℃）	优异的耐黄变性和柔韧性,用于木器、塑料涂料、胶黏剂
	2023	脂肪族 PUA	3	2000～3000（60℃）	低黄变,耐粘污,高丰满度,耐磨性佳,用于耐污涂料
	206	脂肪族 PUA	6	500～700（60℃）	固化速率快,低黏度,高硬度,流平佳,用于耐磨木器、塑料、金属涂料
东莞贝杰	7308	脂肪族 PUA	3	1500～3000	细滑,抗刮,耐 RCA,用于手机外壳、鼠标、充电器等涂装
	7620	脂肪族 PUA	4	1500～5000	细滑,抗刮,耐 RCA,用于手机外壳、鼠标、充电器等涂装
	7720	脂肪族 PUA	5		高丰满度,高硬度,韧性好,耐钢丝绒1000 次以上,用于 3C 产品涂装
东莞叁漆	L-6200	脂肪族 PUA	2	10000～15000（60℃）	极佳的弹性和柔韧性,耐黄变,附着力好,用于塑料涂料、弹性涂料、清漆
	L-6300	改性 PUA	3	6000～8000	固化速率快,低收缩,柔韧性佳,流平好,对金属附着力好,用于高光清漆、塑料涂料、真空镀涂料
	L-6600	脂肪族 PUA	6	28000～38000	高硬度,高耐磨,高光泽,附着力佳,耐候性好,用于高光清漆、塑料涂料
鹤山铭丰达	MF-6120	脂肪族 PUA	2	100000～120000	固化速率快,硬度高,附着力好,用于纸张涂料、UV 油墨
	MF6442	脂肪族 PUA	4	65000～80000	固化速率快,表干好,柔韧性好,光泽高,强度、抗开裂性好,用于纸张、木器、塑料涂料
	MF6260	脂肪族 PUA	6	2000～4000	固化速率快,低黏度,高硬度,耐候性好,耐磨性好,耐黄变姓好,用于耐磨木器、塑料、金属涂料
湖南赢创未来	PUA2231	聚酯型脂肪族 PUA	2	15000～25000	柔韧性、附着力、耐热性好,低收缩率,有一定弹性,用于各种 UV 涂料、油墨
	PUA2420	脂肪族 PUA	4	70000～110000	硬度高,耐黄变,优异的耐溶剂性、抗擦伤性、耐磨性,用于各种 UV 涂料、油墨,尤其辊涂耐磨面漆
	PUA2620	脂肪族 PUA	6	80000～120000	硬度高,耐黄变,优异的耐溶剂性、抗擦伤性、耐磨性,用于各种 UV 涂料、油墨,尤其辊涂耐磨面漆
长沙广欣	LT-6224	脂肪族 PUA	2	40000±5000	耐黄变,对塑料附着力好,耐水性、耐蒸煮性好,用于塑料涂料、包装油墨
	LT6230	脂肪族 PUA	3	15000±3000	高韧性和固化速率,耐黄变,基材润湿性好,用于塑料和木器涂料、包装油墨

续表

公司	产品名	产品组成	官能度	黏度(25℃)/mPa·s	特点和应用
无锡博强	WDS-2230	脂肪族 PUA	2	15000～20000	低气味,低收缩率,高弹性,柔韧性好,用于塑料涂料,胶黏剂
	WDS-6500	脂肪族 PUA	6	950～1600	高反应性,高光泽,耐磨性、耐化学品性、抗刮伤性好,硬度高,用于塑料涂料、丝印油墨
无锡金盛助剂厂	JS6000	脂肪族 PUA	2	10000～20000	高流平性,固化快,耐黄变,硬度高,用于木器、家具、塑料涂料
	JS6230	脂肪族 PUA	3	20000～30000	固化速率快,柔韧性、耐黄变、耐水性佳,用于塑料、真空电镀、木器涂料
	JS6360	脂肪族 PUA	6	1800～3600 (60℃)	活性高,硬度、耐黄变、耐磨性好,用于木器、塑料涂料和油墨
江苏三木	SM6501	脂肪族 PUA	2	5000～10000	柔韧性、金属附着力佳,用于 UV 涂料和油墨
	SM6324	脂肪族 PUA	3	20000～40000	坚韧性、附着力佳,耐黄变,用于 UV 涂料、油墨
	SM6621	脂肪族 PUA	6	2000～4000 (60℃)	高硬度,耐黄变,抗磨损,用于 UV 涂料和油墨
江苏利田	F5203	脂肪族 PUA	2	2000～6000	固化速率快,耐黄变、韧性、抗折性佳,用于塑料和金属涂料、UV 油墨、UV 光油
	F5602	脂肪族 PUA	6	2000～6000 (60℃)	固化速率快,耐磨性、硬度、抗括性佳,用于木器和金属涂料、UV 油墨、UV 光油
江苏开磷瑞阳	RY2201	脂肪族 PUA	2	2000～6000 (60℃)	低收缩性、柔韧性、附着力佳,耐黄变及抗磨损,用于涂料、UV 油墨、UV 光油
	RY2250	脂肪族 PUA	6	2000～4000 (60℃)	高反应性,耐黄变,耐磨性、耐溶剂、耐候性、抗开裂性、硬度佳,用于 UV 涂料、油墨
江苏多森	UV-200	脂肪族 PUA	2	40000～60000	固化速率快,柔韧性好,耐黄变性、耐候性好,用于木器和塑料涂料、UV 油墨
	UV-600	脂肪族 PUA	6	5000～10000	固化速率快,硬度高,耐磨耐刮性、耐黄变性好,用于耐磨木器塑料涂料、UV 油墨

3.5 聚酯丙烯酸酯

3.5.1 聚酯丙烯酸酯的合成

聚酯丙烯酸酯（polyester acrylate，简称 PEA）也是一种常见的低聚物，它是由低分子量聚酯二醇经丙烯酸酯化而制得，合成方法可有下列几种：

① 二元酸、二元醇、丙烯酸一步酯化。

$$2HOOC-R'-COOH+2HO-R-OH+2CH_2=CH-COOH \xrightarrow{\text{催化剂}}$$
$$CH_2=CH-COO-R-OOC-R'-COO-ROOC-CH=CH_2$$

② 先将二元酸与二元醇反应得到聚酯二醇，再与丙烯酸酯化。

$$2HOOC-R'-COOH+2HO-R-OH \xrightarrow{\text{催化剂}} HO-R-OOC-R'-COO-R-OH$$

$$HO-R-OOC-R'-COO-R-OH+2H_2C=CH-COOH \xrightarrow{\text{催化剂}}$$
$$CH_2=CH-COO-R-OOC-R'-COO-ROOC-CH=CH_2$$

③ 二元酸与环氧乙烷加成后，再与丙烯酸酯化。

$$2HOOC-R-COOH+2n\ CH_2-CH_2 \longrightarrow H\text{-}(OCH_2CH_2)_n\text{-}OCO-R-COO\text{-}(CH_2CH_2)_n\text{-}OH$$

（式中环氧乙烷三元环氧结构 O）

$$H\text{-}(OCH_2CH_2)_n\text{-}OCO-R-COO\text{-}(CH_2CH_2)_n\text{-}OH +2H_2C=CH-COOH \xrightarrow{\text{催化剂}}$$
$$CH_2=CH-COO\text{-}(OCH_2CH_2)_n\text{-}OCO-R-COO\text{-}(CH_2CH_2)_n\text{-}OCO-CH=CH_2$$

④ 丙烯酸羟基酯与酸酐反应，制得酸酐半加成物，再与聚酯二醇酯化。

⑤ 聚酯二元酸与（甲基）丙烯酸缩水甘油酯反应。

⑥ 用少量三元醇或三元羧酸代替部分二元醇或二元酸，制得支化的多官能度聚酯。

$$CH_2=CHC-OCH_2CH_2O-C-R_1-\quad-C-O-R_2$$

3.5.2 聚酯丙烯酸酯的性能和应用

聚酯丙烯酸酯价格低和黏度低是最大的特点，由于黏度低，聚酯丙烯酸酯既可作为低聚物，也可作为活性稀释剂使用。此外，聚酯丙烯酸酯大多具有低气味，低刺激性，较好的柔韧性和颜料润湿性，适用于色漆和油墨。为了提高光固化速率，可以制备多官能度的聚酯丙烯酸酯；采用胺改性的聚酯丙烯酸酯，不仅可以减少氧阻聚的影响，提高固化速率，还可以改善附着力、光泽和耐磨性。部分商品化的聚酯丙烯酸酯的性能和应用见表3-18。

表3-18 部分商品化的聚酯丙烯酸酯低聚物的性能和应用

公司	产品名	化学名称	官能度	黏度(25℃)/mPa·s	特点和应用
沙多玛	CN2200	PEA	2	52000	快速固化,流平性和流动性好,可增加颜料用量,专用于柔印、凹印、胶印、丝印油墨
	CN2251	PEA	3	1300(60℃)	高固化速率,高光泽,耐磨性好,耐化学品性好,用于纸张、木器、塑料、PVC涂料,层压胶黏剂
	CN293	PEA	6	7700	快速固化,优良的颜料润湿性,耐磨性好,用于耐磨涂料,胶印、柔印、凹印油墨
湛新	EB84	PEA	2	5000	高反应活性,塑料附着力好,用于各种罩光清漆
	EB657	PEA	4	3500(60℃)	低气味,低刺激性,突出的颜料润湿性和胶印印刷性,用于胶印油墨,胶黏剂
	EB830	PEA	6	50000	快速固化,高硬度,抗磨损性好,用于耐磨涂料
艾坚蒙	5429	PEA	4	300	极低黏度,低刺激性,高反应活性,柔韧性好,用于木器、塑料、金属涂料,柔印油墨
	5430	PEA	4	3000	高反应活性,柔韧性、附着力和颜料润湿性好,用于木器、塑料、金属涂料,胶印、柔印、丝印油墨
	5010	PEA	2	3000	低光泽,柔韧性好,用于木器、工业涂料,丝印油墨
巴斯夫	PE56F	PEA	2.5	20000~40000(23℃)	高反应活性,柔韧性和弹性好
	PE44F	PEA	3.5	2000~5000(23℃)	低气味,低气味,柔韧性好
	LR8800	PEA	3.5	4000~8000(23℃)	高硬度,低气味,耐化学品性优异
石梅	M2100	PEA	2	1500(60℃)	固化速率快,附着力佳,用于木器、金属、塑料涂料,油墨

续表

公司	产品名	化学名称	官能度	黏度(25℃)/mPa·s	特点和应用
长兴	6331	PEA	2	18000	高光泽和表面硬度,耐溶剂性佳,用于纸张、木材、金属、塑料涂料、油墨
	6331-100	PEA	4	3000～4000(60℃)	低气味和刺激性,颜料润湿性佳,利于胶印,用于纸张、木材、金属、塑料涂料、胶印、丝印油墨
	6312-100	PEA	6	40000～60000	快速固化,颜料润湿性、耐刮性、耐溶剂性佳,利于胶印,用于胶印油墨、清漆
奇钛	SP-201	PEA	6	8000	颜料润湿极好,快干,低雾化,用于胶印油墨、纸张上光
	SP284	PEA	3	5000	色泽明亮,高光泽,快干,低黏度,低气味,耐溶剂性、颜料润湿性好,用于高光涂料、木器漆、油墨
陕西喜莱坞	PEA400	PEA	2	400～700	极低黏度,优良的柔韧性好,用于上光油、涂料、油墨、胶黏剂
中山千佑	UV7704	PEA	6	890(60℃)	快速固化,优良的颜料润湿性,用于耐磨涂料、胶印、柔印、凹印油墨
	UV7715	PEA	4	2000	低黏度,颜料润湿性好,用于胶印、柔印、丝印、凹印油墨
	UV77748	PEA	3	16000±3000	快速固化,耐化学品、耐磨性好,高光泽,用于木器、纸张、塑料涂料和胶黏剂
中山博海精化	BH6204	PEA	2	20000±5000	气味小,水白透明,用于木器涂料底漆
	BH6020	PEA	1	100±50	黏度低,稀释性佳,用于低聚物稀释
深圳众邦	UVR2310	PEA	3	5000～10000	高交联,高流平,润湿性好,用于纸张、塑料上光油,木器涂料,油墨
	UVR8247	PEA	2.4	5000～7000	上镀性好,附着力好,用于PET真空镀底绩
深圳科大	UV201C	支化脂肪族PEA	5	20000～30000	高反应活性,高流平性,均衡的硬度和柔韧性,用于塑料大面积喷涂
	UV3001	PEA	2	50～80	低黏度,反应快,流平好,可代替部分TPGDA,用于塑料涂料、木器涂料
	UV3313	PEA	6	20000～30000(40℃)	反应速率快,对色粉相容性好,用于油墨
肇庆宝骏	616	改性PEA	4	600(60℃)	反应快,附着力佳,颜料润湿性好,用于胶印、柔印、丝印油墨
	6380	改性PEA	6	1800(60℃)	极好的反应速率,润湿性好,高光泽,抗刮性佳,用于木器、塑料涂料、油墨
广州嵩达	SD1137	PEA	2	300～720	黏度低,流动性佳,颜料润湿性、展色性好,用于胶印、丝印油墨、覆膜胶
	SD031	PEA	2	300～2000	柔韧性好,黏结强度高,用于UV压敏胶

续表

公司	产品名	化学名称	官能度	黏度(25℃)/mPa·s	特点和应用
江门恒之光	5200	改性 PEA	2	10000~15000	固化速率快,流平性、油墨平衡性和丰满度好,光泽高,附着力佳,用于 UV 光油、塑料涂料和 UV 油墨
	5305	PEA	3	120~180	固化速率快,水墨平衡性和丰满度好,光泽高,附着力佳,用于 UV 光油、UV 胶印油墨
	5600	PEA	6	10000~15000	低黏度,润湿性好,固化速率快,表干好,用于 UV 涂料、丝印油墨
鹤山铭丰达	MF-3210	PEA	1	60~90	柔韧性好,固化速率快,表干好,收缩率低,附着力好,用于 UV 涂料、丝印油墨
	MF-3220	PEA	2	35000~45000	柔韧性、附着力、表干好,固化速率快,收缩率低,强度高,用于 UV 涂料、油墨
	MF-3240	PEA	4	100000~120000	固化速率快,优异的耐磨、耐刮擦、流平性,良好的展色性,用于 UV 木器漆、色漆罩光
江苏开磷瑞阳	RY3103	PEA	2	26000~36000	固化速率快,柔韧性好,丰满度高,附着力好,用于光油、涂料、油墨
长沙广欣	LT2135	PEA	2	3500±500	固化速率较快,表干较好,附着力较好,高性价比,用于木器底漆、腻子、背漆、纸张光油
	LT2130F80	改性 PEA	4	6500±1000	固化速率快,易打磨,高性价比,用于木器底漆、腻子、背漆、纸张光油

　　氯化聚酯丙烯酸酯是聚酯丙烯酸酯经氯化反应制得，这是一种对金属和塑料基材具有优异附着力的低聚物，并有良好的耐磨性、柔韧性和耐化学品性，应用于金属和塑料涂料、色漆和油墨中，部分商品化氯化聚酯丙烯酸酯低聚物的性能和应用见表 3-19。

表 3-19　部分商品化氯化聚酯丙烯酸酯低聚物的性能和应用

公司	商品名	产品组成	官能度	黏度(25℃)/mPa·s	特性
沙多玛	CN736	氯化 PEA	3	1500(60℃)	耐化学品性、柔软性好,低收缩率,对塑料良好黏结力
湛新	EB408	氯化 PEA(含 27%OTA480)	3	1750(60℃)	快速固化,对金属、塑料和纸良好附着力
	EB436	氯化 PEA(含 40% TMPTA)	5	1500(60℃)	高 UV 反应活性,对金属、塑料良好附着力
	EB438	氯化 PEA(含 40% OTA480)	5	1500(60℃)	高 UV 反应活性,对金属、塑料良好附着力

公司	商品名	产品组成	官能度	黏度(25℃)/mPa·s	特性
长兴	6314C-55	氯化 PEA（含 45% TMPTA）	1.2	45000～65000	快速固化,附着力佳,颜料润湿性佳
	6314C-60	氯化 PEA（含 40% TMPTA）		100000～150000	快速固化,附着力佳,颜料润湿性佳
	6314C-60L	氯化 PEA（含 40% TMPTA）		60000～90000	快速固化,附着力佳,颜料润湿性佳
奇钛	SP-236	氯化 PEA		1500(60℃)	金属、塑料、纸张附着力好,颜料润湿性好
	SP-238	氯化 PEA	3	1500(60℃)	金属、塑料、纸张附着力好,颜料润湿性好
双键	Doublemer276	氯化 PEA	1	30000～60000	固化速率快,光泽高,在基材上附着力好,柔韧性好
	Doublemer278	氯化 PEA	1	21000（65℃）	固化速率快,附着力好
国精化学	GU8400C	氯化 PEA	3	70000～120000	适用于油墨或对塑料及金属的附着剂
	GU8400X	氯化 PEA	3	70000～120000	适用于油墨或对塑料及金属的附着剂
	GU8500C	氯化 PEA	3	100000～150000	适用于油墨或对塑料及金属的附着剂
江苏利田	F100C	氯化 PEA（含 40% TMPTA）		100000～150000	附着力佳,柔韧性佳
	F100X	氯化 PEA（含 40% TMPTA）		100000～150000	附着力佳,柔韧性佳
	F1400	氯化 PEA	4	3000～6000（60℃）	附着力佳,硬度佳
中山千佑	UV7314	氯化 PEA		35000～45000（60℃）	快速固化,附着力佳,颜料润湿性好,用于胶印、金属涂料
江门恒之光	Jan-36	氯化 PEA	2	12000～18000（60℃）	良好的柔韧性,在多种基材上良好的附着力,光泽高,颜料润湿性佳
	5237M-40	氯化 PEA	2	50000～80000	在多种基材上良好的附着力,光泽高,颜料润湿性佳
顺德本诺	4276	卤代 PEA	2	50000～60000	固化快,柔韧性好,附着力好,用于塑料、金属涂料和油墨
	4279	卤代 PEA 与 EA 共聚型	2	80000～100000	固化快,坚韧,硬度好,附着力好,用于塑料涂料和油墨

3.6　聚醚丙烯酸酯

3.6.1　聚醚丙烯酸酯的合成

聚醚丙烯酸酯（polyether acrylate）是又一种低聚物，主要指聚乙二醇和聚丙二醇结构的丙烯酸酯。这些聚醚是由环氧乙烷或环氧丙烷与二元醇或多元醇在强碱中经阴离子开环聚合，得到端羟基聚醚，再经丙烯酸酯化得到聚醚丙烯酸酯。由于酯化反应要在酸性条件下进行，而醚键对酸敏感会被破坏，所以都用酯交换法来制备聚醚丙烯酸酯。一般将端羟基聚醚与过量的丙烯酸乙酯及阻聚剂混合加热，在催化剂（如钛酸三异丙酯）作用下发生酯交换反应，产生的乙醇和丙烯酸乙酯形成共沸物而蒸馏出来，经分馏塔，丙烯酸乙酯馏分重新回到反应釜，而乙醇分馏出来，使酯交换反应进行彻底，再把过量的丙烯酸乙酯真空蒸馏除去。

$$
\begin{aligned}
&\text{HO—X—OH} \quad + \quad (n+2)\text{CH}_3\text{CH}_2\text{O—C—CH}=\text{CH}_2 \longrightarrow \\
&\quad\ \ |\text{(OH)}_n \qquad\qquad\qquad\qquad\qquad\quad\ \ \|\\
&\qquad\qquad\qquad\qquad\qquad\qquad\qquad\qquad\ \text{O}\\
&\ n\geqslant 2
\end{aligned}
$$

$$
\begin{aligned}
&\qquad\qquad\qquad\ \ \text{O}\\
&\qquad\qquad\qquad\ \ \|\\
&\text{CH}_2=\text{CH—C—O—X—O—C—CH}=\text{CH}_2 \ + \ (n+2)\text{C}_2\text{H}_5\text{OH}\\
&\qquad\qquad\qquad |\qquad\qquad\ \|\\
&\qquad\qquad\ \ (\text{C}=\text{O})\\
&\qquad\qquad\ \ |\quad\ \ )_n\\
&\qquad\qquad\ \ \text{CH}\\
&\qquad\qquad\ \ \|\\
&\qquad\qquad\ \ \text{CH}_2
\end{aligned}
$$

3.6.2 聚醚丙烯酸酯的性能和应用

聚醚丙烯酸酯的柔韧性和耐黄变性好，但机械强度、硬度和耐化学品性差，因此，在光固化产品中不作为主体树脂使用，但其黏度低，稀释性好，所以用作活性稀释剂。国外公司还采用胺改性等方法，使聚醚丙烯酸酯不仅具有极低黏度，而且有极高的反应活性，可用于UV-LED光固化产品，有的还具有较好的颜料润湿性，可用于色漆和油墨，部分商品化的聚醚丙烯酸酯的性能及应用见表3-20。

表3-20 部分商品化的聚醚丙烯酸酯低聚物的性能及应用

公司	商品牌号	产品组成	官能度	黏度(25℃)/mPa·s	特性
沙多玛	CN501	胺改性聚醚丙烯酸酯		64	极低黏度,快速固化,用于纸张、木材涂料
	CN551	胺改性聚醚丙烯酸酯		525	快速固化,用于纸张、木材涂料
湛新	EB80	聚醚丙烯酸酯	4	3000	高反应活性,氮含量1.5%
	EB81	聚醚丙烯酸酯	2.5	100	高反应活性兼具良好的稀释性,氮含量1.5%
	EB83	聚醚丙烯酸酯	3.5	500	高反应活性,低黏度,低气味,无刺激性,氮含量1.5%
巴斯夫	LR8967	改性聚醚丙烯酸酯	3	120~190(23℃)	低黏度,硬度高,耐化学品性好,用于纸张、木器涂料
	PO9026F	聚醚丙烯酸酯	3	500~3000(23℃)	黏度较低,优异的抗划伤性能,用于涂料
	PE9027V	聚醚丙烯酸酯	3.5	7000~85000(23℃)	中等黏度,优异的抗划伤性能,用于涂料
艾坚蒙	Photomer 5050	多官能度聚醚丙烯酸酯	6	2500	快速固化,高官能度,良好的机械阻力
	Photomer 5850	胺改性聚醚丙烯酸酯	2.5	90	低黏度,高反应活性
	Photomer 5662	胺改性聚醚丙烯酸酯	4	500	颜料润湿性好,高反应活性,耐化学品性好,氧抑制剂

公司	商品牌号	产品组成	官能度	黏度(25℃)/mPa·s	特性
瑞士 RAHN	GENOMER 3414	聚醚丙烯酸酯	4	4500	高反应活性,低黏度,耐溶剂性、耐划伤、柔韧性、附着力好,低 T_g
	GENOMER 3480	聚醚丙烯酸酯	4	3200	高反应活性,耐化学品性、柔韧性、附着力好
润奥	LuCure2651	聚醚胺改性丙烯酸酯	2	1000(60℃)	固化速率快,低气味,优异的韧性和颜料润湿性,用于 LED 涂料油墨,低能量固化体系
	FSP5610	聚醚胺改性丙烯酸酯	2	500	固化速率快,低黏度,柔韧性佳,良好的附着力及颜料润湿性,用于 LED 涂料油墨,低能量固化体系
中山千佑	UV7R-74F	胺改性聚醚丙烯酸酯		300~800	高反应性,润湿性好,耐化学品性好,用于木器涂料,丝印、胶印油墨

3.7　纯丙烯酸树脂

3.7.1　纯丙烯酸树脂的合成

光固化涂料用的纯丙烯酸树脂低聚物是指丙烯酸酯化的聚丙烯酸酯或乙烯基树脂,它是通过带有官能基的聚丙烯酸酯共聚物与丙烯酸缩水甘油酯、丙烯酸羟基酯或丙烯酸反应,在侧链上接上丙烯酰氧基而制得。

如丙烯酸、丙烯酸甲酯、丙烯酸丁酯和苯乙烯共聚物与丙烯酸缩水甘油酯反应,共聚物中丙烯酸的羧基和丙烯酸缩水甘油酯中环氧基开环加成酯化,把丙烯酰氧基引入成为光固化树脂。

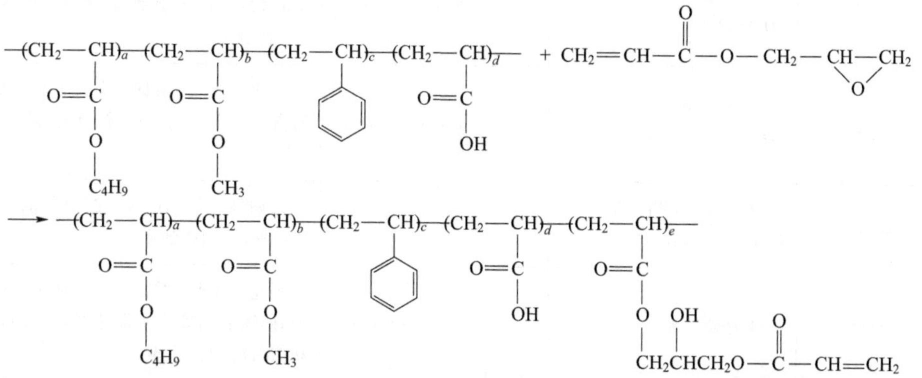

再如苯乙烯和马来酸酐共聚物与丙烯酸羟乙酯反应,丙烯酸羟乙基中羟基与马来酸酐的酸酐作用,引入丙烯酰氧基,成为光固化树脂。

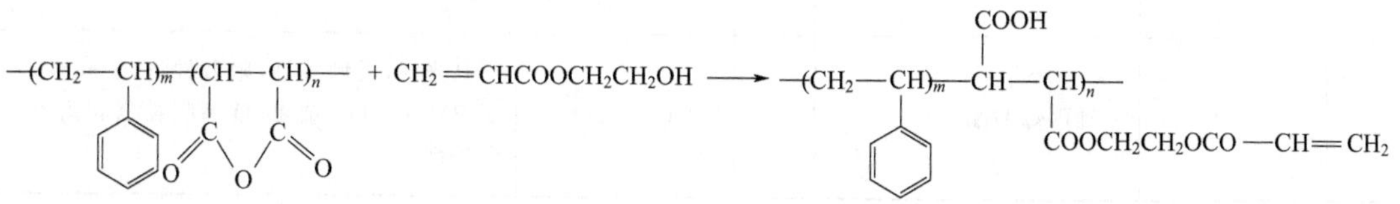

上述共聚物要求低分子量，去除溶剂时有一定流动性。若分子量太大，黏度很高，丙烯酸酯化后，后处理麻烦，溶剂不易除去。

3.7.2 纯丙烯酸树脂的性能和应用

纯丙烯酸酯低聚物具有极好的耐黄变性，良好的柔韧性和耐溶剂性，对各种不同基材都有较好的附着力，但机械强度和硬度都很低，耐酸碱性差。因此，在实际应用中纯丙烯酸树脂不作光固化产品主体树脂使用，只是为了改善光固化产品某些性能，如提高耐黄变性，增进对基材的附着力和涂层间附着力而配合使用，部分商品化的纯丙烯酸酯低聚物见表 3-21。

表 3-21 部分商品化纯丙烯酸树脂低聚物的性能和应用

公司	产品代号	化学名称	官能度	黏度(25℃)/mPa·s	特点和应用
湛新	EB740	纯丙烯酸酯（含 40% TPGDA）		8500(60℃)	用于困难基材的底漆,高柔韧性
	EB745	纯丙烯酸酯（含 25% TPGDA 和 25% HDDA）		20000	用于困难基材的底漆,高柔韧性,良好的颜料润湿性
	EB767	纯丙烯酸酯（含 30% IBOA）		8500(60℃)	用于困难基材的底漆,固化速率快
美源	SC9060	纯丙烯酸酯（含 46% HDDA/TPGDA）	2	40000~80000	加强对困难基材的附着力
	SC9211	纯丙烯酸酯（含 60% HDDA）	2	50000	加强对困难基材的附着力
	SC9236	纯丙烯酸酯(含 60%单官能单体)	1	50000	加强对困难基材的附着力
长兴	6530B-40	纯丙烯酸酯（含 60% HDDA）		13000~16500	快速固化,硬度和耐候性佳,对不同基材增强附着力,用于纸张、木材、塑料、金属涂料,油墨
	DR-A801	纯丙烯酸酯（含 46% HDDA/TPGDA）		13000~20000	固化速率快,柔韧性佳,对不同基材增强附着力,用于塑料、金属涂料和油墨及 OPP 膜
	DR-A845	纯丙烯酸酯（含 45% HDDA/TPGDA）		7000~13000	柔韧性、附着力、颜料润湿分散性佳,用于 UV 胶印、网印油墨
双键	321HT	纯丙烯酸酯		60000~120000	固化速率快,柔韧性好,困难基材上附着力好,附着与硬度平衡性好,用于塑料、金属和 IMD 涂料、油墨
	350B	纯丙烯酸酯		20000	气味低,难附着基材附着好,附着和硬度平衡性好,用于金属、塑料涂料和防腐涂料
	353L	纯丙烯酸酯		9000~12000	高光泽,柔韧性好,附着性好,不黄变,用于 PMMA、PC、金属、玻璃胶黏剂和附着力促进剂

公司	产品代号	化学名称	官能度	黏度(25℃)/mPa·s	特点和应用
国精化学	GU2160B	纯丙烯酸酯(含 40% HDDA)	2	2300～5000	耐黄变、硬度佳、柔韧性佳,附着力佳,对单体兼容性佳
	GU2200B	纯丙烯酸酯	2	3000～5000	耐黄变、硬度佳、柔韧性佳,附着力佳,对单体兼容性佳
	GU2600K	纯丙烯酸酯	2	14000～21000	对难附着基材具有高附着力,提供恰当的流变性及保护
奇钛	SA-345	纯丙烯酸酯		20000	柔软性好,在各类基材或涂层间附着力好,用于网印油墨、塑料涂料及需提高附着力场合
	SA-354	纯丙烯酸酯		75000	非常柔软,不黄变,色泽明亮,附着力好,用于网印油墨、塑料涂料及需提高附着力场合
	SA-3710	纯丙烯酸酯		28000	附着力更好,耐候性好,色泽明亮,减少涂膜缺陷,用于网印油墨和塑料清漆
中山千佑	UV1125-A3	纯丙烯酸酯	2	5000～8000	附着力、耐黄变、相溶性好,用于木器、塑料、金属、玻璃涂料,柔印、丝印、胶印油墨,胶黏剂,光油
	UV1125-B6	纯丙烯酸酯	2	85000～95000	好碱洗,用于木器、塑料、金属、玻璃涂料,丝印油墨、光油
	US1035A	改性纯丙烯酸酯	2	40000～60000	附着力、耐黄变、相溶性好,柔韧性佳,用于木器、塑料、金属、玻璃涂料,柔印、丝印油墨,胶黏剂
中山科田	6100	纯丙烯酸酯	4	20000～30000	耐水解性、耐候性、附寒性、附着力好,表干较慢,用于喷涂金属、塑料,和网印油墨
	6130	丙烯酸改性纯丙烯酸树脂	多	25000～35000	耐水煮性、耐候性、附寒性、耐黄变、附着力好,表干佳,用于喷涂金属、塑料
上海三桐	ST910	纯丙烯酸酯(含 60% HDDA)		230000	附着力佳,用于 OPP 膜、PET 膜提升附着力,用于金属、玻璃上光油
	ST920	纯丙烯酸酯(含 50% HDDA)		18000	在塑料基材附着力和相溶性佳,用于塑料涂料、网印油墨和金属罩光
	ST9350	纯丙烯酸酯(含 50% BAC)		25000	对各种塑料基材附着力优异,对 PP、PET 附着力佳,对金属附着力好,用于塑料、金属涂料
开平姿彩	ZC5601	纯丙烯酸酯	2	40000～80000	对各种基材附着力好,用于塑料、木器涂料
	ZC5601-1A	纯丙烯酸酯	2	8000～20000	对各种基材附着力好,用于塑料、玻璃、五金、真空电镀涂料和木器底面漆
	ZC5603-3A	纯丙烯酸酯	2	5000～10000	对塑料基材附着力好,用于塑料涂料、真空电镀面漆、中漆
深圳科大	UV3510	改性丙烯酸酯	3	2000～4000	附着力好,抗麻点、油坑,流平好,防针孔、防发白,用于大面积罩光 UV 涂料
	UV3600	改性丙烯酸酯	6	1500～2500	高固低黏,流平好,反应速率快,用于真空镀底面漆和大面积罩光 UV 涂料

公司	产品代号	化学名称	官能度	黏度（25℃）/mPa·s	特点和应用
广东昊辉	HA501	纯丙烯酸酯		6000～10000	固化速率快，耐候性、柔韧性佳，相溶性好，对不同基材增强附着力，用于塑料、金属、木材和纸张涂料
	HA502	纯丙烯酸酯		20000～40000	对 OPP 附着佳，柔韧性、抗回粘性佳，用于 OPP 罩光油
	HA507-1	纯丙烯酸酯		1500～3500	对各种基材附着力佳，相溶性好，柔韧性佳，用于辊涂、网印光油，喷涂金属、塑料光油
江门制漆厂	PJ9816-80	纯丙烯酸酯	2	3000～7000	流平性、附着力好，可与 PUA 等配合使用，用于金属、塑料涂料
江门恒之光	1700	纯丙烯酸酯	3	10000～15000	耐候性佳，固化速率适中，对金属、塑料附着力好，可 UV 重涂。用于真空电镀 UV 面漆，金属基材罩光 UV 涂料，重涂 UV
	1710-40	纯丙烯酸酯（含 60% HDDA）		15000～30000	耐候性佳，与各种单体相溶性好，对金属与镀层表面附着力好，柔韧性佳。用于真空电镀 UV 面漆，金属基材罩光 UV 涂料，UV 油墨
	1720	纯丙烯酸酯	3	6000～12000	耐候性佳，固化速率快，对各类基材附着力好，高光泽。用于真空电镀 UV 面漆，金属基材罩光 UV 涂料，重涂 UV
陕西喜莱坞	UVA1000	纯丙烯酸酯	1	1000～1500	对不同基材增加附着力，耐候性佳，用于金属、塑料涂料，网印油墨
	UVA1100	纯丙烯酸酯	1	800～1500	对多种基材有杰出的附着力，耐候性佳，固化速率快，用于 BOPP 哑膜光油和色墨，底表面能材料过渡底漆和面漆，增进金属、塑料涂料附着力
广州五行	F707H	纯丙烯酸酯（含 40% HDDA）		38000～62000	固化速率快，耐候性、耐黄变性佳，优异的附着力，用于 3C 涂料、油墨、胶黏剂和转印胶
	F727H	纯丙烯酸酯（含 40% HDDA）		1000～2000	对 PP、PET 有良好附着力，对单体、树脂混溶性好，用于 3C 涂料、油墨、胶黏剂和转印胶
	F767H	纯丙烯酸酯		4000～6000	耐热性、耐高温佳，对 BMC、PP、PET 有良好附着力，用于 3C 涂料、油墨、胶黏剂和转印胶
润奥	FSP3764	纯丙烯酸酯	2	3000	优异的压敏性、持粘力，良好的透光率、反应活性，用于 UV 压敏胶
东莞叁漆	L-6020	纯丙烯酸酯	2	12000～25000	固化速率快，附着力佳，层间附着好，柔韧性好，用于塑料涂料、真空镀面漆、纸张光油
	L-6030	纯丙烯酸酯	2	25000～40000	固化速率快，附着力佳，层间附着好，柔韧性好，与其他 UV 树脂相容性好，用于塑料涂料、真空镀面漆、纸张光油，UV 油墨

3.8　有机硅低聚物

3.8.1　有机硅低聚物的合成

光固化有机硅低聚物是以聚硅氧烷中重复的 Si—O 键为主链结构的聚合物，并具有可进行聚合、交联的反应基团，如丙烯酰氧基、乙烯基或环氧基等。从目前光固化应用上，主要为带丙烯酰氧基的有机硅丙烯酸酯低聚物。

在聚硅氧烷中引入丙烯酰氧基主要有下列几种方法：

① 用二氯二甲基硅烷单体和丙烯酸羟乙酯（HEA）在碱催化下水解缩合，HEA 作为端基引入到聚硅氧烷链上。

$$2\,CH_2\!=\!CHCOCH_2CH_2OH + n\,Cl\!-\!\overset{\underset{CH_3}{|}}{\underset{|}{\overset{CH_3}{Si}}}\!-\!Cl \xrightarrow{\text{缩合}} CH_2\!=\!CHCOCH_2CH_2O\!\left(\!\overset{\overset{CH_3}{|}}{\underset{\underset{CH_3}{|}}{Si}}\!-\!O\!\right)_{\!n}\!CH_2CH_2O\!-\!C\!-\!CH\!=\!CH_2$$

② 由二乙氧基硅烷和丙烯酸羟乙酯经酯交换反应引入丙烯酰氧基。

$$RO\!-\!\left(\!Si\!-\!O\!\right)_{\!n}\!R + 2CH_2\!=\!CHCOOCH_2CH_2OH \xrightarrow{\text{酯交换}} CH_2\!=\!CHCOCH_2CH_2O\!\left(\!Si\!-\!O\!\right)_{\!n}\!CH_2CH_2O\!-\!CCH\!=\!CH_2$$

③ 利用端羟基硅烷与丙烯酸酯化，引入丙烯酰氧基。

$$HO\!-\!R\!\left(\!Si\!-\!O\!\right)_{\!n}\!Si\!-\!R\!-\!OH + 2CH_2\!=\!CHCOOH \longrightarrow CH_2\!=\!CHC\!-\!O\!-\!R\!\left(\!Si\!-\!O\!\right)_{\!n}\!Si\!-\!R\!-\!OC\!-\!CH\!=\!CH_2$$

④ 用端羟基硅烷与二异氰酸酯反应，再与丙烯酸羟乙酯反应，或用端羟基硅烷与二异氰酸酯-丙烯酸羟乙酯半加成物反应，引入丙烯酰氧基。

$$HO\!-\!R_1\!\left(\!SiO\!\right)_{\!n}\!Si\!-\!R_1\!-\!OH + OCN\!-\!R_2\!-\!NCO \longrightarrow OCN\!-\!R_2\!-\!NHCOR_1\!\left(\!SiO\!\right)_{\!n}\!Si\!-\!R_1\!-\!OCNHR_2NCO$$

$$\xrightarrow{CH_2=CHCOCH_2CH_2OH}$$

$$CH_2\!=\!CHCOCH_2CH_2\!-\!OCNH\!-\!R_2\!-\!NHCOR_1\!\left(\!SiO\!\right)_{\!n}\!Si\!-\!R_1\!-\!OCNHR_2NHC\!-\!OCH_2CH_2OC\!-\!CH\!=\!CH_2$$

或

$$\left(\!SiO\!\right)_{\!n}\!R_1\!-\!OH + OCN\!-\!R_2NHCOCH_2CH_2OC\!-\!CH\!=\!CH_2 \longrightarrow \left(\!SiO\!\right)_{\!n}\!R_1\!-\!OCNHR_2NHC\!-\!OCH_2CH_2OC\!-\!CH\!=\!CH_2$$

3.8.2　有机硅低聚物的性能和应用

有机硅丙烯酸酯是一种有特殊性能的低聚物，它具有较低的表面张力，因此可用作压敏胶的防粘纸中的离型剂，涂覆在纸或塑料薄膜上；固化后形成黏附力很低的表面，与压敏胶材料复合，制成不干胶、尿不湿和卫生巾的辅助材料。有机硅低聚物主链为硅氧键，有极好的柔韧性、耐低温性、耐湿性、耐候性、电性能，常用作保护涂料，如电器和电子线路的涂装保护和密封，还可用作光纤保护涂料。此外，也能用作玻璃和石英材质光学器件的胶黏剂，部分商品化的有机硅丙烯酸酯低聚物的性能和应用见表 3-22。表 3-23 则介绍聚硅氧烷 MDI 丙烯酸酯在不同基材上的性能。

表 3-22　部分商品化的有机硅丙烯酸酯低聚物的性能和应用

公司	商品名	产品组成	官能度	黏度(25℃)/mPa·s	特点和应用
沙多玛	CN9800	脂肪族有机硅 丙烯酸酯	2	20000～60000	良好的滑动性能,低气味,用于 UV 涂料和光学薄膜涂层
	CN990	有机硅 PUA	2	1820(60℃)	良好的流平性、清澈度、滑动性能,低气味,低色度,疏水性好,用于 UV 涂料和光学薄膜涂层
湛新	EB350	硅酮丙烯酸酯	2	350	低黏度,提供基材良好的润湿性和爽滑性,无迁移;用作保护清漆和涂料
	EB1360	硅酮丙烯酸酯	6	2100	提供基材良好的润湿性和爽滑性,无迁移;用作保护清漆和涂料
Bomar	BRS14320S	有机硅 PUA		18000(50℃)	低收缩,优异的耐化学品性和抗高温性,良好的抗水解稳定性,增强柔韧性,提升粘接力
美源	SIU100	有机硅 PUMA	2	20000	有机硅甲基丙烯酸酯,特别推荐用于胶黏剂
	SIU2400	有机硅 PUA(含 10% TPGDA)	10	40000	良好的润湿性、滑爽性,用于抗指纹涂料
	SIP900	有机硅 PEA	2	200	优秀的润湿性和滑爽性
长兴	6225	有机硅聚醚丙烯酸酯		200～900	低色度,低黏度,光固化速率快,耐磨性佳;用作保护清漆,纸张、木器、塑料涂料,胶印和丝印油墨
国精化学	GA2800Z	硅氧丙烯酸酯	2	20000～60000	可改善基材润湿性,固化后提供优良的表面平滑度
中山千叶	900	有机硅丙烯酸酯	2	40000～50000	耐候性和耐光性极佳,与玻璃的附着力好,用于油墨、涂料、玻璃胶黏剂
广东博兴	B-8116	有机硅丙烯酸酯	4	30～80	含溶剂,低表面张力,低黄变,高流平,自消泡,耐污、抗划伤,耐油性比较好
	B-818	有机硅丙烯酸酯	6	5000～9000	固化速率快,高硬度,耐磨性优,低表面张力,超流平,耐污、耐油性比较好
	B-828	有机硅丙烯酸酯	5	15000～20000	固化速率快,高硬度,耐磨、抗划伤,低表面张力,超流平,耐污、耐油性比较好
开平姿彩	ZC5605	有机硅改性丙烯酸酯		20000～35000	耐候、耐热性好
	ZC5608A	功能含硅丙烯酸酯		5000～10000	增滑,增韧,抗污,固化快
深圳科大	UV9410	硅改性丙烯酸酯	9	6000～8000	细腻丝滑手感,抗污好,高耐磨,耐化学品性好,抗刮恢复好,用于手感 UV 涂料
	UV9480	硅改性丙烯酸酯	9	20000～30000	细腻丝滑手感,肉厚感强,抗污好,高耐磨,耐化学品性好,抗刮恢复好,用于手感 UV 涂料

续表

公司	商品名	产品组成	官能度	黏度(25℃)/mPa·s	特点和应用
深圳众邦	UVR8488	硅改性 PUA	4.2	10000～30000	玻璃、金属附着力佳,用于玻璃、金属油墨
	UVR8328	硅改性 PUA	3.8	20000～40000	附着性佳,双重固化,用于丝印、凹印油墨
	UVG-510	有机硅改性丙烯酸酯	2.1	2000～5000	耐热性、耐候性、反应性好,用于高温涂料

表 3-23 聚硅氧烷 MDI 丙烯酸酯在不同基材上的性能

性能		基材				
		钢	铝	玻璃	木材	聚苯乙烯
固化时间/s		30	30	30	30	30
膜厚/μm		30	28	30	30	32
附着力		好	好	好	好	好
铅笔硬度		3H	3H	3H	3H	3H
抗冲击性		好	好		好	好
拉伸强度		好	好			
挠性		好	好			
耐化学品性	5%HCl	好	好	好	好	好
	5%NaOH	好		好	好	好
	5%NaCl	好	好	好	好	好
	3% CH₃COOH	好	好	好	好	好
	CH₃OH	不好	不好	不好	不好	不好
	耐水性	好	好	好	好	好
	耐洗涤性	好	好	好	好	好

3.9 环氧树脂

环氧树脂(epoxy resin)是用作阳离子光固化产品的低聚物,环氧树脂在超强质子酸或路易斯酸作用下,容易发生阳离子聚合。

双酚 A 型环氧树脂在阳离子光固化时,反应活性低,聚合速率慢,黏度较高,因此使用不多。脂肪族和脂环族环氧树脂,低黏度,低气味,低毒性,反应活性高,固化膜收缩率低,耐候性好,有优异的柔韧性和耐磨性,成为阳离子光固化产品最主要的低聚物。如3,4-环氧环己基甲酸-3,4 环氧环己基甲酯(UVR6110)和己二酸双(3,4-环氧环己基甲酯)(UVR6128)。

UVR6110 可以由环己烯-3-甲酸和环己烯-3-甲醇先酯化反应,再用过氧乙酸对碳碳双键环氧化而制得。

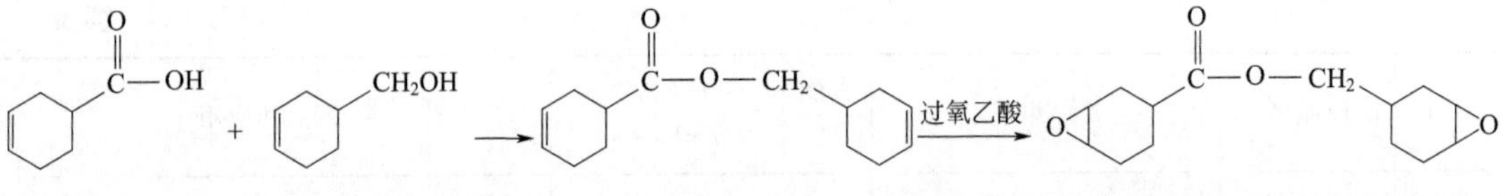

3,4-环氧环己基甲酸-3,4-环氧环己基甲酯

UVR6128 则由环己烯-3-甲醇与己二酸酯化，再由过氧乙酸环氧化而制得。

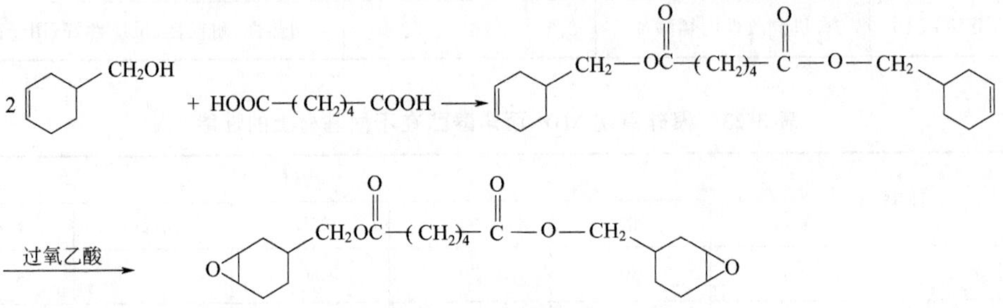

己二酸双(3,4-环氧环己基甲酯)

在脂环族环氧化合物基础上开发的一些多环化合物，如原甲酸酯也可用作阳离子光固化低聚物，它们在聚合时可以发生体积膨胀。

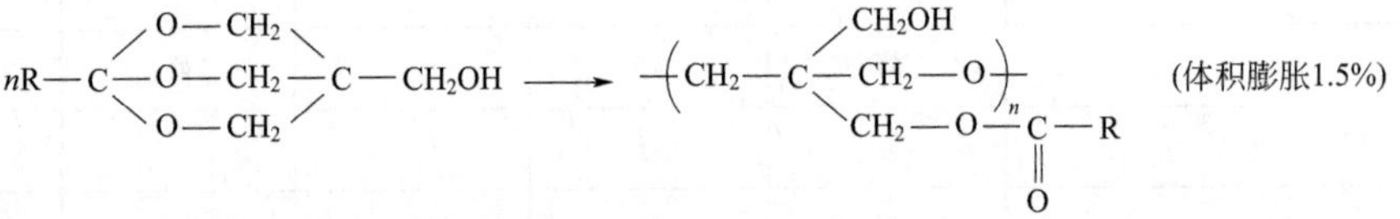

（体积膨胀1.5%）

阳离子光固化用脂环族环氧树脂具有低气味、低毒性、低黏度和低收缩率，柔韧性、耐磨性和透明度好，对塑料和金属有优异的附着力，主要用于软硬包装材料的涂料，如罐头罩光漆、塑料、纸张涂料，电器/电子用涂料，丝印、胶印油墨，胶黏剂和灌封料等。表 3-24 是部分商品化的阳离子光固化用环氧树脂的性能和应用。

乙烯基醚类化合物是另一大类用于阳离子光固化的低聚物或活性稀释剂，它们具有固化速度快，黏度低，毒性低，相容性好等优点，它们还可以与环氧化合物、丙烯酸酯、聚酯、聚氨酯反应得到相应的低聚物，与脂环族环氧树脂配合使用。有关乙烯基醚类化合物已在第 2 章 2.8.1 节中详细介绍。

表 3-24　部分商品化的阳离子光固化用环氧树脂低聚物的性能和应用

公司	产品代号	化学名称	黏度(25℃)/mPa·s	环氧当量	特点和应用
湛新	UVACURE1533	改性环氧树脂	15000(60℃)	262	残留气味低，良好的附着力和柔韧性；用于罩光清漆，胶黏剂
	UVACURE1534	脂肪族环氧树脂	2700	268	良好的柔韧性和抗水性；用于罩光清漆，胶黏剂，胶印油墨
	UVACURE1562	脂肪族 EA	3750	223	极低收缩率，良好的附着力，低残留气味；用于混杂固化体系的涂料、油墨、胶黏剂
陶氏化学	UVR6105	脂环族环氧树脂	220～250	130～135	低黏度、低气味、低毒性，快速固化，优异的柔韧性、耐磨性，对塑料、金属附着力好；用于纸张、塑料、金属涂料，丝印、凸印油墨，电器/电子涂料和灌封料

公司	产品代号	化学名称	黏度(25℃)/mPa·s	环氧当量	特点和应用
陶氏化学	UVR6100	混合脂环族环氧树脂	80～115	130～140	非常低的黏度;用作阳离子 UV 固化涂料降低黏度
	UVR6216	线型脂环族环氧树脂	<15	240～280	极低黏度;用作阳离子 UV 固化涂料降低黏度
巴斯夫	LR8765	脂肪族 EA	600～1200 (23℃)		可部分溶于水,柔韧性好,高反应活性
	LR9022	脂肪族 EA	20000～30000 (23℃)		低黄变,提高附着力
双键	Doublemer421P	脂环族环氧树脂	200～350		无氧阻聚,耐黄变,高光泽,低收缩,在金属、塑料上附着力好,绝缘性好,用于上光油、金属、塑料涂料
	Doublemer4250	脂环族环氧树脂	4000～8000		高固化速率,韧性好,高光泽,耐黄变,用于上光油、金属、塑料涂料
	Doublemer4500 D40	脂肪族丙烯酸酯和缩水甘油基环氧化物溶于40%DAC	30000～60000		低色度,低气味,低皮肤和眼睛刺激,无氧阻聚,低收缩,不黄变,用于 LED 白墨、金属、玻璃、PET 薄膜、键盘涂料
奇钛	SE-190	脂环族环氧树脂	280		低黏度,低气味,高光泽,色泽明亮,快干,硬度高,耐水、耐化学品性好,用于金属、纸张、木器、塑料、玻璃涂料和层压胶
恒桥产业	CT7961D	硅氧烷环氧树脂	3000～5000		极高反应活性的多功能有机硅环氧树脂,可用于各种光学/微电子系统、阳离子光固化
广州广传	GC-Epoxy21	脂环族环氧树脂	300～450	131～143	电子应用,并使用阳离子系统
深圳众邦	UVY205	双环氧基环己基碳酸酯	300～450		快速固化,附着力好,耐热性好,用于阳离子光固化
	UVY210	双环氧基环己基己二酸酯	400～600		快速固化,附着力好,较高的柔软性,用于阳离子光固化

3.10　水性 UV 低聚物

水性 UV 低聚物是随着 20 世纪末水性 UV 固化材料的开发而产生的,它可分为乳液型、水分散型和水溶性三类,见表 3-25。

① 乳液型水性 UV 低聚物　早期采用外加乳化剂,低聚物不含亲水基团,靠机械作用,使低聚物分散于水中,得到低聚物的乳液。但是由于乳化剂加入,影响了固化膜的耐水性和光泽,力学性能也大幅下降。这是由于表面活性剂在界面定向吸附,对紫外光有一定的干扰作用,使转化率下降而造成。

表 3-25　水性 UV 低聚物的分类

类型	粒径/nm	外观
水溶性	<5	透明
水分散型	20～100	半透明
乳液型	>100	乳液

现在多采用自乳化型，即在低聚物中引入亲水基团（如羧基、亲水性聚乙二醇等），在水中有自乳化作用，故不用外加乳化剂。固化后，固化膜的耐水性和光泽受影响较小。

② 水分散型水性 UV 低聚物　这类低聚物中，亲水性基团和疏水性基团要巧妙平衡，在水中分散后，粒径在 20～100nm，形成半透明的水分散体。

③ 水溶性水性 UV 低聚物　这类低聚物中，含有足够量的羧基或季铵基，羧基经与氨或有机胺中和后成铵盐，就成为水溶性的低聚物。

目前水性 UV 低聚物主要有三种：

（1）水性聚氨酯丙烯酸酯

在合成聚氨酯丙烯酸酯时，加入一定量的二羟甲基丙酸（DMPA），从而引进羧基。

$$
\begin{array}{c}
\underset{\|}{O} \quad \underset{\|}{O} \qquad\qquad \underset{\|}{O} \quad \underset{\|}{O} \\
CH_2{=}CHCOCH_2CH_2OCNH\text{\scriptsize\textasciitilde\textasciitilde\textasciitilde} - \underset{\displaystyle COOH}{C} - \text{\scriptsize\textasciitilde\textasciitilde\textasciitilde}O - R - O\text{\scriptsize\textasciitilde\textasciitilde\textasciitilde}NHCOCH_2CH_2OC - CH{=}CH_2
\end{array}
$$

此低聚物分子中，二羟甲基丙酸引入量少时，就为水乳型，随着二羟甲基丙酸引入量增加，就变为水分散型，当羧基用氨和有机胺中和后变成羧酸铵盐，就成为水溶性 UV 低聚物。

（2）水性环氧丙烯酸酯

① 将环氧丙烯酸酯中羟基用酸酐反应得到含羧基的环氧丙烯酸酯，再用有机胺中和后变成羧酸铵盐，就成为水溶性 UV 低聚物。

$$
\text{\scriptsize\textasciitilde\textasciitilde\textasciitilde}\underset{OH}{}{+}
\begin{array}{c}
CH - C \overset{O}{\underset{\displaystyle O}{\big|}} \\
\| \qquad\quad \\
CH - C \underset{O}{}
\end{array}
\longrightarrow \text{\scriptsize\textasciitilde\textasciitilde\textasciitilde}O - \underset{O}{C} - CH{=}CH - COOH
$$

随着酸酐用量增加，引入羧基增加，水溶性增加；随着有机胺中和程度增加，水溶性也增加。

② 用叔胺与酚醛环氧树脂中部分环氧基反应，生成部分带季铵基的酚醛环氧树脂，然后再丙烯酸酯化，得到水溶性带季铵基的酚醛环氧丙烯酸树脂。

$$+N(C_2H_5)_3 \cdot HCl \longrightarrow$$

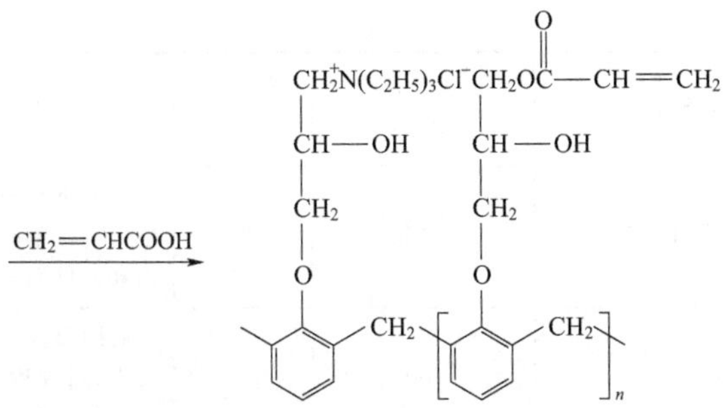

（3）水性聚酯丙烯酸酯

使用偏苯三甲酸酐或均苯四甲酸二酐与二元醇反应，制得带有羧基的端羟基聚酯，再与丙烯酸反应，得到带羧基的聚酯丙烯酸酯，再用氨或有机胺中和成羧基铵盐，成为水溶性聚酯丙烯酸酯。

实际应用上，水性 UV 低聚物主要为水性聚氨酯丙烯酸酯，它具有优良的柔韧性，耐磨性，耐化学品性，有高抗冲击和拉伸强度；芳香族的硬度好，耐黄变性差，而脂肪族的有优异耐黄变性和柔韧性。水性 UV 低聚物已在纸张上光油、木器清漆、水性丝印油墨获得实用，正在开发用于柔印油墨、凹印油墨和水显影型光成像抗蚀剂和阻焊剂。

表 3-26 是水性 UV 低聚物与热塑性和热固性涂层材料的涂膜性能比较，表 3-27 介绍了部分商品化的水性 UV 低聚物的性能和应用。

表 3-26　各种涂层材料的涂膜性能比较

性能	热塑性[1] 丙烯酸树脂	二液型[1] 聚氨酯树脂	光固化[2] PUA 分散体	光固化[2] 丙烯酸酯乳液
抗划伤性	4	10	10	10
热印刷性(65℃,4h,0.03MPa)	3	6	10	9
丙酮	2	9	10	10
乙醇	8	10	10	9
10%氨水(16h)	9	10	10	10
醋(16h)	6	10	6	10
耐磨(1h)	3	8	9	9

[1] 溶剂型涂料。

[2] 1173 为 2%，UV 曝光量 1.6J/cm²，数字以 10 为最好。

表 3-27　部分商品化的水性 UV 低聚物的性能和应用

公司	产品代号	化学名称	黏度(25℃) /mPa·s	固含量 /%	特点和应用
沙多玛	CN3230	可溶于水的颜料分散剂	1000		很好的颜料分散性,水溶性,用于水性涂料、水性油墨
	Craymul 2716	纯丙烯酸乳液	<100	39~41	固化前不发黏,很好的硬度和打磨性,很高的耐化学品性,用于水性木器漆

公司	产品代号	化学名称	黏度(25℃)/mPa·s	固含量/%	特点和应用
湛新	UCECOAT 7177	水性脂肪族 PUA	<150	40	良好的柔韧性,低黄变,出色的耐化学品性,卓越的附着力和木材润湿性,可水乳化
	UCECOAT 7200	水性 PUA	700	65	高固含量,高光泽,有镜面效果,高硬度和抗刮伤性,应用于硬涂层
	UCECOAT 7571	水性脂肪族 PUA 分散体	<200	35	卓越的耐沾污性,良好的柔韧性和硬度,无刺激性,水蒸发后触干
巴斯夫	PE55WN	水溶性 PEA	250~650(23℃)	50	反应活性高,柔韧性和耐化学品性好;用于 PVC、塑料涂料、胶黏剂
	LR8949	脂肪族 PUA 水分散体	40~100(23℃)	40	优良的耐化学品性、柔韧性、高硬度;用于木器、钢铁与塑料涂料
	LR9005	芳香族 PUA 水分散体	20~250(23℃)	40	耐化学品性和抗划伤性好,优异的干燥性,高硬度;用于木器、钢铁与塑料涂料
艾坚蒙	Photomer AQUA 6901	水溶性二官能度 PUA	57500		良好的柔韧性,良好的水相容性
	Photomer AQUA 6902	水溶性二官能度 PUA	35000		良好的耐候性,良好的韧性
	Photomer AQUA 6903	水溶性二官能度 PUA	30000		快速固化,优异的韧性
Bomar	XR9416	水溶性低聚物	7000		卓越的耐化学品性,低黏度,无黄变,形成透明吸水防雾化薄膜
美源	WS2600	水性丙烯酸酯	7200	90	出色的柔韧性,用于一般涂料
	WS4000	水性丙烯酸酯	25000	90	良好的水溶解度,用于一般涂料
	WB2210	PUA 水分散体	<200	40	出色的流平性和木材润湿性
德谦	UV-14	阴离子型 PUA 乳液	20~100	40	兼具高硬度及柔韧性,优异的耐磨性、抗划伤性、抗粘连性,对木材、非铁金属和塑料基材有极佳附着力;用于木器、钢铁与塑料涂料
	UV-20	阴离子型 PUA 乳液	20~100	40	兼具高硬度及柔韧性,优异的耐磨性、抗划伤性、抗粘连性,对木材、金属、塑料基材附着力好,层间附着力良好;用于薄涂木器涂料

续表

公司	产品代号	化学名称	黏度(25℃)/mPa·s	固含量/%	特点和应用
长兴	DR-W406	水性脂肪族 PUA	＜200		木器附着性佳,与色兼容性佳,用于水性辊涂底漆
	DR-W406HV	水性脂肪族 PUA	60～200		与色兼容性佳,显色性佳,附着性佳,用于塑料和木器涂
	W3055-2	水性 PEA	500～1500		附着性好,用于木器漆,玻璃涂料,底漆
双键	5W701P	水性 PEA	＜300	37～43	不黄变,柔韧性好,用于木器漆,纺织品涂料
	5W708	水性 PEA	＜300	37～43	不黄变,柔韧性好,用于木器漆,底漆,纺织品涂料
扬州晨化	CH-960			35±1	用于纸张、皮革、人造革、塑料涂料
	CH-970			35±1	用于纸张、皮革、塑料涂料
	CH-980			35±1	用于地板、塑料、金属涂料
广东昊辉	HU9217	水性 UV 树脂	100～200	40	加色性好,润湿渗透力强,附着力优,用于水性纸张光油,木器加色附着力底漆
	ZC5609	水性 PEA	1500～3500	75	与水性色浆和色精相容性好,附着力优,用于木器水性着色或水性附着剂
润奥	FSP5290	水性 PUA 分散体	200	45	杰出的硬度、耐磨和耐水煮性,对塑料附着力优,用于 UV 水性罩光
	FSP8946	水性 PUA 分散体	1500(60℃)	60	优异的耐磨和耐水性,良好的附着力和银粉定向排列,用于水性 UV 单涂
	FSP8994	水性 PUA 分散体	400	51	优异的银粉定向排列,对塑料基材润湿性和附着力佳,可重涂,用于水性 UV 单涂
广州嵩达	SD1330	亲水性 PUA	2000～7000	2	亲水性,用于防雾涂层,塑料、金属薄膜涂料,指甲色油、光油
开平姿彩	WU1072	水性脂肪族 PUA	150～250	40	优异的附着力和木材润湿性,高柔韧性,低黄变,可水乳化,用于木器水性着色或水性附着剂
	WU2075	水性脂肪族 PUA	3000～6000	50	在木材上出色的润湿性和附着力,高柔韧佳,低黄变,可溶干水,用于木器水性着色或水性附着剂
	WU2076	水性脂肪族 PUA	150	40	优异的附着力和木材润湿性,可水乳化,用于木器水性着色或水性附着剂

续表

公司	产品代号	化学名称	黏度(25℃) /mPa·s	固含量 /%	特点和应用
江门 恒之 光	7000	水性脂肪族 PUA	10000～20000	≥40	柔韧性好,低收缩,附着力佳,流动性佳,用于纸张、木器涂料
	7002	水性 EA	1500～2000	≥45	固化速率快,光泽丰满度好,硬度高,润湿性好,用于木器、纸张涂料
	7006	水性 EA	2000～3000	≥45	固化速率快,稳定性好,着色性好,附着力佳,用于木器、纸张涂料
深圳 欧宝 迪	LUX2411		100～500	39～41	非常柔韧,高耐水性,良好的耐磨性,高光泽,可在室外应用,在木器、塑料上有出色的附着力和抗划伤性
	LUX250 VP		100～500	39～41	暖木效果佳,高光,带韧性的硬度,UV 固化前良好的再乳化能力,在塑料上有极佳附着力,良好抗粘连性,在木器上有良好的打磨性
	LUX2807		100～1000	37～39	用于高品质木器涂料,具有出色的打磨性、抗粘连性和耐化学品性
中山 博海 精化	BH-W-08	水性 UV 树脂	20000±5000	45	色精相溶性好,可无限开稀,用于木器漆辊涂底着色
	BH-W-09C	水性 UV 树脂	20000±5000	100	色精相溶性好,可无限开稀,用于木器喷涂
中山 千佑	UV77743	水性 PEA	11000 (60℃)		专为 UV 压敏胶设计,可溶于水,用于水性木器涂料,压敏胶
	UV77744	水性 PEA	4200 (60℃)		专为 UV 压敏胶设计,可溶于水,用于水性木器涂料,压敏胶
东莞 叁漆	L-9800W	水性 PUA	100～200	40±2	封闭性好,耐水性、耐擦洗性优,对塑料、木材良好附着力,用于水性木器底漆,水性塑料涂料
	L-9866W	水性 PUA	28000～38000	80	硬度好,抗划伤性好,耐水性、耐擦洗性优,对木材良好附着力,用于水性木器面漆,水性塑料涂料
江苏 多森	WUV-150	水性自消光 PUA	300～600	35±2	丰满,耐黄变、耐化学品性佳,用于木器、塑料及薄膜涂料和 UV 油墨
	WUA-717	水性 PUA	≤500	40±2	优异的附着力和木材润湿性,低黄变及耐化学品性好,柔韧性优良,用于木器涂料底漆

续表

公司	产品代号	化学名称	黏度(25℃)/mPa·s	固含量/%	特点和应用
上海三桐	SU550	水性 PUA	6000(60℃)		水溶性,附着力佳,用于水性封闭底漆和木器漆
	SU550A	水性 PUA	10000		水溶性,韧性佳,用于水性封闭底漆和木器漆
	SU560	水性 PUA	10000(60℃)		水溶性,附着力佳,用于水性封闭底漆和木器漆
上海道胜	FR1700	水性分散体	10~20		固化速率快,极佳的润湿性,附着力,用于木地板底漆
无锡金盛助剂厂	JS8300	水性 UV 丙烯酸酯	8000~12000		与水任意混溶,柔韧性、耐刮性、附着力好,用于水性涂料,木器辊涂
	JS8360	水性 UV 丙烯酸酯	3500~5500		与水任意混溶,硬度、丰满度、附着力好,用于水性涂料,木器、塑料喷涂
湖南赢创未来	WUV5201	水性附着力树脂	9000±1000	95	水溶性好,固化速率快,漆膜柔软有弹性,附着力好,可 LED 固化,用于竹木器、塑料、金属纸张上光、油墨、真空镀膜
	WUV5301	水性 UV 树脂	9000±1000	99	水溶性好,固化速率快,漆膜柔软有弹性,附着力好,可 LED 固化,用于竹木器、塑料、金属表面,真空镀膜,纸张上光、水性油墨
	WUV5311	水性 UV 树脂	9000±1000	99	水溶性好,固化速率快,漆膜坚硬,超耐刮耐磨,附着力好,可 LED 固化,用于竹木器、塑料、金属表面,真空镀膜,纸张上光、水性油墨

　　湖南大学开发了一系列的水性 UV 树脂,将尿素与 $C_{2\sim4}$ 二元醇、反丁烯二酸或马来酸酐、苯酐等单体合成得到了可降解、无毒、可用水调稀、力学性能好的不饱和聚酯酰胺脲树脂,尿素的引入使树脂获得了一定的亲水性,同时脲键与双键发生共轭,提高了树脂的光敏性,使树脂获得自引发性能,不饱和聚酯酰胺脲树脂可在无引发剂存在时紫外光照射下交联固化,并具有自固化性能。通过在不饱和聚酯酰胺脲树脂合成过程中进一步引入丁炔二醇、9-蒽醇、季戊四醇三烯丙基醚等含羟基能扩大活性中心共轭程度的基团,大幅提高树脂光敏性,使得树脂自引发速率进一步提高,并向可见光固化方向发展,现在已经处于 UV-LED 固化常用波长 365nm、385nm、395nm、405nm 波长范围内。新开发的水性 UV 树脂都具有高固含量、低黏度、水溶性、热/UV 双重固化、力学性能好等共性,见表3-28。

表 3-28　湖南大学多功能水性 UV 树脂的性能

性能	XQSZ-89 多功能水性树脂	XQSZ-93 多功能水性树脂	XQSZ-99 多功能水性树脂
活性稀释剂	不含	不含	不含
固化方式	热固化、常温固化、UV 固化、热/UV 固化	热固化、常温固化、UV 固化、热/UV 固化	热固化、常温固化、UV 固化、热/UV 固化
固化剂	加 3%～8%	加 3%～8%	加 3%～8%
稀释剂	水	水	水
固含量/%	93±1	93±1	90±1
固化速率	80℃/30min 可固化，UV 迅速固化	80℃/30min 可固化，UV 迅速固化	80℃/30min 可固化，UV 迅速固化
黏度(25℃)/mPa·s	1500	800	420
环保性	非常环保，绿色涂装，节约资源	非常环保，绿色涂装，节约资源	非常环保，绿色涂装，节约资源
气味	原油及涂装产品无味	原油及涂装产品无味	原油及涂装产品无味
光泽度	最高 105，平均约 95	最高 105，平均约 98	最高 128，平均约 123
耐磨性[①]	成膜后 4lb 压力，300 次	成膜后 4lb 压力，500 次	成膜后 4lb 压力，500 次
硬度及韧性-对折测试	成膜后韧性好，对折处没有裂纹，适于马口铁等金属、3C 产品、PVC 等塑料涂装	成膜后硬度高，最高可达 4H，对折处有裂纹，适于家具、地板、3C 产品、塑料涂装	成膜后硬度高，最高可达 6H，适于马口铁等金属、纸张、木器、玻璃、塑料涂料
附着力	一般	一般	好
耐水性	满足耐水标准测试	满足耐水标准测试	较好
流平性	较好，可达到覆膜效果	较好	较好
机器清洗	用酒精与水的混合物	用酒精与水的混合物	用少量丙烯酸羟乙酯
遇火	不燃	不燃	不燃

① 1lb=0.45kg。

3.11　氨基丙烯酸酯低聚物

　　这是氨基树脂（包括三聚氰胺树脂、聚酰胺树脂）经丙烯酸酯化而制得的低聚物。

　　三聚氰胺经甲醛加合，再与醇醚化后，得到甲醚化或丁醚化三聚氰胺树脂，通过与丙烯酸羟基酯酯交换就引入丙烯酰氧基，就成为氨基丙烯酸酯低聚物，具有硬度高，耐热性和耐候性好，优良的耐化学品性和机械强度。因低聚物中存有大量烷氧基，也可热固化，作为光固化和热固化双重固化材料。

　　聚酰胺树脂中氨基与多官能度丙烯酸酯，经过迈克尔加成，引入丙烯酸酯，成为氨基丙烯酸酯低聚物，具有很好的柔韧性和力学性能，用于涂料和油墨。表 3-29 举了部分商品化的氨基丙烯酸酯低聚物的性能和应用。

表 3-29　部分商品化的氨基丙烯酸酯低聚物的性能和应用

公司	产品代号	化学名称	官能度	黏度(25℃)/mPa·s	特点和应用
Bomar	XMA200	三聚氰胺丙烯酸酯	3	5000	无黄变,双重固化,加快固化速率,耐磨损,耐高温,耐化学品性
	XMA220	三聚氰胺丙烯酸酯	1	1800	超高柔韧性,耐化学品性,耐高温
	XMA222LF	三聚氰胺丙烯酸酯	3	2000	热固化催化剂,耐磨损,耐高温,耐化学品性,低气味,低黏度,加快固化速率
美源	AS1000	氨基丙烯酸酯	3.5	150～350	非常好的反应活性,低残余气味
长兴	DR-M451	三聚氰胺丙烯酸酯		2500～3500	固化速率快,低色数,耐黄变性佳,高硬度
	DR-M455	三聚氰胺丙烯酸酯		7500～10000 (60℃)	固化速率快,流平性、坚韧性佳
	DR-M458	三聚氰胺丙烯酸酯		7500～10000 (60℃)	耐酸碱,耐盐雾,耐黄变,耐热性佳,固化速率快
中山千佑	UN111	氨基丙烯酸酯	3	95～135s (涂-4 杯)	固化速率快,耐黄变,柔韧性好,用于塑料油墨和各种油墨
	UN003	氨基丙烯酸酯	6	3500～5500	固化速率快,光泽好,硬度高,用于木器、塑料、金属涂料,丝印油墨,胶黏剂
中山科田	9310	氨基丙烯酸酯	3	400～1000	黏度低,光泽高,附着力好
	9610	氨基丙烯酸酯	6	400～1000	黏度低,光泽高,附着力好
深圳科大	KD6060	氨基丙烯酸酯	5～6	1000～1500	固化速度快,硬度好,耐黄变,高丰满度,用于塑料、木器涂料
湖南赢创未来	AA-4331	氨基丙烯酸酯	3	1500±400	低黏度,固化快,光泽高
	AA-4631	氨基丙烯酸酯	6	3000±500	低黏度,固化快,光泽高,耐刮擦
江苏开磷瑞阳	RY8301	氨基丙烯酸酯	3	3000～5000	黏度低,固化速率快,硬度高,润湿性佳,耐磨,附着力好,用于塑料喷涂等耐磨耐刮涂料
	RY8601	氨基丙烯酸酯	6	1500～3500	黏度低,固化速率快,硬度高,润湿性佳,耐磨,附着力好,用于塑料喷涂等耐磨耐刮涂料
江苏三木	6115	以尿醛树脂为基础的氨基丙烯酸酯	1～2	600～1000	低黏度,柔韧性好,附着力佳
	6116	以丁醚化三聚氰胺树脂为基础的氨基丙烯酸酯	2～3	800～1200	高反应活性,高硬度
	6117	以甲醚化三聚氰胺树脂为基础的氨基丙烯酸酯	3～4	1200～2000	快速固化,高交联密度
无锡金盛助剂厂	JS293	氨基丙烯酸酯	3	2000～4000	高硬度,高固化,用于木器、扣板涂料
	JS298	改性氨基丙烯酸酯	5	1300～2000	气味低,有韧性,固化快,硬度高,用于木器、扣板、PVC 地板涂料

续表

公司	产品代号	化学名称	官能度	黏度(25℃)/mPa·s	特点和应用
无锡博强	WDS-301	氨基丙烯酸酯			高反应性,附着力好,硬度高,黏度低,耐候性好,低气味,性价比高,可用于各种罩光涂料和油墨
	WDS-601	氨基丙烯酸酯			高反应性,附着力好,硬度高,黏度低,耐候性好,低气味,性价比高,可用于各种罩光涂料和油墨
	WDS-331	氨基丙烯酸酯			高反应性,附着力好,硬度高,黏度低,耐候性好,低气味,低刺激性,柔韧性佳,性价比高,可用于各种罩光涂料和油墨
江门恒之光	2300	丁醚化氨基丙烯酸酯	2.5	2500~3500	流平好,耐候性佳,高反应活性,附着力好,用于 UV 塑料、木器涂料和纸张上光油
	2303	氨基丙烯酸酯	3.5	2000~3500	流平好,耐候性佳,高反应活性,附着力、韧性好,用于 UV 塑料、木器涂料和纸张上光油
	2600	高甲醚化氨基丙烯酸酯	5.5	500~1000	低气味,固化速率快,耐黄变,高硬度与耐磨,附着力好,用于 UV 耐磨、坑刮涂料,UV 塑料、和纸张上光油

3.12 特殊性能低聚物

3.12.1 双重固化低聚物

低聚物中若含有两种不同类型固化的活性基团：丙烯酰氧基可以进行自由基光固化，而另一基团可以进行阳离子光固化、湿固化、羟基固化、热固化等，就为具有双重固化功能的低聚物。

用双酚 A 环氧树脂和丙烯酸［环氧基∶羧基＝(1.5～2.0)∶1，摩尔比］开环酯化反应，制得带有环氧基的环氧丙烯酸树脂，其中丙烯酸基团可以进行自由基光聚合，而环氧基可进行阳离子光聚合或热固化。研究结果表明，这两种活性基团之间存在着分子内的相互作用，可有效促进自由基和阳离子光聚合的进行，使反应速率和最终转化率有明显的提高，而且大大降低了氧阻聚作用；双重固化低聚物所形成的固化膜具有更好的力学性能。

将六亚甲基二异氰酸酯和 N,N-二（氨丙基三乙氧基）硅烷反应，再与丙烯酸羟乙酯作用，制得具有自由基光固化/湿固化双重固化性能的硅氧烷型聚氨酯丙烯酸酯，可用于光固化保形涂料。

合成含有环氧基的酚醛环氧丙烯酸树脂，具有自由基光固化/热固化双重固化功能，可用于光成像阻焊剂。

表 3-30 介绍了艾坚蒙公司双重固化低聚物，表 3-31 介绍了国内外其他公司部分商品化双重固化低聚物。

表 3-30　艾坚蒙公司双重固化低聚物

商品名	产品组成	含量/%	黏度(23℃)/mPa·s	应用
UA VP LS 2337	含—NCO 基的脂肪族 PUA(—NCO 含量12.5%)	100	10000	光/羟基双重固化体系
UA VP LS 2396	含—NCO 基的脂肪族 PUA(—NCO 含量7.5%)	100	12500	光/羟基双重固化体系
UA XP 2510	含—NCO 基的脂肪族 PUA(—NCO 含量7.0%)	90	15000	光/羟基双重固化体系

表 3-31　国内外其他公司部分商品化双重固化低聚物

公司	商品名	产品组成	官能度	黏度(25℃)/mPa·s	特性
沙多玛	SB404	芳香酸丙烯酸半酯(溶于 PM 乙酸酯)	8	5170	双重固化
	CN1073	含—NCO 的 PUA	1	10000~20000	UV/羟基双重固化
湛新	D100	双重固化脂肪族 PUA(含 12.8% —NCO)		10000(23℃)	UV/羟基双重固化
	D200XP	双重固化脂肪族 PUA(含 5.0% —NCO)		2500(23℃)	UV/羟基双重固化
巴斯夫	LR9000	含—NCO 的 PUA			UV/羟基双重固化
Bomar	BMA200	三聚氰胺丙烯酸酯	3	5000	UV/热双重固化
美源	PU622	双重固化脂肪族 PUA	6	25000	UV/羟基双重固化
上海多森	UVDC2700	含—NCO 的 PUA			UV/羟基双重固化
深圳欧宝迪	LUX286	含—NCO 的 PUA			UV/羟基双重固化
	LUX481	含—NCO 的 PUA			UV/羟基双重固化
中山千佑	UV320A	含—NCO 的 PUA	4	10000~20000	UV/羟基双重固化
江门制漆厂	PJ9880-100	含—NCO 的 PUA	1	20000~40000	UV/羟基双重固化
	PJ9881-80	含—NCO 的 PUA	2	5000~10000	UV/羟基双重固化
广东昊辉	HU9215	双重固化 PUA	2	1000~7000(60℃)	UV/热双重固化
	HU9216	双重固化 PUA	2	300~1500(60℃)	UV/羟基双重固化
	HU9217	双重固化 PUA	2	300~1500(60℃)	UV/羟基双重固化
深圳众邦	UVR-9610	含—NCO 的 PUA	1.8	3000~5000	UV/羟基双重固化
	UVR-9630	含—NCO 的 PUA	2	5000~8000	UV/羟基双重固化
	UVR-8310	自由基/阳离子混合型丙烯酸酯	2.5	10000~20000	自由基/阳离子双重固化
	UVR-8385	自由基/阳离子混合型丙烯酸酯	2.5	8000~12000	自由基/阳离子双重固化

3. 12. 2　自引发功能的低聚物

具有自引发功能的低聚物有二类：

① 低聚物自身具有光引发功能，在配方中可以少用甚至不用加光引发剂。

② 在低聚物中接入光引发基团，成为大分子光引发剂，在配方中既当低聚物又作光引发剂使用。

第一类自身具有光引发功能的低聚物，是美国亚什兰公司开发的新产品，它通过多官能团丙烯酸酯与 β-酮酯（如乙酰乙酸乙酯、乙酰乙酸烯丙酯、甲基丙烯酸 2-乙酰乙酸乙酯）发生迈克尔加成反应，β-酮酯中活性亚甲基上碳与丙烯酸酯碳碳双键端基碳形成新的共价键，β-酮酯中羰基与一个完全被取代的碳原子相连，该键对紫外光具有不稳定性，吸收紫外光之后，很容易断键，生成乙酰基自由基和另外一个大分子自由基，具有自引发功能。因此，使用具有自引发功能的低聚物的 UV 涂料、油墨、胶黏剂的配方中，可以不添加或少加入光引发剂，从而避免了添加光引发剂所造成的气味、黄变、难以混入、析出、迁移以及价格昂贵等问题。

自身具有光引发功能的低聚物还可以通过多种丙烯酸酯与多种迈克尔反应而制得，形成系列产品。

丙烯酸酯种类有：丙烯酸酯、环氧丙烯酸酯、聚氨酯丙烯酸酯、聚酯丙烯酸酯、有机硅丙烯酸酯、三聚氰胺丙烯酸酯、全氟丙烯酸酯、反丁烯二酸酯、顺丁烯二酸酯。迈克尔反应供体种类有：β-酮酯、β-二酮、β-酮酰胺、β-酮酰替苯胺、其他。迈克尔反应供体中的 R' 可为功能性或双固化基团。

美国亚什兰公司开发自引发低聚物 Drewrad 系列产品见表 3-32、表 3-33。

表 3-32　亚什兰 Drewrad 系列产品和用途

商品代号	用途	商品代号	用途
300 系列	清漆	D 系列	颜料、填料分散
1000 系列	木器漆	500 系列	印刷油墨
1100 系列	木器填充底漆	M 系列	消光
100 系列	上光油		

表 3-33 亚什兰自引发低聚物 Drewrsd 系列部分产品的性能

商品名称	130	150	530	540	331	1010	1040	1110	1120
密度/(g/mL)	1.09	1.09	1.12	1.13	1.10	1.11	1.09	1.14	1.18
黏度(25℃)/mPa·s	400~500	200~300	1100	1650	500~1000	1200	350	4500	10000
平均分子量	650	650	1275	750	3000	800	700	800	1100
平均官能度	2.1	2.1	2.4	2.1	2.1	2.5	2.3	4.7	3.3
T_g/℃					11.7	12	10	19	—10
固化膜性能 完全固化能量/(mJ/cm²)	750	220	900	1200	1040	700	730	1300	260
固化膜性能 铅笔硬度						5H	H	5H	9H
固化膜性能 伸长度/%	5	6	6	8	5.0	10	11		10
固化膜性能 拉伸强度/psi①	1300	650	800	600					
附加特性					通过美国 FDA 认证				

① 1psi＝6.89kPa。

第二类具有自引发功能的低聚物大多是利用含有羟基的光引发剂（安息香、1173、184、2959）与带异氰酸基的低聚物反应，将光引发剂接入低聚物，成为具有光引发基的低聚物。

接枝光引发剂的低聚物优点：

① 光固化速率接近于普通低聚物与小分子光引发剂的固化速率；

② 与体系的相容性好；

③ 大大降低了光引发剂的迁移能力；

④ 降低了光引发剂有害的光分解产物（如苯甲醛）产生；

⑤ 光引发剂无毒无害，可以用于食品包装的涂料和油墨中。

表 3-34 为接枝光引发剂的低聚物与普通低聚物加小分子光引发剂固化后从固化膜中抽提出光引发剂和苯甲醛的实验结果。

表 3-34 从固化膜抽提出光引发剂和苯甲醛浓度

序号	光引发剂	体系中光引发剂浓度（质量分数）/%	抽提出光引发剂浓度/(mg/kg)	抽提出苯甲醛浓度/(mg/kg)
1-1	184	4.0	1150	8.0
1-2	接枝 184	4.0	48	0.5
2-1	184	4.0	400	3.0
2-2	接枝 184	4.0	19	0.3
3-1	2959	4.0	801	100
3-2	接枝 2959	4.0	89	40
4-1	安息香	4.0	725	30
4-2	接枝安息香	4.0	18	10

数据表明，光引发剂的接枝反应产物大大降低了引发剂碎片的迁移能力和浸出能力，而且"接枝物"固化膜中生成的苯甲醛量也大大减少，因此接枝在低聚物上的光引发剂，实质上就是一类大分子光引发剂，无毒无害，可以用在食品和药品包装用的涂料和油墨中。2006年美国食品和药物管理局（FDA）宣布用大分子光引发剂生产的 UV 涂料和油墨可以用于

食品和药品包装印刷中，彻底改变了以往 UV 油墨和涂料不能用于食品和药品包装的惯例，开创了 UV 油墨和涂料应用的新领域。Bomar 公司已商品化带光引发剂的低聚物产品及性能见表 3-35。

表 3-35　Bomar 公司已商品化带光引发剂低聚物产品及性能

商品名称	官能度	低聚物结构	黏度(50℃)/mPa·s	固化膜性能[①]			涂料黏度(25℃)/mPa·s
				硬度	拉伸强度/psi	断裂伸长率/%	
XP-144LS	2	脂肪族 PUA	125000	77D	7536	7	28000
XP-144LS-B	2	脂肪族 PUA	10500	81D	5780	6	19250
XP-543LS	2	脂肪族 PUA	30000	53A	725	343	30750

① 30% IBOA+2% Omnirad 481。

部分自引发低聚物生产企业和产品见表 3-36。

表 3-36　部分自引发低聚物生产企业和产品

公司	商品名	产品组成	官能度	黏度(25℃)/mPa·s	特性
Bomar	LSXR-144	光敏性低聚物	3	125000(50℃)	无黄变,提高抗溶剂性和耐磨性,抗水解稳定性好,提升粘接力,高拉伸强度
嵩泰	SZ300M1	自引发低聚物		500～4000	色度浅,低气味,低 VOC
中山千佑	UV7516-100	自引发 PEA	3～4	25000～50000	低气味,高反应性,耐化学性好,深层固化好
广东博兴	B-516	自固化 PEA	3	5000～8000	无苯,高自引发活性,提高交联密度,有利深层固化
	B-519	自固化 PEA	4	10000～15000	无苯,高自引发活性,提高交联密度,有利深层固化
广州五行	WS776	自固化低聚物		20000～40000	低能量固化,提高固化速率,耐黄变、颜料润湿性佳
	WS779	自固化低聚物		40000～60000	低能量固化,提高固化速率,耐黄变、颜料润湿性佳
中山科田	7114	自固化低聚物	2	200～400	低气味,提高附着力
润奥	R9119	自引发低聚物			良好的耐高温性能,对 BMC 等特殊的塑料基材有优异的附着力
	UT-85602	自引发低聚物			优良的耐高温性能,对 BMC 等特殊的塑料基材有良好的附着力

3.12.3　低黏度低聚物

20 世纪末发展起来了一项光固化材料新技术——UV 喷墨打印。喷墨打印是一种非接触式印刷，不需印版，通过喷射墨滴到基材而形成图像的过程。通过计算机编辑好图形和文字，并控制喷墨打印机喷头喷射墨滴获得精确的图像，完全是数字化成像的过程，是目前发展最迅速的一种数字成像方式，具有按需打印、高速度、高质量、色彩饱和等优点。

UV 喷墨打印的主要耗材为 UV 喷墨油墨，它要求油墨低黏度、高固化速率和颜料稳定性好，不发生沉降。

沙多玛公司开发了专为 UV 喷墨油墨用的低黏度聚酯丙烯酸酯 CN2300 和 CN2301，其性能见表 3-37。

表 3-37 CN2300 和 CN2301 的性能

性能	CN2300	CN2301
黏度(25℃)/mPa·s	200	700
官能度	8	8
体积收缩率/%	9	8

湛新公司也为 UV 喷墨油开发了专用低黏度低聚物 Viajet 100 和 Viajet 400，其性能见表 3-38。

表 3-38 Viajet 100 和 Viajet 400 的性能

性能	Viajet 100	Viajet 400
黏度(25℃)/mPa·s	107	20
密度(21.5℃)/(g/cm³)	1.09	1.07
色泽(Gardner)	5	1.6

Viajet 100 用于颜料分散，制成色浆；而 Viajet 400 用于稀释色浆加上光引发剂和助剂制成喷墨油墨。

部分低黏度低聚物生产企业和产品见表 3-39。

表 3-39 部分低黏度低聚物生产企业和产品

公司	商品代号	化学组成	官能度	黏度(25℃)/mPa·s	性能应用
沙多玛	CN131 NS	EA	1	100~300	低收缩,耐候性、耐化学品性、柔韧性好
	CN2283 NS	PEA	2	90~150	低收缩,良好耐水性、耐溶剂性、高冲击强度,用于胶黏剂、涂料
	CN2270 NS	PEA	2	36	低黏度,良好的附着力和颜料润湿性
RAHN	GENOMER 3485	PEA	4	500	低黏度,表面硬度高,耐化学品性、附着力好
	GENOMER 3497	聚醚丙烯酸酯	4	600	高反应性,低黏度,耐溶剂性好
奇钛	SP-281	PEA	2.5	100	低黏度,低气味,色泽明亮,高光泽,快干,用于纸张、木器、塑料涂料和油墨
	SP-283	PEA	4	500	低黏度,低气味,色泽明亮,高光泽,耐溶剂性、颜料润湿性好,用于纸张、木器、塑料涂料和油墨
国精化学	GU1700W	脂肪族 EA	1	80~180	柔韧性佳,金属附着力佳
	GU1700T	芳香族 EA	1	150~250	耐候性、耐化学性、柔韧性佳,低收缩
深圳科大	UV3003	PEA	2	40~70	低黏度,流平好,反应快,低气味,用于木器涂料、纸张油墨
	UV1018-8	特殊改性丙烯酸酯	5	50~80	固化速率快,低黏度,净味易消光,抗刮好,用于木器涂料、纸张油墨

续表

公司	商品代号	化学组成	官能度	黏度（25℃）/mPa·s	性能应用
深圳众邦	UVR2315	PEA	2.5	150～300	低黏度,反应速度快,润湿性好,用于喷墨打印
东莞叁漆	L-6105	改性PUA	1	18～35	超低黏度,高弹性,高柔韧性,耐化学品性好,低皮肤刺激性,用于3D打印,金属涂料,胶黏剂
东莞叁漆	L-6121	PEA	2	60～150	黏度低,表干好,柔韧性好,附着力好,用于木器、塑料、纸张涂料
东莞兰卡	UR1814-2	弹性UV树脂	2	20～100	经济型弹性UV树脂,用于UV弹性漆
江苏开磷瑞阳	RY3101	PEA	1	30～70	黏度低,成本低,润湿性好,用于木器、纸张涂料
广州嵩达	SD1301	PUA	3	50～200	快速固化,硬度高,耐磨耐刮,坚韧性好,用于木器耐磨面漆,塑料喷涂面漆,金属玻璃保护涂层
中山千佑	UV7Y	超支化PEA		30～80	黏度低,流平好,用于光油,塑料、木器涂料
中山千佑	UV1847	EA	2	130	低黏度,柔韧性好,附着力好,用于色漆、胶黏剂

3.12.4　光固化粉末涂料用低聚物

光固化粉末涂料是20世纪90年代开发的一种新型涂料,是一种将传统粉末涂料和光固化技术相结合的新技术,兼有粉末涂料和液态UV涂料的优点（见表3-40）;固化速率快,熔融温度低（100～140℃）,无VOC排放,原料利用率高,可用于木材、塑料、热敏合金和含有热敏零件的金属元件等热敏基材的涂装,非常适合三维及复杂工件的涂装。光固化粉末涂料是由光固化低聚物、光引发剂、助固化剂、颜料、填料和各种助剂组成。用作光固化粉末涂料的光固化低聚物,要求能赋予粉末良好的储存稳定性,在高达40℃条件下储存3～6个月不结块;低聚物必须在较低的温度（≤100℃）下具有较低的熔融黏度,以保证涂料在光固化之前和光固化过程中具有良好的流动性和流平性。这就要求低聚物 T_g 应在50～70℃（至少在40℃以上）,平均分子量在1000～4000,分子量分布要窄。目前已开发的低聚物有不饱和聚酯、乙烯基醚树脂、聚酯丙烯酸树脂、聚氨酯丙烯酸树脂和环氧丙烯酸树脂,近年来超支化聚合物因有高官能度、低黏度、高活性和互溶性好等特点,可应用于粉末涂料中作成膜树脂或黏度改性剂等,以提高漆膜的各种性能。

表3-40　光固化粉末涂料的特点

传统粉末涂料优点（√）和缺点（×）	液体UV涂料优点（√）和缺点（×）
√ 无溶剂排放,安全环保	√ 固化速率快,固化温度范围宽
√ 可回收使用,利用率高	√ 可薄涂
√ 施工简单方便	√ 漆膜硬度高,耐化学品性好

传统粉末涂料优点(√)和缺点(×)	液体 UV 涂料优点(√)和缺点(×)
√ 漆膜物化性能优异,边角覆盖好	× 有 VOC 释放可能性
√ 适合三维工件	× 涂料不可回收,利用率不高
× 不适合各热敏基材,固化温度高,时间长	× 漆膜收缩率高,边角覆盖不好
× 漆膜流平性、硬度一般	× 漆膜较脆,与底材附着力较差
	× 不适合三维工件

湛新公司、陶氏化学公司和 DSM 公司都已有商品化的光固化粉末涂料低聚物,见表 3-41 和表 3-42。

表 3-41 湛新公司部分光固化粉末涂料低聚物

商品名称	树脂形态	T_g /℃	黏度(175℃) /mPa·s	应用
Uvecoat 2000	无定形甲基丙烯酸聚酯	47	3300(200℃)	金属部件,热敏合金
Uvecoat 2100	无定形甲基丙烯酸聚酯	57	5500(200℃)	金属部件,热敏合金
Uvecoat 2200	无定形甲基丙烯酸聚酯	54	4500	金属部件,热敏合金
Uvecoat 3000	无定形	51	6000	中密度板花纹漆、清漆,PVC 地板漆
Uvecoat 3001	无定形	43	2000	平整度高的木器清漆
Uvecoat 3002	无定形	49	4500	中密度板花纹漆、清漆
Uvecoat 9010	半结晶	80(T_m)	300(100℃)	配合 3000 系列使用,降低熔融黏度

表 3-42 陶氏化学和 DSM 公司光固化粉末涂料低聚物

公司	商品名称	树脂类型	黏度/Pa·s	T_g/℃
陶氏化学	XZ92478	环氧丙烯酸树脂	2~4(150℃)	85~105
	Uracross p3125	无定形不饱和聚酯	30~50	48
DSM	Uracross zw4892P	无定形不饱和聚酯	50~100	51
	Uracross zw4901p	无定形不饱和聚酯	30~70	54
	Uracross p3307	半结晶乙烯基醚氨基树脂		90~110(T_m)
	Uracross p3898	半结晶乙烯基醚氨基树脂		90~130(T_m)

3.12.5 无苯低聚物

为了执行国家对烟包印刷上限制苯系溶剂含量的强制性标准,要求烟包印刷中纸品上光油和印刷油墨不能含有苯系溶剂。鉴于烟包印刷上大量使用 UV 光油和 UV 油墨,就不能用含有苯系溶剂的活性稀释剂、低聚物和光引发剂作原料来生产。而大多数低聚物生产不使用溶剂,不存在活性稀释剂传统的生产工艺是用甲苯作脱水剂、产品中难免会残留一定量的甲苯的问题。但是不少低聚物生产用的原材料含有一定量的苯系溶剂,会带入低聚物中,造成苯系溶剂含量超标。为了生产不含苯系溶剂的低聚物,必须从原材料着手,不准使用含有苯系溶剂的原材料来生产低聚物,从而保证生产出不含苯系溶剂的低聚物。目前,国内不少低聚物生产厂都有不含苯系溶剂的低聚物产品(见表 3-43)。

表 3-43　部分无苯低聚物生产企业和产品

公司	商品名	产品组成	官能度	黏度(25℃)/mPa·s	特性
沙多玛	CN120 TNF	EA	2	2400～3000(65℃)	无苯 EA,高反应活性,耐化学品性佳,硬度高
	E6604 TNF	PEA	4	800～2000	无苯,固化快,柔韧性好,皮肤刺激性低,低黏度,高交联密度
广东博兴	B-516	自固化 PEA	3	5000～8000	无苯,高自引发活性,提高交联密度,利于深层固化
	B-530	PEA	4	2000～3000	无苯,高固化速率、颜料润湿性、疏水性、低黏度和触变性
	B-6315W	溶剂型改性丙烯酸酯	3	10000～30000	无苯,附着力好,有自干性
广州五行	W3074	脂肪族 PUA	3.7	2000～3000	流平性佳,耐黄变,耐碱和耐化学品性佳
	W3076	脂肪族 PUA	3.7	1600～2200	流平性佳,耐黄变,耐碱和耐化学品性佳
湖南赢创未来	EA1212	EA(含 20%无苯 TPGDA)	2	25000±5000	无苯,固化快,光泽高,硬度好,润湿性和耐化学品性优
	RAS7302	活性胺	3	70±20	无苯,提高深层和表面化,低挥发,低气味,高硬度
开平姿彩	ZC8801T	EA(含 20%TPGDA)	2	20000～48000	无苯,固化速率快,硬度高
中山科田	2108	PEA	2	30000～40000	无苯,固化速率快,表干佳,柔韧性佳,附着力好,低收缩率
	3210	脂肪族 PUA	2	35000～45000	无苯,固化速率快,表干佳,柔韧性佳,附着力好
	3311	脂肪族 PUA	3	100000～130000	无苯,固化速率快,表干佳,耐化学品性、耐折性、耐刮性、附着力好
无锡金盛	JS9127	改性 EA	2	5000～10000	无苯,无卤,耐黄变,柔韧性好,固化速率快
江苏开磷瑞阳	RY4102	活性胺		15000～25000	无苯,色浅,气味小,不变红,催化效率高
顺德本诺	3100A	PEA	1	30～60	无苯,低黏度,流平性好,对颜料润湿性好,对皮肤刺激性低
	3313	PEA	3	6000±2000	无苯,固化快,高硬度,低黏度,耐黄变,流平好,高光泽,对颜料润湿性好
	1208-TM	EA	2	50000±10000	无苯,固化快,高硬度,附着力好,高光泽,耐水、耐化学品性好

3.12.6　无卤低聚物

　　光固化涂料、油墨和胶黏剂在光电子产品的应用越来越广泛,但光电子产品对原材料要求极高,不准含有卤素就是一个重要的指标。而现有的低聚物中,特别是环氧类低聚物合成中大多要使用卤化物，使产品中含有卤素。因此只有采用新的合成工艺，才能生产出无卤低聚物。表3-44介绍了部分无卤低聚物产品。

表3-44 部分无卤低聚物产品性能与应用

公司	产品牌号	产品组成	官能度	黏度(25℃)/mPa·s	特性与应用
开平姿彩	ZC8608A	PEA	2	4000～8000（60℃）	无卤,固化速率适中,润湿性、韧性佳,耐热性优,用于油墨、胶黏剂和各种涂料
	ZC8608B	PEA	2	3000～4500（60℃）	无卤,综合性能好,干燥快,抗刮、柔韧性佳,用于油墨、胶黏剂和各种涂料
	ZC8609	PEA	5～6	400～1000	无卤,硬度高,用于油墨、木器真空喷涂、纸张、塑料涂料
江门制漆厂	PJ9802H	聚酯改性EA	2	30000～60000	低卤,反应性、硬度和韧性好,用于塑料、木器涂料
美源	HR2200	EA	2	2000(60℃)	非卤素型,快速固化
	HR3700	PUA	2	5000	非卤素型,低黏度
	HR6042	双酚芴丙烯酸酯	2	20000	无卤素,高折射率
无锡金盛	JS9127	改性EA	3	5000～10000	不含苯,无卤素,耐黄变,柔韧性好,固化速率快,用于木器、塑料涂料
江苏利田	FO3N	无卤素环氧大豆油丙烯酸酯		10000～30000	无卤,低气味,低刺激性,柔韧性佳,用于UV油墨、木器漆
顺德本诺	3303	PETA共聚型PEA	3	50000～80000	无卤,固化速率快,高硬度,用于纸张、木器涂料,UV油墨
	3318	PEA	3	50000～80000	无卤,固化速率快,对颜料润湿性好,耐热性优,用于油墨、木器涂料、彩色涂料
	1308	新型EA	3	40000～60000	无卤无苯,耐黄变,流平润湿性好,低气味,用于纸张、木器涂料,UV油墨

3.12.7 无锡低聚物

目前聚氨酯丙烯酸酯的生产大多数采用有机锡化合物作催化剂，但有机锡化合物是毒性极大的化学品，因此欧美地区已开始不准使用含有有机锡的光固化产品。为此，不少低聚物生产企业开始不用有机锡化合物作催化剂，改用其他化合物作催化剂来生产聚氨酯丙烯酸酯，已生产出部分无锡聚氨酯丙烯酸酯低聚物产品见表3-45。

表3-45 部分无锡低聚物生产企业和产品

公司	商品牌号	产品组成	官能度	黏度(25℃)/mPa·s	特性
北京万华	WANEXEL 242G	脂肪族PUA（含15%IBOA）	2	3500～5500（60℃）	不含锡,颜色浅,不黄变,快速固化

公司	商品牌号	产品组成	官能度	黏度(25℃)/mPa·s	特性
江门制漆厂	PJ9820B	PUA	6	3000~6000(60℃)	不含锡,反应速率快,高硬度,高耐磨,附着好
艾坚蒙	Photomer 6622	脂肪族 PUA	3	16000	不含锡,硬度、拉伸强度、耐化学品性好,不黄变
艾坚蒙	Photomer 6578	芳香族 PUA	4	6000	不含锡,低黏度,良好的耐磨及耐划伤性
艾坚蒙	Photomer 6621	脂肪族 PUA	6	5500	不含锡,优异的耐磨性,良好的硬度、耐化学品性和耐水性
湛新	EBECRYL 8602	脂肪族 PUA	9	3000(60℃)	不含锡,优异的耐刮和耐磨性,适用于柔韧/硬质的基材
湛新	EBECRYL 8415	脂肪族 PUA	10	1700(60℃)	不含锡,优异的耐刮和耐磨性,推荐用于低膜厚/低能量固化应用
广州嵩达	SD7832A	PUA	2	45000~65000	不含锡,固化速率快,耐磨性、柔韧性佳,用于塑料、金属、薄膜涂料
广州嵩达	SD877A	PUA	2	60000~140000(60℃)	不含锡,固化速率较快,表干好,对塑料、金属、玻璃黏结强度高,用于结构胶、无影胶
广州嵩达	SD7532A	PUA	3	1000~3500	不含锡,固化速率快,流平性好,耐溶剂性好,用于木器、塑料、金属面漆

3.12.8 高折射率低聚物

高折射率低聚物也是配合使用高折射率活性稀释剂,用于制备高折射率的光固化产品。部分高折射率低聚物生产企业和产品见表 3-46。

表 3-46 部分高折射率低聚物生产企业和产品

公司	商品牌号	产品组成	官能度	黏度(25℃)/mPa·s	折射率	特性
美源	HR2200	EA	2	2000/60℃	1.559	非卤素型,快速固化
美源	HR3700	PUA	2	5000	1.585	非卤素型,低黏度
美源	HR6060	改性双酚芴丙烯酸酯	2	50000	1.583	高折射率,弹性好
美源	HR6100	改性双酚芴丙烯酸酯	2	15000	1.557	弹性、柔韧性好
美源	HR6042	双酚芴丙烯酸酯	2	20000	1.6	无卤素,高折射率
双键	R1601-L4	芳香族丙烯酸酯	2	32000	1.6017	低气味,低皮肤刺激性,高折射率
双键	R157	芳香族丙烯酸酯	2	10000~20000	约1.57	低气味,低皮肤刺激性,高柔韧性
奇钛	DM R1601-L4	PEA	2		>1.6	低气味,高折射率
中山千佑	UV7100	特殊功能丙烯酸酯	2	15000~25000		高折射率

3.12.9 高官能度低聚物

为了适应一些光固化产品希望固化速率快、固化膜硬度高、耐磨性好、耐刮擦性好、耐化学品性优异等特殊要求，光固化低聚物生产企业开发了一系列高官能度低聚物，官能度在 9 以上，最高可达 15～16，见表 3-47。

表 3-47 部分高官能度低聚物生产企业和产品

公司	商品牌号	产品组成	官能度	黏度(25℃)/mPa·s	特性和应用
沙多玛	CN9013 NS	脂肪族 PUA	9	10000(60℃)	快速固化,高硬度,耐刮伤,耐磨,耐化学品性,耐水性好,用于金属、玻璃涂料、油墨
	CN2302	PEA	16	300	低黏度,快速固化,用于涂料和油墨
	CN2304	PEA	18	750	低黏度,快速固化,附着力好,用于涂料
湛新	EB8415	PUA	10	1500(60℃)	极高的硬度,卓越的耐钢丝绒性
	EB8602	高官能度 PUA	9	3000(60℃)	高硬度,低收缩率,优异的耐候性,良好的耐磨性,柔韧性高
	EB1200	高官能度丙烯酸酯(45%BuAC)	10	3000(60℃)	可物理干燥,适用于室外应用,高硬度涂料
新中村	U-15HA	PUA	15	45000(40℃)	
	UA-32P	PUA	9	18000	
	U-324A	PUA	6～10	20000(40℃)	
嵩泰	SU5039	脂肪族 PUA	9	7000(60℃)	固化快,硬度高,耐刮擦性、附污性好,不黄变,色泽明亮,用于木器、塑料涂料和油墨
	SU520	脂肪族 PUA	10	3000(60℃)	固化快,硬度高,耐刮擦性、附污性好,不黄变,色泽明亮,用于木器、塑料涂料和油墨
	SWA8004	水溶型脂肪族 PUA	10	3700(60℃)	固化快,硬度高,不黄变,耐化学品性好,用于各种木器涂料
国精化学	GU7900Z	芳香族 PUA	10	170000～210000	高硬度,快速固化,耐刮性、耐化学品性、耐水性、耐磨性、附着性佳
	GU7400Z	脂肪族 PUA	10	75000～95000	高硬度,快速固化,耐刮性、耐黄变、光泽保持性、耐磨性佳
	GU7500Z	脂肪族 PUA	15	200000～300000	高硬度,快速固化,耐刮性、耐黄变、光泽保持性、耐磨性佳
奇钛	SU-520	脂肪族 PUA	10	2800(60℃)	耐刮、耐污性好,不黄变,色泽明亮,快干,高硬度,用于木器、塑料涂料、手机涂料硬质涂层,提高油墨固化速率及黏度
双键	Doublemer2015	PEA	15	100～500	固化速率快,光泽度、硬度高,低黏度,低收缩率,柔韧性、附着性好
	Doublemer588	脂肪族 PUA	10	170000～240000	固化速率快,色度低,不黄变,硬度高,韧性、耐刮擦性好
	Doublemer5812	脂肪族 PUA	12	150000	固化速率快,色度低,不黄变,高光泽,硬度高,耐刮擦性好,耐溶剂、流平性好

公司	商品牌号	产品组成	官能度	黏度(25℃)/mPa·s	特性和应用
中山千佑	UV3000	脂肪族 PUA	9	10000	超高固化速率,耐刮擦,耐磨好,硬度高,用于金属、玻璃涂料和油墨
	UV3702-15	脂肪族 PUA	16	80000～120000	硬度高,耐黄变,固化速率快,耐磨
	UV3027	氢化 MDI 改性 PUA	6、12、15	100000～120000(60℃)	耐黄变,固化速率快,柔韧性好
上海道胜	FR9800	高官能度丙烯酸酯	12～16	400～800	低黏度,低收缩率,附着性佳,用于金属、塑料涂料,柔印、喷墨油墨
	FR549	脂肪族 PUA	9	20000～30000(60℃)	固化速率快,硬度高,用于通用涂料和油墨
上海三桐	ST809	脂肪族 PUA	9	1500～2300(60℃)	固化速率快,坚韧性佳,耐磨性优异,耐水煮,用于塑料、3C 电子罩光及真空镀膜,震动耐磨面漆
	ST8012	脂肪族 PUA	12	2500～3500(60℃)	优异的固化速率、硬度、耐化学品性佳,用于塑料、3C 电子罩光及真空镀膜,高耐磨涂料
	ST8015	脂肪族 PUA	15	3000～4500(60℃)	超佳的硬度、耐磨性极佳,耐化学品性佳,硬度优异,用于塑料、3C 电子罩光及真空镀膜,高耐磨涂料
东莞叁漆	L-6901	PUA	9	18000～38000	高固化速率,耐候性、耐黄变、硬度、光泽、耐磨、抗划伤性好,耐钢丝绒 3000 次以上,用于塑料、木器、纸张涂料、油墨
	L-6902	PUA	15	35000～65000	高固化速率,耐候性、耐黄变、硬度、光泽、耐磨、抗划伤性好,耐钢丝绒 5000 次以上,用于塑料、木器、纸张涂料、油墨
东莞丰进	PE3606	改性 PEA	8	2500～4000	流平丰满度、耐黄变性、颜料润湿性优异,光泽保持性佳,用于高流平丰满度涂料,金属涂料
	PE3606-1	改性 PEA	8	2500～4000	流平丰满度、耐黄变性、颜料润湿性优异,光泽保持性佳,用于高流平丰满度涂料,金属涂料
深圳科大	UV9300	脂肪族 PUA	9	70000～90000	高硬度,耐磨和耐刮性佳,耐钢丝绒摩擦,3C 电子涂料
	UV9400	脂肪族 PUA	9	15000～25000	高硬度,高耐磨,耐黄变,耐水煮,黏度低,易流平,易消光,用于 3C 电子涂料、UV 亚光涂料
	UV9500	脂肪族 PUA	9	50000～70000	平衡硬度与柔韧性,不咬银,抗刮伤,耐钢丝绒摩擦,用于 3C 电子涂料、振动耐磨面漆
肇庆宝骏	2010H	脂肪族 PUA	10	5000	反应快,柔韧性好,耐磨性好,抗刮性好,高流平,用于木器、塑料、真空电镀涂料
	2112	脂肪族 PUA	12	1000	硬度高,耐磨性好,用于木器、塑料、真空电镀涂料

续表

公司	商品牌号	产品组成	官能度	黏度(25℃)/mPa·s	特性和应用
江门恒之光	7901	脂肪族 PUA	9	68000～90000	固化速率快,硬度高,耐磨性好,抗划伤,耐黄变,韧性均衡,用于震动耐磨 UV 涂料、UV 塑料涂料、油墨和真空电镀涂料
广州嵩达	SD7559	脂肪族 PUA	9	15000～22000(60℃)	快速固化,高光泽,高硬度,耐刮耐磨、耐黄变性佳,用于膜材硬化涂层,塑料喷涂面漆,木器耐磨涂层,玻璃涂料
	SD7510	脂肪族 PUA	10	55000～60000	快速固化,高光泽,高硬度,耐刮耐磨、耐黄变性佳,用于膜材硬化涂层,塑料喷涂面漆,木器耐磨涂层,玻璃涂料
	SD1319	脂肪族 PUA	12	60000～120000	耐钢丝绒,快速固化,高光泽,高硬度,耐黄变性佳,用于膜材硬化涂层,塑料喷涂面漆,木器耐磨涂层,玻璃涂料
广东昊辉	HP9700	脂肪族 PUA	9	15000～25000(60℃)	高硬度,高耐磨,坚韧性好,用于真空电镀面漆和木器罩光
	HP6911	脂肪族 PUA	9	10000～35000	高硬度,耐磨,抗刮擦,刚性强,耐钢丝绒,改善振动耐磨,用于真空电镀喷漆、UV 罩光、油墨
	HP6939	脂肪族 PUA	10	5000～12000(60℃)	高硬度,高耐磨,高光泽,更好的韧性,耐黄变,更好的相容性,用于塑料喷涂,振动耐磨真空电镀喷涂、UV 罩光、油墨
广州广传	GC-12	PEA	12	6000～10000	反应快,高硬度,高抗刮,附着力好,耐热性好,用于木器、塑料、真空电镀、金属涂料、胶印、网印、喷墨油墨
广州五行	W4900	脂肪族 PUA	9	30000～58000(40℃)	固化速率快,高硬度及高耐磨,坚韧性及表面抗划伤性佳,用于 3C 涂料,木器、金属涂料,真空电镀面漆,油墨
	W4906	脂肪族 PUA	10	30000～55000(40℃)	固化速率快,高硬度及高耐磨,坚韧性及表面抗划伤性佳,用于 3C 涂料,耐黄变涂料
	W4915	脂肪族 PUA	15	40000～70000(40℃)	固化速率快,高硬度及高耐磨,坚韧性及表面抗划伤性佳,用于 3C 涂料,木器、金属涂料,耐黄变涂料,耐污 UV 面漆,油墨
润奥	FSP2159	脂肪族 PUA	10	1500(60℃)	耐钢丝绒磨,耐水煮,耐化学品性佳,抗划伤性好,用于耐磨涂料、高硬抗划面漆
	FSP73298	脂肪族 PUA	9	7460(60℃)	坚韧性、耐磨性好,重涂性佳,用于 3C 涂料,振动耐磨涂料
	FSP5290	水性 PUA 分散体	10	200	杰出的硬度、耐磨性和耐水煮,对塑料附着力好,用于水性 UV 罩光

续表

公司	商品牌号	产品组成	官能度	黏度(25℃)/mPa·s	特性和应用
顺德本诺	2800	氨改性PUA	8	500±200	低黏度,抗氧阻聚,促进LED固化,用于涂料、油墨和胶黏剂
	2913	脂肪族PUA	9	90000～120000	固化快,高硬度,耐水耐化学品,耐磨耐划伤,用于耐磨涂料与油墨
鹤山铭丰达	MF-6860	脂肪族PUA	9	50000～65000	固化快,高硬度,强度好,耐水性好,耐磨抗开裂性好,用于耐磨涂料
湖南赢创未来	PUA2231	脂肪族PUA	9	6000～10000	硬度高,耐黄变,优异的耐溶剂性、抗擦伤性、耐磨性,抗震动耐磨性突出,用于各种UV涂料、油墨,尤其辊涂耐磨面漆
长沙广欣	LT-6290	脂肪族PUA	9	1800～3000(60℃)	固化快,耐黄变,优异的耐磨性、抗划伤性,用于塑料、木器涂料、油墨
	LT-8912	脂肪族PUA	10	55000～75000(40℃)	固化快,耐黄变,优异的耐磨性、抗划伤性、耐污性,用于塑料、木器涂料、油墨

3.12.10 用于UV-LED的低聚物

UV-LED（紫外发光二极管）是一种半导体发光的UV新光源,可直接将电能转化为光和辐射能。UV-LED与汞弧灯、微波无极灯等传统的UV光源比较,具有寿命长、效率高、低电压、低温、安全性好、操作使用方便、运行费用低和不含汞、无臭氧产生等许多优点,成为新的UV光源,已开始在UV胶黏剂、UV油墨、UV涂料和3D打印等领域获得广泛应用,对光固化技术节能降耗、环保减污起到了推动作用,为光固化行业带来了革命性变化。但目前常用的UV-LED光源为405nm、395nm、385nm、375nm、365nm长波段紫外光,由于UV-LED发射的紫外光波峰窄,与现有的光引发剂不太匹配,所以影响光引发效果;UV-LED输出功率较小,克服氧阻聚能力差,影响表面固化,这是UV-LED光源在实际应用中存在的一个较大的问题。因此,开发固化速率快、氧阻聚影响小的适用于UV-LED的低聚物是当务之急。表3-48介绍了部分用于UV-LED的低聚物生产企业和产品。

表3-48 部分用于UV-LED的低聚物生产企业和产品

公司	商品名	产品组成	官能度	黏度(25℃)/mPa·s	特性
沙多玛	CN2204 NS	EA	4	200～500	低黏度,高光泽,可用于UV-LED
	CN551 NS	胺改性聚醚丙烯酸酯	4	400～1000	快速固化,可用于UV-LED
	CN2302	PEA	16	300	低黏度,快速固化,附着力好,可用于UV-LED
RAHN	GENOMER 7302	特殊树脂	3	110	低黏度,低气味,低氧阻聚,提升表面固化,适用UV-LED
湛新	ADDITOLLED 01	巯基改性PEA		210	用于UV-LED
	ADDITOLLED 03	胺改性丙烯酸酯	2	450	用于UV-LED

公司	商品名	产品组成	官能度	黏度(25℃)/mPa·s	特性
中山千佑	UV7725	含四氢呋喃 PEA	4	1200	低黏度,快速固化,低能量,用于柔印、凹印油墨,UV-LED 固化
	UV7726	PEA	2	800	柔韧性、润湿性好,用于柔印、凹印、丝印油墨,UV-LED 固化
广东昊辉	HU0037	特殊功能丙烯酸酯		90~130	低黏度,各种基材附着力佳,可用于 LED 固化
	HP6220	脂肪族 PUA	2	3000~8000(60℃)	耐候性好,拉伸强度高,高伸长率,可用于 LED 固化
开平姿彩	ZC7601	功能丙烯酸酯	2	1500~3000	低能量固化,柔韧性好,干燥速率快,可用于 LED 固化
	ZC7610	功能丙烯酸酯	2	500~2000	对指甲、各类基材附着优异,可用于 LED 固化
	ZC7620	功能丙烯酸酯	2	2000~3000	冷光源固化,干燥快,柔韧,光泽高,耐刮,可用于 LED 固化
湖南赢创未来	LED1131	LED 固化丙烯酸酯	3	10000±1000	固化快,漆膜柔软有弹性,附着力好,可使用 LED 固化的木器、塑料、金属及各种涂装方式的涂料、光油、油墨
	LED1151	LED 固化丙烯酸酯	5	20000±5000	固化快,漆膜硬,耐刮耐磨,气味小,附着好,流平性、丰满度很好,可使用 LED 固化的木器、塑料、金属及各种涂装方式的涂料、光油、油墨
	LED1161	LED 固化丙烯酸酯	6	20000±5000	固化快,漆膜硬,耐刮耐磨,气味小,附着好,可使用 LED 固化的木器、塑料、金属及各种涂装方式的涂料、光油、油墨
顺德本诺	3223	PEA	2	2000±1000	固化快,坚韧性好,润湿流平性好,光泽高,用于 UV 或 LED 固化涂料、油墨
	1680	脂肪族 NCO 改性 EA	6	50000±10000	深层深色固化好,高硬度,附着力好,高光泽,用于 LED 固化涂料、油墨
	2639	脂肪族 PUA	6	30000~50000	高硬度,低能量固化快,耐黄变,耐水、耐化学品,用于 LED 涂料、油墨
润奥	FSP8672	脂肪族 PUA	2	3500(60℃)	快速固化,坚韧性,良好耐水性,可用于 UV-LED 涂料
	FSP7336	胺改性 PUA	3	1500	高反应活性,优异的流平性,对塑料、木器附着力好,用于 LED 涂料
	FSP7814	改性 PEA	4	2500	固化速率快,优异的耐水性、坚韧性,用于 LED 涂料、油墨
深圳众邦	UVR9218	特种改性丙烯酸酯	2	5000~7000	LED 固化好,附着力佳,拉伸弹性好,用于 UV-LED 转印胶底油
	UVR9228	特种改性丙烯酸酯	2	1500~2000	LED 固化好,附着力佳,拉伸弹性好,用于 UV-LED 转印胶面油
	UVR9220	特种改性丙烯酸酯	2	6000~8000	LED 固化好,附着力佳,拉伸弹性好,用于 UV-LED 转印胶底油

续表

公司	商品名	产品组成	官能度	黏度(25℃)/mPa·s	特性
肇庆宝骏	2810A	脂肪族 PUA	5	3500	低能量固化快,表干好,光泽高,附着力、柔韧性好,用于 LED 光油、指甲油免洗封层
	2266	巯基改性丙烯酸酯	4	350	促进表面固化,抗氧阻聚,不黄变,储存稳定性好,用于 LED 光油、涂料、油墨、胶黏剂
	6905	改性 PEA	4	2000	反应快,柔韧性、流平性、颜料润湿性好,用于 LED 光油、木器漆

3.12.11 用于 UV 指甲油的低聚物

指甲油作为美容化妆品经历了从溶剂挥发到 UV 固化,现在发展为 UV-LED 固化,是 UV-LED 固化推广应用较快和成功的一个例子。为此,一些低聚物生产企业开发了适用于 UV-LED 指甲油的低聚物,见表 3-49。

表 3-49 部分用于 UV 指甲油的低聚物生产企业和产品

公司	商品名	产品组成	官能度	黏度(25℃)/mPa·s	特性
Bomar	XR741MS	聚酯 PUMA	2	8000(70℃)	提升粘接力,硬度高且柔韧性好,无黄变,对皮肤刺激性低
	BR541S	聚醚 PUA	2	3000(60℃)	颜色稳定性好,光泽高,高透明度,耐候性好,提升粘接力
	BR443D	疏水 PUA	2	20000(50)	低吸水率,耐候性好,耐碱,耐磨损,无黄变,光泽高,疏水
美源	PU217	脂肪 PUA (含 20%TPGDA)	2	75000	良好的户外耐久性和韧性
	PU3280NT	脂肪族 PUA	3	16000(60℃)	无毒,良好的韧性和耐磨性
	PU2421NT	脂肪族 PUMA	2	9000	良好的附着力,高光泽
长兴	DR-U120	脂肪族 PUA	4	4000～7000 (60℃)	柔韧性佳,固化速率快,耐黄变佳
	DR-U212	脂肪族 PUA	2	14000～18000 (60℃)	光泽保持性佳,耐黄变性佳,与色兼容性佳
	DR-U240	脂肪族 PUA	2	18000～22000 (60℃)	柔韧性好,固化速率快,烫金性佳,耐化学品性佳
双键	5232	脂肪族 PUA	2	50000～100000	柔韧性好,不黄变
	5433H	脂肪族 PUA	2	45000～75000 (60℃)	柔韧性好,附着力好,耐化学品性好
广东昊辉	HU0037	特殊功能丙烯酸酯		90～130	低黏度,各种基材附着力佳,可 LED 固化
	HE3204	改性 EA	2	15～255s (涂-4 杯)	抗折叠,抗爆,固化快,光泽好,柔韧性好,低黏度
	HP6220	脂肪族 PUA	2	3000～8000 (60℃)	耐候性好,拉伸强度高,高伸长率,LED 固化

续表

公司	商品名	产品组成	官能度	黏度(25℃)/mPa·s	特性
上海三桐	ST882	脂肪族 PUA	2	12000～18000	柔韧性佳,固化速率快,低收缩,低气味
	SP281	改性 PEA	4	100	低黏度,在低光能下仍有较高反应活性
深圳众邦	UVR-8080	脂肪族 PUA	2	18000～30000	固化速率快,柔韧性佳,对指甲附着力佳
	UVR-8088	脂肪族 PUA	2	18000～30000	表干效果好,加色好,光泽高
开平姿彩	ZC7601	功能丙烯酸酯	2	1500～3000	低能量固化,柔韧性好,干燥速率快,用于指甲油封层
	ZC7605	功能丙烯酸酯	2	18000～30000	固化快,耐黄变,颜料润湿性好,展色能力强,用于指甲油彩胶
广州五行	W2513	脂肪族 PUA	3	25000～35000	对塑料基材附着力佳,耐水煮性、耐热性、耐候性佳,有良好的韧性和弹性
	LED9100	脂肪族 PUA	2	30000～55000 (60℃)	固化速率快,柔韧性佳,对指甲附着力佳,用于指甲油底胶
	LED9900	脂肪族 PUA	10	10000～30000 (60℃)	固化速率快,发热低,光泽度高,耐刮性好,用于指甲油封层
润奥	FSP60358	改性 PEA	2	6847	对塑料、金属、玻璃基材附着力佳,良好的颜料润湿性,优异的柔韧性,用于指甲油底胶
	FSP8240	脂肪族 PUA	2	8200	低能量,固化速率快,优异的柔韧性、润色性,用于指甲油体系
	FSP89366	脂肪族 PUA	2	1950	优异的柔韧性、耐刮擦性,固化放热低,高光泽,用于指甲油封层
广州嵩达	SD7536	PUA	2	9000～13000 (60℃)	固化速率快,柔韧性、耐磨性、耐酸碱性佳,抗正反冲击,用于指甲色油光油
	SD7538	PUA	2	20000～30000 (60℃)	附着力、柔韧性、颜料润湿性、上镀性好,用于指甲色油
	SD7832	PUA	2	8000～18000 (60℃)	固化速度快,柔韧性、耐磨性、耐酸碱性佳,抗正反冲击,用于指甲色油光油
肇庆宝骏	7212	改性双酚 A-EA	2	2000(60℃)	反应快,表干好,柔韧性、颜料润湿性好,流平快,鲜艳度高,用于指甲油色胶
	2052A	脂肪族 PUA	2	6000(60℃)	上镀性、柔韧性、拉伸性好,用于指甲油胶
	2023A	脂肪族 PUA	3	2500(60℃)	耐黄变,优异的耐磨性、柔韧性及丰满度,用于指甲油胶
江门恒之光	7293	脂肪族 PUA	2	4000～6000 (60℃)	固化速率快,硬度高,高交联密度,耐化学性好,用于指甲油
	7296	脂肪族 PUA	2	5500～7500 (60℃)	超高速固化,耐极性溶剂与酸碱,高耐磨,抗反向冲击,用于指甲油
	7296-1	脂肪族 PUA	2	30000±2000	超高速固化,耐极性溶剂与酸碱,耐磨性好,抗冲击,用于指甲油

3.12.12 用于 UV 特殊效果油墨的低聚物

包装印刷行业利用 UV 固化技术开发出一系列有特殊装饰效果的网印油墨,提高了包装印刷的档次,成为高档烟、酒、茶、保健品、礼品、工艺品印刷包装和请柬、贺卡、挂历、装饰材料印刷的重要材料。UV 装饰性油墨是人们利用油墨印刷过程中常会产生的气泡、缩孔、疵点、皱纹、橘皮、晶纹等缺陷,人为地通过不同手段加以夸大,从而产生皱纹、磨砂、冰花、珊瑚等图案,具有很好的装饰效果,开发成新的 UV 网印油墨系列。为了适应这类装饰性油墨需求,研发生产了用于 UV 特殊效果油墨的低聚物,见表 3-50。

表 3-50　部分用于 UV 特殊效果油墨的低聚物生产企业和产品

公司	商品牌号	产品组成	官能度	黏度(25℃)/mPa·s	特性和应用
中山千佑	UA-12	雪花树脂	2	1400~1800	起花快,附着力好,用于冰花油墨
	UV1620	多元酸改性 EA	2	140000~180000	润湿性好,柔韧性好,用于皱纹光油
	UV3500B	脂肪族 PUA	4	45000~80000	固化速率快,耐黄变,用于皱纹、雪花油墨
中山科田	2202	PEA	2	30000~40000	固化速率快,表干佳,柔韧性佳,附着力好,低收缩,用于磨砂油墨
	3250	PEA	2	45000~50000	耐黄变,柔韧性、耐水解性、耐寒性、耐候性好,气味小,用于皱纹油墨皱纹细起皱快
	3280	PEA	2	45000~50000	耐黄变,柔韧性、耐水解性、耐寒性、耐候性好,气味小,用于皱纹油墨皱纹细起皱快,无苯
湖南赢创未来	PEA3100	PEA	1	45±10	柔韧性、附着力优,固化速率快,颜料润湿性好,在网印油墨中单独起皱
	PEA3222	PEA	2	15000±2000	柔韧性、附着力优,固化速率快,低收缩,用于竹木涂料、网印油墨、磨砂油墨
陕西喜莱坞	UU6200V	芳香族 PUA(10%TPGDA)	2	7000~8000(40℃)	高光泽,耐磨性、硬度和触变性好,对塑料附着力好,用于水晶光油、七彩光油
	UVU6208	芳香族 PUA	2	5000~8000(40℃)	良好的柔韧性和触变性,对塑料附着力好,用于水晶光油、七彩光油
肇庆宝骏	2702	脂肪族 PUA	2	2000	柔韧性好,反应速率快,低气味,出纹范围广,用于特殊纹理(细纹)光油及面漆
	2712	脂肪族 PUA	2	2000	柔韧性好,反应速率快,低气味,出纹范围广,用于特殊纹理(粗纹)光油及面漆
	2718	脂肪族 PUA	2	4000	柔韧性好,反应速率快,低气味,出纹范围广,用于特殊纹理光油及面漆
东莞贝杰	7360		3	1500~2500	冰花效果,用于化妆品和室内装饰材料
	7370		3	1500~2500	冰花效果,用于化妆品和室内装饰材料
深圳科立孚	CF-3301A	芳香族 PUA	2	4000~8000(60℃)	附着力佳,硬度高,耐黄变,反应速率快,用于磨砂油墨、皱纹油墨
	CF-3302	脂肪族 PUA	2	2000~4000(60℃)	附着力佳,柔韧性佳,反应速率快,用于磨砂油墨、皱纹油墨
深圳鼎好	DH308	雪花树脂	2.5	1800~3800	用于雪花油墨

公司	商品牌号	产品组成	官能度	黏度(25℃)/mPa·s	特性和应用
江门恒之光	7212	脂肪族 PUA	2	3000～5000(60℃)	反应速率快,柔韧性佳,流平性好,光泽丰满度高,用于磨砂油墨、冰花油墨、皱纹油墨
江苏开磷瑞阳	RY3101	PEA	1	30～70	黏度低,润湿性佳,成本低,皱纹油墨中易起皱,用于纸张、木器、家具涂料

3.12.13 3D 打印用低聚物

快速成型制造技术是将计算机控制技术和新材料科学融为一体的先进制造技术,它一改传统机械切、削、刨、磨等材料递减生产方式,而是像造房子一样采用材料递增叠加生产方式,是一种全新的全数字化制造方法。光固化 3D 打印和立体光刻是二种采用光固化技术进行快速成型的制造方法。为了适应 3D 打印和立体光刻新工艺的需要,低聚物希望固化速率快、低黏度、低黄变、耐化学品性好、层间附着力好,力学性能优异,不少低聚物生产企业开发了用于 3D 打印的低聚物,见表 3-51。

表 3-51 部分 3D 打印用低聚物的生产企业和产品

公司	商品牌号	产品组成	官能度	黏度(25℃)/mPa·s	特性
沙多玛	PRO31278 NS				应用 3D 打印低聚物,适用于珠宝首饰
	E6011 NS				有良好的柔性,应用 3D 打印低聚物
	E6012 NS				应用 3D 打印低聚物,适用于模型打印
Bomar	BR970H	多官能丙烯酸酯	2	14000	高模量,高热变形温度,低黏度,低黄变,耐化学品性、耐污性、抗水解稳定性好
	BR742S	聚酯 PUA	2	25000(60℃)	透明度高,光泽好,高弹性,抗冲强度高,硬度高且柔韧性好,无黄变
	BR144B	聚醚 PUA	2	20000(60℃)	固化快,低色度,无黄变,抗水解稳定性好,抗溶剂性好,对皮肤刺激性低
广东昊辉	HE3218	改性 EA	2	5000～6500(60℃)	高反应活性,高光泽,良好的耐磨性和耐污染性
	HP6303	脂肪族 PUA	3	13000～20000(60℃)	韧性好,附着好,耐磨好,耐高温
	HP1218P	脂肪族 PUA	2	35000～55000(60℃)	固化速率快,与基材附着力佳,耐水煮,耐化学品性佳
广州嵩达	SD1326B	PUA	2	80～250	黏度低,硬度、流动性、展色性好,固化速率较快,用于 3D 打印、喷墨、胶印、丝印油墨
	SD1218	PUA	2	10～150	黏度低,流动性、柔软性好,固化速率较快,用于 3D 打印、喷墨、胶印、丝印油墨
润奥	UT70135	脂肪族 PUA	2	8400	突出的柔韧性,良好的固化速率,高拉伸强度,用于 3D 打印、UV 胶

续表

公司	商品牌号	产品组成	官能度	黏度(25℃)/mPa·s	特性
润奥	FSP8672	脂肪族 PUA	2	3500(60℃)	快速固化,坚韧性,良好耐水性,适合 LED 光源,用于 3D 打印,LED 涂料,UV 油墨
	LuCure 7172	改性 PEA	2	20	低黏度,对塑料有杰出附着力,优异的润湿性,坚韧性佳,用于喷墨、3D 打印
东莞叁漆	L-8450	改性 PUA	2	800～1200	低收缩率,附着力好,耐水煮、水泡,柔韧性好,干燥性好,用于 3D 打印
	L-8452	改性丙烯酸酯树脂	2	8000～15000(60℃)	固化速率快,硬度高,耐黄变,耐化学品性好,低收缩,附着力好,耐水煮,柔韧性好,干燥性好,用于 3D 打印
深圳众邦	UVR-8371	改性 PEA	3.1	300～500	低收缩率,透明度高,固化速率快,表干好,用于 3D 打印
	UVR-8375	改性 PEA	3.5	500～800	低收缩率,双重固化,固化速率快,表干好,用于 3D 打印
	UVR8378	改性 PEA	2.8	200～500	低收缩率,双重固化,固化速率快,用于 3D 打印
上海三桐	PST02	脂肪族 PUA	3	1600～2300	附着力、加色性、柔韧性佳,用于 3D 打印

3.13 特殊结构低聚物

3.13.1 超支化低聚物

超支化聚合物是由 AB_x 型（$x \geqslant 2$，A、B 为反应性基团）单体制备，链增长在不同分子之间（A 和 B 两种官能团之间）进行，一层一层向外扩散，形成树枝状大分子，具有球形的外观。超支化聚合物与同样分子量的线型大分子相比，在性能上有很大不同。

① 超支化聚合物终端官能度非常大，端基又是具有反应活性的基团，因此反应活性极高，这样可将丙烯酰氧基引入成为光固化低聚物；还可引入亲水基团，成为水溶性树脂；甚至可引入光引发基团，成为大分子光引发剂。

② 超支化聚合物有球状分子外形，分子之间不易形成链段缠绕，因此比相同分子量的线型大分子黏度低很多。这对光固化低聚物来讲是非常有利的。

目前，超支化聚合物可以用一步法或准一步法来合成，合成方法简便，较易控制，因此在光固化低聚物应用上会有良好的发展前景。

下面介绍几种超支化光固化低聚物的合成：

① 季戊四醇和间苯三甲酸酐反应，得到带有八个端羧基的聚酯，再与（甲基）丙烯酸缩水甘油酯开环酯化反应，引入八个（甲基）丙烯酰氧基，同时有八个羟基形成，还可与（甲基）丙烯酸酐反应，再引入八个（甲基）丙烯酰氧基，反应全部完成，得到有十六个（甲基）丙烯酰氧基的超支化低聚物。

② 以二乙醇胺和丙烯酸甲酯经迈克尔加成反应制得 N,N-二羟乙基-3-胺-丙酸甲酯单体 A。

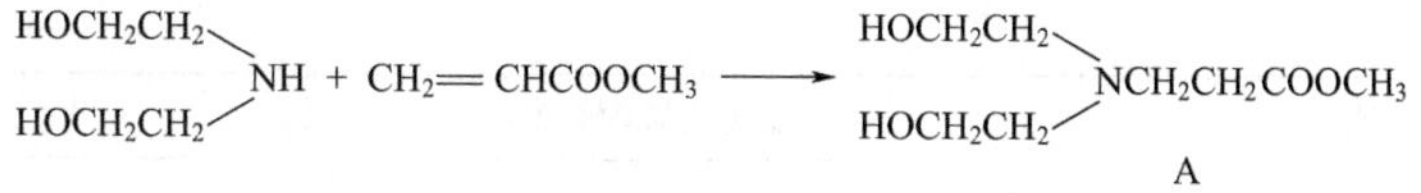
HOCH2CH2
NH + CH2═CHCOOCH3
HOCH2CH2
HOCH2CH2
NCH2CH2COOCH3
HOCH2CH2
A

单体A与三羟甲基丙烷经酯交换反应，生成第一代超支化树脂（有六个羟基）和第二代超支化树脂（有十二个羟基）B。

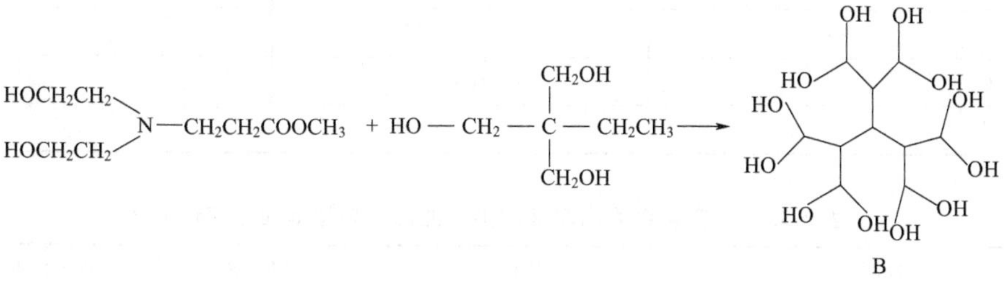
HOCH2CH2
N—CH2CH2COOCH3 + HO — CH2 — C — CH2CH3
HOCH2CH2
CH2OH
CH2OH
OH
HO
B

超支化树脂B若与（甲基）丙烯酸酐或二异氰酸酯与丙烯酸羟基酯半加成物反应，就可引入丙烯酰氧基，成为超支化光固化低聚物。

B的部分羟基与马来酸酐等反应，则可引入羧基，经胺中和成铵盐就可成为水性超支化低聚物。

B的部分羟基与二异氰酸酯和光引发剂D2959的半加成物反应，就可引入光引发基团，成为大分子光引发剂。

③ 用乙二胺与三羟基甲基丙烷三丙烯酸酯，经迈克尔加成反应，可得到带八个丙烯酰氧基的超支化低聚物。

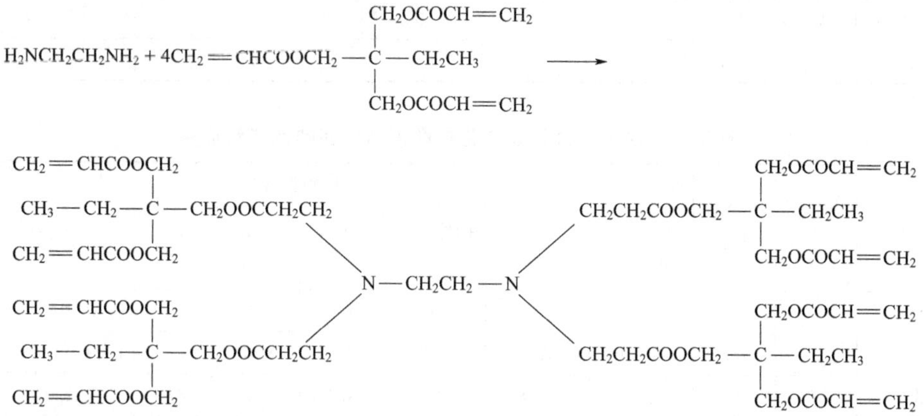
H2NCH2CH2NH2 + 4CH2 ═ CHCOOCH2 — C — CH2CH3
CH2OCOCH═CH2
CH2OCOCH═CH2
CH2 ═ CHCOOCH2
CH3 — CH2 — C — CH2OOCCH2CH2
N — CH2CH2 — N
CH2CH2COOCH2 — C — CH2CH3

④ 将间苯三甲酸和环氧氯丙烷反应，得到端酸酐基和大量羧基的超支化聚合物，再与(甲基）丙烯酸缩水甘油酯反应，引入（甲基）丙烯酰氧基，成为超支化光固化低聚物，由于羧基含量高，是一个碱溶型低聚物，若将光引发剂1173与端酸酐反应，则引入光引发基团成为大分子光引发剂。表3-52～表3-57介绍了超支化聚丙烯酸酯的性能和应用。

表3-52 超支化多元醇和超支化聚丙烯酸酯的性能

性能	超支化聚丙烯酸酯	超支化多元醇
分子量	2700	1600
丙烯酸酯含量/(mmol/g)	5.5	—
羟基/(mg KOH/g)		590
酸值/(mg KOH/g)	2.0	≤3

续表

性能	超支化聚丙烯酸酯	超支化多元醇
非—VOC/%	＞99	
密度/(g/cm³)	1.168	
黏度(25℃)/mPa·s	750	14000
收缩率/%	10	
折射率(22℃)	1.513	
固化膜 T_g/℃	90	

表 3-53　超支化聚丙烯酸酯和多官能团丙烯酸酯固化膜性能

性能	DPHA	PP50S	超支化聚丙烯酸酯
黏度(25℃)/mPa·s	1400	200	700
最低固化速率(12μm 厚)/(m/min)	15	12	15
辐射剂量/(mJ/cm²)	200	300	200
铅笔硬度(40μm 厚/玻璃)	6H/7H	4H/5H	5H/6H
摆硬度(40μm 厚/玻璃)	163	156	165
柔度(12μm 厚)	2.2	2.2	0.4
耐水性(40μm,48h)	5	4	4
耐溶剂性(40μm,48h,水：乙醇1:1)	4	3	4
附着力(12μm,PC 基材)	3	5	5
耐磨性(40μm,200 次 85°的光洁度)	88	66	92

表 3-54　沙多玛公司超支化聚酯丙烯酸酯的性能和应用

商品名	官能度	丙烯酸当量	黏度(25℃)/mPa·s	表面张力(25℃)/(mN/m)	固化膜性能				应用
					拉伸强度/psi	伸长率/%	模量/psi	T_g/℃	
CN2300	8	163	600	32.6	5360	4.5	98800	96	喷墨、柔印油墨
CN2301	9	153	3500	38.4	4880	3.8	194950	77	涂料
CN2302	16	122	350	37.8	7400	9.1	162800	87	油墨、涂料
CN2303	6	194	320	40.3	7675	1.9	237423	60	喷墨油墨、硬涂料
CN2304	18	96	750	32.6	8750	1.1	204356	181	涂料
DPHA	6	102	13000	39.9					

注：1psi＝6894.76Pa。

表 3-55　Bomar 公司超支化聚酯丙烯酸酯的性能

商品名	官能度	低聚物种类	黏度(25℃)/mPa·s	T_g/℃	固化膜性能[①]			涂料黏度(25℃)/mPa·s
					硬度	拉伸强度/psi	断裂伸长率/%	
BDE-1025	8	脂肪族	1350	3	530	2594	26	180
BDE1029	14	脂肪族	350	83	580	5503	4	95

① 30% IBOA＋2% omnirad 481。

表 3-56　Perstorp 公司超支化聚酯丙烯酸酯的性能

商品名称	黏度 (25℃) /mPa·s	最小 UV 固 化剂量 /(mJ/cm²)	柔韧性 /mm	铅笔 硬度	耐刮擦性 60°保光性 /%	PC 板上 粘接牢度 (0-5 目相看)	附着力 180°弯曲 试验
BoltornP500 丙烯酸酯	700	200	0.4	3H/4H	90	3	好
DPHA	14000	200	2.2	2H/3H	91	0	良好

表 3-57　部分低聚物生产企业超支化低聚物的性能

公司	产品名	产品组成	黏度(25℃) /mPa·s	官能 度	特性
沙多玛	CN2300	超支化 PEA	575	8	固化速率快,硬度高,低收缩,低黏度
	CN2301	超支化 PEA	3500	9	固化速率快,耐刮性好
	CN2302	超支化 PEA	375	16	快速固化反应,低黏度
Bomar	BDT1015	超支化丙烯酸酯	31275	15	不含锡,低收缩率,低翘曲,优异的耐热性、耐污染性、耐磨性、耐化学品性、快速固化,低氧阻聚
	BDT1018	超支化丙烯酸酯	50000	18	低黏度,抗高温(350℃)和化学环境,卓越的力学性能
	BDT4330	超支化丙烯酸酯	4000(50℃)	30	优异的耐化学品性、耐热性(419℃),低收缩率,快速固化,低氧阻聚,耐磨耐刮
大阪 有机	Viscoat-1000	树枝状丙烯酸酯	400~700		
	STAR-501	树枝状丙烯酸酯	5000~15000		
长兴	6363	超支化 PEA	3000~6000	15~ 18	流平性、坚韧性、抗冲击性、耐磨性佳,对金属附着优
	DR-E528	超支化 PEA	3000~5500 (60℃)	8~10	固化快速,低收缩率,丰满度佳,改善平滑性
	UV7A	超支化 PEA	40~100	8	低黏度,流平好
广东 博兴	B576	超支化 PEA	400~800	6	低黏度,快速固化,对颜料润湿分散性佳,与其他树脂相容性好
中山 千佑	UV 7-4X	超支化 PEA	500~2500	8	耐黄变,黏度低,硬度高,固化快,耐磨性好
	UV 7696	超支化 PEA	350		黏度低,快速固化,低气味
	UV 7697	超支化 PEA	375		黏度低,快速固化
中山 科田	8100	超支化丙烯酸酯	4000~7000	多	低黏度,固化速率快,表干佳,光泽高,附着力好
开平 姿彩	ZC960	超支化丙烯酸酯	1800~3000	8	硬度高,固化快,耐磨性、耐水性好
	ZC980	超支化丙烯酸酯	400~800	8	固化快,耐磨性极好
深圳 料大	UV7400	超支化芳香族 PUA	1000~2000		高活性,高流平,促进体系反应速度和表面硬度,用于 3C 电子涂料、真空电镀涂料
	UV7410	超支化芳香族 PUA	1000~2000		高活性,高流平,促进体系反应速度和表面硬度,用于木器涂料

公司	产品名	产品组成	黏度(25℃)/mPa·s	官能度	特性
江门恒之光	4300	超支化丙烯酸酯	60~120	3~6	高光泽丰满度,流平好,低黏度,低收缩率,附着力好,柔韧性佳
	4600	超支化丙烯酸酯	800~1300	6~8	高光泽丰满度,流平好,固化快,硬度好,抗划伤,低收缩率,附着力好,柔韧性佳
	4800	超支化丙烯酸酯	20000~23000	6~8	流平好,固化快,硬度高,抗划伤,高反应性
长沙广欣	LT5103	超支化丙烯酸酯	3000±500	6	固化速率快,高硬度,耐磨,抗划伤,用于木器喷涂涂料,其他上光涂料
	LT5106	超支化丙烯酸酯	(50±5)s(涂-4杯)	8	低黏度,固化速率快,高硬度,耐磨,抗划伤,用于木器喷涂涂料,其他上光涂料

上述超支化低聚物黏度低,耐黄变,固化速率快,硬度非常高,主要用于 UV 涂料,也可用于 UV 油墨(胶印、柔印、凹印),特别是 UV 喷墨油墨,也适用于 UV 胶黏剂。

3.13.2 多官能团脂肪族和脂环族环氧丙烯酸酯

韩国 Miwon 公司利用季戊四醇三丙烯酸酯与酸酐反应,制得端羧基季戊四醇三丙烯酸酯;用双季戊四醇五丙烯酸酯与酸酐反应,制得端羧基双季戊四醇五丙烯酸酯。然后再与二缩水甘油醚或三缩水甘油醚反应,制得了一系列多官能团脂肪族与脂环族环氧丙烯酸酯,其黏度见表 3-58。

表 3-58　多官能团脂肪族和脂环族环氧丙烯酸酯的化学结构与黏度

类型	低聚物	官能度	骨架结构	黏度(40℃)/mPa·s
Ⅰ	MEA-1	6	烷基环氧-三丙烯酸酯	4700
	MEA-2	10	烷基环氧-五丙烯酸酯	2800
Ⅱ	MEA-3	6	环己基环氧-三丙烯酸酯	64000
	MEA-4	10	环己基环氧-五丙烯酸酯	8000
Ⅲ	MEA-5	9	烷基环氧-三丙烯酸酯	75000
	MEA-6	15	烷基环氧-五丙烯酸酯	5700

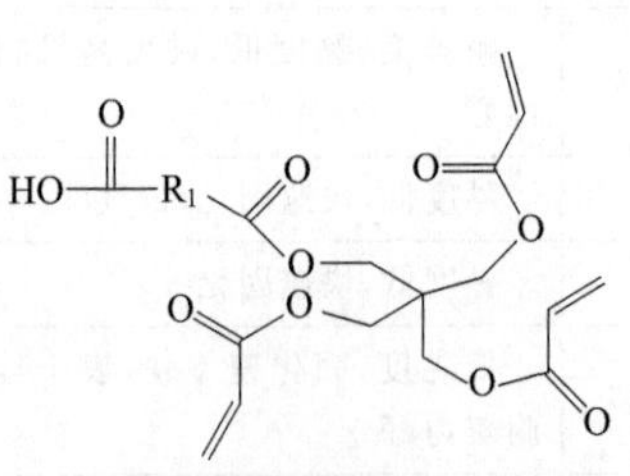

端羧基季戊四醇三丙烯酸酯
R₁:烷基

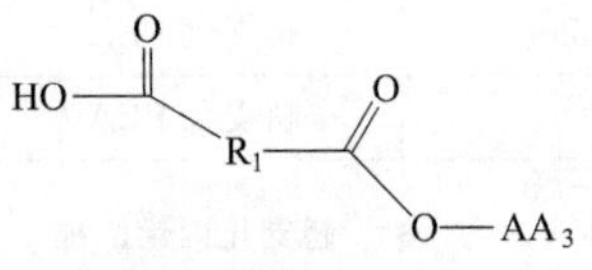

简化结构式

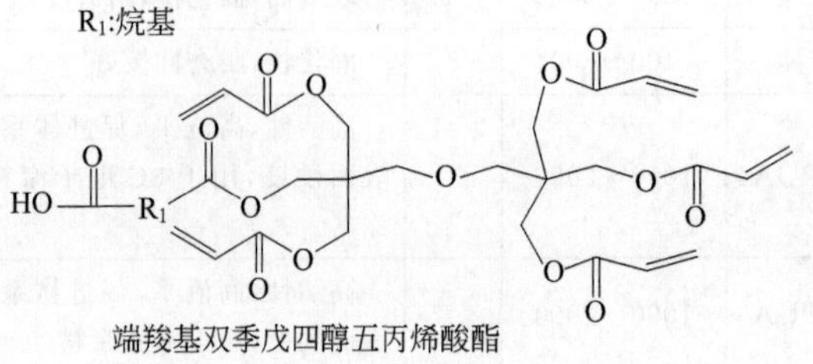

端羧基双季戊四醇五丙烯酸酯
R₁:烷基

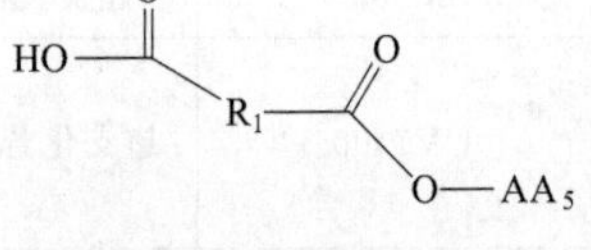

简化结构式

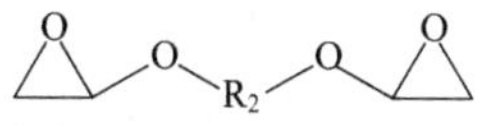

二缩水甘油醚
R₂:烷基或环己基

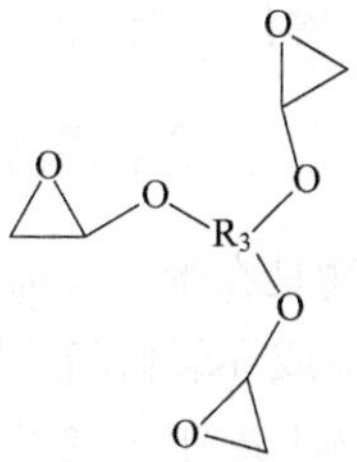

三缩水甘油醚
R₃:烷基

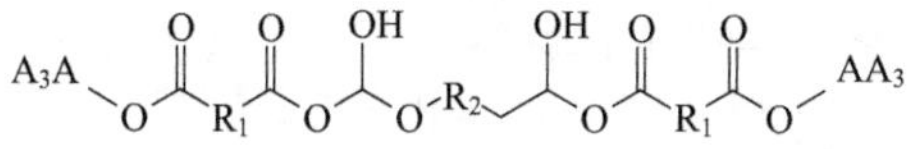

MEA-1 (R₂:烷基)

MEA-2 (R₂:环己基)

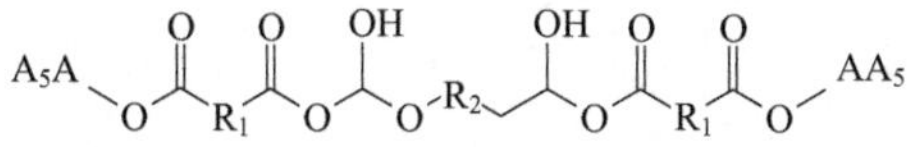

MEA-3 (R₂:烷基)

MEA-4 (R₂:环己基)

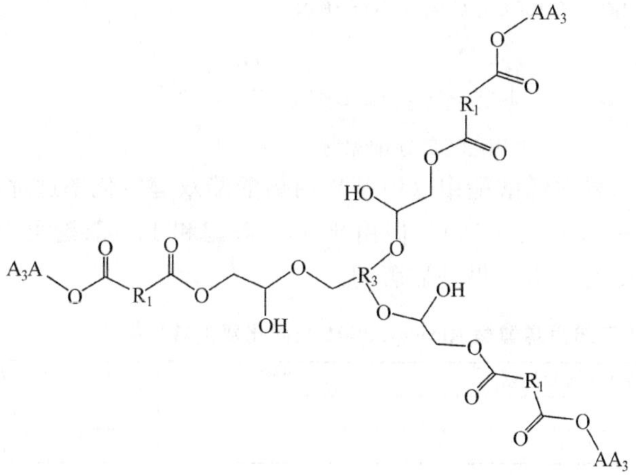

MEA-5 (R₃：烷基)

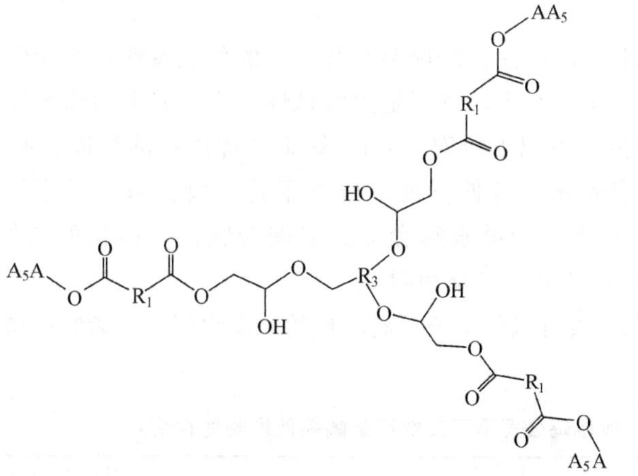

MEA-6 (R₃：烷基)

　　同一系列中，官能度大，黏度反而小；带刚性基团环己基环氧丙烯酸酯黏度明显比烷基环氧丙烯酸酯黏度大。随着官能度增加，硬度增加，耐磨性增加，耐化学腐蚀性也增加；拉伸强度增加，但拉伸率降低；对塑料附着力随官能度增加而降低；随官能度增加，耐黄变性变差，含环己基耐黄变性更差。与对应的聚氨酯丙烯酸酯相比，大部分性能脂肪族和脂环族环氧丙烯酸酯要好，尤其耐化学腐蚀性更好。

3.13.3　光固化聚丁二烯低聚物

光固化聚丁二烯低聚物是在聚丁二烯中接入丙烯酸酯基或环氧基，使其可以通过 UV 光交联形成兼备橡胶、聚丙烯酸酯或环氧树脂的性能。这类低聚物在常温下是液态的，可以按常规的光固化工艺加工。由于其主链上聚丁二烯结构（如下所示）具有高韧性（尤其低温时）、耐水稳定性、耐酸碱性、优良的电性能，特别适用于电子化学品、柔性印刷版、胶黏剂和密封胶。

光固化聚丁二烯低聚物

在自由基光固化时，聚丁二烯丙烯酸酯中（甲基）丙烯酸酯双键转化率远远高于聚丁二烯上 1,4-双键和 1,2-双键转化率（见表 3-59），但由于 1,4-双键和 1,2-双键可引发总数大，故它们对形成聚合物网络交联密度的贡献仍是显著的。

表 3-59　聚丁二烯丙烯酸酯 Ricacryl 3801 光固化双键转化率[①]

双键	（甲基）丙烯酸酯基	1,2-双键	1,4-双键
双键数	8	26	10
双键转化率/%	80 以上	14	27

① 3% KIP-100F，5J/cm²。

鉴于聚丁二烯具有卓越的水解稳定性、低透湿性和极好的耐酸碱性，而光聚合形成的交联网络又赋予固化膜更好的耐化学品性质，特别是耐酸碱性。将聚氨酯丙烯酸酯和聚丁二烯丙烯酸酯固化膜在 50% 硫酸溶液中室温下浸泡 120h，聚丁二烯丙烯酸酯固化膜拉伸强度几乎没有变化，而聚氨酯丙烯酸酯固化膜拉伸强度大幅度下降，仅保留不足原强度的 10%，这是在 60℃、50% 硫酸作用下发生了酯键水解和随之对聚合物网络结构的破坏而引起的。用 50% NaOH 溶液进行耐碱实验结果亦完全相同。

沙多玛公司、Bomar 公司和大阪有机化学公司商品化的光固化聚丁二烯低聚物见表 3-60～表 3-63。

表 3-60　沙多玛公司聚丁二烯丙烯酸酯低聚物的性能

商品名称	官能度					黏度 /mPa·s	固化膜性能					
	分子量	AA 基	MAA 基	1,2-双键	1,4-双键		固化速率 /(ft/min)	拉伸强度 /psi	断裂伸长率 /%	模量 /psi	抗冲击强度 /(lb/in)	T_g /℃
Ricary3801	3200	2	6	26	10	25000(45℃)	50	1659	6.6	52846	<2	−18.02

续表

| 商品名称 | 官能度 | | | | | 黏度/mPa·s | 固化膜性能 | | | | | |
	分子量	AA基	MAA基	1,2-双键	1,4-双键		固化速率/(ft/min)	拉伸强度/psi	断裂伸长率/%	模量/psi	抗冲击强度/(lb/in)	T_g/℃
CN301	3000		2			920(60℃)	20	639	15.2	6979	48	−44.45
CN302	3000	2				17000(60℃)	20	166	36.2	724	75	−39.83
CN303	3000		2			4125(60℃)	10	235	35.2	1185	28	−38.93

注：1ft=0.30m；1lb=0.45kg；1in=2.54cm。

表 3-61　Bomar 公司聚丁二烯氨基甲酸酯丙烯酸酯低聚物的性能

| 商品名称 | 官能度 | 低聚物类型 | 黏度(60℃)/mPa·s | T_g/℃ | 固化膜性能[①] | | | |
					硬度	拉伸强度/MPa(psi)	断裂伸长率/%	涂料黏度(25℃)/mPa·s
BR-640D	2	PUA	5000	33	76A	3(500)	190	15000
BR641D	2	PUA	15000	−20	85A	5(700)	300	12000
BR-641E	2	PUA	25000	−28	42A	0.3(50)	85	16000
BR-643	2	PUA	17000	−16	84A	8(1100)	55	19000

① 30%IBA+2%Omnirad 481。

表 3-62　大阪有机化学公司聚丁二烯丙烯酸酯低聚物的性能

商品名称	化学名称	平均分子量	黏度/mPa·s
BAC-45	聚丁二烯二丙烯酸酯	3000	4000~8000
BAC-15	聚丁二烯二丙烯酸酯	1000	1000~3000
PIPA	聚异戊二烯二丙烯酸酯	2700	5000~12000

该低聚物皮肤刺激性极低（PII≈0），低黏度，卓越的 UV/EB 灵敏度。

表 3-63　沙多玛公司环氧聚丁二烯低聚物的性能

商品名称	环氧值	环氧当量	环氧含量/%	顺式环氧基	反式环氧基	1,2-双键	1,4-双键	断开环氧基	黏度/mPa·s	密度/(g/cm³)	羟值/(mg KOH/g)
PolyBD-600E	2~2.5	400~500	3.4	7~10	8~12	22	53~60	3~4	7000	1.01	1.70
PolyBD-605E	3~4	260~330	4.8~6.2	7~10	8~12	22	53~60	3~4	22000	1.01	1.74

中山千佑也有二款聚丁二烯二氨基甲酸甲基丙烯酸酯，它们的性能和用途见表 3-64。

表 3-64　中山千佑公司聚丁二烯二氨基甲酸甲基丙烯酸酯的性能和用途

产品名称	产品组成	官能度	黏度(60℃)/mPa·s	T_g/℃	折射率	性能和用途
UV7697	聚丁二烯 PUMA	2	4125	−75	1.5072	强憎水性,抗强碱强酸极性溶剂,超低 T_g,优良电性能,用于密封胶,防水涂料,阻焊油墨、印刷版

续表

产品名称	产品组成	官能度	黏度(60℃)/mPa·s	T_g/℃	折射率	性能和用途
UV7698	聚丁二烯PUMA	2	890	−75	1.5072	强憎水性，抗强碱强酸极性溶剂，超低 T_g，优良电性能，用于密封胶，防水涂料，阻焊油墨、印刷版

3.13.4 杂化低聚物——含金属的丙烯酸低聚物

杂化低聚物，这是指含有金属离子的丙烯酸低聚物，它的结构组成既有有机部分，如聚氨酯、聚酯，又有金属离子，通过丙烯酸基、甲基丙烯酸基、羧基、羟基等功能基团与有机部分相连。这种金属离子与有机物的杂化结构既可以形成常规的共价键交联，又有离子键的交联，因此赋予低聚物一些特殊性能，应用于涂料、油墨、胶黏剂等产品可具有导电性、抗菌性、高折射率以及催化性能等，也可改善与金属和玻璃等基材的附着力。

杂化低聚物的分子组成如下：

有机组成—M^{2+}—有机组成

M＝Zn、Al、Ca、Mg

有机组成功能基团：丙烯酸基、甲基丙烯酸基、羧基、羟基

主体结构：聚氨酯、聚酯

杂化低聚物具有憎水特征，但它们可以溶解于典型的活性稀释剂（如TPGDA、TMPTA），因此，可以用于高档的光固化产品配方。由于杂化低聚物可以形成含有可移动的和可逆的离子交联键，具有高温流动性，而室温则回归离子交联。所以杂化低聚物可以用于生产光固化金属涂料、胶黏剂以及粉末涂料。

下面是两种杂化低聚物的合成方法。

杂化聚酯丙烯酸酯的低聚物

杂化聚氨酯丙烯酸酯的低聚物

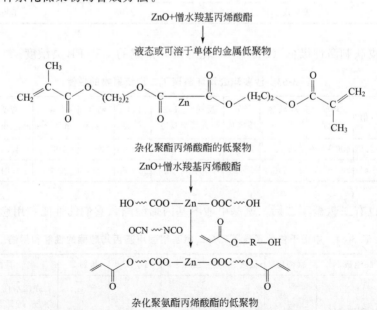

表3-65是加入杂化低聚物的UV涂料基本配方，可添加1～16份的含锌杂化低聚物（CN2404或CN2405），表3-66为烘烤前后与基材粘接性的变化。

表 3-65 添加杂化低聚物的 UV 涂料基本配方

配方及性能		指标
配方	PUA/份	63.5
	IBOA/份	31.7
	HDDA/份	4.8
	SR1135/份	0.95
	CN2404 或 CN2405/份	1~6
性能	固化条件(300W/in 双灯)/(ft/min)	25
	涂层厚度/mil	5~6

注：1mil=25.4×10⁻⁶m。

表 3-66 烘烤前后添加杂化低聚物的 UV 涂料粘接性比较

项目	CN2404	CN2405	CN2405	CN2405	CN2405
基材	铝	铝	马口铁	冷轧钢板	玻璃
200℃烘烤时间/min	5	5	8	12	8
烘烤前粘接性/%	85	45	92	85	87
烘烤后粘接性/%	100	100	100	100	100

沙多玛公司商品化杂化低聚物性能及应用见表 3-67。

表 3-67 沙多玛公司商品化杂化低聚物

商品名	化学名称	黏度(25℃)/mPa·s	颜色 APHA	折射率	T_g/℃	产品特点	建议应用领域
CN2400	金属丙烯酸酯	275	100			很好的附着力,很好的耐刮擦性,用量1%~20%	涂料、柔印、凹印、丝印油墨
CN2401	金属丙烯酸酯	1800	50	1.4816		很好的附着力,很好的耐刮擦性,用量1%~20%	涂料、丝印油墨
CN2402	金属丙烯酸酯	240	50	1.4811		很好的附着力,很好的耐刮擦性用量1%~20%	金属涂料
CN2404	金属聚酯丙烯酸酯	500/60	1G	1.4824	18.7	双官能团,对金属和塑料有出色的附着力和柔韧性,高温流回性能	层压胶黏剂,压敏胶黏剂,涂料、油墨
CN2405	金属聚氨酯丙烯酸酯	21000/60	3G	1.4792	48.6	双官能团,对金属和塑料有出色的附着力和柔韧性,高温流回性能	层压胶黏剂,压敏胶黏剂,涂料、油墨
CN2470	聚酯丙烯酸酯混合物	28000	2.5G			对塑料出色的附着力,低收缩率	胶黏剂,油墨

3.13.5 可光固化的纤维素酯

将丙烯酸不饱和双键或碳碳不饱和双键引入纤维素酯中，可以得到 UV 固化的纤维素酯固体树脂。这类树脂具有分子量大、收缩率低、触变性好、高成膜性等特点，因此可应用于 UV 胶黏剂、UV 油墨和 UV 涂料中。

纤维素及其衍生物具有如下的结构：

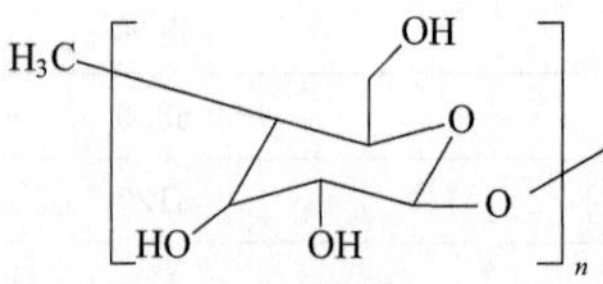

纤维素 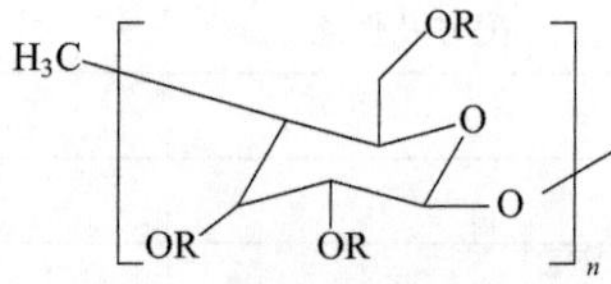   纤维素衍生物

纤维素衍生物有很多种类，如甲基纤维素、乙基纤维素、羟丙基甲基纤维素、乙酸纤维素及乙酸丁酸纤维素等，利用带羟基的纤维素衍生物（QW-OH）与带异氰酸根的丙烯酸酯或马来酸酐反应，就可引入不饱和双键，制得可 UV 固化的纤维素酯：

（1）QW-OH＋HEA-TDI→HEA-TDI-QW

（2）QW-OH＋HEA-IPDI→HEA-IPDA-QW

（3）

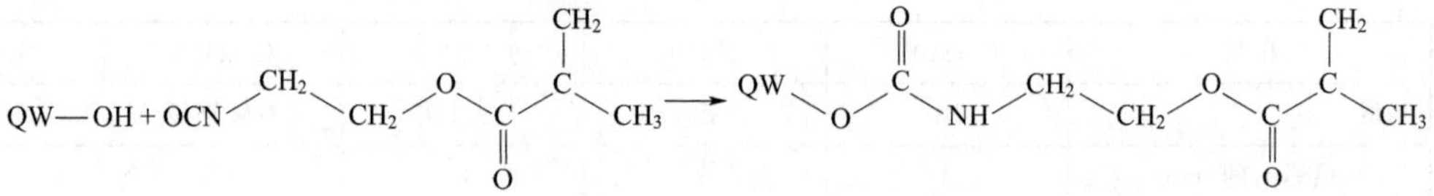

（4）

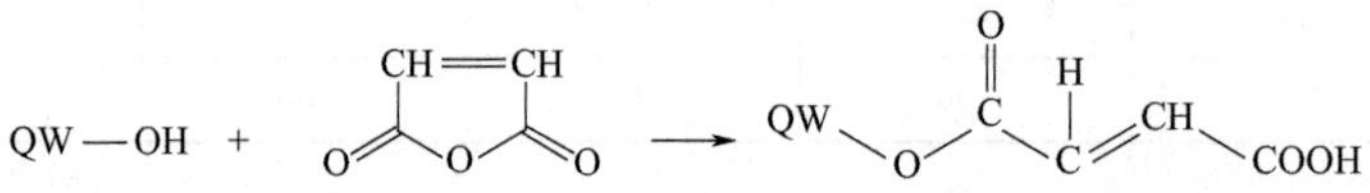

目前工业化生产的含不饱和双键的可 UV 固化的纤维素酯有美国 Bomar 公司的 JAY-LINK-103M 和 JAYLINK-106E 两个产品，其性能见表 3-68、表 3-69。近年来，国内中山杰事达精细化工公司已实现上述产品国产化，开发了 JS-113、JS-123、JS-l16 和 JS-126 四个产品，它们的溶解性能和黏度见表 3-70～表 3-73。

表 3-68 Bomar 公司可 UV 固化纤维素酯的性能

商品名	DS[1]	低聚物种类	T_g/℃
JL-103M	0.15	丙烯酸酯取代纤维素	118
JL-106E	0.13	丙烯酸酯取代纤维素	118

[1] DS 为丙烯酸酯取代度，DS 为 0.1 表示每 10 个葡萄糖单元有一个丙烯酸酯取代基。

表 3-69 Bomar 公司可 UV 固化纤维素酯在配方中的性能[1]

商品名	黏度(25℃)/mPa·s	拉伸强度/psi	断裂伸长率/%	硬度
JL-103M	25000	1830	7	850
JL-106E	59000	4020	9	840

[1] 在 50% N,N-DMA 和 2% Omnirad 481。

表 3-70 杰事达公司可 UV 固化的纤维素酯的溶解性

溶剂	JS-113	JS-123	JS-116	JS-126
乙醇	不溶解	不溶解	溶解	不溶解
异丙醇	不溶解	不溶解	溶解	不溶解
乙酸乙酯	溶解	溶解	溶解	溶解

续表

溶剂	JS-113	JS-123	JS-116	JS-126
乙酸丁酯	溶解	溶解	溶解	溶解
ECS	溶解	溶解	溶解	溶解
BCS	溶解	溶胀	溶解	溶胀
丙酮	溶解	溶解	溶解	溶解
丁酮	溶解	溶解	溶解	溶解
HEA	溶解	溶解	溶解	溶解
HDDA	溶解	溶解	溶解	溶解
TPGDA	溶解	溶解	溶解	溶解
TMPTA	溶解	溶胀	溶胀	溶胀
HEA	溶解	溶解	溶解	溶解

表 3-71　30%固含量（丁酮中）可 UV 固化的纤维素酯在低聚物中相溶性[①]

低聚物	JS-113	JS-123	JS-116	JS-126
双官能度 PUA UA-1209	完全相溶	完全相溶	完全相溶	完全相溶
双官能度 PUA 3000B	完全相溶	完全相溶	完全相溶	完全相溶
六官能度 PUA UA-3123	完全相溶	完全相溶	完全相溶	完全相溶
六官能度 PUA 7605B	完全相溶	完全相溶	完全相溶	完全相溶
三官能度 PUA UA-1400	完全相溶	相溶性稍差	完全相溶	相溶性稍差
环氧丙烯酸酯 1510	相溶性稍差	相溶性稍差	完全相溶	相溶性稍差

①　溶解时用混合溶剂更为方便，也可用单体/溶剂进行溶解，只用单体溶解时，建议加热到 50～60℃，无论用哪种溶解方式，都须加入 500～1000mg/kg 的阻聚剂，以防热交联。

表 3-72　30%固体分（在溶剂中）可 UV 固化的纤维素酯的黏度（25℃）

单位：mPa·s

溶剂	JS-113	JS-123	JS-116
乙酸乙酯	1440	30000	13000
乙酸丁酯	3200	13000(55℃)	42500(55℃)
丁酮	600	12000	4300
ECS	3200	11000(55℃)	7000

表 3-73　20% 固体分（单体中）可 UV 固化的纤维素酯的黏度（25℃）

单位：mPa·s

单体	JS-113	JS-123	JS-116
HDDA	3800	1000(55℃)	45000
TPGDA	8000	27500(55℃)	15000(55℃)
HEMA	2000	8000(55℃)	45000

可 UV 固化纤维素酯是一种高分子量（20000～50000）的固体 UV 低聚物，常作为增稠剂和成膜助剂用于 UV 产品中。在 UV 胶黏剂中，作为黏度调节剂防流挂，提高触变性、

抗冲击性和通透性；在 UV 塑料涂料中，作成膜助剂，消除缩孔和针孔，改善板面清洁度，可取代非反应性的丙烯酸树脂，增加耐化学品性；在 UV 油墨中可作为黏度调节剂，提高触变性和成膜性。

3.13.6　含羧基的低聚物

这也是 20 世纪末发展起来的一类光固化低聚物，它是在低聚物中引入羧基，对金属附着力有增强作用，特别因羧基存在，具有碱溶性，成为光成像型光固化材料的主体树脂。同时羧基含量足够高时，与胺中和后，就可以得到水溶性 UV 固化低聚物，成为水性 UV 固化材料主体树脂。

低聚物引入羧基可以通过下列方式：

① 用马来酸酐共聚物与丙烯酸羟乙酯反应，生成马来酸酐半酯，从而引入羧基和丙烯酰氧基。

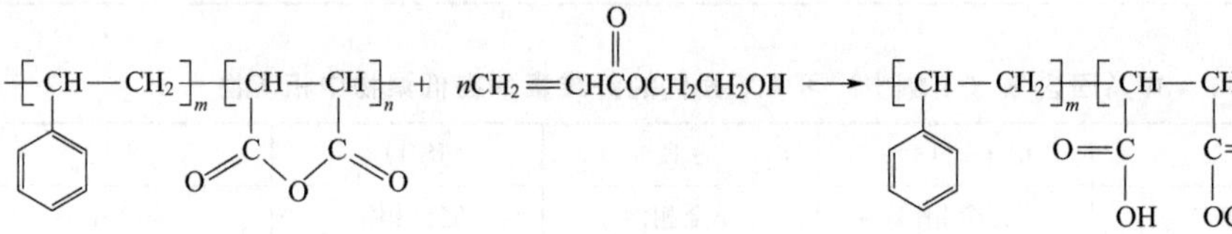

$$\left[CH-CH_2\right]_m \left[CH-CH\right]_n + nCH_2=CHCOOCH_2CH_2OH \longrightarrow \left[CH-CH_2\right]_m \left[CH-CH\right]_n$$

② 用环氧丙烯酸酯中羟基与酸酐反应，生成带羧基的环氧丙烯酸酯。

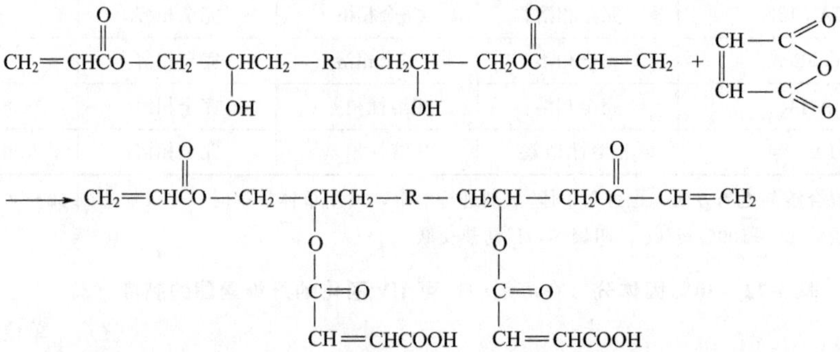

$$CH_2=CHCO-CH_2-CHCH_2-R-CH_2-CH_2OC-CH=CH_2 \ + \ $$

$$\longrightarrow CH_2=CHCO-CH_2-CHCH_2-R-CH_2-CH_2OC-CH=CH_2$$

③ 由偏苯三酸酐或均苯四酸二酐与丙烯酸、二元醇缩聚和酯化得到含有羧基的聚酯丙烯酸酯。

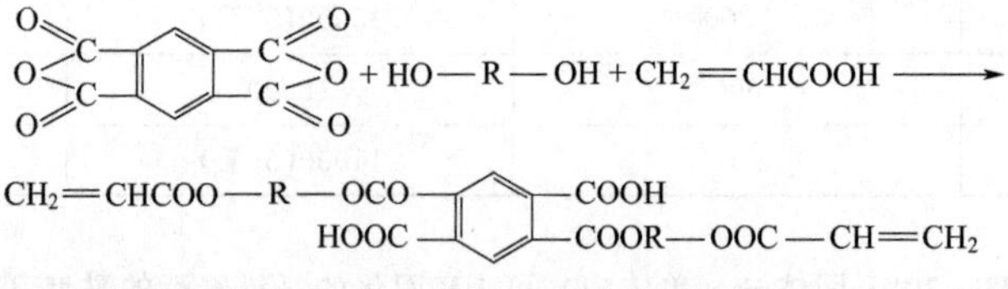

$$\longrightarrow$$

$$CH_2=CHCOO-R-OCO-\ -COOH$$
$$HOOC-\ -COOR-OOC-CH=CH_2$$

④ 二异氰酸酯与二羟甲基丙酸反应，再与丙烯酸羟基酯反应，制得带有羧基的聚氨酯丙烯酸酯。

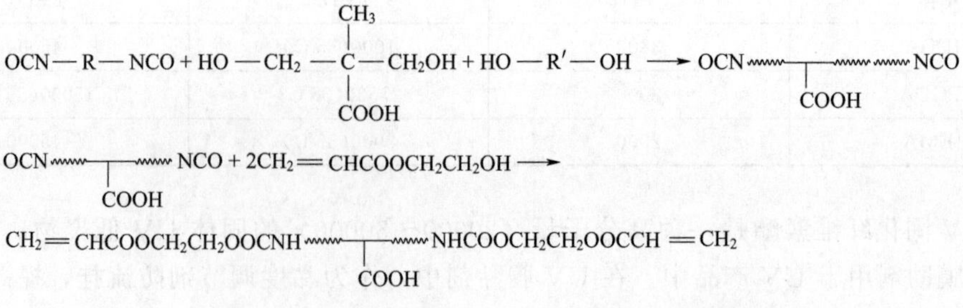

$$OCN-R-NCO + HO-CH_2-\overset{CH_3}{\underset{COOH}{C}}-CH_2OH + HO-R'-OH \longrightarrow OCN\sim\!\!\!\!\sim\underset{COOH}{\overset{}{\rule{1.5cm}{0.4pt}}}\sim\!\!\!\!\sim NCO$$

$$OCN\sim\!\!\!\!\sim\underset{COOH}{\overset{}{\rule{1.5cm}{0.4pt}}}\sim\!\!\!\!\sim NCO + 2CH_2=CHCOOCH_2CH_2OH \longrightarrow$$

$$CH_2=CHCOOCH_2CH_2OOCNH\sim\!\!\!\!\sim\underset{COOH}{\overset{}{\rule{1.5cm}{0.4pt}}}\sim\!\!\!\!\sim NHCOOCH_2CH_2OOCCH=CH_2$$

⑤ 由二异氰酸酯与丙烯酸羟基酯半加成物与部分酸酐化的环氧丙烯酸酯反应，制得带有羧基的既有环氧丙烯酸酯又有聚氨酯丙烯酸酯结构的低聚物。

$$CH_2=CHCOOCH_2CH_2OOCNH-R-NCO+$$

$$OH \quad OCOCH=CHCOOH$$

$$\longrightarrow$$

$$CH_2=CHCOOCH_2CH_2OOCNH-R-NHC \quad COCH=CHCOOH$$

$$O \quad O$$

部分已商品化的含羧基丙烯酸酯低聚物见表 3-74。

表 3-74　部分含羧基丙烯酸酯低聚物的性能和应用

公司	产品代号	化学名称	官能度	黏度(25℃)/mPa·s	酸值/(mg KOH/g)	特点和应用
沙多玛	SB500E50	芳香酸甲基丙烯酸半酯(含 50% POT-MPTA)	8	2743(60℃)	122	出色的对金属和塑料的附着力,出色的固化速率,很好的润湿和流动性,用于金属、塑料、纸张、木器涂料,柔印、凹印、网印油墨,塑料胶黏剂
	SB510E35	芳香酸甲基丙烯酸半酯(含 50% POT-MPTA)	4	4544(60℃)	185	出色的对金属和塑料附着力,很好的固化速率、光泽和颜料分散能力,用于胶黏剂、涂料、油墨
	SB520A20	芳香酸甲基丙烯酸半酯(含 20% TPG-DA)	4	579	178	快速固化,高酸值,容易用碱脱除,铜黏合性好,高光泽、耐溶剂性和酸,可混杂固化;用于金属、塑料、木材涂料,抗蚀剂和阻焊剂
湛新	EB770	含羧基的 PEA(含 40% HEMA)	1	100		碱溶性好,用于抗蚀剂
RAHN	GENOMER 7151	羧基 PEA	1	7000	210	对金属和玻璃有良好黏附性
长兴	3500A	含羧基的丙烯酸酯		3000	30~50	附着力好,LCD 用感光间隙材料
	648-1	含羧基的丙烯酸酯		6000	210	碱溶性好,对金属附着力好,耐化学品性好,用于抗蚀剂
	649	含羧基的甲基丙烯酸酯		4000	200	碱溶性好,对金属附着力好,耐化学品性好,用于抗蚀剂
双键	Doublemer272	羧酸 PEA	1	12000	200	色度、黏度低,延伸率高,为金属、玻璃附着力促进剂,耐刻蚀上光油和油墨
	Doublemer275	羧酸 PEA	1	12000	200	气味低,不黄变,低收缩率,用作塑料、金属、玻璃附着力促进剂
奇钛	SP-270	酸化 PEA		1000	200	低气味,低收缩率,金属附着力好,用于碱剥离蚀刻,提高金属附着力上应用
	SP-272	酸化 PEA(含 40% HEMA)		100	120	低黏度,色泽明亮,金属、玻璃附着力好,用于碱剥离蚀刻,提高金属、玻璃附着力上应用

公司	产品代号	化学名称	官能度	黏度（25℃）/mPa·s	酸值/（mg KOH/g）	特点和应用
大阪有机	Viscaot#2100	邻苯二甲酸-1-[1-甲基-2（1-氧代-2-丙酰氧基）乙基]酯	1	5000～10000		
	Viscaot#2150	邻环巳二酸-1-[1-甲基-2（1-氧代-2-丙酰氧基）乙基]酯	1	6000～10000		

3.13.7　含氟低聚物

含氟低聚物是最新开发的低聚物，它具有极优异的耐候性、耐老化性、耐污性和低表面能、低折射率等特性，是光固化产品向户外发展的首选低聚物。由于光固化产品耐候性和耐老化性能较差，目前都是在室内使用，开发能用于室外使用的光固化产品一直是光固化行业努力奋斗的目标。现在含氟低聚物的生产不仅填补了空白，更为今后开发室外用光固化产品创造了条件。表 3-75 为部分含氟低聚物生产企业和产品。

表 3-75　部分含氟低聚物生产企业和产品

公司	商品牌号	低聚物组成	官能度	固含量/%	黏度（30℃）/mPa·s	特性
沙多玛	CN4002	含氟丙烯酸酯	2		70/25℃	低折射率，低染色性，低表面能
广东博兴	B-864	氟碳低聚物	4	≥74	3000～5000	氟碳主链，不含游离氟单体，超耐候，抗老化，耐污，自清洁
	B-865	氟碳低聚物	5	≥95	10000～20000	氟碳主链，不含游离氟单体，超耐候，抗老化，耐污，自清洁
深圳众邦	UVR8336	氟改性 PUA	5	100	5000～10000	抗指纹性和抗涂鸦性佳，固化速度好
润奥	FSP8668	氟硅改性特种丙烯酸酯	6	70	2000	抗涂鸦性，优异的哑粉分散性、耐水煮、坚韧性佳，用于耐污涂料
	FSP8638	氟硅改性特种丙烯酸酯	3	73	700	抗涂鸦性，优异的流平性，耐水煮、丰满度高，用于耐污涂料
东莞叁漆	L-6903A	氟碳改性树脂	6	≥90	1000～3000	流平好，抗涂鸦，抗指纹，用于手机涂料、塑料涂料、木器涂料
	L-6905A	氟碳改性高反应性树脂	6	≥99	4500～6000	流平好，抗涂鸦，抗指纹，高丰满度，用于手机抗涂鸦涂料、塑料抗涂鸦涂料、木器抗涂鸦涂料
	L-6905C	氟碳改性高反应性树脂		90±2	1500～3800	流平好，抗涂鸦，耐钢丝绒，韧性好，用于手机抗涂鸦涂料，塑料抗涂鸦涂料，淋涂 UV 涂料，各种耐钢丝绒涂料
东莞贝杰	7633	氟碳树脂		95±1		非常好的抗涂鸦性，有荷叶水珠效应，用于白色素材外壳
	7635	氟碳树脂		90±1		非常好的抗涂鸦性，有荷叶水珠效应，用于白色素材外壳
	7636	氟碳树脂		100		非常好的抗涂鸦性，有荷叶水珠效应，用于木地板辊涂，3C 产品喷涂

3.14　低聚物的合成方法实例

3.14.1　环氧丙烯酸酯低聚物的合成

（1）环氧大豆油丙烯酸酯的合成

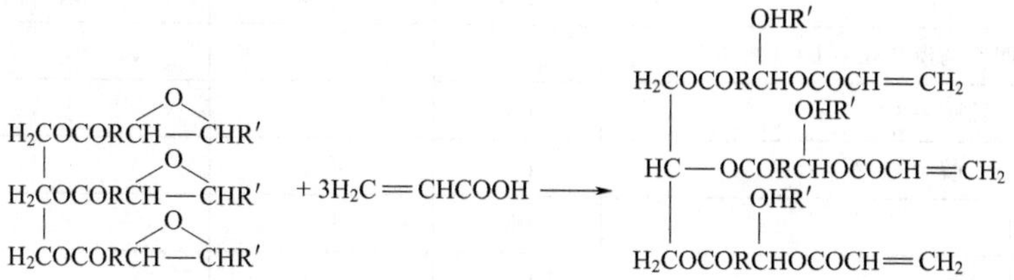

$$H_2COCORCH—CHR'$$
（结构式图）

$+3H_2C=CHCOOH \longrightarrow$

（产物结构式图）

在三口烧瓶中加入一定量环氧大豆油（环氧值 0.42），升温至 85℃滴加含 1.5％三苯基磷、0.1％对甲氧基苯酚和一定量丙烯酸（环氧基∶羧基＝1.1∶1，摩尔比）混合液，加毕升温至 110℃，反应至酸值＜8，停止反应得到环氧大豆油丙烯酸酯，收率 95％，反应配比对酯化率的影响见表 3-76。

表 3-76　反应配比对酯化率的影响[①]

环氧基∶羧基(摩尔比)	1∶1	1.1∶1	1.2∶1
酯化率/％	84.3	95.0	96.1

① 反应温度110℃，反应时间8h，催化剂三苯基磷1.5％。

（2）不同催化剂下环氧丙烯酸酯的合成

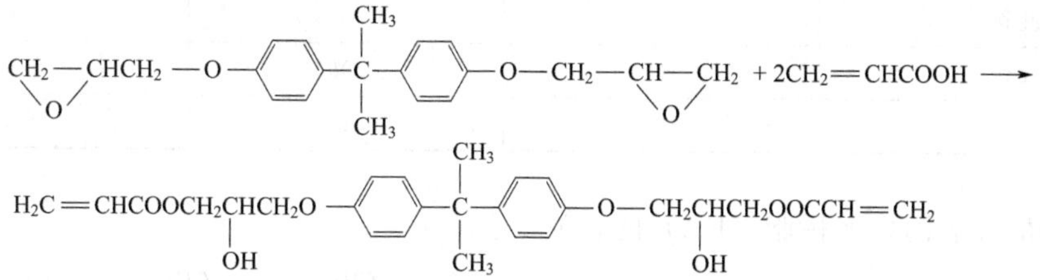

（结构式图）

$+2CH_2=CHCOOH \longrightarrow$

（产物结构式图）

三口烧瓶中加入 1.05mol 828 环氧树脂（环氧值 0.548/mol）和 0.02％阻聚剂，加热搅拌，升温至一定温度，滴加 1mol 丙烯酸和 1％环氧树脂量的催化剂混合液，1h 滴完，控制反应温度，定时取样测酸值，当反应体系酸值＜3mg KOH/g 停止反应，得到环氧丙烯酸酯。

不同催化剂、不同反应温度下，合成的环氧丙烯酸酯性能见表 3-77。

表 3-77　环氧丙烯酸酯的性能

序号	催化剂	反应温度/℃	＜3mg KOH/g 所需时间/h	产品外观	固化时间/s
1	三乙胺	95	8	略带蓝色	4
2	三乙胺	105	3.5	略带蓝色	4
3	三乙胺	115	1.5	明显偏黄色	7
4	四乙基溴化铵	95	5	近似于无色	4
5	四乙基溴化铵	105	3	近似于无色	4
6	四乙基溴化铵	115	1.5	明显偏黄色	7

序号	催化剂	反应温度/℃	<3mg KOH/g 所需时间/h	产品外观	固化速率/s
7	三苯基磷	95	6	近似于无色	4
8	三苯基磷	105	3	近似于无色	4
9	三苯基磷	115	1.5	明显偏黄色	7
10	三苯基磷/四乙基溴化铵=1：1	95	6		
11	三苯基磷/三乙胺=2：3	105	3.5		
12	三苯基磷/三乙胺=3：2	105	4.5		
13	多元催化剂	95	4.5		
14	多元催化剂	105	2.5		

（3）环氧丙烯酸酯的合成

在三口烧瓶中加入计算量环氧树脂（E-44）、对甲氧基苯酚，升温，缓慢滴加计算量丙烯酸（羧基与环氧基摩尔比 1：1）和 0.9％催化剂三甲基苄基溴化铵，100～105℃反应 2h，酸值＜5mg KOH/g，停止反应，得环氧丙烯酸酯，反应转化率≥95％。催化剂种类对酸值的影响见表 3-78。

表 3-78 催化剂种类对酸值的影响

催化剂	反应时间/min	残余酸值率 P	丙烯酸转化率/％
四丁基溴化铵	100	0.039	96.1
三甲基苄基溴化铵	100	0.064	93.6
三甲基苄基氯化铵	100	0.096	90.4
N,N-二甲基苄铵	100	0.165	83.5

（4）酚醛环氧丙烯酸树脂（FA）的合成

在三口烧瓶中加入酚醛环氧树脂（F-51）和适量对甲氧基苯酚，升温至 90℃搅匀，滴加丙烯酸（羧基与环氧基等摩尔比）和适量 N,N'-二甲基苄胺，维持反应温度 100℃反应 5h，至酸值≤5mg KOH/g，趁热出料，或降温至 60℃，加入适量稀释剂 HEMA 搅匀后出料。

（5）低黏度环氧丙烯酸酯的合成

在三口烧瓶中加入 1mol 聚乙二醇 200、2mol 双酚 A 环氧树脂、0.1％三乙胺，100℃反应 5h。降温至 80℃加入计算量丙烯酸（与环氧基等摩尔比）、0.1％对甲氧基苯酚，升温

100～110℃，反应至酸值≤5mg KOH/g，得到低黏度环氧丙烯酸酯。不同双羟基化合物改性 EA 的黏度见表 3-79。不同环氧丙烯酸酯配制涂料的涂膜性能见表 3-80。

表 3-79 不同双羟基化合物改性 EA 的黏度

改性物	乙二醇	一缩二乙醇	聚乙二醇 200	聚乙二醇 300	聚乙二醇 400	双酚 A	未改性
平均醚键数	2	3	4.1	6.4	8.6	—	—
环氧树脂黏度/s	2.81	2.53	1.94	2.71	3.31	4.47	2.69
环氧丙烯酸酯黏度/s	36.97	12.60	8.53	16.72	19.90	19.43	14.00

表 3-80 不同环氧丙烯酸酯配制涂料的涂膜性能[①]

项目	聚乙二醇 200 改性环氧丙烯酸酯	未改性环氧丙烯酸酯
固化时间/s	9.47	14.22
抗冲击性/cm	6～7	7～8
附着力/级	0	0
黏度/s	1.70	2.54

① 基材：木板，中压汞灯 70W，距离 20cm，膜厚 20～25μm。

（6）低黏度环氧丙烯酸酯的合成

三口烧瓶中加入一缩二乙二醇与环氧树脂 E$_{44}$（当量比为 1∶10）、催化剂四丁基溴化铵（或四甲基氯化铵、三乙基苄基氯化铵）100℃反应 2h，得改性环氧树脂，黏度低于原环氧树脂（见表 3-81），降温 80℃缓慢滴加计算量丙烯酸（羧基与环氧基摩尔比 1∶1）和 0.6～0.9 份催化剂，100～105℃反应 2h，当酸值<5mg KOH/g 时停止反应，得低黏度环氧丙烯酸酯。

表 3-81 催化剂种类对产物黏度的影响

催化剂	四丁基溴化铵	四甲基氯化铵	三乙基苄基氯化铵	N,N-二甲基苄胺	E$_{44}$
黏度/Pa·s	5.4	6.0	6.4	8.6	10.3

（7）脂肪族环氧丙烯酸酯的合成

在三口烧瓶中，加入 1mol 丙烯酸和 1mol 一缩二乙二醇二缩水甘油醚，1%（质量分数）的催化剂 N,N-二甲基苄胺和 0.2%（质量分数）的阻聚剂对甲氧基苯酚，升温 100℃反应，至酸值<5mg KOH/g 停止反应，得脂肪族环氧丙烯酸酯——一缩二乙二醇二缩水甘油醚二丙烯酸酯。25℃黏度为 800mPa·s，仅为双酚 A 环氧丙烯酸酯的 1/1000，固化速率也比双酚 A 环氧丙烯酸酯快。

（8）脂环族环氧丙烯酸酯的合成

$$\text{O}\overset{O}{\underset{O}{\diamondsuit}}\begin{smallmatrix}COOCH_2CH-CH_2\\COOCH_2CH-CH_2\end{smallmatrix}+3H_2C=\text{CHCOOH} \longrightarrow H_2C=CHCOO\diamondsuit\begin{smallmatrix}COOCH_2CHCH_2OOCCH=CH_2\\COOCH_2CHCH_2OOCCH=CH_2\end{smallmatrix}\overset{OH}{\underset{OH}{}}$$

三口烧瓶中加入 TDE-85 环氧树脂（4,5-环氧己烷-1,2-二甲酸二缩水甘油酯）、1%四甲基氯化铵，缓慢升温，并滴加丙烯酸 [酸当量：环氧当量为（1.02～1.05）∶1]，在 105～115℃反应 3.5～4h，当酸值降至 15mg KOH/g 以下时停止，得到浅黄色黏稠树脂为脂环族环氧丙烯酸酯树脂，黏度为 2.6Pa·s。

（9）己二酸改性环氧丙烯酸酯的合成

$$HOOC-(CH_2)_4-COOH + CH_2-CHCH_2-O O-CH_2CH-CH_2 \longrightarrow$$

$$HOOC-(CH_2)_4-COOCH_2-CHCH_2-O O-CH_2CH-CH_2 \xrightarrow{H_2C=CHCOOH}$$

$$HOOC-(CH_2)_4-COOCH_2-CHCH_2-O O-CH_2-CHCH_2OOCCH=CH_2$$

在三口烧瓶中加入一定量的环氧树脂（E-51）、己二酸（E-51：己二酸质量比 1：0.3）和四甲基氯化铵，升温 90℃，反应至酸值接近零时，滴加计量丙烯酸和 2,6-二叔丁基对甲酚混合物 30～40min 加毕，升温至 95～100℃，反应至酸值≤5mg KOH/g，降温过滤出料，得己二酸改性环氧丙烯酸酯，无色或接近无色透明黏稠体，黏度（50℃）3～4Pa·s。己二酸用量对树脂黏度影响见表 3-82。不同催化剂的催化效果见表 3-83。

表 3-82　己二酸用量对树脂黏度影响

己二酸：环氧树脂（质量比）	树脂黏度（50℃）/Pa·s
0.5：1	＞10
0.4：1	≥6
0.3：1	3～4

表 3-83　不同催化剂的催化效果[①]

催化剂	无	三乙胺	2-甲基吡啶	三苯基膦
反应时间/h	20（酸值 45）	5.5	4.5	5.0
黏度（25℃）/Pa·s	150	95	80	75
外观 Fe-Co 比色	3#	2#	1#	2#
透明度	透明	透明	透明	透明

① 酸值＜5mg KOH/g。

（10）马来酸酐改性环氧丙烯酸酯的合成

三口烧瓶中加入计算量马来酸酐和不同分子量的聚乙二醇（按马来酸酐：聚乙二醇摩尔比 1.05：1）75℃反应 100min，制得不同分子量的马来酸聚乙二醇单酯，通过测定体系酸值，确定转化率在 93%。

将合成的一系列马来酸聚乙二醇单酯与环氧树脂（618 环氧树脂）的甲苯溶液，按与环氧基当量比 0.1：1 比例加入三口烧瓶中，再加入适量催化剂三乙胺和阻聚剂对苯二酚，在 100℃反应 0.5h，体系酸值 1.5mg KOH/g 时，滴加计算量的丙烯酸，1h 加毕，保温反应至体系酸值＜5mg KOH/g 时停止反应，减压蒸馏除去甲苯，得到马来酸酐改性环氧丙烯酸树脂，性能见表 3-84。

表 3-84　改性环氧丙烯酸酯的性能

试样	聚乙二醇	涂料黏度 （涂-4 杯）/s	涂膜性能						
			柔韧性 /mm	附着力 /级	硬度 /H	抗冲击强度 /kg·cm	光泽度 /%	15%NaCl 48h	10%N₂CO₃ 48h
EP₀		147	4	2	5	20	92	无变化	无变化
EP₁	乙二醇	74	2	1	3	40	111	无变化	无变化
EP₂	聚乙二醇 200	69	1	1	3	≥50	101	无变化	发白
EP₃	聚乙二醇 300	66	1	1	2	≥50	105	发白	溶解
EP₄	聚乙二醇 400	60	1	1	2	≥50	105	发白	发白

（11）碱溶性环氧丙烯酸酯（或酚醛环氧丙烯酸酯）的合成

在三口烧瓶中加入一定量的环氧树脂 E-51（或 F-51）和少量对甲氧基苯酚，搅拌升温至 65℃，滴加一定量的丙烯酸（环氧基∶羧基摩尔比 1∶1）和苄基三甲基氯化铵，1h 滴完，在 90～100℃反应至酸值＜5mg KOH/g，停止反应，降温 60℃，加入一定量马来酸酐，升温 75～80℃，当酸值达到所需值时停止反应，得到马来酸酐改性环氧丙烯酸树脂 E-51AM（或 F-51AM），性能见表 3-85。

表 3-85　马来酸酐改性环氧丙烯酸树脂的性能

性能		马来酸酐∶—OH			
		0∶1	0.3∶1	0.7∶1	1∶1
黏度/Pa·s	E-51AM	77	96	160	
	F-51AM	108		180	320
碱溶性	E-51AM	不溶	留有余膜	全溶	全溶
	F-51AM	不溶	留少量余膜	全溶	全溶
最低固化光量/(mJ/cm²)	E-51AM	1.26	1.02	0.51	0.36
	F-51AM	0.94	0.72	0.36	0.26

（12）碱溶性甲基酚醛环氧丙烯酸酯的合成

在三口烧瓶中加入 50g 甲基酚醛环氧树脂 JF43（环氧值 0.428）、22g 乙酸丁氧乙酯，加热 80℃搅拌至树脂全溶，加入 0.2g 对甲氧基苯酚、15.5g 丙烯酸及 1.25mmol 催化剂［四丁基溴化铵和乙酰丙酮铬（Ⅲ）等摩尔］，升温 120℃，反应至体系酸值基本不变为止，得甲基酚醛环氧丙烯酸树脂 JFA 溶液。

将 40g JFA 树脂溶液（65% 固含量）、适量乙酸丁氧乙酯（用于调节体系溶剂含量至 35%）及 0.05g 对甲氧基苯酚加入三口烧瓶中，搅拌升温至 80～90℃，加入 0.098mol 多元羧酸酐❶，于 120℃反应至酸值基本不变为止。羧基化甲基酚醛环氧丙烯酸酯的性能见表 3-86。

（13）碱溶性聚氨酯改性环氧丙烯酸酯（或酚醛环氧丙烯酸酯）的合成

在三口烧瓶中加入一定量的环氧树脂 E-51（或 F-51）和少量对甲氧基苯酚，搅拌升温至 65℃，滴加一定量的丙烯酸（环氧基∶羧基摩尔比 1∶1）和苄基三甲基氯化铵，1h 滴完，

---

❶ 四氢苯酐、六氢苯酐、甲基六氢苯酐有较高反应性，黏度低、光固化速率快。

表 3-86　羧基化甲基酚醛环氧丙烯酸酯的性能

酸酐	树脂酸值/(mg KOH/g)	酸酐转化率/%	黏度(60℃)/mPa·s
苯酐	93.5	84.3	4120
马来酸酐	112.1	76.4	4850
丁二酸酐	104.5	84.4	880
四氢苯酐	88.1	89.6	1700
六氢苯酐	87.7	89.5	1830
甲基六氢苯酐	86.9	87.4	1500
偏苯三酸酐	128.4	98.4	8500(90℃)
甲基纳迪克酸酐	94.6	55.1	548

在 90～100℃反应至酸值<5mg KOH/g 时停止反应，降温 60℃，加入一定量马来酸酐（马来酸酐：羟基＝0.7：1）升温 75～80℃反应，当酸值达到所需值时停止反应，得到马来酸酐改性环氧丙烯酸树脂。再加入一定量 TDI-HEA 半加成物（OH：NCO 摩尔比 1：1）在 65℃反应至—NCO 消失，得聚氨酯改性环氧丙烯酸树脂 EATH（或 FATH），性能见表 3-87。

表 3-87　聚氨酯改性环氧丙烯酸树脂性能

样品	黏度/Pa·s	碱溶性	最低固化光量/(mJ/cm²)
EATH	280	全溶	0.72
FATH	400	全溶	0.51

（14）聚酯改性环氧丙烯酸酯的合成

在装有氮气管的三口烧瓶中加入 2mol 马来酸酐和 1mol 端羟基聚丁二烯橡酸及少量对甲苯磺酸，升温通氮气至 100℃反应至酸值降到理论值。停止反应得到羧端基聚酯。加入环氧丙烯酸酯（由 1mol 环氧树脂与 1mol 丙烯酸反应制得）、0.8%（质量分数）四正丁基溴化铵和适量对羟基苯甲醚，95℃反应 2h，当酸值降到 5mg KOH/g 时停止反应，制得聚酯改性环氧丙烯酸酯。

（15）不饱和聚酯/环氧树脂嵌段共聚树脂的合成

将苯酐、顺酐、丙二醇、二乙二醇按摩尔比 1：1：1.8：0.4 加入带有搅拌器、直管冷凝器的三口瓶中，并加入适量抗氧剂，加热物料，熔融后开始搅拌，然后逐步升温，反应温度不超过 210℃，顶温不要超过 105℃，210℃保温约 2h，至酸值降至起始酸值的 10%后，真空脱水，使酸值降至起始酸值的 5%以下，得到不饱和聚酯（UP）。

1mol 不饱和聚酯中加入 2mol 的环氧树脂及适量催化剂，反应温度为 110～120℃，反应时间 2h，酸值低于 7mg KOH/g 时，加入适量阻聚剂对羟基苯甲醚，然后加入占树脂总量 40%（质量分数）的活性单体（其中 MMA 42.8%，苯乙烯 57.2%），在 80～90℃下保温搅拌 1h，即制得不饱和聚酯/环氧树脂嵌段共聚树脂（B-UPR）。

B-UPR 固化体积收缩率为 0.8%，而 UP 为 7.0%。

（16）带环氧基和丙烯酸基的混杂脂环族环氧丙烯酸酯的合成

在 250mL 四口烧瓶内加入 1mol 的 TTA 和阻聚剂对羟基苯甲醚，搅拌下升温至 80℃，待温度稳定后，开始滴加 1mol AA 和 0.7％催化剂四乙基溴化铵的混合物，控制滴速，在 1h 内滴加结束，然后升温至 90℃反应，每隔半个小时测定一次酸值，待酸值降至 5mg KOH/g 以内并保持稳定，停止反应，降温出料，得到混杂光固化低聚物脂环族环氧丙烯酸树脂 TA。

（17）环氧丙烯酸树脂 EA/SiO₂ 杂化体系的制备

将一定量的乙醇、正硅酸乙酯（TEOS）加入装有滴液漏斗的锥形瓶中，在室温下，边搅拌边滴加用盐酸酸化过的乙醇与水的混合液，使 TEOS：H₂O：C₂H₅OH：HCl 的摩尔比为 1：6：6：a，得硅溶胶 A。其中盐酸摩尔分数 $X_{HCl} = a/(1+6+6+a)$。

在室温下，向 A 中滴入 7-甲基丙烯酰氧丙基三甲氧基硅烷（TMSPM），磁力搅拌均匀，得改性硅溶胶 B。将一定量环氧丙烯酸树脂（EA）、己二醇二丙烯酸酯 HDDA、光引发剂 1173 和 Tween80 加入装有搅拌器、滴液漏斗的三口烧瓶中，剧烈搅拌，得溶液 C。将 C 滴入改性硅溶胶 B，剧烈搅拌直至体系呈均匀透明为止，即得（EA-TMSPM）/SiO₂ 杂化体系。该杂化体系可提高涂层耐磨性。

（18）马来酸聚乙二醇单酯改性环氧丙烯酸酯的制备

将马来酸酐和不同分子量的聚乙二醇（乙二醇、聚乙二醇 200、聚乙二醇 300、聚乙二醇 400）按照摩尔比 1.05：1 加入三口烧瓶中，在 75℃下反应 100min，制得不同分子量的马来酸聚乙二醇单酯。通过滴定体系的酸值，确定转化率已达 93％以上，产物不易进行分离，因此未对反应物进行提纯。将合成出的一系列的马来酸聚乙二醇单酯与环氧树脂的甲苯溶液，按照环氧基的当量比为 0.1：1 的比例加入装有搅拌器、冷凝管、温度计的磨口三口烧瓶内，并同时将 2.0％催化剂三乙胺以及适量阻聚剂对苯二酚加入到体系中，在 100℃下反应 0.5h，体系的酸值达到 115mg KOH/g 左右时，开始用恒压滴液漏斗，按环氧值和羧基等当量的丙烯酸逐滴滴加，并在 1h 内滴加完毕。保温反应，直到体系的酸值低于 5mg KOH/g 时，停止反应，并进行减压蒸馏除去溶剂甲苯。得到的改性产物马来酸聚乙二醇单酯改性环氧丙烯酸酯，性能测试表明聚乙二醇 400 改性环氧丙烯酸树脂黏度最低（涂-4 杯/25℃）60s，涂层的柔韧性（1mm）、附着力（1 级）、光泽度（105）最好，但硬度稍低（2H）。

（19）有机/无机杂化脂环族环氧的合成

100g 2(3,4-环氧环己基)-乙基三甲氧基硅烷（KBM303，0.406mol）和 141.48g 3-乙基羟甲基氧杂丁烷（DXT-101，1.22mol）置于一圆底烧瓶中，抽真空在 100℃下搅拌 3h，除去甲醇，得有机/无机杂化脂环族环氧化合物。该有机/无机杂化脂环族环氧化合物加入阳离子光固化体系，可提高阳离子光聚合速度，并具有良好的热稳定性。

（20）含环氧基的酚醛环氧丙烯酸酯的合成

三口烧瓶中加入 36.2g 质量分数为 70％的 F-44 酚醛环氧树脂的二氧六环溶液（含 0.1mol 环氧基），2.47mL 质量分数为 2％的对苯二酚的二氧六环溶液，0.5g 四丁基溴化铵为催化剂，3.60g 丙烯酸（0.05mol）。升温 95℃反应，至酸值为零停止反应，得到含环氧基的酚醛环氧丙烯酸树脂为自由基和阳离子双固化 UV 低聚物。

3.14.2 聚氨酯丙烯酸酯低聚物的合成

（1）芳香族聚醚型聚氨酯丙烯酸酯的合成

① 三口烧瓶中加入 0.5mol 聚醚二元醇（PPO210）、1mol TDI、0.1%二月桂酸二丁基锡、0.05%对甲氧基苯酚，60℃反应至—NCO 值到计算值，再加入 1mol HEA 升温至 70～75℃，反应至—NCO 值接近于 0，得到芳香族聚醚型 PUA。不同组分聚氨酯丙烯酸酯的性能见表 3-88。

表 3-88 不同组分聚氨酯丙烯酸酯的性能

序号	PPO210∶HEA∶TDI(摩尔比)	碘值	固化时间/s	硬度/H	附着力
1	0.5∶1.0∶1	61.2	7	2	差
2	0.4∶1.2∶1	72.6	7	2	中
3	0.3∶1.4∶1	78.8	7.5	>3	优
4	0.2∶1.6∶1	90.4	7.5	>3	中
5	0.1∶1.8∶1	104.9	8	>3	中

② 三口烧瓶中加入 1mol 聚乙二醇、100%（质量分数）溶剂乙酸丁酯，滴加 2mol TDI 和 0.3%（质量分数）二月桂酸二丁基锡混合液，升温 70℃反应 1.7h，降至 50℃反应 1.5h。然后降至室温，加入 2mol HEA，升温 70℃，反应至—NCO 基团消失，得到聚醚型芳香族 PUA，性能见表 3-89。

表 3-89 不同聚乙二醇合成聚氨酯丙烯酸酯的性能

PEG 分子量	PUA 分子量	固化膜性能			
		柔韧性/mm	拉伸强度/MPa	断裂伸长率/%	硬度
400	1.76×10^3	5	20.2	21.2	1.45
800	2.85×10^3	2.5	16.7	35.7	0.85
2000	3.08×10^3	1	15.5	62.4	0.85
4000	1.87×10^4	0.5	7.5	67.9	0.87

③ 三口烧瓶中加入聚氧化丙烯醚 N210（经真空加热脱水，含水量<0.1%）和 TDI（—OH/—NCO 为 0.4∶1），用少量有机酸调体系 pH 到 5，加入 0.05%二月桂酸二丁基锡（20%乙酸丁酯溶液），升温 35℃，维持反应温度（40±2）℃，反应 1h，测体系—NCO 含量，当达到理论值时，升温 60℃，滴加 HPA（—OH∶—NCO 为 1∶1）、二月桂酸二丁基锡、2,6-二叔丁基对甲酚混合物，1h 滴加完毕，60～65℃反应 1h，当—NCO 含量<1%时，升温（80±2）℃，反应至—NCO 含量<0.5%，再加入封端剂丁醇，继续反应得到无色透明的聚醚型芳香族 PUA。酸的选择对聚氨酯丙烯酸酯树脂性能影响见表 3-90。

（2）芳香族聚酯型聚氨酯丙烯酸酯的合成

在三口烧瓶中加入计量的己二酸、三羟甲基丙烷及二甘醇，升温，搅拌全溶解，约 2h 升温至 160℃，加入抗氧剂，通氮气和二甲苯，升温至 190～195℃，保温 6～8h 反应至酸

表 3-90　酸的选择对聚氨酯丙烯酸酯树脂性能影响

性能	磷酸	硫酸	有机酸 A	复合有机酸 B	不加
体系 pH	5	5	5	5	7
反应条件	40℃/1h	40℃/1h	40℃/1h	40℃/1h	40℃/1h
树脂色泽/号	3	4	2	1	2

值<3mg KOH/g，停止加热，抽真空 1h，除去二甲苯和水，得到淡黄色黏稠状端羟基聚酯，羟值控制在 100～130mg KOH/g，分子量为 800～1000。

将 TDI 加入三口烧瓶中，用少量复合有机酸调节 pH 4～5，升温至 40℃，滴加聚酯与二月桂酸二丁基锡混合物，1h 加完，升温至（68±2）℃保温 1h，当—NCO 值达到理论值时降温至 60℃，滴加 HPA、二月桂酸二丁基锡、2,6-二叔丁基对甲酚混合物，1～1.5h 加毕，保温 1h 当—NCO<1% 后，升温（88±2）℃，继续反应至—NCO<0.2%，加入无水乙醇，反应 0.5h，降温得芳香族聚酯聚氨酯丙烯酸酯。聚酯用量对聚氨酯丙烯酸酯影响见表 3-91。

表 3-91　聚酯用量对聚氨酯丙烯酸酯影响

性能	聚酯用量/mol		
	0.2	0.4	0.6
光固化时间/s	2	3	4
铅笔硬度/H	3	3	2
柔韧性/mm	2.0	1.0	0.5
附着力/级	1	1	1
黏度/mPa·s	5000	3000	2000

（3）三官能团芳香族聚氨酯丙烯酸酯的合成

在三口烧瓶中加入 3mol HEA、3mol TDI 和 400mg/kg 甲氧基苯酚和 100mg/kg 苯甲酰氯，搅拌升温至 58～62℃，保温 1h，反应至—NCO 接近理论值，得 TDI-HEA 加成物。加入 1mol 乙氧基化三羟甲基丙烷（或丙氧基化三羟甲基丙烷）、0.05% 二月桂酸二丁基锡，58～62℃保温 3h，反应至—NCO≤0.1% 出料，得三官能团芳香族 PUA，性能见表 3-92。

表 3-92　三官能团聚氨酯丙烯酸酯的性能

性能	(EO)₃TMP/TDI-HEA	(PO)₃TMP/TDI-HEA
黏度(23℃)/Pa·s	64800	47200
—NCO/%	0.06	0.05
固化时间/s	11	8
硬度/H	3	2
附着力	优	优
柔韧性/mm	3	3
耐丙酮(2min)	无变化	无变化
耐乙醇(16h)	无变化	无变化
耐水(24h)	无变化	无变化

（4）六官能团芳香族聚氨酯丙烯酸酯低聚物的合成

在三口烧瓶中加入 30g TDI，18 滴二月桂酸二丁基锡，升温 35℃，缓慢滴加聚酯二元醇（分子量 530）45.65g，40～50℃反应至红外检测 3400cm^{-1} 处—OH 峰消失，3300cm^{-1} 处有—NH 峰出现说明第一步反应完成。称取 102.8g PETA 和对甲氧基苯酚 0.18g，混匀后缓慢加入反应物中，温度控制在 60～70℃，反应至红外检测 2700cm^{-1} 处—NCO 峰消失，停止反应，得到六官能团芳香族 PUA，加入 20％三丙二醇二丙烯酸酯搅匀出料。

（5）脂肪族聚酯型聚氨酯丙烯酸酯的合成

在三口烧瓶中加入 113.2g（0.1mol）聚酯二元醇和 0.1％二月桂酸二丁基锡，在氮气保护下，慢慢加入 33.6g（0.2mol）HDI，70～75℃反应 3～4h，降温至 60℃，加入 23.6g（0.2mol）HEA 和 0.1％对苯二酚，在 60～65℃反应 3～4h，加入 0.5％无水乙醇反应 0.5h，得到脂肪族聚酯型 PUA。密度为 1.18g/cm^3，$M_n = 1700$，黏度（38℃）为 28500mPa·s。

（6）脂环族聚氨酯丙烯酸酯的合成

在三口烧瓶中加入 2mol IPDI 和 1mol 聚醚乙二醇（PEG1000）、0.1％二月桂酸二丁基锡，在 70℃反应至—NCO 量消耗接近 50％，降温至 50℃，加入 2mol HEA、0.1％对苯二酚，50℃反应至—NCO＜0.5％，再加入少量乙醇搅拌 1h，得脂环族 PUA。

脂环族（IPDI）PUA 比芳香族（TDI）PUA 耐候性好，具有更好的柔韧性和抗冲击性。

（7）叔胺型聚氨酯丙烯酸酯的合成

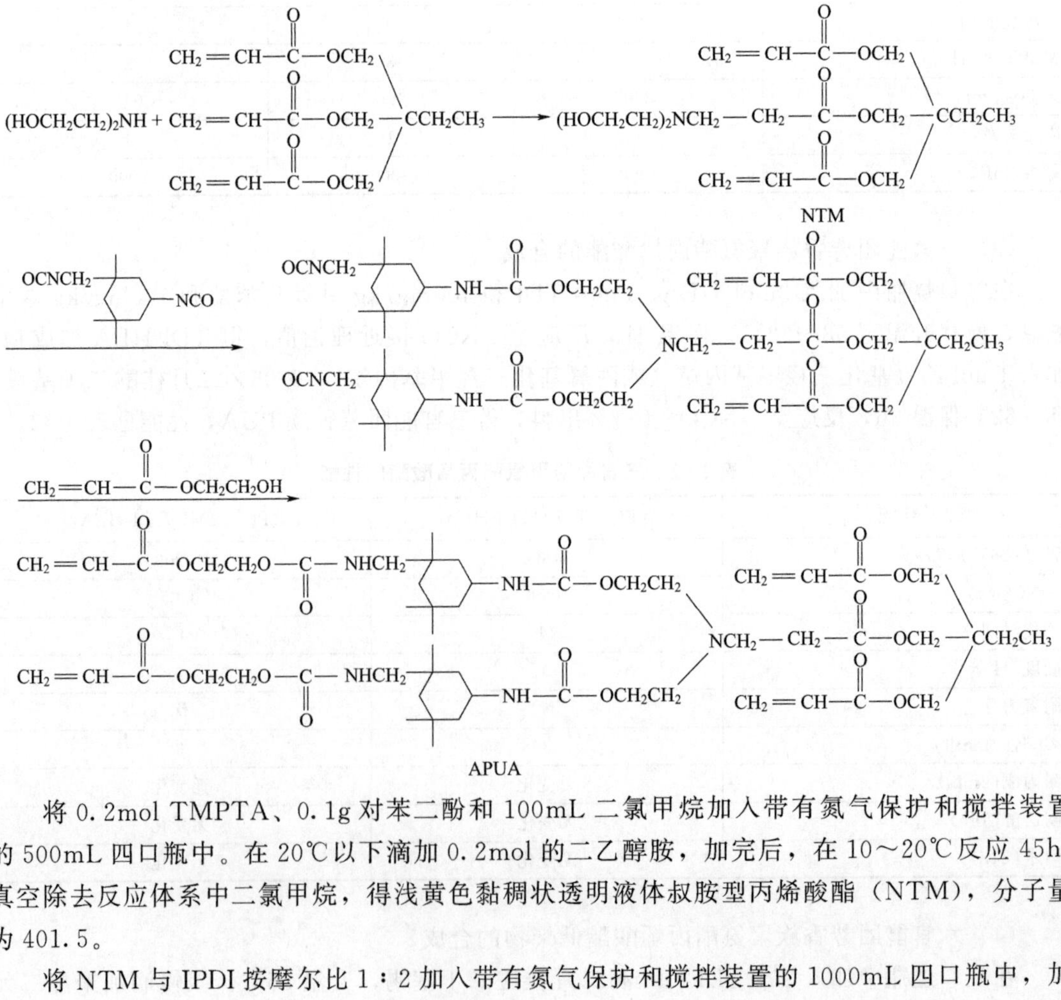

将 0.2mol TMPTA、0.1g 对苯二酚和 100mL 二氯甲烷加入带有氮气保护和搅拌装置的 500mL 四口瓶中。在 20℃以下滴加 0.2mol 的二乙醇胺，加完后，在 10～20℃反应 45h。真空除去反应体系中二氯甲烷，得浅黄色黏稠状透明液体叔胺型丙烯酸酯（NTM），分子量为 401.5。

将 NTM 与 IPDI 按摩尔比 1∶2 加入带有氮气保护和搅拌装置的 1000mL 四口瓶中，加入 3 滴二月桂酸二丁基锡催化剂，缓慢升温到 70℃，反应 1.5h 后，用二正丁胺法测—NCO 含量。当—NCO 值降低 50％，加入与 IPDI 等摩尔的 HEA，在 70～75℃反应 2h 以上，用红外光谱检测在 2235cm⁻¹ 的—NCO 特征吸收峰，直到该吸收峰消失，停止反应。得无色黏稠状叔胺型四官能团聚氨酯丙烯酸酯（APUA）。

（8）含羟基聚氨酯丙烯酸酯的合成

将 0.5mol 聚四氢呋喃醚二醇加入恒压滴液漏斗中，将干燥的氮气通入 250mL 四口烧瓶中，赶净烧瓶中的空气，然后使体系的温度升高到 80℃，缓慢滴滴加 1mol 的 IPDI，反应 4h，直到体系中的—NCO 含量达到理论值后，再降温到 40℃，缓慢滴加 1mol 缩水甘油，待体系搅拌均匀后，再加入 0.2％的二月桂酸二丁基锡（相对于 PTMG），继续反应到—NCO 为零，得到缩水甘油封端的聚氨酯（GPU）；然后在体系中加入 1mol 丙烯酸，待体系搅拌均匀后加入对甲苯磺酸（0.03％）和对苯二酚（0.05％），升高温度到 75℃反应 4h，直到体系中的酸值小于 8mg KOH/g 时，停止反应，就可以得到含羟基的聚氨酯丙烯酸酯。

（9）亚麻油改性聚氨酯丙烯酸酯的合成

将 0.3mol 亚麻油和 1.5mol 甘油加入三口烧瓶中，通 N₂ 搅拌，0.5h 内升温至 120℃，加入少许氧化钙，在 2h 内升温至（220±5）℃，保温并取样，测定体系的 95％乙醇容忍度为 5（25℃）时，即为醇解终点，慢慢降温至 190℃，分批加入 0.9mol 邻苯二甲酸酐搅拌 5min，加入适量二甲苯，1h 内升温至（210±5）℃，保持 2h。再用 1h 升温至 230℃，反应 1h 反取样测酸值，当酸值＜3mg KOH/g 后，停止加热，冷却过滤，得 A 测羟值待用。

在装有滴液漏斗、氮气导入管的四口烧瓶中，加入 0.3mol TDI 和适量 HDDA，通氮气，升温 45℃，1h 内慢慢滴加 0.3molHEA，再升温 55℃反应 1h，滴加几滴二月桂酸二丁基锡，在 60℃1h 内滴加 0.1molA，再在 60℃下反应 1h，得亚麻油改性芳香族 PUA。

（10）蓖麻油改性聚氨酯丙烯酸酯的合成

三口烧瓶通干燥的氮气，排除残留潮气，加入 0.8mol IPDI 和阻聚剂 1010，升温至 70℃，加入真空除水后的聚酯二元醇 0.9mol（羟值 52～60mg KOH/g，T_g −55℃）、氢化蓖麻油 0.4mol（羟值 178～185mg KOH/g，分子量 938），滴加催化剂后反应 2h，加入活性稀释剂丙烯酸 2-苯氧基乙酯和丙烯酸 2（2-乙氧基）乙酯各 10％（反应原料总质量），当—NCO 到理论值时，加入 0.3molHEA，继续反应，当体系—NCO 小于 0.1％时，升温至 90℃，保温 0.5h，消耗剩余的—NCO，最后减压蒸馏，得到蓖麻油改性脂环族 PUA。

（11）有机硅改性聚氨酯丙烯酸酯的合成

将 1mol 烯丙醇和适量（0.5％）氯铂酸/异丙醇溶液加入三口烧瓶中，升温至 90℃，在 2h 内将 1mol 含氢硅油滴加到三口烧瓶中，加毕升温至 100℃反应 2h，得到羟丙基硅油，并测羟值。

将 1mol HEA 在 1.5h 内滴加到装有 1mol IPDI 和适量二月桂酸二丁基锡的三口烧瓶中，反应温度 70℃，加毕保温 30min，升温 85℃，反应 2h，得 IPDI-HEA 加成物，取样测—NCO 值。按—OH：—NCO=1：1.05 比例将羟丙基硅油加入三口烧瓶中，70℃反应 3h，再升温 85℃反应 1h，105℃反应 1h，然后加入少量 HEA，在 85℃下反应至—NCO 含量＜2mg KOH/g 时，停止反应，出料，得有机硅改性脂环族 PUA。

（12）UV 有机/无机杂化聚氨酯丙烯酸酯的合成

在三口烧瓶中加入 58.06（0.50mol）HEA、55.34g(0.25mol)γ-氨基丙基三乙氧基硅烷（KH550），在 30℃以下反应 20h，得到透明的黏稠液为杂化二元醇 HD。

在三口烧瓶中加入 34.83g(0.20mol) TDI 和 45.36g(0.10mol) 杂化二元醇，70℃下反应 6h，然后在 50℃下滴加 HEA 23.23g(0.20mol)，70℃下反应 3h，得到浅黄色黏稠液为有机/无机杂化聚氨酯丙烯酸酯，固化膜有较高的硬度、耐磨性、拉伸强度和热稳定性。

（13）聚氨酯改性丙烯酸酯树脂的合成

三口烧瓶中加入 50mL 丁酮、1g 偶氮二异丁腈，通 N_2，升温 80℃，滴加 25mL 丙烯酸丁酯（0.174mol）、10mL 苯乙烯（0.087mol）、4mL 甲基丙烯酸羟乙酯（0.033mol）和 3mL 丙烯酸（0.044mol）混合单体，3h 内滴加完，继续反应 12h，得丙烯酸共聚物。

三口烧瓶中加入 9mL TDI（0.063mol），1 滴二月桂酸二丁基锡及阻聚剂对甲氧基苯酚，加热 40℃，滴加 8mL HEMA（0.066mol）1h 加完，加入 20mL 丁酮，取样用二正丁胺测定溶液中—NCO 浓度不变时，停止反应，得 TDI-HEMA 半加成物。

在丙烯酸共聚物溶液中加入 2 滴二月桂酸二丁基锡、50mL 丁酮及适量对甲氧基苯酚，升温 60℃，滴加计算量 TDI-HEMA 半加成物（以—NCO：—OH＝1：1 计算量），1h 加完，反应至—NCO 的 2270cm^{-1} 吸收峰基本消失，加入计量三乙胺中和，蒸出丁酮，滴加蒸馏水至蒸出温度 81℃停止，得聚氨酯改性丙烯酸酯树脂，树脂数均分子量在 2000～3000，粒径 200nm。

（14）聚氨酯改性聚酰胺树脂的合成

三口烧瓶中加入 1mol TDI、1mol HEA、适量二月桂酸二丁基锡和阻聚剂，60℃反应 3～4h 至—NCO 为理论值，慢慢加入适量低分子量聚酰胺树脂，体系黏度明显增大，反应 2～3h 至—NCO 消失，加入适量 HEA 调节黏度，得丙烯酸聚氨酯改性聚酰胺树脂（PA）。不同低聚物的涂膜性能见表 3-93。PA-PUA 共混体系涂膜性能见表 3-94。

表 3-93　不同低聚物的涂膜性能

性能	PA	PUA	EA
固化时间/s	2	3-5	3
柔韧性	优	优	差
硬度/H	4	3	3-4
附着力	优	优	良
耐酸碱性	耐碱	耐酸	耐酸碱

表 3-94　PA-PUA 共混体系涂膜性能

性能	PA：PUA				
	5：0	4：1	3：2	2：3	1：4
固化时间/s	2	2	2	2	3
光泽度(60°)/%	101	94	95	97	102
柔韧性	优	优	优	优	优
附着力	优	优	优	优	优
耐酸碱性	耐碱	耐酸碱	耐酸碱	耐酸碱	耐酸

（15）聚氨酯改性梳型聚酰胺的合成

三口烧瓶中加入 60 份二聚脂肪酸（由棉籽油酸聚合而成，酸值 195mg KOH/g）、30 份蓖麻油酸、0.5 份己二酸，通 N₂ 搅拌，升温至 120～130℃，滴加 9.5 份乙二胺（防止溢锅），并于 130～135℃保温 2～3h，升温 180℃反应 2h，负压反应 1h，再通 N₂ 使压力恢复正常，测酸值、胺值合格后降温出料，得低分子量聚酰胺 A。

三口烧瓶中加入 60 份 TDI-HEA 半加成物，升温至 60℃，缓慢加入 40 份加热熔化的 A，加毕保温反应 3h，至—NCO 完全反应，即可出料，得到异氰酸酯改性的梳型聚酰胺低聚物，若体系黏度过大，可加入适量 HEA 调节黏度。该低聚物适用于 UV 塑料（PE、PP、PS、PET、PA、ABS 等）涂料。

（16）含叔胺基聚氨酯丙烯酸酯的合成

三口烧瓶中加入 70g 丁酮，通 N₂，升温 70℃，滴加溶有 2.7g 偶氮二异丁腈的甲基丙烯酸甲酯（20g）、丙烯酸丁酯（20g）、甲基丙烯酸羟乙酯（20g）和甲基丙烯酸-N,N-二甲胺乙酯的混合单体，2～3h 加毕，保温反应 1.5～2h，再升温 80℃，追加 0.3g 偶氮二异丁腈，继续反应至单体转化率 98% 以上，得到含羟基的丙烯酸树脂。

三口烧瓶中加入 22g IPDI 和 0.1% 二月桂酸二丁基锡，通 N₂，于 25℃下滴加含少量阻聚剂的 13g HEMA，测定—NCO 含量至转化率达到 50%，停止反应，得到 IPDI-HEMA 半加成物。

含羟基的丙烯酸树脂中，加入 0.1% 二月桂酸二丁基锡和 0.2% 三乙胺复合催化剂，升温 70℃，滴加 IPDI-HEMA 半加成物（OH∶NCO 为 1∶1），反应至—NCO 含量为零，得到含有叔胺基的聚氨酯丙烯酸树脂可用于制备电泳漆（其性能为固化速度 30s，铅笔硬度 4H，附着力优，抗冲击强度 30kg·cm，光泽度 95，柔韧性 1mm，耐水性＞500h）。

（17）聚氨酯丙烯酸酯/蒙脱土插层复合材料的制备

三口烧瓶中加入 1mol TDI、0.5mol 聚醚二元醇和一定量的有机蒙脱土（用量为聚氨酯丙烯酸酯的 4%～5%），先通氮气 30min，在通氮气下升温 65℃，反应至体系—NCO 值接近理论值，加入 1mol HEA、适量二丁基二月桂酸锡和对甲氧基苯酚，75℃反应至—NCO 值接近零时结束，制得聚氨酯丙烯酸酯/蒙脱土插层复合物。

（18）UV 固化有机/无机杂化聚氨酯丙烯酸酯的合成

三口烧瓶中加入 58.06g（0.5mol）HEA、55.34g（0.25mol）硅烷偶联剂 KH550，在 30℃以下反应 20h，得到透明黏稠液杂化二元醇 HD 113.40g。

将 45.36g（0.1mol）HD 和 34.83g（0.2mol）TDI 在 70℃下反应 6h，然后在 50℃下滴加 HEA 23.23g（0.2mol），70℃下反应 3h，得浅黄色黏稠体，即杂化聚氨酯丙烯酸酯低聚物 HUA。

10.34g HUA 在 70℃下溶解于等量的异丙醇（含 0.18g 0.1mol/L 甲酸），回流反应 8h，减压除去挥发物，即得到透明的黏稠体，即具有无机网络结构的有机/无机杂化聚氨酯丙烯酸酯。

（19）烯丙基醚改性聚氨酯丙烯酸酯的合成

在装有搅拌器、温度计和恒压滴液漏斗的三颈烧瓶中加入 TDI，在 N_2 气保护下中速搅拌，缓慢滴加 PEG400 和占总质量的 0.3％的二丁基二月桂酸锡的混合液，在 60℃下反应 4h，然后滴加 HEMA，至体系中的—NCO 含量基本为零。得到聚氨酯丙烯酸酯。

用 TMPAE 代替计算量的 PEG400 反应，生成烯丙基醚悬挂型 PUA（PUAE-2）。

$$HO \!-\!(CH_2CH_2O)\!-\!H \ + \ HO\!-\!CH_2CHCH_2\!-\!OH \ + \ OCN\!-\!R\!-\!NCO$$
$$\text{(PEG400)} \qquad\qquad \text{(TMPAE)} \qquad\qquad \text{(TDI)}$$
$$\downarrow$$
$$TDI\!-\!PEG\!-\!TDI\!-\!TMPAE\!-\!TDI\!-\!PEG\!-\!TDI$$
$$\downarrow \text{HEMA}$$
$$HEMA\!-\!TDI \text{\small\textasciitilde\textasciitilde\textasciitilde} TMPAE \text{\small\textasciitilde\textasciitilde\textasciitilde} TDI\!-\!HEMA$$

在 PUA 反应中用 TMPDE 代替计算量的 HEMA，反应生成烯丙基醚封端型 PUA（PUAE-3）。

烯丙基醚通常有两种反应途径：第一种是双键的自由基加成反应；第二种反应可以在氧气中形成活性较低的过氧化自由基，通过外加钴盐的氧化还原作用形成活泼的自由基，对消除氧阻聚和引发丙烯酸酯聚合起重要作用。

在 N_2 中丙烯酰氧基和烯丙基醚的反应速率很快，由于烯丙基醚的自阻聚作用，且活性比丙烯酰氧基低，因而转化率较丙烯酰氧基小。在空气中由于烯丙基醚的醚键自动氧化反应的活化能降低，与醚键相连的活泼亚甲基与氧化反应形成自由基而参与反应，转化率明显提高，从不到50％上升到90％以上；丙烯酰氧基则由于氧阻聚作用，转化率降低，从75％减少到60％左右。且在空气中由于氧阻聚，使体系反应的诱导期增加，烯丙氧基和丙烯酰氧基两种双键的固化速度明显减慢。

烯丙基醚两种反应机理：自由基反应和自动氧化反应

（20）含叔胺结构的多官能度聚氨酯丙烯酸酯的合成

将 31.3g（180mmol）TDI、0.2mL 二月桂酸二丁基锡溶于 150mL 无水乙酸乙酯中，在通氮气和搅拌并隔绝水汽的条件下，加热至 40℃，缓慢的滴入 HEA（20.9g，180mmol）和 120mL 乙酸乙酯的溶液，当 HEA 溶液滴加完后，在 40℃下保温 3h，由红外光谱监测 $3420cm^{-1}$ 处—OH 峰的消失和 $3340cm^{-1}$ 处—NH 峰的生成，当 $3420cm^{-1}$ 处的峰完全消失后，表明反应完成，得到 HEA-TDI 半加成物。

同上述实验步骤，仅将 TDI 替换成 40.0g（180mmol）IPDI，温度为 50℃，得到 HEA-IPDL 半加成物。

但此反应中，2 分子 HEA 可能会与 1 分子 TDI 或 IPDI 反应，得到氨基甲酸酯二丙烯酸酯。因此，最终产物中除了多官能度聚氨酯丙烯酸酯外，会含有少量的氨基甲酸酯二丙烯酸酯，起到稀释剂的作用。对 TDI 而言，当反应温度为 40℃时，对位—NCO 基团的反应活性比邻位—NCO 基团高得多，可以尽可能保证 HEA 与 TDI 的对位—NCO 基团反应。而对 IPDI 而言，虽然与二级脂环族碳直接相连的—NCO 基团的反应活性比与一级脂肪族碳直接相连的—NCO 基团高 10 倍，但是与 HEA 在 50℃下反应时，仍不可避免会发生副反应生成二加成物，能起到稀释剂的作用。同时会有少量未反应的 IPDI 留在反应体系中，其在后续步骤中，会与多元醇反应，得到高分子量产物。

在带有磁力搅拌器、温度计、滴液漏斗、氮气管装置的四口瓶中加入 6.3g（60mmol）二乙醇胺 DEOHA 和 30mL 乙酸乙酯，搅拌、通氮气，用恒压滴液漏斗滴加 8.6g（20mmol）三乙氧基化三羟甲基丙烷三丙烯酸酯（SR454）和 20mL 乙酸乙酯的混合液，滴加完毕后将反应混合物的温度保持在 38℃，继续反应 48h。由红外光谱监测反应过程，当在 $1640cm^{-1}$ 处的 C=C 吸收峰消失后，表明反应完成，得到六羟基迈克尔加成物 SR454-DEOHA。

同上述实验步骤，仅将 SR454 替换成 7.9g 四乙氧基化季戊四醇四丙烯酸酯（SR494），得到八羟基迈克尔加成物 SR494-DEOHA。

将 11.2g（15mmol）SR454-DEOHA、1mL 二月桂酸二丁基锡和 120mL 乙酸乙酯加入带有电动搅拌器、温度计、冷凝管和滴液漏斗的 500mL 四口烧瓶中，搅拌、加热、升温至 60℃，然后将含有 HEA-TDI（26.1g，90mmol）的 100mL 乙酸乙酯的溶液通过滴液漏斗加入到烧瓶中，当 HEA-TDI 溶液滴加完后，将反应温度升至 78℃，保温 3h，由红外光谱监测 $2270cm^{-1}$ 处—NCO 峰，当其完全消失时，表明反应完成。然后分别用 10% 的 NaOH 溶液和去离子水洗涤反应液 2 次，用无水硫酸钠除水过夜，最后在真空条件下蒸馏除去溶剂，得到含叔胺结构的六官能团芳香族聚氨酯丙烯酸酯（HAUA）。

同上述实验步骤，仅将 SR454-DEOHA 替换成 SR494-DEOHA 9.5g（10mmol），并且用 23.2g（80mmol）HEA-TDI 进行反应，得到含叔胺结构的八官能团芳香族聚氨酯丙烯酸酯（OAUA）。

用 HEA-IPDI（30.4g，90mmol）替换上述合成中的 HEA-TDI（26.1g，90mol），采用同样方法，得到含叔胺结构的六官能团脂肪族聚氨酯丙烯酸酯（HFAUA）。

同上述实验步骤，仅将 SR454-DEOHA 替换成 SR494-DEOHA 9.5g（10mmol），并且用 27.1g（80mol）HEA-IPDI 进行反应，得到含叔胺结构的八官能团脂肪族聚氨酯丙烯酸酯（OFAUA）。

(21) 光/潮气双固化有机硅聚氨酯丙烯酸酯的合成

三口烧瓶中加入一定量 HDI 和适量二月桂酸二丁基锡，搅拌升温至 60℃，滴加计算量 N,N-二（氨丙基三乙氧基）硅烷（G402 硅烷偶联剂）（—NCO 与氨基摩尔比 2：1）在 70℃反应 2h，加入 HEA（—NCO 与—OH 摩尔比 1：1）和适量对甲氧基苯酚，保温反应至—NCO 消失，得到光/潮气双固化的硅氧烷型聚氨酯丙烯酸酯，可用作光固化保型涂料低聚物。

(22) 紫外光/潮气双重固化 PUA 杂化树脂的合成

干燥的三口烧并中加入 22.1g 氨丙基三乙氧基硅烷（KH550），室温下滴加 20.0g 环氧氯丙烷，不使内温骤然升高。加毕升温至 55～60℃，反应 4～6h，减压蒸馏除去未反应的环氧氯丙烷，得无色透明黏性液体杂化二元醇 A。

干燥的三口烧瓶中加入 17.4g TDI，冰浴下缓慢滴加 11.6g HEA、0.5g 二月桂酸二丁基锡和适量 N,N-二甲基乙酰胺混合液，加毕升温至 55～60℃，测定体系—NCO 至理论值，停止反应，得无色透明液 TDI-HEA 半加成物。

干燥的三口烧瓶中加入 17.4g TDI，冰浴下缓慢滴加 20.0g 聚乙二醇 400、1.0g 二月桂酸二丁基锡和适量 N,N-二甲基乙酰胺混合液，加毕升温 55～60℃，测定体系—NCO 至理论值时，停止反应，冷至室温，滴加 40.6g 杂化二元醇 A，55～60℃反应至体系—NCO 至理论值，停止反应，冷至室温，产物用甲苯洗涤，真空干燥 1h，得无色透明黏性液体硅杂化聚氨酯 Si-PU。

干燥的三口烧瓶中加入 29.0g（TDI-HEA），室温下滴加 77.4g（Si-PU）、2.0g 二月桂酸二丁基锡和适量 N,N-二甲基乙酰胺混合液，55～60℃反应至体系—NCO 理论值，停止反应，将产品用甲苯洗涤，真空干燥 1h，得无色透明黏性液体即为紫外光/潮气双重固化聚氨酯杂化树脂（DC-PUA），基本性能见表 3-95。

表 3-95 DC-PUA 涂层的基本性能

涂膜	摆杆硬度	铅笔硬度/H	附着力	光泽	热失重温度/℃			残留率/%
					10%	50%	70%	
光固化涂膜	57/350	1	2 级	73.1	241	385	554	21.4
光/潮气固化涂膜	227/350	5	0 级	74.2	253	412	556	23.2

注：光固化为 20W/cm 高压汞灯 30s，潮气固化为自然暴露 100h。

3. 14. 3 聚酯丙烯酸酯的合成

(1) 聚酯丙烯酸酯的合成

三口烧瓶中加入 410g 己二酸、40g 马来酸酐、80g 三羟甲基丙烷、312g 新戊二醇、1g 30%磷酸（催化剂），加热至 110℃搅拌，通 N_2，升温至 150～160℃开始出水时，加入 80g 二甲苯和 0.2g 抗氧剂，180℃反应 4～6h，反应至酸值<5mg KOH/g，停止通 N_2，抽真空，当抽出二甲苯与加入二甲苯相当时，停止，降温出料，测羟值和酸值，得端羟基聚酯。

将 600g 端羟基聚酯（羟值以 100 计）加入三口烧瓶，升温至 90℃，加入对甲苯磺酸 0.8g、丙烯酸 85g、对苯二酚 0.2g、甲苯 80g，0.5h 加完，升温至 110～115℃，回流反应 4h，测酸值<10mg KOH/g，真空蒸馏除去甲苯，得到黄色的透明树脂，黏度 25℃1000～3000mPa·s 固含量≥95%，为双官能团 PEA。

(2) 多官能聚酯丙烯酸酯的合成

三口烧瓶中加入 3.35g(25mmol) 三羟甲基丙烷、14.9g(149mmol) 丁二酸酐、6.9g (75mmol) 环氧氯丙烷、适量四乙基溴化铵和 N,N-二甲基甲酰胺溶剂，升温 90℃反应，测酸值计算反应程度，当反应程度超过 98%时，加入 5.54g 环氧丙醇，继续反应，用测酸值跟踪反应，当转化率超过 97%后，加入 32.1g(321mmol) 丁二酸酐和 15.8g(171mmol) 环氧氯丙烷，反应至体系酸值达到设计值时，降温至 70℃，加入适量对甲氧基苯酚和 28.4g (200mmol) 甲基丙烯酸缩水甘油酯，反应到酸值接近零。得到六官能团 PEA，测得数均分子量 3600，重均分子量接近 7000，聚合分散度 1.9，黏度 58.6Pa·s。

(3) 多官能团的聚酯丙烯酸酯合成

三口烧瓶中加入 1mol 己二酸、2mol 季戊四醇、6.3mol 丙烯酸、溶剂 20%苯、催化剂 1.2%对甲苯磺酸和 1.5%对苯二酚，缓慢升温 80～90℃，开始回流，反应至分水器中不再有水产出，（约 10h）即到反应终点，真空蒸馏除去苯和未反应的丙烯酸，经特殊处理后，得到黄色透明、酸值≤10mg KOH/g 的多官能团 PEA。多官能团 PEA 黏度 25℃ 11000～15000mPa·s，挥发物≤1.0%，储存稳定性（80°）≥72h。多官能团聚酯丙烯酸酯与双酚 A 环氧丙烯酸酯性能比较见表 3-96。

表 3-96　多官能团聚酯丙烯酸酯与双酚 A 环氧丙烯酸酯性能比较

性能	聚酯丙烯酸酯	环氧丙烯酸酯
黏度(25℃,涂-4 杯)/s	110	190
固化时间/s	1.5	3
光泽(60°)/%	91	83
附着力(PVC)/级	≤1	≥4
硬度	HB	HB
柔韧性/级	6	4

(4) UV 粉末涂料用聚酯甲基丙烯酸酯的合成

在四口瓶中加入配方量的高酸值聚酯，将体系升温至聚酯的熔融温度，使聚酯逐渐熔融，保持 30min。将体系温度降到 100～105℃，加入环氧氯丙烷（与聚酯质量比 3:1）和催化剂三乙基苄基氯化铵（质量分数 0.5%），加速搅拌，使树脂和环氧氯丙烷充分混合，以利于反应。跟踪酸值，反应 3h 左右，直到酸值降到不再变化为止，停止反应。用乙醇沉析出环氧化聚酯，过滤，过量的环氧氯丙烷与乙醇一起回收再利用。将过滤出来的环氧化聚酯用乙醇洗涤，真空干燥，以备第二阶段的相转移反应之用。

取一定量环氧化聚酯，加入四口烧瓶中，再加入二甲苯，加热溶解，形成均匀的有机相体系。在反应温度保温 30min，加入 3 倍质量甲基丙烯酸和 20%NaOH 水溶液，同时加入质量分数 0.5% 的相转移催化剂四丁基氯化铵，反应温度为 50~55℃，加速搅拌，使两相体系尽可能接触，以利于反应的进行。反应 3h 后，将产物用蒸馏水析出，过滤、洗涤、真空干燥，得到 UV 粉末涂料用聚酯甲基丙烯酸酯。

3.14.4　含硅、磷、氟的丙烯酸酯低聚物的合成

（1）有机硅低聚物的合成

将八甲基环四硅氧烷及催化剂 $FeCl_3 \cdot 6H_2O$（0.1%~0.3%）加入三口烧瓶中，搅拌下加入二甲基二氯硅烷，升温至 80℃后反应 6h，在 80℃/10mmHg 下减压蒸馏，再在 8000r/s 离心机下离心分离残留物，得淡黄色透明液体 α,ω-二氯聚二甲基硅氧烷。

在三口烧瓶中加入 PETA、三乙胺（HCl 吸收剂）、溶剂甲苯，阻聚剂对甲氧基苯酚，在冷水浴下搅拌滴加 α,ω-二氯二甲基硅氧烷，缓慢升温至 40℃反应 1h，在 40℃/10mmHg 下减压蒸馏溶剂甲苯和未反应的三乙胺，再在 8000r/s 离心机下二次离心分离沉淀物，得乳白色至无色透明液体即为聚硅氧烷丙烯酸酯低聚物。

（2）甲基丙烯酸聚硅氧烷合成

将 2mol γ-甲基丙烯酰氧丙基三甲氧基硅烷、1mol 二端羟基二甲基聚硅氧烷和适量二月桂酸二丁基锡催化剂加入到装有回流冷凝器、减压泵的三口烧瓶中，于 80~100℃反应 8h。反应过程中要及时排走副产物甲醇，以利反应顺利进行，最后减压蒸馏，除去剩下的甲醇和其他烷基醇，得到淡黄色的甲基丙烯酸酯改性的聚硅氧烷低聚物。

（3）光敏有机硅丙烯酸酯的合成

三口烧瓶中加入计算量的甲基丙烯酸烯丙酯、反应物总重 0.04% 三苯基膦氯化铑（催化剂）、反应物总重 50% 甲苯（溶剂）和适量阻聚剂对甲氧基苯酚，通 N_2 保护，升温 65~70℃下滴加等摩尔甲基含氢硅油（含量为 0.35%），反应过程中测定含氢硅油的含氢量至转化率达 100% 时，停止反应得到光敏有机硅丙烯酸酯低聚物。

（4）光固化有机硅丙烯酸酯的合成

三口烧瓶中加入 17.4g（0.1mol）TDI，质量分数 0.1% 的二月桂酸二丁基锡，升温 40℃，滴加含有阻聚剂对羟基苯甲醚的 29.8g（0.1mol）PETA[n(NCO)∶n(OH)=2∶1] 加毕，40℃继续反应 4h，当—NCO 含量达到预定值后，滴加双碳羟基硅油 85g（0.05mol）[n(NCO)∶n(OH)=1∶1]，升温至 70~75℃，反应至—NCO 含量为零时，停止反应，得到光固化有机硅丙烯酸酯。

（5）环氧聚硅氧烷丙烯酸酯合成

以甲苯作溶剂，N,N-二甲基苄胺作催化剂，对羟基苯甲醚作阻聚剂，将环氧聚硅氧烷与等当量的丙烯酸于 100~110℃反应 6h，测定酸值和环氧转化率为 90% 左右，减压蒸馏除去溶剂和未反应丙烯酸，得环氧聚硅氧烷丙烯酸酯（AEPS）。

光敏聚合物环氧聚硅氧烷丙烯酸酯（AEPS）固化膜硬度较高，表面光滑耐磨，吸水率

低，电性能好，耐溶剂，耐酸和弱碱性好，不耐强碱，有高拉伸强度和模量，折射率较高 1.4698，固化膜折射率达 1.4918。AEPS 固化膜的物理性能见表 3-97。

表 3-97　AEPS 固化膜的物理性能

项目	性能	项目	性能
密度/(g/cm³)	1.2129	邵尔硬度	18.1
折射率(25℃)	1.4918	T_g/℃	$T_{g_1}=-57$　$T_{g_2}=-5$
吸水率(25℃、24h)/%	2	热分解温度失重5%/℃	300
拉伸强度/(kgf/cm²)	64.1	介电系数	6.76
伸长率/%	8	介电损耗(50Hz)	6.048×10^{-3}
模量/(kgf/cm²)	80.1	电击穿强度/(kV/mm)	50.5

（6）环氧有机硅丙烯酸酯的合成

三口烧瓶中加入一定量的环氧基硅油和丙烯酸（环氧基与羧基的摩尔比为 1∶0.95）、总量 0.6% 的催化剂三乙胺和适量的对甲氧基苯酚，搅匀后升温至 100～110℃ 反应，当酸值<5mg KOH/g 时，停止反应，得到环氧有机硅丙烯酸酯（PSAE）。

PSAE 的感度值：

PSAE∶1173=100∶2　　　　　　　　感度值 28.4mJ/cm²（光强 2.84mW/cm²）

PSAE∶TEGDA∶1173=60∶40∶4　　感度值 16.78mJ/cm²（光强 2.84mW/cm²）

（7）光固化有机硅/纳米 SiO_2 杂化材料的合成

三口烧瓶中加入 0.1mol 的 IPDI 和总质量 0.1% 二月桂酸二丁基锡，室温搅拌，氮气保护下滴加 0.1mol HEA，2h 加毕，继续室温下反应 4h，至—NCO 含量达到预定值，滴加 0.05mol 双碳羟基硅油（K-50），升温至 60℃，反应至 NCO 消失，停止反应，得光敏有机硅树脂 PSUA。

将一定量乙醇、正硅酸乙酯加入装有滴液漏斗的锥形瓶中，室温下边搅拌边滴加用盐酸酸化的乙醇与去离子水混合液（各物质比为 $n_{正硅酸乙酯}∶n_水∶n_乙醇∶n_{盐酸}=1∶5∶10∶0.05$），滴加完后继续反应 24h。再滴加一定量硅偶联剂 KH570，搅拌均匀后陈化 24h，制得硅溶胶。

将 3 份光敏有机硅树脂 PSUA 和 2 份 TPGDA、3% 光引发剂 1173 加入三口烧瓶中搅拌均匀，滴加 1 份硅溶胶剧烈搅拌至体系均匀透明，得到光固化有机硅/SiO_2 杂化材料。杂化材料稳定，相容性好，有很好的韧性和较高硬度（5～6H）。

（8）丙烯酸化聚磷酸酯的合成

在装有回流冷凝管、滴液漏斗、氮气管的四口烧瓶中加入 20g 氧氯化磷（0.13mol）和乙醚 250mL，在冰浴中缓慢滴入 17.4g HEA（0.15mol）和 30.8g 吡啶（0.39mol），25℃ 下反应 24h，得 POHEA。27.5g 双酚 A（0.12mol）预溶在适量的乙醚中，慢慢滴加到上述反应瓶中，25℃ 下继续反应 24h。过滤，除去滤液中的乙醚，加入 40mL 二氯甲烷，待完全溶解，加入大量的水，用稀盐酸调至酸性。分液，油相用饱和碳酸氢钠溶液洗涤，再用蒸馏水洗至中性。再用无水硫酸钠干燥后将二氯甲烷抽出，得到无色透明的丙烯酸化聚磷酸酯（APP），收率 82.4%。

（9）光固化含磷聚氨酯丙烯酸酯的合成

在装有气体导出装置的四口烧瓶中，加入 2.0mol 乙二醇、0.6mol 三氯氧磷和 100mL

二氯甲烷，控制温度40℃以下，反应4h，用蘸水的PH试纸在气体导出口检测至不变红时，继续反应1h。升温减压蒸馏，当温度升至150℃，不再有液体馏出时，停止反应，得浅黄色透明黏稠液体磷酸三乙二醇酯（A），液相色谱分析产品含量96.5％以上。

三口烧瓶中加入0.2mol聚丙二醇，加热至100℃，抽真空脱水1h。降温至50℃，加入0.4mol IPDI、3滴二月桂酸二丁基锡和0.5g对苯二酚，升温至75℃，在氮气保护下反应4h。测定体系中—NCO含量降低到一半后，加入0.2mol HEA，75℃继续反应4h，得无色黏稠液体为带—NCO基的聚氨酯丙烯酸酯（B）。

三口烧瓶中加入B，升温至75℃，滴加A，加毕继续反应3h，至测定体系中—NCO含量为零时，停止反应，得浅黄色透明黏稠液体光固化含磷聚氨酯丙烯酸酯P-PUA（PPG）。

用聚己二酸丁二醇酯（PBA）代替聚丙二醇，同样方法可合成光固化含磷聚氨酯丙烯酸酯P-PUA（PBA）。

光固化含磷聚氨酯丙烯酸酯涂膜的基本物理性能见表3-98。

表3-98　光固化含磷聚氨酯丙烯酸酯涂膜的基本物理性能

涂膜体系	体系黏度(25℃)/mPa·s	固化膜外观	剪切强度/MPa	硬度/H	固化膜附着力/级
P-PUA(PPG)	210	光滑透明	6.869	3	2
P-PUA(PBA)	800	光滑透明	7.513	4	1

（10）磷酸酯改性的环氧聚氨酯丙烯酸酯的合成

将1mol双酚A二缩水甘油醚加入三口烧瓶中，升温至70℃，在1h内缓慢滴加1mol磷酸二丁酯，升温90℃反应3h，制得含磷二醇（P-diol），最终反应物酸值<10mg KOH/g，环氧值<0.01。

将1mol TDI加入三口烧瓶中，加热至40～50℃，加入适量对苯二酚和二月桂酸二丁基锡，再将1mol的HEA缓慢加入40～50℃反应至—NCO值不变化，再加入1mol含磷二醇和适量活性稀释剂TPGDA，升温至70℃，反应至—NCO<0.5％，停止反应，制得阻燃型磷酸酯改性的环氧-聚氨酯丙烯酸酯（P-EUA）。

当P-EUA：TPGDA：TMPTA=3：1.5：0.5、光引发剂1700、5％活性胺5％、固化时间4.3s时，涂层含磷2.9％，600℃碳渣23.8％，800℃碳渣22.8％，极限氧指数LOI为26.3。

（11）含氟丙烯酸磷酸酯的合成

三口烧瓶中加入10.00g(0.065mol)三氯氧磷和200mL乙醚，置于冰浴中，缓慢滴加29.50g(0.065mol)全氟烃基乙醇和5.10g(0.065mol)吡啶混合物，在25℃，搅拌反应8h。再缓慢滴加8.8g(0.098mol)1,4-丁二醇、15.5g(0.196mol)吡啶和适量乙醚混合物，25℃搅拌反应12h。然后缓慢滴加11.80g(0.130mol)丙烯酰氯，并加入12.30g(0.156mol)吡啶，25℃搅拌反应12h。反应产物经过滤，滤饼经中和、洗涤和干燥，蒸去溶剂，得到青灰色固体A，为光固化含氟丙烯酸磷酸酯，具有优异的阻燃性，氧指数LOI为38，固化膜的表面张力20.3mN/m，与水接触角109°，与溴代萘接触角82°。

（12）含氟丙烯酸磷酸酯的合成

三口烧瓶中加入7.67g(0.050mol)三氯氧磷和200mL乙醚，置于冰浴中，缓慢滴加

22.80g(0.050mol) 全氟烃基乙醇和 5.10g(0.050mol) 三乙胺混合物，在 25℃搅拌反应 8h。再滴加 5.81g(0.050mol) HEA、5.10g(0.050mol) 三乙胺和适量乙醚混合物，25℃搅拌反应 12h。然后再缓慢滴加 2.43g(0.027mol) 1,4-丁二醇、5.5g(0.054mol) 三乙胺和适量乙醚混合物，25℃搅拌反应 12h。反应产物经过滤，滤饼经中和、洗涤和干燥，蒸去溶剂，得到淡黄色固体 B，为光固化含氟丙烯酸磷酸酯，具有优异的阻燃性，氧指数 LOI 为 36；固化膜的表面张力 20.8mN/m，与水接触角 105°，与溴代萘的接触角 86°。

（13）含全氟基团的聚氨酯甲基丙烯酸酯的合成

三口烧瓶中加入全氟辛酸和亚硫酰氯（$SOCl_2$）[n（全氟辛酸）：n（$SOCl_2$）＝1：2]和催化剂 3.35％ N,N-二甲基甲酰胺，加热至 85℃，反应 1h，减压蒸馏除去多余的 $SOCl_2$，在 1.07kPa 下，收集 60～72℃馏分，得白色透明有强烈刺激气味的全氟辛酰氯 A，平均收率为 92.6％。

2.5g(0.04mol) 乙醇胺、10mL 四氢呋喃加入三口烧瓶中，冰盐浴冷至 5℃以下，搅拌下缓慢滴加 8.5g 全氟辛酰氯（0.02mol），半小时滴完，加完后升温至 30℃，继续反应 3h 得黄色膏状物，减压蒸馏除去四氢呋喃，加入 10mL 70℃热水洗涤，并趁热分液，用盐酸调 pH 至 7.5～8.0，再用热水洗 1 次，产物用氯仿重结晶，即得成品晶体 N-羟乙基全氟辛酰胺 B。

干燥三口烧瓶中加入 1.74g(0.01mol) TDI、4mL 甲基异丁基甲酮、1 滴二月桂酸二丁基锡，N_2 保护，升温 65～70℃内缓慢滴加 4.57g(0.01mol) B 和 12mL 甲基异丁基甲酮溶液，反应 3h，补加 2 滴二月桂酸二丁基锡，升温 75～80℃缓慢滴加 1.6g(0.01mol) 甲基丙烯酸羟乙酯，反应 4h，减压蒸馏除去甲基异丁基甲酮，用四氢呋喃重结晶，得浅棕色透明的晶体含全氟基团聚氨酯甲基丙烯酸酯收率 81％。

3.14.5　其他低聚物的合成

（1）不饱和聚酯的合成

首先将 29.62g(0.2mol) 邻苯二甲酸酐、24.35g(0.32mol) 丙二醇、8.5g(0.08mol) 一缩二乙二醇及适量的抗氧剂亚磷酸三苯酯加入带有搅拌器、温度计的四口烧瓶内，加热物料，140℃时开始搅拌，然后逐步升温，反应温度不超过 210℃，蒸馏头温度不超过 103℃，反应至酸值降至 10mg KOH/g 以下。

在体系中加入 19.61g(0.2mol) 顺丁烯二酸酐、2.43g(0.032mol) 1,2-丙二醇、0.84g (0.008mol) 一缩二乙二醇、逐渐加热到 200℃、蒸馏头温度不超过 103℃，反应至酸值降至 80mg/g 以下，真空脱水，使酸值降至 55mg KOH/g 以下，降温到 180℃时，加入质量分数为 $1.5×10^{-2}$％的阻聚剂对苯二酚，120℃时加入质量分数为 35％的活性单体（甲基丙烯酸甲酯：苯乙烯＝1：1），在 80～90℃搅拌 1h，降温到 70℃以下，即可出料，得不饱和聚酯/甲基丙烯酸甲酯与苯乙烯溶液。

（2）UV 粉末涂料用不饱和聚酯的合成

$$(n+1)HOOC-(CH_2)_4-COOH + nHO-CH_2-\!\!\!\!\bigcirc\!\!\!\!-CH_2-OH \longrightarrow$$

$$HOOC-(CH_2)_4-CO-[O-CH_2-\!\!\!\!\bigcirc\!\!\!\!-CH_2-O-CO-(CH_2)_4-CO]-OH + 2nH_2O$$

在装有搅拌器、冷凝管、氮气通入管的三口烧瓶中，加入对二羟甲基环己烷（n）、己二酸（$n+1$）和催化剂对甲苯磺酸，于 140℃下反应 3h，合成羧基型聚酯。

$$\text{HOOC} + (CH_2)_4 - CO + O - CH_2 - \bigcirc - CH_2 - O - CO + (CH_2)_4 - CO + OH + CH_2 = \overset{CH_3}{\underset{}{C}} - COO - O - \overset{}{CH} - CH_2 \longrightarrow$$

$$CH_2 = \overset{CH_3}{\underset{}{C}} - COO - CH - CH_2 - OOC + (CH_2)_4 - CO + O - CH_2 - \bigcirc - CH_2 - O - CO + (CH_2)_4 - CO +_n O$$

$$\underset{OH}{}$$

$$- CH_2 - \overset{}{CH} - \overset{O}{\underset{}{C}} - O - \overset{CH_3}{\underset{}{C}} = CH_2$$

$$\underset{OH}{}$$

然后加入溶剂甲苯，与聚酯的羧基等当量的 GMA、质量分数 0.1% 高效阻聚剂氮氧自由基（YK）、质量分数 3% 催化剂四乙基氯化铵，于 100℃ 温度下反应 3h。反应结束后，先减压分离部分溶剂，再沉析于乙醇中，产物于真空烘箱中干燥至恒重，得到 UV 粉末涂料用不饱和聚酯。

（3）聚丙烯酸酯低聚物的合成

三口烧瓶中加入一定量的甲基丙烯酸甲酯、丙烯酸乙酯、丙烯酸丁酯、巯基乙酸、甲苯和偶氮二异丁腈，依次抽真空，充氮气重复 3 次，升温 85℃，反应 10h，制得分子链一端带有羧基官能团的低聚物 P，用甲醇沉淀，再用甲苯重新溶解，重复 3 次，红外干燥真空干燥至恒重。

将低聚物 P、甲基丙烯酸缩水甘油酯（摩尔比 1:1.5）、催化剂 1.5% 苄基氯化三乙胺和高温阻聚剂，氮气保护下，升温到 138℃ 反应 9~12h，制得聚丙烯酸酯低聚物，精制方法同 P。单体组成对聚丙烯酸酯低聚物玻璃化转变温度影响见表 3-99。

表 3-99　单体组成对聚丙烯酸酯低聚物玻璃化转变温度影响

序号	组成			
	MMA/%	EA/%	BA/%	T_g/℃
1	60	10	30	24.1
2	70	10	20	41.5
3	75	10	15	50.6
4	80	10	10	61.7

EA 按 10%，MMA 按 75~80%，BA 按 10%~15%，使 T_g 在 50~60℃。

不同催化剂种类对合成聚丙烯酸低聚物的影响见表 3-100。

表 3-100　不同催化剂种类对合成聚丙烯酸低聚物的影响

催化剂种类	聚丙烯酸低聚物收率/%	催化剂种类	聚丙烯酸低聚物收率/%
未加	59.5	N,N-二甲基苄胺	95.9
异丙胺	70.8	苄基氯化三乙胺	99.5
二乙胺	87.5		

注：P:GMA=1:1.5，催化剂用量 1.5%（摩尔分数），反应温度 138℃，反应时间 12h。

（4）不饱和聚酯-环氧树脂嵌段共缩聚型 UV 低聚物的合成

三口烧瓶中加入计算量的丙二醇/苯酐和马来酸酐（羧基过量 30%~35%，摩尔分数），升温至 195～200℃，反应至酸值降至 150 左右，加入与不饱和聚酯酸值等摩尔量的环氧树脂继续反应一定时间后，降温至 110℃，按计算量加入丙烯酸封闭端基，当酸值降至 10 以下时停止反应，得到不饱和聚酯-环氧树脂嵌段共缩聚型 UV 低聚物。羧基过量不同时低聚物的性能比较见表 3-101。

表 3-101　羧基过量不同时低聚物的性能比较

序号	羧基过量 /%	不饱和聚酯 分子量	共缩聚光敏低聚物 固化时间/s	附着力 /级	柔韧性 /级	硬度 /H
A	30	730	9	1	1	3～4
B	35	600	18	1	1	2

（5）2,2′,5,5′-四甲酸丙烯酸（2-羟基）丙二酯苯甲酸对环己二酯的合成

三口烧瓶中加入偏苯三酸酐 38.4g、1,4-环己二醇 12.6g、对甲苯磺酸 0.2g，加热至 150℃，回流 9min，搅拌至体系均匀反应，无白色粉末，当酸值 20mg KOH/g，停止加热，出料得 2,2′,5,5′-四羧基苯甲酸对环己二酯（A），粉碎成粉末。取 24.7g A 和 30mL 甲苯，升温 98℃搅拌溶解，加入 24.7g 环氧氯丙烷和催化剂苄基三乙基氯化铵 0.15g 升温 105℃，反应 2.5h 至酸值 8mg KOH/g，减压蒸馏除去甲苯和过量环氧氯丙烷。加入 15mL 甲苯搅匀，取 40mL 丙烯酸钠水溶液（由 40mL 丙烯酸溶于 100mL 20% NaOH 配成），再加入相转移转化剂四丁基氯化铵 0.15g、在 105℃反应 3h，根据 NaOH 浓度变化判定终点，停止反应后，分液，取出下层无色黏稠物，加入甲苯，减压蒸馏共沸蒸出水分，得到 2,2′,5,5′-四甲酸丙烯酸（2-羟基）丙二酯苯甲酸对环己二酯，用于 UV 粉末涂料作交联剂。

（6）6,6′-碳酸-1,1′-己二醇二丙烯酸酯的合成

三口烧瓶加入 0.02mol 1,6-己二醇和 5mL 四氢呋喃，搅拌溶解，再加入碳酸二甲酯 0.01mol 和 2 滴磷酸催化剂，加热回流反应 6h。用旋转蒸发器除去四氢呋喃和未反应的碳酸二甲酯，得到 6,6′-碳酸-1,1′-己二醇酯（A）。

将 0.01mol A 溶解在 25mL 二氯甲烷中，加入 0.02mol 三乙胺，缓慢滴加 0.02mol 丙烯酰氯，有大量雾出现，当烟雾消失后，继续搅拌过夜，反应产物抽滤除去三乙胺盐酸盐，用 10mL NaCl 溶液洗，分出油层，蒸去溶剂二氯甲烷，得黄色液体 6,6′-碳酸-1,1′-己二醇二丙烯酸酯 3.10g，收率 83.8%。

（7）阳离子光固化含脂环族环氧的有机/无机杂化氧杂丁烷的合成

三口烧瓶中加入 100.0g(0.406mol)2-(3,4-环氧环己基)乙基三甲氧基硅烷（KBM-3033）和 141.48g(1.22mol)3-乙基-3-羟甲基氧杂丁烷（OXT-101），升温 100℃，抽真空下反应 3h，除去甲醇，得到可阳离子光固化的含脂环族环氧的含硅氧杂丁烷，收率 88.2%。该化合物与双酚 A 二甘油醚、脂环族双环氧配合使用，可改善阳离子光聚合的活性。

（8）带光引发基团聚丙烯酸酯低聚物合成

三口烧瓶中加入 70g 乙二醇苯甲醚，通 N_2 0.5h，升温到 80℃，慢慢滴加甲基丙烯酸甲酯 12.5g(125mmol)、丙烯酸 25.0g(347.2mmol)、丙烯酸丁酯 12.5g(97.7mmol) 和偶氮二异丁腈 0.75g 混合物，85℃反应 5～6h，停止反应，冷却，反应物倒入水中使聚合物析出，反复洗涤，50℃真空干燥 24h，得丙烯酸聚合物 A，分子量测定 $M_n = 6956$，$M_w = 13223$，多分散性 1.90；酸值 436.8mg KOH/g。

三口烧瓶中加入 5.0g A、60mL 四氢呋喃使完全溶解，升温 60℃，慢滴 6.0g（50.8mmol）二氯亚砜，使反应液保持微沸，反应 6～7h，冷却旋转蒸发除去溶剂，用正己烷多次洗涤，30℃真空干燥 24h，得含丙烯酰基聚合物 B。

　　将 2.80g B 完全溶解于 60mL 四氢呋喃，倒入用铝箔包裹的三口烧瓶中，加入 3.03g（30mmol）三乙胺，升温 60℃，慢慢滴加光引发剂 1173 0.432g（2.63mmol），回流反应 6h，再慢滴 2.6973g（23.3mmol）HEA，保温反应 6h，冷却，避光旋转蒸发，除去溶剂，正己烷洗涤，真空干燥 48h，得带光引发基团聚丙烯酸酯低聚物。

　　(9) 光固化马来酸酐改性纤维素酯低聚物的合成

　　三口烧瓶中加入一定量的乙酸丁酸纤维素和溶剂，搅拌至溶液澄清透明，升温至 65℃，加入一定量的马来酸酐，充分搅拌溶解，待液澄清后，加入催化剂升温至 80℃，反应 3～4h。将反应物缓慢冷却到 50℃左右，往三口烧瓶中加入一定量的水，搅拌 10min，再静置 5min。此时三口烧瓶中慢慢析出白色固体，过滤后再用大量的水反复洗涤白色固体，至水洗的溶液 pH 约为 6～7，在 50℃下鼓风干燥，直到含水量≤2%，得到光固化马来酸酐改性纤维素酯低聚物。改性前后乙酸丁酸纤维素的性能对比见表 3-102。

表 3-102　改性前后乙酸丁酸纤维素的性能对比

性能	乙酸丁酸纤维素	马来酸酐改性乙酸丁酸纤维素
柔韧性/mm	1	1
硬度/H	2	4
附着力/级	0～1	0～1
光泽(对玻璃)	123	130
耐丙酮擦拭/次	≤50	≥400
耐划伤性/%	31.1	13.2

3.14.6　光固化水性低聚物的合成

　　(1) UV 水性 EA 的合成

　　三口瓶中加入一定量的双酚 A 环氧树脂 E-51 和适量的对甲氧基苯酚搅拌加热升温至 60℃，缓慢滴加丙烯酸（与 E-51 环氧基摩尔比为 1:1）和适量苄基三甲基氯化铵，1h 滴完，升温至（100±5）℃，反应至酸值<5mg KOH/g，停止反应制得环氧丙烯酸树脂 EA。降温至 50℃，再加入一定量的偏苯三酸酐 B（与 EA 中羟基摩尔比 0.4～0.5）和适量丙酮升温至 80℃，反应至酸值为理论值时，停止反应，得到酸酐改性 EA（B-EA）。常温下加入三乙醇胺搅匀中和，在剧烈搅拌下加水稀释，得到 UV 水性 EA。B-EA 的性能见表 3-103。0.4mol B-EA 固化时间见表 3-104。

表 3-103　B-EA 的性能

性能	B 摩尔当量					
	0.05	0.1	0.2	0.3	0.4	0.5
60%固含量	不溶	不溶	不溶	溶	溶	溶
固化时间/s	0.9	1.0	1.2	2.3	2.5	3.0

表 3-104　0.4mol B-EA 固化时间

单位：s

中和程度/%	100	80	60
预烘干	1.13	1.17	1.25
不烘干	0.6	0.65	0.8

（2）UV 水性 FA、EA 的合成

三口烧瓶中加入一定量的双酚 A 环氧树脂 E-51（或酚醛环氧树脂 F-51）加热至 75～80℃，滴加一定量的丙烯酸、N,N-二甲基苄胺和对甲氧基苯酚混合液（环氧基与羧基摩尔比 2:1），升温 90～100℃反应至酸值＜5mg KOH/g，停止反应，加入适量乙二醇独乙醚作溶剂，再加入一定量的二甲基乙醇胺和磷酸（环氧基：二甲基乙醇胺：磷酸摩尔比为 1:1:1/3），升温 50～55℃，反应 3h 左右，体系环氧值下降出现平缓趋势时，停止反应制得 UV 水性季铵化的 EA（或 FA）。四种季铵化环氧丙烯酸树脂的性能见表 3-105。

表 3-105　四种季铵化环氧丙烯酸树脂的性能

样品	发生丙烯酰化的环氧基/%	发生季胺化环氧基/%	季胺化反应环氧基转化率/%	水溶性	溶剂
E_{51}A-N_1	48.4	35.2	68.3	透明溶液	水
E_{51}A-N_2	56.1	25.9	59	乳状液	乙二醇独乙醚：水=1:1
F_{51}A-N_1	66.7	19.5	58.7	透明溶液	水
F_{51}A-N_2	81.6	8.5	46.2	乳状液	乙二醇独乙醚：水=1:1

（3）UV 含不同季铵盐结构的 FA 的合成

取 0.05mol 的不同酸或 $NaHSO_3$，加入 100mL 蒸馏水稀释在冰水浴中滴加约 80mL 的三乙胺，使 pH=7～8，搅拌 1h，制得三乙胺的各种不同酸的盐。

三口烧瓶中，将已知浓度的三乙胺叔胺盐水溶液按 0.5 摩尔比（叔胺盐/酚醛环氧树脂的环氧基）加至酚醛环氧树脂 F-51 中，搅拌下升温 80℃反应 5h。减压脱去大部分水，再加适量甲苯加热共沸除去残余水分，减压除去甲苯，得季铵盐酚醛环氧树脂。加热至 75℃，滴加 0.6 摩尔比（丙烯酸/酚醛环氧树脂的环氧基）的丙烯酸，体系质量 0.5%的对苯二酚及 2% N,N-二甲基苯胺，在氮气保护下反应 3.5h。加适量丙酮搅拌 10min，使未反应的原料树脂溶解，静置分层倾去上层丙酮溶液，重复三次，蒸去丙酮得季铵盐结构的 FA 树脂。不同季铵盐的 UV-FA 性能见表 3-106。

表 3-106　不同季铵盐的 UV-FA 性能

季铵盐	转化率/%	固化凝胶量/%
Cl^-	94.1	25.6
NO_3^-	90.7	23.2
$COOH^-$	92.2	21.2
Cl_3CCOO^-	81.5	2.80
$NaSO_3^-$	87.2	20.6

（4）肉桂酸酯化酚醛树脂季铵盐的合成

三口烧瓶中加入 50g 酚醛环氧树脂，41.4g 肉桂酸（环氧基：羧基摩尔比 1:0.5）、2%

的 N,N-二甲基苯胺和适量的丙酮，搅拌至溶解，升温至 60℃，回流反应 12h，蒸去溶剂洗涤精制，得肉桂酸酯化酚醛环氧树脂。

取一定量的三乙胺盐水溶液（三乙胺：环氧基摩尔比 0.5:1）加入到上述酚醛环氧肉桂酸酯中，升温 80℃，搅拌反应 5h 后，除去体系中水分，加入适量丙酮，洗涤产物，蒸去溶剂，60℃真空干燥一昼夜，得精制的肉桂酸酯化酚醛环氧树脂季铵盐，易溶于水，为水溶性感光树脂。

（5）水性聚醚型 PUA 的合成

三口烧瓶中加入聚乙二醇、DMPA、适量二月桂酸二丁基锡，搅拌下加入 TDI，升温 40℃，升温至 70~80℃反应至—NCO 不变，降温至 50℃，加入适量对甲氧基苯酚，滴加 HEA，加毕升温至 70~75℃，反应至—NCO 消失，降温至常温，加入三乙胺或三乙醇胺中和，再剧烈搅拌下加水得到 UV 固化水性 PUA。分别合成 PUA 210 和 PUA 220 的配方及固化时间见表 3-107、表 3-108。

表 3-107　PUA 210（聚乙二醇 210）

项目	1	2	3	4	5
基团比	6:1:3:2	4.5:1:2:1.5	3.5:1:1.25:1.25	3:1:1:1	5:2:1:2
HEA/%	15.7	14.3	13.4	10.9	13.0
DMPA/%	13.6	11.0	7.2	6.3	3.7
固化时间/s	0.3	1.0	2.4	5.2	20

表 3-108　PUA 220（聚乙二醇 220）

项目	1	2	3	4	5
HEA/%	12.1	10.0	9.6	7.5	8.3
DMPA/%	10.1	7.7	5.1	4.4	2.4
固化时间/s	1.0	10.9	34.8	90.0	180

注：基团比为 NCO:OH(PPO):OH(DMPA):OH(HEA)。

（6）UV-水性聚醚型 PUA 的合成

三口烧瓶中加入一定量的聚乙二醇、DMPA 和少量 N-甲基吡咯烷酮，搅拌溶解，加入计算量 TDI 和适量催化剂二月桂酸二丁基锡，升温至 75℃，反应 2h，再加入适量 HEA，继续反应 2h，降温至 50℃，加入丙酮稀释，以三乙胺中和后加水分散，蒸出丙酮，得固含量 30%左右 UV-水性 PUA。UV-水性 PUA 的性能见表 3-109。

表 3-109　UV-水性 PUA 的性能

PEG 分子量	PEG/DMPA（摩尔比）	DMPA 含量/%	黏度 /Pa·s	固化膜性能			
				硬度（布氏）	抗冲击强度 /(kgf/cm²)	附着力 /级	防雾性能 /级
200	0.3/0.7	15.24	0.05	0.435	4.9	1	4
600	0.4/0.6	10.41	0.09	0.394	4.9	1	5
600	0.3/0.7	12.75	0.27	0.498	4.9	1	5
600	0.2/0.8	15.34	0.85	0.524	4.9	1	5
1000	0.3/0.7	10.96	1.22	0.576	4.9	1	5

（7）水性聚醚 PUA 的合成

三口烧瓶中加入一定量的聚醚二元醇（PPG）和 TDI，通氮气，升温 65℃反应，至
—NCO 达预定值，再加入一定量 HEA 和 DMPA，75℃反应至—NCO 基本消失，降温至
50℃，加入少量对苯二酚搅匀得 PUA，室温下加适量丙酮和三乙胺中和，剧烈搅拌下加水
进行乳化，得到水性 PUA 固含量 25%～30%。表 3-110、表 3-111 为不同投料方式、聚醚
分子量对 PUA 黏度影响。表 3-112、表 3-113 为聚醚分子量、丙烯酸羟乙基酯 HEA 含量对
固化膜性能影响。

表 3-110　不同投料方式对 PUA 黏度影响（PPG-1000）

投料方式	黏度(30℃)/mPa·s
先 TDI 与 PPG 反应再与 HEA、DMPA 反应	18000
先 TDI 与 HEA、DMPA 反应，再与 PPG 反应	24500

表 3-111　聚醚分子量对 PUA 黏度影响

聚醚二元醇	分子量	黏度/mPa·s
PPG-400	400	24500
PPG-1000	1000	18000
PPG-2000	2000	8600

表 3-112　聚醚分子量对固化膜性能影响

聚醚二元醇	硬度(邵尔)	拉伸强度/MPa	断裂伸长率/%
PPG-400	69.3	35.9	11.2
PPG-1000	25.0	21.0	41.0
PPG-2000	21.0	12.0	60.0

表 3-113　丙烯酸羟乙基酯 HEA 含量对固化膜性能影响（PPG-1000）

丙烯酸羟基链节的质量分数/%	硬度(邵尔)	拉伸强度/MPa	断裂伸长率/%
6.09	42.1	19.8	46.7
8.70	56.4	26.7	35.2
12.60	69.3	35.9	11.2
13.91	72.5	40.1	6.4
15.22	79.8	42.8	—

（8）UV 水性 PUA 分散体的合成

三口烧瓶加入聚醚二元醇于 120℃脱水 30min，冷至室温，加入 IPDI 在 90℃反应 2h，
降温加入 DMPA，80℃反应 1h，加入适量丙酮，降温通入氮气保护，加入丙烯酸酯二醇、
HEA 和适量阻聚剂、催化剂，50℃反 3h，加入计算量三乙酯中和，再加入定量去离子水，
强烈搅拌，真空脱去丙酮，得 UV 水性 PVA 分散剂，乳液含固量 35%，pH＝7.8～8.2。
固化膜性能见表 3-114。

（9）UV 水性脂环族 PUA 的合成

三口烧瓶中加入一定量聚醚二元醇（N210）、DMPA 和 IPDI，65℃反应至—NCO 不变，

表 3-114　固化膜性能（5％光引发剂 2959）

NCO：OH	双键含量/(meq/g)	固化时间/s	摆杆硬度	柔韧性/mm	耐 MEK 性/次
7.5：1	4.5	40	0.796	5	320
5：1	3.6	50	0.63	2	280
3.5：1	3.0	70	0.632	1	140
2：1	1.8	85	0.43	1	70

加入适量丁酮，加入一定量 HPA 和 0.1％二月桂酸二丁基锡，75℃反应至—NCO 基本消失，降温加入三乙胺中和，再加入一定量水，强烈搅拌乳化，配成 20％乳液，得 UV 水性 PUA。表 3-115 为不同 HPA 用量对 PUA 乳液性能影响。表 3-116 为不同 HPA 用量对固化膜溶胀性能影响。

表 3-115　不同 HPA 用量对 PUA 乳液性能影响

HPA 用量($n_{HPA}/n_{TDI}-n_{N210}-n_{DMPA}$)	乳液外观	乳液黏度/mPa·s
0.00	乳白色带有蓝光	2.15
0.50	乳白色带有蓝光	1.71
0.75	乳白色带有蓝光	1.65
1.00	乳白色带有蓝光	1.58
1.50	乳白色带有蓝光	1.56

表 3-116　不同 HPA 用量对固化膜溶胀性能影响

HPA 用量($n_{HPA}/n_{TDI}-n_{N210}-n_{DMPA}$)	24h 浸泡溶胀比		
	丙酮	乙酸乙酯	甲苯
0.00	溶	溶	溶
0.50	2.45	2.82	2.89
0.75	2.13	2.29	1.99
1.00	2.02	2.16	2.01
1.50	1.98	1.99	1.89

（10）带光引发剂的 UV-水性 PUA 低聚物的合成

三口烧瓶加入一定量的 TDI、聚四氢呋喃二醇和适量的二月桂酸二丁基锡，升温 60℃，反应 2h，加入 DMPA 混匀，60℃反应 1h，降温，加入计算量光引发剂 2959、HEA 和少量对甲氧基苯酚，70℃反应至—NCO 消失，制得带光引发剂和羧基的 PUA 低聚物，再用三乙胺中和，加入去离子水强烈搅拌，得到带有光引发剂的水性 PUA 低聚物乳液，固含量 30％（PI-PUA）。不同 2959 含量 PI-PUA 的性能见表 3-117。

（11）UV 水性环氧改性 PUA 树脂的合成

三口烧瓶滴加一定量 TDI、聚醚二元醇 N210、DMPA、环氧树脂和少量 N-甲基吡咯烷酮，搅拌下升温，在 60～80℃反应，当—NCO 含量接近理论值时，加入 1,4-丁二醇（BDO），在反应过程中加入丙酮调节黏度，当—NCO 含量接近设计值时，加入适量 HPA、二月桂酸二丁基锡和对甲氧基苯酚，反应至—NCO 基本消失，降至室温，加入三乙胺中和，

表 3-117 不同 2959 含量 PI-PUA 的性能

样品编号	2959 含量 （质量分数）/％	30％含水 量外观	70％含水量 外观	70％黏度 /mPa·s	固化 30s 凝胶 含量/％
PUA	0	近透明	蓝色荧光,半透明	6.5	
PI-PUA-1	0.86	近透明	蓝色荧光,半透明	6.2	96.5
PI-PUA-2	1.42	近透明	蓝色荧光,半透明	5.9	95.7
PI-PUA-3	2.03	近透明	蓝色荧光,半透明	6.0	95.4
PI-PUA-4	5.50	近透明	蓝色荧光,半透明	6.1	89.3
PI-PUA-5	6.88	近透明	蓝色荧光,半透明	6.0	84.0

在高速搅拌下加水得 UV 水性环氧改性 PUA 分散液。—COOH 含量对乳液性能影响见表 3-118。BDO 质量分数对乳液的性能影响见表 3-119。

表 3-118 —COOH 含量对乳液性能影响

—COOH 含量(质量分数)/％	黏度/mPa·s	吸水率/％
1.80	1.16	5.18
2.00	1.20	6.31
2.20	1.26	7.45
2.40	1.35	9.03
2.60	1.57	12.42

表 3-119 BDO 质量分数对乳液的性能影响（异氰酸酯指数 1.2，—COOH 质量分数 2.2％）

BDO 质量分数/％	吸水率/％	黏度/mPa·s
3.41	9.23	1.16
4.12	7.75	1.20
5.82	6.02	1.35
6.25	5.04	1.50
7.40	4.81	1.78

注：HPA 含量 15％，BDO 含量 5.8％，环氧树脂含量 8.75％，乳液性能较好。

（12）UV 水性环氧丙烯酸酯改性聚氨酯丙烯酸酯的合成

三口烧瓶中加入 100g 双酚 A 环氧树脂 E-51、10g 聚丙二醇 600（PPG600）和少量催化剂四丁基溴化铵，加热到 80℃，反应一段时间后，加入少量对甲氧基苯酚，滴加与环氧基等摩尔丙烯酸和四丁基溴化铵混合液，1h 内加毕，升温 90～95℃，反应至酸值小于 5mg KOH/g 时，降温得低黏度改性环氧丙烯酸酯（PPG-EA），25℃时黏度为 5100mPa·s。

三口烧瓶中加入 TDI，常温下滴加丙二醇 2000（NCO∶OH＝1.4∶1），加毕升温至 60～65℃，当体系—NCO 接近理论值时，降温至 50℃，加入 6.5％DMPA、6.0％～10.0％PPG-EA 和少量二月桂酸二丁基锡，升温至 75～80℃，反应至—NCO 为计算值时，降温至 50℃，加入少量对甲氧基苯酚，滴加 HEA，加毕升温至 70～75℃，反应至—NCO 消失，降温至 50℃，加入中和剂三乙胺，在室温下加入去离子水至一定固含量，得到 UV 水性环氧丙烯酸酯改性聚氨酯水乳液，带蓝色荧光、透明，贮存 60 天无沉淀。

（13）UV 水性环氧改性聚氨酯丙烯酸酯的合成

将聚醚二元醇（N220）在 120℃真空脱水 1.5h 后，加入到三口烧瓶中，再加入计量的 TDI，在氮气保护下，80℃反应 1.5h，测定体系—NCO 到设定值，得聚氨酯 A，降温至 70℃，加入计量的 1,4-丁二醇和三羟甲基丙烷，保持 70℃反应 1h，然后加入亲水扩链剂 DMPA 和改性剂环氧树脂 E-20，保温反应 1.5h，得聚氨酯 B，反应过程中可适量加入丙酮和 N-甲基吡咯烷酮以调节体系的黏度。降温至 65℃，加入一定量的 PETA，保温反应 3～4h，得到环氧改性聚氨酯丙烯酸酯。

降温至 40℃以下，加入计量的三乙胺中和，在快速搅拌下于去离子水中进行高速分散，并加入适量的乙二胺进行扩链，继续高速搅拌，最后减压除去丙酮，用 200 目纱布进行过滤，得到 UV 水性环氧改性聚氨酯丙烯酸酯分散体。

反应时固定 n（—NCO）：n（—OH）为 0.95，二羟甲基丙酸含量为 7%，环氧树脂 E-20用量为 3%～5%，当 PETA 用量为 12.6%时，丙烯酸酯的接枝率为 85%。

（14）UV 异氰酸酯改性水性 EA 的合成

三口烧瓶中加入一定量双酚 A 环氧树脂 CYD-128，升温 80℃，按 1：1 当量比滴加含有适量阻聚剂和催化剂的丙烯酸，缓慢升温至 110℃，反应 5h，至酸值<5mg KOH/g，停止反应得 EA，降温 50℃，加入适量丁酮、二月桂酸二丁基锡和阻聚剂，60℃下滴加计算量的 TDI-HEA 半加成物的丁酮溶液（半加成物中—NCO 量对 EA 中—OH 值为 1：2）1h 加完，反应至—NCO 的 2270cm^{-1}吸收峰基本消失，得异氰酸酯改性 EA。加入计算量的酸酐（酸酐当量与异氰酸酯改性 EA 的羟基当量比 0.60～0.70：1.00），升温 80℃，反应 90min，加碱中和，滴加蒸馏水，同时蒸除丁酮，至蒸馏出温度 81℃，停止，得淡黄色透明 UV 水性异氰酸酯改性 EA。表 3-120 为酸酐当量：环氧当量与改性树脂水溶性关系。表 3-121 为固化膜的性能。

表 3-120　酸酐当量：环氧当量与改性树脂水溶性关系

酸酐当量：环氧当量	树脂可溶于水的最小固含量/%
0.8：1.0	45
0.5：1.0	65
0.2：1.0	90

表 3-121　固化膜的性能

固化时间	铅笔硬度/H	附着力/级	柔韧性	耐化学品性能		贮存稳定性
				5% NaCl	5% NaOH	
16s	>4	3	3	48h	48h	>6 个月

（15）UV 水性 PUMA/EA 的合成

三口烧瓶中在氮气保护下加入 4mol IPDI，慢速滴加含 1%二月桂酸二丁基锡的 DMPA（2mol）的 N,N-二甲基乙酰胺溶液，保持反应温度 80℃，至—NCO 浓度不变化时，在 80℃缓慢加入 1mol 聚丁二醇醚。最后加入含 1%二月桂酸二丁基锡的 2mol HEMA，45℃反应 12h，直至反应混合物红外光谱中 2274cm^{-1}吸收峰完全消失，加入计算量的三乙胺，室温下中和反应 1h，制得水性 UV-PUMA。

三口烧瓶中加入 E-51 环氧树脂和适量对苯二酚和 N,N-二甲基苯胺,100℃以下缓慢滴加与环氧值等摩尔的丙烯酸,1.5h 滴完,110℃反应 4~5h 至酸值<3mg KOH/g,制得 EA。

三口烧瓶中加入 EA 和 30%UV-PUMA,搅拌下以 0.18g/min 速度下滴加水:乙醇(80:20 体积比)混合溶液制备 30%水性 UV-PUA/EA。固化膜性能见表 3-122。

表 3-122 固化膜性能

PUA/EA	铅笔硬度/H	磨耗失重/mg	附着力/级
0	4	0.8	1
10	4	0.8	1
20	4	0.7	1
30	4	0.6	1
40	3	0.6	1

PUA 的加入,使 PUA/EA 分散体系稳定性增加,改善了 EA 的柔韧性和耐磨性,磨耗失重从 0.8mg 降至 0.6mg;加入 30%的 PUA,对硬度影响不大,硬度仍为 4H。

（16）UV 水性聚氨酯改性丙烯酸树脂合成

三口烧瓶中加入单体质量 1.5 倍的丁酮,升温 80℃,缓慢滴加 100g 甲基丙烯酸甲酯、22g 丙烯酸丁酯、44.4g 甲基丙烯酸羟乙酯、一定量的甲基丙烯酸二甲胺乙酯（DMAEMA）和 3%的偶氮二异丁腈混合液,1h 加毕,反应 4h,使单体转化率 98%以上。降温加入适量二月桂酸二丁基锡,在 60℃下 1h 内滴加 42.4g 甲基丙烯酸异氰酸乙酯（MOI）反应 3h 后加入适量无水乙醇,除去未反应 MOI,真空抽除溶剂得聚氨酯改性丙烯酸树脂,加入光引发剂 1173 和 184,用乳酸中和至 pH 为 6.0,用去离子水稀释到固含量 15%,经高速分散配成电泳漆。不同 DMAEMA 含量树脂的水溶性见表 3-123。

表 3-123 不同 DMAEMA 含量树脂的水溶性

样品	DMAEMA 质量分数	外观	透明度(480nm)/%	稳定性/月
D-1	0.050	乳白色	55.1	<6
D-2	0.078	半透明	59	>6
D-3	0.144	半透明	66.8	>6
D-4	0.252	半透明	73.0	>6

固化时间 55s,固化膜硬度>6H,耐丁酮 160 次,对不锈钢附着力 0 级。

（17）UV 水性聚甲基丙烯酸酯改性 PUA 合成

三口烧瓶中加入甲基丙烯酸甲酯（MMA）和甲基丙烯酸缩水甘油酯（GMA）（质量比 85:15）,再加入丁酮和过氧化苯甲酰,通氮气于（75±5）℃搅拌反应 8h 制得 MMA-GMA 共聚物。

三口烧瓶中加入适量聚乙二醇（PEG,分子量 400、600、1000 和 2000）和 DMPA,通氮气,搅拌下慢慢滴加质量比 0.03:100 的二月桂酸二丁基锡和 TDI 混合液,45℃反应至 —NCO 不变化,加入计算量的 HEMA,直至红外光谱中 2274cm^{-1} 吸收峰消失。再加入 20%MMA-GMA 丁酮溶液,45℃反应 2h,直至红外光谱中 910cm^{-1}、835cm^{-1} 吸收峰消失。搅拌下加入计算量三乙胺中和，边滴加水，蒸馏除去丁酮，得 UV 水性聚甲基丙烯酸酯改性 PUA 分散液。表 3-124 为 PUA 和接枝 PUA 分散液表面张力与粒径。表 3-125 为固化膜的性能。

表 3-124　PUA 和接枝 PUA 分散液表面张力与粒径

PEG 分子量	表面张力/(mN/m)		粒径/mm	
	PUA	接枝 PUA	PUA	接枝 PUA[①]
400	43.6	39.3	—	—
600	41.3	41.5	—	—
1000	40.2	42.9	187	167
2000	37.0	43.6	—	—

① 接枝 PMA20%。

表 3-125　固化膜的性能

样品	PEG 分子量	附着力/级	硬度	抗冲击强度/10^{-6}Pa	柔韧性/mm
PUA	400	2	0.50	>4.9	1
	600	2	0.31	>4.9	1
	1000	2	0.28	>4.9	1
	2000	1	0.24	>4.9	1
接枝 PUA	400	2	0.78	>4.9	1
	600	2	0.90	>4.9	1
	1000	1	0.86	>4.9	1
	2000	1	0.57	>4.9	1

（18）UV 水性丙烯酸树脂接枝 PUA 树脂合成

三口烧瓶中加入 42g 丙烯酸、223.5g 丙烯酸丁酯、90.6g 苯乙烯和 42.9g 甲基丙烯酸羟乙酯，以过氧化苯甲酰为引发剂丁酮为溶剂，在 80℃ 共聚反应，制得丙烯酸树脂溶液，以分子筛干燥。

三口烧瓶中加入 46.1g TDI、30g 二缩三乙醇（TEG）在丁酮中反应，测定体系—NCO，至接近平衡值，加入—OH 为—NCO 量 0.6 倍的 PETA，加热反应至—NCO 接近平衡值，制得聚氨酯丙烯酸酯 TPU-PETA（用聚乙二醇 400 代 TEG 得到 PPU-PETA）。

将丙烯酸树脂与 PU-PETA 按不同比例投料，60℃ 反应，红外光谱法追踪 $2274cm^{-1}$ —NCO 基团吸收强度，直至该吸收峰基本消失，停止反应，冷却，搅拌下加入三乙胺水溶液，得到稠状乳白液，蒸馏除去丁酮，得到黏度较小的丙烯酸树酯接枝 PUA 乳液。表 3-126 为树脂固化膜的性能。

（19）有机硅改性 UV 水性 PUA 树脂的合成

三口烧瓶中加入聚醚二元醇（PTMG）、聚二端羟丁基二甲基硅氧烷、IPDI 和 DMPA，80℃ 反应至—NCO 达到理论值，加入适量丙酮，降温，通氮气保护，加入丙烯酸酯二醇和 HEA，适量阻聚剂和催化剂，50℃ 反应至—NCO 消失，加入计算量三乙胺中和，加入定量去离子水强烈搅拌，真空脱去丙酮，得到有机硅改性 UV 水性 PUA 树脂，乳液固含量 35%，pH=7.8～8.2。表 3-127 为硅氧烷含量对树脂涂层接触角影响。

表 3-126 树脂固化膜的性能

样品	吸水率/%	耐擦次数/次	硬度	光泽/%	附着力/级	抗冲击强度/kg·cm	柔韧性/mm
TPU-PETA(5/5)	7	212	77	89	2	50	2
TPU-PETA(6/4)	15	119	76	89	1	50	1
TPU-PETA(7/3)	40	94	74	87	1	50	1
TPU-PETA(8/2)	107	80	70	90	1	50	1
TPU-PETA(9/1)	236	23	66	87	2	50	1
PPU-PETA(5/5)	17	157	69	97	1	50	1
PPU-PETA(6/4)	30	128	66	96	2	50	1
PPU-PETA(7/3)	65	106	66	91	1	50	1
PPU-PETA(8/2)	112	52	61	98	1	50	1
PPU-PETA(9/1)	230	6	53	94	2	50	2

注：PUA 含 30%～50%性能较好，TPU-PETA 比 PPU-PETA 更佳。

表 3-127 硅氧烷含量对树脂涂层接触角影响

硅氧烷含量/%	接触角/(°)	硅氧烷含量/%	接触角/(°)
0	70.1	7	95
2	89.3	11	95
4	93.2	15	95

（20）溶胶-凝胶法制备 UV-PUA 杂化材料

将一定量的乙醇、正硅酸乙酯加入装有滴液漏斗的锥形瓶中，室温下，边搅拌边滴加用盐酸酸化过的乙醇与水混合液（$n_{正硅酸乙酯}:n_{水}:n_{乙醇}:n_{盐酸}=1:6:6:0.06$），滴完后继续反应 12h，得硅溶胶 A。在室温下向 A 中滴入 γ-甲基丙烯酰氧丙基三甲氧基硅烷（TMSPM），磁力搅拌均匀后陈化 24h，得改性硅溶液 B。

将聚氨酯丙烯酸酯 EB-270（氰特公司产品）、HDDA 按 4:1 比例加入三口烧瓶中，再加入 2%光引发剂 1173 和 0.5%乳化剂吐温 80，剧烈搅拌得 C，在 C 中滴入 B，剧烈搅拌直至体系均匀透明为止，得到（PUA-TMSPM）/SiO₂ 杂化体系，该杂化体系是以 PUA 为基材、HDDA 为活性稀释剂、TMSPM 为偶联剂、正硅酸乙酯为无机前驱体，通过溶胶-凝胶法制备的 UV 杂化材料。

当 C:B<6:4 时，得到的杂化材料是透明的，C:B≥8:2 时光固化膜呈白雾状。杂化材料固化膜的性能见表 3-128。

（21）UV 水性-PEA 的合成

三口烧瓶中加入一定量的季戊四醇、邻苯二甲酸酐和总量 0.2%的钛酸丁酯，加热至 150～160℃，反应 1h，冷却至 100℃以下，加入计算量的 HEA、0.1%（质量分数）对苯二酚和 0.5%（质量分数）对甲苯磺酸，以甲苯回流去水，计算出水值至一定值后停止反应，减压蒸出甲苯。室温下加入二甲基乙醇胺中和，剧烈搅拌下加水至一定固含量，即得 UV 水性-PEA。不同摩尔比聚酯 P、W 值见表 3-129。不同固含量的（A₂）树脂水溶性见表 3-130。感光官能度对树脂固化性能影响见表 3-131。

表 3-128 杂化材料固化膜的性能

样品	C/B	膜厚/μm	光泽/%	附着力/级	铅笔硬度	抗冲击强度/kg·cm	柔韧性/mm
PUA/HDDA	0	18	189.4	1	F	50	1
PUA-TMSPM/SiO₂	1/6	28	143.0	1	H	50	1
PUA-TMSPM/SiO₂	2/8	14	147.5	1	H	50	1
PUA-TMSPM/SiO₂	4/6	12	160.3	1	2H	50	1
PUA-TMSPM/SiO₂	5/5	28	137.7	1	2H	50	1
PUA-TMSPM/SiO₂	6/4	20	143.3	1	3H	50	1
PUA-TMSPM/SiO₂	8/2	15	126.5	1	3H	50	1
PUA-TMSPM/SiO₂	6/1	19	150.7	1	3H	50	1

表 3-129 不同摩尔比聚酯 P、W 值

序号	季戊四醇：邻苯二甲酸酐(摩尔比)	末端感光基团 P	亲水基团 W
A₁	1:4	2	2
A₂	2:7	3.2	2.8
A₃	3:10	4.8	3.2

表 3-130 不同固含量的（A₂）树脂水溶性

固含量/%	90	80	70	60	50
水溶性	透明溶液	透明溶液	半透明溶液	乳液	乳液

注：放置半年，无分层、沉降、板结等现象。

表 3-131 感光官能度对树脂固化性能影响[①]

序号	A₁	A₂	A₃
P	2	3.2	4.8
固化时间/s	15	10	7

① 3% 1173 加入后，在 1kW 紫外灯 5.5cm 处固化时间。

（22）双重固化水性 PUA 的合成

三口烧瓶中加入 30.0g TDI、30g 聚醚二元醇（1900u）和适量二月桂酸二丁基锡，80℃反应至—NCO 达到理论计算值。降温，加入 5.1g DMPA 和 5.g 1.6 己二醇，70℃反应到—NCO 达到理论计算值。加入适量丙酮，降温，加入 10.1g 季戊四醇二丙烯酸酯、适量阻聚剂对甲氧基苯酚，60℃反应到—NCO 达到理论计算值。降温至 40℃，加入 3.4g 封闭剂 3,5-二甲基吡唑，反应至 MCO 峰完全消失。降至室温，加入 4.4g 三乙胺中和，再加入定量去离子水，强烈搅拌，真空蒸馏除去丙酮，即得 UV 和热双重固化的水性聚氨酯丙烯酸树脂分散体，固含量 35%，pH 为 7.8～8.2。

该低聚物在 90℃时即会发生解封，130℃可进行热固化 35min 完成热固化。不同固化方式对性能影响见表 3-132。

表 3-132　不同固化方式对性能影响

固化方式	硬度（摆杆）/s	附着力/级
UV 固化	226	4
UV 固化＋热固化（120℃×30min）	308	1

（23）UV 水性-超支化聚酯合成

三口烧瓶中加入 4.8g 偏苯三酸酐、0.2g 四乙基溴化铵，升温 70℃，将 208g 环氧氯丙烷缓慢滴加至体系中，反应时约 5h，至酸值恒定。再加入 1.42g 甲基丙烯酸缩水甘油酯（MGA），反应 3h，冷至室温，加入 1g 三乙胺中和，加 20% 水，制得 UV 水性-超支化聚酯（HBPE）。不同 GMA 和 TEA 的 HBPE 配方见表 3-133。HBPE（4.4）树脂黏度随温度和含水量变化见表 3-134。

表 3-133　不同 GMA 和 TEA 的 HBPE 配方

树脂	GMA 的量		TEA 的量	
	g	mmol	g	mmol
HBPE(2.6)	3.08	21.7	6.61	65.3
HBPE(4.4)	5.85	41.2	4.03	39.8
HBPE(5.3)	7.19	50.6	3.06	30.2
HBPE(6.2)	8.96	63.1	1.99	19.2

注：含水 20%，20～50℃，四种树脂水溶液 2 个月保持外观半透明和稳定。

表 3-134　HBPE（4.4）树脂黏度随温度和含水量变化

含水量/%	黏度/mPa·s			
	20℃	30℃	40℃	50℃
0	6530	4320	2750	1490
5	4620	3140	2210	1550
10	3240	1930	1320	980

（24）水性光固化聚氨酯树脂的合成

将 6g 三羟甲基丙烷加入带有搅拌、氮气出入口的 250mL 三口烧瓶中，再加入 0.3g 对甲苯磺酸催化剂，在氮气保护下，加热至 140℃后缓慢加入 54g DMPA，并搅拌反应 1h 后，停止通氮气，抽真空（真空度为 400Pa），继续反应 2h，得端羟基超支化聚合物。

将端羟基超支化聚合物温度冷却至 90℃，向其中加入顺丁烯二酸酐 42g，并加入 30g 丙酮作为溶剂。通过酸值滴定法跟踪反应过程，当溶液酸值变为起始值的一半左右，并不随时间降低时，停止反应，得到端羧基超支化聚合物。

将端羧基超支化聚合物温度升至 105℃，随后加入 8g 甲基丙烯酸缩水甘油酯，搅拌反应直到环氧峰消失为止，降温到 50℃，加入 33g N,N-二甲基乙醇胺中和，反应 0.5h 后 pH 为 9，再加入 100g 去离子水，即得到含光敏基团水性超支化树脂（固含量为 40%）。

在反应器中依次加入聚乙二醇（分子量 1000）10g、含光敏基团的水性超支化树脂 58g 和去离子水 142g，然后边搅拌边加入 IPDI 85g，原料中—NCO 与—OH 的摩尔比值为 1.08，持续搅拌 15～45min，常温放置 24h，即得水性光固化聚氨酯树脂，其固含量为 40%，光敏基团含量为 0.32mmol/g。

3.14.7　超支化丙烯酸低聚物的合成

（1）超支化聚酯甲基丙烯酸酯的合成

三口烧瓶中加入一定量季戊四醇、相对于季戊四醇羟基过量 20%～50% 的 1,2,4-苯三酸酐和适量催化剂氯化亚锡及溶剂二甲基甲酰胺，氮气保护下，升温 100℃反应 16h，得到端羧基超支化聚酯。在甲苯和二甲基甲酰胺混合溶剂中加入 2.5％苄基二甲胺和氢醌，上述端羧基超支化聚酯及相对于超支化聚酯中羧基过量 5％（摩尔分数）的甲基丙烯酸缩水甘油酯，在 70℃下反应至羧基消失，得超支化聚酯甲基丙烯酸酯。

(2) UV 胺基超支化聚酯的合成

三口烧瓶中加入 8.6g(0.1mol) 丙烯酸甲酯、10.5g(0.1mol) 二乙醇胺和 10mL 甲醇，通 N₂，室温下搅拌 0.5h，升温 35℃，反应 4h，抽真空除去甲醇，得到无色透明油状物，N,N-二羟乙基-3-胺基丙烯酸甲酯 A，产率 94％。

三口烧瓶中加入 1.34g(0.01mol) 三羟甲基丙烷，5.74g(0.03mol) A 和 35.4mg 对甲苯磺酸，升温 120℃反应 2h，减压蒸馏除去生成甲醇，得 6.4g 淡黄色油状物。继续加入 11.5g(0.06mol) A 和 23mg 对甲苯磺酸，升温 120℃反应 2h，减压蒸馏除去生成的甲醇，得到 14.4g 淡黄色油状物（HPAE-2），即为第二代羟端基胺基超支化聚酯，产率 92％，羟值 432mg KOH/g。继续加入 22.95g(0.12mol) A 和 30mg 对甲苯磺酸，升温 100℃反应 3h，减压蒸馏 1h，除去生成甲醇，得到 38.62g 淡黄色油状物，即为第三代羟端基胺基超支化聚酯（HPAE-3），产率 91％，羟值 387mg KOH/g。

三口烧瓶中加入 8.46g(0.05mol) HPAE-2 和 35mg 对甲氧基苯酚，缓慢滴加 9.25g(0.06mol) 甲基丙烯酸酐，25℃反应 2h，将产物溶于二氯甲烷，用 NaOH 水溶液中和至中性，水洗除去 NaOH，用二氯甲烷重复萃取产物三次，减压蒸馏抽去油层二氯甲烷，得到黏稠液体即为 UV-胺基超支化聚酯甲基丙烯酸酯（HPAE-2-MAA）产率 85％，双键值 4.54mmol/g，黏度 2300mPa·s（20℃）。

三口烧瓶中加入 8.46g(0.05mol) HPAE-2、60mL 甲苯、49mg 对甲氧基苯酚和 0.12g 硝基苯，80℃搅拌下缓慢滴加 4.32g(0.06mol) 丙烯酸，加毕升温 120℃反应至酸值<10mg KOH/g，减压蒸馏聚去甲苯后，得到黄色黏稠液体即为 UV-胺基超支化聚酯丙烯酸酯（HPAE-2-AA），产率 87％，双键值 4.733mmol/g。

三口烧瓶中加入 17g(0.1mol) TDI 和适量二月桂酸二丁基锡/对甲氧基苯酚，30℃搅拌下滴加 11.6g(0.05mol) HEA，加毕升温 50℃反应 2h，得到 TDI-HEA 半加成物，降温至 30℃以下，滴加 6.5g(0.04mol) HPAE-2-二氯甲烷溶液，加毕升温 40℃反应 3h，减压蒸馏除去二氯甲烷，得到淡黄色黏稠状物质，即为 UV-胺基超支化聚酯-丙烯酸聚氨酯树脂 HPAE-2-TDI-HEA，产物双键值 2.1mmol/g。

三口烧瓶中加入 8.46g(0.05mol) HPAE-2 和二丁酸酐 6.0g(0.06mol)，再加 20mL 四氢呋喃作溶剂，70mg 氯化亚锡为催化剂，升温 60℃反应 3h，减压蒸馏除去四氢呋喃，得到黄色黏稠液体为羧端基胺基超支化聚酯 B。

取 14.45g(0.05mol) B，溶入 20mL N,N-二甲基甲酰胺中，加入 46mg 对甲氧基苯酚和 0.23gNN 二甲基苄胺，缓慢滴加 8.55g(0.06mol) 甲基丙烯酸缩水甘油酯，升温至 100℃，反应至酸值小于 10mg KOH/g，减压蒸馏除去 N,N-二甲基甲酰胺，得到黄色黏稠液体，即为 UV 固化胺基超支化聚酯 HPAE-2-SA，双键值为 2.4mmol/g。

(3) 马来酸酐改性脂肪族超支化聚酯的合成

按 1:9 质量比将三羟甲基丙烷和二羟甲基丙酸加入三口烧瓶中，再加入适量的对甲苯磺酸，升温到 140℃，在氮气保护下反应 1h，抽真空（真空度为 400Pa）1h，得端羟基脂肪族超支化聚酯。升温至 90℃。加入过量 10％（质量分数）的马来酸酐，在氮气保护下继续反应 3h。冷却后加入丙酮使产物溶解，再沉淀到乙醚中，以除去过量马来酸酐，收集底部沉淀物，干燥后得马来酸酐改性脂肪族超支化聚酯，收率为 71.3％。

(4) 超支化聚酯聚氨酯丙烯酸酯的合成

将 1mol 季戊四醇、4mol 偏苯三酸酐、适量二甲基甲酰胺（DMF）和 0.25％氯化亚锡催化剂，加入装有通 N₂ 和干燥管的三口烧瓶中，升温至 120℃ 反应，至红外光谱中 1850cm⁻¹ 处酸酐吸收峰消失。冷却到 60℃，缓缓滴加含有 3% N,N-二甲基苄胺的环氧丙烷，反应至酸值＜5mg KOH/g。减压蒸馏除去 DMF，提到浅黄色黏稠液体，就是羟端基超支化聚酯（HBPE-OH）并测定羟值。

将 1mol TDI 与 1mol HEA 在二丁基二月桂酸锡催化下，在丙酮中 40℃ 反应，至—NCO 含量达到理论值，得（TDI-HEA）半加成物。

将 HBPE-OH 和 TDI-HEA 按—OH∶—NCO＝1∶1 比例加入三口烧瓶，在 70℃ 下反应至红外光谱 2270cm⁻¹ 处—NCO 基吸收峰消失。产物用蒸馏水洗，过滤，真空干燥，得到白色粉末即为超支化聚酯聚氨酯丙烯酸酯（HUA）。

（5）超支化聚酯甲基丙烯酸树脂的合成

三口烧瓶中加入 3mol 1,4-双［（3-乙基 3 氧环丙烷）甲氧基甲基］苯（BEOP）、1mol 均苯三酸（TMA）和 3～9mol 甲基丙烯酸（MAA）、适量对苯二酚和催化剂 5%（摩尔分数）氯化四苯基磷，在溶剂 N-甲基吡咯中，升温 140℃ 反应 24h，得超支化聚酯甲基丙烯酸树脂（PEMA）。不同配比反应物得到超支化聚酯性能见表 3-135。

表 3-135 不同配比反应物得到超支化聚酯性能

序号	BEOP/mol	TMA/mol	MAA/mol	数均分子量 M_n	(M_w/M_n)	产率/%	MAA 与聚合物比例/%
1	3	2	0	交联	交联	＞99	交联
2	3	1	0	5.3×10^3	2.93	68	0
3	3	1	3	6.3×10^3	2.17	59	11
4	3	1	6	4.5×10^3	2.25	46	20
5	3	1	9	3.7×10^3	2.43	55	36

（6）光固化超支化聚氨酯的合成

在装有磁力搅拌器和温度计的三口烧瓶中加入 10.258g 二乙醇胺和 24g 二甲基甲酰胺混合液，在冰浴条件下滴加 14.273g TDI 和 32.1g 二甲基甲酰胺混合液，控制滴加速度不使瓶内温度骤然升高。滴加完毕后，加入 0.1g 催化剂二丁基二月桂酸锡，然后升高温度至 60℃，反应 24h，得 80.6g 淡黄色透明混合液为超支化聚氨酯（HPU），经计算质量分数为 30.42%。

用滴液管往三颈瓶中加入 22.834g 的 TDI 和 25.2g 的二甲基甲酰胺混合液，冰浴搅拌的情况下缓慢滴加 15.106g 的 HEA 和 19.1g 二甲基甲酰胺的混合液。滴加完毕后，保持冰浴条件继续反应 1h 左右，至反应温度稳定后撤去冰浴锅，滴加 0.1g 二丁基二月桂酸锡，放置在室温下反应 12h，得到无色透明的（TDI-HEA）加成物。

搅拌状态下将上述反应得到的 HPU 和 TDI-HEA 按照摩尔比为 1∶1 加入三口烧瓶中，然后滴加 0.1g 二丁基二月桂酸锡，在 55～60℃ 的油浴环境下反应 8h，得到淡黄色黏状流体，为光固化超支化聚氨酯（UV-HPU）。将产物溶解到同重量的 HEA 中，得含量为 50% 的光固化超支化聚氨酯的 HEA 溶液。

（7）超支化聚氨酯甲基丙烯酸酯的合成

将 1mol IPDI、2mol 三羟甲基丙烷和 2mol 甲基丙烯酰氧乙基异氰酸酯加入三口瓶中，加入 2mol 二月桂酸二丁基锡和溶剂四氢呋喃，在 50℃ 条件下反应 6h，得超支化聚氨酯甲基丙烯酸树脂，产率 92%，数均分子量为 2900，其中甲基丙烯酰氧基接枝率 66%。

（8）含磷阻燃超支化 PUA 的合成

三口烧瓶中加入 1mol 85% 磷酸，通 N₂，在冰浴中搅拌下缓慢滴加 3mol 环氧丙烷，加毕在冰浴中反应 1h，再在 30℃ 反应，至酸值＜3mg KOH/g，得到混合物在 80℃ 下抽真空，除去残余的环氧丙烷和磷酸中的水，得到淡黄色含磷三元醇。加入二月桂酸二丁基锡，25℃加入 TDI（1.5～3.0mol），加毕反应 0.5h，再加入对羟基苯甲醚，缓慢滴加 HEA，升温70℃反应 4h，得到含磷的超支化 PUA（HPUA-P）。

HPUA-磷经 UV 固化后，在点燃后迅速膨胀并自熄，氧指数 27.0。

（9）树枝状丙烯酸酯低聚物的合成

三口烧瓶中依次加入 15mL 甲醇、29.6g（0.1mol）TMPTA、1.2g（0.02mol）乙二胺，于 30℃下搅拌反应 6h，体系分别用 200mL、150mL、100mL 甲醇洗涤 3 次，30℃真空干燥，得无色透明黏稠状液体即为带有 6 个丙烯酸酯双键的树枝状丙烯酸酯低聚物（DAO）。DAO 与 EA、PUA 性能比较见表 3-136。

表 3-136　DAO 与 EA、PUA 性能比较

低聚物	结构	分子量	黏度/mPa·s	指触干时间/s
DAO	树枝状丙烯酸酯	1244	5100(25℃)	56.5
EA(EB600)	双酚 A 环氧丙烯酸酯	500	3000(60℃)	480
PUA(EB270)	脂肪族聚氨酯丙烯酸酯	1500	3000(60℃)	640

（10）碱溶性双酚 F 型环氧树脂 F1-51 改性超支化树脂的合成

将 70.0g（0.36mol）偏苯三酸酐、70.0g N,N-二甲基甲酰胺加入装有电动搅拌机、温度计、回流冷凝管的三口烧瓶中，加热至 85℃使偏苯三酸酐溶解。加入计算量的双酚 F 型环氧树脂 F1-51、0.126g 四丁基溴化铵，在 80℃下反应，隔 0.5h 取样测酸值，至酸值恒定。然后加入 16.65g（0.18mol）环氧氯丙烷，将上述反应所得聚合物冷却至 70℃，反应至酸值恒定，得端羧基超支化聚合物。

在上述反应所得聚合物中，加入 51.12g（0.36mol）甲基丙烯酸缩水甘油酯、0.65g 对羟基苯甲醚，在 70～75℃下反应，隔 0.5h 测一次酸值，至酸值恒定，停止反应。将聚合物溶液在搅拌下线性加入蒸馏水中沉淀，分离出的聚合物用丙酮溶解，用同样的方法沉淀/分离纯化四次后，分别用水泵和油泵减压干燥，35～40℃干燥至恒重，得淡黄色粉末，为碱溶性双酚 F 型环氧树脂 F1-51 改性超支化树脂。

（11）水性光固化超支化聚氨酯树脂的合成

将 6g 三羟甲基丙烷加入带有搅拌、氮气入口和出口的 250mL 三口烧瓶中，再加入0.3g 对甲苯磺酸催化剂，在氮气保护下，加热至 140℃后缓慢加入 54g DMPA，并搅拌反应1h 后，停止通氮气，抽真空（真空度为 400Pa），继续反应 2h，得端羟基超支化聚合物。

将端羟基超支化聚合物温度冷却至 90℃，向其中加入顺丁烯二酸酐 42g，并加入 30g 丙酮作为溶剂。通过酸值滴定法跟踪反应过程，当溶液酸值变为起始值的一半左右，并不随时间降低时，停止反应，得到端羧基超支化聚合物。

端羧基超支化聚合物温度升至 105℃，随后加入 8g 甲基丙烯酸缩水甘油酯，搅拌反应直到环氧峰消失为止，降温到 50℃，加入 33g N,N-二甲基乙醇胺中和，反应 0.5h 后 pH为 9，再加入 100g 去离子水，即得到含光敏基团水性超支化树脂（固含量为 40%）。

在反应器中依次加入聚乙二醇（分子量 1000）10g、含光敏基团的水性超支化树脂 58g和去离子水 142g，然后边搅拌边加入 IPDI 85g，原料中—NCO 与—OH 的摩尔比值为1.08，持续搅拌 15～45min，常温放置 24h，即得水性光固化超支化聚氨酯树脂，其固含量为 40%，光敏基团含量为 0.32mmol/g。

（12）UV 水性马来酸酐改性超支化聚酯聚氨酯丙烯酸酯的合成

将三羟甲基丙烷与二羟甲基丙酸按 1∶9 的物质量比加入到三口烧并中，升温 130℃，

氮气保护下加入适量催化剂对甲苯磺酸，反应 4h 后减压，继续反应 2h，停止减压，降温至 40℃后，加入一定量的丁酮溶解，再经乙醚沉淀得到超支化聚酯（HBPE），摩尔质量为 1128g/mol。

三口烧瓶中加入 0.5mol TDI 与催化剂二月桂酸二丁基锡，30～40℃下滴加含有少量对甲氧基苯酚的 0.5mol HEA，反应至 NCO 为初始值一半时，加入 0.1mol 超支化聚酯，升温 50～60℃，反应至—NCO 小于 1%，升温至 70～80℃，使 NCO 无法测出，冷却出料得超支化聚酯聚氨酯丙烯酸酯 A。

三口烧瓶中加入 A、溶剂丁酮和催化剂 N,N-二甲基苯胺，升温 80℃，缓慢滴加 0.7mol 马来酸酐丁酮溶液，反应至体系酸值降至初始值一半时，冷却，用氢氧化钠中和，得淡黄色透明液体，加去离子水，减压蒸出丁酮，得乳白色 UV 水性马来酸酐改性超支化聚酯聚氨酯丙烯酸酯。

（13）超支化聚酯聚氨酯丙烯酸酯合成

$$-NH\begin{array}{l}CH_2CH_2OH\\CH_2CH_2OH\end{array} + CH_3-O-\overset{\overset{\displaystyle O}{\|}}{C}-CH=CH_2 \xrightarrow{N_2} \begin{array}{l}HOCH_2CH_2\\HOCH_2CH_2\end{array}N-CH_2CH_2COOCH_3$$

在接有氮气保护与冷凝管、机械搅拌的四口烧瓶中，加入定量二乙醇胺和甲醇，打开搅拌。室温下滴入丙烯酸甲酯，通氮气保护，反应 0.5h 后，缓慢升温至设定温度，反应 4h，后抽真空 1h，冷却出料，得单体 N,N-二羟乙基-3-胺丙酸甲酯。

$$CH_3CH_2-\overset{\overset{\displaystyle CH_2OH}{|}}{\underset{\underset{\displaystyle CH_2OH}{|}}{C}}-CH_2OH + 9\begin{array}{l}HOCH_2CH_2\\HOCH_2CH_2\end{array}N-CH_2CH_2COOCH_3 \xrightarrow[\text{对甲苯磺酸}]{N_2,\ 120℃} \text{HBP2} + 9CH_3OH$$

在接有氮气保护与分水器、冷凝管、机械搅拌的四口瓶中，加入核组分三羟甲基丙烷，升温至 110～120℃，滴加 3 倍摩尔单体 N,N-二羟乙基-3-胺丙酸甲酯（含催化剂），反应 3h，后抽真空 1h。再加入 6 倍摩尔单体 N,N-二羟乙基-3-胺丙酸甲酯，反应同上，4h 后冷却出料，得含 12 个端羟基的超支化聚酯。

$$x\text{TDI} + x\text{HEA} \xrightarrow[30\sim50℃]{\text{二月桂酸二异丁基锡}} x\text{TDI-HEA} + \text{HBP2}$$

$$\xrightarrow[60\sim70℃]{\text{二月桂酸二异丁基锡}} \text{HBP2}-x\text{TDI—HEA}$$

在装有冷凝管、滴液漏斗、机械搅拌的三口烧瓶中，加入定量 TDI 与催化剂二月桂酸二丁基锡，搅拌，30～50℃下滴加含有阻聚剂的 HEA，反应中每隔 30min 取样测一次—NCO 值，至—NCO 值为初始值的一半时，加入上一步合成的超支化聚酯，同时升温 60～70℃。继续反应至—NCO 值小于 1% 时，升温至 80～90℃，当—NCO 值无法测出时，冷却出料，得超支化聚酯聚氨酯丙烯酸酯。

第4章 光引发剂

4.1 概述

光引发剂（photoinitiator，PI）是光固化产品的关键组分，它对光固化产品的光固化速率起决定性作用。光引发剂是一种能吸收辐射能，经激发发生化学变化，产生具有引发聚合能力的活性中间体（自由基或阳离子）的物质。在光固化产品中，光引发剂含量比低聚物和活性稀释剂要低得多，一般在 3%～5%，不超过 7%～10%。在实际应用中，光引发剂本身或其光化学反应的产物均不应对固化后涂层的化学和力学性能产生不良影响。

光引发剂因吸收辐射能不同，可分为紫外光引发剂（吸收紫外光区 250～420nm）和可见光引发剂（吸收可见光区 400～700nm）。光引发剂因产生的活性中间体不同，可分为自由基型光引发剂和阳离子型光引发剂两类。自由基型光引发剂也因产生自由基的作用机理不同，又可分为裂解型光引发剂和夺氢型光引发剂两类。

目前，光固化技术主要为紫外光固化，所用的光引发剂为紫外光引发剂。可见光引发剂因对日光和普通照明光源敏感，在生产和使用上受到限制，仅在少数领域如牙科、印刷制版上应用。此外，光引发剂还包括一些特殊类别，如混杂型光引发剂、水基光引发剂、大分子光引发剂等。

在光固化体系中，有时光引发剂与其他辅助组分一起使用，可以促进自由基或阳离子等活性中间体的产生，提高光引发效率。这些辅助组分为光敏剂（photosesitizer）和增感剂（sesitizer）。光敏剂是指该分子能吸收光能跃迁至激发态，通过能量转移给光引发剂，光引发剂接受能量后由基态跃迁至激发态，本身发生化学变化，产生活性中间体，从而引发聚合反应。而光敏剂将能量传递给光引发剂后，自身又回到初始非活性状态，其化学性质未发生变化。增感剂自身并不吸收光能，也不引发聚合，但在光引发过程中，协同光引发剂并参与光化学反应，从而提高了光引发剂的引发效率，也称助引发剂（coinitiator）。配合夺氢型光引发剂的氢供体三级胺，就属于增感剂。

对光引发剂的选择要考虑下面因素：

① 光引发剂的吸收光谱与光源的发射光谱相匹配。目前，光固化的光源主要为中压汞灯（国内称高压汞灯），其发射光谱中 365nm、313nm、302nm、254nm 谱线非常有用，许多光引发剂在上述波长处均有较大吸收。光引发剂分子对光的吸收，可以用此波长时的摩尔消光系数反映（表 4-1、表 4-2）。

表 4-1　部分光引发剂在高压汞灯各发射光波的摩尔消光系数

单位：L/(mol·cm)

光引发剂	254nm	302nm	313nm	365nm	405nm	435nm
184	3.317×10^4	5.801×10^2	4.349×10^2	8.864×10^1		

光引发剂	254nm	302nm	313nm	365nm	405nm	435nm
369	7.470×10^3	3.587×10^4	4.854×10^4	7.858×10^3	2.800×10^2	
500	6.230×10^4	1.155×10^3	5.657×10^2	1.756×10^2		
651	4.708×10^4	1.671×10^3	7.223×10^2	3.613×10^2		
784	7.488×10^5	1.940×10^4	1.424×10^4	2.612×10^3	1.197×10^5	1.124×10^3
819	1.953×10^4	1.823×10^4	1.509×10^4	2.309×10^3	8.990×10^2	3.000×10^1
907	3.936×10^3	6.063×10^4	5.641×10^4	4.665×10^2		
1300	3.850×10^4	1.240×10^4	1.560×10^4	2.750×10^3	9.300×10^1	9.000×10^1
1700	3.207×10^4	5.750×10^3	4.162×10^3	8.316×10^2	2.464×10^2	
1800	2.660×10^4	6.163×10^3	4.431×10^3	9.290×10^2	2.850×10^2	
1850	2.235×10^4	1.280×10^4	8.985×10^3	1.785×10^3	5.740×10^2	
2959	3.033×10^4	1.087×10^4	2.568×10^3	4.893×10^1		
1173	4.064×10^4	8.219×10^2	5.639×10^2	7.388×10^1		
4265	2.773×10^4	4.903×10^3	3.826×10^3	7.724×10^2	2.176×10^2	

表 4-2　部分光引发剂的摩尔消光系数　　　　单位：L/(mol·cm)

光引发剂	260nm	360nm	405nm
IPBE	11379	50	
BP	14922	51	
MK	8040	37500	1340
CTX	42000	3350	1780
DETX	42000	3300	1800
DEAP	5775	19	

② 光引发效率高，即具有较高的产生活性中间体（自由基或阳离子）的量子产率，同时产生的活性中间体有高的反应活性。

③ 对有色体系，由于颜料加入，在紫外区都有不同的吸收，因此，必须要选用受颜料紫外吸收影响最小的光引发剂。

④ 在活性稀释剂和低聚物中有良好的溶解性，见表4-3和表4-4。

表 4-3　部分光引发剂的溶解性（一）　　　　单位：%（质量分数）

光引发剂	丙酮	正丁酯	IBOA	IDA	PEA	HDDA	TPGDA	TMPTA	TMPEOTA	1173
184	>50	>50	>50	>50	>50	>50	>50	>50	>50	>50
500	>50	>50	>50	>50	>50	>50	>50	>50	>50	>50
1173	>50	>50	>50	>50	>50	>50	>50	>50	>50	
2959	19	3	5	5	5	10	20	5	5	35
MBF	>50	>50	>50	>50	>50	>50	>50	>50	>50	

光引发剂	丙酮	正丁酯	IBOA	IDA	PEA	HDDA	TPGDA	TMPTA	TMPEOTA	1173
651	>50	>50	40	30	>50	40	25	>50	45	>50
369	17	11	10	5	15	10	6	5	5	25
907	>50	35	35	25	45	35	22	25	20	>50
1300	>50	45	>50	35	>50	>50	35	25	25	>50
TPO	47	25	15	7	34	22	16	14	13	>50
4265	>50	>50	>50	>50	>50	>50	>50	>50	>50	>50
819	14	6	5	5	15	5	5	5	>5	30
2005	>50	>50	>50	>50	>50	>50	>50	>50	>50	>50
2010	>50	>50	>50	>50	>50	>50	>50	>50	>50	>50
2020	>50	>50	>50	>50	>50	>50	>50	>50	>50	>50
784	30	10	5	NA	15	10	5	5	NA	7

注：在将固态光引发剂溶入液态单体中时，应加热至50～60℃并混合均匀。溶解后的液体应在室温下贮存24h，如无结晶出现则说明溶解成功。

表4-4　部分光引发剂的溶解性（二）　　　　单位：%（质量分数）

光引发剂	MMA	HDDA	TPGDA	TMPTA	芳香族 PUA	DMB
ITX	43	25	16	15	24	31
CTX	2	3.3		1.5		4.7
CPTX		6	4	3		9
DEAP	>50	>50	>50	>50	>50	
BMS	26	13.5		2.4		3.3
EDAB	50	45	40	30	40	

注：DMB（苯甲酸二甲胺乙酯，

）和 EDAB（二甲氨基苯甲酸乙酯，

）都是叔胺助引发剂。

⑤ 气味小，毒性低，特别是光引发剂的光解产物要低气味和低毒。

⑥ 不易挥发和迁移，见表4-5。

表4-5　部分光引发剂的挥发性

光引发剂	结晶时损失/%	在10%TMPEOTA浓度时损失/%
184	17.4	2.6
369	0	0
500	25.9	2.8
651	7.0	2.8
819	0	0.9
907	0.7	0

光引发剂	结晶时损失/%	在10%TMPEOTA浓度时损失/%
1300	6.7	2.0
1800	26.0	3.5
1850	23.8	3.1
2959	0.8	0
BP	26.6	2.8
1173	98.6	8.6

注：0.5g样品溶于2mL甲苯中，在110℃±5℃烘60min。

⑦ 光固化后不能有黄变现象，这对白色、浅色及无色体系特别重要；也不能在老化时引起聚合物的降解。

⑧ 热稳定性和贮存稳定性好，见表4-6和表4-7。

表4-6 部分光引发剂的热失重性能

光引发剂	失重所需温度/℃		
	5%	10%	15%
184	155	170	179
369	248	264	274
500	142	156	165
651	170	184	194
784	213	217	220
819	241	254	261
907	198	214	224
1000	116	130	140
1300	157	174	185
1700	104	119	127
1800	153	169	179
1850	157	174	185
2959	204	218	228
BP	153	167	176
1173	101	115	123
4265	156	174	185

注：在N_2下，升温速率10℃/min。

表4-7 不同光引发剂的贮存稳定性

光引发剂	环氧丙烯酸酯体系	不饱和聚酯-苯乙烯体系
无	>40	35
3%651	>40	35
3%184	>40	
3%IPBE	3	14
2%IBBE	1	25
3%BP+5%MDEA	1	

注：表中数据为60℃下贮存的天数。IPBE为安息香异丙醚；IBBE为安息香异丁醚；MDEA为甲基二乙醇胺。

⑨ 合成容易，成本低，价格便宜。

常见光引发剂的物理性能见表 4-8。

表 4-8　常见光引发剂的物理性能

光引发剂	外观	分子量	熔点/℃	密度/(g/cm³)	UV 吸收峰/nm
184	白色或月白色结晶粉末	204.27	44～49	1.17	240～250 320～335
369	微黄色粉末	366.5	110～114	1.18	325～335
500	清澈、浅淡黄色液体	192.62	<18(有结晶)	1.11	240～260 375～390
651	白色到浅黄色粉末	256.30	63～66	1.21	330～340
784	橙色粉末	534.39	190～195		380～390 460～480
819	浅黄色粉末	417.97	131～135	1.23～1.25	360～365 405
907	白色到浅褐色粉末	279.4	70～75	1.21	320～325
1300	浅黄色粉末	277.13	55～60		
1700	清澈、亮黄色液体	196.94		1.01	245 325
1800	浅黄色粉末	239.13	48～55	1.10～1.20	325～330 390～405
1850	浅黄色粉末	288.34	≥45	1.201	325～330 390～405
2959	月白色粉末	224.26	86.5～89.5	1.270	275～285 320～330
1173	清澈、浅黄色液体	164.2	4 (沸点 80～81℃)	1.074～1.078	265～280 320～335
4265	清澈、浅黄色液体	223.20		1.12	270～290 360～380
1000	清澈、浅淡黄色液体	172.2	<4	1.10	245 280 331

注：500 为 50%184/50%BP；1000 为 80%1173/20%184；1300 为 30%369/70%651；1700 为 25%BAPO/75%1173；1800 为 25%BAPO/75%184；1850 为 50%BAPO/50%184；4265 为 50%TPO/50%1173。

4.2　裂解型自由基光引发剂

自由基光引发剂按光引发剂产生活性自由基的作用机理不同，主要分为两大类：裂解型自由基光引发剂，也称 PI-1 型光引发剂；夺氢型自由基光引发剂，又称 PI-2 型光引发剂。

所谓裂解型自由基光引发剂是指光引发剂分子吸收光能后跃迁至激发单线态，经系间窜越到激发三线态，在其激发单线态或激发三线态时，分子结构呈不稳定状态，其中的弱键会发生龟裂，产生初级活性自由基，引发低聚物和活性稀释剂聚合交联。

裁解型自由基光引发剂从结构上看，多是芳基烷基酮类化合物，主要有苯偶姻及其衍生物、苯偶酰及其衍生物、苯乙酮及其衍生物、α-羟烷基苯乙酮、α-胺烷基苯乙酮、苯甲酰甲酸酯、酰基膦氧化物等。

4.2.1　苯偶姻及其衍生物

苯偶姻及其衍生物的常见结构如下：

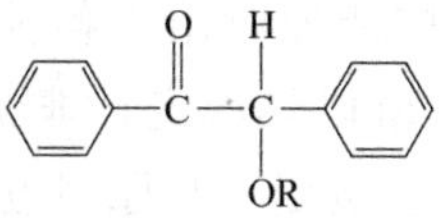

$$R：H、CH_3、C_2H_5、CH(CH_3)_2、CH_3CH(CH_3)_2、C_4H_9$$

苯偶姻（benzoin，BE）二苯乙醇酮，俗名安息香，是最早商品化的光引发剂，在早期第一代光固化涂料不饱和聚酯-苯乙烯体系中广泛应用。主要品种为安息香乙醚、安息香异丙醚和安息香丁醚。该类光引发剂在 $300\sim400\text{nm}$ 有较强吸收，最大吸收波长（λ_{max}）在 320nm 处，吸收光能后能裁解生成苯甲酰自由基和苄醚自由基，均能引发聚合。但苯甲酰自由基受苯环和羰基共轭影响，自由基活性下降，不如苄醚自由基活性高。

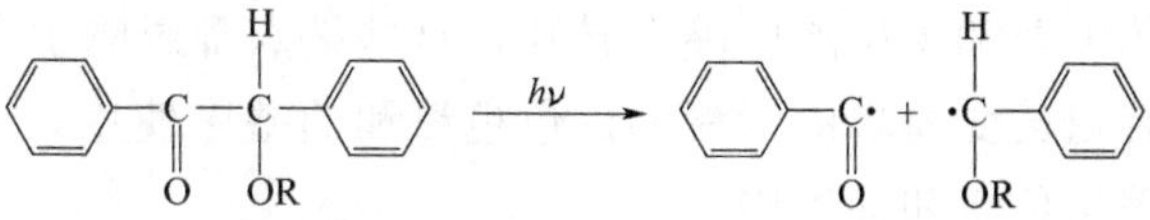

安息香醚类光引发剂在苯甲酰基邻位碳原子上的 $\alpha\text{-H}$，受苯甲酰基共轭体系吸电子的影响特别活泼，在室温不见光时，比较容易失去 $\alpha\text{-H}$ 产生自由基，导致暗聚合反应的发生，特别当涂料配方中混有重金属离子或与金属器皿接触时，重金属离子会促进暗反应的发生，严重影响储存稳定性。容易发生暗反应，热稳定性差，这是安息香醚类光引发剂最大的弊病。同时苯甲酰基自由基夺氢后，生成苯甲醛有一定的臭味。

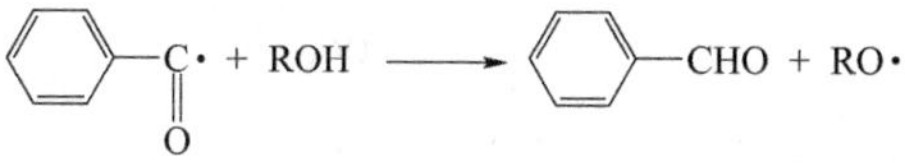

安息香醚类光引发剂另一缺点是易黄变。这是因为光解产物中含有醌类结构的缘故。

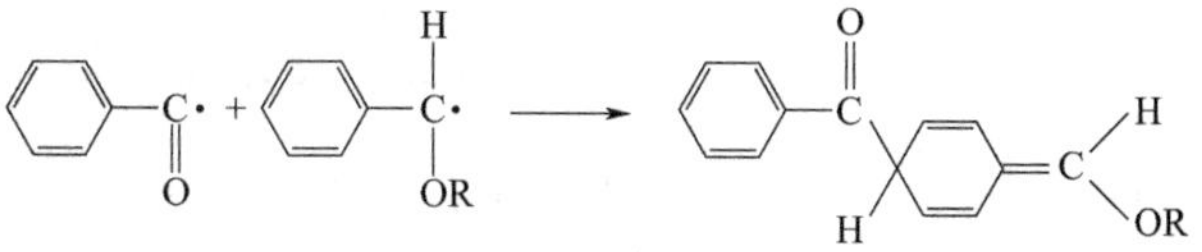

安息香醚类光引发剂虽然合成容易，成本较低，但因热稳定性差，易发生暗聚合和易黄变，是早期使用的光引发剂，目前已较少使用。

4.2.2　苯偶酰及其衍生物

苯偶酰（benzil）又名联苯甲酰，光解虽可产生两个苯甲酰自由基，因效率太低，溶解性不好，一般不作光引发剂使用。其衍生物 α,α'-二甲基苯偶酰缩酮，就是最常见的光引发剂 Irgacure 651（DMPA，DMBK，BDK），简称 651。

651 是白色到浅黄色粉末，熔点 $64\sim67℃$，在活性稀释剂中溶解性良好，λ_{max} 为 254nm、337nm，吸收波长可达 390nm。651 在吸收光能后裁解生成苯甲酰自由基和二甲氧苄基自由基，二甲氧苄基自由基可继续发生裁解，生成活泼的甲基自由基和苯甲酸甲酯。但苯甲酰自由基受苯环和羰基共轭影响，自由基活性下降，不如二甲氧苄基自由基活性高。

651 有很高的光引发活性，因此广泛地应用于各种光固化涂料、油墨和胶黏剂中，651 分子结构中苯甲酰基邻位没有 α-H，所以热稳定性非常优良。651 合成较容易，价格较低。但 651 与安息香醚类光引发剂一样，易黄变，其原因也是光解产物有醌式结构形成。

另外，光解产物苯甲醛和苯甲酸甲酯有异味，这些缺点都影响了它的应用，特别是易黄变性，使 651 不能在有耐黄变要求的清漆、白色色漆和油墨中使用，但它与 ITX、907 等光引发剂配合常用于光固化色漆和油墨中。

4.2.3 苯乙酮衍生物

苯乙酮（acetophenone）衍生物中作为光引发剂的主要是 α,α-二乙氧基苯乙酮（DEAP），它是浅黄色透明液体，与低聚物与活性稀释剂相容性好；λ_{max} 在 242nm 和 325nm。DEAP 在吸收光能后有两种方式裂解。

DEAP 按 Norrish Ⅰ型机理裂解产生苯甲酰自由基与二乙氧基甲基自由基，都是引发聚合的自由基，后者还可进一步裂解产生乙基自由基和甲酸乙酯。但苯甲酰自由基受苯环和羰基共轭影响，自由基活性下降，不如二乙氧基甲基自由基活性高。

DEAP 还能经过六环中间态 A，形成双自由基 B，并裂解成 2-乙氧基苯乙酮和乙醛，此过程为 Norrish Ⅱ 型裂解，或者双自由基 B 发生分子内闭环反应得到 C。由于双自由基 B 引发聚合的活性很低，故此反应历程不能产生有效的活性自由基。

DEAP 的光解历程主要为 Norrish Ⅰ 型裂解，产生的苯甲酰自由基与二乙氧基甲基自由基以及二次裂解产物乙基自由基都可引发聚合，所以 DEAP 的光引发活性也很高，几乎与 651 相当。而且 DEAP 光解产物中没有导致黄变的取代苄基结构，因此与 651 相比不易黄变。但 DEAP 与安息香醚类一样，在苯甲酰基邻位有 α-H 存在，活泼性高，热稳定性差；相对价格较高，在国内较少使用。DEAP 主要用于各种清漆，同时可与 ITX 等配合用于光固化色漆或油墨中。

4.2.4　α-羟基酮衍生物

α-羟基酮（α-hydroxy ketone）类光引发剂是目前最常用，也是光引发剂活性很高的光引发剂。已经商品化的光引发剂主要有：

Darocur 1173（HMPP），简称 1173　　　　Irgacure 184（HCPK），简称 184

Darocur 2959（HHMP），简称 2959

① 1173(2-羟基-2-甲基—苯基丙酮-1)　为无色或微黄色透明液体，沸点 $80\sim81℃$，与低聚物和活性稀释剂溶解性良好；λ_{max} 在 245nm、280nm 和 331nm。1173 吸收光能后，经裂解产生苯甲酰自由基和 α-羟基异丙基自由基，都是引发聚合的自由基。但苯甲酰自由基受苯环和羰基共轭影响，自由基活性下降，不如 α-羟基异丙基自由基活性高。后者发生氢转移后可形成苯甲醛和丙酮。

1173 分子结构中苯甲酰基邻位没有 α-H，所以热稳定性非常优良。光解时没有导致黄变的取代苄基结构，有良好的耐黄变性。1173 合成也较容易，价格较低；又是液体，使用方便，是用量最大的光引发剂之一。在各类光固化清漆中，1173 是主引发剂，也可与其他光引发剂 907，特别是 TPO、819 等配合用于光固化色漆和油墨。1173 的缺点是光解产物中苯甲醛有不良气味，同时挥发性较大。

② 184（1-羟基-环己基苯甲酮）　为白色到月白色结晶粉末，熔点在 45～49℃，在活性稀释剂中有良好的溶解性；λ_{max} 在 246nm、280nm 和 333nm。184 吸收光能后，经裂解产生苯甲酰自由基和羟基环己基自由基，都是引发聚合的自由基。但苯甲酰自由基受苯环和羰基共轭影响，自由基活性下降，不如 α-羟基环己基自由基活性高。后者光解产物为苯甲醛和环己酮。

184 与 1173 一样，分子结构中苯甲酰基邻位没有 α-H，有非常优良的热稳定性。光解时没有取代苄基结构，耐黄变性优良，也是最常用的光引发剂，是耐黄变要求高的光固化清漆的主引发剂，可与 TPO、819 用于白色色漆和油墨中，也常与其他光引发剂配合用于光固化有色体系。184 的缺点是光解产物中苯甲醛和环己酮，带有异味。

③ 2959（2-羟基-2-甲基-对羟乙基醚基苯基丙酮-1）　为白色晶体，熔点 86.5～89.5℃；λ_{max} 在 276nm 和 331nm。2959 吸收光能后，经裂解产生对羟乙基醚基苯甲酰自由基和 α-羟基异丙基自由基，都是引发聚合的自由基，后者活性更高。

2959 与 1173 一样，分子结构中苯甲酰基邻位无 α-H，有优良的热稳定性；光解产物无取代苄基结构，耐黄变性优良，可以用于各种光固化清漆，也可与其他光引发剂配合用于光固化有色体系。但因 2959 价格比 1173 和 184 高，加之在活性稀释剂溶解性也差，影响了 2959 在光固化产品中使用。2959 分子结构中苯甲酰基对位引入羟乙基醚基，水溶性比 1173 要好，1173 在水中溶解度仅为 0.1%，而 2959 在水中溶解度为 1.7%，所以常常作为水性光固化产品的光引发剂。另外，2959 熔点比 184 高 40 多摄氏度，所以也可在 UV 光固化粉末涂料中作光引发剂使用。

④ 为了使用方便，还有两种液态 α-羟基酮复合光引发剂 Irgacure 500，简称 500，Irgacure 1000，简称 1000。

500 为浅淡黄色透明液体，低于 18℃ 时会有结晶，组成为 1173：BP＝50：50（质量比），是裂解型光引发剂和夺氢型光引发剂配合的复合光引发剂，λ_{max} 在 250nm 和 332nm。

1000 为浅淡黄色透明液体，组成为 1173：184＝50：50（质量比），是两种裂解型光引发剂配合的复合光引发剂，λ_{max} 在 245nm、280nm、331nm。

500 和 1000 这两种复合光引发剂常用于各种光固化清漆中。

⑤ 其他 α-羟基酮光引发剂　长沙新宇公司开发的光引发剂 UV 6174［2-羟基-1-（4-甲氧基苯基）-2-甲基-丙酮-1]为 α-羟基酮光引发剂，熔点 48～56℃，反应活性高，其优异的耐黄变性，优于 184，稍逊于 2959。IGM 公司开发的光引发剂 IHT-PI 185{2-羟基化-2-甲基-1-

[(4-叔丁基)苯基]-1-丙酮},也是一种 α-羟基酮光引发剂,淡黄色透明液体,λ_{max} 在 255nm、325nm,具有极好的相溶性和较低的气味,适合同其他光引发剂混合使用在各种清漆和涂料中。

4.2.5 α-氨基酮衍生物

α-氨基酮(α-amino ketone)类光引发剂也是一类反应活性很高的光引发剂,常与硫杂蒽酮类光引发剂配合,应用于有色体系的光固化,表现出优异的光引发性能。已经商品化的光引发剂有:

Irgacure 907(MMMP),简称 907   Irgacure 369(BDMB),简称 369

① 907[2-甲基-1-(4-甲巯基苯基)-2-吗啉丙酮-1] 为白色到浅褐色粉末,熔点 70～75℃,在活性稀释剂中有较好的溶解度;λ_{max} 为 232nm、307nm。907 光解时产生对甲巯基苯甲酰自由基和吗啉异丙基自由基,都能引发聚合。但对甲巯基苯甲酰自由基受苯环和羰基共轭影响,自由基活性下降,不如吗啉异丙基自由基活性高。

在光固化有色体系中,907 与硫杂蒽酮类光引发剂配合使用,有很高的光引发活性。由于有色体系中颜料对紫外光的吸收,使 907 光引发效率大大降低,但硫杂蒽酮类光引发剂存在时,它的吸收波长可达 380～420nm,在 360～405nm 处有较高的摩尔消光系数,所以在有色体系中与颜料竞争吸光,从而激发至激发三线态,与 907 光引发剂发生能量转移,使 907 由基态跃迁到激发三线态,间接实现光引发剂 907 光敏化,而硫杂蒽酮类光引发剂又回基态。

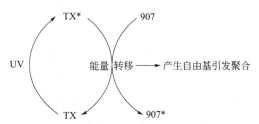

另外,907 分子中有吗啉基为叔胺结构,它与夺氢型硫杂蒽酮类光引发剂形成激基复合物并发生电子转移,产生自由基引发聚合,在这双重作用下,呈现在有色体系的光固化时有很高的光引发活性。

907 光引发剂其光解产物为含硫化合物即对甲巯基苯甲醛,有明显臭味,使其应用受到限制。另外 907 也存在耐黄变性差的问题,故不能用于光固化清漆和白漆中。由于近期发现 907 有致畸变作用,故欧盟已宣布不准使用。

② 369[2-苄基-2-二甲氨基-1-(4-吗啉苯基)丁酮-1] 是微黄色粉末,熔点 110～114℃;λ_{max} 为 233nm、324nm。369 光解时有两种裂解方式:α 裂解和 β 裂解,其中以 α 裂解为主。

369 光解后，α 裂解产生的对吗啉基苯甲酰基自由基和氨烷基自由基都是能引发聚合，后者引发活性更高。369 和 907 光引发剂一样，与硫杂蒽酮类光引发剂配合，在光固化有色体系中有很高的光引发活性，因此特别适用于光固化色漆和油墨中，尤其是黑色色漆和油墨。但 369 也存在黄变性，故不能在光固化清漆和白漆中使用。369 分子中没有含硫结构，同时光解产物对吗啉基苯甲醛气味也较小。369 因合成工艺较 907 复杂，价格也贵，在活性稀释剂中溶解性也比不上 907，所以不如 907 的应用广泛。但 369 在 365nm 和 405nm 有较高的摩尔消光系数 [365nm 的摩尔消光系数为 7.858×10^3 L/(mol·cm)，405nm 的摩尔消光系数为 2.800×10^2 L/(mol·cm)]，因而也可用于 UV-LED 光固化产品中。

③ 379[2-对甲苄基-2-二甲氨基-1-(4-吗啉苯基)丁酮-1] Irgacure 379 是原汽巴公司开发的又一个 α-胺基酮光引发剂，已于 2003 年 12 月上市，是与 369 结构相似的光引发剂，只比 369 在苯环对位上引入甲基，因此溶解性得以很大改善，克服了 369 在活性稀释剂中溶解度较低的弊病（369 在 TPGDA 中溶解度仅 6g/100g，而 379 在 TPGDA 中溶解度为 24g/100g）。Irgacure 379 光反应特点与 369 相似，光引发活性高，特别适合 UV 胶印油墨，尤其用于黑色油墨，也可用于 UV-LED 光固化产品中。

Irgacure379

④ IHT-PI389 是艾坚蒙公司开发的新的 α-胺基酮光引发剂，在 TPGDA 中溶解为 17.5g/100g，比 369 溶解性好。其 λ_{max} 在 333nm，摩尔消光系数为 2.575×10^4 L/(mol·cm)，比 379 [λ_{max} 在 320nm，摩尔消光系数为 2.341×10^4 L/(mol·cm)] 光引发活性更高，非常适用于有色体系光固化产品，也可用于 UV-LED 产品中。

⑤ 可取代 907 的 α-氨基酮光引发剂　由于 907 有毒性，为此一些光引发剂生产企业开发了物理性能和反应活性与 907 类似的 α-氨基酮光引发剂，但消除了 907 的毒性，见表 4-9。

表 4-9　可取代 907 的 α-氨基酮光引发剂

公司	商品名称	外观	类型	特点
台湾奇钛	R-gen 307	微淡黄或白色固体	裂解型	907 新一代产品，用于无味 UV 油墨
台湾双键	Doublecure 3907	淡黄色液体	裂解型	907 替代品，适用 UV 色漆和油墨

公司	商品名称	外观	类型	特点
长沙新宇	UV 6901	白色或淡黄色结晶粉末	裂解型	改善了 907 毒性和升华性能
钟祥华辰	1107	微淡黄粉末	裂解型	无硫、无毒性，可替代 907

4.2.6　苯甲酰甲酸酯类

苯甲酰甲酸酯光引发剂可通过草酸单酯酰氯与取代苯经 Friedel-Crafts 反应合成，操作简单，成本较低，已商品化的有苯甲酰甲酸甲酯（MBF）。

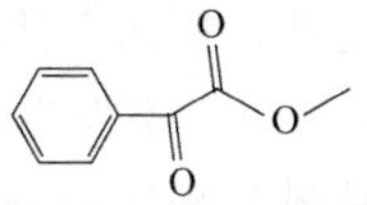

Darocur MBF

MBF 常温下为液体，熔点 17℃，沸点 246～248℃；λ_{max} 为 255nm、325nm，吸光后发生光解，可形成高引发活性的苯甲酰甲酰自由基和苯基自由基，因而光引发活性比 184、1173 和 651 稍高。由于其耐黄变性能优异，常与 TPO、819 配合使用，用于白色和浅色色漆和油墨中。

4.2.7　酰基膦氧化物

酰基膦氧化物（acyl phosphine oxide）光引发剂是一类光引发活性很高、综合性能较好的光引发剂，已商业化的产品主要有：

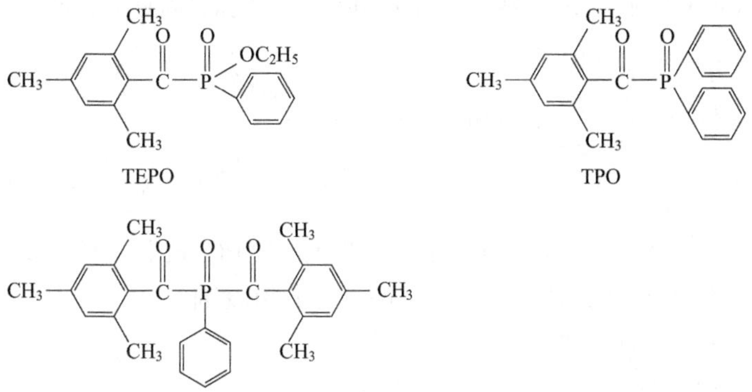

TEPO　　　　　　　　　　　TPO

BAPO，Irgacure 819，简称 819

① TEPO（2,4,6-三甲基苯甲酰基-乙氧基-苯基氧化膦）　为浅黄色透明液体，与低聚物和活性稀释剂溶解性好；λ_{max} 在 380nm，吸收波长可达 430nm。光解产物为三甲基苯甲酰自由基和苯基，乙氧基，膦酰自由基，都是引发活性很高的自由基。

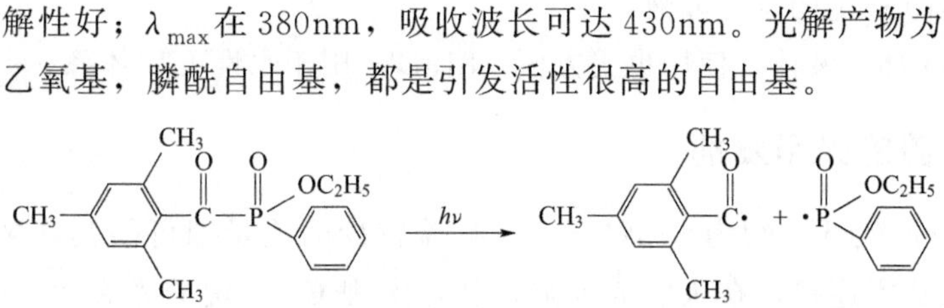

② TPO（2,4,6-三甲基苯甲酰基，二苯基氧化膦）　为浅黄色粉末，熔点 90～94℃，在

活性稀释剂中有足够的溶解度；λ_{max} 在 269nm、298nm、379nm、393nm，吸收波长可达 430nm。光解产物为三甲基苯甲酰基自由基和二苯基膦酰自由基，都是引发活性很高的自由基。

（注：此处为化学反应式图）

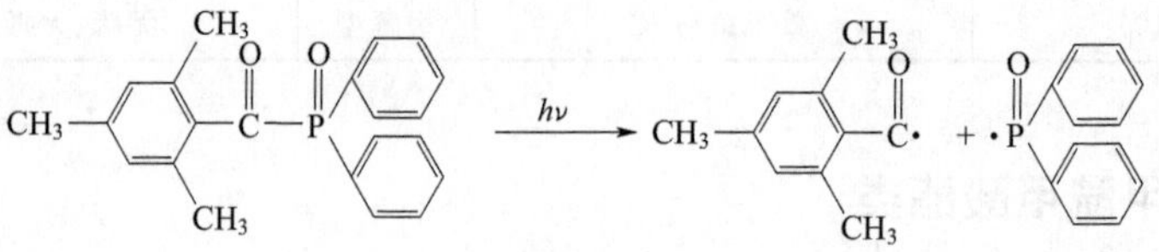

TPO 和 TEPO 的 λ_{max} 均在 380nm，可见光区 430nm 还有吸收，因此特别适合于有色体系的光固化。其光解产物的吸收波长可向短波移动，具有光漂白效果，有利于紫外光透过，可适用于厚涂层的固化。其热稳定性优良，加热至 180℃ 无化学反应发生，储存稳定性好。虽然自身都带有浅黄色，但光解后变为无色，不发生黄变，所以适合于白色或浅色油墨和色漆中使用。TEPO 与低聚物、活性稀释剂溶解性能好，但光引发效果不如 TPO，所以市场上的应用主要为 TPO，在有色涂层（特别是白色涂层）、厚涂层和透光性较差的涂层光固化中广泛应用。由于 TEPO 和 TPO 在紫外长波段有较大的吸收，也适合于 UV-LED 光固化产品使用。鉴于 TEPO 和 TPO 在可见光区也有吸收，因此在生产制造和储存运输时应注意避光。

③ 819 也叫 BAPO［双（2,4,6-三甲基苯甲酰基）苯基氧化膦］ 为浅黄色粉末，熔点 127～133℃，λ_{max} 在 370nm、405nm，最长吸收波长可达 450nm。光解产物有两个三甲基苯甲酰基自由基和一个苯基膦酰双自由基，都是引发活性很高的自由基，所以比 TPO 的光引发活性更高，非常适合在有色涂层（特别是白色涂层）、厚涂层和透光性较差的涂层光固化中应用。同时 819 在紫外长波段有较大的吸收，非常适合于 UV-LED 光固化产品使用。鉴于 819 在可见光区也有吸收，因此在生产制造和储存运输时应注意避光。

（注：此处为化学反应式图）

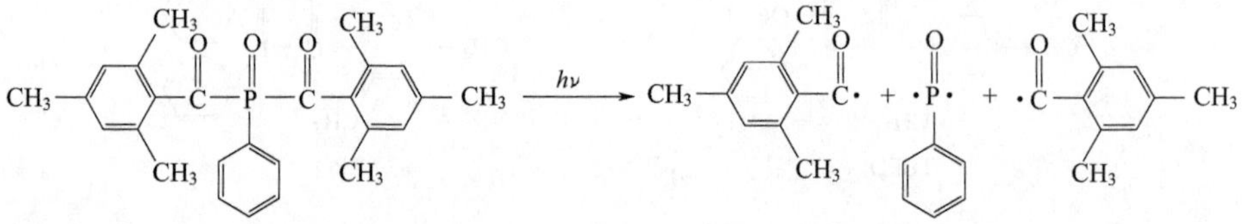

④ 复配的酰基膦氧化物光引发剂 由于 TPO、BAPO 光引发活性高，加之价格较贵，所以配制了与 α-羟基酮光引发剂复配的组分即复合光引发剂。

1700	25％819/75％1173
1800	25％819/75％184
1850	50％819/50％184
4265	50％TPO/50％1173
819DW	819 稳定的水分散液

1700 和 4265 都是液体，使用也更方便，819DW 用于水性 UV 体系。

4.2.8 含硫的光引发剂

C—S 键的键能较低，约为 272kJ/mol，只需较少的能量即可使其均裂为两个自由基，如与适当的吸光基团连接，在吸收光能后，就可实现 C—S 键的光裂解，已商品化的产品有 BMS。

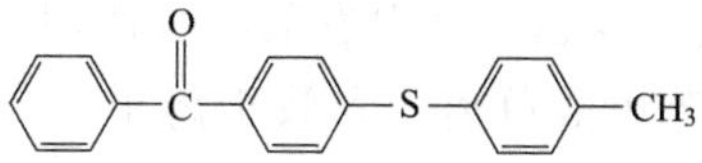

BMS（4-对甲苯巯基二苯甲酮）为奶黄色结晶粉末，熔点 73～83℃，λ_{max} 为 245nm 和 315nm，BMS 吸收光能后，可以发生两种方式的 C—S 键裂解，产生取代苯基自由基和芳巯基自由基，都可引发聚合。

如有叔胺时，还可同时发生二苯甲酮与叔胺之间的夺氢反应，产生活性很高的氨烷基自由基。因此，BMS 是具有裂解型和夺氢型双重功能的光引发剂。BMS 虽然有较好的光引发活性，由于光解后产物有极其难闻的硫醇化合物，故影响其应用。

4.2.9 肟酯类光引发剂

肟酯类光引发剂也是一类含 N 的裂解型光引发剂，已商业化产品是 OXE-01 和 OXE-02。

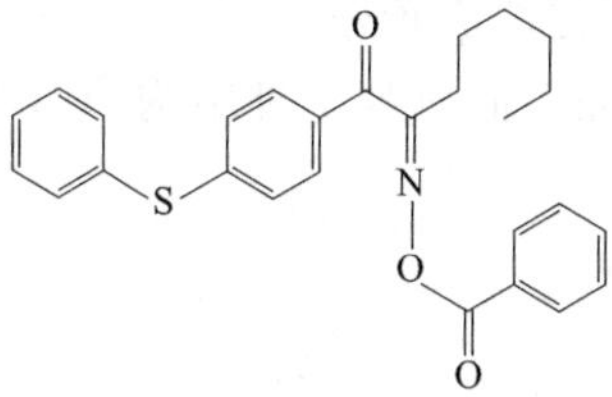

OXE-01

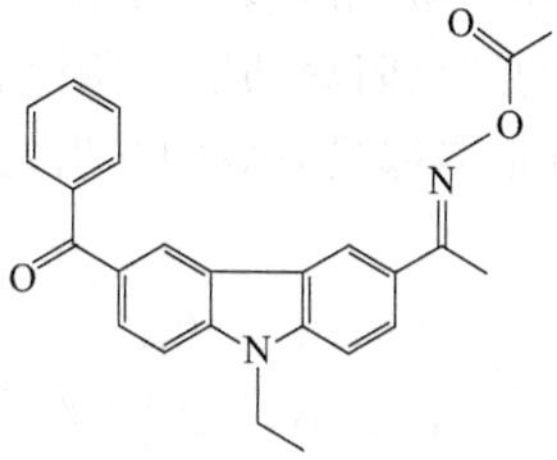

OXE-02

肟酯结构中，肟的 N 羟基具有一定的酸性（OXE-02 N 羟基 pK_a 为 11.46，OXE-01 N 羟基 pK_a 为 9.14），其酸性与酚羟基（pK_a 9.86）相近甚至还高于酚羟基，所以它与羧酸形成的酯（肟酯）是活性酯，容易裂解为自由基。

OXE-01 是苯硫醚肟酯类光引发剂，其热稳定性好，感光活性高，用于高端 LCD 的制作。

OXE-02 是 N-乙基咔唑肟酯类光引发剂，比 OXE-01 有更高的光敏性，适用于高色素的彩色光阻抗蚀剂和高光学密度的黑色矩阵制作中，也可用于 UV-LED 光固化产品中。

4.3 夺氢型自由基光引发剂

夺氢型光引发剂是指光引发剂分子吸收光能后，经激发和系间窜越到激发三线态，与助引发剂——氢供体发生双分子作用，经电子转移产生活性自由基，引发低聚物和活性稀释剂聚合交联。

夺氢型光引发剂从结构上看，都是二苯甲酮或杂环芳酮类化合物，主要有二苯甲酮及其衍生物、硫杂蒽酮类、蒽醌类等。

与夺氢型光引发剂配合的助引发剂——氢供体主要为叔胺类化合物，如脂肪族叔胺、乙醇胺类叔胺、叔胺型苯甲酸酯、活性胺（带有丙烯酰氧基，可参与聚合和交联的叔胺）等。

4.3.1 二苯甲酮及其衍生物

① 二苯甲酮（benzophenone，BP）　为白色到微黄色结晶，熔点 47～49℃，λ_{max} 在 253nm、

345nm。BP 吸收光能后，经激发三线态与助引发剂叔胺作用形成激基复合物（exciplex），发生电子转移，BP 得电子形成二苯甲醇负离子和胺正离子，二苯甲醇负离子从胺正离子夺氢生成无引发活性的二苯甲醇自由基（羰游基自由基，ketyl radical）和活性很高的氨烷基自由基，后者引发低聚物和活性稀释剂聚合交联。

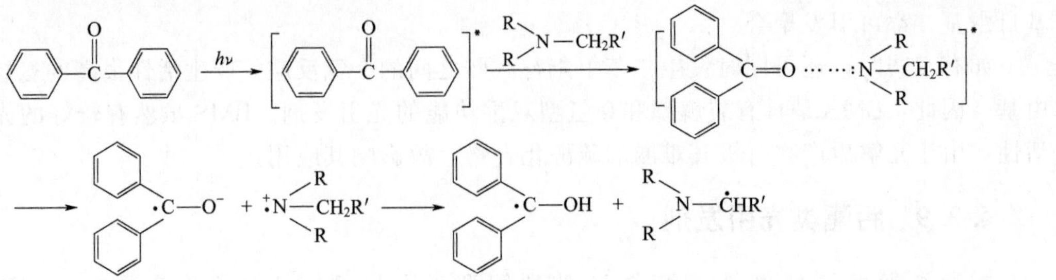

$$BP \xrightarrow{h\nu} [BP]^* \xrightarrow{R-N-CH_2R'} [\text{C=O} \cdots : N-CH_2R']^*$$

$$\longrightarrow \overset{\cdot}{C}-O^- + \overset{\cdot\cdot}{N}-CH_2R' \longrightarrow \overset{\cdot}{C}-OH + N-\overset{\cdot}{C}HR'$$

BP 由于结构简单，合成容易，是价格最便宜的一种光引发剂。但光引发活性不如 651、1173 等裂解型光引发剂，光固化速率较慢，容易使固化涂层泛黄，与助引发剂叔胺复配使用使黄变加重。另外，BP 熔点较低，具有升华性，易挥发，不利于使用。但 BP 与活性胺配合使用，有一定的抗氧阻聚功能，所以表面固化性能较好。

BP 的衍生物有很多都是有效的光引发剂，如下面所列 7 种结构的 BP 衍生物。

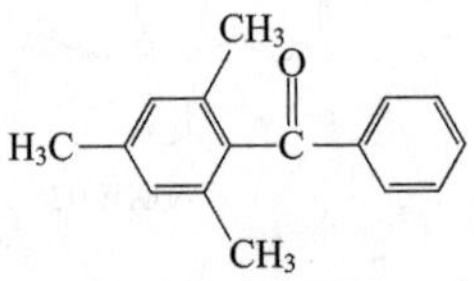

2,4,6-三甲基二苯甲酮

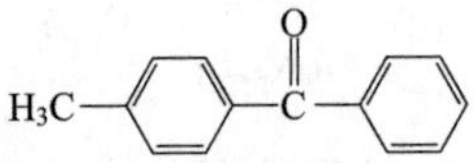

4-甲基二苯甲酮（MBP）

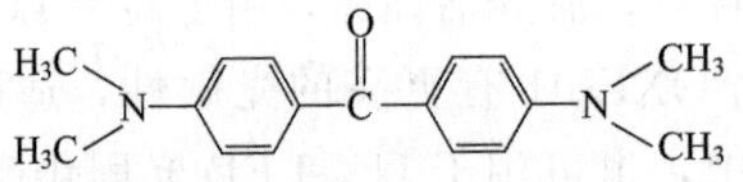

4,4′-双(二甲氨基)二苯甲酮，
俗称米蚩酮（michler's ketone，MK）

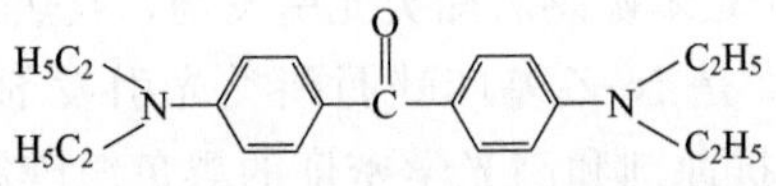

4,4′-双(二乙氨基)二苯甲酮，
俗称四乙基米蚩酮（DEMK）

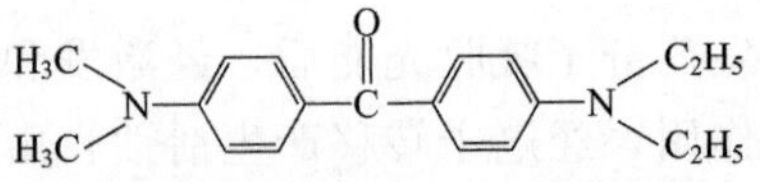

4,4′-双(甲基、乙基氨基)二苯甲酮，俗称甲乙基米蚩酮（MEMK）

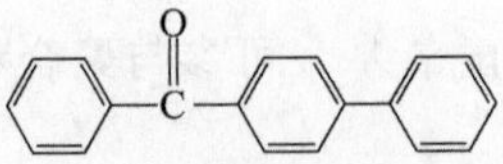

4-苯基二苯甲酮（PBZ）

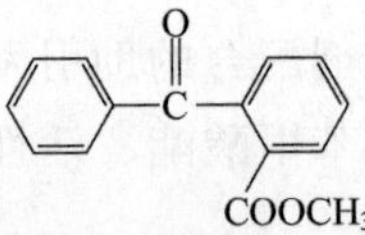

2-甲酸甲酯二苯甲酮（OMBB）

② 2,4,6-三甲基二苯甲酮和 4-甲基二苯甲酮的混合物（即光引发剂 Esacure TZT） TZT 为无色透明液体，沸点 310～330℃，与低聚物和活性稀释剂有很好的溶解性；λ_{max} 在 250nm、340nm，吸收波长可达 400nm。与助引发剂叔胺配合使用有很好的光引发效果，可用于各种光固化清漆，但因价格比 BP 高，一般仅用于高档光固化清漆中。

③ MK 为黄色粉末，在 365nm 处有很强的吸收，本身有叔胺结构，单独使用就是很好的光引发剂，与 BP 配合使用，其光引发活性远远高于 BP/叔胺或 MK/叔胺体系，光聚合速率是后两者的 10 倍左右，因此是早期色漆和油墨光固化配方中首选的光引发剂组合。但 MK 被确认为致癌物，不宜推广使用。DEMK 虽然毒性比 MK 小，但溶解性较差，也与 MK 一样易黄变；MEMK 溶解性有改善，可与 BP 配合用于有色体系的光固化中。

④ 原北京英力公司研发了一系列二苯甲酮衍生物，见表 4-10。

表 4-10 二苯甲酮衍生物的物理性能

化合物	代号	分子量	溶解度/g		沸点/℃	熔点/℃	密度/(g/cm³)
			100g TPGDA	100g TMPTA			
4-甲基二苯甲酮	MBP	196.2	48.45	52.36	326	59.5	0.9926
4-氯甲基二苯甲酮	CMBP	230.6	8.78	6.92		97～98	
4-羟甲基二苯甲酮	HMBP	212.2	40.32	30.96		48.3	
4-苯基二苯甲酮	PBZ	258.3	7.70	9.50	419～420	103	
2-甲酸甲酯二苯甲酮	OMBB	240.2	65.62	64.10	352	52	1.1903
4-(4-甲基苯基硫基)二苯甲酮	BMS	304.4	9.58	2.0			
4-氯二苯甲酮	CBP	216.7	17.44	21.79	330～332	74.5	
[4-(4-苯基酰基苯氧甲基)甲基]苯基甲酮	BMBP	406.4	3.24	2.59		97	

这些二苯甲酮（BP）衍生物的性能评价如下：

固化速率最好是 CBP 和 PBZ，其次为 MBP 和 CMBP，而 BMS 比 BP 还差。PBZ 和 BMS 对表面固化特别有效。

气味大小比较：BP（气味较强）＞MBP（有一定气味）＞OMBB≈PBZ≈BMBP≈CBP≈CMBP≈HMBPP（几乎无味），BMS 固化后气味非常大，但放置 10min 后气味基本消失。

黄变性大小次序为 BMS＞CMBP≈PBZ＞OMBB＞MBP＞BP≈CBP≈HMBP＞BMBP。

综合评价气味小、黄变小、引发效率与 BP 接近的是 BMBP 和 CBP，其次为 OMBB。

商品化的有 IHT-PI PBZ（4-苯基二苯甲酮）和 IHT-PI OMBB（邻苯甲酰苯甲酸甲酯）。

IHT-PI PBZ 为浅黄色结晶固体，熔程 99～103℃，λ_{max} 为 289nm，可用于有低气味或无气味的涂料和油墨配方中。

IHT-PI OMBB 为白色固体，熔程 48.5～51.5℃，λ_{max} 为 246nm、320nm，可用于有低气味或无气味的涂料和油墨配方中。

⑤ IGM 公司专门为要求低迁移、低气味、低挥发性的油墨和涂料而开发三种新的二苯甲酮衍生物光引发剂：IHT-PL2104、IHT-PL2300、IHT-PL2700。

IHT-PL2104 是一种二苯甲酮类长波吸收液体光引发剂，浅黄色黏状液体，λ_{max} 为 285nm，与活性稀释剂和低聚物互溶性好，固化膜气味非常低，主要用于对印刷品气味和迁移性敏感的食品、药品和化妆品的包装印刷用的涂料和油墨中。

IHT-PL2300是聚合的4-苯基二苯甲酮（PBZ）大分子液体光引发剂，淡黄色高黏度树脂，λ_{max}为250nm、280nm，与活性稀释剂和低聚物互溶性好，主要用于对印刷品气味和迁移性敏感的食品、药品和化妆品的包装印刷用的涂料和油墨中。

IHT-PL2700是一种多官能团二苯甲酮类大分子光引发剂，橙黄色至橙红色黏状液体，λ_{max}为245nm、280nm，与活性稀释剂和低聚物互溶性好，主要用于对印刷品气味和迁移性敏感的食品、药品和化妆品的包装印刷用的涂料和油墨中。

⑥ 长沙新宇公司开发的UV6214[（4-甲氧基-苯基)-(2,4,6-三甲基-苯基)-甲酮]，也是二苯甲酮衍生物，熔点74～78℃，引发乙烯基体系聚合，无VOC释放，特别适合用于食品包装印刷。

⑦ 国内多家企业和台资企业还开发了多种二苯甲酮衍生物和夺氢型光引发剂，它们的商品牌号和特性见表4-11。

表4-11　新开发的二苯甲酮衍生物和夺氢型光引发剂

公司	商品牌号	类型	外观	λ_{max}/nm	特性
湖北固润	GR-HMBP	夺氢型BP衍生物	白色粉末	207、267	低挥发,低气味
深圳有为	Api-358	夺氢型BP衍生物	白色粉末	293	高效的光引发效率,耐黄变,符合烟包油墨管控要求
广州广传	UV6214	夺氢型BP衍生物			无VOC释放,适用于食品包装印刷
	GC407	夺氢型酮类	淡黄色透明液体		不含苯、硫结构,不迁移,低黄变,表干速度快,适用LED固化
	GC409	夺氢型酮类	棕红色液体		不含苯、硫结构,不迁移,表干好,适用LED固化
广东博兴	BI759	夺氢型改性BP类	白色粉末		气味低,VOC低,符合烟包印刷要求
台湾双键	PolyQ102	夺氢型	淡黄色粉末/薄片	235	不迁移,低气味,用于食品包装涂料
	PolyQ1100	夺氢型	橘黄色黏稠液体		用于塑料、纸张、金属及光纤清漆,胶黏剂,食品包装油墨
	PolyQ1150	夺氢型	橘黄色黏稠液体		用于塑料、纸张、金属及光纤清漆,胶黏剂,食品包装油墨

⑧ 自供氢夺氢型光引发剂　夺氢型光引发剂需与叔胺供氢体配合使用，才能充分发挥其光引发作用，长沙新宇高分子科技公司巧妙地将夺氢型光引发剂与叔胺供氢体结构组合在一个分子内，变成自供氢夺氢型光引发剂，由于分子量增大，也不易发生迁移，它们的商品牌号和特性见表4-12。

表4-12　长沙新宇公司自供氢夺氢型光引发剂

产品	类型	外观	特点和应用
UV 6216	自供氢夺氢型	类白色粉末	无需添加活性胺,无VOC排放
UV 6217	自供氢夺氢型	黄色至棕色液体	改善了水溶性和固化后产品柔韧性
UV 6218	自供氢夺氢型	黄色至棕色液体	改善了水溶性和固化后产品柔韧性
UV 6231	自供氢夺氢型	黄色至棕黄色液体	可参与聚合反应,无迁移
UV 6232	自供氢夺氢型	黄色至棕黄色液体	可参与聚合反应,无迁移

产品	类型	外观	特点和应用
UV 6255	自供氢夺氢型		大分子,无迁移
UV 6265	自供氢夺氢型		大分子,无迁移
UV 627X	自供氢夺氢型		大分子,无迁移

4.3.2　硫杂蒽酮及其衍生物

硫杂蒽酮（thioxanthone，TX）又叫噻吨酮，是常见的夺氢型自由基光引发剂，但 TX 在低聚物和活性稀释剂的溶解性很差，现多用其衍生物作光引发剂，已商品化的产品主要有：

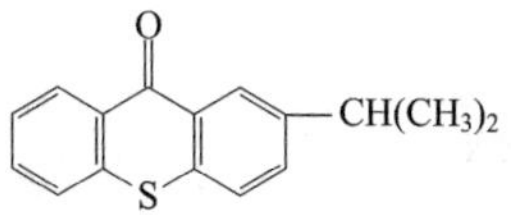

异丙基硫杂蒽（ITX） 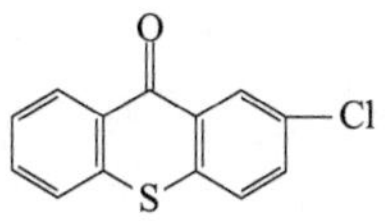　　　　2-氯硫杂蒽酮（CTX）

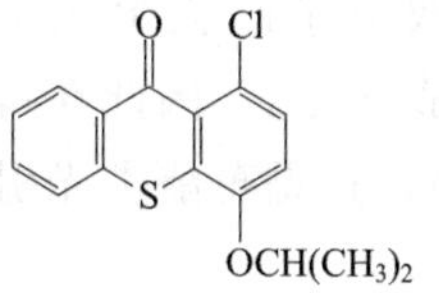

1-氯-4-丙氧基硫杂蒽酮（CPTX） 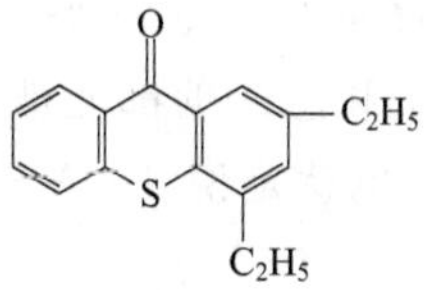　　　2,4-二乙基硫杂蒽酮（DETX）

目前，应用最广、用量最大的为 ITX。ITX 为淡黄色粉末，熔点 66～67℃，在活性稀释剂和低聚物中有较好的溶解性。λ_{max} 在 257.5nm、382nm，吸收波长可达 430nm，已进入可见光吸收区域。ITX 吸收光能后，经激发三线态必须与助引发剂叔胺配合，形成激基复合物发生电子转移，ITX 得电子形成无引发活性的硫杂蒽酮酚氧自由基和引发活性很高的 α-氨烷基自由基，引发低聚物和活性稀释剂聚合、交联。

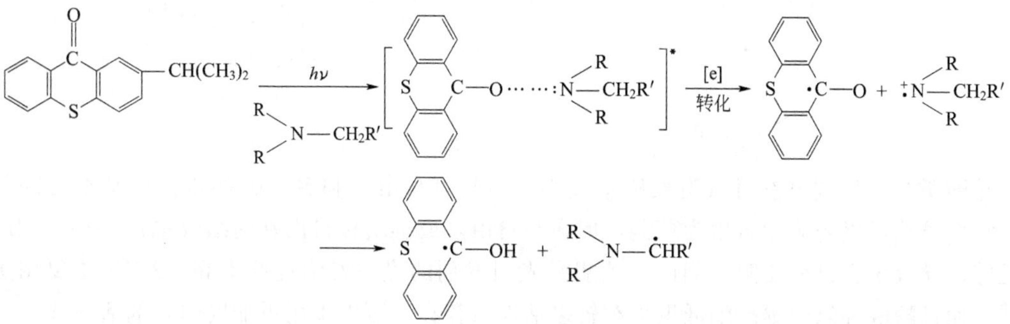

与 ITX 配合使用的助引发剂有 N,N-二甲基苯甲酸乙酯（EDAB 或 EPD）、N,N-二甲基苯甲酸 2-乙基己酯（ODAB 或 EHA）和苯甲酸二甲氨基乙酯（DMB）等。以 N,N-二甲胺基苯甲酸乙酯最好，不仅引发活性高，而且黄变较小。ITX 有较高的吸光波长，较强的吸光性能，与907、369等 α-氨基酮光引发剂配合，特别适用于有色体系的光固化。由于 ITX 和 DETX 等在紫外长波段有较大的吸收，因此，也可用于 UV-LED 光固化产品中。

ITX 也常与阳离子光引发剂二芳基碘鎓盐配合使用，ITX 吸光后激发，经电子转移使二芳基碘鎓盐发生光解，产生阳离子和自由基引发光聚合。

4.3.3 蒽醌及其衍生物

蒽醌（anthraquinone）类光引发剂是又一类夺氢型自由基光引发剂，蒽醌溶解性很差，难以在低聚物和活性稀释剂中分散，故多用溶解性较好的 2-乙基蒽醌作光引发剂。

2-乙基蒽醌（2-EA）

2-EA 为淡黄色结晶，熔点 107～111℃，λ_{max} 在 256nm、275nm 和 325nm，吸收波长可达 430nm，已进入可见光吸收区域。2-EA 吸收光能后，在激发三线态与助引发剂叔胺作用，夺氢后生成没有引发活性的酚氧自由基（A）和引发活性很高的氨烷基自由基，后者引发低聚物和活性稀释剂聚合、交联。酚氧自由基经双分子歧化生成 9,10-蒽二酚（B）和 2-EA，而酚氧自由基和蒽二酚都能被 O_2 氧化又都生成 2-EA。因此在有氧条件下，光引发剂效率比无氧时高，也就是说 2-EA 对氧阻聚敏感性小，这是蒽醌类光引发剂的特点。

蒽醌类光引发剂虽然对氧阻聚敏感性小，但酚氧自由基和蒽二酚都是自由基聚合的阻聚剂，它们虽然可以经氧化再生为蒽醌，但在与自由基或链增长自由基的结合也是一种有利的竞争反应，导致聚合过程受阻，因此，蒽醌类光引发剂的光引发活性并不高。2-EA 主要用于阻焊剂，而且酚醛环氧丙烯酸酯低聚物有较多活性氢存在，可以不用再加助引发剂活性胺。

4.3.4 助引发剂

与夺氢型自由基光引发剂配合的助引发剂——供氢体，从结构上都是至少有一个 α-C

的叔胺，与激发态夺氢型光引发剂作用，形成激基复合物，氮原子失去一个电子，N 邻位 α-C 上的 H 呈强酸性，很容易呈质子离去，产生 C 中心的活泼的胺烷基自由基，引发低聚物和活性稀释剂聚合交联。

叔胺类化合物有脂肪族叔胺、乙醇胺类叔胺、叔胺型苯甲酸酯和活性胺（带有丙烯酰氧基的叔胺）。

① 脂肪族叔胺　最早使用的叔胺如三乙胺，价格低，相容性好，但挥发性太大，臭味太重，现已不使用。

② 乙醇胺类叔胺　有三乙醇胺、N-甲基二乙醇胺、N,N-二甲基乙醇胺、N,N-二乙基乙醇胺等。三乙醇胺虽然成本低，活性高，但亲水性太大，影响涂层性能，黄变严重，所以不能使用。其他三种取代乙醇胺，活性高，相容性好，不少光固化配方中仍在使用。

③ 叔胺型苯甲酸酯　有 N,N-二甲基苯甲酸乙酯、N,N-二甲基苯甲酸 2-乙基己酯和苯甲酸二甲氨基乙酯。

N,N-二甲基苯甲酸乙酯（EDAB 或 EPD）　　　　　N,N-二甲基苯甲酸-2-乙基己酯（ODAB 或 EHA）

苯甲酸二甲氨基乙酯（Quantacure DMB）

这三个叔胺都是活性高、溶解性好、低黄变的助引发剂，特别是 EDAB（λ_{max} 315nm）和 ODAB（λ_{max} 310nm）在紫外区有较强的吸收，对光致电子转移有促进作用，有利于提高反应活性。但价格较贵，主要与 TX 类光引发剂配合，用于高附加值油墨中。

④ 活性胺　为带有丙烯酰氧基的叔胺，既与低聚物有很好的相容性，气味也低，又能参与聚合交联，不会发生迁移。这类叔胺是由仲胺（二乙胺或二乙醇胺）与二官能团丙烯酸酯或多官能团丙烯酸酯经迈克尔加成反应直接制得。在第 2 章 2.11.3 节的表 2-31 中可看到各种牌号的活性胺。

4.4　阳离子光引发剂

阳离子光引发剂（cationic photoinitiator）是又一类非常重要的光引发剂，它是在吸收光能后到激发态，分子发生光解反应，产生超强酸即超强质子酸（也叫布朗斯特酸 Bronsted acid）或路易斯酸（Lewis acid），从而引发阳离子低聚物和活性稀释剂进行阳离子聚合。阳离子光聚合的活性稀释剂主要有乙烯基醚类化合物、环氧化合物、氧杂环丁烷等，已在第 2 章中 2.8.1 节、2.8.2 节和 2.8.3 节讲述，阳离子光聚合的低聚物已在第 3 章中 3.9 节讲述，另外还有内酯、缩醛、环醚等。

阳离子光固化与自由基光固化比较有下列特点：

① 阳离子光固化不受氧影响；而自由基光固化对氧敏感，发生氧阻聚。

② 阳离子光固化对水气、碱类物质敏感，导致阻聚；而自由基光固化对水气、碱类物质不敏感。

③ 阳离子光固化时体积收缩小，有利于对基材的附着；而自由基光固化时体积收缩大。

④ 阳离子光固化速率较慢，升高温度有利于光固化速率提高；而自由基光固化速率快，温度影响小。

⑤ 阳离子光固化的活性中间体超强酸在化学上是稳定的，因带正电荷不会发生偶合而消失，在链终止时超强酸继续仍然存在，因此光照停止后，仍能继续引发聚合交联，进行后固化，寿命长，适合于厚涂层和有色涂层的光固化；而自由基光固化因自由基很容易偶合而失去引发活性，一旦光照停止，自由基因偶合而消失，光固化也就马上停止，没有后固化现象。表 4-13 反映两种光固化的比较。

表 4-13　阳离子光固化与自由基光固化比较

项目	自由基光固化	阳离子光固化
低聚物	（甲基）丙烯酸酯树脂、不饱和聚酯	环氧树脂、乙烯基醚树脂
活性稀释剂	（甲基）丙烯酸酯、乙烯类单体	乙烯基醚、环氧化合物
光引发活性中间体	自由基	阳离子
活性中间体寿命	短	长
光固化速率	快	慢
后固化	可忽略	强
体积收缩率	高（7%～15%）	低（3%～5%）
对氧的敏感性	强	无
对潮气的敏感性	无	强
对碱的敏感性	无	强
气味	高	低
价格	低	高

阳离子光引发剂主要有芳基重氮盐、二芳基碘鎓盐、三芳基硫鎓盐、芳基茂铁盐等。

4.4.1　芳基重氮盐

芳基重氮盐（aryldiazo salt）吸收光能后，经激发态分解产生氟苯、多氟化物和氮气，多氟化物是强路易斯酸，直接引发阳离子聚合，也能间接产生超强质子酸，再引发阳离子聚合。

$$\text{C}_6\text{H}_5{-}\overset{+}{\text{N}}_2\text{PF}_6 \xrightarrow{h\nu} \text{C}_6\text{H}_5{-}\text{F} + \text{N}_2 + \text{PF}_5$$
$$\xrightarrow{\text{ROH}} \text{ROPF}_5 + \text{H}^+$$
超强质子酸

但芳基重氮盐热稳定性差，且光解产物中有氮气释放，会在涂层中形成气泡，应用受限制，因此目前已不再使用。

4.4.2　二芳基碘鎓盐

二芳基碘鎓盐（diaryliodonium salt）是一类重要的阳离子光引发剂，由于合成较方便，热稳定性较好，体系贮存稳定性好，光引发活性较高，已商品化。

二芳基碘鎓盐在最大吸收波长处的摩尔消光系数可高达 10^4 数量级，但吸光波长比较短，绝大多数吸收波长在 250nm 以下，即使苯环上引入各种取代基，对吸光性能无显著改善作用，与紫外光源不匹配，利用率很低。只有当碘鎓盐连接在吸光性很强的芳酮基团上时，可使碘鎓盐吸收波长增至 300nm 以上（表 4-14）。

表 4-14　碘鎓盐的最大吸收波长

碘鎓盐	最大吸收波长/nm	摩尔消光系数/[L/(mol·cm)]
	227	17800
	246	15400
	245	17000
	236	18000
	237	18200
	238	20800
	335	
	296、336	

二芳基碘鎓盐的阴离子对吸光性没有影响，但对光引发活性有较强影响，阴离子为 SbF_6^- 时，引发活性最高，这是因为 SbF_6^- 亲核性最弱，对增长链碳正离子中心的阻聚作用最小。当阴离子为 BF_4^- 时，碘鎓盐引发活性最低，因 BF_4^- 比较容易释放出亲核性较强的 F^- 离子，导致碳正离子活性中心与 F^- 结合，终止聚合。从光引发活性看，不同阴离子活性大小依次为：

$$SbF_6^- > AsF_6^- > PF_6^- > BF_4^-$$

二芳基碘鎓盐吸收光能后，发生光解时有均裂和异裂，既产生超强酸，又产生自由基。因此，碘鎓盐既可引发阳离子光聚合，又能引发自由基光聚合，但以阳离子引发为主。

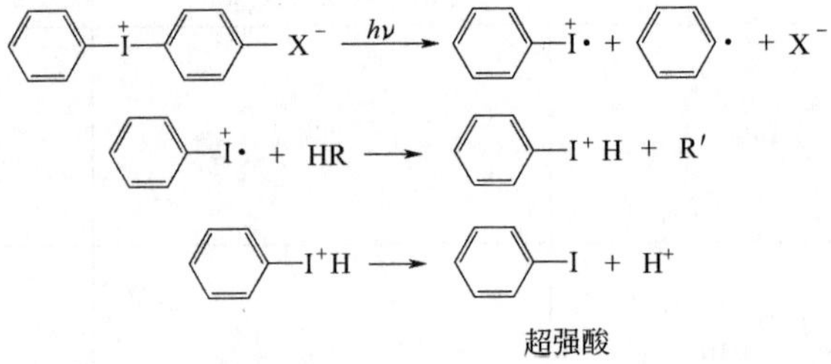

超强酸

二芳基碘鎓盐只对波长 250nm 附近的 UV 光有强的吸收，对大于 300nm 的 UV 光和可见光吸收很弱，故对 UV 光源的能量利用率很低。为了提高 UV 光引发效率和体系对 UV 光的能量利用率，通常使用光敏剂和自由基光引发剂来拓宽体系的 UV 吸收谱带，光敏剂和自由基光引发剂首先吸收 UV 光能而激发，再通过电子转移给碘鎓盐，进而产生超强酸引发阳离子光聚合和自由基引发自由基光聚合。所以硫杂蒽酮和二苯甲酮等自由基光引发剂时常与碘鎓盐配合使用，以提高碘鎓盐的光引发效率和 UV 光吸收效率。

碘鎓盐在活性稀释剂中溶解性较差，同时碘鎓盐的毒性较大，特别是六氟锑酸盐是剧毒品，无法在商业上应用，这是制约碘鎓盐作为阳离子光引发剂推广应用的两个问题。目前通过在苯环上增加取代基的方法，使这两个问题得到克服，如苯环上引入十二烷基后碘鎓盐溶解性大为改善，在苯环上引入 8~10 个碳的烷氧基链，碘鎓盐的半致死量 LD_{50} 从 40mg/kg（剧毒）提升至 5000mg/kg（基本无毒）。

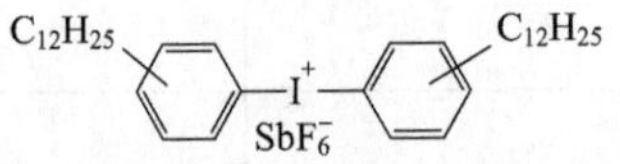

双十二烷基苯碘鎓盐 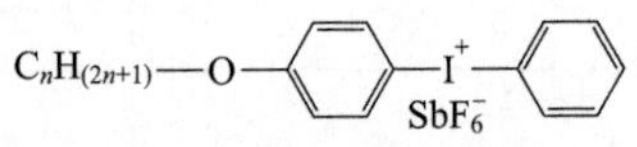　　　　　　长链烷氧基二苯基碘鎓盐

近年来，合成了不同取代基的碘鎓盐，它们的紫外吸收峰和摩尔消光系数见表 4-15，显示都在 300nm 以下。

国内湖北固润、江苏泰特尔、上海予利和台湾双键等光引发剂生产企业，近期开发了多种碘鎓盐阳离子光引发剂见表 4-16。

表 4-15 不同取代基的碘鎓盐的紫外吸收

碘鎓盐	λ_{max} /nm	ε /[L/(mol·cm)]	λ_{max} /nm	ε /[L/(mol·cm)]
[4-(4-苯甲酰基苯氧基)苯](苯基)碘鎓六氟磷酸盐	220.4	27500	272.4	27200
{4-[(4-苯甲酰基苯氧基亚甲基]苯}(苯基)碘鎓六氟磷酸盐	220.4	22800	264.8	17100
{4-[(4-苯甲酰基苯基)亚甲基]苯}(苯基)碘鎓六氟磷酸盐	211	26500	257.8	27100
{4-[4-(2-氯苯甲酰基)苯氧基]苯}(苯基)碘鎓六氟磷酸盐	209.2	43000	276	25100
{4-[4-(4-甲氧基苯甲酰基)苯氧基]苯}(苯基)碘鎓六氟磷酸盐	207.9	35000	283.8	25100
{4-[4-(4-硝基苯甲酰基)苯氧基]苯}(苯基)碘鎓六氟磷酸盐	210.2	55000	267.2	41000
(4-苯甲酰基-1,1'-联苯-4-)基苯基碘鎓六氟磷酸盐	206	51000	288	39000
4-氯苯基二苯基硫鎓六氟磷酸盐			241	22100
苯甲酰基苯基二苯基碘鎓六氟磷酸盐	206	51000	288	39000
[4-(对苯甲酰基苯硫基)苯]苯基碘鎓六氟磷酸盐	250	28520	290	26100
{4-[4-(对硝基苯甲酰基)苯硫基]苯}苯基碘鎓六氟磷酸盐	247	28200	295	26300
{4-[4-(对甲基苯甲酰基)苯硫基]苯}苯基碘鎓六氟磷酸盐	207	52800	263	19200
{4-[4-(对甲基苯甲酰基)苯氧基]苯}苯基碘鎓六氟磷酸盐	204	20100	272	9630
[4-(对苯甲酰基苯氧基)苯]苯基碘鎓六氟磷酸盐	248	27200	293	25700
对苄基二苯基碘鎓六氟磷酸盐	212		232	
对苯甲酰基二苯基碘鎓六氟磷酸盐	216		249	
4,4'-二乙酰胺基二苯基碘鎓六氟磷酸盐			280	
3,3'-二硝基二苯基碘鎓六氟磷酸盐			256	
碘化 4,4'-二乙酰胺基二苯基碘鎓盐			280	

表 4-16 部分商品化的碘鎓盐阳离子光引发剂

生产企业	产品牌号	产品组成	固含量/%	λ_{max}/nm
江苏泰特尔	TTAUV-694	4,4,-二甲基二苯基碘鎓六氟磷酸盐	98	
湖北固润	GR-PAG-2	(5-对甲苯磺酰氧亚胺-5H-噻吩-2-亚基)-(4-甲氧基苯基)-乙腈	≥98	270,430
	GR-IS-2	双(4-十二烷基苯)碘鎓六氟锑酸盐		
	GR-IS-3	(4-辛烷氧基苯基)苯基碘鎓六氟锑酸盐		
	GR-IS-4	双(4-叔丁基苯基)碘鎓六氟磷酸盐		
双键	1130			237
	1172			206,295
上海予利	1012	4-[(2-羟基十四烷基)苯基]苯基碘鎓六氟锑酸盐		
	1022	4-[(2-羟基十四烷基)苯基]对甲苯碘鎓六氟锑酸盐		
	1011	(4-辛烷氧基苯基)苯基碘鎓六氟锑酸盐		
	1021	(4-辛烷氧基苯基)对甲苯碘鎓六氟锑酸盐		
	1020	4-异丁基苯基-4-甲基苯基碘鎓六氟锑酸盐		

4.4.3 三芳基硫鎓盐

三芳基硫鎓盐（triarylsulfonium salt）是又一类重要的阳离子光引发剂。三芳基硫鎓盐热稳定性比二芳基碘鎓盐更好，加热至 300℃不分解，与活性稀释剂混合加热也不会引发聚合，故体系贮存稳定性极好（表 4-17），引发活性比碘鎓盐高，也已商品化。

表 4-17　几种阳离子光引发剂的贮存稳定性比较

阳离子光引发剂	贮存稳定性[①]
CH₃O—⟨苯环⟩—N≡⁺NPF₄⁻	<12h
⟨苯环⟩—I⁺—⟨苯环⟩ PF₄⁻	13d
⟨三苯基硫⟩ S⁺ PF₄⁻	6 个月内无变化

① 1mol%阳离子光引发剂加入 3,4-环氧环己酸-3′,4′-环氧环己基甲酯混合物，40℃避光保存。

三芳基硫鎓盐的最大吸收波长为 230nm，因此对紫外光源的利用率很低，但苯环取代物吸收波长明显向长波移动，如苯硫基苯基二苯基硫鎓盐的最大吸收波长为 316nm。

三苯基硫鎓盐　　　　苯硫基苯基二苯基硫鎓盐

三芳基硫鎓盐的阴离子对吸光性影响不大，但对光引发活性有较强影响，其阴离子活性大小与二芳基碘鎓盐一样依次为：

$$SbF_6^- > AsF_6^- > PF_6^- > BF_4^-$$

三芳基硫鎓盐与二芳基碘鎓盐相似，吸收光能后光解反应既产生超强酸引发阳离子光聚合，又能产生自由基引发自由基光聚合。

超强酸

三苯基硫鎓盐在活性稀释剂中溶解性不好，所以商品化的三苯基硫鎓盐都是 50％碳酸丙烯酯溶液。

三苯基硫鎓盐也和二芳基碘鎓盐一样存在吸光波长在 250nm 以下，不能充分利用 UV 光源的 UV 光能，为此要与一些稠环芳烃化合物（蒽、芘、苝等）配合使用，以使三芳基硫鎓盐光敏化，从而发生光解，产生阳离子超强酸和自由基引发聚合。三芳基硫鎓盐的另一个缺点是光解产物二苯基硫醚有臭味。商品化的三芳基硫鎓盐为陶氏化学公司的 UV1 6976 和 UV1 6992。

双(4,4′硫醚三苯基硫鎓)六氟锑酸盐　　　　　苯硫基苯基、二苯基硫鎓六氟锑酸盐

UV1 6976 是双（4,4′硫醚三苯基硫鎓）六氟锑酸盐和苯硫基苯基、二苯基硫鎓六氟锑酸盐两种三芳基硫鎓盐的 50％碳酸丙烯酯溶液。

双(4,4′硫醚三苯基硫鎓)六氟磷酸盐　　　　　苯硫基苯基、二苯基硫鎓六氟磷酸盐

UV1 6992 是双（4,4′硫醚三苯基硫鎓）六氟磷酸盐和苯硫基苯基、二苯基硫鎓六氟磷酸盐两种三芳基硫鎓盐的 50％碳酸丙烯酯溶液。

近年来，合成了多种不同取代基的硫鎓盐，它们的紫外吸收见表 4-18，大多数也在 300nm 以下。

表 4-18　不同取代基的硫鎓盐的紫外吸收

硫鎓盐	λ_{max}/nm	ε/[L/(mol·cm)]
三苯基硫鎓氟硼酸盐	232	16700
三苯基硫鎓六氟磷酸盐	234	19700
三苯基硫鎓六氟锑酸盐	235	19100
4-甲苯基二苯基硫鎓六氟磷酸盐	241	19400
4-氯苯基二苯基硫鎓六氟磷酸盐	241	22100
3-硝基苯基二苯基硫鎓六氟磷酸盐	259	25300

续表

硫鎓盐	λ_{max}/nm	$\varepsilon/[L/(mol \cdot cm)]$
4-乙酰胺基苯基二苯基硫鎓六氟磷酸盐	289	26300
3-苯甲酰基苯基二苯基硫鎓六氟磷酸盐	324	9800

国内湖北固润、江苏泰特尔和台湾双键等光引发剂生产企业，近期开发了多种硫鎓盐阳离子光引发剂，见表4-19。

表 4-19 部分商品化的硫鎓盐阳离子光引发剂

生产企业	产品牌号	产品组成	固含量/%	λ_{max}/nm
江苏泰特尔	TTAUV-692	4-(苯硫基)苯基二苯基硫鎓六氟磷酸盐和双[4-(苯硫基)苯基二苯基硫鎓]六氟磷酸盐	40	
	TTAUV-693	4-(苯硫基)苯基二苯基硫鎓六氟锑酸盐和双[4-(苯硫基)苯基二苯基硫鎓]六氟锑酸盐	40	
湖北固润	GR-SS-4	4-(苯硫基)苯基二苯基硫鎓六氟磷酸盐和双[4-(苯硫基)苯基二苯基硫鎓]六氟磷酸盐		
	GR-SS-5	4-(苯硫基)苯基二苯基硫鎓六氟锑酸盐和双[4-(苯硫基)苯基二苯基硫鎓]六氟锑酸盐		
双键	1176	4-(苯硫基)苯基二苯基硫鎓六氟锑酸盐和双[4-(苯硫基)苯基二苯基硫鎓]六氟锑酸盐		297
	1190	4-(苯硫基)苯基二苯基硫鎓六氟磷酸盐和双[4-(苯硫基)苯基二苯基硫鎓]六氟磷酸盐		291

4.4.4 芳茂铁盐

芳茂铁盐（aryl ferrocenium salt）是继二芳基碘鎓盐和三芳基硫鎓盐后，又开发的一种阳离子光引发剂，已商品化的是 lrgacure 261，简称261。

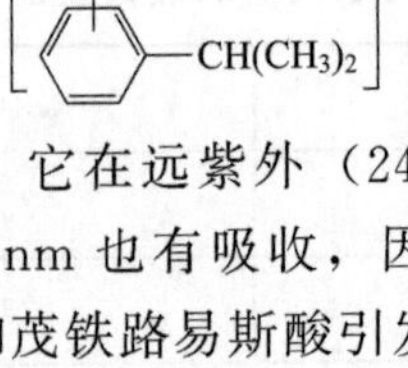

261黄色粉末，熔点85～88℃，它在远紫外（240～250nm）和近紫外（390～400nm）均有较强吸收，在可见光530～540nm也有吸收，因此是紫外光和可见光双重光引发剂。261吸光后发生分解，生成异丙苯和茂铁路易斯酸引发阳离子聚合。

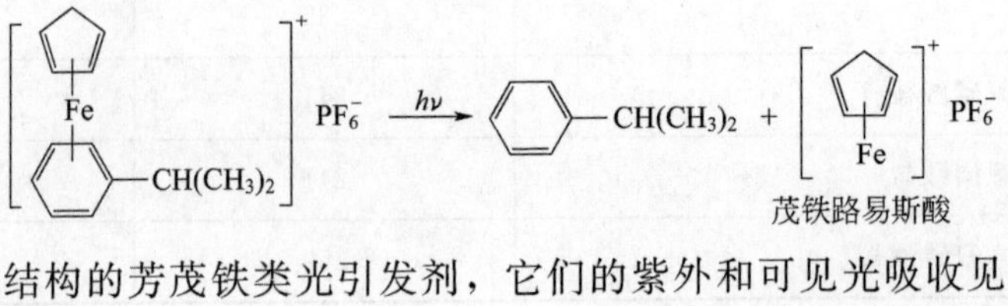

新合成的不同结构的芳茂铁类光引发剂，它们的紫外和可见光吸收见表4-20。

表 4-20　不同结构的芳茂铁类光引发剂的紫外和可见光吸收

光引发剂	λ_{max}/nm	摩尔消光系数/[L/(mol·cm)]	λ_{max}/nm	摩尔消光系数/[L/(mol·cm)]	λ_{max}/nm	摩尔消光系数/[L/(mol·cm)]
(环戊二烯基-铁-苯)六氟磷酸盐	239	13900	370	111	450	79
(环戊二烯基-铁-甲苯)六氟磷酸盐	239	12400	375	75	455	59
(环戊二烯基-铁-对二甲苯)六氟磷酸盐	238	12200	375	68	455	52
(环戊二烯基-铁-萘)六氟磷酸盐	249	11500	355	893	480	362
(环戊二烯基-铁-联苯)六氟磷酸盐	253	18900	389	277	442	138
(环戊二烯基-铁-2,5-二甲基苯乙酮)六氟磷酸盐	240	9100	365	638	460	63
(乙酰基环戊二烯基-铁-对二甲苯)六氟磷酸盐	238	10800	360	1430	490	438
(环戊二烯基-铁-苯甲醚)六氟磷酸盐	242	14700	396	136	466	72
(环戊二烯基-铁-二苯醚)六氟磷酸盐	243	19400	394	140	462	75
(环戊二烯基-铁-2,4-二乙氧基苯)六氟磷酸盐	242	16800	404	146	468	76
(二环戊二烯基-铁-咔唑)六氟磷酸盐	258	26600	365	2920	472	564
(二环戊二烯基-铁-二苯醚)六氟磷酸盐	241	28100	382	325	457	244
(二环戊二烯基-铁-乙基咔唑)六氟磷酸盐	261	35300	339	5540	470	553
(二环戊二烯基-铁-联苯)六氟磷酸盐	253	30600	391	574	466	198

4.5　大分子光引发剂

目前使用的光引发剂都为有机小分子，在使用中存在下面的问题：

① 相容性　一些固体光引发剂在低聚物和活性稀释剂中溶解性差，需加热溶解，当放置时遇到低温，引发剂可能会析出，影响使用。

② 迁移性　涂层固化后残留的光引发剂和光解产物会向涂层表面迁移，影响涂层表观和性能，也可能引起毒性和黄变性。

③ 气味　有的光引发剂易挥发，大多数光引发剂的光解产物有不同程度的异味，因此在卫生和食品包装材料上影响其使用。

为了克服小分子光引发剂上述弊病，人们设计了大分子光引发剂或可聚合的光引发剂。与小分子光引发剂相比，大分子光引发剂具有很多优点，例如气味低、挥发度低、毒性小、抗迁移能力强、环境兼容性好、树脂相容性好、功能多样性、功能专一性等。

① 气味低，挥发度低　大分子光引发剂通常都具有比较高的分子量，与低分子量的光引发剂相比，挥发度比较小，因此，具有更小的刺激性和气味。

② 抗迁移性好，毒性小，环境兼容性更好　光固化体系中，固化后固化膜中残余光引发剂碎片的问题引起越来越多的关注。举例而言，食品包装领域的油墨具有十分严格的标

准，规定了从印刷品中挥发和残留光引发剂物质的底限。而大分子光引发剂可以很好地解决光引发剂在固化后产品中残留浓度的问题，又不易迁移，固化后对食品包装的影响就越少，不容易产生影响食品的气味。另外，大分子光引发剂本身具有比较低的毒性，可以大量应用于生物医药领域。

③ 树脂的相容性好　大分子光引发剂的开发往往与树脂是紧密关联的。从结构上说，这些大分子光引发剂与树脂体系有一定的相似性，因此，与小分子光引发剂相比，它与树脂体系具有更好的相容性。

④ 减少黄变　大分子光引发剂紫外光照后，不易产生易黄变的醌式结构，而且，未能聚合的大分子活性基团仍然连接在大分子体系上，可降低涂层的黄变和老化。

⑤ 赋予光引发剂一些新的功能　可以开发一些具有特殊功能的大分子光引发剂，除了具有光引发剂的光引发功能外，还具有其他表面活性的功能。

4.5.1　KIP 系列大分子光引发剂

最早商品化的大分子光引发剂为原意大利宁柏迪公司（现被 IGM 公司收购）Esacure KIP150 以及 KIP150 为主的 KIP 系列和 KT 系列，美国沙多玛公司 SR1130 也是类似结构的大分子光引发剂。

2-羟基-2-甲基-1-(4-甲基乙烯基-苯基)丙酮（KIP150）

KIP150 为橙黄色黏稠物，分子量在 2000 左右，在大多数活性稀释剂和低聚物中有较好的溶解性。它实际上可看作将 1173 连接在甲基乙烯基上组成的低聚物，属于 α-羟基酮类光引发剂，λ_{max} 在 245nm、325nm。KIP150 是一个不迁移、低气味和耐黄变的光引发剂，虽然其光引发效率只有 1173 的 1/4（表 4-21），但 KIP150 在光照后，可在大分子上同时形成多个自由基，局部自由基浓度可以很高，能有效克服氧阻聚，提高光聚合速率，在使用时有较好的光引发作用，可应用于各种清漆和涂料，也可用于油墨、印刷版和胶黏剂。

表 4-21　1173、KIP150 光引发效率

光引发剂	激发三线态寿命/ns	光聚合时间/s	光引发效率/%
1173	1.4	41	0.28
4-十二烷基 1173	4.0	30	0.12
KIP150	8.0	26	0.07

为使用方便，KIP150 由活性稀释剂稀释或与别的液态光引发剂配成各种新的光引发剂组成物如下。

KIPLE：KIP150 和 TMPTA 组成物；

KIP75LT：75％KIP150 和 25％TPGDA 组成物；

KIP100F：70％KIP150 和 30％1173 组成物；

KIP/KB：73.5％KIP150 和 26.5％651 组成物；

KIPEM：KIP150 的稳定水乳液；

KIP55：50％KIP150 和 50％TZT 组成物；

KIP37：30％KIP150 和 70％TZT 组成物；

KIP46：KIP150、TZT 和 TPO 组成物。

除了 KIP/KB 是黏稠物外，其余都是液体，使用方便，KIPEM 用于水性 UV 体系。

4.5.2　大分子二苯甲酮光引发剂

大分子二苯甲酮光引发剂 Omnipol BP，这是一种夺氢型双官能度大分子自由基光引发剂，λ_{max}280nm，吸收可延伸至 380nm。它的光引发活性和 BP 相近，颜色比 BP 略黄，为黄色黏稠液体，而 BP 是白色片状物；Omnipol BP 在固化膜中的迁移性远低于 BP，气味也略显低于 BP。这是因为 Omnipol BP 分子量远高于 BP 缘故。由于 Omnipol 是液体，在活性稀释剂中的溶解度明显好于 BP（表 4-22）。

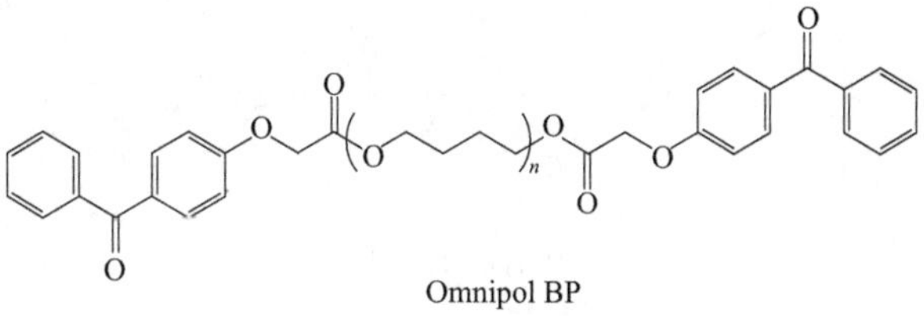

Omnipol BP

表 4-22　二种 BP 在不同活性稀释剂中溶解度（20℃）　　　单位：g/100g

光引发剂	HDDA	TPGDA	TMPTA
BP	40	37	30
Omnipol BP	>100	>100	>100

4.5.3　大分子硫杂蒽酮光引发剂

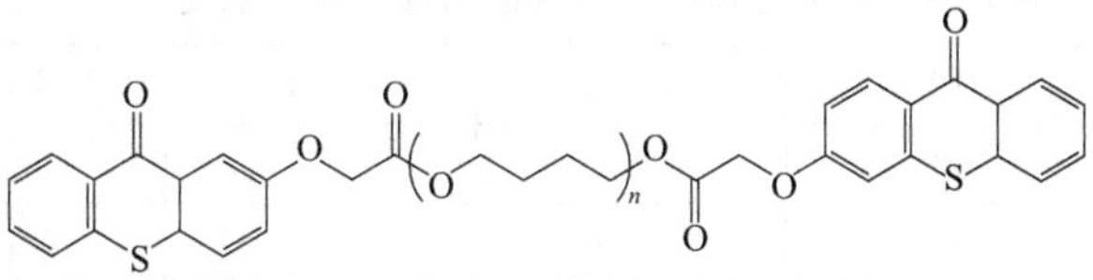

Omnipol TX

这也是一种夺氢型双官能度大分子自由基光引发剂，λ_{max} 395nm，吸收可延伸至 430nm。它的光引发活性（等摩尔添加时）比 ITX 稍低，颜色也比 ITX 更黄，为深黄色黏稠液体；但它在固化膜中的迁移性远低于 ITX，而且气味也特别低，这也是因为 Omnipol TX 分子量远远高于 ITX 的缘故。加之 Omnipol TX 是液体，与低聚物相容性好，在活性稀释剂中溶解度也明显好于 ITX（表 4-23）。

表 4-23　ITX 型光引发剂在不同活性稀释剂中溶解度（20℃）　　单位：g/100g

光引发剂	HDDA	TPGDA	TMPTA
ITX	25	16	15
Omnipol TX	>100	>100	>100

　　2005 年欧洲发生了在雀巢奶粉中检测出微量 ITX 的事件，引起世人震惊，分析原因后是雀巢奶粉包装材料中 UV 油墨所含的光引发剂 ITX 残留因迁移而造成对奶粉污染。后改用大分子 TX 后，此弊病得到解决。

4.5.4　大分子氨基苯乙酮光引发剂

　　大分子氨基苯乙酮光引发剂 Polymeric 910，这是一种裂解型双官能团大分子自由基光引发剂，λ_{max} 在 240nm、330nm，当等摩尔加入配方中，Polymeric 910 在光引发活性、黄变性、迁移性、气味等与 369 相当（表 4-24）。

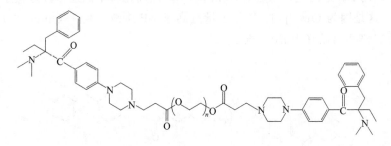

Polymeric 910

表 4-24　Polymeric 910 与 369 性能比较

光引发剂	黄变指数	固化膜硬度	迁移性		固化膜气味/级
			水	3％乙酸水溶液	
Polymeric 910	1.05	0.620	未检出	未检出	2
369	1.05	0.624	未检出	未检出	2

　　但 Polymeric 910 在活性稀释剂中溶解性明显高于 369（表 4-25）。

表 4-25　光引发剂在不同活性稀释剂中溶解度（20℃）　　单位：g/100g

光引发剂	HDDA	TPGDA	TMPTA	Eo-TMPTA	PEA
369	10	6	5	5	15
Polymeric 910	>100	>100	>100	>100	>100

　　所以 Polymeric 910 非常适用于 UV 有色体系中，特别像 UV 胶印油墨。

4.5.5　大分子 α-羟基酮光引发剂

　　大分子 α-羟基酮光引发剂 Irgacure 127，这也是一种裂解型双官能团大分子自由基光引发剂，又称双1173，已于 2004 年 6 月上市。Irgacure 127 光引发剂活性与 1173、184 相当；对氧敏感性较低，表面固化效果较好，适用于低黏度、薄涂层 UV 涂料。由于分子量大，挥发性低，自身气味及光解产物气味较低，特别适用于对气味要求低的 UV 清漆。与 379、819 等光引发剂组合使用，可获得出色的光引发活性，可用于 UV 油墨和 UV 喷墨油墨。

4.5.6 大分子苯甲酰甲酸酯光引发剂

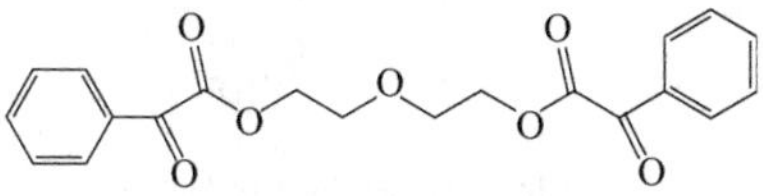

Irgacure 754

大分子苯甲酰甲酸酯光引发剂 Irgacure 754，这也是一种裂解型双官能团大分子自由基光引发剂，为液态光引发剂，光引发活性与 1173 相当或稍低；具有低挥发、低气味、低黄变和低迁移的特点，因此可作为低气味 UV 清漆配方的首选光引发剂。同时，Irgacure 754 也适用于水性 UV 固化体系。

此外，（结构式）也是裂解型双官能团大分子苯甲酰甲酸酯光引发剂，主要用于 UV 粉末涂料体系。

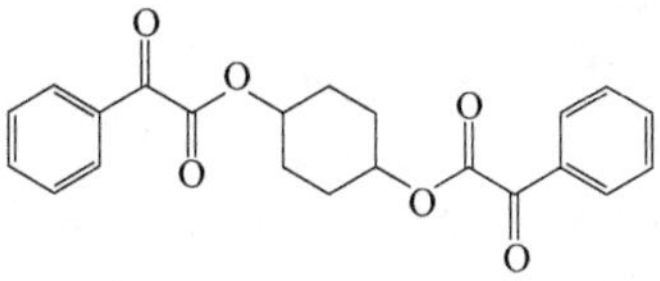

4.5.7 大分子肟酮酯光引发剂

大分子肟酮酯光引发剂 Irgacure OXE 01 对 365nm 波长光感度较高，耐黄变性较好，适用于有色体系光固化材料，还可用于难固化的黑色颜料体系；并可利用其对热不稳定性，用于光固化后需要后烘的加工工艺；由于在 365nm 波段感度高，因而也适用于 UV-LED 光固化产品。

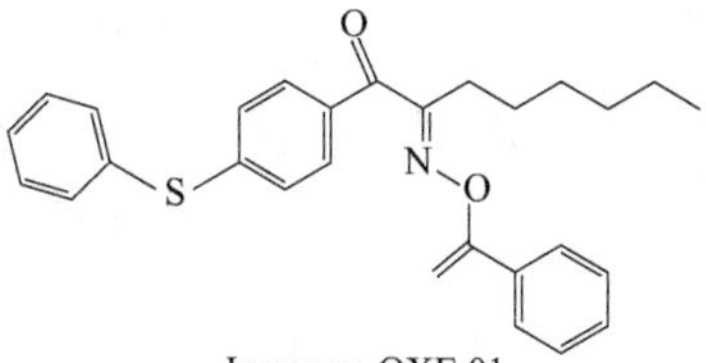

Irgracure OXE 01

4.5.8 大分子酰基膦化氧光引发剂

这也是一种双官能团大分子酰基膦化氧光引发剂，具有高光引发活性和非黄变性，紫外吸收可达 230～450nm；与芳香酮类光引发剂混合使用，可产生协同作用，固化性能优于 TPO。主要用于光固化速率快的 UV 表面涂料、印刷油墨和胶黏剂，也可用于可见光牙科材料固化。

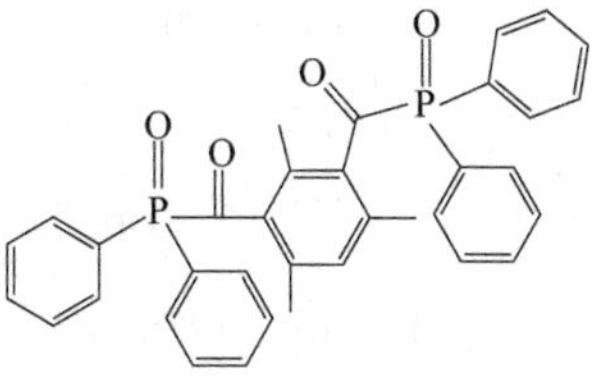

4.5.9 大分子胺烷基酮光引发剂

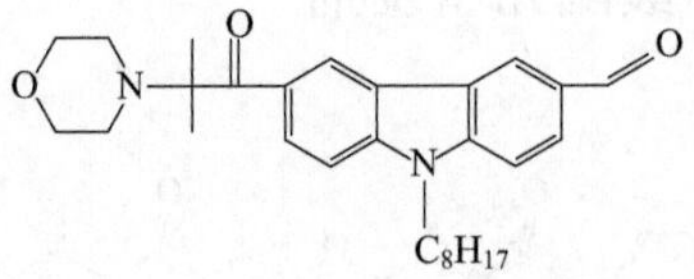

Rad-Start N-1414

大分子胺烷基酮光引发剂 Rad-Start N-1414，是裂解型双官能团大分子自由基光引发剂，光引发活性高，可与 TPO 相当，而且对氧敏感性低；辐照后黄变程度高于 TPO，但好于 369；ITX 对其敏化作用小，远不如 907/ITX 组合。

4.5.10 大分子阳离子光引发剂

(1) 大分子碘鎓盐光引发剂 CD-1012

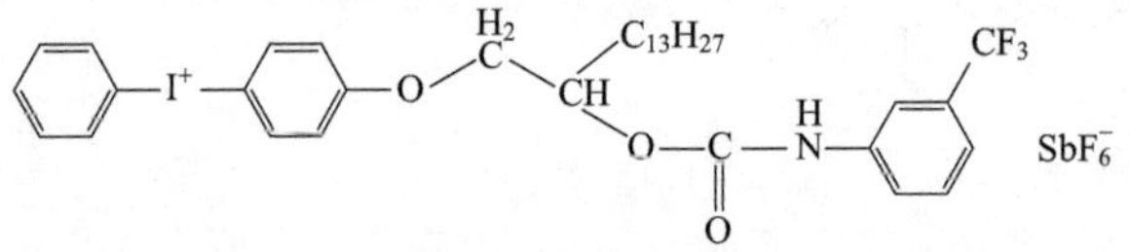

CD-1012

大分子碘鎓盐 CD-1012 是阳离子光引发剂，与低聚物相容性好，而且水解稳定性也好。

(2) 大分子硫鎓盐光引发剂 Uvacure 1590

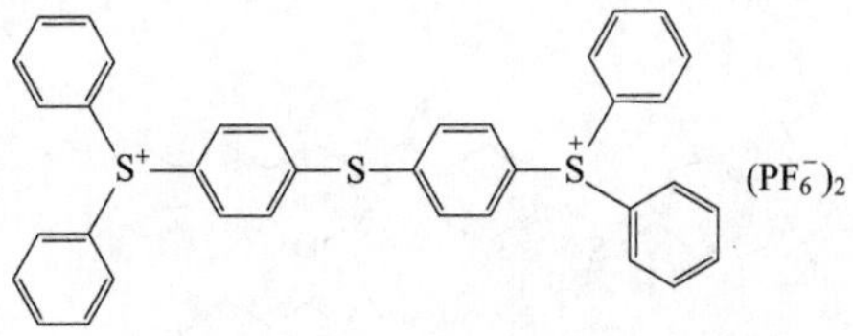

Uvacure 1590

Uvacure 1590 是一个双官能团大分子阳离子硫鎓盐光引发剂，光引发效率很高，有良好的热稳定性和溶解度。

(3) 大分子硫鎓盐光引发剂 Esacure 1187

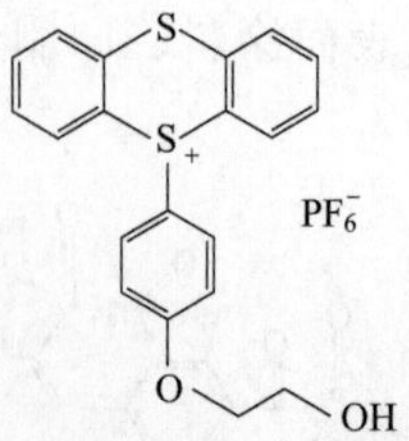

Esacure 1187

大分子阳离子硫鎓盐光引发剂巧妙地把鎓盐硫原子设计在噻蒽环内，因此其光解产物就没有难闻的硫醚产生。

Esacure 1187 虽然光引发活性比阳离子光引发剂三苯基硫鎓六氟磷酸盐低，但与碘鎓盐相差不大；通过与蒽醌类光引发剂复合使用，可弥补与三苯基硫鎓盐活性差距。但 Esacure1187 与低聚物相溶性好，可减少溶剂碳酸异丙酯的用量。而且使用 Esacure 1187 不发生黄变，不释放难闻的气味，光分解产物无对人体有害的影响，也无迁移现象发生。

4.5.11　大分子助引发剂

大分子助引发剂 PPA，是一种双官能团的哌嗪基苯乙酮引发剂，为无味的浅黄色液体，在 332nm 处有较强吸收，能增强或拓宽夺氢型光引发剂的紫外的吸收，提供更高效的固化性能。PPA 有很好的溶解性，与大多数活性稀释剂和低聚物是互溶的；能与多种光引发剂配合使用，具有很高的活性；在固化过程中没有有害的副产物，也没有迁移。PPA 不仅适用于 UV 清漆，也适用于 UV 有色体系和厚涂层固化。

PPA

4.6　可聚合光引发剂

可聚合光引发剂通常在小分子光引发剂上引入不饱和基团（乙烯基、丙烯酰氧基、甲基丙烯酰氧基），或由 α-羟基酮类光引发剂（1173、184、2959 等）与含—NCO、环氧基的单体反应制得。可聚合光引发剂既具有光引发基团起光引发作用，又具有可聚合的不饱和基团，在光固化中参加聚合交联反应，因此不易发生光固化后残留光引发剂以及迁移问题。可聚合光引发剂包括可聚合小分子光引发剂和可聚合大分子光引发剂，然而可聚合小分子光引发剂在引发固化体系固化之后，依然存在迁移和挥发问题，影响产品的整体质量。因此可聚合大分子光引发剂是现在研究的重点。

已商品化的可聚合光引发剂 Ebecryl P36，它是在二苯甲酮的苯环对位接上丙烯酸酯基团；Quantacure ABQ 是二苯甲酮的苯环对位甲氨基上接上丙烯酸酯基团。

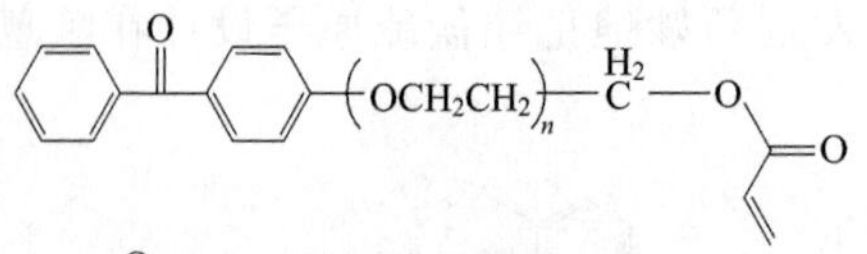

Ebecryl P36

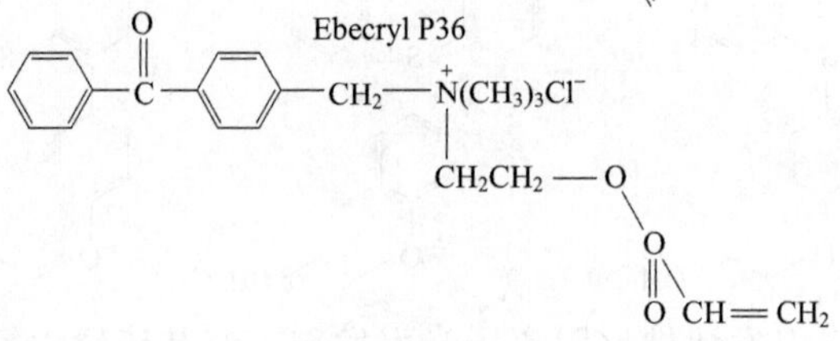

Quantacure ABQ

此外用苯乙烯与苯甲酰氯经付克反应可制得可聚合的二苯甲酮光引发剂。

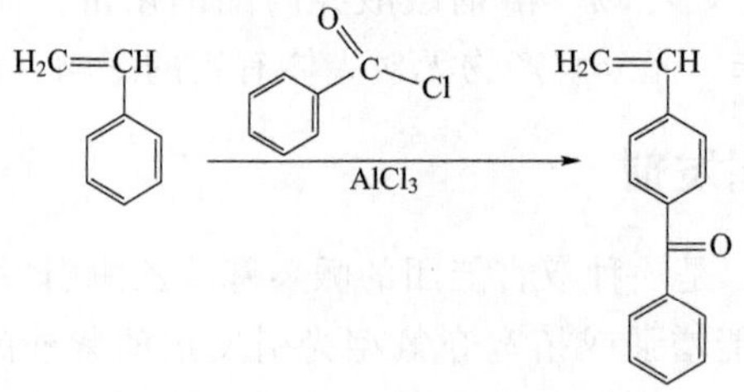

综上所述，部分大分子光引发剂和聚合型光引发剂的生产企业和产品见表 4-26。

表 4-26　部分大分子光引发剂生产企业和产品

公司	产品牌号	类型	λ_{max}/nm
艾坚蒙	KIP 系列	裂解型,α-羟基酮类	245、325
	Esacure 1001	夺氢型和裂解型混杂类	316
	Esacure 1187	阳离子型,硫鎓盐类	
	Omnipol BP	夺氢型,二苯甲酮类	280
	Omnipol TX	夺氢型,硫杂蒽酮类	395
	Omnipol ASA	助引发剂	310
	Polymertic 910	裂解型,α-氨基酮类	240、330
	IHT-PL2712	裂解型,苯甲酰甲酸酯类	260、350
	Irgacure 127	裂解型,α-羟基酮类	
	Irgacure 754	裂解型,苯甲酰甲酸酯类	
	Irgacure OXE-01	裂解型,肟酯类	365
	大分子酰基膦化氧	裂解型,酰基膦化氧类	
双键	PolyQ 102	夺氢型,二苯甲酮类	235
	PolyQ 1100	裂解型	
	PolyQ 1150	裂解型	
湛新	Ebecryl P36	聚合夺氢型,二苯甲酮类	
大湖	Quantacure ABQ	聚合夺氢型,二苯甲酮类	
深圳众邦	UVP 003	大分子光引发剂	
广州广传	GC405	大分子光引发剂	在 365～395nm 有较强吸收,适用 LED 固化

4.7　含夺氢型和裂解型双引发基的混杂光引发剂

将夺氢型光引发基团和裂解型光引发基团组合在同一个分子中，形成双引发基的混杂光引发剂，已商品化的有 Esacure 1001。

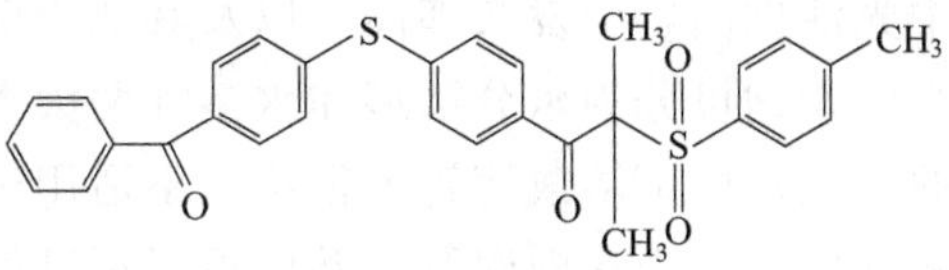

Esacure 1001

其光裂解过程为：

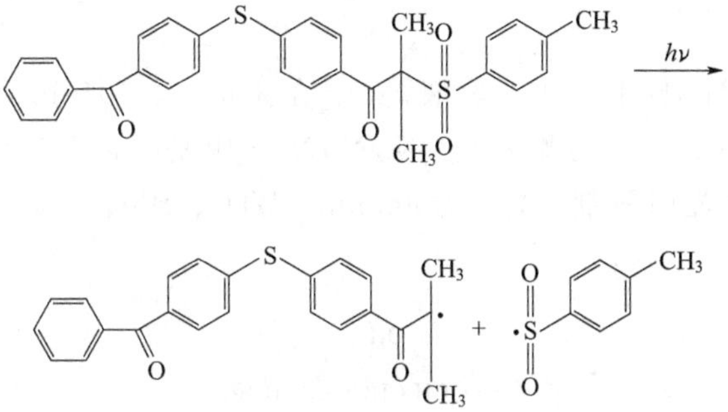

由于有二苯甲酮结构，也可发生夺氢反应。Esacure 1001 光分解后，分解产物无气味，而且毒性低。其 λ_{max} 为 316nm，在 370nm 处摩尔消光系数达到 1000L/(mol·cm)，因此可用于 UV 油墨和 UV 色漆中。

IGM 公司和原北京英力科技发展公司开发的含自由基和阳离子双引发基团的混杂光引发剂 Omnicat 550 和 Omnicat 650。

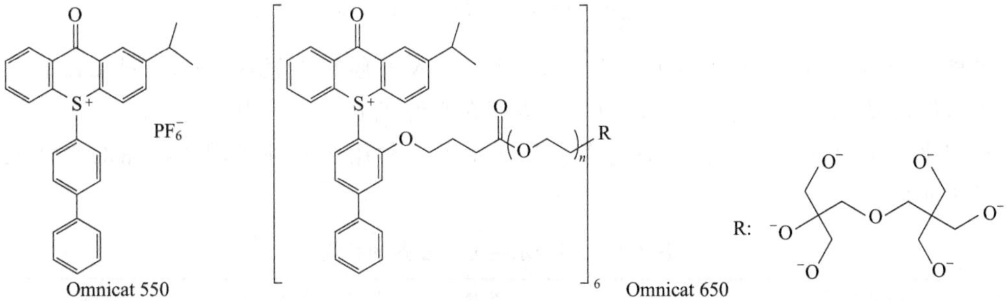

Omnicat 550

Omnicat 650

此外还有将二苯甲酮与 α-羟基酮、硫杂蒽酮与 α-羟基酮设计在一个分子中的双引发基的混杂光引发剂。

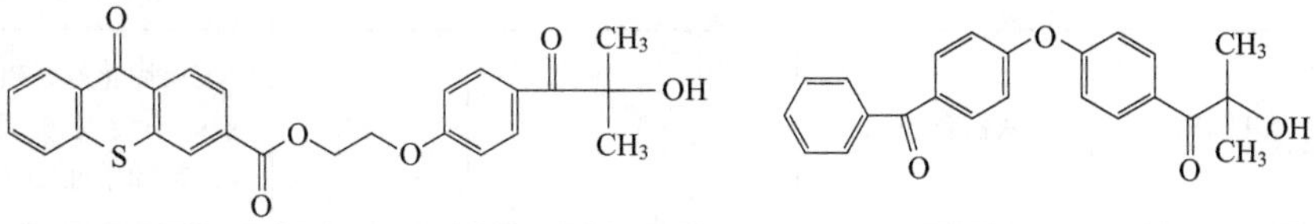

4.8 水基光引发剂

水性光固化产品是光固化产品最新发展的一个领域，它是用水作为稀释剂，代替活性稀释剂来稀释低聚物调节黏度，没有活性稀释剂的皮肤刺激性和臭味，价廉，不燃不爆，又安全。水性光固化产品是由水性低聚物和水性光引发剂组成，它要求水性光引发剂在水性低聚物中相容性好，在水介质中光活性高，引发效率高，以及其他光引发剂要求的低挥发性、无毒、无味、无色等。水性光引发剂可分为水分散型和水溶性两大类，目前常规光固化产品所用光引发剂大多为油溶性的，在水中不溶或溶解度很小，不适用于水性光固化产品，所以近年来水性光引发剂的研究和开发已成为热门课题，并取得了可喜的进展。不少水性光引发剂是在原来油溶性光引发剂结构中引入阴离子、阳离子或亲水性的非离子基，使其变成水溶性。已经商品化的水性光引发剂有 KIPEM、819DW、BTC、BPQ 和 QTX 等。

KIPEM 是高分子型光引发剂 KIP150 稳定的水乳液，含有 32％ KIP150，λ_{max} 在 245nm、325nm。

819DW 是光引发剂 819 稳定的水乳液，λ_{max} 在 370nm、405nm。

QTX 为 2-羟基-3-(2′-硫杂蒽酮氧基)-N，N，N-三甲基-1-丙胺氯化物，黄色固体，熔点 245～246℃，为水溶性光引发剂，λ_{max} 为 405nm。BTC、BPQ 都是水溶性的二苯甲酮衍生物季铵盐。

另外，光引发剂 2959 由于在 1173 苯环对位引入了羟基乙氧基（$HOCH_2CH_2O—$）使在水中溶解度从 0.1％提高 1.7％，因此也常用在水性光固化产品中。

近年来，国内外不少光引发剂生产企业开发了多种用于水性光固化产品的水性光引发剂，见表 4-27。

表 4-27　部分水性光引发剂的特性

公司	商品名		类型	λ_{max}/nm	特性
深圳有为	Api-180	淡黄色液体	裂解型	330	水中溶解度 74g/L,优异的生物安全性,完全净味且高度耐黄变,适用于水性和油性 UV 体系
上海天生	TIANCURE2000	灰白色粉末		220、270	表层固化好,极低的挥发性和气味,不黄变,适用涂料、油墨、胶黏剂和水性 UV 体系

公司	商品名			类型	λ_{max}/nm	特性
双键	3702E		黄色液体	裂解型		水性光固化用,兼具表干和底干
	73W		淡黄色澄清液体	裂解型	289	水溶性,不黄变
奇钛	Chivacure 73W		棕褐色液体		288	用于水性 UV 固化体系
	Chivacure 200		淡黄色液体		255	无气味,不黄变,用于水性 UV 体系及食品包装
长沙新宇	UV6217		黄色至棕色液体	自供氢夺氢型		改善了水溶性和固化后产品柔韧性
	UV6218		黄色至棕色液体	自供氢夺氢型		改善了水溶性和固化后产品柔韧性
广州广传	GC-418		白色至微黄色液体	裂解型	295、370	用于水性 UV 体系
艾坚蒙	Esacure ONE			双官能度、裂解型	260	表面固化和深层固化好,用于清漆,也可用于水性 UV 体系
	Esacure KTO 46		液体	裂解型 TPO/II73/TZT 混合液	245、260、380	表面固化和深层固化好,用于清漆和白漆,也可用于水性 UV 体系和可见光固化
	Esacure DP 250		液体	32% EsacureKTO46 的稳定乳液	245、260、380	表面固化和深层固化好,用于清漆和白漆,也可用于水性 UV 体系和可见光固化

4.9　UV-LED 光引发剂

自从 21 世纪开发 UV-LED 光源并应用于光固化领域,由于其紫外吸收在长波段 365～405nm,原来常用的光引发剂只有 ITX(380nm)、DETX(380nm)、TPO(382nm)、TPO-L(380nm) 和 819(370nm、405nm) 等比较匹配外,其他的光引发剂紫外吸收与 UV-LED 都不太匹配。为此,国内外光引发剂生产投入很大力量开发用于 UV-LED 的光引发剂,通过以下途径来达到目标:

① 采用组合复配现有的光引发剂,使其紫外吸收与 UV-LED 比较匹配,适合 UV-LED 光固化应用;

② 在已有的光引发剂结构上,引入紫外吸收可向长波方向延伸的基团,使其紫外吸收达到 360～400nm 范围,适合 UV-LED 光固化应用;

③ 采用增感方法,合成与光引发剂配合使用的增感剂,使复合使用的光引发体系的紫外吸收进入 360～400nm 范围,适合 UV-LED 光固化应用。

目前推荐适用于 UV-LED 的部分光引发剂见表 4-28。

表 4-28　部分适用于 UV-LED 的光引发剂

公司	产品名	外观	类型	紫外吸收峰/nm	特点	应用
艾坚蒙	Omnirad BL 723	室温下液体	复配型		非黄变	适用于 365nmUV-LED 的清漆和白漆固化,也可用于可见光固化
	Omnirad1 BL 724	室温下液体	复配型		深层固化好	适用 365nmUV-LED 有色体系固化,也可用于可见光固化
	Omnirad1 BL 750	室温下液体	复配型		非黄变	适用 395nmUV-LED 清漆和白漆固化,也可用于可见光固化
	Omnirad1 BL 751	室温下液体	复配型		深层固化好	适用 395nmUV-LED 有色体系固化,也可用于可见光固化
	Omnipol TX	室温下液体	大分子、夺氢型	245、280、390	不迁移,深层固化好	用于有色体系固化,也可用于 LED 固化
	Omnipol 3TX	室温下液体	大分子、夺氢型	250、270、310、395	不迁移,深层固化好	用于有色体系固化,也可用于 LED 固化
	Omnipol BL 728	室温下液体	大分子、夺氢型	250、270、310、397	不迁移,深层固化好	用于有色体系固化,也可用于 LED 固化
	Omnipol 910	室温下液体	大分子、裂解型	230、325	含哌嗪基,不迁移	用于有色体系固化,也可用于 LED 固化
	Omnipol 9210	室温下液体	大分子、裂解型	240、325	含哌嗪基,不迁移	用于有色体系固化,也可用于 LED 固化
	Omnipol ASA	室温下液体	胺类促进剂	230、325	表固和深层固化好	用于有色体系固化,也可用于 LED 固化
天津久日	JRcure-2776	浅黄色粉末	复配型	260、306、384	高活性、低气味、相容性好,会黄变	适用于有色体系 UV-LED 固化
	JRcure-2776	浅黄色粉末	复配型	248、308、380	高活性、低气味、相容性好,会黄变	适用于有色体系 UV-LED 固化
	JRcure-2777	浅黄色粉末	复配型	306、386	高活性、低气味、相容性好,会黄变	适用于有色体系 UV-LED 固化
	JRcure-2768	浅黄色粉末	复配型	302、390	高活性、低气味、相容性好,会黄变	适用于有色体系 UV-LED 固化
深圳有为	API-1110	淡黄色膏状物	裂解型	387	优异的耐黄变性及表干、里干的性能	适用于喷墨、3D 打印指甲油等 UV-LED 固化
	API-PAG313		阳离子		溶解性良好,耐热和化学储存稳定性优良	适用于 UV-LED 的阳离子光固化体系
广州广传	GC-405	浅黄色液体	裂解型		低迁移,耐黄变	适用于 UV-LED 胶印油墨、胶黏剂固化
	GC-407	浅黄色液体	夺氢型		不迁移,低黄变,表干速度快	适用于有色体系 UV-LED 固化
	GC-409	棕红色液体	夺氢型		不迁移,表干好	适用于有色体系 UV-LED 固化

续表

公司	产品名	外观	类型	紫外吸收峰/nm	特点	应用
湖北固润	GR-AOXE-2	淡黄色粉末	裂解型	252、291、328	低挥发、低气味、热稳定性好，溶解性好	可用于 UV-LED 固化体系
	GR-PS-1	黄色结晶粉末	光敏增感剂	395	吸收光能后传递能量，提高光引发剂灵敏性	应用于 UV-LED 固化体系
双键	LED-02	黄色澄清液体		320、385		应用于 UV-LED 固化体系
	LED-385	黄色粉末				应用于 UV-LED 固化体系
	L234	澄清液体	辅助引发剂		表面固化好，减少氧阻聚	应用于 UV-LED 固化、低能量固化、厚膜固化
广州五行	Wuxcure 2000F	浅黄色液体			表干快、效果好，耐黄变	应用于 UV-LED 固化、PET 导电油墨、光学膜和薄涂 UV 涂料
	Wuxcure 329F	黄色固体			吸收超长波 470nm 以上	应用于 UV-LED 固化、牙叶修复材料和指甲油固化
奇钛	Chivacure 789	黄色粉末	裂解型			可用于 UV-LED 固化体系
	Chivacure 1800	黄色粉末	裂解型			可用于 UV-LED 固化体系

4.10 可见光引发剂

以上介绍的大多数光引发剂都是紫外光引发剂，它们对紫外光（主要指 300～400nm），特别是紫外光源 313nm、365nm 敏感，吸收光能后光解产生自由基或阳离子引发聚合；对可见光几乎无响应，便于生产、应用和储运。但随着信息技术、计算机技术、激光技术和成像技术的发展，不少光信息记录材料需要采用可见光和红外光波段，进行光化学反应；同时可见光比紫外光的穿透能力更强，对人体无损害。为此可见光引发剂的研究也引起人们的重视，目前已经商品化的有樟脑醌和钛茂可见光引发剂。

4.10.1 樟脑醌

樟脑醌（camenthol quinone，CQ），λ_{max} 在 470nm，为可见光引发剂，属于夺氢型光引发剂。CQ 吸收光能后，在激发三线态与助引发剂叔胺作用，夺氢后产生羰基自由基和引发活性很高的胺烷基自由基，引发聚合。

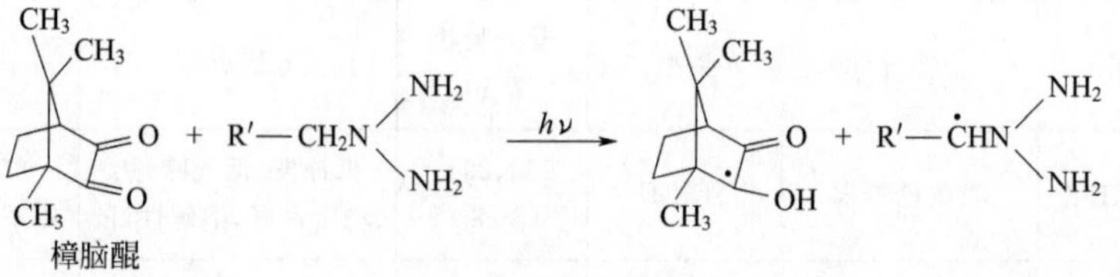

樟脑醌由于对人体无毒害，生物相容性好，光解反应后其长波吸光性能消失，具有光漂白作用，因此非常适合在光固化牙科材料上应用。

4.10.2　钛茂

很多金属有机化合物具有光聚合引发活性，如过渡金属乙酰丙酮络合物、8-羟基喹啉络合物、多羰基络合物等，由于引发效率不高，热稳定性差，毒性也较大，没有实用意义。

氟代二苯基钛茂具有良好的光活性、热稳定性和较低的毒性，可作为光引发剂使用，并商品化。

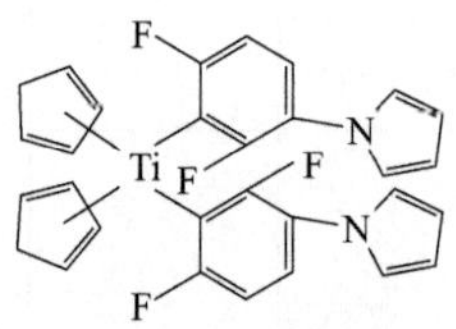

Irgacure 784

双[2,6-二氟-3-(N-吡咯基)苯基]二钛茂，商品名 Irgacure 784，简称 784。784 为橙色粉末，熔点 160～170℃；λ_{max} 在 398nm、470nm，最大吸收波长可达 560nm。784 与氩离子激光器 488nm 发射波长匹配，是很好的可见光引发剂。氟代二苯基钛茂 784 光引发剂的光引发过程既不属于裂解型，也不属于夺氢型，而是 784 吸收光能后，光致异构变为环戊基光反应中间体（A），与低聚物和活性稀释剂中丙烯酸酯的酯羰基发生配体置换，产生自由基（B）引发聚合和交联。

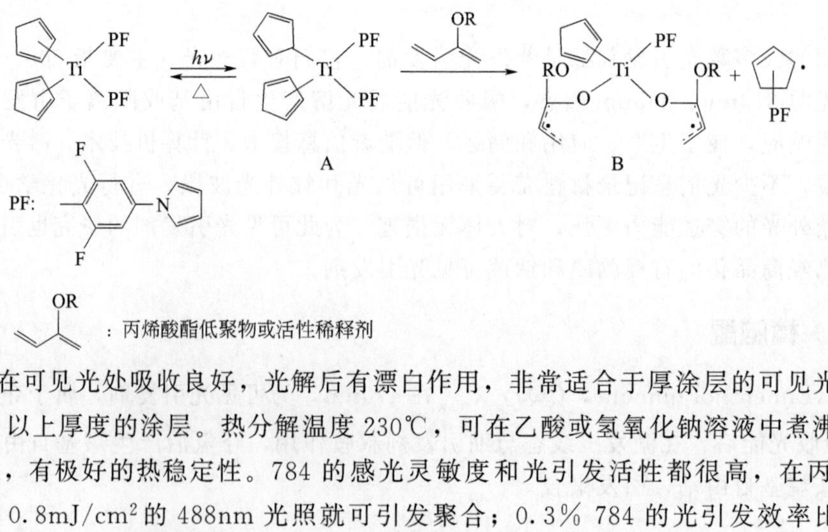

PF：

OR：丙烯酸酯低聚物或活性稀释剂

784 在可见光处吸收良好，光解后有漂白作用，非常适合于厚涂层的可见光固化，可固化 70μm 以上厚度的涂层。热分解温度 230℃，可在乙酸或氢氧化钠溶液中煮沸几个小时不发生变化，有极好的热稳定性。784 的感光灵敏度和光引发活性都很高，在丙烯酸酯体系中，只需 0.8mJ/cm² 的 488nm 光照就可引发聚合；0.3% 784 的光引发效率比 2% 651 高

2~6 倍。但因在 UV 光区摩尔消光系数太大，光屏蔽作用强，只能用于薄涂层固化。784 主要用于高技术含量和高附加值领域，如氩离子激光扫描固化、全息激光成像、聚酰亚胺光固化以及光固化牙科材料中。

可见光引发剂 784 为艾坚蒙公司产品，目前国内湖北固润科技公司也有生产，商品名为 GR-FMT。

4.10.3 硫代吖啶酮/碘鎓盐体系

吖啶酮由于分子结构中同时具有二苯甲酮及三级胺结构，具有较好的光敏性，引起人们重视，但其不具备可见光吸收。而硫代吖啶酮，其硫取代了氧，由羰基变成了硫代羰基，由于硫的电负性小于氧，打开碳硫双键产生电子跃迁所需能量比碳氧双键低，因而它的光谱吸收向长波方向移动，成为对可见光敏感的引发剂。

吖啶酮   硫代吖啶酮

将硫代吖啶酮的长波长吸光特性与二苯基碘鎓盐的高化学反应活性相结合，组成一种在可见光区域内具有较高引发效率的光敏体系。同时加入活性剂如硫代水杨酸等供氢体，能更有效地提高光敏体系的光引发效率，感光性能如表 4-29。

表 4-29　不同结构硫代吖啶酮的吸收光谱和感光性能[①]

名称	λ_{max}/nm	ε_{max} /[L/(mol·cm)]	曝光时间(留膜级数)[②]	
			12min	18min
N-丁基硫代吖啶酮	490	2.6×10^4	9	
N-丙基硫代吖啶酮	490	2.8×10^4	7	
N-苄基硫代吖啶酮	485	2.3×10^4	6	
N-苯基硫代吖啶酮	483	2.3×10^4	8	
4-甲基硫代吖啶酮	478	5.7×10^3	4	7
N-正丙基-4-甲基硫代吖啶酮	478	1.5×10^4	5	7
4-甲氧基硫代吖啶酮	478	5.6×10^3	3	6
N-正丙基-4-甲氧基硫代吖啶酮	478	5.6×10^3	0	7
4-氯基硫代吖啶酮	478	3.6×10^3	0	6
N-正丙基-4-氯基硫代吖啶酮	481	5.3×10^2	0	5

① 苯乙烯-马来酐共聚物 5 份，EA 5 份，PETA 10 份，硫代吖啶酮 1 份、二苯基碘鎓盐 1 份、硫代水杨酸 1 份。

② 留膜级数越高，表示体系感度越好。

4.10.4 有机过氧化物体系

有机过氧化物中，过氧键（—O—O—）的离解能为 $125\sim210kJ/mol$。这类化合物对紫外光有强烈的吸收，通过引入新基团或进行光谱增感即可为可见光引发剂：

$$(H_5C_2)_2N—\!\!\!\!\!\!\!\!\!\bigcirc\!\!\!\!\!—CH=CH—\!\!\!\!\!\bigcirc\!\!\!\!\!—C=O$$

$$(H_3C)_3C—O—O—C=O \qquad \lambda_{max}=430nm$$

$$(H_3C)_3C—O—O—C(=O)— \qquad CH_2—N(CH_3)_2 \qquad CH_3 \qquad CH_2 \qquad \lambda_{max}=490nm$$

4.10.5 硼酸盐/染料体系

由阳离子染料与四烃基硼（三芳基-烷基硼或二芳基-二烷基硼）的碱金属盐形成的离子型络合物，作为可见光引发剂，对引发丙烯酸系单体的光聚合特别有效，最常用的有机硼为丁基三苯基硼酸盐。光照时，电子由硼酸盐向激发态染料转移，硼酸盐离子活化氧化产生的自由基裂解成三苯基硼酸盐和丁基自由基，丁基自由基引发光聚合反应。

$$\overset{+}{Dye} + C_4H_9B^-(C_6H_5)_3 \xrightarrow{h\nu} \overset{\cdot}{Dye} + [C_4H_9\overset{+}{B}(C_6H_5)_3]^{\cdot-}$$

$$\downarrow$$

$$\cdot C_4H_9 + B(C_6H_5)_3$$

硼酸盐/染料体系可见光引发剂见表 4-30。

表 4-30 有机硼化物/染料光引发剂

染料阳离子	有机硼阴离子	λ_{max}/nm
（苯并噻唑染料，C_7H_{15}）	$(C_6H_5)_3B^-—C_4H_9$	568
（苯并噁唑染料，C_6H_{13}）	$(C_6H_5)_3B^-—C_4H_9$	492
（苯并噁唑染料，C_2H_5）	$(H_3C—\!\!\!\!\!\bigcirc\!\!\!\!\!—)_3B^-C_4H_9$	590
（吲哚染料，$C(CH_3)_3$）	$(C_6H_5)_3B^-—C_4H_9$	640

染料阳离子	有机硼阴离子	λ_{max}/nm
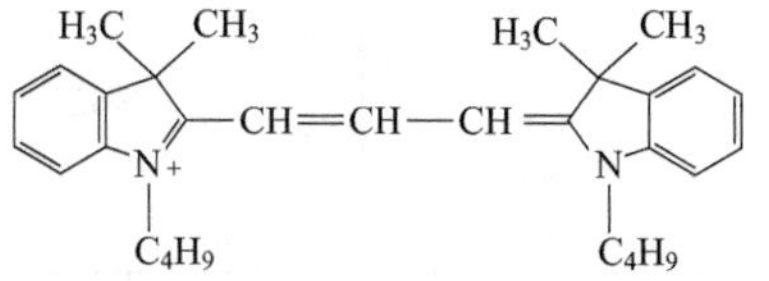	$(C_6H_5)_3B^--C_4H_9$	550
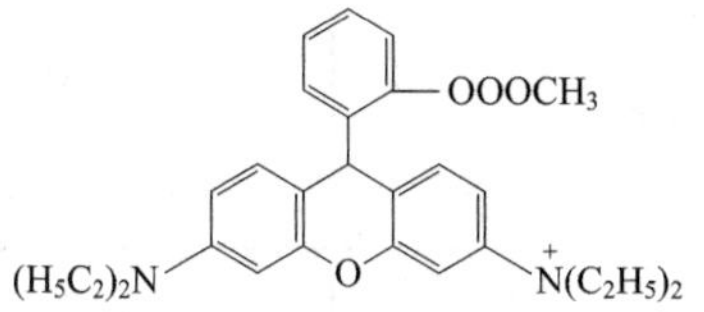	$(C_6H_5)_3B^--C_4H_9$	633
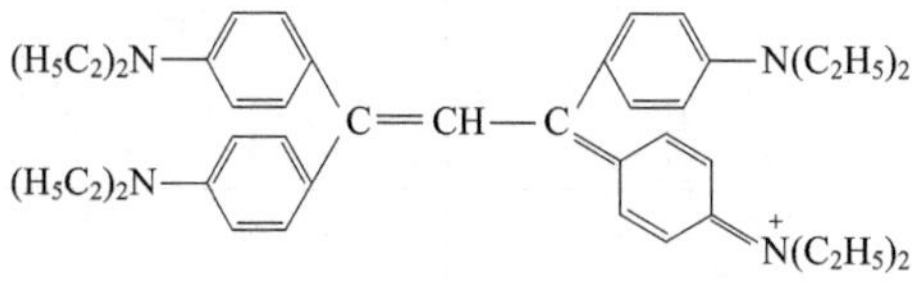	$(C_6H_5)_2B^--(C_4H_9)_2$	633
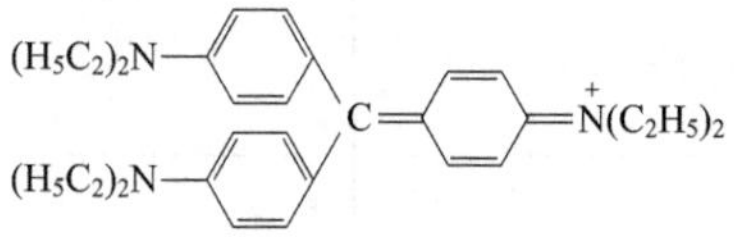	$(C_6H_5)_2B^--(C_4H_9)_2$	633

4.10.6 六芳基双咪唑/染料体系

六芳基双咪唑/染料体系（hexarylbiimidazole，HABI′S）在自由基光成像体系中作引发剂，是一种热致和光致变色化合物。在光和热的作用下，它裂解为一对带色的三芳基咪唑自由基 L，但三芳基咪唑自由基中三个苯环位阻较大，使活性减小，从而影响引发效率。但是 L 易于被电子给体通过电子转移，产生引发聚合反应的自由基；也很容易与氢给体通过直接提氢或电子转移产生自由基：

$$L_2 \xrightarrow{h\nu} 2L \cdot \qquad L \cdot + RH \longrightarrow LH + R \cdot$$

HABI′S 的吸收光谱为：$\lambda_{max}255\sim275nm$，它与适当的染料增感剂配合使用，可使吸收光谱延伸到可见光区，可在氩离子激光（488nm）、氪离子激光（568nm）、氦氖激光（632.8nm）下感光成像。

表 4-31 介绍了部分六芳基双咪唑/染料可见光引发体系。

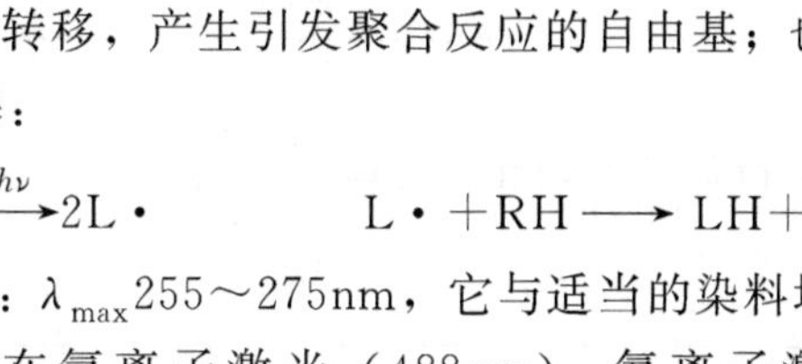

2,3,5-三芳基咪唑二聚体（HABI′S）

表 4-31　六芳基双咪唑/染料可见光引发体系

染料	λ_{max}/nm
	452
	481
	443
	450
	496
	520
	556
	582

　　国内已商品化的六芳基双咪唑类光引发剂为常州强力电子材料公司生产的 QLCURE-BCIM〔2,2-二(邻氯苯基)-4,4,5,5-四苯基-1,1-双咪唑〕、QLCURE-HABI 101〔2,2,4-三(2-氯苯基)-5-(3,4-二甲氧基苯基)-4,5-二苯基-1,1 双咪唑〕、QLCURE-HABI 102〔2,2-二(邻氯苯基)-4,4,5,5-四(3-甲氧基苯基)-1,1 双咪唑〕、QLCURE-HABI 103〔2,2-二(邻氯苯基)-4,4,5,5-四(3,4,5-三甲氧基苯基)-1,1 双咪唑〕。

4.10.7 香豆素酮类/染料体系

香豆素酮类染料对 He-Cd 激光 (441.6nm) 敏感,在氩离子激光 (488nm、514nm) 光照下,是光交联和光聚合的高效引发剂。香豆素酮类染料 (KC) 与活化剂或共引发剂一起使用,其引发机理为:

$$KC + \text{〇}-NHCH_2COOH \longrightarrow KC^{\cdot-} + \left[\text{〇}-\overset{+}{N}HCH_2COOH\right]^{\cdot}$$

$$\downarrow$$

$$\text{〇}-NH\overset{\cdot}{C}H_2 + CO_2 + H^+$$

香豆素酮与活化剂光引发体系引发效率见表 4-32。

表 4-32 香豆素酮与活化剂光引发体系引发效率

活化剂	香豆素酮染料	X	相对光引发量子效率[①]
(H₃C)₂N—〇—COOC₂H₅	(结构图)	CN	3.8
		H	3.0
		OCH₃	2.7
	(结构图)		2.0
	(结构图)		1.6
H₃CO—〇—OCH₂COOH	(结构图)	CN	2.3
		H	1.7
		OCH₃	1.5
〇—NHCH₂COOH	(结构图)		3~4
	(结构图)		2~4
〇—N⁺—OCH₃BF₄⁻	(结构图)		1.5~2.0

① 量子效率是相对于米蚩酮/二苯甲酮引发体系的量子效率为 1 比较。

4.11 无光引发剂体系

通过分子结构设计，突破传统光引发剂结构，赋予树脂或单体一定的感光自引发活性，在无光引发剂条件下，经 UV 光照射后，引发体系发生光固化反应，而自身光解不产生苯系碎片，残留的未反应树脂、单体本身低毒或为非苯系化合物，这可能是解决光引发剂存在的残留、迁移、气味、毒性、泛黄等弊病的重要途径。这就是目前正在研究开发的无光引发剂体系，该体系的材料自感光特性并不基于传统光引发剂结构，材料体系在无传统光引发剂前提下自行发生 UV 交联固化，现在这方面的研究主要包括马来酰亚胺体系、丙烯酸酯化超支化聚合物、$beta$-二羰基迈克尔加成体系以及丙烯酸乙烯酯相似单体等。

4.11.1 N-烷基马来酰亚胺自引发体系

自引发马来酰亚胺（MI, maleimide）是指 N-烷基取代的各种衍生产物，包括单体和低聚物，马来酰亚胺 N-烷基取代产物种类繁多，在自感光固化研究中较为常见的有下列 N-烷基取代 MI：

$$\text{(nBMI)} \quad \text{(tBMI)} \quad \text{(CMI)}$$

$$\text{(B}_2\text{MI)} \quad \text{(EGBMI)}$$

$$\text{(Q-bond MI)} \quad \text{(HPMI)}$$

$$\text{(ECEMI)} \quad \text{(MMI)}$$

早在 1968 年研究发现 N-烷基 MI 添加到丙烯酸酯官能化树脂中，经紫外光辐照，可快速进行 UV 交联固化，N-烷基 MI 经反应进入丙烯酸酯交联网络中。将双官能团的丙烯酸酯中加入 10% 的 N-甲基 MI 或 N-环己基 MI，在紫外光照射下就能发生聚合反应，表明 N-烷基 MI 和普通的光引发剂类似，具有引发光聚合的能力。

N-烷基 MI 的光引发聚合机理比较复杂，目前较为认同的机理包括夺氢机理、电荷转移机理以及双自由基机理。N-烷基 MI 吸收紫外光，到达激发三线态，具备较强夺氢能力，可以从醚键、伯醇或仲醇等结构上夺取活性氢，形成活泼自由基（图 4-1），引发 N-烷基 MI 双键以及丙烯酸酯双键进行自由基聚合。该机理显示，N-烷基 MI 经激发态夺氢后产生烯醇式自由基，它可以与自由基 R1· 结合得到取代琥珀酰亚胺。上述过程中产生的烯醇式自由基与 R1· 自由基可以引发烯类单体聚合，这就是 MI 引发光聚合的夺氢机理。

N-烷基 MI 夺氢自引发机理这个夺氢过程与二苯甲酮的夺氢引发过程是相似的。它们的不同之处在于 MI 的夺氢能力要强于二苯甲酮。MI 在夺氢后产生两个可引发聚合的活性自由基，而二苯甲酮只能产生一个活性自由基。N-烷基 MI 激发态夺氢能力比常用的二苯甲酮还强。但

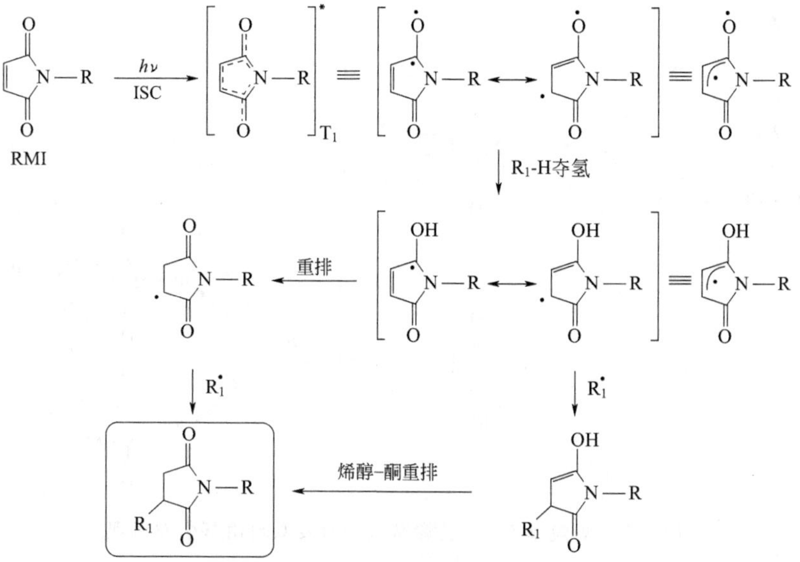

图 4-1　N-烷基 MI 夺氢自引发机理

二苯甲酮的最大吸光波长在 253nm 和 345nm，高于 N-烷基 MI（最大吸光波长很少超过 300nm），消光系数也远大于 N-烷基 MI，因此 N-烷基 MI 的总体引发效率不如二苯甲酮。

　　乙烯基醚是阳离子光固化领域重要的稀释单体，但在与 N-烷基 MI 配合时，形成自感光自由基引发体系，可进行光固化。N-烷基 MI 与乙烯基醚复合体系的光聚合总能获得单体单元接近 1∶1 的交替共聚产物，其机理较为复杂，考虑到乙烯基醚单体含有富电子的碳碳双键，该光聚合历程可能包含电子转移-夺氢机理和双自由基机理（图 4-2、图 4-3），前者即指光激发态的 N-烷基 MI 处于缺电子状态，可从富电子的乙烯基醚分子上夺取电子，形成活泼中间态。经光激发、电子转移、夺氢等步骤形成活泼自由基，引发乙烯基单体聚合。

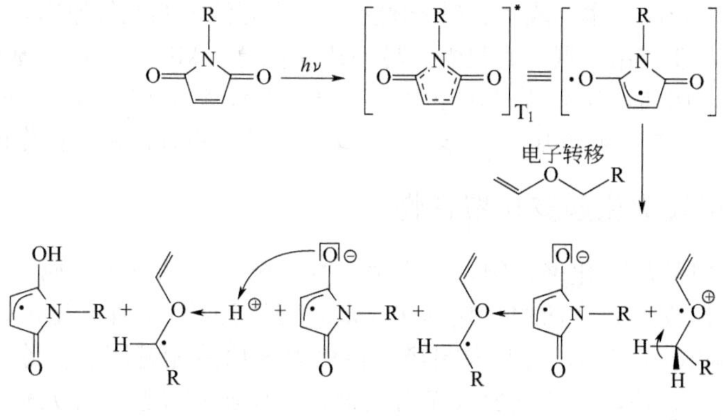

图 4-2　N-烷基 MI 与乙烯基醚光激发电子转移-夺氢机理

　　N-烷基 MI 与乙烯基醚的交替共聚特征可以通过双自由基机理来进行解释（图 4-2），N-烷基 MI 既是单体，又是感光活性物质，由于羰基拉电子共轭效应，其碳碳双键具有缺电子特征，在光激发态时，这种缺电子特征可能强化。而另一单体乙烯基醚属于富电子单体。这两种单体在暗条件下有可能形成低浓度的电荷转移复合物（CTC），两种单体的碳碳双键发生结合。或者在光激发条件下，激发态的 N-烷基 MI 与乙烯基醚发生作用，形成低浓度的激基复合物（exciplex），进而演变为双自由基，引发单体聚合。

　　N-烷基 MI 与乙烯基醚光引发共聚时，初期发生 1∶1 交替共聚，后期 MI 单体转化较

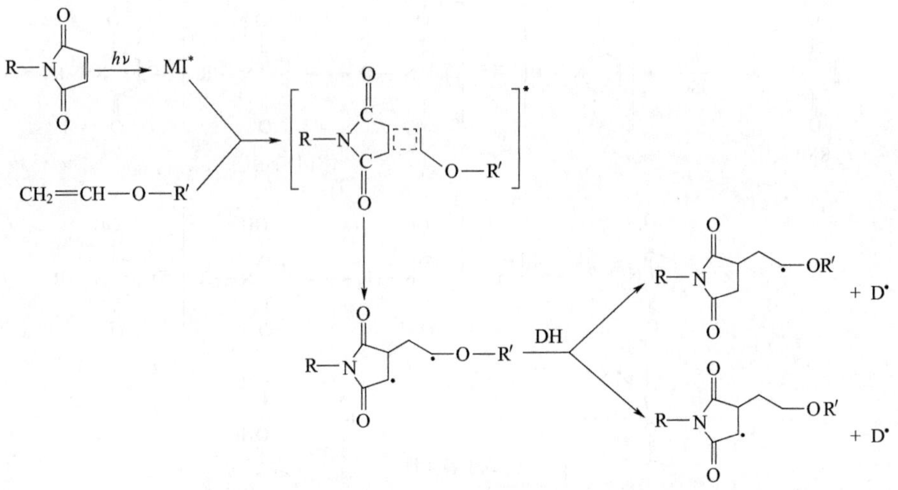

图 4-3　*N*-烷基 MI 与乙烯基醚光激发双自由基引发机理

快，可能发生了 MI 单体的均聚或成环反应。*N*-羟戊基 MI 因含有活性较高的氢原子结构，与乙烯基醚配合表现出很高的自感光引发活性，50mW/cm² 光强辐照 10s，光引发共聚双键转化率可达 90%；而相同条件下，*N*-叔丁基 MI 与乙烯基醚光共聚活性较低，光照 10s，双键转化率仅 20%。说明活性氢对于取代 MI 自感光引发活性的重要性。MI 氮原子取代基团对自引发活性的影响遵循如下顺序：

碳酸二乙酯基≈羟乙基≈羟戊基＞环己基＞己基＞甲基＞叔丁基

带有芳香族 N 取代基的 MI 一般引发效率较低，*N*-苯基 MI 几乎没有引发活性。但是在苯环邻位引入别的取代基时，如 *N*-(2-碘苯基)-马来酰亚胺却表现出非常高的引发活性。

MI/乙烯基醚体系的共聚对氧气不是很敏感。这与一般的自由基聚合不同，具有潜在的商业应用价值。另外加入叔胺、氯乙酸、氯乙酸酯等很多化合物可作为 *N*-烷基 MI 自感光引发聚合的促进剂。但出于合成效率、成本、感光敏感度、光源波长匹配等原因，马来酰亚胺自感光引发 UV 固化技术产业应用发展一直很慢。另外还须注意，MI 上 N-取代基团如果太小，产物通常具有较高毒性，例如，*N*-乙基 MI 经大鼠口服，半致死量 LD_{50} 仅为 25mg/kg，属于剧毒药品。因而，像 *N*-甲基、*N*-乙基、*N*-苯基等小取代基 MI 不宜使用，仅作研究目的。

4.11.2　丙烯酸酯化超支化聚合物

作为光固化材料的超支化聚合物，其末端丙烯酸酯官能基密集，属于高官能度光固化树脂，光交联后常常形成高硬度涂层。瑞典 Perstorp 公司的一项研究显示，基于二羟甲基丙酸的超支化聚酯 Boltorn H20，将其末端羟基转化为丙烯酸酯基团后，除了可以在光引发剂存在下进行正常光交联外，即使不加入光引发剂，该树脂在较强紫外光辐照下也可发生光固化。尽管其感光固化效率不如传统外加光引发剂体系，但超支化聚合物末端引入少量活性胺中心后，感光固化速率大大提高。从而成为一种新型的无光引发剂 UV 固化材料。

中山大学对丙烯酸酯化超支化聚酯自固化行为进行了研究，在对 Boltorn 超支化聚酯进行末端丙烯酸酯化时，调节丙烯酸与丙酸的比例，获得一系列不同丙烯酸/丙酸酯化比例的超支化树脂（图 4-4）。

研究人员发现在无光引发剂条件下，所合成的丙烯酸/丙酸改性超支化聚酯可顺利发生 UV 固化，以三代超支化聚酯改性产物为例，用光照 DSC 量热法对光聚合过程进行跟踪，在 15mW/cm² 光强辐照下，全丙烯酸酯官能化的超支化聚酯表现出较强的自引发活性，双

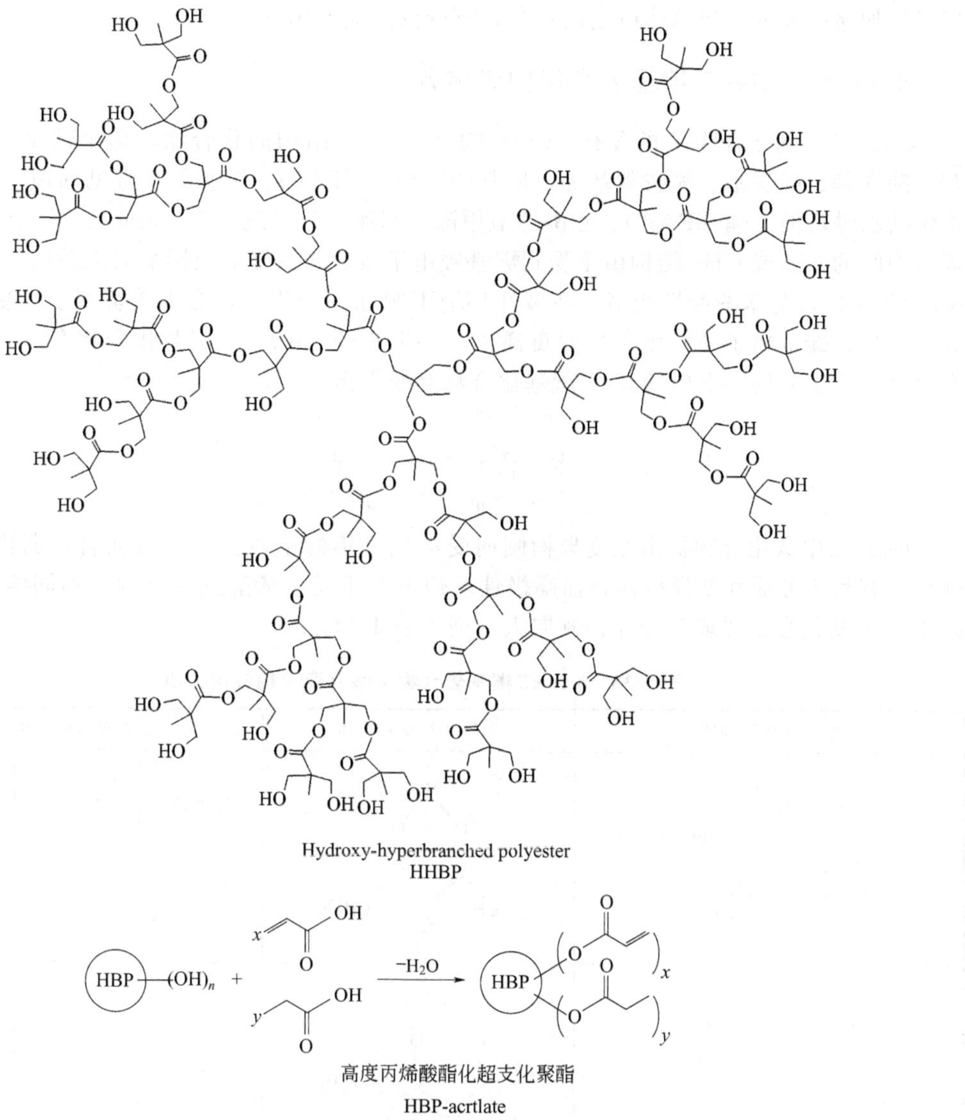

Hydroxy-hyperbranched polyester
HHBP

高度丙烯酸酯化超支化聚酯
HBP-acrtlate

图 4-4　丙烯酸/丙酸改性超支化聚酯

键转化率可达 45% 左右（高官能度树脂最终转化率通常不高），随着丙酸比例的增加，树脂的丙烯酸酯官能度降低，自感光引发活性也降低，相比一般丙烯酸酯单体，TMPTA、TPGDA 则没有自感光引发活性。研究显示，丙烯酸酯化超支化聚合物随丙烯酸酯官能度增加，UV 吸收光谱出现异常，于 285nm 附近出现一新的吸收峰，该吸收峰的出现与树脂自感光固化特征相关，吸收峰波长位置与汞灯 280～320nm 区间密集能量发射匹配，树脂可有效吸收光能，到达激发态，实现自感光聚合。该吸收峰的出现应该对应树脂结构的某种变化，推测可能是由于超支化树脂末端密集排列的丙烯酸酯基团有一定概率"贴合"在一起，基团相互发生电子作用（有可能是碳碳双键 π 堆叠），形成吸光活性结构，导致自感光固化。

需要提出的是，超支化光固化树脂尽管具有低黏度、高官能度、固化膜高硬度、自感光固化等诸多特点，但该类树脂在交联固化时属于球状微结构成膜，固化涂层的综合力学性能常常不如传统的线性微结构成膜。目前，该树脂在光固化涂料、油墨领域有部分应用，主要用于增加涂层硬度，但总体应用面不宽，有待深入应用拓展。

4.11.3 beta-二羰基迈克尔加成体系

beta-二羰基化合物是指含有—CO—CHR—CO—结构的化合物，两个羰基可以是酮羰基、酯羰基、醛羰基、酰胺羰基等，R 基团可以为 H、Cl、烷基等。常见 *beta*-二羰基化合物包括乙酰乙酸乙酯（EAA）、乙酰乙酸甲酯（MAA）、乙酰丙酮（acac）、丙二酸酯等。两羰基中间的 CH 或 CH_2 结构由于受到羰基吸电子效应与共轭效应影响而表现出一定的酸性，pK_a 约为 10，与苯酚酸性相当，在碱性环境下脱除一个质子，变为碳负离子，受邻位羰基共轭影响，碳负离子异构化为烯醇负离子。一般来说，*beta*-二羰基化合物在一定条件下可发生显著互变异构，形成烯醇-二羰基化合物互变平衡。

beta-二羰基化合物析出互变异构倾向受溶剂环境影响较大，一般而言，弱极性和非极性环境有利于形成互变异构体，而高极性溶剂不利于发生烯醇互变异构。不同溶剂环境中，*beta*-二羰基化合物烯醇互变异构倾向大小列于表 4-33。

表 4-33 *beta*-二羰基化合物烯醇互变异构倾向大小

酮式互变异构体	烯醇式互变异构体	烯醇异构体占比/%		
		纯液体	水溶液	己烷溶液
$pK_a=9$ acac		76	20	92
$pK_a=11$ EAA		8	0.4	46
$pK_a=13$ 丙二酸二乙酯		<0.1	0	<1

烯醇结构很容易发生向缺电子双键的迈克尔加成反应，因而，acac、EAA 等 *beta*-二羰基化合物能以较高的效率对丙烯酸酯双键进行迈克尔加成，形成含有季碳二羰基结构的加成产物，例如 TMPTA 与 acac 在碱性催化条件下的加成反应。

Ashland 公司系统研究了这类迈克尔加成低聚物的合成与应用，由此获得的迈克尔加成树脂保留部分丙烯酸酯基团，用于光交联，加成结构对紫外光有一定敏感度，于紫外辐照下产生自由基，引发聚合交联，属于一类新型、但最具直接应用价值的自引发 UV 固化树脂。

其合成设计完全基于 beta-二羰基化合物与多官能团丙烯酸酯单体（或树脂），常用的 TMP-TA、TPGDA、HDDA、EOTMPTA 等活性稀释单体经常用以合成迈克尔加成树脂，官能度较高时，须注意凝胶产生。单官能团丙烯酸酯单体有时也少量使用，用以调节加成产物结构和性能。分子量较大、黏度较高的光固化树脂用来合成迈克尔加成低聚物更能够获得应用性能俱佳的新型光固化树脂。加成反应后，树脂保留部分丙烯酸酯基团，分子量增大，交联结构改变，固化膜综合性能往往提高。出于防止凝胶化的考虑，光固化树脂一般很少使用三官能、四官能或更高官能团树脂，而较多采用双官能团树脂。环氧丙烯酸酯、聚酯丙烯酸酯、聚氨酯丙烯酸酯、聚硅氧烷丙烯酸酯等都可用来进行迈克尔加成，获得性能突出的新型树脂。合成设计中引入少量丙烯酸酯化的活性胺，使活性胺进入部分迈克尔加成树脂结构上，可以提高应对氧阻聚的能力，增强自引发效率。

合成迈克尔加成树脂的工艺条件非常重要。原则上，碱性物质都可作为该反应的催化剂，包括无机碱、有机碱等，一般的苛性碱、碳酸碱作为催化剂，容易导致凝胶，不能直接使用。叔胺类催化剂，三乙胺、吡啶、 N,N-二甲基苄胺等都可高效率催化上述迈克尔加成反应，反应温和，但产品颜色较深，加速老化过程中较容易出现凝胶，储存稳定性不良。如果在反应结束后能够将碱性催化剂从产物中分离出来，则对产品的稳定性有利。例如，将氟化钾、氟化铯等碱性催化剂负载于中性氧化铝固体颗粒上，行使完催化作用后，在产物黏度不是太高条件下，通过热压滤方式，可将固体催化剂与产品树脂分离，防止进一步负面作用。

这类基于 beta-二羰基化合物与丙烯酸酯迈克尔加成的光固化树脂，其感光结构特征显然不同于传统光引发剂，分子结构设计上可以完全没有芳环。对这类光固化树脂自引发聚合原理进行研究，发现加成产物在 290nm 附近出现较强吸收，可有效利用汞灯 280～320nm 区间的较强紫外辐射，而一般丙烯酸酯单体或树脂在此波长附近没有吸收。

基于 TMPTA、TPGDA、EOTMPTA 与 acac 合成迈克尔加成树脂，经表征确定原 beta-二羰基化合物中活性 H 均已转化完全，树脂含有不同浓度的残余丙烯酸酯基和季碳二羰基结构，前者主要履行交联功能，后者主要行使感光引发功能。研究发现，迈克尔加成自引发树脂的聚合活性甚至高于传统的单体/Irgacure 184 体系。研究也发现，在空气气氛下，完全不加光引发剂的自引发树脂也能进行 UV 固化，速率低于传统单体/光引发剂体系，且有氧阻聚效应发生，涂层表面略有黏性，但在较强光强辐照下，表面氧阻聚效应可基本消除。上述自引发树脂甚至可以和一般丙烯酸酯单体、树脂配合使用，在一定比例范围内，迈克尔加成树脂仍可起到自引发作用，引起整个配方涂层交联固化。如迈克尔加成树脂 TMDAC 与单体 TMPTA 等比例混合，仍具有较高自引发效率，随自引发树脂的比例降低，配方整体自固化活性下降。

亚什兰公司已经开发出 DREWRAD 系列自固化低聚物，广东博兴公司和中山千佑化工公司也有系列自固化低聚物产品，都属于 beta-二羰基化合物。特别指出广东博兴公司依托自主技术开发的一系列迈克尔加成树脂和单体具有良好自引发活性，例如牌号为 B-519 的聚酯丙烯酸酯就是基于两种丙烯酸酯单体、一种光固化树脂及 beta-二羰基化合物合成的自引发树脂，60℃老化 30 天不凝胶化，平均丙烯酸酯官能度 3.5。将其与六官能团聚氨酯丙烯酸酯 B-618 进行光固化活性对比，可以看到，迈克尔加成自引发树脂 B-519 在无光引发剂条件下，即使在空气环境中都表现出较高的光固化活性，而 B-618 树脂完全没有自引发能力。B-519 中添加仅 1.0% 的 Irgacure 184 光引发剂，光固化速率远快于添加 3.0% Iragcure 184

的 B-618 体系。

甲基丙烯酸酯由于甲基对碳碳双键的位阻作用，*beta*-二羰基化合物很难对其进行高效率的迈克尔加成。但一类丙烯酸酯-甲基丙烯酸酯的不对称双酯单体（例如甲基丙烯酸缩水甘油酯与丙烯酸的反应产物）可用于迈克尔加成树脂合成，除形成感光季碳二羰基结构，还在树脂中引入可聚合的甲基丙烯酸酯基团，对光固化过程有利。

迈克尔加成树脂因其自身感光活性，现已部分用于 UV 色漆、UV 油墨的配方，为使光固化效率达到理想水平，可以在配方中使用很少量的光引发剂，但用量相对于传统 UV 色漆和 UV 油墨已经非常少，在光引发剂残留、气味等方面已大为改善。另一方面，该类自引发树脂应用于 UV 色漆、UV 油墨时，配方体系中的颜料含量可以增加，提高色漆、油墨遮盖力，而又不降低固化性能，这对当前 UV 色漆须以低颜料含量配方多次涂覆的工艺可起到改善作用，简化工艺操作。对迈克尔加成树脂进行结构设计，引入少量非离子强亲水基团，可赋予树脂适当的乳化性能，能够作为 UV 胶印油墨的主体树脂使用。迈克尔加成树脂结构设计灵活，性能易于调节，是目前应用最为成功的自引发树脂。

4.11.4 丙烯酸乙烯酯及其类似结构

丙烯酸乙烯酯（VA）结构为 $CH_2\!=\!CH\!-\!CO\!-\!OCH\!=\!CH_2$，是一类结构与性能非常特别的单体，对汞灯 254nm 发射谱线有较强吸收，长波无吸收。在紫外光激发下可自行发生光交联，并且可作为自引发单体，引发常规丙烯酸酯单体、树脂聚合交联，起到类似光引发剂的作用，以 10% 质量比和 HDDA 配合，紫外光辐照下，能引起 HDDA 快速交联固化。

丙烯酸乙烯酯分子两端均有碳碳双键，原则上都可进行自由基聚合。但两个双键的电子状态不同，丙烯酸酯双键为缺电子状态，乙烯氧基双键为富电子状态，仅就此单体本身而言，其丙烯酸酯双键的聚合转化远快于乙烯氧双键的聚合转化。和其他饱和羧酸乙烯氧酯的对比研究发现，VA 单体中乙烯氧双键与丙烯酸酯双键的协同作用是其具有自感光引发活性的关键，鉴于两种双键不同的电子状态特征，在光激发下，激发态分子可通过两种双键发生相互作用，引起电子重新分布的可能，形成自由基，引发聚合（图 4-5）。

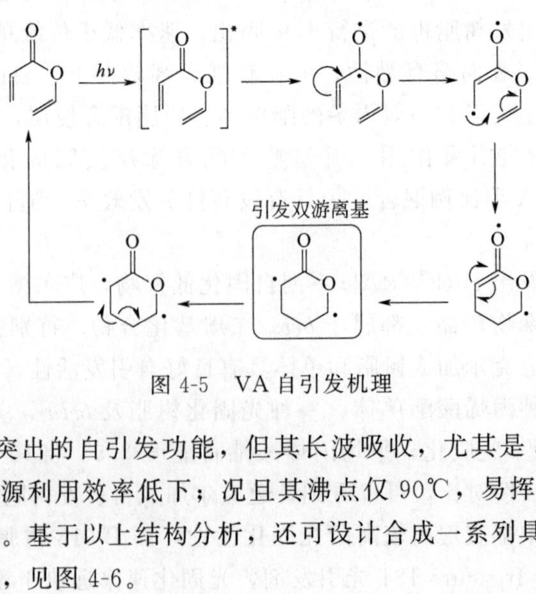

引发双游离基

图 4-5　VA 自引发机理

VA 单体虽然具有突出的自引发功能，但其长波吸收，尤其是 300nm 附近或以上的紫外吸收基本没有，对光源利用效率低下；况且其沸点仅 90℃，易挥发；单体合成制造并不简便，应用上受到限制。基于以上结构分析，还可设计合成一系列具有相似结构特征、性能适当提高的自引发单体，见图 4-6。

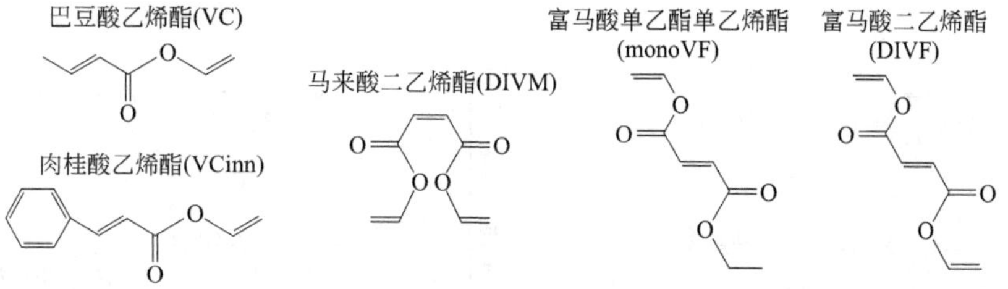

巴豆酸乙烯酯(VC)　　　　　富马酸单乙酯单乙烯酯
(monoVF)　　富马酸二乙烯酯
(DIVF)

马来酸二乙烯酯(DIVM)

肉桂酸乙烯酯(VCinn)

图 4-6　几种衍生 α,β-不饱和羧酸乙烯酯单体

上述单体对紫外光的吸收性能有所改善，对汞灯 254nm、313nm 发射谱线的吸收摩尔消光系数见表 4-34。显示结构改良后的 α,β-不饱和羧酸乙烯酯单体吸光性有所增强，肉桂酸乙烯酯、富马酸二乙烯酯、马来酸二乙烯酯单体在 313nm 处吸光能力比传统光引发剂 651 还强。

表 4-34　几种衍生 α,β-不饱和羧酸乙烯酯单体的摩尔消光系数

单位：L/(mol・cm)

α,β-不饱和羧酸乙烯酯	254nm	313nm
丙烯酸乙烯酯	1262	—
巴豆酸乙烯酯	1482	—
肉桂酸乙烯酯	10794	857
富马酸二乙烯酯	6813	379
马来酸二乙烯酯	7913	448
富马酸单乙酯单乙烯酯	3529	83
651	12067	185

将上述 α,β-不饱和羧酸乙烯酯单体、651 以较低比例混合于 HDDA 单体中，几个自引发单体表现出不同的引发活性，其活性顺序为：

$$651 > VCinn > DiVF \approx DiVM \approx MonoVF > VA \approx VC$$

进一步研究显示，这些 α,β-不饱和羧酸乙烯酯单体在光激发下，主要发生裂解重排，产生活泼自由基，引发丙烯酸酯单体和树脂聚合。

4.11.5　电子给体单体和电子受体单体结合体系

近年来研究发现电子给体单体和电子受体单体结合，在无光引发剂存在下，经紫外光照可直接光引发共聚合，完成光固化过程。其中电子受体单体有马来酸酐、富马酸二甲酯、马来酰亚胺等；电子给体单体有 N-乙烯基吡咯烷酮、苯乙烯基醚和丙烯基醚等，见图 4-7。

无光引发作用的自感光固化属于光聚合领域的新兴技术，目前的研究还不十分广泛、深入。尽管如此，其独特引发功能、避免传统光引发剂的副作用等优势，使得在这一领域的应用研发比较活跃，在并不长的研究时间里，就已有成系列的自引发树脂体系获得规模商业化应用。作为先进光固化技术的一种有力补充，其发展前景十分乐观。

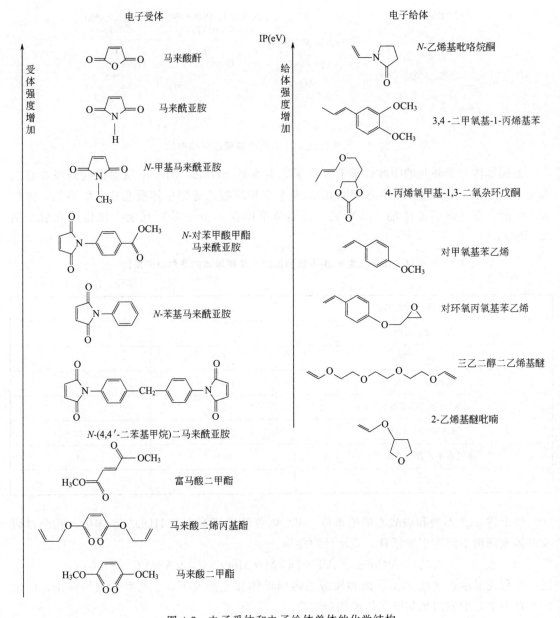

图 4-7　电子受体和电子给体单体的化学结构

4.12　欧洲限制使用和可以使用的光引发剂

　　光引发剂大多数是含有苯甲酰基的有机化合物，对人体健康有一定危害；又是低分子量有机物，UV 固化后，在固化涂层里还残留不少没有参与固化引发的光引发剂，很容易发生迁移，特别是在使用光固化油墨和上光油的包装材料上，由于残留的光引发剂迁移，会污染被包装的材料，尤其是食品、药品和儿童用品包装。

　　2005 年 11 月份瑞士雀巢公司生产的婴儿牛奶事件，意大利有关部门在雀巢婴儿牛奶的包装盒中检测出印刷油墨中的光引发剂 2-异丙基硫杂蒽酮（ITX）的存在，导致该公司从法国、葡萄牙、西班牙及意大利召回大批产品。雀巢公司后来使用了 IGM 公司和北京英力公司合作开发的大分子 ITX（Omnipol ITX），消除了小分子 ITX 发生迁移的弊病，很快地保证了雀巢婴儿牛奶的正常生产和销售。

2009 年 4 月欧盟食品和饲料快速预警系统（RASBB）通报了在早餐燕麦片中，首次检测出光引发剂 4-甲基-二苯甲酮，如果儿童过多食用被这种有毒物质污染的麦片可能会致癌，此前已经有几个国家召回这种麦片。为此，欧盟食物链和动物健康常务委员会（SCFCAH）于 2009 年 5 月规定食品包装印刷油墨材料中 4-甲基-二苯甲酮和二苯甲酮的总迁移极限值必须低于 0.6mg/kg。此法规的出台，是欧盟第一次将印刷油墨加入受特定法规控制的材料和制品内容中。

在光引发剂迁移上，国际上认定小于 10ppb（1ppb＝1×10⁻³ mg/kg）的迁移量才能达到低迁移性的要求。在光固化产品中，由于大分子光引发剂的独特设计，光固化后裂解产物分子量大，不易发生迁移，故达到了小于 10ppb 的迁移量，如 ASA、OM-TX、OM-BP 和 1001M，819 分子量大，其迁移量也只有 10ppb。而平时我们用于低气味配方中的光引发剂，由于光固化后产生大量的小分子副产物，因而迁移量远远超过了 10ppb。平时常用的 2-甲酸甲酯二苯甲酮（OMBB），虽然其气味低、不黄变，被广泛应用，但是其分子量只有 240.26，迁移量达到了 6470ppb，无法满足低迁移性的要求（表 4-35）。

表 4-35　部分光引发剂的迁移量

光引发剂	迁移量/ppb	光引发剂	迁移量/ppb
ASA	1	819	10
OM-TX	4	369	38
OM-BP	0	OMBB	6470
1001M	8	EHA	5860

在国内，烟草包装行业对包装材料的溶剂残留早在 2008 年就有严格规定，2016 年中国烟草包装行业制定了新的行业标准，并于 2016 年 9 月 1 日开始实施，规定了溶剂残留和光引发剂残留量（表 4-36），这是国内首个对光引发剂残留作出严格规定的标准。

表 4-36　中国烟草包装行业标准　　　　　　　　　　单位：mg/m²

项目			盒包装纸	条包装纸
溶剂残留	溶剂残留总量		≤100	≤100
	溶剂杂质	总量	≤10	≤10
		苯系物(甲苯、乙苯、二甲苯)	≤1.0	≤1.0
		苯	≤0.02	≤0.02
引发剂	BP 总量(BP,2-/3-/4-MBP)		≤20	—
	ITX 总量(2-和 4-ITX)		≤25	—
	EDB		≤10	—
	907		≤10	—
	EMK		≤10	—
	MK		≤10	—

2014 年 2 月欧洲颁布了雀巢包装油墨指导手册，在包装油墨中禁止使用的光引发剂（表 4-37），这样我们常用的光引发剂都将不能用于包装油墨上（当然，这主要是指出口去欧洲的货物的包装印刷油墨不能使用这些光引发剂）。

表 4-37　雀巢包装油墨指导手册禁止使用的光引发剂

光引发剂	1173	184	651	907	TPO	BP	MBP	TMBP	ITX	DETX	EMK	DMB
类型	裂解型	裂解型	裂解型	裂解型	裂解型	夺氢型	夺氢型	夺氢型	夺氢型	夺氢型	夺氢型	增感剂

与此同时，2013 年 4 月 1 日欧洲还颁布了已评估允许使用的光引发剂的瑞士条例（表 4-38），其中大多数为分子量较大的光引发剂和大分子型光引发剂。因为分子量越大，毒性越小，而且不易迁移。

表 4-38　2013 年 4 月 1 日瑞士条例已评估允许使用的光引发剂

类型	光引发剂
裂解型	369
	379
	819
	127
	2959
	Esacure ONE
夺氢型	1001M
大分子裂解型	754
大分子夺氢型	Omnipol BP
	Omnipol TX
	Omnipol 682
	Omnipol 2702
	Genopol TX
大分子胺增感剂	Omnipol ASA
	Omnipol a198

艾坚蒙公司依据上述限制使用和可以使用的光引发剂的雀巢包装油墨指导手册和瑞士条例，对该公司生产的限制使用和可替代的光引发剂列表见表 4-39。

表 4-39　限制使用和可替代的光引发剂

限制使用的光引发剂		可替代的光引发剂		
		常规	大分子型	可聚合型
裂解型	1173	2959	754	
	184	127	IHT-PL 2712	

续表

限制使用的光引发剂		可替代的光引发剂		
		常规	大分子型	可聚合型
裂解型	TPO	Esacure ONE	Polymeric TPO-L	
		KIP160		
		819		
		TPO-L		
	907	369	Omnipol 910	
	651	379		
		IHT-PI 389		
		KIP 160		
夺氢型	BP	IHT-PI 1601	Omnipol BP	IHT-PL 9106
	MBP		Omnipol 682	
	PBZ		Omnipol 2702	
	ITX	IHT-PI 2205	Omnipol TX	IHT-PL 1501
	DETX	1001M		
	EMK			
增感剂	EDB	IHT-PI EAH	Omnipol ASA	Photomer 4775
			Esacure a198	Photomer 4250

4.13　光引发剂主要生产厂商、产品及应用领域

光引发剂的生产厂家近年发生较大变化，首先，国外原主要光引发剂生产厂家瑞士汽巴公司（Ciba）被德国巴斯夫公司（BASF）收购，后荷兰艾坚蒙公司（IGM）又收购了巴斯夫公司光引发剂部门，还收购了意大利宁柏迪公司（Lamberti）、北京英力科技发展公司等光引发剂生产企业，成为光引发剂新的生产巨头。国内天津久日化工公司收购了常州华钛化工公司光引发剂部门，成为国内最大的光引发剂生产企业。此外，美国湛新公司（Cytec）、美国陶氏化学公司（Dow Chemical）、美国沙多玛公司（Sartomer）等国外公司；国内长沙新宇化工实业公司、常州强力电子新材料公司、浙江扬帆新材料公司、广州广传电子材料公司、湖北固润科技股份公司、深圳有为化学技术公司、甘肃金盾化工公司、优缔贸易（上海）公司、上海同金化工公司、上虞禾润化工公司等大陆公司；长兴化学材料公司、双键化工公司、奇钛化工公司、恒桥产业公司、国精化学公司等台湾公司都生产各种光引发剂，他们的主要产品及商品名称见表 4-40～表 4-42。常见光引发剂的应用领域见表 4-43。

表 4-40　常用光引发剂国外生产厂家及商品名称（一）

光引发剂	651	184	907	369	500	1000	819	1700	1800	261	784	1173	2959	4265	TPO
艾奇蒙	Irgacure 651	Irgacure 184	Irgacure 907	Irgacure 369	Irgacure 500	Irgacure 1000	Irgacure 819	Irgacure 1700	Irgacure 1800	Irgacure 261	Irgacure 784	Darocur 1173	Darocur 2959	Darocur 4265	Darocur 4263

表 4-41　常用光引发剂国外生产厂家及商品名称（二）

光引发剂	BP	651	1173	184	ITX	CTX	CPTX	BMS	TPO	DEAP	KIP150	TZT	TZM	KTO	硫鎓盐 SbF_6^-	硫鎓盐 PF_6^-	碘鎓盐 SbF_6^-	助引发剂 EDAB	助引发剂 ODAB
艾坚蒙	Esacure BZO	Esacure KBI	Esacure KL200	Esacure KS300	Esacure ITX						Esacure KIP150	Esacure TZT	Esacure TZM	Esacure KTO				EDAB	EAB
沙多玛	SR1120		SR1021	SR1122	SR1124						SR1130	SR1137	SR1136	SR1135	SR1010	SR1011	SR1012	SR1125	
美国陶氏															UV16976	UV16992			
英国大湖					Quantacure ITX	Quantacure CTX	Quantacure CPTX	Quantacure BMS										Quantacure EPD	Quantacure EHA

表 4-42　常用光引发剂国内生产厂家及商品名称

公司	BP	651	1173	184	369	379	500	784	907	2959	DEAP	MBF	ITX
天津久日	JRCure BP	JRCure BDK	JRCure 1173	JRCure 184	JRCure 369		JRCure 500	JRCure 784	JRCure 907	JRCure 2959	JRCure DEAP	JRCure MBF	JRCure ITX
浙江扬帆	YF-PI BP	YF-PI BDK	YF-PI 1173	YF-PI 184	YF-PI 369	YFPI379		YF-PI 784	YF-PI 907	YF-PI 2959		YF-PI MBF	YF-PI ITX
上虞禾润												MBF	
长沙新宇	BP	BDK	UV1173	UV184	UV369		UV500		UV907	UV2959		MBB	ITX
湖北固润	GR-BP	GR-BDK	GR-1173	GR-184				GR-FMT				GR-MBF	
甘肃金盾					JD-101					JD-102			
恒桥产业	Chemcure -BP	Chemcure - BDK	Chemcure - 73	Chemcure - 481	Chemcure - 96			Chemcure -78	Chemcure -709	Chemcure -73W		Chemcure -55	Chemcure -ITX
奇钛					Chiva cure 169							Chiva cure 200	
双键	Double cure BP	Double cure BDK	Double cure 173	Double cure 184	Double cure 369				Double cure 107	Double cure 73W		Double cure 200	Double cure ITX
长兴	PI-BP	PI-BDK	PI-1173	PI-184					PI-907	PI-907		PI-55	PI-ITX
国精化学	GI-BP	GI-BDK	GI-1173	GI-184	GI-369				GI-907				GI-ITX
生兴行	BZO	BDK	1173	184			B4BP		907			MBB	ITX
上海天生													TIANCURE- ITX
上海春米		BDK	1173	184					907				ITX
广州广传	BP	651	1173	184	369			784	907			MBF	ITX
上海同金				Chema cure PI-184								Chema cure PI-MBF	
钟祥华辰													
安达多森		BDK	UV1173	UV184						2959		OMBB	
宁夏													
沃凯珑			1173	184									

续表

公司	DETX	TPO	TPO-L	819	MBP	PBZ	OMBB	EDAB	ODAB	BMS	2-EAQ	EAB
天津久日	JRCure DETX	JRCure TPO	JRCure TPO-L	819	JRCure MBZ	JRCure PBZ	JRCure OMBB	JRCure EDB	JRCure EHA		2-EAQ	EAB
浙江扬帆	YF-PI DETX	YF-PI TPO	YF-PI TPO-L		YF-PI MBP	YF-PI PBZ	YF-PI OMBB	YF-PI EDB	YF-PI EHA	YF-PI BMS	YF-PI EAQ	YF-PI EAB
上虞禾润												
长沙新宇	DETX	TPO			MBP	PBZ	OMBB	EPD	EHA			
湖北固润	GR-XBPO											
甘肃金盾												
恒桥产业	Chemcure-DETX	Chemcure-TPO		Chemcure-81	Chemcure-65	Chemcure-PBP		Chemcure-EDB	Chemcure-EHA	Chemcure-BMS		
奇钛		Chiva cure TPO	Chiva cure 1256	Chiva cure 789								
双键	Doubie cure DETX	Doubie cure TPO	Doubie cure TPO-L				Doubie cure 100	Doubie cure EPD	Doubie cure OPD	Doubie cure BMS		
长兴		PI-TPO					PI-MBB	PI-EDB	PI-EHA	PI-BMS		
固精化学		GI-TPO		GI-819		GI-PBZ				GI-BMS		
生兴行	TIANCURE-DETX	TPO			BBMB			EDB	EHA			
上海天生												
上海春米	DETX	TPO	TPO-L	819		PBZ		EDB	EHA			
广州广传	DETX	TPO	TPO-L	819	CBP	PBZ	OMBB	EDB	EHA			
上海同金	Chema cure PI-DETX	Chema cure TPO	Chema cure TPO-L	Key cure 981				Chema cure PI-EDB	Chema cure PI-EHA			
钟祥华辰	DETX	TPO	TPO-L	819				EDB	PI-EHA		2-EAQ	
安达多森	DETX	TPO	TPO-L	819		PBZ		EDB	EHA			
宁夏沃凯珑		TPO										

注：4-MBP 为 4-甲基二苯甲酮；MBB 为 2-苯甲酰基苯甲酸甲酯；XBPO 为 819；FMT 为 784。

表 4-43 常见光引发剂的应用领域

应用领域	184	261	369	500	651	784	819	907	1000	1800	2959	1173	4265	TPO	DEAP	BP	TZM	TZT	BMS	2-EA	ITX	KIP150	KIP100F	KTO/46	KIP/EM
不饱和聚酯木器漆	○				○		○			○		○		○	○	△	○	△	○			○	○	○	
丙烯酸系木器清漆			○	○			△					○		△	△	△	△	○	○		△	○	○	○	
白木器漆							○						△	△										○	
塑料、金属清漆	○		△	△			△					△		△		△	○	△			△	○	○		
纸张上光油	○			○				△				△		○		○	○	○	○			○	○		
耐 UV 清漆	△									○	○	△		○								△			
阳离子光固化涂料		○																							
UV 粉末涂料	○			△							○	△		○		△					△				
水性 UV 油墨和涂料							○	○			○										△				○
低挥发、低气味涂层			○							△				○								○			
厚涂层	△						△			△				○								△			
光纤涂料					△		○				△			○				○				△	△		
胶黏剂	○		△		△		○	△		△	△	△	△	○	△							○	△		
PCB 用抗蚀剂			○		○	○	△	○												△	△	△	△	△	
阻焊剂			○		○	○	△	○												○	○				
环氧抗蚀剂		○																							
柔性版			△		○		△							△								△	△		
CTP 版						○									○										
胶印油墨	△		○	△	△		○	○		△	△	△	△	○	△		△	△	△	△	△	△	△	○	
丝印油墨	○		○	△	△		○	○		○	△	△	△	○	△		△	△	△	△	△	△	△	○	
柔印油墨	△		○	△	△		○	○		△	△	△	△	○	△		△	△	△	△	△	△	△	○	

注：○—推荐使用；△—可以使用或作助引发剂用。

4.14　光引发剂的合成方法实例

4.14.1　裂解型光引发剂的合成方法

（1）安息香乙醚的合成

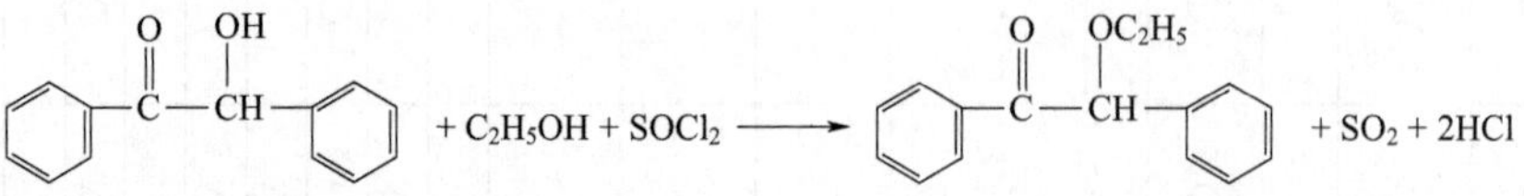

在装有气体吸收装置的三口烧瓶中，加入 106g（0.5mol）安息香和 115g（2.5mol）无水乙醇，升温至 75～80℃，慢慢滴加 72g（0.6mol）二氯亚砜，加毕保温 1h，反应液澄清后停止反应，减压蒸馏回收乙醇，浓缩液放冷结晶，过滤得粗品 115g，熔点 55～57℃，再重结晶精制得产品熔点 60～62℃，收率 95％以上。

（2）安香息双甲醚（651）的合成

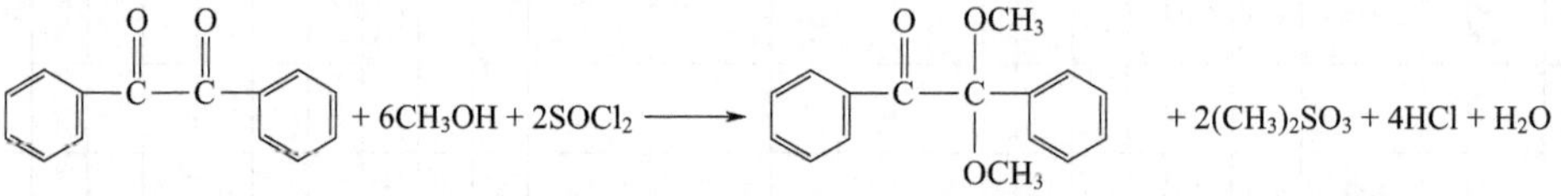

在装有气体吸收装置的三口烧瓶中，将 840g 二苯甲酰悬浮于 800mL 二氯亚砜中，搅拌下在 0～7℃滴加 800mL 甲醇，得清黄色溶液，0.5h 后升温至 50℃，再反应 2h，升温至90℃，用水泵减压蒸出亚硫酸二甲酯，冷却，加入 100g 无水碳酸钾及 1600mL 异丙醇，过滤，用 50％的异丙醇水溶液重结晶，得白色结晶 640g，熔点 62～63℃，收率 63％。

（3）马来酸酐改性羟甲基安息香甲醚的合成

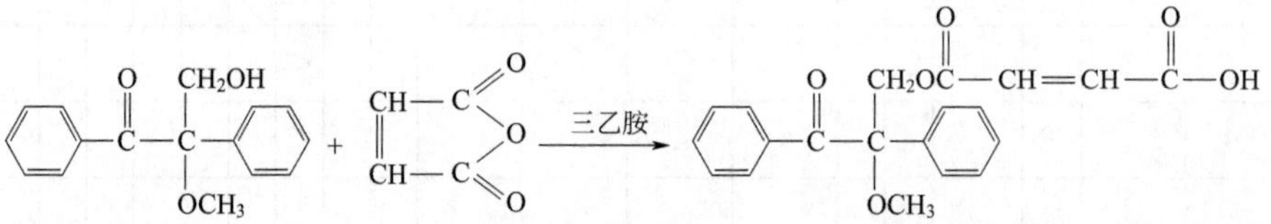

在三口烧瓶中加入 128g 羟甲基安息香甲醚、49g 马来酸酐、200mL 二氧六环和催化剂 2mL 三乙胺，搅拌升温，回流 30min 减压蒸馏除去溶剂，用热水洗两次，在烘箱中 60℃干燥 5h，得到淡黄色粉末 168g，为马来酸酐改性羟甲基安息香甲醚，产率 95％，$\lambda_{max} =$ 330nm，在 1％的 NaOH 中能分散。

（4）α-羟基酮光引发剂 1173 的合成

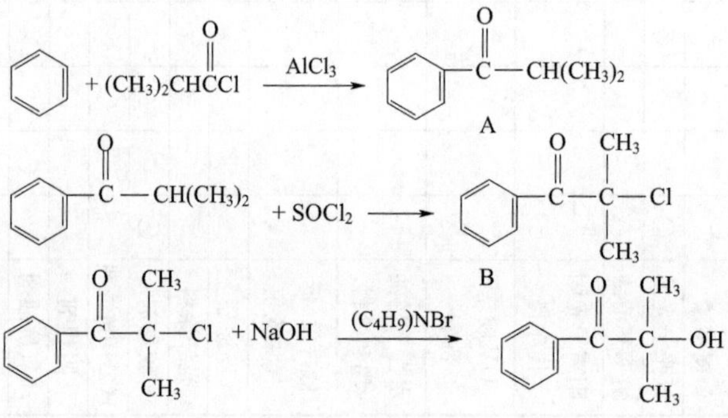

在三口烧瓶中加入 78g 苯、140g 无水氯化铝和 250mL 石油醚，置于冰水浴中，搅拌下缓慢滴加 106g 异丁酰氯，温度控制＜25℃，反应 4h，再滴加冰水，分液，有机层水洗至中性，干燥，减压蒸馏除去溶剂得 A，收率 93％。

在三口烧瓶中加入 60g A、200mL 石油醚和 50mL 氯化亚砜，反应 6～8h，水洗至中性，收集有机层，干燥，减压蒸馏除去溶剂，得产物 B，收率 95％。

在三口烧瓶中加入 74g B、240mL 甲苯、48mL 50％的氢氧化钠水溶液和 1.6g 四丁基溴化铵，反应 5h 后，加入 80mL 水，再反应 0.5h，收集有机层，干燥，蒸去溶剂后，减压蒸馏收集 50～100Pa 时 75～85℃的馏分，即光引发剂 1173，收率 75％。

（5）取代 1173 的合成

$$\text{R}\!-\!\bigcirc + \underset{\text{Cl}}{\overset{\text{O}}{\text{C}}}\text{C(CH}_3)_2\text{Br} \xrightarrow{\text{AlCl}_3} \text{R}\!-\!\bigcirc\!-\!\overset{\text{O}}{\text{C}}\text{C(CH}_3)_2\text{Br}$$

$$\underset{\text{R}}{}\!-\!\bigcirc\!-\!\overset{\text{O}}{\text{C}}\text{C(CH}_3)_2\text{Br} \xrightarrow{\text{OH}^-} \underset{\text{R}}{\overset{\text{A}}{}}\!-\!\bigcirc\!-\!\overset{\text{O}}{\text{C}}\text{C(CH}_3)_2\text{OH} \qquad \text{R=CH}_3,\ \text{Cl}$$

在一个装有无水氯化钙干燥管、尾气吸收装置、温度计、搅拌、50mL 恒压分液漏斗的 100mL 三口烧瓶中先加入 0.3mol 苯系底物、17.4g（0.13mol）无水三氯化铝，然后迅速放入冰浴中搅拌至均匀分散，待冷却后，继续搅拌并缓慢滴加 18.6g（0.1mol）2-溴异丁酰氯和 0.3mol 苯系物的混合溶液。滴加完毕后，一定温度下继续搅拌反应 3h。反应期间，间隔一段时间，用湿润的 pH 试纸检测尾气吸收装置中的尾气是否还有酸性气体放出，反应完毕后，将混合液在搅拌条件下缓慢倒入装有 100mL 的 10％的稀盐酸、冰水混合物的烧杯中，常温搅拌 0.5h，然后倒入梨形分液漏斗，摇匀后充分静置，放掉下层水相，用少量同样的苯系物萃取水相，然后合并有机相。有机层用饱和碳酸氢钠溶液洗涤至水相 pH 大致为中性。将分液得到的有机层常压蒸馏，蒸出溶剂，经碱洗、干燥后可循环利用。常压蒸馏后的底液再进行减压蒸馏，清除残留的少量溶剂，得到溴代中间产品 A。

将上一步反应的溴代中间体 A 全部缓慢倒入装有 100mL 的 7％～8％氢氧化钠水溶液和 5mL 乙醇的 250mL 烧杯中，并用少量水冲洗干净上一步反应所使用的烧瓶，将洗涤液一起倒入烧杯中，用一定温度的水浴锅加热，用电动搅拌器搅拌一段时间，移去水浴锅，停止搅拌，将两相混合液倒入梨形分液漏斗，分离下层水相，洗涤烧杯和搅拌桨，再将洗涤液倒入漏斗中，静置 15min，缓慢分液，除去下层水相，再用约 10mL 1,2-二氯乙烷萃取水相，将萃取的下层有机层与第一次分液的上层有机相合并，将有机层装入烧瓶进行微加热减压蒸馏，除掉残余的水和萃取溶剂。未经进一步分离提纯即得产品 2-羟基类取代芳酮光引发剂。取代 1173 与商品、自制 1173 固化性能比较见表 4-44。

表 4-44　取代 1173 与商品、自制 1173 固化性能比较

光引发剂	有氧固化/s	无氧固化/s
商品 1173	70	51
自制 1173	72	52
对甲基 1173	44	32
对氯 1173	60	41

（6）α-羟基酮光引发剂 184 的合成

在三口烧瓶中加入 5g 镁粉，加入少量氯代环己烷与无水乙醚（体积比 1∶4）混合液至刚好覆盖镁粉为止，加入少量单质碘，微热至碘的颜色消失，搅拌下滴加 20g 氯化环己烷与 80mL 无水乙醚混合液，使反应液保持弱回流，加毕室温下搅拌 1h，慢慢滴加 20mL 经无水硫酸镁干燥处理的苯甲醛与 20mL 无水乙醚混合液，滴加时需用冷水冷却，加完后室温反应 0.5h。快速搅拌下加入 10% 的稀硫酸至溶液澄清，分液，水层用乙醚萃取，合并有机层，碱洗、水洗，再用无水硫酸镁干燥，蒸去乙醚，经处理得白色固体 A，烘干重 31.5g，熔点 44~45℃，收率 83%。

在三口烧瓶中加入 38g A 和 60mL 溶剂，搅拌和流水冷却下滴加含 22g 重铬酸钠的硫酸溶液，加完后在室温搅拌 1h，分液，经处理得白色固体 B 35g，熔点 55~56℃，收率 93%。

取 57g B 溶于冰醋酸，加热至回流，搅拌下滴加含 65g 溴的 50mL 冰乙酸混合液，产生大量白烟，加毕继续弱回流反应 3h，反应液倾入 500mL 碎冰中，析出胶状物，烘干，用石油醚重结晶得白色固体 C 73.5g，熔点 50~51℃，收率 92%。

取 53g C，加入 10% 的氢氧化钠水溶液，使碱过量一倍，再加入少许相转移催化剂季铵盐，加热弱回流 2h，静止，分液，有机层倾入大量冷水中，过滤，烘干，用石油醚重结晶得白色固体 37.2g 即为 α-羟基酮光引发剂 184，熔点 48~49℃，收率 91%。

（7）含氟光引发剂 1173-F 的合成

将光引发剂 1173 1.64g(0.01mol)、三乙胺 1.012g(0.01mol) 溶于 30mL 的二氯甲烷中，加入 100mL 的三口圆底烧瓶中，室温下进行磁力搅拌。将全氟辛酰氯（4.325g，0.01mol）溶于 20mL 的二氯甲烷中，在冰浴条件下，将全氟辛酰氯与二氯甲烷的混合溶液滴加到三口烧瓶中，控制温度为 0~5℃，控制滴加速度为每 2 秒滴一滴，滴加完毕后，在室温条件下反应 12h 后过滤，滤液依次分别用 1mol/L 的 NaOH 溶液、1mol/L 的 HCl 溶液和去离子水洗涤 3 次，得到的溶液经旋蒸后除去溶剂，得到白色或浅黄色固体为粗产物。用红外谱图检测反应的进行，当羟基（3465.2cm^{-1}）的特征吸收峰消失，且产生一个新的羰基峰（1773.8cm^{-1}）时，停止反应。将上述粗产物通过柱层分析法进行提纯，其中硅胶柱所用的展开剂为乙酸乙酯和石油醚的混合溶液 [V（乙酸乙酯）∶V（石油醚）=1∶10]，最终得到的产物为含氟光引发剂 1173-F，产率为 64.79%。

1173-F 可以很好地克服表面氧阻聚效应，在与空气接触的情况下可以达到较高的转化率。但是由于 1173-F 在聚合体系里分布不均一，导致整体的聚合速率较慢。但是在加入一定量的 1173 进行混合后，聚合体系的速率和转化率都明显提高。当光强为 $10mW/cm^2$ 时，1173 与 1173-F 的摩尔比为 1∶4 时聚合体系的转化率最高，可以达到 90％以上。因此，1173 和 1173-F 的混合光引发剂具有很好的应用前景。

　　1173-F 可以在不添加光引发剂的前提下，经紫外光照射可以继续引发单体进行聚合。而传统的光引发剂 1173 则不可以进行二次聚合，这是由于 1173-F 具有很好的表面迁移性，大量的光引发剂聚集在表层，一次聚合后还会有少量引发剂残留在表面未被激活，因此可以进行二次引发聚合。二次聚合可以用于材料表面的改性，而光聚合又是一项简单有效的聚合方法，因此具有良好的应用前景。

　　(8) 含氟光引发剂 184-F 的合成

　　将光引发剂 184 2.04g(0.01mol)、三乙胺 1.012g(0.01mol) 溶于 30mL 的二氯甲烷中，加入到 100mL 的三口圆底烧瓶中，室温下进行磁力搅拌。将全氟辛酰氯 4.325g(0.01mol) 溶于 20mL 的二氯甲烷中，在冰浴条件下，将全氟辛酰氯与二氯甲烷的混合溶液滴加到三口烧瓶中，控制温度为 $0\sim5℃$，控制滴加速度为每 2s 一滴，滴加完毕后，在室温条件下反应 12h 后过滤，滤液依次分别用 1mol/L 的 NaOH 溶液、1mol/L 的 HCl 溶液和去离子水洗涤 3 次，得到的溶液经旋蒸后除去溶剂，得到白色固体为粗产物。用红外谱图检测反应的进行，当羟基（$3432cm^{-1}$）的特征吸收峰消失，同时产生一个新的羰基峰（$1773cm^{-1}$）时停止反应。将上述粗产物通过硅胶柱进行提纯，其中硅胶柱所用的展开剂为乙酸乙酯和石油醚的混合溶液 [V(乙酸乙酯)∶V(石油醚)＝1∶10]，最终得到的产物为含氟光引发剂 184-F，产率为 73.23％。

　　含氟光引发剂具有良好的表面迁移性。氟原子的低表面张力和低表面能可以有效的应用在光引发剂中，使得光引发剂在聚合体系中具有明显的梯度分布，表面的引发剂浓度远远大于底部的引发剂浓度，一方面可以降低氧阻聚性，一方面又可以减小聚合体积收缩。由于光引发剂的梯度分布，还可以用来制备分子量梯度聚合材料。

　　(9) α-羟基酮光引发剂 2959 的合成

　　用羟乙基苯基醚和乙酸进行酯化反应，减压蒸馏纯化后与异丁酰氯和无水三氯化铝进行 Friedel-Crafts 酰基化反应制备烷基取代芳基酮，纯化后再用溴/四氯化碳溶液进行溴化反应，将溴化产物置于甲醇钠-甲醇溶液中进行水解反应，用乙酸乙酯对水解混合物进行多次萃取，干燥、过滤，并浓缩萃取液，最后用丙酮-石油醚混合溶剂进行重结晶，即得产物 α-羟基酮光引发剂 2959{1-[4(2-羟乙氧基)苯基]-2-羟基-2-甲基-1-丙酮}，为白色结晶，熔点

42～43℃。

（10）α-氨基苯乙酮类光引发剂 369 的合成

$$F-\!\!\!\bigcirc\!\!\!-\ + CH_3CH_2CH_2CCl \xrightarrow{AlCl_3} F-\!\!\!\bigcirc\!\!\!-\overset{O}{\underset{A}{C}}-CH_2CH_2CH_3$$

$$F-\!\!\!\bigcirc\!\!\!-\overset{O}{C}-CH_2CH_2CH_3 + SOCl_2 \longrightarrow F-\!\!\!\bigcirc\!\!\!-\overset{O}{\underset{B}{C}}-\overset{}{\underset{Cl}{C}}HCH_2CH_3$$

$$F-\!\!\!\bigcirc\!\!\!-\overset{O}{C}-\overset{}{\underset{Cl}{C}}HCH_2CH_5 + NH(CH_3)_2 \longrightarrow F-\!\!\!\bigcirc\!\!\!-\overset{O}{C}-\overset{}{\underset{C_2H_5}{C}}HN(CH_3)_2$$
C

$$F-\!\!\!\bigcirc\!\!\!-\overset{O}{C}-\overset{}{\underset{C_2H_5}{C}}HN(CH_3)_2 + \overset{}{\underset{}{\bigcirc}}CH_2Cl \longrightarrow F-\!\!\!\bigcirc\!\!\!-\overset{O}{C}-\overset{CH_2\!-\!\bigcirc}{\underset{C_2H_5}{C}}H\overset{+}{N}(CH_3)_2Cl^-$$

$$\xrightarrow{\text{Stevens重排}} F-\!\!\!\bigcirc\!\!\!-\overset{O}{C}-\overset{\overset{CH_2-\bigcirc}{|}}{\underset{C_2H_5}{C}}-N(CH_3)_2$$
D

$$F-\!\!\!\bigcirc\!\!\!-\overset{O}{C}-\overset{\overset{CH_2-\bigcirc}{|}}{\underset{C_2H_5}{C}}-N(CH_3)_2 + HN\overset{}{\underset{}{\bigcirc}}O \longrightarrow O\overset{}{\underset{}{\bigcirc}}N-\!\!\!\bigcirc\!\!\!-\overset{O}{C}-\overset{\overset{CH_2-\bigcirc}{|}}{\underset{C_2H_5}{C}}-N(CH_3)_2$$

在三口烧瓶中加入 340g 无水三氯化铝、95mL 氟苯和适量溶剂，在＜10℃时缓慢滴加 156mL 正丁酰氯，加毕升温至 35～45℃搅拌 4～6h，反应物冷却后倒入盐酸-冰水中，分出有机层，洗至中性，干燥、减压蒸馏，收集 138～140℃/3445Pa 的馏分 112g 即为 A，收率 74%。

在三口烧瓶中加入 16g(0.1mol) A 和溶剂，在 30～40℃下滴加 8mL（0.1mol）二氯亚砜，通氮气除去氯化氢。水洗分出有机层，干燥，回收溶剂，得 18g 淡黄色液体 B，收率 93.3%。

在三口烧瓶中加入含 45g 二甲胺的乙醚溶液，置于冰水浴中，搅拌下缓慢滴加 B61g，在（0±2）℃下搅拌反应。通氮气除去过量二甲胺，将反应液倒入水中，分出有机层，水洗至中性，干燥，蒸出乙醚，经酸化、提取、加碱、水洗后，减压蒸馏收集 139～141℃/2340Pa 的馏分，得淡黄色油状液体 C。

将 8.4g C 和溶剂加入三口烧瓶中，搅拌下缓慢滴加 6.2g 苄氯，升温搅拌 12h，蒸馏回收溶剂，加水升温至 50～70℃，加入碱液回流反应 0.5～1h，冷却后分离有机层，经提取、干燥后得橘黄色膏状物，用乙醇重结晶，得黄色晶体 D，熔点 64～65℃，收率 93.7%。

三口烧瓶中依次加入 D、吗啉、溶剂和适量的碱，升温至 120～160℃反应 30h，冷至室温倒入水中，析出棕色膏状物，经提取、水洗、干燥得红褐色糊状物，用乙醇重结晶，得淡黄色针状晶体，即为 α-氨基酮类光引发剂 369（1-对吗啉苯基-2-二甲氨基-2-苄基-1-丁酮），熔点 115～116℃，收率＞55%。

若分别用二正丁胺、二乙醇胺、二环己胺和吡咯代替吗啉，可合成出不同 α-氨基酮类光引发剂，其性能见表 4-45。

表 4-45　不同 α-氨基酮光引发剂的物理性质

序号	α-氨基酮取代基	外观	熔点/℃	λ_{max}/nm
1	吗啉	淡黄色结晶	115～116	323
2	二正丁胺	黄色油状液体		344
3	二乙醇胺	棕黄色固体	154～156	340
4	二环己胺	红褐色膏状物		336
5	吡咯	深棕色膏状物		333

（11）α-氨基苯乙酮衍生物的合成

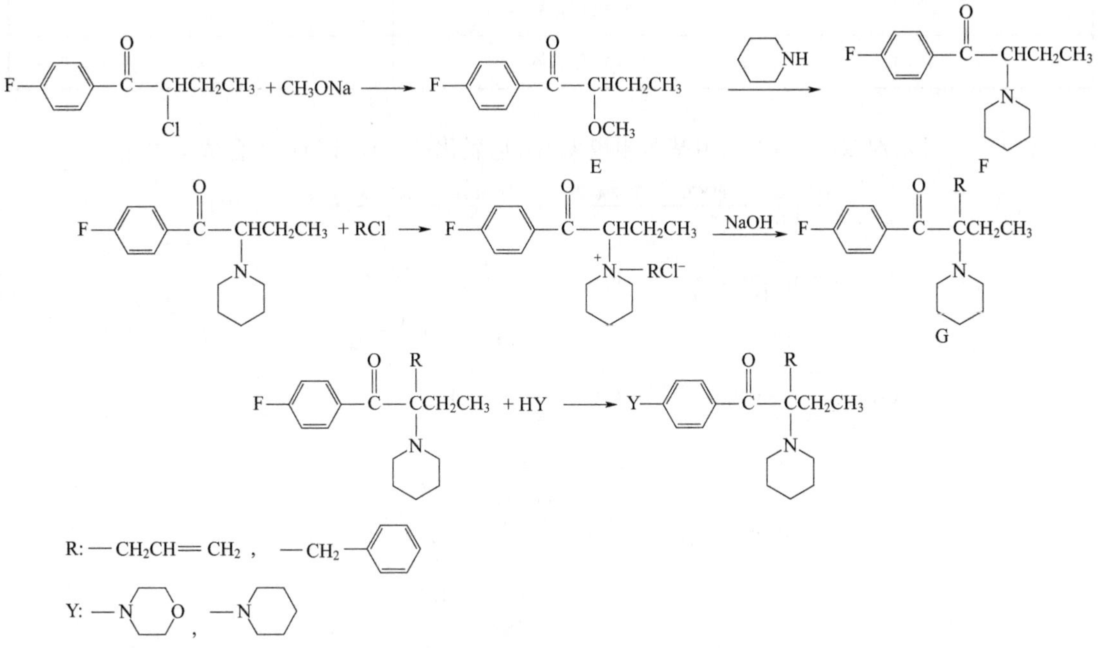

R: —CH₂CH=CH₂ ，—CH₂—⟨苯基⟩

Y: —N(吗啉)O ，—N(哌啶)

在三口烧瓶中加入新制的甲醇钠/甲醇溶液，室温下滴加 18g B[（10）α-氨基苯乙酮类光引发剂 369 的合成中的 B]，升温至 60～70℃反应 0.5h，回收溶剂，反应混合物用乙醚萃取，经水洗、干燥、减压蒸馏，收集 73～75℃/120Pa 的馏分 10.7g，即为 A，收率 61.8%，折射率 1.4790。

在三口烧瓶中加入 E 和哌啶（摩尔比 1：1），在 90～110℃下反应 10～20h，冷至室温，用稀盐酸溶解反应混合物，加入甲苯振摇，分出水层合，将 pH 调至明显碱性，将析出的油状物经萃取、洗涤、干燥、重结晶，得到橙色晶体 F，熔点 41～43℃，收率 86.3%。

① 在三口烧瓶中加入 10g(0.05mol) F 和适量溶剂，滴加 4.6g(0.06mol) 3-氯丙烯，在 40～50℃反应 20h，回收溶剂后加入稀氢氧化钠溶液，加热回流 20min。冷却，经萃取、干燥、回收溶剂，用柱色谱法精制，得到橙红色油状物 G（R 为烯丙基），收率为 73.6%。

② 在三口烧瓶中加入 8.4g(0.04mol) G、7.6g(0.09mol) 吗啉，适量溶剂和碳酸钾，在 130～150℃反应 30h。冷却后经萃取、洗涤、干燥、回收溶剂，用柱色谱法精制得到红色

蜡状产品 H（R 为烯丙基，Y 为吗啉基）1-对吗啉苯基-2-哌啶基-2-烯丙基-1-丁酮（MPAB），收率 72.5%。

在三口烧瓶中加入 8.4g（0.04mol）G、7.4g（0.09mol）哌啶，按与生成产物 H 相同反应条件，可制得 7.8g 黄色晶体，为 1-对哌啶基-2-哌啶基-2-烯丙基-1-丁酮（PPAB），熔点 74～76℃，收率 75.7%。

用 13.3g（0.1mol）氯化苄代替上述反应中 3-氯丙烯，在生成产物 G 相同条件下反应，可得到黄色油状产品 1-对氟苯基-2-哌啶基-2-苄基-1-丁酮。按与②相同条件反应可得到 1-对吗啉基-2-α-氨基苯乙酮衍生物，物理性质见表 4-46。

表 4-46 α-氨基苯乙酮衍生物的物理性质

产品	产品状态	λ_{max}/nm
MPAB	红色蜡状液体	334
MPBB	红色蜡状液体	348
PPAB	黄色晶体	337

（12）光引发剂双(2,4,6-三甲基苯甲酰基)苯基氧化膦（BAPO）的合成

在装有机械搅拌器的四口瓶中加入 165g（1.2mol）三氯化磷、23.4g（0.3mol）苯，53.0g（0.4mol）无水三氯化铝，装上温度计，衡压滴液漏斗和回流冷凝管，冷凝管上端通过干燥管与氯化氢吸收装置相连接。搅拌下加热，随着温度的升高，反应混合物呈黄色均相溶液，于 50℃搅拌反应 30min，然后升温至回流，2h 后，反应混合物达至最激烈的回流状态，反应至 3h，已几乎无氯化氢逸出，撤去热源，冷至室温后，减压蒸馏除去过量的三氯化磷。控制反应温度在 60℃，通过滴液漏斗趁热滴加 62.0g（0.4mol）氧氯化磷，放热并不断析出固体复合物 AlCl₃-POCl₃，历时 0.5h，滴毕，继续搅拌 15min，加入 100mL 石油醚（60～90℃），回流 0.5h，倾析法倾出液体，之后每次加 50mL 石油醚，回流 0.5h，再倾析，如此反复六次，残余物转移至布氏漏斗中，用石油醚少量多次洗涤，合并倾析液及洗涤液，蒸出溶剂，减压蒸馏，收集沸点 90～92℃/10mmHg 的馏分 38.5g 苯基二氯化膦，收率 71.7%（文献值：沸点 68～70℃/1mmHg，收率 72.6%）。

45g（0.275mol）市售工业级的 2,4,6-三甲基苯甲酸和 50g（0.42mol）氯化亚砜混

合，回流至 SO₂ 和 HCl 不再放出时为止（约历时 2h），常压蒸出过剩的氯化亚砜，减压收集 133~134℃/10mmHg 的馏分，为 2,4,6-三甲基苯甲酰氯（文献值：143~146℃/60mmHg）。

干燥及惰性气体保护下，于室温条件，向 0.7g 金属锂（0.1mol，过量 25%）的 20mL 四氢呋喃（经干燥除水）悬浮液中加 0.1g（0.0008mol）萘，室温搅拌 3min，悬浮液由无色→褐色→深棕色。激烈搅拌下，冰浴冷却，控制反应温度保持在 -5℃，向其中滴加自制的含 3.56g（0.02mol）苯基二氯化膦的 10mL 四氢呋喃溶液，历时 30min，此时溶液呈深红棕色。滴加完毕后，于室温继续搅拌反应 1h，惰性气体保护下过滤。又于搅拌及冰浴冷却下，向母液中滴加含 8.04g（0.044mol，过量 10%）2,4,6-三甲基苯甲酰氯的 20mL THF 溶液（历时 30min），滴毕，于室温继续搅拌 15min，反应混合物通过旋转蒸发彻底浓缩，残留物中加 20mL 甲苯溶解（可加热溶解，温度应控制在 60℃ 以下）。剧烈搅拌及冰浴冷却下，向其中滴加 2.3g 30%（0.02mol）H₂O₂（历时 15min），滴毕，于 50℃ 搅拌反应 1h，冷却，向其中加 4mL 蒸馏水，分出有机相，分别用 5mL 饱和 NaHCO₃ 洗两次，再用 5mL 蒸馏水洗两次，有机相用无水硫酸镁干燥，过滤，减压蒸出溶剂，并彻底抽干溶剂，得一暗黄色固体物，用石油醚和乙酸乙酯混合溶剂重结晶 [约用 9/1 的石油醚（60~90℃）/乙酸乙酯 15mL]，过滤，用少量石油醚（30~60℃）洗涤，得一浅黄色固体物即光引发剂双（2,4,6-三甲基苯甲酰基）苯基氧化膦（BAPO），重 2.5g，产率 29.7%，熔点 130~132℃。

（13）光引发剂双(2,4,6-三甲基苯甲酰基)苯基氧化膦（BAPO）的合成

在 250mL 三口烧瓶中依次加入 1.15g 金属钠（0.05mol）、20mL 四氢呋喃和 1.92g 萘，在氮气保护下室温搅拌反应，溶液颜色由无色变为墨绿色。然后，冰盐浴降至 -5℃，激烈搅拌下滴加含 3.58g（0.02mol）苯基二氯化膦的 10mL 四氢呋喃溶液，历时 30min。此时，溶液呈深红棕色。滴加完毕后，于室温下继续搅拌反应 2h。反应完后，冰浴冷却下，向反应液中滴加含 8.03g（0.044mol）2,4,6-三甲基苯甲酰氯的 20mL 四氢呋喃溶液，历时 30min。滴加毕，于 70℃ 继续反应 5h。反应完后，浓缩四氢呋喃，残留物中加 20mL 甲苯溶解（可加热溶解，温度应控制在 60℃ 下）。溶解完全后，冰浴降温，剧烈搅拌下滴加 3.6g 30% 双氧水，历时 15min。滴加毕，于 50℃ 下搅拌反应 1h。反应完全后，向反应瓶中加 4mL 蒸馏水。分液漏斗分层，有机层分别用饱和碳酸氢钠洗 2 次，再用蒸馏水洗涤，直至

pH＝7。然后，有机相用无水硫酸镁干燥，过滤，减压蒸出溶剂，得粗品。粗品用石油醚和乙酸乙酯重结晶，得 5.18g 产品双(2,4,6-三甲基苯甲酰基)苯基氧化膦(BAPO)，产率为 62％。熔点：130～132℃。

（14）1-(6-邻甲基苯甲酰基-N-乙基咔唑-3-基)-乙酮肟-O-乙酰的合成

在 250mL 四口烧瓶中，投入咔唑 20g(0.12mol)、四乙基溴化铵 018g、甲苯 100mL，搅拌下加入 70g 现配的质量分数为 50％的 NaOH 水溶液，然后滴加溴乙烷 15.6g (0.14mol)，约 30min 滴完，滴毕开始加热，回流 6h。停止加热，冷却至室温，把物料倒入分液漏斗中，分去下层水，上层料液用水洗涤 3 次，无水 MgSO₄ 干燥，抽滤，浓缩除去溶剂，残留物再用无水乙醇重结晶，得白色针状晶体 N-乙基咔唑(B) 33.5g，收率 72.0％。

在氩气保护下，向 500mL 四口烧瓶中投入 N-乙基咔唑 33.5g(0.17mol)、研细的 AlCl₃ 25.3g(0.19mol)、150mL CH₂Cl₂，冰浴冷却至 0℃，搅拌下滴加邻甲基苯甲酰氯 27.9g (0.18mol) 和 21g CH₂Cl₂ 的混合液体，温度控制在 10℃ 以下，约 1.5h 滴加完毕，继续搅拌 2h，然后，向烧瓶中再加入研细的 AlCl₃ 25.4g(0.19mol)，滴加乙酰氯 17.3g(0.22mol) 和 20gCH₂Cl₂ 的混合液体，控温在 10℃ 以下，约 1.5h 滴完，温度升至 15℃，继续搅 2h，停止反应。搅拌下将物料慢慢倒入 400g 冰加 65mL 浓盐酸配成的稀盐酸中，用分液漏斗分出下层料液，上层液体用 50mL CH₂Cl₂ 萃取，萃取液与料液合并，用 NaHCO₃ 水溶液洗涤，再用 200mL 水洗涤 3 次，至 pH 呈中性，无水 MgSO₄ 干燥，浓缩除去 CH₂Cl₂，得粉末状粗品，烘箱干燥后，得淡黄色粉末状固体 1-乙酰基-6-邻甲基苯甲酰基-N-乙基咔唑(C) 43.8g，收率 71.8％。

向 500mL 四口烧瓶中，投入 1-乙酰基-6-邻甲基苯甲酰基-N-乙基咔唑 43.8g(0.12mol)、9.7g 盐酸羟胺、13g 醋酸钠、150g 乙醇、50g 水，加热搅拌回流 5h 后，将物料倒入大烧杯中，加入大量水搅拌，抽滤，得黄色粉末状固体。用 200mL 四氢呋喃溶解，加 MgSO₄ 干燥，抽滤，旋蒸除去溶剂，得黄色粉末状固体，烘干，得 1-(6-邻甲基苯甲酰基-N-乙基咔唑-3-基)-乙酮肟(D) 42.7g，收率 93.5％。

向 500mL 四口烧瓶中投入 1-(6-邻甲基苯甲酰基-N-乙基咔唑-3-基)-乙酮肟 42.7g (0.12mol)、250mL CH₂Cl₂，搅拌，温度控制在 20℃ 左右，滴加 17.8g(CH₃CO)₂O，约 30min 滴完，继续搅拌 1.5h，然后，加入 5％NaOH 的水溶液 140g，中和至中性，水洗 3 遍，无水 MgSO₄ 干燥，浓缩除去 CH₂Cl₂，残留物再用无水乙醇重结晶，烘干，得白色粉末固体 1-(6-邻甲基苯甲酰基-N-乙基咔唑-3-基)-乙酮肟-O-乙酰(E) 44.2g，收率 93.0%。

（15）1-(6-邻氯苯甲酰基-9-乙基咔唑)-1-乙酮肟乙酯合成

依次加入 16.7g(0.1mol) 咔唑、21.5mL（0.2mol）硫酸二乙酯和 100mL 丙酮，搅拌均匀，再加入含 16.0g(0.4mol) 氢氧化钠的水溶液，室温搅拌 2h，倒入水中即有晶体析出，抽滤、烘干、重结晶，可得 N-乙基咔唑的白色针状晶体 17.0g，产率 87.1%，熔点 66~68℃（文献值 67~68℃）。

在 7.8g(0.04mol) N-乙基咔唑的 50mL 氯仿溶液中，冰水浴下加入无水三氯化铝 6.4g (0.048mol)，搅拌均匀，缓慢滴加邻氯苯甲酰氯 6.1mL，滴毕，室温反应 3h。停止反应，水解、洗涤、干燥，用柱色谱法提纯（硅胶 GF254，乙酸乙酯:石油醚=1:5），得产物浅黄色片状晶体邻氯苯甲酰基-N-乙基咔唑（A）12.6g，产率 94.3%，熔点 107.5~109.5℃。λ_{max}=234nm。

取 10.02g(0103mol) 反应产物（A）溶于 60mL 氯仿中，冰水浴下加入 4.8g 三氯化铝，待搅拌均匀，缓慢滴加 3.18mL（0.045mol）乙酰氯，滴毕，室温反应 4h。经水解、萃取、干燥、重结晶，得产物浅黄色片状晶体 3-乙酰基-6-邻氯苯甲酰基-N-乙基咔唑(B) 9.15g，产率 81.2%，熔点 191~192.5℃。λ_{max}=261nm。

将 7.52g(0.02mol) 产物 3-乙酰基-6-邻氯苯甲酰基-N-乙基咔唑（B）溶于 100mL 乙醇中，再加入 4.71g(0.06mol) 盐酸羟胺与醋酸钠混合成的中性水溶液，加热回流反应 8h，将反应液倒入冰水中，即有白色固体生成，减压抽滤，水洗，重结晶得产物浅黄色粒状固体 1-(6-邻氯苯甲酰基-9-乙基咔唑)-1-乙酮肟（C）6.96g。产率 89.1%，熔点 194~196℃。λ_{max}=254nm。

将 1-(6-邻氯苯甲酰基-9-乙基咔唑)-1-乙酮肟（C）3.91g(0.01mol) 溶于乙酸乙酯中，在 10℃下加入 2.5mL 三乙胺，并在低温下滴加 1.22mL（0.012mol）乙酰氯，室温搅拌 10h 后，将反应混合物倒入水中，用乙酸乙酯萃取，有机层经洗涤、干燥、脱干溶剂，柱色谱法提纯（硅胶 GF254，石油醚:乙酸乙酯=5:1），得产物黄色固体 1-(6-邻氯苯甲酰基-9-乙基咔唑)-1-乙酮肟乙酯（D）2.31g。产率 53.5%，熔点 184~186℃。λ_{max}=256nm。

（16）1-(6-邻甲基苯甲酰基-N-乙基咔唑)-1-乙酮肟乙酯合成

将带机械搅拌、冷凝管（接有吸收 HCl 装置）、恒压滴液漏斗和温度计的 250mL 四口烧瓶置于设为 0℃的低温恒温槽中，向其中加入 4.6g(0.035mol) AlCl₃、9.75g(0.05mol) 乙基咔唑（A）和 65mL 二氯乙烷，搅拌下滴入 6.5mL（0.05mol）邻甲基苯甲酰氯和 15mL 二氯乙烷的混合溶液，约 0.5h 滴完，滴完后在 0℃下继续反应约 0.5h 后，TLC 检测原料乙基咔唑已反应完全，生成中间产物 3-邻甲基苯甲酰基-N-乙基咔唑（B）。

撤去低温恒温槽，向反应体系补加 3.4g(0.025mol) AlCl₃，待体系温度升至室温（20℃）后，滴入 4.5mL（0.06mol）乙酰氯，约 0.5h 滴完，滴完后，在室温下继续反应 0.5h 后，TLC 检测中间产物 3-邻甲基苯甲酰基-N-酰乙基咔唑（B）已反应完全。向反应体系加入 30mL 水，搅拌均匀后静置分层，下层油相用饱和碳酸钠溶液洗至无气泡冒出，再用清水洗至中性后，减压蒸去溶剂二氯乙烷，得到酰基化产物的粗产品，蒸得的二氯乙烷经干燥后可回收后使用。将所得粗产品加入 50mL 丙酮，加热至回流，使其完全溶解后，置于冰浴中重结晶 12h，将析出的晶体过滤后烘干，可得到白色固体 3-乙酰基-6-邻甲基苯甲酰基-N-乙基咔唑（C）15.2g，收率 85.6%。

向带有机械搅拌、冷凝管、恒压滴液漏斗和温度计的 250mL 的四口烧瓶中加入 3.55g（0.01mol）3-乙酰基-6-邻甲基苯甲酰基-N-乙基咔唑（C）、0.89（0.0115mol）盐酸羟胺、0.29 四丁基溴化铵和 80mL 二氯乙烷，加热至 70℃，将 1g(0.012mol) 乙酸钠溶于 10mL 水中，滴入反应液，滴完后继续在此温度下反应，并用 TLC 跟踪反应进程，原料 3-乙酰基-6-邻甲基苯甲酰基-N-乙基咔唑（C）不断减少，生成了肟化产物 1-(6-邻甲基苯甲酰基-N-乙基咔唑)1-乙酮肟（D）。反应约 7h 后，原料 3-乙酰基-6-邻甲基苯甲酰基-N-乙基咔唑（C）反应完全，全部转化为 1-(6-邻甲基苯甲酰基-N-乙基咔唑)1-乙酮肟（D），向反应体系加入

0.29 对甲苯磺酸，加热至回流，开始进行酯化反应，并将加热产生的蒸汽冷凝蒸出，利用二氯乙烷与水共沸，带出反应体系中的水，促进反应，反应 6h 后，蒸出液体中不再含水，且 TLC 检测发现 1-(6-邻甲基苯甲酰基-N-乙基咔唑)1-乙酮肟（D）已反应完全。反应液在旋转蒸发仪上脱除溶剂后，用水洗去无机盐，再用乙醇重结晶，烘干后即得白色固体 1-(6-邻甲基苯甲酰基-N-乙基咔唑)-1-乙酮肟乙酯 3.7g（E），收率 89.8%，熔点 125.5～126.1℃（文献值 110～113℃）。

（17）三种肟酯类光引发剂的合成

取 37.8mL（0.6mol）浓硝酸（95%）、200mL 乙酸加入三口烧瓶中，另取 42.2g（0.375mol）噻吩溶于 150mL 乙酸酐中，后置于恒压漏斗中，在冰水浴搅拌状态下慢慢滴入三口瓶中，控制反应液温度在 10℃以下，滴完之后继续搅拌 5h。之后将反应液倾入碎冰中，产生大量黄色粉末状固体，避光放入冰箱中过夜后抽滤，用石油醚重结晶，得白色针状固体 1-硝基噻吩 44g，产率 68%。

取 12.9g（0.1mol）上述 1-硝基噻吩置于三口烧瓶中，加入 300mL 甲醇搅拌溶解，室温下加入 40g 四甲基氢氧化铵，搅拌至其完全溶解后，加入 23mL（0.2mol）苯乙腈，室温搅拌 3h。加入浓盐酸调节 pH=5，倒入水中，用 CHCl$_3$ 萃取，加入 MgSO$_4$ 干燥过夜。减压蒸馏蒸掉 CHCl$_3$，将固体用甲醇重结晶，得棕黄色晶体（5-羟胺-5-H-噻吩-2-亚基）-苯基-乙腈 10.4g，产率 46%。

将上述 5.7g（0.025mol）（5-羟胺-5-H-噻吩-2-亚基）-苯基-乙腈和 50mLTHF 加入 250mL 三口烧瓶中，在冰水浴搅拌下，加入 10mL 三乙胺，再滴入 3.9g（0.025mol）对甲基苯甲酰氯，冰水浴中反应 2h。之后将反应液倒入水中，用乙酸乙酯萃取，有机相用无水 MgSO$_4$ 干燥过夜，真空旋蒸除去乙酸乙酯，将所得固体用正己烷重结晶，得产物 P-1（5-对甲基苯甲酸酯胺-5-H-噻吩-2-亚基)-苯基-乙腈）4.5g，为棕黄色晶体，产率 52%。

同样的合成方法，得到产物 P-2（5-乙酸酯胺-5-H-噻吩-2-亚基)-苯基-乙腈，为棕黄色晶体 3.8g，产率 58%。

同样的合成方法，得到产物 P-3（5-苯甲酸酯胺-5-H-噻吩-2-亚基)-苯基-乙腈，为棕黄色晶体 3.9g，产率 47%。

三种光引发剂与商品光引发剂紫外吸收比较见表 4-47。

在曝光时间均为 40s 的情况下，P-1、P-2、P-3 的版材均能显到连续调梯尺的 3 段。其中 P-1 能达到 3 段，精度达 10μm，P-2 可达到 5 段精度可达 6μ，P-3 对应版材可达 3 段，精度达 20μm。由此可见，3 种光引发剂在一定曝光时间及曝光量下，能达到较好的成像效果，可适用于 405nm 紫激光成像体系中。

表4-47 三种光引发剂与商品光引发剂紫外吸收比较

光引发剂名称	最大吸收波长/nm	最大摩尔消光系数/[L/(mol·cm)]
P-1	418	1.9×10^4
P-2	415	1.3×10^4
P-3	417	1.4×10^4
ITX	384	5.5×10^3
TPO	380	531.7
261	389/455	69.4/59.0

（18）三嗪类光引发剂 2-(1,3-苯并二氧戊环-5-基)-4,6-双(三氯甲基)-1,3,5-三嗪的合成

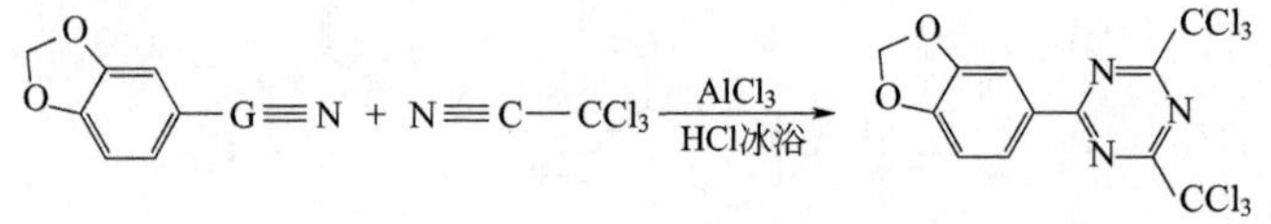

500mL 圆底烧瓶中，加入 66.9g(0.45mol)3,4-(亚甲二氧基)苯甲腈、291.7g(2.05mol) 三氯乙腈和 12.0g(0.09mol) 三氯化铝催化剂，在 −10℃下避光搅拌、并通入无水 HCl 气体约 4h，使溶液饱和，停止通 HCl，继续保温 2～3h，缓慢升至室温后继续搅拌 12h。避光加热至 110～120℃使固体熔融，倒入大量水中，洗去酸和催化剂，冷却至室温后，分出固体，干燥，先用正己烷重结晶，再用乙醇重结晶，最后得淡黄色粉末固体 2-(1,3-苯并二氧戊环-5-基)-4,6-双(三氯甲基)-1,3,5-三嗪，紫外最大吸收波长在 350nm，$\varepsilon_{max}=$ 19184L/(mol·cm)。

（19）三嗪类光引发剂 2,4-双(三氯甲基)-6-(4-甲氧基-1-苯乙烯基)-s-三嗪的合成

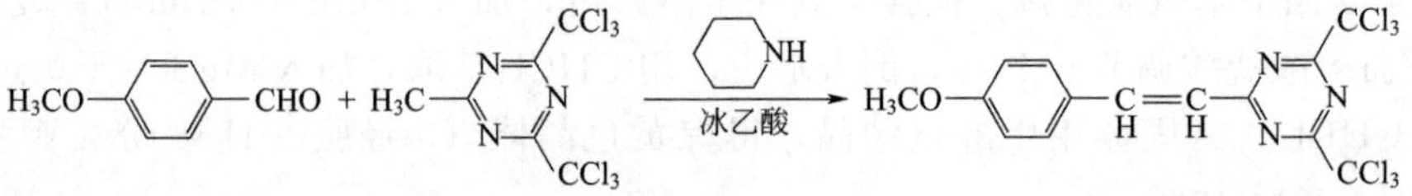

将 131.7g(0.40mol)2,4-双(三氯甲基)-6-甲基-1,3,5-三嗪与 59.9g(0.44mol) 4-甲氧基苯甲醛加入带有分水器、磁子、回流冷凝管的 500mL 的四口烧瓶中，再依次加入甲苯约 100mL、冰乙酸 7.2g(0.12mol)、哌啶 9.9g(0.12mol)，通入氮气保护，避光加热搅拌回流 6h，分出反应生成的水，冷却后减压蒸出甲苯，用乙醇沉淀，过滤得粗产物，用石油醚洗后，再用乙醇重结晶，过滤、烘干得淡黄色固体粉末 2,4-双(三氯甲基)-6-(4-甲氧基-1-苯乙烯基)-s-三嗪，紫外最大吸收波长在 375nm，$\varepsilon_{max}=36736$L/(mol·cm)。

（20）六种甲氧基苯基喹喔啉类光引发剂的合成

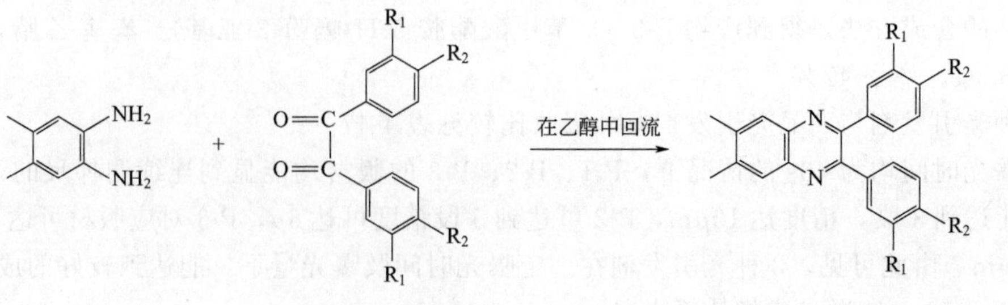

D3MOP-Q　　　　D4MOP-Q　　　　T3MOP-DQ

T4MOP-DQ　　　　D3MOP-BenQ　　　　D4MOP-BenQ

4mmol 1,2-二氨基苯和 4mmol 3,3′-二甲氧基苯偶酰溶于 25mL 乙醇中，在氮气氛围下搅拌。混合物加热后回流 12h 后，倒入 10 倍的石油醚中沉淀、过滤，然后在乙醇中重结晶得到 2,3-二(3-甲氧基苯基)喹喔啉(D3MOP-Q)。

4mmol 1,2-二氨基苯和 4mmol 4,4′-二甲氧基苯偶酰溶于 25mL 乙醇中，在氮气氛围下搅拌。混合物加热后回流 12h 后，倒入 10 倍的石油醚中沉淀、过滤，然后在乙醇中重结晶得到 2,3-二(4-甲氧基苯基)喹喔啉(D4MOP-DQ)。

2mmol 3,3′,4,4′-联苯四氨和 4mmol 3,3′-二甲氧基苯偶酰溶于 25mL 1,4-二氧六环中，在氮气氛围下搅拌。混合物加热后回流 12 和后，倒入 10 倍的石油醚中沉淀、过滤，然后在乙醇中重结晶得到 6-[2,3-二(3-甲氧基苯基)]喹喔啉(T3MOP-DQ)。

2mmol 3,3′,4,4′-联苯四氨和 4mmol 4,4′-二甲氧基苯偶酰溶于 25mL 1,4-二氧六环中，在氮气氛围下搅拌。混合物加热后回流 12h 后，倒入 10 倍的石油醚中沉淀、过滤，然后在乙醇中重结晶得到 6-[2,3-二(4-甲氧基苯基)]喹喔啉(T4MOP-DQ)。

4mmol 2,3-萘二胺和 4mmol 3,3′-二甲氧基苯偶酰溶于 25mL 1,4-二氧六环中，在氮气氛围下搅拌。混合物加热后回流 12h 后，倒入 10 倍的石油醚中沉淀、过滤，然后在乙醇中重结晶得到 2,3-二(3-甲氧基苯基)苯并喹喔啉 (D3MOP-BenQ)。

4mmol 2,3-萘二胺 和 4mmol 4,4′-二甲氧基苯偶酰溶于 25mL 1,4-二氧六环中，在氮气氛围下搅拌。混合物加热后回流 12h 后，倒入 10 倍的石油醚中沉淀、过滤，然后在乙醇中重结晶得到 2,3-二(4-甲氧基苯基)苯并喹喔啉(D4MOP-BenQ)。

六种喹喔啉光引发剂的紫外吸收和荧光光谱见表 4-48。

新型光引发剂——喹喔啉衍生物，通过不同结构和不同取代基的比较，发现共轭结构的增加和取代基推电子效应的增加，能使吸收波长红移很多。苯并喹喔啉基团和双喹喔啉基团的吸收波长要比单喹喔啉红移将近 35～40nm，而把甲氧基引入苯基的对位和间位，发现对位的分子吸收波长要比间位的红移 15～20nm 左右，说明在对位上改变取代基更有可能使吸收波长伸向可见光区域。

合成的六种光引发剂的光化学性能都符合要求，但是只有 D3MOP-Q，D4MO-Q，D3MOP-BenQ 和 D4MOP-BenQ 四种光引发剂具有很好的引发性能，它们光引发 A-BPE-10 聚合的转化率达到 90% 左右，甚至 100%，而双喹喔啉引发剂由于共轭程度过高，分子刚性

表 4-48　六种喹噁啉光引发剂的紫外吸收和荧光光谱

光引发剂	λ_{max} /nm	ε_{max} /[L/(mol·cm)]	ε_{365nm} /[L/(mol·cm)]	λ_{cutoff} /nm	λ_{cm} /nm	Φ
D3MOP-Q	349	10200	7900	393	454	0.0924
D4MOP-Q	369	14000	13800	415	433	0.2342
T3MOP-DQ	384	45000	33100	425	426	0.3329
T4MOP-DQ	400	51000	23900	444	444	0.4798
D3MOP-BenQ	389	10600	7200	448	460	0.0535
D4MOP-BenQ	402	18000	7600	457	456	0.623

增加明显，导致引发剂在溶剂和整个体系中的相容性较差，所以引发性能很差。

4.14.2　夺氢型光引发剂的合成方法

（1）二苯甲酮（BP）的合成

将苯和氯化锌溶液加入反应釜中，加热至 70℃，滴加苄氯，在 70～75℃搅拌反应 10h，经分离得到二苯甲烷粗品，收率 95%。

在 100～115℃下，向二苯甲烷中滴加相对密度为 1.4 的硝酸进行氧化反应，经分层、洗涤、蒸馏得到产物二苯甲酮，收率 90%。

（2）原子转移自由基聚合光引发剂 4-溴甲基二苯甲酮和 4-二溴甲基二苯甲酮的合成

在反应瓶中加入二苯甲酮 1.96g（10mmol）的二氯甲烷（30mL）溶液、40% HBr 1.60mL（11mmol），搅拌下升温至回流，滴加 30% H_2O_2 2.04mL（20mmol），滴毕，白炽灯（200W）光照反应体系，反应 10h。分液，有机相用水洗涤两次，合并水相用二氯甲烷萃取一次，合并有机相，用无水硫酸钠干燥，蒸除溶剂，残余物用乙醇重结晶得淡黄色针状晶体 4-溴甲基二苯甲酮 22.42g，产率 88%，熔点 109～110℃。

二苯甲酮 10mmol、40% HBr 30mmol、30% H_2O_2 25mmol，其余反应条件同上，回流反应 8h，制得淡黄色固体 4-二溴甲基二苯甲酮 33.40g，产率 96%，熔点 94～96℃。

（3）2-乙基蒽醌（2-EA）的合成

在干燥的三口烧瓶中加入 144g 乙苯和 296g 无水三氯化铝，维持在 20～30℃下，分批加入 150g 苯酐，控制温度小于 40℃，反应 2h，至无氯化氢逸出，反应完毕，得橘红色溶液。冷却后慢慢滴加 10% 的盐酸溶液进行水解，快速搅拌，控制温度小于 40℃，物料变为乳白色油状，分离，油状物在 55～60℃/4kPa 减压蒸馏，得 A。

将 A 置于三口烧瓶中，加热至 110～120℃，搅拌下慢慢滴加 20% 的发烟硫酸，使反应温度小于 120℃。反应完毕得深黄色液体，倾入冰水混合物中，析出黄色的 2-乙基蒽醌粗品，经过滤、碱洗、水洗得浅黄色固体，熔点 104～106℃，产率 89%。

粗品加入硫代硫酸钠和 10% 的 NaOH 溶液，中和至 pH=11，于 95℃反应 20min，得无色 2-乙基氢醌，通空气氧化，得 2-乙基蒽醌。用 500mL 95% 的乙醇萃取，再于 79～85℃蒸去乙醇，再 80℃恒温干燥得浅黄色固体，即为 2-乙基蒽醌结晶，熔点 110～111℃。

（4）硫杂蒽酮类光引发剂 ITX 的合成

500mL 三口瓶中，投入二硫代水杨酸 59.8g（90%，0.176mol），搅拌下投入浓硫酸 115g（90%，1.056mol），搅匀。冷却至 10℃，然后自滴液漏斗内滴加异丙苯 192g（99%，1.584mol），时间约 3h，控制液温 10～15℃。滴毕加热至 100℃，在 100～105℃缓慢通入 SO₃，经中控分析，维持体系硫酸浓度。5～6h 后降温至室温，滴加 32mL 水，搅匀，反应液用 150g 异丙苯于 20～30℃搅拌萃取。合并异丙苯液，先用 60mL 2% NaOH 水溶液洗涤至 pH 值 7～8，再用 100mL 水于 40～50℃洗涤。然后将异丙苯液减压蒸馏回收出异丙苯 217 克，得残馏浅棕色 ITX 粗品约 83.4g，含量 97.33%，收率为 90.78%。

上述 ITX 粗品 80.3g，在氮气保护下，采用高真空蒸馏提纯。收集 185～190℃/0.133kPa 馏分，得淡黄色产品 71.7g，含量≥99.5%，蒸馏收率 91.23%。以二硫代水杨酸为原料，ITX 合成、蒸馏总收率≥82%。

将上述被溶剂萃取过的全部废酸，于 85℃左右保温 2h。然后减压蒸馏，边蒸边滴加水，控制液温 85～95℃，蒸出粗异丙苯 79.4g，含量≥98%。将合成中回收的 210g 异丙苯与粗异丙苯 75g 合并，再分馏得异丙苯 273g，含量≥99%，分馏收率≥95%。扣除反应用去的异丙苯，合成、萃取所用异丙苯的总回收率≥93%。

（5）取代硫杂蒽酮光引发剂的合成

在三口烧瓶中加入邻巯基苯甲酸和浓硫酸混合搅拌，慢慢加入烷基苯，在室温下搅拌数小时后，再在 50～100℃水浴上加热数小时，倒入 10 倍于反应液体积的冰水中，待冰化后，过滤，洗涤至中性，干燥后重结晶，得烷基取代硫杂蒽酮。

用同样的合成方法可合成甲氧基取代硫杂蒽酮和乙氧基取代硫杂蒽酮。

（6）2-羟基硫杂蒽酮的合成

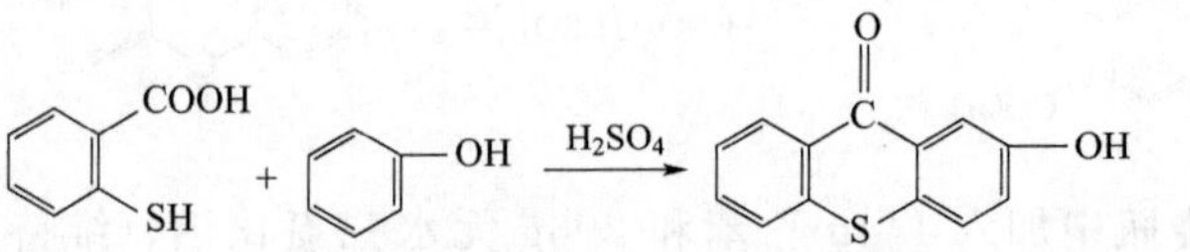

在三口烧瓶中加入邻巯基苯甲酸和浓硫酸混合搅拌，加入稍过量的苯酚，控制在 40～80℃反应数小时，再在沸水浴上加热数小时，反应液倒入沸水中，冷却，过滤，以稀碱液洗涤，水洗至中性，干燥后重结晶，即得 2-羟基硫杂蒽酮。

（7）丙氧基、丁氧基、戊氧基取代硫杂蒽酮的合成

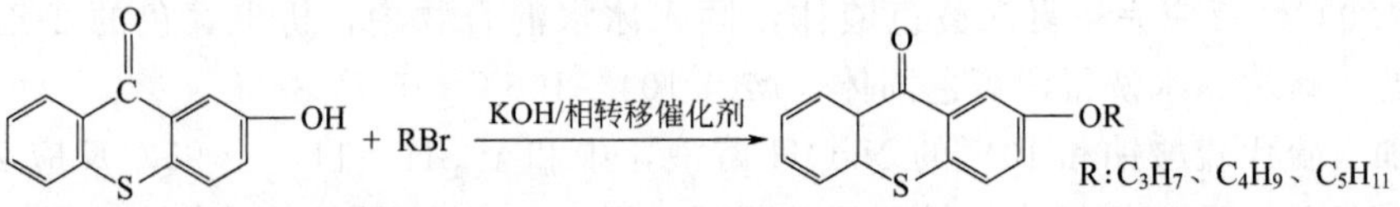

R:C₃H₇、C₄H₉、C₅H₁₁

在三口烧瓶中加入 2-羟基硫杂蒽酮、溴代烷（正溴丙烷、正溴丁烷、正溴戊烷）、氢氧化钾、溶剂和相转移催化剂，在一定温度下搅拌反应数小时。用水蒸气蒸馏除去溶剂，过滤、洗涤至中性，结晶，即得丙氧基、丁氧基、戊氧基取代硫杂蒽酮，其性能见表 4-49。

表 4-49　取代硫杂蒽酮的物理性质

序号	化合物名称	收率/%	熔点/℃	λ_{max}/nm	ε/[L/(mol·cm)]
1	2-甲基硫杂蒽酮	43.3	110～112	382	6600
2	2,4-二甲基硫杂蒽酮	57.4	143～145	385	5700
3	1,2,4-三甲基硫杂蒽酮	35.9	116～118	381	6200
4	1,4-二甲基硫杂蒽酮	48.0	107～110	380	6000
5	2-乙基硫杂蒽酮	13.4	98～100	385	6300
6	2-羟基硫杂蒽酮	60.0	＞250	398	①
7	2-甲氧基硫杂蒽酮	25.3	129～130	399	5700
8	2-乙氧基硫杂蒽酮	32.0	115～118	399	4000
9	2-丙氧基硫杂蒽酮	74.1	81～83	399	6100
10	2-丁氧基硫杂蒽酮	70.4	76～79	399	6100
11	2-戊氧基硫杂蒽酮	72.0	80～82	400	7400
12	2-硝基硫杂蒽酮	69.0	225～227	345	①

① 溶解性较差，摩尔吸光系数 ε 没有测定。

（8）硫杂蒽酮羧酸及其衍生物的合成

① 硫杂蒽酮-1-羧酸的合成

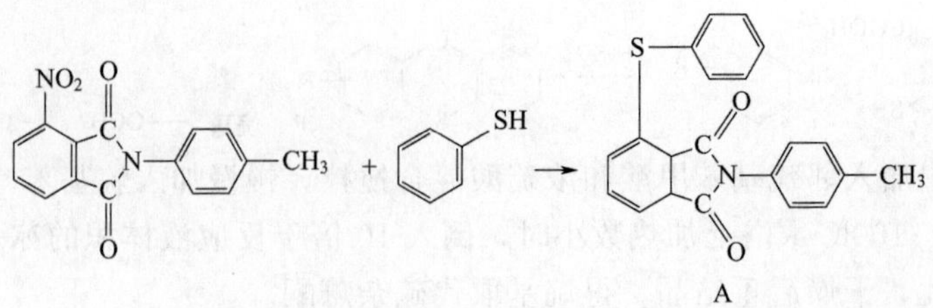

A

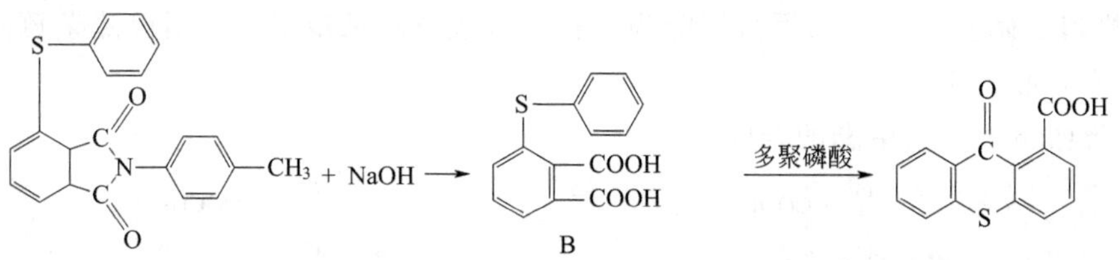

在三口烧瓶中加入 2.20g 硫酚、5.64g 3-硝基-N-对甲苯基-邻苯二甲酰亚胺和 50mL 二甲基甲酰胺，搅拌溶解，在氮气保护下慢慢加入 2.8mL 三乙胺，混合物迅即转黄，颜色加深，待再转成淡黄色后，搅拌 20min，把混合物倒入稀盐酸/冰水中，经过滤、干燥，得 6.86g A，熔点 187～188℃，收率 95％。

将 3.5g A 加到 35mL 20％的氢氧化钠溶液中，在 100℃搅拌 30min，冷却，用浓盐酸酸化，过滤，将滤饼转至 30mL 浓盐酸中，回流 1h，冷却、过滤，真空干燥得 2.2g B，熔点＞270℃，收率 81％。

将 6.9g B 和 70mL 多聚磷酸在 200℃下搅拌 100min，冷却至室温，倒入 200mL 冷水中，过滤，干燥，再溶于二甲基甲酰胺中，加活性炭升温脱色，加水重新析出产品，过滤、干燥，用冰醋酸重结晶得 6.2g 黄色的硫杂蒽酮-1-羧酸，熔点 260～262℃，收率 96％。

② 硫杂蒽酮-4-羧酸的合成

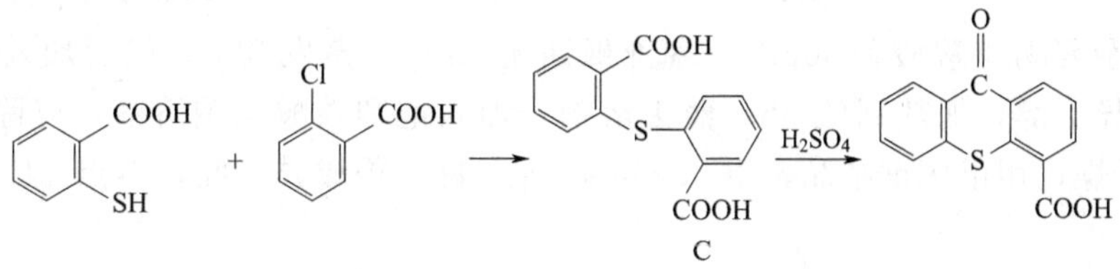

在三口烧瓶中加入 3.75g 邻巯基苯甲酸、3.95g 邻氯苯甲酸、5g 无水碳酸钾、0.1g 铜粉及 50mL 二甲基甲酰胺，搅拌溶解，升温至 155℃，氮气保护下反应 2.5h，冷却后加水和活性炭煮沸脱色，过滤，滤液用浓盐酸酸化，过滤，真空干燥得 4.87g C，熔点＞270℃，收率 73.1％。

将 5g C 和 50mL 浓硫酸在 25℃搅拌 10h，然后倒入冷水中，在沸水浴上加热 30min，冷却、过滤，用水洗涤滤饼，干燥，用二甲基甲酰胺和冰乙酸混合溶剂重结晶，得 3.46g 硫杂蒽酮-4-羧酸，熔点＞300℃，收率 74.1％。

③ 硫杂蒽酮-2-羧酸的合成

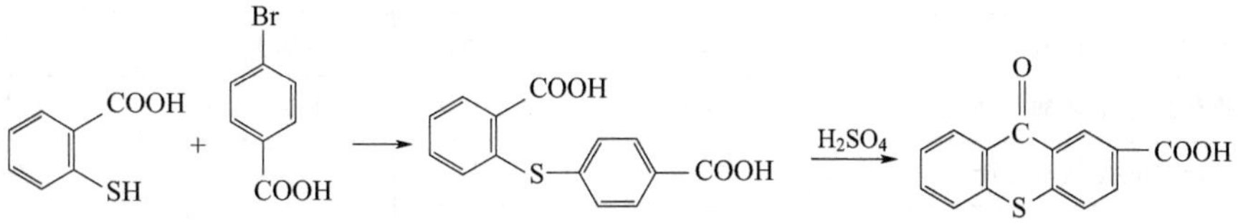

以邻巯基苯甲酸和对溴苯甲酸为原料，合成方法见步骤②，最终产物为硫杂蒽酮-2-羧酸，熔点＞270℃，收率 59.7％。

④ 硫杂蒽酮-3-羧酸的合成

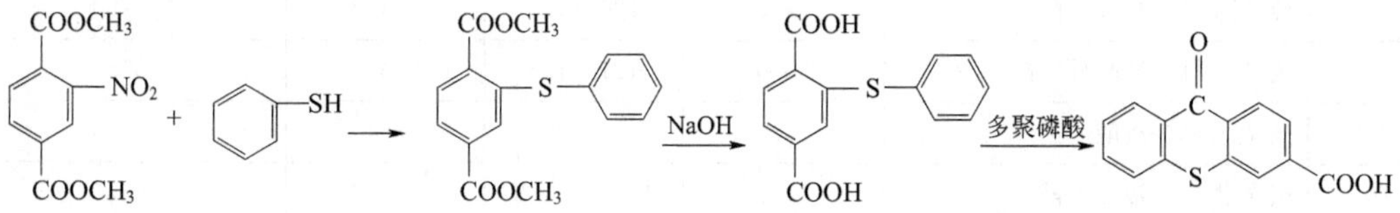

以硫酚和 2-硝基-1,4-苯二甲酸甲酯为原料，合成方法见步骤①，制得硫杂蒽酮-3-羧酸，熔点＞250℃，收率 70.5%。

⑤ 硫杂蒽酮-1-羧酸甲酯的合成

将 5g 硫杂蒽酮-1-羧酸和 23mL 二氯亚砜回流 5h 后，蒸发至干。再慢慢加入 100mL 甲醇，反应剧烈时用冷水冷却，加完后升温回流 2h，蒸去甲醇，向固体物中加入饱和碳酸氢钠溶液，以除去未反应的酸。过滤、干燥，用甲醇重结晶，得 3.25g 硫杂蒽酮-1-羧酸甲酯，熔点 138～140℃，收率 78%。

其他各种甲酯和乙酯的合成，参照步骤⑤的合成。

⑥ 硫杂蒽酮-4-羧酸异丁酯的合成

将 5g 硫杂蒽酮-4-羧酸和 30mL 二氯亚砜回流 3h 后，蒸发至干，然后加入 100mL 二氧六环和 6mL 异丁醇，加热回流 5h，蒸去溶剂，加入饱和碳酸氢钠溶液，以除去未反应的酸。过滤、干燥，用甲醇重结晶，得 4.25g 硫杂蒽酮-4-羧酸异丁酯，熔点 140～142℃，收率 69.9%。

其他各种异丁酯的合成，参照步骤⑥。

硫杂蒽酮羧酸及衍生物的性质见表 4-50。

表 4-50　硫杂蒽酮羧酸及衍生物的性质

序号	化合物	收率/%	熔点/℃	λ_{max}/nm	ε/[L/(mol·cm)]
1	硫杂蒽酮-1-羧酸	73.8	260～262	380.4	6250
2	硫杂蒽酮-1-羧酸甲酯	78.0	138～140	385.6	6450
3	硫杂蒽酮-1-羧酸乙酯	73.9	140～141	383	6450
4	硫杂蒽酮-1-羧酸异丁酯	70.6	140～142	383.8	6450
5	硫杂蒽酮-2-羧酸	59.7	＞270	375.2	5300
6	硫杂蒽酮-2-羧酸甲酯	76.0	191～193	375.2	5750
7	硫杂蒽酮-2-羧酸乙酯	79.9	126～127	374.8	5750
8	硫杂蒽酮-2-羧酸异丁酯	65.0	121～123	375.2	5750
9	硫杂蒽酮-3-羧酸	70.5	＞270	394	5850
10	硫杂蒽酮-3-羧酸甲酯	74.0	161.5～163	395.2	6050

序号	化合物	收率/%	熔点/℃	λ_{max}/nm	ε/[L/(mol·cm)]
11	硫杂蒽酮-3-羧酸乙酯	68.0	144.5～146	395.6	6050
12	硫杂蒽酮-3-羧酸异丁酯	70.0	123～124.5	395.2	6050
13	硫杂蒽酮-4-羧酸	54.2	＞300	384.4	7000
14	硫杂蒽酮-4-羧酸甲酯	78.0	192～193	386.8	7750
15	硫杂蒽酮-4-羧酸乙酯	85.4	149～150	386	7750
16	硫杂蒽酮-4-羧酸异丁酯	69.9	140～142	386	7750

（9）硫杂蒽酮酰胺类光引发剂的合成

① 硫杂蒽酮-1-苯酰胺的合成

在三口烧瓶中加入 3.0g 硫杂蒽酮-1-羧酸和 30mL 二氯亚砜，加热回流 5h，蒸除二氯亚砜，加入 30mL 二氯乙烷，搅拌使其溶解。滴加 4mL 苯胺和 10mL 二氯乙烷混合物，加毕继续反应 1h，蒸除二氯乙烷，残渣用稀盐酸及水各洗三次，再用二甲基甲酰胺/水混合溶剂重结晶两次，得 3.5g 硫杂蒽酮-1-苯酰胺，熔点 180～181℃，收率 90.2%。

以同样方法合成表 4-51 中化合物 2、3。

表 4-51　硫杂蒽酮酰胺衍生物的性能

序号	化合物	熔点/℃	产率/%	λ_{max}/nm	ε/[L/(mol·cm)]
1	硫杂蒽酮-1-苯酰胺	180～181	90.2	383	2350
2	硫杂蒽酮-1-对甲苯酰胺	163～164	85.2	385	7741
3	硫杂蒽酮-1-对硝基苯酰胺	＞300 分解	89.0	368	13404
4	硫杂蒽酮-2-苯酰胺	208～209	84.4	383	5299
5	硫杂蒽酮-2-对甲苯酰胺	245～246	85.5	385	7693
6	硫杂蒽酮-2-对硝基苯酰胺	140～141	80.1	381	2317
7	硫杂蒽酮-3-苯酰胺	240～241	80.4	381	3177
8	硫杂蒽酮-3-对甲苯酰胺	279～280	86.6	380	3346
9	硫杂蒽酮-3-对硝基苯酰胺	＞300 分解	79.5	335	26978
10	硫杂蒽酮-4-苯酰胺	280～281	57.1	384	9926
11	硫杂蒽酮-4-对甲苯酰胺	293～294	85.4	385	7431
12	硫杂蒽酮-4-对硝基苯酰胺	263～264	80.0	380	7935

② 硫杂蒽酮-2-苯酰胺的合成

在三口烧瓶中加入 3.0g 硫杂蒽酮-2-羧酸和 50mL 二氯亚砜，回流 5h，蒸除二氯亚砜，加入 80mL 二氧六环，50℃下滴加 4mL 苯胺与 20mL 二氧六环的混合物，加毕再回流 1h。冷却，加冷水搅拌，过滤、水洗、干燥得 2.5g 硫杂蒽酮-2-苯酰胺，熔点 208～209℃，收率 84%。以同样方法合成表 4-51 中化合物 5、6。

③ 硫杂蒽酮-3-对甲苯酰胺的合成

在三口烧瓶中加入 3.0g 硫杂蒽酮-3-羧酸、50mL 二氯亚砜，回流 5h，蒸除二氯亚砜。加入 50mL 二氧六环，再加入含 2.6g 对甲苯胺的 10mL 二氧六环溶液，继续反应 2h，加入 50mL 水，过滤、水洗、干燥，得 3.5g 硫杂蒽酮-3-对甲苯酰胺，熔点 279～280℃，收率 86.6%。

用同样方法合成表 4-51 中化合物 8～12。

（10）由苯乙酮和对甲氧基苯乙酮合成查尔酮

① 查尔酮 1a～1e 的合成通法：

$$R^1 \quad \text{—} \quad \overset{O}{\underset{}{\text{C}}}\text{—CH}_3 \quad \xrightarrow[\text{NaOH}]{\text{OHC—R}^2} \quad R^1 \text{—} \overset{O}{\underset{}{\text{C}}}\text{—} R^2$$

R¹=H; OCH₃   1a～1f

1a：R¹=H，R²=4-甲氧苯基；
1b：R¹=H，R²=4-氯苯基；
1c：R¹=H，R²=2-氯苯基；
1d：R¹=OCH₃，R²=4-甲氧苯基；
1e：R¹=OCH₃，R²=4-氯苯基；
1f：R¹=OCH₃，R²=3-丁二烯基

在 250mL 圆底烧瓶中分别加入 10.0mmol（15.0g）4-甲氧基苯乙酮、10.5mmol 对应的芳香族醛、80mL 乙醇和 40mL 15% 的氢氧化钠水溶液，70℃搅拌 4h。蒸发出少量乙醇后自然冷却，得到固体产物。过滤出产物后，用乙酸乙酯重结晶得到纯品。

1a：苯基-[2-(4-甲氧基苯乙烯基)]甲酮，产率 81%，熔点 75～76℃。

1b：苯基-[2-(4-氯苯乙烯基)]甲酮，产率 87%，熔点 112.5～113.5℃。

1c：苯基-[2-(2-氯苯乙烯基)]甲酮，产率 77%，熔点 116.5～117.5℃。

1d：4-甲氧基苯基-[2-(4-甲氧基苯乙烯基)]甲酮，产率 82%，熔点 102.5～103.5℃。

1e：4-甲氧基苯基-[2-(4-氯苯乙烯基)]甲酮，产率 78%，熔点 131.5～134.0℃。

1f：4-甲氧基苯基-[4-(苯基-1,3-丁二烯基)]甲酮，产率 70%，熔点 92.5～93.5℃。

② 查尔酮 3a～3e 的合成通法：

3a：R=4-甲氧苯基；3b：R=4-氯苯基；3c：R=3-吲哚基；3d：R=4-联苯基；3e：R=4-二甲氨苯基

在 250mL 圆底烧瓶中，分别加入 10.0mmol（15.0g）4-甲氧基苯乙酮、10.5mmol 对应的芳香族醛、100mL 乙醇和 5mL 哌啶，70℃搅拌 4h。蒸发出 60mL 乙醇后自然冷却，得到固体产物。过滤出产物后，用乙酸乙酯重结晶得到纯品。

3a：3-香豆素基-[2-(4-甲氧基苯乙烯基)]甲酮，产率 54%，熔点 153～154℃。

3b：3-香豆素基-[2-(4-氯苯乙烯基)]甲酮，产率 74%，熔点 171～173℃。

3c：3-香豆素基-[2-(3-吲哚乙烯基)]甲酮，产率 58%，熔点 245～247℃。

3d：3-香豆素基-[2-(4-联苯乙烯基)]甲酮，产率 45%，熔点 205～206℃。

3e：3-香豆素基-[2-(4-二甲氨基苯乙烯基)]甲酮，产率 56%，熔点 212～214℃。

对比试验用环氧丙烯酸酯 35%～55%，反应性胺助引发剂 6%～10%，TMPTA 29%～56%，光引发剂，3%～6%，配成 UV 涂料，用印刷适性仪涂布约 15μm 厚度于空白纸张，以 50W/cm 线功率的紫外灯照射涂层。

检测涂层固化后 VOC，用顶空气相色谱法测定涂层固化后挥发性有机化合物（VOC）项目中无苯检出，符合食品包装业卫生要求。

对比固化速率测定，光引发效率优于市售光引发剂 4-联苯基-3-氯苯基甲酮。

Ar—C(=O)—Ar'　　　Ar—C(=O)—Ar'

二芳基甲酮型　　　　查尔酮型

对比查尔酮与二芳基甲酮的结构发现，二者差别只是一个碳碳双键。根据有机分子的结构理论，在羰基与芳基之间增加碳碳双键，只是增加其光吸收波长，所以只是改变照射光的波长，应该仍然保留其光引发剂的功能。所以配方试验显示出光引发剂的功能。

4.14.3　阳离子光引发剂的合成方法

（1）阳离子光引发剂二苯基碘鎓盐的合成

$$2\,C_6H_6 + KIO_3 + 2H_2SO_4 + 2(CH_3CO)_2O \longrightarrow [(C_6H_5)_2I]^+ HSO_4^- + KHSO_4 + 4CH_3COOH + [O]$$

$$[(C_6H_5)_2I]^+ HSO_4^- + KAsF_6 \rightleftharpoons [(C_6H_5)_2I]^+ AsF_6^- + KHSO_4$$

将三口烧瓶置于干冰-丙酮浴中，加入 25g（0.116mol）碘酸钾、6mol 二氯甲烷、50mL 乙酸酐和 32g（0.41mol）苯，在温度 -10℃ 下缓慢滴加 25mL 浓硫酸，控制温度在 -5℃ 以下。加毕在 -10～-5℃ 反应 3h，再在室温放置 16h。缓慢加入 100mL 蒸馏水，以水解螯合残余乙酸酐。再加入用 26.5g（0.116mol）六氟砷酸钾和 100mL 水配成的溶液，搅拌 1h，进行复分解反应，用分液漏斗分出有机相，水层用 50mL 二氯甲烷分两次萃取，与有机相合并，加乙醚一起研磨，产生 36.7g 二苯基碘鎓六氟砷酸盐，产率 67%，熔点 192～195℃。二芳基碘鎓盐的结构和性质见表 4-52。

表 4-52　二芳基碘鎓盐的结构和性质

正离子	负离子	熔点/℃	λ_{max}/nm	ε_{max}/[L/(mol·cm)]
（二苯基碘鎓）	BF₄	136	227	17800
（甲苯基苯基碘鎓）	BF₄	96～100	246	15400

续表

正离子	负离子	熔点/℃	λ_{max}/nm	ε_{max}/[L/(mol·cm)]
O_2N—⬡—I^+—⬡—NO_2	AsF_6	192～195	215,245	35000,17000
H_3C—⬡—I^+—⬡—CH_3	BF_4	95～100	236	18000
H_3C—⬡—I^+—⬡—CH_3	PF_6	169～173	237	18200
H_3C—⬡—I^+—⬡—CH_3	AsF_6	166～167	237	17500
Cl—⬡—I^+—⬡—Cl	AsF_6	194～195	240	23000
CH_3CONH—⬡—I^+—⬡—$NHCOCH_3$	AsF_6	232～234	275	30000
⬡⬡I^+	AsF_6	258～270	264	17300

（2）阳离子光引发剂取代二苯基碘鎓盐的合成

$$2CH_3CONH-⬡ + KIO_3 + 2H_2SO_4 + 2(CH_3CO)_2O \longrightarrow \left[\begin{array}{c} ⬡-I^+-⬡-HNCOCH_3 \\ CH_3CONH \end{array}\right]^+ HSO_4 + KHSO_4$$

$$\left[CH_3CONH-⬡-I-⬡-HNCOCH_3\right]^+ HSO_4 + KPF_6 \rightleftharpoons \left[CH_3CONH-⬡-I-⬡-HNCOCH_3\right]^+ PF_6 + KHSO_4$$

在三口烧瓶中加入 27.8g（0.206mol）乙酰苯胺、乙酸酐 35mL、乙酸 100mL 和浓硫酸 17mL，冷至<20℃，缓慢加入碘酸钾 22g（0.103mol），室温搅拌反应 24h。抽滤，滤液中加入少量亚硫酸氢钠，再加入 18.95g（0.103mol）六氟磷酸钾水溶液 100mL，立即有絮状沉淀生成。抽滤，沉淀经洗涤，重结晶，得到淡褐色针状结晶 A（4,4'-二乙酰氨基苯基碘鎓盐六氟磷酸盐）26.53g，熔点 230～231℃，产率 47.6%，λ_{max}=280nm。

用碘化钾代六氟磷酸钾，则得到浅黄色针状结晶碘代碘鎓盐，熔点 173～174℃（文献值 176.5℃），λ_{max}=280nm。

（3）阳离子光引发剂取代二苯基碘鎓盐的合成

$$I_2 + KIO_3 + H_2SO_4 \longrightarrow (IO)_2SO_4 +$$

（结构式反应图）

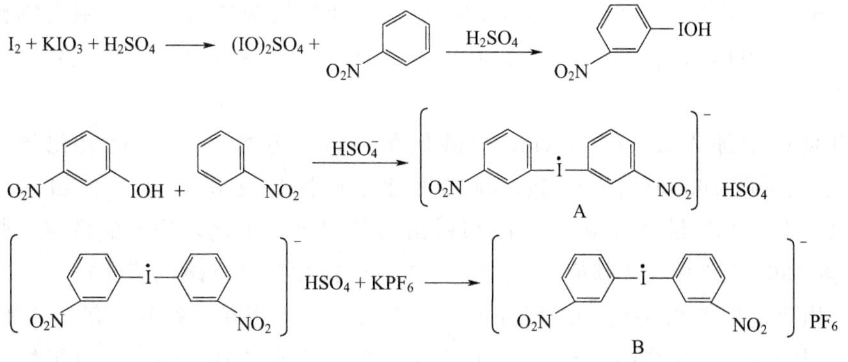

在三口烧瓶中依次加入碘 7.7g(0.03mol)、碘酸钾 20g(0.093mol)，室温搅拌下滴加浓硫酸 80mL，加毕，控制温度＜10℃，剧烈搅拌下缓慢滴加硝基苯 39.36g(0.32mol)，加毕室温反应 24h，升温 40～50℃反应 40h，用冷水稀释反应液，析出大量沉淀，真空抽滤，用水和乙醚洗涤得淡黄色晶体 A（3,3′-二硝基苯基碘鎓硫酸氢盐）31.37g，熔点 196～197℃，产率 89.24%。

将 A 30.24g(0.08mol) 加入 200mL 水和 13.8g(0.075mol) 六氟磷酸钾水溶液 100mL，搅拌 1h，抽滤，用水、乙醇和乙醚分别洗涤，重结晶得淡黄色晶体 B（3,3′-二硝基苯基碘鎓盐）12.44g，熔点 196～198℃，λ_{max}＝256nm，产率 32.15%。

将硝基苯换成苯，用相同的方法制得二苯基碘鎓六氟磷酸盐白色针状结晶，产率51.39%，熔点 138～140℃（文献值 139～141℃），λ_{max}＝227nm。

将六氟磷酸钾换成氧化银和氟硼酸，上述产物得到二苯基碘鎓氟硼酸盐白色针状结晶，产率 60%，熔点 137～139℃（文献值 136℃），λ_{max}＝227nm。

将六氟磷酸钾换成氯化铵，则得到二苯基碘鎓盐酸盐，白色针状结晶，产率 60%，熔点 227～228℃（文献值 225℃），λ_{max}＝227nm。

（4）阳离子光引发剂取代二苯基碘鎓盐的合成

（结构式反应图）

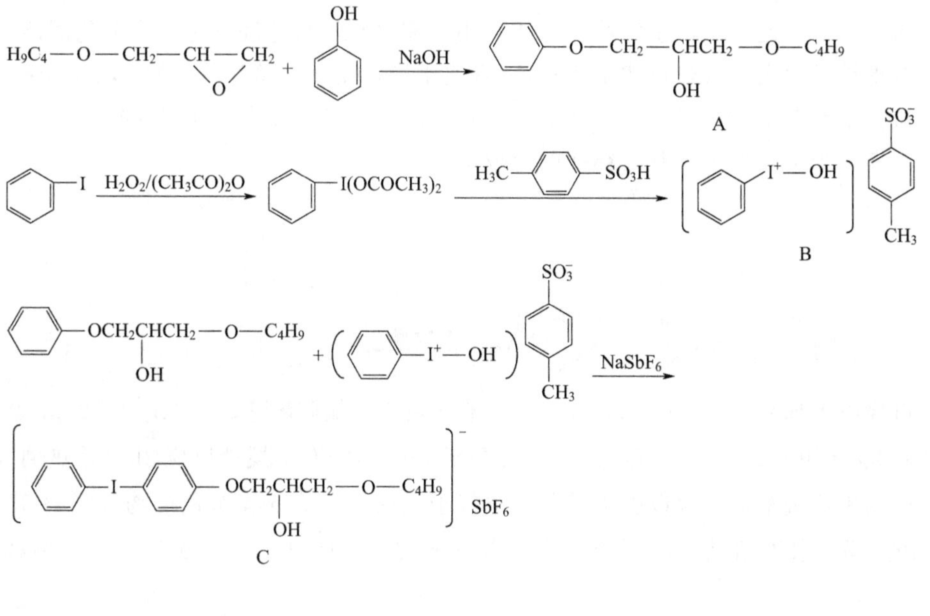

在三口烧瓶中加入氢氧化钠 0.8g（0.02mol）、丁基缩水甘油醚 13.0g（0.1mol）和苯酚 10.3g（0.11mol），升温至 130℃，搅拌反应 4h，冷却后反应物溶于水，用乙醚提取，有机相用 10mol/L KOH 溶液洗涤后，无水硫酸镁干燥，回收溶剂得到无色液体 A 19.0g，产率 85%。

在三口烧瓶中加入 20.4g（0.1mol）碘代苯、质量分数 30% 的过氧化氢溶液 51.0g（0.45mol）、乙酸酐 76.5g（0.75mol），在 45℃ 水浴中搅拌反应 9h 后，再加入对甲苯磺酸 20.9g（0.11mol），45℃ 继续反应 2h，冷却析出白色固体，抽滤，用乙醚洗涤、烘干，得 B 19.2g，熔点 136～137℃（文献值 136～138℃），产率 49%（以碘代苯计）。

在三口烧瓶中加入 2.688g（0.012mol）A、50mL 二氯甲烷，搅拌溶解，再加入 4.704g（0.012mol）B 和 4mL 冰醋酸，在 40℃ 回流 4h，反应完旋转蒸发除去二氯甲烷，得淡黄色油状物，加入 50mL 乙醇和 3.108g（0.012mol）六氟锑酸钠，搅拌，立刻生成对甲苯磺酸钠白色沉淀，抽滤，旋转蒸发去乙醇，得黄色油状物，避光放置，结晶，用二氯甲烷/甲苯重结晶，得白色粉末 C {[4-(2-羟基-3-丁氧基-1-丙氧基)苯基]苯碘鎓六氟锑酸盐}，产率 79%，熔点 120.4～121.8℃，$\lambda_{max}=245nm$。

（5）4,4'-二溴二苯基碘鎓盐酸盐的合成

$$2I_2 + 6KIO_3 + 11H_2SO_4 \longrightarrow 5(IO)_2SO_4 + 6KHSO_4 + 8H_2O$$

Br—⟨⟩ + (IO)₂SO₄ + H₂SO₄ ⟶ (Br—⟨⟩—i—⟨⟩—Br)⁻ HS

(Br—⟨⟩—i—⟨⟩—Br)⁻ HS + NH₄Cl ⟶ (Br—⟨⟩—i—⟨⟩—Br)⁻ Cl⁻

在冷水浴和剧烈搅拌下，加入 10.0g（0.047mol）碘、31.2g（0.14mol）碘酸钾和 125mL 浓硫酸，搅拌 3h，溶液由深棕色变为黄色，放置一天一夜，继续搅拌 3h，溶液中黄色固体增多，放置冷至 0℃，在大力搅拌下滴加 525mL 溴苯，加毕，继续搅拌 1h，体系为棕灰色，慢慢升温至 20℃，变为棕色，搅拌 24h，转为深棕色，再冷至 5℃，在大力搅拌下，滴加 200mL 蒸馏水，产生黄色浑浊，5℃ 滴加 20mL 乙醚，溶液为浅黄色，下面有棕色物质，过滤，向棕色残余物加入 100mL 蒸馏水，滴加 20mL 乙醚，过滤，合并所有滤液，加入 22g 氯化铵，迅速产生白色沉淀，过滤，用蒸馏水和乙醚各洗三遍，得无色固体，用二甲基甲酰胺重结晶两次（放热过滤不溶物），真空干燥，得无色鳞片状晶体 4,4'-二溴二苯基碘鎓盐酸盐，熔点 209～210℃，$\lambda_{max}=241.5nm$，$\varepsilon=1.8\times10^4 L/(mol \cdot cm)$。

（6）阳离子光引发剂三苯基硫鎓盐的合成

⟨⟩—S—⟨⟩ + ⟨⟩—I⁺—⟨⟩ AsF₆ —苯甲酸酮→ Ph₃S⁺AsF₆⁻ + ⟨⟩—I

在三口烧瓶中加入 11.75g（0.025mol）二苯基碘鎓六氟砷酸盐、4.65g（0.025mol）二苯基硫醚和 0.2g 苯甲酸铜，在氮气保护下，升温至 120～125℃，搅拌反应 3h。趁热倒入烧杯中结晶，产物用乙醚萃取三次以除去碘苯。空气干燥后得 10.9g 亮黄色产物，产率 96.5%，再用 95% 的乙醇/水重结晶，得三苯基硫鎓六氟砷酸盐，熔点 194～197℃，$\lambda_{max}=227nm$，

$\varepsilon = 21000L/(mol \cdot cm)$，298nm[$\varepsilon = 10000L/(mol \cdot cm)$]。

（7）阳离子光引发剂取代三苯基硫鎓盐的合成

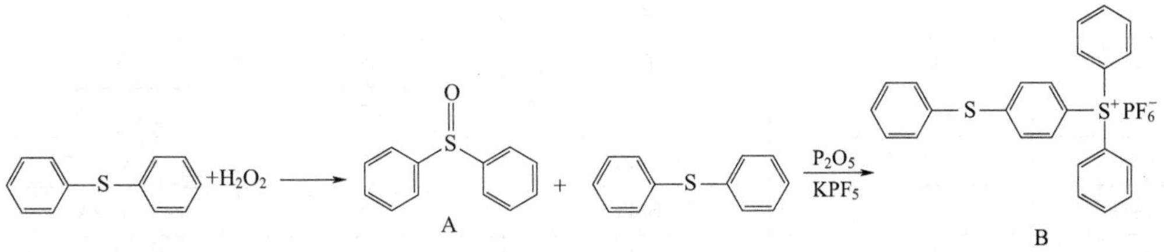

在三口烧瓶中加入300mL溶剂，搅拌下加入55.8g二苯基硫醚和适量路易斯酸催化剂，溶解后，室温下滴加35.2g、30%的双氧水，控制温度<30℃，加毕室温下反应40h。蒸去溶剂，加入100mL蒸馏水，分出油层，水层用3×30mL氯仿萃取，合并有机层，加入无水硫酸镁干燥，蒸去溶剂，得白色固体结晶A（二苯亚砜）59.8g，收率98.7%，熔点71～72℃。

在三口烧瓶中加入100mL甲烷磺酸和五氧化二磷，40～50℃搅拌2～3h，加入二苯亚砜27.5g(0.136mol)和二苯基硫醚25.3g(0.136mol)，40～50℃反应3h，将反应物倒入200mL蒸馏水中，加入3×40mL二氯甲烷萃取，去掉有机层，水层加入25g六氟磷酸钾的500mL水溶液搅拌30min，过滤，得白色固体，真空干燥，粗品用甲醇重结晶，得产品B（4-苯硫基-苯基)-二苯基硫鎓六氟磷酸盐，熔点90～92℃，$\lambda_{max} > 300nm$。

（8）阳离子光引发剂取代三苯基硫鎓盐的合成

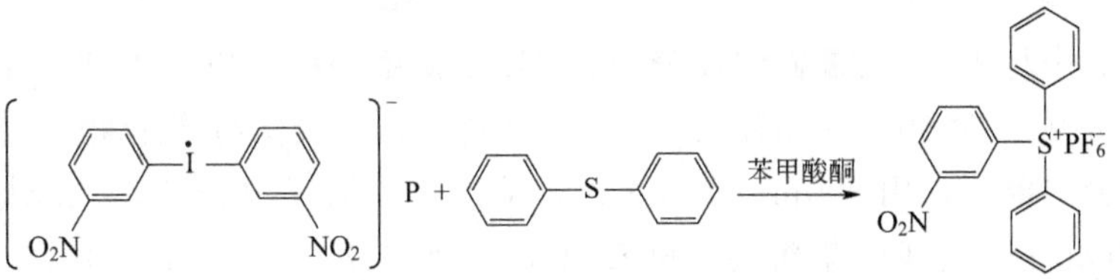

在三口烧瓶中依次加入4.53g(10mmol)二间硝基苯基碘鎓六氟磷酸盐，二苯基硫醚20mL（60mmol）和苯甲酸铜0.92g(3mmol)，在氮气保护下搅拌升温至120℃，反应3h，趁热将反应液倒入烧杯中自然冷却结晶，过滤，滤饼用乙醚和己烷洗涤，用乙醇-丙酸乙酯重结晶，得淡黄色晶体间硝基苯基-二苯基硫鎓六氟磷酸盐，产率49.6%，熔点148～150℃，$\lambda_{max} = 259nm$。

（9）阳离子光引发剂二烷基苯酰甲基硫鎓盐的合成

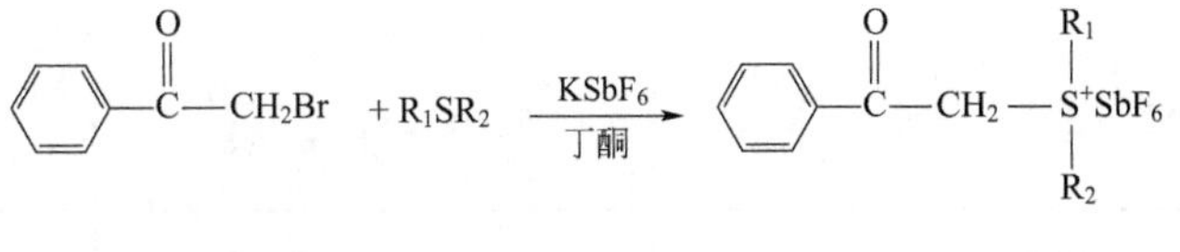

2-溴化苯乙酮和二烷基硫化物在非亲核阴离子的碱金属盐（如六氟锑酸钾）存在下，在丁酮（或丙酮、4-甲基戊基酮）溶剂中一步反应，生成溴化钾沉淀，反应结束，过滤除去溴化钾，再蒸馏除去溶剂，经重结晶后即得到二烷基苯酰甲基硫鎓盐，为阳离子光引发剂。不同二烷基苯酰甲基硫鎓盐的产率和熔点见表4-53。

表 4-53　不同二烷基苯甲酰甲基硫鎓盐的产率和熔点

R_1	R_2	$MtXn^-$	产率/%	熔点/℃
CH_3	C_8H_{17}	SbF_6	84	75～76
CH_3	$C_{12}H_{25}$	PF_6	82	49～51
CH_3	$C_{12}H_{25}$	AsF_6	87	48～50
CH_3	$C_{12}H_{25}$	SbF_6	50	58.5～60
C_2H_5	$C_{12}H_{25}$	SbF_6	90	油状物
C_2H_5	$C_{14}H_{29}$	SbF_6	77	50～52
C_3H_7	$C_{18}H_{37}$	SbF_6	67	72～74
C_4H_9	C_4H_9	SbF_6	60	88～89
C_4H_9	$C_{18}H_{37}$	SbF_6	72	50～51
C_6H_{13}	C_6H_{13}	SbF_6	85	油状物
C_8H_{17}	C_8H_{17}	SbF_6	67	油状物
$C_{10}H_{21}$	$C_{10}H_{21}$	SbF_6	53	油状物

（10）双[4-(二苯基硫)苯基]硫化物-双氟磷酸盐的合成

在三口烧瓶中将 100g 六氟磷酸钾分散在 1L 二氯甲烷中，搅拌下加入工业品级三苯硫鎓盐 50% 的水溶液 ｛含 50%～60% 双[4-(二苯基硫)苯基]硫化物-氯化物｝，室温下搅拌 2h，反应物转移到分液漏斗，用 800mL 水洗 3 次，溶剂相浓缩至 300mL，先冷却至室温，再至 0℃，每步都有沉淀，过滤收集沉淀，60℃ 真空干燥，得产物 77.4g，用二氯甲烷重结晶，先用沸腾的二甲苯洗涤，再用己烷洗涤，60℃ 真空干燥得双[4-(二苯基硫)苯基]硫化物-双氟磷酸盐，熔点 247～250℃。

三芳基硫鎓盐的结构和性能见表 4-54。

表 4-54　三芳基硫鎓盐的结构和性质

正离子	负离子	熔点/℃	λ_{max}/nm	$\varepsilon_{max}/[L/(mol \cdot cm)]$
	BF_4^-	191～193	227	21000
	AsF_6^-	195～197	227 298	21000 10000
	PF_6^-	133～136	237 249	20400 19700
	AsF_6^-		225 280	21740 10100

续表

正离子	负离子	熔点/℃	λ_{max}/nm	ε_{max}/[L/(mol·cm)]
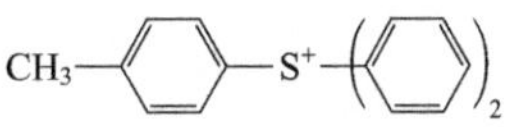 CH_3—〇—S^+—(〇)$_2$	BF_4^-	162～165	243 278	24700 4900
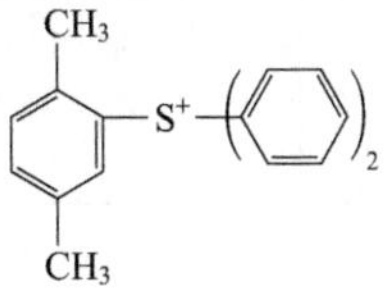 (2,5-二甲基苯基)S^+(〇)$_2$	AsF_6^-	111～112	275 287 307	42100 36800 24000
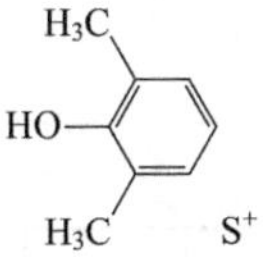 2,6-二甲基-4-羟基苯基-S^+	BF_4^-	168～169	263 277	25200 25000
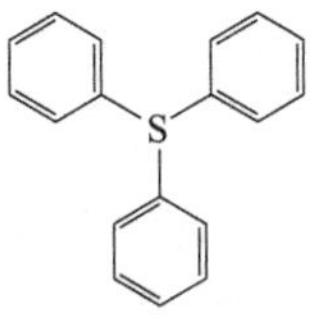 三苯基硫 S^+	AsF_6^-	245～251	232 280 316	3100 22400 7700

（11）阳离子光引发剂二茂铁四氟硼酸盐的合成

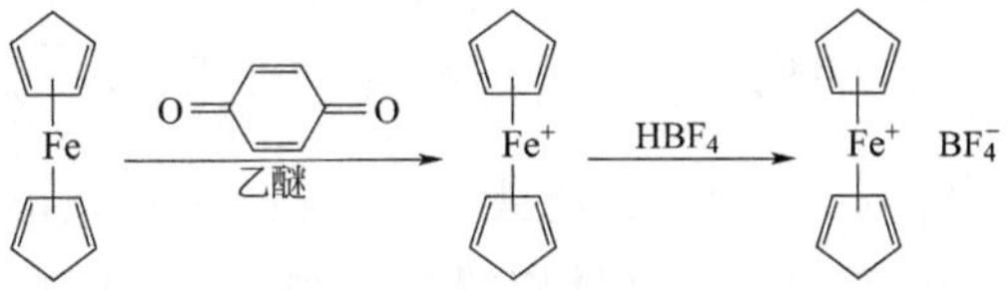

将二茂铁 1.86g(0.01mol) 溶解在 30mL 乙醚中，对苯醌 2.16g(0.02mol) 配成 50mL 的乙醚溶液，与二茂铁的乙醚溶液混合，然后加入含四氟硼酸 3.52g(0.04mol) 的 50mL 碘水溶液，析出蓝紫色粉末状固体，过滤并提纯，用无水乙醚充分洗涤，然后真空干燥 24h，得到二茂铁四氟硼酸盐 1.72g，收率 63%；$\lambda=355nm$ [$\varepsilon=1230L/(mol·cm)$]，$\lambda=620nm$ [$\varepsilon=221L/(mol·cm)$]。

（12）阳离子光引发剂芳茂铁四氟硼酸盐的合成

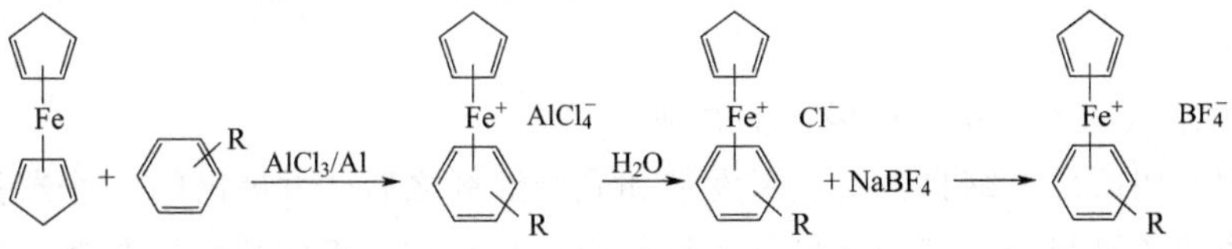

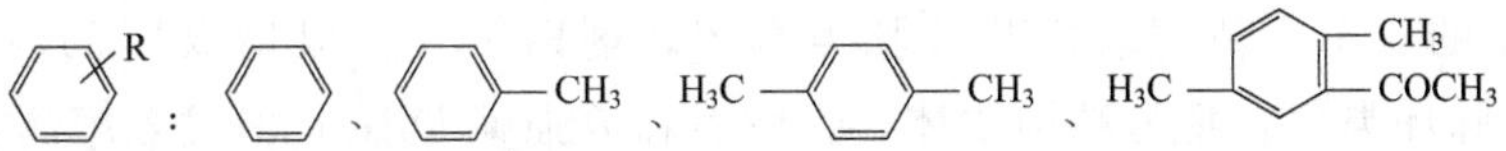

在三口烧瓶中加入二茂铁、芳烃、三氯化铝、铝，物料摩尔比为 1∶1∶3∶1，在回流状态下反应 5h。反应结束后用冰水冷却，缓慢加入少量无水乙醇，再将反应混合物倒入装

有冰水的烧杯中，分层，加入少量浓盐酸，分出水相。有机相用水萃取，合并水相。水相用环己烷萃取后，向水相加入过量四氟硼酸钠，用二氯甲烷萃取，蒸馏浓缩后加入大量环己烷，析出固体，经柱层析，蒸干溶剂，用二氯甲烷/苯（摩尔比1∶1）重结晶，得芳茂铁四氟硼酸盐。

芳茂铁四氟硼酸盐的性质见表4-55。

表 4-55　芳茂铁四氟硼酸盐的性质

芳茂铁四氟硼酸盐	外观	熔点/℃	收率/%
环戊二烯基-铁-苯	黄色粉末状固体	173（分解）	39.7
环戊二烯基-铁-甲苯	黄色粉末状固体	158（分解）	43.4
环戊二烯基-铁-对二甲苯	黄色粉末状固体	191（分解）	72.6
环戊二烯基-铁-2,5-二甲基苯乙酮	黄色粉末状固体		28.1
乙酰基环戊二烯基-铁-对二甲苯	红色粉末状固体		52.7

（13）阳离子光引发剂取代芳茂铁的合成

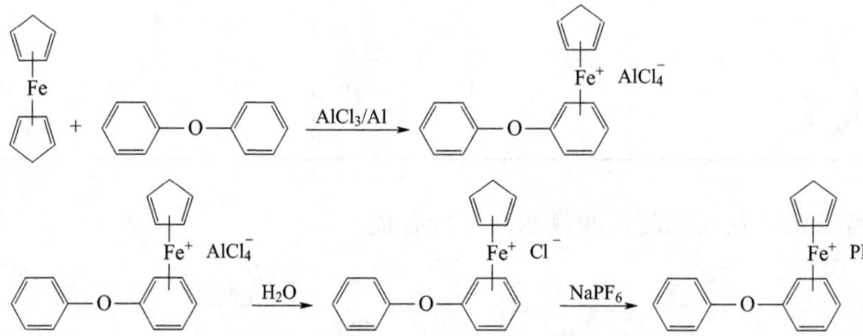

在三口烧瓶中加入 9.3g（0.05mol）二茂铁、20g 无水三氯化铝、1.4g 铝粉、50mL 二苯醚，加热至 140℃，搅拌反应 16～24h，将反应混合物倒入 50mL 冰水中，分出水层，将水层用环己烷反复洗涤，向水层中加入六氟磷酸钠，析出固体，过滤，提纯、干燥，得淡黄色粉末状固体（环戊二烯基-铁-二苯醚）六氟磷酸盐，熔点 132～133℃，收率 63.2%，紫外和可见光吸收光谱为 $\lambda=243nm[\varepsilon=19400L/(mol \cdot cm)]$，$\lambda=394nm[\varepsilon=140L/(mol \cdot cm)]$，$\lambda=462nm$ $[\varepsilon=75L/(mol \cdot cm)]$。

相比较已商品化的芳茂铁光引发剂 I 261 的紫外和可见光吸收光谱为：

$\lambda=243nm[\varepsilon=12900L/(mol \cdot cm)]$，$\lambda=386nm[\varepsilon=88L/(mol \cdot cm)]$，$\lambda=454nm[\varepsilon=51L/(mol \cdot cm)]$。

（14）5 种取代苄基脒类光产碱剂的合成

光产碱剂（PBG）是继自由基光引发剂和光产酸剂之后，发展出的一种光引发剂，属于光固化体系中的关键组分，基于其良好的抗氧阻聚性和抗基板腐蚀性，在微电子行业和高端表漆中得到广泛的应用。新型取代苄基脒类光产碱剂以 1,8-二氮杂双环(5,4,0)-7-十一烯（DBU）这种双脒环类化合物为结构主体，光解后释放强碱 DBU，引发效率高，可催化含有环氧树脂或脂肪族异氰酸酯类配方，由此可期待此类光产碱剂（PBG）扩展光聚合配方的应用前景，实现 DBU 的应用价值提升。

① DBU 1,8-二氮杂双环(5,4,0)-7-十一烯的合成

向 250mL 带机械搅拌的反应瓶中投入 22.6g(0.20mol) ε-己内酰胺，120mL 甲苯为溶剂，再加入 0.56g(0.01mol) 氢氧化钾。在恒压漏斗中放入 16.9g(0.24mol) 丙烯腈和少量对苯二酚，待 ε-己内酰胺融化时滴加丙烯腈，20min 内滴完，油浴控制反应温度在 70℃左右，保温反应 24h，停止反应，有机相水洗至中性，无水 MgSO₄ 干燥，过滤，旋蒸除去溶剂，减压蒸馏得产品 N-(β-氰乙基)-ε-己内酰胺(A)34.0g，收率 98.1%，纯度 97.8%。

取 3g(0.18mol)N-(β-氰乙基)-ε-己内酰胺加入高压釜中，250mL 无水甲醇为溶剂，再加入 30g 镍，通入氢气，保持釜内压力 2MPa，搅拌机转速 450r/min，保持温度 80~100℃反应 5h。后处理：将反应料液抽滤除去镍，干燥，旋蒸得到产品 N-(γ-氨基丙基)-ε-己内酰胺 (B) 27.9g，收率 91.1%，纯度 98.0%。

向 250mL 带机械搅拌的反应瓶中投入 20.0g(0.12mol)N-(γ-氨基丙基)-ε-己内酰胺和 1.03g 对甲基苯磺酸，120mL 二甲苯为溶剂，油浴控温 150~160℃反应 8h，停止反应，向烧瓶中加入少量水，停止反应，有机相水洗至中性，无水 MgSO₄ 干燥，过滤，减压旋蒸除去溶剂，得产品 1,8-二氮杂双环(5,4,0)-7-十一烯(C,DBU)17.4g，收率 91.4%，纯度大于 95.4%。

以 1,8-二氮杂双环(5,4,0)-7-十一烯(DBU) 为原料，分别和 5 种取代基氯化苄经过先取代成氯盐再还原的方法，合成 5 种取代苄基脒类光产碱剂 (D、E、F、G、H)。

R=H/OCH₃/NO₂/Cl

② 8-苄基-1,8-二氮杂双环[5.4.0]十一烷(D)的合成
在带搅拌的 100mL 四口烧瓶中，称取 4.0g DBU，加入 50mL 甲苯，室温下搅拌。取

3.5g 氯苄，以 20mL 甲苯溶解，转移至 25mL 的恒压滴液漏斗内，约 30min 滴完，升温至 90℃，反应 6h，抽滤，滤饼用新鲜甲苯洗涤，除去溶剂得白色固体季铵盐 7.2g。

在带搅拌的 100mL 四口烧瓶中，取 4.0g 白色固体季铵盐，加入 50mL 无水 THF。控温 25℃搅拌反应，称取 0.273g 氢化锂铝分批加至烧瓶中，搅拌过夜，薄层层析（TLC）磷钼酸显色跟踪反应至原料反应完全。后处理：料液温度降至 0℃，依次滴加 1.0mL 水，1mL 10% 的 NaOH 水溶液，1.0mL 水，继续反应 1h。反应料液抽滤，收集有机相，蒸除溶剂，剩余物用乙酸乙酯溶解，少量去离子水洗 2~3 遍，收集有机相干燥，过滤，旋蒸得浅黄色油状液体 2.7g 产品 8-苄基-1,8-二氮杂双环［5.4.0］十一烷（D），产率 76.7%，液相分析纯度 93.2%。

③ 8-(4-氯苄基)-1,8-二氮杂双环[5.4.0]十一烷（E）的合成

以 4-氯代氯化苄和 DBU 为原料按照①中的方法合成产品 8-(4-氯苄基)-1,8-二氮杂双环［5.4.0］十一烷(E)，产率 70.6%，纯度 97.0%。

④ 8-(4-甲氧苄基)-1,8-二氮杂双环[5.4.0]十一烷（F）的合成

以 4-甲氧氯化苄和 DBU 为原料按照①中的方法合成 8-(4-甲氧苄基)-1,8-二氮杂双环［5.4.0］十一烷（F），产率 71.4%，纯度 95.5%。

⑤ 8-(3-甲氧苄基)-1,8-二氮杂双环[5.4.0]十一烷（G）的合成

以 3-甲氧氯化苄和 DBU 为原料按照①中的方法合成 8-(3-甲氧苄基)-1,8-二氮杂双环［5.4.0］十一烷（G），产率 83.1%，纯度 93.7%。

⑥ 8-(4-硝基苄基)-1,8-二氮杂双环[5.4.0]十一烷（H）的合成

以 4-硝基氯化苄和 DBU 为原料按照①中的方法合成 8-(4-硝基苄基)-1,8-二氮杂双环［5.4.0］十一烷(H)，产率 75.0%，纯度 98.3%。

以上其他 4 种 PBGs 的合成工艺优化结果见表 4-56。

表 4-56　其他 4 种 PBGs 的合成工艺优化结果

合成产物	溶剂	摩尔投料比(氯苄∶I)	成盐温度/℃	还原剂量/eq	总收率/%	纯度/%
E	甲苯	1.1∶1	85	0.7	70.6	97
F	二氯乙烷	1.2∶1	60	1	71.4	95.5
G	二氯乙烷	1.2∶1	60	1	83.1	93.7
H	甲苯	1.05∶1	15	0.8	75	98.3

4.14.4　大分子光引发剂的合成

(1) 可聚合光引发剂马来酸酐改性 2959 的制备

将 98.06g 马来酸酐与 224.25g 光引发剂 2959 加入 1000mL 三口圆底烧瓶中，并加入 300mL CHCl₃。在 N₂ 保护下加热反应，至酸值恒定，然后旋蒸将溶剂脱出，制得可聚合马来酸酐改性 2959 光引发剂。

(2) 可聚合大分子光引发剂 1173-TDI-PEG600-TDI-HEA 的合成

在三口烧瓶中加入 5.22g(0.03mol) TDI、3 滴二月桂酸二丁基锡和无水乙酸乙酯，通氮气，升温至 45℃，缓慢滴加光引发剂（1173）4.92g(0.03mol)，升温至 50℃，反应 3h，得 1173-TDI 半加成物。

在三口烧瓶中加入 5.22g（0.03mol）TDI、3 滴二月桂酸二丁基锡和无水乙酸乙酯，通氮气，升温至 45℃，缓慢滴加 HEA 3.48g（0.03mol），升温至 50℃，反应 2h，得 HEA-TDI 半加成物。

将 18g（0.03mol）聚乙二醇（PEG600）加入 1173-TDI 半加成物反应容器中，通氮气加热至 70℃，反应 3～4h，再加入 HEA-TDI 半加成物，70℃反应 3～4h，真空蒸馏除去乙酸乙酯，得到可聚合大分子光引发剂 1173-TDI-PEG600-TDI-HEA。

（3）可聚合大分子光引发剂 1173-TDI-EA 的合成

在三口烧瓶中加入 1.74g（0.01mol）TDI、0.2mL 二月桂酸二丁基锡、无水乙酸乙酯，通氮气，升温至 45℃，缓慢滴加光引发剂（1173）1.64g（0.01mol），加毕 50℃反应 3h，得 1173-TDI 半加成物。

再加入 7.68g（0.01mol）双酚 A 环氧丙烯酸酯（EA）和 0.2mL 二月桂酸二丁基锡，加热至 70℃，反应 3～4h，真空蒸馏除去乙酸乙酯，得到可聚合大分子光引发剂 1173-TDI-EA。

（4）大分子光引发剂乙烯基二苯酮-苯乙烯共聚物的合成

$$\text{—(CH}_2\text{—CH)}_m\text{—} + n \underset{\text{CCl}}{\overset{O}{\parallel}} \xrightarrow[\text{NO}_2]{\text{AlCl}_3} \text{—(CH}_2\text{—CH)}_{m-n}\text{—(CH}_2\text{—CH)}_n\text{—}$$

在硝基苯中，以无水三氯化铝为催化剂，使线型聚苯乙烯与苯甲酰氯反应，用盐酸溶液处理，水洗至中性，用甲醇析出，再沉淀提纯，真空干燥，得乙烯基二苯酮-苯乙烯共聚物大分子光引发剂。

（5）大分子光引发剂 4-巯甲基-二苯甲酮和 4,4′-二（巯甲基）二苯甲酮的合成

在反应瓶中加入 4-甲基二苯甲酮 1.96g（10mmol）的二氯甲烷（30mL）溶液、40% HBr 1.60mL（11mmol），搅拌下升温至回流，滴加 30%过氧化氢 2.04mL（20mmol），滴毕，白炽灯（200W）光照反应体系，反应 10h。分液，有机相用水洗涤两次，合并水相用二氯甲烷萃取一次，合并有机相，用无水硫酸钠干燥，蒸除溶剂，残余物用乙醇重结晶，得淡黄色针状晶体 4-溴甲基二苯甲酮 22.42g，产率 88%，熔点 109～110℃（文献值 112.2～112.8℃）。

$$\underset{\text{Br}}{\overset{O}{\parallel}} \xrightarrow[\text{(2) NaOH, 90℃}]{\text{(1) H}_2\text{N}\overset{S}{\underset{\parallel}{C}}\text{NH}_2\text{, NaI, EtOH, 回流}} \underset{\text{SH}}{\overset{O}{\parallel}}$$

在反应瓶中依次加入 4-溴甲基-二苯甲酮 550mg（2mmol）、硫脲 170mg（2.2mmol）、无水乙醇 40mL 及 NaI 1.5mg（0.01mmol，0.5mol%），搅拌下回流反应 30min［TLC 监测，展开剂：V（PE）：V（EA）＝4：1］。旋蒸脱去溶剂，得白色黏稠物，加入 15% 氢氧化钠 40mL，于 90℃反应 2h，冷却至室温，用 10%盐酸调至 pH 5～6，用乙酸乙酯（2×20mL）萃取，合并有机相，用饱和食盐水洗涤，无水硫酸钠干燥，旋蒸脱去溶剂，得浅黄色液体，经硅胶柱层析［洗脱剂：V（石油醚）：V（乙酸乙酯）＝15：1］纯化得白色针状晶体 4-巯甲基-二苯甲酮 10.32g，收率 75%，熔点 53～55℃。

用类似方法加入 4,4′-二(溴甲基)-二苯甲酮、硫脲，无水乙醇，NaI，于 90℃ 反应 3h，用乙醚萃取，合成 4,4′-二(巯甲基)二苯甲酮的粗品，经无水乙醇重结晶，得白色针状晶体 4,4′-二(巯甲基)二苯甲酮 20.45g，收率 82.5%，熔点 112～114℃。

（6）大分子二苯甲酮衍生物光引发剂的合成

A

在三口烧瓶中加入 51.3g(0.20mol) 4-苯甲酰基苯氧乙酸、10.4g(0.10mol) 新戊二醇、1.6g 对甲苯磺酸和 250mL 甲苯，共沸回流 10h。加入 100mL 含有 2.0g 碳酸氢钠的水溶液，室温搅拌 0.5h，分出水相，上层甲苯溶液用去离子水 200mL 洗涤两次。再回流甲苯溶液并用分水器分出水分，在旋转蒸发器上除去甲苯，得到浅黄色黏稠物大分子二苯甲酮衍生物光引发剂新戊二醇二（4-苯甲酰基苯氧乙酸）酯（A）55.4g，收率 95.4%。

用同样的方法将 4-苯甲酰基苯氧乙酸（或 2-苯甲酰基苯氧乙酸）与 1,2-丙二醇，1,4-丁二醇，1,5-戊二醇，1,6-己二醇，1,9-壬二醇，2,4-二乙基，1,5-新戊二醇，3-甲基-1,5-新戊二醇，2-甲基-1,3-丙二醇，三羟甲基丙烷反应，合成大分子二苯甲酮衍生物光引发剂。

不同种类大分子二苯甲酮的性能见表 4-57～表 4-59。

表 4-57 大分子二苯甲酮衍生物性能

化合物名称	收率/%	熔点/℃	HDDA 中溶解度(25℃)/g
新戊二醇(2-苯甲酰基苯氧乙酸)酯	95.0	黏稠液体	>100
新戊二醇二(4-苯甲酰基苯氧乙酸)酯	95.4	黏稠液体	>100
2,4-二乙基-1,5-新戊二醇(4-苯甲酰基苯氧乙酸)酯	96.2	黏稠液体	>100
3-甲基-1,5-新戊乙醇二(4-苯甲酰基苯氧乙酸)酯	95.1	黏稠液体	>100
3-甲基-1,3-丙二醇二(4-苯甲酰基苯氧乙酸)酯	94.8	黏稠液体	>100
1,4-丁二醇二(4-苯甲酰基苯氧乙酸)酯	96.4	118.9～119.4	1
1,2-丙二醇二(4-苯甲酰基苯氧乙酸)酯	80.0	113.7～118.0	5
1,5-戊二醇二(4-苯甲酰基苯氧乙酸)酯	94.6	51.0～53.4	>100
1,6-己二醇二(4-苯甲酰基苯氧乙酸)酯	95.8	107.5～108.3	1
1,9-壬二醇二(4-苯甲酰基苯氧乙酸)酯	93.2	69.9～72.8	10
三羟甲基丙烷三(4-苯甲酰基苯氧乙酸)酯	90.0	松香状固体	>100

表 4-58 　不同种类二苯甲酮光引发剂的固化速率与硬度关系

固化速率/(m/min)	BP	PL2505	A	B
8	0.740	0.607	0.476	—
6	0.833	0.631	0.569	—
4	0.833	0.736	0.702	0.433
3	0.833	0.829	0.798	0.489
2	0.833	0.833	0.833	0.516

注：试验配方为 6145-100 35 份，EO-TMPTA 30 份，HDDA 30 份，EDAB 2.5 份，光引发剂 7.5 份。

BP 为二苯甲酮（工业品），PL2505 为新戊二醇二(4-苯甲酰基苯氧乙酯)酯（小试样品），A 与 B 为市售大分子二苯甲酮类光引发剂。

表 4-59 　不同种类二苯甲酮光引发剂的性能比较

性能	BP	PL2505	A	B
黄变性	0.56	0.55	0.56	0.56
迁移性(水)	100.0	9.1	41.9	37.8
迁移性(3%的乙酸)	100.0	3.6	14.8	31.2
气味/级	5	2	2	2

（7）大分子二苯甲酮光引发剂的合成

在三口烧瓶中加入 5.2g(30mmol) TDI、1mL 二月桂酸二丁基锡和 150mL 乙酸乙酯，搅拌升温至 50℃，滴加 6g(30mmol) 4-羟基二苯甲酮和 60mL 乙酸乙酯溶液，加毕升温至 60℃，反应 3h，红外监测 $3400cm^{-1}$-OH 峰消失，再加入 3.4g(16mmol) 4,4′-二羟基二苯甲酮和 60mL 乙酸乙酯溶液，加毕升温至 78℃，反应 3h，红外监测 $2272cm^{-1}$—NCO 峰消失反应结束，分别用 10%的氢氧化钠溶液和去离子水洗涤 3 次，减压蒸馏除去溶剂，得固体产物大分子二苯甲酮光引发剂，$\lambda_{max}=284nm$，$\varepsilon=1960L/(mol \cdot cm)$，产率 85%。

（8）大分子二苯甲酮光引发剂的合成

将 5.2g(30mmol) TDI、1mL 二月桂酸二丁基锡和 150mL 乙酸乙酯加入三口烧瓶中，升温至 60℃，缓慢滴加含有 4-羟基二苯甲酮 6.0g(30mmol) 的 60mL 乙酸乙酯溶液，反应 3h，当红外监测 3450cm^{-1}-OH 峰消失时，再加入含对苯二酚 1.7g(16mmol) 的 20mL 乙酸乙酯溶液，升温至 78℃，反应 3h，当红外监测无 2272cm^{-1}—NCO 峰时，反应结束，分别用 10％的氢氧化钠溶液和去离子水洗 3 次，减压蒸馏除去溶剂，得到产物大分子二苯甲酮光引发剂，λ_{max}＝283nm，ε＝30086L/(mol・cm)，产率 85％。

（9）可聚合大分子光引发剂 4(4′-二甲氨基苯乙烯基)二苯甲酮的制备

在三口烧瓶中加入 150mL 干燥苯、25g 对甲基苯甲酸，加热至沸腾，在快速搅拌下滴加 45mL 二氯亚砜，回流 4h，停止反应，减压蒸馏，收集 60～77℃/5333Pa 馏分，得对甲基苯甲酰氯 A。

在三口烧瓶中加入 100mL 干燥苯、16.8g 三氯化铝，加热至沸腾，滴加 13.3g 新制备的 A，回流 3h，停止反应，冷却，以 12％的 HCl 破坏掉三氯化铝，有机相减压蒸馏，收集 180～181℃/333Pa 馏分，产物为白色固体 B（对甲基二苯甲酮），熔点 56～57℃。

在三口烧瓶中加入 10g B、10g 溴代丁二酰胺、100mL 四氯化碳，加热回流，溶液逐渐变红，冷却，停止反应，析出固体，过滤，固体用无水乙醇重结晶两次，得浅黄色晶体 C

（对溴甲基二苯甲酮），熔点 104～106℃。

在三口烧瓶中加入 45mL 苯、10.49g（0.04mol）三苯基膦和 11g（0.04mol）C，待全部溶解后，室温搅拌，逐渐有固体生成，3h 停止反应，抽滤所得固体为 D（溴化三苯基膦亚甲基二苯甲酮），用苯洗涤，真空干燥备用。

在三口烧瓶中加入 20mL 二氯甲烷、3g（0.02mol）对二甲氨基苯甲醛及 10.7g（0.02mol）D，待全部溶解后，在剧烈搅拌下，滴入 150mL 的 50% 的氢氧化钠水溶液，反应液逐渐变为橘红色，加毕，继续反应 1h，补加 10mL 蒸馏水和 10mL 苯，再用分液漏斗除去水相，有机相用饱和食盐水洗涤 5 次，并用无水碳酸钾干燥，蒸去有机溶剂，得黄色固体，用无水甲醇重结晶两次，得浅黄色片状结晶 4（4'-二甲氨基苯乙烯基）二苯甲酮，λ_{max} = 396nm，$\varepsilon = 4.18 \times 10^4 L/(mol \cdot cm)$，熔点 197℃。

（10）含硅大分子二苯甲酮光引发剂的合成

$$\text{HO}-\overset{O}{\underset{}{C}}-R-\left[\overset{CH_3}{\underset{CH_3}{Si}}-O\right]_n\overset{CH_3}{\underset{CH_3}{Si}}-R-\overset{O}{\underset{}{C}}-\text{OH} + 2 \text{ 二苯甲酮-OH} \xrightarrow{\text{二环己基碳化二亚胺}}$$

在三口烧瓶中加入 7.0g（2.5mmol）端羧基甲基硅烷（德固萨公司 C-Si 2342）、二环己基碳化二亚胺（DCC）1.133g（5.5mmol）和 150mL 乙酸乙酯，搅拌 30min，滴加 0.99g（5mmol）4-羟基二苯甲酮和 10mL 乙酸乙酯溶液，室温反应 24h，过滤，滤液用 5% 的氢氧化钠溶液和去离子水洗三次，减压蒸馏除去溶剂，得到液态产物，为含硅大分子二苯甲酮光引发剂。

（11）含硅大分子光引发剂的合成（一）

$$\text{HO}-\overset{O}{\underset{}{C}}-R-\left[\overset{CH_3}{\underset{CH_3}{Si}}-O\right]_n\overset{CH_3}{\underset{CH_3}{Si}}-R-\overset{O}{\underset{}{C}}-\text{OH} + 2 \xrightarrow{\text{二环己基碳化二亚胺}}$$

在三口烧瓶中加入 7.0g（2.5mmol）端羧基甲基硅烷（德固萨公司 C-Si 2342）、二环己基碳化二亚胺（DCC）1.133g（5.5mmol）和 150mL 乙酸乙酯，搅拌 30min，滴加 1.02g（5mmol）光引发剂 184 和 10mL 乙酸乙酯溶液，室温反应 24h，过滤，滤液用 5% 的氢氧化钠溶液和去离子水洗 3 次，减压蒸馏除去溶剂，得到液态产物含硅大分子光引发剂。

（12）含硅大分子光引发剂的合成（二）

$$\text{H}_5\text{C}_2\text{O}-\overset{OC_2H_5}{\underset{OC_2H_5}{Si}}-(CH_2)_3-NCO + HO-\overset{CH_3}{\underset{CH_3}{C}}-\overset{O}{\underset{}{C}}-\text{苯} \xrightarrow{\text{二月桂酸二丁基锡}}$$

$$\text{H}_5\text{C}_2\text{O}-\overset{OC_2H_5}{\underset{OC_2H_5}{Si}}-(CH_2)_3-NH-\overset{O}{\underset{}{C}}-O-\overset{CH_3}{\underset{CH_3}{C}}-\overset{O}{\underset{}{C}}-\text{苯}$$

在三口烧瓶中加入 12.52g(0.05mol) 异氰酸酯基丙基三乙氧基硅烷（IPS）、50mL 无水乙酸乙酯和 0.2g 二月桂酸二丁基锡，搅拌升温至 75℃，滴加 6.56g(0.05mol) 光引发剂 1173，2h 内加毕，在 75℃ 避光条件下反应 3h，当红外检测 3463cm^{-1} 的—OH 峰和 2268cm^{-1} 的—NCO 峰消失后，停止反应，旋转蒸除去溶剂后，再得用乙酸乙酯/正己烷（1/3，体积比）为洗脱剂，对合成产物进行柱色谱分离，得到无色透明的液体，即为含硅大分子光引发剂，产率 87%。

（13）大分子光引发剂双官能团羟基酮的合成

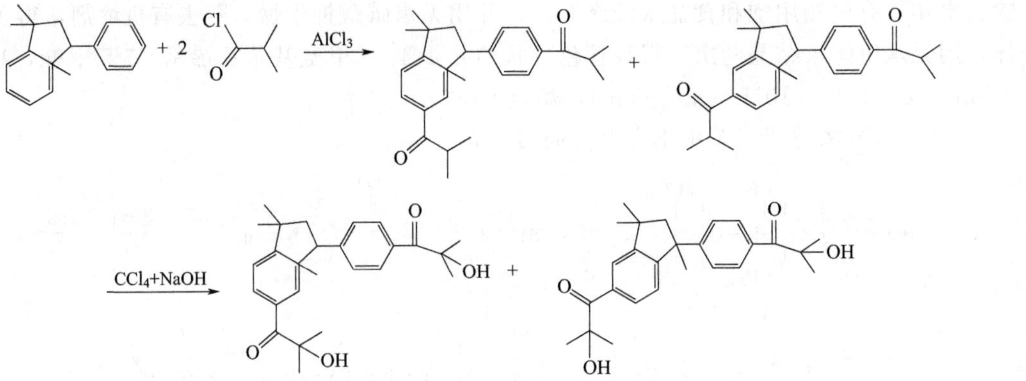

向 100mL 四口烧瓶中投入 9.4g(0.04mol)1,1,3-三甲基-3-苯基茚满和 9.4g(0.088mol) 异丁酰氯，再加入约 50mL 二氯甲烷作溶剂，机械搅拌，分批加入 12.8g(0.096mol) 三氯化铝，控制温度在 10℃ 左右，加完继续反应约 4h。反应结束后，将反应液倒入质量分数 5% 左右的 HCl 冰水混合物中搅拌静置，二氯甲烷萃取，有机相用质量分数 5% 的 Na$_2$CO$_3$ 洗，最后再用水洗至中性，旋蒸除去溶剂，得到酰化物为黄色黏稠物 12.1g（直接用于下步反应），收率为 80.2%。

将 12.1g 酰化物、0.2g 四丙基溴化铵、14.g 四氯化碳、质量分数 40% 的氢氧化钠溶液 20mL 及适量甲苯，置于 100mL 四口烧瓶中，于 70℃ 反应 7h。反应结束后，将反应液倒入 100mL 水中，搅拌，静置分层，提取有机相，水相再用甲苯萃取两次，合并有机相，有机相用水洗至中性，旋蒸除去溶剂，得到淡黄色黏稠液体双官能度羟基酮光引发剂，为 2-羟基-1-{3-[4-(2-羟基-2-甲基-丙酰基)-苯基]-1,1,3-三甲基-茚-5-基}-2-甲基丙酮和 2-羟基-1-{1-[4-(2-羟基-2-甲基-丙酰基)-苯基]-1,3,3-三甲基-茚-5-基}-2-甲基丙酮混合物 11.5g，收率为 87.7%，本法合成的总收率约为 70.5%，产品纯度大于 95.0%。

（14）大分子阳离子光引发剂聚苯乙烯-碘鎓六氟锑酸盐的合成

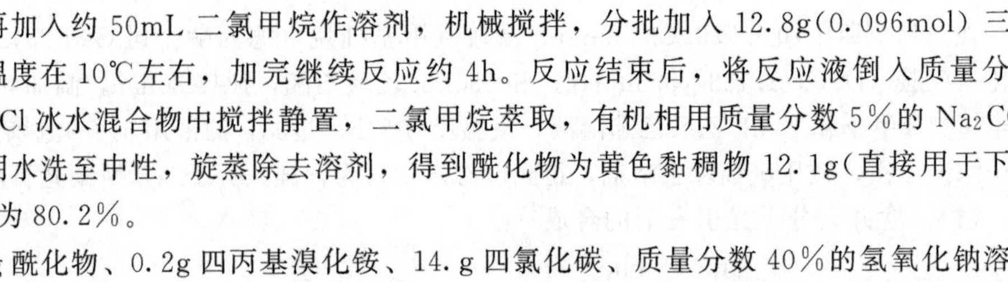

在三口烧瓶中加入 20.4g(0.1mol) 碘代苯，滴加 38g(0.2mol) 40% 的过氧乙酸，在

40℃水浴中搅拌反应 2h 后，再分批加入 20.9g（0.11mol）对甲苯磺酸，继续在此温度下反应 2h，析出白色固体，经抽滤，用乙醚洗涤，烘干，得到羟基对甲磺酰氧基碘苯。以碘代苯计产率 80%，熔点为 136～137℃。

　　将 5.2g 聚苯乙烯溶解在 30mL 二氯甲烷中，再加入 3.92g（0.01mol，相当于苯乙烯单元物质的量的 1/5）羟基对甲磺酰氧基碘苯和冰乙酸 1mL，在 40℃下反应 12h，反应完后旋转蒸发蒸去二氯甲烷。在所得的淡黄色油状物中加入 2.59g（0.01mol）六氟锑酸钠，搅拌，有对甲苯磺酸钠白色沉淀产生，抽滤除去沉淀，取上层液体用甲醇/水沉淀三次，抽滤后真空干燥得到固体至恒重，为聚苯乙烯-碘鎓六氟锑酸盐（PS-I-SbF₆）。

　　（15）超支化大分子光引发剂 HBP-2-TDI-1173 的合成

$$\text{HN}\begin{matrix}\text{CH}_2\text{CH}_2\text{OH}\\\text{CH}_2\text{CH}_2\text{OH}\end{matrix} + \begin{matrix}\text{CH}_2-\text{C}\\|\\\text{CH}_2-\text{C}\end{matrix}\begin{matrix}O\\\\O\end{matrix}\longrightarrow \text{OH}-\overset{O}{\underset{}{C}}-\text{CH}_2-\text{CH}_2-\overset{O}{\underset{}{C}}-\text{N}\begin{matrix}\text{CH}_2\text{CH}_2\text{OH}\\\text{CH}_2\text{CH}_2\text{OH}\end{matrix}$$

DKBA

　　将 10.59（0.1mol）二乙醇胺和 10.09（0.1mol）丁二酸酐的 *N*,*N*-二甲基乙酰胺溶液（20mL），置于 150mL 带有氮气保护、温度计、磁力搅拌装置的四口烧瓶中，室温下搅拌反应，直至红外光谱中 1760cm⁻¹ 和 1850cm⁻¹ 处酸酐吸收峰消失，得到产物 4-*N*,*N*-二（2-羟乙基）4-酮丁酸（DKBA）的 *N*,*N*-二甲基乙酰胺溶液。

$$3 \text{ HO}-\overset{O}{\underset{}{C}}-\text{CH}_2-\overset{O}{\underset{}{C}}-\text{N}\begin{matrix}\text{OH}\\\\\text{OH}\end{matrix} + \text{HO}\begin{matrix}\text{OH}\\\\\text{OH}\end{matrix} \xrightarrow[130℃]{催化剂} \text{HBP-1}$$

DKBA　　　　　TMP　　　　　　　　　HBP-1

$$\text{HBP-1} + 6 \text{ HO}-\overset{O}{\underset{}{C}}-\text{CH}_2-\overset{O}{\underset{}{C}}-\text{N}\begin{matrix}\text{OH}\\\\\text{OH}\end{matrix} \xrightarrow[130℃]{催化剂} \text{HBP-2}$$

HBP-1　　　　　DKBA　　　　　　　　　HBP-2

　　在装有氮气保护装置、温度计、磁力搅拌和分水器装置的四口烧瓶中，加入 0.1mol 的核组份三甲醇丙烷（TPM），同时加入质量分数为 1.5% 的催化剂对甲苯磺酸，于 130℃下滴加 DKBA 的 *N*,*N*-二甲基乙酰胺溶液（TMP 与 DKBA 的摩尔比为 1∶3），滴加完毕后，保持于 130℃下反应 3h，将体系接入真空装置，130℃下抽真空反应 1h，直到体系不再有气泡鼓出，得到淡黄色黏稠状液体，即为第一代超支化聚（酰一胺酯）（HBP-1）。滴加第二步反应所需的单体 0.6mol DKBA（含质量分数为 1.5% 的催化剂对甲苯磺酸），于 130℃下反应 3h，将体系接入真空装置，于 130℃下抽真空反应，直到体系不再有气泡鼓出。反应结束后，将反应液倒入分液漏斗中，依次用饱和 NaHCO₃、NaCl 溶液和水洗涤至中性，真空干燥箱中 100℃下干燥至恒重，得到淡黄色黏稠状液体，即为第二代超支化聚（酰-胺酯）（HBP-2）。

$$\text{(TDI)} + \underset{\text{CH}_3}{\overset{\text{CH}_3}{\underset{|}{\overset{|}{\text{Ph-C-C-OH}}}}} \xrightarrow[50\sim60℃]{催化剂} \text{(产物)}$$

在装有氮气保护装置、回流冷凝、温度计、恒压滴液漏斗装置的四口烧瓶中加入0.5mol 的 TDI，并加入适量的丙酮溶解，升温至 40℃，开动磁力搅拌装置，加入质量为1% TDI 的催化剂二月桂酸二丁基锡，缓慢滴加 0.5mol 的光引发剂 1173 的丙酮溶液，0.5h滴加完毕，升温至 50～60℃反应 1h 后，每 0.5h 取样滴定—NCO 值，直至—NCO 值无法测出，抽真空除去丙酮，即得淡黄色黏稠状产物 TDI-1173 半加成物。

在同上装置的四口烧瓶中加入一定量的超支化聚合物 HBP-2 的 N,N-二甲基乙酰胺溶液和 TDI-1173（—OH 和—NCO 的物质量之比为 1∶1），补加质量为 1% TDI 的催化剂二月桂酸二丁基锡，于 70～80℃反应，直至红外光谱中 2272cm^{-1}处—NCO 的特征吸收峰消失，-OH 特征吸收完全转化为 N—H 特征吸收峰，停止反应，旋蒸除去溶剂 N,N-二甲基乙酰胺，产物用甲苯反复清洗 3～4 次，于真空干燥箱中 80℃下干燥至恒重，即得裂解型大分子光引发剂 HBP-2-TDI-1173。

小分子光引发剂 1173 的紫外最大吸收波长为 244nm 和 288nm，而具有超支化多臂结构的大分子光引发剂 HBP-2-TDI-1173 的最大吸收为 253nm 和 293nm，发生最大吸收红移，这主要是由于引入烷基的共轭效应引起的。

反应初期大分子光引发剂 HBP-2-TDI-1173 和小分子 1173 产生的自由基数量相同，但是大分子光引发剂 HBP-2-TDI-1173 的分子量较大，分子移动速度较低，产生自由基偶合的概率降低，体系的光固化速率加快，双键转化率提高。随着光固化的有效进行，形成空间交联网状结构，不断限制了大分子光引发剂 HBP-2-TDI-1173 的自由基的移动速度，聚合反应速率开始减慢，反应活性种被交联网络包裹，最终反应停止，故双键转化率反而低于 1173。

（16）超支化大分子光引发剂 HPAE-SA-1173 的合成

三口烧瓶中加入二乙醇胺和丙烯酸甲酯（按物质的量比为 1∶1），以甲醇为溶剂，在35℃下恒温反应 4h，抽真空除去甲醇，然后用无水乙醚萃取除去杂质，旋转蒸发除去乙醚，得到淡黄色液体 N,N-二羟乙基-3-胺基丙酸甲酯（MB）。

三口烧瓶中加入 0.3mol MB、0.1mol 三羟甲基丙烷和 500mg 对甲苯磺酸，升温至120℃反应 4h，抽真空除去生成的甲醇，得端羟基超支化聚（胺-酯）HPAE。三口烧瓶中加入端羟基超支化聚（胺-酯）HPAE 与丁二酸酐，用四氢呋喃作溶剂，在 60℃下反应 4h，至酸值降至原来一半时停止反应，得端羧基超支化聚合物 HPAE-SA。

三口烧并中加入 0.1mol HPAE-SA、0.6mol 光引发剂 1173 和 500mg 对甲苯磺酸，用环己烷作带水剂，升温至 90℃，保持 4h，得超支化大分子光引发剂 HPAE-SA-1173。

（17）夺氢型超支化大分子光引发剂 HBP2-TDI-DMEA-4-BP 的合成

在接有氮气保护、回流冷凝器、恒压滴液漏斗、温度计的四口烧瓶中，加入一定量的 TDI 和质量分数为 1%TDI 的催化剂二月桂酸二丁基锡，并加入适量的丙酮溶解，开动搅拌，室温下缓慢滴加 *N,N*-二甲基乙醇胺（DMEA）（—OH 和—NCO 等摩尔比）的丙酮溶液，0.5h 滴加完毕，升温至 50℃反应 1h 后，每 0.5h 取样滴定—NCO 值，直至—NCO 到理论值，抽真空除去丙酮，得到淡黄色黏稠状产品 TDI-DMEA 半加成物。

反应装置同上，加入一定量的 TDI 和质量为 1%TDI 的催化剂二月桂酸二丁基锡，并加入适量的丙酮溶解，开动搅拌，在 45℃下缓慢滴加 4-羟基二苯甲酮（—OH 和—NCO 等摩尔比）的丙酮溶液，0.5h 滴加完毕，升温至 50℃反应 1h 后，每 0.5h 取样滴定—NCO 值，直至—NCO 值到理论值，抽真空除去丙酮，得到淡黄色黏稠状产品 TDI-4-BP 半加成物。

反应装置同上，加入一定量超支化聚合物 HBP2 的 *N,N*-二甲基乙酰胺溶液和 TDI-4-

BP(—OH 和—NCO 的摩尔比为 2∶1)，同时补加入质量为 1% TDI 的催化剂二月桂酸二丁基锡，开动搅拌装置，于 70~80℃ 下反应 3h 后，每 0.5h 取样测定—NCO 值，直至体系—NCO 值无法测出，于 70~80℃ 下，加入 TDI-DMEA (—OH 和—NCO 的摩尔比为 1∶1)，补加 1% TDI 的催化剂二月桂酸二丁基锡，直至 FTIR 中 2272cm^{-1}—NCO 的特征吸收峰消失，—OH 特征吸收完全转化为—NH 特征吸收峰，停止反应，旋蒸去除溶剂 N,N-二甲基乙酰胺，产物用甲苯反复清洗 3~4 次，真空干燥箱中 80℃ 下干燥至恒重，得到淡黄色黏稠液体，即得夺氢型超支化大分子光引发剂 HBP2-TDI-DMEA-4-BP。

超支化大分子光引发剂 HBP-2-TDI-DMEA-4-BP 和相应的小分子体系 4-BP/DMEA 具有相似的紫外吸收，最大吸收峰为 293nm。

大分子光引发剂体系的光聚合速度较快，转化率较高。这主要是因为在大分子 HBP2-TDI-DMEA-4-BP 中，激发态的 4-BP 与周围局部高浓度助引发剂 DMEA 之间的能量转移较快，胺基自由基产生的速率较快，光聚合速度和转化率相应提高。

（18）带光引发基的聚丙烯酸酯低聚物的合成

将甲基丙烯酸甲酯 12.50g(125mmol)、丙烯酸 25.00g(347.2mmol)、丙烯酸丁酯 12.50g(97.7mmol) 混合，加入 0.75g 偶氮二异丁腈使之溶解，倒入滴液漏斗中。在三口烧瓶中加入 70g 乙二醇单甲醚，升温到 80℃，通氮气 0.5h，慢慢滴加混合单体，85℃ 反应 5~6h，冷却，反应物倒入水中使聚合物析出，反复洗涤，真空干燥 50℃×24h，得高分子酸，数均分子量 6956，重均分子量 13223，多分散性 1.90；酸值 436.88mg KOH/g。

在三口烧瓶中加入高分子酸 5.00g、60mL 四氢呋喃，超声振荡 15min，得清澈溶液，升温至 60℃，慢慢滴加二氯亚砜，使其保持微沸反应 6~7h，停止加热，旋蒸除去溶剂，用正己烷多次洗涤，真空干燥 30℃，24h，得高分子酰氯。

将高分子酰氯 2.80g 完全溶于 60mL 四氢呋喃中，倒入用铝箔包裹的三口烧瓶中，加入三乙胺 3.03g(30.0mmol)，升温到 60℃，慢慢滴加 0.432g(2.63mmol) 光引发剂 1173，回流反应 6h。再慢慢滴加 HEA 2.697g(23.3mmol)，保温 40℃，反应 6h，避光旋转蒸除溶剂，用正己烷洗涤，真空干燥 48h，制得带光引发基的聚丙烯酸酯低聚物。

（19）含光引发基的超支化低聚物的合成

$$C(CH_2OH)_4 + \underset{O}{\overset{HOOC}{\bigcirc}} + CH_2\!-\!CH\!-\!CH_2Cl \longrightarrow (BH)\!-\!(COOH)_{32}$$
$$\qquad C$$

$$(BH)\!-\!(COOH)_{32} + m\,GMA + n\,B \longrightarrow (BH)\underset{(COOB)_n}{\overset{(COOH)_{32-m-n}}{\overline{}}}(COO\!-\!GMA)_m$$
$$\qquad\qquad\qquad D$$

在三口烧瓶中加入 10.00g 丁二酸酐、19.90g 光引发剂 184、100mL 二甲基甲酰胺，在搅拌和氮气保护下升温至 110～115℃开始反应，每 0.5h 取样测酸值至酸值恒定，得 A。

搅拌下在 2h 内将 A 滴加到盛有 30.77g 乙二醇二缩水甘油醚的三口烧瓶中，反应至体系酸值恒定。在反应中控制乙二醇二缩水甘油醚的量，使其环氧物质的量是丁二酸酐物质的量的两倍，反应结束后在产品 B 中保留一个环氧基（用盐酸-丙酮法测反应开始和反应结束时体系的环氧值为 2∶1）。

在三口烧瓶中加入 1.36g 季戊四醇、7.68g 偏苯三酸酐和适量二甲基甲酰胺，在搅拌和氮气保护下，升温至 110～115℃，每 0.5h 取样测酸值至恒定；加入 7.40g 环氧氯丙烷，反应至酸值恒定；加入 15.36g 偏苯三酸酐反应至酸值恒定，如此重复反应至超支化聚合物 C 分子外围含 32 个羧基。

在三口烧瓶中加入 9.97g 甲基丙烯酸缩水甘油酯（GMA）、8.88g B、二甲基甲酰胺，升温至 90～95℃，滴加 67.72g C，反应至酸值恒定，得到含光引发基团的超支化低聚物 D。含光引发剂的超支化低聚物的酸值和黏度见表 4-60。

表 4-60　含光引发剂的超支化低聚物的酸值和黏度

$n(GMA)∶n(-COOH)$	$n(184)∶n(-COOH)$	酸值/(mg KOH/g)	黏度/mPa·s
8∶32	2∶32	214.5	88.0
8∶32	4∶32	175.3	132.0
8∶32	6∶32	169.1	228.0
8∶32	8∶32	163.0	190.8
8∶32	10∶32	141.1	65.7

（20）带叔胺基的大分子二苯甲酮光引发剂的合成

在三口烧瓶中加入 5.2g TDI、1mL 二月桂酸二丁基锡和 150mL 乙酸乙酯，加热至 50℃，搅拌下滴加 6g 4-羟基二苯甲酮和 60mL 乙酸乙酯混合液，加毕升温至 60℃，保温反应 3h。再滴加 2.7g N,N-二甲基乙醇胺和 60mL 乙酸乙酯混合液，加毕升温至 78℃，反应

3h，将反应后的有机层分别用 10％的 NaOH 和蒸馏水洗 2 次，再用无水 Na_2SO_4 干燥，用旋转蒸发除去乙酸乙酯，得到浅黄色的产品——带叔胺基的大分子二苯甲酮光引发剂。

（21）大分子碘鎓盐阳离子光引发剂的合成

将 5.76g 苯乙烯-甲基丙烯酸甲酯共聚物溶解在 50mL 二氯甲烷中，再分别加入 3.92g（0.01mol 相当于苯乙烯单元摩尔量的 1/5）羟基对甲苯磺酰氧基碘苯和 4mL 冰乙酸，在 40℃下反应 12h，反应完毕后，旋转蒸发除去二氯甲烷。在所得的淡黄色油状物中，加入 2.64g（0.01mol）六氟锑酸钠，搅拌 3h，有对甲苯磺酸钠白色沉淀产生，抽滤除去沉淀，取上层液体用甲醇/水沉淀，抽滤后真空干燥至恒重，所得固体为大分子阳离子光引发剂 Ⅰ（苯乙烯碘鎓-六氟锑酸盐-甲基丙烯酸甲酯共聚物）。

同样方法，用 5.92g 苯乙烯-丙烯酸丁酯共聚物、5.85g 苯乙烯-丙烯酸羟乙酯共聚物和 5.78g 苯乙烯-聚乙二醇甲基丙烯酸酯共聚物，可制得大分子阳离子光引发剂碘鎓盐 Ⅱ、Ⅲ、Ⅳ，它们的性能见表 4-61。

表 4-61　大分子阳离子光引发剂的性能

产品	共聚物	$T_g/℃$	溶解度(脂环族环氧 1500)/％	相对迁移率(95％乙醇 40℃/7d)
Ⅰ	-MMA	80.57	11	≥0.8
Ⅱ	-BA	45.57	12	1.94
Ⅲ	-HEA	68.19	12	1.82
Ⅳ	-PEG	40.26	12	1.62
对照碘鎓盐		440	4	100

（22）可聚合光引发剂 4-羟基二苯甲酮丙烯酸酯的制备

将 20g 苯酚溶于有 34g NaOH 配成的 300mL 水溶液中，然后称取 44g 苯甲酰氯，在激烈搅拌下，快速滴入苯酚钠溶液，保持 30～40℃温度下，搅拌反应 1h，生成了大量白色晶体，抽滤，反复洗涤至闻不到明显苯甲酰氯气味，干燥，得产品苯甲酸苯酯，重 28g，熔点 69.5～70.2℃，产率 71％（以苯酚计）。

将 28g 制得的苯甲酸苯酯放入 300mL 烧杯中加热使之熔化，在搅拌下加入研碎的无水三氯化铝 27g，反应 20min 后，全部成橘红色固体，冷却后，加入 50mL 稀盐酸，加热使之熔化，搅拌、冷却、抽滤，用水洗涤至中性，得橘红色固体，干燥称重 27g，再用 25mL 甲苯重结晶，得黄色晶体 4-羟基二苯甲酮，测熔点 133.3～134.3℃（文献值 135℃）。

量取 20mL 丙烯酸和 13mL 三氯化磷于 100mL 圆底瓶中，装上回流冷凝管和干燥管，加热至回流后，在 60～70℃下反应 30min，然后让其冷却到室温，静置 3h，此时已分层，上层分出，将之加入少量氯化亚铜，常压蒸馏，收集 70～76℃的液体，为丙烯酰氯产率 50％。

称取 11.5g 4-羟基二苯甲酮溶于有 2.7g NaOH 的甲醇溶液中，然后蒸出甲醇，得其钠盐，加入 60mL 二氯甲烷，然后在搅拌下滴加 5.8mL 丙烯酰氯，0.5h 后滤出固体，蒸去二氯甲烷，将残余物倒入表面皿中，过一晚，全部成为固体，称重 10.7g，用 15mL 乙醇温热溶解、过滤、放入冰箱中，不久析出大量固体，抽滤，用 1～2mL 乙醇洗涤，在室温下干燥，得产品 4-羟基二苯甲酮丙烯酸酯，熔点 47.1～47.8℃，为可聚合光引发剂。

（23）可聚合光引发剂 4,4′-二羟基二苯甲酮双（甲基）丙烯酸酯的合成

取 100g P_2O_5 于三口瓶中，装上搅拌器、回流管及干燥管，然后在冷水浴中，慢慢分几次加入 70mL H_3PO_4，在沸水浴中反应约 220min，此时 P_2O_5 粉末溶解，产物多聚磷酸为黏度较大的无色液体。

量取 20mL 甲基丙烯酸，6.8g 三氯化磷，加热到回流，然后保持微沸状态反应 2h，然后冷却静置 2h，分出上层液体，加入少量氯化亚铜，常压蒸馏，收集 94～102℃ 馏分 12g，为甲基丙烯酰氯，产率 51%。

取自制的多聚磷酸 206.5g，加入 32.6g 对羟基苯甲酸、22.3g 苯酚、72.4g 氯化锌、137.3g 磷酸，先在 40℃ 水浴中搅拌均匀，然后在 80min 内边搅拌边滴加完 25.8g 三氯化磷，然后在 60℃ 水浴中搅拌 16h，此时呈黄色浆状物，再倒入 1000mL 冷水中抽滤，再用 6g NaHCO₃ 加 250mL 水配成的溶液洗涤，至不再有气泡产生为止，然后又用冷水洗涤至中性，干燥，产物为 4,4′-二羟基二苯甲酮，重 45.5g，产率 88%，熔点 211.8～213.4℃，为可聚合光引发剂。

150mL 圆底瓶中加入 4.5g NaOH、50mL 甲醇，氮气保护下，加入 12g 4,4′-二羟基二苯甲酮，搅拌溶解，然后蒸出甲醇，得黄色固体，加入 100mL 二氯甲烷，在搅拌下滴入 12mL 自制丙烯酰氯。待黄色固体全溶后，再搅拌 30min，过滤除去生成的白色固体，滤液用 6g NaOH 和 200mL 水配成的溶液洗涤 5 次，（水层基本至无色），然后再用 50mL 水洗涤二次，分出二氯甲烷层，加入 4g 无水 MgSO₄ 干燥，12h 后，再蒸去二氯甲烷，得略带黄色油状物，倒入表面皿中，让残留二氯甲烷挥发，得白色固体，真空干燥，产品为 4,4′-二羟基二苯甲酮双丙烯酸酯，重 12.6 克，熔点 110.0～110.9℃。

100mL 圆底瓶中加入 1.22g NaOH、20mL 甲醇，氮气保护下，加入 2.3g 4,4′-二羟基二

二苯甲酮，搅拌溶解，然后蒸出甲醇，得黄色固体，加入 40mL 二氯甲烷，在搅拌下滴入 3.6mL 自制甲基丙烯酰氯和 4mL 二氯甲烷。待黄色固体全溶后，再搅拌 50min，过滤除去生成的白色固体，滤液用 2g NaOH 和 50mL 水配成的溶液洗涤 5 次，（水层基本至无色），然后再用 50mL 水洗涤二次，分出二氯甲烷层，加入 2g 无水 MgSO$_4$ 干燥，12h 后，再蒸去二氯甲烷，得白色固体，真空干燥，产品为 4,4′-二羟基二苯甲酮双甲基丙烯酸酯，重 2.7g，熔点 114～116℃，为可聚合光引发剂。

（24）可聚合光引发剂 2,4,4′-三羟基二苯甲酮三（甲基）丙烯酸酯的合成

在三口瓶中装入 3g 对羟基苯甲酸、2.3g 间苯二酚、6.7g 氯化锌和 19.02g 多聚磷酸，装好干燥装置，把此混合物在水浴上加热到 40℃，然后在约 45min 内把三氯化磷缓慢滴加到此混合物中，加完后，使水浴升至 60℃，继续搅拌反应，大约 0.5h 之后，反应瓶中的物质由灰黄色变为黄色，保持在此温度反应 13h 后，过滤，再用 2.5% 的碳酸氢钠溶液和蒸馏水洗涤至中性，干燥，得产物为 2,4,4′-三羟基二苯甲酮，重 4.50g，熔点为 195.1～196.5℃，产率 90%。

称取 2.3g 2,4,4′-三羟基二苯甲酮，在氮气保护下，加入溶有 1.4g NaOH 的 20mL 甲醇溶液，搅拌至溶解后，水浴上蒸去甲醇，得黄色固体，往此固体中加入 30mL 二氯甲烷，然后在冰浴冷却下，滴加制得的 5mL 甲基丙烯酰氯和 5mL 二氯甲烷的混合溶液，回到常温搅拌 2h，过滤，滤液用 3% NaOH 溶液 60mL 分三次洗涤，再用蒸馏水洗涤三次，蒸去二氯甲烷，得带黄色透明黏稠油状物 2.1g，为 2,4,4′-三羟基二苯甲酮三甲基丙烯酸酯，产率 48%，为可聚合光引发剂。

称取 4.3g 2,4,4′-三羟基二苯甲酮，在氮气保护下，加入溶有 3g NaOH 的甲醇溶液，搅拌至溶解后，水浴上蒸去甲醇，得黄色固体，往此固体中加入 40mL 二氯甲烷，然后在冰浴冷却下，滴加制得的 6mL 丙烯酰氯，回到室温搅拌 1h，过滤，滤液用 3% NaOH 溶液分三次洗涤，再用蒸馏水洗涤三次，蒸去二氯甲烷，得带黄色透明黏稠油状物 3g，为 2,4,4′-三羟基二苯甲酮三丙烯酸酯，产率 43%，为可聚合光引发剂。

（25）超支化大分子二苯甲酮基光引发剂的合成

① 可聚合超支化大分子二苯甲酮基光引发剂（PB$_x$A$_y$）的合成

将 20.5g(0.104mol) 4-羟基二苯甲酮、8.32g(0.208mol) 氢氧化钠及 200mL 蒸馏水，

加入到装有机械搅拌和冷凝器的 500mL 的三口瓶中，再将 9.83g（0.104mol）氯乙酸溶于 40mL 蒸馏水中，并于 80℃ 缓慢滴加入上述反应液中。滴加结束后，将混合液在 100℃ 反应 3h。接着再加入溶有 4.91g（0.052mol）氯乙酸和 4.16g（0.104mol）氢氧化钠的 10mL 的水溶液，继续在 100℃ 反应 3h。待混合液冷至室温，用盐酸酸化，将所得沉淀物用丙酮洗涤，滤去不溶固体后，旋蒸除去丙酮得到粗产物，经氯仿重结晶后，在 40℃ 烘箱放置 24h，即得产物（4-苯甲酰基苯基）乙酸，为白色粉末，产率 48.3%。

将 6g（4mmol）超支化聚合物 BoltornTMP1000、4.81g（18.8mmol）（4-苯甲酰基苯基）乙酸、0.18g（1.04mmol）对甲苯磺酸以及 30mL 甲苯加入到装有油水分离器的 100mL 三口瓶中，在 115℃、氮气保护的条件下回流 6h，冷至室温后，再将 18.64g（120mmol）丙烯酸、0.25g（2.01mmol）对羟基苯甲醚（阻聚剂）、0.25g（1.45mmol）对甲苯磺酸、30mL 甲苯以及 15mL 环己烷加入，在 110℃、氮气保护的条件下回流 8h，冷却，加入 20mL 甲苯稀释，将所得混合液用含 4% 氢氧化钠和 10% 氯化钠的水溶液洗涤两次，再用 1% 氢氧化钠 10% 氯化钠的水溶液洗涤两次，分出有机层，用无水 $MgSO_4$ 干燥过夜，除去溶剂后，得到浅黄色液体，即为可聚合超支化大分子二苯甲酮基光引发剂 $PB_{4.7}A_{9.3}$（根据核磁分析得到的大分子端基中二苯甲酮和丙烯酸基团的摩尔比来命名），产率 80%。

② 叔胺改性二苯甲酮基可聚合超支化大分子光引发剂（$PB_xA_yN_z$）的合成

将 1.5g（0.41mmol）$PB_{4.7}A_{9.3}$、0.14g（16.4mmol）哌啶溶于 10mL 的氯仿中，在 25℃ 反应 6h。旋蒸除去溶剂后，得到浅黄色液体，即为叔胺改性二苯甲酮基可聚合超支化大分子光引发剂 $PB_{47}A_{4.6}N_{4.7}$，产率 100%。

③ 叔胺改性二苯甲酮基超支化大分子光引发剂（PB_xN_z）的合成

叔胺改性二苯甲酮基超支化大分子光引发剂 $PB_{4.7}N_{9.3}$ 和 PB_7N_7 的合成过程类似于 $PB_{4.7}A_{4.6}N_{4.7}$。

合成的二苯甲酮基超支化大分子光引发剂名称缩写命名为 $PB_xA_yN_z$：P、B、A、N 分别代表超支化聚合物 BoltornTM P1000、二苯甲酮（benzophenone，BP）、丙烯酸、哌啶基团。x、y、z 分别代表 P1000 分子中接入 BP、丙烯酸、哌啶基团的平均个数。

4. 14. 5　可见光引发剂的合成方法

（1）可见光引发剂樟脑醌的合成

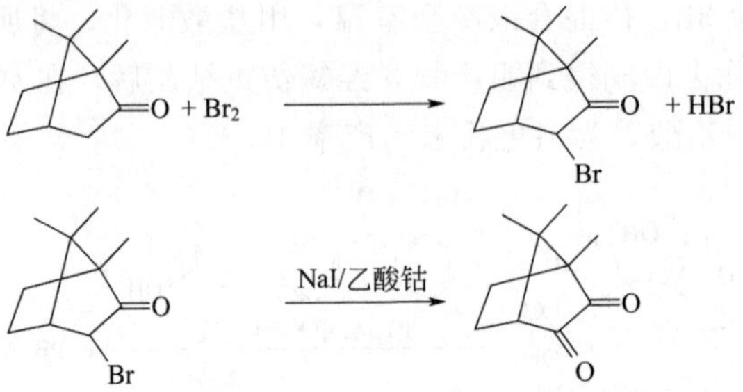

在三口烧瓶中加入 38g（250mmol）樟脑，油浴加热至 80℃，搅拌滴加溴 40g（250mmol），30min 滴完，在 80℃搅拌反应 3h。直到无溴化氢气体放出为止。把反应后的溶液倒入 400mL 冰水中，得到粗品 3-溴樟脑，再用 30mL 无水乙醇重结晶，得到产品 38g，熔点 74～76℃。

在三口烧瓶中加入 5g（33.3mmol）碘化钠、0.5g 乙酸钴、30mL 二甲亚砜、5g（21.6mmol）3-溴樟脑，鼓入空气，加热到 150℃，反应 6h 后，将反应液倒入 500mL 水中，加入少量硫代硫酸钠，用 100mL 乙酸乙酯萃取，水层用乙酸乙酯提取 5 次（每次 30mL），合并有机层，水洗 2 次，用无水硫酸钠除水。过滤、减压蒸馏除去溶剂，得樟脑醌粗品，用正己烷重结晶得黄色针状结晶 2.6g（15.7mmol），熔点 196～198℃，收率 72%。

（2）N-取代硫代吖啶酮的合成

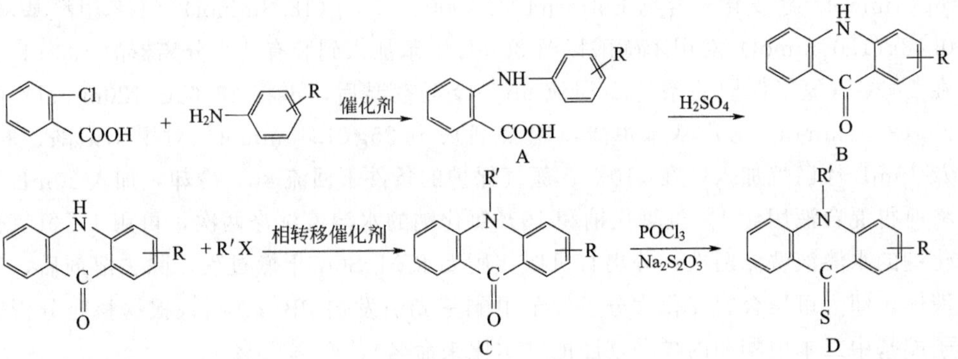

在三口烧瓶中加入 0.26mol 邻氯苯甲酸、1mol 苯胺、0.3mol 的缚酸剂和 0.0125mol 的催化剂，混合后加热回流 2～3h，除去未反应的原料，用盐酸将反应产物沉淀析出，过滤得灰白色粗品，用醇-水混合物重结晶，得纯的 2-羧酸二苯胺衍生物 A。

将 20g A 溶于 8mol 浓硫酸中，加热 15min，然后将产物注入水中，析出沉淀，过滤、水洗，重结晶得到黄色固体吖啶酮 B。

将 5g B、20mol 丁酮、40% 的氢氧化钠溶液 20mL、150mg 相转移催化剂加入三口烧瓶中，水浴加热，搅拌下滴加 4mL 烷基化试剂，反应 1h，反应完后将反应混合物注入热水中沉淀，析出产物，过滤、洗涤、烘干，得到 N-取代吖啶酮 C。

将 2g C 和 14mL 三氯氧磷混合，水浴加热，75℃反应 1h，将反应物倒入 100mL 冰水混合物中，溶液呈橘黄色，加入 1mol/L 硫代硫酸钠，马上有砖红色产物析出，过滤、水洗，用苯重结晶，得到 N-取代硫代吖啶酮 D。

五种硫代吖啶酮的结构与性能见表 4-62。

表 4-62　五种硫代吖啶酮的结构与性能

编号	硫代吖啶酮	λ_{max} /nm	ε_{max} /[L/(mol·cm)]	光分解速率 /(K/s)	相对感度 (留膜级数)
1	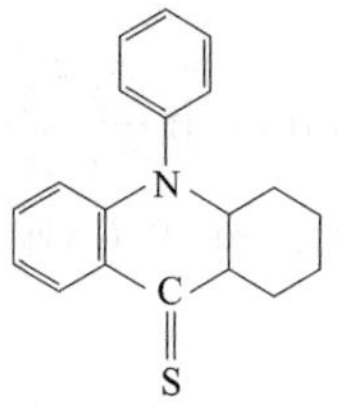	483	2.304×10^4	0.2365	7
2	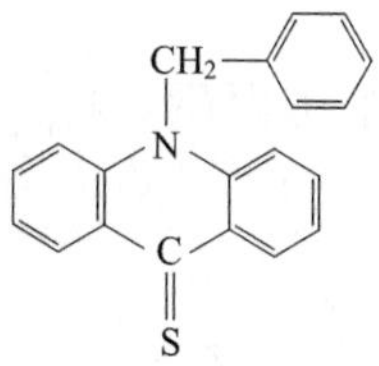	485	2.309×10^4	0.2048	7
3	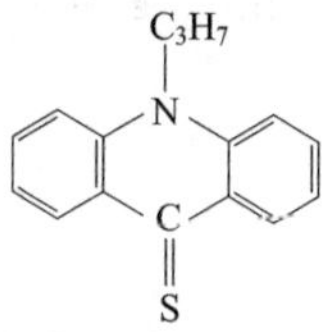	490	2.76×10^4	0.1981	8
4	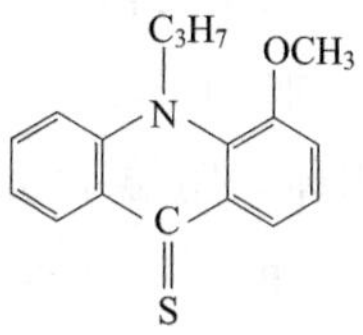	478	0.36×10^4	0.0186	4
5	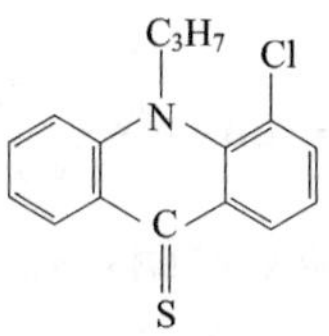	481	0.053×10^4	0.0185	2

（3）双-（对-二甲氨基亚苄基）丙酮的合成

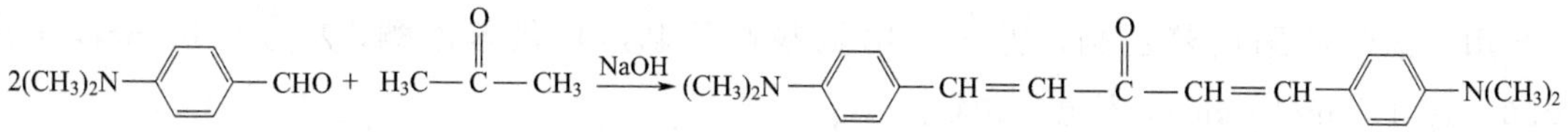

$$2(CH_3)_2N\text{—}\underset{}{\bigcirc}\text{—CHO} + H_3C\text{—}\underset{O}{\overset{\parallel}{C}}\text{—CH}_3 \xrightarrow{NaOH} (CH_3)_2N\text{—}\underset{}{\bigcirc}\text{—CH}=CH\text{—}\underset{O}{\overset{\parallel}{C}}\text{—CH}=CH\text{—}\underset{}{\bigcirc}\text{—N(CH}_3)_2$$

在三口烧瓶中加入 45mL 无水乙醇，再加入 4.50g(0.03mol) 对二甲氨基苯甲醛，待全部溶解后，再加入 0.89g(0.015mol) 丙酮，混合均匀后，滴加 15% 的氢氧化钠水溶液 10mL，边加边搅拌，加毕，室温下反应 1.5h，出现黄色浑浊，再在 45℃ 继续反应 2h，出现大量橙色固体，冷却、抽滤，用甲苯重结晶两次，得橙色片状结晶，即为对-(对-二甲氨基亚苄基)丙酮，$\lambda_{max}=432nm$，$\varepsilon=5.81\times10^4 L/(mol\cdot cm)$，熔点 194℃。

（4）双-亚苄基丙酮的合成

$$2 \bigcirc\!\!-CHO + H_3C-\overset{\overset{O}{\|}}{C}-CH_3 \xrightarrow{NaOH} \bigcirc\!\!-CH=CH-\overset{\overset{O}{\|}}{C}-CH=CH-\bigcirc$$

参照上述反应，类似条件，用苯甲醛代对二甲氨基苯甲醛，合成双-亚苄基丙酮，$\lambda_{max}=422nm$，$\varepsilon=3.21\times10^4 L/(mol\cdot cm)$，熔点 111℃。

$$(CH_3)_2N-\bigcirc\!\!-CHO + H_3C-\overset{\overset{O}{\|}}{C}-CH=CH-\bigcirc \xrightarrow{NaOH} (CH_3)_2N-\bigcirc\!\!-CH=CH-\overset{\overset{O}{\|}}{C}-CH=CH-\bigcirc$$

用亚苄基丙酮代对二甲氨基苯甲醛，合成对二甲氨基双亚苄基丙酮，$\lambda_{max}=418nm$，$\varepsilon=3.21\times10^4 L/(mol\cdot cm)$，熔点 158℃。

$$2(CH_3)_2N-\bigcirc\!\!-CHO + \overset{O}{\bigcirc} \xrightarrow{NaOH} (CH_3)_2N-\bigcirc\!\!-CH=\!\!\overset{O}{\bigcirc}\!\!=CH-\bigcirc\!\!-N(CH_3)_2$$

用环戊酮合成双（对二甲氨基双亚苄基）环戊酮，$\lambda_{max}=472nm$，$\varepsilon=6.10\times10^4 L/(mol\cdot cm)$，熔点 198℃。

（5）4-二甲氨基亚苄基-苯乙酮的合成

$$(CH_3)_2N-\bigcirc\!\!-CHO + CH_3\overset{\overset{O}{\|}}{C}-\bigcirc \xrightarrow{NaOH} (CH_3)_2N-\bigcirc\!\!-CH_3=CH-\overset{\overset{O}{\|}}{C}-\bigcirc$$

在三口烧瓶中加入 4.5g(0.03mol) 对二甲氨基苯甲醛、30mL 无水乙醇，待全部溶解后，再加入 3.6g(0.03mol) 苯乙酮，混匀，在快速搅拌下，慢慢滴加 6mL、15% 的氢氧化钠水溶液，开始滴入时溶液逐渐变为橘红色，然后析出大量黄色固体，室温下反应 4h 后停止，抽滤，样品以无水甲醇重结晶两次，得黄色晶形固体为 4-二甲氨基亚苄基苯乙酮，$\lambda_{max}=406nm$，$\varepsilon=3.8\times10^4 L/(mol\cdot cm)$，熔点 109.5℃。

按类似合成方法合成：

$$(CH_3)_2N-\bigcirc\!\!-CHO + CH_3\overset{\overset{O}{\|}}{C}-\bigcirc\!\!-OCH_3 \xrightarrow{NaOH} (CH_3)_2N-\bigcirc\!\!-CH=CH-\overset{\overset{O}{\|}}{C}-\bigcirc\!\!-OCH_3$$

用 4-甲氧基苯乙酮代苯乙酮，得 4-二甲氨基亚苄基，$4'$-甲氧基苯乙酮，$\lambda_{max}=402nm$，$\varepsilon=4.0\times10^4 L/(mol\cdot cm)$，熔点 137.5℃。

$$(CH_3)_2N-\bigcirc\!\!-CHO + CH_3\overset{\overset{O}{\|}}{C}-\bigcirc\!\!-Cl \xrightarrow{NaOH} (CH_3)_2N-\bigcirc\!\!-CH=CH-\overset{\overset{O}{\|}}{C}-\bigcirc\!\!-Cl$$

用 4-氯苯乙酮代苯乙酮，得 4-二甲氨基亚苄基，$4'$-氯苯乙酮，$\lambda_{max}=406nm$，$\varepsilon=3.50\times10^4 L/(mol\cdot cm)$，熔点 140℃。

4.14.6 水性光引发剂的合成方法

（1）水性 α-氨基酮光引发剂的合成

$$CH_3CONH{-}\bigcirc{-} + CH_3CH_2COCl \xrightarrow{AlCl_3} CH_3CONH{-}\bigcirc{-}\overset{O}{\underset{}{C}}{-}CH_2CH_3$$
A

$$CH_3CONH{-}\bigcirc{-}\overset{O}{\underset{}{C}}{-}CH_2CH_3 + Br_2 \longrightarrow CH_3CONH{-}\bigcirc{-}\overset{O}{\underset{}{C}}{-}\underset{Br}{CHCH_3}$$
B

$$CH_3CONH{-}\bigcirc{-}\overset{O}{\underset{}{C}}{-}\underset{Br}{CHCH_3} + HN\bigcirc \longrightarrow CH_3CONH{-}\bigcirc{-}\overset{O}{\underset{}{C}}{-}\underset{N\bigcirc}{CHCH_3}$$
C

$$CH_3CONH{-}\bigcirc{-}\overset{O}{\underset{}{C}}{-}\underset{N\bigcirc}{CHCH_3} \xrightarrow{HCl} H_2N{-}\bigcirc{-}\overset{O}{\underset{}{C}}{-}\underset{N\bigcirc}{CHCH_3}$$
D

在三口烧瓶中加入 50g（0.37mol）乙酰苯胺、120g（0.90mol）无水三氯化铝和适量溶剂，室温搅拌下缓慢滴加 42mL（0.48mol）丙酰氯，回流 5h，冷至室温，将反应液在剧烈搅拌下缓慢倒入冰水-盐酸中，析出沉淀经水洗、重结晶得到 A 40.5g，熔点 167～169℃，产率 57.3%。

取 23g（0.12mol）A 和适量乙醇，剧烈搅拌下缓慢滴加 20.8g（0.13mol）溴-乙醇溶液，6h 加毕，35～45℃反应 2～3h，冷至 0℃，得橙红色溶液，减压回收溶剂，沉淀经过滤、洗涤、干燥，得乳黄色晶体 B 22.8g，熔点 131～133℃，产率 70.4%。

取 40.5g（0.15mol）B 和少量水，室温下滴加 15mL（0.15mol）哌啶，然后在 30～40℃下反应 2h。将反应混合物去水，经苯取、洗涤、蒸馏，残留物用氯化氢-乙醇溶液处理，析出沉淀，重结晶得到易溶于水的白色粉末 C 为[1-（4-乙酰氨基苯基）-2-哌啶基-1-丙酮盐酸盐]29.2g，熔点 240℃（分解），产率 62.6%。

将 1.55g（0.05mol）C 在 20mL、15% 的盐酸中回流 0.5h，除去溶剂后得到乳白色沉淀，用无水乙醇重结晶得白色粉末 D 为[1-（4-氨基苯基）-2-哌啶基-1-丙酮盐酸盐]1.18g，熔点 202℃（分解），易溶于水，产率 97.0%。

用吗啉、二乙胺、正丁胺代替哌啶，采用相同方法可合成其他三种 α-氨基酮水性光引发剂（表 4-63 中的 2～4）。

表 4-63 α-氨基酮水性光引发剂

序号	A	外观	水溶性	熔点/℃	λ_{max}/nm
1(D)	哌啶基	白色晶体	易溶	202（分解）	334
2	吗啉基	白色晶体	易溶	210（分解）	335

续表

序号	A	外观	水溶性	熔点/℃	λ_{max}/nm
3	二乙氨基	白色晶体	易溶	140（分解）	337
4	正丁氨基	白色晶体	易溶	206（分解）	330

（2）水性硫杂蒽酮季铵盐光引发剂的合成

$$(CH_3)_3N \cdot HCl + CH_2CHCH_2Cl \xrightarrow{\quad} ClCH_2CHCH_2\overset{+}{N}(CH_3)_3Cl^-$$

$$A$$

在三口烧瓶中加入 40g 三甲胺盐酸盐和 80mL 无水乙醇，加热至 30℃，搅拌滴加 42.5g 环氧氯丙烷，加毕反应 3～4h，有大量白色晶体产生，过滤，用无水乙醇洗涤，干燥后得粗品，用乙醇重结晶，得纯品 A（3-氯-2-羟基丙基三甲氯化铵），熔点 186～188℃，收率 38.4%。

在干燥的三口烧瓶中加入 0.27g 金属钠和 27mL 无水乙醇，待钠反应完全后，加入 2.28g 2-羟基硫杂蒽酮，搅拌加热至回流，加入 2.14g A，回流反应 20h，加几滴 2mol/L 盐酸-异丙醇溶液，调 pH＝4，趁热过滤，滤液用冰水冷却得黄色晶体，甲醇洗涤，干燥得黄色固体，熔点 245～246.5℃，用乙醇与甲醇混合溶剂重结晶，再用乙醇洗涤，真空干燥，得亮黄色晶体 B［2-羟基-3-(2'-硫杂蒽酮氧基)-N,N,N-三甲基-1-丙胺氯化物］，收率 62.8%。

用同样方法可合成表 4-64 中化学物 2～4。

表 4-64 水性硫杂蒽酮季铵盐光引发剂

序号	R_1	R_2	R_3	A	收率/%	熔点/℃	λ_{max}/nm	ε/[L/(mol·cm)]
1	H	H	H	—OCH$_2$CHCH$_2\overset{+}{N}$(CH$_3$)$_3$Cl$^-$ (OH)	62.8	245～246	404.6	5680
2	H	H	CH$_3$	—OCH$_2$CHCH$_2\overset{+}{N}$(CH$_3$)$_3$Cl$^-$ (OH)	42.1	253～255	405.8	4850
3	H	CH$_3$	CH$_3$	—OCH$_2$CHCH$_2\overset{+}{N}$(CH$_3$)$_3$Cl$^-$ (OH)	28.9	232～235	402.0	5100
4	CH$_3$	H	H	—OCH$_2$CHCH$_2\overset{+}{N}$(CH$_3$)$_3$Cl$^-$ (OH)	30.0	248～251	393.0	5260

（3）水性硫杂蒽酮季铵盐光引发剂的合成

（反应式图）

在三口烧瓶中加入浓硫酸、邻巯基苯甲酸，搅拌下分批加入 2,5-二甲基苯酚，室温搅拌 1h，升温至 85℃，反应 2h 静置过夜，反应液倒入冰水中，过滤，用 100g/L 氢氧化钠水溶液洗涤滤饼，过滤，用稀盐酸中和，得粗品，用冰醋酸重结晶，得浅绿色晶体 A(2-羟基-1,4-二甲基硫杂蒽酮)，熔点 220.3～220.8℃，产率 63.2%。

上述反应中用 2,3-二甲基苯酚代替 2,5-二甲基苯酚，用同样的方法合成 2-羟基-3,4-二甲基硫杂蒽酮，熔点＞300℃，产率 36.4%。

在三口烧瓶中加入 A、3-氯-2-羟基丙基三甲基氯化铵和二甲基甲酰胺，搅拌 5min，升温至 100℃，加入乙醇钠乙醇溶液（30g/L），调 pH 值至 9，反应 24h 后，滴加 2mol/L 盐酸-异丙醇溶液，调 pH 值至 4，过滤，冷却得黄绿色晶体，过滤，真空干燥，用乙醇与水（20：1 体积比）混合溶剂重结晶，得到 B，为[2-羟基-3-(1′,4′-二甲基-2′-硫杂蒽酮氧基)-N,N,N-三甲基-1-丙胺氯化物]，熔点 254.6～255.8℃，收率 76.8%。

用同样方法可合成表 4-65 中化合物 2～4。

（结构图）

表 4-65　水性硫杂蒽酮季铵盐光引发剂

序号	R_1	R_2	R_3	A	收率/%	熔点/℃	λ_{max}/nm	ε/[L/(mol·cm)]
1	CH_3	H	CH_3	$-OCH_2\overset{OH}{CH}CH_2\overset{+}{N}(CH_3)_3Cl^-$	76.8	254.6～255.8	404.8	5192
2	H	CH_3	CH_3	$-OCH_2\overset{OH}{CH}CH_2\overset{+}{N}(CH_3)_3Cl^-$	30.4	261.1～262.2	403.2	4370
3	CH_3	H	CH_3	$-OCH_2\overset{OH}{CH}CH_2\overset{+}{N}(C_2H_5)_3Br^-$	30.4	135.3～136.6	406.2	3578
4	H	CH_3	CH_3	$-OCH_2\overset{OH}{CH}CH_2\overset{+}{N}(C_2H_5)_3Br^-$	65.0	243.6～244.4	404.2	4790

（4）水性硫杂蒽酮磺酸盐光引发剂的合成

$$\text{CH}_2\!\!-\!\!\text{CHCH}_2\text{Cl} + \text{NaHSO}_3 + \text{Na}_2\text{SO}_3 \xrightarrow{\text{H}_2\text{O}} \underset{\text{OH}}{\text{ClCH}_2\text{CHCH}_2\text{SO}_3\text{Na}}$$
$$\text{A}$$

在三口烧瓶中加入 32.4g 亚硫酸氢钠、12.6g 亚硫酸钠和 52.5g 去离子水，边搅拌边滴加 25g 环氧丙烷，温度控制在 18～30℃，反应 1～1.5h，沉降，过滤、水洗、干燥，得高纯度白色结晶 A，熔点 262～263℃，得率 95％。

在三口烧瓶中加入 2.15g 2-羟基硫杂蒽酮的钠盐、1.7g A 和 38mL 二甲基甲酰胺及少量四丁基溴化铵，搅拌、加热至回流反应 2h，冷却倒入 200mL 丙酮中，有大量固体析出，过滤，用丙酮多次洗涤，烘干，粗品用甲醇重结晶，得化合物 B（表 4-66 中序号 1）。

用同样方法可合成表 4-66 中化合物 2～4。

表 4-66　水性硫杂蒽酮磺酸盐光引发剂

序号	R_1	R_2	R_3	A	收率/%	熔点/℃	λ_{max}/nm	ε/[L/(mol·cm)]
1	H	H	H	$-\text{O}-\text{CH}_2-\underset{\text{OH}}{\text{CH}}-\text{CH}_2\text{SO}_3\text{Na}$	40.0	>300	405.4	33300
2	H	H	CH_3	$-\text{O}-\text{CH}_2-\underset{\text{OH}}{\text{CH}}-\text{CH}_2\text{SO}_3\text{Na}$	28.0	>300	406.0	2520
3	H	CH_3	H	$-\text{O}-\text{CH}_2-\underset{\text{OH}}{\text{CH}}-\text{CH}_2\text{SO}_3\text{Na}$	18.0	>300	402.2	5770
4	CH_3	H	H	$-\text{O}-\text{CH}_2-\underset{\text{OH}}{\text{CH}}-\text{CH}_2\text{SO}_3\text{Na}$	21.0	>300	394.4	4860

（5）水性硫杂蒽酮磺酸盐光引发剂的合成

在三口烧瓶中加入 2-羟基-1，4-二甲基硫杂蒽酮的钠盐、3-氯-2-羟基丙基磺酸钠、二甲基甲酰胺和少量三乙基苄基氯化铵，搅拌 5min，升温至回流，反应 2h，冷至室温，反应液用大量丙酮洗涤，过滤、烘干得粗品，用无水甲醇重结晶得 A［2-羟基-(1′,4′-二甲基-2′-硫杂蒽酮氧基)-丙基磺酸钠]，熔点＞300℃，产率 26.1%。

用同样方式可合成表 4-67 中化合物 2～4。

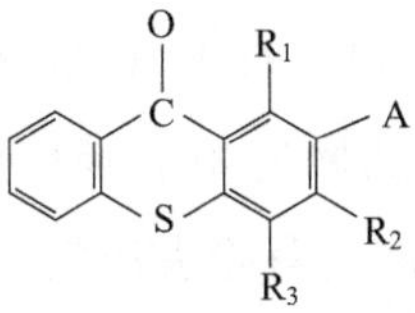

表 4-67 水性硫杂蒽酮磺酸盐光引发剂

序号	R_1	R_2	R_3	A	收率/%	熔点/℃	λ_{max}/nm	ε/[L/(mol·cm)]
1	CH_3	H	CH_3	$-OCH_2\overset{OH}{\underset{}{CH}}-CH_2SO_3Na$	26.1	＞300	405.2	4111
2	H	CH_3	CH_3	$-OCH_2\overset{OH}{\underset{}{CH}}-CH_2SO_3Na$	27.0	＞300	404.6	2400
3	CH_3	H	CH_3	$-OCH_2CH_2CH_2SO_3Na$	20.9	＞300	403.0	4543
4	H	CH_3	CH_3	$-OCH_2CH_2CH_2SO_3Na$	13.0	＞300	402.6	3347

（6）水性二苯甲酮季铵盐光引发剂的合成

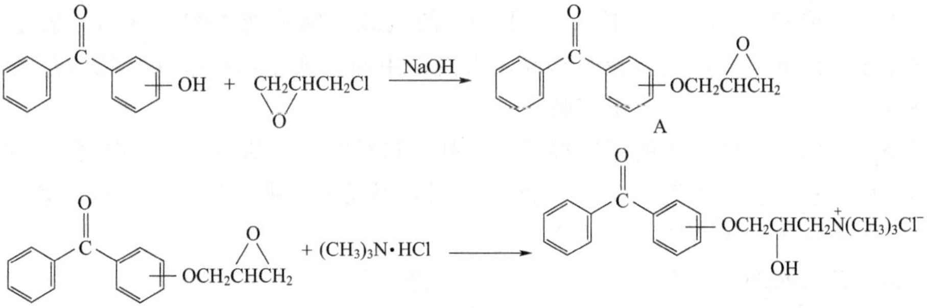

在三口烧瓶中加入 19.8g（0.1mol）4-羟基苯甲酮、38g（0.4mol）环氧氯丙烷，加热至 80～85℃，剧烈搅拌下滴加 9g 45% 的氢氧化钠，1.5h 加毕，继续反应 1h，冷至室温，抽滤，固相以 10mL 环氧丙烷洗涤两次，有机相用 50mL、50℃ 热水洗涤两次，无水硫酸钠干燥 0.5h 后，减压蒸馏除去未反应的环氧氯丙烷，得淡黄色黏稠液体 A，含量约 94%，产率为 92%。

A 中加入 9.3g（0.1mol）三甲胺盐酸盐、50mL 无水乙醇，混合物用 33% 的三甲胺水溶液调 pH 值为 8.5，在 30℃ 下搅拌反应 1h，减压蒸馏，残余物用石油醚、三氯甲烷洗涤三次，用石油醚/乙酸乙酯混合溶剂重结晶，真空干燥，得到水性二苯甲酮光引发剂氯化［2-羟基-3-（4-苯甲酰基苯氧基)-N,N,N-三甲基-1-丙胺]，熔点 105～107℃，收率 90%。

（7）水溶性光引发剂（4-苯甲酰苄基）磺酸钠的合成

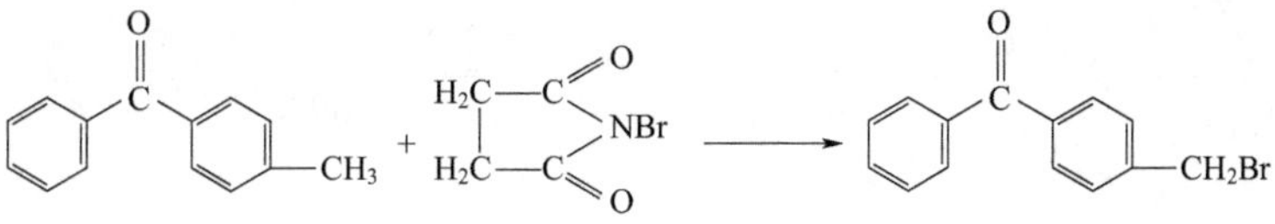

在三口烧瓶中加入 12.5g（0.065mol）对甲基二苯甲酮、12.5g（0.07mol）N-溴代琥珀酰亚胺、100mL 四氯化碳，加热至沸腾回流 3h，反应后剩余的 N-溴代琥珀酰亚胺浮于四氯代碳溶液表面，冷却后过滤除去，滤液旋蒸除去溶剂，产物经乙醇重结晶两次，干燥，得微黄色晶体，对溴甲基二苯甲酮 9.5g，熔点 97～101℃，产率 55%。

在三口烧瓶中加入 2.0g 对溴甲基二苯甲酮、20g 亚硫酸钠、100mL 水：乙醇（1：1，体积比）混合剂，加热回流反应 10h，得无色反应液，旋蒸除去溶剂得白色固体，用乙醇溶解、过滤除去无机盐，蒸去乙醇，再用甲醇重结晶，经烘干，得 0.8g 白色晶体为 4-苯甲酰苄基磺酸钠，收率 38.4%，$\lambda_{max}=263.5nm$，$\varepsilon=18000L/(mol \cdot cm)$。

（8）水溶性光引发剂（对苯甲酰基）苯甲酸十二烷基二甲基铵盐的合成

$$C_{12}H_{25}NH_2 + HCHO + HCOOH \longrightarrow C_{12}H_{25}N(CH_3)_2$$

在三口烧瓶中加入 2.0g 十二胺、8mL 37% 的甲醛、8mL 甲酸，在沸水浴中加热即有二氧化碳产生，反应约 30min 后，冷却，用 10% 的氢氧化钠溶液中和，再加入氯化钠盐析，此时胺即浮于水溶液之上，用石油醚萃取，水洗至中性，加无水硫酸钠干燥，蒸去石油醚，真空干燥得无色液体十二烷基二甲基胺。

圆底烧瓶中加入等摩尔比的十二烷基二甲基胺和对羧基二苯酮，一边振荡，一边滴加丙酮，得到透明溶液，室温放置 2h，旋蒸除去溶剂，得无色黏稠的液体，真空干燥，为（对-苯甲酰基）苯甲酸十二烷基二甲基铵盐。

（9）含葡萄糖胺的水溶性高分子型硫杂蒽酮的合成

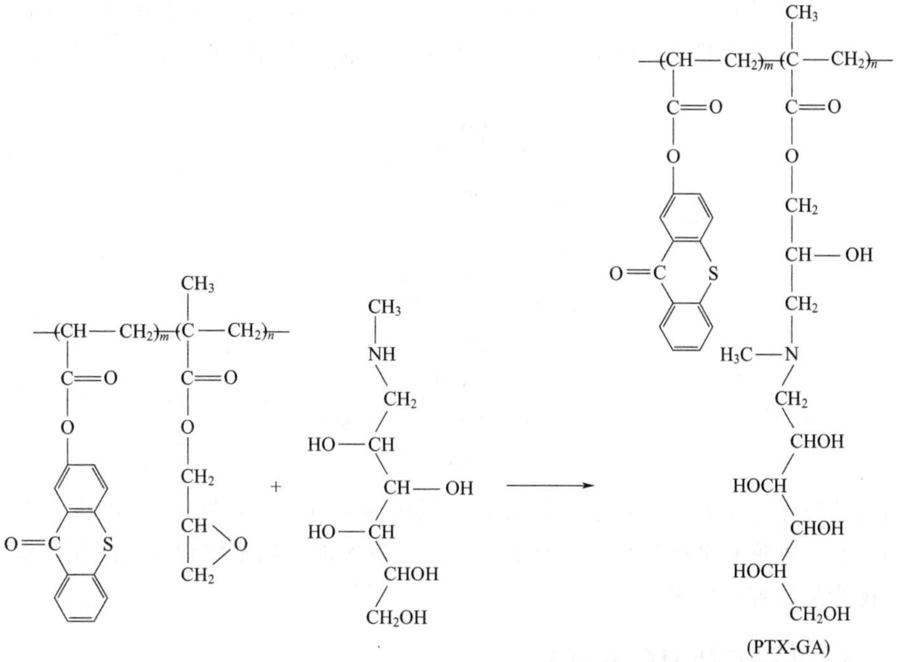

（PTX-GA）

在三口烧瓶中加入 3g 2-羟基硫杂蒽酮，15mL 1-甲基吡咯烷酮和 10mL 三乙胺，待溶解完全后，室温下滴加 5mL 1-甲基-2-吡咯烷酮和 10mL 丙烷酰氯混合液，反应 24h，过滤，将滤液加入水中沉淀，过滤，真空干燥，得产物 ATX。

称取一定比例 ATX 和甲基丙烯酸缩水甘油酯于三口烧瓶中，用甲苯作溶剂，偶氮二异腈为引发剂，在氮气保护下，升温至 90℃反应 6h，再升温至 120℃反应 3h，用乙醇沉淀产物，过滤，收集沉淀，真空干燥得到 PTX。

称取一定量的 PTX 和 N-甲基-D-葡萄糖胺于三口烧瓶中，用 N,N-二甲基乙酰胺为溶剂，油浴 90℃反应 24h，用乙酸乙酯和甲醇混合液沉淀产物，过滤，收集沉淀真空干燥，得产物含葡萄糖胺的水溶性高分子型硫杂蒽酮光引发剂（PTX-GA）。PTX-GA 的一些物理化学性质见表 4-68。

表 4-68　PTX-GA 的一些物理和化学性质

光引发剂	$m:n$	$M_n/\times 10^4$	λ_{max}/nm	$\varepsilon/[L/(mol \cdot cm)]$
PTX-GA1	1:4	1.48	390	3312
PTX-GA2	1:8	1.63	390	3453
PTX-GA3	1:10	1.58	390	3576

（10）水性大分子光引发剂（HTPUTH）的合成

在 250mL 的三口瓶中，加入 3.48g TDI，通氮气，室温下加入 0.1％的二月桂酸二丁基锡。将溶有 1.34g DMPA 的 DMF 溶液用恒压滴液漏斗在磁力搅拌下，以 10s/滴的速度逐滴加入到上述体系中，得到无色透明液体。滴加完后开始升温，于 50℃搅拌条件下反应 4h。向上述体系中缓慢滴加溶有 2g 聚乙二醇 400 的 DMF 溶液，约 0.5h 滴加完毕，得到淡黄色透明液体。然后升温至 90℃下反应 5h，再以 2s/滴的速度向体系中滴加溶有 1.98g 4-HBP 的 DMF 溶液，滴加完毕后继续维持 90℃搅拌反应 5h，得到亮黄色透明液体。减压脱除溶剂，得到橙黄色黏稠物。用大量氯仿析出，再用甲苯、丙酮分别洗涤两次、过滤、真空干燥，得到 5.84g 浅黄色粉末，即为水性大分子光引发剂（HTPUTH），产率为 74.87%。

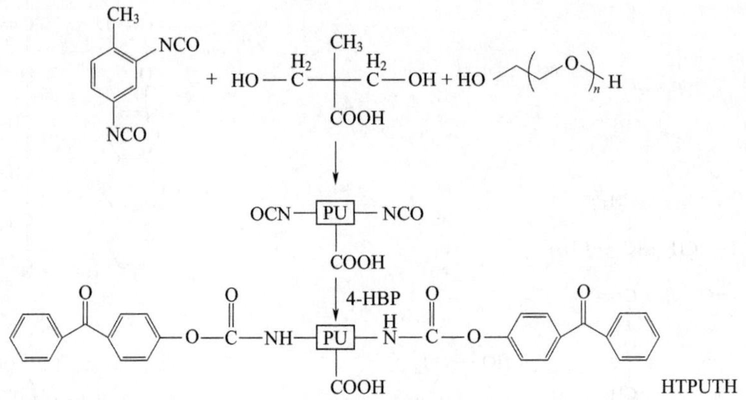

OCN—PU—NCO
COOH

4-HBP

HTPUTH

采用三乙胺作为中和剂，将上述制得的浅黄色粉末置于三乙胺/水溶液中，搅拌，固体粉末立即溶解，可见其水溶性良好。将其作为光引发剂加入到水性紫外光固化体系中，能满足与水性树脂的相容性要求。

4.14.7 助引发剂的合成方法

（1）助引发剂对二甲氨基苯甲酸酯的合成

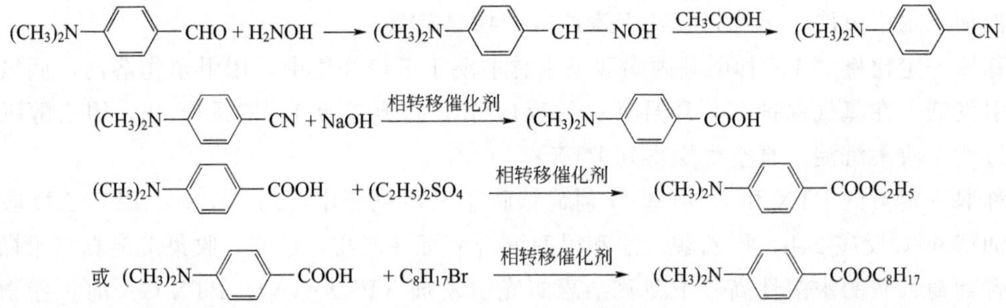

$(CH_3)_2N$—〈〉—CHO + H_2NOH ⟶ $(CH_3)_2N$—〈〉—CH—NOH $\xrightarrow{CH_3COOH}$ $(CH_3)_2N$—〈〉—CN

$(CH_3)_2N$—〈〉—CN + NaOH $\xrightarrow{\text{相转移催化剂}}$ $(CH_3)_2N$—〈〉—COOH

$(CH_3)_2N$—〈〉—COOH + $(C_2H_5)_2SO_4$ $\xrightarrow{\text{相转移催化剂}}$ $(CH_3)_2N$—〈〉—$COOC_2H_5$

或 $(CH_3)_2N$—〈〉—COOH + $C_8H_{17}Br$ $\xrightarrow{\text{相转移催化剂}}$ $(CH_3)_2N$—〈〉—$COOC_8H_{17}$

将对二甲氨基苯甲醛溶于乙醇中，加入盐酸羟胺反应，得到对二甲氨基苯甲肟，收率100%，熔点 142～144℃。

将对二甲氨基苯甲肟与醋酸反应，得到对二甲氨基苯腈，收率90%，熔点 70.2～71.9℃。

将对二甲氨基苯腈与氢氧化钠溶液在相转移催化剂存在下反应得对二甲氨基苯甲酸，收率97.9%，熔点 235～237℃。

将对二甲氨基苯甲酸分别与硫酸二甲酯、硫酸二乙酯或溴丁烷、溴戊烷、溴己烷、溴辛烷在相转移催化剂存在下反应，分别得到不同的对二甲氨基苯甲酸酯。不同对二甲氨基苯甲酸酯的收率和性能见表 4-69。

表 4-69 不同对二甲氨基苯甲酸酯的收率和性能

名称	收率/%	熔点/℃	沸点/℃
对二甲氨基苯甲酸甲酯	93.1	94.7～96.5	
对二甲氨基苯甲酸乙酯	82.9	56.6～58.2	
对二甲氨基苯甲酸丁酯	93.3		150（1.3kPa）

名称	收率/%	熔点/℃	沸点/℃
对二甲氨基苯甲酸戊酯	76.0		140(0.7kPa)
对二甲氨基苯甲酸己酯	74.2		140(0.7kPa)
对二甲氨基苯甲酸辛酯	75.6		165(0.7kPa)

（2）胺增感剂对二甲氨基苯甲酰胺三种衍生物的合成

（氧化剂：NaClO₂、Ag₂O、空气）

$\mathrm{NaClO_2}$ 氧化法：在连有机械搅拌装置、滴液漏斗和气体吸收装置的 150mL 三口烧瓶中加入对二甲氨基苯甲醛 3g（约 0.02mol）和 20mL 乙腈搅拌使之溶解，加入含有 0.5g $\mathrm{NaH_2PO_4}$ 的水溶液 10mL，用冰浴控制反应体系的温度在 5℃ 以下，搅拌并将含有 3g（约 0.028mol）$\mathrm{NaClO_2}$ 的 20mL 水溶液缓慢滴入，用 1∶3 的稀盐酸酸化至 pH 值为 6～7，滤出白色沉淀、干燥后用 70mL 乙醇重结晶，抽滤干燥得白色针状晶体 2.5g，产率 75.8%，熔点 240～242℃，与对二甲氨基苯甲酸的文献值相符。

熔融法：在 100mL 烧杯中加入对二甲氨基苯甲醛 3g（约 0.02mol）和 KOH 6g，加入 2mL 去离子水使烧杯内的药品润湿，用电磁搅拌加热器加热使 KOH 接近熔融状态，搅拌反应约 15min。待体系温度降至室温后加入 100mL 去离子水，过滤除去未反应的原料，在清液中滴加浓硫酸，析出白色沉淀，将沉淀抽滤出，烘干，得到浅黄色粉末 0.5g，产率 15.2%，熔点 241～244℃，与对二甲氨基苯甲酸的文献值相符。

$\mathrm{Ag_2O}$ 氧化法：在 250mL 三口烧瓶中加入 3.4g（0.015mol）$\mathrm{Ag_2O}$、7% 的 NaOH 水溶液 120mL、3g（约 0.02mol）对二氨基苯甲醛，搅拌、加热，保持温度在 60℃ 左右，反应 24h。冷却至室温，过滤。滤液用 1∶3 的稀盐酸酸化至 pH 值为 6～7，有大量白色沉淀析出，过滤，用乙醇重结晶，得白色针状晶体 2.3g，产率 69.7%，熔点 240～242℃，与对二甲氨基苯甲酸的文献值相符。

空气氧化法：在连有 Y 形管、空气鼓泡器和空气冷凝管的 250mL 平底烧瓶中，加入氢氧化钾 4.5g、蒸馏水 150mL、对二甲氨基苯甲醛 3g（约 0.02mol）、含 $\mathrm{Ag_2O}$ 0.3g 的复合催化剂。开启恒温电磁搅拌器，通入空气，使反应温度保持在 60℃ 左右，反应 24h。降至室温后，抽滤除去催化剂，滤液用 1∶3 的稀盐酸酸化至 pH 值为 6～7，滤出白色沉淀、干燥后用 70mL 乙醇重结晶，抽滤干燥得白色针状晶体 2.5g，产率 75.8%，熔点 240～242℃，与对二甲氨基苯甲酸的文献值相符。

在接有 Y 形管、回流冷凝管和气体吸收装置的 100mL 圆底烧瓶中加入对二甲氨基苯甲酸 3.3g（约 0.02mol）和 40mL 甲苯。加热至微沸，缓缓滴加 10mL 甲苯和 3mL（约 0.04mol）$\mathrm{SOCl_2}$ 的混合液，约 30min 滴加完毕，然后回流反应 30min。反应液稍冷后在热水浴中去低沸物，得到橙黄色溶液对二甲氨基苯甲酰氯。

（反应式图示）

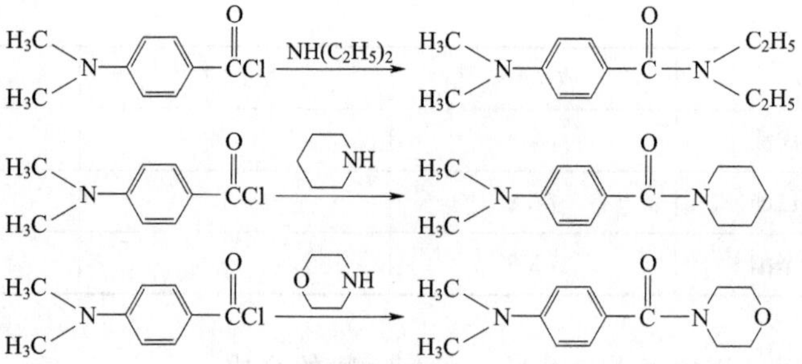

① N,N-二乙基-对二甲氨基苯甲酰胺的制备

在装有气体吸收装置和机械搅拌装置的 250mL 三口瓶中加入 8mL（约 0.08mol）二乙胺和 20mL 甲苯，冰浴冷却。搅拌下将对二甲氨基苯甲酰氯滴入，约 1h 内滴完，然后继续搅拌反应 30min。反应毕，依次用 5% NaOH 溶液、去离子水和 1∶3 的盐酸洗涤反应液，将分出的水层用等体积的去离子水稀释后，缓慢滴加 5% 的 NaOH 溶液至 pH＝9～10，过滤、干燥，用乙醇重结晶后得白色粉末 N,N-二乙基-对二甲氨基苯甲酰胺 3.5g，产率 79.5%，熔点 71～73℃，最大吸收波长 λ_{max}＝280nm（Abs＝0.6673）。

② (4-二甲氨基苯基)-(1-哌啶基)-甲酮的制备

用哌啶 8mL（约 0.08mol）代替二乙胺，其余操作同①，得白色粉末（4-二甲氨基苯基)-(1-哌啶基)-甲酮 3.2g，产率 68.9%，熔点 89～91℃，最大吸收波长 λ_{max}＝287nm（Abs＝0.7863）。

③ (4-二甲氨基苯基)-(4-吗啉基)-甲酮的制备

用吗啉 8mL（约 0.09mol）代替二乙胺，用蒸馏水重结晶。其余操作同 1)，得白色针状晶体（4-二甲氨基苯基)-(4-吗啉基)-甲酮 2.9g，产率 62.0%，熔点 139～140℃，最大吸收波长 λ_{max}＝287nm（Abs＝0.5831）。

（3）可聚合助引发剂的合成

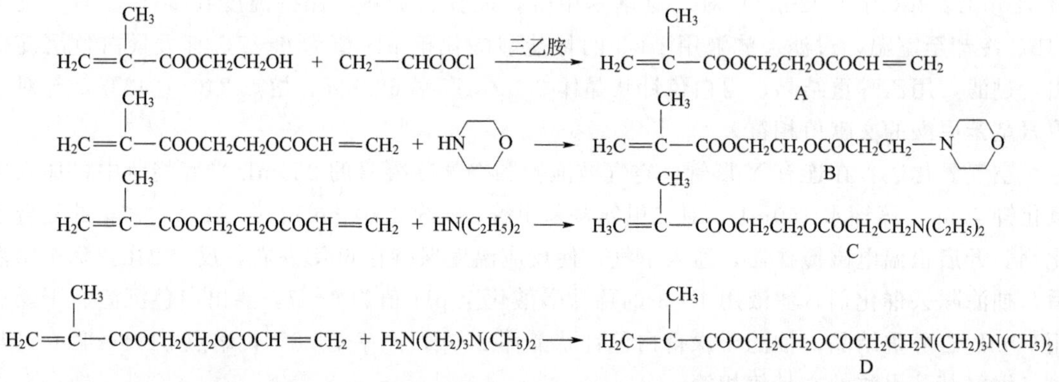

（反应式图示 A、B、C、D）

在三口烧瓶中加入 83.81g 甲基丙烯酸羟乙酯、105mL 三乙胺和 250mL 无水甲苯，搅匀，在冰浴中控制温度 0～5℃，4h 内慢慢滴加 79.79g 丙烯酰氯和 50g 无水甲苯混合物，加毕，静置过夜，抽滤除去生成的季铵盐，用 40mL 甲苯洗 2 遍，滤液依次用 75mL 蒸馏水、50mL 1mol/L 盐酸、50mL 1mol/L 碳酸氢钠洗涤，然后用无水硫酸钠干燥。过滤、旋转蒸发除去甲苯，得浅黄色 A（乙二醇丙烯酸酯甲基丙烯酸酯）。

在三口烧瓶中加入 0.05mol A 和 25mL 无水甲醇，搅匀，冰浴中、氮气保护下慢慢滴加 0.05mol 吗啡啉和 25mL 无水甲醇混合物，红外监控反应至 N—H 峰（3330cm^{-1}）消失，旋转蒸发除去甲醇。以乙酸乙酯：正己烷＝1∶1为淋洗剂、200～300目硅酸为固定相进行柱分离得可聚合助引光剂 B。用 0.05mol 二乙胺代吗啡啉，同样的方法合成得到可聚合助引发剂 C。

用 0.10mol N,N-二甲基丙二胺代吗啡啉，同样的方法合成得到可聚合物引发剂 D。

助引发剂引发效率：B＞DMEM＞C＞D。

DMEM 为甲基丙烯酸-2-二甲氨基乙酯：$H_2C=\overset{\overset{\displaystyle CH_3}{|}}{C}-COOCH_2CH_2N(CH_3)_2$

（4）不同链长助引发剂的合成

$$C_8H_{17}NH_2 + 2CH_2=CHCOOR \longrightarrow C_8H_{17}N\begin{cases} CH_2CH_2COOR \\ CH_2CH_2COOR \end{cases}$$

$$R:CH_3、C_2H_5、C_4H_9、C_8H_{17}$$

在三口烧瓶中加入 0.1mol 丙烯酸酯（甲酯、乙酯、丁酯、异辛酯）氮气保护和搅拌下缓慢滴加 0.05mol 正辛胺与 15mL 乙醇混合溶液，红外监控丙烯酸酯 $1634cm^{-1}$ C=C 双键峰和 $3330cm^{-1}$ N—H 峰变化。反应结束后，旋转蒸发除去乙醇，用乙酸乙酯和正己烷为洗脱剂，柱分离提纯产品，得不同链长叔胺助引发剂。

（5）可聚合助引发剂 N,N-二(甲基丙烯酸基-乙氧甲酰基-乙基)-N-(1,3-苯并二氧杂环-5-亚甲基)(DMEBM)合成

将 67g HEMA、84mL 三乙胺的混合物，溶解在 250mL 的二氯甲烷中，加入到装有搅拌、温度计、分液漏斗的三口瓶中，降温使其保持在−5℃，然后将 63.83g 丙烯酰氯溶解在 50mL 二氯甲烷的溶液中，并缓慢滴加到三口瓶中，滴加时间超过 4h。滴加完毕，混合物在室温下搅拌 2h，静置过夜，过滤，并用 20mL 的二氯甲烷洗滤饼两次，将所有的滤液，分别用 50mL 的 1mol/L HCl、50mL 的 1mol/L NaOH 和 75mL 的水萃取两次，再用无水硫酸钠干燥过夜，得黄色的粗产品乙二醇丙烯酸酯甲基丙烯酸酯，用硅胶柱纯化，产率是 83%。

将 9.20g 乙二醇丙烯酸酯甲基丙烯酸酯（0.05mol）溶解在 25mL 的甲醇中，加入配备氮气保护、磁力搅拌、滴液漏斗的三口烧瓶中，向其中缓慢滴加胡椒基胺 3.78g(0.025mol) 的甲醇溶液（25mL），用 FT-IR 监控其反应进程，当 $3315cm^{-1}$—NH 振动峰消失时，反应完成。减压除去甲醇，初产品以乙酸乙酯：正己烷＝1∶1（体积比）混合溶液为洗脱剂过硅胶柱，得 N,N-二(甲基丙烯酸基-乙氧甲酰基-乙基)-N-(1,3-苯并二氧杂环-5-亚甲基)，产率为 78%。

N,N-二(甲基丙烯酸基-乙氧甲酰基-乙基)-N-(1,3-苯并二氧杂环-5-亚甲基)为可聚合助引发剂，是一种含有三个功能基团：其一是甲基丙烯酸基团，可以发生自由基聚合，从而让 DMEBM 连接到聚合物三维网络结构中；其二是胺，可以作为助引发剂提供氢；另外是

1,3-苯并二氧杂环部分，1,3-苯并二氧杂环类衍生物广泛存在于自然界中，具有抗肿瘤、抗氧化、抗菌、杀菌等生理活性，其分子结构中两个氧原子间的亚甲基上具有可提取的活泼氢。DMEBM 含有这三个功能性基团，在聚合后可以合并到聚合物体系中，使其很难从聚合物体系中浸出，而且可以提高生物相容性，降低毒性。DMEBM 在齿科修复材料的 CQ 引发体系中，可作有效的助引发剂，而且也可以作为活性稀释剂。DMEBM 作为助引发剂或活性稀释剂的力学性能和光固化特征，与传统的助引发剂和活性稀释剂一致，而且固化材料的吸水性和溶解性更佳。因此 DMEBM 是一种潜在的齿科修复材料，可以同时作为助引发剂和活性稀释剂使用。

4.14.8 双重固化光引发剂的合成方法

（1）混杂型光引发剂苯基-二苯甲酮基碘鎓盐的合成

$$\text{（结构式）} + H_2O_2 + (CH_3CO)_2O \longrightarrow \text{I(CH_3CO)_2O} \quad A$$

$$\text{I(CH_3CO)_2O} + H_3C\text{—}\text{（苯基）}\text{—}SO_3H + H_2O \longrightarrow \overset{+}{\text{I}}(OH)\bar{S}O_3\text{—}CH_3 \quad B$$

$$\overset{+}{\text{I}}(OH)\bar{S}O_3\text{—}CH_3 + \text{（二苯甲酮）} \xrightarrow{KPF_6} \text{（产物结构）} \quad PF_6 \quad C$$

在三口烧瓶中加入 14mL 过氧化氢（30%）、61mL 乙酸酐，在 40℃ 避光搅拌 4h，加入 10g 碘苯，保持 40℃ 过夜，冷却析出白色晶体，过滤后，将母液旋蒸，析出大量白色晶体，将全部白色晶体用乙醚洗涤两次，再干燥得产物 A，熔点 163～165℃，产率 80.4%。

将对甲苯磺酸-水化合物 38.05g 溶于少量乙腈中，将 A 溶于 225mL 乙腈中，溶解好后将两溶液混合，溶液立即变清，颜色变黄，放置不久，析出白色略带黄色的针状晶体 B，熔点 112～114℃，产率 76.26%。

将 2g B 和 1.86g 二苯甲酮混合加热，搅拌，反应物逐渐熔融形成黄色透明溶液，停止加热，继续搅拌 2h，停止搅拌，放置不久，形成白色略带黄色的油状物，用乙醚洗两次再加入 10.2mL 丁酮，有少量不溶物出现，过滤不溶物得无色溶液，加入 0.82g 六氟磷酸钾，产生白色沉淀，过滤去掉沉淀物，将所得溶液旋蒸至干，得黄色固体 C，即为自由基和阳离子混杂型光引发剂苯基-二苯甲酮基碘鎓六氟磷酸盐。

（2）混杂型光引发剂二苯基碘鎓-4-二苯甲酮甲酸盐的合成

$$\text{（苯）} + KIO_3 + H_2SO_4 + (CH_3CO)_2O \longrightarrow \text{（二苯基碘鎓）} HSO_4 \xrightarrow{NH_4Cl} \text{（二苯基碘鎓）} Cl^- \quad A$$

$$AgNO_3 + NaOH \longrightarrow Ag_2O$$

$$\text{（二苯基碘鎓）} Cl^- + Ag_2O + H_2O \longrightarrow \text{（二苯基碘鎓）} OH^-$$

$$\text{（二苯甲酮甲酸）} + \text{（二苯基碘鎓）} OH^- \longrightarrow \text{（产物 B）} COO^- \quad B$$

在三口烧瓶中加入 50g 碘酸钾、50mL 乙酸酐和 45mL 苯，将体系冷到 −5℃（用冰-氯化钙浴）。同时在冰水浴冷却下，将 35mL 浓硫酸缓慢地在搅拌下加入到 50mL 乙酸酐中。在大力搅拌下，将此浓硫酸和乙酸酐混合液滴加到三口烧瓶中，温度控制在 5℃ 以下，体系由无色变为黄色，慢慢回到室温，放置 24h，再冷却到 5℃ 以下，搅拌下滴加 100mL 蒸馏水，温度不超过 10℃，有气体放出，产生白色沉淀。向体系中滴加 38mL 乙醚，过滤反应产生的硫酸氢钾，得黄色溶液。再用 120mL 乙醚萃取两次，取水溶液，用 60mL 石油醚萃取一次，此时溶液为黄色，加入 26.8g 已研细的氯化铵，立即产生白色沉淀，为使反应更好进行，加入 20mL 蒸馏水，过滤并用乙醚，蒸馏水各洗两次，抽滤得白色固体 A，为氯化二苯基碘鎓盐，熔点 231～233℃，产率 67.95%。

用 27.67g 硝酸银和 0.51g 氢氧化钠分别溶于少量蒸馏水中，再混合立即产生黑色沉淀氧化银，用蒸馏水洗数次抽滤后与 20.03g A 混合，研磨 1h，研磨时为使反应充分，加入少量蒸馏水，然后用蒸馏水洗涤多次，过滤得无色溶液，然后与 4.33g 4-二苯甲酮甲酸混合搅拌，此时 pH 值在 9～10，搅拌一天，测 pH＝8～9，过滤得白色固体，用甲醇重结晶得白色晶体 B，为二苯基碘鎓-4-二苯甲酮甲酸盐，熔点 180～182℃，产率 33.8%。

（3）混杂型光引发剂苯甲酰基苯基二苯基碘鎓六氟磷酸盐的合成

在 250mL 的三口烧瓶中加入 18mL 苯，缓慢搅拌下，滴加 20g 碘酸钾和 20mL 乙酸酐的混合物，冰水浴下反应温度控制在 −10～−5℃，再缓慢滴加 14mL 浓硫酸和 20mL 乙酸酐的混合物，滴加完毕后，反应物温度控制在室温以下，连续搅拌 48h，将反应混合物冷却至 5℃ 以下，向反应容器中慢慢加入 40mL 去离子水和 200mL 乙醚，抽滤除去产生的硫酸氢钾，分别用 200mL 石油醚和 200mL 乙醚萃取有机层，得到澄清液即二苯基碘鎓硫酸氢盐，向澄清液中加入少量的亚硫酸氢钠，然后加入含有 17.29g KPF₆ 的水溶液 100mL，立即产生大量白色固体沉淀，过滤，分别用乙醇、乙醚洗涤一次，重结晶得到二苯基碘鎓六氟磷酸盐白色针状晶体 20.14g，产率为 51.39%，熔点 139～140℃（文献值 139～141℃）。

$$\text{（联苯）} + \text{（苯甲酰氯）} \xrightarrow{\text{AlCl}_3} \text{（4-苯基二苯甲酮）} + \text{HCl}$$

干燥的 250mL 三口瓶中加入 50g 苯和 15g 联苯的混合物，然后迅速加入 18g 研碎的无水三氯化铝，在滴液漏斗里加入 20g 苯和 15.9g 苯甲酰氯，缓缓滴加完毕后，搅拌 0.5h，升温到 100℃，剧烈回流，冷凝管上连接无水氯化钙干燥管，8h 后，将反应液倒入盐酸和冰水混合物中，分层，分去水层，苯层用饱和食盐水洗涤二次，常压蒸去苯，得土黄色固体，用乙醇重结晶，得淡黄色的晶体 4-苯基二苯甲酮 14.22g，熔点 99～100℃，产率 56%。

$$\text{（苯基-I）} + \text{H}_3\text{C}-\text{C}(=\text{O})-\text{O}-\text{C}(=\text{O})-\text{CH}_3 \xrightarrow{\text{H}_2\text{O}_2} \text{（苯基-I(O-CO-CH}_3)_2\text{）} + \text{H}_2\text{O}$$

在 250mL 三口瓶中加入 10mL 碘代苯、75mL 乙酸酐，冰水浴使温度保持在 0～5℃，在搅拌下缓缓加入 20%～30% 过氧化氢溶液 50mL，反应不久放出大量热，待反应稳定不再放热，水浴温度升到 45~50℃，溶液首先为混浊，约 6h 后慢慢开始变清，约 7~9h 完全变为黄色透明均一溶液，反应至 10h 停止，静置，冷却至室温放置 12h 后，析出大量晶体，过滤，用 30mL 水分三次洗涤，然后用 7mL 乙醚洗涤一次，转入表面皿中，室温干燥，称重，得晶体二乙酸亚碘苯 18g，产率 63.54%，熔点 160~162℃（文献值 159.5~161.0℃）。

在 50mL 三口瓶中加入 1.6g 4-苯基二苯甲酮、2g 二乙酸亚碘苯、10mL 乙酸酐，冰水浴使温度保持在 0~5℃，不断搅拌下滴加由 3mL 乙酸酐和 4mL 过氧化氢组成的混合溶液，滴加完毕后，再搅拌 0.5h，水浴加热温度升到 45~50℃，反应 12h，冷却，用正己烷和乙醚洗涤二次，然后加入溶有 1.2g KPF$_6$ 的 20mL 水溶液，生成大量白色固体，过滤，用少量蒸馏水洗涤，于 50℃真空干燥，得产品苯甲酰基苯基二苯基碘鎓六氟磷酸盐 2.42g，产率 66%，熔点 153~155℃，为混杂型光引发剂。

（4）自由基和阳离子双重固化光引发剂的合成

在三口烧瓶中加入 5g（0.02mol）异丙基硫杂蒽酮溶解于 320mL 的乙腈和水混合溶剂（乙腈 75%，水 25%），35~55℃下搅拌至大部分溶解，加入 43.17g（0.08mol）硝酸铈铵，室温搅拌 1h。加入 200mL 去离子水，用无水乙醚萃取，醚层用无水硫酸镁干燥，旋转蒸发除去乙醚，得黄色固体 A 异丙基硫杂蒽酮氧化物，产率 84%。

将 2.205g（0.0075mol）A 和 1.604g（0.0104mol）联苯溶解于 7mL 二氯甲烷中，搅拌，加入 7mL 乙酸酐，用冰水浴降温至 <15℃，滴加 2.6mL 浓硫酸，温度维持 <15℃，加毕升温至室温，搅拌 2h，加入 100mL 去离子水，用 200mL 二氯甲烷萃取两次，合并二氯甲烷溶液用无水硫酸镁干燥，旋转蒸发除去二氯甲烷，将得到中间产物溶于少量乙酸，然后倒入六氟磷酸钾水溶液（4g 六氟磷酸钾溶于 130mL 水中），搅拌，得到黏稠物用二氯甲烷萃取，并用无水硫酸镁干燥，旋蒸除去二氯甲烷，得粗产品为棕色黏稠物，色谱柱用合适流动相，得到棕色固体物质 B，熔点 97~100℃，产率 90%，B 为自由基和阳离子双重固化光引发剂，也是光产酸剂。

（5）混杂型光引发剂[4-(对苯甲酰基苯硫基)苯]苯基碘鎓六氟磷酸盐的合成

将 10mL（0.09mol）碘苯、50mL（0.51mol）30%的双氧水和乙酸酐，在 45～50℃ 水浴中搅拌反应 9h，冷却后析出白色固体，抽滤、洗涤、烘干得碘苯二乙酸酯白色晶体，收率 84.2%，熔点 158～160℃（文献值 158～159℃）。

在含 21.6g（0.067mol）碘苯二乙酸酯的水溶液中，加入含 17.2g（0.10mol）对甲苯磺酸的水溶液，45～50℃ 反应 2h，冷却析出白色固体，抽滤、洗涤、重结晶得浅黄色晶体羟基对甲苯磺酰氧碘苯（A），收率 78.6%，熔点 135～137℃（文献值 136～138℃）。

在冰浴搅拌下，向二苯硫醚 11.2g（0.06mol）和无水 AlCl₃ 12g（0.09mol）中，缓慢滴加苯甲酰氯 7mL（0.06mol），滴毕，室温反应 2h，然后加入稀盐酸，分液、水洗、干燥，蒸去溶剂，重结晶得白色固体 4-苯硫基二苯甲酮（2）13g，收率 74.7%，熔点 68～69℃（文献值 69～70℃）。

在乙酸中混合羟基对甲苯磺酰氧碘苯 3.92g（0.01mol）和 4-苯硫基二苯甲酮 2.9g（0.01mol），低温下滴加浓硫酸和乙酸酐的混合液，滴毕，50～60℃ 反应 24h。然后在反应混合液中加入 20～30mL 丙酮，搅拌下加入 1.84g（0.01mol）KPF₆，滤去沉淀，除去溶剂，重结晶得浅灰白色固体 2.9g，收率 45%，熔点 78～80℃，为混杂型光引发剂[4-(对苯甲酰基苯硫基)苯]苯基碘鎓六氟磷酸。$\lambda_{max}=290nm$（Abs=2.61）、250nm（Abs=2.852）。

（6）混杂型光引发剂{4-[4-(对硝基苯甲酰基)苯硫基]苯}苯基碘鎓六氟磷酸盐的合成

以二苯硫醚和对硝基苯甲酰氯为原料，用 4-苯硫基二苯甲酮的制备同样方法，制得了 4-硝基-4'-苯硫基二苯甲酮黄色固体 5.83g，收率 67.6%，熔点 120～122℃（文献值 120～122℃）。

以羟基对甲苯磺酰氧碘苯 3.92g（0.01mol）和 4-硝基-4'-苯硫基二苯甲酮 2.42g（0.007mol）的乙酸溶液为原料，用[4-(对苯甲酰基苯硫基)苯]苯基碘鎓六氟磷酸制备相同的方法，制得褐黄色固体 2.5g，收率 50.8%，熔点 138～140℃，为混杂型光引发剂{4-[4-(对硝基苯甲酰基)苯硫基]苯}苯基碘鎓六氟磷酸盐，$\lambda_{max}=295nm$（Abs=2.637）、247nm（Abs=2.827）。

（7）混杂型光引发剂{4-[4-(对甲基苯甲酰基)苯硫基]苯}苯基碘鎓六氟磷酸盐的合成

以二苯硫醚和对甲基苯甲酰氯为原料，用 4-苯硫基二苯甲酮的制备相同的方法，制得 4-甲基-4'-苯硫基二苯甲酮白色晶体 9.39g，收率 58.5%，熔点 109～110℃。

以羟基对甲苯磺酰氧碘苯 3.92g（0.01mol）和 4-甲基-4'-苯硫基二苯甲酮 3.04g（0.01mol）的乙酸溶液为原料，用[4-(对苯甲酰基苯硫基)苯]苯基碘鎓六氟磷酸制备相同的方法，制得黄色固体 2.62g，收率 43.3%，熔点 83～85℃，为混杂型光引发剂{4-[4-(对甲基苯甲酰基)苯硫基]苯}苯基碘鎓六氟磷酸盐，$\lambda_{max}=207nm$（Abs=5.282）、263nm（Abs=

1.928)。

（8）混杂型光引发剂 4{4-[4-(对甲基苯甲酰基)苯氧基]苯}苯基碘鎓六氟磷酸盐的合成

在二苯醚 9.72g(0.057mol) 中，加入无水 AlCl₃ 7.62g(0.057mol)，冰浴下缓慢滴加对甲基苯甲酰氯 7.36g(0.048mol)，滴毕，室温反应 4h，加盐酸后分液、水洗、干燥、蒸去溶剂，重结晶得 4-甲基-4′-苯氧基二苯甲酮白色晶体 10.88g，收率 79.3%，熔点 73～75℃。

以羟基对甲苯磺酰氧碘苯 3.92g(0.01mol) 和 4-甲基-4′-苯氧基二苯甲酮 2.88g(0.01mol) 为原料，用[4-(对苯甲酰基苯硫基)苯]苯基碘鎓六氟磷酸制备的相同方法制得白色固体 2.1g，收率 35.7%，熔点 145～147℃，为混杂型光引发剂 4{4-[4-(对甲基苯甲酰基)苯氧基]苯}苯基碘鎓六氟磷酸盐，λ_{max}＝272nm(Abs＝0.963)、204nm(Abs＝2.007)。

（9）混杂型光引发剂 [4-(对苯甲酰基苯氧基)苯]苯基碘鎓六氟磷酸盐的合成

以二苯醚 10.2g(0.06mol) 和苯甲酰氯 7mL (0.06mol) 为原料，用 4-苯硫基二苯甲酮的制备相同的方法，制得 4-苯氧基二苯甲酮白色固体 10.7g，收率 65%，熔点 62～63℃。

以羟基对甲苯磺酰氧碘苯 3.92g(0.01mol) 和 4-苯氧基二苯甲酮 2.74g(0.01mol) 为原料，用[4-(对苯甲酰基苯硫基)苯]苯基碘鎓六氟磷酸制备的相同方法制得浅灰白色固体 3.2g，收率 51.4%，熔点 143～145℃，为混杂型光引发剂[4-(对苯甲酰基苯氧基)苯]苯基碘鎓六氟磷酸盐，λ_{max}＝293nm(Abs＝2.576)、248nm(Abs＝2.777)。

第5章　添加剂

光固化产品用的添加剂（additive）主要包括颜料和染料、填料、助剂等，虽然它们不是光固化产品的主要成分，而且在产品中占的比例很小，但它们对完善产品的各种性能起着重要作用。

5.1　颜料和染料

颜料（pigment）是一种微细粉末状有色物质，不溶于水或溶剂等介质中，而能均匀分散在油墨和色漆的基料中，涂于基材表面或印刷在基材上均匀形成色层，呈现一定的色彩。颜料应当具有适当的遮盖力、着色力、高分散度，鲜明的颜色和对光稳定性等特性。染料（dye）也是一种微细粉末状物质，但它能溶解于油墨或色漆的基料中，得到透明的、艳丽的色泽，但对基材无遮盖作用，耐光性不如颜料。有色油墨或色漆主要用颜料作为着色剂，而染料用作透明油墨或透明色漆的着色剂。

油墨和色漆使用的颜料分无机颜料和有机颜料两大类。无机颜料价格便宜，有比较好的耐光性、耐候性、耐热性，大部分无机颜料有较好的机械强度和遮盖力；但色光大多偏暗，不够艳丽，品种较少，色谱也不齐全；不少无机颜料有毒，有些化学稳定性较差。有机颜料色谱比较宽广、齐全，有比较鲜艳的明亮的色调，着色力比较强，分散性好，化学稳定性比较好，有一定的透明度；但生产比较复杂，价格较贵。由于有机颜料综合性能比无机颜料好，有机颜料正在逐渐取代无机颜料。但白色和黑色颜料基本选自无机颜料，而彩色颜料则以有机颜料为主。

颜料是油墨和色漆制造过程中不可缺少的原料之一。颜料在油墨和色漆中有如下功能：

① 提供颜色；

② 对底材的遮盖；

③ 改善油墨和色漆层的性能，如提高强度、附着力，增加光泽，增强耐光性、耐候性、耐磨性等；

④ 改进油墨和色漆的强度性能；

⑤ 部分颜料还可具有防锈、耐高温、防污等特殊功能。

固态粉末状的颜料，加入油墨或色漆基料黏稠的液态体系中，必须进行分散、研磨和稳定的加工过程，其结果将影响到油墨和色漆的应用性能。特别对光固化油墨和光固化色漆，由于颜料对紫外光存在着吸收与反射、散射作用，使紫外光照射到油墨或色漆层后，强度发生变化，影响光引发剂的引发效率，从而影响到光固化油墨和光固化色漆的光固化速率。表 5-1为部分颜料的紫外透过率。

颜料的颜色、遮盖能力通常可用着色力和遮盖力来表示。

着色力（tinting strength）是指颜料对其他物质的染（着）色能力。在油墨和色漆中，通常是以白色颜料为基准，将颜料与白色颜料混合后形成颜色的强弱，衡量该颜料对白色颜

表 5-1　部分颜料的紫外透过率（0.92μm 颜料层的透过率）　　　　　单位：%

颜料	光的波长/nm						吸收 365.5nm 的光的颜料层厚度/μm
	435.8	404.7	365.5	334.2	313.1	302.3	
铅白	69	66	61	57.5	55	54	27.0
锌钡白	56	52	43	32	15	5	10.0
钛白	35	32	18	6	0.5	0	3.1
锌白	44～46	38～40	0	0	0	0	0.9
硫化锌	30	28	22	10.5	0	0	6.2
重晶石	68	67	65	64.5	64	63.5	—
二氧化硅	88	88	85	82	80	79	
天然碳酸钙	71	69	68	67	66	65.5	—
炭黑	0	0	0	0	0	0	0.6
油烟	1.5	1	0.7	1	1	1	1.5
铁兰	41.5	40	40	39	26	24	5.5
氧化铬(98%)	13	12	10	10	10.5	11	2.2
黄丹	2.5	3	4.5	4.5	4	4	1.5
锌黄	35	33	32	32	32	31.5	3.0
铁红	50	43	45	43	50	50	5.8
耐晒黄	10	10	10	13	12	13	1.9
茜素色淀(42%)	31	43	50	40	37	28	5.2
茜草红色淀(70%)							
茜素色淀	15.5	23	20	12	2	0	3.1
甲苯胺色原	9	9	21	20	8	8.5	2.1
黄光颜料红	50	43	45	43	50	50	5.8
群青	88	88	81	81	77	75	52.3

料的着色能力。着色力是颜料对光线吸收和散射的结果，着色力主要取决于对光线的吸收，颜料的吸收能力越强，其着色力越高。着色力还与颜料的化学组成、粒径大小、分散度等有关，着色力一般随颜料粒径的减小而增强，但到最大值后，会随粒径变小反而减小，存在着色力最强的最佳粒径；分散度越高，着色力越大，但分散度增大到一定后，着色力上升平缓。

遮盖力（covering power 或 hiding power）是指在油墨层或色漆层中颜料能遮盖底材的表面，使它不能透过油墨层或色漆层而显露的能力，通常以覆盖每平方米底材所含干颜料的质量（g）来表示。遮盖力是由于颜料与油墨或色漆基料折射率之差所造成。当颜料与基料折射率相等时，就是透明的；当颜料的折射率大于基料的折射率时，就出现遮盖力，两者之差越大，遮盖力越强。表 5-2 为光固化油墨和色漆部分材质的折射率。

遮盖力也是颜料对光线产生散射和吸收的结果，主要靠散射。对于白色颜料的遮盖力散射起决定作用；对于彩色颜料则吸收也要起一定作用，高吸收能力的黑色颜料具有很强的遮盖力。颜料的遮盖力还随粒径大小而变化，存在着体现该颜料最大遮盖力时的最佳粒径，对大多数颜料粒径在 0.2μm 左右时遮盖力最佳。

表 5-2　光固化油墨和色漆部分材质的折射率

颜料与填料	折射率	稀释剂	折射率	常用低聚物	折射率
金红石型 TiO_2	2.76	St	1.54	EA	1.56
锐钛型 TiO_2	2.55	2-EHA	1.43	酸改性 EA	1.53
ZnO	2.03	HEMA	1.45	FA	1.53
$BaSO_4 \cdot ZnS$	1.84	HDDA	1.01	环氧大豆油丙烯酸酯	1.48
$BaSO_4$	1.64	TPGDA	1.46	脂肪族 PUA	1.48～1.49
$Al_2O_3 \cdot 3H_2O$	1.54	TMPTA	1.47	芳香族 PUA	1.48～1.49
$CaCO_3$	1.68	$(PO)_2NPGDA$	1.45	聚酯丙烯酸酯	1.46～1.54
SiO_2	1.58	$(EO)_4DDA$	1.54		
$Al_2O_3 \cdot 2SiO_2 \cdot 3H_2O$	1.56	$(EO)_3TMPTA$	1.47		

5.1.1　白色颜料

白色颜料有二氧化钛、氧化锌、锌钡白、铅白等，它们都为无机颜料。白色颜料要求有较高的白度，还要对基材有较高的遮盖力。颜料的遮盖力和颜料的折射率有关，折射率越大，与成膜物折射率之差也越大，颜料的遮盖力越强。表 5-3 介绍了几种白色颜料的折射率、遮盖力和着色力，很显然，二氧化钛是最佳的白色颜料，尤其金红石型二氧化钛。

表 5-3　几种白色颜料的折射率、遮盖力和着色力

性能	二氧化钛（金红石型）	二氧化钛（锐钛型）	氧化锌	锌钡白	铅白
折射率	2.76	2.55	2.03	1.84	2.09
遮盖力/(g/m²)	414	333	87	118	97
着色力	1700	1300	300	260	106

① 二氧化钛（TiO_2）　通常叫钛白粉，无毒无味的白色粉末，具有良好的光散射能力，因而白度好、着色力高、遮盖力强，是目前使用中最好的白色颜料。同时具有较高的化学稳定性（耐稀酸，耐碱，对大气中的氧、硫化氢、氨等都很稳定），较好的耐候性、耐热性、耐光性，对人体无刺激作用。

二氧化钛有两种不同的晶型：锐钛型和金红石型。金红石型二氧化钛由于折射率高，比锐钛型有更好的遮盖力和着色力；但其本身白度不如锐钛型二氧化钛。

用二氧化钛颜料有一个粉化的问题，因为它在紫外区有较强的吸收（图 5-1），可催化聚合物老化。特别是锐钛型二氧化钛更为严重。其原因是在紫外光作用下，二氧化钛可和 O_2 形成电荷转移络合物（CTC），CTC 可分解成单线态氧或和 H_2O 反应生成游离基，它们都可引起聚合物老化、降解，导致涂膜出现失光、变色和粉化现象。

$$TiO_2 + O_2 \longrightarrow [TiO_2^+ - O_2^-]$$

$$[TiO_2^+ - O_2^-] \longrightarrow TiO_2 + {}^1O_2^*$$

$$[TiO_2^+ - O_2^-] + H_2O \longrightarrow TiO_2 + HO \cdot + HOO \cdot$$

$$2HOO \cdot \longrightarrow H_2O_2 + O_2$$

$$H_2O_2 \longrightarrow 2HO \cdot$$

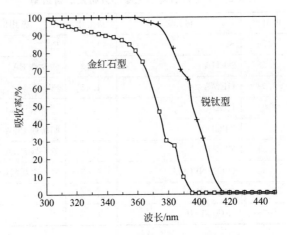

图 5-1　两种二氧化钛的吸光谱线

为了降低二氧化钛的光催化活性，常用二氧化硅、氧化铝、氧化锌等进行表面包覆处理，使其表面惰性化。还可以用脂肪酸、聚丙二醇、山梨糖醇等有机物进行表面处理，以改善其分散性。

从图 5-1 可看到金红石型二氧化钛的透光窗口在 370nm 以上，锐钛型二氧化钛则在 390nm 以上，金红石型二氧化钛对紫外光的吸收、散射和反射比锐钛型弱，有利于光固化的进行，而且遮盖力和着色力也高，也不易粉化。现在白色光固化涂料和油墨大多用金红石型二氧化钛，尽管价格稍贵。

二氧化钛的粒径对白度和光固化效果有较大的影响，二氧化钛的粒径在 $0.17\sim0.23\mu m$ 较好，这时二氧化钛粒子反射更多的蓝光和绿光，并减少对红光和黄光的反射，因而显得更白，还可提高遮盖力；对 400nm 左右的紫外光散射相对较弱，有利于 $380\sim450$nm 的光线的透过，有利于光固化的进行。

② 氧化锌（ZnO）　又称锌白，无臭无味的白色粉末，受热变成黄色，冷却后又恢复白色。在涂料中使用有抑制真菌的作用，能防霉，防止粉化，提高耐久性，涂层较硬，有光泽。但白度、遮盖力、着色力和稳定性都不如二氧化钛，因此在白色涂料和油墨中用量日渐减少。

③ 锌钡白（$BaSO_4 \cdot ZnS$）　又名立德粉，白色晶状粉末。具有良好的化学稳定性和耐碱性，遇酸则会分解释放出 H_2S，耐候性差，易泛黄，遮盖力只是二氧化钛的 $20\%\sim25\%$。

④ 铅白［$2PbCO_3 \cdot Pb(OH)_2$］　白色粉末，是最古老的白色颜料。有优良的耐候性和防锈性，亦可杀菌。但因对人体毒性很大，目前已禁止使用。

5.1.2　黑色颜料

黑色颜料有炭黑、石墨、氧化铁黑、苯胺黑等，炭黑价格低，实用性能好，所以光固化涂料和油墨主要用炭黑作黑色颜料。

① 炭黑的组成主要是碳，碳含量为 $83\%\sim99\%$，还含有少量的氧和氢。涂料和油墨用的炭黑亦称色素炭黑，按炭黑的粒径和黑度可分为以下几类。

高色素炭黑：粒径范围在 $9\sim17$nm；

中色素炭黑：粒径范围在 $18\sim25$nm；

普通色素炭黑：粒径范围在 26～35nm。

炭黑的粒径大小、结构和表面活性对应用性能影响很大。炭黑的粒径越小，则黑度越好，着色力也越好（见图 5-2）。炭黑的结构表示形成链状聚集体的大小和多少，高结构炭黑有较多而大的链状聚集体，黑度较低，黏度增高。炭黑的表面除了有氧、氢外，还有醌、羧酸、硫、氮等基团，这些表面挥发物影响着它在成膜物中的流变性、润湿性以及黏附性等。

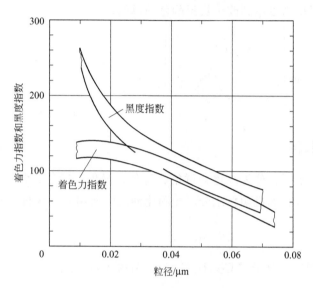

图 5-2　炭黑的粒径与着色力和黑色关系

炭黑表面酸性（挥发物）和表面活性增加时，分散性增加。这是因为炭黑表面挥发物可作为它的有效分散剂，有利于低聚物和活性稀释剂的润湿、渗透，涂料和油墨黏度降低，黑度和亮度增加。表面惰性的炭黑与低聚物黏附力较差，流动性不好，颜色表现力差，具有触变性。表 5-4 显示了炭黑的特性与应用性能的关系。

表 5-4　炭黑的特性与应用性能关系

应用性能	粒径变小(表面积增加)	结构增大	表面酸性和活性增大
分散性	减少	增加	增加
黏度	增加	增加	减少
黑度	增加	减少	增加
亮度	减少	减少	增加

炭黑对紫外光和可见光的吸收很强，几乎找不到"透光"的窗口，因此炭黑着色黑色油墨是光固化油墨中光固化最困难的。炭黑由于生产方法不同，品种也不同，性能差别较大。色素炭黑在生产时要经过氧化处理，使炭黑黑度增加，吸油量降低，同时大大增加表面空隙，这样会吸附不同杂质，影响在光固化油墨中的应用性能。有些杂质会捕捉自由基，使光固化油墨在紫外光照后，导致诱导期延长，影响固化速率；有些杂质则促进固化，使光固化油墨在生产和储存过程中，黏度迅速增大，直至凝胶。因此在研制黑色光固化油墨时，需仔细筛选炭黑颜料。

目前，德国赢创德固萨公司、美国卡博特公司和日本三菱公司都有专门为光固化涂料和油墨开发的炭黑。

② 氧化铁黑（FeO·Fe$_2$O$_3$ 或 Fe$_3$O$_4$） 简称铁黑，也是一种无机颜料。它有较好的耐酸、碱性、耐光性，几乎无毒，折射率为 2.42。

③ 苯胺黑（PBI 1）❶ 结构式如下式，又叫钻石黑，它是一种有机颜料。苯胺黑与炭黑相比，光扩散效应比较低，配制的油墨光泽小。由于它的遮盖力高，吸收性强，可产生非常深的黑色，可与炭黑拼用以达到改善炭黑颜色的目的。

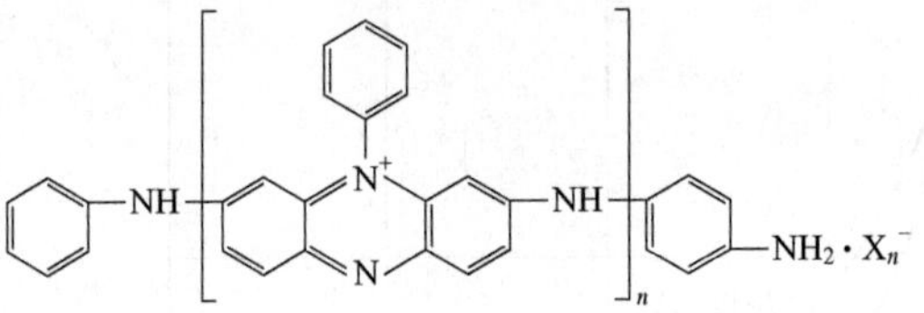

$$\left[\begin{array}{c} \end{array} \right]_n$$

$$(n \approx 3, X^- 为 Cl^- 或 SO_4^{2-})$$

5.1.3 彩色颜料

彩色颜料因颜色不同又分为红色、黄色、蓝色、绿色、橙色、紫色、棕色等多种颜料，每种颜料又有有机颜料和无机颜料之分，光固化油墨中所用彩色颜料主要为有机颜料，同时介绍部分无机颜料。

（1）红色颜料

① 金光红（PR21） 分子式 C$_{23}$H$_{17}$N$_3$O$_2$，结构式如下。

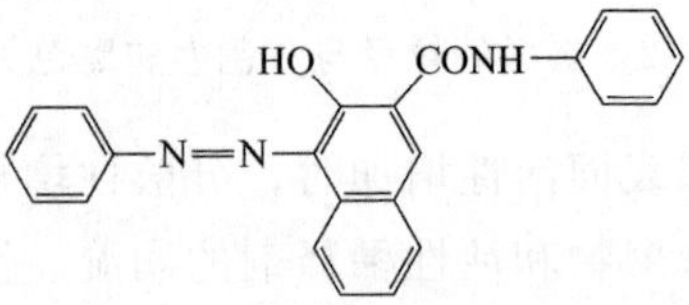

为 β-萘酚类单偶氮颜料，是粉粒细腻、质轻疏松的黄光红色粉末；着色力较强，有一定透明度，耐酸耐碱性好，耐晒性一般；色光显示带有金光的艳红色。

② 立索尔大红（PR49：1） 分子式 C$_{40}$H$_{26}$BaN$_4$O$_8$S$_2$，结构式如下。

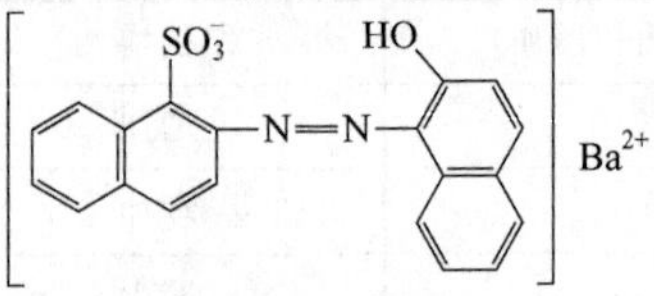

为 β-萘酚类单偶氮颜料，红色粉末，微溶于热水、乙醇和丙酮；着色力强，耐晒、耐酸、耐热性一般，无油渗性，微有水渗性，遮盖力差。

③ 颜料红 G（PR37） 分子式 C$_{32}$H$_{26}$N$_8$O$_4$，结构式如下。

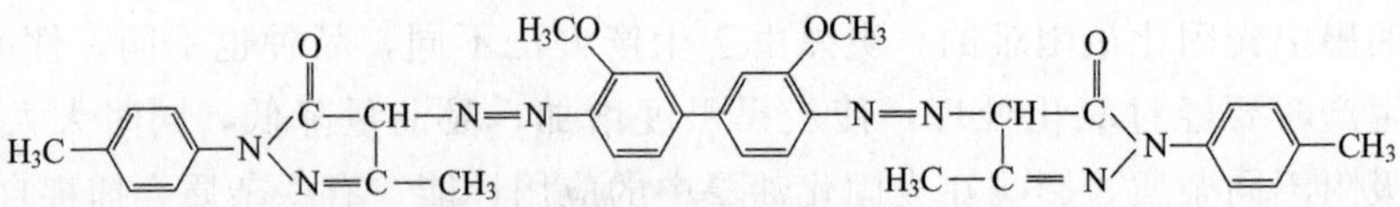

---

❶ PBI 1 为颜料索引号（color index number，简写 C. I. No.）中颜料黑（pigment black）1 号缩写。以下 PR（pigment Red）为颜料红，PY（pigment yellow）为颜料黄，PB（pigment blue）为颜料蓝，PG（pigment green）为颜料绿，PO（pigment orange）为颜料橙，PV（pigment violet）为颜料紫，PBr（pigment brown）为颜料棕。

为吡唑啉酮联苯胺类双偶氮颜料，红色粉末，有较好的耐溶剂性和耐光坚牢度。

④ 颜料红 171（PR171）分子式 $C_{25}H_{18}N_6O_6$，结构式如下。

$$OCH_3 \quad HO \quad CONH$$

为苯并咪唑酮类单偶氮颜料，红色粉末，具有优良的耐光性和耐热性，而且耐候性和耐迁移性好。

⑤ 氧化铁红 Fe_2O_3　又叫铁红，是铁的氧化物中最稳定的化合物，随粒径由小变大，色相由黄红向蓝相变化到红紫。具有很高的遮盖力（$<7g/m^2$），仅次于炭黑，着色力较好，耐化学品性、耐热性、耐候性、耐光性都很好。但能强烈吸收紫外光，因此不宜在光固化油墨中使用。

（2）黄色颜料

① 耐晒黄 G(PY1)　又称汉沙黄 G，分子式 $C_{17}H_{16}N_4O_4$，结构式如下。

为乙酰芳胺类单偶氮颜料，微溶于乙醇、丙酮、苯；色泽鲜艳，着色力强，耐光坚牢度好，耐晒和耐热性颇佳，对酸碱有抵抗力，但耐溶剂性差。

② 汉沙黄 R(PY10)　分子式 $C_{16}H_{12}N_3O$，结构式如下。

为吡唑啉酮类单偶氮颜料。红光黄色粉末，耐光性、耐热性、耐酸性和耐碱性都较好。

③ 永固黄 GR(PY13)　分子式 $C_{36}H_{34}Cl_2N_6O_4$，结构式如下。

为联苯类双偶氮颜料，淡黄色粉末，不溶于水，微溶于乙醇，色彩鲜明，着色力强。

④ 颜料黄 129(PY129)　又称亚甲胺颜料黄，分子式 $C_{17}H_{11}NO_2Cu$，结构式如下。

为甲亚胺金属络合颜料。黄橙色均匀粉末，具有较好的耐久性和耐晒性。

⑤ 铁黄　化学分子式 $Fe_2O_3 \cdot H_2O$ 或 $FeOOH$，又称氧化铁黄，黄色粉末，是一种化

学性质比较稳定的碱性氧化物。色泽带有鲜明而纯洁的赭黄色，并有从柠檬黄到橙色一系列色光。具有着色力高、遮盖力强（不大于 $15g/m^2$）、耐光性好的特点，不溶于碱，微溶于酸。

（3）蓝色颜料

① 酞菁蓝(PB15)　分子式 $C_{32}H_{16}CuN_8$，结构式如下。

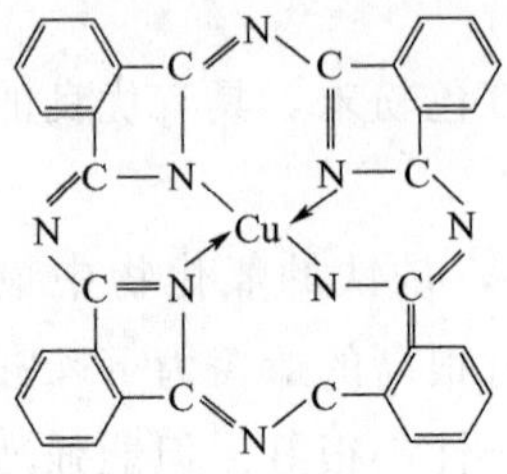

为铜酞菁颜料，深蓝色红光粉末。有鲜明的蓝色，具有优良的耐光、耐热、耐酸、耐碱和耐化学品性能，着色力强，为铁蓝的 2 倍，群青的 20 倍。极易扩散和加工研磨，是蓝色颜料中主要的一种。酞菁蓝有 α 型（PB 15：1）和 β 型（PB 15：3）两类，因酞菁蓝晶型不同、芳环上取代基不同，共有六种不同型号的酞菁蓝。

② 靛蒽酮(PB60)　又叫阴丹士林蓝，属蒽酮类颜料，分子式为 $C_{28}H_{14}N_2O_4$，结构式如下。

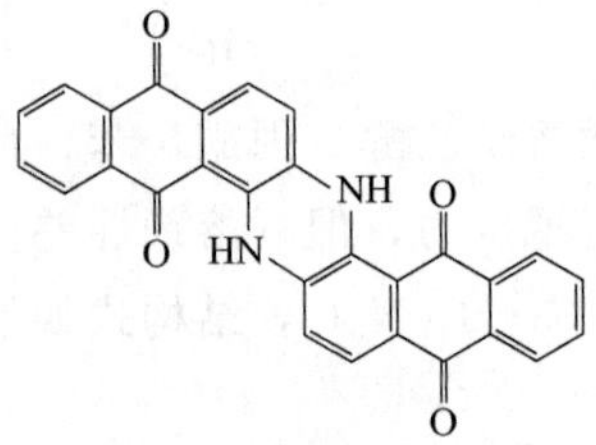

深蓝色粉末，有较好的耐光、耐候和耐溶剂性能。

③ 射光蓝浆 AG(PB61)　又叫碱性蓝，分子式为 $C_{37}H_{29}N_3O_3S$，结构式如下。

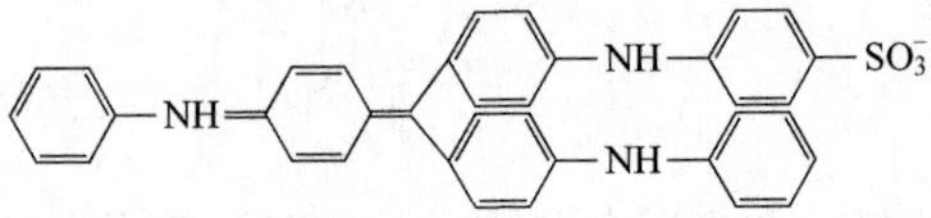

蓝色浆状物，颜色鲜艳，能闪射金属光泽；不溶于冷水，溶于热水（蓝色）、乙醇（绿光蓝色），有很高的着色力和良好的耐热性，添加在黑色油墨中增加艳度，是黑色油墨良好的辅助剂，增加黑度和遮盖力。

④ 佚蓝　又称氧化铁蓝，用通式 $Fe(M)Fe(CN)_6H_2O$ 表示，M 为 K 或 NH_4，深蓝色，细而分散度大的粉末，不溶于水及醇，有很高的着色力。着色力越强颜色越亮，有高的耐光性，在空气中于 140℃ 以上时即可燃烧。

⑤ 群青　是含有多硫化钠的具有特殊结晶构造的铝硅酸盐，分子式为 $2(Na_2O \cdot Al_2O_3 \cdot 2SiO_2) \cdot Na_2S_2$，蓝色粉末，折射率 1.50～1.54，不溶于水和有机溶剂，耐碱、耐高温、耐日晒和风雨，极稳定，但不耐酸，遮盖力和着色力弱。但是具有清除或减低白色油墨中含有蓝光色光的效能，在灰、黑色中掺入群青可使颜色有柔和光泽。

（4）绿色颜料

① 酞菁绿 G(PG7)　分子式 $C_{32}H_{1\sim2}Cl_{14\sim15}CuN$，结构式如下。

为多氯代铜酞菁。深绿色粉末，不溶于水和一般有机溶剂，颜色鲜艳，着色力高，耐晒性和耐热性优良，属不褪色颜料，耐酸碱性和耐溶剂性亦佳。

② 颜料绿（PG8） 分子式 $C_{30}H_{18}O_6N_3FeNa$，结构式如下。

深绿色粉末，不溶于水和一般有机溶剂，着色力好，遮盖力强，耐晒、耐热、耐油性优良，无迁移性。

③ 黄光铜酞菁（PG36） 分子式 $C_{32}B_6Cl_{10}CuN_8$，结构式如下。

黄光深绿色粉末，颜色鲜艳，着色力强，不溶于水和一般有机溶剂，为溴代不褪色颜料。

④ 氧化铬绿 Cr_2O_3 深绿色粉末，有金属光泽，不溶于水和酸，耐光、大气、高温及腐蚀性气体（SO_2、H_2S 等），极稳定，耐酸、耐碱，具有磁性，但色泽不光亮。

（5）橙色颜料

① 永固橙 G（PO13） 分子式 $C_{32}H_{24}Cl_2N_8O_2$，结构式如下。

为联苯胺类双偶氮颜料。黄橙色粉末，体质轻软细腻，着色力高，牢度好。

② 永固橙 HL（PO36） 分子式 $C_{17}H_{13}ClN_6O_5$，结构式如下。

为苯并咪唑酮系单偶氮颜料。橙色粉末，色泽鲜艳。耐热、耐晒和耐迁移性较好。

（6）紫色颜料

① 喹吖啶酮紫（PV19）　又称酞菁紫，分子式 $C_{20}H_{12}N_2O_2$，结构式如下。

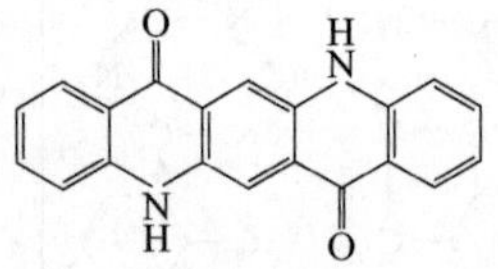

为喹吖啶酮类颜料。艳紫色粉末，色光鲜艳，具有优良的耐有机溶剂、耐晒性和耐热性。

② 永固紫 RL（PV23）　分子式 $C_{34}H_{22}Cl_2N_4O_2$，结构式如下。

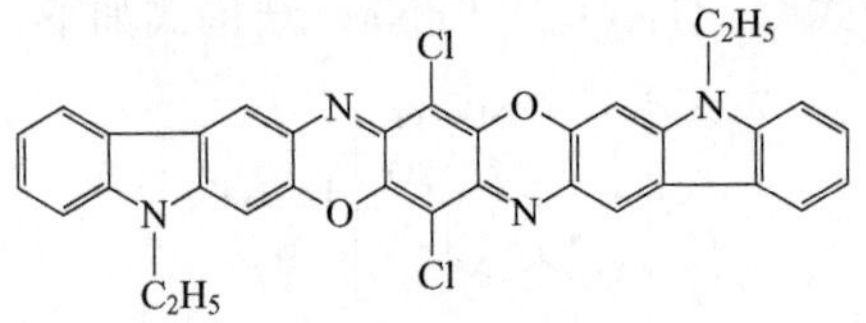

为咔唑二噁嗪类颜料。蓝光紫色粉末，色泽鲜艳，着色强度高，耐晒牢度好，耐热性及抗渗性优异。

③ 锰紫（PV16）　分子式 $NH_4MnP_2O_7$，紫红色粉末。耐酸但不耐碱，耐光好，耐高温，但着色力和遮盖力不高。微量锰紫加入白色颜料中可起增白作用。

（7）棕色颜料

① 永固棕 HSR（PBr25）　分子式 $C_{24}H_{15}Cl_2N_5O_3$，结构式如下。

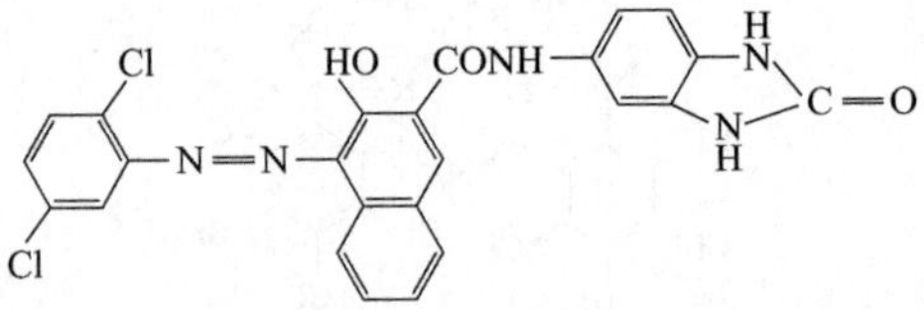

为苯并咪唑酮类偶氮颜料。棕色粉末，具有优异的耐热性、耐晒性和耐迁移性。

② 苝枣红紫（PBr26）　分子式 $C_{24}H_{10}N_2O_4$，结构式如下。

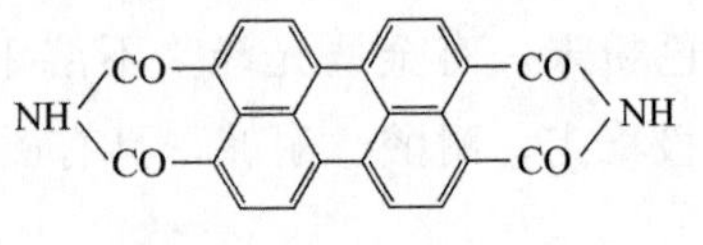

为苝系颜料，暗红色粉末，具有优异的化学稳定性、耐渗性、耐光性及耐迁移性。

③ 氧化铁棕（PBr6）　通常是氧化铁黄、氧化铁红和氧化铁黑拼色而成，分子式常用 $(FeO)_x \cdot (Fe_2O_3)_y \cdot (H_2O)_z$ 表示。棕色粉末，无毒，有良好的着色力，耐光和耐热性均佳，耐热性稍差。

5.1.4　颜料使用中必须注意的事项

（1）必须注意颜料中重金属的含量

颜料由于生产过程中会带入各种重金属，造成颜料中重金属含量超标。大多数重金属对人体有毒害，因此世界各国对油墨和色漆使用的颜料的重金属含量都有严格的限制，以确保人体不受伤害，表 5-5～表 5-7 介绍了美国、欧洲和我国对颜料所含各种重金属的限量值。

我国在油墨和色漆中对颜料所含重金属限量要求与美国和欧洲是一致的。

表 5-5 美国对颜料七种重金属含量限量值

重金属	砷	钡	镉	铬	铅	汞	硒
	As	Ba	Cd	Cr	Pb	Hg	Se
限量/(mg/kg)	25	1000	75	60	90	60	500

表 5-6 欧洲对颜料八种重金属含量限量值

重金属	砷	钡	镉	铬	铅	汞	硒	锑
	As	Ba	Cd	Cr	Pb	Hg	Se	Sb
限量/(mg/kg)	25	1000	75	60	90	60	500	60

表 5-7 我国对颜料七种重金属含量限量值

重金属	砷	镉	铬	铅	汞	硒	锑	总量
	As	Cd	Cr	Pb	Hg	Se	Sb	
限量/(mg/kg)	25	75	60	90	60	500	60	≤100

（2）必须注意颜料的迁移，不得使用雀巢颜料否定表中所列出的颜料

颜料除了避免重金属含量超标外，也要避免迁移造成的污染。同时要参考雀巢颜料否定表（见表 5-8），避免添加雀巢否定表中所列出的颜料。

表 5-8 雀巢颜料否定表

颜料	颜料索引号	颜料	颜料索引号
颜料红 81	45160：1	颜料紫 1 和 1/X	45170：2/X
颜料红 169	45160：2	颜料紫 2	45175：1
颜料绿 1	42040：1	颜料紫 3	42535：2
颜料蓝 1	42595.2	颜料紫 27	42535：3
颜料蓝 62	44084	颜料紫 39	42555：2

雀巢颜料否定表中颜料的稳定性较差，迁移到食品中容易导致产生致癌物质，对人体造成伤害。因此光固化油墨和色漆生产配方制作时，严禁使用上述列表中的颜料，应选用其他合适的颜料。

但测试表明，完全固化后的颜料迁移量均为 0，说明颜料分子量较大，光固化后颜料被固定在交联网络中，便不易发生迁移。但即使不发生迁移，由于这些颜料对人体毒性大，也不得使用。

5.2 填料

填料（fitter）也称体积颜料或惰性颜料，它们的特点是化学稳定性好，便宜，来源广泛，能均匀分散在油墨和涂料的基料中。加入填料主要是为了降低油墨和涂料的成本，但同时对油墨和涂料的流变性和物理力学性能起重要作用，可以增加油墨层或涂层厚度，提高油墨层和涂层的耐磨性和耐久性。

常用填料有碳酸钙、硫酸钡、二氧化硅、高岭土、滑石粉等，都是无机物，它们的折射率与低聚物和活性稀释剂接近，所以在涂料中是"透明"的，对基材无遮盖力。

① 碳酸钙（$CaCO_3$）　无嗅无味的白色粉末，是用途最广的无机填料之一。其比表面积为 $5m^2/g$ 左右，白度为 90% 左右。在油墨和涂料中碳酸钙大量作为填充剂起骨架作用。

② 硫酸钡（$BaSO_4$）　又称钡白，无嗅无味白色粉末，化学性质稳定。在油墨和涂料中作填充剂用。

③ 二氧化硅（SiO_2）　又叫白炭黑，是无毒、无味、质轻而蓬松的白色粉末状物质。因生产方式不同又分沉淀白炭黑和气相白炭黑，气相白炭黑属于纳米级精细化学品，粒径在 $7\sim20nm$ 范围，比表面积 $130\sim400m^2/g$，在油墨和涂料中应用，具有卓越的补强性、增稠性、触变性、消光性、分散性、绝缘性和防粘性。目前使用的二氧化硅大多数是经有机或无机表面处理，可防止结块，改善分散性能，以提高其应用性能。

④ 高岭土（$Al_2O_3 \cdot SiO_2 \cdot nH_2O$）　通常也称瓷土，是无毒、无味白色粉末，在油墨和涂料中作填充剂。

⑤ 滑石粉（$3MgO \cdot 4SiO_2 \cdot H_2O$）　白色粉末，无毒无味，有滑腻感，在油墨和涂料中作填充剂。

5.3　纳米材料在油墨和涂料中应用

纳米材料是二十世纪八十年代研究开发的新兴材料，尽管对其研究的理论手段还不成熟，但作为功能材料，由于它与传统的固体材料相比，具有许多特殊性能，所以备受瞩目，被誉为是二十一世纪的新材料。

纳米材料中的纳米粒子，是指粒子粒径在 $1\sim100nm$ 之间的微粒，粒子尺寸大小介于微观与宏观之间，其结构既不同于单个原子，也不同于普通固体粉末微粒。由于纳米粒子的尺寸小，比表面大，故其表面的原子数占总原子数的比例，远远高于普通材料，而且纳米粒子表面的原子多呈无序的排列，这种结构使得纳米粒子具有表面效应、体积效应、量子尺寸效应、宏观量子隧道效应。正是这些效应使得纳米粒子具有与普通材料所不同的可贵的特殊性质。目前用于油墨和涂料中的纳米材料是指纳米级填料与颜料和有机-无机纳米复合材料。

5.3.1　纳米级填料与颜料

由于纳米粒子比表面积很大，故其表面能高，处于热力学非稳定状态，极易聚集成团，从而影响纳米粒子的实际应用效果。同时，纳米粒子往往是亲水疏油的，呈强极性，在有机介质中难以均匀分散；与基料之间没有结合力，造成界面缺陷，从而导致材料性能的下降。因此，要将纳米级填料用于油墨和涂料中，需要先对纳米级填料粒子进行表面改性。常用的改性方法有：

① 在纳米粒子表面均匀包覆一层其他物质的膜，从而使粒子表面性质发生变化。

② 采用有机助剂（如硅烷偶联剂、钛酸酯偶联剂等），或硬脂酸、有机硅等表面改性剂对纳米粒子表面发生化学吸附或化学反应进行改性。

③ 利用电晕放电、紫外线、等离子、放射线等高能量手段对纳米粒子表面进行改性。

目前，制备常用纳米粒子的技术已日趋成熟，如纳米 SiO_2、纳米 $CaCO_3$、纳米 Al_2O_3、

纳米 TiO_2、纳米 ZnO、纳米 SnO_2 等，都已商品化。而将这些纳米粒子应用于油墨和涂料的研究工作也取得了长足进展。为了使纳米粒子能均匀稳定地分散在油墨和涂料的基料中，必须在强剪切力作用下，用高速分散机进行分散，也有用超声波进行分散的。

研究表明，借助于传统的油墨和涂料制备技术，添加纳米材料，制备纳米改性油墨和涂料，可以改善和提高油墨和涂料的耐磨性、耐刮伤性、触变性、硬度、强度、光泽等性能，还能赋予油墨层和涂层紫外屏蔽性、抗菌性、光催化性、抗老化性、耐污自清洁性、吸波隐身等特殊性能。因此，纳米改性油墨和涂料的生产为提高油墨和涂料性能和赋予某些特殊功能开辟了一条新途径，已成为油墨和涂料行业发展的一个新的方向。表 5-9 为部分商品化纳米粒子的性能和应用特性。表 5-10 介绍了毕克化学公司纳米助剂的性能和应用。

表 5-9 部分商品化纳米粒子的性能和应用特性

纳米粒子	莫氏硬度	折射率	在油墨中的特性
SiO_2	7	1.47	耐刮伤性、耐磨性、紫外屏蔽性、硬度
Al_2O_3	9	1.72	耐刮伤性、耐磨性、紫外屏蔽性、硬度
ZrO_2	7	2.17	耐刮伤性、耐磨性、紫外屏蔽性、硬度
ZnO	4.5	2.01	紫外屏蔽性、抗菌性、其他功能特性
TiO_2	6.0~6.5	2.7	紫外屏蔽性、抗菌性、其他功能特性
$CaCO_3$	3	1.49 和 1.66	力学性能、增白

表 5-10 毕克化学公司部分纳米助剂的性能和应用

商品名	纳米材料	平均粒径/nm	分散介质	适用体系	应用
NANOBYK-3600	氧化铝	40	水	水性 UV	地板、木器
NANOBYK-3601	氧化铝	40	TPGDA	无溶剂 UV	地板、木器
NANOBYK-3602	氧化铝	40	HDDA	无溶剂 UV	地板、木器
NANOBYK-3610	氧化铝	20	MPA	溶剂涂料、UV	工业漆
NANOBYK-3650	二氧化硅	20	MPA	溶剂涂料、UV	汽车修补漆、工业漆

5.3.2 有机-无机纳米复合材料

有机-无机纳米复合材料是指有机组分和无机组分在纳米尺度下相互作用而形成的一种复合材料，是一种分散均匀的多相材料。有机相与无机相间的界面面积非常大，界面相互作用强，使常见的清晰的界面变得模糊，其中至少有一相的尺寸至少有一个维度在纳米数量级，在有些情况下甚至达到"分子复合"的水平。有机-无机杂化材料可以是无机改性有机聚合物，也可以是有机改性无机聚合物，可以通过调节有机相与无机相的组分及比例，实现对材料功能的"剪裁"和"组装"。自然界中存在的很多材料都是有机-无机复合材料，例如贝壳、珍珠、珊瑚和动物骨骼等等，它们都具有优异的性能，这些材料也是自然界几十亿年来进化优化的结果。

纳米复合材料的概念由 Roy 和 Kormaranen 等于 1984 年首次提出，纳米复合材料由两相或多相物质混合制成的，其中至少有一相物质是在纳米级（1~100nm）范围内。因为在此范围内，原子间和分子间的相互作用可以很强地影响材料的宏观性能。有机-无机纳米复合材料的性能不仅与纳米粒子的结构性能有关，还与纳米粒子的聚集结构和其协同性能、聚合物基体的结构性能、粒子与基体的界面结构性能及加工复合工艺方式等有关。通过调控有机-无机纳米复合材料的复合度、均匀性等，利用其协同效应可以使材料在化学性能、力学性能以及其他物理特性等方面获得最佳的整体性能。在力学性能方面，纳米粒子的加入能极大地改善材料的力学性能。在物理特性方面，一方面由于纳米粒子自身的量子尺寸效应和界面效应，另一方面由于纳米粒子之间的相互作用及粒子与聚合物基体的相互作用，使得有机-无机纳米复合材料在声、光、电、热、磁、介电等功能领域，与常规复合材料有所不同。当聚合物基体本身具有功能效应时，纳米粒子与之复合又能产生新的性能。因此纳米有机-无机杂化材料作为一种全新的高新技术材料，具有极其广阔的应用前景和商业开发价值，是二十一世纪最具有发展前景的新材料之一。

纳米有机组分和纳米无机组分通常兼有两种材料的优点，是制备高性能材料最经济实用的一种方法。有机-无机纳米复合材料两组分由于在纳米尺度上相互作用，从而使它们在制备方法、处理工艺和所得材料的性能等很多方面都与传统的复合材料不同。制备有机-无机复合材料的方法有很多，主要有共混法、溶胶-凝胶（sol-gel）法、插层法、原位聚合法和自组装法等。

（1）共混法

共混法是一种传统的方法，也是最常用、最简单的制备纳米复合材料的方法。共混法有机械共混法、溶液共混法、乳液共混法、熔融共混法等四种共混法。机械共混法是在机械力作用下，将纳米粒子直接加入到聚合物基体中进行混合而制得有机-无机杂化材料。溶液共混法是把高聚物溶于溶剂中，加入纳米粒子搅匀，除去溶剂或使之聚合而制得有机-无机杂化材料。乳液共混法是先制成聚合物乳液，再与纳米粒子共混而制得有机-无机杂化材料。熔融共混法是将聚合物融体与纳米粒子共混而制得有机-无机杂化材料。共混法将纳米粒子与材料的合成分步进行，可以控制纳米粒子形态、尺寸。其难点是纳米粒子的分散问题，控制纳米粒子微区相尺寸及尺寸分布是其成败的关键。在共混时通常采用分散剂、偶联剂、表面功能改性剂等对无机纳米粒子进行表面处理，使无机纳米粒子在有机相中不易团聚，更均匀地分散。

（2）溶胶-凝胶法

溶胶凝胶技术是制备纳米结构材料的特殊工艺，它从纳米单元开始，在纳米尺度上进行反应，最终制备出具有纳米结构特征的材料。溶胶凝胶法制备有机-无机纳米复合材料一般分为两步反应进行，第一步反应是硅（或金属）烷氧基化合物的水解或酯解，生成溶胶；第二步反应是水解后的化合物与聚合物共缩聚，形成凝胶。由于凝胶中含有硅（或金属）烷氧基化合物的溶剂以及共缩聚所生成的水或醇，使凝胶不稳定，需进一步除去溶剂及反应中生成的小分子物质，才能使凝胶稳定。用溶胶凝胶法合成纳米复合材料特点是无机、有机分子混合均匀，可精密控制产物材料的成分，工艺过程温度低，材料纯度高，高度透明，有机相与无机相间可以分子间作用力、共价键结合，甚至因聚合物交联而形成互穿网络。采用溶胶凝胶法制备有机-无机纳米复合材料，工艺简单，制得的材料化学纯度高，还可按使用要求添加其他组分，从而能制成具有各种功能的材料。缺点在于因溶剂挥发，常使材料收缩而易脆裂，前驱物价格昂贵且有毒，因找不到合适的共溶剂，制备 PS、PP、PE 等常见品种的纳米复合材料较困难。

（3）插层法

插层法是一种由一层或多层聚合物或有机物插入无机物的层间间隙而形成二维有序纳米复合材料的方法。许多无机化合物，如硅酸盐类黏土、磷酸盐类、石墨、金属氧化物、二硫化物等，都具有典型的层状结构，可以嵌入有机物。若有机物为单体，单体在无机物层间聚合，可将无机物层撑开或剥离，达到纳米级分散，形成有机-无机纳米复合材料。根据插层形式不同又可分为单体原位反应插层法、溶液或乳液插层法、熔体插层法。单体原位反应插层法将单体预先插层于层状结构的无机物中，然后聚合形成杂化材料。此法的主要缺点在于纳米粒子的分散性要差，界面属物理作用，反应体系过于复杂，反应时间长、不易控制、不易工业化。溶液或乳液插层主要分为小分子插入法和大分子插入法。小分子插入法是先将小分子插入无机物层间，再进行聚合反应，类似于原位聚合。大分子插入法则是聚合物材料以大分子的形式，直接插入到无机物层间。此技术工艺简单、易控制、成本低，缺点是无机物的分散性不如反应插层法好。熔体插层法即先将层状无机物进行化学改性，然后再与聚合物熔体进行机械共混。该方法优点是工艺简单，成本较反应插层法低，而且由于无合适的单体或能使聚合物和硅酸盐相容的溶剂，使原位插层或从溶液直接插层成为不可能，采用熔融插层则可克服上述缺点。缺点是插层驱动力为物理作用，且熔体黏度高，故分散相为多层无机物的紧密结合体，粒子尺寸较大。

（4）原位聚合法

该法是将无机纳米粒子在反应单体中进行有效的分散，再进行聚合，制得有机-无机纳米复合材料。无机纳米粒子在单体中分散前，必须进行表面改性，以改善无机纳米粒子在单体中分散性和与单体的相溶性。也可以有机组份无机组份先后聚合方法，先制备大分子的杂化聚合物，之后进行无机相再聚合，此种方法无机纳米粒子能均匀分散在聚合的有机网络中。另外，采用有机单体的聚合和无机烷氧化物的溶胶—凝胶聚合同时发生，即有机和无机网络同时聚合形成，这种方法最容易得到均相但往往是通过物理混合的材料。如果有机相和无机相的反应同时发生，或存在强的相互作用，如氢键作用或共价键作用，相分离的可能性就较低。

（5）自组装法

这是利用分子内、分子与分子间、分子与基材表面间的吸附或化学作用力形成的具有空间有序排列结构的方法。其基本原理是根据体系自发地向自由能减少的方向移动的特点，利用具有亲水端和疏水端的两亲性分子，在气-液界面上的定向生长性质。本方法可以有效地控制有机分子、无机分子的有序排列，形成单层或多层相同组分或不同组分的复合结构，从而制备出纳米微粒与超薄有机膜形成的多层交替有机/无机杂化材料。

总之，上述几种方法制备有机无机纳米复合材料各具特色，各有其适用范围。对不易获得纳米粒子的材料，可采用溶胶凝胶法；对具有层状结构的无机物，可用插层法；对易得到纳米粒子的无机物，可采用原位聚合法或共混法。

5.3.3 光聚合制备有机-无机纳米复合材料

由于光聚合具有聚合速率快、无溶剂等特点，近年来利用光聚合制备有机-无机复合材料也受到重视。光聚合制备有机-无机纳米复合材料与其他制备方法的不同之处，主要在于聚合的方式不同。光聚合制备有机-无机纳米复合材料常用的方法是原位光聚合，就是将改性或没有经过改性的纳米颗粒直接填充、分散在光聚合体系中，或是在光聚合体系中通过溶胶-凝胶原位生成纳米颗粒后，再进行光聚合，制备得到有机-无机纳米复合材料。通过微米或纳米颗粒的直接填充分散可制备由不同纳米颗粒填充的复合材料，如 ZnO、TiO_2、SiO_2、Al_2O_3 和黏土等。通过溶胶-凝胶反应原位生成纳米颗粒后，再通过光聚合，制备得到有机-

无机纳米复合材料也是一种高效的方法，尤其在制备功能材料方面显示出其独特的优势。

光聚合纳米无机氧化物杂化材料在紫外光固化涂料中具有较好的分散性能，与涂料中的活性稀释剂和低聚物进行光聚合，形成有机-无机杂化网络结构的聚合物，从而提高涂料固化膜的热稳定性能、光泽度、附着力、硬度、抗冲击强度和耐磨性能等，有些纳米无机氧化物还有抗腐蚀、抗菌、紫外屏蔽等特殊性能，因此在光固化涂料应用上有着广阔的前景。

有机-无机杂化涂料的稳定结构可以很有效地防止腐蚀，掺杂后的涂料在抗腐蚀、伸长系数、硬度、韧性等方面都有了大幅度的提高，可以用来制备防腐涂料。目前研究性能好的防菌剂是纳米 TiO_2、ZnO，把它们引入有机涂料体系中，便可以在较低温度下制备抗菌涂料。利用纳米二氧化硅或硅溶胶进行表面改性，使其易于分散于聚合物树脂基体中来制造透明耐磨涂料。紫外线会加速高分子链降解，导致材料的老化、易粉化、易开裂、甚至脱落。而纳米氧化铁、二氧化钛、氧化锌等多种纳米氧化物，具有优良的紫外线屏蔽能力，与传统的有机紫外吸收剂相比，无毒无味、不挥发、不分解、热稳定好等优点，用于代替有机紫外吸收剂，制备纳米紫外线屏蔽透明涂料，不仅使涂料具有良好的紫外线屏蔽性和透明性，也提高了涂料的耐老化性能。将纳米 SiO_2 改性后，加入光立体成型光敏树脂体系中，成型后固化件线收缩、体收缩有所降低，硬度、抗弯强度、韧性都有明显提高，耐热性也有一定提高。虽然纳米 SiO_2 的加入增大了光敏树脂的临界曝光量，降低了透射深度，但对树脂的固化成型没有影响。

长兴化学工业公司已开发出有机-无机纳米复合材料 601 系列产品，它是通过溶胶-凝胶法制得，无机组成含量为 35％，二氧化硅粒径在 20nm，其性能见表 5-11。

表 5-11　长兴化学工业公司有机-无机杂化材料的性能

商品牌号	稀释剂	外观	色泽（Gardner）	黏度（25℃）/mPa·s	T_g/℃
601A-35	TPGDA	透明液体	1	170～230	62.7
601B-35	HDDA	透明液体	1	100～150	51.6
601C-35	TMPTA	透明液体	1	1000～2000	44.2
601H-35	EO-TMPTA	透明液体	1	800～1300	47.9
601Q-35	DPHA	透明液体	1	800～1300	47.9

该有机-无机纳米复合材料加入涂料和油墨中，能增进涂层和油墨层的耐磨性和耐候性，可提高耐化学品性，降低固化收缩率，而且耐高温及热稳定性和抗冲击强度佳。可用于 UV 清漆、UV 油墨、UV 胶黏剂和电子材料，特别适用于光学膜 UV 涂料和 UV 塑料硬涂层。

5.3.4　有机-无机纳米复合材料的合成方法实例

（1）纳米级有机-无机二氧化硅杂化材料的制备

$$Si(OC_2H_5)_4 + H_2O \longrightarrow HO-(SiO_2)_3-OH + H_3CO-Si-O \longrightarrow$$

R: $-CH_2CH_2CH_2OR$

将 700mL 乙醇、175mL 氨水和 10mL 去离子水一次性加入 1000mL 的装有回流冷凝管的圆底烧瓶中，开动搅拌器加热至 50℃，然后滴加 20mL 的正硅酸乙酯（TEOS）到溶液中，50℃下搅拌反应 24h，得到硅溶胶。准确量取 100mL 该系列硅溶胶加入到三颈圆底烧瓶中，再准确称取与硅溶胶中所含二氧化硅等摩尔的 3-缩水甘油醚-氧基-丙基三甲氧基硅烷（GPTS），搅拌的同时，匀速滴入硅溶胶中，并控制反应体系温度为 50℃，9h 后停止反应。制得纳米级有机-无机二氧化硅杂化材料，杂化材料的平均粒径在 30nm 左右，且粒径分布集中，其溶液均匀透明、透光率较好。

（2）硅溶胶的制备

在一个装有机械搅拌器、恒压滴液漏斗和温度计的 500mL 四口烧瓶中，加入一定量的无水乙醇和 γ-(甲基丙烯酰氧)丙基三甲氧基硅烷（A174），搅拌下，将一定量的盐酸、水、无水乙醇混合液缓慢滴加到四口瓶中。在 40℃保温反应一段时间后，再加入 HEA 和无水乙醇混合液，继续保温反应。反应结束后，真空抽出乙醇、水和其他小分子物质，得到无色透明的溶胶实验样品，装入棕色瓶中密闭贮存。试验中的投料比为 n(A174)：n(H$_2$O)：n(HCl)：n(HEA)：n(无水乙醇)=1：3：0.003：1：9。

（3）巯基硅氧烷溶胶的制备

把 39.2g(0.2mol) 丙基硫醇三甲氧基硅烷（MPTS）溶于 75mL 的乙醇中，加入带有回流冷凝装置的 500mL 圆底烧瓶里。在磁力搅拌下把含 1.8g(0.1mol) 蒸馏水、1mL 盐酸（37%）和 75mL 乙醇的混合物滴加入上述 MPTS 溶液中。将溶液的 pH 值调节为 2。在室温下反应 1h 后加热至回流温度，搅拌反应 30h。最后，溶剂及残余的 MPTS 通过减压去除。巯基硅氧烷溶胶的分子量用 GPC 进行了测定，其平均分子量为 1552，多分散性 1.42。

（4）TiO$_2$ 溶胶的制备

将 15%（质量分数，以下同）的表面活性剂 Span85 和 Tween80 混合物[m(Span85)：m(Tween80)=2：1] 和少量丙烯酸水溶液，在搅拌的条件下滴加到 15mL 由丙烯酸丁酯和 30% TPGDA 组成的溶液中，得到均匀透明的反胶束溶液；然后将 30% 钛酸丁酯（TTB）在不断搅拌的条件下滴到反胶束溶液中，得到透明的 TiO$_2$ 溶胶。

（5）P(MMA-*co*-MA)/SiO$_2$-TiO$_2$ 杂化材料的制备

① P(MMA-*co*-MA)的合成

将 9.02g(90mmol) MMA、0.98g(10mmol) MA 和 1.25mmol 的 AIBN 溶解于 70mL 二氧六环，加入装有机械搅拌、回流冷凝管、氮气入口的 250mL 三颈瓶中，在通氮 10min

后升温至 70℃，氮气保护和机械搅拌下反应，得到透明黏稠溶液，即为 P(MMA-co-MA)。

② KH550 改性的 P(MMA-co-MA)(PMMK)的合成

在上述溶液冷却到室温后，将 KH550（10mmol）由滴液漏斗在 10min 内慢滴入，室温下反应 0.5h 后，升温至 60℃，机械搅拌下反应 2h，得到黏稠透明溶液，为 PMMK。

③ P(MMA-co-MA)/SiO₂-TiO₂ 杂化材料的制备

将 2.33g Ti(OBu)₄ 加入 5g PMMK 溶液中，然后添加二氧六环使 Ti(OBu)₄ 的含量为 0.032％（质量分数），强烈搅拌 0.5h，然后加入与 Ti(OBu)₄ 等摩尔的 H_2O，再加热至 60℃反应 2h。所得溶胶为 P(MMA-co-MA)/SiO₂-TiO₂ 杂化材料。

（6）杂化聚氨酯丙烯酸酯 HUA-HC 的制备

① 杂化二元醇（HD）的制备　将 58.06g（0.50mol）HEA 和 55.34g（0.25mol）KH550，加入 250mL 三颈瓶中，在 30℃以下反应 2h，得到透明的黏稠液，即为杂化二元醇（HD）113.4g。

② 杂化聚氨酯丙烯酸酯低聚物（HUA）的制备　将 34.83g（0.20mol）TDI 和 45.36g（0.10mol）HD，在 250mL 三颈瓶中 70℃下反应 6h，然后在 50℃下滴入 23.23g（0.20mol）HEA，70℃下反应 2h 后，得到浅黄色黏稠体，即为杂化聚氨酯丙烯酸酯低聚物（HUA）。

③ HUA 水解缩合制备 HUA-HC　10.35g HUA 在 70℃下溶解于等量的异丙醇（含有 0.18g 0.1mol/L 的 HCOOH），回流反应 8h。减压除去挥发物即得到透明的黏稠体，生成具有无机网络结构的杂化聚氨酯丙烯酸酯 HUA-HC。

（7）纳米 TiO₂/光固化树脂复合材料的制备

纳米二氧化钛分散液：分散介质为 PMA，TiO₂ 质量分数为 30％，平均粒径 50nm，表面经硅烷偶联剂处理。

光固化树脂的制备：按 50％环氧丙烯酸树脂（CN104A80），20％ 3,4-环氧环己基甲基-3,4-环氧环己基甲酸酯（UVR6105），20％ 3,4-环氧环己基甲基，3,4-环氧环己基甲酸酯（UVR6216），4％ 184，6％阳离子光引发剂 UVR6974 的比例配制光固化树脂，混合后高速搅拌 2h 至引发剂溶解，直至树脂呈现均匀透明状态。

纳米 TiO₂ 光固化树脂复合材料的制备：将 1 份经过有机改性并均匀分散于 PMA 中的 TiO₂，加入到 99 份光固化树脂中，在高剪切乳化机下搅拌 20min，再超声分散 1h，抽真空，除去气泡，得到光固化纳米 TiO₂ 复合树脂。

（8）纳米 SiO_2/PUA 杂化材料的制备

① 表面含—NCO 基团纳米 SiO_2 的制备　将 150mL 甲苯、35g IPDI 和 0.1g 二月桂酸正丁基锡催化剂加入带有温度计、搅拌器和氮气保护装置的 500mL 四口烧瓶中，加入 20g 纳米 SiO_2 并均匀分散，升温至 75℃，反应 10h 以上，测定—NCO 含量不再变化，在氮气保护下减压过滤，用甲苯洗涤 2 次，得白色粉末状产物，为表面含—NCO 基团纳米 SiO_2，记为 SiO_2-IPDI。

② 纳米 SiO_2/PUA 杂化材料的制备　在带有氮气保护装置和搅拌器的 500mL 四口瓶中，将 20g SiO_2-IPDI（—NCO 为 0.032mol）分散在 150mL 甲苯中，加入 6g（0.006mol）PPG，升温至 80℃，搅拌反应至—NCO 值降低了 35% 左右，向四口烧瓶中加入 10g（0.086mol）HEA，搅拌反应 8h 以上，用红外光谱检测在 2235cm^{-1} 的—NCO 特征吸收峰，直到该吸收峰彻底消失，停止反应，减压过滤，用甲苯洗涤 4 次，将产物置于烘箱中，在 50℃ 的条件下，真空干燥 5h，得白色粉末状产物，即为纳米 SiO_2/PUA 杂化材料。

（9）光固化有机硅杂化体系的制备

① 光敏性有机硅树脂的合成　在三口烧瓶中加入 0.1mol 的 IPDI 和总质量比 0.1% 的 DBTL 作为催化剂，室温搅拌，氮气保护下滴加 0.1mol HEA，在 2h 内滴加完毕，保持温度继续反应 4h，—NCO 含量（二正丁胺法测定）达到预定值后，滴加 0.05mol 双碳羟基硅油，升温至 60℃，反应至—NCO 消失，停止反应，得目标产物 PSUA。

② 纳米 SiO_2 的表面改性　将一定量的乙醇、TEOS 加入装有滴液漏斗的锥形瓶中，在室温下边搅拌边滴加用盐酸酸化过的乙醇与去离子水的混合液，其中各物质摩尔配比为 $n(TEOS) : n(H_2O) : n(EtOH) : n(HCl) = 1 : 5 : 10 : 0.05$，滴完后继续反应 24h。滴入 TMSPM[$n(TMPSM) : n(TEOS) = 1 : 5$]（摩尔比），磁力搅拌均匀后陈化 24h 得 TMSPM 改性纳米 SiO_2 硅溶胶。

③ 光固化杂化体系的制备　将 PSUA、TPGDA、Darocur1173（3%）加入三口烧瓶中，其中 PSUA 与 TPGDA 的质量比为 3 : 2，剧烈搅拌至均匀，得到光固化有机硅体系。按 TMSPM 改性纳米 SiO_2 硅溶胶与光固化有机硅体系质量比为 1 : 5 的比例，向光固化有机硅体系滴入 TMSPM 改性纳米 SiO_2 硅溶胶，剧烈搅拌直至体系均匀透明为止，得到光固化有机硅 SiO_2 杂化体系。

（10）（PUA-TMSPM）/SiO_2 杂化体系制备

按 $n(TEOS) : n(H_2O) : n(C_2H_5OH) : n(HCl) = 1 : 6 : 6 : 0.06$ 配比称量，将一定量的乙醇和正硅酸乙酯（TEOS）加入装有滴液漏斗的锥形瓶中，在室温下，边搅拌边滴加用盐酸酸化过的乙醇与水的混合液，滴完后继续反应 12h，得纳米 SiO_2 硅溶胶 A。在室温下，向 A 中滴入 γ-甲基丙烯酰氧丙基三甲氧基硅烷（TMSPM）（TMSPM : TEOS = 1 : 5），磁力搅拌均匀后陈化 24h，得 TMSPM 改性硅溶胶 B。

将 m（PUA）：m（HDDA）＝4：1、Darocur 1173（质量分数 2%）和 Tween 80（质量分数 0.5%）加入装有搅拌器、滴液漏斗的三口烧瓶中，剧烈搅拌得溶液 C。向 C 滴入 3%改性硅溶胶 B，剧烈搅拌直至体系均匀透明为止，得到（PUA-TMSPM）/SiO$_2$ 杂化体系。

（11）HEMA 改性 SiO$_2$ 硅溶胶光固化涂料的制备

① 甲基丙烯酸-2-羟基乙酯（HEMA）改性 SiO$_2$ 硅溶胶的制备　按摩尔比 n（TEOS）：n（HEMA）：n（蒸馏水）：n（无水乙醇）：n（盐酸）＝1：4：6：5：0.06，先将正硅酸乙酯（TEOS）和 HEMA 加入烧杯中，然后加入蒸馏水、无水乙醇及盐酸，充分搅拌均匀。将整个体系转入三口烧瓶中，78℃下反应 6h，反应结束后，抽真空脱除副产物，得到均质透明的 HEMA 改性 SiO$_2$ 硅溶胶。

② HEMA 改性 SiO$_2$ 硅溶胶光固化涂料的制备　称量 30g EA、10g PEA、10g PUA、30g TPGDA、10g HDDA、5g TMPTA 和 5g St，然后在电动搅拌机的搅拌下将其混合均匀。搅拌 30min。然后加入光引发剂 4g 1173、2g 三乙醇胺、1g 流平剂和 1g 异辛醇，搅拌 20min，得到均匀透明的空白光固化涂料。按质量比 m（空白光固化涂料）：m（HEMA 改性 SiO$_2$ 硅溶胶）＝95：5 称量，将两者在磁力搅拌机上充分搅拌均匀，搅拌时间为 3h，得 HEMA 改性 SiO$_2$ 硅溶胶光固化涂料。

（12）EA/SiO$_2$ 纳米复合材料的制备

将 n（乙醇）：n（氨水）：n（水）：n（正硅酸乙酯）为 9：0.2：2.5：1（摩尔比）称量，先将正硅酸乙酯和部分的乙醇加入到圆底的三颈烧瓶中，并将其加热，后将剩余的乙醇和去离子水以及氨水在 0.5h 内缓慢滴入。滴加完毕后，保持 30℃，搅拌反应 24h。紧接着以 n（甲基丙烯酰氧基丙基三甲氧基硅烷，MPS）：n（正硅酸乙酯，TEOS）为 3：14（摩尔比）的比例加入 MPS，再反应 6h。然后将所得的 SiO$_2$ 溶胶在真空度−0.1MPa、50℃下干燥除去绝大部分的乙醇和水。得到了一种黏稠的表面经过 MPS 改性的纳米 SiO$_2$ 溶胶，MPS 改性的 SiO$_2$ 溶胶粒子平均粒径为 40nm。

将 5g 浓缩好的 MPS 改性的 SiO$_2$ 溶胶加入到 50gTMPTA 中，超声处理 30min，然后再加入低聚物 EA，再超声处理 30min，最后加入 3.2g BP 和 2.2g MDEA，搅拌均匀得到 EA/SiO$_2$ 纳米复合材料。

5.4　助剂

助剂（assistants）是为了光固化产品在生产制造、应用和运输储存过程中完善油墨、涂料和胶黏剂性能而使用的添加剂，通常有消泡剂、流平剂、分散剂、消光剂、阻聚剂等。

5.4.1　消泡剂

消泡剂（defoamer, anti-foamer agent）是一种能抑制、降低或消除光固化产品中气泡的助剂。光固化产品所用原材料如流平剂、润湿剂、分散剂等表面活性剂会产生气泡，颜料和填料固体粉末加入时会挟带气泡；在生产制造时，搅拌、分散、研磨过程中，容易卷入空气而形成气泡；在印刷应用、涂装或粘接过程中，因使用前搅拌、涂覆也会产生气泡。气泡的存在会影响颜料或填料等固体组分的分散，更会使印刷、涂装或粘接过程中油墨、涂料或胶黏剂质量变劣。因此必须加入消泡剂来消除气泡。

在不含表面活性剂的体系中，形成的气泡因密度低而迁移到液面，在表面形成液体薄层，薄层上液体受重力作用向下流动，导致液层厚度减小。通常当层厚减小到大约 10nm 时液体薄层就破裂，气泡消失。当体系含有表面活性剂时，气泡中的空气被表面活性剂的双分子膜所包裹，由于双分子膜的弹性和静电斥力作用，使气泡稳定，小气泡就不易变成大气泡，并在油墨、涂料或胶黏剂表面堆积。

消泡剂的作用与表面活性剂相反，它具有与体系不相容性、高度的铺展性和渗透性以及低表面张力特性，消泡剂加入体系后，能很快地分散成微小的液滴，和使气泡稳定的表面活性剂结合并渗透到双分子膜里，快速铺展，使双分子膜弹性显著降低，导致双分子膜破裂；同时降低气泡周围的液体表面张力，使小的气泡聚集成大的气泡。最终使气泡破裂。有些消泡剂含有疏水性颗粒（如二氧化硅）时，疏水性颗粒渗透到气泡的表面活性剂膜上，吸收表面活性剂的疏水基团，导致气泡层因缺乏表面活性剂而破裂。

常用的消泡剂有低级醇（如乙醇、正丁醇），有机极性化合物（如磷酸三丁酯、金属皂）、矿物油、有机聚合物（聚醚、聚丙烯酸酯）、有机硅树脂（聚二甲基硅油、改性聚硅氧烷）等。光固化产品最常用的消泡剂为有机聚合物、有机硅树脂和含氟表面活性剂。

选择消泡剂除了有高效消泡效果外，还必须没有引起颜料凝聚、缩孔、针孔、失光、缩边等副作用，而且消泡剂能力持久。应根据生产厂家提供的消泡剂技术资料，结合光固化产品使用的原材料，经分析，通过实验进行筛选，以获得最佳的消泡剂品种、最佳用量和最合适的添加方法。

消泡剂的消泡性能初步筛选可通过量筒法或高速搅拌法来实现。

（1）量筒法

适用于低黏度的光固化产品或乳液。在具有磨口塞的 50mL 量筒内，加入试样 20～30mL，再加入定量的消泡剂，用手指按紧磨口塞来回激烈摇动 20 次，停止后立即记录泡沫高度，间歇一定时间再记录泡沫高度，然后各种消泡剂比较，泡沫高度越低，消泡效果越好。该法简单方便，但结果较粗糙。

（2）高速搅拌法

本法适用面广，方法简单、方便，结果较正确。

① 对低黏度的光固化产品或乳液，可用泡沫液体测定法　在有 1mL 刻度的 200mL 高型烧杯内，加入 100mL 试样，添加定量消泡剂，再用高速搅拌器，以恒定的 3000～4000r/min 转速搅拌，测定固定时间下，泡沫的高度。泡沫高度越低，消泡效果越好。或测定泡沫达到一定高度时所需时间，所需时间越短，消泡效果越差。

② 对高黏度的光固化产品可用比重杯法　在 200mL 容器中，称入试样 150g，添加定量消泡剂后，用高速搅拌器在恒定的 2000～6000r/min 下搅拌 120s 后，停止搅拌立即测定密度，15min 后再测定一次，与高速搅拌前样品比较，密度变化越小越好。

消泡剂在光固化产品中一般使用量为 0.05%～1.0%，大多数可在光固化产品研磨时加入，也有的可用活性稀释剂稀释后，加入光固化产品中，要搅拌均匀。

表 5-12 介绍了部分用于光固化体系的消泡剂。

表 5-12　部分用于光固化体系的消泡剂

公司	商品名称	组成	含量/%	溶剂	适用范围	消泡剂添加量/%	使用方法
德谦	2700	非聚硅氧烷高分子	10.0～11.5	芳香族碳氢溶剂	光固化涂料（淋涂）	0.1～1.0	研磨前添加
	3100	非聚硅氧烷高分子	44～46	芳香族碳氢溶剂	光固化涂料（淋涂）	0.1～1.0	研磨前添加
	5300	改性聚硅氧烷	0.46～0.53	环己酮/芳香族碳氢溶剂	光固化体系（辊涂、喷涂）	0.1～0.7	研磨前添加

续表

公司	商品名称	组成	含量/%	溶剂	适用范围	消泡剂添加量/%	使用方法
迪高	Foamex 810	聚硅氧烷-聚醚共聚物,含气相 SiO₂	100		光固化清漆	0.2~0.8	可原装物或稀释后加入研磨料中
	Foamex N	二甲基聚硅氧烷,含气相 SiO₂	100		光固化丝印油墨	0.1~0.5	用前需搅拌,加入研磨料中
	Airex 920	有机高分子	100		光固化体系	0.3~1.0	可原装物或稀释后在调匀时或清漆中加入
	Airex 986	具有硅氧烷端基的聚合物溶液	30	二甲苯	光固化涂料	0.1~1.0	在调匀时或清漆中加入
毕克	BYK-055	聚合物	6.5	烷基苯/丙二醇甲醚醋酸酯	光固化木器涂料	0.1~1.5	研磨前添加或有足够高剪切
	BYK-057	聚合物	44	溶剂油/丙二醇甲醚醋酸酯	光固化木器涂料、工业涂料	0.1~1.5	研磨前添加或有足够高剪切
	BYK-088	破泡聚合物和聚硅氧烷溶液	3.3	烃类混合物	光固化工业涂料、油墨	0.2~0.8	研磨前添加或有足够高剪切
	BYK-1788	非硅混合物	100	—	光固化工业涂料	0.3~0.5	研磨前添加或有足够高剪切
	BYK-1790	聚合物	100	—	光固化木器涂料、工业涂料、油墨	0.1~0.7	研磨前添加或有足够高剪切
	BYK-1794	聚合物	100	—	光固化木器涂料	0.1~1.0	研磨前添加或有足够高剪切
	BYK-1797	聚硅氧烷	100	—	高黏度光固化油墨	0.02~2.0	研磨前添加或有足够高剪切
	BYK-1798	聚硅氧烷溶液	10	乙二醇丁醚/乙基己醇/石油溶剂	光固化木器涂料	0.1~0.7	研磨前添加或有足够高剪切
	BYK-1799	聚硅氧烷和憎水颗粒的混合物	100	—	高黏度光固化油墨	0.05~0.5	研磨前添加或有足够高剪切
埃夫卡	Efka 2720	非硅聚合物			光固化体系		
	Efka 2721	非硅聚合物			光固化和电子束体系		

5.4.2　流平剂

　　流平剂（leveling agent）是一种用来提高光固化产品的流动性，使光固化产品能够流平的助剂。光固化产品不管用何种印刷、涂装或粘接工艺，都有一个流动与干燥成膜的过程，形成一个平整、光滑、均匀的涂层。涂层能否达到平整光滑的特性，称为流平性。在实际涂装时，由于流平性不好，出现印痕、橘皮；在干燥和固化过程中，出现缩孔、针孔、橘皮、流挂等现象，都称为流平性不良。而克服这些弊病的有效方法就是添加流平剂。鉴于光固化产品的主要作用是表现图文、装饰、保护及粘接，如果涂层不平整，出现缩孔、橘皮、痕道等弊病，不仅起不到表现图文和装饰效果，而且将降低或损坏其保护功能和粘接性能。因此涂层外观的平整性是光固化产品的重要技术指标，是反映光固化产品质量优劣的主要参数之一。

涂层缺陷的产生与表面张力有关。表面张力由气相/液相界面的力场与液体内部的力场差异而引起的（图 5-3）。

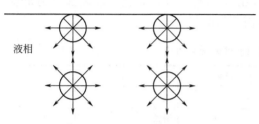

气相

液相

图 5-3　液体内部与气/液界面的力场分布示意

分子之间存在着范德华力、氢键等作用而相互吸引。在液体内部的分子受到各个方向对称的力吸引而处于平衡状态。而界面的分子受到液相和气相不同的引力作用，液相的引力大于气相的引力，故处于不平衡状态，这种不平衡的力试图将表面分子拉向液体内部，所以液体表面有自动收缩的趋势。把液体做成液膜（图 5-4），为保持表面平衡，就需要有一个与液面相切的力 f 作用于宽度为 l 的液膜上。平衡时，液体存在的与 f 大小相等而方向相反的力就是表面张力，其值为

$$f = rl \times 2$$

此处由于液膜有两个，故乘以 2，比例系数 r 称为表面张力系数，单位为 N/m（过去单位为 dye/cm＝mN/m），它表达为单位长度液体收缩表面的力。表面张力系数通常简称为表面张力（surface tension）。

当液体滴在固体表面时，由于表面张力形成液滴凸面，液面的切线和固体表面的夹角叫做接触角（contact angle）（图 5-5）。通过测量接触角可以用来反映表面张力大小。一系列不同表面张力的液体在该固体上作接触角。将各液体的表面张力与对应的接触角余弦作图，将此线外推至 $\cos\theta = 1$，它对应的表面张力即为固体表面张力。

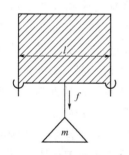

图 5-4　表面张力的本质

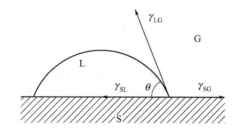

图 5-5　液滴的接触角

表面张力具有使液体表面积收缩到最小的趋势，同时，也具有低表面张力的液体向高表面张力表面铺展的趋势。因此表面张力是光固化产品流平的推动力。当光固化产品涂装、印刷或黏合到基材后，由于表面张力作用使光固化产品铺展到基材上；同时表面张力有使涂层表面积收缩至最小的趋势，这样涂层的印痕、皱纹等缺陷消失，变成平整光滑的表面。此外，光固化产品在基材上的流平性还与光固化产品的黏度、基材表面的粗糙程度、溶剂的挥

发速率、环境温度、干燥时间等因素有关。一般说来，光固化产品的黏度越低，流动性越好，流平性也好；基材表面粗糙，不利于流平；溶剂挥发快，也不利于流平；涂装、印刷或粘接时，环境温度高，有利于流平；干燥时间长，也利于流平。对光固化产品，不存在溶剂挥发，只要经紫外光照就瞬间固化，干燥时间极短，故对光固化产品的流平性要求更高。因此选择好合适的流平剂就显得更为重要。有时在生产线上适当光照前有一段流平时间，再经光固化装置进行固化，以保证涂装、印刷或粘接的质量。

鉴于表面张力是光固化产品流平的最关键因素，因此在配方设计中都要考虑光固化产品组分和基材的表面张力大小以及涂装、印刷或粘接方式上对光固化产品表面张力的要求。表 5-13 列举了常见溶剂、稀释单体和基材的表面张力值。

表 5-13　部分常用材料的表面张力值　　　　　　　单位：mN/m

溶剂与树脂	表面张力	活性稀释剂	表面张力	底材	表面张力
水	72.7	$PEG_{(400)}DA$	42.6	玻璃	70
甲苯	28.4	$(EO)_3TMPTA$	39.6	钢铁	36～50
石油溶剂油	26.0	PETA	39.0	铝	37～45
乙酸丁酯	25.2	TMPTA	36.1	PET	43
丙酮	23.7	HDDA	35.7	PC	42
乙醇	22.8	$(PO)_3TMPTA$	34.0	PVC	39～42
环氧树脂	45～60	TPGDA	33.3	PS	36～42
三聚氰胺树脂	42～58	NPGDA	32.8	PE	32
醇酸树脂	33～60	IBOA	31.7	PP	30
丙烯酸树脂	32～40	2-EHA	28.0	PTFE	20

流平剂种类较多，常见的有溶剂类、改性纤维素类、聚丙烯酸酯类、有机硅树脂类和氟表面活性剂等，而用于光固化产品的流平剂主要有聚丙烯酸酯、有机硅树脂和氟表面活性剂三大类。

聚丙烯酸酯流平剂为低分子量（6000～20000）的丙烯酸酯均聚物或共聚物，分子量分布窄，玻璃化转变温度 T_g 一般在 -20℃ 以下，表面张力在 25～26mN/m。加入光固化产品中可以降低表面张力提高对基材的润湿性，能迁移到涂层表面形成单分子层，使涂层表面的表面张力均匀，避免缩孔产生，改善涂层的光滑平整性。这类流平剂不影响重涂性。

氟表面活性剂为氟碳树脂，是具有最低表面张力和最高表面活性的助剂。加入光固化产品中可以有效地改善润湿性、分散性和流平性，故用量极低，一般在 0.03‰～0.05‰。但这种流平剂对层间附着力和重涂性影响很大，加之价格昂贵，只用于涂装、印刷或粘接表面张力低的基材（如 PE）的光固化产品中。表 5-14 介绍了部分用于光固化体系的流平剂。

5.4.3　润湿、分散剂

颜料分散是油墨和色漆制造技术的重要环节。把颜料研磨成细小的颗粒，均匀地分布在油墨和色漆基料的连续相中，得到一个稳定地悬浮体。颜料分散要经过润湿、粉碎和稳定三个过程。润湿是用树脂或助剂取代颜料表面上吸附的空气或水等物质，使固/气界面变成固/液界面的过程；粉碎是用机械力把凝聚的颜料聚集体打碎，分散成接近颜料原始状态的细小

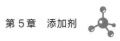

表 5-14　部分用于光固化体系的流平剂

公司	商品名	组成	含量/%	溶剂	适用范围	流平剂添加量/%	使用方法
德谦	431	聚醚改性聚硅氧烷	24~27	芳香族碳氢溶剂	光固化涂料	0.1~0.5	研磨后加入
	432	改性聚硅氧烷	13~14	二甲苯/丁基溶纤剂	光固化涂料	0.1~0.5	研磨后加入
	488	改性聚硅氧烷	≥94.5		光固化涂料	0.1~0.5	任何阶段添加
	495	聚丙烯酸酯	48~52	二甲苯	光固化涂料	0.2~1.5	任何阶段添加
	810	聚醚改性聚硅氧烷	≥88		光固化涂料	0.01~0.2	任何阶段添加
迪高	Glide 100	聚硅氧烷-聚醚共聚物	100		光固化清漆	0.05~0.5	以原装物或稀释后加入
	Glide 432	聚硅氧烷-聚醚共聚物	100		光固化涂料	0.05~1.0	以原装物或稀释后加入
	Glide 435	聚硅氧烷-聚醚共聚物	100		光固化体系	0.05~1.0（清漆）0.1~0.5（油墨）	以原装物或稀释后加入
	Glide 440	聚硅氧烷-聚醚共聚物	100		光固化清漆	0.05~1.0	以原装物或稀释后加入
	Flow 300	聚丙烯酸酯溶液	48~52	二甲苯	光固化清漆	0.1~0.8	以原装物或稀释后加入
	Flow 425	聚硅氧烷-聚醚共聚物	100		光固化清漆	0.1~1.0	以原装物或稀释后加入
	Flow ZFS 460	聚丙烯酸酯溶液	70	二甲苯、甲基正丙二醇乙酸酯	光固化清漆	0.03~0.5	以原装物或稀释后加入
毕克	BYK-361N	聚丙烯酸酯	100	—	光固化木器涂料、工业涂料、油墨	0.05~0.5	后添加
	BYK-377	聚硅氧烷	100		光固化油墨	0.05~2.0	后添加
	BYK-378	聚硅氧烷	100		光固化工业涂料（水油通用）	0.01~0.3	后添加
	BYK-3455	聚硅氧烷	100		光固化工业涂料（水油通用）	0.1~1.0	后添加
	BYK-3760	聚硅氧烷	100	—	光固化工业涂料（水油通用）	0.02~0.5	后添加
TROY	Troysol S366	非离子型硅酮共聚物	60		光固化体系	0.2~0.6	最后添加
埃夫卡	Efka 3883	反应性有机硅氧烷			光固化木器漆和油墨		

粒子，构成悬浮分散体；稳定是指形成的悬浮体在无外力作用下，仍能处于分散悬浮状态。要获得良好的油墨和色漆分散体，除与颜料、树脂（低聚物）、溶剂（活性稀释剂）的性质及相互间作用有关外，往往还需要使用润湿分散剂才能达到最佳效果。

润湿剂（wetting agent）、分散剂（dispersant）是用于提高颜料在油墨和色漆中悬浮稳定性的助剂。润湿剂主要是降低体系的表面张力；分散剂吸附在颜料表面上产生电荷斥力或空间位阻，防止颜料产生絮凝，使分散体系处于稳定状态。润湿剂和分散剂作用有时很难区分，往往兼备润湿和分散功能，故称为润湿分散剂。润湿分散剂大多数是表面活性剂，由亲颜料的基团和亲树脂的基团组成，亲颜料的基团容易吸附在颜料的表面，替代原来吸附在颜料表面的水和空气及其他杂质；亲树脂基团部分则很好地与油墨或色漆基料相容，克服了颜料固体与油墨或色漆基料之间的不相容性。在分散和研磨过程中，机械剪切力把团聚的颜料破碎到接近原始粒子，其表面被润湿分散剂吸附，由于位阻效应或静电斥力，不会重新团聚结块。

油墨和色漆常用的润湿分散剂主要有天然高分子类（如卵磷脂）、合成高分子类（如长链聚酯的酸和多氨基盐，属于两性高分子表面活性剂）、多价羧酸类、硅系和钛系偶联剂等，用于光固化产品的润湿分散剂主要为含颜料亲和基团的聚合物。表5-15介绍了用于光固化体系的润湿、分散剂。

表5-15 部分用于光固化体系的润湿、分散剂

公司	商品名	组成	含量/%	溶剂	适用范围	润湿、分散剂添加量/%	使用方法
德谦	DP983	高分子聚合物	57.4～54.5	乙酸丁酯/二甲苯	光固化涂料	2～5（无机颜料）10～40（有机颜料）	先与低聚物、单体混合后，再加入颜料研磨
	912	电中性聚酰胺与聚酯混合物	48～52	二甲苯：异丁醇=9：1	光固化体系	1～5（无机颜料）0.2～5（有机颜料）	颜料加入前添加
毕克	DISPERBYK-111	含有酸性基团的共聚物	100	—	光固化木器涂料和工业涂料与油墨	1～3（钛白粉）2.5～5（无机颜料）	颜料加入前添加
	DISPERBYK-168	含有颜料亲和基团的高分子量嵌段共聚物溶液	30	二羧酸酯	光固化油墨	5～6（钛白粉）10～15（无机颜料）30～90（有机颜料）70～140（炭黑）	颜料加入前添加
	DISPERBYK-2008	含有颜料亲和基团的结构化丙烯酸共聚物溶液	60	聚丙二醇	光固化工业涂料与油墨	3～15（消光粉）	在低聚物或单体混合物中预混合均匀，再加入消光粉
	DISPERBYK-2009	结构化丙烯酸共聚物溶液	44	丙二醇甲醚醋酸酯/乙二醇丁醚	光固化木器涂料	4～20（消光粉）	在低聚物或单体混合物中预混合均匀，再加入消光粉

续表

公司	商品名	组成	含量/%	溶剂	适用范围	润湿、分散剂添加量/%	使用方法
毕克	DISPERBYK-2013	含有颜料亲和基团的结构化共聚物	100	—	光固化木器涂料和工业涂料与油墨	15～25(有机颜料) 15～75(炭黑)	颜料加入前添加
	DISPERBYK-2155	含有碱性颜料亲和基团的嵌段共聚物	100	—	光固化木器涂料和工业涂料与油墨	1～3(钛白粉) 5～10(无机颜料) 10～35(有机颜料) 15～75(炭黑)	颜料加入前添加
	DISPERBYK-2158	含有颜料亲和基团的共聚物溶液	60	DPGDA	光固化木器涂料和工业涂料与油墨	4～18(消光粉)	在低聚物或单体混合物中预混合均匀,再加入消光粉
	DISPERBYK-2205	含有颜料亲和基团的高分子量共聚物	100	—	光固化木器涂料和工业涂料与油墨	1～5(钛白粉) 2～7(无机颜料)	先将助剂溶解于研磨树脂-溶剂混合物中,等助剂完全溶解后再加入颜料
迪高	Dispers 680UV					10～25(炭黑)	50℃熔化后用单体稀释至20%使用
	Dispers 681UV					10～25(有机颜料)	50℃熔化后用单体稀释至20%使用
	Dispers 710					10～25(有机颜料、填料)	
	Dispers 652					5～15(TiO$_2$、亚光粉)	
埃夫卡	Efka 4800	聚丙烯酸酯			光固化体系		

随着光固化油墨和色漆广泛应用,一些专用于光固化体系的助剂被研究开发,并应用于生产。这类专用助剂除了可以改善对基材的润湿,油墨和涂料的流动和流平、消泡和脱泡,提高油墨层和涂层的平滑、抗划伤性能、防黏着性外,在结构上都含有丙烯酰氧基,可以参与光固化体系反应,不会发生迁移。迪高公司开发的 Rad 系列助剂就是专用于光固化体系的助剂,它们都是丙烯酰氧基改性的有机硅氧烷,结构如下:

$$(CH_3)_3-Si-O-\left[\begin{array}{c}CH_3\\|\\Si-O\\|\\CH_3\end{array}\right]_m\left[\begin{array}{c}CH_3\\|\\Si-O\\|\\\end{array}\right]_n Si-(CH_3)_3$$

$$O-C-CH=CH_2$$

为了适应光固化体系对助剂性能特殊要求,迪高公司和毕克公司开发了专用于光固化体系的助剂。这些助剂都含有(甲基)丙烯酰基可与光固化产品基料发生交联反应,因而不会

表 5-16　迪高公司专用于光固化体系的助剂

商品名	组成	含量/%	助剂添加量/%	使用方法	性能①					
					流动促进性	清漆中的透明性	平滑作用	脱气作用	防缩孔作用	防结块/防粘连作用
Rad 2100	交联型聚硅氧烷丙烯酸酯	100	木器涂料 0.05~0.4 印刷油墨 0.1~1.0 清漆 0.1~1.0 塑料涂料 0.05~0.6	以原装物或稀释后加入	5	5	1	0	3	1
Rad 2200N	交联型有机硅聚醚丙烯酸酯	100	清漆 0.1~1.0 木器涂料 0.05~0.4 塑料涂料 0.05~0.6	以原装物或稀释后加入	4	4	4	4	4	3
Rad 2250	交联型有机硅聚醚丙烯酸酯	100	清漆 0.1~1.0 木器涂料 0.05~0.5 塑料涂料 0.05~0.4	以原装物或稀释后加入	4.5	4	4	0	4	3
Rad 2500	交联型聚硅氧烷丙烯酸酯	100	丝印油墨 0.1~1.0 凸印、凹印油墨 0.05~0.5 木器涂料 0.05~0.5 清漆 0.05~0.5 塑料涂料 0.05~0.5	以原装物或稀释后加到研磨料中或在调稀料时加入	2	2	4	4	1	4
Rad 2600	交联型聚硅氧烷丙烯酸酯	100	胶印油墨 0.1~1.5 丝印油墨 0.1~1.0	加入到研磨料中	0	0	4.5	4	0	4.5
Rad 2700	交联型聚硅氧烷丙烯酸酯	100	丝印油墨 0.1~1.0 清漆 0.1~2.0	加入到研磨料中	0	0	5	4	0	5

① 数字表示：0 无效→5 强效。

发生迁移，且具备长效性。由于每个助剂都进行了独特的设计，因此在提高滑爽性和影响涂料表面张力方面各具特点，这些光固化专用助剂所组成的产品系列可以满足不同品种光固化产品的性能要求。表 5-16 介绍了迪高公司专用于光固化体系的助剂的组成、性能、使用方法。表 5-17 介绍了毕克公司专用于光固化体系的助剂的组成、性能、使用方法。

表 5-17　毕克公司专用于光固化体系的助剂

商品名称	组成	含量/%	溶剂	适用范围	助剂添加量/%	使用方法
BYK-UV 3500	含丙烯酸酯官能团的聚硅氧烷	100	—	光固化木器涂料、工业涂料、油墨	0.2～1.0	后添加
BYK-UV 3505	含丙烯酸酯官能团的聚硅氧烷溶液	40	TPGDA	光固化木器涂料、工业涂料、油墨	0.1～3.0	后添加
BYK-UV 3535	含丙烯酸官能团的非有机硅的聚醚	100	—	光固化工业涂料	0.1～1.0	后添加
BYK-UV 3576	含丙烯酸官能团的聚硅氧烷溶液	40	TPGDA	光固化木器涂料	0.1～0.3	后添加

5.4.4　消光剂

光泽是物体表面对光的反射特性。当物体表面受光线照射时，由于表面光泽程度的不同，光线朝一定方向反射能力也不同。光泽是油墨和涂料干燥后涂层的一个重要性能，油墨和涂料因不同的使用目的和环境，除了保护作用、色彩要求外，对印刷或涂装后涂层表面的光泽性能也有不同的要求。油墨和涂料按光泽可分为有光泽和亚光泽两种类型。

光线照射到涂层表面，一部分被涂层吸收，一部分被反射和散射，还有一部分发生折射，透过涂层再反射出来。涂层表面越是平整，则反射光越多，光泽越高；如涂层表面凹凸不平，非常粗糙，则反射光减少，散射光增多，光泽就低。所以涂层表面粗糙程度对光泽影响很大。制造高光泽油墨和涂料，就要采用一切方法降低涂层表面的粗糙度；而制造低光泽或亚光泽油墨和涂料，则应提高涂层表面凹凸不平的程度。添加消光剂是制造亚光泽油墨和涂料的有效措施。

消光剂（flatting agent）是能使涂层表面产生预期粗糙度，明显地降低其表面光泽的助剂。油墨和涂料中使用的消光剂应能满足下列基本要求：消光剂的折射率应尽量接近成膜树脂的折射率（1.40～1.60），这样配制的消光油墨或涂料透明无白雾，油墨和涂料的颜色也不受影响；消光剂的颗粒大小在 $3～5\mu m$，此时消光效果最好；应具有良好的分散与再分散性，消光剂在油墨或涂料中能长时间保持均一稳定的悬浮分布，不发生沉降。油墨和涂料常用的消光剂有金属皂（硬脂酸铝、锌、钙盐等）、改性油（桐油）、蜡（聚乙烯蜡、聚丙烯蜡、聚四氟乙烯蜡）、功能性填料（硅藻土、气相 SiO_2）。光固化油墨和涂料使用的消光剂主要为 SiO_2 和高分子蜡，粒径 $3～5\mu m$ 效果最好。消光剂除了配成浆状物后加入油墨或涂料内分散外，也可以直接加入油墨或涂料中分散。采用高速分散，切勿过度研磨，尽量避免使用球磨或三辊机分散。采用高分子蜡作消光剂，对光固化油墨和涂料还有提高光固化速率的作用，因蜡迁移在表面，可以阻隔氧的进入，减少氧阻聚效应的缘故。

表 5-18 介绍了用于光固化体系的消光剂。

表 5-18　部分用于光固化体系的消光剂

公司	商品名	组成	适用范围	消光剂添加量/%	使用方法
毕克	Ceraflour 950	微粉化改性高密度聚乙烯蜡混合物	光固化涂料和油墨	0.1～0.3	后添加
	Ceraflour 1000	微粉化有机改性聚合物	光固化木器涂料（水油通用）	1.0～10.0	后添加
德谦	UV55C	特殊的蜡处理消光粉	光固化涂料		
	UV70C	特殊的蜡处理消光粉	光固化涂料		
	FA-110	高分子聚乙烯蜡浆9.5%～10.5%（二甲苯/乙酸丁酯）	光固化涂料	10～20	直接加入成品搅匀,无需研磨
	11MW-611	微粉化改性 PP 蜡	光固化涂料	0.5～5.0	以高速搅拌方式直接分散于涂料中
	MW-612	微粉化 PTFE 改性 PE 蜡	光固化涂料	0.5～3.0	以高速搅拌方式直接分散于涂料中
格雷斯	Rad 2005	有机物表面处理 SiO_2	光固化涂料	5～15	任何阶段添加
	Rad 2105	有机物表面处理 SiO_2	光固化涂料（厚涂层）	5～15	任何阶段添加
微粉	Propyltex 200SF				
深圳科大	E-1103	UV 手感消光浆	亚光 UV,一涂 UV		
	E-1106	纳米消光浆	亚光 UV,一涂 UV		
东莞兰卡	Delight-pe28	聚乙烯蜡	UV 涂料、油墨	10～50	
	Delight-pe29	聚碳酸酯树脂	UV 涂料、油墨	10～50	
北京晶之杰	HF860	特殊处理 SiO_2	光固化涂料		
	HF870	特殊处理 SiO_2	光固化涂料		
	HF875	特殊处理 SiO_2	光固化涂料		

5.4.5　阻聚剂

光固化产品是一种聚合活性极高的特殊产品。它的主要组成低聚物和活性稀释剂都是高聚合活性的丙烯酸酯类，另一重要组成光引发剂又是极易产生自由基或阳离子的物质。在这样一个混合体系中，极易因受外界光、热等影响而发生聚合，必须加入适量的阻聚剂。

阻聚剂（polymerization inhibitor）顾名思义是阻止发生聚合反应的助剂。阻聚剂能终止全部自由基，使聚合反应完全停止。常用的阻聚剂有酚类、醌类、芳胺类、芳烃硝基化合物等。空气中氧是很好的阻聚剂，因氧自身是双自由基，极易与自由基结合，生成过氧化自由基，引发活性大大降低，最后生成单体和过氧键交替的低聚物。光固化产品阻聚剂主要用酚类，如对羟基苯甲醚（HO—⟨⟩—CH₃）、对苯二酚（HO—⟨⟩—OH）和 2,6-二叔丁基对甲苯酚（CH₃—⟨⟩—OH，含 C(CH₃)₃）等。由于对苯二酚加入，有时会引起体系颜色变深，往往较少采用。但是酚类阻聚剂必须在有氧气的条件下才能表现出阻聚效应，其阻聚机理如下。

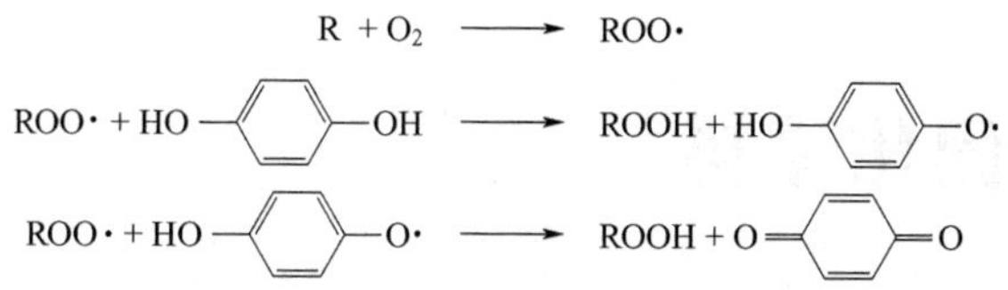

$$R + O_2 \longrightarrow ROO\cdot$$

$$ROO\cdot + HO-\bigcirc-OH \longrightarrow ROOH + HO-\bigcirc-O\cdot$$

$$ROO\cdot + HO-\bigcirc-O\cdot \longrightarrow ROOH + O=\bigcirc=O$$

在酚类阻聚剂存在下，过氧化自由基很快终止，保证体系中有足够浓度的氧，延长了阻聚时间。因此光固化涂料除了加酚类阻聚剂以提高储存稳定性外，还必须注意存放的容器内产品不能盛的太满，以保证有足够的氧气。

美国雅宝公司应用于光固化体系有两种高效阻聚剂 FIRSTCURE ST-1 和 ST-2，艾坚蒙公司和国内嘉善贝尔光学材料公司也有生产。ST-1 和 ST-2 的活性成分均为 NPAL[三(N-亚硝基-N-苯基羟胺)铝盐]（艾坚蒙公司商品名为 IHT-IN 510），分子式为 $C_{18}H_{15}N_6O_6Al$，分子量为 438，为类白色至浅黄色粉末，熔程 165～170℃。

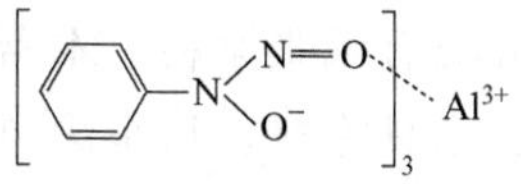

$$\left[\bigcirc-N\begin{matrix} N=O \\ | \\ O^- \end{matrix}\right]_3 \cdots Al^{3+}$$

NPAL

NPAL 可以用于烯烃树脂体系，它在 60℃ 下均可使体系保持稳定。由于 NPAL 的溶解性差，因此用 92％ 的活性稀释剂 2-酚基乙氧基丙烯酸酯和 8％ 的 NPAL 配成了 8％ 浓度的 ST-1（艾坚蒙公司商品名为 IHT-IN 515），用 96％ 的 TMPTA 和 4％ 的 NPAL 配成了 4％ 浓度的 ST-2 使用。ST-1 和 ST-2 继承了 NPAL 优良的稳定性且为厌氧型的阻聚剂。有关ST-1 和 ST-2 产品说明见表 5-19。

表 5-19　ST-1 和 ST-2 产品说明

名称	外观	活性组分含量/％	使用量/％	应用
ST-1	黄色或棕色溶液	8	0.1～1	用于延长活性稀释剂和光敏树脂的有效期；也用于光固化涂料，光固化胶黏剂，光固化油墨等光固化制品
ST-2	黄色或棕色溶液	4	0.1～2	

06

第6章 光固化涂料

6.1 概述

涂料是一种重要的、用途广泛的化工材料，涂布于物体表面形成一层薄膜，是保护和装饰物体表面的涂装材料，它能提高被涂物的使用寿命和使用效能，还能赋予物体一些特殊功能。

涂料品种繁多，按溶剂来分类可分为溶剂型涂料、高固体分涂料、粉末涂料、水性涂料、辐射固化涂料等；按被涂物来分类有纸张涂料、木器涂料、塑料涂料、金属涂料、皮革涂料等；按用途来分类有建筑涂料、家具涂料、汽车涂料、卷材涂料、罐头涂料、光纤涂料等；还有按特殊功能需要分类的如绝缘涂料、导电涂料、高温涂料、防污涂料、防辐射涂料、防锈涂料等。国内对涂料分类通常采用的是以成膜树脂为基础的分类法，如醇酸树脂漆、环氧树脂漆、硝基漆、氨基树脂漆、聚氨酯漆、聚酯漆、丙烯酸漆等。

紫外光固化（UV）涂料是一种新型的环保型涂料。它的干燥速率极快，只要几秒钟UV光照就能固化，最快的可到$1/10s$，像光纤涂料，固化速率已达 $2500\sim3000m/min$，所以生产效率极高。UV涂料没有溶剂，VOC排放几乎为零，不污染环境，属于环境友好型涂料。另外UV涂料节能，与热固型涂料和粉末涂料相比，能耗仅为其 $1/5\sim1/10$。自1968年德国拜耳公司首先研发了第一代苯乙烯/不饱和聚酯UV木器涂料以来，UV涂料的生产和应用发展迅速。UV涂料已成为光固化产业领域产销量最大的产品，规模远大于UV油墨和UV胶黏剂。UV涂料所适用的基材已由木材扩展至纸张、塑料、金属、石材、织物、皮革、陶瓷等；涂料的外观也由最初的高光型，发展出亚光型、磨砂型、金属闪光型、珠光型、纹理型等；涂料涂装有辊涂、淋涂、喷涂、浸涂和甩涂等不同方式。

UV涂料与普通涂料所用主要原材料比较见表6-1。

表6-1 UV涂料与普通涂料所用主要原材料比较

UV涂料	普通涂料	UV涂料	普通涂料
低聚物	成膜物	颜料	颜料
活性稀释剂	溶剂	填料	填料
光引发剂	催化剂	助剂	助剂

6.1.1 光固化涂料用低聚物

成膜物是涂料的主体组成，它是涂料中的流体组成部分，将涂料中颜料、填料等固体粉状物质连接起来，经研磨分散后形成浆状分散体，施工涂覆在基材上，干燥后固定下来。涂料的涂膜性能、施工性能和其他的特殊性能主要取决于成膜物。UV涂料的成膜物是低聚物，它的性能基本上决定了固化前涂料的施工性能和光固化速率、固化后涂膜性能和其他特殊性能，因此低聚物的选择是UV涂料配方设计的最重要环节。

UV 涂料主要是自由基光固化体系，所以所用的低聚物为各类丙烯酸树脂。最常用的为环氧丙烯酸酯、聚氨酯丙烯酸酯、聚酯丙烯酸酯和丙烯酸酯化的聚丙烯酸树脂，它们的一般性能见表 6-2。阳离子 UV 涂料低聚物则为环氧树脂和乙烯基醚类化合物。

表 6-2　光固化涂料用低聚物的一般性能

性能		环氧丙烯酸酯	聚氨酯丙烯酸酯	聚酯丙烯酸酯	丙烯酸酯化聚丙烯酸树脂
固化前性能	黏度	较高	较高	可变	较高
	可稀释性	易稀释	一般	易稀释	一般
	固化速率	较快	可变(大多数较慢)	可变(大多数较慢)	较慢
	相对成本	低	较高	低	较高
固化后性能	拉伸强度	较高	可变(大多数低)	中等	较低
	柔韧性	较差	较好	可变	较好
	耐化学品性	优秀	较好	较好	较好
	硬度	较高	可变(一般较低)	中等	较低
	耐黄变性	中等至较差	可变(脂肪族好)	较差	优秀

环氧丙烯酸酯合成较容易，价格低，其固化速率、固化膜硬度、耐抗性、耐腐蚀性、拉伸强度以及对大多数基材的附着性能等都较为优异，具有较高的性价比，已成为 UV 涂料大多数常规配方的首选主体树脂。主要缺点是柔韧性差，固化膜硬而脆；固化收缩率较大，影响附着力；耐黄变性也较差。为此，研究人员对各类环氧丙烯酸酯进行了改性研究，以期得到满足各种不同需求的树脂。例如可以利用双羟基化合物的羟基与部分环氧基反应，然后剩下的环氧基再与丙烯酸进行酯化反应来提高柔韧性；可以通过胺改性的方法提高固化速率，改善脆性和附着力；通过聚氨酯链段改性提高耐磨性、耐热性和弹性；通过有机硅改性提高耐候性、耐热性、耐磨性和防污性等。而以柔性长链脂肪二酸（如壬二酸）或一元羧酸（如油酸、蓖麻油酸等）部分代替丙烯酸，在环氧丙烯酸酯链上引入柔性长链烃基，可改善其柔韧性，同时树脂对颜、填料的润湿性也可能得以改善。

聚氨酯丙烯酸酯的特点是柔韧性好，对大多数基材附着力和耐腐蚀性、耐抗性都很优异，脂肪族聚氨酯丙烯酸酯耐黄变性优秀，因此在 UV 塑料涂料和耐黄变性高的 UV 涂料上作为首选主体树脂。主要缺点是价格较高，固化速率较慢。在 UV 涂料中常常与环氧丙烯酸酯配合使用，获得较为理想的性价比。以往的光固化聚氨酯丙烯酸酯多以 2,4-甲苯二异氰酸酯（TDI）和二苯基甲烷二异氰酸酯（MDI）为原料，由此形成的聚氨酯易发黄，耐候性很差。近来多以异佛尔酮二异氰酸酯（IPDI）为原料，其中的脂环结构赋予聚氨酯良好的硬度和柔顺性，所形成的聚氨酯具有优异的力学性能和光稳定性，不易发黄，是综合性能较均衡的品种。而脂肪族六次甲基二异氰酸酯（HDI）分子中存在柔韧的长链，用它合成出来的聚氨酯具有更为优异的柔韧性和力学性能及突出的光稳定性。此外，利用碳酸乙烯酯与胺的开环反应来制备聚氨酯丙烯酸酯，该方法不需要使用二异氰酸酯，对人体和环境不会造成影响，是合成聚氨酯丙烯酸酯的一种新途径。

聚酯丙烯酸酯一般在 UV 涂料中很少单独用作主体树脂，往往与环氧丙烯酸酯和聚氨酯丙烯酸酯合用。聚酯丙烯酸酯对颜料润湿性好，有利于颜料分散，在色漆配方中常使用。

丙烯酸酯化聚丙烯酸树脂在 UV 涂料中也不作主体树脂单独使用，因分子量较大，黏度大，固化速率低。但其固化收缩率较低，对改善附着力有帮助。

氨基丙烯酸酯低聚物具有硬度高、耐热性和耐候性好、耐化学品性和机械强度优良的优点，因此也常用于 UV 涂料中。

不饱和聚酯早期作为 UV 木器涂料主体树脂使用，因性能不如丙烯酸类低聚物，在我国基本上不使用。

阳离子光固化体系具有固化时体积收缩率小，对基材附着力强，光固化过程不受氧气阻聚影响，停止光照后固化反应不会终止，适于厚膜的光固化等优点。对阳离子光固化体系，适合的低聚物主要包括各种环氧树脂、环氧官能化聚硅氧烷树脂、具有乙烯基醚官能团的树脂等，其中环氧树脂是应用较多的一类阳离子型树脂。但是缩水甘油醚类环氧树脂活性较低，反应慢，形成的聚合物分子量也较低，因此虽然其价格低廉，但在阳离子光固化领域始终占据不了优势地位，而脂环族环氧树脂反应活性较高，虽然价格相对较高，但在阳离子固化体系中仍然占主要地位。

还有巯基-乙烯基光聚合体系也受到研究人员的关注，这类聚合体系光引发剂用量少，甚至可以不用光引发剂，但是聚合速率快、官能团转化率高、体系黏度低，成型后制品的内应力小，且不受氧阻聚影响。这些独特的优势使得巯基-乙烯基体系在光固化体系中占有一席之地，并具有广阔的应用前景。

6.1.2　光固化涂料用活性稀释剂

活性稀释剂是 UV 涂料的又一个重要组分，它除了稀释降黏外，还具有调节固化膜的性能。丙烯酸酯类功能性单体具有高反应活性和低挥发性而普遍用于 UV 涂料中。选择活性稀释剂除了考虑低黏度外，光固化反应活性与固化交联后膜的性能也是要考察的指标，对一些强调卫生安全的涂料配方，还要考虑活性稀释剂的气味、皮肤刺激性和毒性。

UV 涂料常用的单官能团丙烯酸酯有 HEMA、EOEOEA、2-POEA 等，IBOA 体积收缩率低、折射率高，但气味大。过去用 NVP，因为具有致癌性而不再使用。双官能团丙烯酸酯有 TPGDA、DPGDA、HDDA、NPGDA、PO-NPGDA 和 PEGDA 等。早期用的 DEGDA、TEGDA 因皮肤刺激性太强，现也不用。多官能团丙烯酸酯有 TMPTA、PETA、EO-TMPTA、PO-TMPTA、GPTA 等。为了增加交联度，提高硬度，还可使用双三羟甲基丙烷四丙烯酸酯（DTP$_4$A）和双季戊四醇五/六丙烯酸酯（DPH/FA）。实际配方中往往将单、双、多官能团丙烯酸酯配合使用，以性能互补，达到综合效果好的目的。

单官能团单体分子量较低，因此挥发性较大，相应地毒性大、气味大、易燃等，所以在很多配方中没有得到重视和应用。现在已经开发出不少低挥发性、低毒、低气味甚至无毒、无味的单官能团活性稀释剂，2-苯氧基乙基丙烯酸酯（PHEA）是一种低黏度单体，其稀释性强、反应性高、黏附性强、收缩率低、柔韧性好，适合作为塑料涂料、金属涂料等辐射固化产品的活性稀释剂。而带有长的烷烃链（10 个碳以上）的丙烯酸长链丙烯酸酯单体的挥发性较低，气味小，加入这些稀释剂能增加涂膜的柔韧性，这得益于长烃链的内增塑作用。同时，这些稀释剂固化收缩率低、附着性好，所得涂膜耐水性优良。

最新发展的含甲氧端基的（甲基）丙烯酸酯单体作为单官能团单体，其反应活性相当于甚至超过多官能团单体，同时也具备单官能团单体的低收缩性和高转化率，因而被称之为第三代活性稀释剂。此外，含氨基甲酸酯、环状碳酸酯的单官能团丙烯酸酯也显示出高的反应活性和转化率。

带羟甲基或羟乙基的（甲基）丙烯酸酯单体具有很高的聚合速率，这可能与这类单体的分子结构容易形成氢键有关。分子中含有易形成氢键的基团的单体与那些不会形成氢键的单体相比，聚合速度会快 3～6 倍。

丙烯酸酯类单体光固化后收缩率大，耐热性较差，使光固化材料的应用领域受到影响。因此，设计及开发新型功能性丙烯酸酯类光活性单体对拓展光固化材料的应用领域及制备高性能的光固化材料具有重要的意义。近年来，研究者逐渐关注到一类新型的杂化单体，它既含有可自由基聚合的丙烯酸酯基团又含有可阳离子聚合的乙烯基醚基团，是可以同时发生自由基光固化反应和阳离子光固化反应的体系，可以取长补短，充分发挥自由基和阳离子光固化体系的特点，从而拓宽了光固化体系的使用范围。这种既有自由基固化机理的丙烯酸酯基团，又有阳离子固化机理的乙烯基醚基团的杂化单体，具有更快的光聚合速率和更高的双键转化率，并且其阳离子光聚合过程表现出较好的抗羟基化合物影响的性质。

6.1.3　光固化涂料用光引发剂

光引发剂是 UV 涂料中专用的催化剂，它也是 UV 涂料中一个重要组成，决定 UV 涂料的光固化速率。对于无色清漆类 UV 涂料，光引发剂常使用 1173、184、651、MBF 和 BP/叔胺。1173 为首选光引发剂，因价格较低，又是液体、光引发活性高、不黄变；但挥发性较大，光分解产物苯甲醛有味。651 价格也较低，光引发活性高；但易黄变，不能用于耐黄变性能要求高的 UV 涂料中。BP/叔胺价格低，而且有利于表干和抗氧阻聚，但 BP 易升华，BP/叔胺光引发活性也不高，又易黄变，所以常用于低档的 UV 涂料中。184 高活性、低气味、耐黄变，是耐黄变 UV 涂料首选的光引发剂。MBF 也是高活性、低气味、耐黄变的光引发剂，可用作耐黄变 UV 涂料的光引发剂。为了提高光固化速率，184 和 MBF 往往与 TPO 配合使用。对于有色 UV 涂料，光引发剂则要用 ITX、907、369、TPO、819 等。白色 UV 涂料以 TPO、819 或 TPO/184、819/184、TPO/MBF、819/MBF 等为佳；其他颜色 UV 涂料，则可用 ITX/907、ITX/369，或加上 651、1173、184、MBF 和 TPO 复合体系。有时 UV 涂料为了减少氧阻聚、提高光固化速率，往往加入少量活性胺和叔胺增感剂 EDAB、ODAB 等。

目前光固化涂料领域使用较多的为小分子自由基光聚合引发剂，残留在产物中的未反应的光引发剂及光解碎片容易迁移和挥发，使产物老化黄变，并具有不愉快的气味和毒性，这制约了光固化体系在食品和药物包装等方面的进一步应用。

为了解决这个问题，研究人员提出了多种解决途径。其中之一即为可聚合光引发剂的开发及应用，此类光引发剂能够通过化学键结合到固化后的材料中，从而减少了普通小分子光引发剂及其光反应产物在材料中的残留，可以有效地解决气味以及毒性的问题。然而，当此方法用于裂解型光引发剂时，裂解产物中至少有一种会以小分子的形式残留在固化后的材料中，因此只能部分解决问题。而可聚合夺氢型光引发剂理论上可完全解决这一问题，这类光引发剂将夺氢型光引发剂和助引发剂引入同一个分子中，其引发聚合的速率有所增大，同时这类单体还具有（甲基）丙烯酸酯双键，在聚合过程中能够结合到聚合物中，从而消除或降低了其残留物从产品中迁移出来的不利因素。但是，由于任何可聚合光引发剂中的可聚合成分都不能完全反应，使所有的光引发剂全部通过化学键结合到固化后的材料中，因此仍有少量的光引发剂光解产物以小分子的形式残留在材料中。而如果将引发剂大分子化，则可以有效地解决这一问题。

另一条有效的解决小分子光引发剂及其光解碎片容易迁移和挥发的问题的途径是发展多官能团光引发剂。多官能团光引发剂是指在一个光引发剂分子中含有 2 个或 2 个以上相同或不同的光化学活性基团的光引发剂。当同一个多官能团光引发剂中的光活性基团相同时，它们与相应的单官能团光引发剂相比，分子量较大，主要对其"迁移"和"气味"问题有所改善。双苯甲酰基苯基氧化膦（BAPO）是一种已成功商业化的双官能团光引发剂。

在涂料工业中，除了要解决光引发剂引起的气味以及毒性的问题外，还要通过光引发剂的调整来改善涂层的表面性能，尤其是表面的硬度、抗刮擦性和光泽。为了达到这一目的，光引发剂应尽可能集中在涂料的表面，因此，需要对光引发剂进行特殊的改性，如合成了一类新颖的含有表面活性硅氧烷的光引发剂，在生产稳定的、抗刮擦涂料方面取得了很好的应用。

6.1.4　光固化涂料用颜料、填料

目前 UV 涂料大多数为无色清漆类，不用颜料。有色 UV 涂料主要用于 UV 木器涂料，以在层压板、中密度板上使用为主，单色居多。可用颜料也可用染料，染料透明性好，颜料耐光性好。

UV 涂料有时要加入一些填料，以减轻涂料固化后的体积收缩，对改善附着力有益；同时能增强固化膜的强度、耐磨性和耐热性。如耐磨 UV 涂料常常会加入氧化铝、二氧化硅等填料。但填料的加入，会使涂料黏度增加，透明度变差，固化涂层柔韧性下降，所以加入量要适当。现在使用的填料大多是经表面处理的填料，在涂料中容易分散，对黏度影响较低。近年来纳米技术发展快速，纳米材料使用日益广泛，纳米填料在涂料上应用受到人们的重视，纳米二氧化硅、纳米碳酸钙、纳米碳酸钙/二氧化硅复合填料都开始用于 UV 涂料。研究发现 UV 涂料加入纳米二氧化硅后，由于纳米二氧化硅对 400nm 以内的紫外光吸收率高达 70% 以上，相对减弱了 UV 涂料吸收 UV 辐照的强度，从而降低了 UV 涂料的固化速率，但明显提高了 UV 涂料固化膜的硬度和附着力（表 6-3）。

表 6-3　纳米二氧化硅对 UV 涂料固化膜硬度和附着力影响

项目	参数					
纳米二氧化硅添加量/%	0	0.25	0.50	1.0	1.5	2.0
涂膜硬度/H	2	3	4	4	5	5
附着力/%	86	89	92	97	99	99

6.1.5　光固化涂料用助剂

助剂是 UV 涂料的辅助成分。助剂的作用是改善涂料的加工性能、贮存性能和施工性能，防止涂膜弊病产生，提高涂膜性能和赋予涂膜某些特殊功能等。

UV 涂料常用助剂有消泡剂、流平剂、润湿分散剂、附着力促进剂、消光剂、阻聚剂等，它们在 UV 涂料中各起着不同的作用。详见第 5 章。

6.2　光固化纸张上光油

6.2.1　概述

纸张上光涂料是一种罩光漆，属于印刷后加工的一种重要方法，应用于书刊画册封面、

广告宣传画、商标、商品外包装纸盒、装饰纸袋等的涂布装饰，以增强纸印刷品的外观效果，改善纸印刷品的使用性能，增进纸印刷品和商品的保护性能，提高商品档次，增加附加值。以前的纸张罩光方法是采用覆膜，在纸上覆合一层聚氯乙烯或聚乙烯或聚丙烯薄膜，但覆膜成本较高，在温度和湿度变化时，因薄膜与纸的膨胀收缩不一致，引起翘边，容易发生剥离，特别是覆膜后纸张不能回收再利用，所以慢慢地被涂料上光所替代。涂料上光剂中溶剂型上光油上光因上光速率慢，生产效率低，耐抗性差，尤其是有机溶剂挥发，污染环境，对人体有害，涂层存在有机物残留，应用受到限制，有被替代和淘汰的趋势。水性上光油上光虽然无溶剂排放，属环保产品，印后加工适性也好，但也存在光泽和耐抗性较差、容易造成印品尺寸变形等问题。而 UV 上光油上光由于上光速率快，瞬间固化，可以联机上光，上光与印刷同步，可立刻进行后加工，生产效率高；光泽度、耐抗性、附着力都优异；无溶剂排放，不污染环境；可满足印刷品多样化要求，可全面上光、局部上光、特殊上光，提高产品档次，因此 UV 上光已成为纸印刷品印后加工的一种重要手段。纸张罩光的不同加工方法比较见表 6-4。

表 6-4　纸印刷品罩光的不同加工方法比较

试验项目		PVC 覆膜	BOPP 覆膜	UV 上光	涂料压光	涂料上光	测试方法
平滑性		好	好	好	很好	一般	目视
光泽		77	77	90	75	40	60°镜面反射
附着力		很好	很好	很好	好	很好	胶带试验
耐粘连性		很好	很好	很好	一般～好	一般	50℃,80％RH 500gf/cm²①,48h
耐磨性		好	好	很好	差	差	500gf/cm²①,100 次
耐候性		很好	好	好	一般～好	一般～好	褪色试验机 200h
尺寸稳定性		很好	很好	很好	一般	很好	
污染性		一般	一般～好	很好	差	差	标记 24h 后,乙醇擦拭
耐化学品性	水	很好	很好	很好	差	差	室温,点滴 30min
	1％ NaOH	一般～好	一般～好	很好	差	差	
	2％ HCl	好	好	好	差	差	
	5％ CH₃COOH	好	好	很好	差	差	
	乙醇	好～很好	优	很好	差	差	
	汽油	一般～好	优	很好	差	差	
	甲苯	差	一般	很好	差	差	
后加工适性	黏糊	很好	差	好	好	很好	乳液型
	热压	很好	差	很好	很好	很好	
	烫金	很好	一般	好	好～很好	很好	

① 1gf/cm²＝98Pa。

　　纸印刷品 UV 上光按上光设备可分为单机上光和联机上光两种。单机上光又称脱机上光，是用独立的上光设备，若用专用上光设备上光，多采用辊涂式上光机，能一机多用，既可整幅面上光，也可局部上光，可水性上光与 UV 上光两用。也可利用现有的印刷机上光，减少上光设备投资，生产效率高，套印精度高，既可整幅面上光，又可局部上光。胶印机、柔印机、凹印机和丝网印刷机都可以用于上光。联机上光是印刷机组同上光机组联成一体化，印刷完成后随即进行上光，上光速率与印刷速率同步，生产效率高，同样可整幅面上光，又可局部上光，上光和印刷都由质量控制中心监控，所以，印刷和上光质量稳定。多色胶印机、多色凹印机、多色柔印机、胶凹柔组合印刷机、丝网印刷机都可以联机上光。现在生产的胶印机、凹印机和柔印机很多都在机器上加设上光设备组合，供纸印刷品上光使用。

纸印刷品按上光效果可分整幅面上光、局部上光、消光（亚光）和特效上光。整幅面上光是对纸印刷品表面全部涂布一层上光涂料，目前大多数印刷品采用此法上光；有些印刷品只需要画面设计部分上光，利用上光部分的高亮度与未上光部分所形成的对比亮度差，产生奇妙的艺术效果，就可采用局部上光；有些印刷品要稳重、高雅或爽滑、耐折，不需要上光增亮，就可采用消光；有些印刷品要使上光后产生特种艺术效果，如磨砂、冰花、金银色、珠光等，就需要特效上光。

UV 纸印刷品上光的底材是印刷后的纸张，纸质材料由纤维素和其他添加成分构成，具有多孔极性的表面，因此 UV 纸张上光油对纸质底材的附着力较强，但对油墨印刷区域的附着力，则因印刷油墨性质不同而不同。印刷采用胶印，因胶印油墨往往使用蜡和有机硅系列的消泡剂或流平剂，使油墨印刷区域表面张力较低，UV 上光油对这些区域的润湿附着能力大大下降。为保证 UV 上光油对纸质区域和油墨印刷区域同时具有良好的附着力，应尽量避免使用含蜡和有机硅的印刷油墨。在联机上光时，印刷油墨并未干燥就 UV 上光，湿油墨和光油可能会渗透扩散，造成印刷分辨率下降，因此需在 UV 上光油配方上作调整以适应联机上光。应用于包装纸盒 UV 上光时，大面积平面纸板经印刷、上光后，经模切、折叠，在待粘接部位涂胶、贴合。若 UV 上光油中含有有机硅类助剂，则会影响包装盒的粘接，对这类材料 UV 上光，上光油配方中应尽量不用有机硅助剂。对一些要求无气味的包装材料上光，则在配方中要选用低气味的活性稀释剂、光引发剂和叔胺助引发剂。

6.2.2 光固化纸张上光油组成

UV 纸张上光油所用的低聚物主要选用环氧丙烯酸酯，价格低，固化速率快，附着力、硬度、光泽和耐抗性能都优异；缺点是脆性大，耐黄变性差。适当地配以乙氧基化 TMPTA 或丙氧基化甘油三丙烯酸酯，可基本满足涂层柔韧性要求。聚氨酯丙烯酸酯也是合适的低聚物，特别是可提供优良的柔韧性，但固化速率较慢和价格较高，影响了实际使用。活性稀释剂最常用的是 TMPTA、烷氧基化 TMPTA 和 TPGDA。光引发剂一般以 1173 为主，有时为降低成本，配以二苯甲酮/叔胺引发体系，为了减少氧阻聚影响，往往加入活性胺。流平剂和消泡剂可使用有机硅类助剂，但对于需粘接、烫金等后加工的上光油尽量改用聚合物类助剂或少用有机硅类助剂。

6.2.3 水性光固化纸张上光

由于 UV 水性低聚物的开发，水性 UV 纸张上光油也已商品化，这是更为环保的 UV 产品，因此，水性 UV 纸张上光已成为国内外研究的热点。主要由于水性 UV 纸张上光具有以下一些特点：

① 水性 UV 纸张上光绿色环保，安全性好，无溶剂排放，不易燃易爆，不污染环境，特别适用于食品、饮料、烟酒、药品等卫生条件要求高的包装印刷品。

② 水性 UV 纸张上光具有良好的印刷适性，印刷质量高，印刷过程不改变物性，不挥

发溶剂，可根据上光方式不同及上光效果不同，直接用水稀释，调节不同的黏度。

③ 水性 UV 纸张上光可瞬间干燥，生产效率高，适应范围广，在纸张、铝箔、塑料等不同的印刷载体上均有良好的附着力，产品印完后可立即叠放，不会发生粘连。

④ 水性 UV 纸张上光的物理化学性能优良，因为 UV 固化过程是光化学反应，即由线型结构变为网状结构的过程，所以具有耐水、耐醇、耐化学品、耐磨、耐老化等许多优异的物化性能。

综合上述特点，水性 UV 纸张上光从环保、安全、质量及技术发展等方面考虑，均具有明显的优势和发展前景。

水性 UV 纸张上光是在 UV 纸张上光的基础上改进的，它克服了传统 UV 上光有皮肤刺激性的缺陷，不再使用具有刺激性的丙烯酸酯单体，对油墨生产者和使用者来说无污染、更安全，且产品具有光泽度强、不褪色、不变色，干燥快速，纸品尺寸稳定，干后无毒性，有利于环保等优点，可以广泛应用于书刊、挂历、图片、药盒、烟包、酒盒、食品包装等各种包装印刷，经水性 UV 上光后的印刷品，不仅使精美的彩色画面具有富丽堂皇的表面光泽度，而且可以增强油墨耐光性能，增加油墨的防热、防潮能力，起到保护印迹、提高印刷产品档次的作用。

6.2.4　EB 纸张上光

EB（加速高能电子束）纸张上光是比 UV 纸张上光性能更优异的上光（表 6-5），特别适用于安全、卫生要求高的食品、药品、烟酒包装和与人体接触的物品包装上，但因一次性设备投资较大（50 万～80 万美元）、需要有较稳定的大批量的产品、需要惰性气体氮气保护以及人们对 EB 了解较少等因素的影响，目前推广应用受到阻力，咨询的多，实施的少。

表 6-5　EB 和 UV 纸张上光比较

项目	UV 纸张上光	EB 纸张上光
光引发剂	需用	不用
固化方式	UV	低能 EB
固化设备	UV 固化机	低能 EB 加速器
惰性气体保护	不用	需用
设备投资	低（1 万～5 万元人民币）	高（50 万～80 万美元）
能耗	低	只有 UV 的 1/3 左右
固化速率	快（可达 200m/min）	更快（可达 500m/min）
固化程度（凝胶率）/%	约 75	＞98
气味	有	无
耐黄变性	一般～好	比 UV 更优异
耐抗性	良～好	比 UV 更优异
安全性	对食品、药品等卫生、安全性要求高的产品包装上光受限制	适用于食品、药品等卫生、安全性要求高的产品包装上光

6.2.5　光固化纸张上光

纸印刷品的 UV 上光除了采用专用涂布机外，传统的四种印刷方式（胶印、凸印、凹印、网印）均可进行纸印刷品上光，尤其印刷联机上光已逐渐成为上光工艺的主流方式，而不同印刷方式对 UV 上光油要求是不相同的，所以在 UV 纸张上光油配方上要加以考虑。利用胶印机上光涂布一般有两种方式：一种是利用胶印机的润版系统稍加改进，进行上光涂布；另一种是利用输墨系统像油墨印刷一样进行上光涂布。上光涂料由着液辊转移到上光涂布辊筒再涂布到印品上，是间接涂布方式。UV 上光涂料黏度较高，一般在 $30\sim40$s（涂-4杯，$25℃$），最高不超过 50s；表面张力要略小于印刷品表面油墨层的表面张力，这样能较好地润湿、附着于印刷品的表面，得到均匀、光滑的涂层。胶印机上光涂层较薄，一般在 $2\mu m$ 左右，涂布速率较快，一般可达 $80\sim180$m/min；可以整幅面上光，也可局部上光，精度高。柔印机上光有辊涂和网纹辊、刮刀涂布两种，后者上光质量稳定、均匀、一致，可获得高质量上光效果。柔印机上光涂层要比胶印的涂层厚，而且上光质量和精度都较高，大量用于高档印刷品的上光，特别是包装装潢等印刷品的局部上光，因此 UV 上光油在气味、色泽上要求高。柔印机印刷大多是印刷、上光、压痕、烫金、模切、折叠、粘贴等工序为一体，纸张一次通过印刷、上光和印后加工各道工序，因此 UV 上光油的性能要与这些印后加工工序相适应。凹印机上光多数是联机上光，速率快，一般在 $100\sim200$m/min，生产效率高。凹印上光采用雕刻凹版网点上光，涂层均匀，光亮度高，一致性好。凹印上光，光油黏度低，涂布量小，上光成本低。凹印上光主要用于高档烟包装印刷上光，因此 UV 上光油不仅要低气味，而且还需要不含苯系溶剂，这就要求活性稀释剂使用无苯活性稀释剂，同时也要使用无苯工艺生产的光引发剂，低聚物也要无苯低聚物。网印上光利用丝网印刷涂层厚、光泽度高的特点，主要用于纸印刷品局部上光，也可用于特效上光，如折光、磨砂、香味上光、珠光颜料上光等。网印 UV 上光油黏度较大，一般在 1Pa·s（$25℃$）左右。网印 UV 上光油涂布厚度与丝网目数大小有关，丝网目数越大网孔越小，涂布的光油层越薄；反之，丝网目数越小，网孔越大，涂布的光油就越厚。常用网印 UV 上光的丝网目数范围在 $180\sim450$ 目/in（1in＝2.54cm）。上光油涂层厚度一般在 $15\sim30\mu m$，由于光油涂层厚，上光部分能产生浮凸效果。网印上光速率慢，手工网印速率在 800 张/h，自动网印机速率在 2000 张/h，而轮转式网印机速率在 4000 张/h，由于印刷上光速率慢，有利于厚涂层的网印 UV 上光油完全固化。

6.2.6　纸张上光的质量要求

纸张上光的质量要求根据中华人民共和国行业标准（CY/T 17—1995）《印后加工纸基印刷品上光质量要求》可归纳为：

① 外观要求：表面干净、平整、光滑、完好、无花斑、无皱折、无化油及化水现象。

② 光油涂层成膜物的含量不低于 3.85g/m^2。

③ A 级铜版纸印刷品上光后，表面光泽度应比未经上光的增加 30% 以上，纸张表面白度降低率不得高于 20%。

④ 印刷品上光后，表面上光层附着牢固。

⑤ 印刷品上光后，应经得起纸与纸的自然磨擦不掉光。

⑥ 在规格线内，不应有未上光部分。

⑦ 印刷品表面上光层和纸张无粘坏现象。

⑧ 印刷品上光层经压痕后折叠应无断裂。

6.2.7　光固化纸张上光遇到的主要问题

（1）固化膜气味问题

气味问题常常是 UV 上光油用户所关心的。UV 上光油固化后的气味主要来源于光引发剂、活性胺、杂质及某些可能转化不完全的活性稀释剂。

UV 上光油常用的光引发剂为 1173、184 和 BP，1173 和 184 光解产生的苯甲酰自由基一部分引发聚合交联，还有一部分从环境分子上夺取氢原子，形成气味较大的苯甲醛副产物。1173 本身为液态引发剂，是常用光引发剂中挥发性最强的一个，用量稍大时，由未反应的光引发剂导致的挥发气味问题比 184 严重。另外，184 光解还产生 α-羟基环己基自由基，虽然主要是引发聚合，但也有一部分转变为挥发慢、气味大的环己酮副产物。

UV 上光油配方中的活性叔胺大多具有一定挥发性，产生氨臭味，即使光固化后，大量未参与交联的活性叔胺存在于固化膜中，也将成为异味主要来源。不过，目前使用的活性胺一般都是可聚合型的，由适量的伯胺或仲胺与多官能团丙烯酸酯单体经迈克尔加成反应，保留部分丙烯酸酯基团，得到可参与共聚交联的活性胺。但如果胺与多官能团丙烯酸酯的迈克尔加成反应配比、工艺控制不当，可能形成较多非共聚型叔胺，只是分子量略有增加，仍将是氨臭味的来源。

配方中未能参与光交联的部分残留丙烯酸酯稀释剂也是固化膜异味的来源之一，特别是单官能团的低反应活性单体，其参与交联共聚的概率最低，在固化膜中残余游离的可能性最大。例如丙烯酸异辛酯本身气味较大，如在固化膜中未反应残留率较高，容易产生较重的刺激性气味，现已基本不再使用。

UV 上光油应是 100％ 固含量的配方，但目前有些油墨生产厂家为降低成本、黏度或改善适用、流平性能，在配方中加入一些酯类、芳烃、醚类等惰性溶剂。虽然大部分惰性溶剂在交联固化成膜的过程中挥发离开，但如添加的惰性溶剂性质不合适、用量过多或固化控制不当，残留惰性溶剂也可能导致较大气味。

（2）纸张 UV 上光的柔韧性

纸张上光油应用底材基本都是软质可折叠的纸质材料，要求上光油固化后具有相当高的柔韧性。不仅在纸张基材上，对木质基材、软质塑料等基材，柔韧性都是比较关键的性能指标，它同时与固化膜抗冲击性能等力学性能密切相关。这里所说的柔性不同于柔韧性，前者仅仅是指一种无损伤形变程度，后者还同时包含了光油层自身抵抗这种形变的力学强度。通过配方调整可以获得足够的柔韧性。但上光油的性能是综合体现的，不能将柔韧性等问题孤立解决，还需与硬度、抗冲击、耐磨等性能关联起来考虑，因为在调节光油层柔性的同时，其他的力学性能也可能发生改变。尽管这些性能之间的相互关系还不是完全清楚，但不妨碍我们对这个复杂关系网进行局部研究。柔韧性与硬度往往是一对矛盾，特别在不含稀释剂、分散剂的纯光固化体系中，固化膜硬度增大，往往导致柔性降低。硬度表征可用摆杆硬度、邵氏硬度、铅笔硬度等方法。柔性多采用国标弯折法、欧美流行的 Erichessen 杯突法等，杯突值越高，柔顺性越好。

调节柔性时，首先应对原材料树脂基本性能有比较全面的了解。常用的光固化树脂在柔性-硬度方面各有其特点。一般经典的环氧丙烯酸酯因为交联点之间主要为硬的芳环结构，固化产物硬度高，柔性差，但固化反应快，附着力、耐抗性好。一些改性的环氧丙烯酸酯黏度降低，柔性提高。聚氨酯一般以柔性见长，而硬度、抗蚀性往往不如环氧丙烯酸酯。聚醚丙烯酸酯往往作为稀释剂使用，不宜做主体树脂，醚链与醚链之间相互作用较弱，内聚强度低，对固化产物硬度、抗冲击、耐磨、抗蚀等性能不利。但正由于醚链之间作用弱，才导致黏度较低。聚醚链良好的柔顺性，对提高固化膜层的柔性有明显帮助。聚酯丙烯酸酯覆盖的性能范围较宽，固化膜可从较硬（摆杆硬度 116s）到较为柔软（杯突值 6.8），总体上，聚酯丙烯酸酯具有较为均衡的力学性能，同时具有较高的硬度和柔性，即所谓柔韧性（toughness），且耐磨、黏度低，但反应速率略低。

从膜结构来看，决定固化膜柔性的主要因素是交联点之间的链段分子量 M_c。通常，M_c越大，链段就越长，自由度增大，卷曲构象越丰富，适应外力作用发生链段伸展形变的余地（自由度）越大，柔性好。相反，M_c 太小，链段伸展余地小，柔性差。在 M_c 相近的交联结构中，如链段有较多芳环结构，则链段可能较硬，卷曲构象较少，柔性可能不佳。

实践中，一般通过测定固化膜的玻璃化转变温度（T_g）来估算其平均 M_c 大小，T_g 如果远远低于室温，则硬度较低，柔顺性较高。另外，交联密度这一概念也不应简单与柔性和硬度挂钩，膜层的耐磨、冲击、抗蚀、拉伸等多种性能与交联密度有关。

按一般规律，如果固化膜的 T_g 低于当时使用温度（例如室温），交联网络处于黏弹态，能够表现出较好的柔性。如果固化膜的 T_g 高于使用温度，则交联网络处于僵硬玻璃态，硬度较高，但柔性较差。另一个影响固化膜柔性的因素是其玻璃化转变温度的跨度 ΔT_g，随着温度的升高，固化膜层发生玻璃化转变总有一个开始温度和一个结束温度，该温度范围越宽，则柔性和抗冲击性能越好。实际上 ΔT_g 的大小也反映了交联点间链段的长短、运动能力等性能。

可通过调整配方获得较好的固化膜柔性。一般来说，单官能团的活性稀释剂可以降低交联密度，提高 M_c，增加固化膜层柔性，但固化膜层硬度和拉伸强度均会降低。三官能团的活性稀释剂则正好相反，双官能团单体的性能介于其间。环状单官能团单体对平衡硬度与柔顺性有贡献，其中的环状结构不干扰交联密度，但可适当阻碍链段的自由旋转和运动。双官能团的 HDDA、TPGDA、DPGDA 以及单官能团的 EDGA、IBOA 交联固化后，都能获得较为平衡的硬度和柔性。单官能团稀释单体大大增加固化膜的柔性，而对硬度几乎没有贡献。双官能团的 TPGDA 将损失小部分柔性，而增加固化膜硬度。高官能团的 TMPTA 则大幅增加固化膜硬度，因其大大提高了固化膜的交联密度，柔性损失较大。使用少量单官能团单体、乙氧基化 TMPTA、丙氧基化甘油三丙烯酸酯等多官能团柔性单体，将不同性能的稀释单体合理搭配，可协调固化膜的柔性与硬度等性能。

根据高聚物的结构与性能的关系，高分子长链能以不同程度卷曲的特性称为柔性。高分子链的柔性大，分子链容易伸展，分子链段之间也易于相互滑移，伸长率就会较大。韧性通常理解为高聚物的拉伸强度。柔韧性即可认为是在适当伸长率的条件下达到最高的拉伸强度，或是在适当拉伸强度下达到最大的伸长率，或者是拉伸强度与伸长率之间的适当平衡。因此，固化膜的拉伸性能与柔韧性密切相关。膜层的伸长率可以反映材料的柔性，拉伸强度可以反映材料的韧性，拉伸率和拉伸强度共同反映了材料的柔韧性。

（3）纸张 UV 上光的收缩形变

最初调制纸张 UV 上光时，常常遇到固化收缩的问题，即本来十分平整的薄层纸基材，印刷上光油 UV 固化后，纸张发生自然卷曲、变形，特别在成纸带状时，该现象更为明显。这都是由于 UV 上光涂层固化，体积发生收缩引起的。固化工艺方面，辐照能量太高，活性稀释剂和低聚物聚合交联太快，容易导致收缩应力得不到释放，UV 上光涂层发生累积内应力，使纸张卷曲变形。

　　UV 上光油配方组成不当往往是 UV 上光收缩形变的主要原因，低聚物一般有足够的分子量，交联基团所占比例不大，聚合交联后的体积收缩并不严重。丙烯酸酯活性稀释剂特别是多官能度的单体，聚合交联所产生的体积收缩较大，是造成基材卷曲形变的主要原因。

6.3　光固化木器涂料

　　UV 木器涂料是最早产业化的光固化涂料。1968 年德国拜耳公司首先研究成功第一代光固化木器涂料，标志着辐射固化产业工业化开始。UV 木器涂料也是目前光固化涂料中产量最大的一种，主要用于竹木地板、装饰板、厨柜、木门、楼梯和家具的涂装。UV 木器涂料包括 UV 腻子漆、UV 底漆和 UV 面漆三类，而 UV 面漆又有清漆和色漆两种。UV 木器涂料的涂装以辊涂为主，也有部分淋涂、喷涂或刮涂等。

6.3.1　光固化腻子漆

　　UV 腻子漆通常用于表面孔隙多、平滑度较差的木材与刨花板、纤维板等板材，其作用是填充底材孔隙及微细缺陷，密封底材表面，使随后涂装的装饰性涂料不会被渗入而引起表观不平整，减少涂料的浪费，也为粗材质板材提供光滑的表面。使用 UV 腻子漆时需先用橡胶砂轮对基材表面进行打磨清洁，刮涂一层腻子漆，经 UV 固化，再用砂轮打磨后，涂覆 UV 底漆和面漆。

　　UV 腻子漆为膏状物，组分中除了含有低聚物、活性稀释剂、光引发剂等基本成分外，还含有较高比例的无机填料。低聚物早期用不饱和聚酯，后来主要用环氧丙烯酸酯。活性稀释剂也采用常规的 TMPTA、TPGDA 等丙烯酸酯，性价比高。光引发剂也以 651、1173 等高效光引发剂为主，对含二氧化钛的腻子，则需要用 TPO。填料选择应考虑对固化速率影响小，即折射率低且易打磨、填充性能好的填料。合适的填料可提高涂层硬度、抗冲击性能，降低固化收缩率，提高附着力。UV 腻子漆中常用的无机填料有滑石粉、重质和轻质磷酸钙、重晶石粉、白云石粉等。滑石粉与重晶石粉都可起到补强、增加硬度、抗收缩等功能；滑石粉还能改善对木质基材的附着性能，重晶石粉偏重于改善打磨性能。白云石粉为含碳酸镁与碳酸钙的天然矿粉，可对粗糙基材表面起到补强作用。有的腻子为了提高遮盖作用，还加入少量钛白粉，做成白色腻子，对这类腻子，从低聚物到活性稀释剂都要考虑使用高活性的，光引发剂也需加入 TPO 等，以免固化不完全。由于 UV 腻子漆中含有大量无机填料（一般都超过 60%，质量分数）将不同程度产生折射和反射，降低 UV 光有效吸收，使固化速率降低。因此要选择合适的光引发体系，确保固化完全，否则打磨时会发生膜层掉粉、擦除、剥落等弊病。

6.3.2　光固化木器底漆

　　UV 木器底漆与 UV 腻子漆的使用场合和作用不同，UV 腻子漆常用于表面有孔隙、光滑度较差的木材，而 UV 木器底漆则应用于表面较为光滑平整的木材。UV 木器底漆与 UV腻子漆相比，所含无机填料较少，黏度较低，接近于面漆的黏度。涂覆一层 UV 木器底漆后，低黏度的涂料可向木材细小开孔渗透，通过膜层的折射效果，保留和强化木纹的自然美感，UV 固化后，经机械打磨，再用 UV 木器面漆罩光固化，获得平整、光滑、饱满的罩光效果。

UV 木器底漆所用的低聚物主要为环氧丙烯酸酯或改性环氧丙烯酸酯，为了改善固化膜的柔韧性和抗冲击性能，可以加入聚氨酯丙烯酸酯或聚酯丙烯酸酯。活性稀释剂也以常用的 TMPTA、TPGDA、DPGDA 等为主。光引发剂则以 1173、651 等高效光引发剂为主，有时也可配用二苯甲酮/叔胺以降低成本，改善表固性能。填料中除常用的滑石粉、碳酸钙、二氧化硅等外，有时还用少量的硬脂酸锌，其为半溶性粉体，浮于固化膜表层，打磨时起润滑作用，避免较大损伤出现，同时也有较弱的亚光效果。

6.3.3　光固化木器面漆

UV 木器面漆与 UV 腻子漆和 UV 木器底漆在成分上主要区别在于前者不含无机填料，只有亚光涂料，需添加消光剂。面漆主要起装饰和保护作用，而腻子漆和底漆只是起填充、平整作用。UV 木器面漆有高光型和亚光型，也有清漆和色漆，还分辊涂漆、淋涂漆和喷涂漆。UV 木器面漆广泛用于竹木地板、装饰板、木门、楼梯和家具的涂装。

UV 木器面漆一般黏度较低，除了辊涂外，常常用于淋涂或喷涂。UV 木器面漆配方中，低聚物首选环氧丙烯酸酯，性价比最高。也可选用改性环氧丙烯酸酯，如拼木地板涂料用酸酐改性的双酚 A 环氧丙烯酸酯作主体树脂，目的是引入极性的羧基，改善面漆的黏附性能，同时增强与底漆的层间黏合性。酸酐改性使树脂分子量增加，固化膜的收缩率降低，抗冲击性和附着力得到增强。面漆中经常加入聚氨酯丙烯酸酯和聚酯丙烯酸酯与环氧丙烯酸酯配合使用，以改善固化膜的柔韧性、耐磨性、抗冲击性能。作为木地板涂料，固化后涂层的耐磨、抗冲击性能的要求很高，单纯追求高交联度，除导致硬度过高而柔韧性不足外，反而不利于耐磨和抗冲击性。活性稀释剂常用的有 TMPTA、EO-TMPTA、TPGDA、DPGDA、PO-NPGDA、PEGDA 等，对低黏度面漆可少量加入 EOEOEA 等单官能团活性稀释剂。光引发剂也是以 1173、651 或配用二苯甲酮/叔胺，对有耐黄变性要求的可选用 184 或 BMF。助剂的使用上，消泡剂和流平剂一般用有机硅类，消泡和流平效果好。对亚光型 UV 木器面漆，必须加入消光剂，主要为二氧化硅消光剂。对耐磨性面漆，一般都需加入氧化铝和二氧化硅，特别是纳米氧化铝和纳米二氧化硅，加入 UV 木器面漆，分散好，不仅提高了耐磨性，而且提高了硬度和附着力。采用氧化锌、二氧化钛、二氧化硅三种纳米材料组合，还具有明显的杀菌作用，可以用来制备抗菌木器涂料（表 6-6），抗菌率可达 99％以上。对于橱柜用 UV 面漆大多是在中密度板、层压板上涂装，现在又提出了防污的要求；由于有机硅类低聚物和含氟低聚物具有很低的表面能，有优良的防污性，所以近年来又出现了防污性好的 UV 木器面漆。

表 6-6　纳米抗菌涂料的抗菌性能

测试细菌	"0"接触时间试样上的菌落数/(efu/片)	24h 培养后试样上的菌落数/(efu/片)	抗菌率/%
大肠埃希菌	2.4×10^5	< 50	99.98
金黄色葡萄球菌	2.1×10^5	8.5×10^2	99.60

6.3.4　光固化木器涂料的涂装

对于板式家具、竹木地板、中密度板等装饰板，大多采用辊涂，面漆也有用淋涂的；对于雕花家具、楼梯扶手等不规则形状的木器则要用喷涂。UV 木器涂料的涂装多采用流水生产线，生产效率较高。素材进入生产线，涂装好的产品从生产线中产出，经检验合格后可出厂。图 6-1 所示是一条 UV 地板涂装生产线。

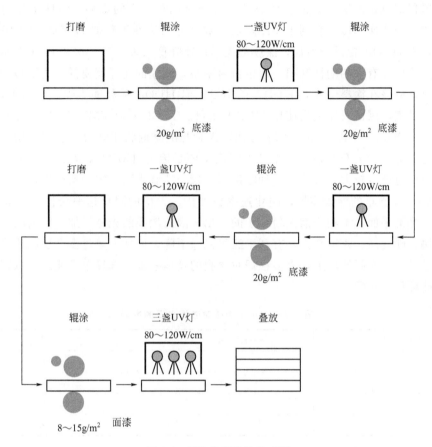

图 6-1 UV 地板涂装生产线

6.3.5 影响光固化木器涂料光泽的因素

UV 木器涂料用于竹木地板、装饰板、橱柜、木门、楼梯和家具的涂装，都要求有很高的装饰效果，以往追求高光泽，现在不少人又喜爱亚光。总之，对 UV 木器涂料来说，涂装固化后漆膜的光泽是一个重要的考察指标。下面讨论影响 UV 木器涂料光泽的各种因素。

（1）低聚物对漆膜光泽的影响

不同种类低聚物对 UV 涂料漆膜光泽有不同的影响：

① 环氧丙烯酸树脂固化速率快，硬度高，存在共轭体系，摩尔折射率大，固化时难以形成凸凹不平的表面，成膜后光泽高，比较难消光，适用于高光涂料。

② 不饱和聚酯类的紫外光固化涂料的消光较容易，因为不饱和聚酯中一般都含有少量的挥发性溶剂，固化时产生漆膜的收缩，使光泽降低。

③ 聚氨酯丙烯酸酯最容易消光，这主要由两个原因引起：一是聚氨酯丙烯酸酯本身光泽低；二是聚氨酯丙烯酸酯固化速率慢，消光粉粒子有足够的时间上升到漆膜表面，固化时有更多的粒子突出漆膜表面，因此光泽较低。

由以上分析可得低聚物的消光能力：

聚氨酯丙烯酸酯＞不饱和聚酯丙烯酸酯＞环氧丙烯酸酯。

（2）活性稀释剂对漆膜光泽的影响

活性稀释剂也是 UV 涂料的主要成分，对光泽也有一定的影响。活性稀释剂中以单官能团丙烯酸酯固化速率慢，有利于光泽降低。双官能团活性稀释剂 HDDA 对漆膜光泽的影响最大，随着 HDDA 含量的增加，漆膜的光泽迅速降低（表6-7）。这和 HDDA 本身分子结构有关，分子中没有大的刚性基团，摩尔折射率小，漆膜的光泽就要低，为了得到光泽较低的消光涂料，应该在涂料中提高 HDDA 的用量。但 HDDA 稀释能力强，增加 HDDA 用量会影响涂料黏度，因此只能适当使用 HDDA 用量。TPGDA 和 TMPTA 对漆膜光泽也有一定的影响，从表6-8 中可以看出，随着 TPGDA 含量的降低和 TMPTA 含量的增大，漆膜的光泽呈现先下降、后上升的趋势。光泽先降低主要是因为 TMPTA 属于三官能团活性稀释剂，漆膜固化时产生较大的收缩，这种收缩可以赋予漆膜表面一定的粗糙度，降低光泽。但是随着 TMPTA 含量的继续增加，固化速率也加快，太快的固化速率会使漆膜表面层迅速固化成一层光滑平面，不利于消光粉粒子的突出，因此漆膜的光泽增加。丙烯酸三官能团酯固化速率快、硬度高、收缩率大，有利于漆膜光泽下降，但加入量过多会引起漆膜变脆，因此用量要尽量少。实际使用上，大多根据对漆膜的具体要求，选择单官能团、双官能团、多官能团活性稀释剂复配。

表 6-7　HDDA 含量对漆膜光泽的影响

低聚物/%	HDDA/%	光泽/%
45	5	48.8
40	10	25.2
35	15	18.6
30	20	19.8

表 6-8　TPGDA 和 TMPTA 含量对漆膜光泽的影响

TPGDA/%	TMPTA/%	光泽/%
40	10	49
35	15	27.2
30	20	21.5
25	25	20
20	30	49

（3）光引发剂对涂膜光泽的影响

UV 涂料中光引发剂含量对漆膜光泽的作用有个最佳值，此时光引发剂用量不是太大，但对漆膜光泽起到最佳效果（表6-9）。当光引发剂用量降低时，漆膜固化时间延长，给了湿膜有较长时间流平，不利于消光，因此光泽较高。当光引发剂用量增加时，会使湿膜表面先固化，影响消光粉粒子上升到漆膜表面上来，也不利于消光，漆膜光泽也较高。

（4）辐射功率对漆膜光泽的影响

从表6-10 可见，辐射功率越低，漆膜光泽也越低。当辐射功率增加时，涂料反应加快，

表 6-9　光引发剂用量对漆膜光泽的影响

光引发剂含量/%	反应速度/(mJ/cm²)	光泽(60°)/%
4	400	57
6	260	45
8	190	55
10	160	65

表 6-10　辐射功率对漆膜光泽的影响

传送速率/(m/min)	辐射功率/(mJ/cm²)	光泽(60°)/%
40	190	40～45
25	300	45～50
10	450	55～60

最终成膜的光泽就会提高。因此要获得低光泽的漆膜，就必须控制好固化反应速率，选择最佳的辐射功率。

（5）流平环境温度对漆膜光泽的影响

由表 6-11 数据可见，经稍高的温度流平后的漆膜消光性更佳。这是因为高温有利于体系流动，有助于消光粉和助剂移动到涂层表面，使体系中的消光组分起到作用，造成涂层表面微观粗糙的功能，从而达到消光效果。但过高温度和过长流平时间是不可取的，有可能引发流挂或其他隐患，所以要选择一个适当的流平温度和时间。

表 6-11　流平环境温度对漆膜光泽的影响

温度/℃	涂布量/(g/m²)	光泽(60°)/%
15	210	56～59
25	210	43～56

6.4　光固化塑料涂料

6.4.1　概述

塑料是当今社会应用十分广泛的高分子材料，但塑料类产品普遍存在抗划伤性能差、耐磨性不足等缺点，因此塑料制品的表面装饰和强化就显得特别重要。采用涂料对塑料表面进行涂装，可以起到良好的保护作用，防止机械磨损，提高抗划伤性能；可以赋予塑料表面多种装饰效果（高光、亚光、锤纹等）；也可以给塑料带来很多功能效果，如防静电、防反射等。传统的塑料表面涂装多采用挥发干燥型溶剂涂料，溶剂挥发、污染环境；生产效率低，设备占用空间大；需用烘烤设备能耗大，塑料易变形；固化膜性能（耐磨性、抗划伤性、耐化学品性等）不高。而 UV 塑料涂料正好能较完美地解决上述溶剂涂料存在的问题，因此近年来得到了很快的发展。

塑料品种繁多，按成型方式有挤出成型的片材和薄膜及注射成型的塑料件；按化学结构有聚苯乙烯（PS）、聚氯乙烯（PVC）、聚甲基丙烯酸甲酯（PMMA）、聚酯（PET）、聚碳酸酯（PC）、聚乙烯（PE）、聚丙烯（PP）、ABS（丙烯腈/丁二烯/苯乙烯三元共聚物）等。由于各种塑料的结构和性能都不同，因此各种塑料所用的涂料也不相同（表6-12）。

表 6-12　常用塑料基材的性能

塑料种类	极性	结晶性	热塑性或热固性	表面张力/(mN/m)
丙烯腈-丁二烯-苯乙烯（ABS）	高	非	热塑性	43
聚碳酸酯（PC）	中	非	热塑性	38
聚氯乙烯（PVC）	中	有	热塑性	34
聚苯乙烯（PS/HIPS）	低	非	热塑性	33
聚甲基丙烯酸甲酯（PMMA）	中	非	热塑性	39
聚乙烯（PE/HDPE/LDPE）	低	有	热塑性	30
聚丙烯（PP）	低	有	热塑性	30
聚对苯二甲酸乙二醇酯（PET）	中	有	热塑性	38
聚酰胺（PA，nylon）	中	有	热塑性	
不饱和聚酯（UP）	中	非	热固性	

　　塑料不同于木材和纸张，是一种非吸收性的基材。它不能依靠涂料向基材中的渗透产生各种机械锚合达到附着的目的。与同为非吸收性基材的金属相比，塑料属于"惰性"材料，表面几乎不存在能与涂层中各组分发生反应的活性点，也就不能形成达到有效附着所需的化学键。因此塑料与 UV 涂料之间的附着是相当困难的，通常只能依靠涂层与塑料表面之间通过极微弱的分子间的作用力而产生相互吸附，这就要求 UV 塑料涂料必须具有较低的表面张力和良好的对基材的润湿能力。如果涂料组分中含有一定数量的极性基团（如羟基、羧基等）能与某些极性较高的塑料表面，或经过预处理的塑料表面形成一定数量的氢键，将会大大促进 UV 塑料涂层与塑料表面间的附着。如果 UV 塑料涂料中使用的活性稀释剂能对塑料表面产生轻微的溶胀，从而在涂层与塑料的表面处形成一层很薄的互穿网络结构，则能明显提高 UV 塑料涂料与塑料表面的附着力。有时为了保证 UV 塑料涂料具有较高的表面硬度和优良的耐抗性，要求涂层有较高的交联密度，而高交联密度产生的体积收缩过大，对涂层的附着力是非常不利的。

　　为解决 UV 塑料涂料在塑料基材上难以附着的问题，应该从 UV 塑料涂料配方上和塑料基材表面两方面考虑。

　　（1）UV 塑料涂料配方对附着力的影响

　　① 使用低黏度、低表面张力的活性稀释剂和低聚物，有利于 UV 塑料涂料对塑料表面的润湿、铺展，可提高附着力。

　　② 使用能对塑料有一定溶胀性的活性稀释剂，可提高涂料对塑料的附着力（表6-13）。

　　③ 使用固化体积收缩率低的活性稀释剂和低聚物，有利于提高附着力。

　　④ 添加少量附着力促进型低聚物或树脂，可提高涂料对塑料的附着力（表6-14～表6-16）。

　　⑤ 有时可在 UV 固化后，加用红外后烘工序，使 UV 固化后体积收缩引起涂层产生的内应力得以释放，同时固化更完全，有利于提高附着力。

表 6-13 对塑料基材有溶胀作用的活性稀释剂

产品	可溶胀的塑料				产品	可溶胀的塑料			
	PC	PVC	PET	PS		PC	PVC	PET	PS
HDDA	*	*	*	*	PEG(400)DA	*			
四氢呋喃丙烯酸酯	*	*	*	*	丙烯酸异癸酯				*
2-EOEOEA	*		*	*	丙烯酸十三烷基酯				*
TPGDA				*	IBOA				*
LA				*	NPG(PO)₂DA				*
2-PEA	*			*	烷氧化脂肪族二丙烯酸酯	*			

注:"*"代表可选用,下同。

表 6-14 艾坚蒙公司对塑料附着力促进的低聚物

商品牌号	低聚物类型	塑料基材					
		PC	PP	PE	PET	TPO	DF
ECX-4114	丙烯酸酯低聚物	*	*	*	*	*	*
ECX-5031	改性聚酯/聚醚低聚物	*	*	*	*	*	*
photomer 4703	酸官能低聚物				*		*
photomer 4846	酸官能低聚物					*	
ECX-4046	酸官能低聚物		*				
ECX-6025	聚氨酯二丙烯酸酯	*					

表 6-15 湛新公司对塑料附着力促进的低聚物

商品牌号	低聚物类型	黏度/mPa·s	塑料基材
Ebecryl 740-40TP	以 40%TPGDA 稀释的纯丙烯酸树脂	8500(60℃)	ABS、PS、PE、PP
Ebecryl 767	以 25%IBOA 稀释的纯丙烯酸树脂	8500(60℃)	ABS、PS、PE、PP
Ebecryl 745	以 25%TPGDA 和 25%HDDA 稀释的纯丙烯酸树脂	20000(25℃)	SMC、BMC、ABS、PS、PE、PP
Ebecryl 303	以 45%HDDA 稀释的高分子量树脂	900(20℃)	ABS、PS、PE、PP
Ebecryl 436	以 40%TMPTA 稀释的氯化聚酯树脂	1500(60℃)	ABS、PS、PE、PP
Ebecryl 438	以 40%OTA480 稀释的氯化聚酯树脂	1500(60℃)	ABS、PS、PE、PP
Ebecryl 584	以 40%HDDA 稀释的氯化聚酯树脂	2000(25℃)	SMC、BMC、ABS、PE、PP
Ebecryl 1710	以 60%HDDA 稀释的纯丙烯酸酯	2600(25℃)	ABS、PC、PS、PVC
Ebecryl 3703	胺改性的双酚 A EA	4250(60℃)	PE
Ebecryl 3740/TP40	20%TPGDA 稀释的双酚 A EA	2500(60℃)	ABS、PC、PS、PVC

表 6-16 长兴化学公司适用于塑料涂料的低聚物

品种名称	塑料基材						
	PC	ABS	丙烯酸树脂	易黏合 PET	未处理 PP	PPO	TAC
UV-7600B	*	*	*	*			*
UV-7605B	*	*	*	*			*

品种名称	塑料基材						
	PC	ABS	丙烯酸树脂	易黏合 PET	未处理 PP	PPO	TAC
UV-7610B	*	*				*	
UV-7620EA	*	*		*	*	*	*
UV-7630B	*	*	*				
UV-7640B	*	*		*			*
UV-1700B	*	*	*			*	*
UV-6300B		*		*			*

（2）塑料基材对附着力的影响

① 表面形态：粗糙的基材表面比光滑的基材表面有更多的接触面积，可提供更多的有效吸附区域和连接点，有利于附着力提高。

② 表面处理可提高塑料基材的表面张力，有利于涂料的润湿和吸附，提高附着力。如对塑料表面用溶剂或碱性溶液脱脂清洗，去除在塑料成型中低表面张力的脱模剂等；用火焰处理、电晕处理或等离子体处理塑料表面，使塑料表面能提高，表面生成一些极性基团（如羟基、羧基等），有利于涂料润湿，提高对塑料基材的附着力。表 6-17 介绍了高分子材料经等离子体处理前后表面性能的变化。

表 6-17　高分子材料经等离子体处理前后的表面性能比较

材料	表面张力 /(mN/m)		水接触角 /(°)		材料	表面张力 /(mN/m)		水接触角 /(°)	
	处理前	处理后	处理前	处理后		处理前	处理后	处理前	处理后
聚丙烯	29	>73	87	22	聚氨酯	—	>73	—	—
聚乙烯	31	>73	87	42	丁苯橡胶	48	>73	—	—
聚苯乙烯	38	>73	72.5	15	PET	41	>73	76.5	17.5
ABS	35	>73	82	26	PC	46	>73	75	33
固化环氧树脂	<36	>73	59	12.5	聚酰胺	40	>73	79	30
聚酯	41	>73	71	18	聚芳醚酮	<36	>73	92.5	3.5
硬质 PVC	39	>73	90	35	聚甲醛	<36	>73	—	—
酚醛树脂	—	>73	59	36.5	聚苯醚	47	>73	75	38
乙烯-四氟乙烯共聚物	37	>73	92	53	PBT	32	>73	—	—
氟化乙-丙共聚物	22	72	96	68	聚砜	41	>73	76.6	16.5
聚偏二氟乙烯	25	>73	78.5	36	聚醚砜	50	>73	92	9
聚二甲基硅氧烷	24	>73	96	53	聚芳砜	41	>73	70	21
天然橡胶	24	>73	—	—	聚苯硫醚	38	>73	84.5	28.5

③ 有的塑料基材需涂一层底漆，赋予基材对涂料的附着力。

6.4.2　光固化塑料涂料的配方设计

（1）UV 塑料涂料用的低聚物

UV 塑料涂料中低聚物是以聚氨酯丙烯酸酯为主体树脂，常用的是双官能团或三官能团聚氨酯丙烯酸酯。单官能团聚氨酯丙烯酸酯一般黏度较低、活性低，在涂料体系中起降低交联密度、减小固化后体积收缩率、增进柔韧性和附着力的作用。高官能度聚氨酯丙烯酸酯具有高反应活性，提高涂层抗划伤性和耐抗性，但黏度大，固化后体积收缩率大，不利于附着，故在配方中用量不宜太高。环氧丙烯酸酯具有很高的反应活性，涂层光泽高，有优异的耐抗性和硬度，价格便宜。但缺点也明显：柔韧性差，黄变，对塑料附着力差等，黏度高也限制了它在喷涂中的应用。目前只有一些低黏度的改性环氧丙烯酸酯用于对黄变性能要求不高的塑料涂料中。聚酯丙烯酸酯在 UV 塑料涂料中较少使用，但特种聚酯丙烯酸酯（氯化聚酯丙烯酸酯、酸改性聚酯丙烯酸酯等）常在聚烯烃塑料、PS、ABS 中作为附着力促进树脂使用（见第 3 章 3.5 节表 3-19）。在 UV 有色塑料涂料中，添加聚酯丙烯酸酯作为提高涂料中颜料分散使用。聚丙烯酸酯分子量较大、黏度高，与别的低聚物混容性稍差，也较少使用，主要也是少量添加以改善附着力。氨基丙烯酸酯有较高的反应活性，涂层有优良的热稳定性、耐抗性和高硬度，而且有低体积收缩率和高极性，对提高与塑料附着力非常有利，可配合聚氨酯丙烯酸酯用于 UV 塑料配方中。此外有机硅丙烯酸酯有低表面张力、低摩擦系数、高柔韧性和耐热性，在 UV 塑料涂料中适量添加有助于提高涂层耐磨性和附着力。

目前大量的 UV 塑料涂料是在塑料表面已经涂覆的一层底漆上再进行涂装，如手机、电视机、笔记本电脑、相机等外壳和部件都喷涂一层含有颜料的底漆（如铝粉漆和其他色漆）。市场上这些塑料底漆主要有以热塑性丙烯酸树脂为主的单组分底漆和二液反应型聚氨酯底漆，因此在配制 UV 塑料涂料时要尽量考虑选择同底漆树脂类似的低聚物，不能影响底漆中铝粉漆中铝粉的排列，更不能对底漆发生"咬底"现象。

（2）UV 塑料涂料用活性稀释剂

UV 塑料涂料的活性稀释剂选择要选用低表面张力、低体积收缩率、有溶胀塑料能力的丙烯酸酯。常用塑料优选的活性稀释剂见表 6-18。

表 6-18　常用塑料优选的活性稀释剂

塑料名称	活性稀释剂
PC	HDDA、氨基甲酸酯单丙烯酸酯、NPG(PO)$_2$DA、DPGDA、乙氧基化丙烯酸苯氧酯
ABS	HDDA、NPG(PO)$_2$DA
PMMA	HDDA、氨基甲酸酯单丙烯酸酯、NPG(PO)$_2$DA、DPGDA、乙氧基化丙烯酸苯氧酯
PVC	HDDA、氨基甲酸酯单丙烯酸酯、乙氧基化丙烯酸苯氧酯、丙烯酸月桂酯、EHA
PS	HDDA
PE	丙烯酸十八酯
PP	丙烯酸十八酯

HDDA 由于自身对塑料基材有一定溶胀能力，对于 PC 或 PS 仅需少量 HDDA 就可以达到良好的附着力效果；而对于硬度很高的 PC，则需要 HDDA 的加入量要多一些。丙烯酸十八酯（ODA），这种活性稀释剂由于自身表面张力比较低（30mN/m），体积收缩也较低

（8.3%），因此它对 PP 和 PE 基材来说是一种很有效的稀释性单体，但由于它与许多丙烯酸酯低聚物的相容性不是很好，因此往往添加量很小。丙氧基化的新成二醇二丙烯酸酯也因表面张力较低（31mN/m）和体积收缩较低（9.0%），可适用于 PC、PMMA 和 ABS 等塑料。

（3）UV 塑料涂料用光引发剂

UV 塑料涂料大多为清漆类涂料，因此光引发剂通常用 1173 和 184 为主，特别用 1173更多一些，1173 为液体，使用方便，光引发性能又好，不易黄变，价格又比 184 便宜。为了减缓氧阻聚，提高表干性能，可以适量加入二苯甲酮和叔胺。

6.5　光固化真空镀膜涂料

UV 真空镀膜涂料是在 UV 塑料涂料基础上发展起来的一种新型 UV 涂料。随着塑料装饰技术发展，一种塑料制品金属化装饰技术随之产生，它是利用塑料基材涂装底漆后，经真空电镀或溅涂，涂装一层金属薄涂层，再涂覆面漆而成。经涂装后的塑料表面，完全闪烁着金属光泽，显出高贵和富丽堂皇的金属品质，根本看不出是塑料制品。塑料的金属化装饰不仅可以节约大量宝贵的金属材料，也大大减轻了制品的重量，近年来在化妆品包装瓶和包装盒、汽车车灯、酒瓶包装瓶盖、手机塑料按键、钟表外壳等制造中获得了广泛的应用。

6.5.1　真空镀膜

真空镀膜技术是指在真空环境下，将某种金属或金属化合物以气相的形式沉积到材料表面（通常是非金属材料），属于物理气相沉积工艺，因为镀层常为金属薄膜，故也称为真空金属化。在所有被镀材料中，以塑料最为常见，其次为纸张镀膜。真空镀膜的功能是多方面的，这就决定了其应用场合非常广泛。真空镀膜的主要功能是赋予被镀件表面高度金属光泽和镜面效果，在薄膜材料上使膜层具有出色的阻隔性能，提供优异的电磁屏蔽和导电效果。

塑料真空镀膜根据镀膜气相金属产生和沉积的方式可分为热蒸发镀膜法和磁控溅射镀膜法两种工艺。真空蒸发镀膜法就是在 $(1.3 \times 10^{-2}) \sim (1.3 \times 10^{-3})$ Pa 的真空中，以电阻加热镀膜材料，使它在极短时间内蒸发，蒸发了的镀膜材料分子沉积在塑料基材表面形成镀膜层。磁控溅射镀膜法是在 1.3×10^{-1} Pa 左右的真空中充入惰性气体，并在塑料基材（阳极）和金属靶材（阴极）之间加上高压直流电，由于辉光放电产生的电子激发惰性气体，产生等离子体。等离子体将金属靶材的原子轰出，沉积在塑料基材上。磁控溅射法与蒸发法相比，具有镀膜层与基材的结合力强，镀膜层致密、均匀等优点，它们的比较见表 6-19。

真空镀膜材料以金属和金属氧化物为主。金属型镀膜材料有铝、锡、铟、钴、镍、铜、锌、银、金、钛、铬、钼、钨等；合金型镀膜材料有镍-铬、镍-铁、铁-钴、金-银-金等；金属化合物型的镀膜材料有二氧化钛、二氧化锡、二氧化铈、三氧化二铋、氟化镁、硫化锌等。其中以铝应用最多，这是因为铝在真空条件下，蒸发温度较低，易操作；铝镀膜层对塑料的附着力强，富有金属光泽；铝镀膜层能遮蔽紫外线，对气体阻隔性也很好；加之高纯度铝的价格比较便宜，这是其他镀膜材料所不及的。铝的导电性也好，镀层厚度达到 0.9nm即可导电，达到 30nm 时，其性能就和铝材相同。铝的反射率高，厚度 46nm 的铝镀膜层的反射率可达 90%。不同厚度铝镀膜层的反射率和透过率见表 6-20。

表 6-19 真空蒸发镀膜与磁控喷溅镀膜比较

真空镀膜方式		真空蒸发镀膜	磁控喷溅镀膜
表面	镀前处理	基材上涂底漆,真空脱气	基材上涂底漆,真空脱气
	离子穿透深度	只在表面附着	有一定深度的穿透
处理过程	离子/%	—	<0.1
	中性激发电子/%	—	<10
	热中性粒子/%	100	<90
镀膜材料	可选用	金属、特别是金属铝	金属、非金属
	难选用	蒸气压特别低的金属、化合物等材料	易分解或蒸气压较高的金属,化合物等材料
可镀基材		金属、塑料、玻璃等	金属、塑料、玻璃等
附着力		略差	略差至较好
优缺点		可镀基材广泛,附着力差	可镀基材广泛,在低温可镀多种合金膜
应用		装饰膜、光学膜、电学膜、磁性膜等	装饰膜、光学膜、电学膜、磁性膜等

表 6-20 不同厚度铝镀膜层反射率和透过率

铝镀层厚度/nm	5	7.5	10	12.5	15	20	25	30	40
反射率/%	11	25	55	74	78	84.5	88	89.5	90
透过率/%	70	45	25	12	8	4	2	—	—

真空涂膜的基材以塑料和其他高分子材料为主,作为真空镀膜的塑料基材其最基本的性能应包括附着性能、真空放气量和耐热性。

① 附着性能 被涂塑料基材应与真空镀膜材料有良好的附着力,一般聚酯类材料和镀铝膜层的结合力最强,在保证表面洁净的条件下可以直接进行真空镀膜。铝镀膜层对 PP、PE 等聚烯烃基材附着力差,PC 和硬质 PVC 则介于其间。塑料表面的清洁度也是影响镀层附着力的重要因素,真空镀膜前要对塑料表面进行清洗,去除表面污垢和油脂,并干燥。对表面能小于 33~35mN/m 的难附着塑料,要采用等离子体预处理加工,也可用火焰处理或化学侵蚀法来改善塑料表面性能,提高附着力。目前真空镀层与多数塑料基材间的附着力还可以通过实施底涂来加以提高。

② 真空放气量 塑料基材由于含易挥发的小分子,如水分、增塑剂、残留溶剂、未反应单体和添加剂等,在真空状态下将以气体形式逸出,破坏镀膜层的附着力、平整性和外观,同时影响工作仓的真空控制。对含较多易挥发杂质的塑料基材,在真空镀膜前,要对基材进行减压预烘处理,控制水分在 0.1% 以下。特别是采用底漆封闭方法,可起到封闭基材的作用,阻隔基材挥发性物质的逸出,这正是在真空镀膜工艺中充分发挥 UV 涂料优势的一个机会。

③ 耐热性 真空镀膜无论采用何种工艺,塑料基材都面临升温的考验。蒸发源的辐射热、镀膜材料高能粒子（气化原子、分子、等离子体等）在基材上的冷凝热和动能都将使塑料基材表面温度迅速升高。如果塑料基材的耐热性较差,真空镀膜时将出现皱纹,甚至整体收缩,过度受热还可能导致塑料分解、镀膜起泡、剥落。不同的塑料耐热性是不同的,如 PVC 的热稳定性较差,热变形温度较低,通常最高只能在 60~70℃ 的温度下使用,多数工

程塑料可以在200℃以下使用。表6-21列出了几种适合UV涂料涂装的塑料基材热变形温度及相关性能。

表6-21　适合UV涂料塑料基材热变形温度及相关性能

塑料	热变形温度/℃	敏感溶剂	可涂装性	评价
ABS	80	酮类、酯类、芳烃溶剂	高	汽车内饰材料,化妆品盒
PS	63	酮类、酯类、芳烃溶剂	中	耐溶剂性差、强度低,廉价通用材料
尼龙	>204	无	中	高韧性,易吸水
PC	135	酮类、酯类、芳烃溶剂	中	抗冲击,透明度高,光碟
聚丙烯酸酯材料	82	酮类、酯类、芳烃溶剂	高	耐光老化,汽车尾灯透镜
PP	113	无	低	要求表面预处理及防火处理
BMC	>204	无	中	适用耐热反射灯罩,表面吸潮

6.5.2　光固化真空镀膜涂料底漆

UV真空镀膜涂料底漆是涂覆在塑料基材表面的涂料,它的作用是封闭塑料基材,防止真空镀膜时基材中的挥发性杂质影响镀膜的质量。塑料表面较粗糙,通过底漆涂布能获得光滑平整的镜面效果,有利于获得更厚而匀的真空金属涂层,展现更高的金属光泽和反射效果。对一些极性较低的塑料基材,通过底漆过渡可以使真空电镀的金属涂层获得较好的附着性能。对部分耐热性较差的塑料基材,底漆可起到一定的热缓冲作用,保护基材免遭热致变形。UV真空镀膜涂料底漆的上述作用,就要求底漆必须要对塑料基材和真空镀膜金属层有较好的附着力,也就是说底漆既要与弱极性的塑料黏附好,又要与极性金属黏附好,这比UV塑料涂料要求更高。同时底漆要有良好的流平性,以保证真空镀膜金属层具有高光泽和镜面效果。底漆固化后不应有挥发性小分子,如残留单体、挥发性添加剂、残留溶剂等,否则在真空镀膜条件下,小分子会逸出,从而破坏金属镀膜的质量和性能。对汽车前灯反光罩,UV底漆要有较好的耐热性,PC基材要求120℃以上,而BMC(玻璃短纤维增强不饱和聚酯)则要求180℃以上。对柔性塑料基材其底漆也要求有足够柔韧性,若底涂层柔韧性较差,会导致金属镀层开裂甚至崩脱。

根据UV真空镀膜涂料底漆性能要求,底漆配方中除了按UV塑料涂料要求进行设计外,在低聚物中要适当添加对金属附着力促进型树脂,在助剂中添加附着力促进剂如丙烯酸磷酸酯类要慎重,由于目前真空电镀大多数是镀铝,而铝是非常活泼的金属,与酸性较大的丙烯酸磷酸酯会发生反应,使铝涂层破坏。

由于UV真空镀膜涂料底漆和面漆都应是采用喷涂工艺来涂装,所以底漆和面漆都应适当加入溶剂稀释至喷涂所需黏度。因此UV真空镀膜涂料和其他UV喷涂涂料在UV涂料中是"另类",需要添加溶剂和存在VOC排放,不是环保涂料。

6.5.3　光固化真空镀膜涂料面漆

UV真空镀膜涂料面漆是涂覆在真空镀膜金属膜上的涂料,它对金属镀膜起保护作用和一定的装饰作用。面漆要对金属镀膜有很好的附着力,并具有足够的耐磨性、抗划伤性、耐抗性和较高的阻隔性,面漆本身不能含有腐蚀金属镀层的组分或杂质,面漆也应有较高的透明性和光泽，以突显金属的亮度和光泽。实际上 UV 真空镀膜面漆不是塑料涂料，而是金属涂料，它的配方选择参见光固化金属涂料部分，用于 UV 真空镀膜涂料的低聚物见表 6-22 和表 6-23。

表 6-22　沙多玛公司推荐用于 UV 真空镀膜涂料的低聚物

产品	产品类型	特性
CN 8000	高官能团脂肪族聚氨酯丙烯酸酯（含量 75%）	快速的固化速率，高硬度，优异的耐磨性和抗刮擦性，对塑料和金属有优异的附着力；推荐用于真空电镀面漆
CN 8001	高官能团脂肪族聚氨酯丙烯酸酯（含量 77%）	非常高的反应活性和硬度，出色的耐磨性和抗刮擦性，对塑料和金属有非常好的附着力；推荐用于真空电镀面漆及其他塑料和金属涂料
CN 8002	高官能团脂肪族聚氨酯丙烯酸酯（含量 70%）	在金属和塑料上有出色的附着力，良好的柔韧性和硬度；推荐用于真空电镀面漆及其他塑料面漆
CN 8003	双官能团脂肪族聚氨酯丙烯酸酯	有出色的附着力和延展性，优异的柔韧性；推荐用于真空电镀底漆，也推荐用于任何有韧性要求的涂料
CN 8004	丙烯酸酯低聚物	对各种基材都有出色的附着力

表 6-23　长兴化学公司推荐用于 UV 真空镀膜涂料的低聚物

产品	产品类型	特性
ETERCURE 6233	双官能团改性环氧丙烯酸酯	优异的附着力，坚韧性和流平性佳，高光泽；适用于 ABS、PC、PMMA 等基材，UV 真空镀膜底漆
ETERCURE 6215-100	双官能团改性环氧丙烯酸酯	附着力佳，固化收缩率小，坚韧性佳，耐水煮优异；适用于 PC、ABS 基材 UV 真空镀膜底漆
ETERCURE 6315	改性聚酯丙烯酸酯	附着力佳，固化速率快，耐磨与坚韧性佳，耐水煮性佳；适用于 PC、ABS 基材 UV 真空镀膜底漆
ETERCURE 6316	改性聚酯丙烯酸酯	附着力佳，固化速率快，耐磨与坚韧性佳，耐黄变性佳；适用于 PC、ABS 基材 UV 真空镀膜底漆
ETERCURE 6233-1	双官能团改性环氧丙烯酸酯	附着力佳，流平性良好，硬度及坚韧性佳；适用于 PPA、酚醛基材用 UV 真空镀膜底漆
ETERCURE 6145-100	六官能团脂肪族聚氨酯丙烯酸酯	耐磨性好、固化速率快、硬度高；适用于 UV 真空镀膜面漆
ETERCURE 6175-1	脂肪族聚氨酯丙烯酸酯	对金属附着力佳，光泽高，硬度高，耐磨性好，耐黄变性佳；适用于 UV 真空镀膜面漆及各种金属 UV 面漆
ETERCURE 6175-2	脂肪族聚氨酯丙烯酸酯	对金属附着力佳，高光泽，高硬度，耐黄变性佳，耐水性好；适用于 UV 真空镀膜面漆及各种金属 UV 面漆
ETERCURE 6196-100	十五官能团聚氨酯丙烯酸酯	固化速率快、耐磨性好、硬度高、耐黄变；适用于 UV 真空镀膜面漆
ETERCURE 6362-200	十三官能团超支化聚酯丙烯酸酯	低黏度、固化速率快、耐磨性佳；适用于 UV 真空镀膜面漆

6.5.4　光固化真空镀膜涂料施工工艺

一般的 UV 真空镀涂料施工工艺如下。

工件的前处理→喷涂 UV 底漆→室温流平→红外线流平（60～70℃/约 3min）→UV 固化→工件冷却→真空镀膜→喷涂 UV 面漆→室温流平→红外线流平（60～70℃/约 3min）→

UV 固化→下线检测包装。

从涂装工艺中看到，在喷涂 UV 漆后，都经过了红外流平，这样做一则保证涂料充分流平，二来有利于附着力提高，同时让溶剂充分挥发，有助于 UV 固化完全。

6.6　光固化金属涂料

6.6.1　概述

金属是当今社会应用最广泛的材料之一，但金属材料在空气中，尤其是在潮湿环境中易于遭受腐蚀的侵害。金属腐蚀在全球造成巨大的能源损失与材料浪费，已成为社会的一大公害。一般认为，因腐蚀造成的年度经济损失约占当年国家 GDP 总量的 $1.5\%\sim4.2\%$，全球 1/5 的能源付之东流。

鉴于金属存在易腐蚀问题，同时有些金属的耐磨、抗刮伤性能较差，因此采用涂料涂装，达到了既美观又可以保护金属表面的双重目的。UV 金属涂料作为金属涂料的重要品种，主要应用于钢材防锈、预涂金属卷材、印铁制罐、易拉罐加工、金属标牌装饰、金属装饰板制造、铝合金门窗保护及钢管临时涂装保护等。

金属腐蚀的定义为"金属与其周围介质发生化学与电化学作用而产生的破坏"。按照腐蚀机理可以将金属腐蚀分为化学腐蚀、电化学腐蚀与物理腐蚀三类。

① 化学腐蚀　指金属与非电解质直接发生化学作用而引起的破坏。腐蚀过程是一种氧化还原的纯化学反应，即腐蚀介质直接同金属表面的原子相互作用而形成腐蚀产物。

② 电化学腐蚀　指金属与电解质溶液发生电化学作用而引起的破坏。反应过程中阳极失去电子、阴极获得电子以及电子的流动，其历程服从电化学动力学的基本规律。

③ 物理腐蚀　指金属由于单纯的物理溶解而引起的破坏。许多金属在高温熔盐、熔碱及液态金属中可发生这类腐蚀。

金属防腐的方法很多，主要有改变金属的本质；对金属进行表面处理，改善腐蚀环境以及电化学保护；形成保护层等。

① 改变金属的本质　根据不同的用途选择不同的材料组成耐蚀合金，或在金属中添加合金元素，提高其耐腐蚀性，可以防止或减缓腐蚀，例如在钢中加入镍、铬等制成不锈钢可以增强防腐蚀能力。

② 改善腐蚀环境　改善腐蚀环境对减少和防止腐蚀有重要意义。例如，减少腐蚀介质的浓度，除去介质中的氧，控制环境温度、湿度等都可以减少和防止金属的腐蚀。也可以采用在腐蚀介质中添加能降低腐蚀速率的物质（缓蚀剂）来减少和防止金属腐蚀。

③ 电化学保护　是根据电化学原理在金属设备上采取措施，使之成为腐蚀电池中的阴极，从而防止或减轻金属腐蚀的方法。主要有牺牲阳极和外加电流两种方法。

④ 形成保护层　通过化学方法、物理方法和电化学方法在被保护金属表面覆盖各种保护层，把被保护金属与腐蚀性介质隔开，是防止金属腐蚀的有效方法。目前普遍使用的保护层有非金属保护层和金属保护层两大类。

综合考虑各种金属防腐方法的使用成本、不同腐蚀条件下的使用灵活性以及可行性，发现形成保护层法是目前最经济、适用范围最广、使用效果相对较好的金属防腐方法。

特别是表面涂装防腐涂料，因其配方灵活多变，可根据不同金属和不同腐蚀环境针对性地使用不同配方涂料，同时，一般防腐涂料的涂装对设备、环境以及涂装作业人员没有特殊的要求，且易于实现自动化。因此防腐涂料的使用是金属防腐的最重要方法之一。

防腐涂料作为一种保护涂料将金属与腐蚀介质隔离，为了保证这一阻挡层的防腐效果最大化，金属防腐涂层必须满足如下性能要求：

① 涂层应对腐蚀介质具有良好的稳定性　涂层对外界腐蚀介质（氧气、水、电解质离子、二氧化硫、氯离子等）必须是稳定的，不被介质破坏分解，不与介质发生有害反应，也不被介质溶解或溶胀。涂层应对周围的环境温度有良好的适应性，特别在低温条件下有良好的柔韧性。对于一些管道金属构件，还要求涂层表面光滑、摩擦阻力小、传输能耗低。对于一些埋入地下的管道金属构件，涂层需具有抗土壤腐蚀的性能。

② 涂层具有优良的防渗性　涂层应具有良好的抗渗透能力，阻止或抑制空气、水分、电解质介质透过涂膜，形成一种良好的机械屏蔽。防腐涂料应该选用透气性小的成膜物质，屏蔽性能良好的填料物质，保证金属表面涂层具有优良的防渗性。

③ 涂层应具有良好的力学性能　包括机械强度、附着力、硬度、拉伸强度、剥离强度、耐磨性、抗冲击强度、抗弯曲性、抗穿刺性和抗应力开裂性等，保证涂层在整个施工过程中、或在与外界环境接触条件下不易损坏或失效。

④ 涂层应具有优良的电绝缘性　涂层的绝缘电阻的升高，有助于消除金属表面腐蚀电极，同时有利于改善涂层的耐水性能和防腐蚀性能。

⑤ 在防腐涂料的选择与涂料施工时，应考虑整个过程的环保性与经济性　涂料施工过程中有机溶剂、有机挥发物（VOC）和空气有害污染物（HAP）的排放是环保关注的重点。经济性表现在，防腐涂层应该具有较高的性价比。这里涉及防腐涂料的价格、施工费用、能源消耗、涂层的使用期限、被保护设施的价值等。值得提到的是，防腐涂层在保证质量的前提下，其表面的装饰性也应加以重视。

涂料防腐技术应用非常广泛，涂料防腐施工方便，着色性好，适应性强，不受设计面积、结构、形状的限制，重涂和修复方便，费用也较低。其次，可与其他防腐措施配合使用（如阴极保护等），获得更好的防腐效果。

UV 金属涂料主要有 UV 卷材涂料、UV 防腐涂料、UV 金属制罐涂料、UV 金属装饰涂料等。

6.6.2　光固化涂料与金属的附着力

新鲜的金属表面有较高的表面自由能（500～5000mN/m），远高于有机高分子材料的表面能（<100mN/m），这种高表面自由能对涂层黏附非常有利。实际上，很多金属在空气中易氧化，表面会生成一层氧化膜，导致表面自由能相对降低，影响涂料的附着力。但大多数金属氧化膜的表面自由能仍高于 UV 涂料，因此 UV 涂料对金属基材的润湿效果很好。UV 涂料应用于金属基材时常遇到的是涂层对金属的附着力不佳，如果不添加附着力促进功能的助剂，UV 涂料对金属很难获得理想的附着力。这是因为金属基材表面致密，UV 涂料难以渗透吸收，有效接触界面较小，不像纸张、木材表面粗糙且有孔隙，塑料可被涂料溶胀，形成渗透锚固结构。另外 UV 涂料快速固化，体积收缩产生的内应力不能释放，反作用于膜层对金属基材黏附力，使附着力下降。金属表面往往容易被油腻沾污，这也不利于涂层黏附和金属防腐。

为了在金属表面获得良好的附着力、防腐蚀和洁净的表面，通常在涂料涂装之前要进行清洗、物理处理和化学处理。清洗最简便的方法是用溶剂浸湿的棉布擦拭金属表面，或直接将金属件浸泡在溶剂中洗涤；更有效的方法是蒸气去油，即将金属件挂在传送装置上，传送到槽罐中沸腾的卤代溶剂上，使溶剂在金属件表面冷凝并溶解油脂，达到清洗的目的。物理处理如对金属表面喷砂，将锈蚀表面除去，形成一个新的粗糙表面，这主要用于一些粗陋的工业制件上，如桥梁、槽罐等。此外还有氧化铝真空喷射法、钢砂或水溶性胶黏剂清洗、塑料丸喷射法，有时高压喷水也用作金属表面清洗处理。化学处理常用含磷酸或磷酸盐对金属表面产生柔和的酸腐蚀作用，形成的磷酸铁/亚铁盐层能提高涂层的附着力，但防腐蚀性只是轻微提高。经过处理的金属表面必须彻底清洗，以除去可溶性盐。铝材表面附着了一层薄而密实的氧化铝，一般只需清洗表面。

UV 金属涂料的核心问题是要解决涂层与金属的附着力，若涂料配方中低聚物和活性稀释剂能与金属表面形成氢键或化学键，可极大提高涂层与金属的附着力，一般来说含有羧基和羟基的低聚物，特别是含羧基的低聚物对金属基材的作用较为显著，对提高附着力作用明显（表 6-24）。环氧丙烯酸酯分子结构上有两个羟基，对金属有较好的附着力，固化速率快，硬度和光泽高，所以通常是 UV 金属涂料首选的低聚物。聚氨酯丙烯酸酯含有氨基酯，对金属亦有较好的附着性，常在 UV 金属涂料中配合环氧丙烯酸酯使用，以改善涂料的柔韧性。

表 6-24　含羧基单体对 UV 涂料与金属附着力的影响

含羧基单体	化学结构	拉脱强度/MPa
丙烯酸		0.25
甲基丙烯酸		0.28
丙烯酸羟乙酯-马来酸酐半加成物		0.75
丙烯酸-4-羟丁酯-马来酸酐半加成物		1.85

活性稀释剂的分子结构、分子量、体积收缩率、对基材渗透侵蚀能力、官能度等性质都直接影响涂料对金属基材的附着力，选用收缩率较小、官能度低的活性稀释剂有利于提高涂膜对金属基材的附着力。活性稀释剂本身具有特殊官能团（如羟基、羧基），也能够提高涂膜与金属基材的附着力。含有羟基的丙烯酸酯类比不含羟基的丙烯酸酯类更易于附着于金属基材上，因此 UV 金属涂料中常常使用（甲基）丙烯酸羟基酯和季戊四醇三丙烯酸酯。少数对金属基材有一定渗透作用的活性稀释剂加入涂料，也能提高涂膜与金属基材的附着力（表 6-25）。

添加附着力促进剂是 UV 金属涂料提高附着力的重要手段。常用的有带羧基的树脂、含羧基的丙烯酸酯、丙烯酸酯化磷酸酯、硅氧烷偶联剂、钛酸酯偶联剂及硫醇等。硫醇因太

表 6-25　几种金属基材上较易渗透的活性稀释剂

基材	活性稀释剂
Al	BA、HEMA、IDA、EO-THFA、NPGDA、EO-TMPTA
Cu	BA、IDA、CHA、EO-THFA、HDDA、EO-TMPTA
Zn	BA、EHA、IDA、EO-THFA、EO-TMPTA

臭，一般不使用，但对惰性极高的黄金表面有较强的作用。适用于 UV 金属涂料的附着力促进剂有带羧基的低聚物，见第 3 章 3.13.6 节表 3-74。酸性低聚物所含的酸性基团可对金属表面产生微腐蚀作用，并与表面金属原子或离子形成络合作用，加强了涂层与金属表面的粘接力。磷酸酯类附着力促进剂见第 2 章 2.11.2 节表 2-30，是金属涂料中最常用的附着力促进剂，在配方中用量较低，一般不超过 1%，但对提高附着力的作用明显，磷酸酯类金属附着力促进剂很多是甲基丙烯酸磷酸酯，即常用的甲基丙烯酸磷酸单酯（PM-1）和甲基丙烯酸磷酸双酯（PM-2）。硅氧烷偶联剂对金属基材的附着力促进作用是因硅氧烷偶联剂水解后，可与金属表面的氧化物或羟基缩合，形成界面化学键，提高附着力。合适的硅氧烷偶联剂有 KH550、KH560、KH570 及一些硅氧烷改性的 UV 树脂。钛酸酯偶联剂用于 UV 金属涂料，可提高对金属基材的附着力，合适的钛酸酯偶联剂包括钛酸四异辛酯、钛酸四异丙酯、钛酸正丁酯等。

相对于自由基光固化体系，阳离子光固化涂料比较容易在金属上获得良好的附着性能。阳离子固化收缩率低，聚合后产生的大量醚键可作用于金属表面，这些都能提高附着力。但阳离子光引发剂光解产生的超强质子酸，除引发阳离子聚合交联外，还会对金属基材产生腐蚀作用，显然对涂层黏附有害，不利于提高附着力。另外目前常用的阳离子光引发剂硫鎓盐或碘鎓盐，它们的紫外吸收波长<300nm，与 UV 光源不匹配，光引发效率极低，必须加入少量自由基光引发剂如 ITX，可在紫外长波段吸收光能，并将能量传递给硫鎓盐，间接激发光引发剂，提高光引发效率。

6.6.3　光固化卷材涂料

卷材涂料起源于 20 世纪 30 年代的美国，80 年代中后期，我国的宝钢、武钢等引进国外的卷材流水线，拉开了国内彩钢板生产的序幕。卷材涂料的涂装是以冷轧钢板、镀锌钢板、镀铝锌钢板等为基板，采用高度自动化的辊涂生产方式，钢板经过脱脂、化学处理、涂底漆、高温烘烤、涂面漆、高温烘烤后成膜，并达到一定物理性能和抗刮性的涂层。彩钢板产量的 70% 左右为建筑用途，而家电用途的彩板也占有一定份额，约 8%~10%，其余为商业用途、容器用板、交通与汽车、金属家具等。彩涂板为流水线作业，自动化程度高，光固化涂料的最大特点是固化速率快，一般在几秒到几十秒之间，最快的可在 0.05~0.1s 的时间内固化，这就能满足大规模自动化流水线的生产要求，不仅提高了生产效率，还节省了半成品堆放的空间，特别适合彩涂板涂装。

卷材涂料是一种以卷钢或卷铝为基材而具有装饰性和耐腐蚀的专业涂料，它涂装在卷钢或卷铝上后，使金属材料能直接进行切割、弯曲、深冲、咬合等机械加工，并具有优良的保光、保色、附着力、抗弯折、抗剥离、抗冲击、抗腐蚀和抗老化性能。卷材涂料涂装的钢板和铝板，由于质轻、性优和价廉而获得广泛应用，在建材、家电、汽车制造、船舶内装饰、家庭装潢等领域先后采用。

卷材涂料根据涂装次序和部位不同分为底漆、面漆和背面漆三类，一般金属基材正面涂装一道底漆和一道面漆，背面涂装一道背面漆。传统的卷材涂料主要是热固化溶剂型涂料，其涂装过程包括表面化学处理→涂底漆→升温固化→冷却→涂面漆→冷却等工序。涂料通过溶剂挥发热固化成膜，固化温度220~240℃，在40m长、400℃的烘道内进行，固化后还需冷却降温才可进行下一道工序，所以污染重、能耗高、效率低、成本高。而采用UV卷材涂料可以室温固化，降低能耗，节约成本；固化速率快，生产效率高；无溶剂排放，不污染环境；无需烘道和冷却带，减少厂房面积和投资。目前UV卷材涂料已商品化，UV固化卷材生产线也逐年增多，同时EB固化卷材也成功商业化，更环保，更节能，生产效率更高。

UV固化涂料在金属卷材上的应用具有一些特有的优势，具体体现在：

① UV固化涂料的固化速率极快，几秒至十几秒即可完成固化，很适合自动化的生产线；

② 相对于热固化200℃以上的烤温而言，可以不烘烤或是低温烘烤（促进施工流平与固化）即可，大大节省能源，特别是现在UV-LED灯管在UV涂装线上的推广与应用，可以节省能量在90％以上；

③ UV固化涂料可以以活性稀释剂代替传统的挥发性溶剂，以避免涂装过程溶剂挥发带来的大气污染；

④ 金属卷材在涂装过程中均为平面，所以不存在死角，这是最适合UV固化涂装和固化的，在涂膜的厚度上一次性涂装均小于30μm，现在的有色系统完全可以达到要求。

总之，UV固化涂料在卷材上的应用具有快速固化、节能、环保等诸多优点，如果能够进一步改善UV固化涂料的柔韧性，以及大幅度降低UV涂料的成本，那么UV固化涂料在金属卷材领域将能够大范围地替代传统的溶剂型卷材涂料，具有很好的应用前景。

6.6.4　光固化防腐涂料

金属材料是人类社会发展的重要物质基础，但是大量的金属材料尤其是钢铁材料的腐蚀给人类社会带来了巨大的损失，金属材料腐蚀已成为影响国民经济和社会可持续发展的重要因素之一，因此研究金属腐蚀控制技术与方法，防止或减缓腐蚀破坏，对经济与社会发展具有重要意义。

金属防腐的方法很多，表面涂装防腐涂料是最方便、最有效、最实用的方法。涂料防腐施工方便，着色性好，适应性强，不受设计面积、结构、形状的限制，重涂和修复方便，费用也较低。其次，可与其他防腐措施配合使用（如阴极保护等），获得更好的防腐效果。防腐涂料应用领域极广：石油化工中炼油装置、化工设备及厂房、油（气）贮罐、输油（气）管道等，电力水利中火电站、水电站、风力电站、核电站、输电装置、各种水利设施等，交通运输中汽车、机车、船舶、铁路、桥梁、集装箱、港口设施等，冶金机械中各种机械、设备、农用机械等，建筑中钢材、铝材等，以及家电、国防军工等。事实上防腐涂料在整个涂料工业中占有举足轻重的地位，除了建筑涂料、木器涂料、纸张涂料、特种功能涂料外，防腐涂料占了近一半。目前防腐涂料有环氧树脂型、聚氨酯型、酚醛树脂型、无机富锌型、硅氟树脂型等多种，但大多为溶剂型涂料，存在污染重、能耗高、效率低等弊病。而UV防腐涂料的出现，正好消除了上述弊病，发挥了UV涂料的优势，为防腐涂料家族增添了一个新的品种，已在钢管的防腐涂装保护和钢材的临时涂装保护上实现商品化。

钢管外表面的临时防锈过去一直使用以醇酸树脂为基础的溶剂型防锈油，但它干燥时间过长，完全干燥需要两天至一周的时间。钢管厂一般在钢管表面漆膜没有完全干燥时进行打包、搬运，容易对漆膜造成损伤，以致钢管在储运过程中生锈。而且由于涂料在辊道上的粘连、滴落以及溶剂的挥发，对涂漆车间的环境带来污染，对生产工人造成健康伤害。

近年来，我国引进国外先进的钢管紫外涂装技术，可以逐步解决传统涂装方式的各种弊病。由于 UV 涂料的固化速率极快，所以钢管紫外涂装得以实现对钢管的快速自动涂装，一般可以达到 30～60m/min 的喷涂线速，这是传统涂装所不可比拟的，其工艺流程见图 6-2。

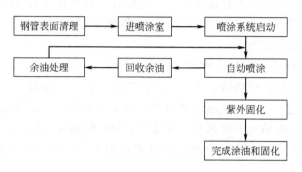

图 6-2　钢管紫外涂装工艺流程示意

钢管紫外涂装设备的主要组成为：钢管输送系统、涂料输送系统、涂料回收系统、涂料固化系统以及设备自动化控制系统。由于 UV 涂料的单价要远高于传统的醇酸涂料，所以设备中涂料回收系统显得尤为重要，只有把过喷的 UV 涂料充分回收再利用，才能保证钢管涂装线的运行成本尽量接近于甚至低于传统涂装的运行成本。目前，已经能够实现涂料约 95％的回收利用率，从而大大降低涂装成本。钢管用的 UV 防腐涂料性能要求见表 6-26。

表 6-26　UV 防腐涂料性能要求

测试项目	数据	测试项目		数据
固化时间/s	<60	击穿强度/(MV/m)		18.0
附着力/级	1	表面电阻率/$\Omega \cdot m$		4.4×10^{15}
柔韧性/mm	1	体积电阻率/$\Omega \cdot m^2$		1.3×10^{16}
冲击强度/J	4.9	阴极剥离/mm		10.0
硬度/H	3	化学浸泡	10％ HCl(72h)	无变化
			10％ NaOH(72h)	无变化
耐磨(1000r,1000g)/mg	4.0～8.0		10％ NaCl(72h)	无变化

对于钢管用 UV 防腐涂料需要考虑以下几点：固化时间、附着力、耐盐雾性、皮肤刺激性。因此，涂料制备上要注意下面几点：

① 固化时间的长短在低聚物和活性稀释剂基本确定后，主要取决于光引发剂的选择和用量。一般常用的光引发剂为 184 和 1173。根据体系的不同用一种或多种光引发剂进行适当的复配。为了减缓氧阻聚，还可以适量加入叔胺增感剂，使涂料的表层及深层能完全完成交联固化反应。

② 涂料的附着力和耐盐雾性能主要还是靠低聚物和活性稀释剂的选择。低聚物通常以

环氧丙烯酸酯为主，光固化速率快，对钢铁附着力好，硬度高，耐抗性好。为了改善柔韧性，常常加入聚氨酯丙烯酸酯复配。对于活性稀释剂的选择除了考虑到降低体系黏度和提高光固化速率的作用外，还要特别注意避免使用对人体皮肤刺激性较强的活性稀释剂，可选用烷氧基化的多官能团活性稀释剂。羟基酯能提高对钢铁的附着力，但丙烯酸羟基酯皮肤刺激性较大，可用甲基丙烯酸羟基酯。

环氧丙烯酸酯树脂是 UV 防腐涂料使用的基本树脂之一，具有快干、硬度好等优点，但也存在固化时收缩系数大、脆性大等缺点，近年经过脂肪酸等改性的环氧丙烯酸酯树脂能较好地克服这些缺点，同时干燥性能适中、硬度较好，具有较好的韧性。

③ UV 金属防腐涂料用的填料和助剂对涂料性能影响也很大，常用下面几种方法来提高增强防腐性能和提高附着力。

a. 添加阳极牺牲材料　在 UV 固化涂料中添加活泼金属粉末，类似填充料作用，作阳极牺牲材料。通常采用的阳极牺牲金属粉末包括铝粉、锌粉、镉粉、镁粉及其合金。但涂料中仅有阳极牺牲粉末还不足以形成电化学通路，需要在被保护金属与阳极牺牲材料间搭起导电通道，比较有效的导电填料有聚苯胺、聚吡咯、聚噻吩和聚乙炔等。例如在脂肪族氨酯丙烯酸酯为主体树脂的防腐涂料体系中添加 10% 铝粉和 11.8% 聚苯胺就能够提高并加强涂料的耐腐蚀性。

b. 添加附着力促进剂　金属表面致密影响涂料附着，而涂料附着不好则严重影响涂料抗腐蚀效果，所以必须添加金属附着力促进剂。最常用的金属附着力促进剂是甲基丙烯酸磷酸酯 PM-1 和 PM-2，磷酸酯化合物对涂层与金属附着力促进作用非常明显，而且同时可以起到对金属表面的磷化作用，加强腐蚀保护。

c. 添加防锈颜料、防锈助剂和阳极钝化剂　防锈颜料有磷酸锌、钼酸锌、锶铬黄、磷酸氢铝、红丹等，防锈助剂有磷硅酸锶铝抑制剂、磷酸钙抑制剂、硼硅酸钙抑制剂等。添加这些防锈材料对金属基材的防腐往往很有效果，在光固化体系中添加防锈材料，光照固化后，盐水浸泡 50 天后比较附着不生锈面积与生锈面积百分比后发现，添加防锈颜料磷酸锌铁混合物与微粉化磷酸锌对涂料的耐腐蚀性能提高较大，附着不生锈面积与生锈面积占比分别为 98% 与 1%，而添加磷酸锶的效果最差，分别为 0 与 100%。

d. 纳米材料　纳米材料是指尺寸在 0.1~100nm 之间的材料，其在 UV 涂料中的应用可以起到两种用途：一是提升传统 UV 涂料的性能；二是制备具有新功能的纳米 UV 涂料。与传统 UV 涂料相比，纳米材料的添加可以改善施工性能；提升涂料的耐候性和耐老化性能；提高涂料的力学性能。例如，在涂料中添加 SiO_2 纳米颗粒可以显著改善涂层抗腐蚀能力。

6.6.5　光固化金属制罐涂料

金属制罐外壁的涂装保护也是 UV 金属涂料的一个重要应用领域。金属制罐有"三件套"和"两件套"制罐工艺。"三件套"制罐工艺是由马口铁卷材压焊制成毛坯罐，罐体为简单圆筒，经底涂、印刷、上光后，在两端压合盖板，形成完整封闭罐体，市场上的八宝粥罐就用此工艺制得。"二件套"制罐工艺是由铝合金板冲压而得，底部与罐壁是一个无焊缝整体，同样经底涂、印刷、上光后，压合一端盖板形成封闭罐体，市场上盛装饮料的易拉罐即以此工艺制得。金属罐体外壁的底漆、油墨印刷和罩光清漆都可用 UV 工艺完成，但从安全、无毒的角度看，要制备出既满足涂层性能，又符合卫生安全标准的 UV 涂料和 UV

油墨还是有一定难度的。美国 Coors 制罐公司早在 1988 年就采用阳离子 UV 金属涂料进行罐体涂装，当时生产线速度就已达到 1500 个/min，而且其 UV 涂装生产线的体积不到溶剂漆涂装生产线的 1/3。

6.7　光固化玻璃涂料

　　玻璃、陶瓷均以硅酸盐为主要成分，材质硬而脆，表面都具有一定的极性，因此，对 UV 涂料的柔韧性要求不高，关键是要解决好与基材的附着力问题。

　　玻璃表面涂覆涂料，可赋予玻璃更多的功能和作用。如装饰性涂料可拼镶成色彩鲜艳的艺术图案，用于建筑物门窗、幕墙和天花板的装饰；低辐射涂料，可阻挡热量的传递，可成为理想的节能窗玻璃材料；防反射涂料由多层涂层叠加构成，可对较大范围内的可见光起作用，减少反射损失；耐磨涂料可以增加玻璃容器的耐磨性；自洁净涂料，使玻璃表面具有良好的防止雨、雪黏附功能，从而使汽车挡风玻璃在雨雪天气中拥有良好的透明度，避免交通事故发生等。玻璃涂料中的平板玻璃涂料在现代建筑物和家居装潢及装饰方面应用最为广泛，而平板玻璃用 UV 涂料涂装和固化最为合适。

　　玻璃材料致密，UV 涂料不能渗透，影响附着力。但玻璃表面有丰富的硅羟基结构，因此可以通过添加硅偶联剂来提高 UV 涂料与玻璃的粘接能力。常用的硅偶联剂 KH570，为甲基丙烯酰氧基-γ-丙基三甲氧基硅烷，具有较低的表面能（28×10^{-5} N/cm），其中的甲基丙烯酰氧基可参与聚合交联，成为交联网络的一部分，硅氧烷基易与玻璃表面的硅羟基缩合成牢固的 Si—O—Si 结构，使涂层对玻璃的附着力得到提高。UV 玻璃涂料常用低聚物为环氧丙烯酸酯或聚氨酯丙烯酸酯，活性稀释剂为 TMPTA、TPGDA 等常用单体，光引发剂则以 1173 为主。为了提高附着力，除了用硅偶联剂外，还可适量使用一些附着力促进低聚物，如沙多玛公司的三官能团酸酯 CD9051 等。

　　现在一些玻璃制品用漆需要良好的耐水性和水煮附着力。耐水性测试是将含漆膜的玻璃基材分别浸入 40℃ 和 100℃ 的去离子水中，40℃ 水浸 24h 后测试，100℃ 水浸 1h 后测试，拭干后观察漆膜表面是否泛白、起泡、脱落，并测试划格附着力。这种耐水性和水煮附着力测试比普通附着力测试要求高很多，特别是水煮附着力测试。为了达到玻璃涂料耐水性和水煮附着力性能，这就要求以特殊官能团单体制备适当的分子量和双键数的大分子低聚物及活性稀释剂添加进配方，解决涂膜收缩应力和表面附着力的矛盾关系。

　　提高 UV 固化涂料在特殊基材上附着力的一种思路是在低聚物或活性稀释剂中引入特殊基团，如羟基、醚键、羧基、胺基、酰胺基等，通过这些基团与基材之间的物理或化学作用改善附着力。但这些基团大多属于极性基团，有可能会降低漆膜耐水性及耐溶剂性，进而影响附着力的稳定性与持久性。另一种思路是从降低固化过程中的内应力的不同机理入手，在低聚物及活性稀释剂中引入叔碳、脂肪环、稠环、长碳链等特殊结构，这些结构对漆膜的耐水性及耐溶剂性影响轻微，甚至有些结构有助于改善漆膜耐水性及耐溶剂性，进而从根本上解决了附着力与耐水性、耐溶剂性之间的矛盾。

　　采用三种不同的大分子二元醇（一种为聚醚型二醇 PTMG，一种为聚酯型二醇 PBA，另一种为长脂肪族直链二醇大分子二醇 A）与脂环族异氰酸酯 IPDI 及丙烯酸羟丁酯合成聚氨酯丙烯酸酯低聚物，与活性稀释剂 IBOA、光引发剂 1173、附着力促进剂 KH570 配成玻璃涂料，固化后测试其耐水性和水煮附着力，结果见表 6-27。

表 6-27　不同大分子二醇合成的聚氨酯玻璃涂料性能对比

项目	1#	2#	3#
大分子二醇结构	PTMG	大分子二醇 A	PBA
光固化后状态	粘手,有指纹	轻微粘手,有浅指纹	表干
起始附着力/级	0	0~1	3
40℃水浸 24h 后附着力/级	X	1	X
100℃水煮 30min 后附着力/级	X	1	4

注：X 表示漆膜大片脱落。

　　从表 6-27 可以看出，1#聚醚结构 PTMG 扩链制备的 PUA 涂料在玻璃基材上起始的附着力达到 0 级，但耐水测试后附着力下降明显，这是由于 PTMG 的聚醚结构较软，对玻璃基材起始黏附力较好，但聚醚结构属于亲水基团，水浸后漆膜吸水发软，易从玻璃表面松弛脱落，且不可复原，导致对基材的黏附力显著下降。3#聚酯结构 PBA 扩链的 PUA 涂料固化后硬度佳，无指纹，但其对玻璃基材的起始附着力较差，这是由于聚酯结构具有一定程度的结晶性，合成的 PUA 玻璃化转变温度较高，对玻璃基材的润湿欠佳，同时固化时体积收缩带来的内应力较大，大大减弱了涂层在玻璃基材上黏附力。而 2#用大分子二醇 A 制备的 PUA 涂料固化后硬度介于 1#与 3#之间，起始附着力为 0~1 级，水浸测试后附着力仍保持稳定。大分子二醇 A 主链是脂肪族直链结构，其合成的 PUA 玻璃化转变温度 T_g 较低，固化后仍为轻微粘手状态，即固化前和固化后漆膜分别处于 T_g 以上的黏流态和高弹态，而并非 T_g 以下的玻璃态，这就保证了分子链段处于相对松散的自由活动状态，固化后自由体积仍较大，使得有限的体积收缩带来的内应力得到充分释放，因而在玻璃基材的附着力优异。同时非极性的脂肪族直链结构本身具有良好的耐水性，水浸或水煮后附着力仍能保持稳定。所以选用由非极性的脂肪族直链结构二醇合成的 T_g 低的脂肪族 PUA 作低聚物有利于涂料对玻璃的附着力提高，特别是耐水性和耐水煮性能提高。

6.8　光固化陶瓷涂料

　　陶瓷表面涂覆涂料可起装饰作用，有的为提高耐磨、防滑性能，有的为提高耐污性等。传统的陶瓷涂料一般为热固化或自干性涂料，采用淋涂、喷涂、辊涂或刷涂等方式将涂料涂装到陶瓷表面，通过加热或自干的方式使溶剂挥发而形成漆膜，从而对陶瓷起到装饰和保护作用，但都有操作复杂，固化速度慢，能耗高，装饰性不强等缺点。如今采用紫外光固化陶瓷涂料，用于陶瓷的装饰和保护，与热固化或自干性陶瓷涂料相比，具有装饰性强，操作方便，固化速率快（几秒钟），能耗少，VOC（可挥发有机物）含量低等优点。

　　陶瓷具有多孔表面结构，UV 涂料可向内渗透，固化后，涂层与陶瓷底材的有效接触面积大大增加，有利于提高附着力，但若涂层太厚，会影响深入表面微孔的涂料固化完全。在陶瓷上涂装 UV 高光涂料，可产生釉质般的视觉效果，提高陶瓷制品的档次。对 UV 陶瓷地砖涂料，重点是提高耐磨、抗刮和防滑性能。

　　UV 陶瓷涂料所选用的原材料与 UV 玻璃涂料相近，低聚物以聚氨酯丙烯酸酯和环氧丙

烯酸酯为主，活性稀释剂以 TMPTA、TPGDA、DPGDA 等常用单体为主，光引发剂以
1173、651 等为主，添加硅偶联剂、采用纳米二氧化硅等无机填料。

6.9 光固化石材涂料

石材涂料作用有三方面：在石材抛光前作填充、修补、平整用；作装饰、保护用；在维
修时作修补用。由于石材大多为平面板材，特别适合 UV 涂料涂装和固化。石材 UV 涂装
生产线由于节能、高效、节省投资和场地更值得推广应用。北京一条进口的石材生产线，其
涂装部分由热固化改为光固化，能耗从 200kW 降到 20kW，涂装部分操作工从 4 人降为 2
人，过去 20m 长的红外烘道也可省去。抛光前用的 UV 石材涂料，主要将切割后的石材毛
坯片材中出现的细小空洞、划痕等表面疵点，用涂料补平，UV 固化后，在抛光阶段大多数
涂料被除去。作修补用的 UV 石材涂料，主要用于宾馆、饭店、游乐场所大厅等经常人走
的地方的石材地砖维护修补用，要采用喷涂方法，移动式 UV 固化灯照射固化后再用移动
式抛光机抛光，达到修补整新目的。

天然大理石、花岗岩以其坚固耐久、典雅大方而广泛用于建材装饰，但是经过普通切
削、磨光的天然石材仍存在变色、不耐污染、保光性差等缺陷。此外，天然大理石的结构较
为疏松，易粉化，不能用于外墙装饰。用化学涂饰法对石材表面进行处理，使石材与外界隔
离，可大大提高石材的防水性、抗变色性和抗大气污染性（表 6-28）。

表 6-28 UV 饰面石材与机械抛光石材的性能比较

检验项目	抛光石材	UV 饰面石材
光泽/%	80	95
耐污性	形成永久污点	酱油、口红、墨水等干润后可清洗
耐酸性(5% HCl 水溶液)	表面轻微腐蚀	浸泡 48h 无变化
耐碱性(5% NaOH 水溶液)	表面轻微腐蚀	浸泡 48h 无变化
耐水性	无变化	水中浸泡 30d 无变化
耐溶剂性	无变化	丙酮擦洗 500 次无变化
耐热性	无变化	80℃下 72h 无变化
弯曲强度	18.0MPa	无影响
干燥压缩强度	100MPa	无影响
人工加速老化试验	600h 失光 20%	800h 失光 15%

由于石材多为碳酸钙、硅酸盐成分，表面具有较粗糙和多微孔结构，故 UV 石材涂料
对石材的粘接性能较好。

UV 石材涂料从配方上低聚物是以环氧丙烯酸酯为主，或配以部分聚氨酯丙烯酸酯；活
性稀释剂可用常用的 TPGDA、TMPTA；要提高硬团和光泽，则多官能团丙烯酸酯可适当
增加用量；光引发剂也以 1173、651 等为主；填料有时采用石粉，这样色泽比较一致，也可
少量添加碳酸钙、二氧化硅等补强。

6.10 光固化装饰板

采用粉煤灰等回收废料制成纤维增强型水泥预制材料板，再通过 UV 固化涂料进行表面装饰，制成仿大理石效果的建筑装饰板，具有环保性好、颜色图案丰富、立体感强、硬度高、抗划伤、易清洁、不易燃等优点。可应用于商场、地铁、医院等公共设施的建筑装饰装修，具有相当强的性价比优势。

UV 装饰板相比传统板材的优势体现在：具有更优异的理化性能，能经久不失色，并解决了色差现象；环保健康，通常烤漆类板材烘烤固化后，仍不断有挥发性物质（VOC）释放，UV 装饰板不但本身不含苯类易挥发性物质，而且通过紫外光固化，形成致密固化膜，降低了基材中有害气体的释放量；漆膜丰满，色彩丰富；耐刮擦、高硬度、越磨越鲜亮；常温固化，长期不变形；耐酸碱、抗腐蚀，UV 板能抵御各种酸、碱、消毒液的腐蚀，可使用于潮湿地区环境。

制备 UV 复合装饰板的基本工艺流程如下：

基材表面砂磨平整，清除灰尘，涂覆一层 UV 渗透液，在温度 50℃ 的红外照射条件下流平 3min；然后再继续涂覆一层厚度 40μm 的 UV 腻子，在 60℃ 红外照射条件下流平 2min，再 UV 固化；进行打磨处理后，涂覆一层厚度为 20μm 的 UV 封闭底漆，在 60℃ 红外照射条件下流平 2min，UV 固化；进行打磨处理后，涂覆一层 30μm 有色 UV 面漆，在 60℃ 红外照射条件下流平 2min，UV 固化；进行打磨处理后，烫印一层印有花纹的转印膜，涂覆一层 10μm UV 透明胶，在 60℃ 红外照射条件下流平 2min，UV 固化；再涂覆一层 15μm UV 罩光清漆，在 60℃ 红外照射条件下流平 1min，UV 固化，制得 UV 复合装饰板，UV 复合装饰板剖面示意见图 6-3。

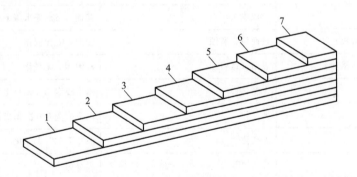

图 6-3 UV 复合装饰板剖面示意

1—基材；2—UV 渗透液；3—UV 腻子；4—UV 封闭底漆；5—有色 UV 面漆或转印膜；
6—UV 透明胶；7—UV 罩光清漆

UV 复合装饰板涂装用的各种材料参考配方如下：

（1）渗透液

渗透液起到的作用是润湿基材，提高漆膜与基材表面附着力，并且提高后续涂层对基材的成膜铺展性。渗透液通常要求尽量薄涂施工，常在配方中选择性加入一些挥发速率较快的溶剂，例如丙酮、乙醇、丁酮、乙酸乙酯等，配合适当量的活性稀料。渗透液参考配方见表 6-29。

表6-29　渗透液参考配方

原料名称	质量分数/%	原料名称	质量分数/%
环氧丙烯酸酯	15	丙酮	35
TPGDA	10	乙酸乙酯	38
1173	2		

（2）UV封闭底漆和腻子

UV封闭底漆和UV腻子都有需要在底材上很好的附着力，硬度高、易打磨。UV封闭底漆和UV腻子在通常的使用场合和作用方面稍有不同，UV封闭底漆应用于底材表面，起到封闭毛细孔的作用；UV腻子则一般用于厚涂施工，适用于表面平整度较差的基材，得到一个平整和光滑度较好的板材表面，层与层之间控制好固化程度，适当打磨可以达到最好的层间附着效果。

UV封闭底漆与UV腻子相比，所含的填料较少，黏度也较低，可以向底材的细小管孔中渗透，对增进涂层附着力有较好的帮助。

UV封闭底漆与UV腻子参考配方见表6-30。

表6-30　UV封闭底漆和UV腻子参考配方　　　单位：%（质量分数）

原料名称	UV封闭底漆	UV腻子1	UV腻子2
环氧丙烯酸酯	20	25	25
聚酯丙烯酸酯	15		
TPGDA	25		
氨基丙烯酸酯	10	25	25
TMPTA	10	15	15
1173	3	3	3
184	2	2	2
滑石粉	15	30	10
结晶型 SiO_2			20
消泡剂	0.5	0.5	0.5

（3）UV有色面漆

UV有色面漆需要提供装饰性、保护性和功能性。要求涂膜丰满度好、硬度高、耐磨性好、耐候性、耐化学性佳。UV有色面漆参考配方见表6-31。

表6-31　有色面漆参考配方　　　单位：%（质量分数）

原料名称	UV白面漆1	UV白面漆2	UV银粉漆1	UV银粉漆2
脂肪族聚氨酯四丙烯酸酯	25	25	12	12
聚酯丙烯酸酯	25	25		
HEMA	5	5	4	4
TPGDA	12	12	4	4
氨基树脂			42	42
TMPTA	12	12	6	6
1173	4	4	4	4

续表

原料名称	UV 白面漆 1	UV 白面漆 2	UV 银粉漆 1	UV 银粉漆 2
钛白粉	5	6		
滑石粉	10	8		
TPO	1	1	1	1
ITX	1	1	1	1
EDAB	1	1	1	1
铝粉(50%乙酸丁酯稀释)			10	10
珠光粉		2		2
CAB(551-0.2)(25%)			16	16
消泡剂	0.3	0.3	0.3	0.3
流平剂	0.3	0.3	0.3	0.3

（4）UV 透明胶和罩光清漆

UV 透明胶的作用是提高层间附着力，用于增强复合印花膜与 UV 面漆层的附着力。UV 罩光清漆和有色面漆相比，主要区别在于前者不含无机填料，施工后获得平整、光滑、饱满的罩光效果。如果要获得亚光或耐磨效果，可以添加适量的消光粉和耐磨填料。

配方中的环氧丙烯酸树脂，虽然有固化速率快、硬度高、光泽高、耐化学品性优异等性能，但其耐光老化和耐黄变较差，不适用于耐候清漆涂层。清漆配方中加入六官能团聚氨酯丙烯酸酯，提高了漆膜硬度和耐擦伤性。黄变和失光是罩光清漆较为重要的技术指标，在配方中加入一定量的紫外线吸收剂可以有效地改进这方面的不足。

加入紫外线吸收剂能使漆膜的失光和变色性能有一定程度改善。但是紫外线吸收剂加量也需要控制，过大的用量会影响到涂层本身的固化性能，降低了膜层固化强度，可能会有适得其反的作用。

UV 透明胶和 UV 罩光清漆参考配方见表 6-32。

表 6-32 UV 透明胶和 UV 罩光清漆参考配方　　单位：%（质量分数）

原料名称	UV 透明胶	UV 罩光清漆	UV 亚光清漆
脂肪族聚氨酯四丙烯酸酯	30	15	10
脂肪族聚氨酯六丙烯酸酯		10	10
环氧丙烯酸酯	20		
氨基树脂		20	20
POEA		15	20
HEMA	40		
TPGDA	6	10	
TMPTA		25	25
1173	2	4	4
184	2	1	1
消光粉			10
流平剂		0.3	0.3
消泡剂	0.3	0.3	0.3

上述各种 UV 涂料的性能指标见表 6-33。

表 6-33 UV 涂料性能指标

检测指标	UV 封闭底漆	UV 腻子	有色面漆	罩光清漆	亚光清漆
漆液外观	黏稠液体	黏稠液体	有色黏稠液体	透明液体	浑浊液体
黏度(25℃,旋转黏度)/mPa·s	2000~2500	10000~13000	1000~2000	600~1000	600~1000
固化能量(1kW×2,灯距 15cm)/(mJ/cm²)	300	300	800	500	500
涂膜外观			平整光滑	平整光滑	平整光滑
划格试验/级	1	1	1	1	1
铅笔硬度				≥2H	≥2H
光泽(60°)/%				>90	<40
耐磨性(500g,500r/min)/mg				<10	<10

6.11 光固化皮革涂饰剂

皮革涂料也称皮革涂饰剂,是用于皮革表面涂饰保护和美化皮革的一类皮革助剂的统称,它由成膜物质、着色材料、稀释剂及其他助剂按照一定比例配制而成,其中成膜物质是皮革涂饰剂的主体。

按照成膜物质,皮革涂饰剂可分为蛋白质乳酪素和改性乳酪素涂饰剂、硝化纤维涂饰剂、丙烯酸树脂涂饰剂、聚氨酯涂饰剂、虫胶及蜡等多种。皮革涂饰剂在皮革制造业中有非常重要的作用,通过使用皮革涂饰剂,可以达到如下目的:

① 增加皮革美观,满足用户对于光泽度、表面手感和颜色的使用要求;

② 改进皮革的物理性能如耐气候性、耐水性等,使得皮革制品更加耐用,更易清洗和保养;

③ 遮盖皮革自身的缺陷以及修正皮革表面瑕疵;

④ 延长皮革的使用时间,显著提高皮革制品的质量和档次,增加其商业价值。

酪素涂饰剂酪素又称乳酪素,化学名称为酪蛋白,酪素用于皮革涂饰已有多年的历史,其特点有:黏结力强,能与革面牢固结合,涂层光泽柔和自然,能突出皮革的天然粒纹,手感好,皮革的透气及透水气性能好。但酪素涂膜的延伸性小,薄膜脆硬,耐曲挠性差。酪素含有氨基、亚氨基、羟基、羧基等多种亲水基团,其涂膜耐水性差。

硝化纤维应用于皮革涂饰是从 20 世纪 20 年代开始的,这种涂饰剂的特点是:使成革外观光亮、美观、耐酸、耐油、耐水及耐干湿擦。硝化纤维涂饰剂作为顶层光亮剂,能增强涂层的耐水性,使涂层外观美好,避免发黏,增强耐磨,提高涂层坚牢度。但硝化纤维涂层脆,不耐老化、耐寒性差及成膜后透气性差。

1933 年德国首先将丙烯酸树脂乳液用于皮革涂饰,它对大多数皮革表面有非常好的黏着力,涂膜平整、光亮、耐曲挠,延伸性大,耐候性和耐老化性能优良,成本又低廉,乳液的稳定性好,贮存期长,制造工艺简单,原料来源丰富,生产成本较低;但丙烯酸乳液是热塑性树脂,其涂膜存在着"热黏、冷脆"、不耐溶剂的缺点,限制了它的使用。

20 世纪 60 年代,聚氨酯开始用于皮革涂饰,其成膜性能好、粘接牢固,涂层具有高光泽、高耐磨性、高弹性,耐水和耐化学品,耐候、耐寒和耐热,涂饰的成品革手感丰满、舒适,能大大提高成品革的档次。

20世纪70年代后又开发了水性聚氨酯皮革涂饰剂，使皮革涂饰剂品种增加，性能也不断提高。聚氨酯皮革涂饰剂主要是水乳型的，其特点有成膜性能好，遮盖力强，黏结牢固，涂层光亮、平滑、耐水、耐磨、耐热、耐寒、耐曲折、富有弹性、易于清洁保养，涂饰的产品革手感丰满、舒适，能大大提高成品革的等级。但水性聚氨酯涂饰剂也含有一定溶剂，因此在涂饰过程中，溶剂挥发，污染环境，也损害操作工人身体健康，同时也给生产安全带来隐患。另外皮革中还会残留部分溶剂，制成皮革制品后，溶剂残留超标，影响出口。

将UV涂料应用于皮革表面国外开始于20世纪70年代，它相对于传统的皮革上光工艺，溶剂挥发大大减少，火险隐患降低，最主要的是涂层的固化速率大幅度提高，不需要晾干摆放空间，干燥时间从过去的数小时缩短到不足一分钟。进入21世纪后，国内北京英力科技公司、湖南本安亚大新材料公司等单位开始研发UV皮革涂饰剂，2006年北京化工大学与温州鹿城油墨化学公司开发了拥有自主知识产权的纳米改性光固化皮革涂饰剂。

随着人们环保意识逐渐增强，发达国家对涂饰剂使用的限制不断加强。传统的热固化皮革涂饰剂，不仅生产效率低、环境危害大，而且使皮鞋类产品对外贸易出口受到了极大的限制。因此，需要开发新型环保皮革涂饰剂。目前，皮革涂饰剂发展趋势有以下几个方面：

① 水溶性涂饰剂逐渐取代溶剂型涂饰剂；
② 水溶性聚氨酯类涂饰剂将占据主导地位；
③ 将丙烯酸酯涂饰剂进行改性；
④ 发展聚氨酯树脂涂饰剂；
⑤ 单一涂饰剂向复合型及多功能涂饰剂发展；
⑥ 向着光固化涂饰剂发展。

可见，水性紫外光固化皮革涂料取代传统热固化皮革涂饰剂成为一种趋势。利用紫外光固化技术不仅提高了涂饰剂的力学性能，而且也增强了皮革的耐磨性和耐撕裂性，采用水溶性皮革涂饰剂可保留皮革的自然品质和天然特性。

UV皮革涂饰剂既可用于真皮，也可用于人造革，涂装效果有高光、磨砂、绸面等多个品种，使皮革的美观程度大大提高。真皮材料为极性表面，有许多毛孔，有利于与UV皮革涂饰剂的附着。但皮革上鞣革剂的存在会影响涂饰剂的附着力，需要添加与鞣革剂相容的组分以改善附着力。UV皮革涂饰剂涂装工艺以喷涂为主，要求涂饰剂黏度较低，为防止低黏度涂饰剂渗入皮革内层，宜缩短喷涂与固化时间的间隔，因此要求涂饰剂流平性好。因为若涂饰剂渗入皮革内层，往往使固化不完全，就会有残留的活性稀释剂，不仅会有气味，而且会引起人体皮肤过敏刺激。对于皮革制品，如果要求保留皮革表面原始的孔粒结构，只要喷涂UV面漆即可；如果需要填补皮革表面坑凹结构，最终获得很平滑的革面，需要先辊涂一层UV底漆，UV底漆通常含有较多的颜料粒子，然后再喷涂UV面漆。

（1）低聚物

UV皮革涂饰剂是涂饰在皮革上，其涂层要求有较高的柔韧性、耐磨性、抗刮伤性、断裂伸长率和透气性。在配方上低聚物首选是脂肪族聚氨酯丙烯酸酯，可以提供良好的柔韧性、耐磨性和断裂伸长率。在不同类型的脂肪族PUA树脂中，聚醚型PUA的附着力相对较差，从而涂膜的综合性能不能满足皮革涂饰剂的需要。聚酯型PUA具有相当好的附着力和固化速率，但是耐低温性能差。因此，尽管聚酯型PUA在普通的涂料中被广泛应用，但是皮革涂饰剂因其特殊的要求而一般不能用来做主体树脂。聚丁二烯二元醇制得的PUA树脂用在皮革上，具有优良的附着力，尤其具有相当好的耐低温性能，−20℃的条件下可以耐曲折达 5 万次以上，固化速率也相当突出。但是其黏度太大，明显高于聚酯型 PUA 的黏度和聚醚型 PUA 树脂的黏度，特别是在活性稀释剂中的溶解性能较差，导致涂料的黏度太高，不方便实际施工。PTMG（聚四亚甲基醚二醇）改性的聚醚型 PUA 综合了聚酯型 PUA 和聚醚型 PUA 的优点，不但具有普通的聚醚型 PUA 的以耐低温性能，而且具备了聚酯型 PUA 优良的附着力，而且，树脂的黏度较低，特别是与活性稀释剂的相溶性能优异，因此涂料的黏度明显下降，而且其本身的固化速率也比较快，适合做 UV 皮革涂饰剂的首选树脂。

还可适当拼用少量的环氧丙烯酸酯，环氧丙烯酸酯的加入，对皮革涂饰剂的固化速率有明显提高，光泽度也有很大的改善。但是普通环氧丙烯酸酯的柔韧性极差，导致涂膜的耐曲折性能急剧下降。而脂肪族环氧丙烯酸酯的加入，基本不影响涂膜的耐曲折性能，而且耐低温性能也比较突出，因为脂肪族环氧丙烯酸酯虽然没有树脂的柔顺结构，但是其中不含有苯环等刚性结构。因此，少量的脂肪族环氧丙烯酸酯用于皮革涂饰剂中，不但不会降低皮革涂饰剂的柔韧性，而且能够显著提高涂料的固化速率，增加涂膜的光泽度，同时可以降低皮革涂饰剂固化后的残余气味，增加皮革涂饰剂的适用性。

（2）活性稀释剂

活性稀释剂要用低黏度丙烯酸酯，以利于喷涂，故较多地使用单官能团活性稀释剂，如 EOEOEA、2-EHA，烷氧基化活性稀释剂也可少量使用，如 PO-NPGDA，极少使用多官能团活性稀释剂。

（3）光引发剂

光引发剂 1173 最为常用，其固化速率快，深层固化性能较好，但是 1173 固化后有部分小分子的残留物，导致涂膜固化后有一定的气味，同时，在浅色基材上存在一定程度的黄变性能。184 很好地克服了黄变性能，但是涂膜的残余气味更加严重。2959 不但克服了 1173 易黄变的缺点，而且彻底消除了 184 的残余气味，可以作为皮革涂料的首选光引发剂。有色涂饰剂则需用 907、ITX、651、369、819 和 TPO 等光引发剂。369 在涂料中深层固化性能优异，特别适合加颜色的皮革涂料，而且固化后的残余气味也很低。

6.12　光固化车用涂料

汽车工业是我国的支柱产业之一，2009 年，中国汽车产量和销量双双超越美国成世界第一大汽车市场，这显示出中国汽车涂料产业巨大的市场发展空间。2017 年中国汽车产量突破 2900 万辆，不仅蝉联世界第一，且创全球历史新高。随着汽车工业的发展，安全和环境问题将更加突出。在能源和环保压力下，大力推进传统汽车节能减排和新能源汽车产业化，成为中国汽车产业亟须解决的重大课题。汽车涂料工业一直伴随着中国汽车工业发展而不断发展壮大。用于汽车涂装的汽车涂料是高产值和高附加值的产品，它代表着涂料工业发展的最高水平和发展方向，是世界各国涂料界专家们关注的热点。

汽车涂料作为汽车的"外衣"，不仅要求有良好的防腐、耐磨、耐候和抗冲击性能，而且还要求漆膜丰满、鲜映度高、不泛黄，并具有各种装饰效果。涂装后的汽车就像是一件艺术品，令人赏心悦目，美玉无瑕。汽车壳体大部分为钢铁，但塑料也已广泛使用，因而对涂料也有不同要求。除此之外，汽车的修补漆也是汽车涂料的重要组成部分，目前汽车涂料中除了底漆是水溶性的电泳漆外，中涂和面漆大部分都是溶剂型的，因此涂装中大量有机溶剂挥发排放。随着世界范围内的工业环保要求越来越高，各国环保法规越来越严，早在1994年欧洲就提出了《溶剂控制指令——汽车涂装过程排放限制》，明确规定了轿车涂装线有机溶剂的排放量不得高于$45g/m^2$，德国对挥发性有机物的排放要求更为严格，排放标准不得高于$35g/m^2$。而溶剂型面漆的VOC为汽车涂料VOC之最，一辆表面积为$80m^2$左右的普通轿车VOC排放量达10kg左右，平均为$125g/m^2$，远远高于上述标准，故VOC的削减是汽车涂装的当务之急。而UV涂料因其无污染、高效率等优点而开始在汽车涂装领域逐步得到应用。

6.12.1　汽车塑料部件涂装涂料

汽车的部件很多已采用工程塑料或者聚合物基复合材料，需要用涂料改善其表面性质。UV涂料在这方面具有十分突出的优势，可赋予塑料表面高硬度、高光泽、耐磨、抗划伤等性能。

（1）汽车前灯透镜的涂装

汽车前灯透镜目前都以聚碳酸酯材料制作，由于聚碳酸酯弹性高，便于外形设计并且重量较轻，加工容易，折射率和透光性高，质量易控制，还有抗震能力，因此，很多年以前就取代了传统的玻璃透镜。但聚碳酸酯耐磨性差，易刮花起雾，且有黄变现象，因此使用时必须在它的表面涂装清漆。以前应用溶剂型有机硅系列涂料涂装保护，需多次涂覆、烘烤、降温冷却，周期长，一个透镜的涂装过程一般在3.5h左右。而紫外光固化涂层具有高硬度、耐化学腐蚀、耐磨等优点；涂装干燥过程耗时仅6～8min，效率大大提高。UV固化涂料加入聚硅氧烷增滑剂可以提高抗刮伤效果，并降低表面能，减少吸附灰尘。另外，聚碳酸酯长期户外日晒，容易光致老化，因此涂层同时还应具有过滤短波紫外光的作用，配方中可添加受阻胺光稳定剂和短波紫外光吸收剂，受阻胺光稳定剂主要保证涂层本身的耐光老化性能，短波紫外光吸收剂保护塑料透镜。汽车前灯透镜需在各种苛刻条件下，如高温、高湿、低温、盐雾、酸碱、日晒等均保持优良的性能。因此涂层与聚碳酸酯基材的附着力、雾度、光泽度、抗冲击强度等性能都十分重要。

（2）汽车前灯反光镜的涂装

前灯反光灯罩（反射镜）必须具有光亮的反射面。目前大多用ABS塑料注射成型，内表面有很多孔粒结构，不够光滑，缺乏光泽，如果直接气相沉积一层铝膜，仍然得不到光滑表面，难以形成有效的反射镜面。采用光固化涂料可以较好地解决这一问题。首先，ABS塑料表面通过紫外光辐照以增加它的表面张力，使得接下来施工的清漆在塑料表面上具有良好的流动性和黏附力。然后在灯罩内表面喷涂一层UV涂料作底漆，UV固化后获得非常光滑的表面，再真空镀铝，形成高度平滑的反射镜面。铝膜耐氧化稳定性较差，长期使用过程中易老化，光泽度下降，影响反射效果。如果没有真空沉积保护层，可再次在铝膜上喷涂一层保护性UV面漆，阻隔氧气和潮气向铝膜渗透。面漆长期与车灯近距离接触，其本身的耐热、耐光老化性能要重点考虑。灯罩双涂层工艺以前就已开始应用，不过采用的是溶剂型烘烤涂料，一个灯罩涂装周期至少3h，溶剂涂料烘烤过程耗时、耗能，还有大量有害溶剂挥发，火灾隐患也很大。而UV涂料只需在数10s内就可完成固化。从生产效率、环境保护、节约能源、生产占地面积及涂膜性能等多方面考虑，UV涂料涂装汽车前灯反光镜完全具有绝对的优势。

汽车前灯反光镜由于灯泡使用高热密集发光灯泡，以前反光镜以 ABS 塑料制作，耐热性欠佳，故现在反光镜塑料大多用 BMC（bulk molding compound，玻璃短纤维增强不饱和聚酯树脂块状模塑料）制作，它的热变形温度＞204℃。UV 面漆长期与车灯近距离接触，特别要考虑涂料的耐热和耐光老化性，要选用耐热性和耐光老化性好的低聚物作主体树脂。

（3）铝合金轮毂及塑料轮毂盖的涂装

铝合金轮毂及塑料轮毂盖的涂装，传统涂料的聚氨酯双组分体系，涂后需烘烤 30min，不但污染环境，又耗时、耗能；之后又采用水性保护涂料，但烘烤工序仍费时、耗能。采用 UV 涂料，则环保、节能、生产效率大大提高，但涂料配方上要考虑耐磨、耐候、附着力、抗冲击和防污等因素。

（4）汽车前后保险杠涂装

汽车前后保险杠由工程塑料制成，可以用色母粒获得各种颜色的产品，但其表面美观程度、抗刮性能和防光老化等方面存在不足，传统涂装大多用热固性涂料，现都可采用涂覆 UV 防光老化涂料进行保护装饰。因其立体结构特征，固化时需用三维辐照工艺，保证各个方向都能接受辐照固化。

（5）汽车的其他部件涂装

汽车的部件如中心控制台、仪器面板、车内木质装饰物、方向盘、刹车衬套、离合器衬垫等很多已采用工程塑料或者聚合物基复合材料，需要用涂料改善其表面性质。UV 涂料在这方面具有十分突出的优势，可赋予塑料表面高硬度、高光泽、耐磨、抗划伤等性能。

6.12.2　汽车修补漆

UV 固化的汽车修补漆最早由巴斯夫公司于 2003 年推向市场（牌号为 Glasurit 和 R-M）。传统的汽车修补漆采用热固化聚氨酯漆，在加热数小时后才能完全固化，这样，操作人员必须要等待涂层完全固化和交联后，才能进行下一道涂层的施工。而采用 UV 汽车修补漆后，涂层仅需要几分钟就可以完全固化，操作工人即可进行下道涂刷工序。采用 UV 汽车修补漆，所使用的能源仅是一台移动式 UV 灯。所以 UV 固化汽车修补工艺的优点不仅是修补速度快，节省时间，同时不用烘烤，节省能源。

目前 UV 固化汽车修补有两种途径：一种是面漆用 UV 面漆，腻子和底漆采用传统的热固化漆；另一种是腻子、底漆和面漆全部采用 UV 固化漆。这两种 UV 固化汽车修补工艺在我国也开始推广应用，从修补实际效果看，不仅节约了时间和能源，减少了 VOC 排放，还减少了操作人员，节省了材料成本费用；特别要提到的是汽车修补后可马上开走，这对车主来讲是最受欢迎的。

6.12.3　汽车整车光固化面漆

汽车面漆最重要的作用是装饰，除了要求有华丽的外观外，还必须具有抗光氧化、抗水解、抗酸雨、抗划伤、抗撞击、抗曝晒等性能。现在汽车面漆都采用两涂层面漆涂装工艺（即底色＋罩光工艺），下层涂料加有各种颜料，如彩色颜料、闪光颜料，以呈现不同颜色；上层涂料为罩光清漆，以赋予涂层高光泽，并满足面漆的各种要求。光固化透明清漆具有无溶剂、快速固化、耐划伤、高光泽和高硬度等优点，非常适合用于汽车面漆罩光，只是在耐候性、附着力和光固化可行性三个问题上，存在一些阻力，影响推广应用。这几年来，随着 UV 固化技术进展，广大科技工作者努力探索，这三个问题都有了解决方案。

① 耐候性　UV 涂料涂层中残留未反应完全的成分和光引发剂的残余都会影响耐候性。此外为改善 UV 涂料的耐候性，往往要加入紫外吸收剂和光稳定剂，这些助剂在紫外区有较大的吸收，会与光引发剂发生竞争，使光固化反应不能充分、彻底。现在可采用酰基膦化氧类光引发剂，其吸收光谱范围可达到 400nm，在紫外吸收剂和位阻胺等光稳定剂存在下，仍能很好地引发光固化反应，达到既有满意的固化速率，又有优良的耐候性。日本油脂、巴斯夫涂料公司在冲绳对 UV 罩光涂层耐候性试验的结果表明（表 6-34）：三种底色漆经三年曝晒，光泽保持率结果良好，都超过 90%；保色性也良好，白色曝晒前后色差仅为 $\Delta E=$ 1.5；目测检查外观，三种底色漆均未发生开裂缺陷。这证明 UV 罩光清漆的耐候性已具有适用于汽车面漆涂装的高耐久水平。

表 6-34　UV 罩光涂层的耐候性试验结果

底色漆的颜色	冲绳曝晒三年试验结果		
	光泽保持率/%	色差 ΔE	外观
白色	93	1.5	未发生开裂
银灰金属色	98	0.8	未发生开裂
黑珍珠色	97	0.5	未发生开裂

UV 汽车罩光清漆采用耐黄变性优异的脂肪族或脂环族聚氨酯丙烯酸酯，配合酰基膦化氧类光引发剂和光稳定剂，可以满足耐候性要求。事实上，摩托车涂装早已使用此类涂料。

② 附着力　UV 涂料在刚性底材上附着曾经是一个问题，因为光固化速率很快，涂料由液体变成固体有体积收缩，在涂层与基材的界面上产生应力，特别是基材温度较低、固化涂层较硬时，在界面上涂层组分的分子键的热运动被冻结，应力将不能有效释放，影响涂层与基材的附着力。现在可以有多种方法来提高附着力：在工艺上采取光固化后再加热后烘，使界面的涂层分子通过热运动消除内应力；或在 UV 涂料中采用分子量较高的低聚物，或加入非反应性树脂作填料，可有效提高附着力；或在底漆中加入"抛锚剂"，使清漆和底漆间产生化学键联结，可极大地提高附着力；选用合适的 UV 光源和反射罩，提高光源的强度，保证涂层的深层固化完全，可提高附着力。

③ 光固化的可行性　汽车的罩光清漆涂层较厚，一般干膜厚度在 $35\sim40\mu m$（个别的为提高外观装饰性可达 $50\mu m$）；汽车形状复杂，会发生 UV 光照不到的阴影部分，产生固化不完全的现象，这是作为 UV 汽车涂料必须要解决的问题。

首先在 UV 汽车罩光清漆配方上选用高光引发活性、在长波紫外吸收强的酰基膦化氧类光引发剂。为了使光照弱的阴影部分也能完全固化，可采用光/热双固化体系，先 UV 固化使涂层表面快速干燥，然后再进入烘道进行热固化，使涂层深层和阴影部分涂层彻底固化，同时可释放应力。这种双固化复合体系可以利用现有的汽车涂装设备，将使现行设备的生产效率大幅提高。

同时要选用高强度的 UV 光源，保证 UV 涂料固化完全。辐深公司最近开发了 UV 车身涂装 3D 软件系统，通过计算机自动计算汽车车身各部位受 UV 辐照能量大小，并显示可能固化的效果；自动计算最少 UV 灯具的数量，调节灯具的位置和输出功率，使汽车车身的 UV 涂料完全固化。

虽然 UV 汽车面漆尚未产业化，但由巴斯夫、汽巴、DSM 等公司组成的汽车涂装项目组已经涂装一辆福特跑车，底漆用"变色龙"颜料，配以 UV 罩光清漆的高光效果在 2004年北美辐射固化国际会议展览上展出，让所有参观者都为之惊叹。UV 技术独有的表面装饰效果，生产工艺的先进性，加上 UV 技术的环保性，将会使汽车涂装产生一次技术飞跃，这场变革必将会到来。

6.12.4　光固化摩托车涂料

UV 摩托车涂料在我国已经有二十多年的生产和应用历史，目前大多数摩托车生产厂都在使用 UV 摩托车涂料涂装油箱、挡风板等部件，取得了节约生产用地、降低生产线投资费用、提高生产效率、节省能源和减少环境污染等经济效益、社会效益和生态效益。

UV 摩托车涂料的主体树脂为耐候性好的脂肪族聚氨酯丙烯酸酯，有时可适量添加环氧丙烯酸酯；活性稀释剂要选用黏度低、体积收缩小、表面张力小的丙烯酸酯，如以丙烯酸异冰片酯、丙烯酸苯氧基乙酯等为主；光引发剂选用 1173、184 等耐黄变和光引发活性高的品种。由于 UV 摩托车涂料也是罩光清漆，为了提高与有色面漆的附着力，可在面漆中添加有光热两种官能团的活性物质，在面漆烘烤时热敏性基团与面漆树脂交联固化而留下具有光敏性的基团，在 UV 罩光清漆涂装后，UV 固化时与清漆中活性基团发生层间化学交联，大大提高了附着力。

UV 摩托车涂装生产工艺流程如下：

工件前处理→喷涂面漆→烘干→打磨→去灰→静电除尘→喷涂 UV 罩光清漆→红外流平→UV 固化→冷却→检验→成品。

UV 摩托车罩光清漆与丙烯酸罩光清漆、聚氨酯罩光清漆的主要性能和技术参数比较见表 6-35，可以明显地看到 UV 罩光清漆不仅各种性能优异，而且固化速率快，生产效率高，能耗低，VOC 排放极低，具有非常显著的经济效益和社会效益。

表 6-35　摩托车罩光清漆主要性能和技术参数比较

性能指标	丙烯酸罩光清漆	聚氨酯罩光清漆	UV 罩光清漆
固含量/%	35～45	40～50	≥95
光泽/%	≥90	≥90	≥100
硬度/H	1～2	1～2	≥3
与面漆附着力/级	1	1	1
人工加速老化/h	≥400	≥600	≥1000
耐油性/h	4	24	360
耐强溶剂性	≥10s	≥30s	7d
保光性/年	>1	≥2	≥3
涂膜丰满度	中等	较好	好
抗划伤性	差	较好	好
鲜映度	0.2	约 0.5	≥0.6
一次涂装厚度/μm	15～25	15～25	30～50
固化时间/min	30～60	30～60	0.25～0.75
能量消耗/kJ	1	0.5～0.75	0.1～0.3
溶剂含量/%	80	70	5

6.13　光固化氟碳涂料

氟碳涂料是在氟树脂基础上经改性加工而成的一种新型涂层材料。由于其基料氟树脂所含的氟碳键长度短,而氟原子电负性又是最强的,所以决定了氟碳涂料的优异性能。氟碳涂层具有突出的耐候性、耐腐蚀性、耐化学品性。氟化合物的低表面能使其只能被液体或固体浸润或黏着,所以氟碳涂料具有优异的低摩擦系数、憎水、憎油、抗粘、耐沾污等性能。氟碳涂料已有 50 多年的发展历史,经历了熔融型、低温交联型、常温溶剂型、水基型的发展过程,水基型是发展方向,但目前普遍使用的还是溶剂型氟碳涂料。随着各国新环境保护法实施,VOC 排放受到严格控制,溶剂型氟碳涂料显然不符合环保要求。近年来,UV 固化技术进入氟碳涂料领域,意大利的 Solvay Solexis 公司成功开发了以氟碳聚氨酯丙烯酸酯为主体树脂的 UV 氟碳涂料,我国也开始 UV 氟碳涂料的开发与应用,并成功地应用于外墙建筑涂料及其他高性能装饰涂料。外墙建筑涂料由于低成本、低能耗、可防水、安全、色彩丰富和容易更新等优点,已成为国内外建筑装饰的主流。外墙建筑涂料经历了纯丙烯酸树脂、聚氨酯-丙烯酸树脂、有机硅-丙烯酸树脂和氟树脂型涂料的发展过程,纯丙烯酸树脂型涂料的耐候性能和耐污性能不够好,聚氨酯-丙烯酸树脂和有机硅-丙烯酸树脂型涂料的综合性能还不能满足高档外墙装饰材料的要求,而氟碳涂料以其超强的耐候性、耐腐蚀性、耐化学品性和耐沾污性,已成为新一代户外装饰涂料,应用于内、外墙装饰板、铝塑板、塑钢型材和铝合金型材等建筑材料表面的涂装,以及厨房、浴室、卫生间和实验室等高湿热、易沾污场所表面装饰的涂装。

氟碳涂料的主体树脂是氟代烷烃改性的丙烯酸酯。它是通过丙烯酸含氟烷基酯自聚或与丙烯酸酯共聚,制得含氟量不同的丙烯酸酯树脂;也可以由三氟氯乙烯和烷基乙烯基醚共聚形成的共聚物接枝丙烯酰基合成含氟丙烯酸酯树脂。在配方中含氟丙烯酸酯树脂含量一般要≥50%。活性稀释剂可用 TMPTA、TPGDA 的丙烯酸官能单体。光引发剂要用耐黄变性好、光引发活性高的 TPO、819、184 和 MBF 等。

UV 氟碳涂料用于外墙涂料,其性能与溶剂型氟碳外墙涂料、溶剂型丙烯酸聚氨酯外墙涂料对比见表 6-36,很显然 UV 氟碳外墙涂料具有无可比拟的优异性能和性价比。UV 氟碳涂料是 UV 涂料发展的一个方向,同时也是新一代高性能装饰涂料的发展方向。

表 6-36　UV 氟碳外墙涂料与其他外墙涂料性能对比

性能指标	UV 氟碳外墙涂料	溶剂型氟碳外墙涂料	溶剂型丙烯酸聚氨酯外墙涂料
固含量/%	≥95	≤50	≤50
固化时间	实干 3～5s	表干≥20min,实干>24h	表干≥20min,实干>24h
固化温度	常温固化	180～250℃烘烤	120～150℃烘烤
附着力/级	≤1	≤1	≤1
使用寿命/年	>20	15～20	8～10
人工加速老化/h	≥5000	>4000	
耐擦洗/次	>12000	>10000	
耐盐雾/h	≥3000	≥1500	≥500
耐酸碱性	优异	优秀	易受侵蚀

续表

性能指标	UV氟碳外墙涂料	溶剂型氟碳外墙涂料	溶剂型丙烯酸聚氨酯外墙涂料
耐水性	48h沸水蒸煮,无变化	3h沸水蒸煮后剥离	1h沸水蒸煮后剥离
耐沾污性	灰尘、油污不易黏附	灰尘、油污不易黏附	灰尘、油污易黏附、变脏
抗霉菌性	极好	好	较差
综合成本	涂装成本较溶剂型氟碳涂料低20%	涂装成本高	涂装成本低
维修保养	不需要维修保养	不需要维修保养	维修保养成本高

6.14　光固化粉末涂料

6.14.1　光固化粉末涂料特点

UV粉末涂料是一项将传统粉末涂料和UV固化技术相结合的新技术。UV粉末涂料的生产和施工与传统粉末涂料基本一致：预混、挤出、粉碎、喷涂。但固化方式不一样：喷粉后工件先进入红外熔融段，粉末快速升温至$90\sim140℃$熔融成膜，然后进入强制对流段，使熔融膜流平，但不发生固化，最后进入UV固化段。由于涂料的熔融和固化是两个过程，因此UV粉末涂料比热固性粉末涂料有更好的流平性；而且熔融温度较低，可以适用于热敏性基材涂装；能耗也低；固化时间也较短，生产效率比传统粉末涂料高（图6-4）。与UV液体涂料相比，UV粉末涂料无活性稀释剂，涂膜固化收缩率低，与基材附着力高；可适用三维工件涂装和厚涂层（$75\sim125\mu m$）的涂装；喷涂溅落

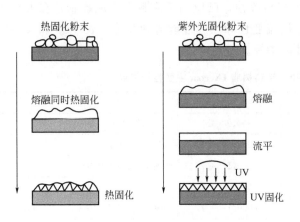

图6-4　传统热固型粉末涂料与UV固化粉末涂料固化过程比较示意

的UV粉末涂料可回收使用，利用率高。UV粉末涂料兼有粉末涂料和UV涂料的优点，是一种比热固粉末涂料和UV液体涂料更具有技术优势、经济优势和生态优势的环保型涂料（表6-37）。

表6-37　传统粉末涂料、UV液体涂料和UV粉末涂料特点对比

特点	传统粉末涂料	UV液体涂料	UV粉末涂料
固化方式	热固化	UV固化	红外流平,UV固化
固化速率	慢($10\sim20min$)	快(几秒～几十秒)	较快($1\sim2min$)
热敏基材	困难	可以	可以
立体涂装	可以	困难	可以
固化收缩率	较低	高	较低
涂层厚度	可厚涂层	薄涂层	可厚涂层

续表

特点	传统粉末涂料	UV 液体涂料	UV 粉末涂料
附着力	好	较差	好
流平性	较差	好	好
涂料回收	可以	不可以	可以
能耗	高	低	较低

6.14.2 光固化粉末涂料的组成和制造工艺

UV 粉末涂料也由主体树脂、光引发剂、颜料、填料和助剂等组成。

主体树脂是 UV 粉末涂料的主要成膜物质，是决定涂料的性质和涂膜性能的主要成分。UV 粉末涂料所用树脂要求在较低的温度下（一般＜100℃）具有较低的熔融黏度，以保证在光固化之前和光固化过程中具有良好的流动和流平性能；同时要有良好的光固化速率和贮存稳定性。目前已商品化的主体树脂有不饱和聚酯、乙烯基醚树脂、环氧丙烯酸树脂、聚氨酯丙烯酸树脂等。近年来超支化聚合物因其结构有高官能度、球形三维结构、分子内不易发生链缠结等特点，同时黏度低、活性高、容易改性，已应用于涂料中作成膜物，在 UV 粉末涂料中可降低树脂的玻璃化转变温度，使流变性和涂膜性能得到改善。表 6-38 和表 6-39 为部分 UV 粉末涂料的主体树脂的主要性能指标。

表 6-38　湛新公司 UV 粉末涂料树脂 Uvecoat 主要性能指标

商品名称	树脂形态	T_g/℃	黏度/mPa·s	应用
2000	无定形甲基丙烯酸聚酯	47	3300(200℃)	金属部件，热敏合金
2100	无定形甲基丙烯酸聚酯	57	5500(200℃)	金属部件，热敏合金
2200	无定形甲基丙烯酸聚酯	54	4500(175℃)	金属部件，热敏合金
2300	无定形甲基丙烯酸聚酯	53	2500(200℃)	金属部件，热敏合金
3000	无定形	51	6000(175℃)	中密度板花纹漆、清漆，PVC 地板漆
3001	无定形	43	2000(175℃)	平整度高的木器清漆
3002	无定形	49	4500(175℃)	中密度板花纹漆、清漆
3003	无定形	49	3500(175℃)	PVC 地板漆
3101	无定形	43	1800(175℃)	
9010	半结晶	80(T_m)	300(100℃)	配合 3000 系列使用，降低熔融黏度

表 6-39　Dow Chemical 及 DSM 公司 UV 粉末涂料树脂主要性能指标

公司	产品型号	树脂类型	黏度/Pa·s	T_g 或 T_m/℃
Dow Chemical	XZ92478.00	环氧丙烯酸树脂	2～4(150℃)	85～105
DSM	Uracross P3125	无定形不饱和聚酯树脂	30～50(165℃)	48
DSM	Uracross ZW4892P	无定形不饱和聚酯树脂	50～100(165℃)	51
DSM	Uracross ZW4901P	无定形不饱和聚酯树脂	30～70(165℃)	54
DSM	Uracross P3307	半结晶乙烯基醚氨基树脂		90～110(T_m)
DSM	Uracross P3898	半结晶乙烯基醚氨基树脂		90～130(T_m)

UV 粉末涂料所用光引发剂要无毒无味，不易挥发，耐黄变性好，迁移性低，与树脂混容性好，贮存稳定性好。自由基固化 UV 粉末涂料常用 184、651、2959、907、TPO 和 819 等，阳离子固化 UV 粉末涂料用硫鎓盐和碘鎓盐，并配以少量自由基光引发剂以提高光引发效率。UV 粉末涂料由于是有色涂层，而且涂层较厚，所以使用高引发活性且有光漂白性能的 TPO 和 819 更为有效。

UV 粉末涂料所用颜料要尽量选用对光引发剂吸收光谱波段吸收和散射低的品种，以保证光引发剂发挥最大的引发效率。研究发现 UV 粉末涂料中黄色颜料较难固化，红色及蓝色相对来说较易固化。黑色颜料固化得益于黑涂层在曝光过程中对热量的吸收，但含量要低于 1％，白色颜料含 25％二氧化钛的涂层亦能很好固化。由于 UV 粉末涂料涂层一般较厚，颜料的存在会影响涂层表面和底层的 UV 光强度，从而使表面和底层固化不一致，导致涂膜起皱，因此必须谨慎选择颜料并与主体树脂、光引发剂、助剂等匹配。

对于应用于户外的 UV 粉末涂料涂装的工件，不可避免地会受到日晒雨淋，要求 UV 粉末涂料有很好的耐候性和防老化性，因此要添加紫外吸收剂和光稳定剂，常用苯并三唑类和羟基苯吖嗪类紫外吸收剂配合受阻胺类光稳定剂。紫外吸收剂可防止涂层的变色及光化学降解，受阻胺光稳定剂可消除高聚物降解产生的有害自由基（过氧化氢自由基等），从而防止光泽度及柔韧性的降低。但紫外吸收剂加入会参与光引发剂对 UV 光吸收的竞争，而影响引发自由基的产生。因此在选择紫外吸收剂和光稳定剂时，要选用对光引发剂影响小的品种，以保证光固化完全。

在 UV 粉末涂料配方中还要使用流平剂、消泡剂、边角覆盖力改性剂、消光剂、固化促进剂等多种助剂。

UV 粉末涂料的制备方法是将物料（树脂、光引发剂、颜料、填料和助剂等）经预混后在挤出机中熔融混炼、挤出，然后冷冻、粉碎、过筛（图 6-5）。

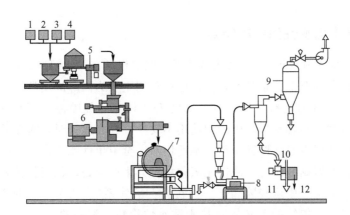

图 6-5　UV 粉末涂料的制备工艺流程示意

1～4—树脂颜料填料助剂；5—预混合；6—挤出；7—冷却；8—研磨；9—滤尘；
10—过筛；11—产品；12—超尺寸产品

6.14.3　光固化粉末涂料的应用

UV 粉末涂料由于可以用于对热敏感的基材，如木制品、塑料制品等，所以它的应用范围就扩大了。

① 木制品　UV 粉末涂料用于中密度纤维板，是欧洲涂料工业开发成功的第一个应用领域。UV 粉末涂料用静电喷涂技术进行涂装，不但可以涂饰中密度板的表面，对侧面和形状复杂的立体部件均可一次涂装。对于高密度木制品，使用 UV 粉末涂料也非常理想。对于低密度木制品，为了避免基材脱气的影响，需要对基材先涂一层液态涂料密封木制品基材的孔隙。

② 塑料制品　塑料的耐热温度不高，用传统的热固化粉末涂料进行涂装是不可能的。而 UV 粉末涂料的流平温度一般在 120℃，使用红外加热，基材表面温度往往不超过 80℃，因此可用 UV 粉末涂料涂装塑料制品，不会导致塑料变形。可以预料塑料制品将是 UV 粉末涂料又一重要的应用领域。

③ 合金及预制装配制品　合金（如铝镁合金）的应用很广泛，但一直不能用粉末涂料来涂饰，这是因为在 115℃时，合金的金相性能会受到影响。许多预制装配制品上都装有电子元件、塑料、橡胶密封圈、层压制品等热敏部件，它们的承受温度不能过高。UV 粉末涂料涂装时流平和固化温度可以满足这些基材的要求，因此具有广阔的应用前景。

④ 大件金属　涂装坯料或笨重金属部件时，UV 粉末涂料可不必将整件物件全部加热而涂装，从而可使能耗大大降低，也可节省涂装时间。

⑤ 汽车涂料　UV 粉末涂料的一个潜在用途是汽车钢板的涂饰。汽车钢板的涂饰一直是传统的粉末涂料的领地，而 UV 粉末涂料在质感、外观、性能等方面均可与热固化粉末涂料媲美，同时具有节能、快速等优势，有望替代热固化粉末涂料，应用于汽车钢板的涂饰。

6.15　光固化水性涂料

6.15.1　光固化水性涂料的特点

UV 光固化技术和材料近 50 年来快速发展，但它也存在一些问题，影响了应用和推广。特别是使用活性稀释剂调节体系黏度，而活性稀释剂主要为丙烯酸酯类，对人体的皮肤、黏膜和眼睛有刺激性，有的还有臭味；对低黏度 UV 体系（如喷涂）要用大量活性稀释剂，有时还要用有机溶剂，易燃易爆，生产和使用不安全；在光固化时，活性稀释剂难以完全反应，在固化涂层中残留少量活性稀释剂，不适用对安全卫生性能要求严格的食品、药品、婴儿用品的包装材料的印刷和涂装；油性光固化材料其生产设备、包装材料和施工设备的清洗仍需用有机溶剂。为了克服这些弊病，一种新的 UV 体系——UV 水性体系应运而生。UV 水性体系继承和发展了传统的 UV 固化技术和水性涂料、油墨的优点，已成为光固化技术研究和开发的一个非常活跃的领域，而且获得了实际应用。

UV 水性涂料结合了传统 UV 涂料和水性涂料的各自特点，相对于传统油性 UV 涂料具有下列优点。

① 水是最方便获得、最廉价的原料，用水来代替活性稀释剂稀释低聚物，很容易调节黏度，可实现无活性稀释剂的 UV 涂料配方。

② 不用活性稀释剂就没有 VOC 排放、刺激性和臭味问题，安全、无害、环保。

③ 可适用各种涂装设备施工，UV 水性涂料不会燃烧和爆炸，对喷涂特别安全。

④ 可避免由于用活性稀释剂所引起的固化体积收缩，有利于提高涂料附着力。

⑤ 可实现薄涂层涂布，降低成本。

⑥ 生产设备、涂装设备和容器可以用水性清洗液清洗。

UV 水性涂料除了上述优点外，还有一个很突出的优点是它是解决传统 UV 涂料的硬度和柔韧性矛盾的一种有效途径。从分子结构与性能的关系分析，只有高分子量的物质才具有高硬度和高柔韧性。传统 UV 涂料使用的低聚物分子量较低，同时加入大量低分子量活性稀释剂，因此难以兼顾硬度和柔韧性。而 UV 水性涂料的低聚物是高分子量的水性分散体，其黏度与聚合物的分子量无关，而只与固含量有关，因而在 UV 水性涂料中可以使用高分子量的低聚物，又不用低分子量的活性稀释剂，从而克服了 UV 涂料高硬度和高柔韧难以兼顾的矛盾。

但 UV 水性涂料也存在一些缺点，需加以注意和克服。

① 体系中存在水，在 UV 固化前大多需要进行干燥除水，而水的高蒸发热 (40.6kJ/mol)，导致能耗增加，也使生产时间延长，生产效率下降。

② 水的高表面张力 (70.8mN/m)，不易浸润基材，易引起涂布不匀；对颜料润湿性差，影响分散。

③ 固化膜的光泽较低，耐水性和耐洗涤性较差；体系的稳定性较差，对 pH 较为敏感。

④ 水的凝固点为 0℃，在北方运输和贮存过程中需添加防冻剂；水性体系容易滋生霉菌和细菌，需用防霉剂，使配方复杂化。

6.15.2　光固化水性涂料的组成

UV 水性涂料是由水性低聚物、光引发剂、助剂和水组成的，其中水性低聚物和光引发剂是最主要的成分。

(1) 水性低聚物

从结构上看：一要具有可以进行光聚合的基团，如丙烯酰氧基、甲基丙烯酰氧基、乙烯基、烯丙基等，由于丙烯酰氧基固化速率最快，所以水性低聚物主要为各类丙烯酸树脂；二要分子链上含有一定数量的亲水基团，如羧基、羟基、氨基、季氨基、醚基、酰胺基等。目前水性低聚物的制备大多采用在原油性低聚物中引入亲水基团，如羧基、季氨基、聚乙二醇等方式，使油性低聚物转变成水性低聚物。

水性低聚物中研究得最多的是水性聚氨酯丙烯酸酯，主要通过聚乙二醇引入非离子型的亲水链段；或用二羟甲基丙酸引入羧基，得到离子型水溶性低聚物。由于水性聚氨酯丙烯酸酯柔韧性好，有高抗冲击性和拉伸强度，能提供好的耐磨性和耐抗性，综合性能优越，目前大多数商品化的水性低聚物是水性聚氨酯丙烯酸酯类型。

水性环氧丙烯酸酯是利用环氧丙烯酸酯中仲羟基与马来酸酐类反应而得到含羧基的低聚物；或采用环氧基引入季铵盐而成为水性环氧丙烯酸酯。水性环氧丙烯酸酯光固化速率快，硬度、强度和耐抗性都优异。

丙烯酸酯化聚丙烯酸酯一般可用丙烯酸与各种丙烯酸酯共聚引入亲水性的羧基，再用（甲基）丙烯酸羟乙酯或（甲基）丙烯酸缩水甘油酯共聚引入羟基或环氧基以便进一步引入丙烯酰氧基，获得光活性。水性丙烯酸酯化聚丙烯酸酯具有价廉易制备、涂膜丰满、光泽好、耐黄变和耐候性好等特点。

水性不饱和聚酯是以二元醇或多元醇与马来酸酐酯化反应制得，为了使树脂具有亲水性，可采用聚乙二醇引入亲水结构。

利用聚氨酯丙烯酸酯体系和丙烯酸酯体系，经接枝改性，形成互穿网络的"杂化"体系，制得的水性"杂化"树脂，其性能可互补甚至有协同的效果。

（2）水性光引发剂

用于 UV 水性涂料的光引发剂可分为水分散型和水溶型两类。目前常规 UV 涂料所用的光引发剂大多为油溶性的，在水中溶解度很小，不适用 UV 水性涂料。近年来水性光引发剂研究开发成为热门课题，也取得了可喜的进展，不少水性光引发剂是由原来油溶剂光引发剂结构中引入阴离子、阳离子或亲水性的非离子基团，使其变成水溶性；或将油溶性光引发剂变成稳定的水乳液或水分散体使用。已经商品化的水性光引发剂有：KIPEM、819DW、QTX、BTC、BPQ 等。

KIPEM 是高分子型光引发剂 KIP150 稳定的水乳液，含有 32% 的 KIP150，λ_{max} 为 245nm、325nm。

819DW 是膦化氧类光引发剂 819 稳定的水乳液，λ_{max} 为 370nm、405nm。

QTX 是硫杂蒽酮的季铵盐，为水溶性光引发剂，λ_{max} 为 405nm。

BTC 和 BPQ 都是水溶性光引发剂，为二苯甲酮衍生物季铵盐。

另外，光引发剂 2959 由于在 1173 苯环对位引入了羟基乙氧基（$HOCH_2CH_2O—$），使其在水中溶解度从 0.1% 提高到 1.7%，因此也常用在 UV 水性涂料中。

近年来，国内外不少光引发剂生产企业开发了多种用于水性光固化产品的水性光引发剂，见第 4 章 4.8 节表 4-27。

6.15.3　光固化水性涂料的应用

随着世界各国对环境生态保护的重视，环保立法日益完善，执法日益严格，推动了 UV 水性涂料的开发和应用，而 UV 水性涂料的优良性能也引起了人们的兴趣和重视。表 6-40 列举了 UV 水性涂料与溶剂型热塑性和热固性涂料的涂膜性能比较。

表 6-40　各种涂层材料的涂膜性能比较

性能		热塑性丙烯酸树脂[①]	二液型聚氨酯树脂[①]	UV 聚氨酯丙烯酸酯分散体[②]	UV 丙烯酸酯乳液[②]
抗划伤性		4	10	10	10
热印刷性(65℃,4h,0.03MPa)		3	6	10	9
耐磨性(1h)		3	8	9	9
耐抗性	丙酮	2	9	10	9
	乙醇	8	10	10	9
	10%氨水(16h)	9	10	10	10
	醋(16h)	6	10	6	10

① 溶剂型涂料。

② 1173 2%，UV 曝光量 1.6J/cm²。

注：数字以 10 为最好。

目前 UV 水性涂料已在纸张上光油、木器清漆、电沉积光致抗蚀剂和丝印油墨等产品上获得实际应用，正在开发用于 UV 塑料涂料、UV 皮革涂料、UV 织物涂料、水显影型光成像阻焊剂、UV 凹印油墨、UV 柔印油墨、UV 喷墨油墨等 UV 水性涂料和 UV 水性油墨。

① 水性纸张上光油　这是 UV 水性涂料最早应用的领域之一，有 UV 水性底油和 UV 水性上光油，目前光泽度可达 90 以上，可联机上光或脱机单独上光。

② 水性木器涂料　UV 水性涂料在木材和木器涂饰上有较高的应用价值，特别在胶合板与成型木器的涂装上比较有利。采用低含固量的清漆，有优异的木纹展现性，可增加木质的美感。

③ 电沉积抗蚀剂　这是将抗蚀剂中感光性树脂进行亲水改性后变成水溶性感光性树脂，经电沉积后在覆铜板表面形成一层薄薄的均匀而致密的抗蚀膜，其分辨率可达 0.02～0.03mm，高于 UV 抗蚀油墨、抗蚀干膜和光成像抗蚀油墨的分辨率。这是 UV 水性涂料在电子化学品中应用的实例。

④ 水性丝印油墨　这也是 UV 水性涂料一个重要应用领域，由于更环保、更安全，适用于户外广告宣传和标牌制作。

⑤ 水性皮革涂料和织物涂料　皮革（包括人造革）和各种织物都是穿戴在人的身体上，因此要求在生产中使用环保型涂料，才能最终穿着时不会受到污染。而 UV 水性涂料是一种最佳的选择，既环保、安全，又高效、优质，因此开发 UV 水性皮革涂料和织物涂料，也是 UV 水性涂料应用的一个重要方面。

⑥ 水性凹印油墨和柔印油墨　目前凹印和柔印大量使用水性油墨，正适合 UV 水性涂料拓展的应用领域，但要解决油墨的适印性和稳定性，才能成为实用。

⑦ 水性喷墨油墨　喷墨印刷作为一种非接触式、无压力、无印版的数字化印刷方式，从 20 世纪 90 年代获得迅速发展，20 世纪末又出现了 UV 喷墨印刷，在平台式喷绘机上，在大幅面、小批量的广告牌、指示牌生产中获得广泛应用，UV 水性喷墨油墨则利用其低黏度、高性能、环保、安全、对人体无害等特点，将成为 UV 喷墨油墨研发方向之一。

6.16　双重光固化涂料

目前紫外光固化涂料、油墨和胶黏剂大多数采用自由基光固化，还存在下面一些缺点：

① 厚涂层、难以固化完全；

② 有色涂层较难固化；

③ 三维立体涂装涂层，侧面及阴影部分不能固化。

为了克服单一光固化所出现的问题，人们发展了将光固化与其他固化方式结合起来的双重光固化体系（也叫混杂光固化体系），近年来在特种涂料、油墨和胶黏剂等领域获得实际应用。

双重光固化体系指在同一体系内有两种或两种以上不同类型的聚合反应同时进行的过程，生成的是"高分子合金"，并有可能得到互穿网络结构（IPN），具有较好的综合性能。

双重光固化体系一般可分为自由基/阳离子混杂光固化体系和光固化/其他固化双重光固化体系两大类。

（1）自由基/阳离子混杂光固化

① 丙烯酸酯-环氧树脂　丙烯酸酯为自由基光固化低聚物，环氧树脂为阳离子光固化低聚物，将此两种树脂配合在一起，加入自由基和阳离子光引发剂就组成自由基/阳离子混杂光固化体系。UV光照后，得到具有互穿网络结构（IPN）聚合物，综合性能比单一光固化优异（表6-41）。

表6-41　单纯光固化与混杂光固化体系固化膜的性能比较

项目		自由基光固化	阳离子光固化	自由基/阳离子混杂光固化
材料	TEGDA	98	—	48
	环氧化合物(cy179)	—	96	48
	184	2	2	2
	碘鎓盐	—	2	2
性能	柔韧性/mm	<2	10	<2
	附着力/%	100	100	100
	硬度	0.89	0.78	0.87
	抗冲击强度（正）/kg·m	>0.50	0.25	>0.50
	抗冲击强度（反）/kg·m	>0.50	0.15	>0.50
	丙酮擦洗/次	10	70	250
	T_g/K	331	387	377

② 丙烯酸酯-乙烯基醚　丙烯酸酯为自由基光固化低聚物，乙烯基醚为阳离子光固化低聚物，混合后加入自由基和阳离子光引发剂，组成自由基/阳离子混杂光固化体系。

（2）光固化-其他固化双重固化

① 光-热双重固化　利用光固化快速固化达到表干，再进行热固化使阴影部分或底层部分固化完全达到实干。可用于超厚涂层、有色涂层和三维涂装涂层的固化。

最具代表性的是丙烯酸酯低聚物和环氧树脂/固化剂，前者进行光固化，后者进行热固化。经光/热双重固化后，固化膜的性能得到提高（表6-42）。

表6-42　光固化与光/热双重固化对固化膜性能影响

性能	光固化	光固化＋热固化
凝胶含量/%	83.12	97.34
吸水量/%	2.61	0.79
弹性模量/MPa	614.5	1171.9
拉伸强度/MPa	17.04	51.42
断裂伸长率/%	20.01	5.36
热分解温度/℃	160	217

② 光-潮气双重固化　硅氧烷改性丙烯酸酯低聚物，利用硅氧烷与空气中水汽作用，使链端具有—$Si(OR)_3$ 或—$SiR(OR)_2$ 结构的硅烷化聚合物发生链端水解而交联成具有 Si—O—Si 网状结构的固化物；丙烯酸酯则可进行光固化。

③ 光-羟基/异氰酸根双重固化　利用带—NCO 的聚氨酯丙烯酸酯低聚物与带—OH 的树脂,组成双重光固化体系。聚氨酯丙烯酸酯可光固化,—NCO 与—OH 可反应,实现双重固化。

④ 光-氨基树脂缩聚双重固化　利用六甲氧基甲基三聚氰胺在多元醇及酸和热催化下,发生醚交换反应,使体系固化,将丙烯酸酯化的三聚氰胺树脂,既能进行光固化,又能进行缩聚反应,实现双重固化。

⑤ 光-氧化还氧聚合双重固化　利用过氧化物与钴(Ⅲ)常温下可发生氧化还原反应,引发聚合。在光固化体系中引入上述物质即可以实现双重光固化。

⑥ 光-气干性双重固化　自由基光固化易受氧阻聚作用,不容易表干,但在光固化低聚物上接上气干性基团,如烯丙基醚,则可组成光-气干性双重固化体系。

6.16.1　双重光固化用的原材料

为了适应双重光固化体系应用的发展,用于双重光固化的原材料正在不断研发,不少已投入生产。

(1) 双重固化活性稀释剂

① 乙烯基醚　乙烯基醚既可以进行阳离子光固化,又能进行自由基光固化。

② 丙烯酸缩水甘油酯(GA)和甲基丙烯酸缩水甘油酯(GMA)　其中丙烯酸基和甲基丙烯酸基可进行自由基光固化,缩水甘油酯则可以进行阳离子光固化。

③ (甲基)丙烯酸酯/乙烯基醚　这个混杂单体体系,可同时独立进行自由基和阳离子光聚合,从而形成互穿网络结构(IPN),因此得到涂层的力学性能要优于单独光固化。

④ (甲基)丙烯酸酯/环氧化物　(甲基)丙烯酸酯可以进行自由基光聚合,环氧化物可以进行阳离子光聚合。这个混杂单体体系的一个最明显的优点,就是有体积互补效应,可以控制固化时的体积变化,减少体积收缩率,从而降低内应力和提高附着力。

(2) 双重固化低聚物

① 环氧丙烯酸单酯　利用双酚 A 环氧、酚醛环氧部分丙烯酸酯化,而留有部分环氧基,组成带有环氧基的丙烯酸酯,环氧基可以进行阳离子光固化,而丙烯酸酯可进行自由基光固化,成为双重固化低聚物。

② 带—NCO 基的聚氨酯丙烯酸酯低聚物　在合成聚氨酯丙烯酸酯时,留有部分—NCO 基,组成带有—NCO 的聚氨酯丙烯酸酯,—NCO 可以与—OH 树脂反应,而丙烯酸酯可进行光固化,成为双重固化低聚物。

③ 硅氧烷改性丙烯酸酯低聚物　硅氧烷改性丙烯酸酯低聚物中,硅氧烷可以发生潮气固化,而丙烯酸酯可进行光固化,成为双重固化低聚物。

④ 烯丙基醚改性丙烯酸酯低聚物　烯丙基醚改性丙烯酸酯低聚物中,烯丙基醚可以发生气干性反应,而丙烯酸酯可进行光固化,成为双重固化低聚物。

⑤ 丙烯酸酯化三聚氰胺低聚物　丙烯酸酯化三聚氰胺低聚物中,三聚氰胺可以发生缩聚反应,丙烯酸酯可进行光固化,成为双重固化低聚物。

(3) 双重固化光引发剂

原北京英力科技发展公司和 IGM 公司联合开发的含自由基和阳离子双引发基团的混杂光引发剂 Omnicat550 和 Omnicat650(见第 4 章 4.7 节)。

6.16.2 双重光固化体系的应用

双重光固化体系已获得实际应用，如印刷电路板用的光成像阻焊油墨、印制板三防用的保形涂料、木器和家具用的 UV 涂料、修补牙齿用的树脂和胶黏剂、快速光成型用树脂等都采用了双重光固化体系。

（1）光成像阻焊油墨

光成像阻焊油墨的主体树脂为带羧基的碱溶性感光树脂，并配以少量热固性环氧树脂。UV 曝光后，见光部分树脂交联固化，不溶于稀碱水；而不见光部分树脂溶于稀碱水，形成所需图像。最后再热固化（140~150℃×30min），使油墨进一步发生热交联，提高油墨层的耐热性等其他性能。

（2）保形涂料

保形涂料是涂覆在已焊插接元器件的印制电路板上的保护性涂料。它可使电子器件免受外界有害环境的侵蚀，如尘埃、潮气、化学药品、霉菌等腐蚀作用，具有防水、防潮、防霉作用，又能防刮损、防短路，可延长电子器件的寿命，提高电子产品使用的稳定性。保形涂料按固化方式有光固化、热固化、潮气固化、空气固化等多种。光固化保形涂料因固化速率快，生产效率高；适用于热敏性基材和电子器件；减少溶剂挥发，操作成本低；设备投资较低，节省空间等优点，已成为保形涂料涂装首选。保形涂料是采用喷涂工艺将涂料涂覆在已焊插接电子元器件的印制电路板上，电子元器件侧面和阴影区域的涂料的固化就成为应用好光固化型保形涂料的关键。因此现在使用的光固化型保形涂料都采用双重光固化体系，既可保证印制电路板上大部分区域的涂料 UV 光照后迅速固化，又能在后固化阶段保证少量阴影区域和电子元器件侧面的涂料固化安全。

（3）喷涂木器涂料

喷涂木器涂料家具涂装已从板式家具平面涂装发展为雕花立体涂装，从辊涂、淋涂发展到喷涂，为了适应这个发展变化光固化木器涂料也采用双重光固化体系。

（4）光/热双重固化汽车清漆

光固化涂料作为汽车外表涂装，存在三个致命的缺点：三维涂装，阴影部位不能固化；有黄变性；耐候性不足。

现成功开发光/热双重固化汽车涂料。双重光固化克服了光固化阴影部位固化不足，而由热固化使其固化完全。由于双重光固化体系光引发剂用量减少，并使用紫外吸收剂、受阻胺等助剂，克服了黄变性和耐候性不足的问题。同时热固化可使光固化时固化膜产生的残留应力得到缓和，有利于提高附着力。双重光固化使聚合物膜产生互穿网络结构，可显著提高力学性能。双重光固化汽车涂料是以丙烯酸聚氨酯为光固化组分，以带—NCO 聚氨酯和丙烯酸多元醇为热固化组分。另外选用丙烯酸三聚氰胺热固化体系或环氧树脂热固化本系也可以。

（5）立体快速光成型材料

立体快速光成型也叫立体光刻，是目前发展最迅速和最有前景的一种立体快速成型方法。它由计算机控制激光束在光固化树脂液面上扫描，见光部分固化形成一个二维平面图形，并控制图形下降，露出光固化树脂液面，重复扫描固化，叠加而成一个三维实体。表 6-43 显示立体快速光成型中三种聚合体系固化膜的性能比较。

表 6-43　三种聚合体系固化膜性能比较

光固化体系	自由基	阳离子	自由基/阳离子
环氧丙烯酸树脂	70	—	—
脂肪族环氧树脂	—	90	72
乙氧基丙烯酸酯	—	—	15
乙烯基醚	27	7	7
三芳基硫鎓盐	—	3	3
651	3	—	3
固化速率/s	4	52	7
硬度(6周后,邵尔)	90	75	88
吸湿量(1月后)/%		3.97	0.27
尺寸变化量(1月后)/mm		1.0	<0.1
附着力(0→4周)/级		1→5	1→1

（6）光固化牙科修复树脂

牙科的治疗与一般疾病的治疗不同，除了使用药物以外，不少是为了修复牙齿的缺损和充填牙齿的龋洞，就必须要用牙科专用的修复材料。

牙科修复材料主要有三种：银汞合金、烤瓷和复合树脂。银汞合金因使用汞对环境造成污染，以及对人体不安全，现基本禁止使用。复合树脂因其操作简便，性能优越，色泽选择灵活性大，又能与牙釉质及牙本质产生牢固的化学结合等特点，现已成为牙齿缺损修复的必不可少的材料。牙科修复用的复合树脂，按固化方式不同可分为化学固化型、光固化型和光-化学双重固化型，光固化型已从紫外光固化型发展为可见光固化型。

双重光固化体系在牙科修复树脂上，一是用于间接修复用牙科修复树脂，即在口腔外制作各种牙科修复体，它不受口腔条件的限制，所以可采用双重固化方式，先光固化，再热固化（或化学固化），提高转化率，可接近100%，减少体积收缩，提高耐磨性和其他力学性能。二是用于牙科胶黏剂，外露部分可直接光照快速固化，不能光照的部分则通过化学聚合完成固化。

此外，双重光固化在特种涂料、胶黏剂、复合材料、导电油墨等领域也大有用武之地。只要选用合适的材料、合适的固化方式和合适的工艺条件，就可以使光固化技术发扬光大，拓宽更多的应用领域。

6.17　光固化功能涂料

6.17.1　光固化隔热保温涂料

随着我国经济的快速增长，人们越来越重视节约能源和保护环境。对于建筑物的门窗和透明顶棚、汽车窗口等大量使用玻璃的场合，太阳光的热辐射会增加空调的电耗。在建筑能耗方面，我国建筑门窗散热量占建筑外围总散热量的50%以上。因此为了降低建筑能耗，提高门窗的保温隔热性能成了有效途径。为了节约能源，人们通过制备各种节能玻璃的方法来解决建筑门窗玻璃的隔热节能问题。节能玻璃主要包括：贴膜玻璃、吸热玻璃、中空玻璃、真空玻璃、镀膜玻璃、涂膜玻璃等，但目前的节能玻璃的隔热节能性能仍然满足不了实际应用要求，有的还会带来二次光污染，或者工艺复杂、成本高。人们发现将纳米隔热粉体与适当的低聚物复合制备成的纳米透明隔热保温涂料用于建筑物隔热节能是目前的最佳选择。

隔热保温涂料是近年来刚发展的一种新型的功能涂料，将其用于所需保温物体的表面，可起到隔热保温的效果，因此隔热保温涂料的开发研究已引起了人们的广泛重视。隔热保温涂料使用领域非常广，目前隔热涂料已部分应用于建筑的屋顶、玻璃等表面，起到隔热效果，降低建筑物内外的温差，改善工作环境，得到了较好应用。

隔热保温涂料综合了保温材料以及涂料的双重特点，该保温技术突出的优点在于：

① 与基本建材表面完美结合，整体性好，对异型设备非常适用；

② 较低的导热系数，较好的保温效果；

③ 节能环保性强，阻燃性好；

④ 层薄，质轻，设备的使用面积得到了较大的提升；

⑤ 可采用人工涂抹的方法进行施工，因此施工起来比较简单；

⑥ 对生产工艺要求不高，生产过程中需要的能耗也比较低。

隔热保温涂料按隔热机理分类如下。

① 阻隔型隔热保温涂料　以人造硅酸盐纤维以及天然矿物纤维材料为主要填料，再添加别的一些填料和助剂等，按照合适的配方制得。此种涂料的隔热机理比较简单，通常以内部结构疏松、密度小、气孔率高的材料为骨料，再用黏结剂使其结合在一起，然后涂抹于设备表面，从而达到隔热的效果。

② 反射型隔热涂料　太阳辐射的能量主要集中在 $200\sim2500nm$ 波长范围内，具体太阳光辐射能量分布：紫外区 $200\sim400nm$，占总能量的 7%；可见光区 $400\sim780nm$，占总能量的 46%；近红外区 $780\sim2500nm$，占总能量的 44%。所以在可见光区和近红外区 $400\sim2500nm$ 波长范围内，太阳光辐射能量占 90%，反射率越高，则隔热效果越好。

反射型隔热保温涂料的隔热机理：普通涂料对太阳光的反射率较差，太阳光经过涂层表面后绝大部分进入涂层内部被涂层吸收，并且慢慢向基体内部传递。但是对于反射型隔热保温涂料来说，太阳光经过涂层第一次反射后，进入涂层大部分能量被分布于涂层之中的具有高反射型的填料二次反射和散射后，被拒于涂层之外，以此达到隔热保温效果。具体过程见图 6-6。

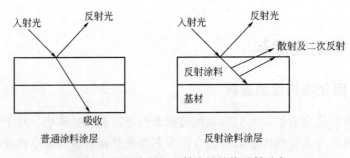

图 6-6　普通涂层与反射涂层的热反射示意

③ 辐射型隔热涂料　辐射型隔热涂料是一种通过隔热的形式把物体吸收的太阳能量以一定波长辐射到空气中，以达到较好的隔热效果，使进入建筑物表面的热量，通过辐射后转化为电磁波辐射到大气中，来达到隔热保温的目的。

隔热保温涂料由保温填料、成膜物（树脂）和各组助剂组成，各组成部分对隔热性能均有不同的影响。

(1) 树脂

树脂是对隔热材料起到黏结作用，以便使涂层具有较高的整体性，对基材具有良好的附着性，是涂料性能好坏的首要因素。目前树脂主要有水性树脂、溶剂型树脂和光固化树脂等，而溶剂型树脂需要大量的有机溶剂，有大量的 VOC 物质产生，污染环境，因此为了适应环保的趋势，必须选择水性树脂和光固化树脂。而水性光固化树脂和光固化树脂具有固化时间短、无 VOC 排放的优点，又适合工业化流水线生产，因此选择水性光固化树脂和光固化树脂作为成膜物可同时满足上述要求。

光固化树脂主要使用环氧丙烯酸树脂和聚氨酯丙烯酸树脂。还需加入活性稀释剂调节涂料黏度和性能，一般也是选用单官能团、双官能团、多官能团活性稀释剂搭配使用。由于涂料中含有较多隔热保温填料，因此光引发剂要选用引发效率高的 TPO、819、ITX、907、369、184、1173 等，为减缓氧阻聚影响，要添加叔胺类助引发剂。

水性光固化树脂主要为 UV 固化水性聚氨酯丙烯酸树脂，具有无刺激、无污染、无毒、不易燃易爆等优点，是一种绿色环保产品。特别是使用方便，加入水、增稠剂、流变剂等调节涂料的黏度和流变性，不必使用活性稀释剂，没有挥发性溶剂，对环境友好；设备用水清洗即可；可制得超薄涂膜；可降低涂膜的收缩率，提高涂膜在基材上的附着力。将水性低聚物和纳米功能粉体水分散液复合，添加水性光引发剂，即可制得隔热保温涂料。涂料透明隔热性能良好，用在建筑物门窗玻璃上可节省大量能源；同时，涂料具有良好的耐候性、硬度、附着力等性能，但耐水性有待提高。

(2) 隔热保温填料

隔热保温材料在人们的生活中应用的越来越多，而材料的导热性能是人们研究的主要问题，热导率是表征材料导热性能好坏的重要指标，标准规定：在温度低于 350℃时，材料的热导率如果小于 $0.12W/(m \cdot K)$，则称为保温材料。保温材料大多数为纤维型和多孔型材料，在这种类型的材料的空隙内充满着空气，而空气的热导率很低，所以这些材料的导热实质上是材料与气孔导热的综合，既包括基体的导热，也包括空气的传热，以及气孔中的辐射和对流的作用，这类材料的气孔越多越密，则材料的热导率越低，隔热性能越好。

隔热保温填料目前主要用的有以下几种：

① 漂珠　漂珠的颗粒直径大多在 $2 \sim 400 \mu m$，中空圆形微球，密度为 $0.4 \sim 0.8 g/cm^3$，收缩率低，表面积小，热导率低，可添加在有机化学物质中而不改变化学性质，常用于隔热、隔声材料。

② 空心玻璃微珠　空心玻璃微珠的主要成分是硼硅酸盐，颗粒粒径为 $10 \sim 200 \mu m$，不溶于溶剂和水，是空心球体，壁厚 $1 \sim 2 \mu m$，空心玻璃微珠的密度非常低，热导率小，强度高，结构稳定，在树脂等有机材料中非常容易分散。空心玻璃微珠已经实现大批量生产，并已在航空航天等领域得到广泛应用。

③ 红外陶瓷粉　红外陶瓷粉的主要由 C、O、Mg、Si、Al 等元素构成，为铝、硅、镁的氧化物，具有较高的折射率，粉体在远红外线的发射波长范围为 $600 \sim 2400nm$，并且在

800～1500nm 之间的法向光谱比辐射率高达 80%，因此可以将吸收的热能转化并以光能的形式辐射掉。

④ 珠光云母粉　天然云母薄片外层涂覆一层金属氧化物，并且产生珍珠光泽，这种新型的颜料即珠光云母粉。珠光云母粉呈扁平状，透明，依靠光线的反射来表现光亮。珠光云母粉应用于涂料中时，珠光颜料会均匀地分散于涂料中，并且与物质表面平行并多层分布，通过多重反射，干涉入射光线来达到隔热效果。

⑤ 二氧化硅　二氧化硅的折射率比较低，因此作为辐射型动能填料，由于太阳光的辐射能量主要分布在近红外区（720～2500nm）、可见光区（400～720nm）和紫外光区（<400nm），根据颜料的最佳粒径与散射波长的关系（$\lambda = d/k$，k 为常数）计算，隔热填料的最佳粒径在 0.15～1.25μm 之间。

⑥ 纳米半导体材料　纳米氧化铟锡（ITO）、纳米氧化锡锑（ATO）、纳米二氧化钛（TiO_2）及纳米陶瓷液晶材料等具有红外屏蔽作用的材料。掺有这些纳米半导体材料的制膜具有很好的屏蔽红外的功能和良好的可见光透过率。将这类纳米粉体材料与适当的树脂复合制得的纳米透明隔热涂料，既透明又隔热，具有极高的应用价值。

隔热保温涂料的市场前景非常可观。全国的玻璃年产量约 1400 万平方米，约 80% 用于建筑装饰方面，也即是说，每年建筑装饰中约需求 1100 万平方米的隔热玻璃。全国现有建筑玻璃面积为 14.9 亿平方米，若其中有 30% 涂覆透明隔热保温涂料的话，则需要生产 5 万吨透明隔热保温涂料。

随着科技的进步、社会的发展，人们对生活的水平要求越来越高，因此隔热保温涂料若要跟上人们的步伐，必须要有以下的发展趋势：

① 耐候性好，使用寿命长。现有的隔热保温涂料使用寿命非常短，对气候的适应性差，满足不了人们对其可以长期使用的要求。因此必须研究使用耐候性能优异的低聚物，如聚硅氧烷树脂、含氟树脂等低聚物，另外配以光学性能高的填料，使得涂层的耐候性提高、使用寿命得以延长。

② 由于现有的隔热保温涂料填料单一，导致性能不能满足人们的需求，因此必须开发出高性能的隔热保温复合填料，使得隔热保温涂料的效果更好，效率更高。

③ 对环境无害。现在人们对生活环境的要求越来越高，因此隔热保温涂料在满足人们需求的同时必须对环境无害，因此隔热保温涂料须向水性、无溶剂型涂料发展。

④ 将纳米材料用于涂膜中，将会是隔热保温涂料发展的重点，纳米技术的发展为隔热保温涂料的进一步发展提供了可能性和机遇。

6.17.2　光固化防雾涂料

玻璃、塑料等透明材料是人们在日常生活、工作和生产中不可或缺的材料，但这些材料在一定的环境中经常发生结雾现象，给人们带来诸多不便，在某些情况下会造成严重的后果。眼镜表面的雾化使人视线模糊；汽车等交通工具挡风玻璃的雾化是大量的交通事故的隐患；农用大棚结雾则大大降低了农用膜的透光率，削弱了植物的光合作用，降低了产量，容易使蔬菜染病，等等。随着物质文化生活水平的不断提高，为了减少雾化给人们的工作和生活带来的不便，防雾技术与防雾材料的研究逐渐被重视起来。

雾产生的两个关键因素。首先，必须有一定量的水蒸气存在于空气中，也就是在特定环境下产生一定的湿度。其次，一定分压的水蒸气必须冷却到其露点以下，当空气中的水蒸达到饱和的时候，基材表面就会冷凝析出许多微小的水珠。小水珠黏附在透明基材表面，影响了透明基材的透光性，就出现了我们所见到的雾化现象。在不透明的基材表面，我们通常看不到明显的雾化现象，但是却经常可以看到如露珠般大小的水珠。"结雾"现象就是指在透明基材表面形成了许多曲率半径不相同的微小水滴，影响了其对光的散射、折射和反射，产生了雾化现象。

根据成雾机理，可以把雾产生的条件简单地分为两个方面。

① 相对湿度与温差只有在一定的水蒸气存在的情况下，基材表面的温度低于水蒸气的露点，水才会凝结成微小的水珠。

② 基材的表面雾化的产生，在力学上取决于液气固三相之间的表面张力，基材的表面性质由固液接触角表征。

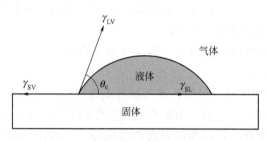

图 6-7　液体与固体接触角示意

一定形状的液滴，置于固体平面上，其湿润状态如图 6-7 所示，在固体、液滴和空气三相交界的液体分子受三个表面张力的作用。接触角是指在气、液、固三相交点处所作的气-液界面的切线穿过液体与固-液交界线之间的夹角 θ，是润湿程度的量度。润湿过程与体系的界面张力有关。一滴液体落在水平固体表面上，当达到平衡时，形成的接触角与各界面张力之间符合下面的杨氏公式：

$$\gamma_{SV} = \gamma_{SL} + \gamma_{LV} \times \cos\theta$$

若 $\theta < 90°$，则固体表面是亲水性的，即液体较易润湿固体，θ 角越小，表示润湿性越好；若 $\theta > 90°$，则固体表面是疏水性的，即液体不容易润湿固体，容易在表面上移动。

由此，可以预测液体在固体表面如下几种润湿情况：

① 当 $\theta = 0°$，完全润湿，超亲水，液体在固体表面铺展；

② 当 $\theta < 90°$，部分润湿或润湿，亲水，且接触角越小，液体在固体表面润湿性越好；

③ 当 $\theta = 90°$，是润湿与否的分界线；

④ 当 $\theta > 90°$，不润湿，疏水，接触角越大，液体在固体表面润湿性越差；

⑤ 当 $\theta = 180°$，完全不润湿，超疏水，液体在固体表面凝聚成小球。

固体的表面自由能又称表面张力，表面张力越大，越容易被一些液体润湿。一般按自由能的大小，可以分为亲水及疏水两大类。常见的亲水表面有金属、硅酸盐玻璃等，疏水的表面有聚烯烃、有机硅氟表面等。只有表面张力等于或者小于某一固体的临界表面张力的液体，才能在该固体表面上铺展，固体的临界表面张力越小，要求能润湿它的液体的表面张力就越低，也就是该固体越难湿润。

研究表明，高分子碳氢化合物中氢原子被其他元素取代或引入其他元素，均可使起润湿性发生变化。几种常见元素增加高分子固体临界表面张力的顺序是：

$$N > O > I > Br > Cl > H > F$$

透明光学材料的雾化与结露是生产、生活中的常见问题。从雾化机理可以知道水与基材的接触状态机理有三种，即润湿、铺展、不润湿。依据这三种机理开发出的防雾技术目前分为两方面。一是从热力学角度出发，使水蒸气雾化产生的小露珠，在极短的时间挥发为水蒸气；二是运用化学基材表面改性原理，从表面性质机理出发，改变材料的亲水与疏水性质，亲水性能的表面使水在表面铺展成均匀的水膜，从而不发生光的折射与反射，疏水性能的表面使水受重力落下而不粘湿表面。

① 消除水汽或温差　消除空气中的水汽比较困难，但通过升温可以使基材的表面温度始终高于水汽的露点。这种防雾技术是利用热力学原理，使基材表面温度经常高于水蒸气露点，通过提高基材表面的温度来得到不结露的表面，把水滴在较短的时间内变为水蒸气。用风力、电热或微波能等技术来加速小水滴蒸发以达到防雾效果。目前汽车的前挡风玻璃防雾都采用热风电扇吹的方法；后挡风玻璃采用薄膜金属丝通电加热法。在生活实践中，该方法加热水滴需要 7~10min，实用性受到限制。

② 改变基材表面的润湿性质　改变基材表面润湿性，就是使基材表面高度亲水化，使材料表面与水的接触角 $\theta \rightarrow 0°$；或使基材表面高度疏水化，使材料表面与水的接触角 $\theta \rightarrow 180°$。

当 $\theta \rightarrow 0°$ 时，水气在基材表面不是冷凝成一个个小水珠，而是高度铺展，形成一层均匀的水膜。这样就消除了光线的漫反射现象而达到了防雾的目的。

当 $\theta \rightarrow 180°$ 时，水汽冷凝生成的小水珠不能吸附在基材上，而是在水滴自身重力作用下沿着涂层表面滚落下来，同样可以达到防雾目的。

由上述原理可知，改变材料表面与小水滴的接触角可以在透明材料上达到良好的防雾效果。一般的清洁玻璃材料与水滴表面的接触角在 40°左右，而塑料透明光学材料与水滴的接触角在 80°左右。由于疏水化的涂料体系中需含有硅、氟等低表面能的成分，因此涂料的附着性能较差，要通过材料改性增大其表面与水滴的接触角，使其疏水化来达到透明材料的防雾效果，目前技术还不成熟。而亲水性改性材料表面的研究则由于体系中含有大量的高表面能的组分，所形成的涂层容易和基材黏结涂覆，因此这方面的研究相对比较容易。亲水性防雾涂层就是在材料的表面涂布一层亲水涂层，改善基材表面的湿润状态，使其与水滴的接触角减少，当接触角 θ 趋于 0°时，水气在基材表面高度铺展，形成均匀的水膜，因此就消除了光线的漫反射，达到了防雾的目的。

亲水性分子中一般含有高表面自由能的强亲水极性基团，这类基团一般为能形成氢键的基团或离子基团。能形成氢键的基团含有至少一个直接键合到一个杂原子上的氢原子，这种基团如：羟基、氨基、巯基、羧基、磷酸基等。离子型基团具有至少一个正或负电荷的基团，它可以以水合分子形式存在，如：羧酸根基团、磺酸根基团、磷酸根基团、季铵基团等。

对于亲水性防雾涂料的研究，主要分为表面活性剂防雾剂、无机硅溶胶亲水性防雾涂料、有机高分子亲水性防雾涂料和有机-无机杂化亲水性防雾涂料等。

（1）表面活性剂防雾剂

一类常用的防雾剂就是表面活性剂。HLB 值在 10~18 的表面活性剂，可以有效降低水在基材上的表面张力，使水在基材表面的接触角降低，水滴在基材表面铺展成均匀的水膜，达到防雾目的。作为防雾剂的主要的表面活性剂有：木糖醇酯、烷基苯磺酸、失水山梨醇单羧酸酯、脂肪酸甘油酯、脂肪烷醚磺酸盐、烷基内胺盐、丙氨酸和其他多元醇脂肪酸盐等。表面活性剂所起的作用主要是改善玻璃表面的湿润性，减小表面对水的接触角，使玻璃表面易于被水浸润。它们可在玻璃表面取向，疏水基向内，亲水基向外，从而易于湿润玻璃表面，凝聚的细小水滴能迅速扩散形成极薄的水膜，这样就避免了小水珠对光的漫反射所造成了雾化现象。

防雾剂的优点是原料廉价、操作简单、生产工艺简易，防雾效果良好，因而在涂料品种繁多的今天仍拥有一席之地。其缺点是防雾剂的组分都是小分子物质，不能生成真正意义上的膜层，不耐擦拭，不耐溶剂。防雾剂随着水分的挥发而流失，使防雾时效缩短。而且以有机溶剂为主体的防雾剂还会造成污染环境、易燃易爆等问题。

(2) 无机亲水性防雾涂料

无机亲水性防雾涂料主要是依靠无机醇盐水解缩合或无机粒子构筑成物理吸附堆积（或化学键合）的三维网络成膜。根据其无机成分自身的化学活性或光学活性和所形成的膜层的多孔结构来达到亲水防雾效果。根据其化学成分，这一类防雾涂层可分为有机硅、钛溶胶或粒子和金属氧化物溶胶两大类。有机硅、钛溶胶或粒子尽管所制得的薄膜具有良好的防雾亲水性能，但是加工工艺繁琐或者膜层其他性能不能满足实际应用。金属氧化物溶胶所用的金属颗粒都在纳米级，很难消除颜色。因而金属溶胶很少用于透明基材上。大多数的金属氧化物防雾薄膜都需要高温烧结的煅烧工艺，限制了进一步的应用。

(3) 有机高分子亲水性高分子防雾涂料

含有大量亲水性基团（—OH、—COOH、—NH$_2$ 等）的高分子聚合物涂层具有亲水、吸水性质。常用的成膜物有聚丙烯酸酯、纤维素酯、聚糖、氨基树脂、不饱和聚酯、聚脲烷等。在亲水性高分子防雾涂层的研究中，聚丙烯酸及丙烯酸酯类涂层因其聚合单体通用、防雾性能优异、共聚条件易于实现等特点备受青睐。利用丙烯酸类聚合物中强亲水性的羧基来改善材料表面的润湿状态，达到了亲水防雾的目的。亲水性高分子涂层的优点是防雾效果好，而且防雾性能持久。亲水效果由极性亲水基团提供如羟基（—OH）、羧基（—COOH）、氨基（—NH$_2$）等。官能基团的含量可调节膜层亲水能力，软硬辅助单体的用量来调节防雾材料的力学性能，交联剂增强材料的力学性能，表面活性剂改善材料对水滴的湿润性。

防雾丙烯酸树脂多是亲水性的，获得亲水性丙烯酸酯树脂的办法，便是在共聚树脂的单体中选择选用适量的不饱和亲水丙烯酸酯单体，如（甲基）丙烯酸羟基酯、（甲基）丙烯酸缩水甘油酯、（甲基）丙烯酸、丙烯酰胺、丙烯酸聚乙二醇酯等带有亲水基团的单体。

(4) 有机-无机杂化亲水性防雾涂料

有机-无机杂化亲水性防雾涂料实际上是无机亲水涂料和有机高分子涂料之间的综合产品。这种涂层的亲水性由高分子涂层、无机涂层共同提供，力学性能由无机涂层提供。如在水溶性或水分散性有机聚合物树脂中加入水分散性硅胶，或者先构造无机结构，再引入高分子基团，使其通过吸附、范德华力、键合等方式与无机部分形成稳定的结构。复合涂层需要考虑两种涂层间的亲和力。这一类产品的主要成分是由亲水性的有机高分子与少量的硅酸盐或有机硅溶胶构成。此外也可加入一些有机或无机添加剂，如交联剂、表面活性剂、流平剂和防霉剂等等。它与无机亲水性防雾涂料的区别在于涂膜的亲水性主要由有机高分子树脂提供，而加入的硅酸盐或有机硅溶胶则是为了进一步增强膜层的硬度和耐磨性能。近几年来，有机-无机亲水性防雾涂料的研究多是利用溶胶凝胶法将无机醇盐水解形成透明溶胶，然后向其中加入水性高分子溶液原位生成防雾涂料。有机-无机亲水性防雾涂料在保留涂层亲水性能的基础上，使涂层其他各项性能大大提高。因而这类防雾技术应用前景十分广泛，将成为防雾领域研究热点。

目前用于防雾涂料的亲水性高分子聚合物通常是由一些带有羟基、羧基、胺基、磺酸基等亲水基团的丙烯酸酯类物质，通过溶液共聚而得到的，然后通过传统溶剂型涂料的配制方法使涂膜烘干固化。因此其仍然存在着溶剂型涂料的诸如耗能、污染环境等缺点。而紫外光固化涂料具有许多传统涂料无法比拟的优点，其固化速率快、节能、涂层光泽高、适于热敏基材，是新一代绿色化工产品，近年来备受人们青睐。在众多的防雾涂料类型中，超亲水型UV 防雾涂料由于其时间响应快，防雾效果好，是目前竞相开发的重点。

UV 防雾涂料的低聚物是带有羟基、羧基、胺基、磺酸基等亲水基团的环氧丙烯酸树脂、聚氨酯丙烯酸树脂、聚酯丙烯酸树脂和聚丙烯酸树脂。活性稀释剂也以带有羟基、羧基、胺基、磺酸基等亲水基团的单体为佳，通常使用（甲基）丙烯酸、（甲基）丙烯酸羟基酯、丙烯酰胺、（甲基）丙烯酸二甲胺基季铵盐等单官能团活性稀释剂，配合少量双官能团活性稀释剂作交联单体，固化后能得到透明涂层。光引发剂一般多选用 1173 或 184，为了减缓氧阻聚影响，可适当使用助引发剂叔胺或活性胺。助剂常使用硅偶联剂 KH570 等，特别在玻璃基材上。

随着 UV 固化工艺技术的不断完善，透明基材的适应范围进一步扩大，超亲水 UV 固化防雾涂料许多潜在的应用价值必将逐渐地显现出来，它的主要应用领域为：

① 保持交通工具挡风玻璃的透明度　为了克服由于玻璃雾化而导致的能见度下降、视线模糊等问题，应用 UV 防雾涂料可能是一种不错的选择。

② 光学器件的防雾应用　一些光学器件，如照相机、眼镜、反射镜、护目镜、潜望镜、显微镜以及透明头盔面罩等，涂覆 UV 防雾涂料可保持透镜镜头与金属镜面良好的影像清晰度。

③ 一次性医用面罩护目镜的防雾处理　为了保护医护人员的眼睛免受带菌飞溅物的感染，使用一次性的面罩护目镜。然而当医务人员与患者接触时，因医护人员口罩本身的热气和患者呼吸的热气，以及因空气中的潮气，都可能使透明面罩护目镜雾化，导致视线模糊，影响操作。因此在面罩护目镜透明基材上采取防雾措施显得尤其必要。UV 防雾涂料可能不失为一种有效的解决方案。

④ 太阳能电池透光片的防雾应用　为保证太阳光最大限度地透射到太阳能电池表面，防止太阳能电池透光片的雾化，目前是提高光伏电池转换效率的关键。UV 防雾涂料为此可助一臂之力。

⑤ 防雾农用薄膜的应用　随着农业覆盖栽培技术的发展，农用薄膜的应用日趋广泛。然而普通的农用薄膜，例如温室大棚薄膜，由于内外温差较大，在薄膜内表面易形成雾状水滴，阻碍太阳光的透射，降低农用薄膜透光率，影响农作物生长。UV 防雾涂料可提高普通农用薄膜透光率，为解决这一问题提供一种行之有效的解决方案。我国农用薄膜的覆盖面积目前已超过 2000 多万亩，仅农用地膜的年消费量在 110 万吨左右，UV 防雾涂料可充分发挥其作用。

6.17.3　光固化耐污涂料

近年来，3C 领域空前繁荣，智能手机、平板电脑等更是发展迅猛，这些产品均采用触摸方式操作。消费者对外观的要求日益提高，除了色彩美观以及手感舒适外，还要求表面耐刮伤性能良好，同时期望产品表面具有抗指纹、耐污的性能，防指纹效果并非指纹在表面印不上，而是指纹印上去的痕迹较普通的硬化膜（未处理）表面浅，在外力作用下（例如无纺布擦拭）相对容易擦干净，且擦拭后无残留痕迹。因此，耐污涂料的制备，即在基材表面涂布一层防水防油的低表面能涂料，使其在具有较高的硬度、较好的附着力、透光率及雾度等性能上，同时具有良好的防污性能。

常用的低表面能物质有有机硅和有机氟两类。有机硅氧烷中 Si—O 键键长较长，键角大，易于内旋转，分子成螺旋状，甲基向外排列并绕 Si—O 键旋转，表面能很低，具有良好的疏水性。有机氟是目前报道的表面能最低的物质，氟是自然界中电负性最大的元素，几乎不能被激化，当碳链上的氢被氟取代之后键能增加，键长变短，氟碳键的稳定性非常好，且氟碳分子间的作用力很小，因此氟碳聚合物具有极低的表面能，有良好的疏水疏油性能。

有机涂层的耐污性能在忽略外部因素的影响下，主要与涂层的表面能及表面特性有关。

① 涂层的表面能越小，耐沾污性愈佳，因为一般来说污染物都是由水所带来的油污，积少成多所形成，只要水滴不容易附着，相对来说污垢也较不易形成。

② 涂层的表面结构：使涂层表面形成微观粗糙结构，通过增加污染源与涂层的接触角，使污垢不黏附于涂层表面。

目前行业内没有严格的防污效果的评判标准，利用测试涂层表面的表面能，通过测试水和正十六烷在涂层表面接触角大小，用具体的数值来表示出表面能的大小，一般认为，涂层的表面能低于 25dyn/cm 时，即涂层与水的接触角大于 98°，同时与油的接触角大于 60° 时，涂层表面就可以具有优良的防污和脱附清洗效果。另外，可以简单地用水性笔、油性笔画在材料表面画上笔迹，再测试笔迹是否容易擦掉来判断材料的表面抗污性。还可以通过把人工配制的仿指纹液体、牛奶、咖啡先涂在材料表面，再清洗掉，根据清洗的难易程度来判断材料表面的抗污性。

人们通常用液体在材料表面的接触角来表征材料表面的润湿性。按照水滴在材料表面接触角大小的不同，我们可以将材料进行如下分类：当接触角小于 90° 时，我们认为这种材料是亲水材料；如果水滴在材料表面的接触角小于 5°，那么这种材料是超亲水材料。当材料表面接触角大于 90° 时，我们认为这种材料是疏水材料；如果材料的表面接触角大于 150°，那么我们认为这种材料是超疏水材料。我们所提到的荷叶，水滴在其表面的接触角大于150°，属于超疏水材料，水滴不能稳定停留，极易滑落，因而造就了它"出淤泥而不染"的性质。对于超疏水研究而言，表面能越低越有利于超疏水材料的制备，因此，含氟化合物是降低表面能实现超疏水的理想选择。

有机氟和有机硅等疏水疏油材料的表面自由能较低，因而常作为制备防污涂层的主体材料或添加剂。测试水和正十六烷在涂层表面的接触角的大小，研究发现，加入有机氟和有机硅两类助剂后，水和正十六烷在涂层表面的接触角均有所增大。加入有机硅助剂后，有机硅助剂疏水性较好；加入有机氟助剂后，有机氟助剂疏水疏油性均较好。有机氟和有机硅对污物的剥落机理不同，污物在有机氟类涂层表面的脱落是通过它们之间界面的剪切来实现，而污物在有机硅类涂层表面的脱落是通过剥离机理来实现。对涂层进行表面耐记号笔和擦拭性测试，研究发现，当涂层中同时添加有机氟和有机硅时，油墨的收缩性和擦拭性相对较好，特别是有机氟和有机硅比例为 1:1 时。而随着有机氟添加量减少，有机硅加添量的增加，油墨的收缩性增大，但擦拭性却变差。当有机氟和有机硅混合物添加量大于 1% 时，涂层表面的表面能小于 25dyn/cm，水在其表面的接触角不低于 104°，正十六烷在其上的接触角不低于 35°，这也说明了当涂料中有机氟和有机硅混合物添加量大于 1% 时，具有较好的疏水疏油性能，能起到防污效果。

紫外光固化涂料具有较优异性能，除了人们常说的高效、环保、节能及经济性好等特点外，其具有更高的交联密度，能提高漆膜的硬度和致密性，可以达到更好的耐污效果。因此，利用光固化技术制备 UV 防污涂料，成为光固化涂料又一应用领域。

　　自然界中普遍存在通过形成疏水表面来达到自清洁功能的现象，例如以荷叶为代表的多种植物的叶子和花表现出低黏附、自清洁能力，这种现象被称为"荷叶效应"。通过电子显微镜，可以观察到荷叶表面覆盖着无数尺寸约 $10\mu m$ 的乳突，并且其表面覆盖着纳米蜡质晶体（图 6-8）。研究证实，微米、纳米级的微观粗糙结构及具有低表面能的蜡质晶体的共同作用，使荷叶表面具有高水接触角、低滚动角，从而表现出超疏水自清洁效果。

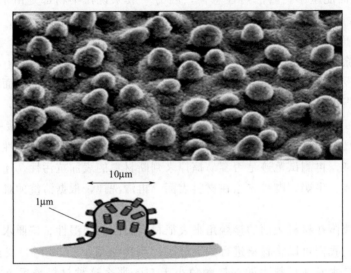

图 6-8　荷叶表面微观结构

　　通过荷叶的超疏水自清洁性能，可获知疏水性耐污涂层通常需要具有合适的微观粗糙结构和低表面能。一般认为，材料的表面能低于 $25dyn/cm$ 时，或水在材料表面的接触角大于 98°时，才具有优良的防污和脱附清洗效果。常用有机化合物涂膜的表面张力在固化后大致相同，要改善涂膜的耐污性，需加入无机纳米粒子（TiO_2、SiO_2、ZnO 等），或是加入有机硅或有机氟类的助剂，但是这两种方式都是暂时性的效果，无法持久。无机纳米粒子一旦被涂层包覆就失去效果，介于涂层与空气接触的部分才有作用；而有机硅或有机氟类添加剂的效果，也因为会有表面迁移的效应，有效成分会随时间而减少，所以耐污效果也是暂时性的。

　　为了使涂层具有出色的耐沾污性及持久性，需开发新型的光固化耐污树脂。国内润奥化工材料公司开发的光固化耐污树脂 UT63982，模拟荷叶微观结构，采用超支化的有机硅改性聚氨酯丙烯酸树脂，具有高度支化结构，并有大量末端基团，与线型聚合物相比，有更低的黏度，使得它具有良好的流平性，官能团高度集中使其具有高反应性。树脂支链含有硅酮结构，由于不兼容于主链且密度较低，故硅酮结构于涂布后自然迁移至涂层表面，可在表面形成纳米突触的微结构达到耐污的效果。同时相比于一些氟改性树脂，UT63982 有着更好的相容性。中山杰事达精细化工公司开发了有机氟改性 UV 树脂 DSP520F 和两种有机硅改性聚氨酯丙烯酸树脂 UA830 和 UA833。以这些有机氟改性和有机硅改性的 UV 树脂制成的 UV 耐污涂料，均具有优异的耐污性和持久性。

6.17.4 光固化阻燃涂料

阻燃涂料又称防火涂料，它具有普通涂料的装饰性，更重要的是涂料本身具有的特性，决定了它具有防火保护功能。在火灾发生时能够阻止燃烧，或对燃烧迅速扩展有延滞作用，从而使人们有充分的时间进行火灾扑救工作，将火灾制止于初始阶段，达到保护人们生命财产安全的目的。

阻燃涂料是随着阻燃技术的发展而发展的。随着阻燃剂的发展，阻燃涂料从非膨胀型发展到膨胀型，非膨胀型涂料主要使用三氧化二锑、硅氧化锑、硅酸盐、改性偏硅酸钡、硅石等阻燃剂。膨胀型防火涂料则采用多种阻燃剂协合而成，它包括催化脱水剂、膨胀起泡剂及碳化剂。

UV 阻燃涂料兼具 UV 固化涂料和阻燃涂料的优点，既是一种高效节能的"环境友好型涂料"，又是一种具有阻燃防火性能的功能涂料，它是两种涂料发展交叉型涂料。

对于 UV 阻燃涂料来说，添加无机填料将影响涂层对紫外光的吸收，影响 UV 固化速率和固化膜性能，因此其阻燃性能主要来自于活性稀释剂或低聚物本身。这就需要将卤族元素或磷元素引入活性稀释剂或低聚物的结构中，从而使固化膜具有阻燃功能。卤素具有很好的阻燃效果，因此过去人们将其引入低聚物结构中。但由于一些卤系阻燃剂在高温裂解及燃烧时产生有毒的多溴代二苯并呋喃及多溴代二苯并二噁烷等物质。它们可以在卤素配位位置上分解出数种强毒性化合物，损害皮肤和内脏，有促使人体畸形和致癌作用。并且大部分卤系阻燃剂在燃烧时都会产生有毒的卤化氢气体，对人的生命构成很大的威胁，因此对阻燃剂无卤化的呼声越来越高。目前，已经对卤系阻燃剂的使用从限制到禁止使用，实现了阻燃材料的无卤化。而磷系阻燃剂是与卤系阻燃剂并列的两大有机阻燃剂系列之一，也具有很好的阻燃效果。因此，人们开始在活性稀释剂或低聚物的结构中引入磷元素，从而制备环保型 UV 阻燃涂料，它的开发和研究也越来越多地得到了人们的重视，并得以迅速发展。

燃烧是可燃剂与氧化剂之间的一种快速氧化反应，是一个复杂的物理-化学过程，通常伴随有放热及发光等特征，并生成气态和凝聚态产物。高聚物在空气中受热时，可分解产生挥发性可燃物，当可燃物浓度和物系温度足够高时，即可发生燃烧。所以高聚物的燃烧可分为热氧降解和正常燃烧两个过程，涉及传热、高聚物在凝聚相的热氧降解、分解产物在固相及气相中的扩散、与空气混合形成氧化反应场及气相中的链式燃烧反应等一系列环节。

各种有机树脂要维持燃烧，必须保证不小于最低的氧浓度，即极限氧指数 LOI，否则燃烧便会自熄。极限氧指数 LOI 是衡量材料阻燃性能的一个重要指标。阻燃涂料的阻燃性能也可以用 LOI 作为一种检测指标，其检测方法可参照我国的国家标准 GB/T 2406.2—2009《塑料　用氧指数法测定燃烧行为　第 2 部分　室温试验》。美国国家标准 ASTM D2863 检测方法规定，凡是极限氧指数 LOI 大于 20 的物质都是阻燃性物质。极限氧指数 LOI 介于20～26 的物质为难燃性物质，而 LOI 大于 26 的物质为自熄性物质。

高聚物结构对其阻燃性能有很大的影响。主链上含有大比例芳基的聚合物，如酚醛树脂、聚苯氧、聚碳酸酯、聚砜等，与脂肪族烃类聚合物相比，氧指数值较大，燃烧性较差，炭化倾向较高。这主要是因为这类高聚物燃烧时可缩合成芳构型炭，产生的气态可燃性产物少，而炭不仅本身的 LOI 高达 65，而且形成的炭层能覆盖于燃烧着的高聚物表面，而使火焰窒息。一般来说，成炭率低的高聚物，其 LOI 不会超过 20，而成炭率达 40%～50% 的高聚物，LOI 可高于 30。

现在已有多种技术，可赋予高分子材料以阻燃性，它包括接枝和交联改性技术、抑制降解及氧化技术、催化阻燃技术、气相阻燃技术、隔热炭化层技术、冷却降温技术等。而实现这些技术中最有使用价值和目前已获大规模工业应用的方法，是在被阻燃材料混配时加入添加型阻燃剂或在合成高聚物时加入反应型阻燃剂。

不管是添加型还是反应型阻燃剂，一般都含有阻燃元素，例如磷、硼、氮、硅、镁和铝等。用含有必要的阻燃元素的单体，代替一种或几种正常使用的单体，从而把阻燃元素引入聚合物的大分子链中，这种含有阻燃元素的单体称为反应型阻燃剂。若用含有阻燃元素的化合物与聚合物均匀混合，而不是化学结合以达到阻燃目的，则这种含有阻燃元素的化合物称为添加型阻燃剂。添加型阻燃剂比反应型阻燃剂使用简便，适应性较广，但所需用量大，使加工困难，并且迁移性大，耐久性差，对基材的力学性能带来不良影响。

从阻燃效率看，达到同一阻燃指标，含磷阻燃剂比任何其他元素阻燃剂单独使用时所需的含量（质量分数）都低。

磷、卤素与锑的阻燃效果是：$P>Br>Cl>Sb$。

磷系阻燃剂大都具有低烟、无毒、无卤等优点，符合阻燃剂发展方向，具有很好的发展前景。使用含磷阻燃剂的材料引燃时会生成很多焦炭，并减少了可燃性挥发物质的生成量。燃烧时阻燃材料的热失重大大降低，但阻燃材料燃烧时的烟密度比未阻燃时增加。磷系阻燃剂在燃烧过程中产生磷酸酯或磷酸，促使聚合物脱水炭化，阻止或减少可燃性气体的产生，起到阻燃作用。含有磷系阻燃剂的高聚物被引燃时，阻燃剂受热分解生成磷的含氧酸包括它们中的某些聚合物具有极强烈的脱水性，使高分子材料燃烧表面形成炭化膜，能发挥良好的阻燃效能。首先，炭层本身氧指数可高达 60，且难燃、隔热、隔氧，可使燃烧窒息；其次炭层导热性差，使传递至基材的热量减少，基材热分解减缓；第三，含氧酸与羟基化合物的脱水反应是吸热反应，且脱水形成的水蒸气又能稀释氧及可燃气体；最后，磷的含氧酸多系黏稠状的半固态物质，可在材料表面形成一层覆盖于焦炭层的液膜，这能降低焦炭层的透气性和保护焦炭层不被继续氧化。磷系阻燃剂在气相中对燃烧也有阻燃作用。这是因为磷系阻燃剂热解所形成的气态产物中含有 PO·，它可以抑制 H· 及 OH·，故有机磷阻燃剂可在气相抑制燃烧链式反应。

近年来氮类阻燃剂成为阻燃剂新的主导产品，其具有阻燃效率高、热分解温度高等优点。氮系阻燃剂，主要为三聚氰胺及其衍生物，这类阻燃剂无卤、低烟、对热和光稳定，阻燃效率较佳，且价廉。氮系阻燃剂的一个很重要的用途是和磷系阻燃剂结合使用作为膨胀型阻燃体系，是木材和金属构件涂层采用最多的一类阻燃剂。在火灾的高热作用下，膨胀型涂层的体积可增大几百倍，形成一个多孔层，在孔中充满不燃气体，故可作为隔热和隔氧的屏障。但它们一般为固体，难溶于通常的光固化树脂，分散性较差，很难直接应用于紫外固化涂层。

膨胀型阻燃剂是近年来国际阻燃领域广为关注的新型复合阻燃剂。它具备了独特的阻燃机制和无卤、低烟、低毒的特性，符合了当今人们保护生态环境的要求，是阻燃剂无卤化的重要途径。膨胀阻燃系统因其酸源、碳源、气源"三源"的协同作用，在燃烧时于材料表面形成致密的多孔泡沫炭层，既可阻止内层高聚物的进一步降解及可燃物向表面的释放，又可阻止热源向高聚物的传递以及隔绝氧源，从而阻止火焰的蔓延和传播。与传统的卤系阻燃剂相比，这种阻燃系统在燃烧过程中大大减少了有毒及腐蚀性气体的生成，因而受到阻燃界的一致推崇，是今后阻燃材料发展的主流。

膨胀型阻燃体系主要包括以下三个组分：

① 酸源（脱水剂）　一般为无机酸或在加热时能在原位生成酸的盐类，如磷酸、硫酸、硼酸、多聚磷酸及有机磷酸等；

② 碳源（成炭剂）　一般为含碳丰富的多官能团物质，如淀粉、季戊四醇、乙二醇及酚醛树脂等；

③ 发泡源（发泡剂）　一般指含氮的多碳化合物，如三聚氰胺、尿素、双氰胺、聚酰胺、酚醛树脂等。

用膨胀型阻燃剂处理的聚合物在燃烧或热裂解时，在聚合物表面形成一层均匀的泡沫炭质层，该炭层具有隔热、隔氧、防止熔滴产生的作用，能有效阻止有毒烟气体和腐蚀性气体。

膨胀型阻燃剂由于具有优良的阻燃性能，且在燃烧时具有低烟、低毒、无腐蚀性气体等优点，最突出的优点是与高分子之间具有很好的相容性，阻燃剂本身也是高分子材料的主体，可更大量的使用，阻燃效果也会进一步提高，因而具有广泛的发展前景。

对 UV 涂料的阻燃改性很多，主要是添加阻燃剂对涂料体系进行阻燃改性。其中阻燃剂主要分两类，一类是添加型阻燃剂，另一类是反应型阻燃剂。反应型阻燃剂主要是对低聚物或活性稀释剂的改性，其以化学键的方式跟其他组分结合，但是反应型阻燃剂价格比较昂贵。添加型阻燃剂虽然价格便宜，但是对 UV 涂料性能影响很大，其中最主要的是对 UV 固化的影响，而且添加型阻燃剂在涂料中的稳定性差，很容易析出。添加型和反应型阻燃剂应用于紫外光固化体系的性能对比见表 6-44。

表 6-44　添加型和反应型阻燃剂应用于紫外光固化体系的性能对比

项目	添加型	反应型
需要的添加量	高（30%～70%）	—
黏度	上升（固体添加剂）	下降或轻微上升
相容性	不好	好
固化膜性能	下降	无或轻微下降
透光性	不能得到清漆（固体添加物）	可以
固化速率	下降	不下降
成本	低	需要改性，成本高

但是 UV 固化所用的低聚物或活性稀释剂常为易燃物，对阻燃有特定要求的场合就不适用，如木材涂层、光纤涂层和塑料涂层等，因此发展应用于紫外光固化体系的阻燃剂显得更加重要。

UV 阻燃涂料主要组成成分是低聚物、活性稀释剂、光引发剂和稳定剂等，其阻燃性能主要来自于活性稀释剂或低聚物本身。为了使固化膜拥有阻燃功能，就必须通过将阻燃元素引入低聚物或活性稀释剂结构中的方法达到目的。将阻燃元素引入活性稀释剂的有含磷聚甲基丙烯酸酯类的阻燃活性稀释剂，将阻燃元素引入低聚物的有乙烯基磷酸酯聚合物、丙烯酸化乙氧基（二甲基）磷酸酯和含磷聚酯丙烯酸酯等阻燃低聚物。

（1）聚甲基丙烯酸磷酸酯类阻燃活性稀释剂

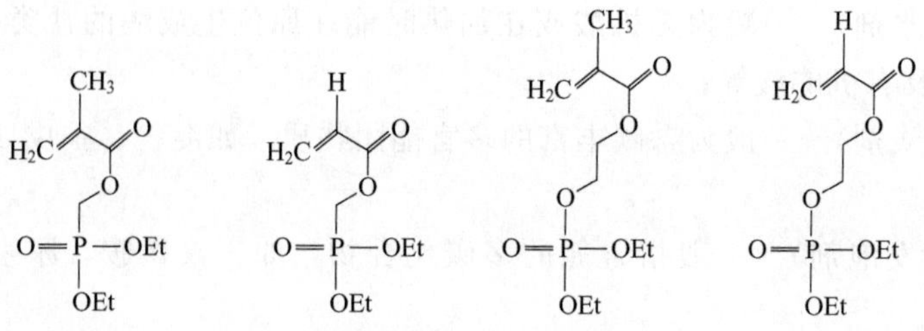

DEMMP   DEAMP   DEMEP   DEAEP

（2）乙烯基磷酸酯聚合物（FYROL 76）

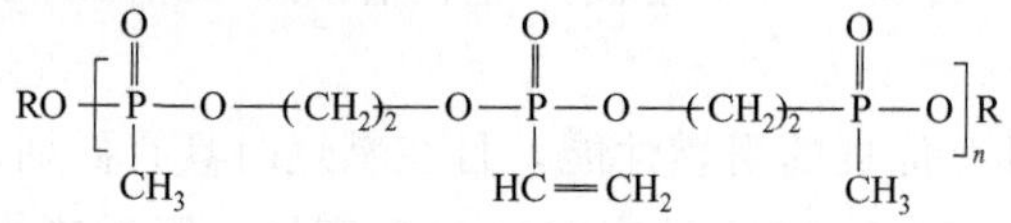

（3）丙烯酸化乙氧基（二甲基）膦酸酯（DAP）

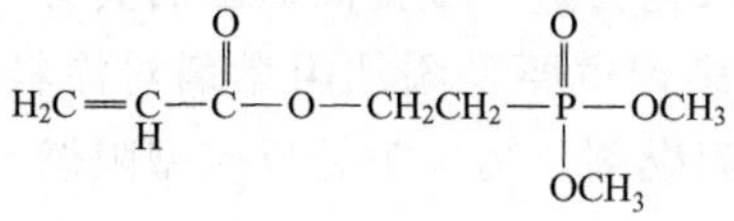

（4）含磷聚酯丙烯酸酯

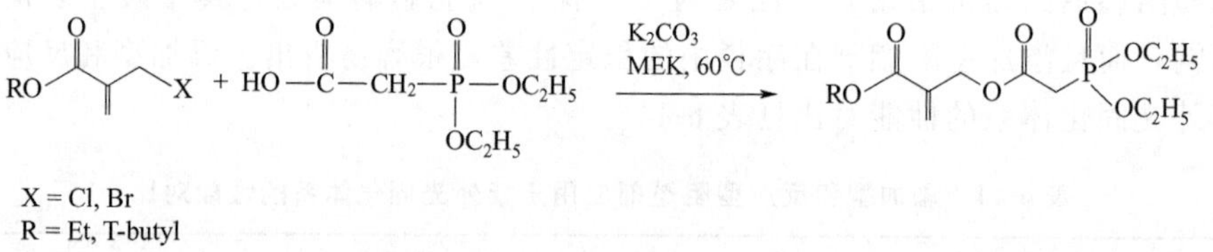

X = Cl, Br
R = Et, T-butyl

以上述含磷阻燃活性稀释剂和含磷阻燃低聚物制备的 UV 涂料都具有优异的阻燃性。

6.17.5 光固化抗菌涂料

随着人们生活水平和对环境微生物的认识不断提高，人们开始越来越重视周围环境和自身健康。在利用微生物的有益性的同时，也意识到了其作为病原菌的危害性，一直以来，细菌、霉菌等病原体对人体或者动物体的健康造成了很大的危害，并且还会引起材料的分解损坏以及食物的变质，造成很大的健康和经济损失。所以，如何减少甚至避免细菌等病原体对环境以及人体的危害，成为人们一直以来希望解决的问题。而抗菌涂料作为能够有效杀灭细菌等病原体的材料越来越受到人们的重视，至今已经得到了很大的发展，并且已经被广泛应用于家用电器、日常用品以及医疗器械等领域。

由于人们环保健康意识的不断增强，以及国家越来越严格的环境保护法律法规的出台，结合先进环保的光固化技术制备的抗菌涂料越来越受到消费者以及企业的青睐。目前，光固化抗菌涂料的制备主要可以分为添加型光固化抗菌涂料和结构型光固化抗菌涂料。

（1）添加型光固化抗菌涂料

添加型光固化抗菌涂料是一种传统的光固化抗菌涂料的制备方法，主要是通过在光固化配方体系中添加具有一定抗菌能力并能在树脂中稳定存在的抗菌剂，经过一定的涂覆和固化工艺之后，得到具有抗菌功能的涂层。

现有抗菌剂主要可分为无机抗菌剂、有机抗菌剂和天然抗菌剂三大类。

① 无机抗菌剂　主要是指具有抗菌性的重金属离子如银、汞、铜、铬、锌及其单质和化合物，具有抗菌的高效性和广谱性，并且在涂层当中具有较好的稳定性、持久性和耐热性，因此在抗菌涂层中应用非常广泛，其中占主导地位的是银。早在 1900 年人们就将 1％的硝酸银溶液用于婴儿眼部的杀菌，以防失明。之后将银离子用于烧伤病人的防护，也有将其作为添加剂用在绷带和导尿管等医学用品上。银离子的杀菌原理是能与蛋白质上的巯基结合，使蛋白质失活，从而杀死细菌。随着纳米科技的发展，纳米银的制备工艺也愈趋成熟，银在纳米状态下的杀菌能力也产生了质的飞跃，极少的纳米银就可产生强大的杀菌作用，还能够促进伤口的愈合、细胞的生长及受损细胞的修复。目前有大量的研究人员从事于纳米银控制合成、杀菌机理以及杀菌应用的研究和探索，从而大大加快了纳米银在抗菌领域的应用步伐。例如在纳米银中添加纳米二氧化钛，结果发现纳米二氧化钛的存在提升了纳米银在涂层当中的抗菌效果，并且光固化涂层的力学性能并没有被明显削弱。

此外，汞、铬、铅等金属具有与银同样的抗菌效果，但是其毒性太大，对人体伤害极大，故极少应用。铜、钴、镍等金属有一定的抗菌效果，而锌的抗菌能力很低，在抗菌领域应用也不多。

② 有机抗菌剂　与无机抗菌剂相比，有机抗菌剂的开发应用要早得多，生产工艺也较成熟，主要有异噻唑啉酮类、季铵盐、双亲多肽、有机锡等。它们具有抗变色能力强、短期抑菌效果明显、抗菌广谱等优点，但存在耐热性差、易分解、使用寿命短、部分有毒副作用等缺点，在抗菌应用上受到一定的限制。

三氯生是一种已经商业化的有机抗菌剂，该产品已经被广泛应用于厨房等室内环境消毒用。将三氯生作为有机抗菌添加剂，加入到环氧丙烯酸和聚氨酯内烯酸光固化配方体系中，结果表明，三氯生在光固化涂层中的添加量达到 0.1％（质量分数）的时候就能够赋予光固化涂层很好的抗菌效果，并且在多次洗涤之后还能够保持良好的抗菌效果。但是到目前为止三氯生仍然没有广泛应用于医院中，其中的一大原因在于三氯生在长时间光照射下会分解出二噁英，危害人体健康。

季铵盐是一种高效光谱的有机抗菌剂，具有低毒、性能稳定、低腐蚀等特点，并表现出长期的生物学效应。近年来，新型季铵盐的分子设计和合成研究渐渐成了研究热点，出现了大批新型结构的季铵盐抗菌剂，如设计合成了三种超支化季铵盐抗菌剂，将其与蒙脱土复合改性，应用于光固化涂层当中，发现制得的涂层对枯草杆菌和绿脓假单胞菌具有很强的杀灭作用。

③ 天然抗菌剂　是人类最早使用的抗菌剂，它是从某些动植物体内提取出的具有抗菌活性的有机物，主要有壳聚糖、香精油、山梨酸、多酚类等。天然抗菌剂具有资源丰富，使用安全性高，可降解，对人体无毒、无刺激等优点。但是天然抗菌剂的加工性能较差，高温下容易分解失效，并且存在稳定性差、有色度等问题。为了解决天然抗菌剂稳定性差等问题，人们尝试着将其添加进聚合物中，以减少抗菌剂的分解损失，通过缓释达到持续抗菌。如将百里酚通过共混的方法添加到玉米蛋白膜内，结果证明聚合物的包覆有利于百里酚的储存，并且不影响抗菌性能。

添加型抗菌涂料的制备是所有抗菌涂料制备方法中比较简单的方式，其研究主要集中于开发新型的抗菌效果和环保性能更好的抗菌剂以及对现有良好抗菌剂的改性，从而提高抗菌剂的高效性、环保性以及在树脂中的分散性和相容性。解决了以上问题，那么制备光固化抗菌涂料就比较简单。但是在添加型抗菌涂料当中，抗菌剂作为添加剂分布在涂料当中，这种方式会带来几个问题：

a. 由于抗菌剂与涂料树脂结构的不同，会导致抗菌剂在涂料当中的分散性和相容性往往达不到要求；

b. 随着时间的推移，抗菌剂会在涂层当中发生迁移、降解、变色，当抗菌剂浓度低于杀灭细菌等微生物所需的最低浓度，那么抗菌涂料就失去了抗菌效果；

c. 目前很多抗菌剂都具有一定的毒性和环境破坏性，那么抗菌涂料当中抗菌剂的不断释放就会造成环境的污染和破坏。

以上几点原因，大大限制了添加型抗菌涂料的生产和应用。

（2）结构型光固化抗菌涂料

所谓"结构型"指的是将具有抗菌性能的基团或者分子通过化学键的方式连接到高分子链上或者交联网络中，由于抗菌基团被化学键固定在高分子链上或交联网络中，所以不存在杀菌剂迁移扩散而削弱抗菌效果以及污染环境等问题，弥补了添加型抗菌涂料的缺陷。

将抗菌剂三氯生通过硅氢加成的方法接枝在带有环氧基的硅氧烷主链上，利用硅氧烷低表面能的特性使三氯生尽可能多地分散在液态涂层表面，最后通过阳离子光固化技术成功制备出对葡萄球菌和埃希氏菌有良好杀灭效果的 UV 抗菌涂料。类似的通过化学改性在高分子链上接入抗菌基团的还有很多。除此之外，研究人员设计合成了带双键的咪唑镓盐光固化活性稀释剂，作为光固化配方体系的添加剂，利用光固化技术快速简便地将咪唑镓盐连接到交联涂层当中，通过对大肠杆菌和金黄色葡萄球菌的抗菌性能测试，发现当咪唑镓盐的添加量达到 5% 以上时，涂层就展现出较好的抗菌性能。

除了光固化抗菌单体的设计合成，还将目光投向了光固化抗菌树脂的设计，例如通过硅烷之间的水解缩合反应，设计合成一种以季铵盐作为抗菌基团的多官能度甲基丙烯酸树脂，发现该种抗菌树脂不仅具有很好的抗菌效果，同时还具有较高的双键转化率以及较好的机械强度和很低的收缩率，可以与多种光固化树脂复配，在光固化抗菌涂层领域拥有广阔的应用前景。

光固化技术不仅仅能够使光固化单体或者树脂之间发生交联反应，形成一层网状结构，人们还可以利用它将一些基团或者分子共价接枝到材料表面，形成一种功能性涂层。ε-聚-L-赖氨酸是一种天然抗菌剂，利用甲基丙烯酸可以对其进行光敏改性，从而得到具有抗菌效果的生物基光敏单体 EPL-MA，将其涂覆于经过氩等离子体改性技术处理过的拥有大量自由基的塑料材料表层，在 UV 光照射下，EPL-MA 成功接枝到了塑料材料表面，形成一层非常薄的抗菌涂层。此外还有利用光固化技术将壳聚糖接枝到织物表面的例子。

光固化技术由于拥有环保节能等"5E"特点，经过几十年的发展之后已经广泛应用于我们的日常生产生活中，光固化涂层也从最早的木材表面，渐渐拓展到金属、纸张、塑料、电子元器件封装等其应用领域，那么具有抗菌功能的光固化涂料自然受到了人们广泛地关注，具有拥有广阔的应用前景。目前添加型光固化抗菌涂料由于制备简单、抗菌性能良好，仍然是光固化抗菌涂料主要的制备方式，但是由于存在相容性不够好、抗菌效果不持久、污染环境等缺陷，其应用受到了很大的限制。所以结构型光固化抗菌涂料的开发将成为今后光固化抗菌涂料发展的主要趋势。

6.17.6　光固化导电涂料

导电涂料是近年来随着涂料工业与现代工业的高速发展而出现的一种功能材料，是指涂于非导电基材上，使其具有一定的传导电流和消散静电荷能力的涂料。近几十年来，导电涂料已在电路成型、电磁波屏蔽、防止静电和发热性材料等方面获得了广泛的应用。因而在航天航空、石油化工、电子通信、建筑以及军事工业等领域都具有重要的实用价值。随着导电涂料开发品种的日益增加和综合性能的不断提高，其应用将变得更加广泛。

作为导电使用的涂层，电磁波屏蔽层和防静电涂层将有广阔的研究开发前景和日益增加的市场需求。涂料中的成膜物质大多数是绝缘的，为了使涂料具有导电性，常用的处理方法是掺入导电微粒，即掺杂型导电涂料，另外还有采用导电高分子的本征型导电涂料。

（1）本征型导电涂料

本征型导电涂料是以导电有机高分子作为树脂而制备的涂料。自 1976 年美国宾夕法尼亚大学的化学家 Macdiarmid 首次发现掺杂后的聚乙炔具有类似金属的导电性以后，人们对共轭聚合物的结构和认识不断深入和提高，新型交叉学科导电高分子诞生了。

导电高分子是指具有共轭 π 键长链结构的高分子，经过化学或电化学掺杂后形成的材料。π 电子体系越大，则电子的离域性就越强，当共轭结构达到足够大的时候，化合物即可提供电子，从而能够导电。通过掺杂（对阴离子的 p 型掺杂或对阳离子的 n 型掺杂），在聚合物结构中引入易流动的载流子，使其沿着共轭聚合物链段的流动以及电荷在各链间的跃迁而起到导电的作用。

从导电时载流子的种类来看，本征型导电高分子聚合物又被分为离子型和电子型两类。离子型导电高分子（Ionic conductive polymer）通常又叫高分子固体电解质（solid polymer electrolytes，简称 SPE），其导电时的载流子主要是离子。电子型导电高分子（electrically conductive polymers）是指以共轭高分子为主体的导电高分子材料，导电的载流子是电子（或空穴）。这类材料是目前世界上导电高分子材料研究开发的重点。

与传统导电材料相比较，导电高分子材料具有许多独特的性能。导电高分子可用作雷达吸波材料、电磁屏蔽材料、抗静电材料等，如聚乙炔、聚苯撑、聚吡咯、聚噻吩、聚苯胺等芳香单环、多环和杂环的共聚物或均聚物。其中，聚苯胺以其单体价格低廉，合成工艺简单，导电性能优良，空气中稳定性及热稳定性高等优点倍受人们的关注，已成为导电聚合物研究领域的前沿。

（2）添加型（掺杂型）导电涂料

添加型导电涂料是指在本身不具有导电性的涂料中掺入具有导电性的导电填料，是导电填料粒子在体系内部相互连接成导电通路而导电，常用的导电填料主要有各种金属及金属氧化物粉末、各种碳系导电材料以及各种复合导电材料，如银粉、铜粉、镍粉、炭黑、石墨、碳纳米管、银包铜粉、银包镍粉、镀银石墨等。添加型导电涂料主要组成成分是合成树脂、导电填料、溶剂和一些助剂，涂料的导电性能主要是由添加到体系内的导电填料决定的。根据导电填料的不同，大致把导电填料分为金属系、碳系、金属氧化物系以及复合系四个类别。

① 金属系导电填料　银的导电性非常好，化学性质稳定，耐候性比较好，屏蔽效果极好（可达 65dB 以上）。但由于其价格昂贵，同时银易于在体系中沉淀、迁移等缺陷，限制了其广泛使用。

铜的导电性能稳定，由于铜粉耐候性不好，容易被氧化，导致铜粉导电性下降，甚至失去导电性。因此，解决铜粉的抗氧化问题是制备环境稳定性好的导电涂料的一个关键问题。通过在纳米铜粉表面包覆一层导电性和抗氧化性均比较佳的银，制备镀银铜粉则具有较好的导电性能。

　　镍粉价格适中，镍粉的导电性能介于银和铜之间，环境稳定性好，不易被氧化，但是在涂料中易发生迁移，导致电导率下降，性能不稳定，因此需要进行表面改性。

　　② 碳系导电填料　碳系导电涂料主要是以石墨、炭黑、碳纤维等为导电填料，近年来，碳纳米管被用作导电填料的研究也越来越多。碳系导电填料以炭黑应用最为广泛。炭黑粒子尺寸越小，粒中的孔越多，比表面积越大，表面极性越强，越容易形成优良导电性能的导电填料。碳系导电填料导电能力相对金属而言较差，存在分散困难等缺点，但由于其来源广泛，价格低，不易在体系内部发生沉降，环境稳定性好而受到重视。但单一的碳系导电填料很难达到理想的导电效果，通常将炭黑（主要是电导率高的炉法炭黑和乙炔炭黑）、石墨、碳纤维混合使用，但是石墨几乎不单独使用。

　　作为一种极具发展潜力的新型纳米材料，碳纳米管（carbon nanotubes，CNTs）具有金属或半导体的导电性、极高的机械强度、储氢能力、吸附能力和较强的微波吸收能力等特性，将其应用于涂料领域，可使传统涂层的性能得到提升并赋予其新的功能。碳纳米管与其他金属颗粒或石墨颗粒相比，较少的添加量就能形成导电网链；其密度比金属颗粒小得多，不易因重力的作用而聚沉；其与有机物的相容性优于金属颗粒。同时，碳纳米管具有很好的导电性，并且拥有较大的长径比，因而很适合做导电填料。碳纳米管作为导电涂料的导电介质时，其管径越小，所制得的导电涂料导电性越好。碳纳米管作为导电介质，其最佳长径比约为250。当碳纳米管含量为 0.5%～8.0% 时，涂料处于抗静电区域；碳纳米管含量大于8.0%时，涂料处于导电区域，含量越高，涂料的导电性能越好，但该含量存在一个阈值，在含量超过 25% 以后，涂料的导电性能几乎不再变化。碳纳米管在导电涂料中的应用研究主要是通过改变碳纳米管的结构及含量，改进碳纳米管在导电涂料中的分散以及对碳纳米管进行表面处理来平衡导电涂料的导电性和其他各项性能。

　　③ 金属氧化物系导电填料　金属氧化物系导电填料由于其电性能优异、颜色浅，较好地弥补了金属导电填料抗腐蚀性能差和碳系导电颜料装饰性能差等缺点，而得到迅速发展，部分产品已实现商品化。金属氧化物系导电填料主要有掺杂氧化锡、氧化铟、氧化锌、三氧化二锑等。掺锡氧化铟（ITO）的导电性能最好，但铟是一种稀有金属，其蕴藏量和产量均有限，成本较高。锑掺杂二氧化锡粉体（ATO）的导电性、化学稳定性、热稳定性、耐候性、光学性能优异，而且具有毒性小、耐磨、耐腐蚀、耐温、耐湿以及色泽浅等优点，在制备导电涂料、红外吸收材料和抗静电材料等方面具有广泛的应用前景，是一种极具发展潜力的多功能材料。但由于生产成本高、密度大，使其推广应用受到一定限制。

　　④ 复合系导电填料　为了降低导电填料成本，提高涂料的导电性能和装饰性能，国内外致力开发浅色系列复合导电填料。这类复合导电填料是以质轻、价廉、色浅的材料为基质，通过表面处理在基质表面形成导电性氧化层或用导体掺杂处理，而制得的一类具有导电功能性填料。这类复合型导电填料根据基质的不同，可分为导电云母粉、导电钛白粉、导电硫酸钡和导电二氧化硅等，其外观一般呈灰白色或浅灰色粉末，具有色浅、易分散、导电性好、稳定性高、耐热、耐腐蚀、阻燃、透波性好、价格低等特点。可与其他颜料配合，制成近白色等各种颜色的永久性导电、防静电涂料。

导电填料的形状对材料的导电性能有较大影响，一般认为导电粒子呈片状较好，球状较差。因为片状粒子面接触较多，形成导电通道的概率大，而球状粒子之间是点接触，形成导电通道的概率要小得多。而混合型导电填料的导电性能往往比单一形状导电填料的好。

　　目前，关于高分子复合导电涂料的导电机理主要有以下三种。

　　a. 无限网链理论　认为当涂膜中导电粉体的含量达到一定值（逾渗阈值）的时候，开始在涂膜三维网状结构中形成导电通道，发生逾渗现象，此时涂层的电阻率突降，从而使聚合物由绝缘体变成半导体、导体。

　　b. 隧道效应机理　导电粒子加入树脂中后，不可能达到多相均匀分布，因此总有部分导电粒子可以相互接触形成链状导电通道，使复合材料得以导电。而另一部分导电粒子则以孤立粒子或小聚集体形式分布在绝缘的树脂基体中，如果这些孤立粒子或小聚集体之间只隔着很薄的树脂层，当外场强较小时，由于热振动而被激活的电子就可以越过树脂界面层而跃迁到相邻的导电粒子上，形成较大的隧道电流，该现象称之为隧道效应。

　　c. 场致发射机理　一部分导电粒子以孤立粒子或小聚集体形式分布在绝缘的树脂基体中，如果这些孤立粒子或小聚集体之间相距很近，中间只隔着很薄的树脂层，当导电粒子间的内部电场很强的时候，电子将有很大的概率飞越树脂界面层而跃迁到邻近的导电粒子上产生场致发射电流，树脂界面层起着内部分布电容的作用。

　　导电材料导电的结果是这 3 种机理相互竞争的结果。有时候把后两种机理合称为跃迁机理，条件是导电填料间的树脂隔层不能太厚，几个 Å（1Å＝0.1nm）到 10nm 左右即可。

　　在表征材料的导电性能时，其中所用到的最重要参数就是电阻率。材料的电阻率定义为一个边长为 1cm 的立方体的表面间的电阻，单位为 $\Omega \cdot cm$。根据导电性可以把材料分为三种类型，电阻率大于 $10^{10}\Omega \cdot cm$ 为绝缘体，大多数聚合物属于这一类；电阻率在 $10^{10} \sim 10^2$ $\Omega \cdot cm$ 之间的为半导体；电阻率低于 $10^2\Omega \cdot cm$ 的为导电体。导电涂料按其电阻率差别可分为防静电的导电涂料，阻值在 $10^4 \sim 10^8\Omega \cdot cm$ 之间，电磁波屏蔽涂料电阻率在 $10 \sim 10^4\Omega \cdot cm$ 之间，电阻率在 $10^{-3} \sim 10\Omega \cdot cm$ 的为导电涂料。

　　导电涂料的应用范围比较广泛，根据导电涂料电阻率大小不同，可用作防静电涂料、电磁屏蔽涂料、和导电涂料等，见表 6-45。

表 6-45　不同用途的导电涂料

类型	导电涂料	电磁屏蔽涂料	防静电涂料
电阻率/$\Omega \cdot cm$	$10^{-3} \sim 10$	$10 \sim 10^4$	$10^4 \sim 10^8$
应用	印制电路、混合式集成电路、导电涂层、导电胶、按键开关等	电热涂层、电磁屏蔽层、导电薄膜等	防静电涂层、防爆电缆等

　　① 抗静电涂料　抗静电是目前导电涂料应用最广泛的领域之一。因为塑料、橡胶、合成纤维等高分子材料应用越来越多，它们在运输和使用过程中，一旦受到摩擦或挤压作用，就很容易产生和积累静电，当静电积累到一定程度时，就会发生静电放电现象。在石油、煤炭、化工、纺织、电子等许多工业领域中，静电放电会导致易燃易爆物起火或爆炸，造成巨大的恶性事故；在电子行业中，静电放电会使电子元器件被击穿而报废，因此，必须要进行防静电处理。常用的防静电处理方法主要有三种：一是抗静电剂与高分子绝缘物质混炼；二是在高分子材料表面涂敷一层有机抗静电剂；三是在高分子绝缘物质表面涂敷抗静电涂料。目前主要采用在高分子绝缘物质表面涂敷抗静电涂料的方法来消除静电危害。

一般来说，当高聚物的电阻率小于 $10^9\,\Omega\cdot cm$ 时，即可达到抗静电要求。所谓的抗静电涂料是指表面电阻在 $10^5\sim10^{10}\,\Omega$ 或体积电阻率在 $10^4\sim10^8\,\Omega\cdot cm$ 或静电衰减半衰期小于 2s 的涂料。

② 电磁屏蔽涂料　随着科技的飞速发展，大量的电子电器设备、通信设备在使用过程中向周围的环境中发射出电磁波，当发射出的电磁波的能量超过一定值时，就会影响人类的身体健康。为了降低电磁波的有害影响，就要进行电磁屏蔽，即采用低电阻的导体材料，利用电磁波在屏蔽导体表面的反射和导体内部的吸收以及传输过程中的损耗而产生屏蔽作用。采用导电涂料作为电磁屏蔽材料是一种有效解决电磁干扰的方法。一些导电涂料由于在低频和高频范围内具有屏蔽效果，可以用来作为电磁屏蔽材料，有效防止电磁波辐射造成的干扰与泄漏。根据电磁屏蔽理论，导电材料的电磁屏蔽效果为电磁波的反射损耗、电磁波的吸收损耗与电磁波在屏蔽材料内部多次反射过程中的损耗三者之和。一般情况下，材料的导电性越好，屏蔽效果越好，材料的厚度增加，屏蔽效能也增大。

传统屏蔽电磁波的方法是使用金属及金属复合物材料，但由于金属及金属复合物材料存在不易加工、笨重、环境稳定性不好、易于被空气中的一些气体及液体腐蚀、屏蔽电磁波的波段不宜控制等缺点，导致其应用范围有限。相比之下，电磁屏蔽涂料把电磁控制技术与涂料生产工艺结合起来应用于民用领域，以其易于加工、施工方便、成本低廉等优点，成为目前国内外应用最为广泛的电磁屏蔽材料，占整个屏蔽材料的 70% 以上。

电磁屏蔽效能由屏蔽材料对电磁场强度削弱的程度决定，用 dB 来表示，电磁屏蔽效能大小分为 2 个等级，屏蔽效能 A 档为 60～80dB，可认为有强屏蔽效果；B 档为 35～60dB，可认为有屏蔽效果。同时电磁屏蔽效能在 0～10dB 为基本无屏蔽作用；10～30dB 为中等屏蔽作用；60～90dB 屏蔽作用较好；90dB 以上屏蔽作用极好。目前应用的大多数屏蔽涂料效能处于中等程度。

随着国际上对环境保护和节约资源的呼声日益高涨，发展环保型导电涂料已是大势所趋，环保节能的 UV 涂料出现在导电涂料领域。UV 导电涂料只是在固化方式上与传统涂料不同，其导电机理同传统导电涂料相同，仍然属于添加型导电涂料的导电机理。涂层中导电填料微粒之间稳定而紧密接触是导电涂料固化的结果。导电涂层在固化干燥前，导电填料在成膜树脂中是分离存在的，填料间相互没有连续的接触，故涂层整体处于绝缘状态；当导电涂料固化干燥后，涂料的固化使得涂料树脂基体体积收缩，导电填料微粒相互紧密接触呈稳定连续状态，因此涂层表现出导电性，如图 6-9 所示。

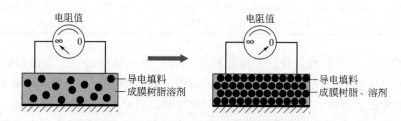

图 6-9　固化干燥前后导电涂膜结构示意

UV 导电涂料与传统导电涂料最大区别是用活性稀释剂代替溶剂，故无 VOC 排放，不污染环境。UV 导电涂料的干燥是通过 UV 光固化实现，而传统导电涂料干燥是通过溶剂挥发或热固化实现。

UV 导电涂料是由低聚物、活性稀释剂、光引发剂、导电填料和助剂组成。低聚物主要使用环氧丙烯酸树脂和聚氨酯丙烯酸树脂，或两者拼用。活性稀释剂则根据加入导电填料量的多少，按照配方黏度的要求，以及涂料固化后性能，适当添加，一般采用单、双、多官能团活性稀释剂搭配使用。光引发剂考虑到导电填料添加量较大，不利于底层固化，故要使用光引发效率高的光引发剂如 TPO、819、ITX、369、907、1173、184、651 等。为了使涂层固化更完全，要配合使用热引发剂如 AIBN 或 BPO，添加量在 2% 左右，采用光热双重固化体系。导电填料以镀银铜粉或表面防氧化处理铜粉，一般用量在 70% 左右。助剂以添加硅偶联剂 KH570 等，添加量在 2% 左右。

目前，国内外导电涂料研究方向主要是开发导电性高、成本低、绿色环保的导电涂料。

① 开发本征型导电涂料　目前，关于导电涂料的研究、开发以及工业化都集中在添加型导电涂料方面，而本征型导电涂料的探索和研究尚处于初步阶段，原因主要是本征型导电涂料在合成、施工过程中难度较大，限制了本征型导电涂料的推广，故其开发和应用受到冷落。但本征型导电涂料中无需加入价格昂贵的导电填料，可提高导电涂料的性价比。

② 研究和开发纳米导电涂料　在涂料中加入纳米材料，可使涂料的耐老化、防渗漏、耐腐蚀等性能得到明显提高，使用寿命得到延长。经纳米改性后的导电涂料产品外观显得更加饱满，涂膜光洁细腻，与基底材料的黏合力高，尤其是改性后的涂料抗紫外线、耐洗刷性能得到加强。

③ 开发环保型涂料　目前对环保型导电涂料的研究主要集中在开发水溶性导电涂料、粉末导电涂料、高固含量导电涂料和 UV 导电涂料上。水溶性导电涂料中不含有机溶剂，粉末导电涂料中不含溶剂，高固含量导电涂料中有机溶剂含量较少，UV 导电涂料不含有机溶剂，在使用过程中对人体和环境造成的破坏较小。因此，国内外的专家学者大都致力于开发这几种涂料，已取得了一定的成果。

6.18　光固化涂料的现场施工

自 20 世纪 60 年代以来，光固化材料（包括 UV 固化涂料、UV 固化油墨、UV 固化胶黏剂和光致抗蚀剂等）在工业各个领域中的应用，已经形成一个光固化产业。然而在 21 世纪以前，光固化产业施工作业方式大都是在工厂环境条件下进行的，是一种按流水线作业在工厂内进行自动化的生产方式，而非现场施工。

进入 21 世纪，随着光固化材料性能的日益完善与光固化施工设备不断改进，光固化产业已开始逐渐从过去工厂环境的按流水线作业进行自动化的生产方式，大踏步向光固化材料现场施工方式迈进。光固化的现场施工表明，光固化作业方式不再局限于工厂车间，而延伸到现场工地，甚至服务到具体消费者个体。2002 年美国 PPG 公司开发出 UV 固化汽车修补底漆，开创了 UV 固化现场施工先河，而最早实现 UV 固化现场施工商业化突破的是水泥地坪光固化现场施工，此外木地板与乙烯基弹性地坪现场作业也不同程度地实现了商业化。同时，汽车车身的美容与修补、飞机表面显眼的图文标识、军用飞机蒙皮损伤的修复、金属罐防腐涂层等应用，目前都正在采用或将要采用光固化现场作业，以替代过去传统的涂装施工方式。值得指出的是，光固化的现场服务甚至也走进了每一个消费者的日常生活。例如，近期流行的光固化指甲美容，已成为当代女性的一种时尚。另外，牙齿珐琅质缺陷的光固化修补，更是当下牙科医疗机构的标准配置。光固化现场施工最大的优势在于涂层几乎瞬时固化，即涂覆面积固化远比传统涂装快得多，因而施工时间短，使用效率高。此外，光固化现场施工还有一些其他的优点，例如涂料适用期长，现场易于清洁，VOC 零排放，以及优良的户外耐用性与耐磨性等。

光固化产业开始逐渐从过去工厂环境延伸到现场工地，甚至服务到具体消费者个体。这一转变使光固化作业方式灵活性显著提高，大大拓宽了光固化的应用领域，标志着光固化产业不断走向成熟。就光固化工业现场施工而言，对终端用户带来的主要价值是：提高施工效率、缩短工期；实现 VOC 零排放，消除环境气味；改善涂层性能，满足使用要求；虽然单位面积涂层的施工成本较高，然而"物有所值"。对于施工承包商带来的主要价值是：开辟了一个全新的市场。

光固化现场施工目前仍然处于一个商业化的推进阶段，在光固化产业中还只是一个新生事物。光固化现场施工在其发展过程必然还将面临诸多的挑战，只有根据市场的需求，准确找出自身的定位，并通过不断的自我完善而逐步走向成熟。不过有一点是明确的，光固化产业的这一创新式的作业方式转型，无疑将为今后的光固化产业提供巨大的发展空间。

在工厂条件下光固化加工有别于现场条件下光固化施工最大的特点是，在工厂条件下一切施工作业方式都是受控有序进行的。而在现场条件下不确定因素很多，施工作业需要随机应变，以取得最佳效果。

① 光固化在工厂条件下作业时，涂料的涂布施工与光固化过程是在同一条生产流水线上连续进行，存在着一种不间断的上下游关系。而在现场施工作业时，涂料的涂布施工与光固化两者表现为一种不连续的分离过程，即光固化是作为一种独立的作业方式进行，从而完成全过程。另外，光固化在工厂条件下作业时，紫外光源本身是静态固定的，基材及其上覆盖的涂料是在光源下方移动，有利于基材涂层的连续固化。而在现场施工作业时，基材和其上覆盖的涂料在现场是固定不动的，但紫外光源则是可移动的。

② 光固化在工厂条件下作业时，固化基材涂层的宽度，一般与紫外光源的照射窗口宽度大致相当或略小。而在现场施工作业时，固化基材的涂层面积不确定因素较多。有的固化基材的涂层面积（如地坪），远远大于可移动紫外光源的照射窗口；而有的基材涂层面积（如缺陷修补）可能小于紫外光源的照射窗口。涂层面积大小的不确定性，可能对光固化现场施工产生不同的要求。在地坪光固化现场施工中，由于基材的涂层面积远远大于紫外光源的照射窗口，因而可移动固化设备中的紫外光源边缘处，可能出现紫外光泄漏，使紫外光源移动方向的侧面涂料照射不足，导致侧面涂层固化不全。因此，为了消除光源边缘处这种"照射不足"，应当让光固化设备紫外光源在地坪涂层上形成一定的重叠移动轨迹，以确保地坪所有涂层面积达到完全固化。

③ 光固化在工厂条件下作业时，固化产品的生产过程是在厂内专用装置上自动实现的。终端用户直接使用光固化成品。然而在现场施工作业时，现场施工设备往往自动化程度不高，多数使用手工操作。产品不是体现为下游用户直接所需的光固化成品，而是现场作业最终完成的工程成果，例如地坪涂层固化或完成修补任务等。

④ 光固化在工厂条件下作业时基材的表面状况是稳定一致的。而在现场施工作业时，基材表面状况存在大量的不确定性，材料的组成、表面粗糙度、多孔性、处理状况，以及表面污染情况等等，所有这一切都是现场施工作业必须面对的一些具体问题。例如，水泥地坪

基材的材质在表面粗糙度、多孔性、硬度等方面，以及表面沾污情况在类型和程度上，都表现出与工厂环境的基材差异极大。特别是基材表面存在的缺陷与空隙，有可能使涂料渗入其中，渗入的涂料由于不能受到紫外光照射而难以固化。

⑤ 光固化在工厂条件下作业时，涂料的化学配方是根据下游用户对基材涂层的性能要求而精心设计的。而在现场施工作业时由于基材表面的不确定性，任何一种再理想的涂料配方也并不能适应所有一切基材的要求。因而需要针对每一种基材，因地制宜或量身打造设计符合要求的涂料配方。然而，有一点是肯定的，所有涂料的黏度性能必须达到现场施工作业可接受的程度，满足现场涂布施工（如辊涂或刷涂）或喷涂施工要求。

⑥ 工厂光固化流水线作业，上下游不同的加工内容可以经过整合实现一体化；产品生产量大，具有规模效益；工厂作业方式受控有序，流水线各种工艺参数和工艺条件可以得到优化处理。工厂作业时，光固化产生的热量问题可以通过厂房强制排风或借助于冷却水散热而得以解决；紫外光源的供电方便，安全连锁措施备全，屏蔽防护周到；而且，工厂光固化加工整套工程控制系统十分严格复杂。现场光固化施工作业与工厂作业方式表现却大不相同，现场作业的整套工程控制系统相对比较简单。现场施工作业方式是一次完成一项工程任务，而不是进行重复性的产品生产；在现场施工作业过程中，光固化不存在上下游加工内容的整合问题，光固化施工是一个单独的过程；由于光固化现场施工过程中，不存在工厂内部特有的那种有序受控条件，因而现场施工各种不确定性因素大为增加；特别是紫外光源装置必须根据现场施工作业的环境要求专门加以设计，小巧灵活、紧凑轻量、易于操作、维护方便、安全高效、使用寿命长的设备受到欢迎，具有一定功率的可移动光源成为最佳选择；应当强调的一点是现场紫外光源装置使用的安全性，因为一般来说，现场施工操作人员的专业素质可能没有工厂的工作人员素质高。

光固化产业的转型，很大程度上是得益于紫外光源装置小型化、便携化和可移动性的突破。当然，各种适用于现场施工高效光固化涂料的开发，也是光固化现场施工取得成功的关键因素。

（1）紫外光源装置小型化、便携化和可移动化

光固化现场施工使用的可移动紫外光源，应设计成为一种一体化的可移动的装置，其中紫外光源（内置汞弧灯、无极灯或 UV-LED 灯）、各种配套的电路电器、电源电缆等都应整合在一台装置之中。整台设备应当重量轻、灵活机动、操作简便、安全可靠、成本低、使用寿命长，而且输出功率可以满足使用要求。此外，在装置设计时还应考虑到设备的工效学方面的问题，例如便携式装置的重量合理范围、手持操作或手动操作位置的方便性与舒适度、装置人工控制的难易性（特别是操作人员在戴手套的情况下）、是否可应用触摸式屏幕进行控制等。

① 手推车式可移动紫外光源　在一辆小推车上安装有紫外光源（内置汞弧灯或UV-LED灯），再集成配套电源和其他部件而结构成一套完备的可移动紫外光源，称之为"手推车式可移动紫外光源"。设计这种"手推车式可移动紫外光源"的光固化设备的基本思路是，光源置于手推车的前下方，手推车的底座滚轮位于光源之后（图 6-10）。这样，当手推车滚轮在前进方向滚压地坪时，滚轮接触的地坪是固化后的涂层。另外，小推车的底座前方两个滚轮之间的距离，应当小于紫外光源发射窗口的宽度，而且光源的发射窗口应当尽可能贴近地坪基材（1～2mm）。整台设备移动时应保持平稳，不颠簸、不抖跳。这种"手推车式可移动紫外光源"特别适应于大面积涂层的现场光固化施工，例如地坪基材及其表面覆

盖涂料的光固化施工。可移动紫外光源光固化设备目前不但安装了手动控制或与移动机器相连的快门系统，而且还进一步减轻了装备的重量，实现了装备的多功能化——包括安装各种检测仪表、传感器和监视器，从而可对速度控制、热量感受、射频识别、激光导向与提示标识等信息内容提供技术支持。随着手推车式可移动光固化设备功能的不断完善，不仅保证了现场施工的生产质量，而且工艺复验性也可得到提高，特别是现场施工人员的安全保障得到进一步改善。在未来的市场中，可移动车式紫外光源光固化装置今后进一步的改进，有可能在地坪开放面积的涂层上实现远程控制的光固化"智能化"现场作业。

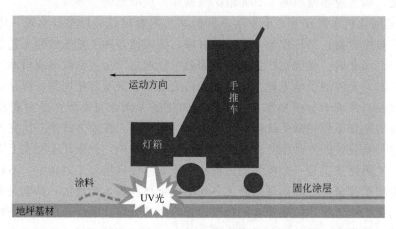

图 6-10　地坪涂层光固化现场施工示意

②　手持式紫外光源　手持式紫外光源是一种灵活机动的便携式紫外光源（内置汞弧灯或 UV-LED 灯），专门用于大面积涂层光固化施工时难以顾及的区域（例如接缝、拐角、墙角、边缘、楼梯、台阶、交界处、工作台面等地）现场拾遗补漏，以及涂层缺陷的表面修补。因此，对手持式紫外光源装置的基本要求是：结构简单、成本低廉、紧凑轻量、小巧灵敏、安全高效、易于操作、输入/输出功率保证、使用寿命长。

③　可移动的台式支架多灯紫外光源　可移动的台式支架多灯紫外光源，其结构是将多个 UV 灯管（内置汞弧灯、UV-LED 灯或低气压无极灯）并排整合为一个灯箱，形成一个 UV 面光源。UV 灯箱依靠活动支架支撑，灯箱除了可以随支架移动外，本身也有一定自我活动的自由度。

在现场光固化施工中，目前占统治地位的 UV 光源，仍然是中压汞弧灯，而随着 UV-LED 技术的发展，UV-LED 光源的开发，以及 UV-LED 涂料的推广和应用，今后 UV-LED 光源将会逐步取代汞弧灯。

（2）光固化现场施工

光固化现场施工根据施工面积的大小与紫外光源照射的方式可分为：紫外光源连续移动式现场光固化施工（如大面积基材光固化涂装），以及支架型紫外光源静态曝光式现场光固化施工（如小面积基材光固化涂层修补）。

现场光固化过程与工厂环境下的批量生产方式不同，因为并没有一种现场光固化过程是可以适应于所有的现场应用领域。因此，现场光固化过程在展开现场施工之前，都需要对现场施工的具体细节进行实验室的初步试验和后期小面积的局部现场试验，最后完成该项应用的可行性评估，为决策实施光固化现场施工提供全面的技术和经济依据。

① 现场施工基材　现场施工基材的材质和表面状况的不确定性，是区别于工厂环境的重要特征之一。现场的施工基材可能是水泥、木质地板、塑料弹性地材、大理石、花岗岩与水磨石等基材，也可能是金属基材。除基材的成分和类型存在不确定性，而且表面平整度和粗糙度、表面清洁状况、含气量、含湿量、硬度、多孔性等条件多有不同，因此，现场基材的处理和涂装不同于工厂环境的作业方式，需要配备满足现场条件特殊的施工装备，以及提供与工厂环境不同的技术手段，灵活机动地适应现场的特殊条件。

② 施工精细化程度　施工现场各种条件往往存在相当大的不确定性，再加上现场施工的作业人员与工厂的生产人员相比，可能表现出一定的素质差距。同时，光固化现场施工设备多数使用手工操作，自动化程度大大低于工厂环境。因此，现场施工的精细化程度很难达到工厂环境下的作业水平。

③ 紫外光源光固化装置　在工厂生产中紫外光源处于静态固定状态，而基材和其上覆盖的涂料是在光源下方移动，实现基材涂层的连续光固化。而在现场施工中，基材是固定不动的，而紫外光源在大多数情况下需要在固定基材上大面积连续移动作业实施紫外光照射。有的小面积基材光固化涂层现场修补作业，则需支架型紫外光源在固定的基材上实施静态局部曝光。工厂环境生产线中采用的高功率大型紫外光源光固化装置，显然不适合灵活多变的现场施工过程。另外，在现场施工时紫外光源首先需要符合人员的安全规范，其次才是满足适用性、功效等技术要求。现场施工紫外光源光固化装置的开发，特别是小型化、轻量化、便携式和具有移动性的光固化装置，便成为现场光固化施工成功的基本前提。

④ 光固化工艺条件　在现场施工中，控制光固化工艺条件，例如光固化速率、施工涂层的厚度及其均一性、光源与基材之间的距离等工艺参数，不可能像在工厂环境中那样精确。因此，现场施工工艺参数的确定，首先需要开展实验室初步的光固化试验，再进一步进行小面积的局部现场试验评估，最后才能认定现场光固化施工的工艺条件。

⑤ 实验室初步试验与小面积的局部现场试验　实验室初步试验与小面积的局部现场试验，为具体实施光固化现场施工提供直接技术依据。例如，实验室通过光固化传送带确定涂料的固化速率，肯定比现场测试方便得多。另外，实验室试验还能完成涂层硬度、附着力、光泽度、耐黄变性、耐磨性、耐划伤性、耐腐蚀性、耐化学品性、抗污染性、耐候性、VOC含量、摩擦系数等指标的测试。涂料的施工方式在现场施工时，随基材的不同而各异，然而一般采取刷涂、辊涂和喷涂的作业方式居多。涂料性能，特别是流变性，首先应满足现场施工手段的要求。为此，控制涂料黏度、原材料的分子量和流变性都有助于现场施工的顺利进行。例如，在水泥地坪光固化现场施工时，涂料的黏度应小于150mPa·s（涂层厚度25～70μm）。

因此，在开展大规模光固化过程之前，先行小面积的局部现场试验是必要的。小面积的局部现场试验主要包括不同类型基材在涂布之前的预处理，涂料的施工速度和涂料的流平时间，以及监测现场、观察损坏情况等。

（3）现场施工光固化涂料

光固化涂料在现场施工时，面临着诸多挑战。首先，由于现场施工所面对的基材各不相同，目前没有任何一种光固化涂料可以同时适应于现场所有的基材。地坪施工就会遇到混凝土、木地板、乙烯基塑料地砖等基材，并且各自还可能应用于不同的场合（工业或商业用地坪、机关办公用地坪与学校教育用地坪）。而各种工作台面施工，可能会遇到混凝土、大理石、花岗岩与水磨石等各种台面基材。汽车车身美容修补、飞机机身图案喷漆与蒙皮修补施工，大型金属储存罐防腐蚀涂层，可能遇到的是金属基材。针对现场施工不同的基材，需要根据基材各自特点，分别对其光固化涂料进行量体裁衣的配方定制。另外，基材表面状态的不确定性（如覆盖面、平整度、孔隙、裂纹等）也对现场施工的光固化涂料提出了挑战。特别应该指出的是，现场施工的常规的辊涂与喷涂作业，对光固化涂料的流变性提出了新的要求。

涂料的配方首先应能适应或满足在现场条件下经常出现的各种不规范性和不确定性问题，包括施工环境、基材类型与基材表面状况等问题。因此，涂料的配方应根据现场条件下出现的不同情况进行量体裁衣的定制设计。其次，光固化涂料的流变性，应满足现场目前广泛使用的施工方式——辊涂与喷涂作业的施工要求，即涂料黏度不能太高。现场施工的水泥地坪光固化涂料的黏度，必须具有良好的流平性，应为大面积刷涂和辊涂作业所接受。因此，光固化涂料在水泥地坪施工的黏度一般应小于 $150mPa \cdot s$，涂层膜厚在 $25 \sim 70 \mu m$。而且涂料施工还须保证，不能为多孔的水泥基材所吸收，也不能流入水泥基材表面中的裂缝或孔陷中去，否则该处涂料因屏蔽作用而无法接受紫外光的照射实现固化。同样，对于金属基材（例如汽车修补、飞机修补与金属罐防腐），光固化涂料的黏度应满足现场喷涂施工的需求。现场施工的光固化涂料应与基材表面有良好的润湿性，易于实现两者的密切接触，保证涂层与基材之间良好的附着力。为了施工方便，涂料的成分应配制成一罐装产品，具有较长的储存期和适用期。涂料产品在施工过程中无刺激性、无照射下不固化。固化后的涂层应满足使用要求的各项指标，包括硬度、柔韧性、光泽、耐磨性、抗划伤性、耐化学品性、抗污染性、黄变和耐候性等。

现场施工的光固化涂料中，目前有两种类型的涂料可供选择，即100％固含量光固化涂料与水性光固化涂料。100％固含量光固化涂料在现场施工中占有绝对垄断地位。不过，水性光固化涂料的份额也在日渐增长。

光固化现场施工最大的特点在于快速，因此，自由基聚合的光固化材料成为首选。施工于不同基材的各种100％固含量光固化配方，都是根据以丙烯酸酯为基础的自由基聚合过程而进行设计的。低聚物是以环氧丙烯酸树脂、聚氨酯丙烯酸树脂和聚酯丙烯酸树脂为主，可单独使用或混合拼用。活性稀释剂根据涂料性能要求和施工黏度要求，大多采用单、双、多官能团活性稀释剂搭配使用。光引发剂则选用引发效率高的1173、184、651、TPO等，并配以 BP、活性胺，以减缓氧阻聚。助剂要选用合适的流平剂、消泡剂和阻聚剂。

而水性光固化涂料，是以水为稀释剂而不是以活性稀释剂为稀释剂一种光固化涂料，其化学配方一般是由水性低聚物、光引发剂、各种助剂（additives）和水组成。这种水性光固化涂料，其固化过程不同于100％固含量涂料，因为涂料配方内含有水作为稀释剂。涂料中的水，首先需经过蒸发后方能进一步实施光固化。然而，水性光固化涂料表现出的一些突出特点是黏度低（$<200mPa \cdot s$），有利于涂料的现场施工。采用水作为光固化涂料的稀释剂，可以取得比100％固含量光固化涂料更为薄的干漆膜，从而为基材涂层提供一种更为满意的外观，而且水性光固化涂料易于实现基材涂层的无光泽表面（亚光）。另外，水性光固化涂料在固化过程中的体积收缩率显然低于100％固含量光固化涂料。水性光固化涂料完全避免了使用有机溶剂，从而消除了有机挥发化合物（VOC）的排放，同时也能防止火灾的发生。不得不提到的一点是，水性光固化涂料在固化过程中，较之100％固含量光固化涂料需要多增加一道水蒸发工艺程序，既延长了加工时间，也不利于降低能耗。这是水性光固化涂料相

对于 100％固含量光固化涂料最大的弱点。水性光固化涂料低聚物主要使用水性聚氨酯丙烯酸树脂，光引发剂则以 2959、819DW、KIP-EM 等水性光引发剂。

地面基材涂层施工作业，可根据最终用户的要求而有不同的取舍。一般在地面基材经过表面预处理后可供施工光固化的涂层有：UV 底漆、UV 腻子、UV 中间涂层和 UV 表面涂层（清漆或者彩色面漆）。UV 底漆主要是针对基材表面的附着力，为上层施工涂料提供优良的附着条件。UV 腻子主要是填充基材表面较明显的孔洞和裂纹。UV 中间涂层主要是为了改善基材表面的平整度，使之具有平坦的外观，并提供打磨施工性。UV 面漆主要是提高基材表面的耐磨耐刮性和各色靓丽的外观。以水泥地坪 UV 白色涂层为例，具体的施工程序为水泥地坪经过表面预处理后，首先涂装 UV 底漆，实施光照固化，接着再打磨。然后施工 UV 腻子，表面找平，再实施光照固化，干燥打磨。在腻子找平的表面上涂装白色 UV 底漆，光照固化，干燥打磨。最后涂布一道 UV 白色面漆，完成全部光固化涂装过程。在水泥地坪实施封闭作业时，施工 2～3 道涂料，涂层厚度达到 150～200μm。

（4）光固化现场施工的应用领域

光固化现场施工，在一些工程应用领域中已取得了进展，实现了不同程度的商业化。以下的光固化现场施工活动领域，都是一些具有商业开发价值的应用领域。

① 光固化地坪涂层　就地坪光固化现场施工而言，水泥基材涂层、木地板基材涂层、瓷砖地坪涂层和乙烯基复合基材地坪涂层，已不同程度地实现了商业化开发。不同的地坪对涂层的性能要求并不完全一样。事实上，工业地坪与机关单位、教育单位、医疗单位和居民住宅的地坪之间，在使用性能方面可能就存在不小的差异。因此，各个具体的终端用户对不同的地坪涂层可能做出不同的选择。水泥地坪基材是涂层现场光固化施工目前最为成功的商业化项目。当前水泥地坪光固化现场施工的主攻目标市场是：工厂厂房地坪与建筑物地坪（例如超市、大卖场、车库、体育馆、飞机停机棚等）；需要在低温条件下固化的冷冻仓库地坪；需要在无气味环境下固化的食品仓库地坪；混凝土地坪上的装饰性涂层；水泥路面的标志线与水泥地坪的各种安全标志线等。

木质地板基材涂层光固化当前的目标市场大部分为居民住宅与机关办公室，体育场馆、教堂、宾馆等。除了室内应用之外，借助于太阳的天然紫外光，采用光固化涂料（特别是水性聚氨酯分散体涂料）可对户外木质甲板进行涂层现场光固化。因此，户外木质地板基材，例如公园、船坞、游艇、露天场所等户外木质甲板，有可能成为木质地板涂层现场光固化潜在的目标市场。

塑料复合地板是一种具有弹性的塑料地板，因而当前其光固化涂层现场施工的主攻目标市场是：零售业商场塑料地板，机关单位、医院、学校所用的塑料地板等。光固化涂层现场施工不仅可用于旧有塑料地板的涂层翻新，而且也可用于新的建筑物塑料地板涂层的光固化现场施工。

此外，瓷砖地坪涂层光固化现场施工，大多用于地铁车站地坪。

② 工作台面　各种工作台面，包括水泥台面、大理石台面、花岗岩台面与水磨石台面的涂层现场表面固化。

③ 汽车车身表面的美容与局部缺陷修补　这一现场作业方式在欧美市场已得到了初步的应用。例如，汽车挡风玻璃局部损伤光固化现场修补，就是一种高效快速的解决方案。

④ 飞机应用　飞机高强度铝合金蒙皮的修补，以及飞机机身标志油漆（模板喷涂图案）的固化。军用飞机，特别是战斗机的现场抢修，光固化作业比起传统的作业模式抢修速度大

为提高，可能成为今后空军具有吸引力一种选择。

⑤ 金属罐防腐应用　大型金属储存罐防腐蚀涂层现场表面的固化。

⑥ 其他　如墙体涂层表面修补、浴盆缺陷修补，以及近年来出现的城市"非开挖下水管实施光固化内衬修补等。

6.19　光固化涂料参考配方

6.19.1　光固化纸张上光油参考配方

以下单位为质量份。

(1) UV 纸张上光油参考配方（一）

EA(6104)	20	BP	3
改性 EA	10	1173	3
氨基丙烯酸酯(6117)	15	活性胺	2
TMPTA	20	BYK333	0.5
TPGDA	20	润湿剂	0.2

(2) UV 纸张上光油参考配方（二）

低黏度 EA	30	BP	4
TPGDA	23	1173	2
丙氧基甘油三丙烯酸酯	34	N-甲基二乙醇胺	4
DPPA	2	流平剂	1

(3) UV 辊涂纸张上光油参考配方

EA(含 20% TPGDA)	18.4	活性胺	10.0
TPGDA	55.4	1173	1.0
TMP(EO)$_3$TA	10.0	流平剂	0.2
BP	5.0		

(4) UV 丝印纸张上光油参考配方

二官能团脂肪簇 PUA(611A-85, 含 15% TPGDA)	60	消泡剂(FoamerxN)	4
		平滑剂(Eyerslip70)	0.2
改性 EA(623,A-80,含 20% TPGDA)	20	黏度(25℃)/mPa·s	3500
(PO)$_2$NPGDA	20	固化速率/(m/min)	123
BP	2	光泽(60°)/%	94.9
184	1	耐折性/次	10
活性胺(Etercure6420)	5		

(5) UV 凹印低光泽纸张上光油参考配方

低黏度 EA	13.5	1173	7.0
PEG(400)DA	17.0	SiO$_2$(OK-412)	9.0
TMP(EO)$_3$TA	43.0	润湿剂(SR021)	1.0
EOEOEA	9.0	流平剂(SR011)	0.5

（6）UV 柔印纸张上光油参考配方

EA(CN120 A75)	26.0	DMEA	4.0
DPPA	2.0	流平剂(BYK301)	1.0
GP(PO)₃TA	43.0	助剂(DC-57)	1.0
TPGDA	17.5	阻聚剂	3.5
651	2.0		

（7）UV 胶印纸张上光油参考配方

EA	20.0	184	4.0
PEA	12.0	TPO	0.5
聚醚丙烯酸树脂	30.0	EDAB	1.5
EO-TMPTA	18.0	消泡剂	0.5
TPGDA	10.0	流平剂	0.5
1173	3.0		

（8）UV 低气味纸张上光油参考配方

EA	10	PEGDA	15
PEA	18.5	KIP 150	10
脂肪族 PUA	10	流平剂	0.5
EO-TMPTA	36		

（9）柔性 UV 上光油参考配方

二缩三乙二醇扩链 EA	30	DMMP(甲基磷酸二甲酯)	10
TMPTA	30	BA	35
TPGDA	30	1173	5

（10）免打底 UV 上光油参考配方

EA	28	TEGO Airex 900	0.5
PUA	16	TEGO Glide 420	0.4
TPGDA	21	乙酸乙酯	6
HDDA	20	柔韧性	对折不爆裂
BP	4	附着力(3M 胶带法)	涂膜不掉
活性胺	6.5		

（11）UV 上光清漆参考配方

丙烯酸酯低聚物(HypomerUA-M6)	46.2	流平剂 Levelol835	0.5
PUA(HypomerUR-61)	25	聚硅氧烷平滑剂 Levaslip884	0.2
TMPTA	12	附着力	0 级
TPGDA	8	铅笔硬度/H	1
IBOA	4	抗冲击强度/(kg·cm)	50
184	4	光泽(60°)/%	98
消泡剂 Deform5700	0.1		

6.19.2　光固化木器涂料参考配方

（1）UV 木器腻子参考配方

EA	38	SiO$_2$	0.01
TPGDA	10	BP	4
HEA	5	活性胺	5
CaCO$_3$	10	184	1
滑石粉	27		

（2）UV 辊涂木器腻子参考配方

EA（EB3500）	19.0	CaCO$_3$	15.0
纯丙烯酸酯低聚物（EB 745）	19.0	500	1.0
OTA	23.0	651	2.6
白胶浆	20.0	4265	0.4

（3）UV 白色木器腻子参考配方

EA	7	TPO	1
TPGDA	63	651	1
滑石粉	11	EDAB	5
TiO$_2$	12		

（4）UV 木器底漆参考配方

EA	27.0	1173	1.5
四官能团 PEA	15.0	BP	5.0
TPGDA	46.5	硬脂酸锌	0.5
活性胺	4.0	流平剂	0.5

（5）UV 竹木器底漆参考配方

改性 EA	30.0	651	2.0
TPGDA	35.0	BP	3.0
TMPTA	7.0	滑石粉	15.0
HDDA	8.0	阻聚剂	0.1

（6）UV 辊涂木器底漆参考配方

EA（EB 6040）	25	TZT	5
胺改性 PEA（EB 81）	25	SiO$_2$	2
DPGDA	42	Disperbyk 110	1

（7）UV 喷涂木器底漆参考配方

PEA（PRO 4662）	40.49	BP	2.43
单官能团 EA（CN 152）	4.05	活性胺（CN 311）	4.05
DPGDA	36.44	Estearato de Zn	0.40
184	2.43	丁酮	9.71

（8）UV 木器封边底漆参考配方

UA 6010	50.00	液态 BP	2.00
Silica-3	2.00	TPO	2.00
Alumina-2	2.00	活性胺	5.00
EO-TMPTA	10.72	消泡剂	0.20
TPGDA	25.88	流平剂	0.20

（9）UV 辊涂地板底漆参考配方

高光泽 UP(VP LS 2110)	83.1	辊涂量/(g/m²)	20
TMPTA	14.2	固化条件(汞灯 80W/cm)/个	1
1700	2.7	固化速率/(m/min)	10
黏度(23℃)/mPa·s	8000		

（10）UV 淋涂地板底漆参考配方

高光泽 UP(XP 2490)	64.72	助剂(BYK 020)	0.39
DPGDA	30.30	1173	2.65
AAEMA	1.94	固化条件/(mJ/cm²)	2000
黏度(23℃,DIN6#)/s	35	固化速率/(m/min)	2
淋涂量①/(g/m²)	200		

① 淋涂前,基材预热至 50~60℃。

（11）UV 木器涂料参考配方

EA(EB 3720)	26.5	TMP(EO)₃TA	34.68
三官能团脂肪族 PUA(EB 264)	30	BP	4
有机硅二丙烯酸酯(EB 350)	1	1173	1.5
胺促进剂(Firstcure AS₄)	2	MEHQ	0.02
氟表面活性剂(FC 4430)	0.3		

（12）UV 辊涂木器涂料参考配方

脂肪族 PUA(CN964 E75)	50	PEG(400)DA	7
DPP/HA	3	非迁移光引发剂(SR1112)	8
TMP(EO)₃TA	9	抗黄变助剂(Tinuvin 290)	1
TPGDA	10	流平剂(SR010)	1
NPG(PO)₂DA	11		

（13）UV 淋涂竹木涂料参考配方

EA	40.0	1173	4.5
TPGDA	40.0	BYK 307	0.1
HDDA	10.0	2,6-二叔丁基对甲酚	0.1
TMPTA	10.0		

（14）UV 喷涂木器涂料参考配方

EA	18.0	活性胺	5.0
TMPTA	24.0	SiO₂	7.0
TPGDA	32.0	流平消泡剂	0.5
BP	3.0	乙酸乙酯	6.5
651	4.0		

（15）UV 亮光木器涂料参考配方

EA	50	HPA	9
TMPTA	15	1173	3
TPGDA	22	184	1

（16）UV 亚光木器涂料参考配方

低黏度 EA(CN 141)	12.0	SiO_2(OK412)	12.0
TMP(EO)$_3$TA	27.5	润湿剂(SR 021)	1.0
NPG(EO)$_2$DA	37.0	流平剂(SR 011)	0.5
EOEOEA	7.0	光泽(60°)/%	27

（17）UV 淋涂低光泽木器涂料参考配方

EA	34	N-MDEA	3
TPGDA	48	黏度(涂-4 杯)/s	90
气相 SiO_2	11	固化速率(80W/cm)/(m/min)	8
BP	2	涂布量/(g/m^2)	60～70
651	2		

（18）UV 喷涂木器涂料参考配方

脂肪族 PUA(CN 964 E75)	26.67	KIP 100F	6.00
TMP(EO)$_3$TA	8.33	TZT	4.00
PEG(400)DA	55.00		

（19）UV 辊涂耐磨木器涂料参考配方

PEA(6315)	45	BP	3
六官能团脂肪族 PUA(6145-100)	10	助引发剂(EC 645)	7
HDDA	15	耐磨粉	10
TMPTA	10	Elerslip 70	0.1
1173	4		

（20）UV 耐黄变木器涂料参考配方

脂肪族 PUA(CN964 E75)	49.9	NPG(PO)$_2$DA	11.0
DPPA	3.0	KIP 100F	5.0
TMP(EO)$_3$TA	9.0	TZT	3.0
TPGDA	12.0	稳定剂(Sandovur VSU)	0.1
PEG(400)DA	7.0		

（21）UV 白色木器涂料参考配方

PEA	77.2	TPO	2.5
HDDA	5.9	184	1.5
TMPTA	2.9	TiO_2	10.0

（22）UV 辊涂白色木器涂料参考配方

脂肪族 PUA(EB 264)	32.5	TiO_2	25.0
TMPTA	15.0	Disperbyk 110	2.5
HDDA	14.0	DA 57	2.5
184	2.0	LO-Vel HSF	2.5
4265	4.0		

（23）UV 着色木器涂料参考配方

自引发低聚物(DrewRad 1012)	44.32	Drew Fax 860	0.10
2-PEA(SR 339)	21.88	Aerosil 200	0.06
颜料分散体	27.56	黏度(27℃)/mPa・s	295
819	1.67	密度/(g/mL)	1.14
ITX	4.41		

（24）UV 木器面漆参考配方

脂肪族 PUA(UA U100)	30.8	Acematt OK 412	6.5
胺改性聚醚丙烯酸酯(UA VP LS 2299)	16.2	Acematt TS 100	0.8
DPGDA	42.9	黏度(23℃)/mPa・s	约 400
1700	2.8		

注：用于红木、巴西花梨木等。

（25）UV 辊涂竹木器面漆参考配方

EA(含 25% OTA)(EB 608)	31	1173	2
芳香族 PUA(EB 210)	12	消光剂 SiO₂(Syloid 161)	8
TPGDA	39	消光剂 SiO₂(TS 100)	2
胺改性丙烯酸酯(EB 7100)	3	聚乙烯蜡粉(PP 136 21)	1
500	2	润湿增滑剂(EB 350)	0.5

（26）UV 淋涂木器面漆参考配方

EA	32	GP(PO)₄TA	10
PUA	10	651	4
TPGDA	38	BP	2
TMP(EO)₃TA	3	三乙醇胺	1
黏度(25℃)/mPa・s	1300	附着力(划格法)	100/100
固化膜性能		耐丁酮擦拭	>100
光泽(60°)/%	≥85	Taber 磨耗	4
铅笔硬度/H	6		

（27）UV 喷涂木器面漆参考配方

EA(EB608)	30.5	1173	2.0
脂肪族 PUA(EB210)	12.0	Syloid 161	8.0
TPGDA	38.0	TS 100	2.0
胺改性(EB 7100)	5.0	EB 350	0.5
500	2.0		

（28）UV 亚光木器面漆参考配方

脂肪族 PUA(VP LS 2258)	30.8	500	2.8
聚醚丙烯酸酯(VP LS 2299)	16.2	SiO₂(Acematt OK 412)	6.5
DPGDA	42.9	SiO₂(Acematt TS 100)	0.8

（29）UV 辊涂亚光木器面漆参考配方

EA	22.5	BP	2.0
TMPTA	20.0	1173	5.0
TPGDA	30.0	SiO₂	10.0
UF/MF 树脂	10.0	流平剂(BYK 300)	0.5

（30）UV 喷涂亚光木器面漆参考配方

PEA(PRO 4663)	33.2	消光剂(Gasil UV 70C)	9.2
DPGDA	29.5	CAB 381.01	1.0
1173	2.0	流平剂 BTK 354	0.6
BP	2.0	丁酮	18.3
活性胺(CN 371)	2.3	乙酸丁酯	1.9

（31）UV 喷涂白色木器面漆参考配方

PEA	11.0	TPGDA	40.0
TMPTA	17.0	BP	7.0
651	1.0	滑石粉	4.0
1173	3.0	聚合物消光剂	8.0
TPO	3.0	抗沉降剂	0.3
TiO_2	5.2	流平/消泡剂	0.5

（32）UV 地板面漆参考配方

芳香族 PUA(XP 2614)	32.6	Acemaff 412	7.4
胺改性聚醚丙烯酸酯(VP LS 2299)	17.1	Acematt TS 100	0.8
DPGDA	39.5	黏度(23℃)/mPa·s	500
500	2.6		

（33）UV 辊涂地板亚光面漆参考配方

EA(VP LS 2266)	53.95	SiO_2(Syloid ED 30)	5.40
DPGDA	21.57	助剂(BYK 300)	0.19
滑石粉(10MOOS)	16.19	1173	2.70

（34）UV 淋涂地板白色高光泽面漆参考配方

高光泽 UP(VP LS 2110)	49.79	AEMA	1.00
Tronox RKB6	12.45	异丁醇	0.07
TPGDA	33.86	819	1.19
助剂(BYK 300)	0.25	1173	0.62
助剂(BYK 341)	0.10	MBF	0.67

（35）UV 喷涂地板半亚光面漆参考配方

EA(VP LS 2266)	44.54	Gasil EBN	2.23
CAB 381-0.5	4.45	184	0.90
Acematt TS 100	1.56	乙酸乙酯/乙酸丁酯/丁酮/MPA(1/1/2/1)	46.32

（36）UV 辊涂耐磨木地板涂料参考配方

低黏度 EA(CN 141)	27	$(PO)_2$NPG DA	22
DPP/HA	19	非迁移光引发剂(SR1112)	10
$(EO)_3$TMP TA	22		

（37）UV 亚光家具涂料参考配方

EA(EB 608)	50.00	651	2.50
OTA 480	25.00	活性胺 P115	6.25
TPGDA	25.00	消光剂 G15	12.00
BP	3.75		

（38）UV 硬木涂料参考配方

FA(CN112 C60)	50	附着力增强型丙烯酸树脂(SR 9051)	5
TMPTA	21	非迁移光引发剂(SR 1112)	8
HDDA	15	流平剂(SR 013)	1

（39）UV 固化竹木亚光涂料参考配方

EA	15	EDAB	2
PUA	15	BP	1
PEA	10	消光粉 UV70C	5
TMPTA	15	光泽/%	18.2
TPGDA	15	附着力/级	1
HDDA	20	硬度/H	4
1173	2		

（40）UV 柚木地板底漆参考配方

EA	15	磷酸酯	1
PUA	18	气相二氧化硅	0.4
线型聚丙烯酸酯	27	滑石粉	10
EO-TPGDA	15	透明粉	9
1173	5	附着力/级	1

（41）低气味 UV 光固化木器涂料参考配方

EA(621-100)	40	光引发剂 IHT-PI6022	5
PUA(6145-100)	32	消泡剂 BYK8800	0.2
EO-HDDA	7	流平剂 TEGO410	0.2
EO-TMPTA	10.6	附着力/级	1
HEMA	5	固化后苯含量/(mg/m²)	0.003

6.19.3 光固化塑料涂料参考配方

（1）UV 塑料涂料参考配方（一）

PUA(CN981)	30.0	IBOA	12.8
DPPA	5.0	BP	2.7
$(EO)_3$TMPTA	5.0	1173	1.8
HDDA	33.7		

（2）UV 塑料涂料参考配方（二）

脂肪族 PUA(photomer6019)	13	DPGDA	13
四官能团 PEA(photomer5424)	30	BP	2
改性聚醚(photomer5960)	30	1173	2
NPG(PO)$_2$DA	10		

（3）UV 耐磨涂料参考配方

芳香族六官能团 PUA	40	P115	5
TMPTA	20	1173	3
TPGDA	20	Al_2O_3	5
2-EHA	5	聚四氟乙烯改性 PE 蜡	2

（4）UV 喷涂耐候耐刮擦清漆参考配方

脂肪族 PUA（VPLS 2308）	44.3	受阻胺（TinUVin 292）	0.6
脂肪族 PUA（XP 2513）	2.2	黏度（23℃）/mPa·s	150
HDDA	45.6	涂布量/（g/m²）	50
184/819（7∶1）（含 50%HDDA）	5.7	镓灯＋汞灯（80W/cm）/（mJ/cm²）	2800
BYK 306	0.6	固化速率/（m/min）	2.5
紫外吸收剂（Tinuvin 400）	1.0		

（5）UV 三聚氰胺涂料

附着力促进型 PUA（CN 703）	71.3	附着力促进型三丙烯酸酯（SR 9051）	4.0
低黏度芳香族丙烯酸酯（CN 131）	9.5	184	3.9
PO-NPGDA	11.3		

（6）UV 亚光罩光清漆参考配方

自引发低聚物（DrewRad 150）	43.4	1173	2.0
EO-TMPTA	10.8	消光自引发低聚物（DrewRad m-15）	3.0
DPGDA	14.8	Drew Fax 860	1.0
BP	0.5	光泽（60°）/%	31
黏度/mPa·s	250	耐摩擦/圈	900
Fusion（300W H 灯）/（m/min）	30		

（7）UV 塑料面漆参考配方

六官能团脂肪族 PUA（PRO 30000）	21.0	流平剂（Tego 450）	0.1
三官能团脂肪族 PUA（CN970A60）	10.0	乙酸乙酯	20.0
三官能团丙烯酸酯（SR9012）	7.0	乙酸丁酯	23.0
三官能团酸酯（CD9051）	1.0	正丁醇	17.0
184	1.5		

（8）UV-PVC 涂料参考配方

EA	23	HDDA	10
PUA	6	1173	3
三聚氰胺丙烯酸树脂	21	BP	4
TMPTA	10	活性胺	10
NPGDA	13		

（9）UV 辊涂 PVC 涂料参考配方

脂肪族 PUA（U200）	54.29	ACemattTS 100	1.63
DPGDA	37.46	184	2.71
ACematt 412	3.80	助剂（BYK UV 3500）	0.11
黏度（23℃）/mPa·s	850	1 盏汞灯（80W/cm）/（mJ/cm²）	1000
辊涂量/（g/m²）	20	固化速率/（m/min）	5

(10) UV-PVC 地板涂料参考配方

双官能团脂肪族 PUA(CN981)	30.0	IBOA	12.8
HDDA	33.7	BP	2.7
EO-TMPTA	5.0	1173	1.8
DPEPA	5.0		

(11) UV-PVC 地砖涂料参考配方

二官能团脂肪族 PUA(611B-85)	50	活性胺(Etercure 6410)	4
HDDA	30	助剂(EtersTig 70)	0.2
184	4	BYK 055	0.1
BP	2	耐刮性(硬币刮)	不破损
固化速率/(m/min)	8.5	耐 MEK(100 次)	通过
光泽(60°)/%	100	耐热(60℃×8h)	无龟裂
附着力(划格法)	100/100	磨耗(500g/1000 次)/mg	8.5
硬度/H	1~2		

(12) UV 淋涂 PVC 涂料参考配方

低黏度脂肪族 PUA(CN963 E75)	41	EOEOEA	7
EO-TMPTA	15	1173	3
TMPTA	18	流平剂(SR010)	1
EO-NPGDA	15		

(13) UV 喷涂 PVC 扣板涂料参考配方

三官能团脂肪族 PUA(6130B-80)	20.0	PEG(200)DA(EM224)	25.0
EA(621A-80)	10.0	184	5.0
PETA	30.0	助剂(ES70)	0.3
黏度(25℃,涂-4 杯)/s	13.8	冷热循环(50℃×6h,20℃×6h	通过
固化速率/(m/min)	14.5	三个循环)	
附着力(划格法)	100/100	耐溶剂(耐 MEK 大于 100 次)	通过
光泽(60°)/%	91.2	耐黄变性(QUV)	良

(14) UV 低光泽 PVC 地板仿瓷涂料参考配方

PUA(含 20% HDDA)	33	EOEOEA	7
烷氧基脂肪族二丙烯酸酯	20	消光剂 SiO$_2$	9
(EO)$_3$TMPTA	15	1173	3
TMPTA	9	润湿剂	1
DPPA	3		

(15) UV 柔性 PVC 涂料参考配方

脂肪族 PUA(CN944B85)	37.9	活性胺(CN386)	12.0
DPEPA	15.0	BP	4.0
HDDA	9.0	184	3.0
(PO)$_2$NPGDA	9.0	FC430	0.1
THFA	10.0		

（16）UV 硬质 PVC 板材涂料参考配方

芳香族 PUA	10	BP	4
EA	24	助剂	1
TMPTA	50	固化速率/s	7.5
TPGDA	9	硬度/H	>3
TZT	2	附着力	优

（17）UV 耐黄变 PVC 涂料参考配方

三官能团脂肪族 PUA(6130B-80)	40.0	184	5.0
PETA	30.0	ES 70	0.3
PEG(200)DA	25.0		

（18）UV 亚光乙烯基塑料涂料参考配方

脂肪族四官能团 PEA	45.2	SiO_2	16.0
HDDA	27.1	聚乙烯蜡	2.9
651	7.7	F40	1.1

（19）UV-PS 涂料配方

六官能团脂肪族 PUA(6145-100)	40	BP	2
DPEHA	10	活性胺(EC6420)	5
HDDA	40	流平剂(Eterslip 70)	0.1
1173	3		

（20）UV 耐黄变 PS 涂料配方

六官能团脂肪族 PUA(6145-100)	40.0	184	5.0
DPEPA	8.0	活性胺(Etercure 6410)	5.0
TPGDA	10.0	Eterslip 70	0.3
HDDA	32.0		

（21）UV-PET 窗膜涂料参考配方

六官能团脂肪族 PUA(长兴 P6)	35	钛酸酯偶联剂 NDZ-201	1
二官能团脂肪族 PUA(长兴 8000A)	35	BYK333	0.1
DPHA	15	硬度/H	3H
MA	8	收卷前附着力/%	90
184	6	收卷后附着力/%	87

（22）UV 塑料涂料参考配方

PUA	35	184	2
聚酯型 PUA	20	TPO	1
聚醚型 PUA	12	附着力/级	0
IBOA	15	硬度/H	6
HDDA	10	柔韧性/mm	1
TMPTA	5	抗冲击强度/kg・cm	50

（23）UV-PP塑料涂料参考配方

UV1125-B2（磷酸化树脂）	35	184	4
UV7081B（聚酯）	10	丁酮	10
UV1510-100（环氧）	10	助剂	0.3
HDDA	10	硬度/H	2
IBOA	5	附着力	100/100
EO-TMPTA	20		

（24）UV-PE塑料涂料参考配方

US035-1D（PEA）	55	184	4
UV7081B（聚酯）	20	丁酮	8
HDDA	5	助剂	0.3
ACMO	5	硬度/H	≥1
DPHA	5	附着力	100/100

（25）UV-PET塑料涂料参考配方

US 013C（改性环氧）	40	184	4
UV7314/UV104-4（氯化聚酯）	18	乙酸乙酯	10
UV3165（二官能团聚氨酯）	10	助剂	0.5
HDDA	10	硬度/H	2
DPGDA	6	附着力	100/100

（26）UV-BMC塑料底漆参考配方

Unicryl® R-9119（自引发特种丙烯酸酯）	15	流平剂	0.2
UT85602（自引发特种丙烯酸酯）	15	混合溶剂	50
Unicryl® R-7496（脂肪族六官能团PUA）	5	与BMC基材附着力	5B
Lucure 295（二季戊四醇六丙烯酸酯）	4	与铝镀层附着力	5B
助剂	1	耐高温（180℃,2h）	表观无变化,
184	4		附着力5B

（27）UV塑料涂料参考配方

原料	配方1	配方2	配方3	配方4
RU-605B	22	—	22	—
CN9006	—	22	—	22
RU-205B	10	10	10	10
RU6380N	28	28	—	—
UA1009	—	—	28	28
EM265	2.0	2.0	2.0	2.0
SR351	2.0	2.0	2.0	2.0
EM221	4.0	4.0	4.0	4.0
184	2.0	2.0	2.0	2.0
1040U	30	30	30	30
BYK333	0.1	0.1	0.1	0.1
Glide432	0.1	0.1	0.1	0.1
EFKA2721	0.1	0.1	0.1	0.1
附着力	100/100	100/100	100/100	100/100
铅笔硬度/H	1	1	1	1

清洁度	优良	良	优	优
光泽度/%	>92	>92	>92	>92
耐磨性	800次未穿	800次未穿	800次未穿	800次未穿
流平性	优	优良	良	不佳
高低温	无变化	无变化	无变化	无变化
耐污性	良	良	优	优

注：溶剂为 EAC/MIBK/BCS（30/60/10）。

（28）UV-ABS 塑料涂料参考配方

低黏度三官能团 PUA	43	乙酸丁酯	7
长兴 6071	15	丁醇	6.8
TMPTA	12	二官能团硅改性丙烯酸酯	0.2
HDDA	8	附着力	100/100
1173	2	铅笔硬度/H	2
184	1	光泽(60°)/%	96.9
甲基正戊酮	5		

（29）UV-PET 膜涂料参考配方（一）

四官能团 PUA	48	助剂	0.8
TMPTA	24	硬度/H	3
TPGDA	24	附着力	100/100
1173	2	柔韧性/mm	2
184	1.2	耐酒精擦拭/次	>150

（30）UV-PET 膜涂料参考配方（二）

PUA	58	纵向收缩率/%	0.42
PETA	24	横向收缩率/%	1.04
DPHA	13.5	附着力/级	0
184	4.5	铅笔硬度/H	3
固化翘曲度/mm	0.48	透光率/%	91.7
热翘曲度/mm	0.88	雾度/%	0.9

满足平板显示领域用光学级 PET 薄膜的应用要求。

（31）UV-PET 硬化膜涂料参考配方

改性 PUA	30	BYK 流平剂	1.5
DPHA	44	附着力	100/100
丙烯酸己酯衍生物(化药 DPCA)	19.5	硬度/H	5
1173	1.5	柔韧性/mm	2
184	3.5		

（32）UV 手机耐磨涂料参考配方

聚酯型脂肪族 PUA	35	184	2
EA	15	BYK361	0.2
TPGDA	36	附着力/级	1
TMPTA	9	磨耗量/mg	12
1173	3		

（33） UV 有机玻璃耐磨涂料参考配方

EA	15	184	2
脂肪族 PUA（长兴 6148）	35	高分子蜡（AF-29）	1
TPGDA	35	BYK361	0.2
TMPTA	9	附着力/级	1
1173	3	磨耗量/mg	12

（34） UV-ABS 塑料涂料参考配方 （一）

低黏度三官能团 PUA	43	乙酸丁酯	7
脂肪酸改性 EA（6071）	15	丁醇	6.8
TMPTA	12	二官能团硅改性丙烯酸酯	0.2
HDDA	8	硬度/H	2
1173	2	附着力	100/100
184	1	光泽（60°）/%	96.9
甲基正戊基酮	5	RCA（175g）/次	350

（35） UV-ABS 塑料涂料配参考配方 （二）

脂肪族 PUA	10	丁酮	8.5
EA	8	甲苯	8.5
TMPTA	10	乙酯	8.5
四官能团脂肪族 PUA	10	防白水	12.8
六官能团脂肪族 PUA	18	环己酮	8.5
1173	2	硬度/H	1
流平剂	2	附着力	100/100
润湿分散剂	0.5	光泽（60°）/%	90
消泡剂	0.6		

（36） UV 塑料喷涂涂料参考配方 （一）

六官能团 PUA（BP-941）	35	DSP-008B	0.8
三官能团 PUA（UA-1009）	11	DSP-018U	0.5
TMPTA	7	混合溶剂	35.7
HDDA	8	硬度/H	1
1173	2	附着力（PC/ABS/PMMA）	100/100

（37） UV 塑料喷涂涂料参考配方 （二）

三官能团氨基丙烯酸酯（BMA-200）	47	DSP-018U	0.5
三官能团 PUA（UA-1009）	10	混合溶剂	18
PETA	22	硬度/H	1
18	1.5	附着力（PC/ABS/PMMA）	100/100
DSP-008B	1.0		

（38） PA 基材 UV 真空镀金底漆参考配方

ETERCURE 6390	50	甲苯	10
PETA	12	乙二醇单丁醚	5
184	3	硬度/H	1
丁酮	5	与 PA 基材附着力	5B
乙酸乙酯	20	与镀层附着力	5B
乙酸丁酯	10	高温高湿（60℃/RH90%×24h）	通过

（39）PET 基材 UV 真空电镀底漆参考配方

6530B-40	15	184	10
6349	15	与 PET 附着力	5B
EM2411	45	与铝镀层附着力	5B
EM265	10		

（40）UV 真空电镀锡薄涂底漆参考配方

ETERCURE DR-U086	51	184	4
ETERCURE 6215-100	15	混合溶剂	400
ETERMER DR-U156	10	与 PC 附着力	5B
ETERMER 235	15	与锡镀层附着力	5B

（41）玻璃基材真空电镀 UV 底漆参考配方

ETERCURE DR-E615	50	乙酸乙酯	20
ETERCURE 6215-100	20	乙酸丁酯	45
ETERCURE 076	5	甲苯	30
PETA	15	乙二醇单丁醚	5
ISODA	10	与玻璃附着力	5B
EM2305（附着力促进剂）	2	与铝镀层附着力	5B
偶联剂德谦 1051	2	耐水煮（100℃，90min）	通过
184	5		

（42）镁铝合金基材真空电镀 UV 底漆参考配方

ETERCURE 6385	20	乙酸丁酯	30
ETERCURE 6390	20	异丙醇	15
ETERCURE 6382	10	甲基异丁酮	10
184	3	与铝镁合金附着力	5B
乙酯乙酯	30	与铝镀层附着力	5B

（43）不锈钢基材真空镀锡 UV 底漆参考配方

ETERCURE 6385	50	乙酸丁酯	20
DPHA	10	异丙醇	15
HPA	10	甲基异丁酮	10
EM2305	1	与不锈钢附着力	5B
184	2	与锡镀层附着力	5B
乙酯乙酯	30		

（44）不锈钢基材真空镀铝 UV 底漆参考配方

ETERCURE 6390	80	乙酸丁酯	30
ETERCURE 6382	20	异丙醇	30
EM39	0.5	甲基异丁酮	10
184	3	与不锈钢附着力	5B
乙酯乙酯	30	与铝镀层附着力	5B

（45）UV 真空电镀面漆参考配方

ETERCURE6175-3	65	BYK333	0.3
ETERCURE DR-U076	20	混合溶剂	160
ETERCURE6154B-80	10	硬度/H	1
EM2305	0.5	附着力	100/100
ISODA（EM219）	10	RCA（175g）/次	350
184	2	水煮（100℃,30min）	通过
651	2	冷热循环（60℃×2h/−40℃×2h,10 次）	通过

（46）TPU 基材电镀锡 UV 面漆参考配方

ETERCURE DR-093	75	184	5
ETERCURE 6215-100	10	混合溶剂	200
PETA	20	与镀锡层附着力	5B
ETERMER 2305	2		

（47）UV 真空电镀透明面漆参考配方

双官能团脂肪族 PUA（EB8215）	40	乙酸乙酯	15
六官能团脂肪族 PUA（EB1290）	5	乙酸丁酯	18
三官能团脂肪族 PUA（EB9260）	8	丙二醇单甲醚乙酸酯	5
TMPTA	5	铅笔硬度	F
184	3.3	附着力	100/100
酸改性甲基丙烯酸酯（EB168）	0.5	附着力（水煮 1h）	100/100
硅酮二丙烯酸酯（EB350）	0.2		

6.19.4　光固化金属涂料参考配方

（1）UV 铝基涂料参考配方

PEA	29	BP	3
乙氧基双酚 A 二丙烯酸酯	10	1173	3
POEA	20	TEA	2
PO-TMPTA	33		

（2）UV 铝罐涂料配方

EA（Novacure 3700）	19.0	聚硅氧烷双丙烯酸酯（EB 350）	1.0
芳香族 PUA（EB 4827）	13.5	聚乙烯蜡粉（S395 N₂）	2.5
IBA	46.0	氟化蜡粉（SST-3）	1.0
184	3.0	BP	5.0
硅偶联剂（KH 560）	1.0	活性胺（Novacure 7100）	8.0

（3）UV 铝基耐热涂料参考配方

附着力促进型 PEA（CN 704）	15.0	BP	3.5
低黏度脂肪族双丙烯酸酯（CN132）	35.0	184	4.0
PO-NPGDA	35.0	Tego Rad 2200	0.5
三官能团酯（SR 9051）	7.0		

（4）UV 铝、钢涂料参考配方

芳香酸甲基丙烯酸半酯	43.6	184	4.0
DPHA	29.2	甲乙酮	12.2
带羧基三官能团丙烯酸酯	4.0	乙酸乙酯	3.0
BP	4.0		

（5）UV 铝管上色涂料参考配方

聚醚改性 EA	85	色浆（透明铁红、透明铁黄）	15
磷酸改性丙烯酸酯（科宁 4703）	5	1173	2
IBOA	20	369	1.5
固化性/（mJ/cm²）	400	延展性/（°）	45
附着力（划格法）	100/100	摆杆硬度	0.62
柔韧性/mm	1		

（6）UV 白色金属涂料参考配方

脂肪族 PUA（CN964 E75）	26.5	TPO	3.0
PEG（400）DA	26.0	TiO₂	34.0
DPP/HA	4.9	分散剂（Antiterra U）	0.4
芳香酸丙烯酸酯半酯（SB502）	4.9	流平剂（DC 57）	0.3

（7）UV 黑色金属涂料参考配方

芳香酸丙烯酸酯半酯	46.0	907	4.5
低黏度芳香族单丙烯酸酯	22.0	ITX	0.5
POEA	20.0	BP	2.0
炭黑（Raven 450）	4.0	流平剂	1.0

（8）UV 金属防腐涂料参考配方

脂肪族 PUA（EB4883）	18.0	丙烯酸锌（SR9016）	5.0
EHA	33.0	聚苯胺粉末	10.0
1173	5.0	铝粉①	8.5
184	0.5	对甲苯磺酰胺（Uniplex 108）	5.0

① 在光固化涂料中，添加活泼金属粉末，利用阳极牺牲原理，保护金属（如钢材）不被腐蚀。

（9）UV 金属耐腐蚀涂料参考配方

附着力促进型 PEA（CN704）	15.0	三官能团附着促进剂（SR9051）	7.0
低黏度双丙烯酸酯低聚物（CN132）	30.0	BP	2.5
EA（CN104）	5.0	184	5.0
EOEOEA	18.9	Tego 2200	0.5
（EO）₃TMPTA	16.1		

（10）UV 卷钢涂料参考配方

EA	40	附着力/级	0
脂肪族 PUA（XP2513）	28	硬度/H	3
HEMA	28	T 弯/mm	2
磷酸酯附着力促进剂（PAM-200）	1	抗冲击强度/kg·cm	＞50
1173	3		

（11）UV 不锈钢、马口铁、铝合金 UV 清漆参考配方

ETERCURE 6390	50	BYK3570	0.3
ETERCURE 6363	25	混合溶剂	140
ETERCURE 6154B-80	10	硬度/H	2
EM 2202（HPHPDA）	10	附着力	5B
EM2305	1	耐水煮（100℃，30min）	通过
184	4		

（12）锌合金 UV 清漆参考配方

ETERCURE 7200A	50	BYK3570	0.3
ETERCURE 6145-100	20	混合溶剂	140
ETERCURE 6154B-80	10	硬度/H	3
EM 2202（HPHPDA）	10	附着力	5B
EM2305	1	耐水煮（100℃，30min）	通过
184	4	RCA 耐磨（175g）/次	500

（13）铝合金镀铬 UV 面漆参考配方

ETERCURE DR-020	46	BYK3570	0.3
ETERCURE 6145-100	10	混合溶剂	120
ETERCURE DR-532	12	硬度/H	2
EM 2202（HPHPDA）	10	附着力	5B
EM2305	1	RCA 耐磨（175g）/次	300
184	3		

（14）不锈钢真空镀铝 UV 底漆参考配方

ETERCURE 6390	80	异丙醇	25
ETERCURE 6382	20	甲基异丁酮	15
184	5	与不锈钢基材附着力	5B
乙酸乙酯	50	与铝镀层附着力	5B
乙酸丁酯	25		

（15）碳钢 UV 防腐涂料参考配方

ETERCURE 6385	30	BYK3570	0.3
ETERCURE 6215-100	10	溶剂	30
防腐浆料	45	附着力	5B
EM212（CTFA）	10	光泽（60°）/%	96
TPO	1.5	耐盐雾（5% NaCl,35℃,96h）	通过
184	2.5		

注：防腐浆料配方如下。

ETERCURE 6385	60	BYK163（润湿分散剂）	0.5
防腐颜料（磷酸锌、磷酸铝）	20	乙酸乙酯	20

（16）难附着金属材基两涂 UV 涂料参考配方

A：金属两涂 UV 底漆参考配方

ETERCURE DR-530	20	溶剂（甲苯/乙酸乙酯＝1/1）	100

B：金属两涂 UV 面漆参考配方

ETERCURE 6175-3	50	BYK3570	0.3
ETERCURE 6363	20	混合溶剂	120
ETERCURE 6154-80	10	附着力	5B
EM 212（HPHPDA）	10	耐水煮(100℃,60h)	通过
EM 2305	1	耐盐雾(5% NaCl,35℃,96h)	通过
184	3	柔韧性(对折180°)	通过

（17）镀铬基材 UV 涂料参考配方

A：UV 底漆参考配方

UV1125-B1（纯丙烯酸酯）	25	乙酸乙酯	30
TPO	1	乙酸丁酯	45

B：UV 面漆参考配方

UV1000（环氧丙烯酸酯）	10	乙酸乙酯	10
UV1510-100（改性环氧丙烯酸酯）	10	丁酮	8
US015（纯丙烯酸酯）	15	甲苯	10
US012（六官能团聚氨酯）	18	助剂	0.5
HDDA	4	偶联剂	1
IBOA	10	硬度/H	≥2
DPHA	4	RCA	≥250
184	4	附着力	100/100
UV7424D	1		

（18）UV 金属防锈油参考配方

脂肪酸改性 EA	25	固化速率/s	5
脂肪族 PUA	35	附着力/级	1
TPGDA	15	柔韧性/mm	1
TMPTA	15	抗冲击强度/kg·cm	50
防锈剂	15	耐盐雾性	360h 不生锈
1173	3	光泽(60°)/%	≥95
184	2		

（19）UV 钢管涂料参考配方

EA	25	助剂	0.5
PUA	15	附着力/级	0
TPGDA	30	耐中性盐雾/h	200
DPGDA	15	锈迹扩散 200h/mm	<3
EO-TMPTA	10	硬度/H	>2
184	3	抗冲击强度/kg·cm	>50
BP	2		

（20）UV 金属罩光涂料参考配方

EA	35	1173	5
脂肪族 PUA	15	鞣酸	2
PO-TMPTA	4.5	助剂	1
TPGDA	7.5	附着力/级	1
HDDA	10	柔韧性/mm	2
PO-NPGDA	14	硬度/H	5
HEMA	6		

（21）UV 金属可剥性涂料参考配方

聚邻苯二甲酸二烯丙酯	100	柔韧性/mm	2.5
TPGDA	200	可剥性	好
819	12	耐抗性	好
硬度/H	≥4		

（22）预涂 UV 金属卷材涂料参考配方

聚己内酯二醇改性 PEA	40	Z-6030	2
纯丙烯酸酯（江门 PJ9813-6）	20	BYK310	0.7
三官能团酸酯（CD9051）	3	红色精 LR-235	5
TPGDA	7	铅笔硬度/HB	1
科宁 4127	7	附着力	通过
HDDA	5	T 弯/T	1
PETA	5	耐抗性	通过
TPO	1.3	耐中性盐雾	通过
1173	4		

（23）UV 金属卷材涂料参考配方

EA	40	附着力/级	0
脂肪族 PUA	27	硬度/H	3
HEMA	29	T 弯/mm	2
1173	3	抗冲击强度/kg·cm	>50
磷酸酯（PAM-200）	1		

（24）UV 金属防腐色漆参考配方

材料名称	白色面漆	蓝色面漆	灰色中涂漆	银粉漆
FA	20	20	20	20
PEA	28	28		
环氧化油			25	25
HEMA	5	5	5	5
TPGDA	12	12	12	5
EO-TMPTA	10	10	8	10
特黑 6#			2	
酞菁兰		7		
钛白粉	10	3	3	
滑石粉	10	10	20	
TPO	3	3	3	3
184	2		2	
907		2		2
铝粉（50%乙酸丁酯溶液）				15
CAB（551-0.2）25%				15
消泡剂	0.3	0.3	0.3	0.3
流平剂	0.3	0.3	0.3	0.3

（25）UV-PET 基材上 ITO 保护涂料参考配方

双官能团脂肪族 PUA（EB8804）	50	184	5
九官能团脂肪族 PUA（EB8602）	15	铅笔硬度/H	1
双官能团脂肪族 PUA（EB8413）	15	耐弯曲（180°）	通过
PO-NPGDA	10		

6.19.5　光固化车用涂料参考配方

（1）UV 汽车修补底漆参考配方（一）

脂肪族 PUA（VP LS 2258）	55.17	腐蚀抑制剂（Heucophos ZPA）	5.49
增强附着力树脂（EB 168）	1.65	TiO_2（R-KB-2）	1.38
POEA	10.98	助剂（Bayferrox 303T）	0.08
滑石粉（AT1）	10.98	184∶819(3∶1)	3.29
中国黏土级别 B	10.98		

注：加入乙酸丁酯调节喷涂黏度，VOC 为 240g/L。900W UVA 手提灯，5min 直接固化深度可达 90μm。

（2）UV 汽车修补底漆参考配方（二）

脂肪族 PUA（LP WDJ 4060）	44.0	腐蚀抑制剂（Heucophos ZPA）	5.5
增强附着力树脂（EB168）	1.7	TiO_2（R-KB-2）	1.4
PEOA	22.0	助剂（Bayferrox 303T）	0.1
滑石粉（ATI）	11.0	819	3.3
中国黏土级别 B	11.0		

（3）UV 喷涂汽车修补底漆参考配方（一）

EA（VP LS 2266）	20.6	滑石粉（Talc 399）	24.5
三官能团脂肪族 PUA（U100）	20.6	助剂（Bayferrox 318M）	0.3
TiO_2（R-960）	1.4	附着力促进剂（CD 9052）	12.4
填料（Vicron 15-15）	17.0	819	3.2

（4）UV 喷涂汽车修补底漆参考配方（二）

脂肪族 PUA（LP WDS 4060）	49.41	819	3.29
POEA	16.47	颜料/添加剂	28.91
增强附着力树脂（EB 168）	1.65		

注：加入乙酸乙酯，使黏度（25℃，涂-4 杯）为 35s。

（5）UV 汽车返修清漆参考配方

PUA	29.2	UV 吸收剂（Tinuvin 400）	1.3
PEA	23.4	受阻胺光稳定剂（Tinuvin 292）	0.5
PETA	7.0	流平剂（Baysilone OL）	0.03
4265	3.2	乙酸丁酯	34.8
184	0.5		

（6）UV 汽车返修色漆参考配方

脂肪族 PUA（R5 Bayer）	20.6	填料（VICRON 15-15）	17.0
EA（R2，Bayer）	20.6	颜料（TRONOX R-KB-2）	1.4
附着力增强型三官能团酸酯（CD 9052）	12.4	颜料（Bayforox 303T）	0.3
滑石粉	24.5	819	3.2

(7) UV 汽车罩光清漆参考配方

六官能度脂肪族 PUA(EB 5129)	80	受阻胺(TIN UV IN 292)	3
乙氧基季戊四醇四丙烯酸酯	120	有机硅助剂 BYK 306	1
TPO	6	乙酸丁酯	20
紫外吸收剂(TINUVIN 4000)	2		

(8) UV 喷涂汽车修补面漆参考配方

脂肪族 PUA(LP WDJ 4060)	58.40	紫外吸收剂(Sanduvor 3206)	2.14
脂肪族 PUA(XP 2513)	58.40	受阻胺(Sanduvor 3058)	1.07
PETA	14.00	助剂(BYK 331)	0.10
184：TPO(3：1)	10.70	乙酸乙酯	20.00
黏度(25℃,涂-4 杯)/s	20	固化速率(50℃，汞灯 900W)	5
固含量/%	69	/(m/min)	

(9) UV 喷涂耐候、耐刮伤涂料参考配方

脂肪族 PUA(VP LS 2308)	44.30	BYK 306	0.60
脂肪族 PUA(XP 2513)	2.20	紫外吸收剂(TinUVin400)	1.00
HDDA	48.45	受阻胺(TinUVin 292)	0.60
184：819(7：1)	2.85	汞灯(80W/cm)/盏	1
黏度(23℃)/mPa·s	150	镓灯(80W/cm)/盏	1
喷涂量/(g/m²)	50	固化速率/(m/min)	2.5
固化条件/(mJ/cm²)	2800		

(10) 硬质 BMC 基材真空电镀 UV 底漆参考配方

ETERCURE6390	80	异丙醇	10
ETERCURE6382	20	正丁醇	10
ITX	3	与 BMC 附着力	5B
TPO	2	与铝镀层附着力	5B
乙酸乙酯	20	耐热性(220℃,2h)	通过
乙酯丁醇	10		

(11) 软质 BMC 基材真空电镀 UV 底漆参考配方

ETERCURE6390	80	乙酯丁醇	10
ETERCURE6382	20	异丙醇	10
EM235	5	正丁醇	10
ITX	3	与 BMC 附着力	5B
TPO	2	与铝镀层附着力	5B
乙酸乙酯	20	耐热性(220℃,2h)	通过

(12) PC 基材车灯 UV 底漆参考配方

ETERCURE 6126-100	40	乙酸丁酯	20
ETERCURE 625C-45	20	异丙醇	20
ETERMER 223	10	丁醇	10
ETERMER231	25	与 PC 附着力	5B
ITX	3	与铝镀层附着力	5B
TPO	2	耐热性(150℃,2h)	通过
乙酸乙酯	40		

（13）PBT 基材真空电镀 UV 底漆参考配方（一）

ETERCURE DR-620	32	BYK358N	0.2
ETERCURE 6390	5	乙酯乙酯	80
ETERCURE 6145-100	5	乙酯丁酯	40
PETA	5	与 PBT 附着力	5B
ITX	0.5	与铝镀层附着力	5B
907	2	耐热性(160℃,2h)	通
184	1		

（14）PBT 基材真空电镀 UV 底漆参考配方（二）

ETERCURE DR-E620	20	BYK358N	0.2
ETERCURE6145-100	5	乙酯乙酯	80
PETA	5	乙酯丁酯	40
ITX	0.5	与 PBT 附着力	5B
907	2	与铝镀层附着力	5B
184	1	耐热性(160℃,2h)	通过

（15）UV 摩托车耐候型涂料参考配方

PUA	42	光稳定性	1
TMPTA	36	附着力/级	1
HDDA	18	硬度/H	3
1173	1.5	抗冲击强度/kg·cm	50
184	1	光泽(60°)/%	95
BYK-331	0.3	耐候性(1000)/级	1
Efka S-048	0.3		

6.19.6 其他光固化涂料参考配方

（1）UV 耐磨涂料参考配方（一）

芳香族 PUA	25	活性胺	5
THPA 改性环氧丙烯酸树脂	15	α-Al$_2$O$_3$	8
TMPTA	15	改性聚乙烯微粉蜡	1
TPGDA	25	助剂	1
1173	3	磨耗值/(mg/1000r)	3.5
BP	2		

（2）UV 耐磨涂料参考配方（二）

脂肪族 PUA(CN9001)	30	有机硅丙烯酸酯	30
脂肪族 PUA(CN8000)	30	铅笔硬度/H	5
DPHA	20	抗刮性/g	55
IBOA	15	附着力/级	0
1173D	5		

（3）UV 高耐磨路标涂料

PUA	70	其他	1
TPGDA	10	遮盖率/白色	98%
1173	6	耐磨性(JM-100 橡胶砂轮)	4.2mg
纳米 TiO$_2$	12	耐水性	无异常
分散剂	0.5	耐碱性	无异常
消泡剂	0.3	附着性(划圈法)/级	3
流平剂	0.5	柔韧性/mm	3

（4）UV 皮革涂料参考配方

PTMG 型 PUA	40	1056	2
脂肪族 EA	10	活性胺	2
BA	35	BYK-358	0.2
PO-NPGDA	5	BYK-055	0.1
2959	2		

（5）UV 玻璃涂料参考配方（一）

PUA	60.0	1173	4.0
TMPTA	10.0	硅烷偶联剂(KH 570)	0.5
TPGDA	15.0	助剂	0.5
HDDA	10.0		

（6）UV 玻璃涂料参考配方（二）

脂肪族 PUA	70	附着力/级	1
甲氧基聚乙二醇(550)单丙烯酸酯(LD 552)	10	PETA	6
		1173	2
聚乙二醇(200)二丙烯酸酯(SR 259)	8	硅烷偶联剂(KH 570)	0.5
HDDA	2	光泽(60°)/%	90
铅笔硬度/H	4		

（7）UV 陶瓷涂料参考配方（一）

脂肪族 PUA	20.0	184	4.0
氨基(甲基)丙烯酸酯	24.0	BYK 306	0.5
TPGDA	30.0	BYK 333	0.5
(PO)₃TMPTA	20.0	BYK 920	1.0

（8）UV 陶瓷涂料参考配方（二）

陶瓷色泽	蓝色陶瓷	珠光陶瓷	荧光陶瓷
环氧(甲基)丙烯酸酯	25	25	35
脂肪族 PUA	15	15	
氨基(甲基)丙烯酸酯	10	10	
丙烯酸共聚物			20
PO-NPGDA	10		
PDDA	20	20	
HDDA			10
TMPTA			10
EO-TMPTA		10	10
EHA	6		
149	2		
TPO	2		
4265		3	3
369		3	3
184		2	2
酞菁蓝	1		

珠光粉		3
荧光粉			2
Dlsperbyk161	1
Disperbyk104S		1	1
BYK358	0.5	0.5
BYK307		1
BYK333	0.5
BYK920	2		0.5
DEUCHEM4			3
乙二醇乙醚乙酸酯	15
乙酸乙酯		10
异丙醇			5

（9）UV 石材涂料参考配方

EA	30.0	1173	3.5
TMPTA	25.0	MDEA	2.0
TPGDA	25.0	流平剂	0.2
HEMA	13.0	消泡剂	0.2
BP	1.0		

（10）UV 光纤涂料参考配方（一）

聚硅氧烷丙烯酸酯	50.0	N,N-二甲基苯胺	1.2
PUA	40.0	增感剂	2.6
EA	30.0	丙烯酸酯	2.4
651	6.5	MEHQ	0.12
BP	1.2	UV 吸收剂	0.036

（11）UV 光纤涂料参考配方（二）

PUA(TDI/HEA/聚丁二醇 2000)	78.1	激活能/(kJ/mol)	50.3
N-乙烯基己内酰胺	6.3	LA	7.3
TBOA	35.5	TPO-L	2.0
黏度(40℃)/mPa·s	1100	杨氏模量/(kg/mm^2)	61

（12）UV 光纤并带涂料参考配方

EA	18	1173	3
脂肪族 PUA(CN964)	36	BP	2
EOEOA	9	EDAB	1
HDDA	19	助剂	2
EO-TMPTA	10		

（13）UV 水泥地坪彩色涂料参考配方

PEA	60	活性胺	4
EO-TMPTA	15	流平剂	0.75
SiO$_2$	2.2	消泡剂	0.75
BP	2	非遮盖性颜料	11.1
184	4	灰色颜料浆	11.1
TPO	4		

（14）UV 水泥地坪涂料参考配方

PEA	67.3	流平剂	0.85
EO-TMPTA	17.9	消泡剂	0.5
184	1.7	黑颜料	0.26
TPO	1.8	白颜料浆	8.54
819	0.95		

（15）UV 地坪清漆参考配方

PEA	80	活性胺	4
EO-TMPTA	20	SiO_2	3
BP	2	流平剂	1
184	2	消泡剂	1
TPO	4		

6.19.7　光固化粉末涂料参考配方

（1）UV 粉末涂料参考配方（一）

Uvecoat2100	80.0	Resiflow PV5	0.4
Uvecoat9010	14.4	Worlee Add900	0.2
184	5.0		

（2）UV 粉末涂料参考配方（二）

Uvecoat3001	80.0	SiO_2	5.5
Uvecoat9010	10.0	流平剂	0.2
651	2.0	消泡剂	0.3
2959	2.0		

（3）UV 粉末涂料参考配方（三）

低聚物（UVECOAT2000）	72.1	颜料	24.0
819	3.5	消泡剂	0.4
纳米 TiO_2（RX05613）	4.0		

（4）UV 粉末涂料参考配方（四）

组成	配方1	配方2	配方3	配方4	配方5	配方6
Uvecoat 3000	85	85	85			
Uvecoat 3003				85	85	85
Uvecoat 9010	15	15	15	15	15	15
Irgacure 651	1.5	1.5	1.5	1.5	1.5	1.5
Irgacure 2959	0.5	0.5	0.5	0.5	0.5	0.5
BYK354		1			1	
2500			1			1
BYK088		1			1	
3100			1			1
纳米 SiO_2	5	5	5	5	5	5
硬度/H	3	4	4	3	3	4
附着力	100	100	100	100	100	100
抗冲击强度/kg·cm	40	50	50	50	50	50

柔韧性	$R=$ 2.5mm	$R=$ 0.5mm	$R=$ 1.5mm	$R=$ 1.0mm	$R=$ 5mm	$R=$ 1.0mm
耐溶剂/MEK(50 次往返)	通过	通过	通过	通过	通过	通过

（5）UV 粉末涂料参考配方（五）

星型支化丙烯酸树脂(T_g 52℃，熔融温度 89℃)	96.5	光泽度(20°)/%	99%
		抗冲击强度/N·m	4.9
184	2.5	柔韧性/mm	1
流平剂 BYK361	0.6	附着力(划格法)/级	1
其他助剂	0.4	硬度(双摆法)	0.72

（6）UV 粉末涂料参考配方（六）

不饱和聚酯	70	其他助剂	1
星型支化低聚物	22	附着力/级	1
184	2	抗冲击强度/N·m	4.9
纳米 TiO_2	2.5	硬度(双摆法)	0.73
纳米 SiO_2	2.5		

（7）UV 中密度板用粉末涂料参考配方

甲基丙烯酸聚酯树脂	37.5	TiO_2	25.0
EA	37.5	蜡	3.0
184	1.0	流平剂	1.0
TPO	1.0		

（8）UV 白色粉末涂料参考配方

Uvecoat™2200	72.0	819	1.5
TiO_2	25.0	流平剂	0.5
2959	1.0		

（9）UV 白色亚光木器粉末涂料参考配方

无定形 PEA 树脂($T_g=43$℃)	40	184	1
半结晶 PEA 树脂($T_m=80$℃)	15	819	1
TiO_2	25	流平剂	1
填料	20	硅助剂	0.3

（10）UV 黑色粉末涂料参考配方

Uralac XP3125	80.0	Resiflow P-67	2.0
Uralac2W 3307P	20.0	炭黑 Shepard Black	6.0
TPO	2.0	Aluminum Oxide C	0.2
Ciba RD97-275	5.0		

（11）UV 粉末色漆参考配方

组成	白	蓝	绿	黑
Uvecoat™1100，2000，2100，2200	71.0	94.0	94.0	94.0
颜料	—	2.0	2.0	1.0
TiO_2	25.0	—	—	—
TPO	2.5	2.5	2.5	3.5
流平剂[1]	1.0	1.0	1.0	1.0
消泡剂	0.5	0.5	0.5	0.5

[1] 配方中使用 Uvecoat™2000 或 2100 时不需要外加流平剂。

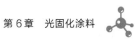

（12）白色 UV 粉末涂料参考配方

星型支化低聚物	70.5	附着力/级	1
光引发剂 1800	2.5	抗冲击强度/kg·cm	50
钛白粉	26.0	硬度（双摆法）	0.60
流平剂	0.7	光泽/%	98
其他助剂	0.3	柔韧性/mm	1

6.19.8　光固化水性涂料参考配方

（1）UV 水性纸张上光油参考配方

马来酸酐改性 EA	47.9	2959	3.0
水性树脂	12.4	流平剂	0.8
AMP-95	14.7	消泡剂	0.5
H_2O	18.9		

（2）UV 水性亚光纸张上光油参考配方

水性 EA	70.0	水	19.5
1173	3.0	润湿剂（FC430）	0.5
SiO_2（Syloid ED80）	7.0		

（3）水性 UV 光油参考配方

PUA 乳液	90.46	流平剂 Levelling 620	0.3
TPO	1.5	硬度/H	3
184	1.5	抗冲击强度/kg·cm	50
TPGDA	4	附着力/级	1
催干剂无水乙醇	2	光泽（60°）/%	84.5
消泡剂 Foam Star A34	0.04	耐水性（24h）	良好
防冻剂丙二醇	0.2		

（4）UV 水性上光油参考配方

水性丙烯酸酯低聚物[①]	67.5	2959	3.0
TMPTA	21.6	附着力促进剂	0.6
TPGDA	2.7	各种助剂	1.9
NPGDA	2.7		

① 水性丙烯酸酯低聚物是 BA/St/AN/AA/HEA/N-AM 为 24.0/16.0/3.0/1.5/2.0/1.0 共聚乳液，固含量 48%。

（5）UV 水性塑料涂料参考配方

芳香族水性 PUA（LR9005）	78	铅笔硬度/H	4
芳香族水性 PUA（UV XP2689）	19	抗冲击强度/kg·cm	50
1173	3	光泽/%	97
流平剂（EFKA3580）	0.3		

（6）UV 水性塑料（PC）涂料参考配方

水性 PUA	15	去离子水	50.7
TMPTA	30	附着力/级	0
1173	3	硬度/H	2
流平剂 BYK333	0.1	光泽/%	98
润湿剂 Tego280	1	RCA	>350
消泡剂 Tego920W	0.2		

（7）UV 水性塑料（ABS、PC）涂料参考配方

PUA(长兴 DR-W401)	31	BYK 3710	1
PUA(拜耳 UV XP 2689)	63	附着力/级	1
水性光引发剂 QTX	3	硬度/H	4
EDAB	2		

（8）UV 水性 ABS 基材涂料参考配方

芳香族聚氨酯丙烯酸分散体 LR9005 N	76	增稠流变剂	0.1%～0.3%
聚酯型丙烯酸酯聚氨酯分散体 UV XP2689	20	铅笔硬度/H	4
1173	3	抗冲击强度/kg·cm	50
流平剂 EFKA3580	0.3	光泽/%	97
消泡剂	0.1%～0.2%		

注：在 50℃下烘烤 10min，然后辐射固化。

（9）UV 水性木器涂料参考配方（一）

马来酸酐改性 EA 水性树脂	100	消泡剂 NXZ	0.3
HEMA	8	流变改性剂 DSX2000	0.5
1173	2	附着力/级	1
184	2	硬度/H	2
流平剂 600	4	光泽/%	90

（10）UV 水性木器涂料参考配方（二）

EA 水分散体	39.2	增稠剂	0.3
PUA 水分散体	10.5	润湿剂	0.1
1173	2.0	水	45.5
流平剂	2.4		

（11）UV 水性喷涂地板高光面漆参考配方

水可乳化型脂肪族 PUA(XP2587)	100	KIP 100F	3
水	100		
黏度(23℃,涂-4 杯)/s	20	固化条件(汞灯 80W/cm)/盏	1
固含量/%	50.7	固化速率/(m/min)	5
烘干时间(60℃)/min	5	光泽(60°)/%	80

（12）UV 水性喷涂地板白色面漆参考配方

水可乳化型脂肪族 PUA(XP2587)	100	KIP 100F	3
Tronox PKB-6	50.0	水	100
819	0.75	汞灯(80W/cm)/盏	1
黏度(23℃,涂-4 杯)/s	20	镓灯(80W/cm)/盏	1
固含量/%	60.6	固化速率/(m/min)	5
烘干时间(60℃)/min	5		

（13）UV 水性橙色木材涂料参考配方

水性 PUA 分散体	81.8	1173(50%乙二醇丁醚)	2.2
橙颜料(PO131)	8.8	助剂	3.7
BAPO(50%水)	2.2	去离子水	1.3

（14）UV 水性白色木材涂料参考配方

水性 PUA 分散体	75.2	1173(50%乙二醇丁醚)	2.0
白颜料(75%TiO$_2$)	16.2	助剂	3.3
819(50%水)	2.0	去离子水	1.3

（15）UV 水性喷涂木材色漆参考配方

组成	白	黑	红	蓝
IRR400	100.0	100.0	100.0	100.0
500	2.0	2.0	2.0	2.0
TPO	0.5	0.5	0.5	0.5
H$_2$O	7.0	7.0	7.0	7.0
颜料	2.5	2.0	3.0	4.5

（16）UV 水性 PVC 地板涂料参考配方

水性 PUA(35%固含量)	100.0	流平剂	0.5
2959	1.5	非离子型增稠剂(50%水溶液)	1.0
乳化剂	3.0		

注：涂布厚度 25μm，80℃干燥 60s，干后膜厚 9μm。

（17）UV 喷涂水性高光泽清漆参考配方

PUA 分散体(UV2282)	77.4	固含量/%	30
500	0.7	喷涂量/(g/m^2)	90
Envirgem AD01	1.2	固化条件	
助剂(BYK381)	1.0	汞灯(80W/cm)/盏	1
Schwego PUR8050	0.5	50℃时/min	10
水	19.2	固化速率/(m/min)	5
黏度(23℃,涂-4 杯)/s	35～45	光泽(60°)/%	90

（18）UV 水性地坪涂料参考配方

原料	1	2	3	4	5
水性 PUA(UCECOAT-7891)	97	95	93	92.5	92
消泡剂	0.5	0.5	0.5	0.5	0.5
流平剂	0.5	0.5	0.5	0.5	0.5
蜡分散体		2	4	4	4
硅消光剂				0,5	1,0
光引发剂	2	2	2	2	2
去离子水	10	10	10	15	20
固含量/%	30.7	30.8	30.8	29.8	28.8
黏度(20℃)/mPa·s	20～30	20～30	20～30	20～30	20～30
光泽(60°)/%	52	38	26	15	8

（19）UV 水性真空电镀底漆参考配方（一）

水性脂肪族 PUA(UCECOAT7655)	85	Teg-280	1
水性脂肪族 PUA(UCECOAT6558)	15	BCS	5
1173	3		

（20）UV 水性真空电镀面漆参考配方（二）

水性脂肪族 PUA（UCECOAT7655）	45	Teg-280	1
水性脂肪族 PUA（UCECOAT7699）	55	BCS	5
1173	3		

6.19.9　双重固化涂料参考配方

（1）双重固化涂料参考配方（一）

双固化 EA	50.0	650（环氧聚酰胺固化剂）	10.0
TMPTA	7.5	1173	2.0
TPGDA	12.5	BP	1.0
HEA	5.0	活性胺	2.0
660A（环氧丙烷丁基醚）	25.0		

注：UV 固化 4s，120℃×30min。

（2）双重固化涂料参考配方（二）

A 组分：		Sanduvor 3058	0.5
Desmophen A VPLS 2099/1（30％BA）	21.1	助剂	1.1
Roskydal UA VPLS 2308（20％BA）	32.3	MPA	26.0
184/819（911）	3.7	B 组分：	
Sanduvor 3206	1.3	Roskydal UA VPLS 2337	14.0

（3）双重固化涂料参考配方（三）

A 组分：		B 组分：	
多羟基丙烯酸酯 AcryflowA140（70％丙酮）	16.10	HDI 三聚体（80％丙酮）	14.50
多羟基丙烯酸酯 AcryflowP120	3.75	819	0.81
IBOA	2.50	锡催化剂（1％DBTDL）	0.73
TMPTA	2.50	UV 吸收剂（50％Tinuvin400）	1.10
HEA	2.50	光稳定剂（50％Tinunin292）	1.10
附着力促进剂（SR9008）	2.50	流平剂（BYK358）	0.50

（4）双重固化涂料参考配方（四）

双酚 A 环氧树脂（环氧值 500）	70	双氰胺	5
双酚 F 环氧树脂（环氧值 170）	30	N-（对氯苯基）-N,N'-二甲基脲	1
GMA	10	二苯基碘鎓六氟磷酸盐	3
HDDA	30	BP	2

（5）UV 光产酸双重固化涂料参考配方（一）

部分丙烯酸化环氧树脂	30	HPA	4.0
脲醛树脂（5260）	17.5	环氧丙烷丁基醚	20.0
三聚氰胺树脂（5860）	1.7	环氧聚酰胺固化剂（650）	5.0
TPGDA	10.0	1173	0.8
TMPTA	6.0	光产酸引发剂 IHT-PI860	5.0

注：UV 固化 4s，60℃×30min 烘烤。

（6）UV 光产酸双重固化涂料参考配方（二）

EA（6104）	2.8	HPA	14.0
多元醇改性聚酯树脂（1370B）	33.3	TMPTA	9.2
脲醛树脂（5260）	36.9	1173	0.8
三聚氰胺树脂（5860）	1.7	光产酸引发剂 IHT-PI860	5.0

注：UV 固化 4s，60℃×30min 烘烤。

（7）双重固化塑料涂料参考配方

EA（EB3700）	48.3	硫鎓盐（FX512）	1.0
三甘醇二乙烯基醚	48.3	助剂（FC430）	1.0
184	1.4		

（8）双重固化喷涂 SMC 用底漆参考配方

带—NCO 的脂肪族 PUA（VPLS2337）	32.43	BYK333	0.10
带—NCO 的脂肪族 PUA（VPLS2089）	27.32	乙酸丁酯	38.61
184	1.54		

注：配料后使用时间＞10h。

（9）双重固化金属涂料参考配方

脂环族环氧树脂（Uvacure1500）	40.0	硫鎓盐（Uvacure1590）	2.5
带环氧基杂化丙烯酸树脂（Uvacure1561）	34.0	500	3.0
TMPTA	20.0	硅润湿剂（SiwetL-7602）	0.5

注：用于铝基。

（10）双重固化金属、塑料涂料参考配方

A 组分：		184	3.7
脂肪族 PUA（VPLS2308）	32.3	助剂	2.9
Desmophen A870	21.1	B 组分：	
MPA	26.0	带—NCO 的脂肪族 PUA（VPLS2337）	14.0

（11）双重固化保形涂料参考配方

A 组分：		B 组分：	
烯丙基醚改性 PUA	45.0	EO-TMPTA	20.0
三甘醇二乙烯基醚（DVE-3）	10.0	1173	5.0
EO-TMPTA	20.0	环烷酸钴	0.2

（12）双重固化喷涂保形涂料参考配方

A 组分：		B 组分：	
脂肪族 PUA	15.0	脂肪族 PUA	15.0
TMPTA	30.0	TMPTA	30.0
HDDA	40.0	HDDA	40.0
HEMA	10.0	HEMA	10.0
1173	3.0	1173	3.0
环烷酸钴	1.0	过氧化叔丁酸	1.0
硅表面活性剂	0.8	硅表面活性剂	0.8
氟表面活性剂	0.2	氟表面活性剂	0.2

注：A：B 按 1：1 混合，8h 内用完。

(13) 混杂光固化粉末涂料参考配方

双酚 A 环氧树脂 E12	9	附着力/级	0
丙烯酸树脂 Uvecoat3003	41.5	硬度/H	3
丙烯酸树脂 Uvecoat9010	7.5	柔韧性/mm	2
2959	1	抗冲击强度/kg·cm	40
$Ar_2I^+SbF_6^-$	1		

(14) 双重固化防腐涂料参考配方 (一)

TMPE	15	432	3
E44	45	碳酸丙烯酯	5
EA	24	附着力/级	0
TPGDA	6	硬度/H	3
184	2		

(15) 双重固化防腐涂料参考配方 (二)

TMPE	14.7	432	3
E44	44	碳酸丙烯酯	5
EA	23.5	锌粉	2
TPGDA	5.8	附着力/级	0
184	2	硬度/H	3

(16) 电荷转移体系 UV 涂料配方

乙烯基醚/马来酸酐不饱和聚酯(1:1)	94	1173	6

(17) 无光引发剂 UV 木器涂料参考配方

EA(EB3720)	24.88	(EO)₃TMPTA	33.80
三官能度脂肪族 PUA(EB264)	28.40	胺协同剂(FirstcureAS₄)	3.00
有机硅二丙烯酸酯(EB350)	1.00	氟表明活性剂(FC4430)	0.30
N-取代马来酰亚胺	8.60	MEHQ	0.02

(18) 混杂光固化涂料参考配方

脂环族环氧丙烯酸树脂	48	硫鎓盐 432	2
IBOA	24	附着力/级	1
HDDA	12	铅笔硬度/H	2
EO-TMPTA	12	耐溶剂擦拭/次	500
1173	2		

(19) 双重固化纸张上光油参考配方

混杂树脂(EA 单酯)	45.0	消泡剂 680	0.2
TMATA	36.0	流平剂 45	0.2
TPGDA	4.5	活性胺	4.5
NPGDA	4.5	光泽度	96
自由基光引发剂 1173	3.6	附着力	合格
阳离子光引发剂 CI74	0.9	铅笔硬度/H	4
附着力促进剂 P115	0.6		

（20）三重固化涂料参考配方

三重固化 PUA[①]	49	羟基聚酯树脂 181X	10
PO-TMPTA	27	BYK 流平剂	少许
TPGDA	11	BYK 消泡剂	少许
1173	3	光泽/%	95～98
乙酸丁酯	3	抗冲击强度/kg·cm	50
4%环烷酸钴	1.5	附着力/级	0～1
过氧化环己酮	0.5		

① 用 HDI、聚酯三元醇和三羟甲基丙烷二烯丙基醚及 2-羟基-3-苯氧基-丙醇丙烯酸酯合成的具有光固化、常温气干性氧化还原固化和—NCO/OH 固化三重固化聚氨酯低聚物。

6.19.10　阳离子光固化涂料参考配方

（1）阳离子 UV 涂料参考配方（一）

脂环族环氧树脂(Celloxide2021,环氧值 145)	30	硫鎓盐	3
双酚 A 环氧树脂(Epokate-828,环氧值 190)	20	SiO₂ 粉末	60
双酚 A 环氧树脂(Epokate-1001,环氧值 450)	50		

（2）阳离子 UV 涂料参考配方

脂环族环氧树脂(ERLX-4360)	76.7	阳离子光引发剂(6992)	4.0
三环戊基二甲醇(TCDM)	18.8	润湿剂 L7604	0.5

（3）阳离子 UV 涂料参考配方（二）

羟丁基乙烯基醚改性聚酯低聚物	49.5	阳离子光引发剂(UVI-6974)	1.0
1,4-环己基二甲醇二乙烯基醚	49.5		

（4）阳离子 UV 涂料参考配方（三）

脂环族环氧树脂(Uvacure1500)	61.2	乙二醇	3.2
改性脂环族环氧树脂(Uvacure1533)	20.4	硫鎓盐(Uvacure1590)	2.4
1,6-己基二乙二醇醚	6.4	硅润湿剂(Silwet L-7602)	0.4
CAT 003	6.4		

（5）阳离子 UV 涂料参考配方（四）

双酚 A 环氧树脂(环氧值 500)	46.0	双氰胺	3.5
双酚 F 环氧树脂(环氧值 170)	20.0	二苯基碘鎓六氟磷酸盐	2.0
GMA	7.0	BP	1.5
HDDA	20.0		

（6）阳离子 UV 涂料参考配方（五）

双酚 A 型环氧树脂(E-51)	65	弹性模量/MPa	1009
乙二醇二缩水甘油醚(EPG-669)	15	断裂伸长率/%	13.1
聚己内酯二元醇(Polyol-0201)	16	铅笔硬度/H	4
三芳基硫鎓盐(Ar3S+SbF-6)	4	柔韧性/mm	1～2
拉伸强度/MPa	26.5		

（7）阳离子 UV 塑料涂料参考配方（一）

脂环族环氧树脂（UVR6105）	72.5	三芳基硫鎓盐（UVI6992）	5.0
环氧树脂（Heloxy48 Epoxide）	10.0	润湿剂（Silwet L7604）	0.5
环氧树脂（Vikolox 14 Epoxide）	5.0	流平剂（Resiflow L37）	0.5
一缩二丙二醇	7.0		

注：用于 OPP、PE、PVC 及 PET 等塑料薄膜。

（8）阳离子 UV 塑料涂料参考配方（二）

脂环族环氧树脂（UVR6110）	76.9	阳离子光引发剂（UVI-6974）	1.0
三甘醇二乙烯基醚	19.2	FC430	1.0
阳离子光引发剂（UVI-6990）	1.9		

（9）阳离子 UV 白色塑料涂料参考配方

脂环族环氧树脂（UVR6110）	45.0	阳离子光引发剂（UVI6974）	0.9
1,4-环己基二甲醇二乙烯基醚	27.0	FC430	0.9
三甘醇	8.2	TiO_2	16.4
阳离子光引发剂（UVI6990）	1.6		

（10）阳离子 UV 金属涂料参考配方

环氧化聚丁二烯（PolyBD605E）	100.0	Cyracure 6974	2.0
环氧化聚丁二烯（Sarcat K126）	90.0	Silquest A189	1.5
Cyracure UVR6126	10.0	BYK341	0.1
Vikolox14	6.0		

（11）阳离子 UV 固化涂料参考配方

乙烯基醚改性环氧树脂	71	三芳基硫鎓六氟锑酸盐	3
二乙烯基醚（DVE-3）	15	助剂	1
羟丁基乙烯基醚（HBEV）	10		

（12）阳离子 UV 铝基涂料参考配方

环氧树脂（Uvacure 1500）	56.7	阳离子光引发剂（Uvacure 1590）	5.0
环氧树脂（Uvacure 1530）	37.8	SilweyL-7602	0.5

（13）阳离子 UV 铝基色漆参考配方

原料	黄色	蓝色	红色	黑色
脂环族环氧 UVR6105	95.5	90.5	85.5	75.5
三乙二醇二乙烯基醚 DVE-3	20.0	20.0	20.0	20.0
聚酯二醇 TONE Poly0201	5.2	5.2	5.2	5.2
三芳基硫鎓盐 UV1-6990	8.0	8.0	8.0	8.0
Yellow 13	12.0	—	—	—
Blue 15：4	—	12.0	—	—
Red 210	—	—	12.0	—
Black 250	—	—	—	12.0

（14）UV 阳离子防腐涂料参考配方（一）

TMPE	21.3	碳酸丙烯酯	5
E44	63.7	附着力/级	0
432	5	硬度/H	3
聚乙二醇 400	5		

（15）UV 阳离子防腐涂料参考配方（二）

桐油改性酚醛环氧树脂	21.3	PEG400	5
双酚 A 环氧树脂 E-44	63.7	硬度/H	3
阳离子光引发剂 432	5	附着力/级	0
碳酸丙烯酯	5		

6.19.11 光固化功能涂料参考配方

（1）UV 防雾涂料参考配方（一）

光敏丙烯酸酯低聚物	45	BP	2
HEA	4	1173	3
AM	12	乙二醇乙醚	6
CAS[1]	14	附着力/级	1
MBA	10	防雾性/(°)	15.5
TPGDA	2	透光率/%	93.4

① CAS 丙烯基烷醚羟磺酸钠。

（2）UV 防雾涂料参考配方（二）

聚醚 PUA	50	消泡剂、流平剂	0.4
表面活性剂	10	附着力/级	1
甲基丙烯酰氧乙基三甲基氯化铵	6	铅笔硬度/H	3
PEG(200)DA	10	防雾性能	温差 50℃饱和水蒸气条件下，5min 以上不起雾
TMPTA	15		
DPHA	5	耐湿热性能	240h,样品不发白
184	2	耐湿热 240h 后防雾性能	防雾性不下降,不起雾
BP	2		

（3）UV 防雾涂料参考配方（三）

原料	1	2	3
纳米 SiO_2		20.4	
改性 SiO_2 A	28.9		
改性 SiO_2 B			29.7
PEGDA	6.8	5.1	
PEGDMA			7
磺丙基丙烯酸钾	0.3	0.2	
磺丙基甲基丙烯酸钾			0.3
184	0.4	0.3	0.3
水	2.4	1.8	2.5
乙醇	61.3	72.2	60.2
水洗前防雾级别[1]	10	10	10

水洗前后防雾级别	10		10		10

① 防雾级别 1～10 级，10 为最佳。

（4）UV 防雾涂料参考配方（四）

光敏亲水性丙烯酸树脂	30	184	5
光敏表面活性含氟低聚物	0.05	乙醇	40
丙烯酸酯化聚丙烯酸酯	4	硬度/H	2
六官能度 PUA	7	附着力/级	1
PETA	3	接触角/(°)	30
TPGDA	6	透明性	好
磺酸基丙烯酰胺	10		

（5）UV 耐污 PVC 地板消光面漆参考配方

含氧、聚硅氧烷低聚物(Etercure 6154B-80)	40.0	固化膜光泽度(60°)/%	50±5
		消光粉(UV 55C)	10.0
HDDA	15.0	分散剂(EFKA 5065)	0.2
(EO)₃TMPTA	30.7	消泡剂(BYK 088)	0.1
1173	4.0	硬度(铅笔硬度)/H	1
黏度(25℃)/mPa·s	1400	附着力(划格法)	100/100
外观	白色乳状	耐污性(奇异笔擦拭)	佳
固化条件/(mJ/cm²)	300		

（6）UV 塑料（PC、PMMA）耐污涂料参考配方

含氟、聚硅氧烷低聚物(Etercure 6154B-80)	40.5	固化膜光泽度(60°)/%	93
		BP	2.0
DPHA	25.0	活性胺(6420)	10.0
(PO)₂NPGDA	20.0	流平剂(EterSlip 70)	0.5
184	2.0	硬度(铅笔硬度)/H	1
黏度(25℃)/mPa·s	1900	附着力(划格法)	100/100
固化条件/(mJ/cm²)	300	耐污性(奇异笔擦拭)	佳

（7）UV 耐污涂料参考配方（一）

原料	配方 1	配方 2	配方 3
有机硅改性超支化 PUA(UT63982)	50	50	65
两官能度改性 PEA(Unicryl R-9821)	20	20	10
PETA	20	20	15
184	3	3	3
TPO	1.5	1.5	1.5
东曹哑粉(E-1011)		7	
流平剂(Tego7100)	0.1	0.1	0.1
含 F 助剂(RS-75)		2	2
透光率/%	92.2	92	
雾度/%	0.12	0.18	
硬度/H	2	2	3
钢丝绒耐磨	50 次无痕	60 次无痕	70 次无痕
水接触角(初试)/(°)	107	110	108

水接触角(高温高湿 100h 后)/(°)	106	107	107

注:各配方产品用油性笔(初试和高温、高湿 100h 后)写后收缩成雾,珠状,易擦除,无痕。

(8) UV 耐污涂料参考配方 (二)

原料	配方 1	配方 2
有机氟 UV 树脂(DSP-520F)	60	54.6
IBA	14.4	13.1
BP	1.5	1.37
184	0.5	0.46
EAC	23.6	20.47
亚光粉		9
光泽/%	94	2
硬度/H	2	
水接触角/(°)	100.9	90
水接触角(50℃/RH95%/1h)/(°)	102.1	94
十六烷接触角/(°)	65.5	58
十六烷接触角(50℃/RH95%/1h)/(°)	65.4	57.5
油性笔写后擦拭	擦掉无痕迹	擦不掉

(9) UV 耐污涂料参考配方 (三)

原料	配方 1	配方 2	配方 3	配方 4
有机硅改性 PUA(UA-830)	60	54		
有机硅改性 PUA(UA-833)			65	61.6
BP	1.5	1.5	1.5	1.5
184	0.5	0.5	0.5	0.5
亚光粉		5.3		4.85
溶剂	38	38.7	33	31.35
光泽(60°)/%	93	2	92	3
硬度	F	H	<HB	HB
RCA 耐磨性/次	>500	>500	10	10
水接触角/(°)	99	101.7	100.6	104.1
水接触角(50℃/RH95%/1h)/(°)	99.2	102.2	102.4	105.3
十六烷接触角/(°)	32.6	34	33.6	36.1
十六烷接触角(50℃/RH95%/1h)/(°)	33	35.7	33.8	36.6

(10) UV 抗指纹涂料参考配方 (表 6-46)

表 6-46　配方　　　　　　　　　　　　　　　　单位:质量份

原料	商品名或化学名	实施例						对比例1
		1	2	3	4	5	6	
丙烯酸酯树脂	6145(长兴)	50		10	50	50	50	10
	CN9010(沙多玛)		20	15				15
	2265(拜耳)			20				20

续表

原料	商品名或化学名	实施例						对比例1
		1	2	3	4	5	6	
单体	三丙二醇二丙烯酸酯	10		40	10	10	10	40
	三羟甲基丙烷三丙烯酸酯	15				15	15	15
	季戊四醇三丙烯酸酯		50					
	丙氧化季戊四醇四丙烯酸酯			25				25
光引发剂	1-羟基-环己基-苯基甲酮	3	4		3	3	3	
	2,4,6-三甲基苯甲酰基-二苯基氧化膦			2				2
	异丙基硫杂蒽酮	2			2	2	2	
	2-羟基-2-甲基-1-苯基-1丙酮			4				4
溶剂	乙酸乙酯	50		50	50	50	50	50
	乙酸丁酯	30		50	30	30	30	50
	异丙醇	40		50	40	40	40	50
	正丁醇	20		50	20	20	20	50
	丙二醇甲醚		100	50				50
	乙二醇乙醚	80			80	80	80	
流平剂	聚醚改性有机硅	0.05			0.05	0.05		
	聚酯改性有机硅		0.05					
	氟改性丙烯酸酯	0.05		0.3	0.05	0.05	0.05	0.3
	聚二甲基硅氧烷			0.2				0.2
防污树脂	氟改性丙烯酸树脂,重均分子量10000					1		
	氟改性丙烯酸树脂,重均分子量7000	1	3	5				
	氟改性丙烯酸树脂,重均分子量5000						1	
	氟改性丙烯酸树脂,重均分子量3000				1			
	硅改性树脂 DR-U095(长兴)							5

（11）UV 纳米抗菌木器漆参考配方

EA	40	纳米抗菌剂	3
PUA	20	SiO_2	6
BA	15	附着力/级	1
TPGDA	15	柔韧性/mm	1
TMPTA	6	耐磨性(750g/500r)/g	0.013
1173	2	抗菌率(大肠菌和金黄色葡萄球菌)/%	>99
184	1		

（12）UV 抗菌涂料参考配方 （一）

SM6103	59	附着力/级	1
CN2302	30	硬度/H	1
184	3	抗菌率/%	100
甲基丙烯酸二甲胺基 乙基溴代十六烷基季铵盐	8		

（13）UV 抗菌涂料参考配方（二）

6134 B-80	38.5	硬度/H	3
TPGDA	38.5	附着力/级	0
光敏抗菌剂季铵化巯基 SiO	20	耐磨性	＞1000
1173	3	抗菌效果(大肠杆菌、金黄色葡萄球菌)/%	99.9

（14）UV 抗菌涂料参考配方（三）

聚醚型脂环族 PUA	47	抗菌剂溴化 1-烯丙基-3-烷基咪唑	5
TPGDA	20	硬度/H	1
HDDA	15	吸水率/%	2.5
IBOA	10	抗菌效果(大肠杆菌、金黄色葡萄	99.0
1173	3	球菌)/%	

（15）UV 抗菌涂料参考配方（四）

聚醚型脂环族 PUA	49	抗菌剂四季膦盐	1
TPGDA	20	硬度/H	3
HDDA	15	吸水率/%	3.2
IBOA	12	抗菌效果/%	99.0
1173	3		

（16）UV 水性隔热保温涂料参考配方

有机硅、环氧改性水性 PUA	50	流平剂	1
表面覆盖 TiO₂ 的中空 SiO₂ 粒子水分散体	46	附着力/级	1
2959	2	硬度/H	2
消泡剂	1	隔热保温温差/℃	5

（17）UV 隔热保温涂料参考配方

有机硅改性 PUA	70	硬度/H	3
TPGDA	20	耐水性(3d)	不发白、不起泡
1173	2.5	可见光透过率/%	80
纳米 ATO	9.5	近红外阻隔率/%	70

（18）UV 阻燃涂料参考配方（一）

磷酸酯改性环氧-聚氨酯丙烯酸酯	60	1700	3
TPGDA	30	活性胺	2
TMPTA	10	氧指数(LOI)	26.5

（19）UV 阻燃涂料参考配方（二）

新戊二醇丙烯酸酯磷酸酯	23	硬度/H	2
甲基丙烯酸化三聚氰胺	16	柔韧性/mm	3
PETA	26	光泽/%	109
GMA	32	氧指数(LOI)	29.5
1173/819(3/1)	3		

（20）UV 阻燃涂料参考配方（三）

纯丙烯酸酯低聚物	40	硬度/H	2
PETA	18	附着力/级	0
三嗪基四丙烯酸酯	13	柔韧性/mm	2
磷杂环丙烯酸酯磷酸酯	26	氧指数(LOI)	28.5
1173/819(3/1)	3		

（21）UV 抗静电涂料参考配方

多官能团丙烯酸酯(EB 1290)	50	1850	3
TMPTA	25	184	3
HDDA	19	导电聚苯胺微凝胶(17.8%含固量)	100

（22）UV 电磁屏蔽导电涂料参考配方

PUA	22	片状镀银铜粉(含银量 3%)	25
TMPTA	20	附着力/级	0
MMA	20	硬度/H	3
184	5	表面电阻/Ω·m	1.026
TPO	2	电磁屏蔽效能/dB	65
AIBN	4		

（23）UV 吸波涂料参考配方

PUA	65	1173	4
TMPTA	5	掺杂聚吡咯 PPY	10
TPGDA	20	附着力/级	0
PETA	4	硬度/H	4
MAA	2		

（24）UV 抗阳极遮蔽保护油墨

材料	配方 1	配方 2	配方 3	配方 4	配方 5
酸酐改性 EA	15	20	20	25	15
脂肪族 PUA	30				50
芳香族 PUA	25	5			
己内酯脂肪族 PUA		50		25	
四氢呋喃脂肪族 PUA			40	25	
IBOA		5	15		
HEA	10				10
TMPTA				5	5
184	3	3	2	3	3
TPO	1.5	1	1.5	1.5	
丙烯酸酯磷酸酯		0.5			1
聚醚改性聚二甲基硅氧烷	0.5	0.3	0.3	0.3	0.5
氨基甲氧基硅烷			1		
滑石粉	15	15	20	15	15
酞菁蓝	0.5	0.5	0.5	0.5	0.5

第 7 章 光固化油墨

7.1 概述

油墨是由连结料、有色体（颜料、染料等）、填料、添加物等物质组成的均匀混合物，主要用于印刷和包装行业，是印刷工业最重要的印刷材料之一。

油墨产品按印刷方式不同可分为胶印（平版）油墨、凹印油墨、凸印油墨、柔印油墨、网印（丝印）油墨、移印油墨和喷墨油墨等。按承印物不同可分为纸张油墨、塑料油墨、金属油墨、玻璃油墨、陶瓷油墨和织物印花油墨等。按干燥方法不同可分为挥发干燥型油墨、渗透干燥型油墨、氧化干燥型油墨、热固化油墨、光固化油墨和电子束固化油墨等。此外，用于防伪和特殊需要的油墨有光敏油墨、热敏油墨、压敏油墨、发泡油墨、香味油墨、导电油墨、磁性油墨、液晶油墨、喷射油墨和微胶囊油墨等。

印刷上使用的代表性油墨的干燥方式因印刷类型而异。主要有挥发干燥、渗透干燥、氧化聚合干燥、热固化和 UV/EB 固化。

（1）挥发干燥方式

通过加热使油墨中的溶剂或水挥发而干燥的方式。溶剂油墨因含有 VOC 而对环境不利。为使水基溶剂或高沸点溶剂油墨干燥必须配置大型烘箱，相应地能量消耗也很大。该方式干燥后的墨膜只是油墨中的固体成分在承印物上附着形成的，墨膜的强度也就是连结料本身的强度。

（2）渗透干燥方式

油墨中的溶剂和水等低黏度成分渗入承印材料中，树脂、颜料等固体成分附着在承印物表面的干燥方式。这种方式的油墨可用于纸张类多孔隙吸收材料，但不能用于非渗透性的材料（如塑料等）。渗透干燥方式作为报纸印刷干燥方式被使用，干燥时间短且不需要干燥设备。使用此类油墨进行彩色印刷时，油墨印在承印物上后需要让其干燥不掉色。

（3）氧化聚合方式

氧化聚合型油墨使用由亚麻仁油和大豆油等带双键的油脂作连结料，能与空气中的氧气产生氧化聚合反应而干燥。与渗透干燥方式一样，虽然干燥不需要设备和消耗能量，但需要一定的干燥时间，不能马上进入下道工序。另外，为防止造成背面粘脏而进行喷粉，操作时会带来环境问题。

（4）热固化方式

热固化型油墨使用环氧树脂、聚氨酯树脂和氨基树脂等可热固化交联树脂作连结料，同时配用热固化剂，为双组分体系，使用时按一定比例混合搅匀，经红外烘道或热风加热，发生热交联而固化成膜。热固化油墨性能优良，但能耗大，又有溶剂挥发不环保，所以不少品种被节能环保的 UV 油墨所取代。

（5）UV/EB 固化方式

UV/EB 固化型油墨含有活性材料，经紫外光（UV）或电子束（EB）照射而固化。由于不含溶剂等 VOC 成分，对环境影响小，还可用于塑料等非吸收性的承印材料。UV/EB 是瞬间固化，印刷以后可立即转入下道工序。UV/EB 油墨不经紫外光或电子束照射不会固化，所以不会黏附在印刷机上。

UV 油墨干燥是瞬间固化，所以具有印刷后可立即转移至下道工序的优点。由于需要 UV 照射，所以比起氧化聚合和渗透干燥方式要多消耗能量，但与使用大型烘箱的挥发干燥型油墨或热固化油墨相比，干燥耗能就小得多。印刷的油墨膜是经 UV/EB 材料交联反应而形成，所以非常坚韧。此外该方式的油墨不会被承印物吸收，也不需要加热，可用的承印材料非常广泛。

UV 油墨由于无溶剂排放，所以是一种环保型油墨，它与普通油墨相比，有很多优点：

① 无溶剂排放，既环保又安全；

② 生产效率高，印刷速度可达 100～400m/min，光纤油墨更可高达 1500～3000m/min；

③ 快速固化，故印刷品是干燥的，叠放时不会因油墨未干而相互沾污，因而不用喷粉，所以印刷机和车间环境清洁，无粉尘污染；

④ 油墨印后立即固化，网点不扩大，油墨也不会渗透到纸张中，故印刷品印刷质量优异，印品颜色饱和度、色强度和清晰度都明显好于普通油墨；

⑤ 可以在线加工作业，适合流水线生产；

⑥ 可适用对热敏感的承印物印刷。

UV 油墨目前存在的主要问题是：

① 价格较贵，影响了推广应用；

② 部分原材料（活性稀释剂、光引发剂）有气味、毒性或皮肤刺激性，影响了在食品、药品和儿童用品包装印刷中的应用；

③ 瞬间固化，造成体积收缩，使油墨层内应力大，降低了对承印物的附着力，影响了在金属等制品中的应用；

④ 需在避光、低温（<30℃）条件下运输和贮存。

UV 油墨可适用于各种不同的印刷方式，几种常用的印刷方式所用 UV 油墨的基本性能见表 7-1。

表 7-1　适用于不同印刷方式的 UV 油墨的基本性能

印刷方式	颜料含量/%	黏度范围/mPa·s	一般膜厚/μm	固化速率/(m/min)
凹印	6～9	20～300	9～20	70～400
凸印	12～16	10000～15000	3～8	50～100
柔印	12～18	100～2000	2～5	60～300
网印	5～9	5000～10000	8～25	10～25
胶印	15～21	18000～30000	1～3	100～400
无水胶印	14～18	13000～18000	1～4	50～100

UV 油墨与普通油墨所用主要原材料比较见表 7-2。

从表 7-2 中看到 UV 油墨斫用的连结料是低聚物，主要为具有光固化性能的丙烯酸类树脂；UV 油墨不使用溶剂或油，而用活性稀释剂，主要为具有光固化性能的丙烯酸官能酯；UV 油墨的催化剂为光引发剂，在紫外光照射下能发生光化学反应，产生自由基或阳离子，

表 7-2　UV 油墨与普通油墨所用主要原材料比较

UV 油墨	普通油墨	UV 油墨	普通油墨
低聚物	树脂	颜料	颜料
活性稀释剂	溶剂或油	填料	填料
光引发剂	催化剂	各种添加剂	各种添加剂

从而引发丙烯酸低聚物和丙烯酸官能酯发生聚合和交联固化，使油墨干燥。

7.1.1　低聚物

连结料是油墨的主体组成，它是油墨中的流体组成部分，起连结作用。在油墨中将颜料、填料等固体粉状物质连结起来，使之在研磨分散后形成浆状分散体，印刷后在承印物表面干燥并固定下来。油墨的流变性能、印刷性能和耐抗性能等主要取决于连结料。UV 油墨的连结料是低聚物，它的性能基本上决定了固化后油墨层的主要性能：印刷适性、流变性能、耐抗性能和光固化速率等，因此低聚物的选择是 UV 油墨配方设计的最重要环节。

UV 油墨的低聚物分子量较传统溶剂性油墨要低，UV 油墨固化后，墨膜层体积会产生一定的收缩，体积收缩产生收缩应力，影响油墨与承印物之间的附着力。当低聚物分子量较低、可聚合官能团含量较高时，易导致较大的体积收缩率，特别是使用高官能度活性稀释剂时，体积收缩尤为显著。低聚物如果分子量较高，黏度随之增加，需要更多的活性稀释剂调配，而且在大多数情况下，油墨层的体积收缩主要来自多官能团活性稀释剂。因此应用于 UV 油墨中的低聚物需考虑几个因素：

① 低聚物本身的光固化性能和固化膜的性能；
② 低聚物与颜料之间的相互作用，如润湿性、分散性、稳定性；
③ 低聚物对油墨印刷适性的影响。

自由基光固化 UV 油墨的低聚物主要为各种丙烯酸树脂，最常用的是环氧丙烯酸树脂、聚氨酯丙烯酸树脂、聚酯丙烯酸树脂、氨基丙烯酸树脂和环氧化油丙烯酸酯，它们的应用性能见表 7-3。阳离子光固化油墨的低聚物则是环氧树脂和乙烯基醚类化合物。

表 7-3　UV 油墨常用低聚物比较

低聚物	优点	缺点
环氧丙烯酸树脂	价格便宜,光固化速率快、光泽和硬度高,耐抗性好,对颜料润湿性良好	柔韧性差,较易乳化
聚氨酯丙烯酸树脂	综合物性好,耐磨性、柔韧性好,附着力、耐抗性好	价格较高,黏度高
聚酯丙烯酸树脂	价格较低,对颜料润湿性好,综合物性较好	耐化学品性较差,光固化速率较低
氨基丙烯酸树脂	价格较低,综合物性较好	品种较少,选择余地小
环氧化油丙烯酸树脂	价格便宜,黏度低,对颜料润湿性优良,对皮肤刺激性小	光固化速率慢,综合物性较差

7.1.2　活性稀释剂

活性稀释剂是 UV 油墨中又一个重要组成，它起着润湿颜料、稀释和调节油墨黏度的作用，同时决定着 UV 油墨的光固化速率和成膜性能。活性稀释剂的结构特点直接影响 UV

油墨的流变性能和分散性，从而影响油墨的印刷适性。

活性稀释剂对 UV 油墨的影响，表现在对油墨的色度、色相、饱和度和色差的影响：

① 活性稀释剂对油墨色度的影响　不同种类活性稀释剂制备的同一颜色油墨之间的色度值（L^*、a^*、b^* 值）是不同的，说明活性稀释剂使 UV 油墨的颜色发生了改变，这在青墨和品红墨上表现突出，而对于黄墨和黑墨则影响不大。另外，活性稀释剂种类对四色油墨的明度值影响较小。

② 活性稀释剂对油墨色相、饱和度的影响　不同种类活性稀释剂配制的油墨饱和度变化不大，说明活性稀释剂种类对 UV 油墨的饱和度的影响较小。采用不同种类活性稀释剂配制的青、品红油墨的色度坐标并不重合，说明活性稀释剂种类对 UV 青、品红油墨的颜色有一定的影响。但活性稀释剂种类对 UV 青、品红油墨的饱和度影响不大，主要影响了 UV 青、品红油墨的色相。

③ 活性稀释剂种类对油墨色差的影响　比较采用不同活性稀释剂配制的油墨的色差，发现颜色差别很大，尤其是品红墨和青墨，说明活性稀释剂结构对油墨的颜色特性是有影响的。但是，关于活性稀释剂结构对 UV 油墨颜色特性的影响机理，现在还不是很清楚，有待进一步研究。

用于自由基光固化 UV 油墨活性稀释剂都为丙烯酸多官能酯，单官能团和双官能团丙烯酸酯稀释能力强，而多官能团丙烯酸酯有利于提高 UV 油墨的光固化速率和油墨层的耐抗性，通常根据 UV 油墨性能要求单、双、多官能团丙烯酸酯混合搭配使用。用于阳离子光固化 UV 油墨的活性稀释剂为乙烯基醚和环氧化合物。

UV 印刷油墨的印品大多和人体直接接触，因此它的卫生安全性能格外受到重视，一些挥发性高、气味大、易致过敏的活性稀释剂不宜使用。如气味较大的丙烯酸异冰片酯（IBOA），较少使用；二乙二醇二丙烯酸酯（DEGDA）和三乙二醇二丙烯酸酯（TEGDA）因皮肤刺激性太强，现已淘汰不用；己二醇二丙烯酸酯（HDDA）有较大的皮肤刺激性，但对塑料有较好的提高附着力作用，长烷基链柔韧性好，主要用于 UV 塑料油墨和对柔韧性有要求的 UV 油墨；新戊二醇二丙烯酸酯（NPGDA）和三羟甲基丙烷三丙烯酸酯（TMPTA）也有较大的皮肤刺激性，因此经常用皮肤刺激性很低的乙氧基化或丙氧基化单体如丙氧基化新戊二醇二丙烯酸酯（PO-NPGDA）、乙氧基化三羟甲基丙烷三丙烯酸酯（EO-TMPTA）、丙氧基化三羟甲基丙烷三丙烯酸酯（PO-TMPTA）来代替。

此外，选择对颜料润湿性能好的活性稀释剂，对制备 UV 油墨也很重要。己二醇二丙烯酸酯对颜料润湿性较好，其他的如双三羟甲基丙烷四丙烯酸酯（DTT$_4$A）、双季戊四醇五丙烯酸酯（DPPA）等油性基团较长或比例较大的活性稀释剂有较好的对颜料的润湿性。

还需留意的是活性稀释剂对印刷机械中胶辊和印版等零部件是否有侵蚀溶胀作用，以免影响印刷机械的正常运行。

常用于 UV 油墨的活性稀释剂见表 7-4。

表 7-4　UV 油墨常用的活性稀释剂

活性稀释剂	官能度	胶印	柔印	凹印	网印	喷墨
2-PEA	1		*	*		
THFA	1				*	
IBOA	1				*	

活性稀释剂	官能度	胶印	柔印	凹印	网印	喷墨
EOEOEA	1			*		
CD9050(单官能团酸酯)	1					*
HDDA	2		*	*	*	*
DPGDA	2		*	*		
TPGDA	2	*	*	*	*	*
(PO)₂-HDDA	2	*				
(EO)₃-BPADA	2	*				
(PO)₂-NPGDA	2	*				*
(EO)₂-HDDA	2		*			
(EO)₄-BPADA	2		*	*	*	
BDDA	2					*
TMPTA	3	*	*	*	*	*
(EO)₃-TMPTA	3	*	*	*	*	*
(PO)₃-TMPTA	3	*	*	*		
PETA	3	*				
GAPTA	3	*	*	*		*
DTMPTA	4				*	*
DPETA	4		*	*		*
DPEHA	5	*	*			

注："＊"代表可选用。

7.1.3　光引发剂

光引发剂也是 UV 油墨中一个重要的组成，它决定了 UV 油墨的光固化速率。

光引发剂的选择首先要考虑光引发剂的吸收光谱要与 UV 光源的发射光谱相匹配。目前常用的 UV 光源主要为中压汞灯，其发射光谱在紫外区的 365nm、313nm、302nm、254nm 等波长处有较强的发射强度，而许多光引发剂在上述波长处均有较大的吸收。

UV 油墨是一个由颜料组成的有色体系，因颜料对紫外光有吸收、反射和散射，而不同颜色的颜料对紫外光的吸收和反射是不相同，都会影响 UV 油墨中光引发剂对紫外光的吸收，从而影响 UV 油墨的光固化速率，因此 UV 油墨配方中对光引发剂的选择特别重要，要选用受颜料紫外吸收影响最小的光引发剂。颜料在紫外区吸收最小的波长区俗称颜料"窗口"，此波长区紫外光透过最多，最有利于光引发剂吸收。为了充分发挥不同的光引发剂的协同作用，在 UV 油墨中往往都选用两个以上的光引发剂配合使用，以充分利用紫外光源发射的不同波段的紫外光和颜料"窗口"提供的透射的紫外光，达到用最少的光引发剂用量，制成光固化速率最快的 UV 油墨。

UV 油墨常用的光引发剂有 BP、651、1173、184、MBF、ITX、907、369、TPO 和 819 等，它们都是属于自由基光固化用的光引发剂，其中 651、1173、184、MBF、907、369、TPO 和 819 都为裂解型光引发剂，BP 和 ITX 为夺氢型光引发剂。这里特别要指出，白色 UV 油墨一般都选择 TPO 或 819 与 184 配合使用，TPO 和 819 都为酰基膦氧化合物类光引发剂，光引发活性高，有较长的紫外吸收波长，还有光漂白效果，适用各种颜料光固化，特别是白色颜料钛白粉。而 184 是一类耐黄变的光引发剂，与 TPO 和 819 配合使用，对 UV 白色油墨固化极佳。另外，光引发剂苯甲酰甲酸甲酯（MBF）是一种耐黄变更好的光引发剂，过去国内较少使用，MBF 与 TPO 或 819 配合使用于 UV 白色油墨中，其光固化速率和耐黄变性均要优于 184 与 TPO 或 819 组合，因此特别适合白色 UV 油墨和浅颜色 UV 油墨生产使用。黑色 UV 油墨因其颜料主要为炭黑，对紫外光几乎全吸收，必须配用高效的光引发体系，目前认为 369 与 ITX 再配合 TPO 或 819 为最佳。而其他颜色 UV 油墨则常用 ITX 与 907 或 ITX 与 369 配合使用，有很高的光引发活性。这是因为颜料对紫外光吸收，使 907 的光引发效率大大降低，但 ITX 在 360～405nm 有较高的紫外吸收，与颜料竞争吸光并激发至激发三线态，激发态 ITX 与 907 可发生能量转移，使 907 由基态跃迁至激发三线态，激发态 907 进而裂解生成自由基引发光聚合，而 ITX 回到基态。同时 907 分子中的吗啉基叔胺结构与夺氢型 ITX 形成激基复合物，并发生电子转移，产生自由基引发聚合，在这双重作用下，ITX 和 907 配合使用在有色体系中呈现出很高的光引发活性，可在除白色以外的其他颜色的 UV 油墨中应用（因 ITX、907 和 369 都有一定颜色，会影响白色油墨的色泽）。另外，369 的溶解性稍差，原汽巴公司开发了溶解性好的 379 来替代 369；而 IGM 公司在此基础上，开发了 389，其性能更优于 379，可替代 369。

最近，由于发现 BP、907 和 ITX 有毒性，对人体有害，因此欧盟和美国先后不准光固化配方产品使用这三种光引发剂，估计不久我国也会限制使用这三种光引发剂。但 BP 可用大分子 BP（Omnipo BP，IGM 公司生产）来代替；ITX 可用大分子 ITX（Omnipol TX，IGM 公司生产）代替 ITX；907 可用长沙新宇公司生产的 UV6901、钟祥华辰公司生产的 1107、台湾双键公司生产的 Doublecure3907、台湾奇钛公司生产的 R-gen307 来代替。

7.1.4　颜料

颜料也是 UV 油墨的一个重要组成，它是以极小的颗粒分散在油墨成膜层中。颜料在 UV 油墨中主要提供颜色，同时起遮盖作用。由于 UV 油墨中颜料加入量较大，它对 UV 油墨的流变性能（如流动性、黏度等）会有较大的影响。在 UV 油墨中，颜料对紫外光发生吸收、反射和散射，会降低光引发剂的光引发效率，对光固化速率产生不利影响。但颜料的加入，可以减少 UV 固化时的体积收缩，从而有利改善附着力。

颜料可分为无机颜料和有机颜料，鉴于有机颜料的综合性能比无机颜料好，UV 油墨中主要使用有机颜料，但黑色和白色颜料则用无机颜料。UV 油墨常用的颜料，如黄色颜料有汉沙黄、联苯胺黄等，红色颜料有金光红、立索尔宝红等，蓝色颜料有酞菁蓝、碱性蓝等，绿色颜料有酞菁绿等，这些颜料都是有机颜料。而黑色颜料则为炭黑，白色颜料为钛白粉，以金红石型钛白粉为主，它们都为无机颜料。

不同颜料的吸收光谱、透射光谱和反射光谱见图 7-1、图 7-2、图 7-3 和表 7-5。

表 7-5　颜料的吸收峰和透过峰的波长

颜料种类	吸收峰/nm	透过峰/nm
中黄	277	256,310
洋红	304,359	332
酞菁蓝	224,274	258,306.6
炭黑	359	260

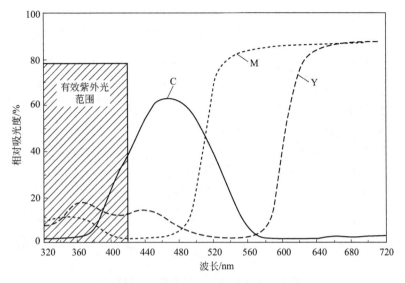

图 7-1 　UV 油墨常用三种彩色颜料的吸收光谱

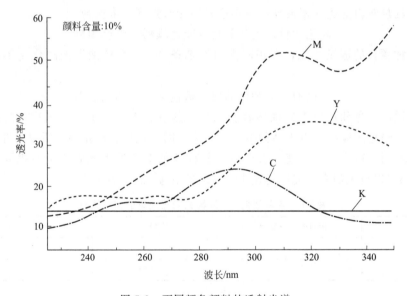

图 7-2 　不同颜色颜料的透射光谱

　　从图 7-1 UV 油墨常用的三种彩色颜料的吸收光谱看到红、黄、蓝三种颜料在 320～420nm 范围内都有不同程度的弱吸收，这些弱吸收区域就是颜料的"窗口"。不同颜料的"窗口"如下：

品	300～400nm
黄	290～370nm
青	370～400nm
绿	整个紫外区有低吸收
黑	整个紫外区有吸收
钛白	大于 380nm

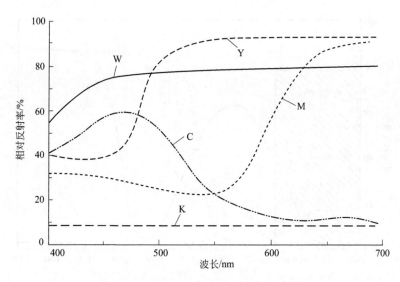

图 7-3　6 种代表性颜料的相对反射光谱

从图 7-2 不同颜料的透射光谱中看到，红、黄、蓝三种颜料在紫外区域均有一定的透光率，特别是红色颜料的透光率最高，颜料透光性能由强到弱依次为：

红色颜料＞黄色颜料＞蓝色颜料＞黑色颜料

根据各种颜料的透光性能，在相同光引发剂条件下，UV 油墨光固化速率由快到慢依次为：

红色油墨＞黄色油墨＞蓝色油墨＞黑色油墨

一般来说，红色和黄色 UV 油墨容易固化，蓝色和黑色油墨相对困难，白色油墨也较难固化。同一颜色的颜料，由于品种不同，结构不同，色相有所差别，所以紫外吸收和透射性能也有所不同，造成光固化速率有差别。各种颜色 UV 油墨光固化难易程度的相对比较可参考表 7-6（以黄色油墨的光固化速率为 100％ 作基准）、表 7-7。

表 7-6　各种颜色 UV 油墨光固化速率的相对比较

油墨颜色	相对光固化速率/％	油墨颜色	相对光固化速率/％
黄	100	蓝	64
红	86	黑	28

表 7-7　七种颜色反射波长与光固化速率关系

七色	反射波长/nm	光固化(快、慢)
红	750	
橙	650	快
黄	590	↑
绿	575	
青	490	
蓝	470	慢
紫	455	

正因为 UV 油墨不同颜色的光固化速率不同，在多色套印时，要将最难固化的颜色先印，容易固化的颜色后印，这样可避免难固化色墨层对易固化色墨层的光屏，同时也使得难固化色墨层有多次接受紫外光辐照的机会，利于固化完全。

颜料对 UV 油墨固化的影响除颜色的不同以外，还与颜料粒径大小有关，粒径越大，紫外光透入越深，因而可固化油墨层厚度也越大。这是因为粒径增大，降低了油墨层的光密度，使紫外光有更大的透过程度的缘故。从表 7-8 中可看到不同粒径的颜料条件下，可固化膜厚比较。

表 7-8　不同粒径的颜料可固化膜厚比较

颜料	用量（按漆料计）/%	粒径/nm	比表面积/(m²/g)	最大可固化膜厚/μm
铁黑	10			55
铁黑	10		10.7	55
铁黄	10	100～400	17.2	25
铁黄	10	200～800	13.0	55
铁黄	10	150～500	5.6	55
炭黑	3	13	460	25
炭黑	3	17	300	25
炭黑	3	25	180	30
炭黑	3	56	40	55

颜料对 UV 油墨固化的影响还要考虑到颜料的阻聚问题。很多颜料分子结构含有硝基、酚羟基、胺类、醌式结构等，这类结构的化合物大多是自由基聚合的阻聚或缓聚剂，颜料虽然溶解性不好，但很少量部分溶解的色素分子往往充当了阻聚剂的作用。同样，颜料中杂质的阻聚作用也不容忽视，所以不同厂家的同种颜料可能会有不同的阻聚效果。

同时，颜料对油墨黏度稳定性的影响也必须加以考虑。有的颜料含有活性氢等易形成自由基的结构，与低聚物和活性稀释剂长时间接触，即使在暗的条件下，也可能通过缓慢的热反应产生自由基，导致发生暗反应，使油墨黏度逐渐增加，直至油墨不能使用。特别是黑色颜料炭黑，必须使用 UV 油墨专用的炭黑，否则，极易在研磨或贮存过程中发生聚合交联，造成油墨失效。

UV 固化油墨还必须考虑颜料对紫外光的耐受性，以及在紫外光辐射下，色相的稳定和颜料的迁移性。对于 UV 油墨中的白墨和黑墨来说，则需要很好的遮盖力和对光的吸收率。颜料吸收紫外光时存在明显的光散射现象，对某一特定波长的光，颜料总有一个散射效果最强的粒径大小，希望 UV 油墨颜料粒子对紫外光散射作用最小。黑色颜料对紫外光和可见光的吸收性很强，几乎找不到透光"窗口"，因此黑色油墨是 UV 油墨中最难固化的。但由于其遮盖力较强，较少用量就可获得满意的着色和遮盖效果，因而也弥补了光固化的问题。

UV 油墨基本的颜色系列包括黄、品红、青、黑、白 5 色（其中白色在包装印刷中打底色）。生产实际中单一颜料难于满足生产要求，必须在现有颜色的基础上进行调色，以求获得所期望的色相。UV 油墨的调色也是依据色料三原色原理进行，复合色相的调制遵从最少颜料品种的原则，配色采用的颜色越多，混合后饱和度就会降低。从 UV 油墨固化的角度来看，使用太多种类的颜料，将增加颜料与光引发剂的吸光竞争，甚至可能把原有的透光

"窗口"封闭，不利于光引发剂的吸光，影响光固化速率和性能。

7.1.5 填料

填料在 UV 油墨中可以改善油墨的流变性能，起补强、消光、增稠和防止颜料沉降等作用，填料价格低廉，也可降低 UV 油墨的成本。填料基本上是透光的，并有较高的折射率，可使入射光线在墨层内发生折射和反射，增加有效光程，提高光引发剂接受光照射的机会，这对 UV 油墨将是非常有利的，可提高光固化速率。填料一般为无机物，不挥发，对人体无害。UV 油墨中添加填料也可减少体积收缩，有利于提高对承印物的附着力。填料对油墨性能的影响主要表现为：

① 填料对油墨细度的影响　随着填料的逐步增加，油墨的细度呈现上升趋势。因为油墨的细度是由油墨中固体粒子的粒径所决定的，未加填料时，油墨的细度主要取决于颜料颗粒的大小。一般用于油墨生产的颜料颗粒都较小，大多为纳米级或微米级，当向油墨样品中添加填料时，填料粒子会进入颜料粒子间的孔隙中，从而在树脂的作用下，粒径会变大。

② 填料对油墨黏度的影响　随着填料的逐步增加，油墨的黏度都有上升的趋势。滑石粉对油墨黏度的影响最大，这是因为它可以吸附油墨中的单体，降低了单体对预聚物的稀释作用，从而使黏度急剧增大。硫酸钡由于颗粒比较细软，密度较大，极易与树脂粘在一起，也会导致油墨黏度的上升。碳酸钙和二氧化钛，由于自身粒径小，分散均匀，黏度增长幅度较小。通过实验，可以看出当填料用量在 5% 以下时，黏度增幅略低，随着用量超过 5% 后，再增加填料的用量，黏度会急剧上升。

③ 填料对油墨固化时间的影响　随着填料用量的增加，油墨固化所需的时间呈现先减小后增大的趋势。实验中 UV 胶印油墨选用的光引发剂为自由基型引发剂，当受到紫外光照射时，光引发剂光解为自由基参与体系反应，由于墨层很薄，空气中的氧气极易渗入墨层与自由基发生反应，从而减少了参与光固化反应的活性基团，反应时间明显较长。当向油墨中添加填料后，由于填料具有较高的遮盖作用，会阻挡空气中的氧气参与自由基的争夺，从而使参与光固化的自由基数量增大，固化时间变短。当然填料的增加量也不是越多越好，因为所选填料是无机物，当用量过多后，会阻挡紫外光对光引发剂的辐射，从而减少了能够光解的引发剂数目，降低了反应的活性，延长固化时间。

④ 填料对油墨层耐摩擦性的影响　随着填料用量的增加，油墨层的耐摩擦性呈上升趋势。尤其对油墨样品添加硫酸钡后，耐摩擦性几乎呈直线上升。硫酸钡的密度为 4.5g/cm^3，比其他所有填料的密度都高，所以成膜后致密性好，受到摩擦时不易被磨损。二氧化钛密度为 $4.2\sim4.3\text{g/cm}^3$，较其他填料密度高，同时晶体结构稳定，具有较好的抗摩擦性。滑石粉对树脂具有吸附作用，可与树脂一起固化成膜，而且滑石粉结构为片状，刚性较高，尺寸稳定性好，耐磨性好。碳酸钙为粉状物质，耐磨性略低于其他填料，但是因其白度较高，价格廉价，在油墨行业也有广泛的应用。

⑤ 填料对油墨层附着力的影响　填料都是固体粉末，在固化时不会发生体积变化，因此加入 UV 油墨中可减少 UV 固化时油墨的体积收缩，从而有利于提高油墨层与承印物间的附着力。

⑥ 填料对油墨层耐热性影响　填料都为无机物固体，有非常高的熔点，因此加入 UV 油墨中可大大提高油墨的耐热性，特别像印制电路板用的 UV 阻焊油墨、液态光成像阻焊油墨和 UV 字符油墨必须能耐 260℃ 以上的高温，添加适量的填料对提高耐热性有非常重要

作用。

总之,填料对 UV 油墨的性能有着重要的影响:填料的添加会加大油墨的细度、黏度、增强油墨层的耐摩擦性,改善油墨的附着力和耐热性,适量的添加有利于减少 UV 油墨的固化时间。

UV 油墨常用的填料有碳酸钙、硫酸钡、氢氧化铝、二氧化硅、滑石粉和高岭土等。由于纳米技术的发展,纳米材料的应用,UV 油墨也开始广泛使用纳米填料。因为纳米微粒具有很好的表面润湿性,它们吸附在 UV 油墨中颜料颗粒的表面,能大大改善油墨的亲油性和可润湿性,并能促进 UV 油墨分散体系的稳定,所以添加了纳米填料的 UV 油墨的印刷适性得到较大的改善。

(1) 纳米二氧化硅用于油墨中

油墨添加纳米二氧化硅后,具有一定的防结块、消光、增稠和提高触变性作用,还有利于颜料悬浮。

(2) 纳米石墨用于油墨中

由于纳米石墨所具有的表面效应、小尺寸效应、量子效应和宏观量子隧道效应,从而使纳米石墨材料与常规块状石墨材料相比具有更优异的物理化学及表面和界面性质。纳米石墨不仅具有石墨的传统优良性能,还具有纳米粒子的独特效应,在高新技术领域有广泛的应用,在印刷领域,将纳米石墨加入油墨中,可制成导电油墨。用添加了特定的纳米粉体的纳米油墨来复制印刷彩色印刷品,能使印刷品层次更加丰富,阶调更加鲜明,极大地增强表现图像细节的能力,从而可得到高质量的印刷品。基于纳米材料的多种特性,将它运用到油墨体系中会给油墨产业带来一个巨大的推动。

(3) 纳米碳酸钙用于油墨填充料

纳米级碳酸钙的颗粒直径在 2~10nm,用于油墨中的胶质碳酸钙最早是氢氧化钙与碳酸钙沉淀,并经表面改性制取具有良好透明性、光泽性的碳酸钙。用于制造油墨具有良好的印刷适性,将其与一定比例的调墨油研磨后,以具有合适流动性、光泽性、透明度、不带灰色等性状。在油墨生产中,颜料分散性越好,平均粒径越小,越容易在连结料中分散均匀,油墨质量越好,作为油墨中体质颜料的碳酸钙,若达到纳米级,并进行表面改性,使其与连结料有很好的相容性,不仅可起到增白、扩容、降低成本的作用,还有补强作用和良好的分散作用,对油墨的生产及提高油墨的质量起到很大的作用。

(4) 纳米二氧化钛用于油墨中

纳米颜料的应用范围相当广泛,生活上的实例如喷墨墨水、涂料、油墨、光电显示器等。纳米二氧化钛除了具有常规二氧化钛的理化特性外,还具有以下特性:

① 由于其粒径远小于可见光波长的一半,故几乎没有遮盖力,是透明的。并且吸收和屏蔽紫外线的能力非常高。

② 化学稳定性和热稳定性好,完全无毒,无迁移性。

③ 以纳米二氧化钛为填充剂与树脂所制成的油墨,其墨膜、塑膜能显示赏心悦目的珠光效果和逼真的陶瓷质感。并且纳米二氧化钛的颜色随粒径的大小而改变,粒径越小,颜色越深。

纳米粉体的应用在颜料上给油墨制造业带来一个巨大的变革,它不再依赖于化学颜料而是选择适当体积的纳米粉体来呈现不同颜色。

（5）纳米金属微粒用于油墨中

我们知道，印刷品，尤其是高档彩色印刷品的质量和油墨的纯度、细度有很大的关系。只有细度小、纯度高的油墨才能印刷出高质量的印刷品。由于纳米金属微粒对光波的吸收不同于普通的材料，纳米金属微粒可以对光波全部吸收而使自身呈现黑色，同时，除对光线的全部吸收作用外，纳米金属微粒对光尚有散射作用。因此，利用纳米金属微粒的这些特性，可以把纳米金属微粒添加到黑色油墨中，制造出纳米黑色油墨，从而可以极大地提高黑色油墨的纯度和密度。

7.1.6　助剂

助剂是油墨的辅助成分。助剂能提高油墨的物理性能，调整颜料和树脂的比例，改变油墨的流动性，影响油墨的光亮性，调整油墨的黏度，改善油墨的印刷适性，提高印刷效果，确保油墨在生产、使用、运输和贮存过程中性能的稳定。

UV 油墨中使用的各种助剂，其性能应和所用的油墨性质相近，并能和油墨很好地混溶在一起，不能和油墨的其他组分发生化学反应，不能破坏油墨结构，不能影响油墨的色泽、着色力、附着力等基本性能。

UV 油墨常用的助剂有消泡剂、流平剂、润湿分散剂、触变剂、附着力促进剂、阻聚剂和蜡等。

（1）消泡剂

这是一种能抑制、降低或消除油墨中气泡的助剂。油墨在生产制造中，因搅拌、分散、研磨，难免会卷入空气形成气泡；在印刷过程中也会产生气泡。气泡的存在会影响墨层的光学性能，造成印刷质量下降，有碍美观，因此必须加入消泡剂来消除气泡。

消泡剂具有与油墨体系不相容性、高度的铺展性以及低表面张力等特性。消泡剂加入油墨体系后，能很快地分散成微小的液滴，和使气泡稳定的表面活性剂结合，并渗透到双分子膜里，快速铺展，使双分子膜弹性明显降低，导致双分子膜破裂；同时降低气泡周围液体的表面张力，使小气泡汇集成大的气泡，最终使气泡破裂。

选择消泡剂除了要求高效消泡效果外，还必须没有使颜料凝聚、缩孔、针眼、失光等副作用。

UV 油墨常用的消泡剂为有机聚合物（聚醚、聚丙烯酸酯）和有机硅树脂（聚二甲基硅油、改性聚硅氧烷），见第 5 章 5.4.1 节的表 5-12 介绍的部分用于光固化体系的消泡剂。

（2）流平剂

这是一种用来改善油墨层流平性，防止产生缩孔，使墨层表面平整，同时增加墨层的光泽度而使用的添加剂。表面张力是油墨层流平的推动力。当油墨印刷到承印物后，表面张力作用使油墨铺展到承印物上，同时表面张力有使油墨层表面积收缩至最小的趋势，使油墨层的刷痕、皱纹等缺陷消失，变成平整光宪的表面。

大多数的流平剂往往同时具有以下作用：

① 利于流动和流平（减少橘皮、缩孔，提高光泽）；

② 防止发花（减少贝纳德漩涡）；

③ 减少摩擦系数，改善表面平滑性；

④ 提高抗擦伤性；

⑤ 改善基材润湿性，防止缩孔、鱼眼和缩边。

此外，油墨在基材上的流平性还与油墨的黏度、基材的表面粗糙程度、环境温度、干燥时间有关。一般来说，油墨的黏度越低，流动性越好，流平性也好；基材表面粗糙，不利于流平；环境温度高，有利于流平；干燥时间长，也有利于流平。

流平剂的种类较多，常见的有溶剂类、改性纤维素类、聚丙烯酸醋类、有机硅树脂类和氟表面活性剂类等，而用于 UV 油墨的流平剂主要有聚丙烯酸酯、有机硅树脂和氟表面活性剂三大类，见第 5 章 5.4.2 节的表 5-14 介绍的部分用于光固化体系的流平剂。

（3）润湿分散剂

这是一种用于提高颜料在油墨中悬浮稳定性的添加剂。润湿分散剂能使颜料很好地分散在连结料中，缩短油墨生产的研磨时间；降低颜料的吸墨量，以制造高浓度的油墨；防止油墨中颜料颗粒的凝聚沉淀。其中润湿剂主要是降低油墨体系的表面张力，使之铺展于承印物上；分散剂吸附在颜料表面上产生电荷斥力或空间位阻，防止颜料产生絮凝、沉降，使油墨分散体系处于稳定状态。由于润湿剂和分散剂的作用有时较难区分，往往兼备润湿和分散的功能，故称为润湿分散剂。

颜料分散是油墨制造过程中的重要环节。把颜料研磨成细小的颗粒，均匀地分布在油墨基料中，得到一个稳定的悬浮体系。颜料分散要经过润湿、粉碎和稳定三个过程。润湿是用树脂或助剂取代颜料表面上吸附的空气或水等物质，使固/气界面变成固/液界面的过程；粉碎是用机械力把凝聚的颜料聚集体打碎，分散成接近颜料原始状态下的细小粒子；稳定是指形成的悬浮体在无外力作用下，仍能处于分散悬浮状态。要获得良好的分散效果，除与颜料、低聚物、活性稀释剂的性质和相互作用有关外，往往还需要使用润湿分散剂才能达到最佳的效果。

润湿分散剂大多数也是表面活性剂，由亲颜料的基团和亲树脂的基团组成。亲颜料的基团容易吸附在颜料表面，亲树脂的基团则很好地和油墨树脂相容，克服了颜料固体和油墨基料之间的不相容性。在分散和研磨过程中，机械剪切力把团聚的颜料粉碎到原始粒子粒径，其表面被润湿分散剂吸附，由于位阻效应或静电斥力，不再重新团聚结块。

常用的润湿分散剂主要有天然高分子类（如卵磷脂）、合成高分子类（如长链聚酯和氨基盐）、硅系和钛系偶联剂等。用于光固化油墨的润湿分散剂主要为含颜料亲和基团的聚合物。见第 5 章 5.4.3 节的表 5-15 介绍的部分用于光固化体系的润湿分散剂。

此外，第 5 章 5.4.3 节的表 5-16、表 5-17 还介绍了迪高公司、毕克公司生产的专用于光固化体系的各种助剂。

（4）触变剂

这是一种加入油墨可提高油墨触变性的添加剂。对于厚油墨层油墨的触变性尤为重要，可防止印刷后油墨横向扩散，提高印品的清晰度。

UV 油墨常用的触变剂为气相二氧化硅。

（5）附着力促进剂

这是一种提高油墨与承印物附着性能的添加剂。对于一些油墨较难附着的承印物，如金属、塑料、玻璃等印刷时，油墨中往往要加入附着力促进剂，以提高油墨的附着力。

承印物为金属时，由于印刷油墨后需进行剪切、冲压等后加工工序，要求油墨层与金属基材有优异的附着力，为此，常在油墨配方中添加附着力促进剂。用作金属附着力促进剂的大多为带有羟基、羧基的化合物，UV 油墨最常用的为甲基丙烯酸磷酸酯 PM-1 和 PM-2，见第 2 章 2.11.2 节中表 2-30。

承印物为塑料时，由于塑料品种较多，除聚烯烃中聚乙烯或聚丙烯，大多数塑料只要选择合适的低聚物和活性稀释剂，附着力问题基本上都可以解决。聚乙烯和聚丙烯由于表面能较低，为非极性结构，除了要选择表面能低的低聚物和活性稀释剂外，配方上还要考虑降低固化体积收缩率，有时可加少量的氯化聚丙烯，以提高附着力。但目前对聚乙烯和聚丙烯基材主要通过印刷前用火焰喷射或电晕放电处理，以使其表面惰性的 C—H 结构转化为极性的羟基、羧基、羰基等极性结构，使聚乙烯和聚丙烯表面与油墨中的低聚物和活性稀释剂亲和性增加，提高油墨的附着力。

对玻璃承印物，常用硅烷偶联剂作附着力促进剂，如 KH 570。KH 570 为甲基丙烯酰氧基硅氧烷，其中甲基丙烯酰氧基可参与聚合交联，硅氧烷基团易与玻璃表面的硅羟基缩合成 Si—O—Si 结构，使油墨对玻璃的附着力提高。

（6）阻聚剂

这是一种用来减少 UV 油墨在生产、使用、运输和贮存时发生热聚合，提高 UV 油墨贮存稳定性的添加剂，因此也称为稳定剂。

UV 油墨常用的阻聚剂有对苯二酚、对甲氧基苯酚、对苯醌和 2,6-二叔丁基对甲苯酚等酚类化合物。但酚类化合物必须在有氧气条件下才能产生阻聚效应，所以 UV 油墨存放的容器内，油墨不能盛得太满，以留出足够的空间，保证有足够的氧气。

最近还有一种用于 UV 油墨的高效阻聚剂三（N-亚硝基-N-苯基羟胺）铝盐（NPAL），但溶解性差，因而常配成活性稀释剂溶液使用，商品名为 ST-1（含量 8％）和 ST-2（含量 4％），它们为厌氧型阻聚剂，并有优良的稳定性，在 60℃ 下可使 UV 油墨保持稳定。

（7）蜡

蜡是油墨中常用的一种添加剂，主要用于改变油墨的流变性，改善抗水性和印刷适性（如调节黏性），减少蹭脏、拔纸毛等弊病，并可改善印品的滑性，使印品耐摩擦，在 UV 油墨中，蜡加入起阻隔空气、减少氧阻聚作用，有利于表面固化。但需要注意的是，如果在 UV 油墨中加入过量的蜡或选错蜡的品种，不仅会降低油墨的光泽度，破坏油墨的转移性，而且会延长固化时间。

常用的蜡有聚乙烯蜡、聚丙烯蜡和聚四氟乙烯蜡等。

7.1.7 油墨的研磨

油墨成分是由固体（如颜料、填料等）、液体（如溶剂、水、活性稀释剂等）和树脂状物质（如天然树脂、高分子合成树脂、低聚物等）组成的，要成为均匀的混合物，就要用机械进行分散研磨，这是油墨生产的主要工艺。特别是颜料本身是极细的颗粒，但在生产和放置过程中会形成聚集体，需要通过机械研磨使颜料聚集体粉碎至所需要的颗粒大小，并分散于连结料中，形成均匀而稳定的分散体。通常在油墨制造过程中，采用捏合机或高速搅拌机进行预分散，然后再用高剪切的研磨机械如三辊机、球磨机或砂磨机等进行分散研磨，制得成品。实际大批量生产时，往往先将颜料和部分连结料，加上润湿分散剂，先研磨制备成色浆，再用色浆和剩下的连结料、填料等研磨制得油墨。

采用不同的研磨设备，不同的研磨时间，可得到不同的颜料粒径大小。表 7-9 用三种不同的研磨设备（球磨机、立式搅拌砂磨机和高压均质机）对 UV 喷墨油墨青色色浆进行分散、研磨，制得的油墨样品，利用激光粒度仪测量油墨样品的粒径及其粒度分布，统计分散后体系中占比为 95％ 的粒径大小的结果。

表 7-9　三种分散设备制得的油墨样品的粒径

分散条件	球磨 6h	球磨 12h	砂磨 1h	均质 1h
粒径/μm	0.91	0.77	0.39	0.26

从表所示结果可以看出，球磨 6h 的样品颜料颗粒粒径最大（0.91μm），球磨 12h 的样品颜料粒径次之（0.77μm），砂磨 1h 分散的色浆样品的颜料粒径（0.39μm），远远小于球磨分散样品的粒径，而均质分散 1h 得到的油墨样品的颜料粒径最小，仅为 0.26μm。

UV 油墨的制造工艺也是如此，只是研磨过程中要防止摩擦过热，以免发生暴聚，所以三辊机和砂磨机等研磨设备应注意通水冷却。另外整个 UV 油墨生产配制过程中避免阳光直射，室内灯光要使用黄色安全灯。

由于印刷方式不同、承印物不同、颜色不同，所以 UV 油墨品种繁多，要求 UV 油墨产品能系列化，以适应各种不同的需求。

7.1.8　光固化油墨性能评价

（1）UV 油墨固化前液态性能

① 表观　UV 油墨外观一般为有色膏状物，大多有较强的丙烯酸酯气味，固化后该气味应基本消失。油墨本体应均匀，不含未溶解完全的高黏度结块，这在光固化油墨的调配过程中比较重要。油墨中需添加的高黏度树脂或固体树脂应均匀溶解于活性稀释剂中，因为溶解不完全的团块也多半成透明状，肉眼不易发现，必须在油墨装罐前将其通过较细的纱网滤掉，同时也可将可能的固体杂质除去。油墨原材料中应不含灰尘等杂质，调配及施工现场注意防尘，特别是对印刷表面墨层美观程度要求较高的场合，更需注意避免不溶性杂质的带入。灰尘及不溶性颗粒不仅本身使固化墨层表面不均匀，还可能妨碍油墨对基材的润湿，诱发针孔、火山口等墨层表面弊病。

② 黏度及流变性　UV 油墨根据使用场合和印刷工艺不同，黏度可以从数十至数百帕·秒。一般而言低黏度油墨有利印刷流平，但也容易出现流挂等弊病。UV 油墨较低的黏度意味着使用过多量的活性稀释剂，活性稀释剂丙烯酸酯基团的含量相对较高，聚合收缩率往往高于低聚物，配方中大量活性稀释剂的存在，容易导致体系整体固化收缩率较高，不利于提高固化膜的附着力。油墨过稀，印刷时将获得较低的膜厚，而且在平整度不高的印刷底材表面容易出现印刷墨层厚薄不均匀的现象。油墨流动太快，底材低洼部分墨层较厚，凸起部分墨层较薄。黏度较高时不利于印刷，墨层流平所需时间较长，不符合 UV 油墨高效快捷的印刷特点，添加流平助剂可作适当改善。

大多数 UV 油墨表现为牛顿流体，不具有触变性，在添加有诸如气相二氧化硅等触变剂的体系中，静态黏度可以很高，甚至成糊状，但随剪切时间延长和剪切速率增加，黏度有所下降。适当的触变性可以很好地平衡流挂和流平的矛盾。

③ 储存稳定性　UV 油墨的储存稳定性主要指它的暗固化性能。合格的光固化配方应当是在避光、室温条件下储存至少六个月以上，而没有明显的黏度上升或聚合固化。储存稳定性主要由光引发剂的性质决定，某些热稳定性较差的光引发剂，即使在暗条件下也可以缓慢热分解产生活性自由基，导致 UV 油墨在储存过程中聚合交联，例如安息香醚系列的光引发剂等。常用光引发剂 1173、184、651 等热稳定性较好，一般不会导致 UV 油墨的暗固化。绝大多数丙烯酸酯低聚物和活性稀释剂在下线装罐前都添加微量的酚类阻聚剂，或者在

合成过程中添加，含量一般在数十至数百毫克/千克范围内，这些微量的阻聚剂保证了 UV 油墨在储运过程中的稳定性。UV 油墨配制过程中一般无需另外添加阻聚剂，但升温加热、炎热夏季高温储运等特殊情况除外。UV 油墨要求避光密封储运，尽可能避免阳光直射。经验显示，UV 油墨置于室内窗口附近经日光照射 24h 内就可能凝胶变质。UV 油墨配方中低聚物的品质对油墨整体储存稳定性非常重要，环氧丙烯酸酯制备过程中，如果物料配比不恰当，存在残留环氧基团或残余酸值较高，都将使储存稳定性降低。聚氨酯丙烯酸酯合成过程中，体系残留异氰酸酯基团浓度控制也很关键，残留的少量异氰酸酯基团容易导致产品凝胶，催化性杂质对储存稳定性也有影响。油墨组分之间在储存过程中可能存在的相互作用应当予以重视，常用丙烯酸酯稀释剂如果质量合格，相互之间不会有明显化学反应，主要考虑活性胺与各组分之间是否存在相互作用。丙烯酸酯体系又是一种厌氧聚合体系，即在空气环境中，氧分子对体系起到一定阻聚作用，对体系的储存稳定有利。油墨配方中难以避免地会存在一些诱导产生自由基的杂质，部分重金属离子可能催化产生自由基，热作用也可能使体系中产生少量自由基，如果没有足够的阻聚手段，体系发生凝胶的倾向总是很大的。除聚合稳定性外，对含有无机填料的配方，还可能涉及填料絮凝沉降的问题，必要时可在填料分散过程中添加少量防沉降助剂，某些商品化的丙烯酸酯共聚物和气相二氧化硅都可起到防沉降的作用。

（2）光固化过程的跟踪表征

光固化过程的两个关键指标是光固化速率和光固化程度，可以用体系可聚合基团转化率（或残留率）来表达光固化转化情况，也可以用聚合热效应、体系转变过程中的物理性质变化等指标表达。用以跟踪光固化进程的具体表征方法有很多，大致可分为间歇法和实时法，各方法总结于表 7-10。

表 7-10　用于跟踪光固化进程的测试方法

间歇法		实时法	
方法	所测性质	方法	所测性质
FT-IR 光谱法	红外吸收光谱	实时红外光谱法	红外吸收光谱
FT-拉曼光谱法	拉曼散射	光照 DSC 法	聚合热
共焦拉曼显微法	拉曼散射（可层次解析）	光声红外法	声波振动（深层解析）
HPLC、GC、GC-MS 分离法	可抽提物	介电法	介电损耗
量重法	凝胶分数或可抽提物	流变法	动态黏度
动态机械力学分析 DMA 法	固化膜损耗模量	荧光探针法	探针分子荧光随固化进程的荧光位移

① 实时红外光谱法　各表征方法之间不一定存在可比性，表征体系不同时，可能所得结果不尽一致。就可靠性和可操作性而言，实时红外直接反映了 UV 油墨体系聚合基团的转变情况，较为客观，它可以在线监测光聚合过程中碳碳双键或环氧基团（阳离子光固化）随光照时间的衰减情况，是目前用于表表征光固化动力学过程最为常用的方法之一。实时红外的工作原理见图 7-4。

图 7-4 的装置是将衰减全反射红外（ATR）与紫外

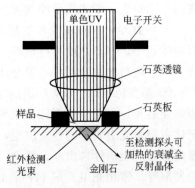

图 7-4　实时红外工作原理示意

光辐照整合在一起，利用 ATR 的层次解析 UV 能力，可对样品各个深度的固化情况进行跟踪。实时红外跟踪得到的各辐照时间下关键基团红外吸收强度，可以定量处理，求得聚合基团转化率对时间的关系曲线，由此，可计算光固化动力学相关参数。如果基团发生红外吸收振动时伴随有偶极矩变化，可通过拉曼散射测定各振动基团的极化程度，获得与红外吸收光谱近似的拉曼光谱中变为强振动带，有利于提高定量表征光固化过程的灵敏度。UV 油墨中丙烯酸酯结构、环氧结构及乙烯基醚结构可用于表征光固化动力学过程的红外吸收谱带和拉曼散射谱带见表 7-11。

表 7-11　用于表征光固化动力学过程的红外拉曼谱带

聚合基团振动带/cm^{-1}	归属	检测方式	对应内标参比带/cm^{-1}
810 丙烯酸酯基团	CH_2 =CH 的 C—H 面外弯曲振动	IR	饱和 CH_2 的 C—H 伸缩振动
1190 丙烯酸酯基团	C—O 伸缩振动	IR	—
1410 丙烯酸酯基团	CH_2 剪式变形振动	IR/Raman	C=O 伸缩振动 1720~1730
1639 丙烯酸酯基团	CH_2 =CH 的 C—H 伸缩振动	IR/Raman	—
790 环氧基团	环醚变形振动	IR/Raman	—
1110 环氧基团	醚键不对称伸缩振动	IR	—
1616~1622 乙烯基醚基团	CH_2 =CH 的 C—H 伸缩振动	IR/Raman	—

实时红外监测技术已有很大发展，精度和灵敏度都有较大提高，它可以在 1s 之内连续记录 4~100 条红外吸收，已成为光固化表征最为有效的手段。其主要特点如下：

a. 时间分辨率可低至 10ms，1s 内可记录 100 条光谱曲线；

b. 样品可水平放置在 ATR 晶体，不需像传统红外那样垂直放置；

c. 具有热台变温功能；

d. 可通入惰性气体予以保护；

e. 对色粉和粉末样品也可进行分析。

离线红外监测因为很难保证每次所检测部位完全一致，而样品不同区域的厚度、性状略有差别，常常导致检测结果的重现性不佳。

② 光照 DSC 法　光照 DSC 法是基于体系聚合热量与基团聚合反应的数量成定量关系，在样品量较小时，这种关系成立，现已成为与实时红外技术并驾齐驱的流行方法。其工作基本原理是体系中单体或树脂的聚合基团在进行光聚合时，单位数量基团的反应热是一定的，至少是在一较小范围内波动，与反应基团所连接的其他部位结构关系不大，主要由反应基团本身的结构决定，这些基团包括丙烯酸酯基、甲基丙烯酸酯基、乙烯基醚的乙烯基、丙烯基及环氧基等。反应基团摩尔放热量列于表 7-12。由上述摩尔基础放热量，结合样品活性基团浓度和样品质量，可计算出一定质量样品完全聚合转化时的理想总放热量，由于实际的光聚合过程大多转化不完全，测量的放热量往往小于理想总放热量，将二者相比，就得到光聚合转化率。这是一种实时监测技术，能够方便、准确地表征光聚合的动力学过程。

表 7-12　反应基团摩尔放热量

活性基团	单位基团聚合放热量 /(kJ/mol)	活性基团	单位基团聚合放热量 /(kJ/mol)
丙烯酸酯	78~86	乙烯基醚	60
甲基丙烯酸酯	57	乙酸乙烯酯	80

光照 DSC 也存在一些局限性，由于样品较低的导热性，DSC 信号响应滞后。辐照装置一般采用低功率光源，以便于跟踪观察光聚合过程，但较低强度的辐照光源与实际生产相差很大，所得光固化速率及最终转化率通常比实际生产上的慢很多。另外，光照 DSC 测试样品的厚度一般设为 0.6mm，远高于实际涂装厚度。但作为一种研究手段，对产品或新体系进行实验室评估，仍然有着较大的应用空间。

③ 光声红外法　对于含有纳米结构、细微结构的非均相油墨体系，印刷在不规则异型表面、泡沫塑料、硅胶等底材的油墨。光声检测法适合于这类油墨，它属于非损伤性检测，只需很少的制样即可完成检测。其原理是样品内特征振动带吸收的特定频率红外光被转化成热能，热能又使样品表面的气体升温膨胀，气压身高，气压升高量可通过麦克风以声波形式感应，红外检测信号是干涉调制处理的，所得感应声波信号也是干涉制式，经数学变换，获得样品的光声光谱图。该方法工作原理见图 7-5 所示。

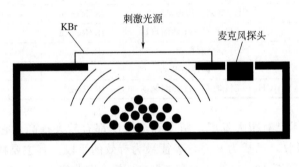

图 7-5　光固化样品光声光谱检测法工作原理示意

④ 动态力学分析　应用动态力学分析（DMA）技术测定光固化膜的分子链段运动状况，可反映体系固化程度，这也是一种间接测定方法，DMA 测试所得储能模量、损耗模量以及损耗角正切等热机械力学参数还需通过其他手段与光固化的转变情况相联系，作为一种横向比较方法，直接测定比较各种条件下固化膜的性能，还是被经常采用。

（3）固化膜性能

① 表面固化程度　某些配方印刷墨层光照后底层交联固化尚可，表面仍有粘连，形成明显指纹印，这时在印刷墨层表面放置小团棉花，用嘴吹走棉花团，检查印刷墨层表面是否粘有棉花纤维，如粘有较多棉纤，说明印刷墨层表面固化不理想，干爽程度不够。可以调高光强；或调整配方，降低聚合较慢组分的比例，提高快固化组分的用量；添加抗氧阻聚组分，也有利于克服表面固化不彻底的弊病。

② 硬度　硬度是指油墨经光固化后交联聚合反应的充分程度，完全充分固化的油墨层表面平滑、有光泽、硬度高，而不完全固化的油墨层，表面粗糙、呈粉状、无光泽、表面硬度低，因此油墨层的硬度是衡量固化后油墨性能的重要指标。检测固化印刷墨层硬度的方法有摆杆硬度、铅笔硬度、邵尔硬度等。摆杆硬度为相对硬度，在实验研究上经常采用。铅笔硬度简单易操作，工业上应用较广泛。硬度受配方组分和光固化条件控制，采用多官能团活性稀释剂、高官能度低聚物，提高反应转化率和交联度等，均可增加其硬度。表面氧阻聚较严重的体系，其固化硬度也将劣化，出现表面粘连，摆杆硬度下降。添加叔胺或采取其他抗氧阻聚措施可改善表面硬度。低聚物中含有较多刚性结构基团时，固化膜硬度也提高，例如双酚 A 环氧丙烯酸酯。芳香族的环氧丙烯酸酯、聚氨酯丙烯酸酯、聚酯丙烯酸酯比相应的脂肪族树脂具有更高的固化硬度。印刷墨层厚度对固化膜硬度有较显著影响。印刷墨层较薄

时，紫外光能可较均匀地被各深度的光引发剂吸收，光屏蔽副作用较小，固化均匀彻底，墨层总体硬度较高；厚印刷墨层的吸光效果存在梯度效应，底层光引发剂吸光受上层光屏蔽影响，固化不均匀，总体硬度相对较低。

影响油墨层硬度的因素主要有：油墨层的厚度、固化的时间、光源照度和油墨配方。

a. 油墨层的厚度　油墨层厚度对硬度指标影响很大。油墨的成膜厚度过厚或局部过厚，使紫外光难以穿透，油墨不能完全固化，或表面油墨虽然固化，而内部的油墨则没有完全固化，这会直接降低油墨的各种耐抗特性、附着力以及油墨层硬度。

b. 固化时间　同油墨层厚度一样，固化时间对硬度也有很大影响。如果固化时间过短，油墨层交联反应不充分，只能形成粉状、粗糙不平、无光泽的油墨层。一般来说，适当延长固化时间，对保证油墨的成膜硬度是有好处的。

c. 光源照度　当光源照度不足或照度不均匀时，就会影响油墨交联聚合的程度。紫外光没有提供足够的聚合反应能量，使固化不充分从而影响硬度和其他性能。因此，要选择照度较高的光源，有利于提高油墨层的硬度。

d. 调整油墨配方　油墨的硬度受多方面条件影响，主要靠调节配方组成和光固化条件来控制，其中前者起主要作用。具体途径有：用多官能团单体，提高交联密度；用含有较多刚性结构基团的低聚物，芳香族环氧丙烯酸酯、芳香族聚氨酯丙烯酯、芳香族聚酯丙烯酸酯比相应的脂肪族树脂具有更高的硬度；配方中添加刚性填料，如硫酸钡、三氧化二铝等，有利于提高硬度；加叔胺或采取其他抗氧阻聚的措施，完善表面固化程度，可提高硬度。

③ 柔韧性　很多底材具有一定可变形性，要求印刷墨层具有相应柔韧性，例如纸张、软质塑料、薄膜、皮革等。这就要求印刷在这些基材上的油墨也必须有一定的柔韧性，否则很容易出现墨层爆裂、脱落等现象。UV 油墨层的弯曲度试验常用来表征其柔韧性，以不同直径的钢棍为轴心，将被覆固化印刷墨层的材料对折，检验印刷墨层是否开裂或剥落。柔韧性较好，但附着力不佳时，弯曲试验可能导致印刷墨层剥离底材；柔韧性较差，而附着力较好时，弯曲试验可能导致印刷墨层开裂。

油墨的柔韧性主要取决于配方组成：

a. 官能度越低，柔韧性越好。单官能度活性稀释剂可以降低 UV 油墨层的交联密度，提高柔韧性，特别是像丙烯酸异辛酯这样同时具有内增塑作用的活性稀释剂，可降低 UV 油墨层的交联度，提高柔韧性。

b. 具有较长柔性链段的多元丙烯酸酯活性稀释剂（如乙氧基化 TMPTA 和丙氧基化甘油三丙烯酸酯等），可以在不牺牲固化速率的前提下提供合适的柔韧性。

c. 具有柔性主链的低聚物可提供较好的柔韧性。如脂肪族的环氧丙烯酸酯、脂肪族聚氨酯丙烯酸酯等的柔韧性要好于相应的芳香族树脂。

d. 活性稀释剂和低聚物玻璃化转变温度 T_g 越低，柔韧性越好。

除配方本身决定 UV 油墨层柔韧性，固化程度也会影响 UV 油墨层的柔韧性，聚合交联程度增加，柔韧性下降。

一般而言，油墨层的硬度与柔韧性是一对矛盾，即硬度的增加往往以牺牲柔顺性为代价，因此在调制 UV 油墨配方时要合理取舍，综合权衡，找到硬度与柔韧性的最佳结合点。

但在使用无机-有机杂化纳米材料的 UV 油墨中，如果形成了纳米级的无机粒子，UV 油墨层的硬度和柔韧性将同时得到提高。

④ 拉伸性能　固化膜的拉伸性能与柔韧性密切相关，在材料试验机上对哑铃形固化膜

施加不断增强的拉伸力，膜层断裂时的伸长率用来表征其拉伸性能，拉伸应力转化成拉伸强度，较高的拉伸率和拉伸强度意味着固化膜具有较好的柔韧性。拉伸性能好的膜层一般柔韧性也较高，但韧性不一定高。柔韧性是评价固化印刷墨层机械力学性能的重要指标，拉伸强度则关系到印刷墨层抗机械破坏能力。

⑤ 耐磨抗刮性　UV印刷墨层的耐磨性一般高于传统溶剂型油墨，因为前者有较高交联网络的形成，后者大多通过溶剂挥发，树脂聚结成膜，发生化学交联的程度远不如UV油墨。耐磨性一般通过磨耗仪测定，将光固化油墨附于测试用的圆形玻璃板上，光固化后置于磨耗测试台上，加上负载，启动机器旋转，设定转数，以印刷墨层质量的损失率作为衡量油墨耐磨性的指标，磨耗率越高，则说明印刷墨层耐磨性越差。耐磨性与印刷墨层的交联程度相关，交联度增加，耐磨性提高。因此，耐磨UV油墨中多含有高官能度的活性稀释剂，如TMPTA、PETA、DTT_4A、DPPA等。使用高官能度丙烯酸酯单体应注意固化收缩率可能较高，导致附着力降低。配方中添加表面增滑剂，降低固化印刷墨层表面的摩擦系数，也是常用的提高耐磨性的方法，例如丙烯酸酯化的聚硅氧烷添加剂，用量很少，利用其与大多数有机树脂的不相容性，在油墨印刷时容易分离聚集于表面，固化成膜后起到表面增滑功能，但使用表面增滑剂可能导致表面过滑。配方中添加适当无机填料常常也可提高耐磨性能。除耐磨性以外，印刷墨层表面的抗刮伤性能有时要求也较高。抗刮伤性能通常不用耐磨仪测定，而大多采用雾度测试表征，它反映的仅仅是印刷墨层表面的抗磨功能，与膜层整体的耐磨性不完全相同。

⑥ 附着力　附着力是指油墨层与基材的结合力，它对于油墨的性能有着重大的影响，如果油墨的附着力不好，其他性能就很难实现，因此，附着力是评价印刷油墨性能的最基本指标之一。附着力的好坏一般采用划格法来评价，在油墨层上划出10×10个小方格，用600#的黏胶带黏附于油墨层上，按90°或180°两种方式剥离胶带，检验油墨层是否剥离底材，以小方格油墨层剥落比率衡量附着力。

影响油墨附着力的因素很多，主要有基材的预处理、表面张力、油墨的黏度和油墨配方。

a. 底材表面的洁净程度严重影响印刷墨层附着力，特别是底材表面有油污、石蜡、硅油等脱模剂、有机硅类助剂时，表面极性很弱，且阻碍油墨与底材表面的直接接触，附着力将严重下降。对这种底材进行打磨、清洗等表面处理，可大大改善附着力。对多孔或极性底材，附着力问题容易解决，多数常规配方可以满足基本的附着力要求。某些商品化的附着力促进剂添加到配方中也非常有效。氯化树脂可改善对聚丙烯材料的附着性能；含有羧基、磷（膦）酸基的树脂或小分子化合物，在印刷墨层中起到"分子铆钉"的作用，通过化学作用增强附着力，适用于金属底材的UV油墨。但聚乙烯材料一般需要经过火焰喷射处理或电晕放电处理，增强表面极性，才可以保证油墨的附着。

b. UV固化油墨在基材上的附着力与UV油墨在基材上的润湿有着重要关系，而UV油墨在基材上的润湿主要由UV油墨和基材的表面张力决定，也就是说只有UV油墨的表面张力小于基材的表面张力时，才可能达到良好的润湿，而润湿不好既可能出现很多表面缺陷，就不会有好的附着力。所以要想UV油墨在基材上有好的附着力，就必须尽量降低UV油墨的表面张力，同时增大基材的表面张力。可以通过添加表面活性剂，来降低UV油墨的表面张力。不同的基材有不同的表面张力，而且基材又有极性与非极性之分，对表面张力低、难以附着的基材，可以通过化学氧化处理、电晕处理以及光照处理等方法来增大基材的极性，从而提高基材的表面张力，来实现提高基材与油墨附着力的目的。

c. 在 UV 油墨配方中添加增黏剂，可以提高油墨的附着力。但油墨的黏度过高，使油墨的流平性差和下墨量过大，会产生条纹和橘皮状。另一方面，温度对油墨的黏度有重要的影响，UV 油墨的黏度随环境温度的高低而变化，温度高时油墨的黏度降低，温度低时油墨的黏度升高，所以使用 UV 油墨的生产环境尽可能做到恒温。因此，要提高油墨的附着力，既要控制添加的增黏剂使之适量，又要控制好生产环境。

d. 要提高 UV 油墨的附着力，从 UV 油墨配方上作调整也很重要，要选用体积收缩率小的低聚物和活性稀释剂。体积收缩越小，光聚合过程中产生的内应力越小，越有利于附着。低聚物的分子量越大、官能度越低，体积收缩越小，越容易产生良好的附着力。活性稀释剂在大多数配方中最主要的作用是稀释，但由于活性稀释剂也参与光交联反应，因此它也会对油墨的性能产生影响。活性稀释剂的分子量一般较小，单位体积内的双键密度大于低聚物，固化时的体积收缩往往要大于低聚物，而且官能度越高体积收缩越大，这对于附着力来说是不利的。但是，活性稀释剂黏度较低，且有些活性稀释剂的表面张力较低，有利于提高油墨对基材的润湿、铺展能力，增大两者的接触面积，形成较强的层间作用力，有利于提高附着力。所以，活性稀释剂由于分子量小，双键密度高，体积收缩大，会对附着力造成不利影响；正因为其分子量小，分子的活动能力高于低聚物，可以很好地对基材形成溶胀、渗透等作用，使光聚合时能在基材的浅层形成与油墨本体相连的交联网络结构，从而提高附着力。

e. 低聚物和活性稀释剂的较低的玻璃化转变温度（T_g）也有利于提高附着力。玻璃化转变温度低，主链越柔软，有利于内应力的释放，固化后的油墨层不会由于内应力的积聚，产生变形、翘曲，有利于提高附着力。

⑦ 光泽度 光泽度一般采用光泽度计测定，可以采用 30°角或 60°角测定，60°角测定结果往往高于 30°角的测定结果。相对于溶剂型油墨，UV 油墨较容易获得高光泽度固化表面，如果配方中添加有流平助剂，光泽度可能更高，常见光固化涂料的光泽度可以轻易达到 100% 或以上。溶剂型油墨因在成膜干燥过程中大量溶剂挥发，对印刷墨层表面扰动较大，影响微观平整度，光泽度容易下降。随着人们审美观念的不断变化，亚光、磨砂等低光泽度的印刷效果越来越受欢迎。亚光效果可通过添加微粉蜡或无机亚光粉等获得，微粉蜡一般为合成的聚乙烯蜡或聚丙烯蜡，分散于 UV 油墨中，固化成膜时因其对油墨体系的不相容性，游离浮于固化膜表面，形成亚光效果。这种亚光效果有柔软的手感，有一定蜡质感，由于消光蜡粉仅仅是浮于表面，本身强度较低，抗刮伤效果大多不理想。添加气相二氧化硅、硅微粉、滑石粉等无机组分，难以简单获得亚光磨砂效果。在无机消光方面，UV 油墨不同于传统溶剂型油墨，后者含有较多溶剂，成膜干燥时大量溶剂挥发，油墨层体积大幅度收缩，无机粒子容易暴露在油墨层表面，达到消光效果。而 UV 油墨基本不含挥发性组分，成膜固化原理完全不同，油墨层体积不会有较大幅度减小，无机粒子难以暴露在油墨层表面。不得已而采用做法是在配方中添加适量的低毒害惰性溶剂，增加固化时的油墨层体积收缩率，迫使无机消光粉暴露于固化油墨层的表面。

对添加有硅粉消光剂的 UV 油墨，也可以采用分步辐照的方法，获得磨砂、消光效果。具体为先对湿印刷油墨层用较长波长的低强度光源辐照，因其对油墨层较好的穿透效果，可使下层基本固化，而油墨层表层因氧阻聚的干扰，表层固化较差，在油墨层内形成下密上疏的结构，借助无机硅粉与有机交联网络的不完全相容性，无机粒子被迫向固化滞后的表层迁移，聚集到印刷墨层表面；此时再用波长较短、能量较高的光源辐照油墨层，使油墨层表面彻底固化，获得较明显的消光、磨砂效果。无机消光粉的加入往往导致黏度徒增，采用蜡包裹的粉料，降低粉粒表面极性，可在一定程度上减缓增黏效果，但作用有限。聚酰胺类消光粉是一类较新的消光材料，对油墨黏度的影响极小，而且在较低的用量下就可获得硅微粉难以比拟的消光效果，抗刮伤性能方面也优于聚乙烯蜡粉和聚丙烯蜡粉。

低聚物对消光效果也有影响，气相二氧化硅用作消光剂添加到完全不含低聚物的乙氧基化多官能团活性稀释剂中，印刷油墨固化后，可表现出良好的磨砂效果。但添加环氧丙烯酸酯后，亚光磨砂效果却消失了，这可能和低聚物的固化收缩率有关。另外，环氧丙烯酸酯固化速率快，抗氧阻聚性能优异，表面固化完全，易形成高光泽度膜面。聚氨酯丙烯酸酯和聚酯丙烯酸酯的固化速率相对较低，也容易受到氧阻聚干扰，油墨内层固化较好，而油墨表面常常固化不理想，容易受到油墨内少量挥发性成分的扰动，导致表面微观平整度下降。氧分子在油墨表面的作用，产生较多羟基，导致表面结构趋于极性化，使得环境中的灰尘容易黏附于其表面。这些因素都可能导致固化后油墨光泽度降低，但光泽度的降低幅度不大，希望以此获得令人满意的亚光效果，恐怕难以实现。对完全不含外加消光材料的 UV 油墨，还可以通过一种特殊的二次固化方式，获得亚光，甚至极具装饰特色的皱纹表面。一般是对印刷墨层先用穿透力差的短波长光源（UV 光源 254nm 线、准分子激发光源的 172nm 以及 222nm 线）进行辐照，由于光线穿透力差，光交联仅发生在印刷墨层浅表层，底层仍为液态，上层固化收缩，产生皱纹，再以长波强光辐照，彻底固化，根据配方性能、辐照条件、收缩程度等，可获得细腻的亚光表面，以及肉眼清晰可见的皱纹图案。

⑧ 耐抗性能　UV 油墨的耐抗性能包括对稀酸、稀碱及有机溶剂的耐受能力，可以从油墨层的溶解和溶胀两方面评价，它反映油墨层对酸、碱和溶剂破坏的耐受性能。通常用棉球蘸取溶剂对油墨层进行双向擦拭，以油墨层被擦穿见底材时的擦拭次数作为耐溶剂性能评价指标；也可以用溶剂溶胀法表征，以固定溶胀时间下膜层增重率（即溶胀率）作为评价指标。因为 UV 油墨固化后最终形成高度交联网络，一般不会出现油墨层大量溶解，只可能是油墨层内小部分未交联成分被溶出，因此，通常 UV 油墨的凝胶指数可达到 90% 以上。固化后油墨层长时间浸泡在某些溶剂中，常常出现溶胀问题。如果配方中低聚物和活性稀释剂带有较多羧基等酸性基团，则固化后的油墨层对碱性溶剂的耐溶解性能下降。提高固化交联度可增强油墨层的耐溶剂能力，因此，适当添加多官能度丙烯酸酯活性稀释剂可基本满足油墨层耐溶剂性能的要求。低聚物结构对油墨层耐溶剂性能有一定影响，基于 IPDI 的 PUA 比基于 TDI 的 PUA 具有更好的耐溶剂性能；基于聚酯二醇的 PUA 固化后耐溶剂性能高于聚醚类 PUA，含支化聚醚型 PUA 的耐溶剂性能高于直链状聚醚型的 PUA。几种常见光固化树脂交联聚合后对各种溶剂的耐溶胀性能列于表 7-13。

表 7-13　溶剂对几种固化树脂的溶胀率

溶剂	聚氨酯丙烯酸酯/%	环氧丙烯酸酯/%	聚酯丙烯酸酯/%
甲苯	2	1	0
丁酮-2	12	5	1
四氢呋喃	15	7	1
丙酮	17	7	1
氯仿	50	25	2

耐溶剂性与 UV 油墨交联密度关系密切，交联密度越大，耐溶剂性越强。因此，提高 UV 油墨的交联密度是改善油墨耐溶剂性的有效途径。此外，耐溶剂性还与 UV 油墨的表面状况有关系，表面固化越完全，耐溶剂性越好。如果 UV 油墨表面有蜡粉等阻隔成分，耐溶剂性也会增强。

⑨ **热稳定性**　一般装饰性 UV 油墨无需考虑热稳定性问题，但如用于发热电器装置或受热器件印刷，则需考虑其长期耐热性。由于 UV 油墨较高的交联度，热稳定性一般高于溶剂型或热固化油墨，采用多官能团丙烯酸酯活性稀释剂，可提高油墨的热稳定性。低聚物分子中具有芳环结构可增强耐热性，双酚 A 环氧丙烯酸酯树脂固化膜的耐热性良好，该固化膜于 120℃下经过 200h，红外吸收光谱、物理性能及光学指标均无明显变化，酚醛环氧丙烯酸酯树脂含有更高的芳环比例，固化膜的耐热性能更优。相对而言，聚氨酯丙烯酸酯含有易热分解的氨酯结构，固化膜的热稳定性略低，尤其是脂肪族的 PUA。硅微粉、滑石粉等无机填料的加入，也有利于提高固化膜耐热性。电子束固化的印刷油墨因不含光引发剂，耐热性能高于相应的 UV 印刷墨。表征固化膜热稳定性的测试方法有热重法、差示扫描量热法等。

⑩ **固化膜的玻璃化转变温度**　一般通过测定固化膜的玻璃化转变温度（T_g）来估算其平均交联度大小，T_g 如果远远低于室温，则硬度较低，柔顺性较高。另外，交联密度这一概念也不应简单与柔顺性和硬度挂钩，墨层的耐磨、冲击、抗蚀、拉伸等多种性能与交联密度有关。按一般规律，如果固化膜的 T_g 低于当时使用温度（例如室温），交联网络处于黏弹态，能够表现出较好的柔顺性。如果固化膜的 T_g 高于使用温度，则交联网络处于僵硬玻璃态，硬度较高，但柔顺性较差。另一个影响固化膜柔顺性的因素是其玻璃化转变温度的跨度 ΔT_g，随着温度的升高，墨层发生玻璃化转变总有一个开始温度和一个结束温度，该温度范围越宽，则柔顺性和抗冲击性能越好。实际上 ΔT_g 的大小也反映了交联点间链段的长短、运动能力等性能。基于以上分析，可通过调整配方获得较好的固化膜柔顺性。一般来说，单官能团的活性稀释剂可以降低交联密度，增加墨层柔顺性。但墨层硬度和拉伸强度均会降低，三官能团活性稀释剂则正好相反，双官能团单体的性能应介于其间。环状单官能团单体对平衡硬度与柔顺性均有贡献，其中的环状结构不干扰交联密度，但可适当阻碍链段的自由旋转和运动。双官能团的 HDDA、TPGDA、DPGDA 以及单官能团的 EDGA、IBOA 交联固化后，都能获得较为平衡的硬度和柔顺性。

调节油墨柔顺性和硬度时，常规经验是在环氧丙烯酸酯为主体树脂的基础上，适当使用部分柔性聚氨酯丙烯酸酯或聚酯丙烯酸酯。多数情况下，聚酯丙烯酸酯的成本低于聚氨酯丙烯酸酯。同时还可使用少量单官能团单体、乙氧基化 TMPTA、丙氧基化甘油三丙烯酸酯等多官能团柔性单体，将不同性能的稀释单体合理搭配，可协调固化膜的柔韧性与硬度等性能。有机-无机杂化纳米油墨可以同时获得较高的硬度和柔韧性。另外，在常规油墨体系中直接添加适当的无机纳米填料，也可以同时获得这种"双高"性能。

7.2　光固化网印油墨

丝网印刷又叫丝印或网印，属于孔版印刷。网印的印版是一种多孔的丝网模版，直接将感光胶或菲林制成的图文安放在丝网上，印刷时用橡胶刮板使油墨通过丝网图文镂空部分漏印至网下承印物上。丝网模版是将蚕丝、尼龙丝、聚酯纤维或不锈钢丝、铜丝、镍丝绷在网框上，使其张紧固定而制得。

网版印刷过程如图 7-6 所示。

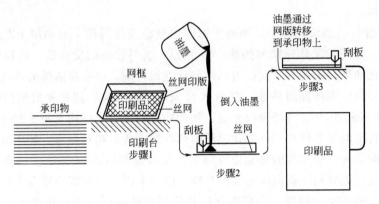

图 7-6　网版印刷过程示意

丝网印刷首先要制备丝网印版。丝网印刷印前制版，经历了手工制版、照相制版和计算机直接制版三个阶段。手工制版、照相制版为模拟制版，计算机直接制版则为数字化制版。数字化制版的应用，给丝网印刷提供了提高印刷质量、印制高精尖产品的良好条件。丝网印版制作方法有直接法、间接法和计算机直接制版法三种方法。直接法是在丝网上直接涂布网印感光胶制版，间接法是在丝网上粘贴网印感光膜制版，数字化计算机直接制版也要在丝网上涂布网印感光胶。不同的是直接法和间接法都先要用感光胶片制成带图像和文字的底片，再曝光、显影制成印版。而数字化计算机直接制版不需要感光胶片，只需将图像和文字资料先输入计算机，然后利用计算机在已涂布网印感光胶的网版上制版。相同的是三种制版方法都要使用网印感光胶。

丝网印刷的主要特点如下：

① 油墨层厚　一般胶印、凸印、柔印的油墨厚度只有几微米，凹印也只有 $9\sim20\mu m$，而网印油墨厚度可达 $30\sim100\mu m$，因此油墨的遮盖能力特别强。

② 可使用各种油墨印刷　网印可使用溶剂型、水性、热固化、光固化、电子束固化等多种不同种类的油墨，印品油墨干燥包括挥发干燥、渗透干燥、氧化聚合干燥、热固化干燥、光固化干燥、电子束干燥等。

③ 版面柔软，印刷压力小，可在各种承印物上印刷　丝网印版柔软而富有弹性，所以不仅可在纸张、薄膜、纺织品等柔软的材料上印刷，而且还可在金属、硬质塑料、陶瓷等硬度高的材料上直接进行印刷，因为网印的印刷压力很小，所以也可以在玻璃等易碎材料上印刷。

④ 承印物的形状和大小无限制　网印能在特殊形状的成型物（瓶杯、工业零部件等）及各种展平物上印刷，而且能印刷超大型的广告、背景板、旗帜等材料，还能在厚膜集成电路等超小型、超高精度的材料上印刷。

网印印刷的上述特点，使在胶印、凸印、柔印、凹印等难以印刷的情况下，都可以用网印来印刷，所以网印的用途是非常广泛的。网印可用于纸张、纸板、塑料、金属、木材、玻璃、陶瓷、纤维、厚膜等材料的表面印刷，不管它的形状、厚度和尺寸大小，既可手工操作，又能自动化机器印刷，故广泛用于包装、装潢、广告、印制电路、电子元器件等领域。

通常网印油墨的性质可表述为如下：

① 黏度　是阻止液体流动的一种性质，若液体流动的阻力黏度过大，油墨不易通过丝网，造成印品印迹缺墨；黏度过低，会造成印迹扩大，影响印品清晰度及分辨率。

② 可塑性　指油墨受外力作用发生变形后，仍保持其变形前的性质，油墨的可塑性有利于提高印刷精度。

③ 触变性　是油墨溶胶和凝胶的互换现象，表现油墨静置一定时间后变稠，黏度变大，把油墨搅动后变稀，黏度又变小，也有利于提高印刷精度。

④ 流动性（流平性）　指油墨在外力作用下，向四周展开的程度。流动度是黏度的倒数，流动度与油墨的塑性和触变性有关系，塑性和触变性大的，流动性就小，反之就大。流动性大印迹容易扩大，流动性小，印迹易出现结网。网点交织的结点出现结墨现象，亦称网纹。网印油墨的流动性一般在 30～50mm 之间。

⑤ 黏弹性　指油墨在刮板刮印过程中，被剪切断裂后，油墨迅速回弹的性能。要求油墨变形速度快，油墨回弹迅速才有利于印刷。

⑥ 干燥性　要求油墨在网版上的干燥愈慢愈好，油墨转移到承印物上后，干燥越快越好。

⑦ 细度　颜料及固体料的颗粒大小在 15～45μm，适合印刷的油墨细度，应是网孔开度的 1/3～1/4。

⑧ 拉丝性　用墨铲挑起油墨时，丝状的油墨拉伸不断裂的程度称拉丝性墨丝长，油墨在印刷面出现很多细丝，使承印物及印版沾脏，网点扩大，网点堵塞起毛，造成无法印刷。拉丝现象的产生是由于油墨中的连结料分子量过大及油墨黏度过大有关，有时因油墨的过期而产生拉丝现象较多。

⑨ 色彩　色彩有三个属性，即色相、亮度、纯度。色相是颜色固有的色彩相貌，一定波长的光波，代表了某一个固定的色相，色相不同，其光波的波长也不同，色相是色与色之间的主要区别。亮度也称为明度，对色相相同的一系列颜色，他们之间由于明亮度不同，看上去有深有浅，愈接近白色，明度愈大。纯度又称饱和度，即色彩接近标准色的程度，越接近标准色，纯度越高，反之纯度愈低。

⑩ 油墨的透明度和遮盖力　它们是一对矛盾关系，油墨的遮盖力越好，则透明度越差；反之油墨的透明度好，则遮盖力就差。

⑪ 油墨的耐候性　油墨印在承印物上后，其颜色、牢度等能在自然条件下，暴露在户外保持不变的性质，称为耐候性。油墨的耐候性主要取决于颜料，而 UV 油墨由于有光引发剂存在，也会影响油墨的耐候性。

网印油墨由于黏度较大（1～10Pa·s），印刷速度较低（5～30m/min），墨层较厚（10～30μm），因此在制备 UV 网印油墨时要根据上述性能特点进行配方设计。

(1) 低聚物的选择

UV 网印油墨常用的低聚物为环氧丙烯酸树脂，光固化速率快，综合性能好，价格便宜，也可适当加入聚氨酯丙烯酸树脂，改善脆性，提高柔韧性和附着力。还可使用部分聚酯丙烯酸树脂和氨基丙烯酸树脂。

适用于 UV 网印油墨的低聚物见表 7-14～表 7-17。

表 7-14　湛新公司推荐用于 UV 网印油墨的低聚物

产品	产品类型	特性
Ebecry 745	25％TPGDA＋25％HD-DA 纯丙烯酸树脂	对许多塑料都具有良好的附着力，如 PE、PP 等，并具有良好的耐候性，但固化速率慢
Ebecry 220	脂肪族 PUA	高的固化速率，有一定柔韧性，特别用于深色油墨，以促进固化
Ebecry 245	含 25％TPGDA 脂肪族 PUA	在柔性或难附着基材上，是提高附着力的最好树脂之一，但黏度高
Ebecry 2001	含 5％水脂肪族 PUA	可以用水稀释的树脂（可用 90％的水稀释），快速固化，良好的附着力和柔韧性
IRR 376	含 30％EO-TMPTA 脂肪族 PUA	低体积收缩，很好的附着力和反应速率，特别适用高光泽和高反应速率的油墨
Ebecry 83	胺改性聚醚丙烯酸树脂	固化速率快，残留气味低，低黏度，可改善表面固化
Ebecry 7100	叔胺丙烯酸酯	固化速率快，对塑料有出色的附着力，用于改善表面固化，也可用作塑料基材附着力促进剂
Ebecry P115	可聚合的三级胺	高效助引发剂，改善表面固化，特别适用纸张
Ebecry 436	含 40％ TMPTA 氯化 PEA	较好的颜料润湿性，良好的固化速率，对塑料和金属附着力好，适用金属和塑料基材
Ebecry 524	含 30％HDDA PEA	对难附着的基材有良好的附着力，和聚氨酯丙烯酸树脂相容性好
Ebecry 584	含 40％HDDA 氯化 PEA	固化速率快，对塑料基材有良好的附着力，不能用于包装行业
Ebecry 605	含 25％TPGDA 双酚 A-EA	固化速率快，高光泽，出色的耐溶剂性，常推荐用于纸张
Ebecry 3701	柔性双酚 A-EA	可改善柔韧性和附着力

表 7-15　沙多玛公司推荐用于 UV 网印油墨的低聚物

产品	产品类型	特性
CN 963 B80	含 20％HDDA 双官能团脂肪族 PUA	不黄变，耐候性好，适用于 UV 网印油墨
CN 966 B85	含 15％HDDA 双官能团脂肪族 PUA	高柔韧性，不黄变，改善附着力，适用于 UV 网印油墨
CN981	双官能团脂肪族 PUA	快速固化，耐候性好，出色的高拉伸强度和高伸长率，适用于 UV 网印油墨
CN9001	双官能团脂肪族 PUA	对塑料和 PC 附着力好，柔韧性和耐候性好，适用于 UV 网印油墨
CN9893	双官能团脂肪族 PUA	耐磨性和韧性好，不黄变，适用于 UV 网印油墨
CN294	四官能团 PEA	固化速率快，良好的水墨平衡，对颜料润湿性好，良好的印刷适性，适用于 UV 胶印、柔印、凹印和网印油墨
CN750	三官能团氯化 PEA	对塑料良好的粘接力，耐化学品性好，柔韧性好，低固化收缩率，适用于 UV 胶印、网印油墨
CN790	三官能团丙烯酸化 PEA	对聚烯烃良好的粘接力，与多数单体相容，较高黏度，柔韧性好，适用于 UV 油墨
CN2278	双官能团 PEA 混合物	专为颜料分散的研磨树脂，有效改进黏度、流平和光泽，低固化收缩率，适用于 UV 柔印、网印和喷墨油墨
CN2281	双官能团 PEA	固化速率快，低黏度，粘接性好，适用于 UV 柔印、网印和喷墨油墨
CN2282	四官能团 PEA	快速固化反应，颜料润湿性好，粘接性和柔韧性好，适用于 UV 胶印、柔印、网印油墨

续表

产品	产品类型	特性
CN2295	六官能团 PEA	固化速率快,颜料润湿性好,硬度、耐磨性和耐化学品性好,适用于 UV 油墨
CN118	双官能团改性 EA	颜料润湿性好,光泽、耐化学品性、耐水性和附着力好,适用于 UV 胶印、网印油墨
CN132	低黏度二丙烯酸酯低聚物	快速固化,低黏度,柔韧性好,推荐用于需高活性、低黏度的 UV 柔印、网印油墨
CN371	双官能团反应性胺助引发剂	提高深层固化和表面固化速率,低挥发性和低气味,硬度高,适用于各种 UV 油墨
CN386	双官能团反应性胺助引发剂	提高表面固化速率,低挥发性和低气味,良好附着力,适用于各种 UV 油墨

表 7-16　台湾长兴公司推荐用于 UV 网印油墨的低聚物

产品	产品类型	特性
6113	双官能团脂肪族 PUA	优异的坚韧性,耐黄变性佳,增强附着
6123F-80	含 20%DPGDA 双官能团脂肪族 PUA	弹性与柔韧性佳,耐磨性佳,耐化学品性佳,附着力佳
6134B-80	含 20%HDDA 三官能团脂肪族 PUA	耐磨性优,耐水性佳,耐黄变性佳,坚韧性佳
6143A-80	含 20%TPGDA 双官能团脂肪族 PUA	柔韧性优,促进附着
6148J-75	含 25%IBOA 双官能团脂肪族 PUA	柔韧性和延伸率优,耐黄变性佳,促进附着
6150-100	六官能团脂肪族 PUA	耐黄变性佳,耐刮性佳,固化速率快,耐水性佳
621-100	双官能团 EA	低色数,高光泽
6219-100	双官能团环氧甲基丙烯酸酯	低色数,高光泽
623-100	双官能团改性 EA	促进坚韧性,耐刮性和耐化学品性佳
625C-45	含 55%TMPTA 酚醛环氧丙烯酸酯	高表面硬度,耐热性佳,耐化学品性佳
6313-100	四官能团脂肪酸改性 PEA	低刺激,颜料润湿佳
6315	改性 PEA	低黏度,反应性佳,耐磨与坚韧性佳,耐溶剂性佳
6320	四官能团 PEA	低黏度,高光泽,反应性佳,耐刮性佳,耐溶剂性佳
6327-100	双官能团改性 PEA	低黏度,反应性佳,耐溶剂性佳
DR-E510	三官能团 PEA	墨性佳,附着好,耐溶剂性佳
6417	特殊三级胺丙烯酸酯	固化速率快,低气味,固化后减少浮移
6425	胺改性双官能团 EA	表面固化快速,高光泽,耐溶剂性佳
6430	反应性三级胺助引发剂	稀释力佳,低气味,低色数,表面固化快速,固化后减少浮移
6584N	含 30%TMPTA 纯丙烯酸树脂	柔韧性佳,颜料润湿佳,对 PP 附着力佳
DR-A801	含 46%HDDA/TPGDA 纯丙烯酸树脂	固化速率快,柔韧性佳,对不同底材增强附着力
DR-A845	含 46%HDDA/TPGDA 纯丙烯酸树脂	柔韧性佳,颜料润湿分散性佳,附着力佳

表 7-17　部分国内低聚物生产厂推荐用于 UV 网印油墨的低聚物

公司	商品名	产品组成	官能团	黏度(25℃)/mPa·s	特点
中山千叶	UV1510	特种 EA	2	12000～18000	附着力、润湿性、韧性好
	UV3500	脂肪族 PUA	4	45000～80000	固化快、耐黄变
中山科田	2202	PEA	2	30000～40000	固化速率快,表干,柔韧性佳,附着力好,低收缩
	3360	脂肪族 PUA	3	130000～160000	固化速率快,表干佳,耐化学品性,附着力好,光泽高
广州五行	W2614	脂肪族 PUA	2	55000～75000	耐黄变、耐候性、坚韧性佳,对塑料附着力好
	EA8204	PEA	2	20000～40000	低收缩、柔韧性、附着力佳,耐黄变优异
深圳哲艺	616	PEA	4	600～700	固化快、颜料润湿性、流动性,印刷适应性好
	2600	芳香族 PUA	6	800～1000(60℃)	高反应活性,高耐磨,高交联密度,耐化学品性佳

（2）活性稀释剂的选择

UV 网印油墨使用的活性稀释剂，一般根据 UV 油墨的黏度、光固化速率等要求，选择单、双、多官能团丙烯酸酯搭配使用。

常用于 UV 网印油墨的活性稀释剂见本章 7.1.2 节表 7-4。

（3）光引发剂的选择

UV 网印油墨所用的光引发剂，通常以 ITX 与 907 配合为主；对红、黄两种颜色的油墨可以 651 或 1173 为主；黑色油墨用 369 与 ITX 配合为佳；白色油墨则用 TPO 或 819 与 184 或 MBF 配合。对低档的 UV 网印油墨，还可加入 BP 与活性胺，以降低成本。要提高光固化速率，往往可适当加入 0.5%～1.0% 的 TPO，也可添加适量的叔胺或活性胺。

UV 网印油墨使用光引发剂的量一般在 2%～6% 之间，根据印刷 UV 网印油墨的厚度、UV 网印油墨的光固化速率、UV 固化机的 UV 光源的功率和光强、UV 网印油墨的不同颜色等因素，进行适当选择。

（4）其他

UV 网印油墨所用颜料与一般油墨类似，由于油墨层厚，所以颜料用量相对较少，一般占油墨总量的 5%～8% 左右。

UV 网印油墨黏度较大，而颜料添加量又较少，可以加入较多的填料调节黏度，特别加入折射率较好的透光填料，有利于油墨层底部的固化。填料价格便宜，可降低油墨成本；填料加入可减少固化体积收缩，有利于提高附着力。为了改善网印的滑爽性，常添加滑石粉。

UV 网印油墨为了改善印刷适性，提高网印质量，必须要加入助剂，如消泡剂和流平剂等，尽量使用光固化体系专用的助剂（见第 5 章表 5-12、表 5-14、表 5-15、表 5-16、表 5-17）。使用有机硅类或含氟类助剂时，要考虑重涂性，即套色印刷时，要将表面张力低的色墨印在表面张力高的色墨上。对厚油墨层或有触变性要求的 UV 网印油墨，要用触变剂气相二氧化硅。

UV 网印油墨制造一般都将低聚物、活性稀释剂、光引发剂和颜料及填料等用捏合机或高速搅拌机混合后，再用三辊机研磨至所需要的细度，助剂按使用要求，在生产过程中加入混合均匀，就制得成品。

UV 网印油墨的理化性能见表 7-18。

表 7-18 UV 网印油墨的理化性能

测试项目	性能要求	测试方法
附着力	100/100	划格法,用胶带剥离
硬度	3H	铅笔硬度法
耐折性	优	6-15 弯曲试验机,弯折棒 3mm,180°
叠印性	优	双色的叠印性和耐折性
耐乙醇	无异常	用布浸 100％乙醇往复擦涂 100 次
耐汽油	无异常	用布浸汽油往复擦涂 100 次
耐溶剂性	无异常	用布浸醋酸往复擦涂 100 次
耐酸性	无异常	用布浸 10％ HCl 往复擦涂 100 次
耐碱性	无异常	用布浸 5％ NaOH 往复擦涂 100 次
耐粘页性	无异常	在印刷面上加 200mg/cm² 负荷,70℃,1h
耐粉化性	5 级,无色转移	负荷 500g/cm²,反复 3 次
耐划伤性	优	划伤
耐摩擦性	优	负荷 500g/cm²,研磨机反复 300 次
耐候性	无异常	耐气候牢度试验 400 次

使用 UV 网印油墨的工艺条件及注意事项:

① UV 油墨印刷用的丝网一般选用高张力、低延伸率的 S 级黄色丝网或 UV 专用丝网,丝网目数分别为 120T/cm、140T/cm、150T/cm、165T/cm、180T/cm,结构为 1∶1 的平纹织网,网框选用高强度不变形网框。

② 网点或多色套印的几块网版张力需一致。张力不一致,油墨层会不均匀而变色调。一般张力误差小于 2N/cm,普通印刷张力在 20～25N/cm,四色印刷张力在 23～27N/cm。

③ 印刷时,刮板在 60°～90°之间选用,一般手工用 70°,机印 80°。

④ 油墨在使用前要充分搅拌,特别是加入添加剂后,一定要搅拌均匀,否则就会产生有的油墨固化后附着力强,有的油墨没有固化或未充分固化,造成附着力差,印件还会发生粘连。

⑤ UV 灯的功率一定要满足所用 UV 油墨的要求,并调整好固化速率。

⑥ 固化后冷却至室温,用 3M-600 胶带进行划格胶带测试。一般固化后 24h,附着力和耐溶剂性达到最佳。

⑦ 用普通洗网水洗网,但不能用酒精。

⑧ 在批量生产前,任何 UV 油墨都要用实际印刷及 UV 光固设备进行严格测试,UV 油墨生产商所提供的技术资料仅供参考。因为墨层厚度、颜色、UV 固化机中 UV 光源功率、UV 固化机传送带速度及承印物的种类和表面状态等因素,均会影响光固化效果。

7.3 光固化装饰性油墨

在包装印刷行业中,近年来利用 UV 固化技术,开发出一系列具有特殊装饰效果的 UV 网印油墨。这是由于 UV 油墨在印刷与固化过程中,利用控制 UV 油墨的组成、固化机理及固化速率的不同方式，可以产生很多种自然的、特殊的装饰图案，而无论溶剂型、烘烤型或自干型油墨，都无法实现的。人们还利用油墨印刷过程中，常会产生气泡、缩孔、疵点、皱纹、橘皮、晶纹等缺陷，人为地通过不同手段加以夸大，从而产生皱纹、磨砂、珊瑚、冰花等图案，具有很好的装饰效果，并发展成为新的 UV 网印油墨。这些具有特殊装饰效果的 UV 油墨组成了一系列的 UV 装饰性油墨。这些 UV 装饰性油墨广泛地应用于包装印刷上，不仅提高了包装印刷的档次，而且成为高档烟、酒、茶、保健品、礼品、工艺品印刷包装和请柬、贺卡、挂历、名片、装饰材料印刷的重要材料。

UV 装饰性油墨品种很多，大致可分为三种类型：

① 外添加型　即油墨内添加了特殊效果的填料、颜料或助剂，印刷后油墨表面呈现特殊的装饰效果，如磨砂油墨、珠光油墨、发光油墨、香味油墨、发泡油墨等。

② 化学转变型　油墨印刷后，表面看不到装饰效果，在光固化过程中，油墨发生化学或物理变化，表面形成皱纹、冰花、裂纹等图案的皱纹油墨、冰花油墨等。

③ 特殊印刷型　通过特制的网版，印刷出特定的效果图案，如折光油墨、水晶油墨、七彩油墨、立体光栅油墨等。

每一种 UV 装饰性油墨，采用的工艺流程不同，所得到的装饰图案效果也不一样。通过控制印刷或光照条件，才能使所得到的装饰图案符合设计要求。

由于 UV 装饰性油墨主要用于烟、酒、茶、保健品、化妆品、请柬、贺卡等高档包装印刷，所以必须要做到以下几点：

① 无味环保　不能含有任何带有不愉快气味的成分，油墨在印刷过程中无气味，对印刷车间和包装车间没有污染。

② 安全无刺激　油墨对人体皮肤无刺激，避免操作人员因不小心接触而造成皮肤过敏或灼伤，保障操作人员安全。油墨组分固化后不易发生迁移，以免污染产品。

③ 附着力好，耐刮性强　油墨对纸质承印物，特别是通用的金银卡纸要具有极好的附着牢度及表面硬度，印品的耐刮和耐划伤性要好。

④ 高抗冲击性和柔韧性　鉴于印品在印刷后，往往还要通过压凸、模切等具有冲击性的后道加工工序，要求油墨层在印品上有较高的抗冲击性和一定的柔韧性。

因此在生产 UV 装饰性油墨时，要选择好低聚物、活性稀释剂和光引发剂，特别要选用无味、皮肤刺激性小的活性稀释剂和迁移小、光解产物无气味的光引发剂。

7.3.1　光固化折光油墨

UV 折光油墨俗称镭射（即激光）油墨，是用于折光（镭射）印刷的一种特殊油墨。折光实际上是指反射光而非折射光，所以折光印刷又称反光图纹印刷。折光印刷利用光的反射原理实现其特殊装饰效果，它采用光反射率高的材料，通常是金银卡纸、涂铝薄膜或镜面不锈钢等作承印物。

折光印刷常见有传统的机械折光、激光折光和目前较为流行的网印折光 3 种。其实这 3 种方式的本质是一样的，都是通过压印将折光纹理图案复制到承印物表面。

① 机械折光是通过激光电子雕刻或腐蚀的方式，将折光纹理图案刻在金属版上，然后用很大的压力将折光纹理图案转移压印到承印物表面。机械折光可采用圆压平或平压平的方式。圆压平的方式适合于大面积、大批量印刷作业；平压平方式适合于局部小面积、小批量的印刷作业。

② 激光折光的压印方式类似于机械折光，只是其折光印版纹理的形成要复杂得多。首先是激光器将折光图案信息记录在全息记录材料上，然后采用电铸的方法将折光纹理复制到刚性的金属模版上，形成非常致密的、人眼无法识别的光栅，将折光纹理图案转移压印到承印物表面。机械折光和激光折光不需要油墨，只需通过刚性的模板，利用压力将折光纹理压印至承印物表面，而网印折光要用到油墨，即 UV 折光油墨。

③ 网印折光是用精细的丝网模版制版技术与先进的桌面排版制作技术相结合，制作带有折光纹理的网版，用网版印刷的方法印上 UV 折光油墨，便能在镜面金银箔卡纸上获得极其精细的多彩折光（镭射）的图案，这些有规律、凹凸状的图案在光的照射下，能产生有层次的光闪耀感以及三维立体的独特效果。

由于传统的用压印方式产生折光（镭射）纹理方法制版成本高，效果也不甚理想，所以折光印刷现在大多数采用网印印刷，使用 UV 折光油墨。折光印刷主要应用于高档烟、酒、茶、工艺品包装及请柬、挂历、贺卡等商品包装，印刷后不但能使包装商品光彩夺目、华丽富贵、立体感强，而且还具有一定的防伪作用。

折光效果是在某些具有金属质感的承印物表面进行加工，使之在各个视角上既有变幻的金属光泽，又有清晰明辨的立体图像的表面整饰加工工艺效果。产生折光效果的第一个条件是承印物表面具有金属光泽，最好是光泽达到一定的镜面反射效果；第二个条件是承印物表面印刷有折光纹理。折光纹理是由一系列规则平行的、等距间隔的、具有几个不同角度的极细实线组成的纹理图案，如同心圆型折光纹理、平行线型折光纹理。

折光效果的形成是光线与折光纹理相互作用的结果。光线从各个方向射入印刷有折光纹理的承印物表面后，反射出来的光线由于受到折光纹理的影响，产生更多方向的反射，部分光线甚至产生干涉现象而强化反射效果，最终形成闪闪发光的折光效果。

折光印刷中折光图案精细复杂，它是由几十条角度、弧度不同的线条通过同等距离的排列组成，其线条粗细在 0.10~0.15mm，因此要求 UV 折光油墨具有高光泽、高分辨率和优良的触变性，保证网印后线条清晰。

UV 折光油墨使用方法上，油墨需提前一天放进车间，使油墨温度和生产车间的温度相同，因为温度的差异会使油墨的黏度发生变化，印刷效果也会不同。油墨在使用前必须充分搅拌，使油墨有良好的印刷适性，并能提高油墨的均匀度。印刷时可根据需要加入适量的稀释剂进行稀释。如果折光印刷图文面积较大，为保证质量，必须用高精度的网版印刷机来完成，小面积的可采取手工印刷方式。

使用 UV 折光油墨时应避免和皮肤接触，若油墨粘在皮肤上，应立即用肥皂水冲洗。油墨保存不当或超过保质期将会使油墨特性发生改变，影响印刷后的效果。应避光、低温（18~25℃）、密封贮存，保存期 6 个月。

网印折光方法简单，技术要求不高，虽然生产效率相对较低，防伪效果稍逊色于机械折光和激光折光，但折光效果也很强，对于小批量的产品来说平均成本低廉。因此，网印折光近年来发展迅速，受到许多中小企业的推崇，目前已经成为折光印刷的主要趋势。

UV 折光油墨为无色透明油墨，不用颜料，实际上就是一种 UV 透明光油，它的制备见7.17 节 UV 上光油。

7.3.2　光固化皱纹油墨

通常情况下，油墨在干燥时，若表面层与底层均收缩不同，则会产生起皱现象。这种起皱现象本来是印刷中的缺陷，但如果有意识地突出和控制起皱，使其形成一种图纹的独特装饰效果，就可以使印刷品别有一番韵味，能产生这种起皱效果的油墨就是 UV 皱纹油墨。

网印 UV 皱纹油墨通常多用在光泽度很高的金卡纸、银卡纸等承印物上，也可印在有机玻璃、PVC 片材、塑料薄膜上。油墨印刷后，先经过低压汞灯 254nm UV 光照射，使油墨表层固化，内部呈半固化状态，表层 UV 油墨由于固化收缩，产生凹凸模样的纹路。然后，再通过中压汞灯 UV 光照射，使 UV 油墨整体固化，就可以达到具有金属锤打或褶皱的表面效果。其实皱纹漆早已存在，常涂装在电器设备或机器的外壳上，但它需要高温烘烤，才能得到满意的皱纹效果，故此工艺无法应用于以纸为基材的包装材料上。而 UV 皱纹油墨巧妙地采取了 UV 油墨两次固化的工艺，利用 UV 油墨固化时体积收缩，引起了油墨层起皱，产生了特殊的装饰效果。由于 UV 皱纹油墨具有立体感强、豪华典雅、墨膜饱满和良好的视觉效果等特点，其应用已扩展到印刷高档烟包、酒盒、礼品包装盒、保健品包装盒、化妆品盒以及挂历、书本等各个领域包装产品的表面装潢印刷中。

使用 UV 皱纹油墨产生皱纹大小与丝网目数、网印墨层厚度有关，丝网目数越低，墨层越厚，皱纹越大；丝网目数越高，墨层越薄，皱纹越小。一般使用丝网目数 100～200 目为佳。

UV 皱纹油墨的皱纹形成需经过起皱和固化两个阶段，首先经低压汞灯光照射表面形成皱纹，再通过中压汞灯光固化。皱纹大小除与油墨厚度有关外，与通过低压汞灯的速度也有关系，速度太快，无皱纹产生，速度太慢，表面已固化，也不会产生皱纹。通过控制传送带速度，改变低压汞灯与高压汞灯之间的距离，可确定最佳工艺参数。

UV 皱纹油墨的性能要求见表 7-19。

表 7-19　UV 皱纹油墨的性能要求

测试项目	性能要求	测试方法
附着力	100/100	划格法
硬度	H	铅笔硬度法
耐乙醇	无异常	加重 1kg，用含乙醇回丝往复摩擦 50 次
耐水性	无异常	自来水中浸泡 24h
耐酸性	无异常	10% HCl 中浸泡 24h
耐碱性	无异常	5% NaOH 中浸泡 24h
耐煮沸性	密着性良好	沸水中浸泡 7h 后做附着力测试
耐热性	无异常	80℃热水中浸泡 24h
耐候性	合格	人工气候耐候试验机中放置 400h

UV 皱纹油墨是不加颜料的，实际上也是一种 UV 透明光油，它的制备见 7.17 节 UV 上光油。

UV 皱纹油墨使用要点：

① UV 皱纹油墨使用前应充分搅拌均匀，一般无需稀释即可直接印刷。如确需稀释，可用 UV 皱纹油墨专用的光油（稀释剂）调稀，比例一般不超过 5%。如需着色，可加相应的色浆调匀后印刷，但加入量一般不超过 3%。不同系列及品牌的 UV 皱纹油墨一般不可相互拼混，以免发生不良反应影响印刷效果。

② 对于某些附着性不好的承印物，可先用相应的透明油墨印刷后，再印 UV 皱纹油墨，则可解决附着性问题。

③ 在批量使用前，应少量试用并充分确认符合材料与设备要求后才能批量使用。油墨应贮存于阴凉干燥处，用后盖紧密封，注意避免接触明火及高温。保质期一般为 1 年。

④ UV 皱纹油墨通常用于网印，要根据需要达到的皱纹效果来选择不同目数的丝网。网印中对印刷品的精度要求越高，选用的丝网目数越大，反之，则选用的目数越低。而网目数越高，则产生的皱纹效果越小，反之则越大。因此，在 UV 皱纹油墨网印中，根据实践经验，一般选用 100～200 目的丝网，如果印刷设备精度很高，则可以适当地选择目数高一些的丝网。

⑤ 选择合适的网距。网距小于 5mm 时，图像能够完全呈现在承印物上，而当网距超过 5mm 时，随着网距的增加，呈现在承印物上的图像有丢失现象。根据实践经验，网距的设定范围是 2～5mm 比较合适。

⑥ 选择合适的绷网角度。根据网印的实践经验，绷网角度为 45°时，龟纹最严重，绷网角度是 60°、75°时，龟纹也比较严重，绷网角度为 30°时，龟纹较轻，而绷网角度为 0°、10°、20°、25°时，印刷品基本上没有产生龟纹，因此，绷网角度的范围可选择小于 30°。

⑦ 注意调整控制印刷速度和刮刀角度。印刷速度的变化不会带来质量的变化，只能改变油墨起皱花纹的大小。印刷速度快，花纹就小；印刷速度慢，花纹就大。同样，刮刀角度的变化也不会改变印刷品的质量，仅改变花纹大小。刮刀角度小，花纹小，反之，花纹就大。因此，在紫外光固化时，以出现最佳花纹效果来调整最佳的印刷速度和控制刮刀角度。

⑧ 要注意控制油墨的引皱和干燥速度。引皱速度过慢，印刷品无法起皱。实验证明，当引皱速度小于 14m/min 时，油墨基本上无法起皱，当速度达到 14m/min 以上时，油墨均会起皱。因此，一般生产中可选择 14～20m/min 的引皱速度。

⑨ 注意墨层的厚度和油墨的颜色对 UV 光固化的影响。由于网印的墨层厚度很大，当油墨太厚时就会影响固化效果，所有影响印刷墨层厚度的因素都会影响固化效果。而对墨层厚度的影响因素有丝网目数、张力、感光胶厚度、胶刮硬度、胶刮刃口的锐利度、刮印角度、刮印速度、压力等，在印刷中要注意控制这些因素。此外，颜料对网印 UV 油墨也有较大的影响，不同颜色、不同厚度的 UV 皱纹油墨的 UV 固化效果也有差别，这主要是由于各种颜料对光线吸收、反射及油墨中颜料含量的不同所致。一般来说，白、黑、蓝、绿色较难固化，红、黄、光油、透明油易固化。利用光引发剂的特点，可以通过选择光引发剂的种类、降低颜色密度，使不同颜色的 UV 皱纹油墨在同一固化条件下达到固化参数的一致；墨层的厚度，应该通过改变网版的参数、胶刮的硬度和刮印速度等方法调整，保证油墨的快速固化要求。

⑩ UV 光固化要求 UV 固化机加装引皱装置，光源为 20～40W 低压 UV 灯，功率在 60～100W 之间，UV 引皱装置与 UV 光固灯之间的距离最低不低于 1.2m，否则，印刷后的产品未经 UV 引皱装置引出皱纹而被 UV 灯光固化，花纹无法引出也无法达到皱纹的效果。UV 光固灯的功率不低于 3kW，传送带的速度视印刷光固化效果而定，一般在 18～25m/min 之间。UV 引皱装置的功率与传送带的距离直接影响产品的花纹，UV 引皱灯的功率大，传送带的速度要快，反之，UV 引皱灯的功率小，传送带的速度则要慢。

7.3.3　光固化仿金属蚀刻油墨（磨砂油墨）

UV 仿金属蚀刻印刷，就是利用 UV 仿金属蚀刻油墨中含有杂质而产生的疵点对光线产生散射，这本来是印刷中应尽量避免的缺陷。但如果在油墨中加入大量"杂质"，用仿蚀刻丝网印刷把这些小颗粒，漏印于具有金属镜面光泽的金银卡纸上，就可产生犹如光滑的金属经腐蚀、雕刻式磨砂等处理的特殊效果。UV 仿金属磨砂印刷所产生的特殊视觉效果的光学原理是：印有 UV 仿金属磨砂油墨的图文部分，在光的直射下，油墨中的小颗粒对光发生漫反射形成强烈的反差，犹如光滑金属表面经磨砂后产生凹陷的感觉；而没有油墨的部分，因金银卡纸的高光泽作用，产生镜面反射而有凸出的感觉，仍然具有金银卡纸金属般的光泽度。它能使承印物具有金属般的光泽度和似蚀刻后的浮雕立体感，产生磨砂、亚光及化学蚀刻的效果，使印刷品显得高雅庄重、华丽美观，大大提高了印刷品的装饰档次及艺术欣赏价值。

仿金属蚀刻印刷制作方法有以下三种。

① 压砂　即利用凹凸不平的钢模，在高压下加热定型，压出磨砂效果。

② 平面喷砂　在要磨砂的图案部分，先用腐蚀液进行亚光处理，待干燥后，用预制的具有类似喷砂玻璃面的凹凸纹的模具压制图案区，同时加热，使压制的凹凸纹热熔定型，起模后得磨砂图案。

③ 印砂　这是使用最广泛的一种仿金属蚀刻印刷方法，它是直接利用丝网印刷在具有镜面光泽的材料上网印 UV 仿金属蚀刻油墨，获得磨砂效果。

UV 仿金属蚀刻油墨是一种粒径为 $15 \sim 30\mu m$ 的无色透明单组分 UV 网印油墨。油墨墨丝短而稠，其中添加颗粒直径约为 $15 \sim 30\mu m$ 的"砂粒"，印刷后可在光照下形成漫反射，产生磨砂效果。所谓的"砂粒"，实际上都是无色透明的塑料细颗粒，如聚丙烯、聚氯乙烯、聚酰胺等塑料粉末，满足颗粒大小在 $15 \sim 30\mu m$ 就可用。为了反映出承印物的固有光泽，UV 仿金属蚀刻油墨一般是将低聚物、活性稀释剂、光引发剂、填料等多种材料搅拌成浅色透明糊状，也可加入颜料制成彩色蚀刻油墨，但不能使用遮盖力强的颜料。性能优越的 UV 仿金属蚀刻油墨，首先要具有良好的颗粒分布及立体感，蚀刻效果好，印刷后才能产生满意的艺术效果；还要求附着力及柔软性优良，否则，在烟、酒盒等进行轧缝时会发生爆裂，严重影响产品质量；还需要固化快、存放期长、手感好，不能太毛糙，否则在烟标等包装生产线中容易发生轧片现象。此外，印刷烟标及食品包装盒的油墨还必须具有低气味性，保证油墨符合食品卫生和环保绿色印刷的要求。UV 仿金属蚀刻油墨在配料时添加的各种助剂、材料要充分搅拌均匀，为了减少印刷后油墨在承印物膜面的流平性，要少用或不用流平剂，以促进凹凸粗糙面的形成。还有，在配方设计中要保证仿金属蚀刻油墨具有良好的触变性，适宜的附着力，根据不同的承印物和设备环境等因素，调整控制好油墨黏度。

UV 仿金属蚀刻油墨性能要求见表 7-20。

表 7-20　UV 仿金属蚀刻油墨性能

项目	方法	结果
附着力	1.5mm 间隔划格法，用胶带剥离	无剥离
耐弯曲	外折弯曲 180°	无脱落
铅笔硬度	铅笔硬度机	3H

项目	方法	结果
耐摩擦性	萨瑟兰摩擦试验机 1.8kg 40 次	涂面良好
耐光性	碳弧褪色试验机 40h	无变色
耐水性	浸于自来水中 24h	无异常
耐湿性	40℃,80% RH,7d	无异常
耐乙醇	浸在 99% 乙醇中 30min	无异常

在采用网印 UV 仿金属蚀刻油墨印刷时,丝网的选择是至关重要的,选择丝网目数应与油墨砂型的粗细程度相匹配。如果油墨砂型比较粗,颗粒度大,应选择较低目数的丝网,其丝网的孔径较大,可使油墨中砂粒通过丝网漏印到承印物上;否则,会使部分砂粒残留在网版上,造成印刷品上的砂粒稀少,出现花白现象,导致蚀刻效果差。并且随着印刷的进行,油墨砂粒不断堆积,网版上的油墨黏稠度逐渐增大。如果砂型较细,颗粒度小,则可选择较高目数的丝网。一般油墨砂粒直径在 $15\sim30\mu m$ 左右,选用丝网目数在 $150\sim250$ 目即可,具体情况可根据实际使用经验来选择。

为使 UV 蚀刻印刷有良好的视觉效果,承印物的选择也很重要,一般选择具有金属镜面效果和高光泽的材料。材料的平滑度也很重要,若平滑度低,印刷适性就不高,油墨附着性就差。蒸镀有铝箔的卡纸、铝箔都可以印刷,但以金银卡纸最为理想。

在印刷中要熟悉和掌握 UV 仿金属蚀刻油墨的印刷适性,一般来说,UV 仿金属蚀刻油墨在使用全自动网印机进行大批量高速生产时,就会出现问题,往往在印几千张或上万张后,仿金属蚀刻油墨就不能完全密实地铺展在丝网上,导致仿金属蚀刻效果不均匀;UV 仿金属蚀刻油墨太稀或相容性不好,则易导致跑边、露底等。为了避免这些问题,首先要使用符合质量要求的金银卡纸,因为对于一些质量相对较差的金银卡纸,UV 仿金属蚀刻油墨会溶解金银卡纸上的金银色,严重时甚至把金银色全部溶掉,使整个印品发白。要克服这个问题,在设计油墨配方时,就必须全盘考虑各种原材料的组成,不选用分子量小、溶解性能强的活性稀释剂,以避免金银卡纸掉色。当然,增大 UV 光源强度,缩短印品从印刷到固化的时间,对于克服印品发白的故障也有一定的效果。

如何使 UV 固化油墨产生亚光效果?可以通过添加微粉蜡或无机亚光粉等来获得。蜡是油墨中很常用的组分,用以改变油墨的流变性、改善抗水性和印刷性能,使印品网点均匀完整。微粉蜡一般为合成的聚乙烯蜡和聚丙烯蜡,分散于 UV 网印油墨中,固化成膜时,由于蜡与树脂体系存在不相容性,故游离而浮于固化墨膜表面,使光泽度受到影响,形成亚光效果。这种亚光效果有柔软的手感和蜡质感,但由于蜡粉仅仅是浮于印膜表面而形成消光作用,又因蜡质本身强度较低,抗刮伤能力差,所以效果大多不够理想。如果改用添加气相二氧化硅、硅微粉、滑石粉等无机填料组分,由于浮于膜层的表面能力差,因此难以获得亚光磨砂效果。

对添加有硅粉消光剂的 UV 油墨,可以采用分步辐照的方法,来获得亚光磨砂效果。先对湿墨层用较长波长的光源辐照,因其对膜层较有利的穿透效果,可使下层油墨基本固化,而墨层其表面层虽然光能相对较强但受氧阻聚的干扰,上表层固化较差,在墨层内形成下密上疏的结构,有一种迫使填料上浮的作用力,再加上无机填料(硅粉)与有机交联的不完全相容性,无机粒子就会被迫向固化状况较差的表层迁移,聚集到墨层表面上去。此时再用波长较短、能量较高的光源辐照墨层，使油墨表面层彻底固化，这样便可得到明显的亚光磨砂效果。

7.3.4 光固化冰花油墨

UV 冰花油墨是一种特殊的 UV 透明油墨，它采用网印工艺，将油墨印在具有镜面感的镀铝膜卡纸上，经紫外光照射固化后，承印物表面将出现晶莹剔透、疏密有致的冰花图案，在光的照射下发出耀眼的光彩，能使包装更加新颖别致。冰花油墨一般用于商品包装、礼品、贺卡、标签等产品的表面装饰。但由于 UV 冰花油墨产生冰花所需的 UV 照射时间太长，生产效率太低，耗能过高，纸张易变形等缺点，多数还只用于小批量的印刷，未能在包装业中大量使用。UV 冰花油墨也可印刷在透明的基材上，如玻璃、透明亚克力、透明 PC 等，常被用来反印正看；也可印刷在具有反光效果的底材上，如镜面不锈钢、钛金板、镜面氧化铝板等。

UV 冰花油墨是无色透明油状液体，加入专用色浆，还可以印刷各种彩色的冰花图案。也可以先印好透明的彩色 UV 油墨，光固化后再叠印冰花油墨，获得彩色的冰雪花图案。UV 金属/玻璃冰花油墨是专门为玻璃及镜面金属底材而开发的，硬度高，有优异的附着牢度，耐水性强。为了使玻璃上的透明冰花图案具有金属闪光效果，可在冰花表面印刷一层 UV 镜面银油墨，从玻璃或透明塑料薄膜的反面观看时，冰花就具有金属感，好像冰花油墨是印在镜面金属上似的。

UV 冰花的形成机理是，当 UV 冰花油墨受到紫外光照射时，会发生两种反应，一种是主反应，即光化学聚合/交联反应，促使油墨固化，同时产生体积收缩，由于配方中树脂的官能度较高，所以冰花固化膜既硬又脆。墨层的收缩和固化过程是不同步的，也是不均匀的，其结果必然造成应力集中，导致固化膜开裂，形成许多类似于冰面被敲击的裂纹图案，即冰花图案。UV 冰花纹理是自然形成的，非人为所致，具有自然美的特点，艺术感很强。另一种是副反应，即空气中氧气产生的氧阻效应，也就是说氧气会阻碍油墨的进一步固化，对固化不利，尤其是与空气直接接触的冰花墨层表面，很难固化。

UV 冰花的形成过程分三个阶段：大裂纹的产生；小冰丝的形成；冰花墨层的干燥。

当印刷好的冰花油墨进入紫外光照射区域时，油墨表面慢慢地会出现一层白雾状的固化层，本来完全透明的涂层变得不那么透明了，并逐渐形成纵横交错的裂纹图案，就好比天空中出现了很多条闪电轨迹。大裂纹的产生过程，一般需要中等强度的紫外光照射 20～40s。随着大裂纹逐渐变深，墨层表面的白雾逐渐退去，有的地方变得透明，有的地方半透明，墨层变成了分布着有许多大裂纹的透明层。一眨眼的功夫，大裂纹的边沿又出现了无数细小的冰丝，彼此朝着一个方向快速增长，直到碰到对面的冰丝为止，冰丝的形成时间很短，一般为 5～10s。如果此时用手触摸油墨表面，黏糊糊的还未固化。冰丝的粗细与密度，决定着冰花图案的立体效果。冰丝越密、越细，冰花的反光和折光效果越明显，立体感越强，但透明度较差；冰丝越粗，密度越低，冰花墨层的透明度越好。大裂纹和小冰丝形成后，冰花墨层就需要用强紫外光照射使之快速干燥，否则美丽的冰花图案会因为氧阻作用变得模糊不清。仔细观察 UV 冰花图案，尤其是用高倍放大镜观看时，你会发现冰花是由许许多多的大小裂纹组成的，有的裂纹大又长，有的裂纹短而细（简称为冰丝）。大的裂纹相互交叉并连接在一起，冰花图案的大小是由大裂纹所围合的面积决定的，面积越大，冰花越大，反之冰花越小。UV 裂纹决定冰花的大小，冰丝决定立体感，只有充分了解 UV 冰花的形成过程和影响因素，才能生产出立体感强、透明度高、大小合适的 UV 冰花装饰产品。

底材的性能（颜色、透明度）对冰花的形成也会产生很大的影响。底材颜色越深，冰花固化得越慢，冰花就大，颜色浅的地方，冰花就小。在其他条件不变的情况下，通过改变底色也可以控制冰花的肌理效果。

要想得到稳定的冰花，还必须保持光照区域温度的稳定。因为冰花的形成过程受温度的影响很明显，温度越高，墨层中的氧气的溶解速度越快，溶解的氧气量越多，固化速率就会越慢，冰花就会越大。所以印刷冰花油墨，夏天生产很正常，天气一冷就遇到了麻烦，最好的解决方案就是印刷车间的温度相对稳定。

冰花油墨印刷得是否均匀，不但影响产品的颜色深浅，而且决定着冰花图案的大小。印刷冰花油墨时，一般选用 200～260 目丝网版，网目低，墨层厚，冰花就大；反之，冰花花纹就小。冰花油墨的黏度较大，网印时应放慢刮印速度，使墨层均匀一致，否则生产出来的产品，不光颜色深浅不一，冰花大小也不一样。

印刷 UV 冰花油墨时，环境温度应尽量保持稳定。温度高，油墨黏度小，气泡消失得快，印刷墨层较薄，光照后形成的冰花花纹较小；温度低，油墨黏度大，印刷时易产生气泡，墨层较厚，形成的花纹较大。因此，印刷环境温度的波动，会直接导致冰花图案大小的变化，从而影响产品的批次稳定性。建议印刷环境温度控制在 20～30℃较佳。

UV 冰花光固机比普通的光固机长很多。标准的四灯 UV 冰花光固机，网带/滚轮宽度 2m，灯管发光区长 1.95m，前三只 UV 灯功率 12kW，最后一只 UV 灯功率 16kW，灯管总功率 55kW，机器宽度 2.2m，灯箱长度 5m，总长 7～8m。UV 冰花光固机的每只 UV 灯作用不同，并且灯距可调。前三只灯产生冰花，最后一只用于固化油墨。而普通的三灯 UV 固化机长度一般只有 2.5～3.5m。

UV 冰花光固机温度控制要求较高，不管春夏秋冬，灯箱内的温度要求控制在 35～55℃。

7.3.5　光固化珠光油墨

UV 珠光油墨是将云母珠光颜料加入 UV 油墨中而制得的一种具有珠光幻彩效果的特种油墨。珠光颜料为无机颜料，由云母晶片组成，外层包裹为具有高折射率的金属氧化物，如二氧化钛、氧化铁，利用云母片的反射或闪光效应，使颜料表面具有珠光色彩。云母是天然硅酸盐，大多数云母矿不适合作珠光颜料，只有密度为 2.7～3.1g/cm³、硬度为 2.0～3.0 的单斜晶系的白云母 $KAl_3O_{10}Si_3(OH)_2$ 才适合制作云母珠光颜料。将透明的白云母晶体处理成片状颗粒后，用化学方法将二氧化钛等金属氧化物涂覆于云母片表层，既可提高云母表面的耐光、耐候性，还可通过调节色膜厚度，来获得各种干涉色。

表 7-21 为二氧化钛膜的膜厚与色相的关系，表 7-22 为云母钛的粒度与二氧化钛的附着力关系。

表 7-21　二氧化钛膜的膜厚与色相的关系

色相（反射、透射）	光学厚度/nm	几何厚度/nm	每平方米云母需 TiO_2 的质量/mg
银	140	60	85
金紫	210	90	102
赤绿	265	115	186

续表

色相（反射、透射）	光学厚度/nm	几何厚度/nm	每平方米云母需 TiO_2 的质量/mg
紫黄	295	128	231
青橙	330	143	250
绿赤	395	170	275

表 7-22　云母钛的粒度与二氧化钛的附着力关系

粒度/μm	反射光	附着力/%	云母厚度/μm
1.0～130	银白	20	0.6
10～60	银白	28	0.4
5～30	银白	34	0.3
5～15	银白	40	0.25
10～60	金	39	0.35
10～60	金	45	0.35
10～60	紫	48	0.35
10～60	青	51	0.35
10～60	绿	55	0.35

在应用中，将珠光颜料均匀分散在涂层中，而且平行于物质表面形成多层分布，同在珍珠中一样，入射光线会通过多重反射、干涉达到珠光效果。这种珠光效果不同于普通"吸收型"颜料和"金属"颜料，它所表现出的色彩是丰富而具有变化的。人眼在不同的视角观察同一点时，光泽会不同；人眼在同一视角看不同点时，光泽也会不同。总的看来，珠光就像是从物体内部或深层发出来的光芒。这种深邃而微妙的变化，使我们得到高雅、非凡的心理感受。

珠光颜料随其颗粒大小的不同，在使用中表现出不同的效果。总的说来，颗粒越大，闪光度越高；反之颗粒越小，对底色的覆盖力越强，而闪光度降低。

改变涂布在云母内核上的金属氧化物的厚度或金属氧化物的种类，也会带来不同的色彩变化。把珠光粉应用于包装领域，我们将获得更多意想不到的华丽享受。

另外，珠光颜料的优势在于它良好的物化特性，耐水、耐酸、耐碱、耐有机溶剂，耐热300℃无变化，不导电，耐光性极好，无毒、对皮肤和黏膜无刺激，不会引起过敏反应。

使用金属离子还可以得到彩色的珠光颜料，不同的金属使珠光颜料呈现不同的颜色，如使用 Bi、Sb、As、Cd、Zn、Mn、Pb 等化合物的产品具有稳定的色彩。另外，在云母钛表面沉积 Au、Ag、Cr、In、Sn、Ni、Cu、Ge、Co、Fe 或 Al 的氧化物，可增强颜料对光的反射，提高珠光效果，见表 7-23。

表 7-23　金属与珠光颜料色彩的关系

颜色	着色剂	制备方法
黄色	$FeCl_3$	Fe^{3+} 化合物沉积
绿色	$Cr_2(SO_4)_3$	Cr^{3+} 化合物沉积

续表

颜色	着色剂	制备方法
淡黄色	$VOSO_4$	V^{3+} 化合物沉积
黄色~橙色	$FeSO_4$	FeOOH 沉积, 氧化成 Fe_2O_3
青色	$K_4Fe(CN)_6$	Fe^{2+} 化合物沉积

表 7-24 介绍了云母钛不同粒度时的光泽, 表 7-25 绍了云母钛的色相和膜厚、包覆率之间关系, 而表 7-26 则介绍了云母钛的几何学厚度和色相的关系。表 7-27 介绍默克公司的珠光颜料。

表 7-24　云母钛不同粒度时的光泽差异

粒度/μm	光泽	TiO_2 包覆率/%	云母片厚度/μm
25~150	闪光金属色调的银白珠光	约 14	1
10~130	带有金属闪光色调的银白珠光	约 20	0.6
10~60	标准的银白珠光	约 28	0.4
5~30	柔和的银白珠光	约 34	0.3
5~15	柔和性好的银白珠光	约 40	0.25

表 7-25　云母钛的色相和膜厚、包覆率的关系

色相		云母厚度 /μm	云母粒度 /μm	光学厚度 /μm	几何学厚度 /μm	TiO_2 包覆率 /%
反射色	透过色					
银白	—	0.4	10~60	约 140	约 60	26
金	紫	0.35	10~60	约 210	约 80	40
红	绿	0.35	10~60	约 265	约 115	45
紫	黄	0.35	10~60	约 295	约 128	48
蓝	橙	0.35	10~60	约 330	约 143	51
绿	红	0.35	10~60	约 395	约 170	55

表 7-26　云母钛的几何学厚度和色相的关系

反射色 ＼ 云母厚度	云母钛		
	0.1μm	0.5μm	1.0μm
银	0.22	0.62	1.12
金	0.28	0.68	1.18
红	0.33	0.73	1.23
紫	0.36	0.76	1.26
青	0.39	0.79	1.29
绿	0.44	0.84	1.34

UV 珠光油墨可印在几乎所有的材料上, 如纸张、塑料、金属、玻璃、陶瓷、织物等, 特别以纸张、针织品上应用较多。

表 7-27　默克公司的珠光颜料品种

产品	粒径/μm	描述	产品	粒径/μm	描述
银白色系列			虹彩色系列		
110、*111*	<15	银白色细缎	*201*、*205*、249	5～25、10～60、10～125	金黄色
119、120、*123*	5～25	银白珍珠缎	*211*、*215*、259	5～25、10～60、10～125	红色
100、103	10～60	银白珠光	*223*、*219*	5～25、10～60	紫色
153	20～100	闪光珍珠	*221*、*225*、289	5～25、10～60、10～125	蓝色
163	20～180	微光珍珠	*231*、*235*、299	5～25、10～60、10～125	绿色
183	45～500	超新星			
金色系列			金属色系列		
302、*300*	5～25、10～60	金色	*520*、*500*、530	5～25、10～60、10～125	青铜色
323、*303*	5～25、10～60	皇家金	*522*、*502*、532	5～25、10～60、10～125	红棕色
326、*306*	5～25、10～60	奥林匹克金	*524*、*504*、534	5～25、10～60、10～125	红色
309	10～60	奖章金			
351	5～100	阳光金			
355	10～100	闪光金			

注：表中黑斜体标出的产品为推荐用于印刷中的产品。

珠光颜料属于无机颜料，本身颗粒较大，虽然具有透明性，但是珠光颜料对紫外线反射也最强。所以要根据珠光涂层的效果来调节颜料合适的加入量，加入量过多，不仅影响油墨黏度，更会影响油墨的光固化速度。

珠光颜料为片状结构，对剪切力非常敏感，大的剪切作用会破坏珠光效果，所以油墨制作时，颜料的分散不能使用常规的三辊研磨机、球磨机和砂磨机，只能使用高速搅拌机分散，而且必须慢速分散搅拌，以免破坏云母片状结构，影响珠光效果。幸而珠光颜料几乎可以和所有天然和合成的树脂相混合，而且润湿性和分散性都比较好，特别是在聚酯树脂和羟基丙烯酸树脂中。

珠光颜料在加入油墨连结料之前，应首先进行润湿。润湿用的溶剂应与油墨体系相适应。良好的润湿可以使珠光颜料均匀地分散到油墨连结料中，这是获得优质珠光印刷效果的基础。同时，润湿也能克服珠光颜料在分散时的"起尘"现象。由于珠光颜料具有良好的分散能力，在低黏度体系中一般使用低速搅拌即可很好地分散。

UV珠光油墨中加入的珠光颜料颗粒都会对紫外光发生吸收、反射或散射，使紫外光很难到达油墨层底部，影响UV珠光油墨的固化，尤其是底部更难固化。因此制备UV珠光油墨必须要选择合适的、光引发效率高的、有利于深层固化的光引发剂，如ITX、TPO和819等，有时还要配合使用叔胺增感剂如EDAB等。

珠光颜料可提供一个崭新的、个性化的色调效果，它既可以单独使用，也可与透明的常规颜料合用，另外底层涂料的颜色与之叠合，又会有更令人惊喜的色彩产生，其装饰效果的丰富性几乎可以无限延伸。干涉色系列珠光颜料既可单独使用，也可同其他传统色料同用，干涉色会随视角改变而发生多种效果。

①"珠光白"效果　银白系列珠光颜料既可单独使用，又可同其他传统色料一起使用。需要注意的是色料应该为透明性的，而且添加浓度不能超过3%。由于该珠光颜料透明性

高，金属光泽效果很强。

②"珠光幻彩"效果　干涉色系列珠光颜料既可单独使用，也可同其他传统色料同用，干涉色会随视角改变而发生多种幻影色彩，只有一种混合方式不可取，即将不同的干涉色颜料相混合，因其结果是暗淡的灰色。

③"珠光金及金属色"效果　这种珠光颜料不同于传统的铜粉或铝粉颜料，除一般的金色以外，它还提供了更引人入胜的多种光泽。主要的色彩有黄金光泽、紫铜、青铜和红金色。如果加少量碳（0.001%～0.05%），可以产生独特的金或铜色效果。银灰色则可以通过将珠光银白颜料涂于黑的底色上，或将其同少量炭黑在油墨中混合产生。

与常见的油墨颜料不同，珠光颜料有以下几个特点对于印刷结果影响非常重要，因此，在油墨制备和使用时，绝对不能忽视。

①颜料的易损性　珠光颜料由二氧化钛（或其他金属氧化物）包覆云母而成，呈脆弱的薄片状结构，容易损坏。在珠光油墨的配制中，不要采用大剪切力或者有研磨功能的分散装置。

②颜料的颗粒度　普通有机颜料颗粒的尺寸是 $0.2～0.7\mu m$，炭黑更小些，为 $0.02～0.08\mu m$，而常用的云母钛珠光颜料（F 级）尺寸达到了 $25\mu m$，厚度为 $0.2～0.5\mu m$。必须对印刷中的相关参数进行调整，不然珠光颜料的转移将受到很大影响。

③颜料的排布　这与薄片状颜料结构有关，当颜料在油墨涂层中分布得均匀，而且多数颜料颗粒同承印物表面呈平行排列时，得到的光泽最好。否则就会大打折扣，因此应该注意油墨转移后的流平性，流平性好，才能保证颜料薄片排布的质量。

④颜料的透明性　珠光效果主要来源于入射光线的折射和干涉，如果油墨涂层的透明度低，原本充足的光线就会被吸收而损失掉。在选用油墨连结料或光油的时候，要选择透明度尽可能好的材料，所以一般制备 UV 珠光油墨时，也常用透明的 UV 光油作连结料。

7.3.6　光固化香味油墨

人们在印刷上除了追求视觉美的效果外，在嗅觉上有所突破也是一个方向，而香味印刷随之产生。香味印刷最早是在印刷油墨或纸中加入香料以得到香味，这种方法简单，但不易持久。后来由于发明了微胶囊技术，将香料封入微胶囊内，并制成油墨进行印刷。由于香料被微胶囊封闭，徐徐散发出来，故印品能持久飘香。在 UV 香味油墨固化后用手指轻轻摩擦，即可闻到浓郁的香味。香味印刷主要应用于杂志、广告、传单、说明书、明信片、餐单、日历等方面，也可用于纺织物印花。

UV 香味油墨是一种微胶囊油墨，是在 UV 油墨中添加了微胶囊而制成的一种特种油墨。微胶囊技术是 20 世纪中期发展起来的一门新技术。它是在物质（固、液、气态）微粒（滴）周围包覆上一层天然高分子或合成高分子材料薄膜，形成极微小的胶囊。微胶囊具有许多特殊性能，它能够储存微细状态的物质，并在需要时释放出来，还可改变物质的颜色、形状、质量、体积、溶解性、反应性、耐久性、压敏性、热敏性及光敏性。因此微胶囊技术广泛应用于医药、食品、化妆品、洗涤用品、农药、化肥、印刷等行业。而微胶囊技术与油墨生产制造技术结合，为印刷油墨的开发提供了新思路，不仅促进油墨新品种的开发，如香味油墨、发泡油墨、液晶油墨等，还产生了许多印刷新工艺，提高了包装印刷品的附加值。

微胶囊的直径一般在微米至毫米范围内，粒径在 $2～200\mu m$ 左右，若粒径<$1\mu m$ 称为纳

米胶囊。包在微胶囊内部的物质称为囊心，囊心内的核心物质可以是液体、固体或气体，可以是单核也可以是多核。微胶囊的外皮由高分子成膜材料形成的包覆膜称为囊壁，或称为外膜、包膜，囊壁厚度为 $0.5\sim15\mu m$，可以是单层的，也可以是多层。

微胶囊囊壁所用材料一般为天然高分子化合物或化学合成高分子材料。以天然物质提取而成的，主要有明胶、阿拉伯树胶、淀粉、蜂蜡、骨胶蛋白、乙基纤维素、阿戊糖、甲壳素等，这类材料黏度大、易成膜、致密性好、无毒或极微毒，但力学性能较差。由化学方法合成的，如聚乙烯醇、聚苯乙烯、聚酰胺、聚氨酯、聚脲、环氧树脂等，这类材料力学性能好，但生物相容性较差。这些物质的最大特点是具有一定的成膜性，且在常温下比较稳定，囊壁厚度一般在 $0.2\mu m$ 至几微米之间。使用时应根据囊心核心物质的黏度、渗透性、化学稳定性、吸湿性、溶解性等因素来确定选用何种高分子材料作壁材。

微胶囊的制备方法主要分为化学法、物理化学法和物理法 3 类。化学法主要是利用单体小分子发生聚合反应，生成高分子成膜材料并将囊心包覆，常见为界面聚合法、原位聚合法和乳液聚合法等。物理化学法主要是通过改变条件，使溶解状态的成膜材料从溶液中聚沉出来，并将囊心包覆形成微胶囊，其代表性的是凝聚法分离技术。物理法主要是利用物理和机械原理的方法制备微胶囊，此法具有设备简单、成本低、易于推广、有利于大规模连续生成等优点，比较成熟的有空气悬浮被覆法、喷雾干燥法、挤压法、多孔离心法等多种方法。

图 7-7 为凝聚法制备微胶囊的形式过程，该制备技术应用了胶体化学中的凝聚现象的原理来制备微胶囊。

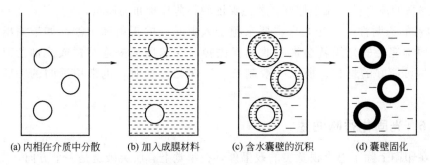

(a) 内相在介质中分散　　(b) 加入成膜材料　　(c) 含水囊壁的沉积　　(d) 囊壁固化

图 7-7　凝聚法制备微胶囊的形成过程

① 首先将微细的芯材分散入微胶囊化的介质中；
② 再将成膜材料倒入该分散体系中；
③ 通过某种方法，将囊壁聚集、沉积或包覆在分散的芯材周围；
④ 微胶囊的囊壁是不稳定的，尚需用化学或物理的方法处理，以达到一定的机械强度。

微胶囊的功能较多，在印刷方面主要有降低挥发性、控制释放、隔离活性成分、良好的分离状态等功能。UV 香味油墨主要利用微胶囊的降低挥发性和控制释放的功能，由于香料被胶膜包裹，香味徐徐散发，其香味保存时间最长可达一年；也有的香味微胶囊，只有在紫外光照射、氧气流通、加热、湿度变化等环境因素催化作用下，才会互相反应，产生香味物质，这样就可避免印刷品在一般情况下的无效逸散，更延长了香味散发的时间。UV 香味油墨的香味的散发受温度的影响，25℃ 以下时散发慢，随温度升高散发速度加快。理想状况下，微胶囊在印刷过程中不易破裂，但用手触摸印好的成品就会散发出香味。这是因为印刷压力一般在微胶囊能承受的压力范围内，而一旦形成印刷品后，由于胶囊与空气接触，囊壁或多或少会氧化，从而导致其承受压力变小，此时用手触摸便散发出香味。

由于微胶囊化油墨的颗粒相对较粗，要求印刷的墨层要厚一些，并且印刷时不能使用较大的印刷压力，否则会导致微胶囊破裂，所以对印刷方式有一定的要求，通常采用丝网印刷比较理想。因为丝网印刷具有一些优势，如印刷墨层较厚可达 $100\sim300\mu m$，其厚度比微胶囊颗粒大，既可对微胶囊起到保护作用，又可以得到其他印刷方式所达不到的印刷效果，它完全能胜任含微胶囊油墨转移的特性。另外，丝网印刷能适合各种不同材料特性和形状的承印物，为微胶囊技术的广泛应用奠定了基础。在选择丝网目数时要清楚丝网孔宽与油墨中微胶囊颗粒体积的关系，一般丝网网孔的宽度至少为油墨中微胶囊（或填料）颗粒直径的3～4倍。UV 香味油墨中使用的香味微胶囊一般直径在 $10\sim30\mu m$，因此制成 UV 香味油墨后，采用丝网印刷，丝网网目选用 200～300 目较适宜。

由于含微胶囊颗粒丰富的 UV 香味油墨较难表现画面的色彩和层次，因此尽量不要选择原稿层次非常丰富、清晰度要求很高的画面作原稿。印刷时要注意控制油墨的黏度，含微胶囊的油墨在印刷之前要进行黏度调整，稀释剂要适当，使微胶囊颗粒能顺利通透而不影响其质量。黏度过高，油墨不易通过丝网版转移到承印物上，造成印刷困难；但黏度太低，则会造成印迹扩大，影响印刷质量，甚至造成废品。在印刷过程中印刷速度不能太快，以免刮墨刀摩擦产生热量使温度升高而导致微胶囊颗粒破裂。为了确保油墨能顺利地透过丝网孔而转移到承印物上，印刷压力的调节很重要，印刷压力过大，也会造成微胶囊破裂。除了注意刮墨后版面上的油墨是否均匀外，对采用不同壁材的微胶囊，在印刷时应结合印刷效果运用不同的印刷压力。当进行多套色叠印时，要结合实际情况具体安排，因为不是每一色都带有微胶囊颗粒的，所以要合理安排带有微胶囊颗粒的色墨的色序位置。若把含有微胶囊的色墨放在最后一色印刷，可避免后来进行印刷时破坏微胶囊体；但放在前面印刷时，也可因后来油墨叠加上去而起到保护微胶囊释放的作用。因此要结合实际情况合理安排。

香味油墨的香料应满足以下要求：

① 于微胶囊破裂后，香料与空气接触的机会多，因此香料要有一定的抗氧化能力；

② 水溶性香料含有水分，为避免香料对油墨产生较大影响，应选用油溶性香料；

③ 香料挥发度要小，稳定性和持久性要好；

④ 香料应为液态；

⑤ 香料化学性质不能受油墨影响；

⑥ 在满足其他条件的情况下，成本要尽可能低；

⑦ 胶囊壁材要具有疏油性和一定的抗氧化能力。

UV 香味油墨网印工艺要点如下所述：

① 香味油墨网印丝网的选择　应尽量采用尼龙单丝平织丝网，因尼龙单丝平织丝网的纤维表面圆滑，具有高弹性和柔软性，油墨通透性好。丝网的网孔宽度至少应大于油墨中颜料颗粒直径的3～4倍。

② 香味油墨网版印刷要点　网印的油墨黏度应为 $2Pa\cdot s$ 左右，所以香味油墨在印刷前要进行黏度调整，使之达到所需黏度。印刷速度不能太快，以免刮墨刀摩擦产生热量而使温度过高导致微胶囊颗粒破裂（这里所说的印刷速度是刮墨速度）。印刷压力不能太大，网印过程中除了要注意刮墨后版面上的油墨是否均匀外，还要观察微胶囊是否破裂，看有无香味飘出，这样，边试边印，调节压力。进行彩色阶调印刷时，还应考虑色序问题，微胶囊的色墨应最好放在最后印刷，以避免后续印刷时破坏微胶囊体。

7.3.7 光固化发泡油墨

UV 发泡油墨是一种在承印物上形成立体图案的装饰性油墨，由于印刷图案具有立体感，表现出自然的浮雕形状，似珊瑚、似泡沫、似皱纹，花纹自然、美丽、奇特，除能增强装饰艺术效果外，还可以赋予盲文阅读的特殊功能。UV 发泡油墨通过网印方式在纸张或织物上印刷，可获得图文隆起的效果，应用日益广泛。UV 发泡油墨印刷主要应用于印刷书籍封面和装饰材料。在塑料、皮革、纺织品等包装物上进行印刷，其外观手感、透气、透湿、耐磨、耐压、耐水、色泽等方面都具有独特之处。

UV 发泡油墨也是一种微胶囊油墨，采用微胶囊技术制备而成，在微胶囊中充入发泡剂，经加热处理，发泡剂释放气体，使微胶囊体积增大到原体积 5～50 倍左右，将此种微胶囊制成 UV 发泡油墨。由于微胶囊是空心的，所以硬度、耐刮性不是很好，使用时尽量不要用硬的东西刮擦，这是发泡油墨的缺点。

常用发泡剂的性能见表 7-28。

表 7-28　常用发泡剂的性能

发泡剂	分解温度/℃	分解气体	发气量/(mL/g)
重氮苯胺	103	N_2	115
苯磺酸酰肼	105	N_2	130
对甲苯磺酸酰肼	103～111	N_2	110～125
2,4-二磺酰肼甲苯	130～140	N_2	180
4,4-氧代双苯磺酰肼	157～162	N_2	115～135
偶氮二甲酰胺	150～210	N_2	190～240

发泡印刷设计的注意事项：

① 发泡油墨经加热，发泡体积膨胀 5～50 倍，色调浓度显得变淡，设计时应考虑到彩色配搭的协调性。

② 发泡后的墨层表面粗化，变得不透明，不能像一般油墨那样多色套印成色。必须按设计色要求采用各自专用色。

③ 因发泡后体积增大，大面积实地图案表面易引起缩皱，发泡不均，损坏艺术效果，设计时对大面积图案和实地采用 80% 粗网点或用有微细间隔的线条代替，要为发泡留有充填的余地。

④ 发泡印刷对于 0.2mm 以下的细线条和过于细密的图文效果不好。最好不要全部采用发泡油墨印刷，只对需要强调的部分使用，其他部分采用普通油墨印刷。印刷顺序要将发泡油墨印刷安排在最后较妥。

⑤ 在 UV 发泡油墨中添加专用 UV 色浆，可以改变图案颜色。加入专用的发泡剂，可控制油墨花纹的大小和疏密，用同一块网版，可以印出几种不同的发泡图案，大大增加了产品艺术装饰效果。

发泡印刷的应用范围很广，按承印材料类别可归纳为纸张类、布品类、皮革类、金属类、玻璃类、防滑材料及缓冲材料等。

发泡印刷在包装装潢、书籍装帧、书刊插页、盲文刊物、地图、墙纸、棉纺织品等印刷上有着广阔的前景。特别是发泡油墨在盲文印刷中的应用，替代最初的模具压印，或者采用松香油墨印刷、热塑成型等方法，可以利用计算机进行设计、制版，减少了传统的制版工序，成为目前采用最广泛的一种盲文印刷方法，给盲人带来了福音。

7.3.8　光固化发光油墨

UV 发光油墨是一种在透明油墨中加入发光材料制备出的特种功能油墨，目前已经获得了广泛的应用。一般的发光油墨采用的是热固化油墨掺杂发光材料制成，采用加热固化的方式制备发光制品，但是在 UV 油墨中使用有一定的难度，这是由于发光材料的特殊性决定的。发光材料即长余辉蓄光型发光材料是一种粒径在 $10\sim60\mu m$ 的无机粉体材料，在特殊条件下甚至还有更大的粒径，这种粉体材料具有一定的体色并且不透明，在实际使用中需要印刷一定的厚度才能体现出较好的发光效果，这些问题给 UV 固化发光油墨的使用带来一定的难度。

将发光粉加入油墨中是制备发光油墨的一种通用方法，过去都是将热固油墨与发光粉混合制备发光油墨。随着 UV 技术的发展，将发光粉与 UV 油墨结合制备 UV 发光油墨已经逐渐被广大印刷厂商采用，尤其是在发光标牌的制作上用 UV 发光油墨代替热固发光油墨具有相当大的优势。采用网版印刷技术进行 UV 发光油墨的印刷是制备发光标牌的一种常用方法。

长余辉蓄光型发光材料与 UV 油墨结合在印刷使用中需要注意以下问题。

① 由于长余辉蓄光型发光材料是一种无机粉体材料，发光材料密度较大容易沉淀，因此使用前需要进行搅拌，同时发光材料容易与铁锈、重金属等发生反应，因此在分散研磨过程中不宜采用金属棒，不适合在金属容器中保存，会导致材料变黑，影响使用效果。容器应选择玻璃、陶瓷、搪瓷内衬、塑料容器为宜。

② 发光油墨成膜后，发光吸光功能是由发光材料的颗粒来实现的。由于光线通过的要求，将发光材料粘接在一起的树脂应该有较好的透光性，无遮盖力，所以选树脂、清漆要以无色或浅色透明度好为宜。

③ 发光材料的含量越高，辉度就越亮，但是为了让发光材料与涂饰制品有合适的附着力，树脂的比例最低不能少于 10%。当然，树脂的比例越多，发光涂层的平滑度和光洁度就越高。因此，发光材料的用量一般为总重量的 20%～60%，或为容积的 10%～35%，或根据发光亮度的要求确定发光材料的用量。

④ UV 发光油墨在网印中要考虑发光材料的选择，发光材料的基本要求是亮度要高，粒径适中。粒径大无法从网版中漏下，粒径小印刷厚度不够，需要增加印刷次数才能达到厚度要求，浪费时间，采用 $20\sim80\mu m$ 的发光粉较合适。发光材料颜色较多，制作标志产品一般选用浅黄绿色的发光材料。

⑤ 制作工艺上，发光材料不能研磨，不能使用三辊研磨机，配制发光油墨，只能使用高速分散机或搅拌机。具体方法是将树脂或清漆放入容器中，加入助剂，开动搅拌器，在慢速搅拌状态下依次加入防沉剂、发光材料。加完发光材料后提高转速，直至发光材料均匀分散在物料中，过滤即可得到产品。

⑥ 不能使用重金属化合物作添加剂。要注意网版目数的选择。一般的发光材料由于粒径比较大，需要较小目数的网版，通常采用 100 目以下的网版印刷效果比较好。印刷后产品的固化程度也对产品的最终质量产生影响，测试固化是否完全的方法有以下四种。一是用铅笔硬度仪进行测试，一般达到 3～4H，可以认为油墨已经完全固化。二是用滴溶剂的方法进行测试，还要测试耐溶剂性，将丙酸滴在印品表面 20min 后，如没有变化证明已经完全固化。三是压强法试验，即将棉纤维放置在印刷品表面，用底面光滑的 500g 砝码压在棉纤

维表面 2～3min，然后拿开砝码，若棉纤维不粘印刷品表面，则证明完全固化。四是划格试验法，采用划格器用力在印刷品表面划十字，然后用胶带粘划十字的表面，如果没有粘下来油墨，说明固化完全并且固化后油墨层的附着力比较好。

7.3.9　光固化珊瑚油墨

在印刷时，涂层中有气泡是十分头痛的事，但是如果在涂层中有大量气泡相互聚集，这种无规律的连续堆积与无气泡平滑部分在一起形成珊瑚状纹路图案，这种图案可以产生特殊的装饰效果，网印 UV 珊瑚油墨就是利用该原理制成的。该种油墨又可称为珍珠油墨，当墨层较厚时，气泡聚集在一起形成珊瑚状的花纹；较薄时，形成小珍珠粒状，也别有风味。网印 UV 珊瑚油墨多用于各类挂历、酒包、化妆品盒的表面装潢印刷上。在使用珊瑚油墨时，应注意按所需的花纹选择丝网目数，如要印粗珊瑚状，丝网用得粗些，刮刀口钝些；如要印小珍珠状，则可用 250～300 目的丝网。此外，还可以调整油墨印刷后通过等待 UV 机的时间来控制珊瑚花纹的大小，通常情况下，立即通过 UV 机，花纹清晰有序；等待时间越长花纹会越大越模糊。

7.3.10　光固化立体光栅油墨

立体印刷是现代印刷工艺的一个分支，它把三维立体成像技术与现代印刷工艺之特种表现手法融为一体，立体印刷是平面印刷工艺的提高和补充，为印刷工艺增添了新的内涵和活力。立体印刷是根据光学原理，利用光栅板使图像记忆立体感的一种印刷方法。立体印刷较平面印刷来说，其核心技术就是光栅技术。光栅是立体印刷形成立体影像的观景器，是立体彩色印刷技术的基础。

光栅是指一种特殊透镜依照人类视觉原理有规则地排列于透明平面材料上，形成对图像信息的分割与聚集合成的一种光学元件（特殊透镜）。将这种特殊透镜有序排列在由立体印刷工艺印制的承印物上而形成透明材料体。

印刷光栅按特殊透镜形式分为平面透镜光栅、柱面透镜光栅和球面透镜光栅三种。目前，立体印刷成像均采用柱面光栅，是当前应用最多的也是最成熟的光栅。

柱面透镜光栅成像是根据透镜折射原理实现图像的立体再现。柱面透镜光栅是由许多柱面透镜组成的透明塑料板（片），其表面的光栅线条由许多结构参数和性能完全相同的小半圆柱透镜线性排列组成，其背面是平面，为柱面透透镜元的焦平面，每个柱面透镜元相当于汇聚透镜，起聚光成像的作用。因此，可以利用在不同视点上获取的二维影像来重建原空间物体的三维模型。用它制作的立体图像不需要背光源或立体眼镜就能正常观看，其成像原理如图 7-8 所示。

光栅立体印刷品与平面印刷品在印刷技术上的最大不同点是其表面有一层光栅，这就使得该印刷方式存在以下特殊性。

① 光栅线的规则排列状态与图文网点之间一直存在相互制约和矛盾，容易出现撞网而影响图像的视觉效果。

② 光栅线与图像的套合精度要求非常高，图像

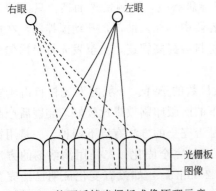

图 7-8　柱面透镜光栅板成像原理示意

印刷精度、光栅精度以及光栅与图像的套合精度等都是影响图像立体效果的直接原因。

③ 制作过程复杂，除印刷图像外，还需要光栅与图像复合。

随着 UV 印刷技术的广泛应用以及光栅材料的改进，开始在光栅材料背面直接印刷反向光栅图像制作立体印刷品，实现了印刷与光栅复合成像同步完成。此工艺不仅省略了光栅复合工序，而且由于采用 UV 油墨固化技术，使胶印油墨能瞬间固化，确保印刷的精度和效率，是当前立体图像印刷的主要工艺及方式，UV 胶印技术构成现代立体印刷的基础。随着现代印刷技术多样化发展及立体印刷产品应用领域的不断拓展，喷墨打印技术和数码印刷技术也将在立体印刷领域得到应用。

UV 立体光栅油墨是在 UV 网印光油材料基础上，为了适应在线印刷光栅的特殊需求而特制的一种油墨。它除了满足网印 UV 油墨要求，还必须满足立体光栅 UV 油墨的以下三点要求：

① 超厚度　一般 UV 网印墨层厚度在 $30 \sim 60 \mu m$，而立体光栅 UV 油墨要求墨层厚度达到 $200 \sim 500 \mu m$，并应在瞬间 UV 固化干燥，依靠油墨层堆积达到需求厚度是不科学的。

② 可塑性强　这里所指的可塑性是指网印后，未在紫外光照射固化定型前，UV 墨层只结膜未定型，可接受一定外压力作用而产生任意变形的特性，这时可模压成型。这是能否实现在线光栅制作的关键。模压成型后即可紫外光照射固化定型，其可塑性随之消失。

③ 高度透明性　因为光栅是构成再现立体图像的观景器，必须是一种光学透镜元件，所以必须既要有良好的光学表面性又要有极强透明度，否则难以观察到立体图像。

UV 立体光栅油墨配方是在网印 UV 上光油的基础上调配，网印 UV 上光油是一种无色透明的油墨，在其中加入一定量的高级透明的松香粉末，经搅拌均匀后即可使用。如松香 $40\% +$ 普通上光油 $18\% +$ 网印 UV 上光油 42% 混合均匀，就可调制成 UV 立体光栅油墨。由于油墨尚未 UV 光照固化，此时利用光栅模具热压成型，油墨中松香粉因受热速溶而体积膨胀，在其表面形成一张由条状柱面镜组成的透明塑料薄片，再 UV 固化，就制成立体光栅。

7.3.11　光固化锤纹油墨

这是一种新型的光固化美术油墨，网版印刷后涂层自然收缩，在被涂装物体表面，形成一层独特花纹的固化膜，这种花纹与铁锤敲打铁片所留下的锤纹花样类似，锤纹凹凸起伏、立体感明显。印刷在镜面金属上，锤纹还有金属闪烁的光泽。

UV 锤纹油墨既有无色透明光油，也有各种金属颜色，如浅金色、古铜色、银色等。无色透明光油适合于网印各种高光泽底材，如印在镜面金银卡纸上，生产装饰品、工艺品等，印刷在镜面金属板材上，生产各种锤纹效果的标牌、面板、天花板等。花纹的大小与丝网目数的高低直接相关，网目越高，墨层越薄，花纹越小；反之，花纹越大，网目以 $300 \sim 420$ 目为佳，固化膜有优异的耐磨性、耐溶剂性，附着力佳。印刷好的产品即可直接光固，不能停放太久，否则花纹会发生变化，会造成批量产品花纹不一致。

7.3.12　光固化水晶油墨

UV 水晶油墨使用低目数（40 目、60 目、80 目）网版印刷，UV 光固化后，可获得光亮透明、平滑柔韧且具有强烈立体感的上光效果。水晶油墨一般是采用特殊 UV 树脂及助剂设置而成的紫外线固化油墨。它无色无味、晶莹剔透、不挥发，固化后不泛黄，印后线条不扩散，透明似水晶。印刷品图文具有立体透明的水晶状效果，浮雕的艺术感，典雅别致。如果加入 1％～5％ 的激光片（也称镭射片）、闪光片、特殊效果金属颜料，即可获得各种立体闪烁装饰效果。该油墨可广泛应用于各种水晶标牌、装饰玻璃、书刊封面、挂历、水晶画、烟酒包装盒、标牌及盲文等商品。

UV 水晶油墨印刷网版必须是低目数的厚膜丝网版，否则达不到立体水晶的效果。如采用低目数的（40～80 目）厚膜丝网版印刷，可以获得高凸起、立体透明的水晶状效果，使印刷品图文具有浮雕的艺术感。印刷时尽量采用原墨印刷，不同系列及品牌的油墨一般不可相互拼混，以免发生不良反应，油墨使用前应充分搅拌均匀。气温较低时，会变得较浓稠，如印刷困难，可加入少量专用的水晶油墨稀释剂调匀后印刷，不可随意用其他稀释剂，否则会影响图文的印刷质量和立体效果等。

7.3.13　光固化凹印和柔印装饰性油墨

UV 装饰性网印油墨品种繁多，性能单一，有的使用麻烦，生产能力低，为此人们又设法采用凹版印刷和柔版印刷来印刷具有装饰性图案，从而研制开发了 UV 装饰性凹印油墨和 UV 装饰性柔印油墨。这是我国自行研发的包装印刷技术和装饰性油墨，不但具有完美的装饰效果，而且具有很好的防伪效果。

① 凹版印刷法印刷装饰性油墨，主要通过用电雕刻法或激光雕刻法对装饰性图案进行制版，同时研制了与其配套使用的装饰性凹印油墨，并在凹版印刷机上安装了 UV 固化设备来实现。凹印所产生的图案是由制版时的网点及线条的排布、大小及深浅来决定的，只要在一个印版上制作不同效果的磨砂、折光、冰花、皱纹或珊瑚等图案，用一种油墨就可印出不同的装饰性图案，使印品更富有艺术性。鉴于凹印的印刷一致性好，只要一个印版，用同一油墨和同一种纸，即使印上百万张，其统一性也很好，故具有很好的防伪功能。由于凹版印刷速率快，墨层厚，难以彻底固化，为此 UV 装饰性凹印油墨除了采用新型活性高的低聚物、活性稀释剂和光引发剂，巧妙组合搭配外，还添加了能提高固化速率和克服氧阻聚的纳来材料，制备了印刷速度高于 150m/min 的 UV 装饰性凹印油墨。

② 柔版印刷法印刷装饰性油墨则采用数字激光柔性版技术制作柔性版，传墨用网纹辊尽量达到可转移 10μm 以上的墨层厚度，用光学性能好（高折射率或高散射性）的材料制作 UV 油墨，经组合使用得到实现，印品不但装饰效果完满，同时还有很好的防伪效果。由于柔印工艺的限制，所印的油墨层较薄，如需印刷一些具有特殊效果的厚墨层，则可用辊筒式网印机进行印刷，为此又开发了适用于辊筒式网印机的 UV 装饰性网印油墨。

为了满足包装印刷对 UV 装饰性网印油墨的需要，国内不少低聚物生产企业开发了适用于 UV 装饰性网印油墨用的低聚物见表 7-29。

表 7-29　国内部分用于 UV 装饰性网印油墨的低聚物

公司	商品牌号	产品组成	官能度	黏度（25℃）/mPa·s	特性和应用
中山千佑	USV601	亚膜皱纹树脂	2	15000～20000	起皱快,附着力好,用于皱纹油墨
	UA-10B	亚膜皱纹树脂	2	18000～25000	起皱快,附着力好,用于皱纹油墨
	UA-12	雪花树脂	2	1400～1800	起花快,附着力好,用于冰花油墨
	UA4200	雪花树脂	2	9000～13000	起花快,附着力好,用于冰花油墨

续表

公司	商品牌号	产品组成	官能度	黏度(25℃)/mPa·s	特性和应用
中山千佑	UV1620	多元酸改性 EA	2	140000~180000	润湿性好,柔韧性好,用于皱纹光油
	UV3100	脂肪族 PUA	2	45000~65000	固化速率快,用于皱纹光油
	UV3101	脂肪族 PUA	2	25000~40000	固化速率快,耐黄变,柔韧性佳,用于皱纹光油
	UV3500B	脂肪族 PUA	4	45000~80000	固化速率快,耐黄变,用于皱纹、雪花油墨
中山科田	2202	PEA	2	30000~40000	固化速率快,表干佳,柔韧性佳,附着力好,低收缩,用于磨砂油墨
	2208	PEA	4	20000~25000	固化速率快,表干佳,柔韧性佳,附着力好,低收缩,不含苯,用于磨砂油墨
	3210	PEA	2	35000~45000	固化速率快,表干佳,柔韧性佳,附着力好,低收缩,用于皱纹油墨粗起皱快,无苯
	3240	PEA	2	35000~45000	固化速率快,表干佳,柔韧性佳,附着力好,低收缩,用于皱纹油墨粗起皱快
	3250	PEA	2	45000~50000	耐黄变,柔韧性、耐水解性、耐寒性、耐候性好,气味小,用于皱纹油墨细起皱快
	3270	PEA	2	90000~120000	固化速率快,表干佳,柔韧性、附着力、耐化学品性、光泽保持性好,用于皱纹油墨粗起皱快,无苯
	3280	PEA	2	45000~50000	耐黄变,柔韧性、耐水解性、耐寒性、耐候性好,气味小,用于皱纹油墨细起皱快,无苯
湖南赢创未来	PEA3100	PEA	1	45±10	柔韧性、附着力优,固化速率快,颜料润湿性好,在网印油墨中单独起皱
	PEA3222	PEA	2	15000±2000	柔韧性、附着力优,固化速率快,低收缩,用于竹木涂料、网印油墨、磨砂油墨
陕西喜莱坞	UU6200V	芳香族 PUA (10%TPGDA)	2	7000~8000 (40℃)	高光泽、耐磨性、硬度和触变性好,对塑料附着力好,用于水晶光油、七彩光油
	UVU6208	芳香族 PUA	2	5000~8000 (40℃)	良好的柔韧性和触变性,对塑料附着力好,用于水晶光油、七彩光油
深圳科立孚	CF-3301A	芳香族 PUA	2	4000~8000 (60℃)	附着力佳,硬度高,耐黄变,反应速度快,用于磨砂油墨、皱纹油墨
	CF-3302	脂肪族 PUA	2	2000~4000 (60℃)	附着力佳,柔韧性佳,反应速率快,用于磨砂油墨、皱纹油墨
深圳鼎好	DH308	雪花树脂	2.5	1800~3800	
江门恒光	7212	脂肪族 PUA	2	3000~5000 (60℃)	反应速率快,柔韧性佳,流平性好,光泽丰满度高,用于磨砂油墨、冰花油墨、皱纹油墨

7.4 光固化胶印油墨

7.4.1 胶印印刷

胶印又叫平版印刷，是在印刷领域内应用最广泛的一种印刷方法。胶印印版的图文部分和非图文部分基本上是处于同一平面上，仅有稍微的高低之差，利用油水相斥的原理印刷，图文部分是憎水性的（亲油墨），非图文部分是亲水性的（斥油墨）。印刷时先用润版液润湿非图文部分，图文部分是斥润版液的；再由墨辊传递油墨，图文部分接受油墨，而非图文部分斥油墨；图文部分油墨再转移到橡胶辊筒，然后传给承印物，是间接印刷。胶印印刷过程如图 7-9 所示。

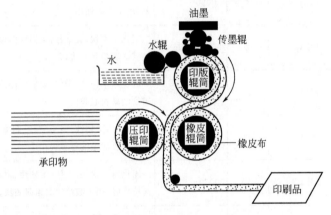

图 7-9　胶印印刷过程示意

胶印使用的印版为预涂感光平版（presensitiged plate，简称 PS 版），是在铝基版上预先涂覆感光层，加工后贮备，随时用于晒版的胶印版。PS 版有阳图型和阴图型两种。阳图 PS 版是在表面处理的铝基材上涂布光降解型感光树脂层，经干燥后制成。阳图 PS 版使用时，将阳图底片与阳图 PS 版真空贴合，UV 曝光，因为感光部分产生了羧基，用碱性显影液进行显影而除去，露出的铝基材亲水。不感光部分形成图文亲油墨，得到阳图。阴图 PS 版是在表面处理的铝基材上涂布光聚合型感光性树脂层，经干燥后制成。阴图 PS 版使用时，将阴图底片与阴图 PS 版真空贴合，UV 曝光，见光部分发生聚合交联，形成图文部分亲油墨。不见光部分，有的体系用稀碱液如碳酸钠显影除去，有的体系要用溶剂显影除去，露出铝基材亲水，得到阴图。

二十世纪八十年代开发出数字化制版技术——计算机直接制版（computer to plate，简称 CTP）技术，使用数字化数据通过激光制版机将图像和文字直接复制到印刷版上，采用 CTP 工艺制版与传统胶印制版工艺相比，不需要银盐分色胶片，还可省去多道制版工序，代表了印刷技术最新的发展方向。进入二十一世纪，CTP 技术日渐成熟，CTP 设备和版材不断开发和进展，正在成为胶印的主流产品。CTP 制版系统因结构不同，所用光源不同，所用的 CTP 版材也不同。目前主要有紫激光 CTP 版、热敏 CTP 版和 UV-CTP 版。

胶印的主要特点为：

① 油墨层厚度很薄，一般胶印油墨单色厚度在 $2\mu m$ 左右。

② 由于墨辊和水辊交替与印版接触，故对油墨印刷适性要求极高，同时要防止油墨发

生乳化。

③ 胶印的印刷速度快，一般在 $100\sim400\text{m/min}$。

④ 胶印油墨黏度高，颜料浓度高，看色力也高。

⑤ 胶印是间接印刷，是由有弹性的橡胶辊转印给承印物的，所以印刷压力比较小而均匀，套印精度高，图文再现性好，网点清晰，层次丰满。

传统的胶印油墨是以松香改性酚醛树脂等合成树脂为连接料的溶剂型油墨，污染环境，而采用 UV 胶印油墨后，则使胶印印刷有了新的进展：

(1) 改善了普通胶印工艺

① 胶印中使用 UV 油墨，印刷品在到达收纸部分已经固化，可以免去喷粉，既利于印刷环境的清洁，保护操作人员的健康，也避免了由于喷粉而给印后加工所带来的麻烦，如对上光、覆膜效果的影响，并可进行连线加工。不仅改善了作业环境，而且提高了生产效率，又缩短了交货时间。

② UV 油墨经 UV 光源照射后才固化，未照射前在墨罐中不结皮，在印机或版上也不会干结。因此，胶印机停机不用清洗墨罐和胶辊，解决了胶印机停机时的后顾之忧，降低了油墨的浪费，节省了清洗时间。

③ 固化装置简单、易维修，不需要红外干燥装置那样的烘道，即便加上与之相关的设备，占地面积仍然比普通的红外干燥设备的占地面积小很多。

④ 紫外光固设备能使 UV 油墨低温下快速固化，它的能耗比采用传统油墨印刷所需通过热风干燥或红外烘干的方式进行干燥所消耗的能量低得多。

(2) 使胶印适用于多种不同的承印材料拓宽了胶印的应用范围

① 复合纸类承印材料印刷　复合纸是由两种或两种以上的具有不同性能的纸或其他材料结合在一起组成的纸材，像我们生活中常见的牛奶、烟、酒的外包装盒大多采用复合纸制成。对复合纸材料用普通油墨印刷存在附着力、耐摩擦性及干燥性差等问题。UV 油墨中的光敏剂在 UV 光的照射下，树脂中的不饱和键打开，相互交连形成网状结构，极大地提高了墨层表面的物理性能，从根本上解决了以上的一系列问题。

② 非吸收性材料印刷　如聚乙烯薄膜、聚氯乙烯薄膜、聚丙烯薄膜、金属箔及非吸收性的特殊材料等。这些承印材料若采用普通溶剂型油墨印刷，除需要一定的干燥时间外，通常还需要采用喷粉、晾架装置或在油墨中掺加其他助剂等处理手段，而 UV 油墨固化时，无渗透，完全摆脱了普通油墨干燥慢的困扰。此外，UV 油墨可以提高墨层表面的物理性能，并可采用胶印 UV 油墨印刷细砂、金、银等一些普通胶印很难实现的工艺。

③ 金属材料印刷　在金属材料表面采用 UV 油墨印刷时，可以缩短固化过程和简化原有的固化装置。同时，UV 油墨表层良好的固化性和结膜性不仅可以改善印后加工特性也提高了产品的外观质量。

(3) UV 胶印具有优秀的印刷效果

胶印多用于精细产品印刷，UV 胶印油墨印后立即固化干燥，油墨不渗入承印物内，故色彩更鲜艳，清晰度更高，大大提高了印刷品色彩饱和度，并且可减少细小网点的损失，提高套色叠印的油墨转移率。此外，UV 胶印印品在表面质地、保护性、耐磨性和生产效率等方面，具有传统胶印印品所无法比拟的优势，使得印刷品具有耐用、防止擦伤和划痕等优点，同时还具有耐化学品性和耐腐蚀性。使用 UV 工艺可以得到高光泽度的效果，做出更美观漂亮的印刷品。

（4）UV 胶印属于绿色环保印刷

环境问题是促使 UV 油墨大量使用的主要原因。绝大多数的油墨用户选用 UV 印刷技术的主要原因是 UV 油墨的应用符合环境法规：

① 无溶剂挥发　UV 印刷几乎没有挥发性有机物（VOC）的排放，消除了溶剂型油墨干燥过程中的环境污染问题。

② 节省能源　传统溶剂型的油墨有相当比例的溶剂，在结膜过程中被挥发掉了。因此，如果在同样面积、同样膜层厚度的印刷区域下作比较，显然溶剂型油墨的能耗量要大得多。

（5）UV 胶印扩大了胶印在特殊印刷领域的应用

随着胶印技术的应用不断成熟，许多设备制造厂商推出了各种型号的 UV 胶印机，如 UM 胶印机。利用这种胶印机可以进行简单、高品质的光栅立体印刷作业。由此，立体印刷可以大批量地进行生产，而且产品的质量得到进一步的提高，拓宽了胶印在特殊印刷领域的应用。

7.4.2　光固化胶印油墨的制备

根据胶印的特点，UV 胶印油墨配方设计应考虑低聚物和活性稀释剂要有较好的抗水性能，在印刷中与墨辊和水辊交替接触时，不发生乳化现象。UV 胶印油墨中颜料浓度高，为了更好地分散颜料，常选用对颜料分散性能好的聚酯丙烯酸酯作为主体树脂成分；由于胶印印刷速度快，一般在 100～400m/min 之间，因此 UV 胶印油墨配方设计必须首先考虑油墨的光固化速率要符合胶印机车速要求。

（1）选用光固化速率快的低聚物、活性稀释剂和光引发剂

低聚物和活性稀释剂要选用固化速率快、官能度高的丙烯酸树脂和活性稀释剂，常用于 UV 胶印油墨的低聚物见表 7-30～表 7-33，常用于 UV 胶印油墨的活性稀释剂见本章 7.1.2 节表 7-4 和表 7-34。

表 7-30　湛新公司推荐用于 UV 胶印油墨的低聚物

产品	产品类型	特性
Ebecryl 436	含 40%TMPTA 的氯化 PEA	中等的颜料润湿性,良好的固化速率,在塑料和金属上有良好附着力,推荐用于塑料、金属上
Ebecryl 438	含 40%OTA480 的氯化 PEA	
Ebecryl 450	六官能团 PEA	高固化速率,优良的颜料润湿性,良好的水墨平衡性,通常用于难润湿的颜料,以得到较好的油墨流动性
Ebecryl 657	四官能团 PEA	优良的颜料润湿性,出色的水墨平衡性,通常用于单张印刷工艺
Ebecryl 870	六官能团 PEA	非常快的固化速率,优良的颜料润湿性和水墨平衡性,通常用于轮转印刷工艺
Ebecryl 600	标准双酚 A-EA	通用性强,高固化速率
Ebecryl 860	环氧大豆油丙烯酸酯	良好的流动性能和颜料润湿性,通常用作助剂
Ebecryl 954	标准双酚 A-EA	低黏度,高固化速率,通用性强
Ebecryl 2958	改性的标准双酚 A-EA	通用性强,高固化速率,对无机颜料(白色、黑色)润湿性好
Ebecryl 3608	含 15%OTA480 的脂肪酸改性 EA	优良的颜料润湿性,良好的水墨平衡性,用于提高流动性的助剂
Ebecryl 3700	标准双酚 A-EA	良好的颜料润湿性和固化速率,通用性强

产品	产品类型	特性
Ebecryl 3702	脂肪酸改性 EA	低气味,良好的流动性和流平性,非常好的颜料润湿性和水油平衡,作增加油墨流动性助剂用
Ebecryl 220	六官能团芳香族 PUA	非常快的固化速率,通常作助剂,适用于深色油墨中,以提高固化速率

表 7-31　沙多玛公司推荐用于 UV 胶印油墨的低聚物

产品	类型	特性
CN2203	四官能团 PEA	高黏度,低黏性,适印性好
PRO30023	三官能团 PEA	柔软性,颜料润湿性好,适印性好
CN2204	四官能团 PEA	反应速率快,颜料润湿性好,乳液稳定性好
CN2282	四官能团 PEA	快速固化,柔软,胶印性能好,提高附着力
CN736	三官能团氯化 PEA	提高附着力,胶印性能好
CN750	三官能团 PEA	低收缩率,对塑料良好的黏结力
CN294	四官能团丙烯酸酯化 PEA	高黏度,低黏性,水墨平衡、颜料润湿性、流动性好
PRO8008A	三官能团酚醛-EA	对炭黑的颜料润湿性好,流动性好
CN2295	六官能团 PEA	高黏度,低黏性,水墨平衡、颜料润湿性、流动性好
CN9167	双官能团芳香族 PUA	颜料润湿性、附着力、硬度好,良好的胶印性能
CN790	双官能团丙烯酸酯化 PEA	对塑料基材附着力好,流动性、流平性好
CN118	双官能团改性 EA	快速固化,疏水,颜料润湿性好
CN2201	双官能团氯化 PEA	提高附着力,胶印性能好

表 7-32　沙多玛公司推荐用于 UV 胶印油墨的新低聚物

产品	特性
PRO30185	良好的水墨平衡性和附着力,快固化速率,无苯,低成本
PRO30187	良好的水墨平衡性和附着力,出色的颜料润湿性,无苯,低成本
PRO30190	良好的水墨平衡,出色的附着力,优异的柔韧性,好的流动性
PRO30181	优异的附着力、拉伸性能、耐高温性和抗冲击性,用于 UV 网印油墨

表 7-33　部分国内公司推荐用于 UV 胶印油墨的低聚物

公司	商品名	产品组成	官能度	黏度(25℃)/mPa·s	特点
中山千佑	UV7301	PEA	3	130000～150000	固化快,润湿性好,光泽高
	UV7081	PEA	4	15000～25000	附着力,润湿性柔韧性佳,抗飞墨
中山科田	2401	PEA	4	20000～25000	固化速率快,颜料亲和性、表干佳,水墨平衡、耐热性好,低收缩
	590	己二酸改性 EA	2	230000～270000	固化速率快,表干佳,光泽高,附着力好,提供较好颜料润湿性

公司	商品名	产品组成	官能度	黏度(25℃)/mPa·s	特点
广东博兴	B530	PEA	4	2000~3000 (60℃)	高固化速率,颜料润湿性流平性佳,低黏性和触变性,作胶印油墨主体树脂
	B590	PEA	4	4000~6500 (60℃)	高黏度,高附着力,颜料润湿分散性好,用于胶印油墨
广州五行	G515	改性EA	2	10000~20000 (60℃)	柔韧性、颜料润湿性佳,低收缩,对金属、塑料附着力好
	EA8200	PEA	4	17000~28000 (40℃)	水墨平衡、耐水性佳,颜料分散性好,柔韧性好,良好的黏结力和抗冲击性,低收缩
深圳哲艺	601	PEA	4	15000~20000 (60℃)	固化快,颜料润湿性、附着力佳,用于胶印、网印、印铁油墨
	633	PEA	4	8000~9000 (60℃)	颜料润湿性、柔韧性好,流动性、附着力佳,用于胶印、网印、柔印油墨

表 7-34　沙多玛公司推荐用于 UV 胶印油墨的活性稀释剂

产品	化学类别	官能度	特性
SR9003	PO-NPGDA	2	皮肤刺激性、表面张力低,颜料润湿性好
SR9020	PO-GPTA	3	固化速率快,颜料润湿性好,疏水
SR492	PO-TMPTA	3	固化速率快,颜料润湿性好,疏水
SR355	DTMPT4A	4	固化速率快,高交联密度,低皮肤刺激性
CD564	烷氧基 HDDA	2	皮肤刺激性、收缩性低,颜料润湿性、黏结好
SR454	(EO)3TMPTA	3	固化速率快,耐化学品性能好
SR399	DPEPA	5	固化速率快,提高耐刮和耐化学品性能

UV 胶印油墨所用的光引发剂,通常也是以 ITX 和 907 复合使用为主,对红、黄两色油墨可加 651,但 ITX 和 907 有毒性,欧美发达国家已列入禁止使用,ITX 可用大分子 ITX (Omnipol TX,IGM 公司生产) 也可代替 ITX;907 可用 UV6901 (长沙新宇公司生产)、1107 (钟祥华辰公司生产)、Doublecure3907 (台湾双键公司生产)、R-gen307 (台湾奇钛公司生产) 来代替。而黑色油墨则以 369 为主,配合 ITX 或 DETX 使用。白色油墨则以 TPO 和 819 为主,与 184 或 MBF 配合使用。UV 胶印油墨的光引发剂用量比较大,一般都需 6% 或更多一些。为了提高表面固化速率,往往还需适当加入少量叔胺,如 EDAB、ODAB 或活性胺等。有时为了提高光固化速率,可添加适量的 TPO 或 819。

UV 胶印油墨配方设计中还可考虑如下几方面。

① 使用大分子光引发剂　上述介绍的光引发剂均为低分子量有机化合物,其光裂解产物分子量更小,容易发生迁移,有些有气味,有些还有一定毒性,ITX、907 和 BP 等光引发性欧盟已明确规定不能用于食品、药品包装印刷油墨中。为了适应安全和环保要求,使用低迁移性、低气味、低毒的光引发剂已经成为刻不容缓的事情。目前的发展趋势是使用将小分子光引发剂键合在高分子链上的大分子光引发剂,或在小分子光引发剂中引入可聚合基团的聚合型光引发剂。大分子光引发剂由于具有较大的分子量,并含有可参与自由基反应的基

团，不但有效降低了气味，改善迁移性，消除了残留光引发剂和光解产物的毒性问题。同时一个大分子光引发剂可形成多个自由基，局部自由基浓度可达到较高水平，有利于提高 UV 油墨的光固化速率。另外大分子光引发剂多以黏稠液体的形式存在，可大大改善与预聚物和单体的相容性。已经产业化的大分子光引发剂见第 4 章表 4-26。

② 使用低皮肤刺激性活性稀释剂　在 UV 油墨配方中所使用的丙烯酸酯类活性稀释剂有些对皮肤具有一定的刺激性，在 UV 油墨的生产和印刷过程中，一线的生产操作人员都会因为直接接触到丙烯酸酯类活性稀释剂而出现皮肤过敏的症状，所以为改善生产和印刷作业环境，提高油墨的安全生产，希望使用初期皮肤刺激指数在 3 以下、最好小于 2，挥发性低、气味小的活性稀释剂来改善 UV 油墨对皮肤的刺激性。

目前，降低活性稀释剂的皮肤刺激性指数 PII 值的方法主要有以下几种：

① 活性稀释剂的烷氧化（乙氧化、丙氧化），增加活性稀释剂分子中烷氧基的数量和含量；

② 加大丙烯酸酯活性稀释剂的分子量；

③ 用己内酯对活性稀释剂进行加成反应。

低皮肤刺激性的活性稀释剂见第 2 章 2.11.9 节的表 2-37 和第 2 章 2.12.4 节的表 2-44。

（2）改善 UV 胶印油墨的流变性能和印刷适性

① 颜料润湿性　UV 胶印油墨的连结料主要由较高极性的低聚物和活性稀释剂组成的，应用于 UV 胶印油墨中的颜料大多为极性较低的有机颜料，这些高极性的低聚物体系对低极性的有机颜料粒子表面的亲和性是比较差的，难以提供良好的颜料润湿性。同时，UV 胶印油墨连结料所使用的主体丙烯酸酯低聚物分子量较低，通常在 1000～2000 之间，而传统胶印油墨所使用的松香改性酚醛树脂分子量在 20000～50000 之间。总之，与传统胶印油墨相比，UV 胶印油墨的树脂和连结料体系具有低分子量、高极性的特征，不能提供令人满意的颜料润湿性和分散稳定性。

为改善 UV 胶印油墨的颜料润湿性和分散性，提高生产效率，首先要选择合适的主体低聚物树脂。脂肪酸改性丙烯酸酯低聚物具有较高的分子量、低极性而具有良好的颜料润湿性，特别适合颜料含量较高的胶印油墨体系。但由于部分丙烯酸官能团被脂肪酸所取代，脂肪酸改性丙烯酸酯的反应活性差、T_g 低，会影响油墨的固化速率和墨膜的物理性能，通常必须和低黏度、高官能度的低聚物配合使用。而选择合适的颜料也是改善油墨分散性能的关键因素之一，但是除 UV 油墨专用炭黑以外，还极少有专门为 UV 胶印油墨配套的有机颜料，有机颜料的最终确定只能依靠大量的实验来进行。不过 UV 体系颜料选择有一个原则，就是在 UV 胶印油墨中适用的颜料应该是具有一定极性的。

② 水墨平衡性能　在实际印刷过程中，UV 胶印油墨对润版液水量的宽容度小，水墨平衡难控制，难以达到传统胶印油墨的印刷适性。导致 UV 胶印油墨出现水墨平衡性能差的原因，主要有以下两方面，首先是 UV 胶印油墨中所使用丙烯酸酯低聚物和活性稀释剂通常带有羟基、羧基和胺基等高极性基团，对润版液具有较强的亲和性，与极性小的油性连结料相比，前者的乳化可能性更大。其次是 UV 胶印油墨的印刷基材主要是以合成纸、金银卡纸和塑料等非吸收材料为主，对润版液的吸收性差，这给印刷中水墨平衡又增添了更多可变因素。经验显示，使用残留羟基数值高和极性大的反应性低聚物（含调节用树脂、活性稀释剂、助剂）时，必须十分慎重。

主体低聚物的选择将是改善 UV 胶印油墨水墨平衡性能的关键。由于环氧丙烯酸酯和聚氨酯丙烯酸酯预聚物的分子链上含有羟基、氨基等官能团具有较强的亲水性，而损失油墨的抗水性，所以从改善油墨的水墨平衡性能角度来看，聚酯丙烯酸酯具有更好的抗水性，而成为最佳的选择。目前从油墨性能方面看，UV 胶印油墨体系大多以聚酯丙烯酸酯作为主体树脂，改善油墨的水墨平衡性能也是其主要依据之一。但是，聚酯丙烯酸酯低聚物在硬度、耐摩擦性和溶剂耐抗性方面还有待进一步改善。另外，在保持油墨体系黏性相近的条件下，采用更高分子量的丙烯酸酯低聚物则可以提高油墨的抗乳化性能，但是这种情况是在高分子量树脂在油墨的配方中达到一定的比例时才具有的，可能是由于高分子树脂之间通过相互缠结可以形成更大的物理网状结构，将有效阻碍水分子向油墨体系内部渗透，从而改善油墨的乳化性能。然而，丙烯酸酯低聚物的高分子量化是以降低官能度、损失固化速率为代价的，这就需要在设计油墨配方时进行综合考虑，以弥补为改善油墨的水墨平衡性能而导致其他性能恶化的损失。

环氧丙烯酸酯类低聚物是影响油墨乳化率的主要原因。因此，在保证固化速率和油墨黏度的前提下，应控制环氧丙烯酸酯类低聚物的用量，使 UV 胶印油墨能保持较强的斥水性，以保证在实际印刷生产中具有良好的印刷适性。

③ 降低飞墨现象　UV 胶印油墨和传统胶印油墨相比，在流变性能方面存在显著差异。首先，丙烯酸酯低聚物的颜料润湿性差，使 UV 胶印油墨在低剪切速度下表现出更强的结构，并对油墨在印刷机墨槽中的流动产生不利影响。另外，丙烯酸酯低聚物具有特殊流变性能和低分子量的特征，导致 UV 胶印油墨内聚力差，对温度变化敏感表现出高黏性、低黏度和丝头长的特征。在高速印刷条件下，由于油墨体系的黏弹性不足，容易出现飞墨现象。如果为了顾全油墨的流动性和易分散性，而选用易分散或高流动性的颜料，则此类问题会更加突出。

目前大多选择添加非反应型助剂的方法来改善体系的抗流变性能，提高 UV 胶印油墨抗飞墨性能。通常采用在油墨配方中添加气相 SiO_2、滑石粉、有机膨润土和有机硅树脂等具有一定增稠、提高触变性的填充料，通过增加体系的内聚力和黏弹性来防止飞墨。但这些助剂的效果很有限，无法从根本上解决问题，而且可能对油墨的光泽度、附着力等性能产生不良影响。

改善低聚物树脂自身的流变性能，是解决 UV 胶印油墨流变问题的最有效办法。从理论上看，在油墨配方中引入高反应活性、具有流变性控制效果的低聚物树脂，不但将改善油墨的印刷适性而且也将改善油墨的最终固化成膜性能。

（3）提高对基材的附着力

由于 UV 胶印油墨有瞬间固化和低温固化的特性，不仅在普通的纸张上可以使用，还可以应用在合成纸、金属覆膜纸、PVC、PC 等各种非吸收性纸张和塑料上面。然而，由于在自由基聚合时，活性稀释剂或低聚物间由固化前的范德华力作用的距离变为固化后的共价键之间的距离，两者之间距离缩小，因此体积收缩明显。加之固化时间极短，墨层的内部残存着很大的应力，因此与一般的溶剂型油墨相比，UV 胶印油墨有附着力变差的趋势。

目前，对于一些特殊的塑料基材（如 PE、PP 和部分 PET）UV 胶印油墨不能提供良好的附着力，主要由于这类材料具有活性稀释剂无法溶胀、表面极性低的特征，已固化墨膜与基材之间无法形成有效的作用力，而导致附着力差。解决 UV 胶印油墨对这些塑料的附着问题，是行业中难以克服的技术难题。根据实践经验，解决 UV 胶印油墨对困难基材的附着问题，通常从以下几方面着手：

① 增加低表面张力的活性稀释剂，改善油墨对基材的润湿性。

② 选用低官能度的活性稀释剂和低聚物，以减小油墨的应力和体积收缩。

③ 选择高分子量、低 T_g 的低聚物。

④ 使用特殊官能团改性的低聚物例如氯化聚酯丙烯酸酯等（见第 3 章 3.5.2 节表 3-19）。

⑤ 添加附着力促进剂。

但是这样处理常会导致油墨的固化性能变差、印刷适性有恶化的趋势。从应用状况来看，要使 UV 胶印油墨对所有基材都具有良好的附着性能，是十分困难的，所以在改善油墨性能的同时，也必须对基材进行表面预处理（如电晕处理、火焰处理）或做增黏底涂层等，以改善基材的表面性能。总之，必须结合印刷工艺共同解决 UV 胶印油墨对于基材附着困难的问题。

使用 UV 胶印油墨还需注意下列问题：

① 印版　胶印刷时可使用阳图型 PS 版和阴图型 PS 版。如果是阳图型 PS 版，由于活性稀释剂和光引发剂能分解普通 PS 版的网点，造成印版耐印力下降，因此必须使用 UV 油墨专用的阳图型 PS 版。如果用一般的阳图型 PS 版，需要进行烤版处理，即按照常规方法晒制的普通 PS 版，需要烤版 10～15min（温度 250℃）。CTP 版也需要烤版 10～15min（温度 250℃）。

② 胶辊、橡皮布　要使用 UV 专用胶辊，采用油性油墨和 UV 油墨兼用型胶辊其效果也可以。橡皮布选用一般油性油墨用、UV 油墨用的橡皮布都可以，但由于 UV 油墨中的活性稀释剂在印刷过程中对普通胶辊和橡皮布进行浸透，一方面造成油墨中活性稀释剂的减少，破坏了油墨的流动性；另一方面造成对胶辊和橡皮布的腐蚀，短期会导致胶辊和橡皮布表面膨胀变形及表面的玻璃化，长期印刷时胶辊和橡皮布表面会有局部脱皮或产生裂痕。所以通常选用三元乙丙橡胶（EPDM 橡胶）或硅橡胶制成的橡胶辊，硬度最好在邵尔 40 以上。选用 UV 专用橡皮布，该类橡皮布混合料中加入抗 UV 树脂成分，可耐 UV 光照射，橡皮布不易粉化。或者 UV 自粘式橡皮布，该类橡皮布也含抗 UV 树脂成分，用于 UV 印刷时，寿命得以延长。

③ 分散和研磨　UV 胶印油墨所用颜料量在各种油墨中是最大，一般在 15％～21％之间，所以分散、研磨非常重要，通常都先用分散树脂、活性稀释剂、润湿分散剂和颜料在砂磨机上分散、研磨，制成色浆，再将其余组分混匀后，用三辊机研磨制成油墨。

7.4.3　无水胶印

无水胶印是一种平凹版印刷技术，印刷时不使用水或传统润版液，而是采用不亲墨的硅橡胶表面的印版、特殊油墨和一套控温系统。与传统胶印技术相比，无水胶印有优异的印刷效果、更高的印刷效率及环保等优点。

无水胶印技术的特点：

（1）印刷效果好

① 色彩饱和度高：由于印刷中没有水的介入，所印图像因油墨未被稀释和乳化而更光亮、鲜艳，印品色彩饱和度提高，能超出传统印刷的 20％；

② 网点还原好：印版是平凹版，压印转移时向四周扩散较小，网点增大率降低 50％，且不使用润版液，网点更清晰；

③ 印刷密度高：由于网点增大率小，可适当提高印刷密度，印出清晰的色调、高分辨

率和高亮度的精美图像和细小文字及精密图像；

④ 因为不用水，无须调节水墨平衡，可选择的承印物更多，如在传统胶印无法印刷的金属箔纸、塑料和薄膜上的印刷表现出色；

⑤ 不使用润版液还使双面印刷机套印准确，尤其是薄纸印刷。

（2）印刷速度和生产效率高

因为无水胶印印刷时不用调节水墨平衡，印前准备时间比传统胶印缩短 40%，过版纸消耗降低 30%～40%，且不使用印刷润版液。不仅节省印刷准备时间和成本，还能实现高品质，高效率生产。

（3）利于环境保护

无水胶印过程中不使用传统胶印润版液等含有挥发性溶剂的化学药剂，不向空气排放挥发性有机物，减少了环境污染，而且节约了水资源。

当然，无水胶印也有其缺点，如油墨黏度大，对纸张质量要求高；且为保证油墨黏度不受温度影响，需要配置控温系统，增加一定成本。

目前普遍使用的传统光敏无水胶印版材，不同公司、不同时期研制的印版结构不尽相同，但大体结构一般分为 5 层：版基、底涂层（胶合层）、亲墨的感光层（光敏层）、斥墨的硅橡胶层及保护层（图 7-10）。

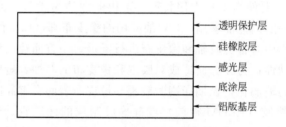

图 7-10　无水胶印版结构示意

无水胶印版结构组成：

① 版基　是印版的支持体，要具有一定的强度和柔性，主要使用铝薄板，此外也有用涂层纸、铝合金板、橡胶板和塑料板，或是几种材料的组合。

② 底涂层　是把版基与感光层黏合在一起的胶层，除具有黏合作用，也起着隔热和缓冲印刷压力等作用。

③ 感光层　又称光热转化层，具有亲墨性，是印刷图文的载体，是无水胶印版材的核心组成，感光层分阴图型和阳图型二种。

④ 硅橡胶层　硅橡胶与油墨的表面张力大于油墨的内聚力，所以硅橡胶层可作为印版的斥墨层。硅橡胶由二烷基聚硅氧烷与交联剂反应生成。

⑤ 保护层　在硅橡胶层上有时还加涂一层透光性好的聚酯或聚丙烯薄膜保护层，既可防止版面划伤又可提高曝光时的真空度。

无水胶印版的制备分为阳图型（用阳图片曝光）和阴图型（用阴图片曝光），取决于版材感光层的组成。阴图片曝光后，经显影曝光部分硅橡胶脱落，露出亲墨层（图文），未曝光部分（空白）硅橡胶保留；阳图片曝光相反，显影后曝光部分感光层与硅橡胶层交联成为斥墨层，未曝光部分的硅橡胶层除去，形成亲墨层。图 7-11 以阴图片曝光为例说明无水胶印版制版过程。

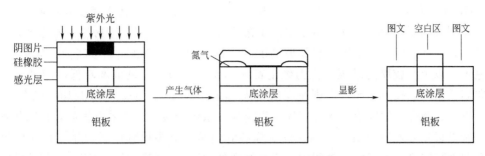

图 7-11 无水胶印阴图片制版过程示意

无水胶印主要适合高质量、印量少、交货期短的业务，诸如增值包装、塑料卡片、不干胶标签、3D、凸镜形状应用、木制品塑封等，特别值得应用于一些极限印刷领域。

因为无水胶印版材的空白部分没有水层的保护，依靠的是硅橡胶层低表面张力对油墨的排斥，所以要求无水胶印油墨有很高的内聚力，即要求有较高的黏度，以确保不脏版（空白部分不带墨）。

无水胶印，不需要润版液的存在，只有一次上墨过程。因此，要求在上墨的过程中，图文部分能很好地吸附油墨，而空白部分能排斥油墨。

根据油墨的表面能的参数，只要图文部分的表面能高于油墨，而空白部分的表面能低于油墨即可。在材料的选择上，为了防止油墨对空白部分的粘脏，通常空白部分的表面能要选择远低于油墨的表面能的材料。现在比较成熟的无水胶印版，其空白部分由硅橡胶构成，其表面能很低。图文部分选择的是具有良好的亲油传墨性能的聚酯。

无水胶印在印刷过程中，由于着墨辊等软质胶辊（橡胶材料）的滞后圈的存在，内耗产生的热量将使油墨温度升高而导致其表面能的下降。当表面能降低到一定程度，就有可能破坏空白部分和油墨之间的正常的表面能关系，从而使空白部分起脏。因此，在印刷机的构造上必须做改进。可以在软质胶辊之间插入中空的金属串墨辊，往金属串墨辊中通空气或水等制冷介质，以控制油墨的温度。

无水胶印使用的是专用油墨，它的基本成分与传统胶印的油墨相似，在色料的选择上是没有什么区别的，主要的区别是油墨中所用的树脂即连结料部分。无水胶印油墨和传统的胶印油墨相比有以下特殊的性质：

① 它需要有比传统的胶印油墨更高的黏度和黏性，才有可能提供比较大的油墨内聚力，足以大于油墨和硅胶层之间的作用力，使硅胶层表现为疏油性，这样油墨与非图文部分的硅橡胶层相斥，从而实现无水印刷。

② 必须适应无水胶印特殊的流变性能。因为无水胶印油墨具有高黏度，所以它在墨辊和印版之间的流通比较困难，这就要求油墨要有特别的设计，使其有较好的流变性能。

③ 由于在无水胶印中温度的特殊影响，所以最好还要有一个比较宽的温度适应范围。

7.5 光固化柔印油墨

柔性版印刷也是凸版印刷的一种，它是一种应用柔软、带有弹性的橡皮版或弹性体版来印刷的轮转型凸版印刷。柔性版印刷最早应用于 1890 年，当时采用橡胶做版材，发展较慢，直到 1970 年杜邦公司发明了感光性树脂柔印版（Cyrel 版），使制版速度和精度大大提高，柔性版印刷进入了发展新时期。由于柔印工艺适应性广，对不同承印材料都能适用，除了传统的纸张，一些非吸收性承印材料如玻璃纸、塑料薄膜、塑料制品、金属箔（如铝箔）、玻璃制品等，以及在较厚的纸板、瓦楞纸上都能印刷。柔印版印刷成本较低，能进行多色套印，印刷质量高，接近胶印，印刷速度也较快（可达 300m/min）；同时裁切、成型、模切、穿孔、折页、烫金、覆膜或上光等工序可以连成一条生产线，生产效率极高，自动化程度也很高，所以近年来发展很快，特别在商业标签和包装印刷中得到广泛应用。目前软包装印刷、瓦楞纸箱印刷、不干胶标签印刷、折叠纸盒的印刷几乎都用柔性版印刷，部分报纸和杂志也采用柔印。

柔性版印刷过程是油墨经网纹传墨辊传到印刷辊筒的柔印版上，由墨刀刮去多余的油墨，再由柔印版直接转移压印到承印物表面（图 7-12）。

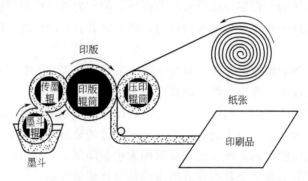

图 7-12　柔性版印刷过程示意

柔版印刷的理论和实践证明，提高柔版印刷质量最重要的考虑之一就是减少墨膜的厚度，从而达到减小网点扩大、展宽色调范围的目的。网纹辊是柔版印刷油墨转移过程中控制墨膜厚度的关键部件，其主要目标就是向印版提供一层薄的均匀的墨膜。网纹辊目前有激光雕刻陶瓷网纹辊和机刻的金属镀铬网纹辊两种，它们的差别体现在两方面：其一是陶瓷网纹辊的耐磨性、耐腐蚀性好，使它具有非常长的使用寿命。这一物性使陶瓷网纹辊在使用过程中能保持质量的稳定，这是精细柔版印刷所需要的。其二，激光雕刻可以刻制高线数辊子。通常 CO_2 激光雕刻最高线数可达 1000～1200lpi，YAG 激光雕刻的最高线数达到 1500lpi 以上。激光雕刻的网孔孔壁薄、结点小，而机刻的镀铬金属网纹辊最高线数仅 400～500lpi，孔壁厚、结点大。因此无论从定量的薄的均匀墨膜要求，还是从保持墨量的长期稳定性方面，陶瓷网纹辊远优于镀铬金属网纹辊。

柔性版版材就是一种感光性树脂版材，传统的柔性版有固体感光性树脂柔性版和液体感光性树脂柔性版二种，它们的基本组成相似，固体感光性树脂柔性版已通过挤出成型，而液体感光性树脂柔性版是即时制版。二种感光性树脂柔性版制版过程，都是通过银盐感光胶片或重氮胶片 UV 曝光，经显影而制得。

柔性版油墨有溶剂性柔印油墨、水性柔印油墨和 UV 柔印油墨。溶剂性柔印油墨因污染环境，使用受限制。而水性柔印油墨，虽有许多特点，如不影响人体健康、不易燃烧、墨性稳定、色彩鲜艳、不腐蚀版材、操作简单、价格便宜、墨层印后附着力好等；但是也有其缺点，如干燥速率比较慢，色饱和度不高，稳定性差，不宜印刷大面积实地，久置易发生沉淀、分层等不利方面。从 1990 年开始，人们开始研究无溶剂的柔性版印刷油墨及系统，以代替水性油墨和溶剂性油墨。研究发现，UV 油墨几乎能印在任何承印物上，而且印品的质量高于水性油墨和溶剂性油墨，并具有网点扩大率小、亮度好、耐磨、耐化学性能好、无污染、遮盖力好、成本相对低等优点，因此近年发展较为迅速。

柔印 UV 油墨的主要品种有：

① UV 纸张油墨　固化速率快，不易糊版，清晰度高，色彩鲜艳，光亮耐磨。

② UV 聚烯烃油墨　适用于印刷表面经电晕处理的 PE、PVC、PET、BOPP 塑料薄膜及合成纸等材料，固化速率快，附着牢固，抗水，耐磨，印刷适性好。

③ UV 珠光油墨　适用于高档包装印刷，具有珍珠光泽和金属光泽，质感华丽，附着牢固，印刷适性好。UV 珠光油墨除银白色外，还有多种色彩及彩虹干涉型等品种。

④ UV 透明油墨　以染料或染料、颜料的混合色料制成，透明感强，色彩艳丽，附着牢固，适用于真空镀铝、铝箔、银卡纸、镭射（激光）纸等材料的印刷，可以获得类似烫印的效果。

⑤ UV 上光油　主要有纸张 UV 上光油、聚烯烃薄膜 UV 上光油、亚光 UV 上光油、可烫印 UV 上光油等诸多品种，固化速率快，抗水，耐磨，可以联机上光，也可以单机上光。

⑥ UV 助剂　主要包括 UV 油墨的活性稀释剂、UV 固化促进剂及 UV 材料清洗剂等。UV 助剂的应用有利于方便操作，改善印刷适性。

UV 柔印油墨的特点：

① 绿色环保，UV 柔印油墨安全可靠，无溶剂排放、不易燃、不污染环境，适用于食品、饮料、烟酒、药品等卫生条件要求高的包装印刷品。UV 柔印油墨在国外食品包装领域已应用多年，没有出现任何问题，其安全性已被美国环境保护局认可。

② 印刷适性佳，UV 柔印油墨印刷适性好，印刷质量高，印刷过程不改变物性，不挥发溶剂，黏度稳定，不易糊版堆版，可用较高黏度印刷，着墨力强，网点清晰度高，阶调再现性好，墨色鲜艳光亮，附着牢固，适合精细产品印刷。同时，UV 柔印油墨可瞬间干燥，生产效率高，适应范围广，在纸张、铝箔、塑料等不同的印刷载体上均有良好的附着力，产品印完后可立即叠放，不会发生粘连。

③ 物理化学性能优良，UV 柔印油墨固化干燥过程是通过 UV 油墨中低聚物、活性稀释剂和光引发剂之间的光化学反应，即由线型结构变为网状结构的过程，所以具有耐水、耐化学品性能、耐磨、耐老化等许多优异的物化性能，这是其他各种类型的油墨所不及的。

④ 使用方便，柔性版印刷用的 UV 油墨一般比较稀，其黏度范围约为 260～2000mPa·s，比 UV 胶印油墨的黏度小得多，但无溶剂挥发，黏度和 pH 值稳定，消除了在印刷过程中油墨成分的变化因素，因此 UV 油墨的印刷稳定性和一致性较好，故使用方便。而且 UV 柔印中印刷机可随时停机，UV 油墨不会因干燥而产生堵塞网纹辊的问题。换班后的清洗和利用剩余色组再次投入使用也成了可能，大大简化了生产环节。

⑤ 成本相对低，UV 柔印油墨用量省，由于没有溶剂挥发，有效成分高，可以近乎 100% 转化为墨膜，其用量还不到水墨或溶剂油墨的一半；而且可以大大减少印版和网纹辊的清洗次数，所以综合成本比较低。

综合上述特点，UV 柔印油墨无论从价格的角度、质量的角度、还是从技术发展的角度考虑，都具有明显的优势和发展前景。

柔印油墨黏度较低，一般在 0.1～2.0Pa·s，是一种接近于牛顿流体的油墨。因为主要用于印刷包装材料，所以要求油墨色彩鲜艳，而且光泽也要好。柔性版印刷的墨层比较薄，一般在 4um 左右，所以柔印油墨中颜料含量也较高，一般在 12％～18％之间。

UV 柔印油墨的配方设计上，低聚物要选用黏度低、固化速率快、对颜料分散润湿性好的聚酯丙烯酸酯和环氧丙烯酸酯（见表 7-35、表 7-36）。

表 7-35　湛新公司推荐用于 UV 柔印油墨的常用低聚物和活性稀释剂

产品	类型	特性
DPGDA	二丙二醇二丙烯酸酯	良好的固化速率和柔韧性,稀释性强
TMP(EO)3TA	三乙氧基三羟甲基丙烷三丙烯酸酯	良好的固化速率、黏度和颜料润湿性,制成油墨流动性和稳定性好
Ebecryl 140	二缩三羟甲基丙烷四丙烯酸酯	黏度较高,作助剂以提高固化速率
Ebecryl 145	丙氧基化新戊二醇二丙烯酸酯	具有出色的附着力和固化速率
Ebecryl 40	聚醚四丙烯酸酯	固化速率快,不宜渗透,用于纸张印刷
Ebecryl 436	含 40％TMPTA 的氯化 PEA	中等的颜料润湿性,用于难附着基材,作助剂用于塑料和金属上
Ebecryl 450	六官能团 PEA	固化速率快,颜料润湿性好,低黏度,用于高印刷速度系统和纸张
Ebecryl 657	四官能团 PEA	出色的颜料润湿性,对不同颜料通用性强,黏度较高,用于纸张
Ebecryl 812	四官能团 PEA	低黏度,出色的颜料润湿性,良好的固化速率和附着力,用于塑料
Ebecryl 2958	改性双酚 A-EA	通用性强,特别适用于无机颜料(白色和黑色)
Ebecryl 3700	标准双酚 A-EA	出色的颜料润湿性和固化速率快,通用性强

表 7-36　沙多玛公司推荐用于 UV 柔印、凹印油墨的低聚物

产品	类型	特性
CN293	六官能团 PEA	优良的颜料润湿性,快速固化
CN2200	双官能团 PEA	可增加颜料量,流动性、流平性好
CN2204	四官能团 EA	良好的颜料润湿性,高固化速率,高光泽
CN2400	丙烯酸金属盐	提高硬度、附着力,耐划伤,耐磨
CN2901	双官能团芳香族 PUA	固化速率快,增加韧性
CN3100	PEA	低黏度,快速固化,优良的耐候性和柔韧性
CN2300	八官能团超支化 PEA	低黏度,高 T_g,低收缩,高硬度,适于颜料分散
CNUVP210	双官能团 PEA	优异的柔韧性、附着力,低收缩
CNUVP220	四官能团 PEA	高硬度,快速固化,柔韧性好,对塑料附着力好

活性稀释剂选择见表 7-4，也以固化速率快、黏度低的为佳，尽量选用低皮肤刺激性的活性稀释剂（见第 2 章 2.11.9 节中的表 2-36 和第 2 章 2.12.4 节中的表 2-43），通常也是以单、双、多官能团丙烯酸酯配合使用。

光引发剂可参见 UV 胶印油墨，红色、黄色和蓝色以 ITX 与 907 配合为主，黑色以 369 与 ITX 配合为主，白色则以 TPO 或 819 为主，配合 184 或 MBF。

7.6　光固化凸印油墨

凸印是印刷工业的始祖，是最早利用的一种印刷方法，从宋代毕昇发明的胶泥活字印刷，至元朝王桢发明的木刻活字印刷，15 世纪德国人古登堡发明的铅活字印刷都是凸版印刷。凸版印刷中，图文部分在印版表面凸起，油墨只施于图文部分，然后直接传给承印物。凸印有平台型和轮转型两种，平台型是以印版为平面，压印辊筒为圆筒式，而轮转型的印版和压印辊筒都是圆筒式结构。

凸版印刷用的版材，现在都采用感光性树脂凸版，这是以感光性树脂为材料，通过 UV 曝光、显影而制成光聚合型树脂凸版。感光性树脂凸版又分液体感光性树脂凸版和固体感光性树脂凸版二种。固体感光性树脂凸版采用固体高分子材料预制的感光性树脂版。液体感光性树脂凸版指感光前树脂为液体状态，感光后成为固体的树脂凸版。

固体感光性树脂凸版和液体感光性树脂凸版在 20 世纪 70～90 年代曾在新闻报刊印刷、标签、包装纸、信纸印刷上广泛使用，但由于印版分辨率低、耐印力低、印刷质量也差，因此逐渐被胶印和柔印所代替，退出印刷历史舞台。

凸版印刷由于印刷质量不如胶印和柔印，印刷速度也不如胶印和柔印，现在使用越来越少，因此凸印油墨生产也越来越少。

UV 凸印油墨制备可参考 7.5 节光固化柔印油墨。

7.7　光固化凹印油墨

凹版印刷是一种效果非常好的印刷方式，凹版印刷层次丰富、清晰，墨层厚实，墨色均匀，饱和度高，色泽鲜艳明亮，能够真实再现原稿效果。但是由于传统的凹版印刷技术，油墨固含量低，溶剂挥发量大，使印刷的网点不饱满，网点还原效果不如胶版印刷；同时由于溶剂的挥发，油墨的浓度发生变化影响印刷品颜色的一致性。采用 UV 印刷后，这些问题都得到彻底的解决，并将网点还原效果高于胶版印刷。

油墨产生的有机挥发物（VOC）排放造成大气污染，凹版印刷最为严重。目前困扰世界印刷业难题，就是如何彻底解决凹版印刷有机挥发物排放的问题。

目前世界各国都在开发和使用水性凹版印刷油墨，水性凹版印刷油墨印刷在一定程度上可以减少有机挥发物排放。但水性凹版印刷油墨所印刷的产品的效果、印刷的层次感、墨层厚实程度、墨色均匀状况、清晰度、饱和度、色泽鲜艳度等，都不如溶剂型油墨。由于水性油墨的印刷需要在高温条件下干燥，因此在食品、日化及医药等产品的塑料软包装上印刷存在一定的困难。

凹印与其他印刷方法不同的是它的印版经过腐蚀或雕刻，形成很多低于印版表面的不同容积的着墨孔，这些着墨孔形成了凹印印版的图文。在印刷过程中，印版辊筒表面浸入墨槽中，表面上的着墨孔填满了油墨，由刮墨刀将多余的油墨刮掉，只在着墨孔内充满油墨，印版辊筒继续转动，着墨的印版辊筒与承印物和压印辊相互接触，在压力作用下，着墨孔内的油墨接触承印物，由于承印物具有吸附性，油墨转移到承印物上。随着印版辊筒继续转动，着墨印版与承印物分离，这时一部分油墨转移到承印物上，一部分油墨流回着墨孔中，完成印刷过程（图7-13）。

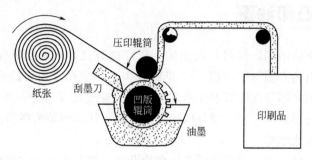

图7-13　凹版印刷过程示意

在印刷过程中，凹印刷工艺比胶印简单，不存在胶印的水墨平衡，而且是直接印刷，其颜色再现和色彩的一致性更好，由于废品率低，承印物浪费少，特别是耐印力远比胶印高，印数一般可达50万印以上，非常适用于高档烟酒包装的印刷。凹印的最大特点是印品的墨层比较厚，一般在9～20μm，比柔印的墨层几乎要厚一倍，印品立体感强，层次清晰，色泽鲜艳和饱满。

凹印油墨黏度很小，通常在20～300mPa·s之间，以保证油墨具有良好的传递性能，得到优良的印品质量。凹印的使用范围较广，纸张、薄膜、铝箔等都可印刷，而且印刷速度快（一般在100～300m/min）。凹印油墨由于墨层厚，所以油墨中颜料的含量相对比较低，一般在6%～9%之间。

UV凹印油墨在配方设计上与UV柔印油墨接近，要选用低黏度、固化速率快的低聚物和活性稀释剂，见7.5节光固化柔印油墨中表7-35、表7-36和7.1节中表7-4，光引发剂的选择可参见7.4节光固化胶印油墨。

7.8　光固化移印油墨

移印是使用可以变形的移印胶头将印版上的图文区的油墨转移到承印物上。移印的印刷过程是由供墨装置给移印印版供墨，刮墨装置刮去印版空白处的油墨，移印胶头压到移印印版上，蘸取图文区的油墨，在胶头表面形成反向的图文，然后移印胶头在承物上压印，把油墨转移到承印物上，完成印刷（图7-14）。

移印与网版印刷有着很多相似之处，比如，对承印物的适应性广泛；油墨种类繁多，移印油墨和网版油墨基本上可以通用；通过更换夹具和印版可以非常方便地完成不同产品的印刷等。所以，在很多印刷场合中移印和网版印刷就像一对孪生姐妹一样亲密无间，共同扮演特种印刷技术的重要角色。

但是，移印和网版印刷的特点和使用技术还是有一定差别的。首先，从油墨的转移过程来看，移印和网印具有明显的差异；移印机和网印机的结构也不相同；移印技术适应的产品种类和网版印刷也大相径庭。从客观上来看，移印和网印的差别要远远大于它们之间的相似

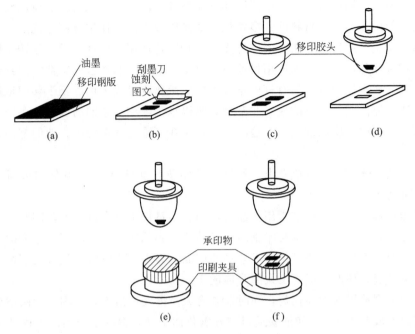

图 7-14 移印工艺流程示意

之处，而之所以习惯把它们捆在一起，更大的原因是移印和网印面对的是一个共同的市场，在这个共同市场上，网印离不开移印。

移印的特点主要有：

① 可对不规则的异形凹凸表面进行印刷。这些印刷采用其他印刷方式是很难甚至无法完成的，但采用移印就可轻松地完成，并可实现多色精美印刷。

② 能印刷较精细的图文，一般可以印刷 0.05mm 的细线。

③ 印刷稳定持续，即使长时间印刷，其印刷精度也不会改变。

④ 省去了干燥工序，可连续多色印刷。

⑤ 承印范围广泛，可在塑料、金属、玻璃、陶瓷、皮革、胶木等各种材料制品上的任意凹凸表面精确地进行单色、双色和彩色图文的印刷，还可进行柔软接触印刷，还能在柔软的物品（如水果、糕点、鸡蛋等）以及易碎脆弱的物品（如陶瓷、玻璃制品等）上进行印刷。

⑥ 移印工艺操作简单易学且运行可靠，没有特别深奥的技术。

移印工艺也是属于间接印刷，移印胶头表面传递的墨量有限，一般情况下，移印胶头能蘸取的墨量为转印印版凹处油墨总厚度的 2/3，而移印到承印物的油墨层厚度也只有移印胶头表面墨层厚度的 2/3，因此承印物表面的墨层厚度大致是印版图文墨层深度的 4/9，故印刷墨层较薄，要获得较醒目的图文，移印油墨中颜料含量要比网印油墨高，细度也更细。

移印胶头是移印工艺所特有的，它具有优异的变形性和回弹性，移印胶头在压力作用下能与承印物的表面完全吻合以实现印刷。但移印过程中，一方面移印胶头靠压力产生的变形来传递油墨，另一方面移印胶头的变形也会造成印迹变形，网点增大。为减少这种影响，要求移印油墨的触变性好。

目前移印使用的凹版有感光树脂凹版和移印腐蚀钢凹版。感光树脂版应用到移印工艺上时间并不长，但由于高分子材料的许多特性，如制版效率高、使用方便等优点，而受到业界的重视。感光树脂凹版制版方法与固体感光凸版相同，使用阳图片制版。移印钢版也称金属腐蚀凹版，钢版在移印工艺上的使用目前还占有主导地位。制作金属版常常用到雕刻和腐蚀的方法，雕刻的成本比较高，只有订单量较大的凹版印刷可以采用。至于移印钢版则主要采用腐蚀的方法。原因就是移印的成本非常低，难以承受雕刻工艺的高成本。腐蚀法用于制作金属版由来已久，由于腐蚀剂基本上是酸溶液，存在严重的环境污染，他们都面临最终被淘汰的结局。

移印油墨按干燥方式可分成三类，即挥发干燥型（单组分）、双组分加热固化和常温固化型、UV固化型。

挥发干燥型移印油墨是目前常用的品种，内含大量快干型有机溶剂，印刷时依靠溶剂挥发、油墨黏度升高，实现油墨从移印钢版通过移印头到承印物上的转移。它的缺点是硬度和耐磨性低、耐溶剂性差，无法满足要求较高的产品。另外，印刷时大量有机溶剂挥发到空气中，不仅污染环境，还严重损害工人的身体健康。

双组分固化型油墨内含固化剂，同时还含有大量挥发性溶剂，印刷后的图案要经过高温烘烤或在室温下放置1～2d，使油墨通过空气氧化而干燥，提高了油墨的硬度和耐磨性，但生产效率低，仍存在环境污染问题，也无法用于热敏性的基材如塑料制品。

UV移印油墨将移印与UV瞬间固化的优点结合于一体，既能对不规则或凹凸不平的物件表面进行印刷，充分发挥移印技术的优势，又可使印刷好的图案经紫外光固化后具有优异的硬度、耐磨性、光亮度和耐溶剂性。

将UV油墨用于移印是移印技术的一大突破，其优点如下。

① 绿色环保　UV移印油墨不含或含很少的挥发性有机溶剂，彻底改变了印刷环境，保证了操作工人的身体健康，大大减少了对环境的污染。

② 快速固化　UV移印油墨采用专门的光固化设备，印刷后即可通过紫外光照射使油墨在极短的时间内固化，可以进行湿压湿的多色印刷，并产生极好的印刷效果，大大提高了生产效率。

③ 适用范围广　UV固化过程与环境温度无关，即使气温较低或较高，照样可印刷，各种材质的产品如金属、玻璃、皮革、热敏性塑料制品等都可以移印。

④ 理化性能优异　UV固化墨层具有优异的硬度、耐磨性和耐溶剂性，这是一般溶剂型移印油墨无法比拟的，所以UV固化墨的应用领域一般为高品质产品。

⑤ 使用方便　一般情况下，UV移印油墨开罐即可印刷，无需加入大量稀释剂，这是由UV墨的组成所决定的，在印刷过程中油墨成分变化较小。

⑥ 立体感强　当移印钢版的蚀刻深度不变时，采用UV移印油墨印刷出来的文字图案，光固后的墨层高度基本不发生变化，凹凸感特别明显。

UV移印油墨根据其所印刷底材的不同，可简单地分为金属用UV移印油墨、塑料用UV移印油墨两类，对于墨层厚、理化性能要求高的电子产品的移印还有双重固化UV移印油墨。

UV移印油墨印刷前，应针对不同性质的底材，采取不同的处理方法，如对于PP、PE、PET等难黏附的产品，可采取火焰法、电晕法等预处理，增加底材的极性，从而改善UV移印油墨的附着牢度。也可用PP或PE专用处理水直接涂擦PP、PE产品表面，自然干燥后，即可印刷，附着牢度优。对于 ABS、PVC、PMMA、PC、尼龙、铜、铝、不锈钢、玻璃等材料可直接移印，都有良好的黏附性能。

UV 移印油墨的固化，一般情况下，UV 移印油墨的固化顺序如下：红、黄、绿、蓝、黑、白、金、银。油墨颜色越浅、墨层越薄，固化越快；颜色越深、墨层越厚，固化越慢。移印时应先印深色，后印浅色。

双重固化移印油墨经 UV 光照后，油墨已经初步固化，表面有一定硬度，印刷好的产品可以堆放或重叠在一起，为使固化膜性能达到最佳，通常还须进行热固化，固化条件 130℃，10～20min。

UV 移印油墨要求移印胶头对油墨中的低聚物和活性稀释剂的转移性要好，但由于移印胶头主要是由硅橡胶制造的，硅橡胶和丙烯酸酯类低聚物和活性稀释剂的亲和力很差，从而就影响了油墨的转移效率。此外，溶剂型油墨可添加必要的填料来改善印迹的修边整齐性，但 UV 移印油墨中不能添加过多的填料，填料除了会影响固化效率外，也会影响油墨的透明性；在研制 UV 移印油墨中，要保证颜料的色浓度高且透明性好、转移性好，这也是个较大的难点。

UV 移印油墨的配方设计，可参考本章 7.2 节光固化网印油墨。

7.9　光固化喷墨油墨

7.9.1　喷墨印刷

喷墨印刷是一种非接触式、无压力、无印版的印刷方式，由系统控制器、喷墨控制器、喷头和承印物驱动机构等组成，通过计算机编辑好图形和文字，并控制喷墨打印机喷头，喷射墨滴到承印物而获得精确的图像，完全是数字化印刷的过程。作为数字化印刷技术和计算机技术相结合的产物，喷墨印刷已成为数字化印刷领域中发展最迅速、应用最广泛的一种印刷方式。

喷墨印刷作为一种全数字化印刷具有很多特点：

① 完全脱离了传统印刷工艺的烦琐程序，对市场反应快速，作业准备时间和生产周期短。

② 可以用非常高的时间效率和低成本效率完成数字样张和短版作业的生产。

③ 可以可变数据印刷和按需印刷，实现个性化印刷。

④ 通过互联网传输，实现异地印刷。

⑤ 可在不同材质：纸张、纸板、薄膜、塑料、金属、木材、陶瓷、玻璃、织物、皮革上印刷，毫不夸张地说，目前喷墨成像技术已经可以在除了水和空气以外的所有平面和非平面材质上印刷。

喷墨印刷按打印方式不同分为连续式打印和按需式打印两种方式，目前喷墨印刷主要形式是按需式打印，按需式打印有热喷式和压电式。

热喷式喷墨装置是由墨腔、喷头和加热器组成，加热器为薄膜电阻器，在墨水喷出区将墨水加热，形成一个气泡，气泡瞬间膨胀并破裂，将墨水从喷头喷出。气泡形成和破裂的整个过程不到 $10\mu s$。然后墨水再充满墨室并准备下一个过程（图 7-15）。

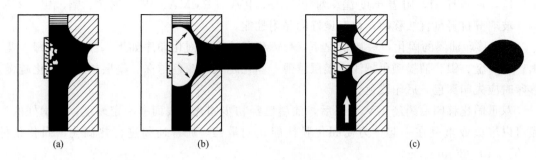

图 7-15　热喷式喷墨过程示意

压电式喷墨装置是由压电陶瓷、隔膜、压力腔和喷头组成，对压电陶瓷施加电压使其产生形变，引起压力腔内墨水体积变化，产生高压而将墨水从喷头喷出（图 7-16）。目前压电式喷墨由于喷墨速度更快，容易控制墨滴形状和大小，喷头寿命也长，可适用各种类型喷墨墨水，虽然设备价格稍贵，但使用成本低，因此大幅面喷绘机都采用压电式喷墨。

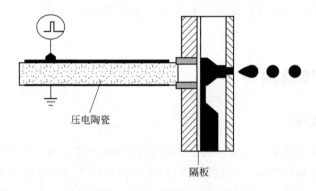

压电陶瓷

隔板

图 7-16　压电式喷墨过程示意

7.9.2　光固化喷墨油墨的制备

喷墨印刷中最重要的耗材就是喷墨油墨，这是一种在受喷墨印刷机的喷头与承印物间的电场作用后，能按要求喷射到承印物上产生图像文字的液体油墨。它是一种要求很高的专用油墨，必须稳定、无毒、不堵塞喷嘴，保湿性和喷射性要好，对喷头等金属物件无腐蚀作用，也不为细菌所吞噬，不易燃烧和褪色等等。油墨的表面张力、黏度、干燥性和色密度是喷墨印刷的关键，油墨要能在吸收性和非吸收性的材料上干燥，而不在喷管上干燥，以避免堵塞喷头。喷墨油墨的化学组成和性能决定了打印图像的质量、墨滴喷射的特性和打印系统的可靠性。

喷墨油墨按呈色剂的不同可分为染料型和颜料型油墨。染料型喷墨油墨是以水性墨为主，由于染料溶解在载体中，每个染料分子都被载体分子所包围，在显微镜下观察不到颗粒物质，所以它是一种完全溶解的均匀性溶液。染料型水性喷墨油墨不易堵塞喷头，喷绘后易于被承印材料所吸收，而且由于染料能表达的色域一般要比颜料所表达的大，体现的色彩范围也大，使得印品更加鲜艳亮泽，并且其造价成本也较低，但是它的防水性能比较差，不耐摩擦，光学密度低，由于化学稳定性相对较差，耐光性也较差，并且容易洇染。染料型喷墨油墨色彩鲜艳、层次分明且价格也较颜料型油墨低，是打印图片、制作彩喷名片等的首选产品。目前，大多数喷墨成像照片都采用染料型水性喷墨油墨。

颜料型喷墨油墨是把固体颜料研磨成十分细小的颗粒，分散于特殊的溶剂中，是一种悬浮溶液。这种油墨的出现解决了染料型喷墨油墨的缺点，它耐水性强，耐光性强，不易褪色，干燥快，由于颜料喷墨油墨对介质的渗透力弱，不会像染料喷墨油墨那样扩散，所以也不容易洇染。颜料型喷墨油墨以其诸多优点已成为喷墨油墨发展的必然趋势。

颜料型喷墨油墨目前有水性喷墨油墨、溶剂型喷墨油墨、弱溶剂型喷墨油墨、UV喷墨油墨和近年来发展起来的 UV-LED 喷墨油墨。

UV 喷墨印刷是 20 世纪末发展起来的一种新技术，它结合了喷墨印刷技术和 UV 固化技术的各自优点，既有喷墨印刷技术在使用和操作上的便利，又有 UV 固化技术在经济上和技术上的优势，其特点为：

① 没有有机溶剂的挥发，不污染环境，为环保型产品。

② 快速固化，生产效率高。

③ 固化前油墨不干燥，不堵塞喷头，减少喷头清洗，在喷墨过程中，油墨组成恒定。

④ 优良的印刷质量，色彩鲜艳，清晰度和分辨力高，特别耐摩擦、抗划伤，耐水和耐化学品性好。

⑤ 适用于多种基材，包括柔性或刚性、可吸收性或非吸收性材料。

UV 油墨早在 20 世纪 70 年代就在凸印、网印、胶印、柔印、凹印和移印等印刷过程中应用，直到 20 世纪末，由于喷墨技术的进步、精度的提高，UV 光源制作技术的发展，才给喷绘机配上合适的 UV 光源，设计制造出 UV 喷绘机。同时制备 UV 油墨的新原料不断开发，UV 油墨制造技术不断提高，终于使 UV 油墨进入喷墨印刷领域。

UV 油墨用于喷墨印刷，除了具有一般 UV 印刷油墨特性外，特别要解决三个技术难点：低黏度、稳定性和氧阻聚。

① 喷墨油墨必须具有低黏度，一般热喷式喷墨油墨在 25℃ 时，黏度在 3～5mPa·s，压电式喷墨油墨在 25℃ 时，黏度在 3～30mPa·s。因此要把 UV 喷墨油墨做到黏度<30mPa·s 是有一定难度的。必须选择低黏度的低聚物和活性稀释剂，而低黏度的低聚物和活性稀释剂往往官能度也较低，这就不利于光固化速率的提高，也不利于颜料的分散和稳定。

② UV 喷墨油墨用的着色剂是以颜料为主的，要求颜料的细度在 1μm 或更低，然后分散在低黏度的树脂体系中，不发生聚集，放置时不产生沉降。因此要选用对颜料润湿性好的低聚物、分散性好的颜料和稳定性好的分散剂，经过研磨加工后，获得细度<1μm、放置不沉降、不聚集的油墨。

③ UV 喷墨油墨从喷头中喷出微小墨滴，有极大的表面积，空气接触面加大，有更多的氧气溶入油墨中，氧阻聚严重地阻碍了墨滴 UV 固化。目前大型喷绘机的喷头移动速度在 30m/min 左右，这就要求油墨有较快的光固化速率和抗氧阻聚能力。所以 UV 喷墨油墨在配方上必须考虑克服氧阻聚，选用活性高的光引发剂和光固化速率快的低聚物和活性稀释剂，采取必要的抗氧阻聚措施。

UV 喷绘机制造商为了克服 UV 喷墨油墨低黏度问题，在油墨存储处装有加热装置，可将油墨升温至 50℃ 左右，这就为 UV 喷墨油墨制造商选择低聚物和活性稀释剂提供了有利条件。同时 UV 喷墨油墨目前主要用于广告宣传，没有对油墨层力学性能的要求，所以油墨配方上所用低聚物含量很少，可用较多的活性稀释剂。

作为 UV 喷墨油墨用的低聚物希望有较低的黏度，较快的光固化速率，对颜料有很好的润湿性和分散稳定性,对承印物有较好的附着力。现在国内外很多低聚物制造商开发出超支化低聚物就具有上述特性,特别适用于 UV 喷墨油墨的制造,见表 7-37。

表 7-37 部分用于 UV 喷墨油墨的超支化低聚物

公司	产品名	产品组成	黏度(25℃)/mPa·s	官能度	特性
沙多玛	CN2300	超支化 PEA	575	8	固化速率快,硬度高,低收缩率,低黏度
	CN2301	超支化 PEA	3500	9	固化速率快,耐刮性好
	CN2302	超支化 PEA	375	16	快速固化反应,低黏度
Bomar	BDT1006	超支化丙烯酸酯	1500	6	良好的耐化学品性、耐热性(390℃),低收缩率,快速固化,低氧阻聚,耐磨耐刮
	BDT1015	超支化丙烯酸酯	31275	15	不含锡,低收缩率,低翘曲,优异的耐热性、耐污染性、耐磨性、耐化学品性,快速固化,低氧阻聚
	BDT1018	超支化丙烯酸酯	50000	18	低黏度,抗高温(350℃)和化学环境,卓越的力学性能
	BDT4330	超支化丙烯酸酯	4000(50℃)	30	优异的耐化学品性、耐热性(419℃),低收缩率,快速固化,低氧阻聚,耐磨耐刮
长兴	6361-100	超支化 PEA	150~250	8	低黏度,低收缩性
	6363	超支化 PEA	3000~6000	15~18	流平性、坚韧性、抗冲击性、耐磨性佳,对金属附着优
	DR-E522	超支化 PEA	1500~3500	15~18	流平性、柔韧性、耐黄变性附着力佳
	DR-E528	超支化 PEA	300~5500(60℃)	8~10	固化快速,低收缩,丰满度佳,改善平滑性
	UV7Y	超支化 PEA	35~80	4	低黏度,流平好
	UV7M	超支化 PEA	60~100	8	低黏度,流平好
	UV7A	超支化 PEA	40~100	8	低黏度,流平好
广东博兴	B576	超支化 PEA	400~800	6	低黏性,快速固化,对颜料润湿分散性佳,与其他树脂相容性好
中山千佑	UV7-4XT	超支化 PEA	1000~4000	12	硬度高,固化快,耐磨性好
	UV7-4X	超支化 PEA	500~2500	8	耐黄变,黏度低,硬度高,固化快,耐磨性好
中山科田	8100	超支化丙烯酸酯	4000~7000	多	低黏度,固化速率快,表干佳,光泽高,附着力好
开平姿彩	ZC960	超支化丙烯酸酯	1800~3000		硬度高,固化快,耐磨性、耐水性好
	ZC980	超支化丙烯酸酯	400~800	8	固化快,耐磨性极好
深圳众邦	UVR2150	超支化 PEA	3000~10000	15	反应性、耐磨性、流平性、坚韧性佳
	UVR2910	超支化 PEA	1000~8000	9	反应性、耐磨性、流平性、坚韧性佳
	UVR7710	超支化丙烯酸酯	300~800	3	低黏度,流平性好,固化速率佳
	UVR7720	超支化丙烯酸酯	500~1000	3	低黏度,流平性好,固化速率佳
	UVR7730	超支化丙烯酸酯	800~1500	6	低黏度,流平性好,高硬度
	UVR7750	超支化丙烯酸酯	1000~3000	6	低黏度,流平性好,高硬度
	UVR7780	超支化丙烯酸酯	1500~4500	6	低黏度,流平性好,高硬度

活性稀释剂同样要选择低黏度、高活性、对颜料分散润湿性好的丙烯酸官能单体,实际使用上都将单、双、多官能团丙烯酸酯混用,以取得较好的综合性能。

光引发剂选择也要考虑高活性、有利于表干的品种，加入量可稍高于一般的 UV 油墨，也要采用多种光引发剂配合使用。

为了减少氧阻聚影响，可选用有减缓氧阻聚功能的原材料，如胺改性低聚物、含聚醚结构的低聚物、烷氧基化活性稀释剂、叔胺助引发剂等。

水性 UV 喷墨油墨也处于开发之中，它的黏度比 UV 油墨低，可提供较低的墨膜重量。但是它对承印物的要求较高，在印刷期间，水应被承印物吸收，如果承印物不为水所渗透，那么水应在 UV 固化期间得到干燥，而对于不渗水的承印物而言，控制它的润湿性应该比较难，所以，它能够黏附于特殊的表面，适合在多孔渗透性和半多孔渗透性底基上应用，才能达到较好的固化效果。

到目前为止，喷墨油墨的销售占统治地位的还是沿用已久的溶剂型油墨，但 UV 喷墨油墨的市场份额在逐年增加，并且呈上升趋势。从环保的角度来考虑 UV 喷墨油墨的快速发展是一个必然的趋势。

7.9.3　UV-LED 喷墨油墨

UV-LED（紫外发光二极管）是一种半导体发光的 UV 新光源，可直接将电能转化为光和辐射能。UV-LED 与汞弧灯、微波无极灯等传统的 UV 光源比较，具有寿命长、效率高、低电压、低温、安全性好、运行费用低和不含汞、无臭氧产生等许多优点，是一种新的既环保又节能的 UV 光源，已开始在 UV 胶黏剂、UV 油墨、UV 涂料和 3D 打印等领域获得广泛应用。

UV-LED 最早应用于 UV 胶黏剂的固化。而 UV-LED 油墨率先在喷墨领域应用成功，2008 年在德国杜塞尔多夫举办的德鲁巴国际印刷展上最早展出采用 UV-LED 光源的 UV 喷绘设备，使用 UV-LED 油墨，轰动了整个印刷界，打开了 UV-LED 在印刷行业应用的大门。到 2018 年和 2019 年上海国际广告展上，展出的全部都是 UV-LED 喷绘设备，早期的 UV 喷绘设备已被淘汰。因此，在喷绘领域也只有 UV-LED 喷墨油墨了。

但 UV-LED 的波长单一，与现有的光引发剂不完全匹配。目前常用的 UV-LED 光源为 405nm、395nm、385nm、375nm、365nm 长波段紫外光，由于 UV-LED 发射的紫外光波峰窄，90% 以上光输出集中在主波峰附近 ±10nm 范围内，能量几乎全部分布在 UVA 波段，缺乏 UVC 和 UVB 波段的紫外光线，与目前常用的光引发剂的吸收光谱不匹配，严重影响光引发剂的引发效率。加上单颗 UV-LED 功率仍不够大，输出功率较小，克服氧阻聚能力差，影响表面固化，这是 UV-LED 光源在实际应用中存在的二个较大的问题。因此 UV-LED 喷墨油墨必须在原来 UV 喷墨油墨配方基础上加以改进，除了使用光固化速率快、抗氧阻聚性能好的低聚物和活性稀释剂外，主要在光引发剂上作文章。

目前可以用于 UV-LED 的光引发剂主要有下列几种：ITX（紫外吸收 382nm）、DETX（紫外吸收 380nm）、TEPO（紫外吸收 380nm）、TPO（紫外吸收 379nm、393nm）、819（紫外吸收 370nm、405nm）。

由于品种较少，而且这些光引发剂价格相对较贵，影响了 UV-LED 油墨的推广应用。为此国内外各光引发剂生产企业都在努力研发适用于 UV-LED 的光引发剂，开发出不少新的用于 UV-LED 的光引发剂，已经商品化的适用于 UV-LED 的光引发剂或增感剂见第 4 章 4.9 节表 4-28。

7.10　光固化转印技术

转印技术是在中间载体（可以是纸张或塑料薄膜）上事先印刷图案和文字固化完好后，再用相应的压力和热力的作用、也可用水将载体上图案和文字转移到承印物上的一种印刷方法，它是继直接印刷之后开发出来的一种表面装饰加工方法。与直接印刷相比，它经过两道加工过程：第一道是对中间载体的直接印刷，需要有印版、印墨等材料；第二道是对承印物的转印过程，在这个过程中无需使用油墨、涂料、胶黏剂等材料，仅需一张转印纸或转印薄膜，在热和压力或水的作用下，就可将转印纸或转印薄膜上的图案和文字，转印到需要装饰的基材表面。转印技术属于间接印刷，因此，可进行转印的承印物形状和材料种类非常多。转印技术主要有热转印技术和水转印技术两种，热转印主要用于平面形状的承印物，而水转印则可对立体异形形状的承印物进行转印。光固化转印加工则以光固化油墨来印刷制作转印膜或转印纸，然后将印有图案和文字的转印膜或转印纸，通过热转印或水转印方式将图案和文字转印到承印物上，实现承印物的表面涂装。水转印异型承印物干燥后，往往喷涂 UV 上光油，进行上光处理。采用光固化转印加工技术印制的仿真大理石、仿真玉石、仿真木纹、镭射（激光）图案，效果自然逼真，质感强烈，是低成本无机装饰板进行高档化装饰、代替天然石材、木材装饰的最佳选择。

转印技术主要有热转印技术和水转印技术两种，传统的热转印技术采用的热转印设备比较昂贵，只能承印表面平整、形状固定的物体，并且印制后容易给物体带来"副作用"，如热转印 T 恤形成的图案膜层不透气，穿着舒适感大大降低；甚至在热转印时，会因温度控制不好而损坏承印物。而水转印则很好地避免了这些不足，它无需专用的设备，几乎可以将任何图案转印到任何形状的常温固态物体上，除了陶瓷、布料、铁器之外，木料、塑料、水晶、花卉、水果，指甲、皮肤都可以成为水转印的承印物，适用的领域更广，投资低、风险小，工艺更为简单。水转印技术具有图像清晰、色彩艳丽、防水耐磨等特性，使水转印受到越来越多的中小创业者的青睐。

（1）热转印技术

热转印分为热升华转印和热压转印。热升华转印也称为气相法热转印，就是采用具备升华性能的染料型油墨，通过胶印、网印、凹印等印刷方式将图像、文字等需要印刷的图文，以镜像反转的方式印刷在转印纸上，再将印有图文的转印纸放在承印物上，通过加热（一般为 200℃左右）加压的方式使转印纸上的油墨升华，直接由固态转变为气态，从而将图文转印到承印物上。用于转印的转印纸称为升华转印纸，而升华转印油墨主要由升华性染料和连结料组成。热压转印使用网印或凹印方式将图文印刷在热转印纸或塑料薄膜上，然后通过加热加压将图文转印到承印物上。然而随着激光打印机及喷墨打印机的普及，人们采用激光打印机或将电脑制作好的图文直接打印在转印纸上；或者用喷墨打印机将图文打印在普通的打印纸上，然后再用静电复印机复印到转印纸上，最后，将转印纸上的图文通过加热加压的方式转印到承印物上，这就是现在被人们广泛提及的数码热转印技术。数码热转印技术应用领域相当广泛，是一个个性化市场，具有十分广阔的发展前景。数码热转印技术是在传统热转印技术的基础上发展和延伸出来的，二者共存互补，又相互独立，形成不同的市场定位和消费群体（表 7-38）。

表 7-38　传统热转印与数码热转印比较

比较点	传统热转印	数码热转印
印刷方式	有版印刷	无版印刷
色彩质量	色彩还原差	色彩还原较好
应用产品	单一、大批量	广泛、小批量
市场定位	大众化	个性化
生产能力	产能大	产能小
价格	低	高

（2）水转印技术

水转印技术是一种新颖的包装装潢印刷技术，它既继承了传统印刷技术的优点，又发挥了转移技术的特长，不但可以在平面物体上，而且能够在立体曲面物体上进行披覆，适用于各种复杂外形的印件，能够克服任何死角，解决了造型复杂制品表面的整体印刷问题，并可改变材料表面的质感。由于水转印技术能把平面印刷的图案进行整体立体转移，并且常用于曲面物体装饰，所以常被称为曲面披覆技术或立体披覆转印技术，该技术已日益受到加工行业和消费者的喜爱。

水转印使用的材料是在基材表面加工的能够整体转移图文的印刷膜，基材可以是塑料薄膜，也可以是水转印纸。这种印刷膜作为图文载体的出现是印刷技术的一大进步，因为有很多产品是难以直接印刷的，而有了这一载体，人们可以通过成熟的印刷技术将图文先印在容易印刷的载体上，再把图文转移到承印物上。如：具有一定高度的、比较笨重的、奇形怪状的物品或是面积很小的物品都可以采用水转印工艺。单就水转印工艺来说，它的适应范围很广，几乎没有不可以转印的产品，用于水转印的转印材料有水披覆转印膜和水标转印纸。

水转印是一种环保、高效的印刷技术，它利用水的压力和活化剂，使水转印载体薄膜上的剥离层溶解转移。水转印技术具有适用面广，设备投资少，工艺技术简单易学，产品外观漂亮，经济和社会效益显著等优点，近年来得到非常大的发展，尤其是在对曲面及凹凸表面物体的装潢印刷方面，达到了其他印刷方式无法达到的效果。

根据水转印的实现特征，水转印一般可分为水披覆转印和水标转印。

① 水披覆转印　所谓水披覆转印，是指对物体的全部表面进行装饰，将工件的本来面目遮盖，能够对整个物体表面（立体）进行图案印刷。水披覆转印使用的薄膜与热转印膜的生产过程相似，水披覆转印膜是用凹版印刷机采用传统印刷工艺，在水溶性聚乙烯醇薄膜表面印刷而成。水披覆转印膜的基材伸缩率非常高，很容易紧密地贴附于物体表面，这也是它适合在整个物体表面进行转印的主要原因。但其伸缩性大的缺点也是显而易见的，即在印刷和转印过程中，薄膜表面的图文容易变形；其次是转印过程若处理不好，薄膜有可能破裂。为了避免这个缺点，人们经常把水披覆转印膜上的图文设计成不具有具体造型，变形后也不影响观赏的重复图案。水转印膜在凹版印刷机上印刷能够获得很高的伸长率，印刷成本可大大降低，同时凹版印刷机具有精确的张力自动控制系统，一次可印刷出 4～8 种颜色，套印准确度较高。凹印水披覆转印膜使用水转印油墨，和传统油墨相比，水转印油墨耐水性好，干燥方式为挥发性干燥。

水披覆转印比较适用于在整个产品表面进行完整转印。它利用水披覆薄膜极佳的张力，很容易缠绕于产品表面形成图文层，产品表面就像喷漆一样得到截然不同的外观。水披覆转印技术可将彩色图纹披覆在任何形状之工件上，为生产商解决立体产品印刷的问题。曲面披覆亦能在产品表面加上不同纹路，如皮纹、木纹、翡翠纹及云石纹等，且在印刷流程中，由于产品表面不需与印刷膜接触，可避免损害产品表面及其完整性。从理论上来说，只要是表面能喷涂油漆的物体都能进行水转印，但鉴于一些材料的印刷适性，目前主要应用于塑料、金属、玻璃、陶瓷、木材及 ABS、PP、PET、PVC、PA 等材料表面的仿木纹、仿大理石装饰，人造木材表面仿天然木纹装饰，彩色钢板装饰等。具体地说，目前主要广泛应用于汽车、电子产品、装饰用品、日用精品、室内建材等行业。水披覆转印虽有不少优点，但也存在一些不足，需要继续完善。例如，柔性的图文载体完全与承印物接触时难免发生拉伸变形，从而使实际上转印到物体表面的图文较难达到逼真程度。

② 水标转印　水标转印的特点和应用范围与一般水转印大体相似。它是将转印纸上的图文完整地转移到承印物表面的工艺，它与热转印工艺有些相似，但转印压力不靠热压力而依靠水压力。水标转印主要比较适用于文字和写真图案的转印。水标转印是近来流行的一种水转印技术，它可在承印物表面进行小面积的图文信息转印，与移印工艺的印刷效果类似，但投资成本较低，操作过程也比较简单，很受用户欢迎。

水标转印可分为可溶性正转水标转印；玻璃、陶瓷、搪瓷高温烘烤挥发性正转水标转印；可剥膜性正转水标转印；反转水标转印等 4 种类型。其原理基本相同，都是利用丝网或胶版印刷，将图案文字印刷在水转印底纸上，盖膜成型；转印时，将印好的图形浸泡，图形可与底纸分离；将分离后的图形贴到需装饰的物品上、干燥；利用烧烤或喷漆的方法，将图案固定在物品上，即完成全部水转印过程。

用于水标转印的基材是特种纸，它易溶于水，从结构上来看，与水披覆转印膜并无太大的差别，但生产工艺有很大不同，水标转印纸是在基材表面用丝网印刷或者胶印的方式制作出转移图文。水标转印可用丝网印刷和胶版印刷等来完成，适于丝网印刷水转印的油墨是一种特殊的耐水性油墨，丝网印刷制作水转印纸，套色比较困难，但墨层很厚。胶版印刷水转印油墨可用一般的胶印油墨代替，当然能选用专门的水转印胶印油墨则更好。采用胶印方式印刷水转印纸的图文能够达到较高的分辨力。

低温水转印花纸是近年来为适配低能耗、环保及美观的要求而开发的水转印花纸产品。通常这类花纸都是由溶剂挥发型油墨进行印刷，因此印刷环境较为恶劣，生产效率也较低。为改变这种状况，目前着手采用环保和印刷效率更高的 UV 固化型油墨来印刷水转印花纸（图 7-17）。

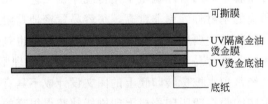

图 7-17　水转印花纸结构

水转印花纸印刷工艺：

水转印纸（印刷底材）→UV 烫金底油印刷烫金图案（200～350 目丝网）→UV 固化（1～3s）→烫金→印刷 UV 隔离金油（200～350 目丝网）→UV 固化（1～3s）→印刷可撕膜（40～60 目丝网）→常温下晾干（24h 以上收纸）→完成。

在水转印花纸印刷中采用 UV 油墨与溶剂型油墨优点比较见表 7-39。

表 7-39　UV 油墨与溶剂型油墨在水转印印刷中的优点比较

项目	溶剂型油墨	UV 油墨
环保性	溶剂气味浓、印刷环境恶劣	无溶剂挥发,环境友好
固化	常温晾干,干燥时间长	UV 瞬间固化
生产效率	收纸时间长,生产效率低	收纸时间短,生产效率高
印刷效果	浮雕效果差,适合平烫	浮雕效果好,适合浮雕烫金

　　光固化转印加工技术也是光固化技术应用的一个新的方式。光固化转印加工则以光固化油墨来印刷制作转印膜或转印纸,然后将印有图案和文字的转印膜或转印纸,通过热转印或水转印方式将图案和文字转印到承印物上,实现承印物的表面涂装。现在通过转印膜涂覆光固化胶黏剂,转印后再光照固化,使转印膜与承印物表面固化交联,避免了转印膜因体积收缩而产生裂纹或开裂,故使用寿命大大延长。水转印异型承印物干燥后,往往喷涂 UV 上光油,进行上光处理。

　　水转印的 UV 冷烫金底油是既能光照干燥,又可加热二次固化,具有双重固化功能。网印好的烫金图案,无需等待,直接 UV 固化,再低温烫金。印上可撕封面油,水转贴后进行烘烤,使 UV 固化后的烫金图案二次固化,同时与玻璃瓶等底材进一步发生化学反应,从而赋予烫金图案优异的耐水、耐酒精性能,无需再印打底光油,该工艺环保、高效。

　　工艺流程:水转印纸→网印 UV 烫金底油→UV 固化→冷烫金→网印可撕封面油→水转贴→烘烤→烫金玻璃瓶成品。

　　UV 烫金技术是最近几年在印刷及水转印行业中流行的新科技成果,它克服了传统烫金工艺中需要依靠烫金凸版和热压来转移电化铝的技术缺陷,而使用直接冷压技术来转移电化铝箔,烫金后直接 UV 固化。UV 烫金新技术解决了印刷行业许多过去难以解决的工艺问题,拓宽了烫金产品的应用范围,还节约了能源,提高了生产效率,并避免了制作金属凸版过程中对环境产生的污染。传统的烫金工艺使用的电化铝背面预涂有热熔胶,烫金时,依靠热滚筒的压力使热熔胶熔化而实现铝箔转移。在 UV 烫金工艺中,UV 烫金光油的作用相当于热熔胶,直接网印在水转印纸或需烫金的产品上,烫金图案是印刷出来的,而不是用烫金凸版压出来的。烫金膜上可以有热熔胶,也可以没有热熔胶,热熔胶在 UV 烫金新工艺中成了多余的东西,UV 冷烫金底油起黏合剂的作用,直接被印刷在需要烫金的位置上,烫金时,电化铝同 UV 冷烫金底油接触,被黏附在水转印纸表面。UV 烫金光油经 UV 光照射后,变成了热固性物质,再遇热也不会发生烫金膜迁移,烫金图形也不会发生形变,而传统烫金工艺中的热熔胶遇热后又会熔化,烫金箔可以从产品上轻易再剥离掉,而 UV 烫金尤其是 UV 冷烫金,则很难剥掉,表 7-40 列出了传统烫金与 UV 烫金工艺的对比。

表 7-40　传统烫金与 UV 烫金工艺对比

对比项目	传统烫金	UV 烫金
烫金凸版	需要	不需要
烫金温度范围	100℃以上	20℃以上
烫金膜热熔胶	需要热熔胶,烫金前后均为热塑性	无需热熔胶,烫金光油 UV 前为热塑性,UV 后变成热固性

续表

对比项目	传统烫金	UV 烫金
与底材起黏合作用的物质	热熔胶	UV 烫金光油
烫金范围	相对较窄；纸张、塑料等热塑性产品及部分热固性底材	很宽；纸张、塑料、金属、玻璃等，无论热塑性、热固性均可采用，烫金底材不受限制
立体烫金	无法实现立体烫金	可以厚版印刷 UV 烫金光油，进行立体烫金
印刷方式	凸版直接烫金	通过网印等印刷方法，先印刷烫金图案底油，再烫金

7.11 光固化玻璃油墨

玻璃、陶瓷均以硅酸盐为主要成分，材质硬而脆，表面都具有一定的极性，因此，对 UV 油墨的柔韧性要求不高，关键是要解决好与基材的附着力问题。

玻璃表面印刷油墨，主要是为了装饰和美化，玻璃印刷上色彩鲜艳的艺术图案，常用于建筑物门窗、幕墙和天花板的装饰。玻璃材料致密，UV 油墨不能渗透，影响附着力。但玻璃表面有丰富的硅羟基结构，因此可以通过添加硅偶联剂来提高 UV 油墨与玻璃的粘接能力。常用的硅偶联剂 KH570 为甲基丙烯酰氧基-γ-丙基三甲氧基硅烷，具有较低的表面能（28×10^{-5}N/cm），其中的甲基丙烯酰氧基可参与聚合交联，成为交联网络的一部分，硅氧烷基团易与玻璃表面的硅羟基缩合成牢固的 Si—O—Si 结构，使油墨对玻璃的附着力得到提高。

在玻璃制品上，印刷工艺的应用正日益广泛。在我们的日常生活中，就有很多玻璃制品如推拉门、茶具、相框、消毒柜、冰箱门、家具等，这些玻璃制品经过网版印刷或喷墨打印工艺的装饰而变得美轮美奂、多姿多彩。不但增加了产品的附加值，同时也美化了我们的生活。然而这缤纷的色彩，是如何表现的呢？这其中的主角当然是油墨。在玻璃制品的网版印刷工艺中，目前所应用到的油墨，大致可分为 5 类：溶剂型单组分低温烘烤型油墨、水性低温烘烤型油墨、双组分自干型油墨、高温烧结（钢化）型油墨和 UV 固化型油墨。在上述这 5 类油墨中，UV 固化型玻璃油墨为国内最近几年研发成功的新型油墨，由于其在节能、环保、效率及可操作性方面较其他类型的油墨具有显著的优势，因此正日益得到广大用户的青睐（表 7-41）。

表 7-41 UV 玻璃油墨和溶剂型玻璃油墨比较

类型 项目	UV 玻璃油墨	溶剂型玻璃油墨
效率	单片玻璃过机时间＜10s	单片玻璃过机时间＞10min
节能	单机总功率＜10kW	单机总功率＞80kW
设备投入	单机价格 2 万～4 万元	单机价格 10 万～20 万元
场地	单机占地（1.5m 宽机型）＜5m²	单机占地（1.5m 宽机型）＞25m²
特殊效果	皱纹、发泡、折光、磨砂等特殊效果光油	磨砂等较少效果
色彩鲜艳度	鲜艳度高	鲜艳度一般
气味	较重	低

喷墨打印工艺装饰玻璃，由于不用制版，可进行数字化、个性化的印刷，特别是使用节能环保的 UV-LED 喷墨油墨，更具优势（表 7-42），被人们更为重视和推广应用。

表 7-42　喷墨打印 UV 玻璃油墨在玻璃印刷中优势

优势	详情
低成本	无版印刷、工作人员少、生产工序少、打样简单、场地小
环保	无 VOC，印品无有害物质残留
生产效率高	省去印版、打样、油墨烘干等工序，即打即取
承印物广	UV 油墨不受承印物的材质限制；打印宽度 2.5m，厚度可达 200mm
无套色不准	无需套色印刷，彩色印品一次完成
灵活性	没有起印量；对原稿内容可随时纠错；承印物的尺寸、材质、装订方式可随时改变
玻璃上印刷	原稿再现度高、印品具有良好的附着力，且有耐磨、耐蚀、耐候、耐光等特性。白墨的使用很容易改变玻璃的透光性，甚至实现超精细磨砂效果
色域广、色彩一致	CMYK＋LC\LM＋W 七色；UV 墨水无溶剂，颜色更鲜艳

不论用何种印刷工艺对玻璃进行装饰，都要能经久耐用，因为玻璃印刷品大多数用于家电、家具、建材等耐用物品的装饰，印刷图案必须保证在物品的全寿命周期内不变色，不被破坏。通常家电寿命 5～10 年，家具 10～15 年，建材大于 20 年，因此，要求玻璃印刷品有很好的耐用性。同时要安全环保，玻璃印刷品必须在产品的全寿命周期内都保证其无毒、无害，满足国家法律及社会组织对产品的安全标准。保障生产者及消费者的健康。

UV 玻璃油墨类型很多，最常见的有 UV 玻璃色墨（表 7-43）、特殊效果 UV 玻璃油墨（表 7-44）、特殊功能 UV 玻璃油墨、功能性 UV 玻璃光油等；因印刷工艺不同有 UV 网印玻璃油墨、UV 移印玻璃油墨、UV 无水胶印玻璃油墨、水转印 UV 玻璃油墨、UV-LED 玻璃喷墨印刷油墨等；因固化方式不同有 UV 玻璃油墨、感光显影型 UV 玻璃油墨、高温烧结型 UV 玻璃油墨、双重固化 UV 玻璃油墨等。

表 7-43　UV 玻璃色墨的种类、特性与用途

名称	型号	特性与用途
UV 网印玻璃色墨	UV-GI-30	黑、白、大红、中黄、蓝、绿等，适用于网印各种平板装饰玻璃、玻璃工艺制品，也可用于某些金属基材。丝网目数一般为 250～350 目
高遮盖 UV 玻璃油墨	UV-GI-31	深绿、金银色、黑色、灰白和灰黑，适用于印刷要求局部不透光、局部透光的玻璃制品，如公共场合的安全出口，紧急出口安全标志灯箱、仪表窗口玻璃等。油墨在高遮盖率、墨层较厚的情况下，仍能够快速固化和深度固化。透光窗口部分，还可印刷光固玻璃磨砂油墨，更能显现产品特色
高透明 UV 玻璃油墨	UV-GI-9100	透明红、黄、绿、蓝等，光固化膜具有良好的透明性，适用于印刷各种高透明玻璃制品，如灯罩、彩色玻璃窗等，其透明度不受影响
UV 四色网点玻璃油墨	UV-Gpro-40	标准四色青、品红、黄、黑(C、M、Y、K)。用于加网印刷各种彩色玻璃画，亦可印刷陶瓷制品。网点油墨有优异的透明度，色彩纯正鲜艳，光照后不变黄，附着牢度佳，网点再现性好

表 7-44　特殊效果 UV 玻璃油墨

名称	型号	特性与用途
UV 玻璃磨砂油墨	UV-GM-50N	专用于印刷玻璃及各种镜面金属，呈现出逼真的玻璃磨砂效果，加入色浆，可制成彩色磨砂玻璃
UV 玻璃磨砂油墨	UV-GM-300N	比 UV-GM-50N 砂粒更细密，使用 300～350 目丝网印刷，尤其适合于印刷精细磨砂图案
UV 玻璃蒙砂油墨	UV-GM-52N	乳白色糊状流体，其效果与蚀刻浆（一种含氟化物的印料）腐蚀的蒙砂玻璃类似，砂感柔和细腻。采用 350～420 目丝网印刷，图案网点更细小清晰，层次感更强，是替代玻璃蚀刻浆的理想产品
UV 彩砂油墨	UV-3000	有强烈的金属质感和砂感，高遮盖率，适合于印刷各种玻璃、金属基材，颜色有金砂、银砂、香槟金、古铜色等。无论底材是什么颜色，印刷图案呈彩砂油墨颜色
UV 折光油墨	UV-1276N	当光照射到印有折光油墨线条的物体表面时，一部分光线被规律地反射，另一部分光线可能透射过去，并发生折射。印刷底材要求平整、光洁
UV 冰花油墨	UV-880	无色透明油状，在玻璃上印刷冰花，立体感强，闪光效果好。加入专用色浆，可以印刷各种彩色的冰花玻璃，也可以先印好彩色的 UV 玻璃油墨，光固后再叠印冰花油墨
UV 珠光油墨	UV-GM-922	珠光效果油墨是在透明的 UV 光油中，添加各种珠光效果颜料而制得，具有极强的珠光装饰效果
UV 立体光栅油墨	LPR-809N UV-1278N	立体光栅油墨呈无色透明状，良好的流变性能使印刷好的光栅条纹呈柱型或接近柱状，以保证印刷品的立体效果逼真
UV 玻璃水晶油墨	UV-108N	无色透明，外观与水晶滴胶类似，可用 80～200 目厚膜丝网版，在玻璃上印刷点状、线条状立体水晶图案，这样可以增加画面的立体效果
UV 七彩玻璃油墨	UV-108X	UV 七彩水晶油墨是在 UV 透明光油中加入了彩色粉末，使印刷图案具有闪烁的七彩效果
UV 玻璃发泡油墨	UV-GM-106	发泡油墨印刷后，墨层内包裹很多小空气泡，固化后形成半透明、不规则的奇特花纹图案。由于发泡作用，固化后墨膜被增厚，有较强的立体效果
UV 香味油墨	UV-97	油墨中含有微胶囊香料颗粒，UV 固化后，用手触摸可发出特定香味。可在画面特定部位印刷某种香味油墨
UV 仿镀金油墨	UV-GM-50NX	UV 仿镀金油墨表面效果，与金属蚀刻后再镀亮金相似，印刷底纹似珊瑚，曲折蜿蜒，固化膜耐刮、耐磨，表面硬度高达 4H

网印 UV 玻璃油墨的性能见表 7-45。

表 7-45　网印 UV 玻璃油墨性能

项目	外观	黏度(25℃)/Pa·s	细度/μm	光泽度/%	附着力(百格法)/%	消泡性	流平性	印刷适性
指标	黏稠浆体	50±10	≤5	80±5	100	良好	良好	良好可叠印

项目	印刷网目/目	固化能量/(mJ/cm²)	固化速率(200mJ/cm²)/(m/min)	耐水性/级	耐醇性/级	耐黄变性/级	耐指刮性	耐磨性
指标	200～420	200～400	≥15	5	5	5	无明显划痕	合格

　　UV 玻璃油墨也是由低聚物、活性稀释剂、光引发剂、颜料和助剂组成，常用低聚物为

环氧丙烯酸酯或聚氨酯丙烯酸酯，活性稀释剂为 TMPTA、TPGDA 等常用单体，光引发剂则以 ITX 与 907 配合为主。在配制 UV 玻璃油墨时，应优先考虑下列条件：

① 活性稀释剂　选择低表面张力的活性稀释剂（≤28dyn/cm），以达到润湿亲和玻璃表面的目的。

② 光引发剂　根据玻璃≥85%的透光率性能，选择吸光波峰为 320～380nm 的光引发剂，达到最佳的光引发效率。

③ 低聚物　选用有机硅改性丙烯酸树脂，其有机硅组分可与玻璃中硅酸盐组分发生缩合反应，丙烯酸组分可发生光交联反应，提高油墨与玻璃之间的附着力。

④ 颜料　根据玻璃印刷工艺中的加热、光固化等多种工艺要求，选择耐候、不迁移、不变色、耐热性能良好（200℃×60min）的环保颜料。

⑤ 附着力促进剂　由于玻璃表面致密，油墨不能渗透，就必须在油墨中加入适当的助剂或者附着力促进剂来提高附着力。最常用的采用添加 0.5%～1% 有机硅烷偶联剂 KH570，这是一种带甲基丙烯酰氧基的硅偶联剂，甲基丙烯酰氧基可参与光固化交联聚合，而硅偶联剂可与玻璃发生缩合。另外添加三官能团酸酯 CD9051（5%～7%）也可以显著提高涂膜在玻璃上的附着力。一些纯丙烯酸树脂也对提高玻璃的附着力有作用。

7.12　光固化金属油墨

7.12.1　金属包装印刷

金属包装作为包装领域的一种重要包装材料，与其他包装材料相比有很多优点，如可实现循环利用、对内容物的保护性好、外观造型变化多样、色彩艳丽等，具有较大的发展空间，也受到广大消费者的认可。不过，如今绿色环保旋风刮进了包装印刷行业，"绿色包装"成为印刷行业内的热点，也成为印刷行业工艺技术的发展趋势之一。而金属包装印刷行业生产过程中耗能大、废气排放量大等问题，已经成为制约金属包装企业发展壮大的重要因素，同时也为金属包装的绿色环保之路设置了障碍。

近年来，UV 印铁工艺以其明显的节能环保优势在金属包装印刷行业日渐盛行，再加上其巨大的成本优势，已成为一种创新的节能与环保方式，日益受到金属包装企业的追捧。

（1）传统印铁工艺

马口铁经过内面涂布、外面涂布之后，即可上机彩印。马口铁印刷一般采用胶印工艺。

由于马口铁表面光滑，不具有吸收性，与纸张表面相比有很大的不同之处，因此印铁油墨要选用热固型油墨，需要高温烘干。也就是说，马口铁在印刷过程中要求使用专门的干燥设备对油墨进行干燥，干燥条件通常为 150℃左右，时间控制在 10～12min。目前，国内印铁行业多采用隧道式烘炉（以下简称烘房）对油墨进行烘干，烘房长约 30m，高约 6m，连接于印刷机后端，对印刷后的产品进行干燥。传统印铁工艺中，不论完成一个产品需要几个印次，每个印次完成后，印张都需要通过烘房完成油墨的干燥，每一件印刷品必须多次通过烘房，不仅能耗大，而且 VOC 排放也很大。因此不少公司开始考虑采用其他方式代替传统的加热固化方式，UV 固化凭借其高效节能的优点就脱颖而出了。

（2）UV 印铁工艺

印刷工艺中应用 UV 的技术，就是利用 UV 油墨在紫外线的照射下快速固化，油墨层理化性能优异、表面亮度高。由于 UV 印铁工艺中油墨可在紫外光下快速干燥，因此采用 UV 技术后，各个印刷机组之间都有 UV 烘干设备，负责对每色油墨进行及时干燥，不再需要传统设备中的隧道式烘炉部分。同传统印铁工艺相比，UV 印铁工艺最主要的优点是：固化速率快、固化时间短、不需要烘房，既提高生产效率、节约能源，又减少了 VOC 的排放，有利于保护环境。

7.12.2　光固化金属油墨的制备

UV 金属油墨是指能够直接印刷在金属表面（包括表面处理过的金属底材以及表面涂饰过的金属）的光固化油墨。印刷中常用的金属如铜、铝、铁、不锈钢、镜面不锈钢、镜面钛金板等，表面处理过的金属如阳极氧化多孔铝板、磷化铁板、镀锌铁皮、镀镍、镀铬铁板等，表面涂饰过的金属如喷涂粉末涂料或热固烤漆的金属板材等。

不同的金属，表面性质不同，所选用的 UV 油墨品种也应有所区别，否则就会出现如附着不牢、金属弯曲时墨层脆裂等现象。

UV 金属油墨分为以下几种：一般金属用 UV 油墨，特种金属用 UV 油墨，弹性 UV 金属油墨，耐高温 UV 金属油墨，特殊装饰效果 UV 金属油墨，金属蚀刻用 UV 抗蚀油墨以及 UV 金属光油系列。

每一种 UV 金属油墨都有一个最佳印刷色序。不同颜色 UV 油墨，其光固化速率各不一样，有的固化慢，有的固化快，不能像自干溶剂墨那样，随便先印刷哪种颜色都可以。网印 UV 金属色墨时，尤其是多色印刷时，一般遵循深颜色的油墨先印、浅色墨后印规则。

不同颜色的 UV 金属油墨有一个最佳固化顺序。UV 金属油墨的固化顺序为：

金色、银色→黑色→蓝色→红色→黄色→无色透明光油

深色油墨需要较大的 UV 光能量，干燥较慢，且 UV 光线不易穿透墨层，底层更不易固化，故必须先印深色；浅色油墨容易固化，只需光照一次即可。如果先印刷浅色墨，必然会造成浅色固化过头，墨层发脆，附着力差，而深色墨层固化不够，表面硬度较低，耐磨性、耐溶性差等弊病。UV 金属油墨印刷后可以立即光固化，印刷一色固化一次，当第二色油墨固化时，第一色油墨已经光照两次了，如果是四色图案，当第四色油墨固化时，底层油墨已经光照和固化四次。

新鲜的金属表面有较高的表面自由能（500～5000mN/m），远高于有机高分子材料的表面能（<100mN/m），这种高表面自由能对油墨黏附非常有利。实际上，很多金属在空气中易氧化，表面生成一层氧化膜，表面自由能相对降低，影响油墨的附着力。但大多数金属氧化膜的表面自由能仍高于 UV 油墨，因此 UV 油墨对金属基材的润湿效果很好。但 UV 油墨应用于金属基材时常遇到的是油墨对金属的附着力不佳，如果不添加附着力促进功能的助剂，UV 油墨对金属很难获得理想的附着力。这可能是因为金属基材表面致密，UV 油墨难以渗透吸收，有效接触界面较小，不像纸张、木材表面粗糙且有孔隙，塑料可被油墨溶胀，形成渗透锚固结构。另外与 UV 油墨快速固化，体积收缩产生的内应力不能释放，反作用于油墨层对金属基材黏附力，使附着力下降。金属表面往往容易被油腻沾污，这也不利于涂层黏附和金属防腐。

为了在金属表面获得良好的附着力、防腐蚀和洁净的表面，通常在油墨印刷之前要进行

清洗、物理处理和化学处理，见第 6 章 6.6 节。UV 金属油墨的核心问题也是要解决油墨层与金属的附着力，油墨配方中低聚物和活性稀释剂能与金属表面形成氢键或化学键，可极大提高涂层与金属的附着力，一般来说含有羧基和羟基的低聚物和活性稀释剂，特别是含羧基的低聚物和活性稀释剂对金属基材的作用较为显著，对提高附着力作用明显。同时选用体积收缩小的低聚物和活性稀释剂也有利于提高附着力。有些活性稀释剂对金属有一定渗透性，也有利于提高附着力。以上内容见第 6 章 6.6 节。

添加附着力促进剂是 UV 金属油墨提高附着力的重要手段。常用的有带羧基的树脂、含羧基的丙烯酸酯、丙烯酸酯化磷酸酯、硅氧烷偶联剂、钛酸酯偶联剂等。适用于 UV 金属油墨的金属附着力促进剂见第 2 章 2.11.2 节表 2-30。酸性单体或树脂所含的酸性基团可对金属表面产生微腐蚀作用，并与表面金属原子或离子形成络合作用，加强了油墨层与金属表面的粘接力。一般磷酸酯类附着力促进剂在配方中用量较低，不超过 1%。硅氧烷偶联剂对金属基材的附着力促进作用是因硅氧烷偶联剂水解后，可与金属表面的氧化物或羟基缩合，形成界面化学键，提高附着力。合适的硅氧烷偶联剂有 KH550、KH560、KH570 及一些硅氧烷改性的 UV 树脂。钛酸酯偶联剂用于 UV 金属油墨，可提高对金属基材的附着力，合适的钛酸酯偶联剂包括钛酸四异辛酯、钛酸四异丙酯、钛酸正丁酯等。

相对于自由基光固化体系，阳离子光固化油墨比较容易在金属上获得良好的附着性能。阳离子固化收缩率低，聚合后产生的大量醚键可作用于金属表面，这些都能提高附着力。但阳离子光引发剂光解产生的超强质子酸，除引发阳离子聚合交联外，还会对金属基材产生腐蚀作用，显然对涂层黏附有害，不利于提高附着力。只有降低阳离子光引发剂浓度，才能改善附着力。另外目前常用的阳离子光引发剂硫鎓盐或碘鎓盐，它们的紫外吸收 <300nm，与 UV 光源不匹配，光引发效率极低，必须加入少量自由基光引发剂如 ITX，可在紫外长波段吸收光能，并将能量传递给硫鎓盐或碘鎓盐，间接激发光引发剂，提高光引发效率。

由于 UV 印铁油墨的连结料是由不饱和的丙烯酸类单体或低聚体组成，这与传统的热固化油墨（主要是醇酸酯类）的连接料的溶解性质不一样。不饱和的丙烯酸类单体具有较强的侵蚀性，它会造成胶辊、橡皮布中的合成橡胶侵蚀、膨胀，损坏 PS 印版表面的图文感光层，使图文脱落。所以在使用 UV 印铁油墨印刷时，必须使用 UV 印铁油墨专用的胶辊、橡皮布及洗车水，PS 版必须经过高温烤版，以增强图文层耐蚀力。

7.12.3 光固化金属抗蚀油墨

金属蚀刻是采用化学处理（化学腐蚀、化学砂面）或机械处理（机械喷砂、压花等）技术手段，将光泽的金属表面加工成凹凸粗糙晶面，经光照散射，产生一种特殊的视觉效果，赋予产品别具情趣的艺术格调。近几十年来，随着经济发展、社会进步，金属蚀刻技术的应用越来越被人们重视。例如：制作旅游纪念品、高档铭牌、奖牌、编码盘和显示屏的电极、印花辊筒和模版、精细零件等，都离不开金属蚀刻技术。作为一种精密而科学的化学加工技术，化学蚀刻在多种金属材料上被广泛运用，对金属材料进行蚀刻，关键是两方面的问题，即保护需要的部分不被蚀刻；而不需要的部分则被完全蚀刻掉，从而获得需要的图文。

根据蚀刻时的化学反应类型分类

① 化学蚀刻　工艺流程：预蚀刻→蚀刻→水洗→浸酸→水洗→去抗蚀膜→水洗→干燥。

② 电解蚀刻　工艺流程：入槽→开启电源→蚀刻→水洗→浸酸→水洗→去抗蚀膜→水

洗→干燥。

化学蚀刻根据蚀刻的材料类型分类可有：

① 铜材蚀刻　工艺流程：经过抛光或拉丝的铜板表面清洁处理→网印 UV 抗蚀油墨→UV 固化→蚀刻→水洗→去除网印的抗蚀油墨层→水洗→后处理→干燥→成品。

本工艺用 UV 抗蚀性油墨直接网印图文，以保护所需部分不被腐蚀，未印刷的部分在蚀刻时被腐蚀除去。因比所用 UV 抗蚀油墨要求与金属黏合牢固、耐酸（或耐碱）、耐电镀。

② 不锈钢蚀刻　工艺流程：板材表面清洁处理→网印液态光致抗蚀油墨→干燥→加底片曝光→显影→水洗→干燥→检查修板→坚膜→蚀刻→去除保护层→水洗→后处理→干燥→成品。

本工艺是涂布光成像抗蚀油墨，感光成像，经显影后形成抗蚀保护图形，再进行蚀刻。

可采用喷涂、刷涂、辊涂、淋涂等方法，在金属表面涂布一层均匀的光成像抗蚀油墨，形成感光膜，但对尺寸不大的平面，网印满版印刷是最方便可靠的方法。光成像抗蚀油墨同样要求与金属黏合牢固、耐酸（或耐碱）、耐电镀。

UV 抗蚀油墨和光成像抗蚀油墨的制备见第 10 章 10.3.2 和 10.3.6 两节。

7.13　光固化陶瓷油墨

现在，室内设计与装饰中陶瓷自然是人们首选产品之一。然而，消费者对陶瓷产品个性化、精美度及环保性追求越来越高，传统的陶瓷印刷方式已很难满足消费者的要求。同服装一样，陶瓷时尚化、个性化已成为一种市场需求的大趋势，这种行业境况迫使陶瓷生产商只能不停地创新求变。继丝网印花、辊筒印花之后所出现的陶瓷喷墨印花，已被称为中国陶瓷印花技术的第三次工业革命，被越来越多的国内陶瓷企业看好。它改变了传统的印花技术，实现了与砖面不接触的"凌空"印刷，多角度、高致密性上釉，完全呈现瓷砖立体面设计效果；喷墨印花更首次实现在瓷砖立体面上的一次性印花，尤其实现了各种凹凸浮面砖和斜角面上的纹理生动印花，凹凸立体面落差可达 40mm，令各种特殊造型的配件与主砖衔接更自然，整体铺贴效果更天然大气，这一切，让设计的内涵表现得淋漓尽致，让陶瓷更具灵性，满足了广大消费者的要求。

陶瓷表面印刷油墨可起装饰作用，有的还可提高耐磨防滑性能，有的为了提高耐污性等。陶瓷具有多孔表面结构，UV 油墨可向内渗透，固化后，油墨层与陶瓷底材的有效接触面积大大增加，有利于提高附着力。UV 陶瓷油墨所选用的原材料与 UV 玻璃油墨相近，低聚物以聚氨酯丙烯酸酯和环氧丙烯酸酯为主，活性稀释剂以 TMPTA、TPGDA、DPGDA 等常用单体为主，光引发剂以 ITX 和 907 等为主，添加硅偶联剂、采用纳米二氧化硅等无机填料。

陶瓷数字喷墨打印技术是一种极具潜力的陶瓷装饰技术，是现代计算机技术与陶瓷装饰材料技术相结合的产物，其具有传统陶瓷装饰工艺无可比拟的优势。在喷墨打印技术的基础上，将特殊的粉体制备成墨水，通过计算机控制，利用特制的打印机，可以将配置好的墨水直接打印到陶瓷的表面上，进行表面改性或装饰，高性能、能顺利喷印的陶瓷墨水是喷墨打印技术在陶瓷上应用的基础，而材料基础科学与墨水的复配技术的研究是陶瓷喷墨打印发展的关键。

近年来，陶瓷印刷技术将喷墨打印花技术应用于陶瓷进行装饰，它是将待成形的陶瓷粉料制成陶瓷墨水，利用特制的打印机将配置好的陶瓷墨水直接打印到建筑陶瓷的表面成形，成形体的形状及几何尺寸由计算机控制。传统的陶瓷印刷方法主要有丝网印刷和滚筒印刷两种，与传统的陶瓷印刷技术相比，陶瓷喷墨印刷技术可使产品分辨率由普通技术的 72dpi 提高到 360dpi，如用通俗的像素来表示，则可由现有辊筒印花效果的 240 万像素提升到 1200 万像素。由于陶瓷喷墨的高分辨率、高仿真度，使陶瓷喷墨印刷生产的瓷砖比传统的丝网印刷和滚筒印刷生产的瓷砖形象更逼真，更贴近自然的感觉。由此使陶瓷喷墨印刷技术已有逐渐取代传统技术的趋势。自 2009 年我国引进第一台陶瓷喷墨机以来，陶瓷喷墨印刷技术的发展突飞猛进，随着陶瓷喷墨印刷技术的大量应用，相应各种各样的陶瓷墨水的需求量也迅速增加。由于国外在陶瓷喷墨喷嘴上的技术垄断和控制，导致国内开发的喷墨墨水难以应用到现有技术中，一般的陶瓷喷墨工艺只能在陶瓷生胚上进行喷墨，原因在于普通的陶瓷墨水为溶剂型，陶瓷生胚没有烧成玻化，其表面具有很多毛细孔道，溶剂型陶瓷墨水很容易被吸收，陶瓷墨水中的色料不易扩散，从而能够较好地保留喷墨的高分辨率和高精度。然而，现有技术的陶瓷墨水及陶瓷喷墨工艺的缺陷在于：

① 陶瓷墨水容易扩散，同时纳米级的陶瓷粒子向胚体扩散导致陶瓷色料的发色性能变差；

② 陶瓷墨水无法在烧成玻化的瓷砖上进行喷墨，由于烧成玻化的瓷砖表面没有毛细孔洞，溶剂难以吸收，造成低黏度的陶瓷墨水容易相互扩散，变模糊，难以保留喷墨所具有的高分辨率、高精度和形象逼真的特点；

③ 由于陶瓷生产工艺的烧成温度较高，使得热稳定性较差的陶瓷色料难以稳定发色，如在 1200℃ 下陶瓷墨水中红色陶瓷色料在高温情况下（>1175℃）很难发色，这样必然造成为了生产高质量的瓷砖必须在色彩上有所取舍；

④ 陶瓷色料颗粒的尺寸难以控制在 $1\mu m$ 以下，而且无法均匀分散。

因此，针对现有技术中的不足，急需提供一种可进行 UV 光聚合的、具有稳定的发色性能、能够在烧成的玻化瓷砖上进行喷墨的 UV 光固化陶瓷喷墨油墨技术。

7.14　光固化防伪油墨

所谓防伪油墨，即在油墨连结料中加入特殊性能的防伪材料，经特殊工艺加工而成的特种印刷油墨。具体实施主要以油墨印刷方式印在票证、产品商标和包装上。这类防伪技术的特点是实施简单、成本低、隐蔽性好、色彩鲜艳、检验方便（甚至手温可改变颜色）、重现性强，是各国纸币、票证和商标的首选防伪技术。防伪已经成为印刷行业的一个重要话题，防伪的方式有很多，其中防伪油墨是当今防伪领域的一种重要方法之一。它有效地配合纸张防伪、激光全息防伪等防伪措施，能够达到较为满意的防伪效果，缺点是消费者不易识别。

防伪油墨种类多样，主要有：光敏防伪油墨、热敏防伪油墨、压敏防伪油墨、水印油墨、隐形防伪油墨、化学加密油墨、智能机读防伪油墨、磁性防伪油墨、多功能（综合）防伪油墨等。这些防伪技术的特点是主要采用光、热、光谱检测等形式，来观察油墨印样的色彩变化达到防伪目的。防伪油墨技术在兼顾大众识别与专家识别的原则上应该具备的特点：

技术高，成本低，易识别，可仲裁。

光敏防伪油墨是一种应用比较普遍的防伪油墨。其防伪特征是在光线照射下能发出可见光的油墨。这里所指的光线主要有：紫外光、红外光、太阳光等可见和不可见的光线。

紫外荧光油墨是指在紫外光照射下，能发出可见光（400～800nm）的特种油墨。紫外荧光油墨以其具有稳定性好、印刷方便、成本低、识别方便、可靠性高以及隐蔽性好等优势，成为各国纸币、有价证券、商标的首选防伪技术。

这种油墨的防伪特征是在紫外线（200～400nm）照射下，油墨能发出可见光（400～800nm）。通常用来激发的紫外线有短波紫外线和长波紫外线两个波长，短波紫外线激发波长为254nm，长波紫外线激发波长为365nm。根据印刷油墨有无颜色，又可分为有色荧光油墨、无色荧光油墨两种。前者是把具有荧光的化合物加入有色油墨中，后者是加入无色油墨中，前者印刷的图文肉眼可见，后者则不可见。具有荧光性质的荧光材料有无机荧光材料、有机稀土络合物、有机荧光材料三种，这些材料有各自的优点也有各自的不足。最近开发出一种新型的荧光化合物具有光稳定，耐酸，耐碱，荧光强度高，激发时可见光新颖、清晰、持久等特点。紫外荧光油墨适用于钞票、票据、商标、标签、证件、标牌等印刷品的印制。

荧光油墨按其荧光剂来分，主要有无机型、有机型和稀土配合物型。荧光剂是一类具有特殊性能的化合物，在吸收可见光或紫外光后，颜色会发生变化。目前市场上可制成荧光油墨的防伪荧光材料主要有以下三种：

① 无机荧光材料　又称紫外光致荧光颜料，这种荧光颜料是由金属（锌、铬）硫化物微量活性剂配合，经煅烧而成。其稳定性好，但是在油性介质中难以分散，耐水性差，对版材有一定的磨损和腐蚀作用。

② 有机荧光材料　是由荧光染料（荧光体）充分分散于透明的树脂（载体）中而制得，颜色由荧光染料分子决定。是目前研究和使用较多的一类荧光材料，其具有可在油性介质中分散、溶解性好的优点，但也存在有毒，发射荧光为宽带谱、色纯度低，多为日光激发、多数稳定性差，有机荧光体在含有光固化型树脂体系中发生严重的荧光淬灭等缺点。

③ 稀土荧光配合物　是指由配位键结合的化合物。稀土有机配合物发光体中的金属称之为中心金属离子，其有机部分为配体。稀土离子独特的电子结构决定了它们具有特殊的光、电、磁等特性，它的荧光光谱不同于普通荧光光谱，具有较大的 Stokes 位移，发射光谱与激发光谱不会相互重叠，而普通荧光物质的 Stokes 位移较小，因此激发光谱和发射光谱通常有部分重叠，相互干扰严重。同以上两种荧光材料相比，稀土配合物具有以下优点：制备简单，易细化，稳定性好；发射光谱谱带窄，色纯度高，发光强度高。但也有其成本较高的缺点。

目前研究和使用的荧光油墨中大部分都是以有机荧光剂配制而成，而有机荧光剂具有很多缺陷，例如制备工艺复杂、生产成本较高，产品稳定性差，有毒，发射荧光为宽带谱、色纯度低，在含羟基的光固化树脂体系中发生严重的荧光淬灭，只能用于溶剂型油墨中。而有机溶剂对生产者和使用者都会有一定的危害，并且不利于环保。稀土配合物荧光剂在很大程度上克服了有机荧光剂的上述缺陷，它具有光单色性好、光热稳定、无毒、不易老化、易于分散到各种溶剂和有机材料中等特点。采用了"原位复合法"（在聚合物本体或溶液中，通过化学反应直接生成纳米无机物的方法，在光固化树脂中直接通过化学反应生成稀土配合物荧光剂）。将此荧光剂与光固化树脂体系配制成光固化型的稀土荧光防伪油墨，所制得的油墨具有荧光强度高、成本低、干燥速率快、耐抗性好等优点。没有光照射时，油墨为隐形无色的，因此不影响画面的整体外观，隐蔽性好，不易仿制。印品在紫外灯照射下，就可显示发光的暗记，且由于稀土配合物发光的独特性，油墨发出的黄绿色荧光单色性强，色纯度高，色彩鲜艳夺目，达到了防伪和装饰的双重目的。应用到有价证券、商品包装和有效证件等印刷防伪中，利用油墨的荧光防伪特性可以抵御造假行为的发生，保护消费者和商品生产者的切身利益；油墨荧光剂独特的发光性能，使得印品在紫外光的照射下能给人以美感，愉悦读者；油墨以紫外光进行固化干燥，这就赋予其绿色环保、节省能源、干燥快及可提高生产效率等社会意义和经济意义。

7.15　光固化标签油墨

标签印刷是印刷行业中比较有发展潜力的一个分支。标签行业，尤其是不干胶标签行业仍然一枝独秀，持续多年的不断增长，且利润效益一直高居印刷行业前列，这不得不引起业界的关注。不干胶标签行业的较高利润率，同它本身具有的较高技术含量有关，尤其是与不干胶材料的技术含量有关。

在不干胶标签材料中，与纸张不干胶标签相比，薄膜不干胶标签材料具有防水性好、透明度好、强度高、耐久性好等特性，所以它在日化和电子类产品中的用量越来越大。根据薄膜的不同，薄膜不干胶材料可以分为聚乙烯、聚丙烯、聚酯、聚氯乙烯、聚苯乙烯、聚烯烃等种类。和纸张的印刷适性相比较，薄膜最大的不同就在于它表面不具有吸收性，而 UV 油墨印刷采用紫外光瞬间干燥的方法，以及它在薄膜表面上具备良好的附着力，所以目前绝大多数印刷公司都采用 UV 油墨来印刷薄膜不干胶标签。

UV 标签油墨性能要求如下。

（1）附着性能

对于标签，油墨的附着性能（也称牢度）是最基本的要求。将 3M-600 胶带完全粘在印刷品上 20s，然后沿 45°斜角快速拉掉后，观察胶带上是否有油墨脱落的现象，如果有 20% 以上的油墨被揭下来，可以判定印刷油墨在印刷材料上的附着力差。出现这种情形，可以通过以下几种方法解决。

① 在印刷前进行联机电晕处理。电晕处理是利用高频率、高电压在被处理的塑料表面电晕放电，产生低温等离子体，使塑料表面产生游离基反应而使聚合物发生交联。塑料表面变粗糙并增加对极性溶剂的润湿性，以增加承印物表面的附着能力。

② 印刷底涂。先作打底处理，印刷底涂后可以提高油墨的附着力。

③ 在油墨中添加附着力促进剂，以提高油墨的附着力。

④ 在油墨中添加蜡类或硅类的助剂，添加量为 2%～8%，以提高油墨的附着力。这类助剂能提高油墨表面的滑爽度，但只是一种欺骗性的胶带牢度，俗称假牢度。

（2）流动性

油墨的流动性与油墨的黏性、黏度有着相当密切的关系，油墨黏度过高或过低都不利于印刷。在不同季节，或者温湿度不同，油墨的黏度也会不同。一般来说，夏季时，油墨可以直接使用。但在冬季，由于气温较低，使用前应在油墨中添加 2%～5% 的调墨油，搅拌均匀后使用。如果调墨油添加过多，会造成油墨太稀，反而影响油墨的转移性和网点印刷的色彩还原性。也可以考虑添加去黏剂（也称减黏剂），其作用是：降低油墨黏性，而油墨黏度和屈服值变化不大。这使得油墨能适应一些比较差的承印材料，有较好的条件来呈现印刷适性。因此，对油墨的黏性、黏度的控制是相当重要的。

（3）干燥性

UV 油墨的干燥性能对标签印刷也有较大影响，干燥过快容易引起干版现象，干燥过慢容易造成印刷成卷后背面粘脏。一般来说，UV 油墨都能满足标签印刷机的干燥条件，因为标签印刷机的印刷速度较慢，一般为 20~70m/min，很少有超过 100m/min。当油墨不能完全干燥时，要考虑印刷速度是否太快，还是油墨配方上固化速度太慢，为了保证印刷速度正常，可以适当添加光引发剂，一般添加量为 1%~3%左右。

（4）耐磨性

标签对油墨性能的要求中，耐磨性要求是最常见的。因为印刷后的标签成品可能在贴标过程中或在运输途中发生摩擦，导致标签表面损坏。在大量生产前，必须做耐摩擦测试。面对那些对油墨耐磨性能有较高要求的标签，如何挑选油墨呢？第一，选择成膜较硬，表面滑爽的油墨和光油。第二，当油墨和光油无法达到客户要求时，可以在油墨和光油中添加蜡类或硅类的助剂，提高表面的滑爽性，以满足性能要求。

（5）耐晒性

对于有耐晒要求的标签，必须使用耐晒等级较高的油墨。否则，标签会在一段时间后经过日晒、人造光源照射后出现褪色现象，导致成为不良品遭到客户投诉。测试方法一般为，将印刷好的成品放置在耐晒测试仪中，选择相应的测试时间和耐晒强度做测试。

（6）其他

① 当遇到有烫金要求的产品时，尽量避免使用含有蜡类或硅类的油墨和助剂。因为这类助剂会影响到后道烫金效果。

② 在印刷过程中，调配专色或者处理废墨、剩墨时，应当避免将不同厂家、不同系列的油墨混合在一起使用。否则，可能会出现油墨不混溶的现象，影响印刷标签产品。

③ 印刷电子产品标签时，要选择使用低卤系列的油墨。并且，在印刷前必须将印刷单元清洗干净，以免油墨受到污染，影响印刷品质。

④ 承接境外印刷业务的印刷企业所生产的印刷品，比如欧洲要求的低迁移食品标签，应当符合当地的法律法规。

虽然 UV 油墨具有干燥速率快、印刷效果好、抗刮擦性能及抗溶剂性能好的优点，但在不干胶标签印刷加工过程中也往往碰到一些问题，最常见的问题就是 UV 油墨在薄膜材料表面附着力不良的问题。

因为 UV 标签油墨主要用于不干胶标签，而不干胶标签的基材都是各种塑料薄膜，所以 UV 标签油墨实际上就是 UV 塑料油墨。塑料印刷是包装印刷市场中非常活跃的领域，在塑料承印材料上印刷是一个日益增长和有挑战性的市场，而 UV 油墨恰好适用于这个市场，因为 UV 干燥属于低温瞬间干燥方式，固化速率快，这就意味着更快的生产速度，也不影响塑料基材；而且由于不需要使用加热干燥装置，也减少了能源消耗和对环境的危害。

塑料不同于木材和纸张，是一种非吸收性的基材。它不能依靠油墨向基材中的渗透产生各种机械锚合达到附着的目的。与同为非吸收性基材的金属相比，塑料属于"惰性"材料，表面几乎不存在能与油墨中各组分发生反应的活性点，也就不能形成达到有效附着所需的化学键。因此塑料与 UV 油墨之间的附着是相当困难的，通常只能依靠油墨与塑料表面之间通过极微弱的分子间的作用力而产生相互吸附，这就要求 UV 塑料油墨必须具有较低的表面张力和良好的对基材的润湿能力。如果油墨组分中含有一定数量的极性基团（如羟基、羧基等）能与某些极性较高的塑料表面，或经过预处理的塑料表面形成一定数量的氢键，将会大大促进 UV 塑料油墨与塑料表面间的附着。如果 UV 塑料油墨中使用的活性稀释剂能对塑料表面产生轻微的溶胀，从而在油墨层与塑料的表面处形成一层很薄的互穿网络结构，则能明显提高 UV 塑料油墨与塑料表面的附着力。有时为了保证 UV 塑料油墨具有较高的表面硬度和优良的耐抗性，要求油墨层有较高的交联密度，而高交联密度产生的体积收缩过大，对油墨层的附着力是非常不利的。

为解决 UV 塑料油墨在塑料基材上难以附着的问题，应该从 UV 塑料油墨的配方上和塑料基材表面两方面考虑。

（1）UV 塑料油墨对附着力的影响

① 使用低黏度、低表面张力的活性稀释剂和低聚物，有利于 UV 塑料油墨对塑料表面的润湿、铺展，可提高附着力。

② 使用能对塑料有一定溶胀性的活性稀释剂，可提高油墨对塑料的附着力（见表 7-46、表 7-47）。

表 7-46　对塑料基材有溶胀作用的活性稀释剂

产品	可溶胀的塑料				产品	可溶胀的塑料			
	PC	PVC	PET	PS		PC	PVC	PET	PS
HDDA	*	*	*	*	PEG(400)DA	*			
四氢呋喃丙烯酸酯	*	*	*	*	丙烯酸异癸酯				*
2-EOEOEA	*		*	*	丙烯酸十二烷基酯				*
TPGDA				*	IBOA				
LA				*	NPG(PO)₂DA				*
2-PEA	*			*	烷氧化脂肪族二丙烯酸酯	*			

注："＊"代表可选用。

表 7-47　常用塑料优选的活性稀释剂

塑料名称	活性稀释剂
PC	HDDA、氨基甲酸酯单丙烯酸酯、NPG(PO)₂DA、DPGDA、乙氧基化丙烯酸苯氧酯
ABS	HDDA、NPG(PO)₂DA
PMMA	HDDA、氨基甲酸酯单丙烯酸酯、NPG(PO)₂DA、DPGDA、乙氧基化丙烯酸苯氧酯
PVC	HDDA、氨基甲酸酯单丙烯酸酯、乙氧基化丙烯酸苯氧酯、丙烯酸月桂酯、EHA
PS	HDDA
PE	丙烯酸十八酯
PP	丙烯酸十八酯

③ 使用固化体积收缩低的活性稀释剂和低聚物，有利于提高附着力。

④ 添加少量附着力促进型低聚物或树脂，可提高涂料对塑料的附着力（表 7-48、表 7-49）。

表 7-48　艾坚蒙公司对塑料附着力促进的低聚物

商品牌号	低聚物类型	塑料基材					
		PC	PP	PE	PET	TPO	DF
ECX-4114	丙烯酸酯低聚物	*	*	*	*	*	*
ECX-5031	改性聚酯/聚醚低聚物	*		*	*	*	*
photomer 4703	酸官能低聚物					*	*
photomer 4846	酸官能低聚物					*	
ECX-4046	酸官能低聚物		*				
ECX-6025	聚氨酯二丙烯酸酯	*					

注："＊"代表可选用。

表 7-49　湛新公司对塑料附着力促进的低聚物

商品牌号	低聚物类型	黏度/mPa·s	塑料基材
Ebecryl 740-40TP	以 TPGDA 稀释的纯丙烯酸树脂	8500(60℃)	ABS、PS、PE、PP
Ebecryl 767	以 IBOA 稀释的纯丙烯酸树脂	8500(60℃)	ABS、PS、PE、PP
Ebecryl 745	以 TPGDA 和 HDDA 稀释的纯丙烯酸树脂	20000(25℃)	SMC、BMC、ABS、PS、PE、PP
Ebecryl 303	以 HDDA 稀释的高分子量树脂	900(20℃)	ABS、PS、PE、PP
Ebecryl 436	以 TMPTA 稀释的氯化聚酯树脂	1500(60℃)	ABS、PS、PE、PP
Ebecryl 438	以 OTA480 稀释的氯化聚酯树脂	1500(60℃)	ABS、PS、PE、PP
Ebecryl 584	以 HDDA 稀释的氯化聚酯树脂	2000(25℃)	SMC、BMC、ABS、PE、PP
Ebecryl 7100	氨基改性的丙烯酸酯	1200(25℃)	
Ebecryl 168	酸改性的甲基丙烯酸酯	1350(25℃)	
Ebecryl 170	酸改性的丙烯酸酯	3000(25℃)	

⑤ 有时可在 UV 固化后，加用红外后烘工序，使 UV 固化后体积收缩引起油墨层产生的内应力得以释放，同时固化更完全，有利于提高附着力。

HDDA 由于自身对塑料基材有一定溶胀能力，对于 PVC 或 PS 仅需少量 HDDA 就可以达到良好的附着力效果；而对于硬度很高的 PC，则需要 HDDA 的加入量要多一些。丙烯酸十八酯（ODA），这种活性稀释剂由于自身表面张力比较低（30mN/m），体积收缩也较低（8.3%），因此它对 PP 和 PE 基材来说是一种很有效的稀释性单体，但由于它与许多丙烯酸酯低聚物的相容性不是很好，因此往往添加量很小。丙氧基化的新戊二醇二丙烯酸酯也因表面张力较低（31mN/m）和体积收缩较低（9.0%）可适用于 PC、PMMA 和 ABS 等塑料。

聚氨酯丙烯酸酯由于分子中有氨酯键，能形成各种氢键，使固化膜具有良好的耐磨性、柔韧性和耐高低温性能，特别是对塑料基材具有良好的附着力，使其作为基体树脂在 UV 塑料油墨中取得了广泛的应用，目前研究重点是通过引入一些特殊基团，如氟改性、硅改性等，对聚氨酯丙烯酸酯进行改性，以降低其表面张力；另外一个方面就是开发一些双重固化体系，降低固化时的应力收缩，达到改善附着力的目的。

（2）塑料基材对附着力的影响

① 表面形态：粗糙的基材表面比光滑的基材表面有更多的接触面积，可提供更多的有

效吸附区域和连接点，有利于附着力提高。

② 表面处理可提高塑料基材的表面张力，有利于油墨的润湿和吸附，提高附着力。如对塑料表面用溶剂或碱性溶液脱脂清洗，去除在塑料成型中低表面张力的脱模剂等；用火焰处理、电晕处理或等离子体处理塑料表面，使塑料表面能提高，表面生成一些极性基团（如羟基、羰基等），有利于油墨润湿，提高对塑料基材的附着力。表7-50介绍了高分子材料经等离子体处理前后表面性能的变化。

表7-50 高分子材料经等离子体处理前后的表面性能比较

材料	表面张力 /(×10⁻⁵N/cm)		水接触角 /(°)		材料	表面张力 /(×10⁻⁵N/cm)		水接触角 /(°)	
	处理前	处理后	处理前	处理后		处理前	处理后	处理前	处理后
聚丙烯	29	>73	87	22	聚氨酯	—	>73	—	—
聚乙烯	31	>73	87	42	丁苯橡胶	48	>73	—	—
聚苯乙烯	38	>73	72.5	15	PET	41	>73	76.5	17.5
ABS	35	>73	82	26	PC	46	>73	75	33
固化环氧树脂	<36	>73	59	12.5	聚酰胺	40	>73	79	30
聚酯	41	>73	71	18	聚芳醚酮	<36	>73	92.5	3.5
硬质PVC	39	>73	90	35	聚甲醛	<36	>73	—	—
酚醛树脂	—	>73	59	36.5	聚苯醚	47	>73	75	38
乙烯-四氟乙烯共聚物	37	>73	92	53	PBT	32	>73	—	—
氟化乙丙共聚物	22	72	96	68	聚砜	41	>73	76.6	16.5
聚偏二氟乙烯	25	>73	78.5	36	聚醚砜	50	>73	92	9
聚二甲基硅氧烷	24	>73	96	53	聚芳砜	41	>73	70	21
天然橡胶	24	>73	—		聚苯硫醚	38	>73	84.5	28.5

常用的塑料基材不同，其表面性质各异，塑料的表面张力值较低（大部分为32～50dyn/cm），因此与这些低极性、低表面能的塑料基材间的附着力问题，一直是UV塑料油墨要解决的难点问题。对塑料基材而言，其表面性质的差别直接影响到UV油墨的附着力，一般需要考虑到塑料基材的极性大小、有无结晶性、热塑性或者是热固性以及表面张力高低等性质。

③ 有的塑料基材需涂一层底漆，赋予基材对油墨的附着力。UV塑料油墨中低聚物是以聚氨酯丙烯酸酯为主体树脂，常用的是双官能团或三官能团聚氨酯丙烯酸酯。单官能团聚氨酯丙烯酸酯一般黏度较低，活性低，在油墨体系起降低交联密度、减小固化后体积收缩，增进柔韧性和附着力的作用。高官能度聚氨酯丙烯酸酯具有高反应活性，提高油墨层抗划伤性和耐抗性，但黏度大，固化后体积收缩率大，不利于附着，故在配方中用量不宜太高。环氧丙烯酸酯具有很高的反应活性，光泽高，有优异的耐抗性和硬度，价格便宜。但缺点也明显：柔韧性差，黄变，对塑料附着力差。目前只有一些低黏度的改性环氧丙烯酸酯用于对黄变性能要求不高的塑料油墨中。聚酯丙烯酸酯在UV塑料油墨中较少使用，但特种聚酯丙烯酸酯（氯化聚酯丙烯酸酯、酸改性聚酯丙烯酸酯等）常在聚烯烃塑料、PS、ABS中作为

附着力促进树脂使用，见第 3 章 3.5.2 节表 3-18。在 UV 塑料油墨中，聚酯丙烯酸酯作为提高油墨分散润湿使用。聚丙烯酸酯分子量较大、黏度高，与别的低聚物混容性稍差，也较少使用，主要也是少量添加以改善附着力。氨基丙烯酸酯有较高的反应活性，优良的热稳定性、耐抗性和高硬度，而且低体积收缩和高极性，对提高与塑料附着力非常有利，可配合聚氨酯丙烯酸酯用于 UV 塑料油墨配方中。此外有机硅丙烯酸酯有低表面张力，低摩擦系数、高柔韧性和耐热性，在 UV 塑料油墨中适量添加有助于提高油墨层耐磨性和附着力。

UV 油墨在塑料印刷中需注意的一些问题：

① 表面张力问题　是塑料印刷中要予以重视的最基本因素，因为它直接影响到塑料承印材料与油墨和涂布材料之间的亲和性能。因为大部分塑料薄膜的表面能低、化学惰性强，且表面又紧密光滑，因而难于被油墨之类的物质所润湿和牢固地附着。因此在这些材料表面印刷之前，需要对其进行表面处理，以改变其表面化学组成、结晶状况、表面形貌、增加表面能，使其表面张力达到 40dyn/cm 或者更高。

对于在塑料承印材料上的印刷，油墨的表面能必须低于承印材料的表面能，这样才能使油墨与承印材料之间能良好地润湿，并且层间黏附良好。为了得到可以接受的黏附水平，UV 产品生产商都应仔细地选择生产油墨的原材料。相比而言，溶剂型的油墨表面能较低，因此可以非常容易地润湿大部分承印材料，所以对承印材料进行表面处理（尤其是使用 UV 材料印刷时）是必须的。为了确保塑料承印材料的表面张力在一个可以接受的范围内，对承印材料进行在线表面预处理是最好的方法。对塑料薄膜预处理的方法有化学处理法、火焰处理法、光化学处理法、电晕处理法和在线涂层预处理法等。其中电晕处理是最常用的处理方式，它利用高频（中频）高压电源在放电刀架和刀片的间隙产生一种电晕释放现象，对塑料薄膜进行处理。在处理适度的情况下，电晕处理这种方式可用于许多种类的塑料承印材料并且不会损害热敏的塑料层；化学处理方式也有使用，不过是经常和电晕处理方式联合使用。为了检测处理的效果，需要用一个表面能测试仪进行检查。

② 玻璃化转变温度问题　与传统的油墨和涂布材料相比，UV 油墨通常是由低分子量的材料组成的，这些材料可以组成非常密实的、高度交联的网络结构，从而使得 UV 油墨的玻璃化转变温度 T_g 更高，生成的墨膜层也具有良好的耐摩擦性和耐化学品性能。如果 UV 油墨的玻璃化转变温度比烫金和覆膜时的温度还要高，那么会使得箔层或者塑料层很难与其黏合。因此，使用玻璃化转变温度更低的原材料可以帮助印刷企业使用更低的温度就能得到好的烫金和覆膜效果。

③ 塑料薄膜渗透问题　与大多数纸张和纸版承印材料不同，一般的塑料薄膜承印材料表面都没有可供油墨或者涂布材料渗透的微孔。不过，有些塑料承印材料却可以被某些 UV 原材料作用而发生溶胀，所以可以使用这种搭配，达到制备的油墨或者涂布材料渗透进薄膜，经过干燥固化后，塑料承印材料就和油墨或者涂布材料牢固结合了。另外，这种渗透通常还可以通过加热的方法得到加强。

④ UV 油墨印刷干燥与固化程度问题　与溶剂型油墨（是靠溶剂的蒸发干燥而固化的）不同，UV 油墨是依靠紫外光的能量固化干燥的，UV 油墨经过紫外光照射后，其组分中的光引发剂吸收紫外光的光能，使 UV 油墨中的低聚物和活性稀释剂发生聚合交联，并最终使得 UV 油墨干燥固化。因此，和任何 UV 材料配方一样，必须使用与 UV 光源匹配的光引发剂才能得到最好的固化效果。实际应用中，当 UV 光源的能量改变时，最后得到的墨膜层固化效果也会改变。当 UV 光源能量不够时，UV 油墨在表面上看似乎已经干燥了，但

事实上并没有在整个墨膜层内完全干燥，靠近墨膜层底部的干燥程度，对于能否得到良好的黏附效果是非常关键的。如果墨膜层没有彻底的干燥，任何渗透方式都是不起作用的，也无法获得理想的黏附效果。

7.16 光固化指甲油

随着生活水平的提高，人们对美的追求越来越多，而美甲就是女性唯美的一种表现，所谓"蔻丹一生辉、玉指更纤丽"，护甲也成了人们追求美丽、享受生活的一种时尚。早在100年前，国外就用硝化纤维素制成指甲油进行护理指甲。传统的指甲油是以硝化纤维素为基料，配以丙酮、乙酸乙酯、甲苯、乳酸乙酯、苯二甲酸丁酯等化学溶剂、增塑剂以及化学染料而制成的，它涂在指甲上，能使指甲润滑红艳，并长久不褪色。但这些原料中，不少是含有苯环结构的化合物，摄入人体之后，大多有一定的生物毒性。这些化合物属脂溶性化合物，容易溶解在油脂中。因此，指甲涂上指甲油后，再用手拿油条、蛋糕等油脂食物来吃时，会造成指甲油中的有害化合物溶解在食物中，食后造成慢性中毒。近年来，开始出现一种"光疗美甲"的新技术，就是在指甲表面涂覆光固化指甲油，在紫外光照射下固化，形成指甲表面保护涂层。"光疗美甲"的优点是使用光固化指甲油，整个操作过程中没有溶剂挥发，也没有刺激性气味，既环保又有利于健康。而且涂层易于打磨，不易起翘，表面光泽度也十分优异，还可以进行多种装饰。因此，"光疗美甲"不仅具有保护指甲的作用，更起到了美容指甲的功能，受到很多女性朋友的青睐。

"光疗美甲"所用的UV指甲油（俗称"光疗胶"）按其功能和作用可以分为基础胶和彩色树脂胶两大类，基础胶中黏合胶作底涂用，主要作用是提高与指甲的粘接力；封层胶作面涂用，主要作用是起保护作用，并保持涂层持久光亮；彩色树脂胶涂在黏合胶之上，赋予指甲油各种色彩。

UV指甲油为自由基光固化体系，其主体树脂为聚氨酯丙烯酸树脂，或配合聚酯丙烯酸树脂；活性稀释剂为甲基丙烯酸羟基酯、甲基丙烯酸异水片酯等；光引发剂为膦氧化物类光引发剂TPO、819为主，这是因指甲油涂层较厚，使用TPO和819有利于固化；其他还需各种助剂，如流平剂、消泡剂、润湿剂、附着力促进剂、增韧剂、颜料和染料等，都尽量使用对人体无毒无害的材料，以确保既美容又健康。UV指甲油与传统的指甲油相比，具备更好的附着力、耐用性、抗划伤性、和抗溶剂性。

"光疗美甲"作为美容行业的一个新生事物，是光固化技术的一个新的应用领域，虽然目前市场规模很小，技术含量也不高，但却具有自身的特色，也是光固化技术进军人体美容行业的又一成功事例（另一成功的事例为光固化补牙技术）。

过去市面上的UV指甲油其配套的固化灯源为主波峰为365nm的UV汞灯，即UV光疗灯。UV指甲油需要通过UV光疗灯照射固化，其使用过程中的不足之处有：一是操作时间长，对UV指甲油进行单次固化需时2min；二是UV光疗灯发光同时伴随明显的红外放热，长时间工作积累的放热量持续增加，故在进行美甲时有明显热感；三是UV光疗灯为汞灯，会产生汞污染，而且寿命短，需要经常更换。虽然每做一次"光疗美甲"，每只手指要受到6～10min的UV光照射，但经光生物安全评估和测试，绝对不会使人的皮肤灼伤或使皮肤变黑，是安全和可行的。现在由于UV-LED光源应用在指甲油光固化上，使用更方便，工作寿命更长，更环保和安全，所以已取代汞灯 UV 光源。采用 UV-LED 光源，只有 UVA 波段，没有 UVB 和 UVC 波段，低热又没有臭氧，更安全可靠。

为 LED 灯源配套开发的 UV-LED 指甲油，该胶产品在 UV-LED 灯源作用下 10～30s 时间内即可完成固化成膜，成膜过程中无发热，成膜强韧，固化程度良好，并且可以固化各种颜色效果的产品。

UV-LED 指甲油，操作便捷，易刷涂、着色力强，可形成各种颜色和效果的涂层，固化后，光亮度高，保持时间久，不易剥落缺损。如需清除时，用卸甲液加清洁棉包覆 10min，即可方便地擦除。

UV-LED 通常在 365～405nm 的波长处具有单峰的波长分布，而 UV 灯在约 250～400nm 的波长处具有峰分布。使用具有较高波长的 UV-LED 灯可以降低对化妆品膜和指甲床的损害，而 UV 灯由于具有较短波长 UV 光照射，会引起对指甲和皮肤的损害。

使用 UV 光源和 UV-LED 光源使 UV 指甲油固化所需的时间比较见表 7-51。从表中可看出，使用 UV-LED 光源可显著缩短固化时间，只需 2min 就能使 UV 指甲油固化，只有用 UV 光源固化时间不到 1/3，更加安全和更加方便。

表 7-51　UV 指甲油不同光源固化时间比较

指甲油层	UV 固化	UV-LED 固化
凝胶底涂层	10s	30s
凝胶彩色涂层 1	2min	30s
凝胶彩色涂层 2	2min	30s
凝胶顶涂层	2min	30s
总时间	6min10s	2min

UV-LED 指甲油是用于装饰的化妆品，用量不大，但经济效益较高，现在不少企业为此开发了专用于 UV-LED 指甲油的低聚物，见第 3 章 3.12.11 节表 3-48。

7.17　光固化上光油

印刷上光工艺过程是采用上光油（或上光涂料）对印刷品表面进行涂布加工，在印刷品上形成一层干固的薄膜。其作用与覆膜相近，主要是增加印刷表面的平滑度与光泽度，经过上光后的印刷品更加鲜艳、质感更厚实，起到美化作用，可以增强印刷品的观赏效果。同时上光后的印刷品还具有防水、防潮、耐摩擦、耐化学腐蚀等印后功能，可以延长印刷品的使用寿命。纸品上光经历了水性涂料上光、溶剂型上光油上光、塑料覆膜和 UV 上光油上光过程。虽然塑料覆膜具有较好的性能，但覆膜后的纸张不能回收再生利用，而且在印后加工时，也不能进行黏合、烫金等工序，因此，当 20 世纪 80 年代 UV 上光油出现后，逐渐被性能更优异的 UV 上光工艺所取代。表 7-52 表述了 UV 上光与涂料上光、压光、覆膜性能比较。由于 UV 上光工艺具有工艺简单、操作方便、成本低廉等优点，而且经过 UV 上光的纸张不影响回收利用，能够节约资源，符合环保要求，是绿色包装的主力军，因此被广泛应用于各种书刊、样本、包装装潢印刷品中，在印刷品表面光泽处理技术中，比传统的覆膜工艺更富有竞争力。

表 7-52 UV上光与涂料上光、压光、覆膜性能比较

性能	PVC覆膜	BOPP覆膜	UV上光	涂料压光	涂料上光	备注
平滑性	好	好	好	很好	一般	目视
光泽	77	77	90	75	40	60°镜面反射
附着力	很好	很好	很好	好	很好	胶带法
耐粘连性	很好	很好	很好	好~一般	一般	$50℃\times80\%RH$,$500g/cm^2$,48h
耐磨性	好	好	很好	差	差	$500g\times100$ 次
耐候性	很好	好	好	好~一般	好~一般	褪色试验机 200h
尺寸稳定性	很好	很好	很好	一般	很好	
防污染性	一般	好~一般	很好	差	差	标记24h后乙醇擦拭
耐水性	很好	很好	很好	差	差	室温/点滴 30min
耐$1\%NaOH$	好~一般	好~一般	很好	差	差	室温/点滴 30min
耐$2\%HCl$	好	好	好	差	差	室温/点滴 30min
耐$5\%H_2SO_4$	好	好	好	差	差	室温/点滴 30min
耐乙醇	很好~好	很好	很好	差	差	室温/点滴 30min
耐汽油	好~一般	很好	很好	差	差	室温/点滴 30min
耐甲苯	差	一般	很好	差	差	室温/点滴 30min
后加工黏合	很好	差	好	好	很好	
后加工热压	很好	差	很好	很好	很好	
后加工烫金	很好	一般	好	很好~好	很好	

从表中可以看出，UV上光油上光比覆膜、压光具有更好的表面性能，能满足包装纸张对耐摩擦性、光泽、耐污染性等方面的高要求，可以达到与高级印刷纸上覆BOPP薄膜相当的效果。因此纸制品采用UV上光油上光不失为一种最好的选择。

按成膜机理不同，可将上光油分为溶剂挥发型、乳液凝聚型和交联固化型三大类；按承印材料不同，可将上光油分为纸张上光油、塑料薄膜上光油和木材罩光油等；按干燥方法不同，可将上光油分为自然干燥型、红外线干燥型和UV固化型。其中，按成膜机理分类是比较科学的，它能集中反映各类上光油的主要特点，也与上光油的技术发展方向相吻合。

（1）溶剂型上光油将被取代

早期的上光油为溶剂挥发型，主要由成膜树脂、溶剂和助剂组成。成膜树脂常为天然树脂，如古巴树脂、松香树脂等。天然树脂会使膜层透明度差、易发黄，在高温、高湿的环境中会发生回粘现象。随着高分子合成技术的发展，成膜树脂改用人工合成的硝基树脂、氨基树脂及丙烯酸树脂等。这些合成树脂的使用，使上光油的成膜性能得到有效改进。与天然树脂相比，合成树脂具有成膜性好、光泽度和透明度高等显著特点。但是，成膜树脂由于黏度大，不可能直接涂布在纸张上，要借助有机溶剂，把合成树脂溶解、稀释在有机溶剂中，降低树脂黏度，适应上光油的涂布要求。

溶剂型上光油被涂布在印刷品表面后，经红外或热风干燥，上光油中的溶剂被挥发掉，

而成膜树脂被留在印刷品表面成为光亮的膜层，挥发掉的有机溶剂对环境造成污染，对操作者的身体也会造成伤害。而且，如果有机溶剂挥发不彻底，部分残留或渗透进纸张中，还会造成二次污染。常用的有机溶剂有苯、酮、醇和酯类，这类溶剂用量大、成本高，最终被挥发掉，造成资源浪费，最后留在印刷品表面的只是树脂，似乎有机溶剂对最后的膜层没有什么"贡献"。但有机溶剂在成膜过程中起到很大的作用，溶解、稀释、分散、润湿、流平、干燥等一系列过程都与它的品种和用量有直接的关系。上光油中的有机溶剂害处不小，但作用又非常大，为了解决二者之间的矛盾，最好的办法是寻找替代产品。人们自然就会想到世界上最经济、最丰富的水。水资源丰富、价廉易得、不易燃烧、不会爆炸的优越性成为人们竞相开发水性上光油的动力。

（2）水性上光油亦有不足

在构建和谐社会、呼唤绿色材料的今天，人们已经开始关注身边的 VOC（挥发性有机化合物）。溶剂型上光油中的 VOC 含量普遍偏高，一般在 40%～60% 之间，且绝大部分在成膜过程中挥发掉，污染环境。水性上光油的 VOC 含量很低，受到印刷界同仁的普遍青睐。水性上光油中成膜树脂属高分子化合物，由于油水相斥，高分子树脂不能直接溶于水中，只能以粒子形态分散于水中，才能得到均匀稳定的乳液状上光油，其高分子树脂的聚合工艺、分散工艺和树脂粒径大小决定着乳液状上光油的稳定性和膜层的综合性能。

一般说来，水分散体有两种制备方法。第一种是直接分散法，是在表面活性剂的存在下，把主体树脂（如苯乙烯-丁二烯嵌段共聚物、乙烯-乙酸乙烯共聚物等）在高速剪切力的机械搅拌中，分散于水中。但是，如果树脂颗粒没有被粉碎成足够小且不均匀、表面活性剂的品种和数量选用不合适或乳化工艺不当，则所形成的分散体系为热力学不稳定体系，随着时间的延长也会发生颗粒沉降、絮凝现象。所以说直接分散方法得到的分散体系其稳定性会随时间的推延而劣化，用这种方法得到的水性上光油其质量是受一定时间限制的。第二种是乳液聚合法。利用乳液聚合法制备的水性分散体系为热力学稳定体系，其粒径小、粒径分布窄，稳定性不会随时间的延长而劣化。与直接分散法相比，用乳液聚合法生产的乳液配制成水性上光油膜层致密性好、光泽度高。用乳液聚合法生产水性上光油时，单体一般选用丙烯酸酯类。丙烯酸酯单体不但能单独聚合，也能与其他单体共聚，如苯乙烯、乙酸乙烯酯等。丙烯酸酯聚合物具有耐水、无色、光亮、与纸张黏结牢固等特点。选择不同的单体共聚，可以得到软硬不同、膜层性能不同的共聚树脂。乳液聚合反应的工艺是决定上光油性能的关键。上光油乳液聚合工艺一般是将丙烯酸酯或不饱和烯烃类做单体，以阴离子或非离子型表面活性剂作为乳化剂，以过硫酸盐作引发剂，在一定温度下进行自由基乳液共聚，然后加入少量的助剂，经氨水中和后过滤得到。用乳液聚合法制得的水性上光油属于乳液凝聚干燥类涂料，在红外线或热风的作用下就能迅速干燥，水分在蒸发和渗透进纸张后，彼此孤立的乳胶粒互相扩散、聚积，在纸张表面留下一层光亮的聚合物膜层。水性上光油的特点是使用便、价廉、环保，但不足之处也较明显，如耐水性相对较差、光泽度相对较低、干燥除水耗能较大等。

（3）UV 上光油具有环保性

UV 上光油在紫外光的照射下，激发上光油中的光引发剂产生自由基，引发上光油中的低聚物和活性稀释剂发生聚合交联反应，使上光油瞬间由液态转变成固态。其特点是固化速率快，在几秒甚至几毫秒内就可完全固化，固化能耗低，印刷干燥工艺适合自动流水线生产，可单独生产，也可联机生产，固化灯只需非常小的空间，可明显减少设备占地面积。

UV 上光油主要由低聚物、活性稀释剂、光引发剂和助剂组成。低聚物是 UV 上光油的基本树脂，构成固化膜层的基本骨架。膜层的基本性能，如光泽度、耐摩擦性、耐抗性、柔韧性、附着力等性能主要由低聚物所决定。当然，膜层性能也可通过活性稀释剂进行适当调整。活性稀释剂不仅起到稀释低聚物树脂、降低上光油黏度的作用，在固化过程中还参与光固化反应，因此，活性稀释剂也影响光固化速率和固化膜层的性能。

UV 上光油属交联固化型涂料，在固化过程中，由于低聚物与活性稀释剂分子之间发生了聚合交联反应，所形成的膜层更加牢固，膜层的综合性能得到进一步提高，表面滑爽，光泽度可达到 90％（60°）以上，耐摩擦、耐水性、耐化学品性等技术指标都好于水性上光油。UV 上光油中的活性稀释剂单体都参与聚合交联反应，在上光过程中不会挥发，所以 UV 上光油没有 VOC 排放，不污染环境，属于环保性上光油。

（4）水性 UV 上光油具有强大的生命力

水性 UV 上光油是在 UV 上光油的基础上改进而发展起来的，既继承了水性上光油的环保、安全的优势，又保留了 UV 上光油固化速率快、综合性能优异的长处。水性 UV 上光油是通过开发了水性低聚物，并采用水作稀释剂，不用活性稀释剂，克服了传统 UV 上光油有皮肤刺激性的缺陷，对油墨生产者和使用者来说无污染、无皮肤刺激性，不燃、不爆，更安全。从成膜机理上看，水性 UV 上光油与通常 UV 上光油一样同属交联固化型涂料，在固化过程中，低聚物分子之间发生聚合交联反应，所形成的膜层牢度强，光泽度接近和达到通常 UV 上光油的光泽度。水性 UV 上光油也存在着一般水性涂料、水性油墨的通病，如需预干燥、能耗大、需防霉防冻、耐水性较差（但水性 UV 上光油的耐水性明显好于通常水性上光油）。尽管有这些不足，但处在发展初期的水性 UV 上光油已显示出强大的生命力，越来越被人们所看好。

水性 UV 上光干燥快速，生产效率高，不燃不爆，生产安全，适应范围广，在纸张、铝箔、塑料等不同的印刷载体上均有良好的附着力，产品印完后可立即叠放，不会发生粘连，且产品具有光泽度强，不褪色、不变色，纸品尺寸稳定，干后无毒性，设备可用水清洗，有利于环保等优点。经水性 UV 上光后的印刷品，不仅使精美的彩色画面具有富丽堂皇的表面光泽度，具有耐水、耐醇、耐酒、耐磨、耐老化等许多优异的物化性能，起到保护印迹、提高印刷产品档次的作用。所以适合应用于书刊、杂志的封面、挂历、图片、药盒、烟包、酒盒、食品包装等各种包装印刷。因此，水性 UV 上光从环保方面、质量方面及技术发展等方面考虑，均具有明显的优势和发展前景。

纸品的 UV 上光加工是在印刷品表面通过辊涂（或喷涂、印刷）上一层无色透明的 UV 上光油，经过流平、紫外光固化、压光后在纸或纸板表面形成薄而均匀的透明光亮层，也可以胶印、柔印、凹印和网印上光，其中以辊涂工艺应用较为广泛，光油消耗量也最大，其他的印刷工艺大多用于局部上光工艺，用于承印面的局部装饰。印刷工艺不同，上光油的性质也有所区别，主要表现在黏度、流变性等方面。相对辊涂型光油，网印型纸张上光油黏度较高，且常常具有触变性，以满足适印性。

UV 上光应是锦上添花，但只适用于表面光亮度高的纸张，或表面对 UV 上光油吸收性差的材料。如果纸张表面粗糙，UV 上光油涂上去后立即就会渗到下层去，就不会在纸张表面上形成一层光亮的膜，也就没有上光的意义了。纸张中只有铜版纸、白板纸能涂布 UV 上光油，一般铜卡纸（玻璃卡）UV 上光油涂布量 $2\sim3g/m^2$ 时效果就很理想，铜版纸 UV 上光油涂布量约 $3\sim5g/m^2$，而白纸板 UV 上光油涂布量需增大至 $5\sim12g/m^2$。

UV 上光油还是许多可装饰性 UV 油墨的主体，像 UV 皱纹油墨、UV 锤纹油墨、UV 冰花油墨、UV 折光油墨、UV 光栅油墨等，都是根据油墨性能不同的要求而选用不同的低聚物、活性稀释剂、光引发剂和助剂而制成的特种上光油。UV 磨砂油墨、UV 珠光油墨、UV 香味油墨、UV 发泡油墨、UV 防伪油墨等都是在上光油中添加特殊的填料、微胶囊、荧光剂而制成。

UV 上光对 UV 上光油有如下要求：

① UV 上光油透明度要高，不变色，性能稳定。要求干燥后的膜层不仅能够呈现出原有印刷图文的光泽，而且不能因日晒或使用时间长而变色、泛黄。

② 与挥发性溶剂型上光油一样，干燥后的膜层要有一定韧性、强度、耐抗性和耐磨性，对基材亲和力强，附着牢固。

③ 要求 UV 上光油有较快的固化速率，以适应联机上光。

④ 要求 UV 上光油尽量使用皮肤刺激性小的活性稀释剂和低迁移的光引发剂，减少对生产操作人员和对印刷包装产品的影响。

纸张用 UV 上光油技术指标见表 7-53。

表 7-53　纸张 UV 上光油的技术指标

检测项目	技术指标
外观	透明浅色液体
黏度(涂-4 杯,25℃±2℃)/s	65～85
酸值/(mg KOH/g)	≤1
固体含量/%	≥99
60 度光泽/%	≥95
固化速率/(m/min)	≥30
附着力(胶带纸法)	涂膜不掉
贮存稳定性(阴凉避光,半年)	不结块,不聚合

UV 上光油是由低聚物、活性稀释剂、光引发剂和助剂组成。由于 UV 上光油是光固化产品中价格最低廉的品种，所以低聚物常用价格便宜、固化速率快、综合性能优良的双酚 A 环氧丙烯酸酯为主体，因其固化膜脆性较大，耐折性差，所以也可用经柔性链改性的双酚 A 环氧丙烯酸酯。活性稀释剂用单官能团丙烯酸酯制备的 UV 上光油固化膜层的柔韧性最好。单官能团单体的线型结构使其链段旋转自由度较大，链段的卷曲和伸展都较容易，故表现出良好的柔性，但固化速率慢，强度较低。随着活性稀释剂官能度的增加，UV 上光油固化后的交联密度增加，强度提高，固化速率加快。同时，固化膜层结构中能自由旋转的链段变短，柔性下降。而双官能团单体兼顾了柔性和强度两个因素，故认为其综合性能最好。所以 UV 上光油常用的活性稀释剂为价格便宜、皮肤刺激性较小、综合性能较好、固化速率较快、有一定柔韧性的 TPGDA。但不使用 HDDA，因为 HDDA 价格贵、皮肤刺激性大、固化速率也慢。为了提高光固化速率和耐抗性，也常用适量的多官能团 TMPTA 或 EO-TMPTA。

常用的光引发剂为 1173、184 和 651 等裂解型光引发剂，配合 BP 夺氢型光引发剂和活性胺，组合使用光引发剂有利于克服氧阻聚，提高光固化速率。流平助剂多为聚醚改性的聚硅氧烷，或采用非硅氧烷类的聚丙烯酸酯类流平助剂，后者可比较稳妥地获得良好的表面再黏附性能。由于网印光油黏度较大，操作过程中可能会产生气泡，必要时可添加消泡助剂。

表 7-54 为三种不同活性稀释剂制备的 UV 上光油固化膜的断裂伸长率，表 7-55 为不同低聚物制备的 UV 上光油固化膜的断裂伸长率，图 7-18 为几种活性稀释剂固化后硬度和柔韧性比较。

表 7-54　不同活性稀释剂制备的 UV 上光油固化膜的断裂伸长率

单体种类	EOEOEA	TPGDA	EO-TMPTA
断裂伸长率/%	29.69	25.82	19.46

表 7-55　不同低聚物制备的 UV 上光油固化膜的断裂伸长率

预聚物种类	2491	1400	2513	270	2258
断裂伸长率/%	44.12	32.42	4.95	24.31	17.65

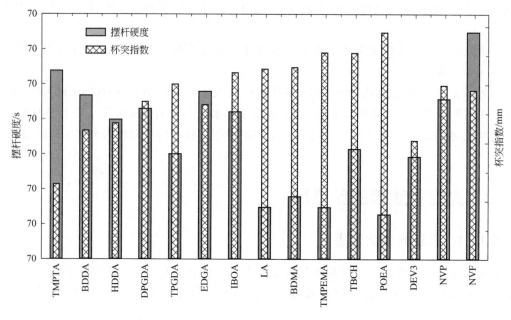

图 7-18　几种活性稀释剂固化后硬度和柔韧性比较

UV 上光油在固化时收缩率较高，引起膜层对纸张的附着力下降。而且 UV 上光油往往很难兼顾柔韧与硬度这一对矛盾，一般是硬度过强导致膜层较脆，使上光后的印刷品不耐折。这是由于 UV 上光油中低聚物常用双酚 A 环氧丙烯酸酯的分子量较低，故交联密度大，造成固化膜脆性大，加之又有苯环结构，使固化膜脆性更大。与此相反，水性 UV 上光油是水性分散体系，其黏度高低与低聚物分子量大小无关，而只与低聚物固含量有关。因而在水性 UV 上光油体系中，可使用高分子量的低聚物，并用水来调节其黏度。由于水性低聚物可以使用高分子量，这样就能兼顾硬度和柔韧性两者性能，从而解决了 UV 上光油硬度与柔韧性难以兼顾的矛盾。水性 UV 上光油由水性低聚物、光引发剂、助剂和水组成。早期使用的低聚物树脂就是通常的光固化树脂，通过另加表面活性剂，并辅以高剪切力，把光固化树脂乳化成水分散体系。这种分散体系虽然生产工艺简单，但体系稳定性差，易破乳分层，属于热力学不稳定体系，会随时间的延长而劣化。为提高体系的稳定性，对低聚物必须进行改性，把亲水基团或链段引入 UV 树脂骨架中，这样得到的 UV 树脂具有很好的亲水性，可以成为水溶性低聚物。这里的亲水基团或链段为羧酸基团、磺酸基团、季胺基团或聚乙二醇链段等，由于改性后的水性低聚物具有水溶性，在水中有非常好的稳定性，可用水调节黏度，放置也不会发生分层或沉淀。现在水性低聚物主要有用带有羧基的聚酯丙烯酸酯，再用有机胺中和成羧酸铵盐，即得水性 UV 固化聚酯丙烯酸酯低聚物；用含有一定量二羟甲基丙酸的聚氨酯丙烯酸树脂，再用有机胺中和成为羧酸铵盐，即可得到水性 UV 固化聚氨酯丙烯酸酯，而且随着二羟甲基丙酸加入量增加，树脂的亲水性也逐渐增强；通过酸酐对环氧丙烯酸酯中羟基改性，或对环氧基进行开环反应引入亲水的季铵盐基团，可制得水性 UV 固化环氧丙烯酸酯；含有羧基的丙烯酸酯化丙烯酸树脂，用有机胺中和成羧酸铵盐，即得水性 UV 固化丙烯酸酯化丙烯酸酯。水性 UV 上光油的光引发剂应该也要使用水溶性光引发剂，除了在光吸收性质上与通常光引发剂的要求相同外，还要求与水有一定的相容性和在水中的低挥发性。但目前市场上供应的绝大多数是油溶性的光引发剂，真正形成商品化的水性光引发剂还不多，已经商品化的水性光引发剂有 KIPEM、819DW、BTC、BPQ 和 QTX 等。

最近几年，国内光引发剂生产企业已开发生产用于水性 UV 体系的水性光引发剂，见第 4 章 4.8 节表 4-27。

另外，光引发剂 2959 由于在 1173 苯环对位引入了羟基乙氧基（HO—CH_2CH_2O—），使在水中溶解度从 0.1% 提高 1.7%，因此也常用在水性 UV 油墨和水性 UV 上光油中。

有时还将 1173、184、500 等油溶性光引发剂溶于少量乙醇后，加入水性 UV 体系使用。

7.18 光固化油墨的新进展

7.18.1 双重光固化油墨

目前紫外光固化涂料、油墨和胶黏剂大多数采用自由基光固化，还存在下面一些缺点：厚涂层、难以固化完全；有色涂层较难固化；三维立体涂装涂层，侧面及阴影部分不能固化。

为了克服单一光固化所出现的问题，人们发展了将光固化与其他固化方式结合起来的双重光固化体系（也叫混杂光固化体系），近年来在特种涂料、油墨和胶黏剂等领域获得实际应用。

双重光固化体系指在同一体系内有两种或两种以上不同类型的聚合反应同时进行的过程，生成的是"高分子合金"，并有可能得到互穿网络结构（IPN），具有较好的综合性能。双重光固化体系一般可分为自由基/阳离子混杂光固化体系和光固化/其他固化双重光固化体系两大类。

（1）自由基/阳离子混杂光固化

① 丙烯酸酯-环氧树脂　丙烯酸酯为自由基光固化低聚物，环氧树脂为阳离子光固化低

聚物，将此两种树脂配合在一起，加入自由基和阳离子活性稀释剂，再加入自由基和阳离子光引发剂就组成自由基/阳离子混杂光固化体系。UV 光照后，得到具有互穿网络结构（IPN）聚合物，综合性能比单一光固化优异。

② 丙烯酸酯-乙烯基醚　丙烯酸酯为自由基光固化低聚物，乙烯基醚为阳离子光固化低聚物，混合后加入自由基和阳离子光引发剂，组成自由基/阳离子混杂光固化体系。

（2）光固化-其他固化双重固化

① 光-热双重固化　利用光固化快速固化达到表干，再进行热固化使阴影部分或底层部分固化完全达到实干。可用于超厚涂层、有色涂层和三维涂装涂层的固化。最具代表性的是丙烯酸酯低聚物和环氧树脂/固化剂，前者进行光固化，后者进行热固化。

② 光-潮气双重固化　硅氧烷改性丙烯酸酯低聚物，利用硅氧烷与空气中水汽作用，使链端具有—Si(OR)$_3$ 或—SiR(OR)$_2$ 结构的硅烷化聚合物，发生链端水解而交联成具有 Si—O—Si 网状结构的固化物；丙烯酸酯则可进行光固化。

③ 光-羟基/异氰酸根双重固化　利用带—NCO 的聚氨酯丙烯酸酯低聚物与带—OH 的树脂，组成双重光固化体系。聚氨酯丙烯酸酯可光固化，—NCO 与—OH 可反应，实现双重固化。

④ 光-氨基树脂缩聚双重固化　利用六甲氧基甲基三聚氰胺在多元醇及酸和热催化下，发生醚交换反应，使体系固化，故丙烯酸酯化的三聚氰胺树脂，既能进行光固化，又能进行缩聚反应，实现双重固化。

⑤ 光-氧化还氧聚合双重固化　利用过氧化物与钴（Ⅲ）常温下可发生氧化还原反应，引发聚合。在光固化体系中引入上述物质即可以实现双重光固化。

⑥ 光-空气双重固化　自由基光固化易受氧阻聚作用，不容易表干，但在光固化低聚物上接上气干性基团，如烯丙基醚，则可组成光-空气双重固化体系。

能进行双重固化的原材料有下列几类：

（1）双重固化活性稀释剂

① 乙烯基醚　乙烯基醚既可以进行阳离子光固化，又能进行自由基光固化。

② 丙烯酸缩水甘油酯（GA）和甲基丙烯酸缩水甘油酯（GMA），其中丙烯酸基和甲基丙烯酸基可进行自由基光固化，缩水甘油酯则可以进行阳离子光固化。

③（甲基）丙烯酸酯/乙烯基醚　这个混杂单体体系，可同时独立进行自由基和阳离子光聚合，从而形成互穿网络结构（IPN），因此得到涂层的力学性能要优于单独光固化。

④（甲基）丙烯酸酯/环氧化物　这个混杂单体体系的一个最明显的优点，就是有体积互补效应，可以控制固化时的体积变化，减少体积收缩率，从而降低内应力和提高附着力。

（2）双重固化低聚物

① 环氧丙烯酸单酯　利用双酚 A 环氧、酚醛环氧部分丙烯酸酯化，而留有部分环氧基，丙烯酸酯组分部分可进行自由基光固化，而环氧基组成部分可进行阳离子光固化或热固化，成为双重固化低聚物。

② 带—NCO 基的聚氨酯丙烯酸酯低聚物　在合成聚氨酯丙烯酸酯时，留有部分—NCO 基，丙烯酸酯组成部分可进行自由基光固化，而—NCO 组成部分可以进行—OH 固化或热固化，成为双重固化低聚物。

③ 硅氧烷改性丙烯酸酯低聚物　硅氧烷可以发生潮气固化，而丙烯酸酯可进行光固化，成为双重固化低聚物。

④ 烯丙基醚改性丙烯酸酯低聚物　丙烯酸酯组成部分可进行自由基光固化，而烯丙基醚组成部分可具有气干性，成为双重固化低聚物。

⑤ 丙烯酸酯化三聚氰胺低聚物　丙烯酸酯组成部分可进行自由基光固化，而三聚氰胺组成部分可进行缩聚反应，成为双重固化低聚物。

已商品化的双重固化低聚物见第 3 章 3.12.1 节表 3-29 和表 3-30。

（3）双重固化光引发剂

IGM 公司的含自由基和阳离子双引发基团的双重固化光引发剂 Omnicat550 和 Omnicat650，其中硫杂蒽酮结构可以进行自由基光引发，而硫鎓盐结构可以进行阳离子光引发。

Omnicat550

Omnicat 650

R:

另外二苯甲酮基苯基碘鎓六氟砷酸盐和对联苯基硫杂蒽酮六氟磷酸盐也是自由基和阳离子双引发基团的双重固化光引发剂。

自由基-阳离子混杂聚合体系是指在同一体系内同时发生自由基光固化反应和阳离子光固化反应。自由基光固化体系具有固化速率快，性能易于调节的优点；但也有体积收缩率大、附着力较差、有氧阻聚影响等问题。阳离子固化体系具有体积收缩率小、附着力好、不受氧阻聚影响、有后固化作用等优点；但它也有固化速率慢，低聚物和活性稀释剂种类少、价格高、固化产物性能不易调节等缺点，从而限制了其实际应用。而自由基—阳离子混杂光固化体系则可以取长补短，充分发挥自由基和阳离子光固化体系的特点，从而拓宽了光固化体系的使用范围。混杂聚合结合了各个聚合反应的优点，是高分子材料改性的新方法。与传统的高分子共聚改性不同，混杂聚合和双重聚合生成的不是共聚物，而是高分子合金；与高分子共混改性不同，它们是原位形成高分子合金，并有可能得到互穿网络结构（IPN）的产物，从而可能使聚合产物具备较好的综合性能。

在双重固化体系中，体系的交联或聚合反应，是通过两个独立的、具有不同反应原理的阶段来完成的，其中一个阶段是通过光固化反应，而另一个阶段是通过暗反应进行的，暗反应包括热固化、湿气固化、氧化固化或厌氧固化反应等。这样就可以利用光固化使体系快速定型或达到"表干"，而利用暗反应使"阴影"部分或底层部分固化完全，从而达到体系的"实干"。双重固化扩展了光固化体系在不透明介质间、形状较复杂的基材上、超厚涂层及有色涂层中的应用，从某种意义上来说，双重聚合体系是广义上的混杂聚合体系。

双重光固化体系已在不少地方得到实际应用，下面是一些实例。

（1）光成像阻焊油墨

光成像阻焊油墨的主体树脂为带羧基的碱溶性感光树脂，并配以少量热固性环氧树脂。UV 曝光后，见光部分树脂交联固化，不溶于稀碱水；而不见光部分树脂溶于稀碱水，形成所需图像。最后再热固化 ［(140～150)℃×30min]，使油墨进一步发生热交联，提高油墨层的耐热性、硬度等其他性能。

（2）保形涂料

保形涂料是涂覆在已焊插接元器件的印制电路板上的保护性涂料。它可使电子器件免受外界有害环境的侵蚀，如尘埃、潮气、化学药品、霉菌等腐蚀作用，具有防水、防潮、防霉，又能防刮损、防短路，可延长电子器件的寿命，提高电子产品使用的稳定性。

保形涂料按固化方式有光固化、热固化、潮气固化、空气固化等多种，但光固化保形涂料因固化速率快，生产效率高；适用于热敏性基材和电子器件；减少溶剂挥发，操作成本低；设备投资较低，节省空间等优点，已成为保形涂料涂装首选。

保形涂料是采用喷涂工艺将涂料涂覆在已焊插接电子元器件的印制电路板上，电子元器件侧面和阴影区域的涂料的固化，就成为应用好光固化型保形涂料的关键。因此现在使用的光固化型保形涂料都采用双重光固化体系，既可保证印制电路板上大部分区域的涂料 UV 光照后迅速固化，又能在后固化阶段保证少量阴影区域和电子元器件侧面的涂料固化完全。

（3）光/热双重固化汽车清漆

光固化涂料作为汽车外表涂装，存在三个致命的缺点：三维涂装，阴影部位不能固化；耐黄变性差；耐候性不足。

现在成功开发光/热双重固化汽车涂料。双重光固化克服了光固化阴影部位固化不足，而由热固化使其固化完全。由于双重光固化体系光引发剂用量减少，并使用紫外吸收剂、受阻胺等助剂，克服了黄变性和耐候性不足问题。同时热固化可使光固化时固化膜产生的残留应力得到缓和，有利于提高附着力。双重光固化使聚合物膜产生互穿网络结构，可显著提高力学性能。双重光固化汽车涂料是以丙烯酸聚氨酯为光固化组分，以带—NCO 聚氨酯和丙烯酸多元醇为热固化组分。另外选用丙烯酸三聚氰胺热固化体系或环氧树脂热固化体系也可以。

7.18.2　植物油油墨

植物油是由植物的果实（蓖麻籽、大豆、菜油籽、葵花籽等）中榨取的天然化学物质，主要分为干性油（含多个共轭双键的亚麻油、桐油）、半干性油（豆油、葵花籽油、妥尔油等）及不干性油（不含不饱和双键的椰子油）三类，还有含—OH官能团的蓖麻油。植物油作为涂料成膜物的历史至少追溯到2000多年前，我国的桐油占有特殊的重要地位。从明清开放门户以来，桐油成为出口商品的重要门类。可以说近代涂料成膜物（除中国大漆外），植物油是主体。因此，从前涂料称为"油漆"。

近十几年来，随着化石燃料（石油、煤为基础的化工原料）在能源危机的驱动下价格持续上涨，而且化石燃料作为不可再生的资源迟早会枯竭，在可持续发展战略的推动下，世界范围内对可再生资源的利用和开发掀起热潮。植物秸秆发酵产生的乙醇替代汽油、植物油脂肪酸甲酯作为生物柴油是重要方向，而涂料行业中开发植物油为原料的改性聚氨酯、环氧植物油以及醇酸改性植物油重新得到重视。美国大豆协会每年拨出数千万美元专款资助大豆油的综合利用，其中也包括在涂料中的应用。而且植物油，尤其是豆油价格相对稳定的状况，无论从可持续发展战略要求，还是经济成本考虑都是不错的选择。关键是采用现代的技术改进和提高性能，满足工业涂料的高性能要求，提高附加值。同时植物油改性和醇酸涂料主要使用脂肪烃为溶剂——不受HAPS法规控制，可制成高固体分和单组分的涂料，达到环境友好和使用者友好的目标。

随着生物工程技术和转基因大豆的推广应用，植物油（尤其是大豆油）的资源日益发展，新的含特殊官能团（如含环氧基）的特种植物油有望在不久的将来形成商品。因此植物油可再生资源的综合利用大有文章可做。

植物油或不饱和脂肪酸的衍生物黏度低，可以直接作为活性稀释剂应用于高固体分或无溶剂涂料体系，其中桐油和脱水蓖麻油以其突出的干性已引起重视，植物油改性丙烯酸和聚氨酯树脂和涂料的开发刚刚起步。环氧大豆油及环氧化植物油开始工业化生产和应用，无论作为活性稀释剂还是光固化树脂，均具有好的应用前景。

可再生绿色材料，诸如淀粉、纤维素、大豆油、单宁酸等因具有低成本、可再生、无环境污染、可生物降解等优点，可作为涂料、油墨树脂的绿色原材料而引起了国内外研究者的广泛关注。但由于可再生原材料种类有限及自身结构方面的特点，所获得的生物基固化树脂，在光固化活性、固化膜力学性能等方面的性能还有所欠缺，且生物基含量相对较低。单宁酸是一种从植物或微生物中提取出来的多酚类有机化合物，具有亲电、亲核两亲结构及多重刚性结构，以此制备的聚合物拥有卓越的力学性能，如伸长率、柔韧性和抗冲击性等，和较优的热性能，广泛地应用在涂料、胶黏剂、油墨、平版印刷等领域中。研究人员利用较为刚性的单宁酸、甲基丙烯酸缩水甘油酯及叔碳酸缩水甘油酯，设计合成了综合性能较优异的新型的生物基超支化丙烯酸酯，研究了光敏预聚物的结构，初步探讨了将其应用于光固化涂料中基本涂膜性能。合成的可UV固化的生物基超支化丙烯酸酯，生物基含量达25%以上，其光固化膜在铝板上具有较好的附着力、硬度，玻璃化转变温度 T_g 在40℃左右，热分解温度 T_d 均为200℃以上。

天然甘油三酸酯之一的环氧大豆油资源在世界各地都很丰富，价廉、无毒、环境友好，低温柔韧性较好，能赋予制品良好的力学性能，它能克服传统石油基树脂固化膜柔性不足、脆性高等缺点。将羟基化的环氧大豆油作为改性剂改善水性聚氨酯丙烯酸酯的稳定性、黏度和耐介质性等，绿色环氧大豆油光固化树脂不仅可用于涂料和油墨，还可做改性剂和增韧剂。以环氧大豆油所含环氧基与丙烯酸的羧基进行开环酯化反应，制备的环氧大豆油丙烯酸酯光固化低聚物，其柔韧性比环氧丙烯酸树脂好。作为目前自由基光固化环氧丙烯酸酯涂料和油墨主要产品之一的环氧丙烯酸树脂固化膜柔性不足，脆性高；而环氧大豆油光固化树脂体系分子链较长，交联密度较低，柔顺性好，黏度低，能弥补前者不足。除此之外，附着力测试中环氧大豆油光固化树脂体系更胜一筹，而且其刺激性小、颜料润湿性好。但是环氧大豆油光固化树脂体系的硬度不如环氧丙烯酸树脂体系，这是因为环氧丙烯酸树脂体系中含有刚性结构苯环所致。

7.18.3　混合油墨

近几年一种新型的油墨——混合油墨的出现将会有助于突破 UV 胶印油墨的局限性，使其应用得到很大发展。混合油墨是把普通油墨成分与 UV 固化材料混合配制而成的一种新型油墨。它将普通油墨和 UV 固化技术相结合，对于印刷厂来说只需在普通胶印机上安装 UV 固化系统即可，无须更换特殊的墨辊、橡皮布等，大大节约了投资。因此，混合油墨特别适合那些没有 UV 印刷设备，但有时又需要短版 UV 印刷，并希望开发 UV 产品的厂家，或者有大量 UV 上光及后加工产品的印刷厂使用。

混合油墨在印刷机上的印刷性能，也跟普通油墨类似，水墨平衡、网点增大、叠印和印刷反差等均优于 UV 油墨。另外，混合油墨不会像普通油墨那样在墨辊上结皮，而引起印刷故障。使用混合油墨印刷，还可在印刷机上联机 UV 上光，而无须用水性光油打底，大大提高了生产效率。普通油墨、UV 油墨和混合油墨的对比见表 7-56、表 7-57。

表 7-56　普通油墨、UV 油墨和混合油墨的对比

项目	普通油墨	UV 油墨	混合油墨
干燥(固化)速率	慢	非常快	快
耐摩擦性	一般	最好	好
适印性	好	一般	好
墨辊	普通	特殊	普通或两用
脱墨现象	有	无	无
结皮现象	有	无	无

表 7-57　UV 胶印油墨、混合 UV 胶印油墨与传统胶印油墨的应用性能对比

项目指标	UV 胶印油墨	混合 UV 胶印油墨	传统胶印油墨
承印基材	纸张、塑料薄膜、金银卡纸、铝箔等	纸张、塑料薄膜、金银卡纸、铝箔等	纸张(金银卡纸等)
印刷设备更新要求	有 UV 固化装置、UV 专用或兼用墨辊和橡皮布	有较少量 UV 固化装置即可	无
VOC	无	无	有
使用喷粉	无	无	有
干燥速度	瞬时即干	瞬时即干	慢
耐摩擦性	较好	好	差

续表

项目指标	UV 胶印油墨	混合 UV 胶印油墨	传统胶印油墨
后加工性能	印后即可加工	印后即可加工	最少 6h 后可加工
储存稳定性	不好	好	好
生产效率	高	高	低

混合油墨除用于纸张印刷外，也能用于塑料片材等非吸收性承印材料，且印刷质量高。混合油墨不但可用于单张纸胶印机，还可用于窄幅卷筒纸印刷机，越来越多用于印刷要求具有良好光泽的产品，如相册、海报、卡片、药品和化妆品包装盒等。高效价廉且具有高亮光效果的彩色混合油墨，将是油墨技术一个新的发展方向，混合油墨的创新及应用将会给印刷业带来巨大的变化。

混合油墨技术也可以如同传统油墨一样在普通印刷机上使用。典型的 UV 油墨在应用中水墨平衡的宽容度较小，在印刷过程中的水墨平衡就比较难于控制。而混合油墨的使用与普通油墨一样方便。UV 油墨的印刷适性并不好，在网点扩大、套色、印刷反差等质量方面都次于传统油墨。混合油墨在多数情况下与传统油墨的印刷适性相似。由于混合油墨中的 UV 成分，只有在 UV 灯的光照下才会干燥，所以混合油墨在印刷机上的使用过程中一直处于液态，从而不必担心像传统油墨一样发生在印刷机上结皮。

同 UV 油墨相比，混合油墨可显著地减少浪费。由于油墨的使用宽容度较大，印刷质量可能会更好。

混合 UV 胶印油墨的特点：

① 生产效率高：混合 UV 胶印油墨可实现瞬间固化，印后即可进行后加工。

② 采用混合 UV 胶印油墨投资少：对尚未使用 UV 技术的印刷厂，购买混合 UV 胶印油墨后，只需投资 UV 固化设备和 UV 灯即可；印刷不必换用特种墨辊、橡皮布和润版液，可以使用原有的墨辊、橡皮布和润版液进行印刷；对已有 UV 技术的印刷厂，只需购买混合 UV 胶印油墨即可。

③ 水墨平衡比较容易控制：混合 UV 胶印油墨比纯 UV 胶印油墨有更好的憎水性，适应水辐较宽。

④ 不必采用喷粉，减少喷粉的环境粉尘污染。

⑤ 由于实现了瞬间干燥，无须用水性光油打底，可联机过 UV 上光油，印刷品光泽不会褪减。

⑥ 相比 UV 油墨印刷稳定性好，不易糊版，印出的网点清晰，提高了印刷质量。混合 UV 胶印油墨比纯 UV 油墨具有更好的印刷适性，在网点增大、套色和印刷反差等印刷质量方面与传统油墨相差无几，比单纯采用 UV 油墨更好，操作效率大幅提高。大部分 CTP 印版不宜采用 UV 油墨印刷，但是可以采用混合 UV 胶印油墨印刷。

⑦ 混合 UV 胶印油墨承印基材适用范围广：除适用于纸张印刷外，也适用于印刷塑料、铝箔、金属纸等非吸收性承印材料，解决了在非吸收性承印材料上普通油墨的干燥问题。

⑧ 混合 UV 胶印油墨不会结皮，减少由于长时间停机清洗墨辊的时间。混合油墨中的 UV 固化材料在 UV 灯照射前不干燥，在印刷机上一直是流动的，所以不会像普通油墨那样在墨辊上结皮而引起印刷故障。

⑨ 混合 UV 胶印油墨除可用单张纸印刷机外，还可用于窄幅卷筒纸印刷机。现在混合油墨越来越多地被用来印刷光泽度要求高的产品，如相册、药品和化妆品包装盒等。

与 UV 油墨相比，在整体性能上混合油墨虽然略低于 UV 油墨，但由于使用混合油墨可以充分利用原有的印刷设备和材料，不需要过多的投资就可以获得相似于使用 UV 油墨所产生的效果，具有现实操作的灵活性。

虽然混合 UV 胶印油墨市场售价比普通胶印油墨要高，但其瞬间的 UV 光固化干燥，大大减少能量消耗，降低生产、储存和处理的成本，提高了生产效率，同时也是人力、财力上的节约。

从保护环境的角度来看，在油墨中规定掺入一定量的大豆油（单张纸用油墨 20％以上，卷筒纸胶印用油墨 7％以上），就可以相对削减污染大气的石油系溶剂物质。另外，在可以取代资源枯竭的石油系溶剂的同时，使用可以再生的由植物原料生产的环保型油墨的技术已逐渐被认可，尤其是使用大豆油油墨来从事印刷品生产已普遍为用户接受。作为环保型油墨的大豆本身还需要供作食物原料使用，为此，印刷油墨工业联合会考虑到除大豆油外，使用其他植物油来制作油墨。

7.18.4　水性光固化油墨

水性 UV 油墨是目前 UV 油墨领域的一个新的研究方向。普通 UV 油墨中的低聚物黏度一般都很大，需加入活性稀释剂进行稀释。而现在使用的活性稀释剂具有不同程度的皮肤刺激性，为此在研制低黏度的低聚物和低皮肤刺激性的活性稀释剂同时，另一方面是发展水性 UV 油墨。水性 UV 油墨具有水性油墨对环境无污染、对人体健康无影响、不易燃烧、安全性好、操作简单、价格便宜的特点，又具有 UV 油墨无溶剂排放、快速固化、色彩鲜艳、耐抗性优异的特点，成为 UV 油墨一支新军，特别适用于食品、药品、化妆品和儿童用品等对卫生条件要求严格的包装与装潢印刷品的印刷与使用。

水性 UV 油墨作为一种新型的绿色油墨具有如下的优点：

① 环保性和安全性：水性 UV 油墨不含挥发性有机物质（VOC）及其重金属成分，故无重金属污染，无 VOC 排放，又不使用有皮肤刺激性的活性稀释剂，这样大大降低了传统油墨对人体危害和对食品、药品等的污染。用水作稀释剂，无易燃易爆的危险，使油墨生产和印刷生产现场环境、卫生和安全条件得到根本改善。

② 干燥速率快：水性 UV 油墨和 UV 固化油墨一样，是在其干燥过程使用紫外线光源，其干燥速率快，生产效率高。

③ 水性 UV 油墨可以很好地控制油墨的黏度和流变性：普通的 UV 油墨为了调节低聚物的黏度，会加入活性稀释剂，但其具有皮肤刺激性，必须控制它的使用量。而水性 UV 油墨只需要用水或者增稠剂来调节油墨的黏度。

④ 由于水性 UV 油墨具有良好的触变性和稳定性，固含量高，墨层减薄少，可以进行高加网线数的高精度印刷，得到高精细的网点，使得图案清晰，网点表现力强，色彩鲜艳。

⑤ 光固化水性油墨还有一个很重要的特点，就是能够兼顾固化膜的硬度和柔韧性。由于水性 UV 油墨所用的水性低聚物，其分子量大小与黏度大小无关，所以水性低聚物分子量可以做得很大，具有较优异的硬度、强度和柔韧性，从而解决了普通 UV 油墨用的低聚物分子量较低，固化后交联密度过大，造成硬度和脆性大，而柔韧性差的弊病。

⑥ 清洗印刷设备方便、安全，只要使用普通洗涤剂和自来水，无需使用有机溶剂，节

省费用，操作方便和安全。

但 UV 水性涂料也存在一些缺点，需加以注意和克服。

① 体系中存在水，在 UV 固化前大多需要进行干燥除水，而水的高蒸发热（40.6kJ/mol），导致能耗增加，也使生产时间延长，生产效率下降。

② 水的高表面张力（70.8mN/m），不易浸润基材，易引起涂布不匀；对颜料润湿性差，影响分散。

③ 固化膜的光泽较低，耐水性和耐洗涤性较差；体系的稳定性较差，对 pH 较为敏感。

④ 水的凝固点为 0℃，在北方运输和贮存过程中需添加防冻剂；水性体系容易滋生霉菌和细菌，需用防霉剂，使配方复杂化。

水性 UV 油墨是由水性低聚物（水性 UV 树脂）、水性光引发剂、颜料、水、助溶剂和其他添加剂等配制而成的一种新型环保油墨。它是以水作为稀释剂，结合特殊水性低聚物和水性光引发剂制成的。水性 UV 油墨不含活性稀释剂，仅以水作稀释剂，因此水性低聚物的结构对光固化膜的基本性能起决定作用。

水性 UV 油墨按水性低聚物的分类有三种：

① 乳化型　通过外加表面活性剂（乳化剂），并辅以高剪切力，把传统的 UV 低聚物乳化，变成水分散体系（水包油体系）。这种乳液具有较高的固含量，可以直接利用现成的油墨原料，生产工艺较简便。其乳化剂的选择将会直接影响低聚物的分散性能及油墨的稳定性能、流变性能等。乳化剂由亲水基团和亲油基团组成，后者一般为长的烷烃链，与低聚物液滴混溶后，亲水基团位于水中，使低聚物液滴分散稳定。体系中的酸碱性会改变离子基团的状态，影响乳液滴的稳定，所以这种外乳化型油墨对 pH 值的变化非常敏感。

② 与水分散树脂液混合型　由光固化亲水聚合物与物理干燥型水分散树脂（通常为丙烯酸类树脂）混合，光固化水性聚合物组分通过非光固化的水分散性丙烯酸树脂，分散在水相中。但是因为光固化组分在整个体系中的含量较低，所得固化膜的交联密度不高，因而与传统光固化体系相比，其化学耐抗性也较低。

③ 离子基水溶性型　把离子基引入 UV 树脂骨架中，然后用反离子中和分子链上的离子，这样得到的 UV 树脂具有很好水溶性。由于优良的水溶性，在水中非常稳定，不会发生分层和沉淀析出。

水性 UV 油墨的主要成分为水性低聚物和水性光引发剂。

（1）水性低聚物

水性低聚物是水性 UV 油墨最重要的组成，它决定了固化膜的力学性能，如硬度、柔韧性、黏附性、耐磨性、附着力、耐化学品性等。此外，它的结构也密切影响油墨的光固化速度，因此对水性低聚物的研究一直是水性 UV 油墨体系研究的重点。

水性低聚物从结构上看，要具有可以进行光固化的不饱和基团，这些基团有丙烯酰氧基、甲基丙烯酰氧基、乙烯基、烯丙基等，其中丙烯酸酯由于反应活性最高而被经常使用。另外，要使低聚物具有亲水性，则需引入一定的亲水基团或链段，如羧酸基团、磺酸基团、季铵基团或聚乙二醇链段等。目前水性低聚物的制备大多采用在原油性低聚物中引入亲水基，如羧基、季铵基团、聚乙二醇等方式，使油性低聚物转变成水性低聚物。水性低聚物见第 3 章 3.10 节表 3-26 和表 3-27。

（2）水性光引发剂

对水性 UV 油墨，它要求光引发剂与水性低聚物相容性好，在水介质中光活性高，引发效率高，同时与其他光引发剂一样要求低挥发性、无毒、无味、无色等。商品化的水性光引发剂还不多，已经商品化的水性光引发剂有 KIPEM、819DW、BTC、BPQ 和 QTX 等，最近几年，国内光引发剂生产企业已开发生产用于水性 UV 体系的水性光引发剂见第 4 章 4.8 节表 4-27。

目前印刷中在网印、柔印和凹印上，水性 UV 油墨可以得到很好的应用。水性 UV 油墨有着快速连线干燥的特性，而此种 UV 特性使它可以印在非纸类承印物上，如塑胶类的 PVC、PET、合成纸等，且因为它可以快速连线干燥，使得再加工或翻面再印皆可不需等待，即使印在纸上也有更高的光泽度及耐摩擦力。

水性 UV 油墨在丝网印刷中最常使用。丝网印刷采用水性 UV 油墨，从手帕、布料、布匹、椅垫、枕巾、桌巾、窗帘、T 恤、成衣、被单、名画复制、广告横布、广告旗、人像广告到大型天幕、户外 POP 等，都可进行彩色印刷。在网印的某些应用中，水性 UV 油墨具有显著的优点，尤其适合于在涂料纸和纸板上进行加网印刷和四色印刷。

一个潜在的市场是用于纺织品，并随着织物印刷中的固化所需空间和能源的经济利益而逐步被发掘出来的。一般来说，用这种油墨印刷时，常用的网目数是 290～460 目。

目前，水性 UV 油墨主要用于户内外广告牌、灯箱广告（包括背灯光及前打光广告）、不干胶、货柜上等进行网版印刷，适用的承印材料主要有加膜纸、卡纸、PS、ABS、PE、PET、PVC 等。

水性 UV 油墨结合了水性油墨和 UV 油墨的优点，使其水性油墨和 UV 油墨的应用逐渐扩展到胶印、凹印、柔印和丝网版印刷各个领域，解决了水性油墨干燥缓慢、不适应于非吸收性材料的印刷问题，降低了 UV 油墨昂贵的成本，完善了四色印刷的质量。

7.18.5　绿色印刷和绿色油墨

随着人们对环境的关注，对印刷工业带来的实际危害的认识，绿色印刷倍受推崇，成为印刷业的主流。与以往的印刷工艺不同，绿色印刷中的印刷材料注重环保，印刷工艺讲究"绿色"，印刷出版方式追求节能。

（1）印刷材料的环保化

谈到绿色印刷，首先考虑到的是印刷材料的环保性。常见的环保印刷材料有绿色环保油墨和绿色环保承印材料。

① 绿色环保油墨　水性油墨、植物油油墨、水性 UV 油墨和 UV/EB 油墨都属于常见的绿色环保油墨。

a. 水性油墨：以水和乙醇作为溶剂，VOC 排放量极低，对环境污染小，不危害人体健康，是唯一经美国食品药品管理局（FDA）认可的油墨。

b. 水性 UV 油墨：不含有挥发性溶剂，无 VOC 排放，又采用水作为稀释剂，解决了普通 UV 油墨使用的活性稀释剂（功能性丙烯酸酯）对皮肤的刺激性问题。

c. 大豆油油墨：采用大豆油作为主体，为植物油油墨，可再生、无环境污染、可生物降解等优点，是一种新型环保油墨。

d. UV 油墨：使用不同波长的紫外线照射油墨，瞬时干燥，不含有挥发性溶剂，无 VOC 排放，环境污染极低。

e. EB 油墨：使用低能电子束照射油墨，瞬间干燥，不含有挥发性溶剂，无 VOC 排放，又不使用汞弧灯，环境污染更低。

② 绿色环保承印材料　是指使用可降解、可再生、可循环使用的新型纸材料。如"再生纸"，其利用回收的废纸，经过处理后可重新抄造纸张，大大节约了木材和化工原料。

（2）印刷工艺的绿色化

目前人们所提倡的"绿色印刷"，主要指柔性版印刷。其使用水基柔印油墨或 UV 柔印油墨，没有 VOC 挥发物，减轻大气污染，改善印刷车间的工作环境，被誉为绿色印刷。其应用范围广泛，经济效益高。由于柔性版印刷的环保性能以及自身的优越性，近年来在欧美等印刷工业发达的国家中发展较快。

（3）印刷出版方式的节能化

"无纸化"印刷的出现和发展，电子出版将成为未来出版界的发展主流。平板电脑的问世，微信技术的发展，既满足了人们长期形成的阅读习惯，方便携带，又可以随时随地更新内容、查阅大量信息，将十分有效地推动电子出版的高速发展。

绿色印刷标准主要针对以下环境影响实施标准制定。

① 企业对周围造成的环境影响；

② 生产过程对工人、消费者的环境影响；

③ 生产所用的原辅材料的回收和再生；

④ 生产所用的原辅材料中有毒、有害物质的控制；

⑤ 企业环境保护的措施、制度和管理规章；

⑥ 国家提倡的新工艺和新技术；

⑦ 国家明令禁止的落后工艺技术；

⑧ 最终产品的环境行为控制。

（4）绿色油墨

油墨是印刷工业的最大污染源之一，世界油墨年产量已超过 300 万吨，大部分为溶剂型油墨，每年全世界油墨需用的有机溶剂用量高达 100 万吨以上，油墨产生的有机挥发物（VOC）排放量已达几十万吨。这些有机挥发物可以形成比二氧化碳更严重的温室气体效应，而且在阳光照射下会形成氧化物和光化学烟雾，严重污染大气环境，影响人们健康。因此，减少和消除印刷对环境的污染，使印刷变的绿色环保是势在必行。

绿色油墨从狭义的角度来说，是指采用对人体几乎没有危害的原材料用于油墨的制造，在油墨的生产和印刷过程中几乎不发生污染，对人类生产和生活几乎不构成任何危害的油墨品种。

绿色油墨从广义的角度来说，是相对环保的油墨，肩负着三大绿色使命：

① 要明显降低油墨的有害成分，主要包括芳香烃类，乙二醇醚及酯类、卤代烃类和酮类的含量，降低重金属的含量，降低其他对人体有害的成分（表 7-58）。

表 7-58　绿色印刷标准中规定的禁用溶剂

种类	禁用溶剂
苯类	苯、甲苯、二甲苯、乙苯
乙二醇醚及其酯类	乙二醇甲醚、乙二醇甲醚醋酸酯、乙二醇乙醚、乙二醇乙醚醋酸酯、二乙二醇丁醚醋酸酯
卤代烃类	二氯甲烷、二氯乙烷、三氯甲烷、三氯乙烷、四氯化碳、二溴甲烷、二溴乙烷、三溴甲烷、三溴乙烷、四溴化碳
醇类	甲醇
烷烃	正己烷
酮类	3,5,5-三甲基-2-环己烯基-1-酮（异佛尔酮）

② 要明显降低在油墨的生产和使用过程中对操作人员和环境的危害，改善一线生产环境，同时，在制造和使用的过程中所消耗的能源不能明显增大。

③ 要有利于包装印刷废弃物的回收和处理，不能出现"二次污染"情况。

绿色环保油墨的要求如下。

① 不含有挥发性有机溶剂（VOC）。

② 不含有有害重金属（铅、锑、砷、钡、铬、镉、汞、硒等有害重金属元素，对人体和环境都有极大的危害）。

③ 不含有对人体有伤害的化学物质（如 ROSH 规定的多溴联苯醚等）。

印刷几乎总是用于食品包装外表面，并不与食品直接接触。然而，油墨中的低分子量物质很容易透过包装迁移到食品中，引起被包装食品的污染，影响人类的健康。仅仅有很少的包装材料，如金属、玻璃和铝箔对所有油墨成分有阻隔作用，纤维性材料和大多数塑料对迁移物并不能起阻隔作用，小分子物质很容易透过纸、纸板和塑料。就 PE 涂层纸板而言，塑料层对水有阻隔作用，但对脂溶性物质没有阻隔作用。另外，环保的压力促使再生技术的应用，再生纸和纸板由于来源不明或脱墨不彻底，导致其即使在有塑料涂层作为安全保护层的情况下使用，仍阻挡不了纸和纸板中的有害物质向食品中迁移。

油墨迁移是指油墨成分透过或穿过承印物接触到另一张、另一面或另一层承印物上，或该包装内的商品上。主要是由于油墨中迁移成分的分子结构、连结料树脂分子的极性、印品贮存环境的温度和湿度及静电现象、塑料印刷基材本身的分子特性、印刷后期的残留溶剂和塑料增塑剂等共同作用的结果。当承印物以塑料为主时，某些低分子量（$M<1000$）物质穿过高聚物非晶区链段间的空隙，产生迁移现象。温度越高，无论是油墨成分分子、薄膜中的高分子，或是其他如水分、残留溶剂等，都会发生剧烈的热运动，迁移就会越严重；湿度越大，水分就越多，油墨成分受水的作用就越严重，迁移量也就越大。而承印物以纸张为主体时，因纸张是以纤维为主体的多相（固、液、气）结构物质，是由纤维和添加物料复杂的缠绕交织、填充和吸附而成的一种网状构造体，油墨成分在纸张上的迁移则是以吸收、渗透为主，主要取决于印刷压力和纸张纤维毛细管的数量与大小。广义上讲，油墨进入内装食品的方式除了接触迁移，污染物还可通过气相传质和外包装印制时的背面蹭脏。

食品/纸板包装容器/环境体系如图 7-19 所示。外界环境的气体，水蒸气和辐射会从纸

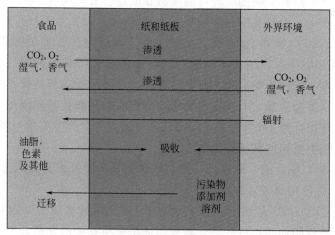

图 7-19　食品/纸板包装容器/环境体系的相互关系示意

板包装材料渗透到食品中，食品中的成分也会被纸板吸收，纸板包装中的成分也会迁移到接触食品中。

由于食品包装印刷中 UV 油墨光引发剂迁移而污染食品的典型事例，为 2005 年 11 月份瑞士雀巢公司生产的婴儿牛奶事件，意大利有关部门在雀巢婴儿牛奶的包装盒中检测出印刷油墨中的微量感光化学物质——光引发剂 2-异丙基硫杂蒽酮（ITX）的存在，导致该公司从法国、葡萄牙、西班牙及意大利召回大批产品。

2006 年甘肃某食品厂生产的薯片，被来自包装袋印刷油墨中的溶剂苯污染，引起很浓的怪味。而这几年国内涌现的各式烧饼店所用包装纸袋的油墨，一般都是比较差的含苯工业油墨，装烧饼时会有强烈的刺激性气味，长期食用会对健康构成威胁，甚至致癌。

2009 年 4 月欧盟食品和饲料快速预警系统（RASBB）通报了在早餐燕麦片中，首次检测出光引发剂 4-甲基-二苯甲酮，如果儿童过多的食用被这种有毒物质污染的麦片可能会致癌，此前已经有几个国家召回这种麦片。为此欧盟食物链和动物健康常务委员会（SCFCAH）于 2009 年 5 月规定食品包装印刷油墨材料中 4-甲基-二苯甲酮和二苯甲酮的总迁移极限值必须低于 0.6mg/kg。

光引发剂迁移趋势是，随着迁移时间的增加，向食品的迁移量会逐渐增加，一段时间后会达到迁移平衡。高温迁移达到平衡比较快。相反，低温迁移要达到平衡相对较慢。光引发剂沸点越低，向食品的迁移量越高。纸样的定量、厚度、纸质组成的化学物质的化学结构影响光引发剂的迁移。通过迁移实验，可以反映纸包装中光引发剂在一定迁移条件下向食品迁移量。因此，迁移实验可以作为评估食品纸包装对食品污染的一种方法。

2009 年 5 月欧盟食物链和动物健康常务委员会（SCFCAH）制定了含 4-甲基二苯甲酮或二苯甲酮的印刷油墨食品包装的最大迁移限量要求，规定食品包装印刷油墨材料内的4-甲基二苯甲酮及二苯甲酮总的迁移极限值必须低于 0.6mg/kg。此法规的出台，是欧盟第一次将印刷油墨加入到受特定法规控制的材料和制品内容中，此后，欧盟会逐步加强对包装油墨安全的控制和完善其多种有害成分的特定迁移量和总迁移量的相关要求。

美国明确规定了用于食品或药品包装的油墨类型，不得使用可能含有甲醛、苯、甲苯、二甲苯和甲醇等有害物质的油墨。美国 FDA 在一项专门针对用于食品包装的再生纤维纸和纸板的草案 21 CFR 176.260 中提到，再生纸和纸板包装材料中不应含有任何可能向食品中迁移的有毒物质，其中提到了油墨成分可能是潜在的迁移有害物质。

我国对于油墨安全方面的关注起步较晚，从 2005 年才开始生产环保油墨，而 2007 年才开始发布相关标准。2007 年和 2010 年，相继发布了环保油墨方面的推荐性国家环保标准 HJ/T 371—2007《环境标志产品技术要求　凹印油墨和柔印油墨》、HJ/T 370—2007《环境标志产品技术要求　胶印油墨》和 HJ/T 56—2010《环境标志产品技术要求　喷墨墨水》，详细规定了重金属、苯类溶剂、有机挥发物等有毒有害物质的使用和限量要求。

胶印油墨国家环保标准 HJ/T 370—2007《环境标志产品技术要求　胶印油墨》规定：

(1) 在生产过程中规定的禁止添加物

① 重金属类：铅、镉、汞、硒、砷、锑、六价铬等 7 种元素及其化合物。

② 沥青类：不得使用煤沥青作原材料。

③ 植物油类：鼓励在产品性能允许的范围内，多使用植物油而少用矿物油，单张纸胶印油墨，热固型轮转胶印油墨，冷固型轮转胶印油墨中植物油的含量分别为＞20％、＞7％、＞30％。

④ 矿物油类：矿物油中芳香烃的质量分数为<3%。

（2）对生产产品规定检测的内容

① 重金属类：铅、镉、六价铬、汞的限值分别为 90mg/kg、75mg/kg、60mg/kg、60mg/kg，总量≤100mg/kg。

② 化学物质类：苯类溶剂，挥发性有机化合物（VOC）含量，苯类溶剂包括苯，甲苯，二甲苯和乙苯，其含量<1%；热固型轮转胶印油墨 VOC 含量≤25%；单张胶印油墨和冷固型轮转胶印油墨 VOC 含量<4%。

凹印及柔印油墨国家环保标准 HJ/T 371—2007《环境标志产品技术要求　凹印油墨及柔印油墨》规定：

（1）在生产过程中规定的禁止添加物

① 重金属类：铅，镉，汞，硒，砷，锑，六价铬等 7 种元素及其化合物。

② 化学物质类：禁止添加乙二醇甲醚、乙二醇甲醚醋酸酯、乙二醇乙醚、乙二醇乙醚醋酸酯、二乙二醇丁醚醋酸酯；禁止添加邻苯二甲酸酯类，包括邻苯二甲酸二辛酯（DOP）、邻苯二甲酸二正丁酯（DBP）等；禁止使用异佛尔酮。

（2）对生产产品规定检测的内容

① 重金属类：铅，镉，六价铬，汞的限值分别为 90mg/kg、75mg/kg、60mg/kg、60mg/kg，总量≤100mg/kg。

② 化学物质类：卤代烃、苯和苯类溶剂的含量分别为≤5000mg/kg、500mg/kg、5000mg/kg；水基凹印油墨 VOC 含量≤30%，水基柔印油墨 VOC 含量≤10%；醇基凹印油墨中氨及其化合物的含量≤3%，甲醇含量≤2%，醇基柔印油墨中甲醇含量≤0.3%。

比较美国和欧洲对重金属限量要求（表 7-59），我国在油墨中对重金属限量要求基本上是一致的。

表 7-59　我国与欧美对油墨中重金属含量要求　　　　　单位：mg/kg

重金属	锑	镉	铬	铅	汞	砷	钡	硒	总量
美国标准		75	60	90	60	25	1000	500	
欧洲标准	60	75	60	90	60	25	1000	500	
中国标准	60	75	60	90	60	25		500	≤100

2008 年中国疾病预防控制中心营养与食品安全所根据《中华人民共和国卫生保护法》起草了 GB 9685—2008《食品容器、包装材料用添加剂使用卫生标准》，规定了食品容器、包装材料用油墨中多种着色剂的纯度要求，并限定了油墨中添加剂 1,3,5-三嗪-2,4,6-三胺/三聚氰胺和甲醛的特定迁移量分别为 30mg/kg 和 15mg/kg，但对油墨没有具体的要求。中国轻工业联合会提出了 3 个关于印刷油墨安全要求的轻工业行业标准，在 QB/T 2929—2008《溶剂型油墨溶剂残留限量及其测定方法》中规定了溶剂型油墨的溶剂残留限量及其检测方法，其残留量总和应小于 10mg/m²，苯、甲苯、二甲苯残留量总和应小于 3mg/m²；在 QB 2930.1—2008《油墨重金属限量及其测定方法第一部分："可溶性"重金属》规定了油墨中可溶性元素（锑、砷、钡、镉、铬、铅、汞、硒）的最大限量要求，样品制备和测定方法；在 QB 2930.2—2008《油墨重金属限量及其测定方法　第二部分：铅、汞、镉、六价铬》规定了油墨中铅、镉、汞、六价铬的限量要求，总含量要小于 100mg/kg。另外，在中

国出入境检验检疫行业标准 SN/T 2201—2008《食品接触材料 辅助材料 油墨中多环芳烃的测定 气相色谱-质谱联用法》中规定了油墨中 16 种多环芳烃的气相色谱—质谱联用检测方法，但并未给出具体的限量要求。

虽然现在食品包装提倡使用食品级油墨，但由于成本及印刷适性等原因，传统的溶剂型油墨还大量存在，溶剂中的苯、甲苯、二甲苯、丁酮、乙酸乙酯、乙酸丁酯、异丙醇等有毒有害物质会残留在包装物上，随着时间的推移会迁移进内装食品，使之变质、变味。油墨中所使用的颜料、染料中存在着铅、镉、汞、铬等重金属和苯胺或稠环化合物等物质也会危害人体健康。

近年来，随着国家对环保日益重视，出台了更加严格的环保政策和法令，对印刷包装行业提出了更为严厉的降排减污的环保要求。

2013 年 9 月 10 日国务院发布国发（2013）37 号文件《大气污染防治行动计划》提出：包装印刷行业挥发性有机物综合整治要求。

2015 年 6 月 18 日财政部、发展改革委、环保部联合发布财税（2015）71 号文件《挥发性有机物排污收费试点办法》提出：包装印刷行业 VOCs 排污收费试点。

《中华人民共和国大气污染防治法》（2016 年 1 月 1 日起实施），其中第四十五条：产生含挥发性有机物废气的生产和服务活动，应当在密闭空间或者设备中进行，并按照规定安装、使用污染防治设施；无法密闭的，应当采取措施减少废气排放。

第一百零八条：违反本法规定，有下列行为之一的，由县级以上人民政府环境保护主管部门责令改正，处二万元以上二十万元以下的罚款；拒不改正的，责令停产整治。

第一百二十三条：违反本法规定，企业事业单位和其他生产经营者有下列行为之一，受到罚款处罚，被责令改正，拒不改正的，依法作出处罚决定的行政机关可以自责令改正之日的次日起，按照原处罚数额按日连续处罚：

（一）未依法取得排污许可证排放大气污染物的；

（二）超过大气污染物排放标准或者超过重点大气污染物排放总量控制指标排放大气污染物的；

（三）通过逃避监管的方式排放大气污染物的。

《环境保护主管部门实施按日连续处罚暂行办法》2015 年 1 月 1 日起实施。

《中华人民共和国环境保护法》2015 年 1 月 1 日实施。第六十三条企业事业单位和其他生产经营者有下列行为之一，尚不构成犯罪的，除依照有关法律法规规定予以处罚外，由县级以上人民政府环境保护主管部门或者其他有关部门将案件移送公安机关，对其直接负责的主管人员和其他直接责任人员，处十日以上十五日以下拘留；情节较轻的，处五日以上十日以下拘留。

环保部《排污许可证管理暂行办法》（2015 年 1 月 1 日起实施）《控制污染物排放许可制实施方案的通知》国办发（2016）81 号，国家实行排污许可管理制度。2020 年完成许可证核发工作。排放工业废气的单位应当取得排污许可证。污染物排放将实行“一证式”管理。持证排污、按证排污。禁止无证排污或者违反许可证的规定排放污染物。

排污许可证的许可事项：允许排放的污染物的种类、浓度和总量，规定其排放方式、排放时间、排放去向，及对排污单位的环境管理提出要求。

2018 年 1 月 1 日起将实施《环境保护税法》费改税：每污染当量 1.2～12 元。低于标准 30% 的按 75% 征收。

《"十三五"规划纲要》：扩大污染物总量控制范围在重点区域、重点行业推进挥发性有机物排放总量控制。全国排放总量下降 10% 以上。

《"十三五"挥发性有机物减排工作方案》要求：包装印刷行业排放总量减少 30% 以上，重点地区减少 50% 以上。重点区域：北京、天津、河北、山西、辽宁、上海、江苏、浙江、安徽、山东、河南、湖北、湖南、广东、重庆、四川、陕西等十三省四市。重点行业：石化、化工行业、工业涂装、包装印刷行业、油品储运销、机动车等。

2016 年 7 月 8 日工业和信息化部、财政部印发了《重点行业挥发性有机物削减行动计划的通知》工信部联节【2016】217 号文件，提出 11 个行业（包括包装印刷）2016～2018 三年 VOCs 排放量削减要求。主要目标：到 2018 年工业行业排放量比 2015 年削减 330 万吨，低（无）VOCs 的绿色油墨、胶黏剂产品的比例达到 70%、85%。

包装印刷行业：推广应用低（无）VOCs 含量的绿色油墨、上光油、润版液、清洗剂、胶黏剂、稀释剂等原辅材料；鼓励采用柔性版印刷工业和无溶剂复合工艺，逐步减少凹版印刷工艺、干式复合工艺。

油墨行业：重点研发推广使用低（无）VOCs 的非吸收性基材的水性油墨（VOCs 含量低于 30%）、单一溶剂型凹印油墨、辐射固化油墨。

中国烟草包装行业制定了新的行业标准，并于 2016 年 9 月 1 日开始实施，规定了溶剂残留和光引发剂残留量（见第 4 章 4.12 节表 4-36），这是国内对光引发剂残留作出严格规定的标准。

由于发现 BP、907 和 ITX 有毒性，对人体有害，因此欧盟和美国先后不准光固化产品使用这三种光引发剂，我国也在 2016 年出台了国家环境保护标准 HJ 2542—2016《环境标志产品技术要求 胶印油墨》，明确规定了：能量固化油墨不能添加：BP、ITX、907 作为光引发剂，该环境保护标准已于 2017 年 1 月 1 日实施。

对于如何降低油墨的迁移及危害，首先要减少使用或不使用油墨原料中的有毒有害物质，从根本上杜绝迁移危害；其次使用高纯度的油墨原料来减少迁移物的种类，选用相对分子质量（>1000）的原料可增加迁移的难度来避免小分子量物质的迁移，如光引发剂；同时添加剂尽量使用聚合添加剂及固化添加剂，并增加交联密度；最后在迁移不可避免的情况下，也应选用特定迁移量高的限定物，或是已知低毒性和有健全毒理数据的物质。

在 UV 油墨中，由于大分子光引发剂的独特设计，光固化后裂解产物分子大，不易发生迁移，故达到了小于 10ppb（1ppb＝1mg/kg）的迁移量。而平时我们用于低气味配方中的光引发剂，由于光固化后产生大量的小分子副产物，因而迁移量远远超过了 10ppb。平时常用的 OMBB，虽然其气味低、不黄变，被广泛应用，但是其分子量只有 240.26，迁移量达到了 6470ppb，无法满足低迁移性的要求（见第 4 章 4.12 节表 4-35）。

活性稀释剂因分子量小，也容易发生迁移。HDDA 在雀巢列表里被列入否定表格中，迁移测试如果检测出 HDDA，则无论其迁移量为多少都将被否决。而 TPGDA 和 TMPTA 在规定内的迁移量是可以接受的，但从实验室的测试结果来看，TPGDA 和 TMPTA 的迁移量也远远超过 50ppb，即使采用 EO 改性过的 HDDA，其迁移量也有 1240ppb，配方中需慎用。PO 改性的 NPGDA 效果最好，其迁移量最小（表 7-60）。总体来说低黏度活性稀释剂的迁移量较大，油墨配方应尽量选择黏度适中、固化能力强的活性稀释剂。

表 7-60　活性稀释剂迁移量

单体	迁移量/ppb	单体	迁移量/ppb
HDDA	5360	DPGDA	4860
EOHDDA	1240	EOTMPTA	36
TMPTA	4570	PONPGDA	10

　　油墨中另一个容易发生迁移的原料就是颜料，颜料除了避免重金属含量超标外，也要避免迁移造成的污染。同时要参考雀巢否定列表，见第 5 章 5.1.4 节表 5-8，避免添加表中列出的颜料。这些颜料的稳定性较差，迁移到食品中容易导致产生致癌物质，对人体造成伤害。因此 UV 油墨配方制作时，严禁使用上述列表中的颜料，应选用其他合适颜料。但是测试表明，完全固化后的颜料迁移量均为 0，说明 UV 固化后颜料被固定在交联网络中，不易发生迁移。

　　使用"绿色环保油墨"成为绿色印刷的必走之路。绿色环保油墨正被逐步应用于烟、酒、食品、药品、饮料、妇女和儿童用品等卫生条件要求严格的包装印刷产品，也将在所有的印刷产品上得到应用。

7.19　光固化油墨参考配方

　　以下配方单位为质量份。

7.19.1　光固化网印油墨参考配方

（1）UV 软管网印油墨参考配方

组成	红	绿	黄	白
EA	25	35	40	8
PEA	5			12
氯化 PEA		20	15	10
HDDA	25			
TPGDA	5	10	10	20
TMPTA		6	6	8
CTX	4			
184		2		1
369		1	1	
907			2	
819				2
DEAP	4			
EDAB	3			
CaCO₃	15			
PE 蜡	3			
助剂	1	1	1	1

混合溶剂	5	5	10
红颜料	10		
酞菁绿	20		
联苯胺黄		2	
巴斯夫 371		18	
钛白粉			28

（2）UV-PE 网印油墨参考配方

胺改性 EA	60.0	TPO	1.0
TPGDA	20.0	颜料	7.0
LA	6.0	SiO$_2$	1.5
ITX	1.5	硅流平消泡剂	1.5
184	1.5		

（3）UV 黑色 PE 网印油墨参考配方

脂肪族 PUA（CN966，含 10％EOEOEA）	31.0	ITX	0.5
DPEPA（SR399）	22.0	907	4.5
低黏度双丙烯酸酯（CN132）	31.8	炭黑	6.0
光引发剂（SR1111）	4.0	润湿剂（SR022）	0.2

（4）UV 黑色 PC 网印油墨参考配方

脂肪族 PUA（CN961E80）	26.8	907	4.5
TPGDA	20.0	ITX	0.5
EO-TMPTA	28.0	炭黑	6.0
DPEPA	10.0	润湿剂（SR022）	0.2
光引发剂（SR1111）	4.0		

（5）UV 白色 PC 网印油墨参考配方

脂肪族 PUA（CN961E80）	20.0	光引发剂（SR1113）	8.0
TPGDA	20.0	TiO$_2$	23.0
EO-TMPTA	20.8	润湿剂（SR022）	0.2
DPEPA	8.0		

（6）UV 蓝色网印油墨参考配方（一）

EA	35.0	EDAB	5.0
PEA	20.0	酞菁蓝	15.0
DDA	10.0	炭黑	5.0
BP	5.0	石蜡	1.9
CTX	3.0	稳定剂	0.1

（7）UV 蓝色网印油墨参考配方（二）

Heliogenblue D 7092	5.0	907	1.0
颜料分散树脂 Laromer LR 9013	5.0	助引发剂 Laromer LR 8956	40
PEA Laromer LR 9004	12.0	助剂 CAB 551-001 20％ in TPGDA	4.5
改性 EA Laromer LR 8986	6.0	BYK 164	1.0
改性 EA Laromer LR 9019	37.0	P. A 57	0.8
DPGDA	17.0	Tego Rad 2100	0.2
TPO-L	2.0	Aerosil 200	2.5
369	2.0		

（8）UV 红色网印油墨参考配方

EA	25	EDAB	3
PEA	5	红颜料	10
HDDA	25	$CaCO_3$	15
TPGDA	5	聚乙烯蜡	3
CTX	4	表面活性剂	1
DEAP	4		

（9）UV 红色塑料标记网印油墨参考配方

氯化 PEA	30	DEAP	3
PUA	24	EDAB	3
PEA	9	红颜料	18
TMPTA	4	滑石粉	3
ITX	4	蜡	2

7.19.2 光固化装饰性油墨参考配方

（1）UV 珠光油墨参考配方（一）

材料	银白色	紫色	深红色
EA(EB605)	40		
EA(EB608)		40	
EA(EB745)			55
PUA(EB264)	17		
PUA(EB265)		15	
PUA(EB220)			5
TPGDA	15		
PO2NPGDA		8	
DPGDA			8
TMPTA	10		10
EO3TMPTA		20	
184	2		
ITX		2	1
907		3	3
PBZ	4		
TPO			2
TegoUV680	1	1	1
Foamex N	1	1	1
BYK3510	0.3	0.3	0.3
银白色珠光粉(欧克 1112)	10		
紫色珠光粉(欧克 2220)		10	
深红色珠光粉(欧克 7312VRA)			10

（2）UV 珠光油墨参考配方（二）

材料	1	2	3	4	5	6
UV 光油	18	18	18	18	18	18
TPGDA	2.5	2.5	2.5	2.5	2.5	2.5

珠光粉	2.5	2.5	2.5	2.5	2.5	2.5
乙醇	0.7	0.7	0.7	0.7	0.7	0.7
ITX	0.2	0.4	0.5	0.8	1	1.5
EDAB	0.2	0.4	0.5	0.6	0.8	1
ITX/EDAB 的含量/%	1.7	3.3	4.1	5.7	7.2	9.7
固化时间/min	10	7	5	3.5	3	2.7

（3）UV 丝印雪花油墨参考配方

材料	1	2
聚酮树脂(CF-A81)	15	18
二官能团 PUA(CN9002)	5	8
三官能团 PUA(CN736)	5	7
EA(CN104NS)	25	20
DETX	5	5
TMPTA	15	10
HDDA	10	10
带色油墨(UVT-206E)	10.4	10.8
消泡剂 DF258	0.5	0.6
流平剂 BYK307	1	0.5
HQ	0.1	0.1
蜡粉(科莱恩 3620)	9	10

（4）UV 网印磨砂油墨参考配方

二官能团脂肪族 PUA(611A-85，含 15%TPGDA)	80	184	1
		活性胺(Etercure 6420)	5
(PO)₂NPGDA	10	消泡剂(FoamexN)等	4
PETA	10	平滑剂(Eterslip 70)	0.2
BP	2	磨砂颗粒(5378)	20

（5）UV 网印发泡油墨参考配方

二官能团脂肪族 PUA(611B-85,含 15%HDDA)		184	1
	50	BP	2
改性 EA(6231A-80,含 20%TPGDA)	20	活性胺(EterCure 6420)	5
(PO)₂NPGDA	10	稳定助剂	1
(PO)₃GPTA	10	流变调节剂	5
PETA	10		

（6）UV 网印皱纹油墨参考配方

二官能团脂肪族 PUA		HDDA	10
(611A-85,含 15%TPGDA)	25	BP	4
(622A-80,含 20%TPGDA)	20	活性胺(Etercure 6420)	10
TMPTMA	15	消泡剂等(Foamex N)	5
(EO)₃TMPTA	20	平滑剂(Eterslip70)	0.2

（7）UV 雪花油墨参考配方

白色微胶囊（MFL-81GCA）	25	TMPTA	7
EA	10	DETX	5
PUA	25	分散剂（685）	3
丙烯酸-2-乙基己酯	25		

（8）UV 特种光油参考配方

材料	温变光油	彩金光油	光栅光油
UV 光油	18	18	
脂肪族 PUA（EB270）			50
脂肪族 PUA（TC1400）			18
TMPTA	2.5	2.5	
DPGDA			23
184			6
1173	1.2		
ITX		1	
EDAB		0.8	
助剂			3
乙酸丁酯	2		
乙醇		0.7	
温变颜料	2		
金光颜料		2.5	

7.19.3 光固化胶印油墨参考配方

（1）UV 胶印油墨参考配方（一）

材料	黄	红	蓝	黑
EB859	5			
705（新力美）	5			
EB436	12			
EB657		3	7	
EB438		18		
EB811				5
8060（东亚合成）	5			
CNUVE-150		5		
CN2204	5			
CN750			14	
CN736				17
DAP-A-40				8
6350（长兴）			5	
6351（长兴）				5
PHOTOMER4073（科宁）			2	
UV2630（中山千叶）	20	8	10	
LR9013（巴斯夫）	5	10	10	12
L9026V（巴斯夫）	2	5	5	5

	黄	红	蓝	黑
CD9051		5		
TPGDA	2	6		1
TMPTA			15	
HDDA				1
184	2	5		3
651	3		3	
369	1	1		1
907	3	1	4	8
ITX	1	1	1	3
EDAB			1	
滑石粉	3	3		3
碳酸钙(SPO-500)				3.5
TAA	3			
分散剂 32000	0.5			
BYK163		0.5		
BYK3510				0.5
分散剂 24000				0.5
分散剂 BYK168			0.5	
阻聚剂 TBQ				1
阻聚剂 510	0.5			1
阻聚剂 ST-1		0.5	0.5	
蜡粉	1	1		1
GRX-86 黄	11			
LBL 黄	8.5			
洋红(57∶1)		22		
蓝色粉 541250			19	
M-5			2	
炭黑颜料				20

（2）UV 胶印油墨参考配方（二）

	黄	红	蓝	黑
颜料	PY13	PR57	PB15.4	SPecialblack 250　15
	17	17	17	Heliogenblued 7092　2
Laromer LR9013 改性聚醚丙烯酸酯	20	20	20	20
Laromer LR8986 改性环氧丙烯酸酯	10	33	10	10
Laromer LR9004 聚酯丙烯酸酯	43	20	43	43
TPO-L	4	4	4	4
369	4	4	4	4
907	2	2	2	2

（3）UV 胶印油墨参考配方（三）

材料	红	黄
PEA(PRO30037)	27	

PEA（CN2282）	20		
PEA（PRO20071）		20	
PEA（CN790）		30	
DTMPTA	11	10	
EO-TMPTA	2	5	
907	3	2	
TZT	2	2	
KBI	5	3	
活性胺 CN373	2	2	
滑石粉	6	8	
聚乙烯蜡	2	2	
红颜料（P.R 57：1）	20		
黄颜料（P.R 57：1）		14	

（4）UV 胶印油墨参考配方（四）

PEA	25	SiO_2	0.5
EA	25	BP	3
脂肪酸改性 EA	5	ITX	2
PUA	10	ODAB	5
颜料	17	蜡	1
$CaCO_3$	5	助剂	1.5

（5）UV 胶印油墨参考配方（五）

EA（CN2204）	36	颜料	18.6
四官能团 PEA（CN294）	16	滑石粉	2
六官能团 PEA（CN293）	11	活性胺（CN373）	5
PEA（CN2203）	6	369/907/ITX	5.4

（6）UV 胶印油墨参考配方（六）

四官能团 PEA（CN294）	30	颜料	18.6
六官能团 PEA（CN293）	19	滑石粉	2
二官能团 PEA（CN2200）	5	活性胺（CN373）	5
三官能团 PUA（CN2901）	5	369/907/ITX	5.4
GPTA	10		

（7）UV 胶印油墨参考配方（七）

脂肪酸改性 PEA	20	ITX	2
EA	30	EDAB	5
GPTA	20	颜料	19
BP	3	稳定剂（ST-1）	1

（8）UV 胶印油墨参考配方（八）

脂肪酸改性 PEA	20	ITX	2
多官能团 PUA	20	EDAB	2
EA	10	颜料	19
GPTA	22	聚乙烯蜡	1
907	3	稳定剂（ST-1）	1

（9）单张（纸板）胶印 UV 油墨参考配方

EA	35	ODAB	5
双官能团 PEA	20	颜料	20
双酚 A 双丙烯酸酯	10	蜡	1.9
BP	5	稳定剂	0.1
ITX	3		

（10）UV 黑色 PE 胶印油墨参考配方

PUA（双官能团）	25	炭黑	8
PEA（四官能团）	25	消泡剂	3
TMPTA	15	分散剂	3
NPGDA	15	附着力/级	3
TPO	6	耐溶剂性能	良好

（11）UV 红色胶印油墨参考配方

PEA（PRO 30037）	27	KBI	5
PEA（CN2282）	20	活性胺（CN373）	2
Di-TMPTA	11	红颜料（P.R 57：1）	20
(EO)$_3$TMPTA	2	滑石粉	6
907	3	聚乙烯蜡	2
TZT	2		

（12）UV 黄色胶印油墨参考配方

PEA（PRO 20071）	20	KBI	5
PEA（CN790）	30	活性胺（CN373）	2
Di-TMPTA	10	黄颜料（P.R 57：1）	14
(EO)$_3$TMPTA	5	滑石粉	8
907	2	聚乙烯蜡	2
TZT	2		

（13）UV 黑色胶印油墨参考配方（一）

EA	21	369	3
多官能团 PUA	10	184	1
多官能团 PEA	10	EDAB	6
DPHA	8	炭黑	18
DDA	15	颜料紫 3	1
BP	3	聚乙烯蜡	1
ITX	3		

注：用于纸或卡纸。

（14）UV 黑色胶印油墨参考配方（二）

PEA（EB657）	37.3	蜡	0.5
六官能团 PUA（EB220）	11.6	SiO$_2$	1.5
环氧大豆油丙烯酸酯（EB860）	6.3	分散剂	3.3
甘油衍生物三丙烯酸酯（OTA480）	10.0	369	2.5
炭黑	12.0	ITX	3.0
酞菁蓝	1.0	EDAB	3.0
滑石粉	8.0		

(15) UV 白色胶印油墨参考配方

EA	25	TiO$_2$	28
多官能团 PEA	20	聚乙烯蜡	1
DDA	10	滑石粉	8
184	4	SiO$_2$	2
TPO	2		

(16) UV 蓝色胶印油墨参考配方 (一)

EA	37.3	润湿分散剂	1.5
六官能团芳香族 PUA	10.4	LFC 1001	3
TMPTA	31.9	EDAB	2
酞菁蓝	18	ITX	1
丙烯酸硅氧烷酯	0.9		

(17) UV 蓝色胶印油墨参考配方 (二)

双官能团丙烯酸酯低聚物	52	填料	6
四官能团 PEA	10	分散剂	1.4
DPHA	4.5	阻聚剂	0.1
ITX	2	油墨性能	
907	4	黏性	12
TPO	1	黏性增值	13
1173	2	飞墨	无
酞菁蓝	15	水墨平衡/%	35
蜡粉	2	细度/μm	5

(18) UV 无水胶印参考配方 (一)

材料	黄	红	蓝	黑
松香改性 PEA	47	42.5	40	46
聚己内酯 PUA	15	10	12	8
大豆油 EA	8	10	12	10
907	6.3	7.5	6.9	8
ITX	2	2	2	2
SiO$_2$	4.5	5	6	5
玻璃微珠	1	0.7	0.8	0.5
对苯二酚	0.2	0.3	0.3	0.5
黄颜料(8GTS)	16			
红颜料(LPN)		22		
蓝颜料(8800R)			20	
炭黑				20
油墨性能				
细度/μm	10	10	10	10
黏性	12	12.5	13	14
流动值	27	29	29	29
附着力/%	>95	>95	>95	>95

（19）UV 无水胶印油墨参考配方（二）

PEA	35	ITX	2
PUA	15	活性胺	3
GPTA	11	颜料	17
TPGDA	10	滑石粉	2
369	3	聚乙烯蜡	2

（20）金属用无水胶印 UV 油墨参考配方

EA	40	ITX	4
双官能团 PUA	18	聚乙烯蜡	6
酞菁绿	18	聚四氟乙烯蜡	1
二芳酰胺黄	2	Quantacure EPD	5
BP	6		

注：此墨用于啤酒罐、饮料罐及喷雾剂罐等的无水胶印。

（21）聚丙烯用无水胶印 UV 油墨参考配方

双官能团 PUA	56	EDAB	3
增黏剂	2	颜料	18
TPGDA	10	混合蜡	2
ITX	2	表面活性剂	1
907	4	滑石粉	2

注：该墨常常用于层压金属箔的聚丙烯或聚乙烯等承印物的无水胶印，制作不干胶标签等方面应用。

7.19.4　光固化柔印油墨参考配方

（1）UV 柔印油墨参考配方（一）

① 色浆

原料	黄	品	青	黑	白
颜料名称	汽巴	汽巴	汽巴	德固萨	Kronos
	LBG	L_4BD	GLO	Black 250	Titan 2310
用量	35	35	35	35	50
PEA(Genomer 3611)	60	60	64	60	49
BYK 168	4	4		4	
稳定剂(Genorad 16)	1	1	1	1	1

② 油墨

原料	黄	品	青	黑	白
色浆	40	40	40	30 品 3 青 7	52
低黏度 EA(Genomer2259)	9.5	9.5	13.5	10	10
高活性芳香族 PUA(Genomer4622)	5	5	5	5	
DiTMPTA					9

(EO)₃ TMPTA	15	15	11	18	7
TPGDA	21.4	19.4	19.5	15	12.9
369	3	3	3.8	4	
1173	1.9	1.9	2.4	2.5	2
TPO					1.5
ITX	0.8	0.8	0.9	1	
Genocure PBZ	1.9	1.9	2.4	2.5	1
Genocure CPK					3
稳定剂(Genorad 16)	0.5	0.5	0.5	0.5	
(Genorad 20)					0.5
UVitexOB					0.1

（2）UV 柔印油墨参考配方（二）

① 色浆

原料	黑	青	黄	品
颜料	PBK 7	PB 15∶4	PY 74	PR 57∶1
颜料用量	25	25	25	25
PEA(CN2297)	10	10	10	20
PEA(PR06467)	17	17	17	7
研磨树脂(PR04676)	46	46	46	46
三官能 PEA(CN294)	2	2	2	2

② 油墨

原料	黑	青	黄	品
色浆	80.0	80.0	80.0	80.0
活性胺 CN371	10.0	10.0	10.0	10.0
369	3.5	3.5	3.5	3.5
184	3.0	3.0	3.0	3.0
BP	1.0	1.0	1.0	1.0
ITX	0.5	0.5	0.5	0.5
UV636	1.0	1.0	1.0	1.0
BYK UV 3500	0.5	0.5	0.5	0.5
BYK 088	0.5	0.5	0.5	0.5

（3）UV 柔印油墨参考配方（三）

① 色浆

原料	黄	品	青
四官能团 PEA(EB657)	53	48	47
DPGDA	13	13	14
分散剂	3	3	3
稳定剂	1	1	1
颜料	Yellow BAW	Magenta 4BY	Cyan BGLO
颜料用量	30	35	35

② 油墨

原料			
色浆	40	40	40
聚醚四丙烯酸酯（EB40）	51.5	51.5	51.5
DETX	3	3	3
EDAB	5	5	5
流平剂	0.5	0.5	0.5

（4）UV 柔印油墨参考配方（四）

原料	黄	红	蓝	黑	
颜料	PY 13	PR57	PB 15∶4	Specialblack 250	13
	15	15	15	Heliogenblue D7092	2
颜料分散树脂	15	15	15	15	
Laromer LR9013					
Laromer PO94F	47	52	55	55	
DPGDA	13	8	5	5	
TPO-L	4	4	4	4	
369	4	4	4	4	
907	2	2	2		2

（5）UV 柔印油墨参考配方（五）

EA	15	TEA	3
GPTA	30	颜料	14
TPGDA	31	聚乙烯酯	1
BP	6		

（6）UV 柔印油墨参考配方（六）

六官能团 PEA EB 870	26.9	颜料	14
六官能团芳香族 PUA　EB 220	6.9	Tego Prototgp	2.5
TPGDA	25.7	Tego Airex 920	1
TMPTA	17	混合光引发剂	6

（7）UV 柔印油墨参考配方（七）

三官能团 PEA（EB657）	18	819	1
附着力促进树脂（EB40）	49.3	369	1
HDDA	9.2	颜料（Blue 15∶3）	14.1
ITX	1	Solsperse 5000	0.3
EDAB	1.7	Sdsperse B 9000	1.4
184	1		

（8）UV 低气味柔印油墨参考配方（一）

PEA	10	活性胺	3
胺改性聚醚丙烯酸酯	45	颜料	14
TPGDA	21	聚乙烯蜡	1
369	3	稳定剂	1
ITX	2		

注：用于柔性包装材料印刷

（9）UV 低气味柔印油墨参考配方（二）

PEA	10	ITX	2
EA	5	活性胺	3
GPTA	30	颜料	14
TPGDA	31	聚乙烯蜡	1
369	3	稳定剂	1

（10）UV 蓝色柔印油墨参考配方

六官能团 PEA	20	KS 300	3
PEA	10	TZT	1
EO-HDDA(CD562)	11	ITX	0.5
PO-TMPTA(SR492)	10.5	蓝颜料(Blue GLVO)	20
TPGDA	15	分散剂(Lubrizol Solsperse 3900)	5
369	3.5	硅流平剂(BYK-UV3510)	0.5

（11）UV 标签印刷用柔印油墨参考配方

EA	15	BP	3
GPTA	30	三乙醇胺	3
TPGDA	31	聚乙烯蜡	1
651	3	颜料	14

（12）UV 纸盒包装印刷柔印油墨参考配方

PEA	10	907	2
EA	5	活性胺	3
GPTA	30	稳定剂	1
TPGDA	31	颜料	14
ITX	2	分散剂	1

（13）黑色 UV 柔印油墨参考配方

三官能团 PEA	18	369	2
TMP(EO)$_3$TA	30	651	2
DPGDA	12	ITX	2
颜料分散稳定剂(ViaFlex 100)	17	EDAB	2
炭黑	15		

（14）UV 白色柔印油墨参考配方

多官能团 PEA	13	ITX	0.5
四官能团聚丙烯酸酯	26.8	EDAB	5
胺改性聚丙烯酸酯	5	胺改性聚丙烯酸酯	5
DPGDA	25.5	Rad 2300	1.5
TiO$_2$	20	TEGO Dispers 655	0.7
TPO	2		

（15）UV 塑料油墨参考配方

二官能团 PUA	27	钛菁绿	3.5
三官能团 PUA	14	滑石粉	12
有机硅改性 PUA	8	有机膨润土	1
TPGDA	3	气相 SiO$_2$	2
TMPTA	5	硬度/H	3
PET$_4$A	10	附着力 PC	100/100
THFA	6	PVC	100/100
TPO	2	柔韧性/mm	5
369	2	耐刮性	优
907	1	耐溶剂(MEK)/次	>100
BYK-055	0.5	耐酸碱性	通过
BYK-164	1	耐水性	通过
BYK-350	2	抗冲击性/kg·cm	>50

7.19.5　光固化凸印油墨参考配方

（1）UV 凸印油墨参考配方

材料		材料	
EA	35	TEA	3
GPTA	20	颜料	17
TPGDA	13	填料	5
BP	6	聚乙烯蜡	1

（2）UV 红色凸印标记油墨参考配方

材料		材料	
PEA	54	ITX	3
DDA	10	EDAB	5
TMPTA	8	立索玉红颜料	16
BP	3	蜡	1

（3）UV 黑色凸印油墨参考配方

材料		材料	
EA	15	369	4
PEA	22	ODAB	4
氯化 PE	30	炭黑	16
GPTA	5	聚乙烯蜡	2
ITX	2		

（4）UV 白色凸印油墨参考配方

材料		材料	
EA	25	184	3
HDDA	10	TiO_2	24
TPGDA	19	滑石粉	15
TPO	2	SiO_2	2

7.19.6　光固化凹印油墨参考配方

（1）UV 凹印油墨参考配方（一）

材料	红	黄	蓝
六官能团 PUA	3	4	5
二官能团 PEA	5	5	3
DTMPTA	18	25	30
PETA	30	20	18
丙烯酰吗啉（ACMO）	10	10	14
NPGDA	10	12	8
369	2.5	2	3
1173	4	4	5
疏水性气相 SiO_2	1	1	1
聚乙烯蜡	1.5	1	1
无硅型消泡剂	0.5	0.5	0.5
无硅型流平剂	0.4	0.4	0.4
阻聚剂 510	0.1	0.1	0.1
立索尔宝红	12		
联苯胺黄		9	
酞菁蓝			11

（2）UV 凹印油墨参考配方（二）

聚酯四丙烯酸酯（EB657）	30	巴西棕榈蜡	3
苯乙烯-马来酸酐共聚物（SMA1440F）	10	表面活性剂	4
(EO)$_4$PET$_4$A（SR494）	17	磺化蓖麻油	2
819	4.9	葵二酸二丁酯	3
蓝颜料（LGLP）	5	UV 稳定剂	1
滑石粉（D2002）	20.1		

（3）凹印 UV 亮油参考配方

聚氨酯双丙烯酸酯	38.11	BP	2.83
己二醇二丙烯酸酯	27.64	N-甲基二乙醇胺	2.83
Gasil EBC	8.59		

上述凹印 UV 亮油配方，用于家具用木纹纸等的上光。

7.19.7 光固化移印、光固化转印油墨参考配方

（1）UV 移印油墨参考配方

PUA	35	颜料	25
PEA	25	乙酸丁酯	1
651	3	硅酮消泡剂	1
ITX	2	乙烯基醚	5
907	3		

（2）UV 曲面印刷油墨参考配方

EA	15	ITX	2
GPTA	30	聚乙烯蜡	1
TPGDA	31	填料	2
651	2	颜料	14
907	3		

（3）UV 转印油墨参考配方

材料	黄	红	黑
EA	10	10	10
PUA	30	35	25
羟基丙烯酸甲酯	10	5	15
EHA	10	10	10
TPGDA	8	8	8
TMPTA	8	8	8
1173	1.5	1.5	1.5
184	1.5	1.5	1.5
ITX	0.5	0.5	0.5
907		1	1
TPO		2	2
BYK168	3	3	3
黄颜料（HR83）	12		
钛白粉	2.5	2.5	2.5
红颜料（RED 170Y）		12	
碳黑			12

7.19.8　光固化喷墨油墨参考配方

（1）UV 喷墨油墨参考配方（一）

① 色浆

材料	黑	青
颜料	PBK 7	DB 15：4
颜料用量	25	25
研磨树脂(DR04676)	75	75

② 喷墨油墨

材料	黑	青
色浆	20	20
稀释树脂(PR04677)	70	70
ITX/TPO/KIP 150	9	9

（2）UV 喷墨油墨参考配方（二）

材料	黄	蓝	品	白	黑	透明
丙烯酸苄酯	42	49	42	40.5	45	47
EOEOEA	20	20	20	20	20	20
IBOA						10
乙烯基己内酰胺	15.5	15.5	15.5		15.5	14.5
TPO	7	7	7	7	7	8
DETX					4	
BYK315	0.5	0.5	0.5	0.5	0.5	0.5
色浆	黄	青	品	白	黑	
色浆用量	15	8	15	32	8	

（3）UV 喷墨油墨参考配方（三）

① 色浆

颜料	20	活性稀释剂	68
低聚物	10	润湿分散剂	2

② 油墨

色浆	25	活性稀释剂	68
低聚物	2	光引发剂	5

组成	黄	品	青	黑
颜料	美利达黄	汽巴 RT-355-D	汽巴 BLUE4GK	卡博特 R250
EOEOEA		34	30	53
NPGDA	45	45	3	
TMPTA	13	21	20	20
HDDA				27
TPGDA	42		27	
DPGDA			20	
B₁(上海三正超润湿分散剂)	2		2	2
B₂(BYK 润湿分散剂)		2		

A₃（氰特 A）：颜料	1:2	1:3	1:2	1:4
A_3（氰特 A）：颜料	1:2	1:3	1:2	1:4
TPO	—	—	2	2
907	—	—	—	—
1173		—	—	
184	—	—		
651	2	—		

（4）UV 喷墨油墨参考配方（四）

脂肪族 PUA（CN964 B85）	20	819	2.5
TEGDA	42	有机颜料	9
DPHA	10	Efka 4046	3
IBOA	14		

（5）UV 喷墨油墨参考配方（五）

EOTMPTA	28	DETX	2
TPGDA	50.5	ODAB	3
907	4	酞菁蓝	3.5
TPO	1	分散剂（Solsperse 32000）	8

7.19.9　光固化玻璃、陶瓷油墨参考配方

（1）UV 网印玻璃油墨参考配方

材料	红	白	黑	蓝
三官能团 PEA	25	20	25	20
双官能团 PEA	15		15	10
ACMO	27	23	20	32
LA	10	5	10	10
907	3	3	3	4
DETX	1		1	0.3
184	3			
TPO		2	2	2
助引发剂 EDAB	1		1	
助引发剂 EHA	1	2		1
消泡剂 EFKA4050	1			
消泡剂 K566	0.5			
消泡剂 Arix920		2	3	0
消泡剂 S43		0.5		
流平剂 BYK306	0.3			
流平剂 RAD2200		0.3		
流平剂 RAD2300			0.3	
流平剂 BYK163				0.3
洋红（57:1）	12			
钛白粉 R-706		20		
钛白粉 R-900		25		
炭黑			8	
酞菁蓝				15
附着力	100/100	100/100	100/100	100/100
耐 95%乙醇/次	100	100	100	100

耐 5% H_2SO_4/h	16	16	16	16
耐 5% NaOH/h	12	12	12	12
耐水煮(100C)/h	不脱落	不脱落	不脱落	不脱落

（2）UV 移印玻璃油墨参考配方

材料	白	黑	红	蓝
三官能团 PEA	20	25	25	20
双官能团 PEA		15	15	10
ACMO	8	8	7	10
LA	5	10	10	10
907	3	3	3	4
DETX	0.3	1	1	0.3
TPO	2	2		2
184			3	
助引发剂 EDAB		1	1	
助引发剂 EHA	2		1	1
助引发剂 DMBI		1		
消泡剂 S43	0.5			
消泡剂 Arix920	2	3		0.5
消泡剂 EFKA4050			1	
消泡剂 K566			0.5	
流平剂 BYK-306			0.3	
流平剂 BYK-163				0.3
流平剂 RAD2200	0.3			
流平剂 RAD2300		0.3		
钛白粉 R-706	20			
钛白粉 R-900	25			
炭黑		8		
洋红(57:1)			12	
酞菁蓝				15
附着力	100/100	100/100	100/100	100/100
耐 95% 乙醇/次	100	100	100	100
耐 5% H_2SO_4/h	16	16	16	16
耐 5% NaOH/h	12	12	12	12
耐水煮(100C)/h	不脱落	不脱落	不脱落	不脱落

（3）UV 玻璃保护油墨参考配方

材料	1	2	3	4
六官能团 PUA	30	35	33	40
二官能团 PUA	20	15	15	10
酸性丙烯酸树脂	5	5	10	8
热塑性丙烯酸树脂	9	10	5	5
HDDA	15	10	10	10
184	2.1	2	2	4
助剂	0.9	1.2	1.2	1.5

颜料	1	1.5	1.5	2
增稠剂	1	1.5	1.3	2
纳米 Al_2O_3	1	1.5	1	2
填充料	15	14.3	20	15.5

（4）UV 黑色玻璃网印油墨参考配方

芳香酸丙烯酸酯半酯（SB520E35）	46	ITX	0.5
低黏度单丙烯酸酯低聚物（CN131）	22	BP	2
POEA	20	炭黑（Raven 450）	4
907	4.5	非硅流平剂（SR012）	1

（5）UV 玻璃透明油墨参考配方

MD2522	37.5	184	4.5
77300-40	8	TPO	3.5
437	9.5	1173	3
SP277	8.5	阻聚剂 PMP	0.2
SU5347	6	附着力促进剂 PA9039V	4
HDDA	7	消泡剂 K566	0.7
HEMA	7.5	流平剂 Tego450	0.3
IBOMA	5		

（6）UV 陶瓷油墨参考配方

材料	红	黄	蓝	米黄	棕	白	黑
PUA	13	5	22	14	10	5	10
活性稀释剂	50	50	50	50	50	50	55
907	2	1.5	1	1	1	0.5	
ITX	1	1	1				1
1173		0.5					
184				0.5		1	
369							1
TPO			1		1	1.5	1
EDAB			1	0.5			
油墨助剂	4	3	4	4	4	4	2
溶剂		5					
陶瓷色料	红色	黄色	蓝色	米黄	棕色	白色	黑色
陶瓷色料用量	30	34	20	30	34	38	30

注：PUA 为脂肪族聚氨酯丙烯酸酯、芳香族聚氨酯丙烯酸酯或者环氧丙烯酸酯的一种或者一种以上的混合物；光聚合稀释剂为低黏度单官能度丙烯酸酯和/或低黏度双官能度的丙烯酸酯；溶剂为白油、烷烃油、工业溶剂油、合成油；油墨助剂为消泡剂、流平剂、防沉剂以及分散剂。

7.19.10　光固化金属油墨参考配方

（1）UV 绿色金属网印油墨参考配方

EA	40	酞菁绿	18
PUA	18	二芳酰胺黄	2
BP	6	聚乙烯蜡	6
ITX	4	聚四氟乙烯蜡	1
EDAB	5		

（2）UV 白色金属网印油墨参考配方

低黏度脂肪族 PUA(CN987)	27.75	TiO$_2$(R-900)	25
低黏度单丙烯酸酯低聚物(CN131)	10	润湿剂(SR022)	0.25
三官能团丙烯酸树脂(SR9051)	30	非硅流平剂(SR012)	1
非迁移无黄变光引发剂(SR1113)	6		

（3）UV 帘涂黑色金属涂料参考配方

芳香酸丙烯酸酯半酯(SR520E35)	46	ITX	0.5
低黏度单丙烯酸酯低聚物(CN131)	22	BP	2
POEA	20	炭黑(Raven 450)	4
907	4.5	非硅流平剂(SR012)	1

（4）UV 胶印金属装饰油墨参考配方

EA	30	ITX	3
PUA	19	EDAB	5
PEA	10	颜料	17
DDA	10	滑石粉	1
369	3	聚乙烯蜡	2

7.19.11　光固化荧光防伪油墨参考配方

（1）UV 荧光油墨参考配方

丙烯酸酯共聚物	132	荧光颜料(Y,Gd)BO$_3$:Eu^{3+}	140
（MAA/MMA/EA/BA,固含量 45%）		低熔点玻璃黏结剂	3
四乙二醇二丙烯酸酯	40	丁酮	3
369	3		

（2）UV 荧光防伪油墨参考配方（一）

EA	100	651	4
TPGDA	9	二苯胺	0.3
TMPTA	6	稀土荧光配合物	2
其他稀释剂	30		

（3）UV 荧光防伪油墨参考配方（二）

材料	1	2	3
EA	64.2	80	58
TPGDA	8	10	9.5
HDDA	8	10	
TMPTA			9.5
1173	2	2	2
BP	1	1	2
EDAB	1	1	
蜡			2
消泡剂	0.5	0.5	4
流平剂	0.7	0.7	3
荧光剂(铕-噻吩甲酰三氟丙酮-邻菲咯啉配合物)	14.5		
荧光剂(铽-对氨基苯甲酸配合物)		11.2	
稀土荧光剂 FL-1			10

7. 19. 12 水性光固化油墨参考配方

（1）水性 UV 丝印纸和纸板油墨配方（一）

水性 PUA	40	酞菁蓝	3
TPGDA	5	硅流平、消泡剂	2
EO-TMPTA	8	水	40
1173	2		

（2）水性 UV 丝印纸和纸板油墨配方[①]（二）

PEA 乳液（Laromer PE55W）	80	水	9
SiO$_2$（Syloid ED3）	3	颜料	3
1173	3	消泡剂	1

① 用于 PVC 塑料。

（3）水性 UV 丝印雪花油墨参考配方

材料	1	2	3
水性 UV 丙烯酸树脂	50	50	52
水溶性醛酮树脂	10	15	12
1173	3	5	4
聚乙烯蜡	5	10	
科莱恩 3620			8
消泡剂 Dego902	0.5	0.5	0.5
增稠剂（路博润 hy30）	0,5	0.5	0.5
分散剂 Amp-95	0.5	0.5	0.5
水	10	20	15
附着力	好	好	良
柔韧性	好	好	良
纹理效果	细腻	稍粗	细腻

（4）UV 水性珠光丝网油墨参考配方

材料	1	2
水性 PUA（固含量30%）	60	
水性 PUA（固含量55%）		50
2959	2	1
819W	2	2
聚氨酯类增稠剂	1	2
pH 值调节剂二甲基乙醇胺	2	1
消泡剂 TEGO Foamex 843	0.7	
流平剂 EFKA 3570	0.3	
消泡剂 BYK028		0.8
流平剂德谦 Levaslip468		0.2
成膜助剂乙二醇丁醚	4	3
珠光颜料	18	10
水	10	30

7.19.13 阳离子光固化油墨参考配方

（1）阳离子 UV 塑料油墨参考配方

脂环族环氧树脂（UVR6105）	53.8	三芳基硫鎓盐（UVI 6990）	15.0
环氧树脂（Tone 0301）	5.0	颜料	15.0
环氧树脂（Heloxy 505）	5.0	分散剂（BYK p104s）	0.4
萱烯二氧化物	5.0	润湿剂（Silwet L7500）	0.8

注：用于 OPP、PE、PP 及 PVC 等塑料。

（2）阳离子 UV 柔印油墨参考配方

脂环族环氧树脂	50	三芳基硫鎓盐	4
聚酯二醇	10	聚乙烯蜡	1
三甘醇	5	表面活性剂	1
乙烯基醚	15		

（3）阳离子 UV 黄色油墨参考配方

3,4-环氧己烷甲酸-3,4-环氧环己烷 甲酯（ECC）	57.1	黄颜料（Y13）	15.0
2-乙基-2-羟甲基氧杂丙烷（EHMO）	10.0	流平剂 BYK361	0.5
联苯基硫杂蒽酮,六氟磷酸硫鎓盐 （23%碳酸丙酯）	17.4		

（4）阳离子 UV 油墨参考配方

脂肪族双环氧化物（UVR6105）	71.0	碳酸丙酯	4.0
OXetane 衍生物（UVR6000）	9.5	颜料	11.5
硫鎓盐	4.0		

（5）阳离子 UV 柔印油墨参考配方

UVR 6110	54.0	BYK 307	0.3
TMPO	12.0	Solsperse 5000	0.3
Boltom H 2004	10.0	Solsperse 39000	1.4
硫鎓盐（Omnicat 550）	8.0	颜料（Sunfast Blue 15∶3）	14.0

（6）阳离子 UV 喷墨油墨参考配方（一）

脂环族双环氧化物（UVR 6105）	58.9	硫鎓盐 Omnicat 550	2.5
γ-丁内酯	15	颜料（蓝 15∶1）	2.1
双三甲氧基丙烷杂环丁烷	21.4	表面活性剂 MegafaceF 479	0.1

（7）阳离子 UV 喷墨油墨参考配方（二）

端环氧基硅氧烷（SM-A）	12	BYK 307	0.4
端环氧基硅氧烷（SM-B）	18	BYK 501	0.2
Vikoflex 9010	24	白颜料（Krsnos 2310）	36.4
双酚 A 环氧树脂	5	硫鎓盐（50%碳酸酯）	4

（8）UV 阳离子喷墨油墨参考配方

端环氧基硅氧烷（SM-A）	38	BYK 30	0.2
脂肪族单体（AM-D）	38	白颜料（Kronos 2020）	10
多元醇	8	硫鎓盐（50%碳酸酯）	6

第8章 光固化胶黏剂

08

8.1 概述

借助胶黏剂而实现物体之间的连接称为粘接（黏合、胶黏、胶接）。

物体之间的连接可以焊接、铆接、螺接、嵌接和粘接，还可以混合连接，如粘接-焊接、粘接-铆接、粘接-螺接等。粘接技术是物体连接中历史最悠久的一种，并且随着合成高分子技术的发展而在现代生活中得到广泛的应用。目前我国合成胶黏剂消费结构为：包装印刷行业占35%，建筑业占25%，木材加工业占20%，汽车运输业占10%，其他占10%。从胶黏剂应用结构可以看出，包装印刷行业是胶黏剂应用的最大行业，它广泛分布于纸制品、印刷装潢、塑料包装等各个领域。而其他应用领域，涉及航空航天、船舶、铁路车辆、机械、光电子、电器、光学、仪器、仪表、医用等行业，是胶黏剂今后发展最有前景的应用领域。

粘接技术发展迅速，这是因为粘接与焊接、铆接、螺接等连接方式相比，具有如下优点。

① 能连接同类或不同类的、软的或硬的、脆性的或韧性的、有机的或无机的各种材料，特别是异性材料的连接、超薄材料的连接。

② 粘接工艺方便简单，可以简化机械加工工艺，缩短生产周期，提高产品质量。

③ 减轻结构质量，用粘接可以得到挠度小、质量轻、强度大、装配简单的结构。

④ 应力分布连续均匀，延长结构件寿命。

⑤ 密封性能良好，可以减少密封结构，提高产品结构内部的器件耐介质性能。

⑥ 制造成本低，复杂的结构部件采用粘接可一次完成。

⑦ 有很好的绝缘、绝热、耐腐蚀和抗震性能。

⑧ 粘接工艺需要劳动量少、劳动强度也较小，操作人员不需要很高的技术水平，只需要工作认真、细致即可。

⑨ 生产效率高，快速固化，胶黏剂可在几分钟甚至几秒钟内就将复杂构件牢固地连接在一起，无需专门设备。

但粘接也有不足之处，其主要缺点如下。

① 有些胶黏剂的剥离力比较低，受力时有蠕变倾向。

② 有些胶黏剂粘接过程比较复杂，因而使大型和复杂零件的粘接受到限制。

③ 有些胶黏剂易燃、有毒、对皮肤有刺激性等不良反应。

④ 导电、导热性不良。

⑤ 在冷、热、高温、高湿、日光、生化、化学作用下，胶黏剂发生老化，影响使用寿命。

⑥ 目前还缺乏准确度和可靠性方面都较好的无损检验粘接质量的方法。

材料之间的粘接过程是在材料与胶黏剂的表面、界面进行的一个复杂的物理、化学过程。依靠胶黏剂与被粘接材料之间通过相互作用产生的粘接力，完成粘接。胶黏剂与被粘接材料之间相互作用主要有如下几种。

（1）分子间的作用力（即范德华力）

由于范德华力随距离增大而急剧减小，所以胶黏剂对被粘接材料表面润湿，是提高范德华力的重要前提。

（2）氢键

氢键是一种特殊类型的分子作用力，可看作是一种静电力的作用。氢键形成条件必须是体系一方为氢给体（电子受体）；另一方为氢受体（电子给体），两者匹配成对（图 8-1）。在形成氢键的原子配对中，X 原子电负性越大，半径越小时，对原子形成的氢键键能就越大。增加氢键，有利于提高粘接力。常见氢键的键能见表 8-1。

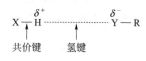

图 8-1　氢键示意

表 8-1　常见氢键的键能

氢键结构	键能/(kJ/mol)	氢键结构	键能/(kJ/mol)
F—H····F—H	26.4~29.3	RO—H····O(H)(R)	13.4~25.6
HO—H····O(H)(H)	14.2~24.3		
NC—H····N≡CH	13.8~18.4	R—NH(H)····NH₂R	13.0~18.8

（3）酸碱作用

物质分子中的原子或基团都有给、受电子的能力。由于这种电子转移过程形成酸碱作用，在粘接过程中，胶黏剂与被粘接材料必须具有酸碱匹配才能获得较高的粘接性能。常用物质的酸碱属性见表 8-2。

表 8-2　常用物质的酸碱属性

酸性物质（电子受体）	碱性物质（电子给体）	酸性物质（电子受体）	碱性物质（电子给体）
含氟聚合物	含氨基聚合物	环氧树脂（酸酐固化）	铝（氧化铝）
含氯聚合物	聚醋酸乙烯	铁（氧化铁）	石灰石
聚乙烯醇缩醛	聚甲基丙烯酸酯	二氧化硅	聚脲
酚醛树脂	聚丙烯酸酯	花岗石	钛酸钡
沥青	聚酰胺、玻璃	各种有机酸	各种有机碱

（4）化学键

虽然胶黏剂和被粘材料在粘接界面不大可能达到原子之间的接触状态形成密集的化学键连接，但当两物质上有能够产生化学反应的活性基团时，有可能形成一定数量的化学键，这对提高粘接性能是十分有意义的。

① 通过胶黏剂与被粘材料分子中含有的活性基相互反应形成化学键　活泼氢与—NCO反应；活泼氢与—COCl反应；羟基与—NCO反应；羟基与环氧基反应；羟基与羟亚甲基反应。

② 通过偶联剂作用使两种物质之间形成化学键结合　偶联剂是分子中含有能同时对胶黏剂和被粘材料表面分别产生化学反应的活性基团的化合物，常用的偶联剂有硅烷偶联剂和钛酸酯偶联剂。

③ 通过被粘物表面处理获得活性基团　如电晕放电、火焰处理、氧化处理、金属阳极处理、酸洗处理，使被粘物表面产生 $C{=}O$ 、—OH、—ONO$_2$ 等活性基团，都属于极性基团，使表面能及可润湿性随之增大，提高了粘接性能；在一定条件下，也有可能与胶黏剂发生化学反应，形成化学键，提高粘接力。

（5）静电作用

当金属与非金属物质（如聚合物）紧密接触时，由于金属物质对电子亲和力低，非金属物质对电子亲和力高，在界面区容易产生接触电势，并形成双电层。双电层导致的静电吸引力有利于提高粘接力。

（6）界面的扩散作用

基于分子（或链段）热运动的界面扩散作用和物质的溶解过程相类似，它们都是一个"混合"的过程。胶黏剂/被粘物的界面扩散作用，结果导致模糊界面的产生，甚至界面的消失（如固体溶解于液体中），有利于粘接性能提高。

（7）机械作用力

当胶黏剂充满或部分充满被粘物的孔隙或凹面时，通过固化在界面区形成各种形式的锚合结构，提供了机械连接力，有利于粘接性能提高。

目前在市场上销售的胶黏剂品种繁多，按固化方式可归纳为溶剂型、水基型、反应型、热熔型和辐射固化型五大类。它们的部分性能比较见表 8-3。溶剂型胶黏剂的固化大多是通过加热方法除去高分子溶液中的有机溶剂，得到硬化的胶层，但有机溶剂挥发到大气中污染环境；水基型胶黏剂生产效率低，使用范围局限；热熔型胶黏剂需要高温烘烤，能量消耗很大；反应型胶黏剂的瞬干胶、厌氧胶等，由于使用要求较高，不易操作；辐射固化型胶黏剂通过紫外光和电子束照射使胶黏剂瞬间固化，无溶剂排放，是绿色环保型胶黏剂。

表 8-3　各种胶黏剂比较

类型	溶剂	生产速度	透明性	耐热和耐化学品性	价格
溶剂型	有	中	尚可/好	尚可	低
水基型	无	低	尚可/好	尚可	低
反应型①	无	低	尚可	非常好	高
热熔型	无	高	尚可	尚可	低
辐射固化型	无	非常好	好	非常好	较高

① 包括双组分或单组分，热固化或湿气固化等。

辐射固化型胶黏剂包括了光固化胶黏剂和电子束固化胶黏剂，而光固化胶黏剂又分 UV 胶黏剂和可见光胶黏剂，UV 胶黏剂又有自由基 UV 胶黏剂和阳离子 UV 胶黏剂，近年来又出现了 UV-LED 固化胶黏剂、UV 双重固化胶黏剂和 UV 多重固化胶黏剂，如 UV/厌氧、UV/热、UV/湿气、UV 自由基/阳离子双重固化胶黏剂。

光固化胶黏剂与其他胶黏剂相比有如下优点：

① 固化速率快，生产效率高，特别适合流水生产线工作；

② 不用溶剂，环保、安全，改善劳动环境；

③ 低温固化，节省能源，特别适用于对热敏感的材料粘接；

④ 粘接的综合性能优异。

但光固化胶黏剂也存在缺点：

① 只能粘接一面可透过光的材料（表 8-4 列出部分材料的光透过性）；

表 8-4　部分材料的光透过性（光源：高压汞灯）

被粘材料	厚度/mm	透过光照度/(mW/cm²)		
		360nm	405nm	436nm
无		130	183	149
软质 PVC	1	0.1	102	107
硬质 PVC	3	0.3	97	122
PC	3	0	100	128
ABS	3	0.1	4	6
三氧化二铝	3	0.1	0.8	0.6
钠玻璃	3	83	145	117

② 容易受被粘材料厚度的影响；

③ 胶黏剂中不能使用较多的填料；

④ UV 光对人体皮肤和眼睛有较大的伤害；

⑤ 需要光源和设备。

从表 8-4 中可看到材料对可见光透过性比紫外光优异得多。因此可见光胶黏剂可比 UV 胶黏剂粘接更多的材料和较厚的材料；可见光胶黏剂的固化性能（光学性能、力学性能、电性能、化学性能等）也可在较宽的范围内调整；可见光对人的眼睛和皮肤损害小；可见光光源相对便宜，甚至可以利用太阳光来固化。但可见光胶黏剂在生产、贮存、运输和使用时必须避光，这也给生产和使用带来困难。

8.2　光固化胶黏剂的组成

光固化胶黏剂也是由低聚物、活性稀释剂、光引发剂和各种添加剂组成。

8.2.1　低聚物

低聚物是构成 UV 胶黏剂的主体成分，UV 胶黏剂固化后的粘接强度、硬度、柔韧性、耐溶剂性、光学性能和耐老化等基本性能都是由低聚物的结构和分子量大小决定的。另外，低聚物的结构对 UV 固化的速率也有很大的影响。

低聚物通常分为自由基固化型低聚物和阳离子固化型低聚物。大多数光固化胶黏剂首选的低聚物是环氧（甲基）丙烯酸酯和聚氨酯（甲基）丙烯酸酯，再配以其他低聚物。随着光固化技术的发展，一些新的低聚物如超支化低聚物、自由基-阳离子杂化低聚物的开发，给光固化胶黏剂提供了新的、性能更佳的低聚物。另外，双重固化体系的出现，也使光固化胶黏剂的固化更方便和完全，一些双重固化光固化胶黏剂已商品化。

（1）自由基固化型低聚物

自由基光固化胶黏剂常用的低聚物为聚酯（甲基）丙烯酸酯、环氧（甲基）丙烯酸酯、聚氨酯（甲基）丙烯酸酯、（甲基）丙烯酸酯化丙烯酸树脂、聚醚（甲基）丙烯酸酯，此外还有聚丁二烯（甲基）丙烯酸酯、三聚氰胺丙烯酸树脂等。

① 环氧丙烯酸酯具有工艺性能好、粘接强度高、体积收缩率小、耐介质性能优良、电绝缘性能良好等特点，是 UV 固化低聚物的重要品种。但其固化物较脆、抗冲击性能较差、撕裂强度低，需进行增韧剂改性。

在电子工业封装中应用最多的是环氧丙烯酸酯体系，但是该体系的柔顺性差、较脆，且残留的丙烯酸酯基团较多，严重影响胶黏剂的耐老化、耐黄变等性能。对环氧丙烯酸酯体系韧性的改性，引入柔性链是最有效的方法。如将有机硅烷酯制备成丙烯酸酯低聚物，利用物理共混将其加入环氧丙烯酸酯体系中固化，制备出的树脂不但有效地解决了柔韧性，而且两者之间的相容性较好。另外，有效控制分子量和分子量分布、引入功能官能团和功能单体，均能改善环氧丙烯酸酯体系胶黏剂的柔顺性。

② 聚氨酯丙烯酸酯分子中包含三种化学结构的链段，二异氰酸酯形成的氨基甲酸酯链段、多元醇形成的主链、丙烯酸羟基酯形成的链端。其中主链的组成与结构对其性能影响最大，其固化特性由位于链端的丙烯酸酯决定。因此，可以通过分子设计而使其获得优异的性能。聚氨酯丙烯酸酯反应活性高、固化速率较快，价格相对也较高，多用于高性能要求的领域，具有优异的附着力、柔韧性、耐化学品性、弹性和耐磨性等。聚氨酯丙烯酸酯兼具聚氨酯的高耐磨性、黏附力、柔韧性、高撕裂强度、优良的低温性能，以及聚丙烯酸酯卓越的光学性能和耐候性。这种胶黏剂用途非常广泛，可用于安全玻璃、挡风玻璃、防弹玻璃、液晶显示器等产品的制造。UV 固化聚氨酯丙烯酸酯，由于其具有较好的粘接性、耐溶剂性、耐黄变性、抗冲击性、突出的伸长率和高弹性等特点，故广泛应用于金属、涂料和光纤涂层等方面。聚醚与聚酯相比，醚键极性比酯基小，分子链间的相互作用力较弱，排列不规整，因此聚醚型聚氨酯软硬段相混程度低，微相分离度大，不易结晶，透明性好，容易形成的氢键化程度大于聚酯型聚氨酯丙烯酸酯。聚酯型聚氨酯中，聚酯二元醇 PBA 分子对称性、柔软性均好，但因结晶性极好而呈不透明。聚氨酯中软段结构对紫外固化胶黏剂的性能有着很大的影响。这主要是由于聚氨酯软硬段中，多元醇软段依靠范德华力，氨基甲酸酯基硬段则主要由于氢键作用力，形成各自堆积有序的微相区。合成的聚氨酯黏度主要取决于其中软硬段的比例和相分离程度。聚氨酯的黏度和 UV 胶的黏度并不一致，其中的氢键起着很大的作用。在配制成 UV 胶后，大量活性稀释剂对预聚物的稀释作用使得相分离程度进一步增大，可能导致其性能改变。不同的二元醇配制的 UV 聚氨酯胶，固化后呈现不同的性能（表8-5）。UV 胶的拉伸强度和胶膜断裂伸长率，聚碳酸酯二元醇（PCDL）均优于其他种类的二元醇。聚酯型（PBA）强度虽好于聚醚型（PPG），但其较低的断裂伸长率，说明其韧性不足，在聚氨酯型 UV 胶黏剂中导致其附着力较差，在划格过程中即有大量胶膜脱落。PCDL 型和 PIMG 型聚氨酯则在附着力上优异，可以达到 1 级，固化时间和固化体积收缩率没有明显的区别。也就是说，聚氨酯中软段结构对固化过程影响并不是很大，主要影响的是其固化后胶膜的力学性能。

表 8-5　不同二元醇配制的 UV 聚氨酯胶的性能

UV 聚氨酯胶	PPG	PBA	PIMG	PCDL
拉伸强度/MPa	5.27	6.76	9.25	10.34
断裂伸长率/%	52.3	10.4	113.9	150.1
体积收缩率/%	6.65	6.73	5.85	5.97
固化速度/s	10.3	11.2	9.6	11.5
附着力/级	3	5	1	1

注：PBA—聚酯二元醇、PPG—聚醚二元醇、PIMG—聚四氢呋喃二元醇、PCDL—聚碳酸酯二元醇。

表 8-6 比较了不同低聚物配制的 UV 胶黏剂的性能，其中脂肪族聚氨酯丙烯酸酯 6079 和 6148J 的综合性能较好，聚醚型丙烯酸酯 PEA400 的性能较差，6148J 为一种双键含量较低的脂肪族聚氨酯丙烯酸酯，其分子结构中的柔性脂肪长链提供材料良好的韧性和延伸率，降低弹性模量，有效地传递固化应力和热效应，使内应力分散均匀，达到降低收缩应力的目的。PEA400 虽有较好的耐黄变性，但其膜较硬、柔韧性低，机械强度差，所以附着力和黏结性能均较差。新齐 3[#] 含有极性的羟基基团，但固化膜较脆，固化收缩产生的收缩应力不能很好的释放，附着力反不及极性较弱、柔韧性较好的 6148J。6071 是一种改性的丙烯酸预聚物，其综合性能稍差于 6148J。芳香族聚氨酯 CN972 因为其主链中含有苯环所以其柔韧性和拉伸强度不如主链为饱和烷烃的脂肪族聚氨酯 6148J 好。

表 8-6　不同低聚物配制的 UV 胶黏剂的性能

低聚物类型	EA	PEA	合溶剂型丙烯酸酯改性低聚物	芳香族 PUA	脂肪族 PUA	改性脂肪族 PUA
商品牌号	新齐 3[#]	PEA400	6071	CN972	6148J	6079
固化时间/s	1.2	2.4	2	2.2	2.8	1.6
附着力/级	2	3	2	2	1	1
基材断裂状况	+	—	+	—	+	+
拉伸剪切强度/MPa	6.51	4.78	8.96	7.04	12.23	13.45

③ 聚酯丙烯酸酯分子量较低，所以粘接强度亦较低；但因其原料价廉易得、湿润性好、柔韧性高，因而在低聚物中仍然占据重要位置。它由醇酸缩合来制备，改变多元醇和多元酸的种类，调节多元醇、多元酸和（甲基）丙烯酸的摩尔比，可以制得性能各异的胶黏剂。聚酯丙烯酸酯树脂黏度低，和其他树脂的相容性好，但是，其固化收缩率比较高，因此在作为胶黏剂树脂时，容易因为内应力较大而影响粘接性能。

④ 聚醚丙烯酸酯通过分子量低的聚醚与丙烯酸酯的酯交换反应得到，因为醚键之间的相互作用不强，聚醚丙烯酸酯固化后，链间的作用相对较弱，附着力差，如果单独作固化树脂，成膜性不佳。醚链较短时，固化膜硬而脆，醚链较长时，固化膜机械强度低劣，柔性和硬度都难以达到使用要求，因此，聚醚丙烯酸酯很少作为主体树脂使用。同样因为醚链间的相互作用较弱，其黏度特别低，因此，它常常是作为稀释剂在胶黏剂中使用，而且稀释效果优异。

（2）阳离子固化型低聚物

阳离子固化型低聚物目前应用比较广泛的主要有环氧化合物和乙烯基醚化合物。环氧类低聚物主要包括双酚 A 型环氧树脂、氢化双酚 A 环氧树脂、酚醛环氧树脂等，其中最常用的是双酚 A 型环氧树脂，但其黏度较高、聚合速率较慢，不适宜单独使用，往往需要与黏度较低、聚合速率快的脂环族环氧树脂配合使用。就目前来说，由于聚合速率的影响，阳离子固化型低聚物单独应用较少。

在紫外光固化胶黏剂的各组分中，低聚物的性能基本上决定了固化后材料的性能。在选择低聚物时，需考虑分子量、体积收缩率、固化速率等因素。一般来说，分子量越大，体积收缩率越小，粘接力越高，固化速率也较快，但也需要活性稀释剂进行稀释以满足施工的要求。

8.2.2　活性稀释剂

活性稀释剂也是光固化胶黏剂的重要组成，它一方面起稀释剂作用，使胶黏剂具有施工的黏度；另一方面具有反应活性，光照时，与低聚物共聚形成网络结构，可以提高体系的光固化速率和改善有些物理力学性能。在自由基光固化胶黏剂中常用的活性稀释剂为功能性丙烯酸酯和功能性甲基丙烯酸酯，由于功能性甲基丙烯酸酯对人的皮肤刺激性远远低于功能性丙烯酸酯（表 8-7），固化后有些力学性能也优于功能性丙烯酸酯，所以在光固化胶黏剂中常常使用功能性甲基丙烯酸酯（见第 2 章 2.14 节表 2-31）。阳离子光固化胶黏剂所用活性稀释剂则为乙烯基醚化合物或环氧化合物。

表 8-7　功能性丙烯酸酯与功能性甲基丙烯酸酯的皮肤刺激性比较

（甲基）丙烯酸酯对应的醇	初期皮肤刺激性指数 PII	
	丙烯酸酯	甲基丙烯酸酯
1,3-丁二醇	8.0	0.0
1,6-己二醇	5.5	0.5
新戊二醇	4.9	0.0
二甘醇	3.0	0.5
双酚 A 二甘醇	0.8	1.0
壬基苯氧基乙醇	4.2	1.0
四氢糠醇	8.0	1.3
苯氧基乙醇	3.3	1.4

但欲达到比较好的粘接效果，胶的表面张力越低越好，当胶的表面张力小于基材表面张力时，就能达到较好的润湿效果，从而提高粘接强度。添加活性稀释剂往往会使体系的表面张力增加，造成粘接强度下降。另外，活性稀释剂的官能度对粘接强度的影响也比较大，活性稀释剂的官能度越高，固化越快，固化收缩应力也越大，造成粘接强度降低，胶黏剂抗冲击强度也会降低。要综合考虑活性稀释剂的官能度、表面张力、体积收缩率等因素，一般来说表面张力越低，体积收缩越小，粘接效果越好（活性稀释剂的表面张力和体积收缩率见第 2 章 2.1 节的表 2-5）。活性稀释剂分子结构中引入芳香环，则可以改善胶的强度和耐水性，提高胶的贮存期。

活性稀释剂有单官能度、双官能度、三官能度甚至更高官能度，根据 UV 胶固化后的性能要求，一般应选用低黏度、高稀释效果和高反应能力的活性稀释剂，同时要气味小、皮肤刺激性低、挥发性低、对树脂的相容性要好。并且，活性稀释剂和低聚物的反应活性不能相差太大，若相差太大，活性稀释剂趋向于均聚或与光引发剂发生加成反应，而不参与低聚物的交联。此时活性稀释剂起不到交联作用，仅起到类似于增塑剂的作用。单官能度的活性稀释剂黏度较低、稀释能力强，但固化速率较慢。随着官能度的增加，交联密度增大，固化速率变快，胶膜硬度增大，但固化时收缩应力增大，胶膜柔韧性降低，黏附力减小。因此，通常要综合考虑，采用几种活性稀释剂混合使用。

8.2.3　光引发剂

光引发剂也是光固化胶黏剂的重要组成，但不同类型的光固化胶黏剂使用不同类型的光引发剂。自由基 UV 胶黏剂主要用安息香醚、二苯甲酮、651、1173、184、500、TPO 和 819 等光引发剂；阳离子 UV 胶黏剂则以硫鎓盐或碘鎓盐阳离子光引发剂为主；而可见光胶黏剂则主要用樟脑醌或配合 TPO、819、苯偶酰等光引发剂。光固化胶黏剂常常用叔胺类助引发剂配合，以减少氧阻聚的影响，如甲基丙烯酸二甲氨基乙酯、4-二甲氨基苯甲酸乙酯（EDAB）、4-二甲氨基苯甲酸异戊酯（ODAB）、三乙醇胺、N,N-二甲基乙醇胺、N-甲基二乙醇胺等。对 UV-LED 胶黏剂则要使用 ITX、DETX、TPO、TEPO、819 以及第 4 章 4.9 节的表 4-28 所介绍的适用于 UV-LED 的光引发剂。

自由基光引发剂由于在光固化过程中，存在光引发剂的残留和光解产物会发生迁移及引起变黄的弊病，为了克服上述弊病，人们设计出了大分子光引发剂。光引发剂的大分子化，促使其运动能力降低，在体系中的扩散速率较小分子光引发剂慢，因此要求用量比小分子光引发剂大。但裂解型的大分子光引发剂与小分子光引发剂相比，难以偶合终止，所以自由基寿命长，因此引发效率高。

目前已经商业化的大分子引发剂见第四章 4.7 节所介绍的各类大分子光引发剂及表 4-26 所介绍各光引发剂生产企业生产的大分子光引发剂。

8.2.4　添加剂

在实际应用中，胶黏剂中往往还需要加入各种添加剂，以达到使用要求。添加剂的主要作用有：①改善胶黏剂的生产工艺；②提高胶黏剂的储存稳定性；③改善胶黏剂的施工性能；④改善胶膜的性能等。

它们不是胶黏剂固化体系必备的组分，但是添加剂的加入往往能有效改善胶黏剂的某项性能，具体加入的组分和用量，要依据配方成分和胶黏剂的使用要求而定。

光固化胶黏剂常用添加剂主要有增塑剂、偶联剂、阻聚剂、稳定剂、流平剂，消泡剂和填料等。

（1）增塑剂

这是一种能降低体系的黏度和玻璃化转变温度，提高固化膜的断裂伸长率，增加柔韧性，改善胶层脆性的物质。一般的增塑剂的沸点高且难挥发，不参与胶黏剂主体成分的化学反应。在胶黏剂中适量加入增塑剂主要作用是削弱聚合物分子间力，增加聚合物分子链的活动性，降低其分子链的结晶性，从而增加胶层的韧性、延伸率和耐寒性，降低其内聚强度、弹性模量，达到改善胶黏剂的使用性能与工艺性能的效果。

随着增塑剂用量的增加，胶黏剂的剪切强度与 180° 剥离强度逐渐降低；与此同时，固化膜的 T_g 降低，说明增塑剂的加入促进了聚合物分子链段间的运动，使得分子间的摩擦力减小，活动能力增大，变形能力增大，交联程度减弱，因此玻璃化转变温度降低，强度减小，柔韧性逐渐提高。

常用增塑剂为邻苯二甲酸酯类、磷酸酯类、乙二酸酯类和癸二酸酯等，邻苯二甲酸酯由于毒性大，已不再使用，部分胶黏剂用增塑剂见表 8-8。

表 8-8　部分胶黏剂用增塑剂

类别	增塑剂	缩写	外观
磷酸酯	磷酸三丁酯	TBP	无色黏稠液体
	磷酸三苯酯	TPP	白色结晶
	磷酸三甲酚酯	TCP	无色黏稠液体
	磷酸三甲苯酯	TPP	晶体
癸二酸酯	癸二酸二辛酯		无色黏稠液体

（2）偶联剂

这是一种分子中同时具有极性和非极性部分的物质，能同时与极性材料和非极性材料产生一定结合力。因此胶黏剂中常适量加入偶联剂，增加了主体树脂分子本身的分子间作用力，提高了胶黏剂的内聚强度；增加了主体树脂与被粘物之间的结合，起了一定的"架桥"作用，提高了胶黏剂的粘接性能。常用的偶联剂为硅烷偶联剂（表 8-9）。

表 8-9　常用有机硅偶联剂

商品牌号	偶联剂名称	表面能/(N/cm)
A-151	乙烯基三乙氧基硅烷	25×10^{-5}
A-132	乙烯基三(β-甲氧基乙氧基)硅烷	
A-174(KH570)	γ-甲基丙烯酰氧基丙基三甲氧基硅烷	28×10^{-5}
A-186	β-(3,4-环氧环己基)乙基三甲氧基硅烷	
A-187(KH560)	γ-(2,3-环氧丙氧基)丙基三甲氧基硅烷	42.5×10^{-5}
A-1100(KH550)	γ-氨基丙基三乙氧基硅烷	35×10^{-5}
A-189	γ-硫醇基丙基三甲氧基硅烷	41×10^{-5}
A-1120	γ,β-(氨基乙基)-氨基丙基三甲氧基硅烷	
南大 22	二乙基氨甲基三乙氧基硅烷	
南大 42	苯胺甲基三乙氧基硅烷	

随着硅烷偶联剂用量的增加，胶黏剂的剪切强度与剥离强度均逐渐增加，其中剪切强度增加明显，剥离强度增加平缓，硅烷偶联剂在两个不同的材料界面间的偶联过程是一个复杂的液固表面物理化学过程，即浸润-取向-交联过程。首先由于硅烷偶联剂的黏度低、表面张力低，对玻璃、陶瓷及金属等无机材料表面的接触角很小，所以在无机材料表面上可迅速铺展开来，使表面被硅烷偶联剂所润湿。其次由于大气中的一切极性固体材料表面上总吸附着一层薄薄的水，所以一旦硅烷偶联剂表面被润湿，分子两端的基团便分别向极性相近的表面扩散，一端的—Si(OR)基团取向于无机材料表面，同时与取向表面的水分子或硅酸盐材料表面的—Si—OH基团发生共水解缩聚，产生化学交联。有机官能团则向有机树脂相表面取向，在固化中与胶黏剂中相应的官能团产生化学交联，从而完成了异相表面间的偶联过程。

（3）阻聚剂

这是用来阻止或延缓 UV 胶黏剂中含有不饱和键的低聚物和活性稀释剂，在贮存或运输过程中发生聚合，提高 UV 胶黏剂的存储稳定性的物质。常用的阻聚剂有对苯二酚、对甲氧基苯酚、对苯醌、2,6-二叔丁基甲苯酚、吩噻嗪、蒽醌等。

（4）流平剂

流平剂是用来改善胶黏剂的流平性能，防止缩孔和针眼等胶层弊病的产生，使胶膜平整，并可以提高光泽度。UV 胶黏剂需用的流平剂见第 5 章 5.4.2 节及表 5-14。

（5）消泡剂

消泡剂是用来防止和消除胶黏剂在制造和使用过程中产生气泡，防止胶层产生针眼等弊病。UV 胶黏剂用的消泡剂见第 5 章 5.4.1 节及表 5-12。

（6）填料

这是一种不与主体材料起化学反应，但可以改善其性能，降低成本的固体物质。填料按成分分为无机填料和有机填料两类。无机填料主要为矿物填料，如瓷粉、高岭土粉、氧化铝粉、玻璃粉、玻璃纤维等，在胶黏剂中加入无机填料可改善耐热性，降低固化收缩率，增加耐磨性和强度等，但使胶黏剂密度增加，脆性增加，透明度变差。有机填料如尼龙粉、塑料粉、植物纤维等，在胶黏剂中加入有机填料可改善胶层脆性，增加抗冲击韧性，减少固化收缩率等，但透明度也变差。由于光固化胶黏剂中加入填料都会影响光的透过，不利于光固化，因此在配方中尽量少加。胶黏剂常用的填料及特性见表 8-10。

表 8-10　胶黏剂常用的填料及特性

类型	品种	密度/(g/cm³)	特性
氧化物粉	氧化铝粉	3.7～3.9	提高粘接强度和硬度
	氧化铁粉	3.23	提高粘接强度和硬度
	氧化镁粉	5.6	提高粘接强度和硬度
	石英粉	2.2～2.6	提高硬度
矿物粉	云母粉	2.8～3.1	提高粘接强度和硬度
	滑石粉	2.9	价廉
	石墨粉	1.6～2.2	提高粘接强度和耐热性
	碳化硅粉	3.06～3.2	提高硬度
	陶土	1.98～2.02	价廉,提高黏度
纤维	玻璃纤维	2.6	提高粘接强度和冲击强度
	碳纤维	1.6～2.62	提高粘接强度和冲击强度

有机/无机杂化材料具有优良的耐溶剂性、光学透明性以及对玻璃基材良好的粘接力等性能，胶黏剂的玻璃-玻璃剪切强度随杂化溶胶中固体质量的增加先增大后减小。这是由于有机/无机杂化材料中含有大量的 Si—OH 基团，与玻璃表面相似，可以在玻璃表面吸附形成氢键或进一步缩合而形成化学键，从而增强了胶黏剂和玻璃基材之间的相互作用力。同时，由于有机/无机杂化材料含量的增加也提高了胶层的交联密度，使断裂强度和硬度增加。并且，交联密度在一定范围内增加，也有利于附着力的提高。随着有机/无机杂化材料含量的增大，固化物的耐溶剂性能也逐渐提高。这是因为当有机/无机杂化材料的含量较低时，固化后的胶层中，有较多的和有机碳链相连的极性基团如—OH 等，这部分链段极易与有机

极性溶剂相互作用，使其耐有机溶剂性能较差。而随着杂化溶胶含量的逐步增加，固化物体系中有更多的交联点形成，整个体系具有更大的交联度，而较高的交联度有助于耐溶剂性能的提高，并且由于 Si—O 三维网络具有不易被有机溶剂渗透、溶胀的性质，这也提高了胶黏剂的耐溶剂性能。

8.3 光固化结构胶

结构胶（structural adhesive）是用于各种材料结构件之间粘接的胶黏剂，以代替铆接、焊接和螺栓等连接，具有质量轻、表面光滑、应力集中小、密封性好等优点。结构胶黏剂要求粘接强度高、耐久性好、固化快、使用方便、表面处理简单、耐温性好（可在 $-40\sim$ 150℃使用）、耐油性和耐水性好、对多种材料都有较好的粘接性能。20 世纪 50 年代开发了第一代丙烯酸酯胶黏剂（first generation adhesive，简称 FGA）；1975 年杜邦公司开发了第二代丙烯酸酯胶黏剂（second generation adhesive，简称 SGA），属于快固型丙烯酸酯胶黏剂；之后出现了 UV/EB 固化型丙烯酸酯胶黏剂称为第三代丙烯酸酯胶黏剂（third generation adhesive，简称 TGA）。这三类丙烯酸酯胶黏剂都属于反应型丙烯酸酯胶黏剂，都具有室温快速固化、粘接强度高、韧性好，可油面粘接、适应性强、工艺简便等特点，已广泛用于航空航天、汽车、船舶、铁路车辆、机械、电子、电器、仪表，建筑、家具、土木工程等行业的结构粘接、小件装配、大件组装、应急修复、防渗堵漏等，在尖端技术和高新科技方面也得到了较好的应用。

8.3.1 光固化结构胶的特点和组成

与一般结构胶黏剂相比，UV 结构胶需要 UV 固化设备，被粘物必须有一面透光等，使其应用受到一定限制，但 UV 胶还是有着十分优越的特点：无须混合的单组分体系；固化快，可控制；无溶剂，无污染；适合自动化加工。

UV 丙烯酸酯结构胶黏剂是由（甲基）丙烯酸类低聚物和活性稀释剂、增韧树脂、光引发剂、稳定剂和其他助剂等组成。低聚物主要为环氧（甲基）丙烯酸酯、聚氨酯（甲基）丙烯酸酯、聚酯（甲基）丙烯酸酯等；活性稀释剂为（甲基）丙烯酸官能单体。为了提高韧性、抗冲击性、耐疲劳性、耐久性和粘接强度，往往需加入一些弹性体作增韧树脂。弹性体加入，有的参与反应，产生接枝共聚物；有的会形成"海-岛"结构，提高粘接性能；同时还可调节黏度，降低固化收缩率。常用弹性体有丙烯酸酯橡胶、丁腈橡胶、SBS 等。光引发剂也由最早的安息香醚类改用 1173、184、651 等高效引发剂，并配以叔胺类助引发剂，以减少氧阻聚的影响。助剂上，用酚类阻聚剂以提高贮存稳定性；加入气相二氧化硅，以提高触变性；加入硅烷偶联剂，以提高耐水性和粘接强度。

UV 结构胶一般需具备以下性能：

剪切强度/MPa	>10	硬度(邵尔 D)	40~80
剥离强度/(kN/m)	>2	耐温范围/℃	-60~150
断裂伸长率/%	<300		

经过配方设计，UV 结构胶可以达到传统结构胶的各种性能，而且在更短时间内达到最高强度，见表 8-11。

表 8-11　常用结构胶达到最高强度比较

结构胶	初固时间	达到最高强度时间
室温固化环氧结构胶	10～120min	7d
第二代丙烯酸酯结构胶	1～30min	24h
UV 结构胶	1～5s	1h

因此，UV 结构胶可以满足自动化生产线的使用要求，这是其他类型结构胶无法比拟的。

8.3.2　光固化结构胶的应用

UV 结构胶主要应用于下列领域：

（1）一次性注射针头、医用过滤器的粘接

一次性医疗用品是 UV 结构胶用量增长的推动力之一，例如注射针头与注射器和静脉注射管粘接，以及在导尿管和医用过滤器上的使用。粘接对象主要是塑料与金属、塑料与塑料，要求粘接强度高，同时要通过医学认证，对人体无毒、无害。

（2）珠宝业、工艺品、玻璃家具的粘接

UV 结构胶在玻璃、工艺品和珠宝业应用较早，同时在彩色玻璃、安全玻璃的应用增长势头良好。

（3）电子、电器粘接与封装

UV 结构胶在电子、电器的应用发展速度最快，主要用途包括智能卡、LCD 的密封，印刷电路板（PCB）粘贴表面元件，印刷电路板上集成电路块粘接，接线柱、继电器、电容器和微开关的密封，线圈导线端子的固定和零部件的粘接等。

（4）汽车工业零部件的粘接

包括汽车车灯装配、倒车镜的粘接、气袋部件的粘接和燃油喷射系统等。

（5）光电子领域 DVD 光盘制造、光学纤维粘接、导电聚合物显示器密封等

UV 结构胶消耗量最大且具有巨大潜力的是光电子行业，其中主要包括 3 个领域：DVD 制造业、光学纤维和导电聚合物显示器。但是，光盘由于整个行业衰退，已不再需用 UV 结构胶。用于光学纤维的 UV 结构胶用量较少，但有着良好的应用前景。导电聚合物显示器是 LCD 技术的延续，UV 结构胶的用量也会逐步加大。

（6）光学棱镜（包括反射镜片）的组合、定位粘接

UV 结构胶还可以用于棱镜、透镜等光学器件及手表、仪表等领域的粘接和定位，对 UV 结构胶的要求是透光性好、耐老化、不黄变等。

8.4　密封胶

密封表示密闭封住，起防止内部气体或液体的渗漏；防止外部灰尘和水分的侵入；防止机械松动、冲击损伤；还能起到隔声、隔热、阻尼、减震等作用。密封的方法很多，如金属垫圈，橡胶垫片、石棉毡垫、皮革片、纸垫、油灰、腻子等，而采用胶黏剂密封则是一种新

的方法，是当代密封技术的重大进展。用于密封的胶黏剂简称密封胶（sealants），同时具有粘接和密封作用，它与传统的密封材料相比有很多优越性。

① 密封性好　密封胶是以聚合物为主体的液态材料，涂在接合部位能填充表面凹凸不平处，干燥后便形成连续的黏弹性胶膜，起到可靠的耐压密封作用，不易泄漏。

② 通用性强　可用于耐油、耐水、耐化学物质的密封，一种密封胶可代替多种固体垫圈，用于多种场合的密封。

③ 耐久性优　密封胶不易腐蚀、不易损坏、不易疲劳、使用寿命长。

④ 适应性广　密封胶可在 $-60 \sim 300℃$ 使用，有的还可耐超低温 $-253℃$ 和超高温 $600℃$。

⑤ 降低成本　密封胶用量少，降低加工精度，减少紧固件数量，减轻整体质量，节能耗、效率高。

⑥ 使用方便　密封胶可自由成型，不受工件形状限制，施工简单，拆卸容易，更换快速。

密封胶种类很多，可分为弹性密封胶、非弹性密封胶和液体嵌缝垫料。按照补偿位移的能力，密封胶可分为下列五种：硬化密封胶（补偿位移能力为0），塑性密封胶（补偿位移能力为 $2\% \sim 8\%$），弹塑性密封胶（补偿位移能力为 $8\% \sim 15\%$），塑弹性密封胶（补偿位移能力为 $15\% \sim 20\%$），弹性密封胶（补偿位移能力为 $20\% \sim 25\%$）。

密封是工程上极为重要的问题，密封胶在航天、航空、机械、电子、电气、电器、汽车、造船、建筑、石油化工、军工等领域都得到了广泛的应用。

UV 密封胶是新发展起来的一种密封胶，它的主体树脂为环氧（甲基）丙烯酸酯、聚氨酯（甲基）丙烯酸酯或聚酯（甲基）丙烯酸酯，用量可占到胶黏剂的 $50\% \sim 90\%$，配以适当的活性稀释剂和光引发剂，另外根据需要还要选用一些相应的填料。

UV 密封胶必须要 UV 光照射才能固化，所以 UV 密封胶必须要在一面能透过 UV 光的器件上才能应用，这是它的最大弱点。

UV 密封胶在光电子行业应用上更突显其特点，以液晶显示器上应用为例可充分说明。液晶显示器面世后，起初主要以小尺寸为主，在第一代至第四代的液晶显示器的生产过程中，液晶的灌注是以真空灌注的方式进行。液晶显示器的液晶盒是由 2 块 ITO 玻璃用黏合剂封框制成，所用的封框胶主要是热固化的环氧胶，经过点胶划线形成边框，并留出液晶滴入口，两玻璃基片对位压合，通过预留口灌注液晶。注入液晶后为防止外渗和使用中水分的进入，需要对液晶注入孔进行封口，因为需要快的固化速率，封口所用黏合剂最适宜的是 UV 固化黏合剂。用于封口的 UV 固化黏合剂需要具有不对液晶材料有侵蚀性，要与涂布了 PI 膜的玻璃基片及封框胶有好的黏合性和耐久性，封口胶要有适宜的机械强度如粘接强度和拉伸强度等。

在真空液晶灌注工艺中，先进行边框胶的涂覆和固化，再进行液晶注入，此时与液晶接触的边框胶已经固化，极少对液晶产生污染，这也是真空液晶灌注工艺的一个优点。真空液晶灌注工艺边框胶虽然对液晶污染性小，但因其含有有机溶剂，会污染环境，危害生产者健康；另外，随着液晶面板尺寸的大型化，真空液晶灌注工艺因灌注时间长、液晶利用率低等已经不能满足生产的需求，从第五代 TFT-LCD 生产线投产使用起，液晶的灌注采用了新的被称作 ODF（one drop filling）工艺。所谓 ODF 工艺，就是在玻璃基板上点胶划线使用的是 UV 固化黏合剂，点胶划线为全封闭封框，而不再预留封口，也无须封口工序（图 8-2）。点胶划线后，在封框内充满液晶后，再将另一块玻璃基板对位压合，紫外灯下曝光，使封框胶固化制成液晶盒。ODF 技术的优点：一是液晶的利用率高，真空液晶灌注工艺液晶利用率约 50% 以下，而 ODF 利用率可达 95% 以上；二是大大缩短了液晶灌注的时间，工作效率提高 20 倍。点胶划线所用 UV 黏合剂性能要求基本与封口胶相同，技术上可以是自由基型、阳离子型或混杂型引发体系的 UV 固化黏合剂。

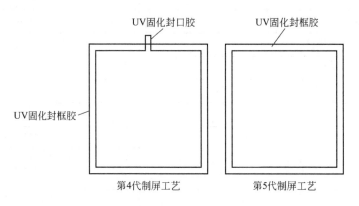

图 8-2　UV 固化黏合剂在制屏工艺中的应用

ODF 工艺中同时滴下液晶和涂布边框胶，未能及时固化的边框胶与液晶会直接接触，从而导致液晶污染，这是 ODF 制程最大的技术障碍之一。如果边框胶不能在非常短的时间内固化也容易发生液晶穿透边框胶的现象。最早采用了 UV 固化型边框胶，但由于基板的金属走线会将部分边框胶遮挡住，导致部分边框胶不能固化，所以开发了 UV 固化和热固化双重固化型边框胶。这样，可保证未遮挡部分迅速固化，而遮挡部分可通过加热固化。

ODF 边框胶材料的关键技术要求是：①ODF 制程要求涂布闭合的边框胶图案，始终端必须交叠，因此要求胶必须有好的涂布性能和触变性；②胶体直接接触的玻璃表面可能为有机 PI 膜、无机金属膜或无机半导体膜，因此要求边框胶对以上 3 种材料都有较好的粘接力；③边框胶要有比较好的强度，保证在液晶压力和大气压力的物理冲击下，不发生穿刺现象；④为了获得均匀盒厚，需要在有液晶情况下容易压合；⑤液晶显示器产品要求边框胶在比较宽的温湿度范围内都能保持比较好的特性。

由于 ODF 边框胶采用 UV 固化和热固化双重固化，这就要求制备边框胶的树脂必须既能光固化，又能加热固化。胶中一般包含环氧丙烯酸酯低聚物、活性稀释剂、光引发剂、填料和潜伏性固化剂及固化促进剂等。环氧丙烯酸酯低聚物是边框胶的主体，其性能决定了边框胶的粘接能力。由于边框胶主要用于粘接玻璃，所以要求低聚物必须对玻璃具有良好的粘接性能。采用 UV 和加热双重固化的边框胶在 UV 固化过程中以自由基方式固化，边框胶经过紫外照射后，其中的环氧丙烯酸酯形成三维网状聚合物，减小了小分子或外界空气对液晶的污染，同时环氧对玻璃的粘接强度高。一般选择白炭黑作为边框胶的填料，起到调节黏度和触变性的作用。在边框胶的贮存和运输过程中，要求其质量稳定，这就使得所添加的固化剂必须具有室温稳定、加热固化的特点。另外，一般热固化剂需要较高的固化温度，而使用边框胶的工件又不能承受过高的温度，必须添加一定量的固化促进剂，保证胶黏剂在较低的温度下就可固化。ODF 边框胶性能要求见表 8-12。

表 8-12　ODF 边框胶性能要求

测试项目	规格
黏度/Pa·s	300 ± 50
UV 固化性/(mJ/cm²)	<1500
加热固化性/min	<60
硬度	80 ± 5
抽出水电导率/(μS/cm)	<15
加热减量/%	<0.5
颗粒粒径/μm	<3
离子含量	$Na<50 \times 10^{-6}$
	$K<50 \times 10^{-6}$
	$Cl<50 \times 10^{-6}$
贮存条件	$0 \sim 5℃$,6 个月

8.5　光固化光学胶和光固化玻璃胶

UV 光学胶主要用于粘接光学透明元件的特种胶黏剂，它必须符合如下要求：

① 无色透明，在指定的光波波段内光透过率>90%，并且固化后胶黏剂的折射率与被粘光学元件的折射率相近；

② 在使用温度范围内，胶黏剂的粘接强度良好；

③ 胶黏剂的模量低，固化后延伸率大，同时固化收缩率小，不会引起光学元件表面的变化；

④ 吸湿性小；

⑤ 耐冷热冲击、耐振动、耐油、耐溶剂、耐光老化、耐湿热老化；

⑥ 操作性能好，在维修时，可用简单的方法分离；

⑦ 对人体无害或低毒性。

UV 玻璃胶又叫无影胶，也是一种光学胶黏剂，由于主要用于玻璃与玻璃、金属、塑料之间的粘接，对光学性能和固化收缩率要求较低，但是要对玻璃及金属、塑料的粘接性能好。

由于光学玻璃和玻璃都是典型的脆性材料，十分易碎；同时又是热膨胀系数较小的材料，因此这两种胶黏剂都必须考虑其自身和材料之间由于温度变化，热膨胀系数差别大而产生热应力的问题。对 UV 光学胶，在考虑热膨胀系数的同时，也应特别注意固化体积收缩问题，要避免热膨胀系数差异过大或固化收缩过大而产生的应力过大，造成玻璃产生自然破裂或胶黏剂开裂现象。常用材料的线性热膨胀系数见表 8-13。

表 8-13　常用材料的线性热膨胀系数

材料	热膨胀系数/×10⁻⁶℃⁻¹	材料	热膨胀系数/×10⁻⁶℃⁻¹
石英玻璃	0.6	环氧树脂	45～65
钠玻璃	9.0	酚醛树脂	60～80
氧化铝	8.7	聚酯	55～100
铝	23	聚苯乙烯	60～80
钢	10～14	聚丙烯	100～200
石墨	7.8	聚氨酯树脂	100～200
黄铜	19	有机硅树脂	160～180
聚酰亚胺	33～54		

光学胶可分为天然树脂光学胶和合成树脂光学胶两大类。

天然树脂光学胶,是采用松科的冷杉亚科属的树种分泌物的树脂或针叶树种分泌物的树脂,经加工制成。冷杉属的树脂,具有天然的不结晶性,折射率接近于光学玻璃,透明度高,并能迅速固化,便于拆胶返修等特点,目前在有些场合仍在使用。但是现代光学仪器的发展,要求粘接的光学零件能在低温、高温、振动和辐射等苛刻条件下工作。天然树脂光学胶就不能满足要求,使用有很大的局限性。

合成树脂胶黏剂由于粘接强度高,耐高低温性好,能在振动、辐射等苛刻条件下工作,逐渐成为主要的光学用透明胶黏剂。目前,作为光学元件用的合成树脂透明胶黏剂有不饱和聚酯、环氧胶黏剂、聚氨酯胶、有机硅凝胶、光固化胶等。光固化胶黏剂能缩短时间快速粘接,具有良好的力学性能、化学稳定性及耐候性等,而且其固化后的折射率为 1.56 左右,是一种有前途的光学用胶黏剂,也将是未来的发展方向。特别是光固化胶,对高档光学仪器产品光学零件胶合,多块光学胶合件的胶合,更显出其优异的工艺性能和使用性能,具有广泛的应用前景。

玻璃用 UV 固化胶黏剂,目前国内外的研究较多,主要有三种类型,它们均各有利弊。其中丙烯酸酯型 UV 固化胶黏剂具有耐光、耐候、透光度高等优点,且价格便宜,但固化速率慢,成膜性能差,且韧性不好。聚氨酯丙烯酸酯 UV 固化后具有柔性(尤其是低温韧性)、耐磨性和丙烯酸酯良好的耐候性及优异的光学性能等优点,但其涂膜拉伸强度不高,粘接性能较差,尤其在粘接玻璃时,粘接强度不能满足要求。而环氧丙烯酸酯 UV 固化胶黏剂由于含有羟基、醚键、双键和酯键,所以具有良好的黏附性,且可使胶透明度提高,产品性能稳定,但它也有较大脆性的缺点,影响了粘接效果。

UV 光学胶和 UV 玻璃胶主体树脂,以环氧(甲基)丙烯酸酯最为理想,它的折射率和透光率优异,有较低的热膨胀系数,耐热性和耐寒性也良好,而且固化速率也快,但固化体积收缩率稍大。另外也可选用聚氨酯(甲基)丙烯酸酯、有机硅(甲基)丙烯酸酯。光引发剂则以耐黄变性好的 1173、184、2959、MDF、TPO 和 819。适量地添加有机硅偶联剂如 KH570 等,有利于提高 UV 光学胶和 UV 玻璃胶的粘接力。

光学胶和玻璃胶应用主要有:

① 汽车工业用胶部分,如车灯固定,汽车安全玻璃、防弹玻璃的粘接等;

② 光学透镜、棱镜的组合定位粘接,如镜头、测距仪、高度仪、夜视仪、望远镜、光学显微镜、投影仪等器件的粘接;

③ 光导纤维的连接、聚焦，偏导膜的粘接等；

④ 玻璃工艺品粘接；

⑤ 玻璃与有机玻璃、塑料等粘接；

⑥ 玻璃与铝、铁、塑钢等材料的粘接；

⑦ 居室装饰玻璃，家具行业用玻璃粘接。

8.6 光固化压敏胶

8.6.1 概述

压敏胶（pressure-sensitive adhesive，简称为 PSA）全称为压力敏感型胶黏剂，它是一类无需借助于溶剂或热，只需用接触压力，即可与被粘物黏合牢固的胶黏剂。其特点是粘之容易，揭之不难，在较长时间内胶层不会干固，所以压敏胶也称不干胶。压敏胶主要用于制造压敏胶带、胶黏片和压敏标签等。压敏胶黏带是胶黏剂中一种特殊的类型，它通常是将胶黏剂涂于基材上，加工成带状并制成卷盘供应用户。它又是一种能长期处于黏弹状态的"半干性"特殊胶黏剂，只需略施压力即可实现瞬时粘接。由于它的初黏力和持黏力较大，在没有被污染的情况下能够重复使用，而且当它从被粘物表面揭下时一般不会对被粘接物产生影响。压敏胶带产品种类繁多，包括包装胶带、电气绝缘胶带、表面保护胶带、双面胶带、医用胶带、商标纸、压敏标签纸等，大量应用于包装、印刷、建筑装潢、医疗卫生、制造业、家电业和日常生活中。

压敏胶带有单面压敏胶、双面压敏胶和胶黏片三种形式（图 8-3）。单面压敏胶带是在基材正面涂底涂层后再涂压敏胶，反面涂背面处理剂后卷成筒；双面压敏胶带和胶黏片不用背涂处理剂，但需在一个胶面上贴一层隔离纸。

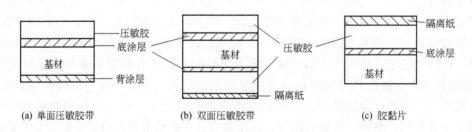

(a) 单面压敏胶带　　　　(b) 双面压敏胶带　　　　(c) 胶黏片

图 8-3　三种压敏胶带的结构示意

市场上的压敏胶有溶剂型、乳液型、热熔型和辐射固化型压敏胶等不同类型。溶剂型压敏胶由于制成压敏胶时溶剂须挥发，严重污染环境，溶剂如果回收，需要专门的设备和另外的投资，因此溶剂型压敏胶已经趋于淘汰。乳液型压敏胶无毒、无污染，耐老化性、压敏胶黏性和粘接性能良好，但是普遍存在耐水性差、剥离强度和初黏力低、低温冷冻稳定性差、对油面黏附力小和耐蠕变性能差等缺点，且粘接过程中需水分挥发，能耗高，固化速率慢，应用受到一定限制。热熔型压敏胶不含有机溶剂、低公害、涂布速度快、自动化程度高，但缺点是粘接力受温度影响大，不能用于温度较高的场合。辐射固化型丙烯酸酯压敏胶黏剂作为一种新型的无溶剂型压敏胶，它包括紫外光固化型胶黏剂和电子束固化型胶黏剂。胶液在高温下处于易涂布的黏稠液体状态；使用时将其涂布于基材上，经电子束或紫外线的照射后固化成具有粘接性能的压敏胶黏制品。它具有环境污染小、快速固化、耗能低、各项物理性能均优于其他工艺的特点。辐射固化形成交联网络，因而具有很高的强度和较好的耐热性。

压敏胶中用量最大的是丙烯酸酯压敏胶，丙烯酸酯压敏胶是由各种不同的单体共聚而成的丙烯酸酯类共聚物，这类压敏胶具有如下优点：

① 透明度好，水白色或无色；

② 耐老化性能优异，长期暴露在空气和阳光下仍能保持良好的粘接性能；

③ 耐介质性能好，尤其是耐增塑剂的迁移；

④ 黏合面广，对金属、塑料、纤维、纸张、木材、陶瓷和玻璃等多种材料的表面均具有良好的粘接力；

⑤ 毒性较低，可用于食品包装、医疗卫生用品；

⑥ 配方简单，一般不需要添加软化剂、防老剂等助剂。

丙烯酸酯压敏胶黏剂的组成主要为丙烯酸酯类共聚物，只有当它的 T_g 低于 $-20℃$ 时，室温下才会产生压敏胶黏性。丙烯酸酯类共聚物的分子链比较柔软，共聚物胶液具有足够的流动性，胶层与被粘物表面具有很好的浸润性，使得压敏胶能较快地填补参差不齐的黏附表面，因而可以制备有较好的初黏力和剥离强度的压敏胶。但是，T_g 太低，聚合物太软，将影响其应用性能。因此在配方中，除了较低的软单体外，还引入适量 T_g 较高的硬单体，用来改善丙烯酸酯共聚物的内聚性能。为了改善丙烯酸酯压敏胶的性能，常在配方中引入少量含有羟基、羧基、氨基、酰胺基、环氧基的官能单体。官能单体的用量不多，但对压敏胶的性能有较大的影响。一方面，某些官能单体自身具有抗氧化、耐溶剂、增稠等特点；另一方面，官能单体提供了交联点，通过自身交联或外部交联得到交联的聚合物。但是，交联也降低了聚合物的自由度，导致聚合物初黏性、剥离强度有所下降，只有保持一定交联度才可以保证聚合物的压敏性。

在丙烯酸酯聚合过程中，为改变聚合物结构，常用的方法有两种，一种是引入含不同长度侧链的共聚单体，另一种是改变聚合物侧链的支化度，这两者对丙烯酸酯压敏胶性能的影响是不同的。丙烯酸酯聚合物的柔性和黏性随侧链长度的增加而增大，而长的侧链存在结晶的趋势，但聚合阻碍了结晶的形成，侧链在聚合物中起到增塑的作用。通过控制共聚单体在聚合反应中的加入顺序来改变其在聚合物中的分布，从而提高压敏胶的性能。

丙烯酸酯压敏胶黏剂的基体主要是由各种丙烯酸酯单体在引发剂作用下，经自由基共聚合反应得到的丙烯酸酯共聚物。聚合时选用的单体大致可以分为以下三类（表 8-14）。

表 8-14 丙烯酸压敏胶常用单体

单体类别	单体名称	$T_g/℃$	主要特征
软单体	丙烯酸乙酯(EA)	-22	剧臭
	丙烯酸丁酯(BA)	-55	提供黏性
	丙烯酸-2-乙基己酯(2-EHA)	-70	提供黏性
硬单体	乙酸乙烯酯(VAc)	32	便宜,提供内聚力
	丙烯腈(AN)	97	提供内聚力,有毒
	丙烯酰胺(AM)	165	提供内聚力
	苯乙烯(St)	80	提供内聚力
	甲基丙烯酸甲酯(MMA)	105	提供内聚力,黏性可控制
	丙烯酸甲酯(MA)	8	提供内聚力,有亲水性

续表

单体类别	单体名称	$T_g/℃$	主要特征
功能单体	甲基丙烯酸（MAA）	228	提供胶黏力和交联点
	丙烯酸（AA）	106	提供胶黏力和交联点
	衣康酸（IA）	—	提供交联点
	丙烯酸羟乙酯（HEA）	—60	提供交联点
	丙烯酸羟丙酯（HPA）	—60	提供交联点
	甲基丙烯酸羟乙酯（HEMA）	86	提供交联点
	甲基丙烯酸羟丙酯（HPMA）	76	提供交联点，与—NCO反应慢
	丙烯酰胺（AM）	165	提供内聚力和交联点
	N-羟甲基丙烯酰胺（NMA）	—	提供交联点
	甲基丙烯酸缩水甘油酯	—	本身可交联
	马来酸酐	—	提供胶黏力和交联点

（1）黏性单体

黏性单体又称为软单体，是制备压敏胶黏剂的主要单体，作用是产生玻璃化转变温度 T_g 较低、具有初黏性的聚合物。主要包括碳原子数为 4～12 的烷基丙烯酸酯，工业上常用的有丙烯酸丁酯、丙烯酸异辛酯等。这些聚丙烯酸烷基酯之所以具有压敏胶黏性，是因为它们的长侧链烷基缓和了高分子主链之间的相互作用，起到了内增塑的作用，从而使其玻璃化转变温度降低。然而，仅由软单体形成的聚合物内聚强度一般不高，尤其是当聚合度又不十分高时。因此，它们一般不能单独用于制备压敏胶黏剂。

（2）内聚单体

内聚单体又称为硬单体，它是能产生较高 T_g 的均聚物并能与软单体共聚的（甲基）丙烯酸酯或其他烯类单体。常用的内聚单体有甲基丙烯酸甲酯、乙酸乙烯酯、苯乙烯、丙烯腈等。其主要作用是与软单体共聚后，能产生具有较好内聚强度和较高使用温度的聚合物。这些玻璃化转变温度较高的单体，不仅能提高压敏胶的内聚力，而且对耐水性、耐候性、粘接强度等也有明显改善作用。只有软、硬单体的配比合适，才能制得性能较好的压敏胶黏剂。

（3）改性单体

改性单体又称为交联单体，是带有各种官能基团且能与上述软、硬单体共聚的烯类不饱和单体。常用的有（甲基）丙烯酸、马来酸和马来酸酐、（甲基）丙烯酰胺、（甲基）丙烯酸羟-β-乙酯、（甲基）丙烯酸-β-羟丙酯等。配方中加入少量的功能单体与软、硬单体共聚后可以得到含官能团的丙烯酸酯共聚物，这些极性很大的官能团能够使压敏胶黏剂的内聚强度和粘接性能得到显著提高，而且伴随而来的物理化学交联可使压敏胶内聚强度、耐热性和耐老化性能大大提高。

由于上述三类单体聚合物属热塑性树脂，内聚力不够理想，为了进一步提高内聚力和胶接强度，可加入能与改性单体发生化学反应的交联剂（表 8-15），使它们在加热情况下产生交联结构，从而大大改善胶液的性能。加入交联剂的压敏胶的耐候性和耐热性大幅度提高，耐油性和耐溶剂性优良，黏附力和内聚力高，透明性好，在长期应力作用下耐蠕变性能也优良。随着交联剂用量的增加，初粘力和剥离强度性能随着交联剂用量先增大后减少，而保持力随着交联剂用量的增大而显著增大。这是由于交联剂用量的多少可以改变高分子交联密度的大小，即高分子网络交联点之间的链段平均分子量发生了改变。交联剂用量增大，聚合物的分子链段长度增加，提高了和被粘物表面的浸润性，从而使压敏胶的内聚力增大。但是化学交联应适当，当交联密度过高，聚合物分子量增大到一定程度后，剥离强度则随分子量的上升而下降，甚至没有压敏性。所以，交联剂的用量要合适，才能获得最佳效果。

表 8-15　改性单体的官能团及交联剂的种类

官能团	改性单体	交联剂
—COOH	丙烯酸、衣康酸	环氧树脂、异氰酸酯、多价金属盐
—CONH₂	丙烯酰胺	羟甲基化环氧树脂、三聚氰胺树脂
—CH₂ON	N-羟甲基丙烯酰胺	环氧树脂、异氰酸酯、醚化氨基树脂
—OH	丙烯酸羟乙酯	醚化氨基树脂、异氰酸酯
$\overset{O}{\underset{}{-CH-CH_2}}$	甲基丙烯酸缩水甘油酯	酸、酸酐、胺

聚合反应生成的聚合物的平均分子量有时可高达数百万。因此，作压敏胶用时常常会因为分子量太大而初黏力和剥离强度不够。此时就必须在聚合时加入适量的硫醇、硫醚、四氯化碳等自由基链转移剂或称自由基链调节剂，来降低聚合物的分子量。十二烷基硫醇是最常用的链转移剂。

聚合物的分子量对它的力学性能和胶黏性能有很大影响。低分子量的聚合物，力学性能一般不好。用低分子量聚合物制成的压敏胶黏剂，虽然初黏力有时可能不错，但它们的剥离强度和持黏力一般不高。适当增加分子量可以提高聚合物的力学性能，使压敏胶的持黏性能得到改善。但如果分子量过高，也可能会降低压敏胶的初黏性能。所以在制备丙烯酸酯压敏胶时，要将共聚物的分子量控制在一个适当的范围，才能提高它的综合性能。

8.6.2　光固化压敏胶分类

光固化压敏胶按主黏料的成分可分为橡胶和树脂 2 大类，进一步还可分为天然橡胶或合成橡胶、热塑弹性体、丙烯酸酯类和聚氨酯树脂类压敏胶等。

① 光固化橡胶型压敏胶　是以天然橡胶（NBR）、合成橡胶或二者并用作为主黏料，并配以合适的增黏树脂、软化剂、溶剂、交联剂、防老剂和填充剂等制成。生产中多采用天然橡胶，但一般用丁苯橡胶及聚异丁烯共混的方法进行改性。以天然橡胶为基体的压敏胶常用于医用橡皮膏和电工绝缘胶带。其优点是黏附力强、耐低温性能好、价格低廉，缺点是存在未反应的双键，在光和热的作用下易老化。所以一般通过部分交联改性或接枝改性的方法提高其性能，尤其是通过加入光敏剂，可以实现快速光固化交联，获得良好的耐热性和力学性能。

② 热塑弹性体型光固化压敏胶　苯乙烯-丁二烯-苯乙烯（SBS）和苯乙烯-异戊二烯-苯乙烯（SIS）等热塑性弹性体在室温下具有硫化橡胶的性质，在高温下又具有可塑性，因此兼具有良好的弹性和粘接性能。由于其分子结构中只存在物理交联而没有化学交联，可利用紫外光辐照此类压敏胶，打开嵌段共聚物中的双键，使其进行化学交联，从而提高压敏胶的粘接性能。

③ 丙烯酸酯类光固化压敏胶　是由不同丙烯酸酯单体共聚而成的，具有透明性好（无色）、耐老化性优、粘接性能佳、对诸多材料（如玻璃、金属、纸张、木材、塑料和陶瓷等）

均具有良好的粘接力、毒性较低（可用于医疗卫生用品、食品包装等领域）、配方简单（一般不必添加防老剂、软化剂等助剂）、耐介质性和耐增塑剂迁移性良好等诸多优点。丙烯酸酯类压敏胶虽开发较晚，但其发展速度极快，目前已超过天然橡胶压敏胶，并已成为压敏胶中产量最大的品种，其中，UV固化型丙烯酸酯压敏胶不含溶剂，在高温下呈黏稠液态，使用时涂布于基材上，经UV照射后固化成具有实用性能的压敏胶黏制品。

④ 聚氨酯类光固化压敏胶　聚氨酯丙烯酸酯（PUA）是另一类比较重要的光固化低聚物。PUA综合性能优良，具有较高的光固化速率，与其他树脂混溶性好，固化后涂层的柔韧性、内聚强度和耐化学品性优良，而且可通过分子设计对树脂性能进行灵活调节，非常适宜于制作光固化压敏胶。

光固化压敏胶一般含有低聚物、活性稀释剂、光引发剂、活化剂、链转移剂、增黏树脂等组分，主要有以下3种搭配体系：

① 增黏树脂和/或某些无机填料如粉末状硅胶、细微的中空玻璃纤维等与丙烯酸酯单体组成混合物。

② 将丙烯酸酯聚合物溶解在一定配比的丙烯酸酯单体中，或者将丙烯酸酯单体的混合物聚合到转化率约为10％得到黏稠液体。为了提高性能，一般还要加入双丙烯酸乙二醇酯、三羟甲基丙烷三丙烯酸酯等交联剂。

③ 反应性丙烯酸酯预聚物及其丙烯酸酯单体的混合物。这类反应性预聚物包括带有羧基、羟基或环氧基的丙烯酸酯共聚物，以及聚酯、聚醚、环氧树脂和聚氨酯等的丙烯酸双酯。

无溶剂型丙烯酸酯类光固化压敏胶的合成一般采取3种方法：

① 先在挤出机中进行本体聚合，然后挤出涂布，进行UV交联固化；

② 先在反应器中进行溶液聚合，然后减压脱除溶剂，并在高温下熔融涂布和UV交联固化；

③ 先制备丙烯酸酯单体浆料，然后涂布在基材上直接进行UV聚合和交联固化。

光固化压敏胶具有以下优异特性：

① 黏合性能优越　100％固含量，无溶剂，剥离强度高，3种力学性能较平衡，可满足低表面能基材黏合，耐水、耐温、耐候性好。

② 涂布工艺性好　热能耗微小，电能耗低，高速涂布达150～300m/min，可满足厚涂工艺。

光固化压敏胶带一般组成如下：

① 基材　基材是支承压敏胶的基本材料。它必须有较好的机械强度，厚薄均匀，不易变形，并与压敏胶浸润较好等性能。常用的基材有聚丙烯、聚乙烯、聚酯、软质或半软质聚氯乙烯等塑料薄膜、棉布、玻璃布、合成纤维布等织物以及牛皮纸等纸张。

② 底层处理剂　也称底涂剂、底胶，涂布于胶黏剂与基材之间以增加胶黏剂对基材的黏附力，防止脱胶。底胶可以用对基材有亲和力的树脂和对压敏胶有亲和力的树脂混合而成；也可用对压敏胶有亲和力的聚合物为主链，用对基材有亲和力的化合物进行接枝共聚而成，有些压敏胶与基材黏附力强，也可不用底胶。

③ 背面处理剂　单面压敏胶带基材背面应涂上一层化学物质以便胶黏带卷筒时起层间隔离作用，这种化学物质为背面处理剂。选择背面处理剂要考虑具有较好的层间隔离能力，揭剥胶带时背面不能带有下层的压敏胶，同时要有较好的透明性和非迁移性。常用的背面处

理剂以有机硅化合物为主。对聚乙烯、聚丙烯、聚氯乙烯薄膜作基材则不用背面处理剂。

④ 隔离纸　对双面压敏胶带、标签、粘接胶纸、胶黏片等用的压敏胶表面上应覆盖一层隔离纸，常用的隔离纸有半硬性聚氯乙烯薄膜、聚丙烯薄膜、涂有背面处理剂的牛皮纸等。

⑤ 压敏胶黏剂　压敏胶黏剂是压敏胶带中的最重要组分，它给胶黏带以压敏黏附力。压敏胶黏剂由橡胶类或其他弹性体与增黏树脂、增塑剂、防老剂等组成。作为压敏胶黏剂的聚合物玻璃化转变温度一般应在－45℃左右。目前用作压敏胶的树脂以丙烯酸酯共聚物为主。选择合适的丙烯酸酯共聚使共聚物玻璃化转变温度控制在－45℃，并适当交联，以提高内聚力。

压敏胶的压敏性是它的黏附特性的表现，其黏附特性是由初黏力、黏合力、内聚力和黏基力四种黏附力决定。初黏力是压敏胶带与被粘物之间以最小的压力和最快的速度接触后立即分离时所表现出来的一种界面剥离力，它体现出压敏胶对被粘物表面进行粘接的难易程度。黏合力是进行适当粘贴后压敏胶带与被粘物表面之间所体现出的剥离力，其大小决定着压敏胶带的黏附性能。黏合力必须大于快黏力，否则就没有压敏性。内聚力即粘贴后压敏胶的内聚强度，内聚力必须大于黏合力，否则揭压敏胶带时，压敏胶层会破坏。黏基力是压敏胶与基材之间的黏附力，或压敏胶与底胶及底胶与基材间的黏附力。黏基力必须大于内聚力，否则压敏胶层与基材间容易脱开。因此对压敏胶带来说，必须满足黏基力＞内聚力＞黏合力＞初黏力。

在 UV 丙烯酸酯压敏胶中，丙烯酸酯聚合物的分子量及分子量分布对压敏胶性能的影响也很大。

(1) 丙烯酸酯共聚物分子量的大小对压敏胶粘接性能的影响

低分子量的聚合物的初黏性较好，但力学性能不佳。高分子量的聚合物具有好的抗蠕变性，内聚力较大，但是其初黏性则表现不佳。分子量变化对丙烯酸酯压敏胶的性能的影响如图 8-4 所示。

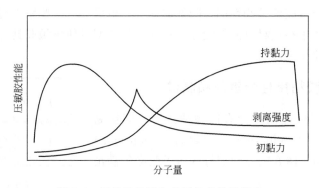

图 8-4　压敏胶性能与分子量的关系示意

随着丙烯酸酯聚合物分子量的增大，初黏力和剥离强度增大，在较低分子量时达到极大值，并且剥离强度的极值点比初黏力极值点大。当分子量继续增加时，初黏力和剥离强度不断下降并趋于平缓。而持粘力随分子量的增大而增大，在高分子量处达到极大值，随后急剧下降。随着聚合物分子量的增大，压敏胶的内聚强度增大，因而压敏胶的抗蠕变能力增强，韧性更好。在制备压敏胶黏剂时，根据对压敏胶制品的具体要求，必须将高聚物的分子量控制在适当的范围之内，以便获得使用性能最佳的压敏胶制品。

（2）聚合物分子量分布对压敏胶粘接性能的影响

不仅聚合物分子量大小对压敏胶粘接性能有显著影响，而且其分子量分布对压敏胶粘接性能的影响也不能忽视。一般来讲，理想的压敏胶应具有较宽的分子量分布。初黏力和剥离强度对低分子量比较敏感，而持黏力对高分子量比较敏感。因此，这就需要丙烯酸酯聚合物分子量分布较宽，低分子量成分用来提高初黏力和剥离强度，而高分子量成分用来提高持粘力。

除了丙烯酸酯类单体作压敏胶主体外，聚氨酯丙烯酸酯作压敏胶主体也非常有效，只是成本上要贵一些。

UV固化压敏胶中，还必须加入光引发剂。早期用安息香醚类和二苯甲酮，现在大多改用1173、184、651等效率更高的光引发剂。由于压敏胶黏剂的固化交联是在敞开体系中进行的，会受到氧阻聚的影响，所以光引发剂浓度过低，不仅固化速率不够，同时也不利于对抗氧阻聚。但引发剂浓度过高时，因使用的是小分子光引发剂，所以光固化后，小分子光引发剂及其引发后碎片残留量过多，容易迁移到胶层表面，引起胶层的黄变，不利于胶层的耐老化和耐候性等。同时这些残留物迁移到胶层与被粘物界面之间，起到一个隔离作用，对于压敏胶黏剂的剥离强度影响也是不利的。当光引发剂浓度越大时，光的穿透厚度就越小，这样对于底层的压敏胶固化是非常不利的。最后，一般光引发剂的价格都比较高，因而成本也是一个需要着重考虑的因素。随着光引发剂用量的增加，胶层的180°剥离强度有一个先增加后减小的过程，其中最大值出现在2%用量处。随着光引发剂用量的进一步增加，胶层的剥离强度明显下降。

光固化压敏胶黏剂由于其活性物质，可以直接涂布在基材上或隔离衬纸上，经光辐射发生聚合，聚合反应可在瞬间实现，可实现连续生产。UV固化压敏胶黏剂区别于传统压敏胶黏剂的另一个特点是，传统压敏胶黏剂主要依赖于增黏剂树脂及基体聚合物的玻璃化转变温度T_g，而对于UV固化压敏胶黏剂的设计而言，基本聚合物和具有增黏性的聚合物的单体在基材上同时迅速聚合，无需另外添加增黏剂即可达到满意的性能。

有时为了改善压敏胶的某些性能，降低成本等，也可加入一些添加剂。如加入增黏剂提高对聚乙（丙）烯等难粘接材料的粘接强度；加入阻燃剂可使压敏胶具有阻燃性，但加入量均应不影响光固化速率为准。

8.6.3　压敏胶粘接性能表征和测试

表征压敏胶粘接性能的指标有四种粘接力，即初黏力T（tack）、黏合力A（adhesion）、内聚力C（cohesion）和黏基力K（keying）（图8-5）。性能好的压敏胶必须满足如下平衡关系：

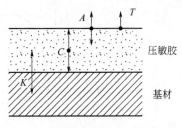

图8-5　压敏胶中四种黏合力示意

$$T<A<C<K$$

① 初黏力T　亦称快黏力，是指当压敏胶制品的压敏胶面与被粘物表面以很轻的压力接触后、立即快速分离所表现出来的抵抗分离的能力。一般即所谓用手指轻轻接触压敏胶面并立即移动开时所显示出来的手感黏力，这是压敏胶制品所特有的一种实用黏合性能。

② 黏合力A　是指用适当的压力和时间进行粘贴后压敏胶黏制品和被粘表面之间所表现出来的抵抗界面分离的能力。一般用胶黏制品的180°剥离强度来度量和表征。

③ 黏基力K　是指胶黏剂与基材，或胶黏剂与底涂剂及底涂剂与基材之间的粘接力。

当180°剥离测试发生胶层和基材脱开时所测得的剥离强度，即为黏基力。正常情况下，黏基力大于黏合力，故无法测得此值。

④ 内聚力 C 是指压敏胶黏制品中压敏胶黏剂层本身的内聚力，即压敏胶黏剂层抵抗因外力作用而受到破坏的能力。一般用压敏胶制品经适当的外压力和时间进行粘贴后，在持久的剪切应力作用下，抵抗剪切蠕变破坏的能力，即剪切蠕变保持力，简称持黏力来量度和表征。

这几种粘接性能之间如满足 $T<A<C<K$ 那样的关系，胶黏制品就不但具备了对压力敏感的粘接性能，而且还能满足应用的基本要求。否则，就会产生种种质量问题。例如：

若 $T \geq A$，就没有对压力敏感的性能；

若 $A \geq C$，则揭除胶黏制品时就会出现胶层破坏，导致胶黏剂污染被粘接表面、拉丝或粘背等弊病；

若 $C \geq K$，就会产生脱胶（胶层脱离基材）的现象。

可见压敏胶黏剂的上述四大粘接性能以及其相互之间的关系，就是它们的基本性能。在研究和制备压敏胶黏剂的及其胶黏剂制品时，首先必须满足这些性能要求。当然，其他性能要求，如胶黏制品的机械强度、电绝缘性能、柔韧性（以上主要决定于基材）以及耐热、耐腐蚀、耐介质和大气老化（以上主要决定于胶黏剂）等，在选择基材和胶黏剂配方时也是必须考虑的。

压敏胶初黏力 T、180°剥离强度（黏合力 C）和持黏力（内聚力 K）可以通过下面的测试方法进行测试。

（1）初黏力的测试

按照 GB/T 4852—2002，采用滚球斜坡停止实验法（又称 J.Dow 法），即在一斜面（30°）上，将直径不同的一系列带有编号的标准钢球从大到小滚下，滚至斜面板下方放置的胶带，找出其中能够完全停止在胶带上的最大钢球，用钢球的号数 N 来衡量胶的初黏性能。

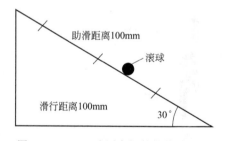

图 8-6　J.Dow 法测定初粘性能的示意

试验时将直径不同的一系列钢球从大到小依次从与水平面呈 30°角的倾斜板上滚下，经过平整地放置在倾斜板下端的压敏胶黏带的胶黏面，找出其中因压敏胶的黏性阻滞能完全停止在胶黏面上的最大钢球，见图 8-6。

用钢球的球号数来量度该压敏胶制品的初黏性能，$N=32D/25.4mm$，D 为该钢球直径，单位为 mm。显然，N 为无量纲数字，N 越大表示初粘性能越好。采用中国标准 GB/T 4852—2002 来测试压敏胶的初黏性能。仪器是高铁科技股份有限公司生产的 GT7218-A 型压敏胶带初粘性能测试仪。

测试条件：实验室温度为 23℃±2℃，相对湿度为 65%±5%。

测试步骤：用 1～32 号的滚球从助滑距离的起点开始往下滑行，刚好滚到胶尾端的球号即是。

（2）180°剥离强度（黏合力 C）的测试

按照国标 GB/T 2792—2014，将增黏树脂或胶黏剂涂在 $100\mu m$ 的 BOPET 薄膜上，裁成 25mm×200mm 的标准样条，贴合在 1.5mm×40mm×120mm 的不锈钢板上，压辊来回延压 3 次后，放置 20min，然后在智能电子拉力试验机上测定其 180°剥离强度，剥离速度

300mm/min。

按国标 GB/T 2792—2014 的标准测试压敏胶的剥离强度。仪器是高铁科技股份有限公司生产的 GT7001-SI 系列桌上型拉力试验机。测试示意见图 8-7。

测试条件：实验室温度为 23℃±2℃，相对湿度为 65％±5％。

测试步骤：

① 用擦拭材料蘸清洗剂擦洗试验板，然后用干净的脱脂纱布将其擦干，如此反复清洗三次以上，直至板的工作面经目视检查达到清洁为止。清洗后，不得用手和其他物体接触板的工作面。

② 用精度不低于 0.05mm 的工具测量胶带的宽度。裁成 25mm 宽的胶带，并把胶黏带与清洗后的试板粘接。

③ 用橡胶滚筒在试样上来回滚压三次，试样与试验板粘接处不允许有气泡存在，在试验环境下停放 20min 后进行试验。

④ 将试样自由端对折 180°，应使剥离面与试验机力线保持一致。试验机以 300mm/min±10mm/min 下降速度连续剥离，读数。至少读取三个数值，取平均值。

（3）持黏力（内聚力 K）的测试

按照国标 GB/T 4851—2014，将胶带切成标准样件（宽 25mm，长约 100mm）后，贴合在不锈钢板上，裁切余边后，在其下方悬挂 1kg 的砝码，以胶带脱离钢板的时间表示其持粘力大小。

剪切持黏力，简称持黏力，是表征压敏胶及其制品抗蠕变的重要性能，是沿粘贴在被粘物上的压敏胶带长度方向垂直悬挂一定质量的砝码时，胶黏带抵抗位移的能力。用试片移动一定距离的时间或一定时间内移动的距离表示。本实验的测试方法是按照国标 GB/T 4851—2014，进行测试。仪器是一般型温度型胶带保持力试验机。测试示意见图 8-8。

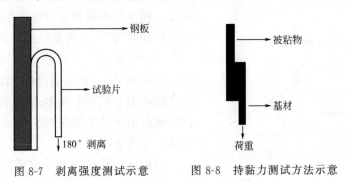

图 8-7　剥离强度测试示意　　图 8-8　持黏力测试方法示意

测试条件：实验室温度为 23℃±2℃，相对湿度 65％±5％。

测试方法：

① 用擦拭材料蘸清洗剂擦洗试验钢板，直至板的工作面经目测达到清洁为止。

② 把胶带粘在钢板上，贴合面积 25×20mm²。用压辊以 300mm/min 的速度在试样上反复滚压三次。

③ 试样在板上粘贴后，在测试条件下放置 20min。然后将试验板垂直固定在试验架上，挂上砝码。记录测试起始时间。

④ 到达规定的时间后，卸去重物。记录试样从试验板上脱落的时间。时间数大于 1h，以 min 为单位，小于 1h 的，以 s 为单位。

8.7 光固化离型剂

离型剂（release agent）也叫隔离剂或防粘剂，是制备压敏胶的防粘层、自黏性标签的隔离层及其他各类黏性物质的包装材料所需的配套材料。隔离剂是压敏胶带工业中的重要原料之一，其功能是降低压敏胶层对基材的粘接力，便于胶黏带的解卷和展开。有机硅隔离剂因其低毒性、低表面能、优良的耐老化性能、温度适用范围广、与基材湿润性好、对胶黏剂迁移性小等独特性能而成为应用最广泛的隔离剂。自 20 世纪 50 年代末，Dow Corning 公司制造出 Syloff23 有机硅隔离剂制品开始，至今有机硅隔离剂已开发出众多品种，在家电、建筑、印刷、包装、食品、医疗卫生等诸多行业都有广泛的应用。

有机硅隔离剂按交联反应类型不同可分为缩合型、加成型、辐照固化型。缩合型和加成型有机硅隔离剂均系加热固化的隔离剂，是目前有机硅隔离剂的主流品种。随着科学技术的高速发展，人们对隔离剂的性能要求日益提高，不仅要有良好的隔离效果，而且还要做到环保、节能、高效。辐射固化型有机硅隔离剂因其固化时间短、耗能低、效率高、无污染等优点而备受人们的青睐，非常适合用于压敏胶的防粘离型材料，并在电子、印刷、电缆、医学等领域得到广泛应用。辐射固化型有机硅隔离剂不需加热，较适合耐热性低的基材如聚乙烯、聚丙烯、聚氯乙烯薄膜的防粘处理，还能制得高光泽度的标签制品。辐射固化型有机硅隔离剂有电子束（EB）固化型和紫外光（UV）固化型两种，EB 固化型因设备投资大，而较少采用，主要为 UV 固化型，它们与热固化型的比较见表 8-16。

表 8-16　EB、UV 及加热固化型有机硅隔离剂的对比

项目	EB 固化	UV 固化	加热固化
建设费	高	较少	较高
装置占地	小	小	长而大
固化时间/s	<1	<1	>10
催化剂	不要	要（光敏剂）	要
溶液寿命/d	>7	1～7	1
固化温度/℃	室温	<80	>100
对基材的要求	无	无	有（薄膜）
对基材的影响	稍有影响	无影响	水分较少
有无润湿	无	无	有
固化氛围	惰性气体中	空气中	空气中
能耗比	1	2.5	20
工作环境	X 射线，臭气	紫外线，臭氧	散热
产品表观	高光泽	高光泽	无光泽

判断有机硅隔离剂隔离性能，主要是以其剥离强度判断，剥离强度过小，使用胶带时，易拉出过长的胶带，若重新贴合回去则很不方便；剥离强度过大，则胶带可能因无法揭开而报废。隔离性能的影响因素包括隔离剂自身的性质、胶黏剂的种类、表面基材、涂层厚度及剥离方法等。

（1）隔离剂的影响

隔离剂的隔离性能与其自身的交联密度有关。交联密度高，剥离强度小，隔离性能好。分子量大的聚硅氧烷，2个相邻交联点间聚合物的链较长，聚合物链的柔性较大，胶黏剂易渗透到隔离剂中，致使剥离困难。

（2）压敏胶的影响

同一种隔离剂应用到不同的压敏胶上，隔离效果也不同。对复合聚乙烯类的隔离纸，压敏胶中如溶剂挥发不净，或含较多的增塑剂，与油脂长期接触，可能导致隔离性变差。不同压敏胶在同一种隔离剂上的应用效果，当压敏胶的表面张力增大时，接触角随之增大，剥离强度变小。

（3）基材的影响

隔离纸通常使用的纸基材有牛皮纸、羊皮纸、玻璃纸、沥青纸等，基材在涂布之前一般都需经过预处理，使基材表面尽量光滑。基材表面越光滑，有机硅隔离剂的隔离效果越好。此外，基材的厚度对剥离强度也有影响，若基材为 PE，压敏胶为丙烯酸类时，基材厚度在 $25\mu m$ 左右，剥离强度最好。

（4）涂布厚度的影响

有机硅隔离剂的涂布量对其隔离性能有一定的影响。对 PE-丙烯酸酯压敏胶体系而言，当涂布量在 $0.5g/m^2$ 以下时，剥离强度有急剧上升的倾向；当涂布量超过一定值后，涂布量增大，剥离强度基本不变。在实际生产中，涂布量过大，不仅增加成本，而且容易造成涂布不均，引起涂层固化不充分，难以形成致密结构，导致隔离剂迁移。

（5）剥离方法的影响

剥离强度的大小与剥离方式密切相关。同一种制品，高速剥离与低速剥离相比，高速时测得的剥离强度要大得多。所以高速剥离对隔离剂、纸基及加工技术都提出更高的要求。

有机硅隔离剂的隔离效果通常用测定残留粘接率来反映，残留粘接率越大，则表示隔离效果越好。残留粘接率测定方法如下：

在有机硅隔离层表面贴合标准胶带，以 2kg 的压辊滚压 6 次，放置 20h 后，将标准胶带剥下，再贴合在不锈钢板上，测试从不锈钢板上剥离胶带所需的力。同时，测试未与有机硅隔离层贴合过的胶带从不锈钢板剥下所需的力，两者的比值即为残留粘接率。

UV 固化有机硅隔离剂主要是通过有机硅丙烯酸酯低聚物光固化后形成低表面能的防粘膜。有机硅丙烯酸酯低聚物常用端基含氯的聚硅氧烷与丙烯酸羟基酯或季戊四醇三丙烯酸酯缩合而成；一般以聚硅氧烷作为分子主链，以端基为丙烯酸基作为光敏功能基团的有机硅丙烯酸酯低聚物（见第 3 章 3.8 节）。聚硅氧烷链段赋予低表面性能，而丙烯酸基团具有光固化性能，加入光引发剂并在 UV 光照后，迅速聚合并交联固化而制得。

光引发剂一般以 651、1173、二苯甲酮或 651、1173 与二苯甲酮复合使用。为了提高光固化速率和减少氧阻聚作用，还需配以少量活性胺。

活性稀释剂的加入在降低体系黏度的同时还会显著增大固化速率。但在 UV 有机硅隔离剂中，因为有机硅聚合物表面能比同分子质量的碳氢化合物低，所以有机硅类化合物具有很好的隔离效果。活性稀释剂用量的增加，相当于在聚硅氧烷链上引入较高表面能的基团，导致固化体系的表面能增大，因此固化层的隔离效果会减弱。另外活性稀释剂多为小分子单体，容易造成胶黏剂迁移，当其用量增加时，固化层的残留粘接率会下降。所以在 UV 有机硅隔离剂中，活性稀释剂要适量使用，尽量少用。

将有机硅丙烯酸酯低聚物、活性稀释剂与光引发剂配成的涂布液涂覆在基材（纸基或塑料薄膜）上经 UV 固化就制得 UV 离型材料。有机硅隔离剂主要用来作自粘性标签、压敏胶带等粘接用制品的隔离层，食品包装纸上作隔离剂的离型纸，黏性油腻物质如沥青等包装用的防粘纸，橡胶、塑料成型加工用的内脱模剂。近年来，辐射固化有机硅隔离剂作为一种绿色环保的新产品，它的生产和应用正在逐步增加，发展空间很大。

8.8　光固化修补胶

8.8.1　光固化预浸料修理技术

　　复合材料以其质轻、高强、高刚、耐腐蚀等优点，成为民用飞机结构材料的生力军。先进民用飞机在结构中大量地使用了复合材料，如整流包皮、副翼、发动机罩、阻力板、水平和垂直尾翼、方向舵等。其优异的物理力学性能、可设计性和易制造性，以及近年来生产成本的降低，加速了飞机制造结构选材从金属材料向复合材料转变的进程。复合材料可使飞机结构减重 10%～40%，结构设计成本降低 15%～30%。面对较高的燃油价格和越来越严格的污染物排放标准，复合材料能使飞机减重的优点显得尤为重要。如 B777 飞机复合材料用量已占整机结构重量的 11%，B787 飞机主要结构全部采用复合材料，结构重量用复合材料占到了 50%。复合材料在飞机上的用量和应用部位已成为衡量飞机结构先进性的重要指标之一。

　　飞机在鸟撞、雷击、弹伤以及维护或操作不当等情况下，非常容易发生以冲击损伤为主的各种结构破坏，如裂纹、缺口、破孔和断裂等。这些损伤会显著降低飞机材料的静、动态承载性能，严重时会直接威胁飞机的飞行安全。因而带来了飞机材料损伤修复的需求，采用复合材料预浸料胶接修理技术，特别是用光固化预浸料补片对损伤的飞机部件进行胶接修补是一种优质、高效和低成本的修理方法。

　　光固化预浸料胶接修理技术就是利用光固化胶黏剂固化速率快的特点，以光敏胶作基体树脂，用玻璃纤维作为增强材料，制备成预浸料修理补片，根据修复对象的需求，选用合适的修理补片，在紫外光辐照下迅速固化，以达到对裂纹、孔洞、腐蚀、灼伤等损伤形式进行快速修复的方法。此项技术具有设备简单、结构增重小、修补强度高、易于成形、通用性强、操作简便的优点。

　　由于光固化复合材料预浸料补片在损伤金属飞机结构的胶接修补中显示出巨大的优越性，澳大利亚和美国空军于 20 世纪 70 年代就着手开展这方面的研究工作。经过多年的理论分析和试验研究，光固化复合材料预浸料补片在飞机结构修补中得到了实际应用。

　　(1) 光固化预浸料胶接修理技术的特点

　　① 快速性——修理操作方便，从准备、实施修理到修复件投入使用的时间短。

　　② 可靠性——修理时不用螺钉或铆钉，无需钻孔，修理后不会形成新的应力集中源，而且承载面积大，缺陷部位修复后强度高。

　　③ 易成形——修理补片在固化前呈柔性，粘贴时可根据需要任意改变其形状，适用于各种复杂形状结构表面的修复。

　　④ 易操作——可在小的工作空间，例如狭窄的机体内部实施损伤修理。

　　⑤ 工艺简便——不需要或只需要很少的外部资源，操作中使用的工具、设备少，便于

野外抢修。

⑥ 通用性好——适用于各种金属和复合材料等材质的修理。

⑦ 增重少——粘接修理补片属高分子有机材料，自身重量轻，修理后重量增加少。

（2）光固化预浸料补片的技术指标

① 光固化时间≤20min；

② 拉伸剪切强度≥18MPa；

③ 剥离强度 σ(180°，F/B)>3N/mm（在铝试样上粘贴柔性补片，将补片的未粘贴部分折转180°施力，F 为剥离力，B 为试样宽度）；

④ 使用温度-50～100℃；

⑤ 贮存期-50～50℃下不少于 6 个月。

（3）光固化预浸料补片的制备和使用

准备好特种光固化树脂和表面经过处理的玻璃纤维布，按照一定的比例和工艺要求进行浸胶、铺覆，通过加压、抽真空等处理后，用避光材料密封包装，制成光固化预浸料补片。

光固化预浸料补片的设计采用层叠式结构，整个补片由 7～10 层材料组成，中间层为 4～7 层玻璃纤维织片，用树脂充分浸渍，上下表面各敷一层保护膜，尔后再在上表面敷一层滤光膜。滤光膜的作用是滤除紫外光，防止光固化预浸料补片储存、运输、使用时尚未粘贴到位的情况下固化。

由于光引发剂主要起引发聚合作用，其含量不仅会影响强度的提高，而且对补片的透光率也有较大影响。对不同光引发剂含量的补片进行透光率测试，结果表明，在光引发剂含量为 3%～4%时透光率出现峰值，超过 6%后透光率急剧下降。综合考虑光引发剂含量对强度和固化厚度的影响，确定光引发剂在组分中的合适比例。

开始修补时根据损伤部位的补强要求及损伤形式，选择合适的补片尺寸，可用剪刀或电动刀对预浸料补片进行切割。补片粘贴到位后用手挤掉贴合缝处的空气，即可撕下滤光膜进行固化。固化时用紫外光灯照射，10～15min 即可使补片完全转变为坚固的修补层。光固化预浸料补片修理工艺流程见图 8-9。

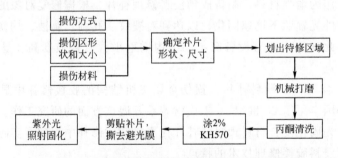

图 8-9　光固化预浸料补片修理工艺流程示意

金属件在胶接前，其表面不可避免地会被油脂沾污。金属表面的处理方式对胶黏剂的粘接效果影响很大，所以在胶接前应用化学溶剂或其他方法清除表面污染物。不同表面处理方法对复合材料补片修复件的拉剪强度有较大的影响，见表 8-17。

偶联剂能在金属与胶黏剂之间起偶联作用，因而可提高粘接强度。FPL-RT 处理液的使用是铬-硫酸浸蚀法中的一种，用来清除金属表面的油污和疏松的自然氧化膜，有利于胶黏剂在金属表面的润湿。

表 8-17 不同表面处理方法对拉剪强度的影响

机械打磨(砂纸)	偶联剂	处理液	时间/min	拉前强度/MPa
220#,400#			5~8	16.3~16.9
220#	2% KH560		10	17.3
220#	2% KH570		10	17.6
220#	5% KH560		10	16.5
220#	5% KH570		10	16.7
220#	2% KH570	FPL-RT	15	18.6

（4）光固化预浸料补片对损伤的飞机部件进行胶接修补的效果

用光敏树脂浸渍纤维增强材料制成柔性预浸料修理补片，以胶接的方法贴补到飞机蒙皮的损伤区，在紫外光的照射下迅速固化，从而实施快速修复。修复前后对试件疲劳试验结果见表 8-18。

表 8-18 飞机蒙皮损伤区修复前后对比疲劳试验

试件类型	裂纹扩展疲劳寿命/次	构件失效疲劳寿命/次	寿命延长率/%
未修补试件	19300	28300	
铆接修补试件	34600	45800	61.83
光固修补试件	50500	62000	119.08

试件失效时的疲劳寿命（次）变化趋势可见：铆接修补比未修补高出 61.83%，光固化修补比未修补高出 119.08%，光固化修补较铆接修补高出 35.37%。由于光固化胶接修补较铆接修补载荷分布均匀，因而疲劳寿命得以延长。

通过光固化预浸料补片对损伤的飞机部件进行胶接修补，其效果是很明显的。

① 补片的固化时间、剪切强度等性能均达到预定指标，可以满足飞机蒙皮快速抢修的要求。

② 通过对飞机机翼下壁板蒙皮裂纹的修复，表明上述修补方法大大降低了裂纹的扩展速率，在使用期限内承受疲劳载荷的条件下未发生胶接破坏。

③ 此项技术也适用于民用机械设备的快速修复，并已在气泵铝合金导管、油箱等设备的修复中得到应用。

紫外光固化技术应用于航空装备战伤抢修，包含了研究开发光固化复合材料预浸料修理补片，研制快速固化设备，研究制定飞机结构战伤快速抢修工艺。适用于多种材质、不同损伤形式、复杂结构件的快速抢修，通用性强、操作方便快捷。由于修理补片存储期长，可预先制备作为战时储备，以减少对备件的依赖性。抢修设备体积小、重量轻、携带方便，适于野外作业。

8.8.2 FB 管道保护套

FB 管道保护套（光固化套）是一种采用树脂并混合特种纤维及添加剂的耐压耐摩擦型复合材料。它可用于管道水平定向钻穿越作为牺牲套；用于保护管道焊口防腐包覆材料；可提供优秀的机械性损伤保护，并且防水和绝缘。

FB管道保护套在安装前为软质材料，可随意剪裁，安装时可灵活地适应于包覆对象，安装后通过太阳光线或者采用紫外灯对其进行固化处理，固化时间通常情况下为8～20min，固化后硬度可达邵尔D 80±5。

FB管道保护套对石油化工物料管道的外防腐有着出色的保护作用，对杂散电流腐蚀也有较好的防护作用，其材料本身有很好的抗化学腐蚀作用，能够有效避免因管道防腐受损而引起的管道金属腐蚀，从而确保管网的安全运行。

FB管道保护套对石油化工物料管道的外防腐已在中俄原油管道黑龙江穿越工程、中石化金陵石化物料管道穿越长江工程、广东南海区狮山桂丹路燃气主干管东平水道穿越工程等穿越工程中得到应用，并取得了完满的成功。

（1）中俄原油管道黑龙江穿越工程

中俄原油管道黑龙江穿越工程位于中俄两国边境，是俄罗斯斯科沃罗季诺泵站至中国漠河泵站石油管道系统的组成部分，连接着俄罗斯境内从斯科沃罗季诺泵站到入土点的管段与中国境内从出土点到漠河泵站的管段，是中俄原油管道的控制性工程。

黑龙江穿越点位置在莫赫纳特伊岛端点以东20m处，穿越长度1052m，其中俄罗斯境内占54%，中国境内占46%。中俄双方专家就黑龙江穿越方案进行过多次技术交流，最终确定穿越方案为对穿式定向钻方案。

黑龙江穿越段管道采用出厂带三层聚乙烯加强级防腐层的管道，定向钻穿越补口采用特制的抗拉拖和抗磨蚀的聚合物热收缩套，每一道口采用3个热收缩套，一个用于补口，另外2个用于定向钻拖拉过程中保护补口收缩套。为了防止防腐层在定向钻穿越过程中受到破坏，采用光固化套对防腐层进行加强，使得管道防腐层在水平定向钻施工时具有较强的抗机械外力冲击和较高的力学性能。光固化套采用缠绕式施工，然后采用自然光或者特种光源在规定时间内固化。在一定强度的自然光下，固化时间20～120min，在特种紫外光灯下，固化时间2～20min。

粘贴紫外光固化材料及步骤：

当考虑到管道穿越保护的问题时，在拖拉期间的管道前端数米容易遭受到漂浮，这样导致严重的点载荷和表面磨损，在管道前端数米粘贴双层的复合材料层会比较有效。对前端5～10m保护层使用双层复合材料层将会提供双重保护。在管道表面得到令人满意的擦拭处理，并确保紫外光保护围挡已经到位之后，进入如下操作程序：

① 使用软滚轮或刷子涂刷一层湿的光固化纳米粘接涂层底漆。

② 将一个纤维增强的光固化复合材料片材粘贴到湿的管道表面上，确保搭接50mm以上，推荐搭接长度100mm。

③ 移开围挡使粘贴的光固化复合材料片材在阳光下或者在紫外灯下照射，管道底部应该通过使用反射铝箔反射的阳光或紫外光来进行固化。光固化复合材料固化时间都取决于在现场照射的阳光或紫外光强度和照射时间。因此现场需要使用紫外光照度计，测试紫外光强度，确保管道底部完全的固化。

根据管道水平定向钻穿越项目的特点，采用在工厂预制光固化复合材料保护套的办法，这样能够提供更好的质量控制。一根长度为12m的双层FBE防腐管，在完成FBE防腐层预制完成之后，经电火花检漏，合格之后再缠绕光固化产品。主要工艺如下：

双层环氧防腐管涂覆→防腐厂厂方检测（或第三方检测）→接收方检测（施工单位或其他单位）→防腐管合格后移至光固化涂覆车间→表面清洁→用砂纸处理→丙酮溶剂清洁处理→

涂刷纳米粘接涂层底漆/面漆→粘贴光固化复合材料片材→抽真空固化→成品管入库。

在管道两端各留出 200mm 左右的长度不缠绕光固化材料，其中缠绕光固化材料部分要预留出至少 50mm 宽度的未固化部分，留作下次搭接使用。应保证施工时温度不低于 5℃，尽量创造条件，让施工在 23℃ 以上时进行。经过工厂预制好光固化保护套的管道，现场只需要进行补口作业。光固化复合材料保护套固化后性能见表 8-19。

表 8-19　光固化复合材料保护套固化后性能参数

项目	性能参数	项目	性能参数
拉伸强度/MPa	80	与 FBE 的粘接力/MPa	12
拉伸模量/MPa	9000	与钢的粘接力/MPa	10
弯曲强度/MPa	120	巴氏硬度	60
弯曲模量/MPa	7000	热变形温度/℃	200
压缩强度/MPa	160	吸水率/%	0.092
压缩模量/MPa	7500		

（2）中石化金陵石化物料管道穿越长江工程

中石化金陵石化物料管道穿江工程定向穿越长江，三条管道并行敷设，管道穿越长度各为 1861m，输送介质为丙烯、丙烷、液化石油气。本项目穿越地层复杂，除主要地层为砂层外，有部分的卵砾石，防腐层在卵砾石中往往遭受严重的损坏，以至于影响管道的防腐效果。由于输送物料的高危险性和地质的复杂性，中石化金陵石化物料管道穿越长江工程项目采用了新型光固化保护套，管道回施后防腐层完好无损。该定向钻穿越于 2013 年 1 月 20 日正式开工，4 月 16 日竣工。其穿越的成功，标志着新型光固化保护套在保护防腐层和管道本体方面取得了很大的进展。

（3）南海区狮山桂丹路燃气主干管东平水道穿越段工程

南海区狮山桂丹路燃气主干管东平水道穿越段工程位于南海区狮山镇金沙大桥北侧，金沙大桥坐落于狮山镇的东平水道上，水面宽约为 426m，原方案设计为管道挂桥敷设，未得到桥梁管理单位的许可，只能采取定向钻方式穿越东平水道方案，由于穿越长度 1350m，容易刮伤防腐层，特别是焊口防腐套，根据工期和现场条件，拖管必须一次性成功，焊口防腐采用光固化保护套材料。该项目在焊口进行加强级防腐的基础上，再加光固化保护套。焊口表面使用光固化保护套，经过拖管后表面无磨损。实践证明，光固化保护套能很好地保护管道避免刮伤，达到了预期的目标。

8.8.3　紫外光固化式管道原位修复法

紫外光固化式管道原位修复法（UV cured-in-place pipe lining，UV-CIPP）是在不改变待修复管道的条件下，先将浸透树脂的软管通过牵引、压缩空气压紧等方式或过程使软管与待修复管道内壁紧贴，然后利用软管内树脂遇紫外光固化的特性，将紫外灯放入充气的软管内并控制紫外灯在软管内以一定速度行走，使软管由一端至另一端逐步烘干、固化而紧贴待修复管道内壁，恢复待修复管道功能的修复方法，这是一种非开挖下水管道现场修复方法（图 8-10）。

我国排水管道因建设年代久远，在维护、修复上的投入不足，造成排水管道腐蚀、渗漏严重、管道破坏、变形、不均匀沉降等情况时有发生。由于城镇排水管道多处于城市的繁华

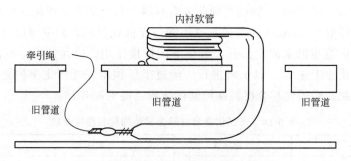

图 8-10　CIPP 紫外光固化法施工示意

地段，城市地下管线错综复杂，城市道路负荷严重，使得地下管线在修复中存在大量的技术问题。"非开挖修复和更新城镇排水管道技术"应运而生，并被联合国环境议程批准为地下设施的环境友好技术，成为修复和更新城镇排水管道的最优选择。

紫外光固化式管道原位修复法工艺流程共分 9 个步骤（图 8-11）。

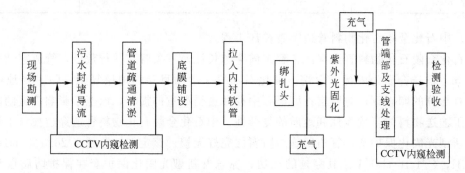

图 8-11　紫外线原位固化工艺流程

（1）修复施工准备阶段

采用高压水射流机等设备对管道进行疏通、清洗，确保管道修复工艺顺利进行。以无大于 50mm×50mm 的整块杂物或堆积物；无 8mm 的尖锐物；无大于 200mm×200mm 的破损为宜。发现管道内壁存在较大的凸起、管口错位等缺陷应先进行局部处理。

（2）底膜铺设

放置底膜卷支架于结束井井口，后将底膜卷放置在支架上。最后将底膜用绳子拉到开始井。

（3）软管进入待修复管道

将卷扬机的钢丝绳拉入管道内并在井口、管口处设置定滑轮后，将软管与卷扬机的牵引钢丝绳连接，启动卷扬机将软管拉入待修复管内。拉入速度宜控制在 6m/min 以内。

（4）扎头安装

在软管两端各安装一个扎头。扎头安装好后，连接风机与扎头之间的气管、气压表管。

（5）一次充气

依次开启发电机和高压风机，待高压风机运行 2min 后，开启高压风管排气阀使压缩空气进入软管内。充气加压通过排气阀控制进入软管内空气的流量使软管内气压上升速度为 $1×10^{-3}$ MPa/min；当软管内气压达到 $1×10^{-2}$ MPa 时，通过排气阀控制空气流量，使软管内气压上升速度为 $5×10^{-3}$ MPa/min；当气压达到 $2×10^{-2}$ MPa 时，通过排气阀控制进入软管内空气的流量，使软管内气压保压 40min。

（6）紫外灯就位及二次充气

将紫外灯拉入软管后，对软管进行二次充气，当充气压力达到要求后，继续充气并保压 30min。

（7）软管固化和拆除紫外灯

软管固化在紫外灯全部开启后开始，控制紫外灯行进速度，初始和终点固化阶段以紫外灯行进速度控制在 (0.2～0.3)m/min，其他阶段以软管厚度、管径等因素确定，管内温度为 (80～120)℃。

固化结束后先关闭高压风机、拆除井内滑轮，再拆除高压风管、气压表管、扎头端盖，取出紫外灯，最后拆除与紫外灯连接的耐高温绳、电缆。

（8）后期处理

使用切割机切除固化后多余的内衬管。并在内衬管口与待修复管口的缝隙涂速凝型快速止水物。

（9）质量检验与验收

① 内衬管壁应无分层、无脱落。内衬管内表面应无裂缝、无空洞、无灼伤点。

② 内衬管的平均壁厚不得小于设计壁厚，任意点的厚度不应小于设计值的 90%。

③ 内衬管功能性试验应按照现行国家标准 GB 50268—2008 的功能性实验一般规定和无压管道闭水试验的相关规定要求。

④ 内衬管的初始环刚度应大于 $5000N/m^2$。

CIPP 紫外光固化修复技术特点及优势：

① 工期短，管道可尽快投入使用，基本不产生施工垃圾；

② 设备占用面积小，CIPP 紫外线固化施工过程中仅需预留不小于 9m×3m 的设备放置场地即可；

③ 内衬管耐久实用；

④ 修复后管道内壁光滑，降低摩擦系数，提高管道流量；

⑤ 经济和社会效益较好。因对现场商户、居民的影响非常小，且无需封路，故其经济和社会效益非常明显。

2008 年德国 Saertex 公司在中国东营和太仓建立公司，正式将紫外光固化玻璃纤维增强的内衬工艺引入中国，我国的非开挖管道修复量逐年上升，以 2009 年为例，非开挖技术完成的管道更换和修复工程量长达 302.43km。2011 年 7 月 Saertex 公司使用该技术修复了江苏广州路 d 800 的排水管道并取得良好效果。深圳市清林路污水管道（d 400 钢砼管）修复工程，武汉滨湖路污水管道（d 1200 FRPP 管）修复工程，都是采用紫外光固化式管道原位修复法完成修复工程。该技术也在北京、广州、武汉等大城市得到了较为广泛的推广应用。

CIPP 紫外光固化修复技术的整体优势在于修复的负面影响小，占用场地小，对地面、交通、环境及周围地下管线的影响很微弱，因此在排水管道修复领域推广该技术势在必行。

CIPP 紫外光固化修复技术的内衬材料需选取优质的、可持续性、化学性稳定、超强抗腐蚀性的，它们的性能还要达到：

① 固化后的内衬管初始环刚度值应大于 $5000N/m^2$；

② 耐酸碱腐蚀：在 pH 值 2～14 的液体中稳定；

③ 使用年限：大于 50 年。

修复管道内径 300～550mm，采用配置 8 个 400W 紫外灯辐照，行进速度 0.30～0.90m/min。修复管道内径 600～1200mm，采用配置 8 个 1000W 紫外灯辐照，行进速度 0.2～0.80m/min。

8.9 光固化导电胶

用于导电粘接的胶黏剂称为导电胶黏剂，简称导电胶。导电胶固化或干燥后，具有一定的导电性和良好的粘接性能，使被粘接材料之间形成电的通路。目前广泛应用在电子、家电、能源、汽车等领域中的 Pb/Sn 焊料虽然具有成本低、熔点低、强度高、加工塑性好、浸润性好等特点。但 Pb/Sn 焊料的抗蠕变性能差、密度大、与有机材料的浸润性差、连接温度高等缺点已经无法适应现代电子产品向轻便型发展的要求，并且存在铅污染，不利于环境保护。随着电子元器件向小型化、微型化迅速发展，推动了导电胶的发展。原来的焊、铆接等导电连接方法现正逐渐被导电粘接所代替。导电粘接除能满足导电和粘接这两项最基本的要求外，还具有许多优点：如能在较低温度甚至室温下固化；可以用于对温度敏感的材料或无法焊接的材料的组装、芯片在柔性基板上的贴装等；能避免焊接高温使材料变形、元器件的热损坏；使用导电胶传递应力均匀，可避免铆接的应力集中及电磁讯号的损失、泄露等。

电子组装技术正向微型化、高密度化方向发展，这就意味着元器件越来越小，器件引脚数进一步增多，引线间距进一步缩小，导电胶比锡铅焊料具有更细的颗粒尺寸和稳定性，其细线印刷能力更强。另外，避免了铅对人体的危害。导电胶的维修性能好，对于热塑性导电胶，局部加热后，元器件可轻易移换；对于热固性的导电胶，只需局部加热到 100℃ 以上，就能实现元器件移换。导电胶还具有使用工艺简单、连接步骤少、与大部分材料润湿性能好等优点。采用导电胶粘接不需要特殊的设备，因此，导电粘接作为一种新工艺，正得到广泛的应用。

导电胶按组成可分为结构型和填充型两大类。结构型导电胶是指作为导电胶基体的高分子材料本身就具有导电性的一类导电胶；填充型导电胶是指在粘接料中添加导电填料使胶具有导电性能的一类导电胶。目前导电高分子材料的制备比较复杂，电阻率较高，导电稳定性及重复性差，离实际应用还有一定的距离，因此广泛使用的仍为填充型导电胶。根据固化条件，导电胶可分为热固化型、常温固化型、高温烧结型、光固化型和电子束固化型等；按导电粒子的种类，导电胶可分为银系导电胶、铜系导电胶和碳系导电胶等；按基体的种类，导电胶可分为热固性导电胶、热塑性导电胶和光固化导电胶；按导电粒子的导电性能，导电胶可分为各向同性导电胶（isotropie conduetive adhesive，ICA）和各向异性导电胶（anisotropic conduetive adhesive ACA）。

光固化导电胶一般由光固化树脂、导电填料、活性稀释剂、光引发剂以及其他助剂组成。

（1）光固化树脂

光固化树脂是组成导电胶的主要成膜物质，固化后形成导电胶的基本骨架。它的主要作用是使独立的导电粒子能够紧密接触而形成导电通路，固化后与基材相黏结，对导电填料起固定作用，提高导电胶的稳定性。用于导电胶的基体树脂不仅应具有良好的附着力、黏结强度、耐候性、成膜性等，同时还必须对导电填料具有一定的亲和性以及润湿性。目前比较常用的光固化树脂主要有环氧丙烯酸酯、酚醛环氧丙烯酸树脂、聚氨酯丙烯酸酯、聚酯丙烯酸酯等。

（2）导电填料

光固化导电胶的导电填料通常有金粉、银粉、铜粉、镍粉、铝粉、石墨、炭黑、碳纤维、镀银铜粉、镀银二氧化硅粉、镀银玻璃微珠等。一些导电填料的电阻率见表 8-20。

表 8-20　常用导电填料的电阻率

导电填料	金	银	铜	铝	镍	锡	石墨	炭黑
电阻率/Ω·cm	2.40×10^{-6}	1.62×10^{-6}	1.69×10^{-6}	2.62×10^{-6}	7.23×10^{-6}	1.14×10^{-5}	$1 \sim 10^{-3}$	$1 \sim 10^{-2}$

① 银粉具有优良的导电性和化学稳定性，是比较理想和应用最多的导电填料。银粉的制备方法有电解法、化学还原法、热分解法、喷射法、碾磨法等。不同方法制得的银粉粒度和形状不同（表 8-21）。为了保证银粉在胶层中紧密接触，最好使用电解法超细银粉与鳞片状银粉的混合填料。银粉在空气中氧化极慢，在胶层中几乎不氧化，即使氧化，生成的氧化物仍有一定的导电性，因而在电气可靠性要求高的产品上应用最多。银粉价格高，密度大，易沉淀，在潮湿环境中有迁移现象，但在导电胶配制中，银粉仍是最常用的导电填料。在导电胶中银粉用量一般为树脂的 2～3 倍，从导电性和粘接性综合考虑，树脂和银粉的比例为30：70 较为适宜。

表 8-21　不同方法制得的银粉的性质

制备方法	电解法	化学还原法	热分解法	喷射法	碾磨法
银粉粒度/μm	0.2～10	0.2～2	—	约40	0.1～2
粒子形状	针状	球状或无定形	海绵状	球状	片状

② 金粉具有优异的化学稳定性和优良的导电性，是导电胶中最理想的导电填料，但价格昂贵，只能用于要求稳定性和可靠性特别高的产品上。

③ 铜粉、铝粉和镍粉具有较好的导电性，成本较低，来源容易，无迁移现象，但在空气中易氧化，使导电性变坏，使用性能受到限制。由铜、铝、镍粉所配制的导电胶，其稳定性和可靠性不如银系导电胶，仅用于稳定性和可靠性要求不高的产品上。在使用铜粉和镍粉时，要加入叔胺或酚类助剂进行抗氧化保护，以提高导电性能。

④ 炭粉和石墨粉成本低，密度小，分散性好，也不会氧化，但导电性差，仅用于屏蔽、防静电和导电性能要求不高的产品上。

⑤ 现在还采用在铜粉上经化学还原方法镀银，制得镀银铜粉作为导电填料，既具有铜价格较低、无迁移的优点，又具有银导电性和化学稳定性好的优点，可以配制成 UV 导电胶的电阻率在 $10^{-4}\Omega \cdot cm$，是一种有发展前途的导电填料。

⑥ 除了铜粉镀银外，还可将中空微玻璃球、二氧化硅、炭粉、铝粉等粒子镀银，得到镀银导电填料，具有导电性好、成本低、密度小等特点，可用于配制对导电性要求不高的导电胶。

⑦ 碳纳米管由于具有特殊的结构以及独特的电学性能、力学性能和良好的化学稳定性，因此可以将碳纳米管以及镀银碳纳米管作为导电胶的导电填料，以充分发挥碳纳米管结构优势，更好地在导电胶的树脂基体中形成导电网络。以碳纳米管作为导电填料，当碳纳米管含量为 34% 时导电胶的最低电阻率为 $2.4 \times 10^{-3} \Omega \cdot cm$；以镀银碳纳米管为导电填料，当镀

银碳纳米管含量为 28% 时，导电胶的最低电阻率为 $2.2 \times 10^{-4} \Omega \cdot cm$。同时碳纳米管以及镀银碳纳米管的优良抗蚀性能将大大提高导电胶使用寿命和耐老化性能。

一般来讲，导电填料的电阻率直接决定导电胶的导电能。此外，导电填料的粒径大小、颗粒形貌等对导电胶的导电性也有很大影响。当导电填料的粒度过大时，可能造成导电粒子间的空隙增大，导电接触点减少，从而导致电阻率增大，同时还会给导电胶的物理性能带来不良影响，相反，当导电填料的粒度较小时，导电粒子的比表面积较大，从而使其在导电胶中形成导电网络的可能性增大。但是导电粒子的粒径也不能太小，因为过小粒径的导电填料比较活泼，容易被氧化，从而影响其导电性能。同时，导电填料的形貌对导电胶的导电性也有显著影响，如树枝状的银粉在导电胶中的填充量为 40% 时即可达到较低的电阻率，而若采用片状银粉，则填充量必须达到 70%。

（3）活性稀释剂及光引发剂

用于光固化导电胶的活性稀释剂和光引发剂与普通光固化材料所用的差别不大。但是，由于导电胶中加入的导电填料具有较强的吸光能力且用量较大，所以必须选择合适的光引发体系才能使导电胶得到完全固化。目前用于导电胶的光引发剂一般为引发活性较强的酰基磷氧化物、硫杂蒽酮类等自由基光引发剂，以及双芳基碘化合物、三芳基硫化物，茂铁盐化合物等阳离子光引发剂。

由于 UV 导电胶含有大量的金属导电填料，严重阻碍 UV 光的穿透，影响 UV 导电胶的固化，特别是底层胶的固化，可采用双重固化体系来保证 UV 导电胶的固化完全。如用自由基光固化/阳离子光固化双重固化、自由基光固化/热固化双重固化，先 UV 固化，再经红外进行后固化，使导电胶完全固化。所以有时候还需要加入少量的热引发剂来促进导电胶的固化，常用的热引发剂如过氧化苯甲酰、偶氮二异丁腈等。

（4）其他助剂

为了提高导电胶的综合性能，通常在导电胶中加入偶联剂、增塑剂、流平剂、消泡剂、阻燃剂等助剂。这些助剂虽然用量较少，但往往是影响导电胶综合性能的关键因素。如合适的偶联剂可以显著改善铜粉与聚合物的相容性以及抗氧化能力，从而提高导电胶的导电性和热稳定性。当添加适量的偶联剂后，铜粉导电胶的体积电阻率能够达到 $10^{-4} \Omega \cdot cm$ 的数量级。常用的偶联剂如 KH570。

导电胶中金属导电填料密度大，容易发生沉降，故在使用导电胶时必须充分搅匀，使金属导电填料均匀分散在胶液中，保证导电性能稳定。

8.10　光固化胶黏剂参考配方

以下配方中单位为质量份。

8.10.1　光固化胶黏剂参考配方

（1）UV 胶黏剂参考配方（一）

MMA-BA-HPA 三元共聚物	50	HPA	25
PETA	10	651	3
HDDA	12		

（2）UV 胶黏剂参考配方（二）

EA	100	BEE	4
TMPTA	40	偶联剂（KH570）	3

（3）UV 胶黏剂参考配方（三）

EA	100	HQ	0.15
邻苯二甲酸二烯丙基酯	35	651	4

可用于玻璃、光学玻璃黏合。

（4）UV 胶黏剂参考配方（四）

EA	20	HPA	60
PUA	20	BEE	6

（5）UV 胶黏剂参考配方（五）

PUA	100	651	2.5
EHA	20		

（6）UV 胶黏剂参考配方（六）

PUA	45.0	TPO	5.0
IBOA	22.0	助剂	2.5
HDDA	25.0	附着促进剂	2.0

8.10.2　光固化压敏胶黏剂参考配方

（1）UV 压敏胶参考配方（一）

带羧基的丙烯酸共聚物	50	BP	3
TEGDA	50	HQ	0.005
异氰酸酯封端的聚氨酯预聚体	5		

（2）UV 压敏胶参考配方（二）

EHA	64	AA	5
MA	30	4-二苯酮基乙烯基碳酸酯	1

涂布量 60g/m²，固化时间 30s，粘接强度 25N/2.5cm，附着力 85N/6.25cm。

（3）UV 压敏胶参考配方（三）

单官能团脂肪族 PUA	37.5	EOEOEA	16.0
改性 UPE	23.0	1173	6.0
丙烯酸丁基氨基甲酸乙酯	16.5	稳定剂	1.0

（4）UV 压敏胶参考配方（四）

单官能团脂肪族 PUA（Genomer4188/M22）	16	EOEOEA	14
双官能团脂肪族 PUA（Genomer4269/IBOA）	14	907	2
改性 UP（Genomer6043/M22）	36	1173	4
改性 UP（Co-Resin02-819/M22）	12	热稳定剂	1
DPGDA	1		

（5）UV 压敏胶参考配方（五）

双官能团脂肪族 PUA	35	EOEOEA	15
改性 UPE	29	1173	3
IBOA	12	稳定剂	1
丙烯酸丁基氨基甲酸乙酯	5		

（6）UV 压敏胶参考配方（六）

PUA	16.0	MEHQ	0.1
烃类增黏剂(S115)	32.0	抗氧剂	1.0
EOEOEA	21.8	1173	6.0
四乙氧基壬基苯酚丙烯酸酯	23.1		

（7）UV 压敏胶参考配方（七）

脂肪族 PUA	40	Oligoamine	3
PUA	10	IDA	18
惰性增黏树脂	25	1173	4

（8）低气味 UV 压敏胶参考配方

脂肪族 PUA(CN966)	50	二乙醇胺	3
四乙氧基壬基酚丙烯酸酯(CD504)	40	KIP100F	3
BP	4		

（9）高黏度 UV 压敏胶参考配方

单官能团 PUA	18	EOEOEA	22
增黏树脂(T_g为$-18℃$)	56	1173	4

（10）高剪切强度的 UV 压敏胶参考配方

脂肪族 PUA	52	IDA	14
PUA	22	Oligoamine	4
三官能团 PEA	4	1173	4

8.10.3 光固化离型剂参考配方

（1）UV 离型剂参考配方（一）

硅氧烷丙烯酸树脂(迪高 RC705)	95	DEAP	4
硅氧烷丙烯酸树脂(迪高 RC720)	5		

（2）UV 离型剂参考配方（二）

有机硅丙烯酸树脂(氯丙基聚硅氧烷：	86.0	1173	1.5
丙烯酸羟丙酯＝1∶2)		BP	1.5
TMPTA	5.0	活性胺	1.0
HDDA	5.0		

（3）UV 离型剂参考配方（三）

丙烯酸酯化聚硅氧烷(RC-726)	18.0	活性胺(UVecryl 7100)	56.7
丙烯酸酯化聚硅氧烷(SL-5030)	4.0	HDDA	6.3
LA	10.0	TMPTA	5.0

8.10.4 光固化层压胶黏剂参考配方

（1）UV-PP/纸层压胶黏剂参考配方

ECX-5031	78	184	2
TMPTA	15	1173	5

（2）UV 层压胶黏剂参考配方（一）

脂肪族 PUA(CN966H90)	4.3	819	1.0
低官能度、低黏度低聚物(CN135)	94.7		

（3）UV 层压胶黏剂参考配方（二）

PUA	33	651	4
IBOA	33	颜料和稳定剂	5
TMPTA	25		

（4）UV 层压胶黏剂参考配方（三）

PETA	63.0	表面活性剂	0.3
三乙二醇二乙烯基醚(DVE-3)	15.0	184	3.0
环己基乙烯基醚(CVE)	18.7		

用于聚酯与聚酯层压。

（5）UV 覆膜胶黏剂参考配方

BA	78	双丙酮丙烯酰胺	0.5
MMA	20	己二酸二酰肼	0.25
AA	2	BP	0.6

用过硫酸盐引发乳液聚合，用其乳液黏聚丙烯薄膜与纸板，UV 固化。

（6）UV 塑料膜层压胶黏剂参考配方（一）

脂肪族 PUA	40	PETA	10
POEA	20	HDDA	5
IBOA	20	184	5

用于 PVC/PVC 与 PVC/PET 膜粘接。

（7）UV 塑料膜层压胶黏剂参考配方（二）

脂肪族聚醚型 PUA	40	HDDA	10
EO-TMPTA	20	NPGDA	5
IBOA	20	1173	5

（8）UV 塑料膜层压胶黏剂参考配方（三）

脂肪族 PUA	40	PETA	20
PEG(400)DMA	35	184	5

用于 PET、PVC 薄膜黏合。

（9）UV-ABS 胶黏剂参考配方

EA	15	IBOA	12
脂肪族 PUA	40	1173	5
TPGDA	28	BYK307	0.2

（10）UV-PC 胶黏剂参考配方

HEA	6	1,4-BDDMA	68
BMA	25	651	1
外观	微黄色透明液体	固化时间/s	<90
黏度/mPa·s	<3	拉伸剪切强度(PC/PC)/MPa	5.89

用于 PC-PC 粘接。

8.10.5　光固化密封胶黏剂参考配方

（1）UV 密封胶黏剂参考配方（一）

EA	50.0	硅烷偶联剂 KH550	0.8
HEMA	17.6	BEE	2.0
BA	5.2	BP	1.0
PETA	1.8	活性胺	2.0
邻苯二甲酸二丁酯	0.6	HQ	0.1

用于 LCD 封口和 TN-LCD 金属管脚固定。

（2）UV 密封胶黏剂参考配方（二）

EA	100.0	BP	1.0
烯丙基双酚 A 丙烯酸酯	17.5	活性胺	1.0
MMA	17.5	硅烷偶联剂	1.0
1173	2.0		

（3）UV 密封胶黏剂参考配方（三）

EA	70	三苯基磷	4
TMPTA	20	叔胺	4
651	2	正丁胺	2
伯胺	2		

用于继电器件密封，还可用于塑料件或其他材料器件的密封。

（4）UV 液晶显示器封口胶黏剂参考配方

F-44 酚醛环氧丙烯酸酯	50.0	双官能度反应性引发剂	3.0
聚醚聚氨酯改性环氧丙烯酸酯	30.0	氢键性硅烷偶联剂	2.0
EM2308	7.5	球形气相法二氧化硅（S22LS0）	适量
HEMA	12.5		

8.10.6　光固化光学、玻璃胶黏剂参考配方

（1）UV 光学胶黏剂参考配方

EA（CYD128）	100	偶联剂钛酸酯	1
邻苯二甲酸二烯丙基酯	35	邻苯二甲酸二丁酯	5
BEE	4	HQ	0.15

（2）UV 玻璃胶黏剂参考配方

聚酯芳香族 PUA	20.0	1173	1.5
PEA（EB524）	5.0	184	1.0
TPGDA	12.0	大分子表面活性剂	0.5
TMPTA	3.0	KH570	0.6
HEA	4.0		

（3）UV 塑料-玻璃胶黏剂参考配方

芳香族 PUA	45	1173	3
IBOA	50	1700	1
硅偶联剂 KH570	5	增塑剂	5

（4）UV 安全玻璃胶黏剂参考配方（一）

丙烯酸共聚物（MMA : BA : VAc : AA : MAA=50 : 40 : 5 : 3 : 1.5）	85	BEE	1
		增塑剂邻苯二甲酸二辛酯	10
二甲基丙烯酸乙二醇酯	2	硅烷偶联剂（A-171）	2
固化速率/s	3～5	耐光老化/%	97.4
耐热性（100℃水煮 2h）	无气泡及缺陷	抗穿透性（钢球 2.26kg，4m 冲击）	不穿透
透射率/%	88.7	抗冲击性（40℃钢球 227g，12m 落下）	不穿透

（5）UV 安全玻璃胶黏剂参考配方（二）

PUA	45.0	增黏剂	5.0
EHA	20.0	BEE	0.5
HPA	15.0	邻苯二甲酸二丁酯	15.0

8.10.7　其他光固化胶黏剂参考配方

（1）UV 热熔胶参考配方

2-EHA	760	AA	40

在丙酮-丙醇混合溶剂中自由基聚合，除去溶剂，混合 0.5% 的 907，制得 UV 热熔胶。

（2）UV 硅橡胶胶黏剂参考配方

脂肪族 PUA	45.0	TPO	5.0
IBOMA	22.0	附着力促进剂	2.0
HDDA	23.0	助剂	2.5

（3）UV 光纤并带胶黏剂参考配方

EA	13	651	2
脂肪族 PUA	26	BP	1
EO-TMPTA	28	活性胺	1
HDDA	14	硅偶联剂	1
EOEOEA	14		

8.10.8　光固化牙科黏合剂参考配方

（1）UV 防龋黏合剂参考配方

A：双酚 A 环氧甲基丙烯酸树脂	60.0	过氧化苯甲酰	1.6
甲基丙烯酸甲酯	19.0	邻苯二甲酸二甲酯	16.0
B：安息香乙醚	3.4		

（2）可见光固化牙科黏合剂参考配方（一）

马来酸酐改性环氧甲基丙烯酸树脂	50.0	樟脑醌	1.6
双甲基丙烯酸三甘醇酯	50.0	甲基丙烯酸二甲氨基乙酯	4.8
甲基丙烯酰氧乙基偏苯三酸酐酯	5.0		

（3）可见光固化牙科黏合剂参考配方（二）

环氧甲基丙烯酸树脂和马来酸酐加成物	70	樟脑醌	3.2
三羟甲基丙烷三甲基丙烯酸酯	30	甲基丙烯酸二甲氨基乙酯	5
甲基丙烯酰氧乙基偏苯三酸酐酯	5		

（4）可见光义齿软衬材料参考配方

脂肪族端羟基聚丁二烯 PUA	90.00	樟脑醌	0.55
甲基丙烯酸八氟戊酯	10.00	甲基丙烯酸二甲氨基乙酯	0.30

（5）可见光固化补牙用充填复合材料参考配方（一）

聚氨酯双甲基丙烯酸酯	95.0	硅硼酸钡玻璃粉（平均粒径 6.5μm）	221.50
1,3-丁二醇双甲基丙烯酸酯	5.0	气相 SiO₂ AEROSIL OX 50（平均粒径 40nm）	
樟脑醌	2.0		13.6
甲基丙烯酸 3,4-亚甲基二氧基苯甲酯	5.0		

（6）可见光固化补牙用充填复合材料参考配方（二）

双酚 A 缩水甘油双甲基丙烯酸酯	50.0	气相 SiO₂ AEROSIL OX 50（平均粒径 40nm）	
1,6-己二醇双甲基丙烯酸酯	50.0		7.2
樟脑醌	5.0	铝矽酸盐玻璃陶瓷	201.4
醋酸-3,4-亚甲基二氧基苯甲酯	1.5		

（7）可见光固化补牙用充填复合材料参考配方（三）

三缩四乙二醇双甲基丙烯酸酯	40.0	气相 SiO$_2$ AEROSIL OX 50（平均粒径 40nm）	
聚氨酯双甲基丙烯酸酯	60.0		4.2
樟脑醌	1.0	气相 SiO$_2$ AEROSIL OX 50（平均粒径 7nm）	2.1
3,4-亚甲基二氧基苯甲酸(胡椒酸)	0.1		

8.10.9　阳离子光固化胶黏剂参考配方

（1）阳离子 UV 胶黏剂参考配方（一）

丙烯酸低聚物(Synocure3100)	69.0	651	0.5
环氧树脂(ERL4221)	29.5	二甲苯基碘鎓六氟磷酸盐	1.0

（2）阳离子 UV 胶黏剂参考配方（二）

环氧树脂(Uvacure1534)	87.3	阳离子光引发剂(Uvacure1590)	3.0
TPG	9.7		

（3）阳离子 UV 胶黏剂参考配方（三）

MMA	20	651	2
二芳基二缩水甘油醚	50	二苯基碘鎓六氟磷酸盐	3
2,2-双(1,4,6-三噁螺环-4,4-壬烷-2-甲氧苯基)丙烷	50		

用于玻璃-玻璃、玻璃-金属粘接。

（4）阳离子 UV 胶黏剂参考配方（四）

环氧化 1,2-聚丁二烯(BF-1000)	50	三苯基硫鎓六氟砷酸盐	1
EA(ERL-1000)	50	乙烯基蒽	0.05

用于电绝缘材料、包封材料和液晶。

（5）阳离子 UV 密封胶参考配方

硅氧烷改性四官能脂环族环氧树脂	80	十二烷基苯基碘鎓六氟磷酸盐(含 ITX)	2
环己烷二乙烯基醚	20	滑石粉	67

（6）阳离子 UV 液晶围边密封胶参考配方

硅氧烷改性四官能脂环族环氧树脂	80.0	二芳基碘鎓四氟硼酸盐(Rhodorsil2074)	1.0
环己烷二乙烯基醚(CHDVE)	20.0	ITX	0.5

（7）UV 阳离子层压胶黏剂参考配方

脂环族环氧树脂(UVR6105)	79.5	三芳基硫鎓盐(UVI6990)	3.0
PUA	10.0	三芳基硫鎓盐(UVI6974)	1.0
线型脂环族环氧树脂(UVR6216)	6.5		

（8）阳离子 UV 低 VOC、低臭味胶黏剂参考配方

脂环族环氧树脂(UVR6100)	80.00	BP	0.75
乙烯基月桂酸酯(Exxar Neo12)	20.00	FC430	0.50
三芳基硫鎓盐(UVI6990)	0.75		

（9）阳离子 UV 光学胶黏剂参考配方

3,4-环氧环己基,3,4-环己烷甲酸酯	27	端环氧基二甲基硅氧烷	10
氢化双酚 A 环氧树脂	63	阳离子光引发剂硫鎓盐	2

8.10.10　双重固化胶黏剂参考配方

（1）双重固化胶黏剂参考配方（一）

丙烯酸酯树脂（Synocure3100）	69.0	651	0.5
环氧树脂（ERL4221）	29.5	二甲苯基碘鎓六氟磷酸盐	1.0
固化速率/s	30	固化厚度/mm	3

（2）双重固化胶黏剂参考配方（二）

环氧丙烯酸单酯	60	TPGDA	12
BA	12	1173	2
GMA	12	阳离子光引发剂 445	2

（3）双重固化光学胶黏剂参考配方

A：EA	48	邻苯二甲酸二丁酯	8
新戊二醇二缩水甘油醚	8	安息香乙醚	0.2

B：多胺化合物与环氧化物加成物

A：B=4：1，光固化后，60℃×6h。

8.10.11　光固化导电胶参考配方

（1）UV 导电胶参考配方（一）

环氧丙烯酸树脂	30	651	3
镀银铜粉	70	硅烷偶联剂（KH570）	2

电阻率 $1.5\sim2.2\times10^{-4}\Omega\cdot cm$，200℃时电阻率 $4.1\times10^{-4}\Omega\cdot cm$。

（2）UV 导电胶参考配方（二）

① 铜粉预处理　在铜粉中加入无水乙醇为介质，氮气保护下用行星式球磨机球磨 20h，除去无水乙醇，得珠光色粒径 $1\sim10\mu m$ 片状铜粉。用浓度 5% 的稀硫酸溶液洗两次，再用无水乙醇洗两次，加入质量分数 4% 的偶联剂 KH570 快速放入真空干燥箱干燥备用。

② 光敏树脂配制

EA	30	651	1.5
EOEOEA	20	BP	0.8
TMPTA	10		

③ 导电油墨配制

光敏树脂	20	偶氮二异丁腈	1
铜粉	80	电阻率/$\Omega\cdot cm$	1.32×10^{-3}

（3）UV 导电胶参考配方（三）

① 镀银铜粉制备　将 8.51g AgNO₃ 溶于去离子水中，搅拌下缓慢放入氨水，至溶液呈透明无沉淀状态。再加去离子水至 100mL，配成银氨溶液。

将 1.81g 38% 的甲醛加入到 120mL 无水乙醇中，搅拌混匀，配成还原液。

将 10g 200 目铜粉在真空球磨机中球磨 10h，取出用 5% 的稀 H_2SO_4 和无水乙醇分别洗涤两次，滤去清液，放置于 250mL 三口烧瓶中，加入还原液，搅拌均匀，升温至 50℃，边搅拌边滴加银氨溶液，滴加完继续反应 1.5h，过滤，将得到的粉末用 5% 的稀 H_2SO_4 和无水乙醇分别洗涤两次，滤去清液后再重复上面的步骤两次，将最后得到的粉末洗涤干燥后，真空球磨处理 10h，得到片状镀银铜粉。

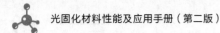
② 导电胶用光敏树脂

EA	3.00	651	0.16
N-VP	2.00	BP	0.08
TMPTA	1.00		

③ 导电胶的配方

光敏树脂	100	偶氮二异丁腈	2
镀银铜粉	70	硅偶联剂 KH570	3
电阻率/Ω·cm	1.5×10^{-4}		

第 9 章　光快速成型材料

9.1　快速成型制造技术

快速成型制造技术（rapid prototyping & manufacturing，简称 RP&M 或 RP）是 20 世纪后期发展起来的先进制造技术，是制造行业的一次革命。RP&M 是将计算机控制技术和新材料科学融为一体的制造技术，它一改传统机械切、削、刨、磨等材料递减的方式，而是像造房子一样采用材料递增叠加的方式，是一种全新的全数字化的制造方法。它具有以下两大特点。

① 快速化　实现制造过程的快速设计、快速修改、快速生产，使产品在品种上、规格上、样式上都不断推陈出新、更新换代，达到产品小批量、多样化、个性化，并可实现无库存的生产方式。

② 智能化　整个制造过程自动化、连续化、快速化，全部由计算机控制，不需要人来操作。可以制造出非常复杂的形状，并容易修改，容易重复。

快速成型制造过程如图 9-1 所示。

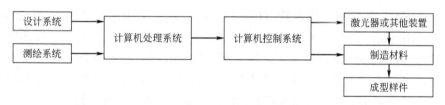

图 9-1　快速成型制造过程示意

快速成型技术涉及许多领域，如 CAD/CAM、数据处理、数控、光学、材料和计算机等，是机械、控制、信息、材料、计算机和激光等多种现代高科技技术的有机融合和交叉应用。与传统的"切除"多余材料的方法制造产品不同，快速成型技术是通过逐层"累加"材料的方法制造产品，属于材料堆积型制造技术，也称为"增材"制造（additive manufacturing）、分层制造（layered manufacturing）。快速成型技术体现了"降维"制造的思想：即将一个物理实体的制造过程，由复杂的三维加工，离散成一系列简单的二维层片的加工来实现，因此可以大大降低加工的难度，而且成型加工的难度，与需要成型实体形状和结构的复杂程度基本无关，从而能够用一种统一的、自动的方法，来完成加工各种形状的三维实体模型。这种加工方法不需要专用的工具和模具，不受零件复杂程度的限制，具有极大的柔性，而且制造工艺步骤简单，单件生产时产品的制造速度非常快（是传统方法的几倍乃至几十倍），非常适合新产品研制与开发、模型制作和单件小批量生产，因此快速成型技术一出现就受到极大关注，并得到迅速发展，在很多领域得到了良好的应用，应用快速成型技术可以缩短产品开发时间、降低开发成本，效果非常显著。

1979 年最早由 R. 哈斯侯德申请了 3D 打印技术专利，然而，这个名为《成型技术》的专利没有被商业化。1984 年美国人查克·赫尔（Chuck Hull，也名为 Charles W. Hull）发明了立体光刻技术（SLA），可以用来打印 3D 模型。1986 年查克·赫尔成立一家名为 3D System 的公司，开始专注发展添加制造技术，这是世界上第一家生产添加制造设备的公司。此后，许多不同的添加制造技术相继涌现。1988 年斯科特·克鲁普（Scott Crump）发明了熔融堆积成型技术（FDM），并成立 Stratasys 公司。这个技术的特点是能利用蜡、丙烯腈-苯乙烯-丁二烯共聚物（ABS）、聚碳酸酯（PC）、尼龙等热塑性材料来制作物体，具备性能优良的特点。1989 年 C. R. Dechard 发明选择性激光烧结技术（SLS），利用高强度激光将材料粉末烤结，直至成型。这种技术的特点在选材范围广泛，比如尼龙、蜡、ABS、金属和陶瓷粉末等都可以作为原材料。1992 年 Helisys 发明分层实体制造技术（LOM），利用薄片材料、激光、热熔胶来制作物体，然而该添加制造技术的原材料一直仅限于纸，性能低下。1993 年麻省理工学院 Emanual Sachs 教授发明三维打印技术（3DP），利用金属、陶瓷等粉末，通过黏合在一起成型。这种技术的优点在于制作速度快、价格低廉，但成品的强度较低。1995 年 Z Corporation 公司获得麻省理工学院的许可，利用该技术来生产 3D 打印机。

9.1.1 快速成型制造技术的类型

经过四十年的发展，增材制造先后出现了十几种不同的快速成型技术，它们大致可分为两类：第一类是基于激光技术的快速成型技术，如立体光刻（stero lithography appar，SLA）、分层实体制造（laminated object manufacturing，LOM）、选择性激光烧结（selective laser sintered，SLS）、选择性激光熔化（seleetive laser melted，SLM）等；第二类是基于挤出或喷射技术的快速成型技术，如熔融沉积制造（fused deposition modeling，FDM）、3D 打印（three dimensional printing，3DP）、冲击微粒制造（ballistic particle manufacturing，BPM）、实体磨削固化（solid ground curing，SGC）等。发展现状表明，第二类快速成型技术具有更大的发展前景，人们已开始把基于激光技术的快速成型技术，称为"传统的快速成型技术"，而把基于挤出或喷射技术的快速成型技术，称为"新一代的快速成型技术"。从 2003 年起新一代快速成型技术的快速成型机的年销售量，就已经超过了传统快速成型技术的快速成型机，因而基于挤出或喷射技术的快速成型技术将是增材制造发展的主流。

目前较成熟的主流快速成型技术有下列几种：熔融沉积制造（FDM）、直接金属激光烧结（DMLS）、电子束熔化（EBM）、选择性激光烧结（SLS）、分层实体制造（LOM）、立体光刻（SLA）和 3D 打印（3DP）。

（1）熔融沉积制造（fused deposition modeling，FDM）

FDM 技术的工作过程如图 9-2 所示。采用 FDM 技术时，使用丝状材料（石蜡、金属、塑料、低熔点合金丝、可食用的材料等）为原料，利用电加热方式将丝材加热至略高于熔化温度，在计算机的控制下，喷头作 X-Y 平面运动，将熔融的材料涂覆在工作台上，冷却后形成工件的一层截面，一层成型后，喷头上移一层高度，进行下一层涂覆，层厚约为 0.04mm，这样逐层堆积形成三维工件。该技术污染小，材料可以回

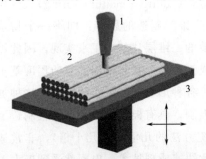

图 9-2　熔融沉积成型技术示意
1—喷嘴喷出熔化的塑料；2—沉积的材料
（成型部分）；3—控制活动工作台

收，用于中、小型工件的成型，制件性能相当于工程塑料或蜡模；主要用于塑料件、铸造用蜡模、样件或模型。

（2）直接金属激光烧结（direct matel laser sintering，DMLS）

DMLS是一种使用金属材料的3D打印技术。这项技术采用金属粉末，并通过使用局部聚焦激光束使其"焊接"。各部分的构建是通过一层一层地添加形成的，各层的厚度通常为 $20\mu m$。

DMLS机采用高功率的激光器，在其构建区，有1个材料分配平台、1个构建平台，以及1个用于在构建平台上移动粉末的涂覆刀片。DMLS机生产的零件精度高，细节分辨率好，有良好的表面质量和优异的力学性能。从理论上讲，几乎任何金属合金都可用于DMLS机打印，但目前该技术使用的材料主要有不锈钢、马氏体钢、钴铬、镍625和镍718、钛合金等。

（3）电子束熔化（electron beam melting，EBM）

EBM技术是20世纪90年代发展起来一种用于制造金属零件的快速制造方法，该技术通过高真空中的电子束来熔化金属粉末层，从而制造产品。

EBM机从三维CAD模型中读取数据，并将粉末材料放到连续层上，利用一个计算机控制的电子束使这些层熔化在一起而建立部件。整个过程是在真空环境中进行的，因而避免了活性材料熔融时出现氧化等现象。EBM机一般需要在700～1000℃的高温下操作，打印的层厚范围为0.05～0.2mm。利用该技术制造的产品非常致密，没有空隙且很结实。与以激光为能量源的金属零件快速成型技术相比，EBM工艺具有能量利用率高、无反射、功率密度高、聚焦方便等许多优点。目前EBM技术使用的材料是钛合金，因此非常适于在医疗植入、航空航天等对产品性能有较高要求的领域。

（4）选择性激光烧结（selective laser sintering，SLS）

SLS技术是一种使用高功率激光（如二氧化碳激光）的添加制造技术，其原理如图9-3所示。它是将很小的材料粒子融合成团块，形成所需要的三维形状。高功率激光根据三维数据（如制作的CAD文件或扫描数据）所生成的切面数据，选择性地熔化粉末层表面的粉末材料，然后每扫描一个粉末层，工作平台就下降一个层的厚度，一个新的材料层又被施加在上面，这个过程一直重复至完成制造。有些SLS机（如直接金属粉末激光烧结机）使用的是单一组分的粉末，但大多数SLS机使用的是双组分的粉末，通常是涂层粉末或粉末混合物。在使用单组分的粉末时，激光只熔化粒子的外表面（表面熔化）。与其他添加制造方法相比，SLS技术使用的材料范围比较广，包括聚合物材料（如尼龙或聚苯乙烯）、金属材料（如钢、钛、合金的混合物）、复合材料和绿砂等。处理过程可以是完全熔化、部分熔融或液相烧结。根据材料的不同，该技术可实现高达100%的材料密度，制造的产品性能堪比传统制造工艺。在许多情况下，部件被包围在粉末层中，因此生产率非常高。与SLA技术、FDM技术等添加制造技术不同，SLS技术不要求支撑结构。

SLS技术作为金属零件快速成型技术的重要组成部分，可以直接进行金属零件直接制造，不需要后处理。SLS成型材料多为单一组分金属粉末，包括奥氏体不锈钢、镍基合金、钛基合金、钴-铬合金和贵重金属等。激光束快速熔化金属粉末，可以直接获得几乎任意形状、具有完全冶金结合、高精度的近乎致密金属零件，是极具发展前景的金属零件快速成型技术。其应用范围已经扩展到航空航天、微电子、医疗、珠宝首饰等行业。

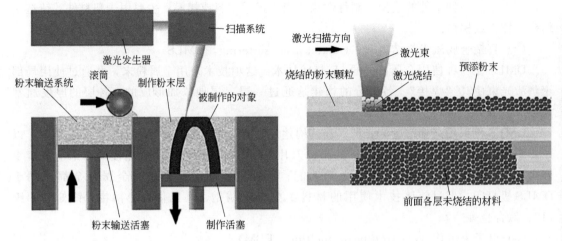

图 9-3　选择性激光烧结技术示意

（5）分层实体制造（laminated object manufacturing，LOM）

LOM 技术是以片材（如纸片、塑料薄膜、复合材料、金属箔、陶瓷膜）为原材料，用激光切割系统按照计算机提取的横截面轮廓线数据，将背面涂有热熔胶的片材用激光切割出工件的内外轮廓。切割完一层后，平台下降一段距离，该距离等于片材的厚度（通常为0.002～0.020in，1in＝2.54cm），送料机构将新的一层片材叠加上去，平台略微上升，利用热黏压装置将已切割层黏合在一起，然后再进行切割，这样一层层地切割、黏合，最终成为三维工件。其工作过程可分为层叠、黏结和切割 3 个步骤，如图 9-4 所示。各层切割完成后，多余的材料仍然放置，以支撑部件的构建。LOM 技术除了可以制造模具、模型外，还可以直接制造结构件或功能件。LOM 技术的优点是工作可靠，模型支撑性好，成本低，效率高。缺点是前、后处理费时费力，且不能制造中空结构件。成型材料主要是涂覆有热敏胶的纤维纸；制件性能相当于高级木材；主要用途是快速制造新产品样件、模型或铸造用木模。

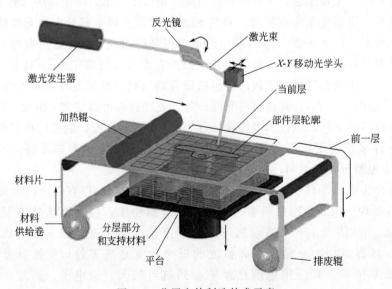

图 9-4　分层实体制造技术示意

（6）光固化立体成型（stereo lithography apparatus，SLA）

光固化立体成型技术（SLA）也称立体光刻，是采用光固化液体树脂作为材料，早期用紫外线激光、后发展用紫外灯和 UV-LED 灯来固化树脂构建各个层，从而创建三维物体。SLA 的工作过程如图 9-5 所示，紫外光通过检流镜驱动，扫描装有液体感光树脂的桶表面，激活聚合反应，树脂硬化形成三维物体的一个固体层。完成一层的构建后，平台将会下降单层厚度（通常为 0.05~0.15mm）。然后，刀片扫过部件的横截面，为其涂上新的材料，在这个新的液体表面，再由紫外光固化随后一层的图案，叠合到前一层。如此反复，就可形成一个完整的 3D 部件。构建完成后，部件将被浸入化学药液中，以清洗掉多余的树脂，随后在紫外线烘箱内进一步完成产品的固化。SLA 技术需要使用支撑结构，以便将部件固定在升降台上，防止其因重力或刀片的侧向压力而偏转。SLA 是最早实用化的快速成型技术，采用液态光固化树脂原料。SLA 技术主要用于制造多种模具、模型等；还可以在原料中通过加入其他成分，用 SLA 原型模代替熔模精密铸造中的蜡模。SLA 技术成型速度较快，精度较高，但由于树脂固化过程中产生收缩，不可避免地会产生应力或引起形变。因此开发收缩小、固化快、强度高的光敏材料是其发展趋势。

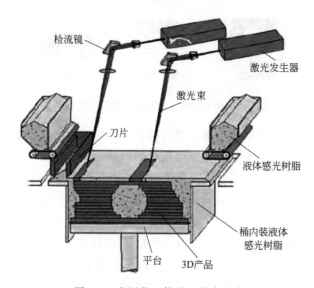

图 9-5　光固化立体成型技术示意

（7）3D 打印（three dimensional printing，3DP）

3DP 快速成型技术同 SLA、SLS 和 LOM 快速成型技术相比，不需要昂贵的激光系统，具有设备价格便宜、运行和维护成本低的优势。与 FDM 快速成型技术相比，3DP 快速成型技术可以在常温或较低的温度下操作，具有成型材料种类多的优势。此外，3DP 快速成型技术还具有操作简单、成型速度快、制件精度高、成型过程无污染，适合办公室环境使用等优点。因此，3DP 被认为是快速成型技术行业中最有生命力的新技术之一，具有良好的发展潜力和广阔的应用前景。

3D 打印是一种基于液滴喷射成型的快速成型技术，单层打印成型类似于喷墨打印过程，即在数字信号的激励下，使打印头工作腔内的液态材料在瞬间形成液滴，或者由射流形成液滴，以一定的频率和速度从喷嘴喷出，并喷射到指定位置，逐层堆积，形成三维实体零件。根据喷射材料的不同，3D 打印快速成型技术分为两类：粉末粘结成型 3D 打印和直接成型

3D 打印。

① 粉末黏结成型 3D 打印　是通过打印头喷射（打印）黏结剂，将粉末材料逐层黏结成型，以得到制件的成型方法。其工作原理如图 9-6 所示。首先在成型室工作台上均匀地铺上一层粉末材料，接着打印头按照零件截面形状，将黏结剂材料有选择性地打印到已铺好的粉末材料上，使零件截面有实体区域内的粉末材料黏结在一起，形成截面轮廓，一层打印完后工作台下移一定高度，然后重复上述过程。如此循环逐层打印，直至工件完成，最后除去未黏结的粉末材料，并经固化或打磨等后处理，得到成型制件。

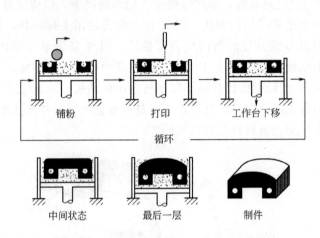

图 9-6　粉末黏结成型 3D 打印的工作原理

由于未黏结的粉末材料可以作支撑，因此粉末黏结成型 3D 打印中不需要考虑支撑，打印头的个数最少可以只设置 1 个。若将黏结剂材料制成彩色，则粉末黏结成型 3D 打印可以直接制造出彩色的模型或原型件。

② 直接成型 3D 打印　是直接由打印头打印出光固化成型材料、热熔性成型材料或其他成型材料，然后经固化成型得到制件。图 9-7 是光固化 3D 打印快速成型（由打印头喷射光敏树脂材料）的工作原理。

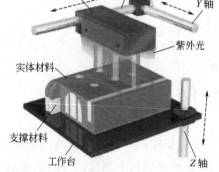

图 9-7　光固化材料 3D 打印的工作原理

其工作过程如下：根据零件截面形状，控制打印头在截面有实体的区域打印光固化实体材料，同时在需要支撑的区域打印光固化支撑材料，在紫外灯的照射下，光固化材料边打印边固化。如此逐层打印逐层固化，直至工件完成，最后除去支撑材料得到成型制件。打印其他成型材料 3D 打印快速成型的工作原理与此相似，只是固化方式有所不同。

与粉末黏结成型的 3D 打印快速成型系统相比，直接成型的 3D 打印快速成型系统因其中没有粉末材料系统，结构和控制相对要简单。直接成型 3D 打印快速成型中，对于制件有悬臂的地方需要制作支撑，因此，该技术的快速成型系统中，打印头的数量至少要设置 2个，一个打印实体材料，另一个打印支撑材料。

9.1.2　快速成型制造技术的应用

由于快速成型技术具有的经济性和高效率的优点，近年来，其应用范围已拓展到工业产品造型、医学、信息、航空、航天、制造、艺术以及国防等领域，并取得了显著效果。快速成型技术主要应用于以下几个方面：

（1）工业产品的概念设计

新产品的开发阶段，虽然可以借助设计图纸和 CAD 三维建模，但不能展现原型，难以对设计的产品作出迅速评价。为了保证产品的设计质量，使最终生产出来的产品具有良好的市场满意度，快速成型系统可以在几小时或者几天的时间内将设计图纸或者 CAD 模型转化成看得见摸得着的实体模型，可供设计者和用户进行直观检测、评价和优化，并能迅速获得用户对设计的反馈信息。这样就可以把可能出现的问题解决在设计阶段，而且有利于产品制造者加深对产品的理解，合理地确定生产方式、制造工艺和费用。

（2）快速模具制造

快速模具制造是快速成型技术的一个非常重要的应用方向。传统模型制作往往需要经过模具的设计、模具的制作、制作模型、修整等工序，制作的周期长。而快速成型技术则去除了模具的制作过程，使得模型的生产时间大大缩短，一般几个小时甚至几十分钟就可以完成一个模型的制作，大大缩短了制作周期，而且制作精度高，制作成本相对低，制作材料可以多样性，还能实现个性化制作。目前，采用快速成型制造技术的快速模具制造，主要用于制造铸造模具和塑料模具。将快速成型技术与传统的模具制造技术相结合，可以大大缩短模具的开发周期，提高生产率，是解决模具设计与制造薄弱环节的有效途径。

（3）微小结构制作

快速成型的一个重要发展方向是微小结构制作，利用快速成型技术，可以制作出毫米及毫米以下的微型器件，其中包括微型机械零部件、微电子机械传感器等。

（4）医学应用

世界上许多国家都重视快速成型技术在医学领域中的应用，并取得了良好的效果。该方法将以数字成像技术为基础的断层成像（CT）、核磁共振（MRI）等诊断方法与快速成型技术结合，即把扫描得到的人体分层截面图像，经计算机三维重建后的数据提供给快速成型系统，得到人体部分或内脏器官原型。这样就可以显示出该部位的病变情况，可用于辅助临床诊断和复杂手术方案的制定，或供教学使用。2010 年 2 月 Invetech 公司与 Organovo 医学公司合作，研制出首台商业化 3D 生物打印机，对提取的活体进行组合排列，打印出所需要的细胞，误差可以控制在 $20\mu m$ 之内。应用生物 3D 打印技术，开发出 3D 打印胚胎干细胞制造人体组织技术，能够打印人体的组织和器官，包括动脉和静脉血管以及小到牙齿、大到血管网在内的身体器官。3D 生物打印机一般有两个打印头，一个打印头放置需打印的生物细胞——生物墨，另一个放置用作细胞生长的支架材料，主要成分为水凝胶。生物墨细胞和支架材料水凝胶交替打印，直至打印完成新器官。科学家已用生物 3D 打印技术培育出骨髓和皮肤。用 3D 打印制作骨骼和关节，目前可以对四肢所有关节、骨骼进行定制，制作个体化的骨关节修复假体，为残疾人制作假肢，给患者修复颅骨、修整下巴、重塑颧骨、眼眶等，因此利用 CT 图像的光固化成型技术是应用于假体制作、复杂外科手术、口腔颌面修复的有效方法。利用牛耳细胞在 3D 打印机中打印出人造耳朵，可以用于先天畸形儿童的器官移植。利用生物 3D 打印技术打印出微型肝脏，具备真实肝脏器官的多项功能：它能够产生蛋白质、胆固醇和解毒酶，并将盐和药物运送至全身各处，为未来 3D 打印器官用于移植带来了希望。通过生物 3D 打印技术造出功能性膀胱，已经用于移植。这些意味着今后病入膏肓的病人可获得人工打印的脏器，进行人工脏器移值。因此，目前在生命科学研究的前沿领域出现的一门新的交叉学科——组织工程是光固化成型技术非常有前景的一个应用领域。

（5）军事工业应用

2011 年 8 月 1 日，英国工程师放飞了世界上首架 3D 打印出来的飞机。这架小型无人机翼展 6.5 英尺（约合 1.98m），最大飞行时速 100 英里（约合 161km）。这架飞机的革命性意义在于，它只有马达不是打印出来的，此外整个机体结构包括机翼、整体控制面和舱门等，都采用德国 EoS 公司的激光烧结机等 3D 打印设备制造，整架飞机无需其他工具可在几分钟内完成组装。波音公司已经利用 3D 打印技术制造了大约 300 种不同的飞机零部件，包括将冷空气导入电子设备的形状复杂导管，正在研究利用 3D 打印技术打印出机翼等更大型的产品。空客公司在 A380 客舱里使用 3D 打印的行李架，在"台风"战斗机中也使用了 3D 打印的空调系统，并计划从打印飞机的小部件开始，一步一步发展，最终在 2050 年左右用 3D 打印机打印出整架飞机。

我国西北工业大学凝固技术国家重点实验室与中国商用飞机有限公司合作，成功利用"激光立体成型"的 3D 打印技术，通过激光融化金属粉末，成功"打印"制造了长达 3m 的 C919 飞机钛合金部件。辽宁号航母上绰号为"飞鲨"的歼-15 是中国第一代舰载战斗机，主承力整体框等很多部件就是钛合金和 M100 钢 3D 打印的，目前中国先进战斗机上 3D 打印部件所占比例已超过 20%。中航成都飞机制造公司和沈阳飞机制造公司为正在研制的第五代战斗机歼-20 和歼-31 采用钛合金 3D 打印主体部件，重量可减轻 40%。中航重机激光产品已应用于我国多款新型军用飞机，并起到关键作用。除了军用飞机外，中航重机还在开拓大型水面水下舰艇市场。3D 打印技术不仅可以满足航空航天领域中零件构造复杂化、轻质化等要求，还可以实现对零部件的修复。

（6）建筑领域应用

已有研究人员发明了大型建筑 3D 打印机，用建筑材料打印出高 4m 的建筑物。该 3D 打印机的底部有数百个喷嘴，可喷洒出沙子和镁质黏合物薄层。打印机喷头每打印一层时仅形成 5~10mm 的厚度，通过一层层地将黏合物和沙子结合，可逐渐铸成石质固体，建造完毕后建筑体的质地类似于大理石，比混凝土的强度更高，并且不需要内置铁管进行加固。该打印机已建造各种建筑结构，其打印建筑物的速度是普通建筑方法的 4 倍，几乎不会产生废弃物，十分环保。设计出"太阳能烧结"3D 打印机，能在全自动情况下通过阳光将沙子转化成玻璃制品。它运用了烧结技术，利用太阳能将沙子加热至熔点，然后用 3D 打印机喷射出经冷却并凝结成固体，即变成玻璃。

在建筑业，已开始用 3D 打印机打印建筑模型，这种方法快速、成本低、环保，同时制作精美。完全合乎设计者的要求，同时又能节省大量材料。

（7）文物保护领域应用

将计算机技术和 3D 打印技术结合应用于文物保护领域，为文物保护提供了现代化的科学手段，即运用新技术、新方法保护文物、修复文场和复制文物。利用 3D 打印技术与三维扫描技术联用对文物进行复制，其精度将远远高于传统的复制方法，而且不会对文物造成任何损伤，为文物的精密、无损的补配修复及翻模复制提供了一条便捷的途径。2012 年上海商务数码公司与新疆龟兹研究院合作应用 3D 打印技术完成了克孜尔第 17 窟 1：1 比例复原建造，还原相似度 100%，色彩还原精度 98%。利用 3D 打印技术还可以使流失在海外的文物数字图像可以实体还原。

通过对化石进行 3D 扫描，利用 3D 打印技术做出适合研究的 3D 模型，不但保留了原化石所有的外在特征，同时还做了比例缩减，更适合研究。

通过 3D 打印技术可以将停留在电脑中的数据以实体化展现出来，取代传统的手工制模工艺，得到作品的精细度、复杂度、制作效率等都带来了极大的改善和提高。

（8）其他应用

以 3D 打印方式创作的时装，使 3D 打印正式跨入时尚设计界。除了服装设计外，讲究时尚外形的家庭装饰、制鞋、箱包，甚至艺术创作等，都是 3D 打印的用武之地。荷兰 Shapeways 公司，利用 3D 打印技术为客户定制各种产品，如艺术品、首饰、手机壳、饰品、玩具、杯子等，几年内，生产已经超过 100 万款，产量超过 60 亿件，有近 25 万的客户。

用一种装满油、蛋白质粉和碳水化合物的食物打印机"打印"食品，已经可以打印巧克力制品、奶油蛋糕等食品。不久的将来，很多看起来一模一样的食品就是用食品 3D 打印机"打印"出来的。

在各种快速成型技术中，采用光固化进行快速成型技术的有二种方式：光固化立体成型（SLA）和光固化 3D 打印（3DP）。

9.2　光固化立体成型

1971 年美国的 Swainson 提交了一份专利，使用辐射来引发材料相变、制造三维物体，第一次把电子计算机、激光和光固化材料三者结合起来，来实现三维立体制造。1981 年日本的 Kodama 提出了一种以光敏聚合物制作三维模型的自动加工方法，即借助于掩模（mask）或者借助光纤在 $X—Y$ 轴方向移动，实现薄层表面上的图形固化。1982 年，美国 3M 公司的 Alan J. Herbert 提出了另外一套创建固态实体所期待任何截面的新颖设计方案，可以通过光敏材料按照层层堆叠的方式建构出一个三维立体模型。1984 年，美国 UVP 公司的 Charles W. Hull 进一步构思开发有关现代"光固化立体成型"理念，并申请了第一份《光固化立体成型》的专利，同时还创建了目前广泛使用的"stereo lithography（光固化立体成型，SLA）"的术语名称。1986 年 Charles W. Hull 制造出了世界上第一台快速成型机 SLA-1，并于同年获得美国专利。随后，Charles W. Hull 与 UVP 公司的股东 Raymand Fred 联合创立了 3D System 公司，开发 SLA 技术的商业应用。1993 年瑞士汽巴公司在 Max Hunziker 指导之下，第一次在北美使用环氧/丙烯酸酯杂化树脂，采用自由基和阳离子混杂光固化技术，在光固化立体成型（SLA）材料的创新过程中具有里程碑的意义。

光固化立体成型的成型原理：采用一定波长和强度的光束，在微机控制下按加工零件各分层截面的形状对液态光固化树脂逐点扫描，被光照射到的薄层树脂发生聚合反应，从而形成一个固化的层面。当一层扫描完成后，未被照射的地方仍是液态树脂。然后升降台带动基板再下降一层高度，已成型的层面上方又填充一层树脂，接着进行第二层扫描。新固化的一层牢固地粘在前一层上，如此重复直到整个零件制造完毕。

9.2.1　光固化立体成型的光源

目前，用于光固化立体成型设备中的紫外光源分为两类：高端立体成型设备大都采用紫外激光器，低端立体成型设备采用紫外灯。

激光具有高亮度、高方向性、高单色性和高相干性等优点，是进行材料加工的理想光源。但早期使用的是气体放电激光器，功率既低（20~100mW），而且维护成本还高。2014年后，光固化立体成型装置配备为功率更为强大而且寿命更长的激光器，功率已达7000MW，寿命为10000h，所以激光器对未来新型光固化立体成型装置的开发已不再构成障碍。快速成型设备中常用的紫外激光光源包括氦镉（He-Cd）激光器（325nm）、氩离子（Ar+）激光器（351~364nm）、N2激光器（337nm）、二极管泵浦 Nd：YOV4 三倍频激光器（355nm）等。一般激光束的光斑尺寸为 0.05~3.00mm，激光位置精度可达 0.08mm，重复精度可达 0.13mm。扫描速度达 81~2540mm/s。SLA 设备最早使用 He-Cd 气体激光器和 Ar+气体激光器作为光源，但激光系统（包括激光器、冷却器、电源和外光路）的价格及维护费用昂贵、电光转换效率低、工作可靠性也较低，导致快速成型设备的制造成本和使用成本过高，在一定程度上限制了紫外光固化快速成型技术的推广。

随着 RPT 推广应用的普及，要求降低设备制造成本和运行成本，并且要求装置小型化，这样就产生了使用紫外灯和光纤技术的 SLA 光源。紫外灯以其价格优势占据了紫外光固化快速成型设备的低端市场。尽管紫外灯的成本较低，但其使用寿命短，光束质量差，还有汞的污染。而且紫外灯的谱带较宽，这对具有特定光吸收特性的材料固化是不利的。另外，紫外灯发光面大，与光纤耦合时光能量损耗也大，而要纠正这一缺点，就必须增加聚光零件，使结构复杂，并使光源体积增大。

在泵浦固体激光器等应用的推动下高功率半导体激光器（连续输出功率在 100mW 以上，脉冲输出功率在 5W 以上，均可称之为高功率半导体激光器），在 20 世纪 90 年代取得了突破性进展，其标志是半导体激光器的输出功率显著增加，国外千瓦级的高功率半导体激光器已经商品化，国内样品器件输出已达到 600W。如果从扩展激光波段的角度来看，先是红外半导体激光器，接着是 670nm 红光半导体激光器大量进入应用，接着是波长为 650nm、635nm 的可见光激光器问世，蓝绿光、蓝光半导体激光器也相继研制成功，10mW 量级的紫光乃至紫外光半导体激光器，已经研制成功且市面上已有出售。相干公司还提供紫外半导体激光器，波长在 375nm。这样就为半导体激光器在光固化快速成型的应用成为现实。

紫外半导体激光器技术的发展，为 SLA 提供了最好的光源，在电光效率、成本、体积、寿命和可靠性等指标上堪称最优，在光谱、谱线宽度、功率等性能方面也完全符合 SLA 的工艺要求，因此现在这种新型能量源已成为理想的光源。这种新颖能量源具有以下优点：

① 紫外半导体激光器比 He-Cd 气体激光器寿命长、工作可靠，且体积小，易于实现，装置小型紧凑，使 SLA 设备成为一种桌面式三维打印系统的设想成为现实。

② 紫外半导体激光器可在低电压下工作，有利于设备的安全操作；其电光转换效率比 He-Cd 气体激光器高很多，有利于节能。

③ 随着半导体激光器技术的发展，紫外半导体激光器已有产品问世，如相干公司的 CUBE 375-8E 和 Radius 375-8，均可满足要求。形成新的光源模块后直接与现有 SLA 系统集成，可较大幅度地降低系统成本，项目风险也小。

半导体激光器体积小、光电转换效率高、寿命长、可靠性高、易于调制等优点，使其在激光技术中占有重要的地位，已经成功运用到电子学的各个领域。紫外半导体激光器的商品化，使得作为光固化快速成型的新型光源成为现实，必将充分发挥半导体激光器的优势，并将大力推动光固化快速成型设备的桌面三维打印系统的实现。

20世纪末，随着LED材料生产技术的发展和制备工艺的完善，商品化LED的发光效率和性能提高推动了LED的应用发展。1997年日亚化学成功研发世界首个发光波长为371nm的UV-LED，1998年，美国Sandia国家实验室研制出发光波长为386nm的UV-LED。相对激光器和汞灯等传统光源，UV-LED具有成本低、体积小、无环境污染、耗电量低、寿命长等优点，有较高的性价比。UV-LED很快地在UV胶黏剂、UV喷墨油墨、UV胶印油墨、UV上光油、UV指甲油等光固化产品上应用，取得很大成功，同时也在快速成型SLA和3D打印上得到使用。UV-LED灯作UV光源，使用更方便、安全，又不会产生臭氧，也无汞污染，所以更节能、环保。光固化立体成型用各种UV光源见表9-1。

表9-1 光固化立体成型用UV光源

光源	波长/nm	光源	波长/nm
氦镉(He-Cd)激光器	325	中压汞灯	365
氩离子(Ar+)激光器	351～364	金属卤素灯	360～390
N2激光器	337	UV-LED灯	365、375、385、395
Nd:YOV4激光器	355		

9.2.2　光固化立体成型的材料

光固化成型材料的性能直接影响成型件的质量及成本。成型件的力学性能、精度及加工过程中出现的各种变形，都与成型材料有着密切的关系。因此，成型材料——光固化树脂是SLA的关键问题之一。

SLA工艺对光固化树脂具有以下要求：黏度低、光敏性高（固化速度快）、固化收缩率小、贮存稳定性好、毒性小、成本低、固化后具有良好的力学性能等。

① 黏度低、流平性好　SLA工艺零件的加工是一层层叠加而成的，层厚约0.1mm甚至更小。每加工完一层，树脂槽中的树脂就要在短时间内流平，待液面稳定后才可进行扫描固化，这就要求光固化树脂的黏度很低，流平性好，否则将导致零件加工时间延长、制作精度下降。另外，SLA工艺中固化层厚极小，过高的黏度将很难做到精确控制层厚。

② 光敏性高　在光源扫描固化成型中，零件是由UV光束一条线一条线扫描形成平面，再由一层层平面形成三维实体零件。因此扫描速度越高，零件加工所需的时间越短。而扫描速度的增加，就要求光固化树脂在UV光束扫描到液面时立刻固化，而当UV光束离开后聚合反应又必须立即停止，否则会影响精度。这就要求光固化树脂具有很高的光敏性。光敏性通常是用临界曝光量E_c（critical expoxure energy）来表征的，E_c的量纲是毫焦/平方厘米（mJ/cm^2），其含义是在透射深度下单位面积的树脂达到凝胶状态所需的最小曝光能量。另外，由于UV光源寿命很有限，光敏性差必然延长固化时间，会大大增加制作成本。

③ 固化收缩率小　SLA工艺中零件精度是由多种因素引起的复杂问题。这些因素主要有：成型材料、零件结构、成型工艺、使用环境等。其中最根本的因素是成型材料——光固化树脂（尤其是自由基引发聚合的光固化树脂），在固化过程中产生的体积收缩。除了使零件成型精度降低外，体积收缩还会导致零件的力学性能下降。如：由于树脂固化时体积收缩产生的内应力，使材料内部出现砂眼和裂痕，容易导致应力集中，使材料的强度降低，造成零件的力学性能下降。因此，光固化树脂的固化收缩率应越小越好。以前，各大公司和SLA成型机制造商所用的光固化树脂基本都是以自由基型光固化体系为主，树脂的体积收

缩率较大，一般都在 5% 以上，现在，不少公司采用自由基光固化和阳离子光固化结合的双重光固化体系，可以减少体积收缩。

④ 一次固化程度高　在紫外固化条件下，未经后固化的固化程度称为一次固化程度。一般要求一次固化程度要达到 90% 以上，以保证零件在激光成型过程中尺寸的稳定，防止零件变形。同时，可以减少后固化过程产生的收缩，减少后固化过程中的变形，保持零件精度。

⑤ 力学性能良好　光固化树脂固化成型为零件后，要使其能够应用，就必须有较高的断裂强度、抗冲击强度、硬度、韧性和拉伸强度等力学性能。

⑥ 透射深度适中　透射深度系数 D_p（depth of penetration）是光固化树脂体系固有的参数。D_p 值关系到光固化树脂固化片层间的粘接情况，对固化制品的强度和精度等都有很大影响。用于光固化立体成型技术的光固化树脂，必须有适中的透射深度系数 D_p，并根据 D_p 值调节固化片层的厚度。

⑦ 湿态强度高，溶胀小　较高的湿态强度可以保证后固化过程不产生变形、膨胀及层间剥离。由于采用 SLA 技术制作的成型件是浸泡在液态光固化树脂中，溶胀小可减少零件尺寸偏差，提高成型精度。

⑧ 储存稳定性好　由于 SLA 工艺的特点，使得光固化树脂要长期存放在树脂槽中，这就要求光固化树脂具有很好的储存稳定性。在可见光条件下，光固化树脂不发生缓慢聚合反应，不发生因其中组分挥发而导致黏度增大，不被氧化而变色等。同时，应有很好的热稳定性、化学稳定性、组成稳定性。

⑨ 毒性小　光固化树脂毒性要低，以利于操作者的健康和不造成环境污染。

⑩ 成本低　光固化树脂成本要低，以利于商品化和推广应用。

立体光刻所用的光固化树脂是由低聚物、活性稀释剂、光引发剂和助剂等组成。固化方式可为自由基光固化、阳离子光固化以及自由基和阳离子混杂光固化。

① 自由基光固化 SLA 材料　固化速率快，成本低，低聚物种类多样，性能调整范围大；但氧阻聚导致零件表面发黏，清洗困难，固化体积收缩率大，零件翘曲变形大，精度低，气味也稍大。

② 阳离子光固化 SLA 材料　固化体积收缩率小，精度高，表面光洁，易清洗；但固化速率慢，成本高，低聚物种类少，性能调整范围有限，暗反应明显，后固化脆性增加。

③ 自由基和阳离子混杂光固化 SLA 材料　固化速率较快，表面光洁，性能调整范围较大，固化体积收缩可以得到有效控制，后固化脆性得到很大改善。

低聚物的选择主要是考虑固化后制件的物理力学性能。对自由基固化体系，常用低聚物为环氧（甲基）丙烯酸酯、聚氨酯（甲基）丙烯酸酯和聚酯（甲基）丙烯酸酯，超支化低聚物黏度低、活性高、固化膜性能好，适合作立体光刻的低聚物。对阳离子固化体系常用的低聚物主要是环氧树脂。

活性稀释剂主要为调节黏度和固化速率，通常选择单、双、多官能团丙烯酸酯配合使用，第三代丙烯酸酯单体具有高反应活性，黏度又低，聚合转化率高，非常合适用作立体光刻的活性稀释剂。含氨基甲酸酯、环碳酸酯的单官能团丙烯酸酯也显示出高的反应活性和转化率，也是自由基体系理想的活性稀释剂。乙烯基醚类既可阳离子固化，又可自由基固化，黏度也低，活性很高，也是很好的活性稀释剂。近年又发现氧杂环丁烷，黏度比较低，还具有优良的抗湿性和耐温性能，是非常优良的阳离子活性稀释剂。

光引发剂主要考虑与 UV 光源波长相匹配，以及高引发活性。目前立体光刻的 UV 光源有三种：①UV 激光光源，采用 He-Cd 激光器（325nm）或 Ar 激光器（351nm、364nm）较多，因此选 1173、184（对 He-Cd 激光器）和 651、TPO、819（对 Ar 激光器）最为合适；②对汞弧灯作 UV 光源，大多使用 1173、184、651、907、369、ITX、TPO 和 819 等光引发剂；③对 UV-LED 光源，使用 369、ITX、TPO 和 819 等光引发剂。对于阳离子光固化体系，则以碘鎓盐、硫鎓盐、芳香茂铁盐等阳离子光引发剂。

立体光刻用的光固化树脂还需适量添加助剂，如消泡剂、流平剂、阻聚剂等，对有颜色要求的制件，则还需加入颜料。

光固化快速成型技术目前存在的主要问题是光固化树脂固化体积收缩率较大，影响成型尺寸精度。为此在配制光固化树脂时可以采取：

① 在不影响性能情况下，降低固化反应体系中官能团的浓度，降低收缩应力；
② 优化光固化树脂配方，选择体积收缩小的活性稀释剂和低聚物；
③ 改进自由基光引发聚合体系，采用阳离子和自由基双重固化的混杂固化体系；
④ 添加无机填料、偶联剂等，以减少固化收缩时的内应力；
⑤ 添加纳米材料，提高制件的力学性能和耐热、耐老化性能。

9.3　光固化 3D 打印

1995 年，麻省理工学院毕业生 Jim Bredt 和 Tim Anderson 研发了粉末层和喷头 3D 打印（3DP）技术，Z 公司从麻省理工学院获得了独家使用"三维打印（3DP）技术"的授权，并在三维打印技术的基础上开发了 3D 打印机。1996 年，3D System 公司推出"Actua 2100"快速成型机。同年 Stratasys 公司推出"Genisys"，Z 公司推出"Z402"，第一次使用了"3D 打印机"的称谓。2005 年，Z 公司推出"Spectrum Z510"。这是市场上第一台高精度彩色 3D 打印机。2008 年，Objet Geometries 公司宣布推出革命性的"Connex500"快速成型系统，这是有史以来第一个能够同时使用几种不同材料的 3D 打印机。此后，许多生产厂商纷纷推出各种型号的 3D 打印机。如 2011 年维也纳科技大学推出了世界上最小的 3D 打印机，重量只有 1.5kg，2012 年 Maker Bot 个人 3D 打印机投放市场，价格合理，可家用。在"大尺寸"领域，在德国的 D 打印公司发布了 4000mm×2000mm×1000mm 尺寸的 3D 打印机。

我国首台激光 3D 打印机于 2012 年由湖南华曙高科技有限责任公司研制成功。该装备只要通过电脑输入设计产品的 3D 数据，就能运用激光添加层烧结技术，"打印"出设计者想要得到的任何形状复杂零部件。我国华中科技大学史玉升团队经过十多年努力，实现重大突破，研发出当时全球最大的 3D 打印机，可加工零件长宽最大尺寸为 1.2m×1.2m。

3D 打印应用领域扩展延伸到生物医药领域，用 3D 打印进行生物组织直接打印。基于 3D 打印民用化普及的趋势，3D 打印的设计平台正从专业设计软件向简单设计应用发展，甚至有的应用已经可以让普通用户通过类似玩乐高积木的方式设计 3D 模型。

3D 打印的光源有激光光源和汞弧灯，现在也开始使用 UV-LED 光源。

光固化 3D 打印的快速成型原理是利用喷墨技术，使用液态光固化树脂成型制件，用紫外光进行固化的一种工艺，喷头沿 X 轴来回运动，同时喷射光固化实体材料和支撑材料形成一层截面，并用紫外光照射固化。重复该过程，层层堆积，最后通过后处理除去支撑得成型件。它将喷射成型和光固化成型的优点结合在一起，大大提高了成型精度，并降低成本。尽管 3D 打印设备简便，打印方式容易控制，但 3D 打印制品精度还不尽人意，打印效率远不适应大规模生产的需求，而且受打印机工作原理的限制，打印精度与速度之间存在严重矛盾。

对 3D 打印材料的要求如下。

（1）3D 打印光固化树脂固化前的理化性能要求

① 安全性　必须是无毒、不易燃、挥发性小的液态树脂。

② 稳定性　不发生暗反应，在不接触紫外光的情况下，不会反应聚合而产生絮凝物。

③ 纯度　树脂中悬浮颗粒直径一般须控制在 $1\mu m$ 以下，避免堵塞喷头。

④ 表面张力　光固化 3D 打印成型一般要求表面张力在 26～36mN/m 之间。

⑤ 黏度　黏度较低，室温贮存时，黏度在 30～300mPa·s 左右，工作温度下控制在 8～20mPa·s 之间，最好在 8～15mPa·s 之间。

⑥ pH 值　控制在 7～8 之间，当 pH 太低时会腐蚀喷头。

⑦ 其他　如密度要求；光固化树脂要有一个合适的喷射参数；要具有一定的抗菌性。

（2）3D 打印光固化树脂的喷射性能要求

① 液滴的形式　喷射的液滴尺寸均匀，且使液滴喷射的速度恒定。

② 防喷嘴堵塞　在 3D 打印成型过程中，不会产生絮凝物堵塞喷嘴。

③ 润湿性　成型材料对喷嘴结构表面具有良好的润湿性和适应性。

④ 水性支撑光固化树脂　干燥速率适宜，不会因干燥速率过快而堵塞喷嘴。

（3）3D 打印光固化树脂的光固化性能要求

① 光固化速率　光固化树脂要求在紫外灯的照射下能够迅速固化。如果光固化树脂紫外照射后处于半固化状态时，首先，成型件容易变形；其次，无法支撑下一次喷射的液体；同时，落下的液体会使半固化状态的树脂溶胀，并产生到处流动的现象；最后，当去除支撑的时候，成型件表面质量不高。

② 对金属卤素灯输出光谱响应性要求　光固化树脂在 365nm 附近有较强的吸收，3D 打印机的金属卤素灯在 365nm 波长处有最大的输出强度，占总能量输出的 40% 左右，能够充分利用金属卤素灯的紫外光输出能量。

③ 固化收缩率　成型时的收缩不仅会降低制件的精度，而且会导致成型零件的翘曲、变形、开裂等现象，因此实体材料应尽量选用收缩率较低的原料。

（4）固化后的力学性能及其他要求

① 实体材料　要求较高的拉伸强度、弯曲强度、硬度和韧性，耐化学品，水洗后不变形，并拥有良好的热稳定性。较高的硬度保证实体材料在去除支撑的时候，不会被破坏。较高的拉伸强度、断裂强度和抗冲击强度，保证成型件的应用或者直接作为功能件。良好的热稳定性保证成型件不随时间延长而老化，同时有较高的耐热温度。

② 支撑材料　要求能够承受实体材料的重量，承重下不变形、不被压缩。支撑容易去除，不污染环境。

光固化 3D 打印往往用来进行复杂结构零件的制造，这些复杂的结构中经常会出现空洞和悬空的部分，为了避免在快速打印的过程中发生变形影响制件的形状，给后续生产造成偏差。因此在空洞与悬空的部分用支撑材料填补。在喷射打印过程结束后，支撑材料必须从制件中去除且不能损坏实体模型。

目前根据支撑材料固化形式不同，可以分为相变蜡支撑材料和光固化支撑材料。

① 相变蜡支撑材料　当温度高于其熔点范围时由固态转变为液态，从喷嘴喷出；喷出后温度降低、开始由液态转变为固态，填补空洞或悬空部位，从而起到支撑的作用。相变蜡作为支撑材料具有以下优点：原材料价格便宜，堵塞喷头后易处理。缺点是混合蜡的相转变熔点较高。

② 光固化支撑材料　光固化支撑材料也是光固化树脂。其原理就是喷头将支撑材料喷射出来，经光照射后发生固化，填补制件中的空洞与悬空的部分，从而起到支撑作用。光固化支撑材料的优势是可以在相对低温度下进行喷射，收缩率低且稳定性高，从而提高了制件的精度。缺点是支撑材料容易堵塞喷头且很难去除，容易损坏喷头。目前大多使用液态的水性光固化树脂作为支撑材料，并利用紫外光固化，最后用水枪去除支撑材料。

光固化实体树脂材料在打印稳定性更好的基础上，朝高固化速度、低收缩、低翘曲方向发展，以确保零件成型精度，同时拥有更好的力学性能，尤其是冲击性和柔韧性，以便可直接使用和功能测试用。另外将发展各种功能性材料，如导电、导磁、阻燃、耐高温的光固化实体树脂材料。

光固化支撑材料同样要继续提高其打印稳定性，喷头在不需要保护的条件下，可以随时打印，同时支撑材料更容易去除，完全水溶的支撑材料将变为现实。

3D 打印的光固化树脂可根据需要加入颜料、助剂等添加剂。如需要固化的制品具有特定的颜色，可添加一定量的颜料和润湿分散剂；体系的储藏稳定性不好，可添加一定量的阻聚剂；体系容易产生气泡，可添加一定量的消泡剂；对于 3D 打印成型的光固化树脂来说，表面张力是一个很重要的参数，通常可通过添加流平剂、润湿分散剂和消泡剂等来调节。

9.4　SLA 和 3DP 光固化树脂

SLA 和 3DP 光固化树脂的工艺性能主要体现在树脂黏度、固化速率、固化深度、制品精度及成型收缩率等方面。

（1）黏度

在 3D 打印光固化树脂体系中，黏度是一个很重要的指标。当黏度过高时，需要很高的压力才能使其从喷头喷出，能耗高；而当黏度过低时，则容易形成拖尾、漏液和飞溅。另外，光敏树脂能否从喷头稳定喷出的一个重要影响因素是表面张力，当表面张力过高时，需要较大的表面能才能形成液滴，从而导致光敏树脂较难从喷头喷射出来；而当表面张力过低时，喷出来的树脂在工作面上铺展过快，无法形成有效的分层厚度，导致制品的尺寸精度变差。

同样，在 SLA 中光固化树脂的黏度也是重要的指标，当一层树脂固化后，平台下降，光固化树脂必须快速流入平台，而且迅速流平，进行下一层树脂固化。

为了使黏稠的低聚物改善黏度、黏着性及固化性能，如柔性和硬度，需要在光固化树脂中加入活性稀释剂。活性稀释剂有单官能团活性稀释剂、双官能团和多官能团活性稀释剂，官能团数越高，降低黏度的效率就越低。不同官能度的稀释剂不但影响黏度，同时影响固化速率及制品的力学性能，应综合考虑加入量。增塑剂也有降低黏度的作用，适量使用增塑剂可使固化后的制品柔性增加，但刚性降低。

（2）固化速率

固化速率是衡量光固化树脂性能好坏的重要指标之一，在基本配方确定后，影响光固化速率的主要因素是光引发体系及活性稀释剂的选择。光引发体系的选择包括光引发剂的种类、用量、光敏增感剂的配合等因素。由于光引发反应的速率与配方内引发剂的浓度成正比关系，而树脂内形成的游离基数与该区域的光强度和引发剂浓度两者都成正比关系，于是，提高引发剂浓度有利于提高固化速率。然而，光强度随吸光物料的浓度增高而成指数关系递减，光引发剂本身就有吸收辐射的作用，所以最终决定引发效率与固化速率的是两种因素的平衡。通常，固化速率起初会随光引发剂浓度增高而增高，但此作用很快达到稳定，继续增加光引发剂反而会降低固化速率，这是因为光线在上层被光引发剂吸收，以至不能抵达下层，使下层不能固化。研究表明光引发剂的用量超过 4%～5% 后，不仅不能提高速率，反而使制品不能完全固化，性能变差，同时还增加成本。此外，必须要选择光引发剂的吸收波长与光源的发射波长相匹配，以最大限度发挥光引发剂的效率，能有效提高固化速率。

活性稀释剂的选择对于固化速率也有影响，活性稀释剂的官能团越大，固化速率越快，但黏度也越大。所以经常采取单、双、多官能团混合使用，使体系黏度、固化速率及其他性能都合适。

（3）临界曝光量、固化深度

临界曝光量、固化深度为光固化树脂的光敏性质。其中，临界曝光量为使光固化树脂发生凝胶时的最低能量；固化深度为光固化树脂受光照射后能使树脂固化的厚度。一般来说，临界曝光量主要受光引发剂的影响；而固化深度主要影响打印过程中的分层厚度。当分层厚度大于固化深度时，相邻的固化层不能很好地粘接在一起，无法制成完整的具有较好力学性能的零件。如果设定的分层厚度太小，虽然相邻的固化层能非常好地粘接在一起，但是打印制品的 Z 轴方向误差比较大。

固化深度是制造工艺的一个重要参数，它直接影响到制造的精度。在制造过程中，为了获得高精度的零件，必须严格控制树脂固化深度和其他一些参数，固化深度通常和光照能量、激光功率和扫描速度等有关。由于考虑到树脂的收缩要求，需经常改变激光的扫描速度，而激光扫描速度的改变就会影响固化深度，这时要维持原有的固化深度就必须改变激光功率。激光照射条件和固化尺寸之间有着紧密的联系，找到这种联系对提高零件的制造精度非常有作用。

在快速成型中激光功率、扫描速度和固化深度之间存在以下关系：

① 扫描速度不变时，固化深度和激光功率的对数成线性关系；

② 激光功率不变时，固化深度随速度的增大而减小，与扫描速度的对数成线性关系；

③ 要使在加工中保持相同的固化深度，则必须在激光功率和扫描速度之间保持一种非线性关系。

除此之外，光引发剂的含量对固化深度影响较为明显，可以通过改变光引发剂组分配比来调整固化深度。染料、颜料、填料的加入也会影响固化深度。

较大的固化深度可以提高成型速度，但其成型精度就要下降。因此，成型速度和成型精度的要求也是互相制衡的两个方面，也需综合平衡考虑。

（4）成型收缩率及制品精度

成型过程误差是产生制件误差的主要根源。由于成型过程是基于材料累加原理的层层堆积过程，所以层层堆积产生台阶效应是一种原理误差，特别是相对 Z 轴倾斜的表面，由于台阶效应的存在极大地破坏了面型精度。目前消除这种误差的途径之一，是在分层时减小分层的厚度，但减小分层厚度将显著地降低制作效率，并且给实现均匀涂层带来困难。另一途径是采取辅助工艺或制件后处理时采用砂磨、打光工艺等。

成型过程中工件的变形是产生尺寸误差的另一主要原因。由于光固化树脂从液态到固态的聚合反应过程中，要产生线性收缩和体积收缩，而线性收缩将会在层堆积时产生层间应力，这种层间应力工件变形，导致制件精度丧失。而且这种变形的机理极复杂，例如收缩的大小不仅与材料本身的特性（材料组分、光敏性、聚合反应的速率等）有关，并且与激光光强及分布、扫描参数（如扫描速度、扫描方式和扫描间距）有关，而形变又与零件的几何形状有关。所以制作过程的参数必须经过优化，方能达到较高的制件精度。实践表明，使用低黏度、低收缩、高强度的光固化树脂是提高制件精度的根本途径。而对同一性能的树脂，工艺参数的优化也是提高精度一条有效的途径。

此外，固化后制品的力学性能也是光固化树脂的一个重要的评价指标，这主要受主体低聚物树脂的种类影响，其次是受其相配合的活性稀释剂的种类及用量的影响，因而需要反复地试验和调整，直到其满足使用要求。

为了适应 3D 打印和立体光刻新工艺的需要，希望低聚物固化速率快、低黏度、低黄变、耐化学品性好、体积收缩率小、力学性能优异，故低聚物生产企业开发并生产了用于3D 打印的低聚物，见第 3 章表 3-51。

活性稀释剂选择上还要使用皮肤刺激性小的，可参见第 2 章表 2-37。综合考虑，光固化树脂中活性稀释剂使用烷氧基化活性稀释剂就比较更合适，因为它黏度低，皮肤刺激性小，而且体积收缩也小。

9.4.1 光固化树脂的体积收缩

虽然光固化 3D 打印和 SLA 所用都为光固化树脂，但因为成型工艺不同，它们的性能和要求也各不相同：

① SLA 的实体和支撑材料是一种树脂；而光固化 3D 打印除了实体树脂，必须另外有支撑树脂，支撑树脂还需要容易去除。

② SLA 的光固化树脂黏度稍大，只要流平性好；而光固化 3D 打印的光固化树脂黏度很低，才能容易从喷头喷射出来。

③ SLA 的光固化树脂除了含有阻聚剂外，一般不含其他助剂；而光固化 3D 打印的光固化树脂要能够从 $50\mu m$ 的喷嘴孔中喷出，需加入表面活性剂、润湿剂、分散剂、防沉降剂和阻聚剂等助剂，以维持长期稳定喷射。

④ SLA 光固化树脂是在已固化的树脂上再固化，要求层与层黏结性能好，而且因为已经固化的部位是浸入液态光固化树脂中，所以还要求耐溶胀性好；而光固化 3D 打印是在固化了的支撑或实体树脂上喷射液态光固化树脂并固化，只要求层与层结合性能好。

SLA 和 3D 打印光固化树脂目前研究较多的是自由基光固化树脂与阳离子光固化树脂混杂光固化体系，这类混合聚合的光敏树脂主要由丙烯酸酯、乙烯基醚类和环氧树脂等低聚物，活性稀释剂和光引发剂组成。自由基聚合诱导期短，固化速率快，但固化体积收缩率大，光熄灭后反应立即停止，因此没有后固化。而阳离子聚合诱导期较长，固化速率较慢，但固化体积收缩率小，光熄灭后反应可继续进行，因此两者结合可互相补充，使配方设计更为理想，还有可能形成互穿网络结构，使固化树脂的性能得到改善。

由于立体光刻中计算机控制软件和激光曝光装置及成型设备基本定型，故改进的焦点主要集中在制造材料——光固化树脂上，也就是要最大限度降低固化体积收缩率和体系黏度。目前有两种途径来实现此目的：一是开发低黏度、高活性、低体积收缩率的低聚物，特别是超支化低聚物；二是进一步开发、完善阳离子固化体系，并引入膨胀聚合物体系。利用一些螺环、桥环化合物开环聚合时，产生体积膨胀，有望使光固化树脂固化时实现零体积收缩，这无疑对立体光刻成型技术会有突破性进展。

聚合时的体积收缩是一般单体的固有属性，产生的原因有两方面：

① 加成聚合时分子间由范德华作用距离（0.3～0.5nm）变为共价键距离（C—C共价键约0.154nm），尽管C＝C双键变为C—C单键，由0.133nm增大到0.154nm，但分子间发生一次加聚反应距离就要缩短0.125～0.325nm，因而密度增大，出现体积收缩（图9-8）。表9-2为加成聚合时不同单体的体积收缩率。

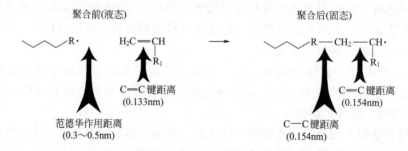

图 9-8　加成聚合反应前后分子间距离变化

表 9-2　加成聚合时不同单体的体积收缩率（计算值）

单体	体积收缩率/%	单体	体积收缩率/%
乙烯	66.0	甲基丙烯酸甲酯	21.2
丙烯	39.0	乙酸乙烯	20.9
丁二烯	36.0	苯乙烯	14.5
氯乙烯	34.4	邻苯二甲酸二烯丙酯	11.8
丙烯腈	31.0	N-乙烯咔唑	7.5
1-乙烯基芘	6.0		

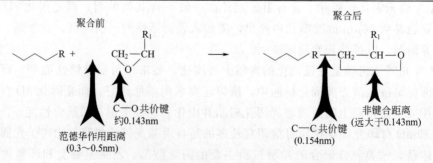

图 9-9　开环聚合反应前后分子间距离变化

② 杂乱无章的液态单体分子固化后规整性增加造成体积收缩，并且聚合物分子规整性越强，排列得越整齐，固化后体积收缩越大。

但阳离子引发开环聚合体系，体积收缩要比加成聚合小得多。这类单体在聚合时，因为开环，除形成 C—C 共价键，还有 C—O 键出现，减少了分子间距离缩短，故体积收缩率要减少（图 9-9）。表 9-3 列举了部分单体开环聚合的体积收缩率。

表 9-3　开环聚合时不同单体的体积收缩率（计算值）

单体	体积收缩率/%	单体	体积收缩率/%
环氧乙烷	23	环庚烷	5
环氧异丁烯	20	环辛烯	5
环丁烯	18	双酚 A 缩水甘油醚	5
环氧丙烷	17	环辛二烯	3
环戊烯	15	环十二碳三烯	3
环戊烷	12	5-氧杂-1,2-二硫杂环庚烷	3
四氢呋喃	10	氧化二甲基甲硅烷环状四聚体	2
环己烷	9	环辛烷	2
氧化苯乙烯	9		

由于聚合过程中会产生体积收缩，而体积收缩的危害最主要会产生内应力，即收缩应力，造成：①涂层起皱；②铸件变形；③粘接强度降低；④附着力下降；⑤加速材料老化等弊病。

9.4.2　减少体积收缩的方法

为了减少聚合过程中产生的体积收缩，通常采用以下方法：

（1）选用体积收缩率小的低聚物

一般来讲分子量大的低聚物，聚合时体积收缩比较小。官能度低的低聚物，聚合时体积收缩也比较小。部分低聚物的体积收缩率见第 3 章 3.1 节表 3-3。

（2）选用体积收缩率小的活性稀释剂

一般官能度低的活性稀释剂体积收缩率较小，烷氧基化的活性稀释剂体积收缩率较小，带环状结构的活性稀释剂体积收缩率较小（表 9-4）。

表 9-4　部分活性稀释剂的体积收缩率

产品代号	化学品名称	分子量	官能度	收缩率/%
IBOA	丙烯酸异冰片酯	208	1	8.2
EB114	乙氧基化丙烯酸苯氧基乙酯	236	1	6.8
ODA	丙烯酸十八酯	200	1	8.3
TCDA	三环葵基二甲醇二丙烯酸酯	304	2	5.9
PO-NPGDA	丙氧基化新戊二醇二丙烯酸酯	328	2	9
DPGDA	二丙二醇二丙烯酸酯	242	2	13
TPGDA	三丙二醇二丙烯酸酯	300	2	18.1

产品代号	化学品名称	分子量	官能度	收缩率/%
HDDA	己二醇二丙烯酸酯	226	2	19
EO-TMPTA	乙氧基化三羟甲基丙烷三丙烯酸酯	428	3	14.1
OTA480	丙氧基化甘油三丙烯酸酯	480	3	15.1
TMPTA	三羟甲基丙烷三丙烯酸酯	296	3	25.1

（3）合适的光引发剂用量

在保证涂层固化速率和力学性能的条件下，使用合适的光引发剂用量。过量使用光引发剂会增加涂层交联度，从而加大体积收缩；残留的光引发剂还会影响涂层的各种性能，特别是耐候性。

（4）尽量减少使用高官能度的活性稀释剂和低聚物

在保证涂层固化速率和力学性能的条件下，尽量减少使用高官能度的活性稀释剂和低聚物，降低涂层的交联密度，减小体积收缩，从而减少收缩应力。

（5）在不影响生产条件下，适当降低光聚合速率

有时利用氧阻聚作用，减缓光聚合反应，降低涂层的交联密度；同时光聚合速率减缓，延长了凝胶化的时间，也有利于收缩应力的释放。而交联密度降低和收缩应力释放都可减少收缩应力。

（6）采用自由基/阳离子混杂光固化体系

阳离子光固化是开环聚合反应，其体积收缩率较小。因为开环聚合时，有一对原子由范德华距离变成共价键距离，同时另一对原子却由原来的共价键结合变成接近范德华距离，体积收缩率减小。一般阳离子光固化体积收缩率在5%左右，而自由基光固化体积收缩率往往大于10%。所以采用自由基/阳离子混杂光固化体系可有效降低体系的体积收缩率。

（7）加入高分子增韧剂

光固化体系中有时也可适量加入高分子增韧剂，固化时发生相分离，产生体积膨胀，抵消一部分体积收缩。同时又可以改善固化树脂的韧性和伸长率，降低弹性模量，有利于降低体积收缩率。

（8）加入无机粉状填料

光固化体系中时常需要加入一些无机粉状填料，起增强性能、降低成本作用。无机粉状填料的加入，降低了树脂和单体在体系中的体积分数，使固化时收缩率降低。同时加入无机粉状填料也能降低树脂的热膨胀系数，还可起到均匀分散应力作用。

（9）选用合适的偶联剂

光固化体系中有时加入少量的偶联剂，有利于涂层对基材表面的润湿，增加涂层与基材之间的接触表面；同时可增加涂层与基材的附着力，减少粘接面上的内应力，这都有利于减少体积收缩。

（10）改进固化工艺，增加后固化

在光固化后有一个后固化过程，特别是如能增加热固化过程，对减少收缩应力效果更佳。加热不仅使光固化进行完全，而且有利于收缩应力松弛和释放，达到减少收缩应力目的。

（11）利用膨胀单体共聚

加入膨胀单体，这是从根本上消除收缩应力、减少体积收缩的方法。

对杂原子螺环、桥环化合物的开环聚合研究发现：在聚合时，不仅不发生体积收缩，反而产生了体积膨胀（表9-5），膨胀单体的类型为双螺环及多螺环单体，主要有螺环原酸酯类、螺环原碳酸酯类、双环原酸酯类和环缩醛类等见表9-6。如果将这种膨胀聚合体系开发出来，并引入到立体光刻的光固化树脂中，就可以制备零体积收缩的立体光刻模具。

表 9-5　部分螺环、桥环化合物开环聚合时的体积膨胀

单体 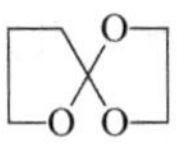 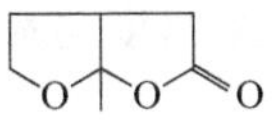 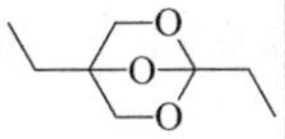 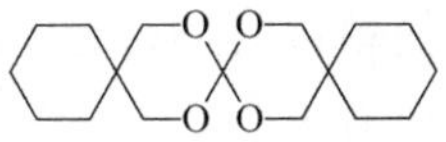 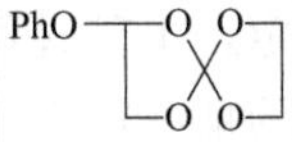 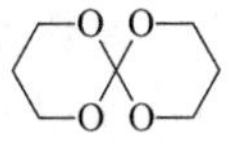							
聚合温度/℃			25	25	108	30	25	130
体积膨胀/%	0	0	2.8	4	7	12	9	17

表 9-6　膨胀单体类型

类型	分子结构式	体积变化率/%
螺环原酸酯（SOE）	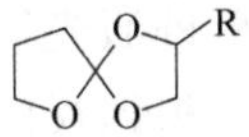	+0～1
螺环原碳酸酯（SOC）	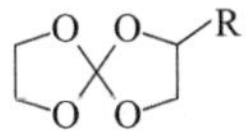	+0.5～1.5
双环原酸酯（BOE）	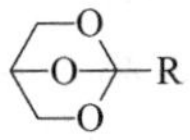	+0～1.3
环缩醛（ketal lacton）	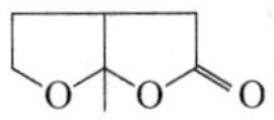	+0.1～0.3

9.5　面曝光成型技术

光快速成型中 SLA 或 3D 打印都是通过点扫描沿 X-Y 轴移动得到一个平面，所以成型速度很慢，制作一个模型需要较长的时间。现在通过动态视图发生器，建立了面曝光快速成型系统。实现了利用视图发生器生成的零件截面视图作为动态掩模，对光固化树脂整层曝光固化，曝光一次，得到整个一层平面的图形，显然比逐点扫描快得多。利用该快速成型系统，可以制作具有复杂微小特征的三维零件。新型面曝光快速成型系统具有成本低、分辨率高等特点，在中间尺度微小结构制作领域具有广阔的应用前景。

相对于光快速成型技术，面曝光快速成型技术能获得更快的成型的速度，消除了一个精确的 X-Y 运动控制子系统，设备结构和工艺过程更加简单化，不仅降低了硬件成本，而且

提高了稳定性。面曝光快速成型技术是近年迅速发展起来的制作小尺寸零件的整层液面曝光的光固化方法，零件的 CAD 模型经过计算机软件分层后，生成能反映层面形状的 BMP 图片数据文件，由该文件驱动动态视图生成器，均匀分布的面光源照射到动态视图发生器后，经光路系统聚焦在液面上生成图形动态掩模，曝光后可一次固化整层零件；在每一层树脂固化完成后，金属托板会下降一个层厚的距离，新的液态树脂由于毛细作用会自动流入树脂槽和已固化树脂层的空隙中，以形成新的待固化层；然后逐层累加进行固化，最后制作出零件。

通过对面曝光快速成型过程的分析可以看出，此项技术具有以下优点：

① 面曝光方法成型速度快　由于其减少了扫描固化时的路径规划、扫描速度、扫描间距等参数设定，工艺过程简单。另外，无需逐点扫描，成型速度与成型面积大小无关，只与固化面积上的精细加工要求有关。

② 面曝光快速成型件变形小　采用紫外灯照射树脂，相对于激光照射的瞬时固化，是一个慢固化的过程，所以树脂固化过程中有较好的内部应力分布状态，变形也就相应较小。

③ 面曝光方法可以实现小面积的精细成型　面曝光方法无振镜扫描方式中的光源斜照射，以及焦点变动问题，采用高分辨率的投影装置（如高清 DMD 芯片），可实现较小面积上的精细加工。

④ 面曝光方法成本低　面曝光方法不需采用价格昂贵的紫外激光器和振镜扫描系统，无论硬件成本还是使用成本，都比采用紫外激光器作为固化能量低得多。

图形动态掩模的生成方式有很多种，根据视图发生器的类型进行分类，主要有液晶显示技术（liquid crystal display，LCD）与数字投影技术（digital light processing，DLP）两种。

（1）液晶显示技术

液晶显示技术生成动态掩模，再经过紫外光照射光敏树脂，生成固化实体。LCD 掩模快速成型技术在国外研究得比较早，由于 LCD 液晶分子的可控性，可以很好地解决掩模生成的问题。并且 LCD 的分辨率可以做得较高，在微小成型中得到大量应用，使用 LCD 作为动态掩模，可以制作出尺寸在几毫米的微小零件。通过对比试验，这种技术的加工精度较普通 SLA 技术高，成型速度快，显示出了其优越性。

LCD 掩模技术的难点在于，LCD 存在光束通过时，对紫外光有较强的吸收，因此 LCD 对紫外光的透射率不高，而且使用时间长时，紫外光会与液晶分子作用，降低通过率；液晶分子的开关速度不够快，对比度较低，造成制件边界不够清晰，影响制件表面的精细度。这些都制约着 LCD 面曝光快速成型系统的快速发展。

（2）数字投影技术

数字投影技术使用 DMD 技术生成动态掩模，经过紫外光照射光敏树脂，生成固化实体。DMD 是数字微小反光镜阵列的简称，它由很多铝制微小反光镜组成，对紫外光的反射性能好，并且紫外光对铝材料没有影响，较 LCD 掩模技术优势明显，发展潜力很大，目前各国研究的较多，开发了多种基于 DMD 掩模的快速成型系统。

DMD 是数字投影技术 DLP 的核心器件，是用数字电压信号控制微镜片执行机械运动来实现光学功能的装置。它是由数以万计的可以移动翻转的微小反射镜构成的光开关阵列，其工作原理是：每一个微反射镜对应一个像素，通过寻找微反射镜下面对应的 RAM 单元，可以使 DMD 阵列上的这些微反射镜偏转到开或关的位置，处于开状态（微镜倾斜 10°）的微镜对应亮的像素，处于关状态（微镜倾斜 −10°）的微镜对应暗的像素，通过控制微镜片绕固定轴的旋转运动及时域响应将决定反射光的角度方向和停滞时间，从而决定屏幕上的图像及其对比度，显示明暗相间的图像。DMD 对紫外光反射率高，易于控制，而且紫外光对镜片没有损伤。光束不需要穿透微镜阵列，通过微镜阵列被反射进入光学系统入射孔，光束能量没有衰减。固化所需的照射时间与使用 LCD 相比要短，能显著提高制作速度（图 9-10）。

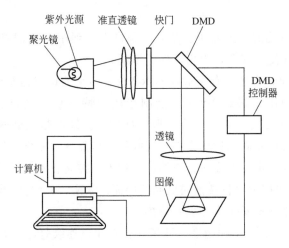

图 9-10　DLP 视图发生器结构示意

　　其缺点是受 DMD 分辨率的限制，难以大面积曝光。

　　以往 DMD 器件的价格一直居高不下，限制了它的应用。但近年来，DMD 器件的成品率和产量都有了大幅度的提高，这使得 DMD 器件的生产成本和市场价格有了大幅度下降，因而 DMD 器件能被广泛应用。目前，采用 DLP 数字光处理技术与快速成型技术相结合的方法获得了较为理想的结果。主要原因是 DLP 技术的核心器件 DMD 分辨率高，易于控制，紫外光对镜片没有损伤。DMD 的分辨率从 1024×768 像素提高到了 1920×1080 像素，极大地提高了图像的显示分辨率，镜面翻转角度也由原来的 10° 提高到了 12°，图像的对比度和清晰度相应地有显著的提高。此项技术运用到面曝光快速成型技术中，可以显著提高制件的固化精度。因此，利用 DMD 实现视图的动态生成，进行整层曝光固化是一种非常有前景的方法。

　　从目前现有的研究成果可以看到，随着 DMD 微镜片向着更高像素、更大面积的方向发展，以及更大功率紫外光源的生产，相信基于数字微镜器件 DMD 的面曝光成型技术将会成为快速成型技术发展的主要方向。

　　DLP 面曝光快速成型系统主要由视图发生器、控制系统及涂层系统构成。

　　控制系统主要功能有：升降工作台的控制、曝光快门的控制以及视图发生器的控制等。面曝光快速成型系统的控制采用两级控制系统。控制计算机作为上层的主控机，主要完成整个成型系统的集中管理，负责对三维模型的切片及生成符合快速成型工艺要求的数据，向下一级控制系统发送数据和控制命令，并负责信息处理、参数设置、显示及键盘管理等。而运动控制器实现对精密升降工作台运动和曝光快门的控制。

　　涂层系统由升降工作台及树脂槽组成，涂层工艺采用了自然流平法。升降工作台由运动控制器、伺服电机、工作台、伺服电机驱动器及滚珠丝杠等组成半闭环运动控制系统，保证工作台 Z 方向精密移动。驱动器直接对电机编码器反馈信号进行采样，在内部构成速度环，避免了运动过程中的丢步或过冲现象。曝光快门也由运动控制器控制，利用曝光快门可实现制作过程中曝光能量和曝光时间的控制。

扫描法的激光快速成型系统在制作过程中，零件截面形状较复杂时，光束跳转次数增加，导致扫描时间增加。而面曝光快速成型系统对整层树脂一次曝光固化，固化时间与截面形状的复杂程度无关，因此在制作截面形状复杂的制件时，面曝光快速成型系统的制作时间更短。

面曝光快速成型系统的紫外光源已从高压汞灯发展到用 UV-LED 光源，设备和结构更简单、轻便，使用更方便、安全，也更环保、节能。

SLA 是最早商品化、市场占有率最高的 RP 技术。它的特点是精度高（±0.1mm）、表面质量好、原材料的利用率将近 100%，能制造形状特别复杂（如空心零件）、特别精细（如首饰、工艺品等）的零件，尤其适宜壳形零件制造。缺点是成型材料较脆，加工零件时需制做支撑；此外，材料在固化过程中伴随有收缩，可能导致零件变形。

随着智能制造的进一步发展成熟，新的信息技术、控制技术、材料技术等不断被广泛应用到制造领域，3D 打印技术也将被推向更高的层面。未来，3D 打印技术的发展将体现出精密化、智能化、通用化以及便捷化等主要趋势。

提升 3D 打印的速度、效率和精度，开拓并行打印、连续打印、大件打印、多材料打印的工艺方法，提高成品的表面质量、力学和物理性能，以实现直接面向产品的制造。

开发更为多样的 3D 打印材料，如智能材料、功能梯度材料、生物材料、纳米材料、非均质材料及复合材料等，特别是金属材料直接成型技术、医疗和生物材料成型技术有可能成为今后 3D 打印技术的应用研究与应用的热点。现在设计者直接联网控制的 3D 打印技术未来发展的主要趋势是实现远程在线制造。

3D 打印机的体积小型化、桌面化，成本更低廉，操作更简便，更加适应分布化生产、设计与制造一体化的需求以及家庭日常应用的需求。

9.6　光快速成型材料参考配方

以下配方单位为质量份。

（1）水溶性光固化 3DP 支撑材料参考配方

三嵌段低聚物 PEO-PPO-PEO	6.0	润湿剂 Rcy101	5.5
聚乙二醇(400)二丙烯酸酯	26.5	对羟基苯甲醚	0.1
去离子水	58.5	打印温度/℃	50~55
2959	1.5	黏度/mPa·s	5~20
三乙醇胺	1.3	表面张力/(mN/m)	25~35
Byk345	0.6		

（2）低收缩 SLA 固化光树脂参考配方

改性 EA	100	PDDA	30
DPGDA	40	1173	5
TPGDA	20	体积收缩率/%	3.89
TMPTA	20		

（3）可见光（514nm）SLA 光固化树脂参考配方

EA	65	184	4
TMPTA	25	曙红	2
NPV	10	N-甲基-二羟乙基胺	0.3

（4）红光（680nm）SLA 光固化树脂参考配方

EA	70	黏度/mPa·s	420
PO-TMPTA	27	体积收缩率/%	4.10%
菁染料-有机硼盐复合物光引发剂 CDBC	3		

（5）SLA 用混杂光固化树脂参考配方

EA	50	异丙醇	1.25
1,5,7,11-四氧杂螺[5,5]十一烷	15	黏度/mPa·s	420
EO-TMPTA	30	透射深度/mm	0.30
二苯基碘鎓六氟磷酸盐	2.5	体积收缩率/%	1.3
ITX	1.25		

（6）SLA 光固化树脂参考配方（一）

EA	50	651	5
HDDA	25	黏度/mPa·s	360
NX-2013	25	体积收缩率/%	5.4

NX-2013 为 。

（7）SLA 光固化树脂参考配方（二）

EA	68	黏度/mPa·s	280
EO-TMPTA	28	透射深度/mm	0.34
369	2	体积收缩率/%	5.3
ITX	2		

（8）SLA 光固化树脂参考配方（三）

EA	50	819	1
PUA	30	三乙醇胺	2
TMPTA	10	有机色素	0.01
NVP	10	黏度(25℃)/mPa·s	670
184	2	体积收缩率/%	4.63
369	1		

（9）SLA 光固化树脂参考配方（四）

不饱和聚酯树脂	33.5	气相二氧化硅	1.5
EA	35	促进剂	0.4
桐油酸酐	10.6	安息香醚	2
TPGDA	15	过氧化苯甲酰	2

（10）SLA 光固化树脂参考配方（五）

项目	混杂体系 1	混杂体系 2	自由基体系	阳离子体系
EA	37.5	50	80	
TPGDA	12.5	16.6	20	
E-44	40	26.7		80

正丁基缩水甘油醚	10	6.7		20
1173	3	3	3	
PI-432	3	3		3
表干时间/s	3	1	18	30
体积收缩率/%	4.2	5.0	6.6	3.0

（11）SLA 光固化树脂参考配方（六）

EA	25	1173	4
脂环族环氧树脂	25	PI-432	4
TPGDA	25	黏度(20℃)/mPa·s	970
长链脂肪烃缩水甘油醚丙烯酸酯	25	体积收缩率/%	1.93

（12）SLA 光固化树脂参考配方（七）

脂环族环氧树脂 ZH207	64	Ph_2IPF_6	2
环氧稀释剂 5748	32	固化的收缩率/%	4.059
184	2		

第 10 章　光电子工业用光固化材料

10.1　光刻胶

光刻胶 (photoresist) 又称光致抗蚀剂，是指通过紫外光、准分子激光、X 射线、电子束、离子束等光源的照射或辐射，其溶解度发生变化的耐蚀刻薄膜材料。主要用于电子工业中集成电路和半导体分立器件的微细加工，同时在平板显示、发光二极管、倒扣封装、磁头及精密传感器等制作过程中也有着广泛的应用。光刻胶具有光化学敏感性，可进行光化学反应。将光刻胶涂覆在半导体、导体或绝缘体基片上，经曝光、显影后留下的部分对基片起保护作用，然后采用蚀刻剂进行蚀刻就可将所需要的微细图形从掩模板 (mask) 转移到待加工的基片上，并进行扩散、离子注入、金属化等工艺。因此光刻胶是微细加工技术中的关键性化工材料。

10.1.1　光刻技术的发展

光电子工业的发展离不开光刻胶的发展，这是由于电子工业微细加工的精度决定于光刻胶曝光、显影后成像分辨率。目前，光刻工艺中采用掩模板曝光方式主要有接触式曝光和投影式曝光两种。

接触式曝光是将掩模板直接放在光刻胶表面进行曝光的方式，该曝光方式的成像分辨率取决于以下公式。

$$L = 3\sqrt{0.5\lambda d}$$

式中　L——等距线宽；

　　　λ——曝光光源波长；

　　　d——光刻胶厚度。

接触式曝光的光效率虽然很高，但在基片和掩模板对准过程中容易造成划伤而产生缺陷。为了减少由于硬接触造成的机械损伤，曝光时可在掩模板和光刻胶表面之间留一道狭缝，即所谓接近式曝光，该方式的成像分辨率由以下公式决定。

$$L = 3\sqrt{\lambda(s + 0.5d)} \approx 3\sqrt{s\lambda}$$

式中　L——等距线宽；

　　　s——掩模板和光刻胶表面的距离，s 最大值为 $10\mu m$；

　　　λ——曝光光源波长。

投影式曝光是目前集成电路制作中应用最广泛的曝光方式，它克服了接触式曝光的缺点，并降低了掩模板的制作难度。该方式成像分辨率由以下公式表示。

$$\delta = k\frac{\lambda}{\mathrm{NA}}$$

式中　δ——可分辨的两点或两线之间距离；

　　　λ——曝光光源波长；

k——常数，据 Raleigh 理论为 0.5；

NA——透镜开口数。

$$NA = \frac{D/2}{f}$$

式中　D——透镜直径；

　　　f——透镜焦距。

通过上述三个公式可以清楚地看到，成像分辨率都与曝光光源的波长 λ 有密切关系。光波长愈短，则成像分辨率愈高。因此，随着电子工业微细加工精度提高，线宽变窄，必然要求可使用的曝光光源波长变短；而曝光光源波长的变化，又必然要求光刻胶与之相匹配，促进了光刻胶的不断发展。

当今集成电路（IC）工业按照摩尔定律在不断发展，即集成电路的集成度每 18 个月翻一番；芯片的特征尺寸每 3 年缩小 $\sqrt{2}$ 倍，芯片面积增加 1.5 倍，芯片中的晶体管数增加约 4 倍，每过 3 年便有一代新的集成电路产品问世，光刻技术与集成电路发展的关系见表 10-1。

表 10-1　光刻技术与集成电路发展的关系

项目	时间											
	1986	1989	1992	1995	1998	2001	2004	2007	2010	2013	2016	2019
IC 集成度	1M	4M	16M	64M	256M	1G	4G	16G	64G	256G	1T	4T
技术水平/μm	1.2	0.8	0.5	0.35	0.25	0.18	0.13	0.10	0.07	0.032	0.022	0.016
可能采用的光刻技术	g 线		g 线、i 线、KrF		i 线、KrF		KrF	KrF+RET、ArF	ArF+RET、F₂、PXL、IPL	F₂+RET、EPL、EUV、IPL、EBOW、NIL		

注：g 线为 436nm 光刻技术；i 线为 365nm 光刻技术；KrF 为 248nm 光刻技术；ArF 为 193nm 光刻技术；F₂ 为 157nm 光刻技术；RET 为光网增强技术；EPL 为电子投影技术；PXL 近 X 射线技术；IPL 为离子投影技术；EUV 为超紫外技术；EBOW 为电子束直写技术；NIL 为纳米压印技术。

现在世界集成电路水平已由微米级（1.0μm）、亚微米级（$1.0\sim0.35\mu$m）、深微米级（0.35μm 以下）进入到纳米级（$10\sim15$nm）阶段。光刻胶的光刻波长则经历了 g 线（436nm）→i 线（365nm）→KrF 激光（248nm）→ArF 激光（193nm）→F_2 激光（157nm）→极紫外（EUV 13.4nm）→X 射线（1nm）→更短波长的电子束（$0.01\sim0.001$nm）、离子束（<0.001nm）。

光刻胶曝光时，使用多种光源，光源的波长与能量关系见表 10-2，从深紫外线开始光刻胶的反应以辐射化学为主，故又称辐射胶。

表 10-2　光源的波长与能量关系

光源	相应波长/nm	能量/eV
紫外	350~450	2.7~3.5
深紫外	180~265	5~7
X 射线	0.4~5.0	1000~5000
电子束	0.01~0.001	20000~200000
离子束	<0.001	>200000

目前，在集成电路制作中使用的主要光刻胶见表 10-3。

表 10-3　集成电路制作中使用的主要光刻胶

光刻胶	成膜树脂	感光剂	曝光机/曝光波长
聚乙烯醇肉桂酸酯负胶	聚乙烯醇肉桂酸酯	成膜树脂自身	高压汞灯/紫外全谱
环化橡胶-双叠氮负胶	环化橡胶	双叠氮化合物	高压汞灯/紫外全谱
重氮萘醌-酚醛树脂正胶	酚醛树脂	重氮萘醌化合物	高压汞灯/紫外全谱
			g 线/436nm
			i 线/365nm
248nm 光刻胶	聚对羟基苯乙烯及衍生物	光致产酸剂	KrF 准分子激光/248nm
193nm 光刻胶	聚酯环族丙烯酸酯及共聚物	光致产酸剂	ArF 准分子激光/193nm

10.1.2　光刻工艺

光刻胶的种类很多，使用工艺条件依光刻胶的品种不同而有所不同，但大多工艺流程为：

基片处理→涂胶→前烘→曝光→中烘→显影→坚膜→蚀刻（扩散、金属化）→去胶。

光刻工艺示意如图 10-1 所示。

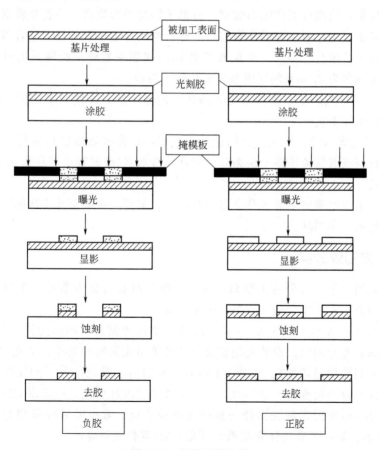

图 10-1　光刻工艺示意

① 基片处理　基片处理包括脱脂清洗、高温处理，有时还需涂黏附增强剂进行表面改性处理。脱脂一般指采用溶剂或碱性脱脂剂进行清洗，然后再用酸性清洗剂清洗，最后用纯水清洗。高温处理通常是在 150～160℃ 对基片进行烘烤去除表面水分。黏附增强剂的作用是将基片表面亲水性改变为憎水性，便于光刻胶的涂布，增加光刻胶在基片上的黏附性。

② 涂胶　光刻胶的涂布方式有旋转涂布（甩涂）、辊涂、浸涂及喷涂等多种，在光电子工业中应用较多的是旋转涂布。旋转涂布的涂胶厚度主要取决于光刻胶的黏度和旋涂时的转速。

③ 前烘　前烘的目的是为了去除胶膜中残存的溶剂，消除胶膜的机械应力。烘烤方式通常有对流烘箱和热板两种。前烘温度和时间根据光刻胶种类和胶膜厚度而定。

④ 曝光　正确的曝光量是影响成像质量的关键因素。曝光不足或曝光过度都会影响复制图形的再现性。光刻胶的曝光量取决于光刻胶的种类及膜厚。曝光宽容度大有利于光刻胶的应用。

⑤ 中烘　中烘为曝光后显影前的烘烤，这对于光学增幅型光刻胶至关重要，中烘的好坏直接关系到复制图形的质量。

⑥ 显影　光刻胶的显影过程一般分为两步：显影和漂洗。显影有浸入、喷淋等方式，在集成电路自动生产线上多采用喷淋方式显影。喷淋显影由于有一定压力，能较快显出图形，一般显影时间少于 1min。漂洗的作用也十分重要，对环化橡胶-双叠氮系紫外负胶，在显影时有溶胀现象，经漂洗能使图形收缩，有助于提高图形质量。该类负胶常用正庚烷或专用显影液进行显影，用乙酸丁酯或专用漂洗液进行漂洗，近年来开发了混合型显影液，实现了显影、漂洗两步工序合二为一。而重氮萘醌-酚醛树脂系紫外正胶则采用碱水显影，纯水漂洗，碱水显影液多为 2.38% 的四甲基氢氧化铵水溶液。

⑦ 坚膜　坚膜亦叫后烘，其作用是去除残留的显影液，并使胶膜韧化。随后可进行刻蚀、扩散、金属化等工艺。

⑧ 去胶　在完成刻蚀、扩散、金属化等工艺后，通常要将胶膜从基片上去除。去胶一般采用专用去胶剂或氧等离子体干法去胶。对环化橡胶-双叠氮等负胶还采用硫酸-双氧水混合溶液进行去胶。

在实际制作集成电路或半导体分立器件时，往往需要多次甚至几十次的光刻，每次光刻都需要完成上述的工序循环。

10.1.3　光刻胶分类

光刻胶按光刻工艺，可分为正胶和负胶；按曝光波长可分为紫外光刻胶、深紫外光刻胶、电子束光刻胶、X 射线光刻胶、离子束光刻胶等。

紫外光刻胶是指感光波长为 300～450nm 的近紫外光刻胶。而感光波长为 100～300nm 的光刻胶称为深紫外光刻胶。紫外光刻胶又分紫外负型光刻胶和紫外正型光刻胶。

紫外负型光刻胶指经紫外光（300～450nm）照射后，曝光区分子间发生光交联形成网状结构或光聚合使分子量变大，显影时，在显影液中溶解性变差，而未曝光区则容易在显影液中溶解，经显影后所得光刻胶图像与掩模板图像相反。常见的紫外负型光刻胶有重铬酸盐-胶体聚合物系、聚乙烯醇肉桂酸酯系、环化橡胶-双叠氮型等。

紫外正型光刻胶是指经紫外光通过掩模板照射后，曝光区胶膜发生光分解或降解反应，溶解性能发生变化，溶于显影液，未曝光区胶膜则保留而形成正型图像的光刻胶。目前紫外正型光刻胶主要为邻重氮萘醌-线型酚醛树脂系光刻胶。

10.1.4 重铬酸盐-胶体聚合物系负型光刻胶

这是最早使用的光刻胶。早在 1852 年美国人 Fox Talbot 首先使用重铬酸盐-明胶作为光刻胶材料涂覆在铜版上，以热水为显影液，三氯化铁为腐蚀液，制作印刷凹版。重铬酸盐-胶体聚合物系光刻胶的出现对推动当时印刷业的发展起了很大作用。

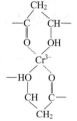

图 10-2 重铬酸盐交联示意

反应机理：重铬酸盐中六价铬经光还原反应变成三价铬，三价铬是一个很强的配位中心，它能与胶体聚合物分子上的活性官能团形成配位键而产生交联，如图 10-2 所示。

重铬酸盐-胶体聚合物系光刻胶主要由重铬酸盐和胶体聚合物组成。重铬酸盐多采用重铬酸铵，而常用的天然胶体聚合物有明胶、蛋白质、淀粉等；合成聚合物则有聚乙烯醇、聚乙烯吡咯烷酮、聚乙烯醇缩丁醛等。但重铬酸盐-胶体聚合物系光刻胶存放时有暗反应，即使在完全避光条件下放置数小时亦会有交联现象发生，因此必须在使用前现配现用。鉴于三价铬是致癌物，此类光刻胶有铬污染问题，因此早就停止使用。

10.1.5 聚乙烯醇肉桂酸酯系负型光刻胶

聚乙烯醇肉桂酸酯系负型光刻胶是世界上最早发明的用合成高分子为原料的光刻胶，1954 年美国柯达公司的明斯克（L. M. Minsk）等将肉桂酰基感光基团引入聚乙烯醇侧链，制得光刻胶，以商品名 KPR 投入市场。

反应机理：肉桂酰基中的双键在紫外光作用下打开，不同分子上的双键相互作用形成四元环，产生光二聚交联。这样曝光区的分子间发生交联，形成难溶的体型网状结构，未曝光区的分子性质不变，由此产生在显影液中溶解性差异，利用这种特性进行微细加工，如图 10-3 所示。

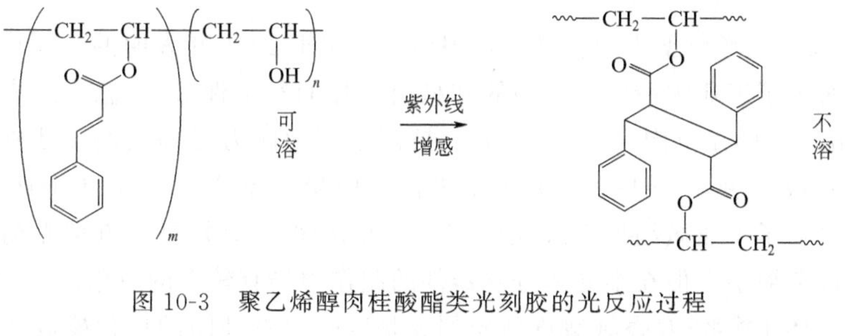

图 10-3 聚乙烯醇肉桂酸酯类光刻胶的光反应过程

聚乙烯醇肉桂酸酯感光范围在 230～350nm 之间，最大吸收峰在 280nm，为了提高其感度，常添加少量增感剂，使其感光范围向长波移动。如在聚乙烯醇肉桂酸酯中加入少量的 5-硝基苊（因 5-硝基苊为致癌物，已用其衍生物替代），可使感光范围扩展到 350～470nm，相对感度从 2.2 提高到 84。

聚乙烯醇肉桂酸酯光刻胶与重铬酸盐-胶体聚合物系光刻胶比较，无暗反应，贮存期长（有效期一年）；感光灵敏度高；分辨率在 $3\mu m$ 左右。但在硅材料基片上的黏附性较差，影响了它在电子工业中的应用，现用量很少。

属于这类光二聚交联型光刻胶的还有聚乙烯氧乙醇肉桂酸酯、聚肉桂亚丙二酸乙二醇酯等。聚乙烯氧乙醇肉桂酸酯感光范围在 $250\sim475nm$，对 436nm（g 线）波长敏感，分辨率可达 $1\mu m$，感度比聚乙烯醇肉桂酸酯高一倍左右，而且黏附性、耐热性也好，曝光时受氧影响小，可不用氮气保护，但耐腐蚀性差，如图 10-4 所示。聚肉桂亚丙二酸乙二醇酯，感光区在 $350\sim470nm$，分辨率在 $1\sim2\mu m$，与二氧化硅、铝、铜、铬等基片有较强黏附力，抗蚀性也很好，如图 10-5 所示。

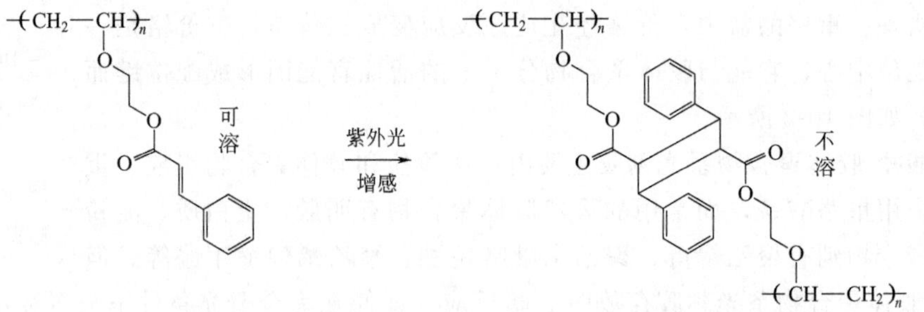

图 10-4　聚乙烯氧乙醇肉桂酸酯类光刻胶的光反应过程

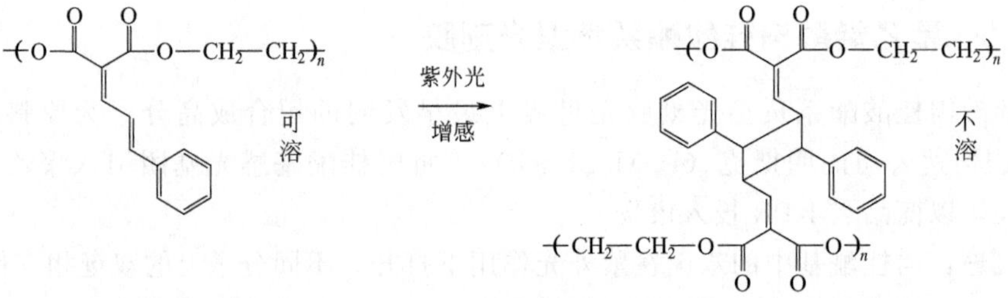

图 10-5　聚肉桂亚丙二酸乙二醇类光刻胶的光反应过程

10.1.6　环化橡胶-双叠氮型负型光刻胶

环化橡胶-双叠氮型负型光刻胶是由美国柯达公司于 1958 年发明的。因该光刻胶具有黏附性好（特别对电子工业中最广泛应用的硅材料基片的黏附性好）、感光速率快（最低曝光量可达 $3mJ/cm^2$）、感光范围 $300\sim450nm$、抗湿法刻蚀能力强等优点，已成为电子工业中应用的主导光刻胶品种，20 世纪 80 年代初它的用量一度占电子工业中所用的光刻胶的90%。近年随着电子工业微细加工线宽的缩小，环化橡胶-双叠氮型负型光刻胶在集成电路制作中的应用逐渐缩小，但在半导体分立器件的制作中仍有较多的应用。

反应机理：环化橡胶-双叠氮型负型光刻胶是以带双键基团的环化橡胶为成膜树脂，以芳香族双叠氮化合物作为交联剂，在紫外光照射下，交联剂的叠氮基团分解形成氮宾，氮宾在聚合物分子骨架上夺取氢而产生自由基，使不同成膜聚合物分子间发生交联，变为不溶性聚合物，如图 10-6 所示。

成膜树脂环化橡胶由异戊二烯经聚合成为聚异戊二烯，再在酸性催化剂存在下环化反应而制得。环化程度越高，则光刻胶的分辨率越高，但会使抗蚀性和黏附性降低。因此高分辨率光刻胶要求环化程度较高，而高抗蚀性光刻胶，则要求环化程度较低。

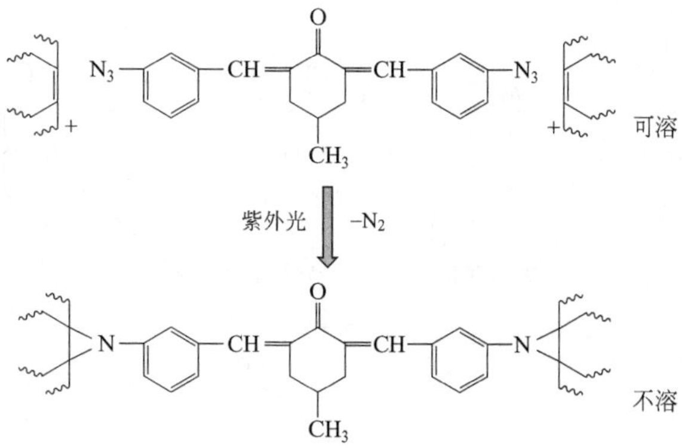

图 10-6　环化橡胶-双叠氮型光刻胶的光反应过程

可作为光交联剂的双叠氮类的化合物有很多：

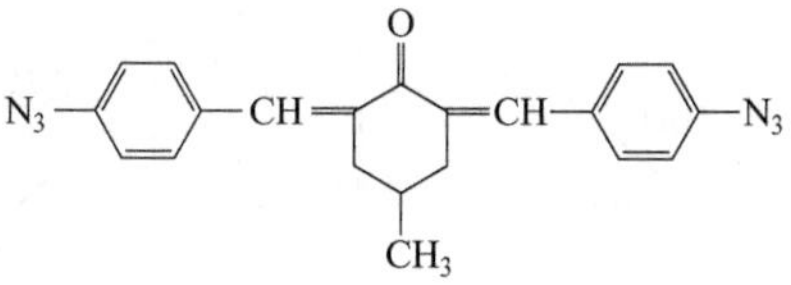

（1）

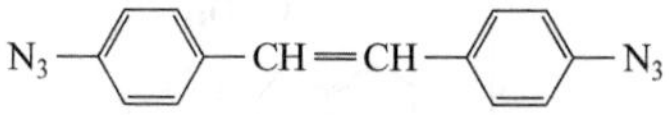

（2）

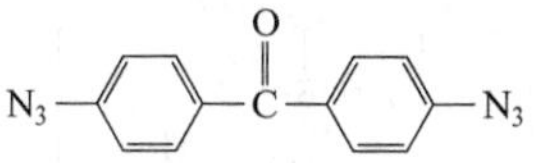

（3）

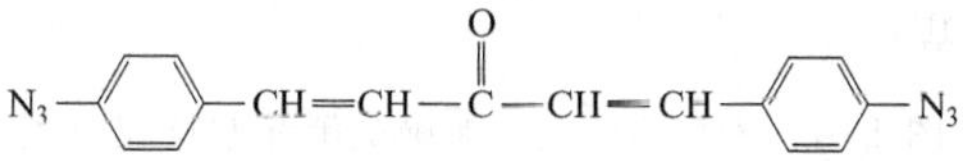

（4）

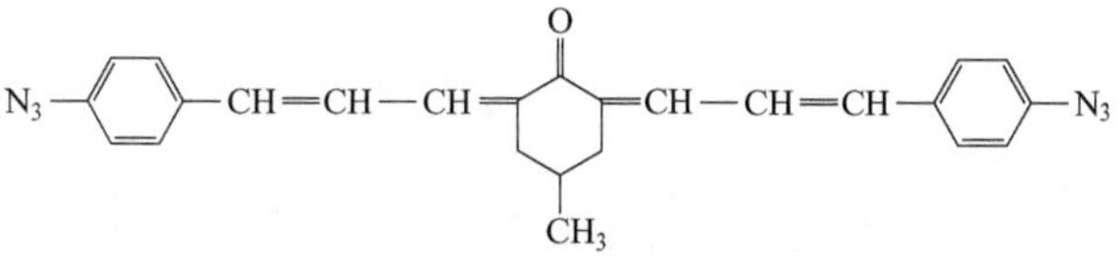

（5）

其中以 2,6-双(4-叠氮亚苄基)-4-甲基环己酮（1）应用最多。该化合物与环化橡胶的溶剂和环化橡胶相溶性好；感光范围 250～450nm，峰值约在 356nm；感度高，最低曝光量 3mJ/cm^2；交联产物的抗蚀性好。

10.1.7　邻重氮萘醌-酚醛树脂系正型紫外光刻胶

邻重氮萘醌-线型酚醛树脂系紫外正型光刻胶是目前电子工业中使用最多的光刻胶。早在 1951 年德国 Kalle 公司首先用重氮酮化合物作感光剂制得印刷用阳图 PS 版。后来 Kalle 公司所属美国 Azoplate 公司与 Shipley 公司合作，于 1960 年开发出以 "AZ" 商标的光刻胶用于半导体器件制造工艺中。它比环化橡胶-双叠氮系负型光刻胶分辨率高，抗干法蚀刻性好，耐热性好和去胶方便等；但也存在感光速率慢、黏附性和机械强度较差等缺点。

反应机理：经紫外光照射后，曝光区的邻重氮萘醌化合物发生光分解反应，经重排生成茚羧酸，使胶膜能溶于稀碱水溶液，未曝光区由于没有发生变化，不溶于稀碱水溶液，从而在曝光区和未曝光区经碱水显影后产生正性图像。目前邻重氮萘醌化合物主要有 215 邻重氮萘醌磺酸酯和 214 邻重氮萘醌磺酸酯，它们的光解反应历程如图 10-7 和图 10-8 所示。

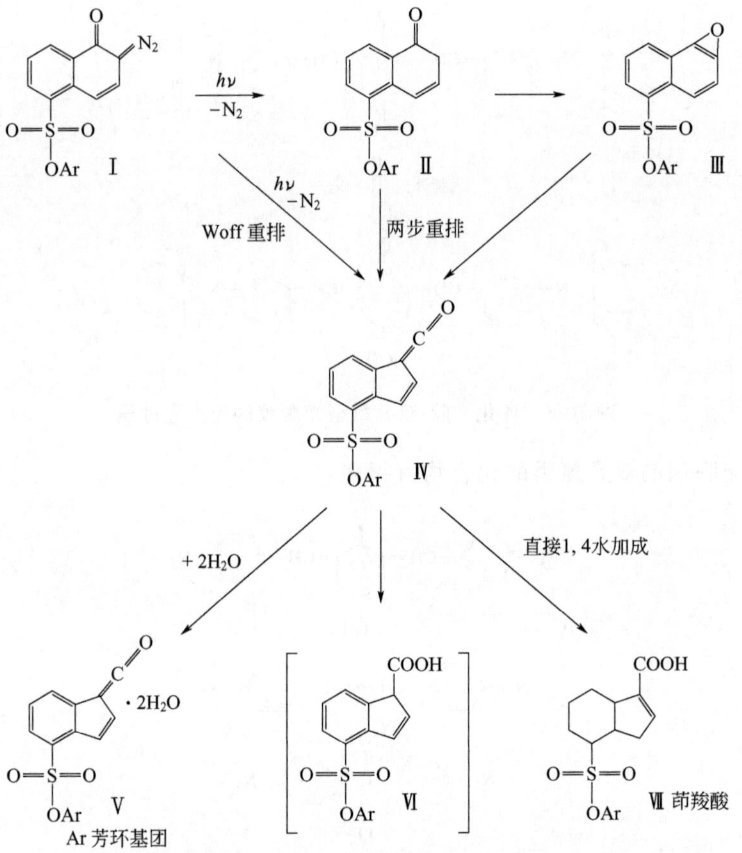

图 10-7　215 邻重氮萘醌磺酸酯光解反应机理

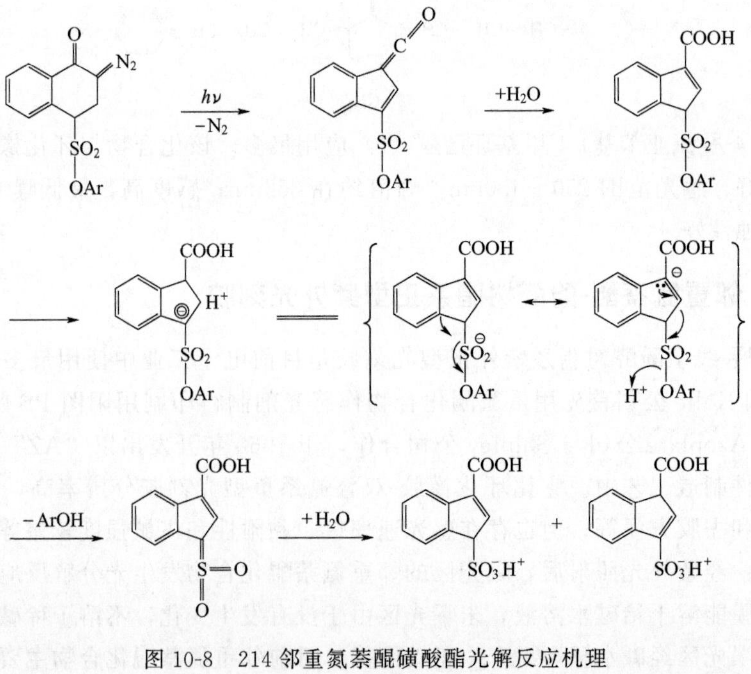

图 10-8　214 邻重氮萘醌磺酸酯光解反应机理

邻重氮萘醌-线型酚醛树脂系紫外正型光刻胶的感光剂是 215 邻重氮萘醌磺酸酯或 214 邻重氮萘醌磺酸酯，它们均是由相应的邻重氮萘醌磺酰氯与多羟基化合物经酯化反应而制得的。目前常用的多羟基化合物如下。

2,3,4-三羟基二苯甲酮

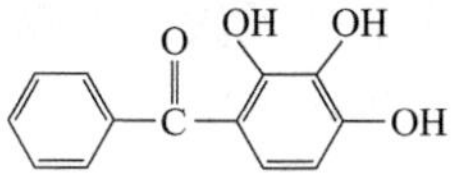

2,3,4,4'-四羟基二苯甲酮

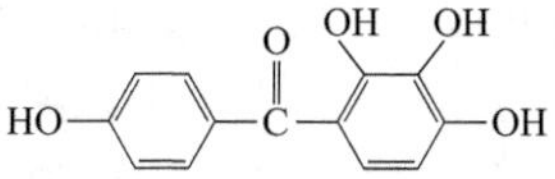

从光敏性、成像质量及溶解性等综合考虑，感光剂的酯化度一般在 $60\%\sim80\%$。

邻重氮萘醌-线型酚醛树脂系紫外正型光刻胶的成膜树脂是线型酚醛树脂，通常由甲酚和甲醛水溶液在酸催化下缩聚而成。

邻重氮萘醌-线型酚醛树脂系紫外正型光刻胶根据所用的曝光机不同又可分为宽谱紫外正胶、G 线正胶和 I 线正胶。宽谱紫外正胶采用紫外全谱曝光，适用于 $2\sim3\mu m$、$0.8\sim1.2\mu m$ 集成电路的制作。G 线紫外正胶采用 g 线（436nm）曝光，适用于 $0.5\sim0.6\mu m$ 集成电路的制作。I 线紫外正胶采用 i 线（365nm）曝光，适用于 $0.35\sim0.5\mu m$ 集成电路的制作。紫外正胶还用于液晶平面显示器等较大面积的电子产品制作。

I 线光刻技术自 20 世纪 80 年代中期进入开发期，90 年代初进入成熟期，90 年代中期进入昌盛期。I 线光刻胶最初分辨率只能达到 $0.5\mu m$，随着 I 线光刻机的改进，I 线紫外正胶已可制作 $0.25\mu m$ 集成电路，I 线光刻技术成为目前最为广泛应用的光刻技术。

10.1.8　深紫外光刻胶

随着电子工业微细加工临界线宽的缩小，对细微加工的分辨率的要求不断提高，而提高分辨率的重要方法之一就是使用更短的曝光波长，因此发展了深紫外光刻（deep UV photo-resist，也叫远紫外光刻）。深紫外光由于波长短，衍射作用小，因而具有高分辨率的特点。随着稀有气体卤化物准分子激发态激光（excimer laser）的发展，使深紫外光刻工艺成为现实。目前氟化氪（KrF,248nm）、氟化氩（ArF,193nm）和氟（F_2,157nm）等分子激发态激光源的步进式曝光机已商品化，并且 NA 值大于 0.6，为成像分辨率的提高奠定了良好的基础。

与紫外光刻胶不同的是，深紫外光刻胶均为化学增幅型光刻胶。化学增幅型光刻胶的特点是：在光刻胶中加入光产酸剂（photoacid generator，PAG），在光辐射下，产酸剂分解出酸，在中烘时，酸作为催化剂催化成膜树脂脱去保护基团（正胶），或催化交联剂与成膜树脂发生交联反应（负胶）；而且在脱去保护基反应和交联反应后，酸能被重新释放出来，

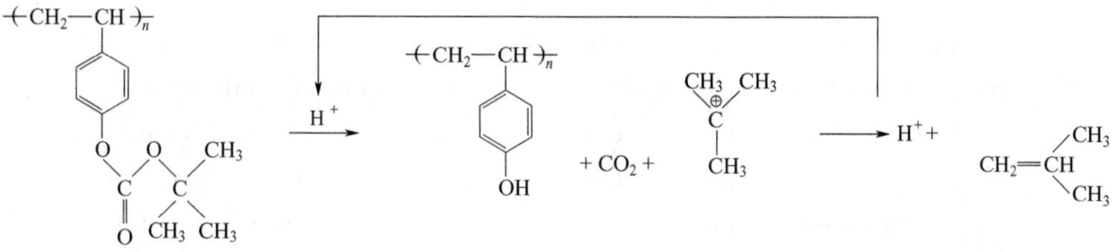

图 10-9　化学增幅型光刻胶的感光机理

没有被消耗，能继续起催化作用，大大降低了曝光所需的能量，从而大幅度提高了光刻胶的光敏性。化学增幅型光刻胶的感光机理如图 10-9 所示。

（1）248nm 深紫外光刻胶

248nm 深紫外光刻胶是以 KrF 准分子激光为曝光源，其成膜树脂主要为聚对羟基苯乙烯及其衍生物：

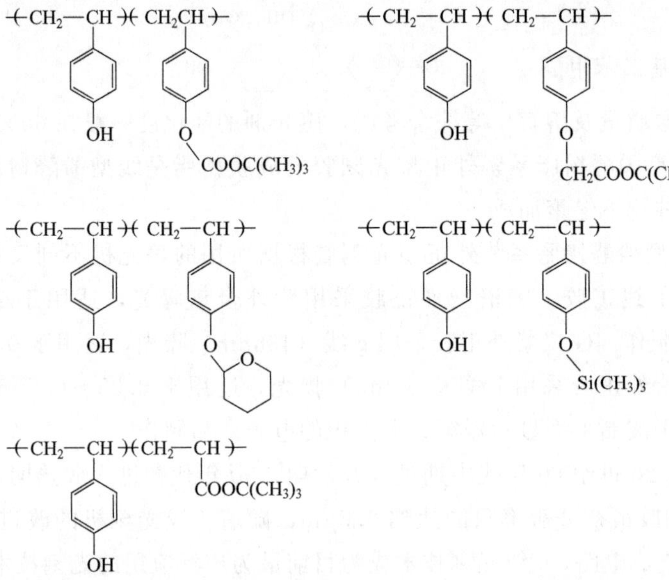

这是由于聚对羟基苯乙烯及其衍生物在 248nm 处有很好的透过性。光产酸剂普遍使用能产生磺酸的碘鎓盐和硫鎓盐。

248nm 光刻胶配合 KrF 准分子激光器可制作线宽 $0.25\mu m$、256M 随机存储器及相关逻辑电路。通过提高曝光机的 NA 值及改进相配套的光刻技术，目前已成功用于线宽 $0.15\sim0.18\mu m$、1G 随机存储器及相关器件的制作。若采用移相掩模、离轴照明、邻近效应校正等分辨率增强技术，已能制作出线宽小于 $0.1\mu m$ 的图形。

（2）193nm 深紫外光刻胶

193nm 深紫外光刻胶是以 ArF 准分子激光为曝光源。由于用于 248nm 深紫外光刻胶的成膜树脂含苯环，在 193nm 处有较强的吸收，故不能应用于 193nm 深紫外光刻胶。聚甲基丙烯酸酯在 193nm 处有良好的透过率，但抗干法腐蚀性差，无法实用化。后发现在聚甲基丙烯酸酯侧链上引入多元酯环结构可提高抗干法蚀刻性，引入极性基团可提高黏附性，故 193nm 深紫外光刻胶成膜树脂主要为侧链带多酯环结构的聚甲基丙烯酸酯，或带多酯环结构的马来酸酐共聚物。

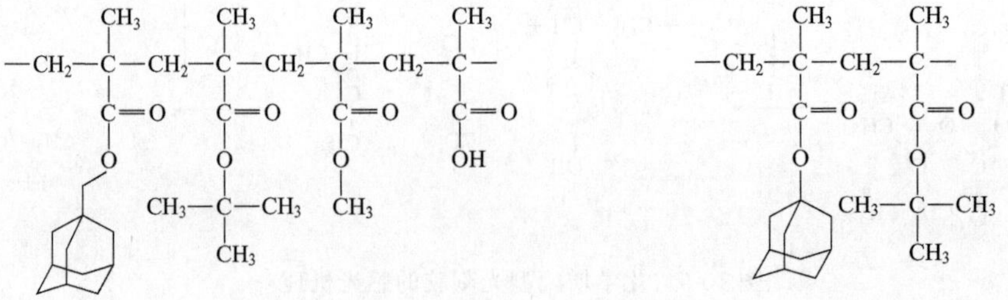

与 248nm 光刻胶相比，193nm 光刻胶中成膜树脂不含苯环，没有酚羟基，成膜树脂与光产酸剂之间没有能量转移，不存在光敏化产酸，因此在 193nm 光刻胶中，光产酸剂的产酸效率比 248nm 低。故 193nm 光刻胶中光产酸剂与 248nm 类似外，人们正研究能大幅度提高光产酸剂的产酸效率的新型光产酸剂。

193nm 深紫外光刻胶的分辨率可达 $0.15\mu m$ 左右，可以满足制作 1G 随机存储器的要求。通过提高曝光机的 NA 值及改进配套的光刻技术，193nm 光刻胶分辨率可达到 $0.10\mu m$。目前已成熟地应用于 $0.13\sim0.10\mu m$ 的 4G 的制程工艺，2007 年可用于 65nm 制程工艺。近年因湿浸式光刻技术的出现，193nm 光刻胶的应用将延伸到 45nm 工艺，甚至 32nm、22nm 工艺。

（3）157nm 深紫外光刻胶

157nm 光刻的主要困难是当波长短到 157nm 时，大多数的光学镜头材料都是高吸收态，易将激光的能量吸收，受热膨胀而造成球面成像差。目前只有氟化钙为低吸收材料，可供 157nm 使用，但制作成本昂贵。

157nm 光刻胶要解决的首要问题也是材料的吸收问题。目前发现在聚乙烯分子链上适当引入吸电子基团，如氧或氟原子，可使透过率明显提高。另外硅聚合物如硅氧烷等，在 157nm 有良好的透过性。目前 157nm 光刻胶正处于研究之中，还不成熟，主要有氟代聚（甲基）丙烯酸酯衍生物、聚氟代环烯烃衍生物。

（4）光产酸剂（photoacid generator，PAG）和酸增殖剂（acid proliforation generator，APG）

化学增幅光致抗蚀剂的成像过程主要包括光产酸剂的光照产酸，随后受热酸催化反应和显影，形成图像。光产酸剂在光照时发生量子效率不大于 1 的化学反应，产生少量酸，酸作为催化剂，催化随后的反应，达到增幅的目的。因此，产酸量多少直接决定体系的感度。然而，在光照过程中由于受到量子效率的限制，产生的酸是很有限的，使化学增幅抗蚀剂感度提高并不如人们原先希望的那样大。1995 年日本的市村国宏等人首先提出了关于酸增殖剂概念。酸增殖剂是一种在光照时很稳定，但在光照后的加热烘烤时，它会被光产酸剂产生的少量酸所催化，产生新的强酸，并且产生的强酸还能催化其自身进一步产酸，即发生酸致产酸反应的物质。由于光产酸剂和酸增殖剂的协同作用，迅速产生大量的强酸，使化学增幅光致抗蚀剂体系表现出以非线性方式的迅速发生的酸催化反应，从而大大提高了光成像过程的感度（图 10-10）。

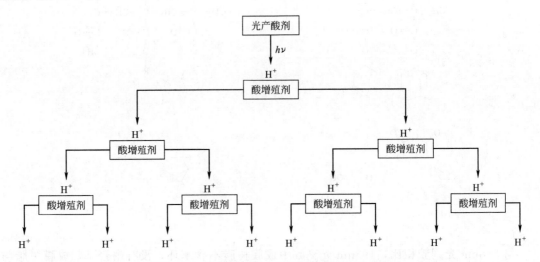

图 10-10　光产酸剂和酸增殖剂协同产酸示意图

　　光产酸剂有许多种（图 10-11），目前应用最多的是能产生磺酸的碘鎓盐、硫鎓盐或非离子型的磺酸酯类。

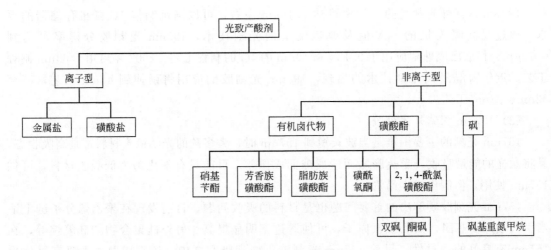

图 10-11　光产酸剂分类示意图

　　酸增殖剂主要有各类磺酸酯，如苄基磺酸酯、乙酰乙酸酯磺酸衍生物、缩酮类磺酸酯、环己二醇磺酸酯、三嗪烷磺酸酯等，它们的酸增殖机理如图 10-12 和图 10-13 所示。

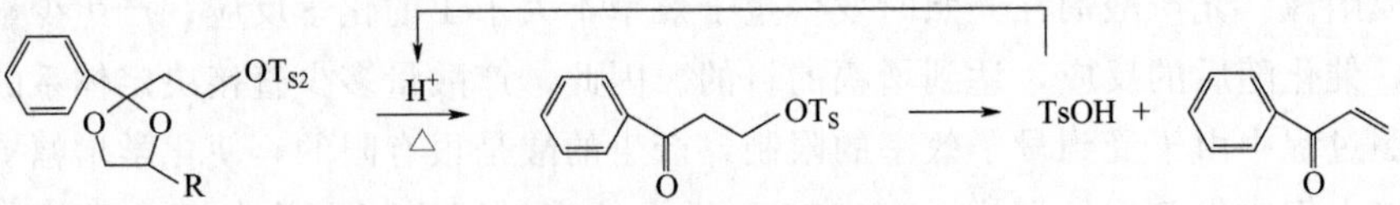

图 10-12　缩酮磺酸酯的酸增殖反应机理

10.1.9　电子束光刻胶

　　电子束光刻是采用加速电子束作用于光刻胶在被加工物体上形成微细图像的一种方法，

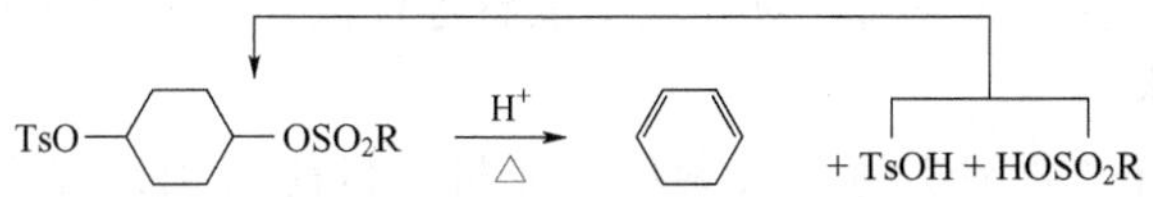

图 10-13　环己二酸双磺酸酯的酸增殖反应机理

具有波长短、分辨率高（达 30nm）、无需掩模、可在基片上直接制作图形（直写）的特点，广泛应用于光学与非光学的掩模制造。但由于曝光区域小，生产效率低，限制了它在集成电路制作中的应用。电子束曝光机一直朝着大功率、多光束方向发展以提高单位曝光速率。在过去"点"曝光的直写技术基础上，又研究出"面"曝光的投影曝光技术，使电子束曝光更接近现行采用的曝光技术。随着电子工业微细加工线宽的缩小，电子束光刻技术越来越多地应用在大批量的生产上，成为下一代光刻的有力竞争者。

电子束光刻胶的作用原理是因电子束进入光刻胶内部后，具有极高能量的电子束便丧失一部分能量成为低能量电子束，随之放出 X 射线、热能和二次电子。由于二次电子的作用而使光刻胶产生交联、断裂或降解等，从而使光刻胶在电子束辐射后引起溶解度和其他性能的差别。若经电子束照射后发生主链断裂而降解，被曝光区域的溶解度增大，这类光刻胶称之为正性光刻胶；反之，发生交联而使被曝光区域的溶解度减小，这类光刻胶称之为负性光刻胶。

由于电子束光刻没有紫外吸收问题，在光刻胶材料的选择上有更大的自由度。但因电子束曝光效率低，故电子束光刻胶的光敏性是首要问题。采用化学增幅技术是电子束光刻胶提高光敏性的必然选择。

① 电子束正性光刻胶　主要为聚甲基丙烯酸甲酯及其衍生物，其分辨率高，但感光灵敏度低，抗干法腐蚀差。

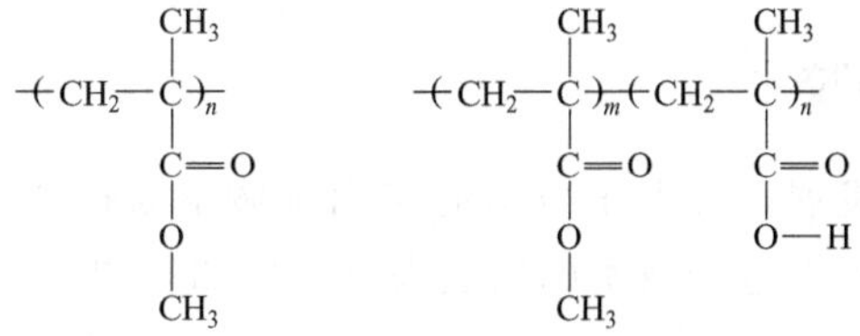

② 电子束负性光刻胶　主要有甲基丙烯酸缩水甘油酯-丙烯酸酯共聚物和氯甲基化聚苯乙烯等，其感光灵敏度高，但分辨率比电子束正性光刻胶差。

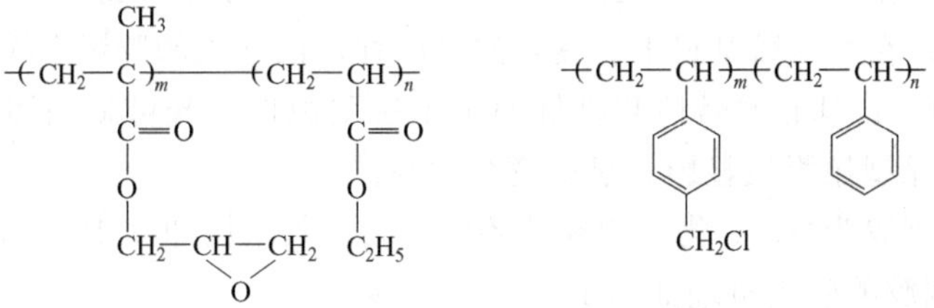

10.1.10　X 射线光刻胶

当曝光波长降低到 5nm 以下时，属于 X 射线范围，X 射线波长为 1nm，X 射线范围的波长比紫外线的波长要短，因而在光刻工艺中可以得到更高的光刻分辨率。

X 射线光刻是采用 X 射线作为曝光的辐射源来复制高分辨率的微细图形的一种加工技术。它具有波长短，几乎没有衍射的干扰，散射也比电子束小得多，可以获得高分辨率；曝光视场大，宽容度大，生产效率高；对环境不敏感等优点，因此很有可能成为新一代的光电子工业应用的光刻技术。

X 射线光刻技术首先要解决的是 X 射线曝光机，目前 X 射线曝光机价格昂贵，严重影响了在实际生产中的应用。其次是 X 射线掩模板，因 X 射线具有穿透性，所以 X 射线掩模板完全不同于普通光学光刻所用的铬版。X 射线掩模板采用低原子量材料作为低吸收材料代替玻璃，如硼化氮（BN）、硅化氮（SiN）、硅化碳（SiC）及某些有机聚合物所制成的使 X 射线充分透过的超薄膜。而掩模板上不透光的图形则由高原子量材料组成，金是最常用的，其作用相当于铬版上的铬层。

因 X 射线和电子束辐射的化学效应是基本相似的，所以电子束光刻胶亦可用作 X 射线曝光，而且光刻胶材料的电子束光敏性和 X 射线光敏性有很好的线性关系，电子束曝光约需 $7\mu C/cm^2$，则 X 射线曝光约需 $100mJ/cm^2$。

从传统的光刻技术转变为 X 射线光刻技术，工艺流程都必须重新设计，这主要是由于 X 射线不能像普通光源那样通过透镜和反射镜等光学系统进行聚焦。而且，X 射线的掩模板造价非常昂贵，工艺也非常复杂，这也是阻碍 X 射线光刻技术发展的一个重要原因。另外，稳定、平行且强度足够的单一频率的 X 射线光源非常难以实现。

10.1.11　离子束光刻胶

离子束光刻是由气体离子源发出的离子束作为辐射源来制作微细图像的加工技术。由于离子束具有较高的能量，对各种光刻胶材料有更高的灵敏度；离子质量比电子大得多，散射比电子小得多，不存在邻近效应，比电子束光刻有更高的分辨率，在光刻技术中可以得到最细的线条，可适用于纳米级宽的制作。目前离子束光刻工艺的重要应用是修补 X 射线掩模板和其他高分辨图形中的阻光缺陷。各类电子束光刻胶大多可采用离子束进行曝光。

10.1.12　厚膜光刻胶

随着电子工业的迅速发展，微电子技术的应用领域不断拓宽，特别是集电子-机械一体化的微机电产品的出现，为微电子技术的发展提供了更加广阔的空间，并成为电子工业的一个重要发展分支。

为满足微机电产品发展的需要，厚膜光刻胶应运而生。厚膜光刻胶具有良好的光敏性和高纵横比（纵横比可达到 20∶1）；能得到超厚涂层，一次涂布可得到 $500\mu m$ 厚涂层，甚至可超过 $1000\mu m$ 厚；在大多数基材上有良好的黏附性，已交联的胶膜有极佳的抗蚀性和热稳定性（可大于 $200℃$）；具有耐碱性和良好的抗干法刻蚀性；既可复制图形，自身又可制作机械零件；可用环保型显影液显影，显影宽容度高。

典型的厚膜光刻胶为 SU-8 化学增幅型环氧树脂，其结构如图 10-14 所示。

SU-8 厚膜光刻胶的感光机理如图 10-15 所示。

厚膜光刻胶应用主要为微机电系统中传感器、传动装置、电铸微型齿、轮线圈的模具、磁头、异型微模件、LCD 隔离层以及 UV 固化塑封材料等。

10.1.13　无显影气相光刻

无显影气相光刻是我国在 1980 年发明的一种独特的光刻技术，其光刻过程如图 10-16 所示。

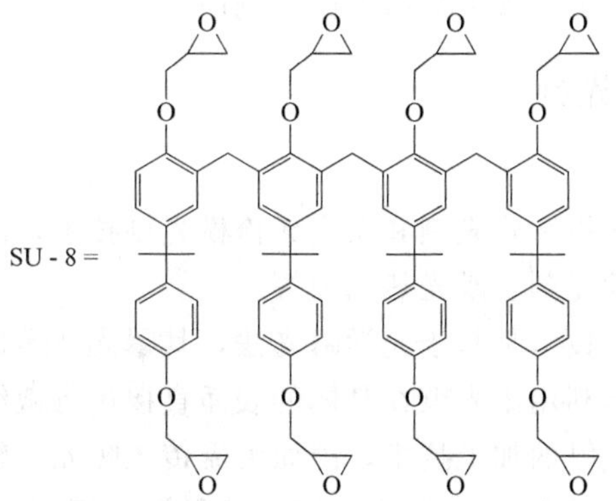

图 10-14　SU-8 结构

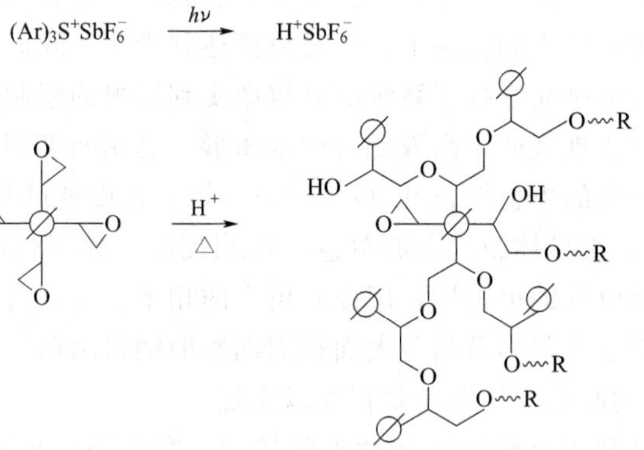

图 10-15　SU-8 厚膜光刻胶的感光机理

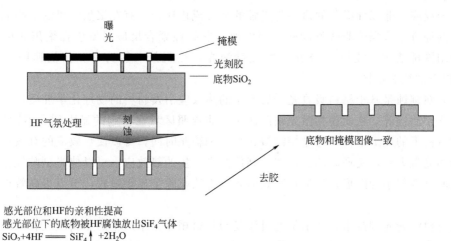

图 10-16　无显影气相光刻工艺

在硅片表面涂覆一层添加了 5-硝基二氢苊的聚酯光刻胶，烘干后加上掩模进行紫外曝光，曝光区光刻胶交联，然后在高于 $100℃$ 的温度下用 HF 气体进行刻蚀，HF 气体穿透曝光区光刻胶涂层，对下面的 SiO_2 进行腐蚀，而非曝光区不发生变化，去膜后就得到一个正性光刻图形。采用无显影气相光刻技术，不用显影就可实现光刻，完全避免了显影液的溶胀作用，从根本上消除了胶膜图形畸变对分辨率的影响，因而提高了刻蚀精度。用本方法与现有的亚微米曝光技术结合，可实现无显影亚微米刻蚀工艺。

10.1.14　其他形式光刻

（1）激光光刻技术

激光光刻可以分为激光投影式光刻和激光无掩模光刻技术，激光无掩模光刻技术又包含激光干涉光刻、激光非线性光刻、激光热刻蚀等。

传统的激光投影式光刻技术是基于光学曝光法，其曝光技术最终制约着光刻工艺的分辨率。激光无掩模光刻技术是利用激光束在基体的表面直接进行微纳（微米或纳米）图形的制备，这种技术是直写式无接触的加工技术，因而无需传统曝光、辐射式的光掩模以及纳米压印接触式的模板，也避免了接触时出现的摩擦、黏附污染等问题，近年来受到人们的广泛关注。

激光投影式光刻技术一般要经过 5 个主要工艺步骤。首先在基材上涂覆光刻胶，激光束经过光学器件系统聚焦，投影到掩模上，经过掩模达到光刻胶膜面实现曝光，再经显影，蚀刻，最后去除光刻胶。但是光学投影系统的分辨率受到衍射的限制，影响分辨率。

激光干涉光刻可以实现大面积高效制备纳米图形，利用两束相干光形成的平行驻波图形对光刻胶实行曝光。激光的单色性越好（λ 越小），相干长度就越长，典型的 He-Cd 激光器的相干长度约为 20cm。半导体激光器的单色性得到提高，相干长度可以达到数十米。光纤激光有比半导体激光器更好的单色性，因而有更大的相干长度，所以干涉光刻拥有大面积制备图形的能力。激光干涉光刻容易制备大面积周期性的纳米图形结构，但对于非周期性复杂的图形结构，例如 IC 的制备，干涉光刻将难以实现。

激光非线性光刻是利用材料的非线性吸收特性，突破衍射极限的限制，实现高的分辨率。与传统的单光子吸收不同，这里光敏聚合物通过非线性吸收（双光子或是多光子吸收）引发聚合反应，非线性吸收的概率与光强的平方成正比，只有在聚焦光斑的中心区域，光强足够强的地方才有强的非线性吸收，因而使得非线性聚合反应只发生在聚焦光斑的中心区域。利用网桥结构、波长为 780nm 的飞秒激光，控制其入射功率和扫描速度，可以得到 25nm 以下的线宽结构。

激光热刻蚀是基于材料吸收光子后产生的热效应引发材料的物理化学性质发生变化，如相变和化学断键等，从而使得激光辐照区域和非辐照区域在特定的显影剂有不同的抗蚀性，经显影后留下的图形结构。通过控制激光功率和辐照时间，可以使热效应的有效作用区域小于实际的光斑大小，实现高的分辨率。利用激光产生的热效应，可以使光刻胶气化，直接在薄膜表面制备很小的图形。这种直写式的光刻方法减除了显影过程，可以更高效地制备纳米图形。

无掩模激光光刻技术，特别是通过激光与材料相互作用产生的非线性吸收效应，材料的热阈值效应等能够突破衍射极限的限制，可以实现 100nm 以下的图形制备，而且其无接触无掩模式的光刻方法也少去了很多的附带技术难题和成本，如果后续的研究能够实现高速刻写满足高产出的需求，将具有重要的应用前景。

（2）原子光刻技术

原子光刻技术是贝尔实验室最早提出的，它是利用激光梯度场对原子的作用力来改变原子束流在传播过程中的密度分布，使原子按一定规律沉积在基板上，在基板上形成纳米级的条纹、点阵或所需要的特定图案。一般情况下，用原子光刻技术制作纳米图形的方案有两种：第一种是采用金属原子束，用共振光压使原子束高度准直化和形成空间强度后，直接沉积在基板上；另一种是采用亚稳态惰性气体原子束，用光抽运作用使其形成空间强度分布，再使亚稳态原子破坏基板上的特殊膜层，最终用化学腐蚀方法在基板上刻蚀成形。但这种技术的实用化仍有一段较长的路要走。

原子光刻技术的优点：

① 原子呈中性，不像电子和离子那样容易受到电荷的影响，因而具有极高的分辨力；

② 原子的德布罗意波长非常短，其衍射极限比常规光刻所用的紫外光的衍射极限小很多。

原子光刻技术的缺点：

① 部分原子在聚焦时偏离理想聚焦点，形成原子透镜的像差，影响分辨率；

② 原子与梯度场的作用时间等也影响成像质量。

（3）镂版技术

镂版技术是将镂空的镂版接近或接触衬底，通过蒸发将材料透过镂版直接蒸到衬底上形成图形的一种方法。镂版上有镂空的图形孔隙，常用做镂版的材料是金属薄板，但也有用氧化硅、氮化硅以及聚合物材料的。这种技术最大的一个特点就是不依赖于光刻胶工艺。与光学光刻技术相比，尽管传统光刻目前在薄膜上还是制作微米纳米结构的主流技术，但其工艺复杂、步骤多，如涂胶、曝光、显影、蒸金属膜、剥离。而镂版技术使用接近/接触模具方式，只需一步就可产生图形结构。

但这种技术同样存在一些缺点，特别是在制作大面积的模板上比较困难，且价格昂贵。在有源区沉积材料的同时在模板上也沉积了同样的材料，要去掉它们需要花费很大的精力。由于掩模板和衬底间不是完全紧密接触，且存在一定的缝隙，使分辨率受到限制。另外对准较困难，需要特殊的设备才能进行。

10.2　纳米压印与纳米压印光刻胶

1995 年美国普林斯顿大学华裔科学家周郁（Y. Chou）率先提出了一种叫做"纳米压印成像"（nanoimprint lithography，NIL）的新技术，在聚合物上采用热压印法实现了25nm 的图形，从而开始了开创性的研究。两年以后，他们已经能用 PMMA 做光刻胶，把压印图案的特征尺寸降低到 6nm，这些成就很快引起了其他研究人员的重视。纳米压印基于其机械压印原理，将具有纳米级尺寸图案的模板在机械力的作用下压到涂有高分子材料的衬底上，进行等比例压印复制图案的工艺。其实质就是液态聚合物对模板结构腔体的填充过程和固化后聚合物的脱模过程。其加工分辨力只与模版图案的特征尺寸有关，而不受光学光刻的最短曝光波长的物理限制。具有避免使用昂贵的光源及投影光学系统，不受光学光刻的最短曝光波长的物理限制和工艺简便等特点，在下一代纳米图形加工技术中脱颖而出，引起了人们广泛的关注，其高精度、高分辨率、廉价的特点使其很可能成为下一代重要的光刻技术，一种重要的微纳米复制技术。微型化是今后现代工业发展的必然趋势，从晶体管到集成电路，从微电子到微机械，从微米技术到纳米技术，导致了微系统的发展，研究人员开发出了直径只有 1mm 的微马达，指甲大小的微摄像头，豌豆大小的气相色谱分析装置，灰尘大小的军用探测器等微型设备，而微型化的基础就是微纳米加工技术。

经过二十多年的发展，纳米压印技术本身也发生了巨大变化，逐渐发展为热压印、紫外压印、微接触印刷以及滚动式压印等多种纳米压印方式。随着纳米压印方式的变化，纳米压印光刻胶研究也发生了深刻变革，由原本单一的热塑性材料发展到热固性材料、紫外固化材料；其成分也由纯有机物质拓展至有机硅杂化材料、含氟聚合物材料等。目前实验室环境下使用 NIL 技术已经可以制作出线宽在 5nm 以下的图案。由于省去了光学光刻掩模板和使用光学成像设备的成本而采用图形复制的加工方法，因此 NIL 技术具有低成本、高产出的经济优势。作为一种低成本的光刻技术，纳米压印技术将为纳米制造提供新的机遇。

纳米压印系统有着广泛的应用领域，如量子磁碟、DNA 电泳芯片、生物细胞培养膜、GaAs 光检测器、波导起偏器、硅场效应管、纳米机电系统、微波集成电路、亚波长器件、纳米电子器件、纳米集成电路、量子存储器件、光子晶体阵列和 OLED 平板显示阵列等。纳米压印技术正逐渐成为微纳加工技术的一种重要方式。

10.2.1 纳米压印工艺

纳米压印目前有热压印（hot embossing lithography，HEL）、紫外纳米压印（UV-based nanoimprint lithography，UV-NIL）、微接触印刷（μ-contact print，μCP）、步进快闪纳米压印、激光辅助纳米压印、滚轴式压印以及金属薄膜直接压印等几大压印方式。

（1）热压印

热压印工艺是在微纳米尺度获得并行复制结构的一种成本低而速度快的方法。由模具制备、热压过程及后续图案转移等步骤构成，广泛用于微纳结构加工。首先，利用电子束直写技术（EBDW）制作具有纳米尺寸图案的 Si 或 SiO_2 材料模板，在衬底上均匀涂覆一层热塑性高分子光刻胶（通常以 PMMA 为主要材料），然后按下述步骤进行（图 10-17）：

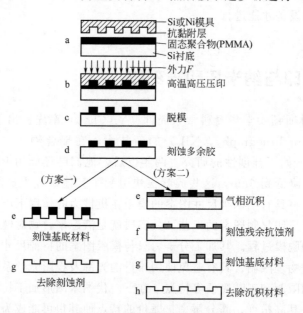

图 10-17　热纳米压印工艺示意

① 聚合物被加热到它的玻璃化转变温度以上；

② 施加压力，聚合物被图案化的模具所压；

③ 模压过程结束后，整个叠层被冷却到聚合物玻璃化转变温度以下，以使图案固化；

④ 脱模；

⑤ 图案转移，利用刻蚀技术或剥离技术进行图案转移。

热纳米压印相对于传统的纳米加工方法，具有方法灵活、成本低廉和生物相容的特点，并且可以得到高分辨率、高深宽比结构。热纳米压印的缺点是需要高温、高压，且即使在高温、高压下也需用很长时间，对于有的图案，仍然只能导致聚合物的不完全位移，即不能完全填充印章的腔体。同时，该工艺采用的是硬质模具，无法消除模具与衬底之间的平行度误差及两平面之间的平面度误差。此外，模板在高温条件下，表面结构或其他热塑性材料会有热膨胀的趋势，这将导致转移图形尺寸的误差且增加了脱模的难度，这也是热纳米压印的最大缺点之一。热纳米压印技术的微结构制造具有广泛的应用：微电子器件、光器件和电子器件等，目前采用该复型技术制造能达到的最小图形特征尺寸为 5～30nm。

（2）紫外纳米压印

首先要制备高精度的透明掩模板，一般采用石英（SiO_2）作为掩模板材料。在 Si 等衬底材料上涂覆一层厚度为 400～500nm 的低黏度、流动性好、对紫外光敏感的光刻胶；被光刻胶涂覆的衬底和透明的石英印章装载到对准机中，通过真空被固定在各自的卡盘中。当衬底和印章的光学对准完成后，开始接触。低压将模板压在光刻胶上，使光刻胶填充模板空隙。充分填充后利用紫外光照射模板背面，透过石英印章曝光，使光刻胶固化。接下来的工艺类似于热纳米压印工艺（图 10-18）。

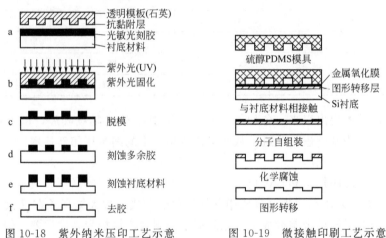

图 10-18　紫外纳米压印工艺示意　　　图 10-19　微接触印刷工艺示意

紫外纳米压印技术与热纳米压印技术相比不需要加热，可在常温下进行，避免了热膨胀因素，也缩短了压印的时间。在成形过程中，外在机械应力很小，其应力主要产生在光刻胶固化中的体积收缩上。掩模板透明，易于实现层与层之间对准，层与层之间的对准精度可达到 50nm，有利于得到高分辨率的图形和三维纳米结构，它的工艺可用于发展纳米器件，适合半导体产业加工的要求。但紫外固化纳米压印技术设备昂贵，对工艺和环境的要求也非常高；没有加热的过程，光刻胶中的气泡难以排出，会对细微结构造成缺陷。紫外纳米压印一个新的发展是采用紫外纳米压印技术和步进技术相结合形成的步进闪光纳米压印技术，有望成为下一代集成电路的主流技术。紫外纳米压印工艺目前具有的复制能力可达到 10nm。

（3）微接触印刷

微接触印刷技术的工艺流程为：首先使用聚二甲基硅氧烷（PDMS）等高分子聚合物作为掩模制作材料，采用光学或电子束光刻技术制备掩模板；将掩模板浸泡在含硫醇的试剂中，在模板上形成一层硫醇膜；再将 PDMS 模板压在镀金的衬底上 10～20s 后移开，硫醇会与金反应生成自组装的单分子层 SAM，将图形由模板转移到衬底上。后续处理工艺可分为两种：一种是湿法蚀刻，将衬底浸没在氰化物溶液中，氰化物使未被单分子层 SAM 覆盖的金溶解，这样就实现了图案的转移。另一种是通过金膜上自组装的硫醇单分子层来链接某些有机分子实现自组装。微接触印刷技术的工艺流程见图 10-19。

微接触印刷具有快速、廉价的优点，而且不需要洁净间的苛刻条件，甚至不需要绝对平整的表面。微接触印刷还适合多种不同表面，具有操作方法灵活多变的特点。该方法的缺点是，在亚微米尺度印刷时硫醇分子的扩散将影响对比度，并使印出的图形变宽。通过优化浸墨方式、浸墨时间，尤其是控制好印章上墨量及分布，可以使扩散效应下降。微接触印刷最小分辨率可以达到 35nm，主要用于制造生物传感器和表面性质研究等方面。

热纳米压印、紫外纳米压印和微接触印刷三种压印工艺的比较见表 10-4。

表 10-4　三种纳米压印工艺的比较

工艺	热压印	紫外压印	微接触印刷
温度	高温	室温	室温
压力 P/kN	0.002～40	0.001～0.1	0.001～0.04
最小尺寸/nm	5	10	60
深宽比	1～6	1～4	无
多次压印	好	好	差
多层压印	可以	可以	较难
套刻精度	较好	好	差
研究动态	低温低压	S-FIL	一次性压印

自纳米压印技术提出以来，各种创新的 NIL 工艺的研究陆续开展，以上述 3 种传统的纳米压印工艺技术为基础进行改进，从而又衍生出以下的纳米压印新技术。

（4）步进快闪纳米压印

采用紫外纳米压印技术和步进技术相结合，形成步进快闪纳米压印技术。工艺过程如图 10-20 所示。该方法采用小模板分步压印紫外固化的方式，大大提高了在基板上大面积压印转移的能力，降低了掩模板制造成本，也降低了采用大掩模板带来的误差。但此方法对位移定位和驱动精度的要求很高。

首先，需要保证压印模板和衬底之间相互对准，再逐渐缩小压印模板和衬底之间的距离，点涂光刻胶，当光刻胶与压印模板接触时，必须保证压印模板受力均匀，使光刻胶充分填充模板空隙，用紫外光透过石英印章曝光，使光刻胶固化。然后，移除模板，在光刻胶上得到低高宽比、高分辨率的图形。接着依靠卤素等离子刻蚀技术移除压印工艺后残留的光刻胶，采用氧气的各向异性反应离子刻蚀技术将光刻胶图形传递给图形转移层，从而，最终得到高高宽比、高分辨率的图形，见图 10-20。

（5）激光辅助纳米压印

利用高能准分子激光透过掩模板直接熔融基板，在基板上形成一层熔融层，该熔融层取代传统光刻胶，然后将模板压入熔融层中，待固化后脱模，将图案从掩模板直接转移到基板之上（图 10-21）。该技术是对热压印固态光刻胶加热的改进性技术。用激光熔化 Si 基板进行压印工艺可以实现小于 10nm 的特征线宽。

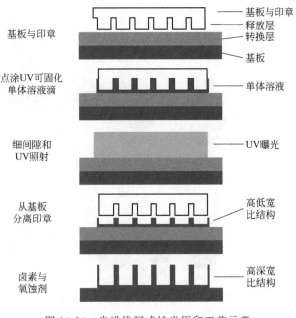

图 10-20　步进快闪式纳米压印工艺示意

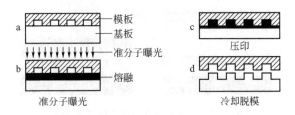

图 10-21　激光辅助纳米压印工艺示意

（6）滚轴式纳米压印

纳米压印技术大多是用于不连续的生产工艺过程，难以进行大规模和大面积的生产。为了进行量产，只有采用很大的掩模板或者是需要高对准精度和自动化操作的步进紫外固化技术。大掩模板加工困难，且易损坏；步进快闪技术工艺环节多，控制难度大。为克服这些难题，一种新的连续的纳米压印技术——滚轴式纳米压印技术得以出现。滚轴式纳米压印技术有连续压印、产量高、成本低和系统组成简单等特点，尤其是对于具有周期性纳米结构的纳米产品的加工具有很大的优势。滚轴式纳米压印现有两种工艺：一种是将掩模板直接制作到滚轴上，可以通过直接在金属滚轴上压印，紫外光固化制得图形。一种是利用弹性掩模套在滚轴上实现，滚轴的转动将图形连续地压入已旋涂好光刻胶的基板上，紫外光固化，滚轴的滚动实现了压入和脱模两个步骤，制得图形。滚轴式纳米压印工艺见图 10-22。

（7）金属薄膜直接压印

金属薄膜直接压印技术是在 Si 基板上利用离子束溅射技术产生一层 Cu、Al 和 Au 等金属薄膜，直接用超高压在金属薄膜上压印出图案。但由于压印所需要的力太大，高达几百至几千兆帕，可能会将基板压坏。为此对金属压印进行了改进，在金属薄膜和基板之间加入一层聚合物缓冲层，从而将压印力降低至原来的 1%，只需要 2～40MPa。同时使用尖锐的掩模板，以增强对薄膜的压力，如图 10-23 所示。

纳米压印技术工艺过程大致可分为 3 步：①模板的制作与处理；②压印；③刻蚀。在这

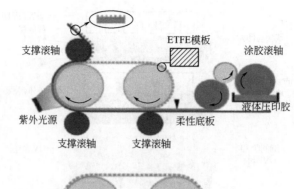

图 10-22　滚轴式纳米压印工艺示意

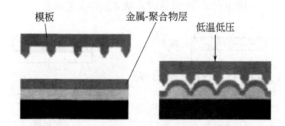

图 10-23　金属薄膜直接压印工艺示意

些工艺步骤中涉及压印模具的制备、光刻胶的制备、高精度压印过程控制和精确蚀刻技术等一系列相关核心技术。

10.2.2　纳米压印模具的制备

在纳米压印中，压印模具也称为印章。印章的制备非常重要，因为纳米压印图形复制技术实现的是图形的等比例复制，模具作为压印特征的初始载体直接决定着压印特征的质量，要实现高质量的压印复制，必须要有高质量的压印模具。压印模具上的图形质量，决定了纳米压印能够达到的转移到光刻胶上的图形质量；压印模具上的分辨率，决定了光刻胶上图案的分辨率。

制备高分辨率、高质量的模板通常要求模板材料具有硬度高、压缩强度大、拉伸强度大、热膨胀系数小、抗腐蚀性能好等特点，从而确保模板耐磨、变形小，以保证压印图形的精度和模板自身的使用寿命。常用的压印模具材料有 Si、SiO_2、Ni、石英玻璃（硬模材料）和聚二甲基硅氧烷 PDMS（软模材料）等。

压印印章的制备可以采用多种方式实现，常用的有电子束、极紫外光、聚焦离子束或反应离子刻蚀等，也可采用传统的机械刻划形成。

（1）电子束直写技术

电子束直写也称电子束曝光，是纳米结构制作中较成熟的一种制作方法，是制作硬模具或软模具母版的最常用的方法。电子束直写技术是在扫描电子显微镜技术基础上发展起来的一种光刻技术，具有很高的空间分辨率和一次直写成图的特点。该工艺与光学光刻工艺类似，但不需要光掩模，先在经过充分清洗的模具材料表面上进行匀胶，所用抗蚀剂一般为PMMA，厚度 0.3～1.0nm，然后通过高能电子束进行曝光，经过显影、去胶工艺，再以PMMA 为掩蔽层进行反应离子刻蚀，将图形转移到 Cr 层上，然后以 Cr 层为刻蚀掩蔽层，将图形转移到 Si 或者 SiO$_2$ 等模具衬底层上，完成特征直写，得到硬模具或软模具复制需要的母版。

电子束直写技术的分辨率可达几个纳米，因而能保证模具的高精度。但是高能电子束存在散射，临近效应明显，其产生的二次离子会导致分辨率下降，不利于制作大深宽比的特征，且电子束直写加工效率较低，设备昂贵。进行大面积纳米结构的加工，成本难以控制，因此限制了其商业化生产。

（2）蘸水笔直写技术

蘸水笔直写技术是一种比较新的图形赋形技术，它是由扫描探针赋形技术演化而来。其基本原理是在扫描探针的针尖上蘸上聚合物溶液，然后将探针接近底板，通过底板与聚合物之间的化学或物理吸附力，将聚合物转移到底板上从而形成图形（图 10-24）。

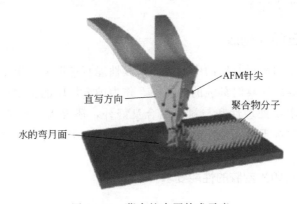

图 10-24　蘸水笔直写技术示意

（3）聚合物探针阵列技术

聚合物探针阵列技术是由蘸水笔直写技术的进一步改进而来。该技术用弹性聚合物探针阵列代替普通探针装在探针悬臂上，利用聚合物探针阵列蘸上聚合物溶液，将图形直写到基底材料表面，通过控制探针尖与基底表面之间的接触压力来控制图形点阵的特征尺寸，从而实现用同一个探针针尖阵列进行纳米微米图形的快速直写（图 10-25）。

（4）喷墨直写技术

喷墨直写技术也是在蘸水笔直写技术基础上衍生出来的一种图形赋形技术。其区别在于聚合物溶液不是附着在探针上，而是直接从探针的腔体中挤出，这种成型方式不仅能够形成聚合物点阵图 ［图 10-26（a）］，还可以形成连续的聚合物线图 ［图 10-26（b）］，甚至是 3D 结构图 ［图 10-26（c）］。

随着纳米压印光刻研究的日益深入以及应用领域的不断扩大，对于压印模具的研究也越来越深刻，制作方法也是层出不穷。压印模具的制作，除以上介绍的几种外还有其他技术，如电铸、化学气相沉积、玻璃湿法刻蚀、单层纳米球赋形技术及嵌段聚合物赋形技术等。同时，纳米压印模具制作方面目前仍面临着巨大的挑战，如三维模具、大面积模具和高分辨率

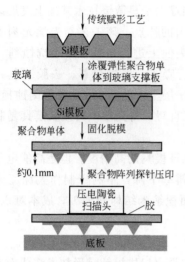

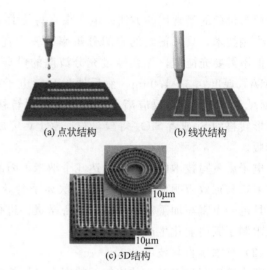

（a）点状结构　　　　　　（b）线状结构

10μm

10μm

（c）3D结构

图 10-25　聚合物探针阵列技术示意　　　　　　图 10-26　喷墨直写技术示意

模具的制作、模具缺陷的检查和修复、模具表面处理工艺、模具变形的研究等。正等待着人们不断地去克服，逐步去完善。

10.2.3　纳米压印光刻胶

光刻胶作为纳米压印图形复制的中间载体，其性能直接影响了压印复制图形的精度、图形的缺陷率和图形向底层转移时刻蚀的选择性。作为纳米压印的光刻胶不同于传统光学光刻所用的光刻胶，除要求易处理性和与衬底结合良好外，还要求具有良好的热稳定性、低黏度、易于流动及良好的抗干法刻蚀性能。针对不同的压印工艺对刻蚀剂的性能也有着不同的要求。

10.2.3.1　纳米压印光刻胶的性能要求

（1）成膜性能

纳米压印技术在刚性或柔性结构表面复制纳米级结构，光刻胶膜厚度通常为几十到几百纳米，为保证图形质量，需制取高质量的光刻胶薄膜。硬质底材的热压印、紫外压印通常采用旋涂制膜方式，此种制膜方式对光刻胶成膜性能要求最高，需要光刻胶对底材润湿性好、成膜性能优良、旋涂后厚度均匀、没有气孔等缺陷。步进压印和滚轴式压印光刻胶黏度低，可通过压印力补偿涂胶时的不均匀，仍需光刻胶材料对底材润湿性好，易于成膜。

（2）压印性能

不同于传统照相式光刻部分光刻胶感光，压印式光刻所有光刻胶均固化，光刻胶表面图形由模板表面凸凹结构压印而得。光刻胶的硬度、黏度将影响图形复制精度和压印力大小，固化速率影响其生产效率。为了防止压印后脱胶并减少图形缺陷，光刻胶应对底材有良好的附着力并且易脱模。

① 硬度和黏度　压印时光刻胶应具有很好的流变性和可塑性，以便被模板压印时能够精准地复制图形。光刻胶的硬度上限不能大于模板，通常固化前硬度越小越好，以便在较低压力下完成压印。固化后强度增大，防止脱模时损坏胶面的精细结构。纳米压印光刻胶通常是以旋涂方式涂覆在底材上，黏度一般要求在 $20\sim300\mathrm{mPa\cdot s}$ 之间。

② 固化速率　固化速率快有利于提高生产效率，热塑性光刻胶由于反应速率慢，逐渐

被速率更快的热固性光刻胶取代。紫外固化光刻胶为光固化反应，因能达到更快的反应而受到了研究者的重视。在此基础上发展的步进压印和滚轴式压印多采用热固性光刻胶或紫外固化光刻胶。

③ 界面性质　由于纳米压印是通过机械接触的方式实现图形复制，光刻胶与底材要有足够强的结合力以防脱胶，同时胶与模板的结合力越小越能造成压印后脱模。

（3）抗刻蚀能力

除了一些功能化的光刻胶，通常纳米压印光刻胶是作为一种图形转移介质来使用的，压印后光刻胶上的图形通过离子刻蚀法转移到基底上，因此需要光刻胶有很好的抗刻蚀能力和刻蚀选择性。在一般的有机聚合物分子中，碳原子的含量越大，抗蚀刻能力就越强。因此，聚合物中若含有芳香环、脂肪环则抗蚀能力较强，当材料中有一定含量的硅元素时，抗蚀性也会得到提高。在半导体工艺中，通常用氟等离子体刻蚀硅片，氟聚合物由于其元素相似，刻蚀选择性也较强。

10.2.3.2　纳米压印光刻胶分类

纳米压印光刻胶主要可分为热压印光刻胶和紫外纳米压印光刻胶。

（1）热压印光刻胶

对于热压印所用的光刻胶主要有热固性和热塑性两类。热塑性光刻胶在压印时发生物理变化，随着升温降温，聚合物由固态变为液态再变为固态。该类光刻胶可选择的范围很广，大多数高分子材料在玻璃化转变温度附近都会发生这种变化。由于该加工工艺需升温、降温两个过程，因此压印周期较长。但此类高分子材料的分子量通常比较大，通过加热升温软化，压印时其黏度和模量依旧很大，压印所需的温度和压力均较高，其热稳定性也较差。较常见用作热塑性聚合物的光刻胶抗蚀剂有聚甲基丙烯酸甲酯（PMMA）、聚苯乙烯（PS）、聚碳酸酯（PC）和有机硅材料。

热固性光刻胶在纳米压印时的固化方式为化学固化，光刻胶在压印的过程中发生热聚合反应。发生聚合反应前的低聚物黏度较低、流动性好，在较低的压力下就可以快速填充进模板腔体结构中，且固化后不需要冷却就可以脱模。使用这种热固化快的光刻胶能大大提高生产率。热固化光刻胶主要成分通常为热固化低聚物、催化剂和交联剂等，常用的材料有快速固化聚二甲基硅氧烷。

在清洗模板时，热塑性光刻胶具有优势，一旦发生光刻胶与模板粘连，只需要用溶剂浸泡，就能将固化的光刻胶溶解，易于维护造价昂贵的模板。热固性光刻胶在压印过程中，光刻胶由小分子的预聚体聚合为大分子物质，聚合度提高之后使得光刻胶难于降解，一旦发生粘连，清洗模板将会很困难。

（2）紫外纳米压印光刻胶

紫外纳米压光刻胶要求具有光敏特性，在紫外光的照射下能够进行光固化反应。紫外纳米压印光刻胶主要由 4 部分组成：低聚物、溶剂、光引发剂、添加剂（表 10-5）。

表 10-5　紫外压印光刻胶各组分含量及作用

组分构成	作用	用量/%	类型
主体树脂	决定光刻胶的聚合过程和成膜性能	10～60	纯有机、有机硅、氟碳材料
光引发剂	吸收紫外光，引发聚合	1～5	自由基型、阳离子型
溶剂	调节膜厚、促进成膜	40～90	有机小分子
添加剂	调节流平性和表面性能	0～5	含氟类、含硅类

低聚物为含有双键等官能团分子量从几百到几千的有机物，是光刻胶的主体成分，在紫外光照射和光引发剂催化作用下，低聚物发生交联反应，生成网状结构的聚合物。光刻胶固化后的强度、硬度、柔韧性、光学性能和抗刻蚀能力等性能主要由低聚物决定。

光引发剂吸收紫外光后本身分解为自由基或阳离子，从而引发聚合反应。其类型影响光刻胶固化速度和反应完全程度，对光刻效率、图形缺陷率有重要影响。

溶剂可以分为反应性溶剂和非反应性溶剂两类。其中反应性溶剂又称活性稀释剂，属于一种含有可聚合官能团的有机小分子，是光固化材料中的一个重要组成。非反应性溶剂通常为有机小分子物质，不参与光聚合反应，在旋涂过程中大部分挥发，软烘过程中基本被去除，其存在意义为帮助黏度较大的光刻胶主体组分成膜，通过其浓度变化调节光刻胶膜厚。

添加剂作用是调整光刻胶的流平、润湿等表面性能，紫外纳米压印光刻胶黏度要求在$20\sim300\mathrm{mPa\cdot s}$之间。

紫外压印是采用绘有纳米图案的刚性模具，将基片上的液态的抗蚀剂薄膜压出纳米级图案，再通过紫外辐射使抗蚀剂单体聚合固化使得图案得以保持，最后利用常规的刻蚀、剥离等加工方法实现图案由模具向基片转移的一种成像原理。紫外压印与热压印相比，模具对紫外光是透明的，通常用石英（SiO_2）制成，抗蚀剂薄膜在室温下有较好的流动性，不需要高温、高压的条件，便可以廉价地在纳米尺度得到高分辨率的图形，成像效率高，无需升温降温过程。

10.2.3.3 用于紫外纳米压印的光刻胶

（1）丙烯酸酯体系

该类体系的特点主要有：自由基聚合机理，反应速率快，有很好的与模具的分离能力，但抗刻蚀能力较差。

（2）有机硅改性的丙烯酸或甲基丙烯酸酯体系

这类抗蚀剂体系特点主要有：抗刻蚀性好，紫外光聚合的活性高，但自由基聚合易被空气中的氧气阻聚，得到的压印图案在边缘地带产生较多缺陷。

（3）乙烯基醚体系

此类光刻胶可以发生阳离子聚合和自由基聚合，聚合速率较快，受空气中氧气的影响小，黏度小，固化收缩率低，是紫外纳米压印常用的光刻胶，在紫外纳米压印中有较大的优势。

（4）环氧树脂体系

SU-8是一种含有8个环氧基的环氧树脂，与光敏剂组合后常用于负性近紫外线光刻胶。因具有良好的力学性能、抗化学腐蚀性和热稳定性也被用于紫外纳米压印光刻胶。

（5）巯基-烯类体系

巯基-烯类紫外光刻胶由于具有点击化学的反应高效、快速、反应条件温和、可功能化、体积收缩小等特点，近年来，该类光刻胶在纳米压印技术中引起了高度关注。

10.2.3.4 蚀刻

纳米压印技术确切地说是一种图形转移技术，而在纳米压印的整个流程中除去使用压印的方式使光刻胶发生流变成型外，最重要的环节就是利用刻蚀技术将光刻胶上的图形转移到衬底材料上。刻蚀工艺是利用化学或物理方法，将光刻胶薄层未掩蔽的衬底表面或介质层材料除去，从而在晶片表面或介质层上获得与光刻胶薄层图形完全一致的图形。它是一种选择性材料去除工艺。

现用的刻蚀技术可分为湿法刻蚀和干法刻蚀两大类。

湿法刻蚀采用液体腐蚀剂，通过溶液和材料间的化学反应将暴露的材料腐蚀掉，因而湿法刻蚀又可以称为化学刻蚀或化学腐蚀。湿法刻蚀最显著的特点就是各向同性刻蚀，即图形横向和纵向的刻蚀速率是相同的。纳米压印的最终目的就是要通过腐蚀的方法以图形化的抗蚀剂为掩模将模具上的图形转移到衬底上。横向腐蚀会导致转移图形的分辨率下降，因此具有各向异性的干法刻蚀对加工高分辨率的微纳结构来说是很好的选择。

干法刻蚀技术是一个非常广泛的概念，所有不涉及化学腐蚀液体并将材料通过逐层剥离的方法形成实现设计的图形或结构的刻蚀技术都是干法刻蚀。从狭义的角度讲，干法刻蚀主要是指利用等离子体放电产生的物理与化学过程对材料表面加工；而广义的干法刻蚀除了等离子体刻蚀外还包括其他物理和化学的加工方法，例如激光加工、电火花放电加工、化学蒸气加工以及喷粉加工、反应气体刻蚀、等离子体刻蚀等。其中在等离子体的所有加工中，反应离子刻蚀技术应用最广泛，也是微纳加工能力最强的技术。

10.2.3.5 抗黏附技术

纳米压印与传统光学光刻最大的区别在于，在压印图形的过程中图形转移的方式不同。光学光刻技术在此过程中，模板和基底之间保持的距离是固定的，通过光学曝光实现图形转移；而纳米压印则是利用模板和基底材料之间的杨氏模量差，通过机械接触并在外力作用下实现图形转移。当图形特征尺寸达到纳米和亚纳米级，模具的抗粘连将变得越来越重要。一般来说，特征尺寸越小，集成度越高，模板与光刻胶之间的黏合力越大，脱模也就越困难，因此在小尺寸压印中开发具有良好的抗粘连性能的光刻胶及抗黏附技术对于纳米压印来说特别重要。

黏附力太强会导致模板与压印光刻胶之间无法分离，从而在压印后的图形中引入缺陷，与此同时在一次压印完成后还会增加模具的清洗工序，因而降低批量生产的效率和模板的使用寿命。理想情况下应该是所使用的光刻胶与衬底材料有足够强的结合力以防止脱胶，同时光刻胶抗蚀剂与模板的结合力越小越好，以便于容易脱模。但现有的纯有机的碳氧主链材料都具有较高的表面能，通常易于黏附底板材料，同时也易与模具粘连，造成压印图形的缺陷或模具的损坏；而有机硅和氟聚合物虽然表面能低，容易脱模，但对底板黏着力小，压印后容易脱胶。

为了解决上述困难，研究者们提出了如下解决方式：一种解决方式是合成新的杂化物材料，这种材料具有上述两种材料共同的优点。新材料的一端为高表面能碳氧基团，一端为低表面能硅氧或者氟碳基团，旋涂制膜时使高表面能基团向高表面能的基底如硅、金属和石英等表面富集，而低表面能的硅氧或氟碳基团向空气富集，这种微相分离效应很好地解决了双表面能的需求。另一种解决方式为向碳氧主体材料中添加硅氧或氟碳类添加剂，其作用类似于表面活性剂，有利于表面活性能的降低，达到顺利脱模的目的。

此外，除了上述的在抗蚀剂本身着手的方法之外，还有在模具表面涂覆一层很薄的抗粘连层的方法。抗粘连涂层主要是用来降低表面能，表面能主要取决于表面粗糙度、涂层材料化学结构以及涂层的质量。在压印中常用的两种防粘连剂是 $CF_3(CF_2)_5(CH_2)_2SiCL_3$ 和 $CF_3CH_2CH_2SiCL_3$，—CF_3 官能团使单分子膜具有最低的表面能，是一种良好的脱模剂，经过处理后模具表面亲水性变为疏水性，表面能显著减小。另外，还可以用等离子聚合或离子溅射的方法在模具表面沉积一层聚四氟乙烯（PTFE）薄膜用作防粘连层。

10.2.4 纳米压印技术的应用

纳米压印技术经过近十几年的发展，已经开始在微纳电子器件、信息存储器、亚波长表面光学器件、显示器以及生物医学等领域显示出相当好的应用前景。

（1）微纳电子器件

制作纳米电子器件是纳米压印技术的主要应用领域之一。利用纳米压印技术制造集成电路晶体管是主要研究方向，研究人员利用纳米压印技术在绝缘体上的硅上构建了长沟道NMOS晶体管，制备了有机激光器、分布式反馈激光器、光子晶体等多种器件。纳米压印技术是在大面积上快速、低价构筑导电高分子图案的方法之一，将成为制备场效应转换器、发光二极管，及传感器的重要手段。纳米印刻技术也是未来加工有机电子集成电路及器件、光学器件、MEMS器件的重要方法。

（2）信息存储器

利用纳米压印技术制备新一代的逻辑或存储设备是纳米压印的另一种重要用途。纳米压印可以为存储器系统—高密度磁盘、NAND闪存、CMOS高密度存储器的制造提供非常高的分辨率，不仅工艺更为简便，而且能节约更多成本，因而为高密度存储器的制备提供了一个廉价且高效的途径。

（3）亚波长表面光学器件

制作表面纳米结构是纳米压印技术最先取得应用的方向，首先实现的是在光学器件中的应用。例如制备具有纳米级环形图案的波带片、光耦合器，传感器。利用纳米压印技术制作的纳米Au阵列，用于表面等离子体传感器器件。直接利用压印技术制备聚合物微环耦合器，用于光波导。运用纳米压印技术刻蚀完成光栅、场效应晶体管等微器件的制作。通过纳米压印方法将导电膜图形化后，能提高有机太阳能电池的光电转换效率，因此在电致变色、电致发光、太阳能电池等领域的应用引起了人们的关注。使用压印技术制作高质量的图像传感器微镜头，制作滤波器和光子带隙结构使电视和发光二极管更加明亮。应用纳米压印技术制备纳米级环形图案的波带片、光耦合器是光集成、光通讯、光聚焦和无掩模光刻系统的关键部件。紫外纳米压印技术与LED半导体制作工艺有效集成，可成功制备光子晶体LED器件，提高光通量、光效率以及光辐射功率。

（4）生物芯片和微流体器件

生物大分子结构的检测或运输要使用大量的生物芯片和微流体器件，这样的纳米器件虽然可用电子束光刻来制作，但成本太高。纳米压印技术则提供了一个低成本大批量生产这种器件的手段。利用纳米压印技术构建的纳米通道结构，纳米通道集成的微流体器件用于生物分子的运输。利用纳米压印技术培养细胞，有效地使细胞脱离而不伤害细胞结构，能够可控的、大批量的培养活性细胞。采用热压印方法用来制备血糖检测芯片。借助纳米压印技术制备形状规整、均一性好的纳米球体，然后载入靶向药物，用于药物的靶向传递以及药物的均匀释放。基于纳米压印技术的微复制方法实现柔性光栅波导器件的制备，在体内医用导管应用中尤为重要。纳米压印用来制备经过化学修饰的微米阵列、纳米阵列，能很好地与DNA以及蛋白质分子发生作用，为医药学和临床诊断提供重要信息。

10.3　印制电路板制造用光固化材料

印制电路板（printed circuit board，简称PCB）是现代电器安装和连接元件的基板，是电子工业的重要基础器件。在电子工业发展中，PCB技术的出现是现代电器设备安装的整体化和小型化发展的一个重大突破。

20 世纪 40 年代，英国 Paul Eisler 博士等首先采用印制电路板制造收音机，并率先提出了印制电路板的概念，经过几十年的研究和发展，20 世纪末印制电路生产总值已超过 400 亿美元。我国从 20 世纪 50 年代中期开始研制单面印制电路板，60 年代开发出国产的覆铜板，小批量生产双面印制电路板，1964 年开始研制生产多层印制电路板，80 年代引进国外先进的单面和双面印制电路板生产线，较快地提高了我国印制电路的生产技术水平，90 年代以后，香港、台湾地区印制电路板生产厂家纷纷来内地合资或独资建厂，使我国印制电路产业发展迅猛，至 2006 年，我国印制电路生产已超过日本、美国，我国成了世界最大的印制电路生产国。

印制电路是指在绝缘基材上，按预定设计，提供元器件之间电路连接的导电图形。印制电路的成品板称为印制电路板，印制电路板为晶体管、集成电路、电阻、电容、电感等元器件提供了固定和装配的机械支撑；实现了晶体管、集成电路、电阻、电容、电感等元器件之间的布线和电路连接、电绝缘来满足其电气特性；为电子装配工艺中元器件的检查、维修提供了识别字符和图形，为波峰焊提供了阻焊图形。

印制电路板根据印制板基强度分类有：刚性印制板，是用刚性基材制成的印制板；挠性印制板，是利用柔性基材制成的印制板；刚挠性印制板，是利用柔性基材、并在不同区域与刚性基材结合制成的印制板。根据印制板导电结构分类有：单面印制板，这是仅有一面有导电图形的印制板；双面印制板，是两面均有导电图形的印制板；多层印制板，是由三层或三层以上导电图形与绝缘材料交替粘接在一起，层压而制成的印制板。目前印制电路板制作有减成法和加成法两种工艺，主要还是采用减成法工艺来制作印制电路板，是在覆铜板表面上有选择性地除去部分铜箔来获得导电图形。

根据印制电路在商品上的使用量，大致可分成如下三类：

① 信息类　约占 50%，包括电脑、笔记本电脑、计算机辅助设计和制造系统、汽车控制系统等。

② 通信类　约占 34%，如移动电话、通信网络系统、互联网、调制解调器等。

③ 消费类　约占 16%，如电视机、收录音机、数码相机、摄像机、打印机、复印机、游戏机、电动玩具等。

如今在工业、农业、交通运输、教育科研、医疗卫生、军事工业等一切需要自动化和电气化的设备，都离不开印制电路板；在人们的日常生活中，电冰箱、空调、洗衣机、家庭影院、数码相机、手机等各种电器也都少不了印制电路板，可以说，在现代社会中印制电路板无所不在。

10.3.1　印制电路板的制作

印制电路板有单面板、双面板、多层板和积层多层板，它们的制作过程和所用的材料也不同，目前大多数采用光固化材料：UV 油墨、干膜（dry film）、光成像油墨（photoimageable ink）和电沉积光刻胶（electrodeposited photoresist），它们的性能比较见表 10-6。

目前印制电路板的制作主要有三种方法：网印法、干膜法和湿膜法（也叫液态感光成像法或光成像法），如图 10-27 所示。网印法由于制作的印制电路分辨率低，只能用于单面板的制作，干膜法和湿膜法多用于制作双面板和多层板。

表 10-6 PCB 制作用光固化材料的性能比较

项目	UV 油墨	干膜	光成像油墨	电沉积光刻胶
分辨率/μm	>150	80~100	50	20~30
图形重合精度/μm	100	20	20	
图形形成	丝网漏印	真空贴膜 隔片基曝光 显影成像	丝网满布、帘涂、喷涂 接触曝光 显影成像	电泳沉积成膜 接触曝光 显影成像

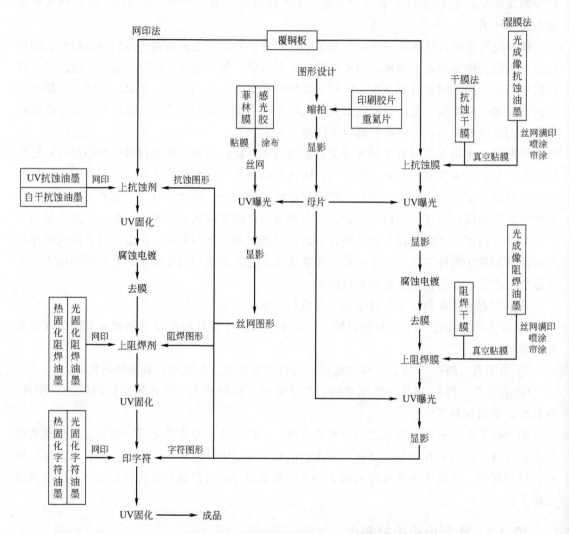

图 10-27 印制电路板制造工艺流程示意

单面板制作都采用网印法，要网印三道油墨，制作工艺为：

覆铜板→前处理→网印抗蚀油墨→UV 固化→腐蚀（有时需电镀）→去膜→干燥→网印 UV 阻焊油墨→UV 固化→网印 UV 字符油墨→UV 固化→检验→成品。

因此单面板制作需用三种 UV 油墨：UV 抗蚀油墨、UV 阻焊油墨和 UV 字符油墨。

双面板和多层板大多采用湿膜法制作，制作工艺为：

覆铜板→前处理→网印（或辊涂、喷涂）光成像抗蚀油墨→预烘→UV 曝光→显影→腐蚀（有时需电镀）→去膜→干燥→网印（或帘涂、喷涂）光成像阻焊油墨→预烘→UV曝光→显影→后固化→网印UV字符油墨→UV固化→检验→成品。

所以双面板和多层板制作需用光成像抗蚀油墨、光成像阻焊油墨和UV字符油墨三种UV油墨。

10.3.2 光固化抗蚀油墨

印制电路板上的铜质电路是覆铜板上铜箔经三氯化铁或氯化铜腐蚀而成，故不需腐蚀的线路部分要用抗蚀剂材料保护。在网印法中，要用抗蚀油墨，因固化方式不同有自干型和光固化型两种。抗蚀油墨经有抗蚀图形的丝网漏印在覆铜板上固化后，形成抗蚀保护膜。覆铜板经腐蚀（有时还需电镀）形成铜质线路后，用稀碱液去膜，抗蚀膜不留在印制板上，露出铜质电路。因此要求抗蚀油墨与金属铜箔黏附性好，能耐腐蚀和电镀，还要能被稀碱液完全去除。

UV抗蚀油墨（UV etching ink）的性能要求见表10-7。

表10-7 UV抗蚀油墨的性能要求

项目	性能要求	项目	性能要求
颜色	蓝色	附着力（划格法）	100/100
细度/μm	<10	耐蚀刻性能（$FeCl_3$ 或 $CuCl_2$ 酸性蚀刻液）	耐蚀刻
铅笔硬度/H	>2	去膜性能（3%～5% NaOH，30～50℃）/s	20～40

UV抗蚀油墨一般都选用酸酐改性的环氧丙烯酸树脂、高酸值的聚酯丙烯酸树脂或改性的马来酸酐树脂等碱溶性感光树脂作为主体树脂，再配合丙烯酸酯功能单体；光引进剂常用651或蒽醌类光引发剂如2-乙基蒽醌；颜料大多用酞菁蓝，用量一般1%左右即可，还需加入较大量的填料如滑石粉；为提高油墨的触变性，需加入一定量的气相二氧化硅等。特别要指出的是含有一定数量羧基的碱溶性感光树脂，交联固化成膜后，必须要能耐腐蚀和抗电镀，还要能溶于3%左右的氢氧化钠溶液中，以便去除。

10.3.3 光固化阻焊油墨

随着电子产品装配工艺的半自动化和自动化，以及流水作业的推广，20世纪60年代就对电路板的焊接开始采用波峰焊或浸焊工艺，以提高生产效率和降低成本。为了阻止不必要的焊锡附着于印制电路板上，要求在电路板表面上涂覆一层永久性的保护膜，以保证电路板经覆盖在其后的喷锡、浸锡及波峰焊的作业中不为焊锡所附着，这样可有效防止因焊锡搭线造成短路，从而实现生产过程的高度自动化。此外，这层永久性的保护膜还能极大地改善线路之间和整个板面的电气绝缘性，从而提高印制电路板的布线密度和工作稳定性，同时对线路氧化、水气浸蚀、外物擦伤等具有防止作用，从而延长印制电路板的使用寿命。阻焊油墨就是为制作这一保护层而开发的一种重要材料，其最重要的功能就是阻焊，而且应耐高温焊锡（波峰焊温度260℃），同时还应具有防潮、防腐、防霉、防氧化、绝缘和装饰等功能。阻焊油墨涂布工序已成为印制电路板加工主要的工序之一。

在网印法中，上阻焊剂就是用阻焊油墨，因固化方式不同，阻焊油墨也有热固化型和光固化型两种，目前主要用光固化阻焊油墨（UV solding ink）。阻焊油墨经有阻焊图形的丝网漏印在已制好铜质线路的印制板上固化后，形成阻焊保护膜，印上字符油墨后，经检验合格后做成成品。由于阻焊膜是印制电路板上的永久涂层，因此要有优异的电性能和物理力学性能，还要耐后期加工时波峰焊的高温（260℃），对军品要能耐288℃高温。光固化阻焊油墨的性能要求见表10-8。

表10-8　光固化阻焊油墨的性能要求

项目		性能要求
黏度(25℃)/Pa·s		2.0～10.0
细度/μm		＜20
硬度(铅笔硬度)		＞3H,＞2H(柔性板)
附着力(划格法)		100/100
耐热性(265℃×5s×3)		无变化
阻焊性(265℃×10s)		无沾锡
绝缘电阻	常态	＞10^{10}
	潮热	＞10^9
击穿电压/kV		＞20
高低温循环(−65℃/30min～125℃/30min)×100		不出现分层、起泡
耐化学品性	HCl,10%(体积分数),室温,60min	无变化
	NaOH,5%(质量分数),室温,60min	无变化
	三氯乙烯,室温,60min	无变化
	乙醇,室温,60min	无变化
阻燃性		V-0

光固化阻焊油墨低聚物主要选择耐热性好、绝缘性好、与铜黏附性好的树脂，如双酚A环氧丙烯酸树脂、酚醛环氧丙烯酸树脂和聚氨酯丙烯酸树脂等，目前常用的是酚醛环氧丙烯酸树脂。活性稀释剂则以多官能团丙烯酸酯配以单官能团（甲基）丙烯酸羟基酯，羟基酯有利于提高油墨对铜的附着力。光引发剂则主要用651或2-乙基蒽醌。颜料以酞菁绿为主，用量一般不超过1%。油墨中可加入较多的填料，有利于提高油墨的耐热性，也可减少体积收缩。为了提高油墨与铜的附着力，达需加入1%～2%的附着力促进剂，如甲基丙烯酸磷酸单酯PM-1或双酯PM-2，其他助剂如消泡利、流平剂、阻聚剂适量。

10.3.4　光固化字符油墨

印制电路板上的电路图及电子元件位置都需用线路和字符在电路板的正反两面进行标记，以供插件和维修使用，通常使用字符油墨（marking ink，或叫标记油墨）。有时在高频部分，为了提高绝缘性能，往往在阻焊油墨上再涂覆一层字符油墨。字符油墨也因固化方式不同有热固化型和光固化型两种，都采用有字符图形的丝网漏印方式印在电路板上，经固化后永久留在印制电路板上。由于字符油墨也与阻焊油墨一样，是印制电路板上的永久涂层，也要经过波峰焊，其性能要求与阻焊油墨相同。

光固化字符油墨所用低聚物与UV阻焊油墨相同，也选用耐热性好、绝缘性好的树脂，如双酚A环氧丙烯酸树脂、酚醛环氧丙烯酸树脂和聚氨酯丙烯酸树脂等，目前常用的是酚醛环氧丙烯酸树脂。因字符油墨大多为白色，故颜料为钛白粉，所以光引发剂主要用TPO，再配合184、MBF。字符油墨要求触变性好，所以要用一定量的触变剂气相二氧化硅。

10.3.5　干膜

干膜是用于制作双面板或多层板的光固化材料，它的结构如图 10-28 所示，是由聚酯片基、感光胶膜和聚乙烯薄膜三层组成。

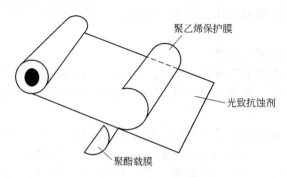

聚乙烯保护膜

光致抗蚀剂

聚酯载膜

图 10-28　干膜结构示意

聚酯片基（25μm 厚）是感光胶膜的支持体；聚乙烯薄膜（25μm 厚）为保护膜，避免空气中灰尘污染感光胶膜，同时防止感光胶膜卷缠时粘连。感光胶膜是干膜的主体，根据用途不同有抗蚀干膜和阻焊干膜，其厚度也因用途不同从 20～100μm。

（1）抗蚀干膜

抗蚀干膜由于显影的溶剂及方式不同，分为四类：溶剂型，用有机溶剂显影及去膜；半水溶型，用稀碱水溶液与有机溶剂混合显影及去膜；水溶型，用稀碱水溶液显影及去膜；干剥离型，不用溶剂，直接干法剥离。因溶剂型和半水溶型都会造成环境污染，所以现在抗蚀干膜主要为水溶型。

抗蚀干膜中的感光胶膜由胶黏剂、光聚合单体、光引发剂和其他添加剂组成，用溶剂配成感光涂布液，再涂覆在聚酯片基上经干燥制得。

① 胶黏剂　它是高分子类成膜物质，具有较好的柔韧性和拉伸强度，决定感光胶膜的物理力学性能。常用经酯化或酰胺化改性的苯乙烯-马来酸酐共聚物，还配以丙烯酸酯聚合物和纤维素乙酸丁二酸酯等树脂。

② 光聚合单体　在紫外曝光时进行光聚合，生成高度交联的网状结构，使胶膜有较强的抗蚀和抗化学性能。常用 PETA、TMPTA、TPGDA 等多官能团丙烯酸酯。

③ 光引发剂　早期用安息香醚类、二苯甲酮和米蚩酮等，现改用 651、1173、184 等光引发剂。

④ 其他添加剂　阻聚剂用对苯二酚、对甲氧基苯酚等；增塑剂用二缩三乙二醇双乙酸酯、邻苯二甲酸二丁酯等；增黏剂用苯并三氮唑、苯并噻唑等；染料可用孔雀石绿等，色泽鲜艳，便于观察，又能透过 300～400nm 紫外光；光致变色物质，用螺吡喃、亚甲基蓝等，在紫外曝光时可变色，便于检查干膜是否曝光，曝光后可检查图像有否缺陷；溶剂为丙酮、丁酮或无水乙醇等。

抗蚀干膜在印制电路制作中有三种应用方法。

① 印制-刻蚀法　主要适用于制单面板，其工艺流程为：

覆铜板→贴膜前处理→贴膜→光固化曝光→显影→修板→腐蚀→去膜。

② 图形电镀-刻蚀法　主要适用于制造孔金属化的双面板和多层板的外层线路，其工艺流程为：

覆铜板→钻孔→孔金属化→贴膜前处理→贴膜→曝光→显影→修板→镀前处理→镀光亮

铜→镀锡合金→蚀刻→去膜。

此时的抗蚀干膜也叫耐电镀干膜。

③ 孔掩蔽-刻蚀法　采用阳底图，将干膜转移成焊盘和电路保护层，以便在蚀刻过程中金属化孔得到保护，其工艺流程为：

覆铜板→钻孔→化学镀铜→孔金属化→贴膜前处理→贴膜→UV 曝光→显影→蚀刻→去膜。

此时的抗蚀干膜也叫掩孔干膜。

前处理的目的是除去铜箔表面的氧化物，制造出一定的铜表面微观粗糙度，保证干膜与铜箔表面有良好的附着力。前处理有手工清洗、机械清洗和化学清洗三种，处理后水洗干燥，马上进行贴膜。

贴膜：先从干膜上撕下聚乙烯保护膜，然后在加热加压条件下将干膜粘贴在铜箔上，温度控制在 90～100℃，压力 0.5～0.6kg/cm^2（1kg/cm^2＝0.098MPa）。贴膜是在贴膜机上完成（图 10-29）。近年来又发展了湿法贴膜工艺，利用专用贴膜机，在贴膜前于铜箔表面形成一层水膜，在挤压下除去铜箔凹陷部位的气体，在加热和加压的贴膜过程中，水对干膜抗蚀剂起着增塑剂的作用，增加了干膜的流动性，使干膜在铜箔表面更紧密地贴合。湿法贴膜如图 10-30 所示，水由湿辊 A（图 10-31）的两端进入，并由中心管子和孔喷出，喷出的水被海绵吸收，以保证均匀地把水挤压到基板上，当基板走到热压辊 B 时，水膜介于干膜和铜箔表面之间，C 辊作用是将多余的水除去，D 辊用来除去粘在 B 辊上多余的水。

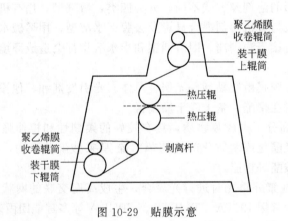

图 10-29　贴膜示意

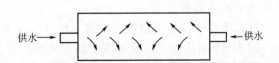

图 10-30　湿法贴膜示意
A—给水辊；B—热辊；C—除水辊；
D—除水辊；E—干膜

图 10-31　湿辊构造示意
海绵辊作为湿辊上下配置；由海绵中
空辊子内侧供水；由两侧供水以保证均匀润湿

UV 曝光：用银盐底片或重氮片与干膜聚酯片基贴合，隔片基接触曝光，紫外光源用高压汞灯、碘镓灯或镝灯。

显影：常用 1%～2%的碳酸钠溶液作显影液、液温 30～40℃，大多采用机械喷淋显影。

修版：修补图像上的缺陷和除去与图像无关的疵点。

检查抗蚀图像质量，对有缺陷和疵点要进行修补。

蚀刻：大多用酸性氯化铜蚀刻液，温度 50℃左右。

去墨用 5%的氢氧化钠溶液：温度 50～60℃，喷淋 1min 或手工浸入后去墨。经热水洗、循环水洗、自来水冲洗，干燥后检查合格转入后序工艺上阻焊剂。

（2）阻焊干膜

阻焊干膜是为了在双面板或多层板上制作阻焊图形的干膜。因显影时所用显影剂不同，有溶剂型和水溶型两大类。

阻焊干膜中的感光胶膜由耐热性好的感光性树脂、光聚合单体、光引发剂和其他添加剂组成，用溶剂配成感光涂布液，再涂覆在聚酯片基上，经干燥制得。

阻焊干膜与抗蚀干膜最大不同是其所用的树脂为耐热性好的感光性树脂，如环氧丙烯酸树脂、酚醛环氧丙烯酸树脂，对水溶性阻焊干膜，则要用带有羧基的环氧丙烯酸树脂或酚醛环氧丙烯酸树脂。

阻焊干膜由于耐热性稍差，与铜质电路贴合也易出现缺陷，成像分辨率不如光成像油墨，因此当光成像阻焊油墨一出现，便很快地取代了阻焊干膜。

10.3.6　光成像抗蚀油墨

光成像抗蚀油墨（photoimageable etching ink）是解决精细导线图形制作而研制的一种油墨，俗称湿膜，是国外 20 世纪 90 年代初发展起来的一种感光成像油墨，是第三代用于 PCB 制作的光固化材料（第一代为 UV 油墨，第二代为干膜）。由于它是接触曝光，所以形成图形的分辨率要高于抗蚀干膜（它是隔着片基曝光），可以制作更精细的铜质电路。随着表面贴装技术（SMT）和芯片组装技术（CMT）的发展，对印制板导线精细度的要求越来越高，湿膜技术已成为各种精细度、高密度双面或多层印制电路板图像生成技术的首选。

光成像抗蚀油墨的特点：

① 光成像抗蚀油墨可采用网印、辊涂或喷涂的方式，对敷铜板作整版面涂覆，无需定位，操作简单。

② 与干膜相比，在曝光时照相底版可与胶膜直接贴合，缩短了光程，减少了光能损耗，减少了光散射引起的尺寸误差，提高了图形转移的精度；而干膜曝光是隔着聚酯膜进行，受相对较厚（约为 25μm）的聚酯膜影响，降低了分辨率，使精细导线的制作受到限制，故湿膜技术特别适于制作高精密度的印制板。

③ 覆铜箔板表面上诸如针孔、凹陷、划伤及玻璃纤维造成的凸凹不平等微小缺陷，使贴膜时干膜与铜箔无法紧密贴合，会造成界面处有气泡产生，当进行蚀刻时蚀刻液会从干膜底部渗入造成图像断线、缺口，电镀时电镀液渗入干膜底部又会造成渗镀现象发生，致使产品合格率下降。用湿膜技术制作抗蚀刻图形或抗电镀图形，不存在上述断线、缺口或渗镀现象。

④ 解像度高，可制得 0.05mm 的精细图形。

⑤ 与干膜相比，制作细线条可提高其半成品合格率，降低生产成本（作多层板内层其半成品的合格率从干膜的78%～83%提高至96%，材料成本节约至少20%）。

⑥ 与干膜相比，制作整板镀镍/金板时，其膜层不会发毛、起翘、脱落，从而提高了产品的质量。

湿膜技术除了在印制电路板上制作精细导电图形外，现在也常用于制作高精度的工艺品、镂空模板、金属标牌、移印凹版等，还可用于多层板内层精细导线的制作，不同用途的使用要求见表10-9。

表10-9　光成像抗蚀耐电镀油墨（湿膜）产品应用厚度要求

湿膜厚度（干后）/μm	产品范围
25	多面板、多层板的外层、模具
20	镂空装饰板、大规模集成电路框架
15～20	标牌、面板或单面板
10～15	标牌、多层板内层或单面板
8～10	栅网、螺旋线、弱簧片、金属画、单面板

光成像抗蚀油墨的简要工艺操作流程如下：

涂布→预烘→冷却→曝光→显影→蚀刻、电镀→去膜→干燥→后处理。

光成像抗蚀油墨的性能见表10-10。

表10-10　光成像抗蚀油墨的性能要求

项目	性能要求
细度/μm	<5
黏度（25℃）/mPa·s	60±10
固含量/%	60±5
分辨率	50
附着力	100/100
铅笔硬度/H	2
耐电镀性能	铜、纯锡、镍、金电镀液
蚀刻	酸性或碱性蚀刻液
显影（30～35℃，0.8%～1.0% Na_2CO_3）	40～60s
去膜（40～50℃，3%～5% NaOH）	1～2min

光成像抗蚀油墨根据制品数量和形状，可选择网印、帘涂、辊涂和静电喷涂四种涂布方式，对印制板作整版涂覆，无需定位，经预加热、表面干燥后，用照相底版贴合接触紫外曝光，经显影后，获得精确的抗蚀图形。

① 网印　丝网满版漏印，采用80～150目丝网，可手工或自动网印，设备简单，操作方便，投资小，故对品种多、数量少的制品，采用网印方式比较经济、灵活。所以，目前大多数中、小工厂，在制造平面制品时，多数采用网印方式。

② 帘涂（图10-32）　一般控制油墨干后厚度，单面板为10μm，双面板和多层板为20μm。自动化程度高，生产效率高，适用于大批量生产，但投资大。

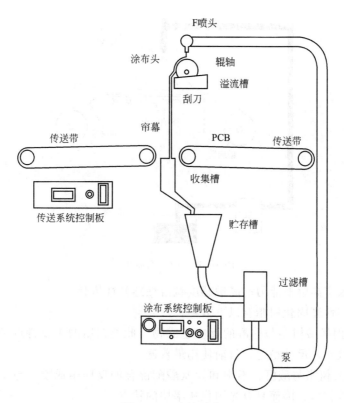

图 10-32　帘涂示意

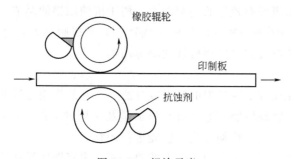

图 10-33　辊涂示意

③ 辊涂（图 10-33）　可以双面涂覆，涂层均匀而且更薄，节省油墨，同时也缩短显影时间，减少显影液消耗。对制品数量多的工厂，采用辊涂方式，速度快、效率高，适合大规模流水线生产。辊涂方式有光辊辊涂、螺纹辊辊涂，有逆向涂布和顺向涂布之分。从效果来看，螺纹辊顺向涂布比较理想，墨膜厚度均匀，质量好，是印制板厂大批量制作线路板的发展方向。

④ 静电喷涂（图 10-34）　生产效率也高，对曲面和球形的制品采用喷涂方式较好，可以制作花纹精细的制品，但存在过喷和边缘效应问题。

光成像抗蚀油墨由碱溶性光固化树脂、活性稀释剂、光引发剂、填料、助剂、颜料和溶剂等组成。

（1）碱溶性光固化树脂

碱溶性光固化树脂是光成像抗蚀油墨的主体树脂。为了大幅度提高布线的密度，就要缩

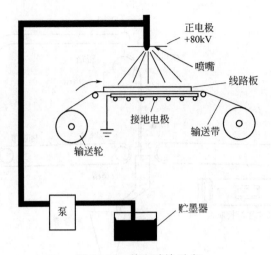

图 10-34　静电喷涂示意

小焊盘，这就要求有高解像能力的高敏感度碱溶性感光性树脂。

较常用的碱溶性光固化树脂有以下数种。

① 酚醛环氧丙烯酸树脂与酸酐的反应生成物　此类树脂的主要特点是制作方便，价格低廉，热膨胀系数小，尺寸稳定，目前使用最普遍。

② 环氧丙烯酸树脂与酸酐、不饱和异氰酸酯混合的反应生成物　与①相比，它的不饱和烯烃官能团个数较多，因而具有光固化速率快的特点。

③ 环氧丙烯酸树脂与酸酐、醇、TDI（二异氰酸酯）混合的反应生成物　此类树脂对抗蚀油墨中的填充粉末表面有较好的润湿能力，便于抗蚀油墨的制造。

④ 三苯酚系环氧丙烯酸与酸酐的反应生成物　此类树脂具有较好的耐电镀性，除作抗蚀油墨外，也可用作抗电镀的显影型抗蚀油墨等用途。

（2）活性稀释剂

活性稀释剂也是光成像抗蚀油墨的基本成分之一。它的作用是调节油墨的黏度、控制交联密度、改善固化膜的物理性能。通过对其添加量及选用种类的控制，可对抗蚀膜的硬度、感光速度、显影难易程度及其他物理化学性能进行调整。

在实际操作中一般采用两个或两个以上的单、双、多官能团活性稀释剂组合使用。

（3）光引发剂

光引发剂是决定光成像抗蚀油墨光敏性最重要的因素之一。最常用的光引发剂为 907，配以 ITX 或 651 等。

除了上述组分外，光成像抗蚀油墨中还须加入填料，以改善印刷适性，加入消泡剂，以消除气泡，添加不同颜色的颜料，以适应各用户对色泽的要求等。

10.3.7　光成像阻焊油墨

光成像阻焊油墨（photoimageable solding ink）是用于制造双面板或多层板阻焊图形的 UV 油墨，它的作用与 UV 阻焊油墨一样，在波峰焊时阻止不必要的焊锡附着于印制电路板上，同时永久留在印制板上，以改善线路之间和整个板面的电气绝缘性，同时可防止线路氧化，不受水气浸蚀和外物擦伤，从而延长印制电路板的使用寿命。

光成像阻焊油墨使用工艺流程见表 10-11。

表 10-11　光成像阻焊油墨主要工艺操作流程与参数

主要流程	操作方法	工艺参数	操作目的
基板前处理	稀酸清洗、浮石磨板	质量分数为 5%～8% 的稀酸浸泡后，置于浮石磨板机中刷磨、漂洗风干	去除铜面氧化层、增大粗糙度以提高阻焊涂层与铜面的结合力并加强涂层表观色泽的均匀一致性
基板干燥	热风循环干燥	(80±5)℃，10～15min	去除板面潮气
涂覆印刷	空网满版印刷或挡墨点网版印刷	采用 43T～61T 丝网印刷，刮胶采用邵氏硬度 65～70 聚氨酯刮刀，丝网张力 15～20N/cm²	在板面上形成油墨层
静置处理	平放或竖放	空调或 30℃室温下放置 20～30min	促使油墨涂层上的丝印网纹流平
预烘干燥	热风(带抽风)循环干燥	温度：(78±2)℃ 时间：第一面 15～20min，第二面 25～30min，二面同时 40～45min	去除涂覆的油墨层中的有机溶剂
曝光	将阻焊菲林与基板对位贴合置于冷却式曝光机上曝光	曝光能量：500～600mJ/cm²	油墨涂层因光固化聚合形成面型交联结构，选择性地在板面油墨涂层上形成碱溶性区域(未曝光区域)和较难溶区域
显像	将曝光后板置于显影机中用稀碱溶液喷淋显影	质量分数为 0.8%～1.2% Na₂CO₃ 溶液；喷淋温度 28～32℃；压力 0.2～0.3MPa；时间 40～60s	去除板面上未曝光区域的油墨涂层
后固化	采用镂空式专用插板架装载置于热风循环烘箱中烘烤	温度：(150±5)℃，时间：35～45min	板面油墨涂层热聚合成体型交联结构，形成永久性防焊保护膜

光成像阻焊油墨的涂覆方式有以下几种：丝网漏印法、帘式涂布法、喷涂法。

① 丝网漏印法　又分为有图形网版印刷和无图形满版印刷两类。为了减少光成像阻焊剂进孔后再洗出的麻烦，国内仍多采用有图形网版印刷法，即在丝网上制作有"挡墨点"的网版膜，以减少印刷时光成像阻焊剂对孔的沾污。丝网漏印法可采用传统的网版印刷设备，半自动或手动的生产形式。

② 帘式涂布法　此法为一种自动化连续生产方式。在帘液垂涂设备中，泵可将光成像阻焊油墨从蓄胶池中抽出，使光成像阻焊油墨通过过滤器、黏度控制器及温度调节器，而进入垂液涂装头。它是一种精密制造的狭长型槽口，其槽口宽度可以调整。当光成像阻焊油墨由槽口垂流而下时，将会形成一道宽度速度都很均匀的连续流出的液膜，使水平输送通过液膜的板子上面均匀接受垂流的涂布。这种自动化的帘式涂布法，其黏度及浓度都可以控制，可完全将印制线路板涂满，并能控制膜层厚度在 12.7～38μm 之间。

③ 喷涂法　是将光成像阻焊油墨以高速分散吹出成雾状，再喷涂到板面上去，但这种喷涂法的油墨无法完全着落在板面上，大约有 20% 在飞散中浪费掉。为了降低这种浪费，有人想到"静电喷涂法"，其做法是在印制线路板和所喷出的油墨雾上，分别施加不同的电荷，使喷出的油墨雾尽量被线路板表面所吸附。吸附过程首先在导体边缘着落，然后在导体表面铺满，最后涂满侧面及整平。但是印制线路板板面不全为导体，绝缘部分无法传导电荷，这样限制了静电喷涂法的推广应用，故此法国内尚无使用者。

通过以上分析可见，丝网漏印法设备投资相对较少，并且可以半自动或手动操作，所以国内大多采用丝网漏印法，为半自动或手动操作。

光成像阻焊油墨性能要求见表 10-12。

表 10-12　光成像阻焊油墨性能要求

项目	性能要求
细度/μm	<8
混合后固含量/%	75±3
混合后黏度(25℃)/mPa·s	200±30
混合后可使用时间/h	24
铅笔硬度/H	>6
耐溶剂性(25℃,乙醇浸泡 20min)	无变化
耐酸性(25℃,10% H_2SO_4 浸泡 20min)	无变化
耐碱性(25℃,10% NaOH 浸泡 20min)	无变化
绝缘性能	1.0×10^{12}
耐焊锡性(265℃×10s×3 次)	无起泡脱落
阻燃性	UL 94 V-0

光成像阻焊油墨是由碱溶性光固化树脂、热固性环氧树脂、活性稀释剂、光引发剂、固化剂、颜料、填料、各种助剂和溶剂组成，是一种双重固化油墨，为双组分油墨，因此使用前必须将两个组分油墨混合后充分搅拌均匀。

（1）碱溶性光固化树脂

碱溶性光固化树脂是光成像阻焊油墨的主体树脂。为了大幅度提高布线的密度，就要缩小焊盘，这就要求有高解像能力的高敏感度碱溶性感光性树脂。

常用的碱溶性光固化树脂有以下数种。

① 酚醛环氧丙烯酸树脂与酸酐的反应生成物　此类树脂的主要特点是制作方便，价格低廉，热膨胀系数小，尺寸稳定。目前使用最普遍。为提高耐热性，现常使用邻甲酚醛环氧丙烯酸树脂与酸酐的反应生成物作主体树脂。

② 环氧丙烯酸树脂与酸酐、不饱和异氰酸酯混合的反应生成物　与①相比，它的不饱和烯烃官能团个数较多，因而具有光固化速度快的特点。

③ 环氧丙烯酸树脂与酸酐、烷基双烯酮混合的反应生成物　此类树脂因羧基数量较少，酸价低，显影速度较慢。但由于 $COCH_2CO$ 基团的存在，此树脂与铜箔的结合强度相当高，适合于对结合强度有特殊要求的场合。

此外，还可以在碱溶性大分子中引入合成橡胶或长链烷基醚结构，以增加树脂的可挠性或柔软性；也可用烷基苯酚或二酸或二酰胺来部分取代丙烯酸与环氧树脂反应，以增加树脂的解像度，同时增加树脂的分子量，降低其膜层表面黏性。

（2）热固性环氧树脂

热固性环氧树脂是光成像阻焊油墨的另一个主要组分，作为与感光性树脂共用的热固性环氧树脂有很多种。例如：酚醛环氧树脂、缩水甘油类环氧化合物、多价苯酚的缩水甘油醚、多价醇的缩水甘油醚等，每个分子至少含有两个或两个以上的环氧基。这些化合物作为液态光成像阻焊油墨中的热固化成分，显影性良好，不影响液态感光抗蚀油墨的光固化速率。用于液态光成像阻焊油墨中的热固性剂应为潜在性热固化剂，即应当是加入后其贮存稳定性好的材料，在常温下和热固性树脂不起反应，加热到 150℃ 左右才能和热固性树脂起反应。常用的有咪唑类和二氰二胺类高温热固化剂。

（3）活性稀释剂

液态光成像阻焊油墨的性能不仅与其碱溶性感光树脂的构造、特性密切相关，也受到活性稀释剂、热固化成分的影响，特别是活性稀释剂，通过对其添加量及选用种类的控制，可对阻焊膜的硬度、感光速率、显影难易及其他物理化学性能进行调整。因此活性稀释剂也是光成像阻焊剂的基本成分之一。

在实际操作中，要提高光固化速率、增加交联度、提高硬度选用多官能团稀释剂如三羟甲基丙烷三丙烯酸酯（TMPTA）、季戊四醇三丙烯酸酯（PETA）等；若需改善固化膜的柔韧性，则选用二缩三丙二醇二丙烯酸酯（TPGDA）、己二醇二丙烯酸酯（HDDA）等双官能单体；要降低黏度、增加对覆铜板的附着力，则选用（甲基）丙烯酸羟基酯。为了达到较好的综合效果，一般采用两个或两个以上的活性稀释剂组合使用。

（4）光引发剂

除活性稀释剂外，决定液态光成像阻焊油墨光固化速率及固化反应程度的光引发剂亦占有重要的位置，常用的光引发剂为 UV 油墨最广泛使用的 ITX、907、369、TPO、651 等。

除了上述组分外，液态光成像阻焊油墨中还需加入填料以改善丝印适性、提高耐热性和减少体积收缩；加入附着力促进剂以提高对铜箔的附着力；加入脱泡剂以消除气泡；添加颜料以适应各用户对色泽的要求，一般以酞菁绿为最常用。

10.3.8　挠性印制板用光固化油墨

挠性印制板（flexible printed board，FPC）也叫柔性印制板，用于挠性电路。挠性电路是为提高空间利用率和产品设计灵活性而设计的，能满足更小型和更高密度安装的设计需要，也有助于减少组装工序和增强可靠性，是满足电子产品小型化、轻量化和移动要求的唯一解决方法。挠性电路可以移动、弯曲、扭转，而不损坏导线，可以有不同的形状和特别的封装尺寸。

早期挠性印制板主要应用在小型或薄型电子产品及刚性印制板之间的连接领域，以后逐渐应用到计算机、笔记本电脑、数码相机、摄像机、打印机、驱动器、汽车音响、心脏起搏器、助听器、医疗设备等电子产品，目前几乎所有电子产品里都有挠性印制板。

挠性印制板所用薄膜基材的功能在于提供导体的载体和线路间绝缘介质，同时可以弯折卷曲。目前常用聚酰亚胺（PI）薄膜和聚酯（PET）薄膜，另外还有聚2,6-萘二甲酸乙二酯（PEN）、聚四氟乙烯（PTFE）、聚砜和聚芳酰胺等高分子薄膜材料。由于性能与价格关系有不同选择，这些薄膜材料大致性能见表 10-13。

表 10-13　挠性印制板用基材的性能比较

性能	聚酰亚胺	聚酯	芳酰胺	聚四氟乙烯	聚砜	PEN
密度/(g/cm³)	1.42	1.38~1.41	1.40	2.1~2.2	1.24~1.25	1.36
拉伸强度/(kg/mm²)	优,21.5	优,14.0~24.5	良,—	低,1.3~3.2	中,5.9~7.5	优,21.5
断裂伸长率/%	60~80	60~165	7~11	100~350	64~110	—
边缘抗撕/(kg/mm²)	9	17.9~53.6			4.2~4.3	—
耐热性/℃	400	150		260	180	270
工作温度/℃	−200/+300	−60/+105	−55/+200	−200/+200		180

续表

性能	聚酰亚胺	聚酯	芳酰胺	聚四氟乙烯	聚砜	PEN
燃烧性	自熄	易燃	—	不燃	自熄	—
吸湿性/%	2.7~2.9	0.3~0.8	8~9	0.01	0.22	0.5~1.0
体积电阻率/Ω·cm	5×10^{17}	10^{18}	10^{16}	10^{18}	5×10^{10}	10^{18}
介电常数/1MHz	3~3.4	3~3.2	4.5~5.3	2.0~2.5	3~3.1	2.9
介质损耗/1MHz	0.002	0.005	0.02	0.0002	0.0008	0.004
耐电压/(kV/mm)	275	300	230	17	300	300
热膨胀系数/$\times10^{-6}℃^{-1}$	20	27	22	80~100	—	100
耐有机溶剂	优	优	优	优	优	优
耐强酸/强碱	良/差	良/良	良/优	优/优	优/优	良/良
成本价格	高	低	中	高	中	中

挠性覆铜箔板中基材主要有 PI，PI 是热固性树脂，具有固化后不会软化与流动温度高的特性，但与多数热固性树脂不同的是热聚合后仍保有一定柔软性和弹性。PI 有高的耐热性，适宜的电气特性，但吸湿性大，这是要改进的一个方面，还有撕裂强度较差。现在经改进的低吸湿性聚酰亚胺膜吸水率 0.7%，比常规的 1.6% 降低一半多，同时尺寸稳定性也提高了，由 ±0.04% 变为 ±0.02%。挠性覆铜箔板与刚性覆铜箔板同样有无卤素的环保要求。

PET 树脂机械、电气性能都可以，最大不足是耐热性差，不适合直接焊接装配。PEN 是介于 PET 与 PI 之间的材料，因此 PEN 的应用在增多。

挠性覆铜箔板通常有三层结构，即聚酰亚胺薄膜、黏合剂和铜箔。由于黏合剂会影响挠性板的性能，尤其是电性能和尺寸稳定性，因此开发出了无黏合剂的二层结构挠性覆铜箔板。另外，从环保要求看，二层结构挠性覆铜箔板没有含卤黏合剂问题，也能适合无铅焊接把温度从 220~260℃ 提高到 300℃ 的要求。

二层结构挠性覆铜箔板的制造方法目前有以下三种。

① 电镀法　即聚酰亚胺薄膜上溅射或真空镀膜、化学沉积金属层，再电镀金属层，或者全部是喷射（溅射）金属层；

② 涂膜法　在铜箔上涂覆（浇铸）液态聚酰亚胺树脂，树脂干燥过程中酰亚胺化而成薄膜；

③ 层压法　直接把铜箔与热塑性聚酰亚胺薄膜高温高压压合在一起，树脂酰亚胺化而成基底膜。

三种方法相比，采用聚酰亚胺薄膜上沉积电镀金属层的方法，成卷制作容易，可选择较薄的基材与铜箔，但价格高；采用涂膜法适合大批量生产，成本低；层压法较易于制作双面覆箔板。

挠性印制板也有单面挠性板、双面挠性板和多层挠性板之分，还有刚挠性印制板。挠性印制板的制作也与刚性印制板相同，需要经蚀刻制成铜质电路，再涂覆绝缘阻焊层和字符油墨。蚀刻前涂布抗蚀剂也采用网印法、干膜法和湿膜法，分别使用抗蚀油墨、抗蚀干膜和光成像抗蚀油墨。涂覆绝缘阻焊层多采用网印法和湿膜法，分别使用挠性阻焊油墨和挠性光成像阻焊油墨，挠性 UV 阻焊油墨的性能要求见表 10-14。由于挠性印制板需弯曲、折叠和移动，就要求挠性阻焊油墨能适应这些要求，故油墨的主体树脂要选用柔性好的聚氨酯丙烯酸树脂，活性稀释剂要选择柔韧性好的功能性丙烯酸酯，以保证在 25 个周期弯折后，固化的阻焊膜不应显示出分离、破裂或从基材、导线上分层等现象。

表 10-14　挠性 UV 阻焊油墨性能要求

项目	性能要求
颜色	绿色等多种颜色
黏度(25℃)/mPa·s	150～300
细度/μm	<10
附着力(划格法)	100/100
耐焊性[(265±5)℃×10s×3 次]	10s×3 次
绝缘电阻/Ω	$1×10^{12}$
阻燃性(UL-94)	V-0
耐挠性(T10309-92)	

10.3.9　电沉积光致抗蚀剂

电沉积光致抗蚀剂（eleclrodeposited photoresist）是将光致抗蚀剂中的官能团经过亲水化后，分散到水中形成树脂基团，通电后树脂基团向着与基团极性相反的电极移动，在极板（铜基板）的表面形成一层树脂层，此过程为电沉积（electrodeposition，ED），如图 10-35 所示。电沉积光致抗蚀剂根据官能团不同，分为两类：一类官能团是羧基，铜基板作为阳极，称为阴离子型；另一类官能团是氨基，铜基板为阴极，称为阳离子型。现在主要电沉积光致抗蚀剂为阴离子型，即为含羧基的感光性树脂，与有机胺中和反应后，变成亲水的羧基阴离子感光性树脂。

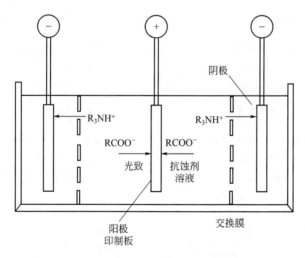

图 10-35　电沉积光致抗蚀剂原理

电沉积光致抗蚀剂法通过电解沉积过程在铜箔表面形成光致抗蚀剂保护膜，光致抗蚀剂与铜箔是以化学键形式黏合，能保证在制作精细图形时有足够的和强劲的黏合力。同时，电沉积光致抗蚀剂层能很好地迎合铜表面的凹凸，可以提高在显影、蚀刻时的可靠性。而且在线路板的通孔内也形成保护膜层，因此通孔内也能保护。

电沉积光致抗蚀剂具有光刻性，经过 UV 曝光使树脂结构发生变化，改变其对显影液的溶解性。如曝光部分不溶于显影液，保护层下面的铜箔在腐蚀液中不被腐蚀，就称为阴型电沉积光致抗蚀剂；若曝光部分溶于显影液，保护层下面的铜箔在腐蚀液中被腐蚀掉，就称为阳型电沉积光致抗蚀剂。阴型和阳型电沉积光致抗蚀剂的曝光、显影和剥离过程的反应如图 10-36 和图 10-37 所示。

图 10-36　阴型电沉积光致抗蚀剂曝光、显影和剥离示意

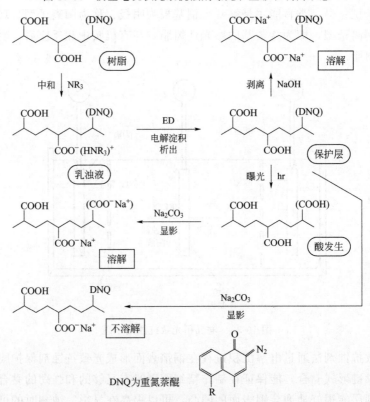

图 10-37　阳型电沉积光致抗蚀剂曝光、显影和剥离示意

电沉积光致抗蚀剂新工艺的优点是：①分辨率高，可达 20~30μm；②改善抗蚀层对基材的附着性；③对不平整基材表面的适应性良好；④在短时间内可以形成膜厚均匀的抗蚀膜；⑤涂层流体为水溶液，既可防止环境污染，又可防止发生不安全事故。

电沉积光致抗蚀剂工艺流程为：

铜箔表面清洁处理→电沉积→清洗→烘烤→外加保护膜→干燥→冷却→UV 曝光→显影→蚀刻→去膜→水洗干燥→检查→转入上阻焊剂工序。

电沉积光致抗蚀剂目前都用带羧基的感光性树脂，经亲水化后，再分散到水中。只是阴型电沉积光致抗蚀剂为带羧基的丙烯酸树脂，而阳型电沉积光致抗蚀剂为带羧基的邻重氮萘醌树脂。

10.3.10　积层多层板用光固化油墨

积层多层板（build up multilayer printed board，简写 BUM）是以一般多层板为内芯，在其表面制作由绝缘层、导体层和层间连接的通孔所组成的一层电路板，多次反复，采用层层叠积方式而制得的多层板。由于受板面平整度的限制，积层多层板的层数大多不超过四层。

积层多层板是为适应电子产品"轻、薄、短、小"化和低成本的要求而产生的新品种，特别适用近年来表面安装技术迅速地由扁平方形封装向球栅阵列方向发展和更高密度的芯板封装技术开发、发展和应用。这是由于积层多层板是用积层方法交替制作绝缘层和导电层，其层间可随意用盲孔进行导通，所以其积层厚度很薄（$<70μm$），互连密度可很高（线宽/间距可小至 $40μm/45μm$，导通孔可小至 $\phi100μm$），表面安装密度可大大提高。而且积层多层板制造可充分利用现有印制电路板的生产设备和设施，只要增添小量轻型生产设备即能生产，其投资是很小的，生产成本也较低。

积层多层板的制造可分为感光树脂型和非感光树脂型两种制造方法，其最大区别在导通孔形式上，前者用光化学法蚀孔，而后者采用激光蚀孔或等离子体蚀孔（图 10-38）。

① 非感光树脂型制造积层多层板　按常规生产技术制造多层板作内层；薄铜箔涂覆上绝缘介质材料（大多为环氧树脂），形成黏结薄膜，烘干后，用激光或等离子体，蚀孔出导通孔；与内层印制板层压形成积层结构，并经激光或等离子蚀孔，钻通孔；孔金属化和电镀；再用抗蚀干膜或光成像抗蚀油墨法制铜质电路导体层。如此重复上述过程再积层一层线路。

② 感光树脂型制造积层多层板　在内层芯板上涂覆一层感光型的绝缘介质材料（如光成像阻焊油墨），烘干后，经曝光、显影形成所需互连的导通孔，经化学镀铜或电镀，再经图像转移，便可形成层间互连而表面层更高密度的导体层。如此重复再积层第二层、第三层，由于受板面平整度的限制大多不超过四层（图 10-39）。

10.3.11　喷墨打印技术在印制电路板制作上应用

由于喷墨打印技术的持续研究和开发，喷墨打印技术有了很大的进展。喷墨打印技术要用在 PCB 制作上，必须开发更小的喷射墨滴量，更高的喷印的分辨率，才能获得更小的线宽，如喷印的分辨率为 1200~2400dpi，喷射墨滴量最小为 3~6pL，则线宽可达到 5~20μm之间。可喜的是自 2005 年以来，喷墨打印机、喷墨打印头和喷射打印用的油墨等都有了重大突破与进展。如超级喷墨打印技术的喷墨打印设备，能够喷射小到 1~2pL 墨滴，还有适

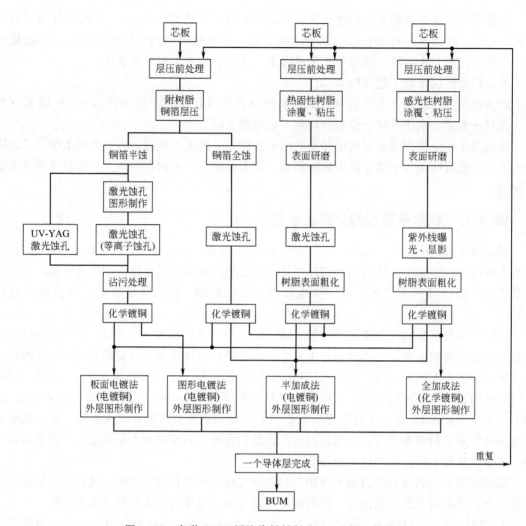

图 10-38　各种 BUM 用绝缘材料制造 BUM 的工艺流程

宜于规模化生产的紫外光固化的喷印油墨，特别是研制出了含银纳米级油墨，因而可以用于生产精细到 $10\sim20\mu m$ 的线宽/间距的 PCB 产品。2007 年又开发出更高级的超级喷墨打印技术，其喷射出的墨滴可以小到飞升（femtoliter，$1fL=1\times10^{-15}L$），即喷射出的墨滴尺寸可小到 $1\mu m$ 以下，从而可形成线宽小于 $3\mu m$ 的线路。这些成果吸引了 PCB 制造商，为 PCB 企业生产精细化产品和节能减排提供了选择的机会和新的出路。

喷墨打印技术在办公室的应用已有好多年。如果在 PCB 工业中引进和使用数字喷墨打印技术，它将会极大地简化 PCB 生产过程、明显地降低制造成本，特别是可极大地降低最难处理的有机（含无机）物废水的排放，达到"降污减排"和改善生态环境的要求。因此在 PCB 工业中采用喷墨打印技术来生产 PCB 产品，无疑是 PCB 工业上又一次重大"革命性"的改革与更新换代的进步！对于我国 PCB 工业求生存促发展来说，特别是在强大的环保要求与压力下，迅速采用数字喷墨打印技术来制造 PCB 产品，使我国 PCB 工业继续保持"大国"地位并快速走向"强国"的道路，有着极其重要而深远的意义和作用！

采用喷墨打印制作印制电路板的工艺流程为：

覆铜板→前处理→喷涂 UV 抗蚀油墨→UV 固化→腐蚀（有的需电镀）→去膜→干燥→

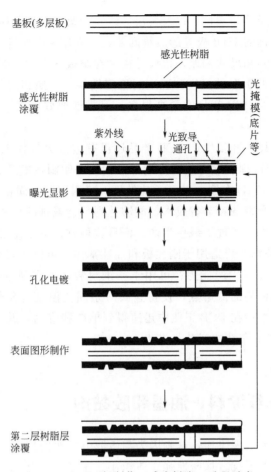

图 10-39　BUM 板制作（感光树脂）过程示意

喷涂 UV 阻焊油墨→UV 固化→喷涂 UV 字符油墨→UV 固化→检验→成品。

　　从上面工艺流程看，采用直接数字喷墨打印技术，大大地简化了 PCB 生产过程。如采用直接喷印抗蚀油墨来形成抗蚀图形（图形转移），取代传统的图形转移；直接喷印阻焊油墨、字符油墨方法，取代传统技术形成的阻焊油墨、字符工艺；由于直接喷印抗蚀油墨、阻焊油墨、字符方法，是采用 CAD/CAM 的数据直接来驱动喷墨打印机而形成抗蚀图形、阻焊图形和字符，比起来传统形成的图形和字符，其生产工序可节省 70％左右，并消除了很多光绘机、显影机、曝光机等生产设备和昂贵的照相底片用胶片、显影用药品等材料，不用曝光、显影、水洗、干燥等操作，大大缩短了生产周期，提高了产品质量、合格率和生产率，减少了废水排放，极大地降低了成本。

　　如果，更进一步地采用直接喷印"金属纳米油墨"形成 PCB 的线路、连接盘和通孔等来制造 HDI 板、封装基板等，其节省的生产工序更多，将使现在的 PCB 生产过程的"复杂化"和长"周期"大大地简化和缩短，其效果将更为显著。

　　同时采用直接喷印生产的 PCB 产品，其高密度化和可靠性将更高！这是因为直接喷墨打印机具有以下特点：

　　①直接采用 CAD/CAM 的数据；②由于采用直接喷印机的激光在"在制板"（panels）直接定（对）位，因而避免或消除了形成照相底片过程光绘时温湿度、冲孔尺寸误差，使用、保存/维护带来的损伤或尺寸变化和曝光时机械定位与温度等所造成的导线/焊盘等的缺

陷（如针孔、缺口、断线等和偏位）以及各层导线、焊盘、特别是阻焊剂、字符的偏位，这些都明显影响着高密度化的 HDI 板等的质量问题，而采用直接喷印生产的 PCB 产品，消除了因照相底片带来的缺陷和尺寸偏差，仅仅是由"在制板"在生产时的"尺寸变化"来决定 PCB 的对位度，而"在制板"的温度和湿度的稳定性要比"照相底片"等要好得多。所以，采用直接喷墨打印生产的 PCB 产品质量高得多，可靠性要好得多，当然也可以生产更高密度化的 PCB 产品。

虽然利用喷墨印刷技术开发生产 PCB 产品还没有进入大规模工业化生产，但是它可以极大地简化 PCB 的生产过程和缩短生产周期。采用喷墨印刷技术只需要 5 道左右工序：

CAD 布图→钻孔→前处理→喷墨印制→固化

不必使用昂贵的生产设备和节省成本，能够达到节能减排的目的，特别是减少了废水的处理量，改善了环境污染，实现了绿色生产；而且这种方式不用掩模，十分灵活，生产过程几乎无"三废"，线条精细，可适用于刚性板和挠性基体，可以实现生产方式的高度自动化，多喷头并行动作，从而提高生产能力；可用于三维封装，可实现有源和无源等功能件的集成；同时由于金属纳米材料的低熔点，使得金属线条固化温度有望低至 $200\sim300℃$。正是这些优点，喷墨印刷技术会在 PCB 工业中迅速得到推广和应用，并将成为 PCB 产品生产的主流，给 PCB 工业带来革命性的变革与进步。

10.4 光固化光纤涂料、油墨和胶黏剂

光纤通信技术近年来发展飞速，这是因为与微波电缆通信相比，光纤通信具有通信容量大、传输距离远、抗电磁干扰、保密性强、体积小、重量轻、通话清晰、不怕雷（电）击、不产生短路、节省贵金属等优点，因而得到了广泛的应用。我国得益于网络建设的不断推进，已经成为世界第一的光纤光缆制造大国和使用大国，仅 2017 年全球光纤用量 4.72 亿芯公里，中国用量超过 57%；预计到 2018 年年底，光纤产能将超过 4 亿芯公里。

光纤有石英光纤和塑料光纤两类。石英光纤主要成分是二氧化硅，透光性能优异，光信号衰减较小，适用于远距离光信号传输；但存在加工成本高、质量控制要求严、脆性高、易折断、难修复等缺点。塑料光纤以聚甲基丙烯酸甲酯及其共聚物为主，还有聚苯乙烯及其共聚物、聚碳酸酯等塑料基材作塑料光纤，其特性正好与石英光纤相反，它柔软易于加工，也易于连接；但透光性能不好，光信号损耗较大，只能用于传感器、照明、医疗器械、装饰用品等短距离光信号传输。因此在光纤通信中，石英光纤占绝对优势地位。

石英光纤一般由五层结构组成（图 10-40），中心是由高折射率的石英组成纤芯，直径

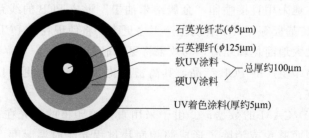

图 10-40 光纤示意

约 $5\mu m$，再与低折射率石英组成直径约 $125\mu m$ 的石英裸纤；外面涂覆一层柔性 UV 涂层，再涂一层硬性 UV 涂层，两层涂层约 $50\mu m$，最后涂覆一层 UV 着色油墨，约 $5\mu m$ 厚。

10.4.1　光固化光纤涂料

石英光纤制作工艺是用先经掺杂的预制石英棒在高温石墨炉中 2000℃ 以上高温下熔融，拉丝成纤。此裸纤细而脆、易折断，在外界环境作用下，易发生刮伤、灰尘附着、吸附潮气、氧化，直接影响光信号传输质量，必须对裸纤进行涂装保护。涂装方法是裸纤拉出后，降温至 150℃ 以下，垂直穿过 UV 涂料液槽，采用浸涂工艺，涂覆上 UV 光纤涂料，再经过环形 UV 光源辐照，固化成膜。目前，光纤生产都用双层涂覆光纤涂料工艺，内层为软涂料，外层为硬涂料（图 10-41）。

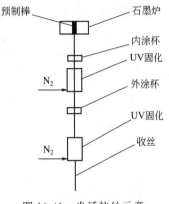

图 10-41　光纤拉丝示意

双层涂覆光纤涂料工艺，要求内层软涂料与外层硬涂料是不同的。内涂层要求 T_g 较低（低于室温），高柔韧性，在较宽的温度范围内（$-60\sim100℃$）有较低模量，抗氧化、抗水解，有较高折射率，以保证光信号在光纤传输时能发生全反射而不至损失。外涂层则要求有较高的 T_g 和模量，以保证有足够的机械强度、较好的耐老化性能，对酸、碱、溶剂、盐水等物质有较强耐抗性。

光纤涂料早期是溶剂型和热固化型，因此光纤生产效率很低，采用了光固化工艺后，固化速率大大增加，光纤生产效率大大提高。20 世纪 80 年代就超过了 100m/min，现在由于新的低聚物和光引发剂的开发，加上光固化时用惰性气体保护，涂装速率最高可达 $2500\sim3000m/min$，是目前光固化速率最快的光固化材料。

过去的光纤拉丝塔中，通常采用微波中压汞灯固化装置。但是这一传统光源存在着诸多弊端，不仅耗能很高，而且发生微波的磁控管在工作时会散发大量的热，辐射效率低。现在采用了 UV-LED 光固化系统，能更好地适应当下光纤生产厂商的愿望，扩大光纤生产的需求。首先，单台功率仅为 1.2kW，比微波中压汞灯节能 80%，辐照度增加 1 倍；其次，拉丝速度方面，可以提高到 3000m/min 以上；再次，光源寿命可达 30000h 以上，为微波中压汞灯的 5 倍，而且不用汞，无臭氧，更清洁、环保。因此 UV-LED 光固化系统与传统微波中压汞灯相比，具有高效、节能、环保的优势，将助推光纤 UV 涂料固化生产领域的技术革新和产业升级。

UV 固化光纤涂料主体树脂主要有聚氨酯丙烯酸树脂、改性环氧丙烯酸树脂、有机硅丙烯酸树脂和聚酯丙烯酸树脂等。目前内层涂料的低聚物多采用聚氨酯丙烯酸树脂和有机硅丙烯酸树脂，前者韧性和弹性好、附着力强，但固化速率较慢、黏度大，后者弹性和低温性能优良，但强度低、黏附性差。外层涂料的低聚物多采用环氧丙烯酸树脂和聚氨酯丙烯酸树脂，环氧丙烯酸树脂固化速率快、强度高，但低温性质又较差。因此在设计 UV 固化光纤涂料时，应根据各类树脂的特性，结合涂料使用要求，采用混合树脂和树脂改性等方法，以求得最佳的综合效果。

活性稀释剂的选择对 UV 固化光纤涂料也极重要，它不仅直接影响到涂料的黏度、固化速率，而且对涂层的强度、收缩、模量和折射率等起着决定性作用，常用的如丙烯酸羟乙酯、丙烯酸月桂酯有较低的 T_g，增加柔性；丙烯酸异冰片酯有较低的收缩率和高折射率；

双官能团 TPGDA 和三官能团 TMPTA 等也使用，一般采用复配的活性稀释剂。

　　光引发剂的选择对 UV 固化光纤涂料更为重要，在 2000～3000m/min 高速固化条件下，虽然有惰性气体保护，但必须使用高效的光引发剂，才能保证固化完全，常用 651、1173、184 与 TPO、819 复合光引发剂。

　　光缆通常是埋在地下或水中，使用寿命一般定为 25 年，因此对光纤涂料的性能要求非常全面而严格，表 10-15 是单层 UV 光纤涂料的各种性能要求。

表 10-15　单层 UV 光纤涂料的性能指标

性能		指标	性能		指标
液态涂料性能	表观	浑浊	固化膜即时性能(25℃)	产氢量[英国电信/(mg/g) 标准 80℃,1172h]	$6.1×10^{-4}$
	黏度(25℃)/Pa·s	5.0～6.5		折射率	1.53
	相对密度	1.07		邵尔硬度/D	70～80
	折射率	1.50		拉伸强度/MPa	16～20
	表面张力(25℃)/(N/m)	$28×10^{-3}$		断裂伸长/%	4～8
固化膜即时性能(25℃)	钢块滑动摩擦系数	0.25		表面静摩擦系数	0.33～0.35
	密度/(g/cm³)	1.13～1.16	老化性能(干燥状态,65℃加热30d)	干燥状态,65℃加热 30d	
	固化收缩率/%	1～3		拉伸强度/MPa	19～22
	吸水率/%	2.4～2.6		断裂伸长/%	4～8
	水抽提率/%	0.20～0.34		99%相对湿度,40℃水解 30d	
	玻璃化转变温度/℃	80		拉伸强度/MPa	19～22
	玻璃化转变温度范围/℃	25～85		断裂伸长/%	4～8

10.4.2　光固化光纤着色油墨、光固化并带涂料和光固化胶黏剂

　　光纤成缆时是由不同颜色的单根光纤结合成并带，再由并带组成光纤管，最后由光纤管组合成光缆（图 10-42）。大型光缆是由 12 种不同颜色的光纤用 UV 固化并带涂料黏结为并带，再由 6 根并带组成光纤管，3 根光纤管组成一根光缆。光纤与光纤的连接，需要用 UV 光纤胶黏剂。因此，光缆的制作需用多种 UV 涂料、UV 油墨和 UV 胶黏剂，毫不夸张地说光纤的制造是光固化技术应用的一个亮点。

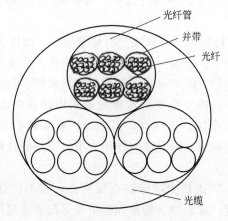

图 10-42　光缆示意

为了能够在光纤连接或维修时，很容易识别每一根光纤，需要在光纤涂层的外表涂覆颜色编码，即涂装一层光纤着色油墨。根据电子工业联合会（EIA：Electronic Industries Association）规定的 12 种用于光纤颜色编码见表 10-16。

表 10-16　EIA 有关光纤颜色编码

颜色名称	红	橙	棕	黄	绿	蓝	紫（紫红）	白	蓝灰（灰）	黑	玫瑰色	海水色
缩写	RD	OR	BR	YL	GR	BL	VI	WH	SL	BK	RS	AQ
蒙塞尔标志	2.5R 4/12	2.5YR 6/14	2.5YR 3.5/6	5Y 8.5/12	2.5G 5/12	2.5PB 4/10	2.5P 4/10	N9/	N5/	N2/	10RP 8/6	10B 8/6

注：N 代表中性色。

光纤着色油墨也是采用 UV 固化，而着色剂多采用颜料，由于颜料的加入，使 UV 固化光纤着色油墨必须考虑：固化速率、颜料的颗粒大小、颜料的迁移和与光纤涂层附着力、耐老化性等问题。实际生产中都将颜料与部分低聚物、活性稀释剂加上分散剂在高效研磨设备中制备色浆，色浆的颗粒应在 $\leqslant 1\mu m$。然后再把色浆与剩余的低聚物、活性稀释剂、光引发剂和助剂（如消泡剂、流平剂、润湿剂和阻聚剂）等一起研磨制得光纤着色油墨。

UV 光纤油墨作为一种 UV 油墨，一般来说，要具备以下性能要求：

① 色泽　光纤着色油墨涂覆固化后，要求油墨层具备足够的色泽和鲜亮度，保证即使在低光度条件下，各种颜色也能被区别开来。

② 耐颜色迁移性能（对油膏的耐受性）　由于光纤着色后，主要是置于松套管中或制成光纤带，因此要求与光纤油膏及其他密封材料具有良好的相容性能，保证颜色不从光纤表面迁移、掉落。固化后的着色油墨应该可以抵抗行业里通常使用的各种油膏（检验对油膏的耐受性的方法如下：在温度为 88℃ 的条件下，将着色光纤浸泡在油膏中保持 10 周，要求着色光纤没有出现涂层或颜色掉损、迁移现象）。

③ 固化后油墨层物理性能　固化后的油墨层，应具有一定物理性能，包括油墨层的抗张强度、延伸率，模量应满足松套管和光纤带的加工要求。

④ 表面光洁性　油墨层良好的光洁度对于着色光纤在收线和放线中，准确排放到位很重要，同时也提高了光纤带的剥离性能。

⑤ 极快的光固化速率　UV 光纤油墨的光固化速率极快，低速着色机上要求达到 300～800m/min，高速着色机上达到 1800～3000m/min；同时在 1310nm 和 1550nm 有较小的附加衰减；涂层厚度在 3～5μm，能保证涂料颜色的色泽和鲜亮度；贮存稳定期较长。

UV 光纤油墨在配方设计时，首先要满足 UV 光纤油墨光固化速率的要求，因为 UV 光纤油墨和 UV 光纤涂料的光固化速率是 UV 油墨和 UV 涂料光固化速率最快的品种，最高的光固化速率可达 3000m/min。同时要注意保持 UV 光纤油墨的固化性能和附着性能方面的平衡。由于 UV 油墨有瞬时固化和低温固化的特征，且 UV 油墨无溶剂，固化时体积收缩很大，同时光纤着色机着色速度很快，要求固化时间极短，这就有可能使油墨涂层的内部残存着很大的应力，因此容易造成 UV 油墨附着力差的倾向。必须通过增加 UV 光纤油墨对基材的湿润性，减轻固化形变来改善油墨附着力。但这样的处理方法，常会导致 UV 光纤油墨的固化性能变差，因此两者要综合平衡考虑。

UV 光纤油墨的主要成分为低聚物、光引发剂、活性稀释剂、着色剂以及其他辅助剂等。

（1）低聚物

它是最终固化涂层的物理性能和化学性能的决定因素，可以作为 UV 光纤着色油墨的低聚物主要有环氧丙烯酸树脂、聚氨酯丙烯酸树脂、聚酯丙烯酸树脂等，常选用光固化速率快和附着力好的环氧丙烯酸树脂、聚氨酯丙烯酸树脂作为主体树脂。

（2）活性稀释剂

如果仅用颜料、低聚物，油墨的黏度就相当高。因此为调节黏度，增强 UV 光纤油墨的综合性能，就必须要使用活性稀释剂。活性稀释剂也要选用光固化速率快、体积收缩率低、气味小、皮肤刺激性低的，而且单、双、多官能团丙烯酸酯复配使用。

（3）光引发剂

由于 UV 光纤油墨光固化速率极快，所以光引发剂都选用光引发效率高的、适合有色体系光固化的光引发剂，常用 ITX、907、369、651、TPO 和 819 等，而且用量较大，一般都在 6％以上。

（4）着色剂

UV 光纤油墨中使用的颜料，与常用的普通油墨和 UV 油墨使用的颜料相同，一般使用量＜2％。由于 UV 光纤油墨有 12 种颜色，而不同的颜料的 UV 光透过率、反射率不同，因此，不同颜色的油墨在颜料的选择、添加量等方面也都有所不同。

（5）辅助剂

作为辅助剂，可适量加入以下添加剂：

① 阻聚剂　防止胶化，延长储存期，除常用酚类阻聚剂外，现也使用高效阻聚剂 ST-1 或 ST-2。

② 硅酮、蜡　增强耐摩擦性、耐刮伤性。

③ 附着力促进剂　增强附着力。

UV 光纤油墨和 UV 光纤涂料由于光固化速率极快，为保证在极短时间内 UV 油墨和 UV 涂料完全固化，因此在汞弧灯照射的固化区内采取氮气保护，这也是目前光固化领域内唯一使用惰性气体氮气保护来进行固化生产方式的品种。由于有惰性气体氮气保护，使氧阻聚作用大大减弱，从而保证光固化进行完全。

光纤并带涂料，实际上是将多个不同颜色的光纤黏合在一起形成并带的材料，起胶黏作用。

光纤胶黏剂是将两根光纤连接在一起成为一根光纤而使用的 UV 胶黏剂，因此它不仅要对石英有很好的黏结力，而且要不影响光信号通过。

10.5　光盘用光固化涂料、光固化油墨和光固化胶黏剂

光盘是通过激光技术直接记录、存储和传递信息的存储介质。以盘片为存储介质来记录信息，并采用激光技术以非接触的方式记录和读取信息的想法，最早在 1958 年由 David Paul Gregg 提出，飞利浦公司在 20 世纪 60 年代末开始进行激光束记录和重放多媒体信息的研究，并于 1972 年获得成功，1978 年飞利浦公司成功推出激光视盘（laser video disc，简称 LD）系统，由此揭开了光存储技术的序幕。1980 年 6 月飞利浦公司与索尼公司共同推出了音频 CD（compact disc digital audio 或 CD-DA）的格式标准，用 780nm 的红色激光、

12cm 标准光盘，信息容量为 650MGB。1995 年又开发和制订双盘对接光盘（digital versatile disc，DVD），用于 DVD 机的红色激光束波长更短，为 650nm，其信息容量提高到 4.7GB。随着激光技术发展，进入 21 世纪，光盘采用蓝色激光器，其激光束的波长只有 405nm，从而产生了高清晰度 DVD（HD DVD）和蓝光 DVD（BD），HD DVD 的信息容量 15GB，BD 的信息容量更高达 25GB。

光盘的发展 30 多年的历史中，形成了包含激光视盘（LD）、激光唱片（CD）、只读光盘（CD-ROM）、激光视盘（VCD）、磁光盘（MO）、一次写入光盘（CD-R）、可擦写光盘（CD-RW）、数字视盘（DVD）、可写入 DVD（DVD-R）、可多次写入 DVD（DVD-RW）、高清 DVD（HD DVD）和蓝光 DVD（BD）等多种光盘格式的大家族。

表 10-17 为 CD、DVD、HD DVD 和 BD 四种光盘的性能比较。

表 10-17　CD、DVD、HD DVD 与 BD 光盘的性能比较

光盘格式	CD	DVD	HD DVD	BD
最大数据传送速率/Mbps	1.4	11	36	36
单面单层数据存储容量/GB	0.74	4.7	15	25
激光器激光束波长/nm	780	650	405	405
激光束在数据层的光点直径/μm	1.6	1.1	0.62	0.48
轨距/μm	1.6	0.74	0.40	0.32
最小凹坑长度/μm	0.83	0.40	0.20	0.15
碟片总厚度/mm	1.2	1.2	1.2	1.2
碟片表面至数据层的距离/mm	1.1	0.6	0.6	0.1

光盘的结构主要分为五层，它包括基板、记录层、反射层、保护层、印刷层等。其中基板是无色透明的聚碳酸酯（PC）基板，它不仅是沟槽等的载体，更是整个光盘的物理外壳。光盘的基板中间有孔，呈圆形，它是光盘的外形体现。其尺寸一般为两种，普通标准 120 型光盘尺寸：外径 120mm、内径 15mm、厚度 1.2mm；小型圆盘 80 型光盘尺寸：外径 80mm、内径 21mm、厚度 1.2mm。

光盘的结构见图 10-43 示意。

图 10-43　光盘结构示意

光盘的制造过程可由图 10-44 示意。

图 10-44　光盘制造工艺示意

光盘的基材聚碳酸酯在注塑机中熔融注塑模压成型，模压时由记录信息的母盘作为模压的母模，使模压成型的光盘碟片带上信息。为了能读取信息，在记录层上制作一层金属化镀层，一般都通过溅射法镀铝方式实现。为了保护铝镀层，必须旋涂一层 UV 光盘保护涂料；

再在此涂料上用 UV 光盘油墨印刷文字和图像，标明信息内容，制成光盘。而 DVD 是将两张光盘用 UV 胶黏剂黏合而成的碟片。从光盘的制造过程中看到使用了多种光固化产品：母盘的制作需要使用光刻胶，铝反射层保护需用 UV 光盘涂料，光盘上文字和图像的印刷需用 UV 光盘油墨，而 DVD 的制作需用 UV 胶黏剂，因此光盘的制造也是光固化技术应用的一个亮点。

光盘的印刷由于光盘的品种不同，所以 UV 油墨印刷的底材也不同。

① CD、VCD 油墨　这类光盘的特点是在反射面（铝箔）的表面涂有一层用 UV 光盘涂料涂装的保护涂层，文字图案印刷是在保护涂层表面上进行的。因此，要求 CD、VCD 的 UV 油墨在保护涂层表面具有良好的附着力，较小收缩性即可。油墨要求速干、低气味，光固后无表面黏性，色相稳定，不能有粘连及色转移。

② DVD 油墨　DVD 是由两片 PC 片黏合而成，图案印刷是在 PC 片上直接进行的。因此，要求这类 UV 油墨对 PC 基材有极好的附着力，且 DVD 印刷多采用丝印打白色底色，胶印图案印刷速度较 CD、VCD 用网印印刷速度高很多，这就使打底白色又出了相当高的难度。正常情况下，因 UV 油墨在 PC 材质上的完全附着本身就有难度，为提高附着力，大多会选用一些长链光固化速度较慢的树脂与单体，颜料浓度不易过高。而 DVD 的打底白色油墨则要求较高的颜料浓度（高遮盖力）和更高的光固化速率。因此比起 CD、VCD 来说，DVD 的 UV 白色油墨在选材和制作上需要花费一定的精力。

③ CD-R、CD-RW、DVD-RW 油墨　由于 CD-R、CD-RW、DVD-RW 的反射面（金或银）是测射在色素表面，自身结合力较差。因此，要求 UV 光盘涂料及文字图案印刷用 UV 油墨，不仅具有较好的附着能力，而且要有非常低的收缩率，以避免因热胀冷缩而造成的信号丢失。高品质 CD-R 的制作需要 CD-R 专用 UV 油墨，不提倡将一般光盘用 UV 墨用于 CD-R。另外，CD-R、CD-RW 作为一种光记录材料，许多品牌对表面的可写性、可打印性也有一定的追求，这也是 CD-R 类 UV 油墨的一个特点。

UV 光盘油墨印刷有多种方式，最早也是最常用的是网印，后来发展了无水胶印和喷墨印刷等印刷方式。通常情况下，光盘印刷的第一步要先对光盘进行白色底基涂布（即使不是采用丝网印刷方法也是如此），然后再用不透明的专色或半透明的三原色油墨印刷装饰光盘。

光盘印刷用 UV 油墨应与 UV 光盘涂料层有良好的附着力，而 DVD 光盘用的 UV 油墨应与光盘材质——聚碳酸酯材料有良好的黏附性。在 UV 固化时，油墨体积收缩程度要尽量小，印后墨层要薄而均匀，以尽量减少 UV 油墨固化过程中体积收缩对光盘平整度和高清晰度的影响。

（1）网印

网印光盘主要有如下几个特点。

① 墨层厚　在网印印刷中，墨层厚度影响到图文色彩的深浅及色相的还原程度和色偏大小。墨层厚的直接"后果"就是色彩鲜艳，给人一种很饱满的感觉，立体感比较强，这是丝网印刷引以为傲的一点。对于大面积的实地、文字等图案，丝网印刷也比较得心应手。事实上光盘印刷面的图案，尤其是早些年的产品，主要也都是以大面积的实地、文字等为主题，这也正迎合了丝网印刷的特点。

② 精度低　受网印工艺及原材料等的限制，网印图像精度一般最高只能做到 133 线/英寸，通常是 80~120 线/英寸，网点阶调再现范围一般在 10%~85%，故网印产品细腻度、层次感不够。

③ 成本低　网印之所以成为光盘印刷投资者的首选，主要原因还是设备成本较低，此外，一些网印耗材（如油墨等），价格也不是很高。

（2）胶印

胶印光盘印刷都采用无水胶印，主要有以下几个特点。

① 墨层薄　胶印的墨层一般在 $2\sim3\mu m$，与网印相比，胶印的墨层薄，因此立体感也较差。相对应其油墨光固化速率较快，油墨消耗量少，且不易因油墨的收缩而引起盘片的变形，对盘片平整度影响小，特别适合于 DVD 光盘的印刷。

② 印刷图文再现效果好　胶印属于间接转印法，它是将印版上的图文转移到橡皮布上，再转移到光盘的印刷面上，因此胶印的网点变形小。光盘胶印不同于传统纸质品印刷，都为无水胶印，其最大的特点是不需要水墨平衡。而无水胶印版的结构比较细密，胶印的线数能达到 $175\sim200$ 线/英寸，印刷出来的图案比较清晰、质感强、色彩再现性好。印刷一些过渡色时效果更好，适合于印刷以人物、风景等为主题的图文，尤其是一些需要多色叠印的产品，效果更好。

③ UV 固化次数少　光盘印刷的承印物为脆性很高的聚碳酸酯塑料，印刷油墨后在干燥过程中很容易发生盘片翘曲现象，尤其是对 UV 油墨进行光固化的过程中，盘片极易出现这种质量问题。网印中，每印一色就要单独 UV 固化一次，而胶印只需在四色印刷完毕后进行一次 UV 固化，尤其适合于 DVD 光盘的印刷。这是因为 DVD 光盘厚度相当于 2 张 0.6mm 厚的 CD 光盘贴合在一起，厚度公差小，平整度也较高，固化次数少，必然减少盘片翘曲的可能。

④ 成本高　无水胶印设备的成本较高，光盘胶印设备价格约为丝网印刷设备的 $5\sim6$ 倍，油墨价格也比 UV 网印油墨价格高。

光盘专用胶印机，都采用丝网印刷打白色底，然后再用无水胶印 UV 黄、品、青、黑四色及专色墨，光固化都在一台印刷机上完成，丝印和胶印发挥各自的特长。

（3）喷墨打印

近年来数码印刷尤其是喷墨印刷技术得到了快速发展，在各种印刷中的应用也越来越多，因此在光盘印刷上的应用也就很自然了。但同应用于纸张的数码印刷一样，在光盘印刷中这种方式目前也不太适合大批量的生产，但喷墨印刷随需随印的特点决定了在按需光盘印刷方面大有作为，故目前只用于少量光盘的印刷。

UV 光盘油墨低聚物对网印用油墨主要为环氧丙烯酸树脂和聚氨酯丙烯酸树脂，对胶印用油墨则以聚酯丙烯酸树脂为主，再配合环氧丙烯酸树脂与聚氨酯丙烯酸树脂，尽量选用体积收缩率低的低聚物。

活性稀释剂也与 UV 油墨选择类似，大多采用单、双、多官能团丙烯酸酯混合搭配使用，也尽量选用体积收缩率小的活性稀释剂。

光引发剂采用 $2\sim3$ 种光引发剂复合使用，主要还是 ITX、907、651 等光引发剂，而打底用的白色 UV 油墨则以 TPO、819 配合 MBF 和 184。

其他颜料、助剂与填料与 UV 网印油墨、UV 胶印油墨所用的材料相似。

当光盘技术和应用经历 20 世纪末的迅速发展，进入 21 世纪后，随着互联网时代到来，宽带进入到户，智能手机普及到人，同时信息记录技术和材料的高速发展，采用半导体技术的小型存储卡的开发和应用得到极大的发展，利用国际上最前沿的半导体工艺技术生产的小型存储卡（U 盘、CF 卡、SD 卡、XD 影像卡、存储棒等），在存储密度、功耗、读写速度、数据保留与更新能力、可靠性、成本诸多方面性能独特，成为非易失性存储器产品中发展最快的一类，给用户在购买记录介质时，带来了更为广阔的选择空间。小型存储卡形状小巧、便于携带、操作简便、取存速率快。其用途不单是声音和图像的录放，而且适用于一切数据的交换，应用领域已扩展到计算机、数码相机、摄像机、手机及普通家用电器。小型存储卡是可与 CD、DVD、HD DVD、BD 相匹敌的新型记录介质产品。由于小型存储卡制作成本不断下降，存储信息容量不断提高，加上体积小巧，携带和使用方便，很快就取代还在发展中的光盘，成为当今最受人们欢迎的信息存储介质。而光盘作为一种重要的信息记录材料，经历了兴旺发展之后，终于退出历史舞台。

10.6　光固化导光板油墨

液晶显示 LCD（liquid crystal display），作为平板显示的主流，是目前唯一在综合性能方面赶上并超过阴极射线管（cathode ray tule，CRT）的成熟的平板显示技术。目前 LCD 显示设备已广泛应用于笔记本电脑、台式电脑、数字照相机、手机屏幕、个人游戏机、PDA、车载电视、高清晰度电视、投影显示器、摄像机监视器、工业监视器、车载导航系统、取景器等领域，成为应用最广泛的平板显示器。

作为被动型显示器件，液晶本身并不发光，靠调制外光源实现显示，LCD 工作原理如图 10-45 所示。液晶显示器是通过高亮灯管发光，由灯管反射膜将光线反射平行射向导光板，利用光在导光板两面的临界反射（全反射）将光引至导光板末端并平行的投向偏光片，然后透过液晶分子，继续通过上层偏光片最终成像。在导光过程中，为了利用反面漏出的散射光设置了反射板；为了缓解辉斑设置了扩散板；为了增加正面发光强度增加了棱镜板。这种方式的背光照明系统符合薄型要求，且能获得高亮度、均匀的平面光源，目前已成为大型LCD 器件中背光照明系统的主流模式。

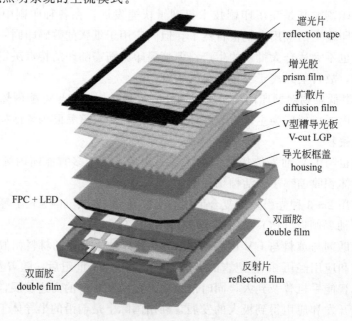

图 10-45　液晶显示器的背光组件

由于 LCD 本身不具备发光特性，必须借助背光源才能达到显示效果，因此背光源性能直接影响 LCD 的显示品质，是 LCD 最主要的光学组件，为其提供所需的辉度、均匀性、色度、好的画面品质等光学性能。背光模组主要由光源、灯罩、导光板、反射板、扩散板、棱镜片、外框等组成，其中导光板的作用是引导光的散射方向，以提高背光源的亮度、控制亮度的均匀性、色度、光学差异等。因此，导光板的制造是背光模组的关键技术之一。

液晶导光板的导光与增亮过程见图 10-46。

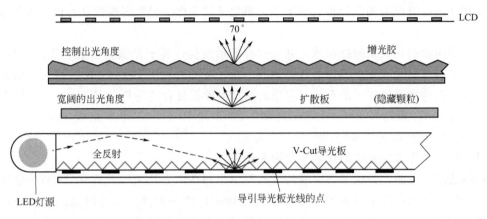

图 10-46 液晶的导光与增亮过程

导光板通过漫反射和全反射，可以将点光源或线光源转换成为整个面上均匀分布的面光源。它多采用透光性能极优、可塑性能好、强度较高的工程材料。第二代产品多采用在导光板材料上利用丝网印刷工艺，用特制的导光板油墨印刷出散光的网点而成；第三代产品常采用一次性注射成型或在楔形板上印刷网纹而成。导光板设计的好坏，关系到整个背光源的效率、均匀性和亮度。

目前被广泛应用的导光板的制作材料主要有聚碳酸酯（PC）和聚甲基丙烯酸甲酯（PMMA）两种，二者都具有良好的光学特性、化学稳定性和耐得住气候变化的特点，并且均对于白光具有很高的穿透能力，表 10-18 列出了 PC 材质与 PMMA 材质的性能对比。

表 10-18 导光板材质 PC 与 PMMA 的性能对比

特性	PC	PMMA
折射率	1.59	1.49
吸水率/%	0.20	0.30
收缩率/%	0.50～0.70	0.30～0.50
光透过率/%	88	92
热变形温度/℃	129	90

PMMA 和 PC 都具有较大的折射率，所以均会出现大部分光线只在导光板内进行传导，不会出射到空气中的现象（发生全反射）；另外，PMMA 较 PC 具有更高的光透过率，这个优势正是平板照明所需要的。导光板有较高的光透过率，才能提高灯具的发光效率，从而相应节约成本，所以目前导光板材质 PMMA 已成为主流产品。

反射膜的主要作用是将所有从导光板底部漏出的、未被散射的光反射回导光板，其本身对光源亦稍有散射效应。一般厚度为 $65\sim230\mu m$，反射率大于 95%。目前多采用反光性能较强的有机材料，关键部位（如灯管反射膜）多采用白色镀银或镀 $BaSO_4$ 的薄膜材料，也有采用镀铝膜的塑料片。

扩散膜主要起混光作用，将透过导光板的光线做散射处理，以达到雾化效果，使导光板射出的光线更加均匀。对于破坏全反射面的光学结构亦具有覆盖的作用。其光学参数包含了透过率及雾面程度，视导光板的外观做有利的选择。主要制作方法是在扩散膜的基材中加入 $3\sim5\mu m$ 的化学颗粒，例如 Si 或者 SiO_2 作为散射粒子；或者使用全息技术，经由曝光显影等化学程序将毛玻璃的相位分布记录下来，粗化基材表面，以散射模糊导光板上的亮暗区或线条。

棱镜膜由聚酯和聚碳酸酯制成，其表面有棱形结构，置于扩散板之上时作为双凸透镜，能够将本来分散的光线集中到中心观测的一定角度范围内，使法线附近的亮度大大增加，是提升正面辉度的重要组件。最有效且常用的是反射偏振复合增亮片（BEF）系列，厚度一般为 $150\sim230\mu m$，间距在 $24\sim110\mu m$ 之间。$1\sim2$ 片 BEF 应用于导光板上可使辉度提升 $1.4\sim1.8$ 倍，亮度改善 $1.6\sim2$ 倍。

导光板的制作方法有印刷法和非印刷法两种。

印刷法导光板制作方法是在印刷油墨材料中添加高散光物质，然后在 PMMA 导光基板的底面，用高反射率且不吸光的 UV 油墨网印印刷所需圆形或方形等图案的散射网点，形成导光点，制备成导光板。当光线经过导光板时，由于扩散网点的存在，反射光会被扩散到各个角度，将其侧面输入的不均衡的点光源或线光源转化为从正面输出的均匀的面光源。在导光板的设计过程中，可以改变导光点的形状、尺寸以及排列的疏密情况，以此来满足设计者的需求。利用印刷法制作导光板，它的主要工序包括以下几个步骤：①导光板原材料的设计制作，这个过程包括对导光板基板的剪裁、抛光处理和外形包装处理；②导光网板的加工定型，其中包括排列导光点、反射底片的加工和整个网板的成型处理；③导光板的印刷，它分为导光板的表面清洁处理、印刷 UV 导光油墨和 UV 固化。印刷法制作导光板是传统的制备导光板的方法。此方法的优点是具有将光线折射和高反射的双重效果，亮度好，制作工艺简单容易掌握，投资小，制作成本低，从小尺寸到大尺寸的导光板都能灵活制作。但它的缺点是精确度不高，出光的散射角较大及印刷点亮度对比较高，必须使用较厚的扩散板达到其光学与外观要求。

非印刷法导光板制作方法是在导光板底面还没有制作微结构时，用具有高反射率且不吸光的材料，用化学蚀刻法、注射成型法、激光雕刻法、内部扩散法等物理化学方法在导光板底面打上圆形或椭圆形的扩散网点，从而达到破坏光线全反射条件的目的，制成导光板。非印刷法制作工艺虽然较难，投资需求也较大，但非印刷法先进的制作工艺与高精度、高亮度、高环保的优点是导光板制作技术的发展方向和追求目标。因此，随着非印刷法制作导光板的技术不断进步，印刷法制作导光板将逐渐被取代。

导光板油墨的特性对导光板产品起决定性的作用，也将直接影响背光模组的性能。目前，导光板油墨有紫外光固化型、热固化型、溶剂挥发型等类型。由于热固化型、溶剂挥发型导光板油墨中含有大量的有机溶剂，使导光板加工过程对环境产生较大的污染，因此，UV 导光板油墨成为主要的印刷法制造导光板的油墨。

导光板是液晶面板中背光模组中重要组成部分，利用 UV 导光油墨通过网印在导光板印刷上圆形、蜂窝形或方的大小、密度不同的网点后制成，其扩散网点的尺寸为 $100\mu m$

到 1mm，由于导光油墨中含有高折射率的纳米导光粉，当光线照射到各个导光点时，反射光会往各个角度扩散，然后破坏反射条件由导光板正面射出，从而将点光源或线光源转化成面光源，达到使得整个导光板发光均匀的效果。

UV 导光板油墨除了低聚物、活性稀释剂和光引发剂外，主要使用了纳米导光粉。

UV 导光板油墨所用的纳米导光粉为高折射率透明氧化物，包括氧化钛、氧化锆、氧化锌、氧化铝或钛酸钡中的一种或几种，平均粒径小于 80nm，用量在 8%～18% 之间。

UV 导光板油墨使用低聚物主要为脂肪族聚氨酯丙烯酸树脂。

活性稀释剂也是采用单、双、多官能团丙烯酸酯。

光引发剂则主要使用 1173、184、MBF 和 TPO，选用 2～3 种光引发剂复合使用。

10.7　光固化 IMD 油墨

IMD（in mold decoration），模内镶嵌注射成型技术，是一种较新的面板加工工艺，从 20 世纪 90 年代初开始由双层胶片层间黏结结构，发展到注射成型多元结构的三维成型技术，已成为当前一项热门的铭牌工艺，它一改平面面板的刻板模式，由薄膜、印刷图文的油墨及树脂注塑结合成三位一体，面板图文置于薄膜与注射成型的树脂之间，图文不会因磨擦或使用时间长而磨损；它有注射成型为依托，其形状、尺寸可保持稳定，更便于装配。故 IMD 技术应用范围及其广泛，可用于各类电子、电器产品，如电饭煲、洗衣机、微波炉、空调器、电冰箱等的控制装饰面板；MP3、计算机、DVD、电子记事本、照相机、录像机等装饰面壳、视窗镜片及标牌；各类仪表盘、电脑键盘、鼠标面壳、手机按键、外壳、视窗镜片等。同时可用于各类日常用品的包装与装饰，如化妆品盒、礼品盒、装饰盒、玩具、塑料制品、运动和休闲用具等。

IMD 工艺流程见图 10-47 示意。

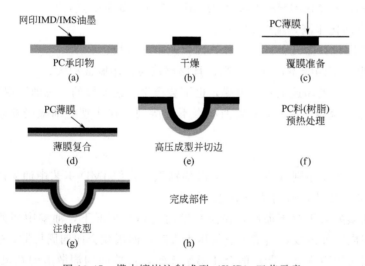

图 10-47　模内镶嵌注射成型（IMD）工艺示意

丝印 IMD/IMS 油墨→干燥→复合 PC 薄膜→成型→切边→注射成型→成品。

IMD 工艺所需材料和工艺条件如下：

（1）薄膜

薄膜虽然是铭牌制作过程中的常用材料，但用于 IMD 的薄膜必须具备以下一些条件：

① 耐温性　这是基础条件，因为注塑液的温度达 300℃左右，虽然注塑过程的时间短暂，但也会导致基材的变形，造成图文变形、定位不准，严重时还会使之熔融。

② 结合力　要与油墨有牢固的结合力，否则经过高温注塑过程基材与油墨会发生分离。

③ 成型性　在三维成型过程，特别是在图形有一定高度的情况下。如凸键、台阶处不会因材料的拉伸而开裂，因此薄膜材料在一定温度下有良好的延伸性。

④ 表面状态　这包括薄膜的光洁度、耐磨、耐划伤、耐化学品、耐候性等。

从上述要求看，能满足各项要求的薄膜基材在现时条件下有一定的局限性，并不是所有用于制作铭牌的薄膜都能适用，目前主要有 PC、PET 和 ABS。

（2）印刷——油墨

印刷时采用丝网印刷的方式，并无特殊要求。但作为印刷的油墨，则是 IMD 工艺中的一大关键。

IMD 工艺的油墨应具备以下条件：

① 要与大多数的 PC 有强的结合力，与 PC、PET、ABS 等有好的附着力的同时，还必须与注塑材料有较好的相容性，这样不会使墨层与注塑体结合不牢；

② 油墨必须具有耐高温的性能，注塑时油墨才不会产生扩散、溅射现象；

③ 要具有一定的柔韧性能；

④ 光泽性要好，同时不受注塑温度影响而改变色泽；

⑤ 颜色要齐全、树脂成分明确。

适用于 IMD 的油墨有溶剂型与 UV 型两类。

采用溶剂型油墨网印 IMD 的 PC 片后，需在隧道式且具有良好通风的三级干燥机中烘干。在最后一级干燥时，建议在 90℃下进行恒温 3～5h。溶剂型油墨的生产周期长，且一旦油墨的干燥程度掌握不好，就会给最后的注塑成品率带来非常大的影响。

采用 UV 油墨在 IMD/IMS 技术中的应用，就具有如下优点：

① 可实行自动化印刷，生产效率高；

② UV 油墨固化只需几秒或十几秒，固化速率非常快；

③ 可网印更精细的线条，分辨力高，且墨层较薄，印刷面积大；

④ 注塑前，UV 墨印迹上若不覆膜，也不会产生印迹油墨的"飞油"现象；

⑤ 整个操作系统容易控制，UV 油墨因不含溶剂，在注塑时油墨受热就不会产生"飞油"现象。

（3）干燥

一般情况下，图文印刷后的干燥，无需特别强调，但 IMD 工艺中油墨的干燥将直接会关系到 IMD 工艺的成败，溶剂型油墨更是如此。

印刷后的油墨如果干燥不彻底，在注塑模内受热的情况下，油墨中残留的溶剂无法释放，就会向墨层内、外散发，当溶剂蒸气压力大时，油墨就会向四周扩散，造成"飞油"或气泡现象，使图文周边模糊，严重的会使墨层飞溅，形成向四周散射的花斑。因此 IMD 图文印刷的油墨层一定要彻底干燥，而采用 UV 油墨就不存在此问题。

（4）成型

这里所说的成型是指型料膜片印刷后完成三维的形状。IMD 工艺在一般的情况下是高立体的形状，例如手机的按键，其按键的凸起高度达 3～4mm，在通常的工艺条件下难以实现，这也是 IMD 中最为突出的、投资最大的关键工序。三维成型有机械压力成型、热压成型和高压气流成型等多种方式，目前加工方式大多采用高压气流成型的设备。

成形的过程有以下几个步骤：

① 工件按定位孔装入进料架上。

② 进入预热区。这是一个电加热的装置，在预热区 180℃ 左右的温度下经过 6～8s，先行将膜片软化，使工件具有一致的可塑性。

③ 进入模压区。工件与模压区的模具对应接触时（注意，模具只有凸模而无凹模，模具的形状与其所要获得的外形一致），置于工件上方的喷气装置射出高压热气流，气流温度约 120℃，热气流压力最高可达 30MPa，这使软化了的膜片与模具密合，约经 2s 后，膜片已完整地与凸模吻合成型。

高压气流成型并不是 IMD 成型中的唯一方式，今后完全有望由负压吸塑的方式取代。

（5）冲切

冲切过程是把已成型的工件胚料，嵌入仿型的模具中，保持稳定的外形，然后切去工件四周余料。

（6）注射成型

将冲切后的工件嵌入注塑模内放置平整，闭模注射。注塑机并无特别限定，一般为通用的卧式注塑机，注塑能力根据产品的重量而定。对 IMD 注射成型的模具有以下几点要求：

① 注塑模的型腔需与成型工件一致，实际上是指注塑模凹模的型腔与成型模（凸模）一致，仅仅多了一个基材的厚度；

② 模腔表面光洁度较高；

③ 注塑模浇口的位置、形状、数量、大小和注射口之间的通道设计要合理，确保让注塑料液方便、快捷地向模腔各个部位流散，减少温度对油墨的冲击。

注塑的树脂应尽量选择与油墨中树脂相近的材料，才会有更好的结合性能。不同的树脂材料其注塑的温度与黏合性能亦不相同（表 10-19）。为了提高某些树脂的黏合性能，还可采用粘接剂涂布于膜片的背面。

表 10-19　IMD 常用树脂的温度与黏合性

树脂	树脂温度	黏合性
PC	280～300℃	强
PC/ABS	240～260℃	一般
PMMA	220～260℃	一般
ABS	220～240℃	弱①
PS	200℃	弱
PA	240～260℃	弱

① 弱；需以黏合剂联结。

对 UV-IMD 油墨要求如下。

① 与 PC 和处理过的 PET 片材具有良好的附着力；

② 油墨必须耐高温（注塑温度），注塑时油墨不会产生扩散、流散现象；

③ 具有一定的可成型性和柔韧性能；

④ 与 PC 有强的结合力，与 PET、ABS、PC 等有良好的附着力；

⑤ 光泽性好，同时不受注塑温度影响等；

⑥ 颜色齐全。

UV-IMD 油墨的性能要求见表 10-20。

表 10-20　UV-IMD 油墨的性能要求

试验项目	试验条件	试验结果
黏结性	JIS K 5600-5-6；ISO 2409（交叉划线法），1mm 宽 6×6，用 3M 6100 胶带剥离	0（无剥离）
耐刮硬度	JIS K 5600-5-6；ISO 15184（铅笔法），负重 750g，涂膜无刮痕时的硬度	无刮痕
耐热性	ISO 3248；80℃，400h，观察涂膜的外观和剥离情况	无异常
耐热水性	JIS K 5600-6-2；ISO 2812-2，在 40℃的热水中浸泡 48h，观察涂膜的外观和剥离情况	无异常
耐酸性	在 5%的硫酸中浸泡 7h，观察涂抹的外观和剥离情况	无异常
耐碱性	在 5%的 NaOH 中浸泡 24h，观察涂抹的外观和剥离情况	无异常
耐摩擦性	学振型耐摩擦性试验，用 KANAKIN3 号棉布，负载 500g 摩擦 500 次观察涂抹的外观情况	无异常
耐酒精性	学振型耐摩擦性试验，用 KANAKIN3 号棉布，负载 200g 摩擦 50 次观察涂抹的外观情况	无异常
打孔	用打孔机	无异常
抗冲击性	JIS K 5600-5-3 杜邦冲击试验机，50cm/500g	无异常

UV-IMD 油墨实际上就是一种 UV 网印油墨，要与 PC、PET、ABS 等塑料有较好的黏附性，还要在注射成型时能承受高温（260℃），这些要求一般 UV 网印塑料油墨大多能满足。其制造可参见第 7 章光固化印刷油墨中 UV 网印油墨部分内容。

10.8　光固化制卡油墨

智能卡也称"集成电路卡"，简称 IC 卡。它是将具有存储、加密及数据处理能力的集成电路芯片模块封装在塑料片基中制成的。智能卡有许多分类方法，其中根据其技术原理的不同，可分为以下五大类：PVC 卡、PVC 磁卡、接触性 IC 卡、非接触性 IC 卡、RFID 卡（射频卡）。

（1）PVC 卡及其应用

PVC 是一种聚氯乙烯树脂复合材料，由于它具有硬度好、弯曲性能好等优点，被作为电磁票证印制的首选材料。选择两张 0.3mm 厚度的 PVC 原材料板，分别将所要印刷的内容在 UV 油墨印刷机上进行单面印刷后，在非印刷面进行复合，然后两面各覆一层 0.1mm 的透明膜，进行层压、模切，即可制成简单的 PVC 卡。较为简单的 PVC 卡被广泛应用于宾馆、酒店的信誉卡、优惠卡、高档产品的合格证、质量卡以及各种贵宾卡、会员卡等。

（2）PVC 磁卡及其应用

PVC 磁卡是在 PVC 卡的基础上加入信息存储功能的一种磁卡。通常情况下，是在 PVC 卡上贴上具有存储信息功能的磁条、签字条、进行全息图的标识后所制成的卡，磁条具有信息存储的功能，而签字条、全息图、相应的号码，则具有身份识别的功能，磁卡结构见图 10-48。

磁卡最早应用于电话磁卡，但是它在原材料和印刷技术上与 PVC 磁卡有本质的区别。

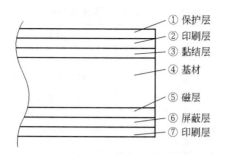

图 10-48　磁卡的结构示意

首先原材料不同，电话磁卡为复合纸质的；其次，电话磁卡的磁条是涂上去的磁粉带，而不是目前广泛应用的磁条，后者在信息记忆的存储量上及安全、维持时间长短、抗氧化性能等方面都远远大于前者，前者目前已退出电话卡领域。目前 PVC 磁卡被广泛应用于银行缴费系统、税务收费系统、高档宾馆、酒店以及安全性能要求高的厂矿企业的门匙。

（3）接触型 IC 卡及其应用

在印制好的 PVC 卡基的表面上，嵌入一个微型集成电路芯片，而诞生了真正意义上的"智能卡"，即接触型 IC 卡，从而使卡的领域又翻开了新的一页。正如表 10-21 所示，与磁卡相比，IC 卡具有防磁、防静电、抗破坏性和耐用性强；防伪性好；存储数据安全性高（可加密），数据存储容量大；应用设备及系统网络环境成本低；品种型号齐全；技术规范成熟等特点。其极高的安全性现已越来越受到人们的普遍重视，已在越来越多的领域取代磁卡及其他数据卡片，得到了越来越广泛的应用。目前接触型 IC 卡是应用最广泛的一种证卡，被广泛应用于银行、税务、工商等部门。用于新一代的电话 IC 卡、门匙卡、银行用储蓄卡、证券行业个人卡、银行系统所用"一卡通"、信用卡等证卡。由于它将个人所有的信息以及其他诸如金额、时间与相应信息都预先存入其中，资料不易丢失，在磁卡的基础上大大跨越了一步，在技术和安全使用上更是前进了一步，在许多领域正逐步取代磁卡。

表 10-21　磁卡与 IC 卡部分性能比较

对比项目	IC 卡	磁卡
防伪性	很强，极难伪造	容易复制
抗破坏性	抗机械、化学、磁、电能力强	不能抗强磁和静电
信息保存期	10 年以上	2 年以下
信息存储量	大	小
保密性	高	低
耐用性	擦写次数 1 万次以上	数千次
灵活性	带有智能性	被动的存储介质
成本	目前较高	低
读写终端设备成本	低	高
系统网络环境要求	低	高

可以作为卡基材料的有：纸、合成纸、PVC、PVCA、PET、PC、PS 纸、PS、PE、ABS、PEN、聚酰胺类树脂、PET-PS 复合材料等，常用的为纸与合成纸、PVC、和 PET，它们的性能比较见表 10-22。

表 10-22　三种常用卡基材料的性能比较

项目	纸合成纸	PVC	PET
成本	最低	中	高
耐热性	差	超过 60℃会变形	良好
耐水性	差、干燥后卷曲	好	好
耐湿性	差	好	好
耐折性	差	好	好
尺寸稳定性	差	优良	优良
印刷适应性	较好	好	差、需改善
可靠性	低	高	高
刚性	差	好	好
韧性	差	较好	较好
抗静电性	好	不好、需改变	不好、需改善
耐磨性	差	好	较好
强度	低	高	高
耐燃性	差	高	高
毒性	无毒	低	无毒
耐久性	差	好	好
信息破坏性	大	小	小
抗冲击性	差	好	好
用途	火车票、存折、通行证等	信用卡、银行卡、磁卡、IC卡等	电话卡、预付卡、磁卡、IC卡等

聚氯乙烯(PVC)是使用最多的通用塑料之一,除了具备生产量大、价格低廉等通用塑料的一般优势之外,还具有加工性能良好、耐腐蚀、绝缘及印刷适性良好等特点。因此,PVC基片是卡类主要承印材料。为保护墨层和提高卡表面光亮度,承印材料表面需覆盖一层PVC带胶膜,经层压板加热和加压增强PVC基片与PVC带胶膜附着力。

智能卡制作需要经过初稿设计、版式确认、胶片制作、PS版制作、印刷、层压、冲卡、铣槽、芯片封装、检测、包装等工艺步骤,最终制作完成。

智能卡层压成型工艺后的截面图如图10-49所示,由四层材料构成:A层PVC透明带胶膜,B层PVC基单面拉丝银、拉丝金或彩虹镭射(激光)承印材料,C层PVC基单面拉丝银、拉丝金或彩虹镭射(激光)承印材料,D层PVC透明带胶膜。

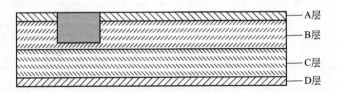

图 10-49　智能卡层合成型截面示意

智能卡的印刷与一般磁卡的印刷基本相同,目前主要采用胶印和丝网印刷的方法。胶印一般印刷精度较高的照片、图纹等,能够再现清晰的网点和很细的线条,其制版和印刷成本高,文字及图像清晰。胶印机主要有专用的PVC卡印刷机或四色彩印机,主要使用UV胶印油墨，印刷色彩艳丽，图文清晰，适宜大批量印刷。先在 PVC 卡料上印刷，然后再进行层压、冲卡、写磁、打凸字等，但因胶印采用 UV 油墨，使得保护膜容易脱落。故在设计时应在塑料磁卡的周围留有 2mm 的空白，最好不要使用荧光油墨，进行断裁或加工时也应充分注意。

丝网印刷具有墨层厚实、遮盖力好、质感丰富、耐光性强、色彩艳丽、对油墨和承印物的印刷适性好等特点。因此，丝网印刷也是智能卡的主要印刷方法，采用 UV 网印油墨印刷。

非接触式 IC 卡的印刷方法有三种：成卡前印刷、成卡后印刷、贴面印刷。

① 成卡前印刷　印刷工序安排在芯片、天线封装之前。这种印刷方式通常为整版印刷，印刷层的材料为 PVC 和 PET，印刷完以后再层压、冲切成卡。这种印刷方式可在印刷层外覆上保护膜，这样可直接在卡面上打印彩色照片；也可以在印刷完成后直接涂上 UV 保护光油，以免卡面图案磨损。油墨则采用 UV 油墨。UV 油墨能在通过紫外灯光照 0.5s 的时间内干燥，所以印刷速度可达 6000 张/h 以上。

② 成卡后印刷　印刷工序安排在芯片封装后。成卡后印刷就是在已置入芯片线圈的单张卡片上印刷，多采用无水胶印印刷。但是单卡印刷设备的一次性投资较大，其印刷的产品也仅限于单张卡片印刷，设备的利用率相对较低；单卡印刷对车间的环境要求很高，室内的温度、湿度、洁净度都是影响质量的重要因素。

③ 贴面印刷　贴面印刷有热升华印刷、数码印刷、小胶印印刷、不干胶印刷等。

数码印刷：一张起印，多少不限。因为，没有制版和出菲林方面的限制，非常快捷地满足小批量客户的需求。背后带胶，可以完全吻合地贴合在未印刷的非接触感应卡上，可实现个性化的证卡印刷制作。

10.9　光固化导电油墨

导电油墨是指印刷于承印物上，使之具有传导电流和排除积累静电荷能力的油墨，是印刷电子技术中的关键材料。导电油墨作为一种伴随着现代科学技术而迅速发展起来的功能性油墨，至今只有半个世纪多的发展历史。1948 年美国公布了将银和环氧树脂制成的导电胶的专利，这是最早公开的导电涂料，也是导电油墨的雏形。其后随着电子工业的迅速发展，需要油墨具有导电性的应用也越来越多，导电油墨的研发迅速热起来。20 世纪 50 年代，日本开始生产以银系和碳系为主的防静电油墨。美国军方在 60 年代已将导电油墨应用于电磁屏蔽领域。随着电子工业的发展，对印刷导电线路或制作电子器件的效率和精度均提出了更高的要求，导电油墨的应用领域也不再局限于早期的一些低端电子产品，如防静电层、电磁屏蔽或电热转换等，而迅猛发展的各种显示产品和高精度印刷电路都将是导电油墨的潜在应用领域。近年来，导电油墨已经在 OLED 发光二极管显示、RFID 电子标签、印刷电池等方面得到了应用。为了满足电子工业生产高精度与高效率的要求，进一步扩大导电油墨的应用领域，必将改进传统导电油墨直接将导电填料与连接料混合分散的制备工艺，通过制备纳米级的导电填料，降低导电填料含量与后处理温度，研发适用于胶印、喷墨等高效、高精度印刷方式的导电油墨，并在导电油墨制备中减少溶剂的使用。

导电油墨的成分主要包括导电材料、连结料、溶剂、和助剂。其中连结料主要有合成树脂、光敏树脂、低熔点有机玻璃等，主要起连接作用，决定油墨的光滑、硬度、耐候、耐湿等性能。助剂主要有分散剂、调节剂、增稠剂、润滑剂以及抑制剂等，用于提高油墨的适印性。根据挥发温度的差异溶剂分为快干、中干和慢干溶剂，用来调节黏度、调节干燥速率，增加与承印物的附着力，溶解树脂，分散填料，使其发挥连结和助剂作用。导电填料是导电油墨最关键的组分，直接影响油墨的核心导电应用性能，一般可分为碳系、金属及金属氧化物系和有机高分子三大类（见表10-23）。

表 10-23　三种导电油墨的性能和应用

分类	功能单元		综合性能	主要应用
无机系导电油墨	导电金属粉体	Au	综合性能好，价格高	厚膜集成电路等有特殊导电要求的产品
		Ag	导电性仅次于金粉，对温度较敏感	薄膜开关等
		Cu	应用最广泛，性价比高，易氧化	印刷电路，电磁屏蔽等产品
		Al、Ni	导电性一般，不稳定，易氧化，价格较低	电磁屏蔽产品
		金属纳米粉体	导电性好，因粉体不同又有差异	智能标签、电路板、电磁屏蔽材料等
	导电炭黑、碳素纤维等导电材料		导电性差，耐湿性差，价格便宜	薄膜开关、印刷电路、电阻类产品
有机系导电油墨	导电高分子(掺杂状态)		本身电导率较低，掺杂后提高，固化温度低、使用方便	尚无广泛应用

（1）碳系导电油墨

碳系导电油墨是一种导电碳核和热固性树脂为主体的热固型导电油墨，电阻率一般为 $10^{-1} \sim 10^2 \Omega \cdot cm$。碳系导电油墨中使用的填料有导电炭黑、乙炔黑、炉法炭黑、石墨和碳纤维等，其电阻随碳的种类变化而变化，具有成本低、质轻等优点。碳系导电油墨膜层不易氧化，性能稳定，固化后耐酸、碱和化学溶剂腐蚀，油墨的附着力强，但碳浆油墨与导线材料（如铜）的化学活泼性质差异较大，如果两者暴露在潮湿的大气中，连接处导线材料的电化学腐蚀将会影响设备的使用寿命。

近年来，由于碳纳米管和石墨烯的发现和制备成功，为碳系导电油墨制造又增添了新的导电材质，将可能成为制备导电油墨新的生力军。

碳纳米管（carbon nanotubes）是由单层或多层石墨片围绕同一中心轴按一定的螺旋角卷曲而成的无缝纳米级管结构，是 1991 年日本 NEC 公司的电镜专家饭岛（Iijima）教授在高分辨透射电子显微镜下检验电弧蒸发石墨产物时发现的。碳纳米管因具有独特的电子、化学和力学性能已成为纳米科技的主导材料，碳纳米管导电油墨已报道用于各种电子电路和器件的制备。

石墨烯（graphene）是一种由碳原子构成的单层片状结构的新材料。是一种由碳原子以 SP^2 杂化轨道组成六角型呈蜂巢晶格的平面薄膜，只有一个碳原子厚度的二维材料。石墨烯一直被认为是假设性的结构，无法单独稳定存在，直至 2004 年，英国曼彻斯特大学物理学家安德烈·海姆和康斯坦丁·诺沃肖洛夫，成功地在实验中从石墨中分离出石墨烯，而证实它可以单独存在，两人也因"在二维石墨烯材料的开创性实验"而共同获得 2010 年诺贝尔物理学奖。

石墨烯目前是世上最薄却也是最坚硬的纳米材料，它几乎是完全透明的，只吸收 2.3%

的光；热导率高达 $5300W/(m \cdot K)$，高于碳纳米管和金刚石；常温下其电子迁移率超过 $1.5 \times 10^4 cm^2/(V \cdot S)$，比纳米碳管或硅晶体高；而电阻率只有 $10^{-6}\Omega \cdot cm$，比铜或银更低，为目前世上电阻率最小的材料。高导电性、碳材料本质决定的稳定性以及纳米片层结构特点，都决定了石墨烯可作为优质导电油墨填料应用于导电油墨中，对导电油墨产品性能的提升极具想象空间和吸引力。

（2）金属系导电油墨

金属系导电油墨为相应的金属（金、银、铜、镍和铝等）或者金属氧化物与热塑性或热固性树脂为主体的液体油墨，具有较好的附着力和遮盖力，可低温固化。金、银浆油墨电阻率很低，可达到 $10^{-4} \sim 10^{-5}\Omega \cdot cm$。金性质稳定，但价格昂贵，用途仅局限于印刷高要求精细电路。银油墨性能好，普遍认为最具发展前途，但银价格也较贵，另外，自身存在着易迁移、硫化、抗焊锡侵蚀能力差、烧结过程容易开裂等缺陷。铜浆油墨也表现出较好的导电性和较低的电阻率（$10^{-3} \sim 10^{-2}\Omega \cdot cm$），同时铜价格仅为银的 1/100，具有价格优势，但铜浆油墨在空气和水作用下会产生氧化层使导电性不稳定。制备铜合金，以及铜粉表面镀银是常用的防止铜氧化的方法，因此也有相应的导电油墨报道。镍、铝系导电油墨价格较低，导电性一般，易于氧化，性能不稳定。

银因具有最高的电导率（$6.3 \times 10^7 S/m$）和热导率 $[450W/(m \cdot K)]$，成为导电油墨中最受关注的导电填料。目前制备导电油墨用的银颗粒都为纳米级银微粒，而银微粒的形状与导电性能的关系十分密切，从一般印象出发都认为银微粒作为球状或近似球状的颗粒为好，而对用作制备导电油墨的导电微粒来说还是呈片状、扁平状、针状的为好，其中尤以片状微粒更为上乘。圆形的微粒相互间是点的接触，而片状微粒就可以形成面与面的接触，印刷后，片状的微粒在一定的厚度时相互呈鱼鳞状重叠，从而显示了更好的导电性能。在同一配比、同一体积的情况下，球状微粒电阻为 $5 \times 10^{-4}\Omega$，而片状微粒可达到 $10^{-4}\Omega$（表 10-24）。

表 10-24　含不同形状的银粉制成的导电膜的体积电阻率（银粉质量含量为 70%）

银粉形状	体积电阻率/$\times 10^{-4}\Omega \cdot cm$
球形	5.02
鳞片状	1.86
混合体	1.43

由表 10-24 可以看出，纳米银粉的导电性能从球形、鳞片状、到混合体依次变好。分析其原因，相对于球形银粉，鳞片状填料之间更容易形成相互的"搭接"，便于形成致密的导电网络。混合体中球形银粉更好地填补了鳞片状银粉颗粒间的大的间隙，形成更为致密的"搭接"，也因此实现更理想的导电功能。

在导电油墨中使用纳米银粉，其粒径通常在几纳米或者几十纳米，因纳米银粉比微米银粉的粒径要小得多，所以纳米银颗粒之间的接触面积会比微米银颗粒之间的接触面积大很多，它们之间的接触电阻会比微米银颗粒的要大。但也正是因为纳米颗粒的粒径较小，使得其堆积密度较微米颗粒来说要大很多，经后续烧结工艺后，颗粒与颗粒之间在接触面熔合在一起，变成连续的导电层，这样一来纳米颗粒之间的大接触面积和致密堆积在烧结后就会获得更好的导电性能，同时导电涂层的强度也会得到很大的提高，烧结后涂层的表面更加平整光滑。因此，在使用纳米银制备与微米银导电性相当的导电油墨时，油墨层的厚度就可以相应降低，油墨的消耗也会减少。而金属纳米颗粒的熔点较之块体金属会有非常明显降低（如块体银的熔点为 960.3℃，而粒径为 5～10nm 的银颗粒熔点仅为 150℃），这一特性就使得纳米银导电油墨的烧结温度大大降低，可以进一步拓展纳米银导电油墨的应用范围。

氧化锡、氧化铟以及氧化铟锡（ITO）均为优秀的透明导电材料，磁控溅射为传统制备透明导电薄膜的方法，设备昂贵，效率低。印刷方式具有大面积、柔性化与低成本三方面明显优势，因此经由导电油墨印刷技术制备透明导电薄膜目前备受追捧和关注，以上几种氧化物为填料制备导电油墨应运而生，也将与印刷电子共同得到发展。

（3）高分子系导电油墨

主链具有共轭体系的聚合物，导电性介于半导体和金属之间，电导率可高达 $10^2 \sim 10^3$ S/cm，成为导电高分子体系，由于其兼具金属和聚合物的性能可应用于电容器、OLED、塑料的防静电和导电涂层以及 EL 透明电极等。常见的导电高分子有聚苯胺、聚噻吩、聚吡咯、聚乙炔、聚对苯亚乙烯基等。

相对于其他几种导电高分子材料，聚噻吩类衍生物大多具有可溶解、高导电率、高稳定性等优点。聚噻吩单体是不溶、不熔的，可以通过在聚合物的单体中引入取代基团使其具备导电性。

聚苯胺以其良好的导电性、光电性、非线性光学性质和化学稳定性而成为当前研究最多的导电高分子之一。以二丁基萘磺酸或十二烷基苯磺酸掺杂的聚苯胺，所得聚苯胺具有高导电率（3.0S/cm），并易溶于普通有机溶剂。

聚吡咯也是发现较早并经过系统研究的导电聚合物之一。可用电解聚合、氧化聚合和缩聚法制备，且掺杂状态稳定，但因其具有难溶、难熔的缺陷，难以加工成型，应用受到很大的限制。

高分子系导电油墨具有无机油墨所不具备的柔韧和加工性，但该类导电油墨一般电导率不够高，需要掺杂改性，另外，因聚合物的合成不易，使其制造成本高、工艺复杂、难控制，且此类高分子聚合物难溶于一般有机溶剂，性质不稳定。

虽然关于导电高分子导电油墨的报道还不多，但导电高分子兼有金属的导电性与高聚物可加工性，并经过了近百年的发展，已经被用于显示器件、电磁屏蔽、防静电、分子导线、光电材料、太阳能电池以及传感器等产品中，而它们在 RFID 标签、低成本生物传感器、数据存储和消费类产品等简单的塑料电子系统中也具有很大的市场应用潜力，正是由于导电高分子有着如此广阔的应用前景和巨大潜力，越来越多的研发机构及公司希望能将其应用到导电油墨中，并通过印刷的方式进一步扩展导电高分子的应用领域。

导电油墨是导电体、连结料、溶剂与助剂等通过特定的配方和分散手段形成溶液或悬浮液，达到规定的分散性、黏度、表面张力、固含量等物化性能指标，以适应印刷或涂布工艺的要求。导电油墨在烧结固化过程中，挥发性溶剂挥发，体积收缩，填料颗粒与连结料紧密地连结在一起，颗粒相互之间间距变小，在外电场作用下能形成电流，实现导电功能。

导电油墨是特种印刷油墨的一种，除了兼具普通油墨的一些性能（如触变性、流动度、屈服值等）外，还要具备以下性能：

① 耐弯曲性　在膜片上印刷导电线路开关，假如油墨的挠性差，就可能在弯折的部分折断或者加大电阻率，影响电路板的使用。

② 电阻率　要求油墨本身的电阻率越低越好，用同一种目号的丝网（形成同样的膜厚）印刷时，电阻率低的油墨是比较有利的。

③ 粒度分布　是导电性粒子的分布状态，导电粒子的粒度越微细则连接料和粒子的分

布状态越好，并且由于印版上的油墨延伸性好，所以被覆面积也就大。

④ 干燥条件　是导电油墨完全固化所必需的干燥时间和干燥温度，低温干燥型的可以减少工时，节省能耗，提高生产率。

导电浆料的导电机理有很多种，大部分都是针对高温厚膜浆料及贵金属浆料。尽管如此，还是可以分为导电通道学说和隧道效应学说。

① 导电通道学说　导电通道机理是指导电填料粒子之间能够相互接触而形成链状导电通道，从而使电子流通而导电。在导电填料添加较多的条件下，主要是导电通道起作用。在固化干燥前，导电填料彼此独立地存在于黏结剂中，不接触，不连续，因此没有导电性。随着浆料干燥、固化、成膜，导电填料粒子相互接触呈链状连接，因此具有导电性。导电浆料的导电性能与导电填料和黏结剂都有关。要提高浆料的导电性能，必须使导电填料能被黏结剂均匀包覆，有效的导电填料在树脂机体中的数目必须足够多，因此合理地调制导电填料和黏结剂的比例，对浆料的导电性有很大的帮助。

② 隧道效应学说　在导电浆料中，除导电填料粒子间的相互接触外，由于电子在分散于树脂基体中导电填料粒子间隙里迁移而产生电子导通，或者由于导电填料粒子间的高强度电场产生电流发射而导电。隧道理论认为，材料导电依然有导电网络形成的问题，但不是靠导电粒子直接接触来导电，而是电子在粒子间的跃迁造成的。

近年来，随着电子科技产业的快速发展，涌现出各种各样的电子产品。在技术的演进过程中，轻、薄、小一直是电子产品开发目标，硅基、玻璃纤维基板及玻璃基板电子产品已逐渐无法满足人们对移动式产品的需求，促使人们产生了在轻薄的柔性基材上制作电子产品的构想。柔性电子产品在未来电子产业中的应用将非常广泛，包括：

① 柔性显示器、电子书、电子报纸等与显示媒介相关的产业；

② 柔性太阳光电池、照明、可挠性电池等与能源应用相关的产业；

③ 传感器、无线智能标签（RFID）等与电子应用相关的产业。

传统电子器件制造通常采用蚀刻、丝网印刷或镀膜技术，这些制造技术受到诸多因素的限制，比如浪费材料、制造过程复杂、设备昂贵、成本较高、环境污染严重等，迫切需要简化制作流程，减少生产成本，提高线路精度等技术和工艺上寻求突破性的变革。近年以喷墨打印技术为代表的"直接写"技术的迅猛发展，为印制电路技术寻求新的突破提供了发展思路和方向。"直接写"喷墨打印技术可实现对功能材料的精准沉积和直接成型，正成为电子器件工艺研究的发展趋势，尤其适用于大面积的器件制造。喷墨打印技术由于非接触性、无需印版、材料利用率高、制造步骤少、制造成本低等诸多优点，最重要的是可以达到更高的布线密度和精度，具有广阔的应用前景，因而正在成为一种有竞争力的替代技术。

由于柔性电子产品基材大多无法承受过高的温度，低温导电油墨的制备成为柔性电子技术发展的核心。目前针对烧结温度低、导电性能好的喷墨打印油墨有以下几种研究：①导电高分子油墨，②有机金属化合物油墨，③纳米金属墨水等，纳米金属墨水的研究和发展最受瞩目，以纳米金属墨水为介质的喷墨打印技术，未来很有可能成为柔性电子的主要应用技术。

纳米金属墨水的制备除考虑自身的分散稳定性外，同时需考虑打印机硬件性能以及喷墨条件的限制，以下是喷墨打印油墨所考虑的因素，包含①粒径大小及分布，②黏度，③表面张力，④pH 值，⑤环境稳定性，⑥储存性，⑦溶剂挥发性，⑧与喷头兼容性，⑨固化方式等。由于开发出具有优良分散稳定性的纳米金属油墨具有较高的难度，因而许多团队和公司正致力于相关的研究开发工作，并取得了一定的研究成果。喷墨打印技术在基材上制备金属导线可分为两种：一种为以有机金属溶液为墨水，喷印在基材上的有机金属经高温分解成金属形成导线；另一种为用纳米金属粒子悬浮液为墨水，将纳米金属粒子均匀分散于溶剂中后喷印在基材上，经热处理后形成金属导线。

以有机金属溶液做墨水制作金属导线方面，将硝酸银溶于水与 dimethyl sulfoxide（DMSO，二甲基亚砜）中，然后将此墨水打印到高分子基材上，加热基材温度至 120℃后将形成金属导线。以含银的有机金属溶液打印在单晶硅晶元上，在 300℃下使有机金属分解形成金属导线。以纳米金属粒子悬浮液为墨水制作金属导线方面，通常将纳米金属粒子均匀分散于溶剂中，通过调节黏度、表面张力等制备出符合喷墨打印的导电墨水，然后将该墨水通过喷墨打印方式喷印至基材上，经固化处理形成金属导线。由于纳米金属粒子具有低温烧结成型、电阻率较低等优点，使得导电薄膜及电子的超微细线路图样成为可能，特别是当金属粒子在 50nm 以下，就能以喷墨方式形成线路图样。金属纳米粒子是使打印图形具有导电性的唯一源泉，其导电性的好坏主要取决于纳米粒子的金属属性，即金属的固有电阻越小，导电性越好，反之则导电性差。银、铜、金等都有不错的导电性，理论上讲，它们的纳米粒子都能作为导电油墨原料。然而，在实际应用中并非如此，因为我们还不得不考虑金属的化学活性。铝、铜等金属化学活泼性相对较大，其纳米粒子在空气中极易被氧化而失去金属的特性，要解决这个问题，目前从技术角度来说尚有一定难度。与此相反，金和银的化学性质稳定，导电性也好，但银相对于金而言，银的成本较低，银纳米粒子被认为对电子的微细化将有卓越的贡献。银纳米粒子性能变化的临界点与微粒直径有关，当微粒直径小于 20nm 时，其低温时的烧结性能就会产生明显的增强，熔点可降至 120～200℃，所以现在研究仍以纳米银粒子为主要研究材料。喷墨导电墨水就是利用了纳米银微粒低熔点的特性，从而能够在塑料基材、甚至纸基上实现打印和烧结，得到性能优良的导电层。同时，纳米粒子化的金属结晶可以使材料强度、延展性、刚性与耐热性等性能得以大幅的提升。

导电油墨的主要应用领域在显示产品和印刷电路两个方面，如有机发光二极管、电激发光显示器、智能标签、印刷电池、印刷内存、印刷电子纺织品等。电子化学品生产商正在加快把用于导电油墨的有关材料和技术推向商业化。

导电油墨性能的提高对开发电子产品的印制技术有重要意义，市场潜力巨大，研制稳定性好、阻抗低的纳米金属油墨，降低其固化温度甚至能在室温下固化，仍为导电油墨新品种研发的重要课题。另外，金属纳米油墨的纳米粉体制备工艺，还需简化以降低成本。有机高分子导电油墨的电导率也有待提高，近期内还难以与金属材料导电油墨相提并论。复合型导电高分子材料兼有高分子本身的许多优点，又可在一定范围内调节材料的电学和力学性能，应用将更为广泛。此外，为减少传统导电油墨的污染，还要开发具有环境友好性的水性导电油墨、UV 导电油墨。从印刷工艺来看，速度更快、精度更高的胶印、喷墨印刷等方式将迅速发展，开发与各印刷工艺及材料良好匹配的导电油墨尤为迫切。

10.10　电子标签

电子标签即射频识别（radio frequeney identifieation，RFID）技术，起源于第二次世界大战中的敌我识别系统。20 世纪 70 年代开始使用，90 年代开始大规模使用，是一种基于射频原理实现的非接触式自动识别技术。RFID 技术是以无线通信和大规模集成电路技术为核心，利用射频信号及其空间耦合、传输特性，驱动电子标签电路发射其存储的唯一编码，可以对静止或移动目标进行自动识别，并高效地获取目标信息数据，通过与互联网技术进一步结合，还可以实现全球范围内的目标跟踪与信息共享。

作为一项具有广泛应用前景的技术，RFID 产品近年来已被广泛应用于物流与供应链管理、防伪和安全控制、交通、生产管理与控制、识别和追踪食品安全等众多领域，其应用范围已延伸至我们生活的方方面面，也创造出一个快速增长的市场。目前，国内外的许多应用试验已证明，RFID 在增加供应链透明度、节约时间和劳动力成本、提高工作效率等方面具有积极的作用。可以预测，RFID 技术有望成为 21 世纪最有发展前途的技术之一。

（1）RFID 系统的组成

RFID 系统因应用不同，其组成会有所不同，但基本都由电子标签（tag）、读写器（reader）、天线（antenna）和中间件（middle ware）等几部分组成。

① 电子标签　由芯片和标签天线或线圈组成，通过电感耦合或电磁反向散射耦合原理和读写器进行通信。标签相当于条码技术中的条码符号，用来存储需要识别传输的信息；当标签被识别到后，可以执行基本的功能，如从内存中读/写信息。标签的内存分为只读型、一次写入多次读出或者可读写内存。

电子标签的分类：依据标签供电方式的不同，可以分为有源电子标签和无源电子标签，有源电子标签内装有电池，无源射频标签没有内装电池；依据工作频率的不同，可分为低频电子标签、高频电子标签、超高频电子标签和微波电子标签；依据封装形式的不同，可分为信用卡标签、线形标签、阅纸状标签、玻璃管标签、圆形标签及特殊用途的异形标签等。信号到读写器，读写器对接收的信号进行解调和解码，然后，送到后台主系统进行相关处理；主系统根据逻辑运算判断该卡的合法性，针对不同的设定做出相应的处理和控制，发出指令信号控制执行机构动作。

② 读写器　是读取或者写人标签信息的设备。作为数据采集的终端，读写器还需要与中间件进行数据交换，其基本功能就是提供与标签进行数据传输的途径。根据应用不同，读写器可以是手持式或固定式，用户可以通过控制主系统或本地终端发布命令，以改变或订制读写器的工作模式，以适应具体需求。

③ 天线　为标签和读写器提供射频信号空间传递的设备。RFID 读写器可以采用同一天线完成发射和接收，或者采用发射天线和接收天线分离的形式，所采用天线的结构及数量，应视具体应用而定。在实际应用中，除了系统功率，天线尤其是标签天线的结构和环境因素将影响数据的发射和接收，从而影响系统的识别距离。

④ 中间件　是连接 RFID 设备和企业应用程序的纽带，也是 RFID 应用系统的核心。中间件将基于不同平台、不同实际需求的应用环境连接起来，通过提供合适的整合接口进行数据通信。

（2）RFID 系统的工作原理

读写器通过发射天线发送一定频率的射频信号，当电子标签进入发射天线工作区域时产生感应电流，电子标签获得能量被激活，电子标签将自身编码等信息通过卡内置发送天线发送出去，系统接收天线接收到从电子标签发送来的载波信号，经天线调节器传送（见图 10-50）。

目前天线制作的方法主要有四种：绕线法、蚀刻法、电镀法和直接印刷法。绕线法是直

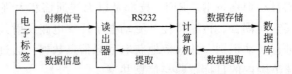

图 10-50　RFID 电子标签工作原理示意

接在底基载体上绕上一定的铜线或铝线作为天线，其他三种方法的天线都是由印制技术实现的。其中导电油墨印刷高效迅速，是印刷天线首选的既快捷又便宜的方法。

① 蚀刻法　也称印制腐蚀法，也称减成法印制。与印制线路板中蚀刻制作铜质线路一样，先在一个底基载体（如塑料上面覆盖一层 20～25μm 厚的铜或铝），另外制作一张天线阳图的丝网印版，用网印的方法将抗蚀剂印在铜或铝的表面上，保护下面的铜或铝不受腐蚀剂侵蚀，而未被抗蚀剂膜覆盖的铜或铝会被腐蚀剂除去，经蚀刻后，露出底基成为天线电路线的间隔线，最后去除抗蚀膜制成天线。具体工艺流程见图 10-51。

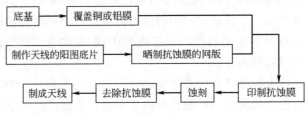

图 10-51　蚀刻法的工艺流程示意

② 电镀法　也叫印制电镀法，也称加成法印制。在底基上通过网印的方法涂覆一层薄的（几微米）起催化作用的油墨，呈天线的阳图形状。此种特殊油墨含有金属颗粒，在印制之后，印过的材料再经过电镀过程，铜被镀在材料上，只附着在油墨形成的图形上。电镀过程持续到材料上沉积的铜的量达到一定的厚度，使之具有合适的导电性，进而形成天线。具体工艺流程见图 10-52。

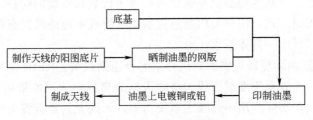

图 10-52　电镀法的工艺流程示意

③ 直接印制法　直接用导电油墨在绝缘基板（薄膜、纸张等）上印制导电线路，形成天线和电路。因为直接印刷天线的技术中，导电油墨是一个重要的推动力。没有导电油墨的发展，就没有印刷技术在 RFID 标签制造中的应用，具体工艺流程图见图 10-53。由于直接印制法的诸多优势，导电油墨研制成为最近 RFID 印制技术的一个发展热点。

导电油墨被应用在印制 RFID 标签的天线，这是因为导电油墨现在已经不仅适用于网版印刷，而且已扩展到胶印、柔性版印刷和凹印。导电油墨从两方面节约了 RFID 标签制作的成本。首先，从材料成本上，油墨要比冲压或蚀刻金属线圈的价格低；其次，从材料耗用量上说，冲压或蚀刻要消耗大量金属，而通过导电油墨在基板上印制 RFID 天线，比传统的金属天线成本低、印制速率快、节省空间，而且没有蚀刻或电镀等工艺，没有污水排放，有利

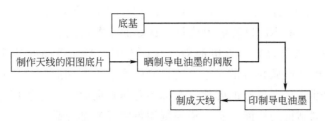

图 10-53 直接印制法的工艺流程示意图

于环保。

RFID 标签用导电油墨是一种特种油墨，它可以将分散的细微导电粒子加到 UV 油墨、柔版水性油墨或特殊胶印油墨中，使油墨具有导电性，印到承印物上以后，可以起到导线、天线和电阻的作用。

导电油墨是在 UV 油墨、柔版水性油墨或胶印油墨中加入可导电的载体，使油墨具有导电性。导电油墨是一种功能性油墨，主要由导电填料、连接剂、添加剂、溶剂等组成。其制备方法见 10.9 节光固化导电油墨。

导电油墨印刷到承印物上以后，起到天线、电阻和导线的作用，进入磁场区域后，可以接收读取器发出的信号，凭借感应电流所获得的能量，发送出存储在芯片中的产品信息，或者主动发送某一频率的信号，读取器读取信息并译码后，送至中央信息系统进行有关的处理。导电油墨印刷较之其他的天线制作方法有着极其明显的优势：

① 工艺时间短 传统的蚀刻法和线圈绕制法制作复杂。蚀刻法首先要在一个塑料薄膜层上压一个平面铜箔片，然后在铜箔片上涂覆 UV 抗蚀油墨，干燥后通过一个正片（具有所需形状的图案）对其进行光照，放入化学显影液中，此时感光胶的光照部分被洗掉，露出铜；最后放入蚀刻池，所有未被感光胶覆盖部分的铜被蚀刻掉，从而得到所需形状的铜线圈。线圈绕制法要在一个绕制工具上绕制标签线圈并进行固定，此时要求天线线圈的匝数较多（典型匝数 50~1500 匝）。而采用导电油墨印刷天线主要采用的是丝网印刷，作为一种加法制作技术，较之减法制作技术的蚀刻而言，网印技术本身是一种容易控制、一步到位的工艺过程，高效快速，相对地减少了工作时间。

② 成本低 从材料上来看，传统的蚀刻法和线圈绕制法消耗很多金属材料，容易造成材料的浪费，成本较高。而导电油墨就其组成成分来看，本身成本比金属线圈要低，也不会造成材料的浪费。从设备上来说，引进丝网印刷设备比引进蚀刻设备要低得多，并且蚀刻过程必须采用 UV 抗蚀油墨及其他化学试剂，这些化学品都具有较强的侵蚀作用，还需考虑处理废料的问题，这本身就是一个比较昂贵的工序。

③ 无污染 蚀刻过程所产生的废料及排出物对环境造成较大的污染，采用导电油墨直接在承印物上进行印刷，无需使用化学试剂，因而具有"绿色"、环保的优点，无需考虑环保因素而追加其他的投资。

④ 承印材料、标签样式多种多样 丝网印刷的特点决定了能够将导电油墨印刷在几乎所有的承印材料上，还可以允许有多种设计样式，以制得所需要的天线。可作为智能标签基片的材料有纸张、木制品、塑料、纺织品、聚酯、聚酰亚胺、PVC、金属、陶瓷品、聚碳酸酯、纸板等等。不但可以印刷到平面上，还可以印刷到任何你想要印刷标签的曲面上。相比之下，铜蚀刻技术则只能采用具有高度抗腐蚀性的底材，即那些能够忍受蚀刻过程中所采用的化学试剂的高度侵蚀性的底材（如聚酯）。

⑤ 导电性能好　导电油墨干燥后，由于导电粒子间的距离变小，自由电子沿外加电场方向移动形成电流，因此 RFID 印刷天线具有良好的导电性能。

⑥ 标签稳定性、可靠性好　导电油墨天线还能够经受住更高的外部机械压力。由于网印导电油墨是由导电金属微粒分散在聚合物树脂中形成的，因此，这样制得的智能标签天线具备黏性流体的特性，具有更好的弹性。在标签受压弯曲时，网印智能标签此时表现的性能及可靠性，比铜蚀刻制得的智能标签和铝蚀刻制得的标签都要高。

现代 RFID 天线的制造方法主要为网印蚀刻法和导电油墨网印法。目前这两种工艺方法在我国都有应用，网印蚀刻法速度快，可实现双面同时印刷、同时固化、同时蚀刻，但有污染。工序相对复杂，占地面积大，消耗能源大，其工艺流程为：

基材双面覆铝箔→双面网印→双面固化→蚀刻→退膜……

导电油墨网印制造 RFID 天线的工艺流程为：

选择基材→网印导电油墨→热固化……

从上面的工艺流程可看出网印工艺有以下特点：工艺过程简单，可以实现轴对轴的半自动化的生产。基材选择广泛，可以是 PET、PP 和道林纸，使价格降低。因为使用导电油墨作为导线，只有极少的废气排出，无废料，有利于环保（可根据不同的方阻值选择材料）。

丝网印刷过程是使用丝网模板直接印刷的过程，油墨通过丝网模板转移到基材上。丝印印刷导电油墨一般使用镍箔穿孔网，它是由镍箔钻孔而成的一种高技术丝网（箔网），网孔呈六角形，也可用电解成形法制成圆孔形。整个网面平整匀薄，能极大地提高印迹的稳定性和精密性，用于印刷导电油墨、晶片及集成电路等高技术产品效果较好，能分辨 0.1mm 的电路线间隔、定位精度可达 0.01mm。

RFID 标签天线对导电油墨特性的要求主要有：

① 耐弯曲性　在膜片上印刷导线路，假如油墨的挠性差，就可能在折弯的地方折断，或者即使没折断但电阻值也会增大而不能使用。

② 黏着性　以聚酯薄膜为基材的油墨黏着强度，一般利用胶带试验来判定。

③ 电阻率　要求油墨本身的电阻率越低越好，用同一种目号的丝网（形成同样的膜厚）印刷时，电阻率低的油墨是比较有利的。

④ 粒度分布　导电粒子的粒度越微细则黏合剂和粒子的分布状态越好，并且由于印版上的油墨延伸性好，所以被覆面积也就大。

10.11　保形涂料

保形涂料（conformal coating）就是涂覆在已焊插接元器件的印制电路板上的保护性涂料。它的作用是使电子器件免受外界有害环境的侵蚀，如尘埃、潮气、化学品、霉菌的腐蚀作用，具有防水、防潮、防霉等性能，又能防刮损、防短路，可延长电子器件的寿命，提高电子产品使用稳定性。因此保形涂料在电子、通信、汽车、航空航天、造船、国防、生物工程等工业上广泛应用。

保形涂料按固化方式可分为光固化、热固化、潮气固化、电固化和空气固化等多种。而光固化型保形涂料具有固化速率快，生产效率高；适用于热敏性底材和电子器件；减少溶剂挥发，操作成本低；设备投资较低，节省空间等优点，已成为保形涂料涂装的首选工艺。

保形涂料是采用喷涂工艺来涂覆在已焊插接元器件的印制电路板上，元器件侧面和阴影区域的涂料的固化就成为光固化型保形涂料应用的关键。因此现在使用的光固化型保形涂料都采用双重固化体系，既可保证印制电路板上大部分区域涂料见光后迅速固化，又能在后固化阶段保证少量阴影区域和元器件侧面的涂料固化完全。常见的双重固化有自由基/阳离子双重固化、光/热双重固化、光/潮气双重固化、光/化学双重固化等。

自由基/阳离子双重固化是利用阳离子光固化在光照结束后，生成的阳离子还能继续进行阳离子反应，特别在加热条件下，使后固化继续进行。

光/热双重固化是在自由基光引发体系中添加过氧化物或偶氮化合物类热引发剂，光照后再加热，通过热引发进行后固化。

光/潮气双重固化，是利用硅烷与空气中潮气发生水解生成羟基硅烷，再与硅氧烷交联固化。也可利用带—NCO的聚氨酯丙烯酸酯与空气中水汽作用发生暗固化。

光/化学双重固化是在自由基光引发体系中添加环氧树脂和多元胺，利用氨基与环氧基加成开环进行后固化。也可利用带—NCO的聚氨酯丙烯酸酯与带—OH化合物，发生—NCO与—OH反应交联进行后固化。

光固化保形涂料所用低聚物主要有聚氨酯树脂、丙烯酸树脂、环氧树脂或硅氧烷树脂，它们的性能见表 10-25。

表 10-25　各种光固化保形涂料所用低聚物的性能比较

性能	丙烯酸树脂	聚氨酯树脂	环氧树脂	硅氧烷树脂
耐潮性	1	1	2	1
耐磨性	3	2	1	4
机械强度	3	1	1	2
耐热性	2	3	3	1
耐酸性	2	1	1	2
耐碱性	3	1	1	2
耐有机溶剂性	4	1	1	2
介电常数(23℃,1MHz)	2.2~3.2	4.2~5.2	3.3~4.0	2.1~2.6

注：1~4 表示其相对值，1 最好。

光固化保形涂料采用喷涂工艺进行涂装，一般黏度较低，由于是双重固化体系，大多为双组分，使用前将双组分混合搅拌均匀，混合后一般都需在 8h 内用完，否则剩余部分因后固化，使黏度迅速增大，无法喷涂。

光固化保形涂料所用活性稀释剂既要考虑黏度，又要考虑固化速率，还要使物理力学性能得到保证，所以大多数单、双、多官能团复合使用。

光固化保形涂料光引发剂使用，也都采用复合光引发剂，一般使用高效的光引发剂651、1173、184 与 TPO、819 复配。为了表面固化好，也需加入活性胺等减少氧阻聚影响。

光固化保形涂料主要性能指标见表 10-26。

表 10-26　光固化保形涂料主要性能指标

检测项目	性能指标	检测项目	性能指标
涂料黏度(涂-4 杯,25℃)/s	14～20	介电损耗(1MHz)	≤0.04
铅笔硬度/H	≥1	体积电阻/Ω·cm	≥$1.0×10^{11}$
抗冲击强度/kg·cm	≥50	表面电阻/Ω	≥$1.0×10^{12}$
柔韧性/mm	≤3	抗电强度/(kV/mm)	≥70
附着力/级	≤1	阻燃性	V0
介电常数(1MHz)	≤4.0		

注：涂料性能在涂装固化后放置一天后测试。

10.12　光敏聚酰亚胺

聚酰亚胺（polyimide，PI）是一类在分子主链结构中含有酰亚胺功能团的高分子聚合物，由于具有优异的热稳定性，而受到人们的重视，成为当今耐高温聚合物材料中最有实用意义的一类先进材料。

聚酰亚胺通常由有机芳香二酸酐和有机芳香二胺经缩合反应聚合而成，首先得到其前置体——聚酰胺酸，将其进行适当的热或化学处理（亚胺化或环化脱水）变成聚酰亚胺材料。

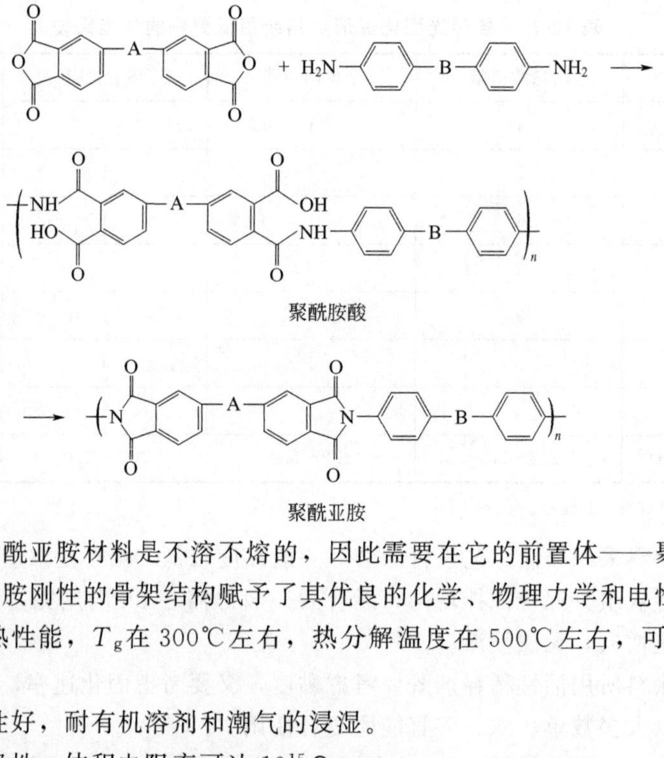

聚酰胺酸

聚酰亚胺

一般来说，聚酰亚胺材料是不溶不熔的，因此需要在它的前置体——聚酰胺酸阶段进行成型加工。聚酰亚胺刚性的骨架结构赋予了其优良的化学、物理力学和电性能：

① 优异的耐热性能，T_g 在 300℃左右，热分解温度在 500℃左右，可耐 350～450℃的高温。

② 化学稳定性好，耐有机溶剂和潮气的浸湿。

③ 良好的绝缘性，体积电阻率可达 $10^{15}Ω·cm$。

④ 优良的介电性能，介电常数 3.0～3.4，介电损耗 $10^{-3}～10^{-4}$，具有比无机介电材料（SiO_2、Si_3N_4 等）更好的平面形成性能和力学性能。

⑤ 优良的力学性能，对器件有一定的增强作用。

⑥ 对常用基体、金属和介电材料的粘接性优良。

⑦ 较低的热膨胀系数，一般在 $2\times10^{-5}\sim3\times10^{-5}℃^{-1}$。

⑧ 成型工艺简单、易行，根据需要可形成薄膜或厚膜。

聚酰亚胺由于其结构具有多样性及可控性，可以根据不同的应用要求，选择不同的二酐和二胺进行缩聚，得到性能满意的聚酰亚胺材料。常用的二酐和二胺的化学结构见表 10-27。

表 10-27　常用二酐、二胺的化学结构

物质	缩写	结构式	物质	缩写	结构式
二酐	PMDA	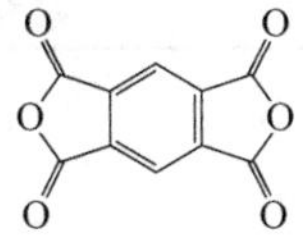	二胺	ODA	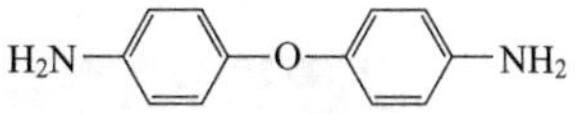 H_2N—⬡—O—⬡—NH_2
	BTDA	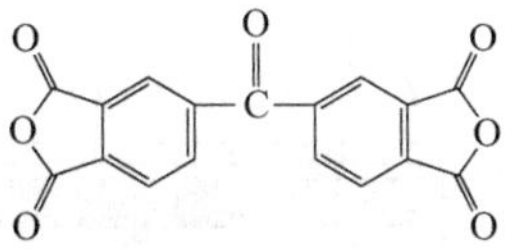		PDA	 H_2N—⬡—NH_2
	BPDA	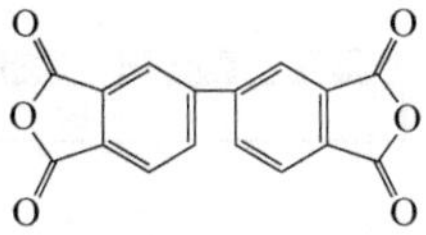		6FDAM	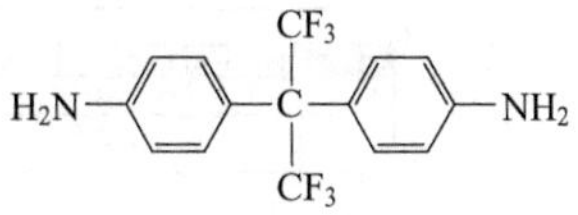
	TPDA	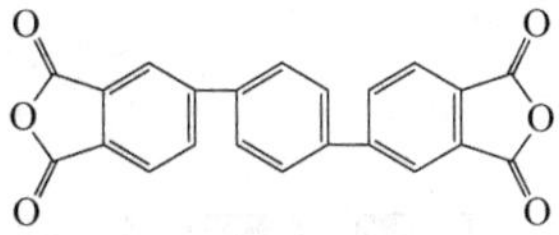		3FDAM	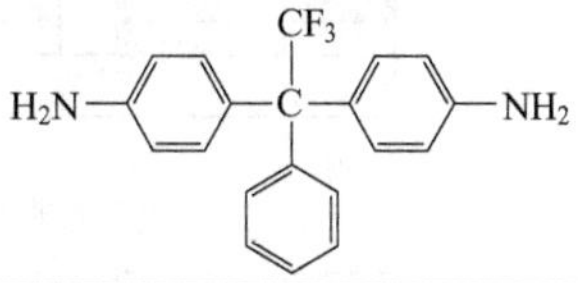
	6FDA	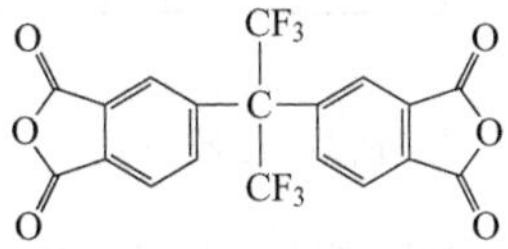		TFMB	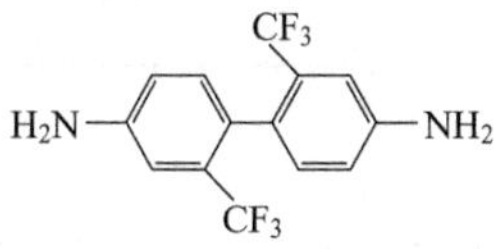
	3FDA	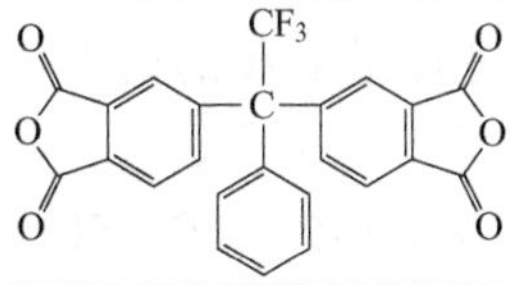		APB	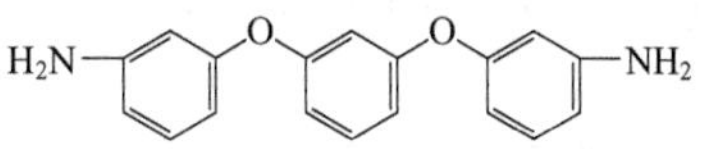
	6FCDA	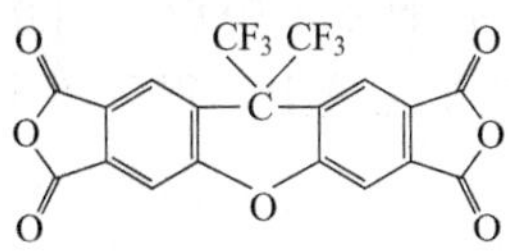			

由于聚酰亚胺的优异的耐热性、电性能和其他性能，因而在航空、航天、电子等领域得到了广泛的应用，特别在微电子工业上显示出极其成功的一面。目前，聚酰亚胺在微电子工业中应用主要有：集成电路及微电子器件的封装材料，多层布线和多芯片组件中理想的绝缘隔层材料、表面钝化层材料和 α 粒子阻挡层材料，同时也是离子注入掩模、多层抗蚀掩模材料、柔性印制电路板的基体材料等。但是，通常使用的聚酰亚胺不具有光敏性，使其在微电子元器件中制作膜状图形时，需用光刻胶才能完成制图工艺。即将聚酰胺酸溶液涂覆在基板上，经部分或完全固化后，将光刻胶涂覆在聚酰胺酸膜的上面，经 UV 曝光、显影得到光刻胶

图形。再用碱溶液将暴露出的聚酰胺酸溶解掉，然后，利用化学去膜剂除去覆在聚酰胺酸膜上的光刻胶层，最后，经热固化得到聚酰亚胺膜图形。工艺过程步骤多，周期长，环境污染大，成品率低。为此，开发了具有耐热与感光双重功能的光敏聚酰亚胺（photosensitive polyimides，PSPI）。采用光敏聚酰亚胺制作图形非常简单：将光敏聚酰胺酸涂覆在基板上，经 UV 曝光、显影，再热固化后，就能得到聚酰亚胺膜图形（图 10-54）。两者相比较，光敏聚酰亚胺的制图工艺比较简单，因此，可以获得分辨率很好的聚酰亚胺图形或通孔。

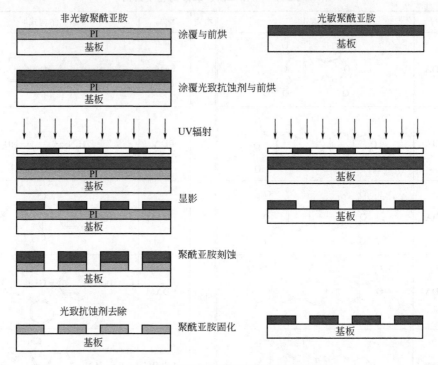

图 10-54　两种聚酰亚胺制图工艺过程的比较

目前，光敏聚酰亚胺按其制备方法不同可分为三类：酯类 PSPI、离子型 PSPI 和自增感型 PSPI，商品化的 PSPI 都为负性胶。它们都是通过聚酰亚胺的前置体——聚酰胺酸来制得的。

① 酯类 PSPI　将带光敏基团的分子与聚酰胺酸反应得到酯类 PSPI（图 10-55）。

② 离子型 PSPI　光敏基团通过其叔氨基与聚酰胺酸分子中羧酸相互作用，形成铵正离子和羧酸负离子，以盐的形式使光敏基团连接到聚合物主链上，得到离子型 PSPI。

具有叔氨基的光敏基团如：

$(CH_3)_2NCH_2OOC$ —〈苯环〉— N_3

$(CH_3)_2NCH_2CH_2OOCCH$ = CH —〈苯环〉— N_3

$(CH_3)_2NCH_2CH_2$ —〈萘环〉— N_3

$(CH_3)_2NCH_2CH_2OOCCH$ = CH —〈噻吩环〉

$(CH_3)_2NCH_2CH_2OOCC(CH_3)$ = CH_2

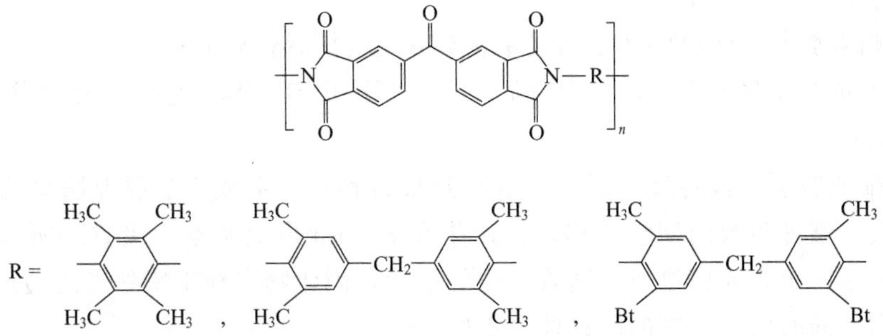

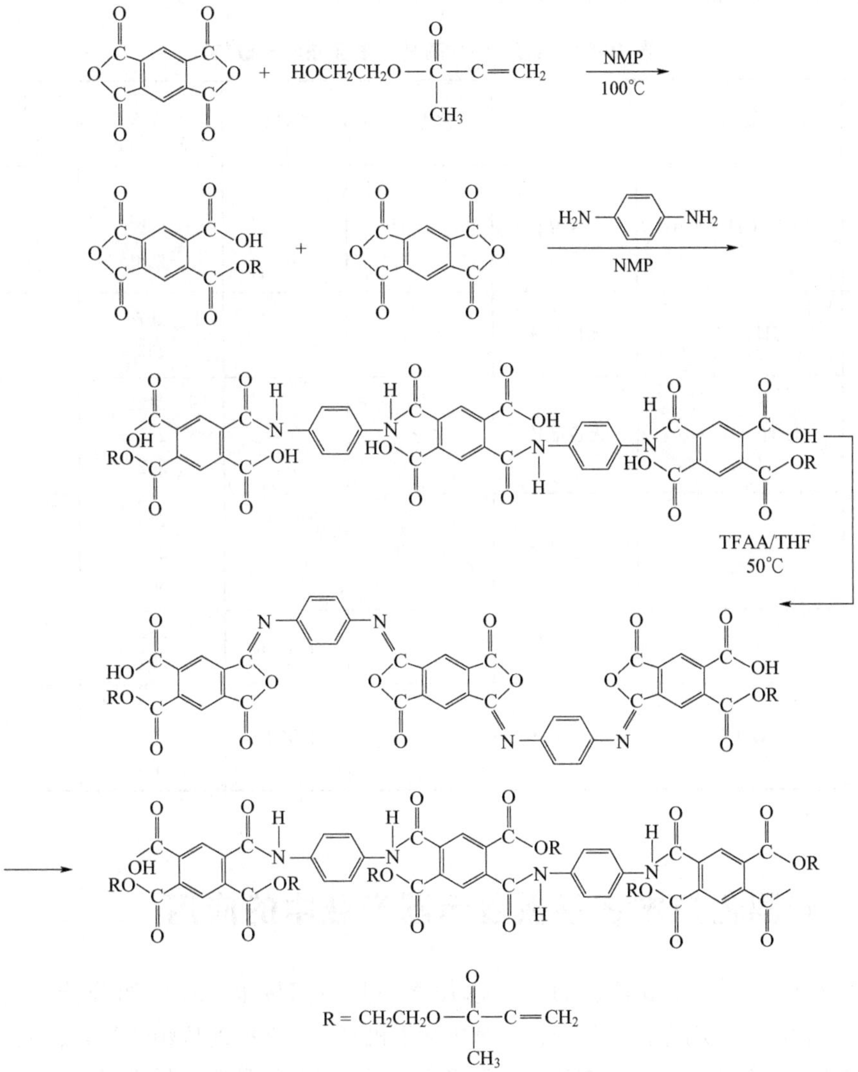

图 10-55　酯型光敏聚酰亚胺制备示意

③ 自增感型 PSPI　聚酰亚胺分子主链结构中含有光引发基团，无需加入光引发剂。在 UV 光照下，自身发生光交联。

1968 年，人们发现了 *N*-烷基马来酰亚胺在无光引发剂情况下可发生光聚合，即 *N*-烷基马来酰亚胺具有既可引发聚合，又能参与聚合的特性。与传统的引发剂相比较，*N*-烷基马来酰亚胺作为光引发剂有三个优点：

① 马来酰亚胺与乙烯基醚体系的光聚合对氧气的敏感性较低；

② 激发态的马来酰亚胺提取一个氢后，形成了两个自由基，它们都能引发聚合，因此，引发活性较高；

③ 马来酰亚胺引发聚合反应后，就参与到聚合物中，形成丁二酰亚胺结构，而原有的共轭结构消失，紫外吸收向短波长移动，产物在 300nm 以上基本无吸收。所以马来酰亚胺的光引发反应是一个光漂白过程，随着反应的进行，固化物有利于紫外光的透过，因此光固化的深度提高，同时固化产物的耐候性也更好。

表 10-28 介绍了部分 N-烷基马来酰亚胺的光敏特性。

表 10-28　部分 N-烷基马来酰亚胺的光敏特性

代号	烷基	外观	熔点/℃	折射率	UV 吸收	
					λ_{max}/nm	ε/[L/(mol·cm)]
AMI	—CH₂CH=CH₂	无色晶体	42～44		212 232 296	470 1900 325
BeMI	—CH₂⬡	无色晶体	70～72		197 232	36 10
i-BuMI	—CH₂CH(CH₃)₂	无色晶体	44～46		212 230 302	450 1820 250
CMI	⬡	无色晶体	87～89		210 226 305	142 540 45
BuMI	—C₄H₉	无色液体		1.4746	232 302	450 160
i-PMI	—CH(CH₃)₂	无色液体		1.4720	212 227 300	310 1350 150

10.13　光固化技术在平板显示器产业中的应用

在信息时代，人们获取信息的主要途径之一是在图像上，作为图像传输的载体，人们在日常生活和生产实践中对电视、计算机和手机等显示器械的依赖性越来越强，显示器已经成为人与电视、计算机和手机交流的主要界面。早期的显示器阴极射线管（cathode ray tule，CRT），由于其体积大、功耗高，已经被高清晰度、低功耗、低辐射、体积轻而薄的平板显示器（flat panel display，FPD）所替代。平板显示器包括液晶显示器（liquid crystal display，LCD）、等离子体显示器（plasma display panel，PDP）、有机电致发光显示器（organic light emitting diode，OLED）、真空荧光显示器（vacuccm fluorescence display，VFD）和场致发射显示器（field emission display，FED）。近年来，液晶显示器由于技术成熟和成本降低，已经迅速进入人们的日常生活，有机电致发光显示器也由开发进入到生产阶段。

平板显示器制造技术涉及光学、半导体、机电、化工、材料和印刷等众多领域，技术要求和技术复合性较高，所用的材料不但种类多而且领域不同，在平板显示器制造中，各类材料占显示器成本约六成。因此，材料制造技术是显示器质量和成本控制的关键。目前平板显示器的生产制造中有许多工艺是采用光固化技术，不少材料使用光固化材料；还有一些平板显示器所用的材料和制造工艺有望应用光固化材料和光固化技术来实现，或由光固化技术来提高显示器的性能和生产速率。故而平板显示器的发展也为光固化技术的应用提供了新的天地。

10.13.1　平板显示器的结构及显示原理

（1）液晶显示器的结构及显示原理

液晶显示器是将液晶置于两片导电玻璃之间，通过驱动电路的电压改变，引起液晶分子的扭曲，控制光源的透射或遮蔽，在电源开关之间产生明暗而将影像显示出来。由于在两片玻璃基板上装有配向膜，所以液晶会沿着沟槽配向，当玻璃基板没加入电场时，透过上偏光板的光线跟着液晶做 90°扭转，通过下方偏光板，液晶面板显示白色；当玻璃基板加入电场时，液晶分子产生配列变化，光线通过液晶分子维持原方向，被下方偏光板遮蔽，光线被吸收无法透出，液晶面板显示黑色。因此液晶显示器是根据电压有无，由偏光片、液晶、驱动电路共同控制液晶显示器面板上光线明暗的变化，使液晶面板达到显示效果。

液晶显示屏的构造示意如图 10-56 所示。

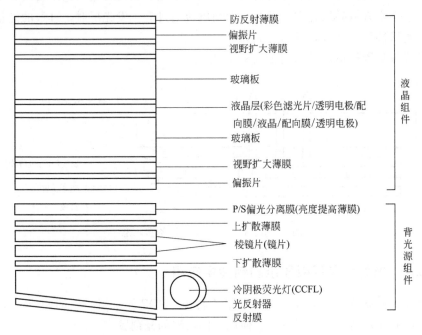

图 10-56　液晶显示屏构造示意

（2）等离子体显示器的结构及显示原理

等离子体显示器是一种利用气体放电的显示装置。在显示屏的两个玻璃基板之间由障壁材料分隔出多个气体小室被当作等离子管的发光元件，大量的等离子管排列在一起构成屏幕。每个小室内都充有氖氙气体，在等离子管电极间加上高压后，封在两层玻璃之间的等离子小室中的气体会产生紫外光，从而激发平板显示屏上的红、绿、蓝三基色荧光粉而发出可见光。每个等离子管成为一个像素，由这些像素的明暗和颜色变化组合，产生各种灰度和色彩的图像。

等离子体显示屏构造示意如图 10-57 所示。

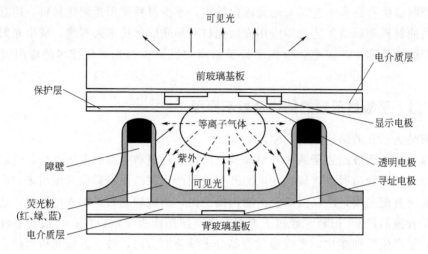

图 10-57　等离子体显示屏构造示意

（3）有机发光显示器的结构及显示原理

有机发光显示器是将有机发光材料层镶嵌在两个电极之间，输入电压时载流子运动，穿过有机层，直至空穴输导层并重新结合。而当电流通过有机发光层时，过量的能量激发有机发光材料以光脉冲形式释放，发出可见光。

有机发光显示屏构造示意如图 10-58 所示。

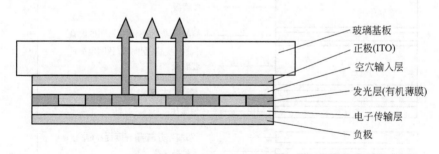

图 10-58　有机发光显示屏构造示意

10.13.2　光刻胶在平板显示器制造中应用

在平板显示器制造中，平板显示器电路的制作、PDP 显示器障壁的制作、LCD 显示器彩色滤光片的制作均需采用光刻技术，使用不同类型的光刻胶。

（1）氧化铟锡电极（ITO）制作

在平板显示器制造中光刻胶的最主要应用是氧化铟锡透明电极的制作。LCD、PDP 和 OLED 的显示材料（如液晶、有机发光材料等）都是密封在玻璃基板之间，而玻璃基板需要进行特殊的抛光、清洗、ITO 镀膜和电路电板制作等工序（图 10-59）。平板显示器是液晶、惰性气体或有机发光材料，在一定电压下使液晶发生扭曲，控制光线通过与否或使惰性

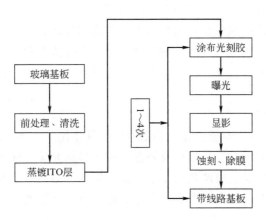

图 10-59　ITO 电极制作工艺

气体产生气体放电或激发有机发光材料发光，而产生可见光的显示器，所以制作精细电极是平板显示器的关键技术之一。早期使用感光厚膜法，以光刻导电银浆为电极制作材料，经印刷、光刻和烧结等工艺制作电极，分辨率在 $40\mu m$ 左右。现改用溅射 ITO 透明导电层，然后采用光刻工艺制作电极，分辨率在 $10\mu m$ 左右。光刻工艺的改进，对提高平板显示器的画面质量和分辨率起了重要作用。ITO 电极制作中使用的光刻胶可为叠氮萘醌类正性光刻胶，也可用丙烯酸酯类负性光刻胶。

（2）PDP 显示器障壁制作

在 PDP 显示器中障壁制作是显示屏制造的关键之一。障壁不仅起到分隔放电单元的作用，而且起到防止相邻单元的光窜扰和电窜扰作用，障壁制作的精度决定 PDP 显示器所能达到的分辨率的高低。PDP 障壁可以通过喷砂法（图 10-60）、丝网印刷法和光敏蚀刻等方法制作。喷砂法对障壁材料损失大，丝网印刷法需多次网印才能达到要求，而光刻法可以实现一次完成并可得到高精度障壁结构。用于制作障壁的光敏蚀刻材料由光固化树脂、光引发剂和无机填料组成，通过掩模 UV 曝光，显影后树脂固化形成障壁。OLED 显示器的阴极障壁制作方法与 PDP 相同，一般使用负性光刻胶。

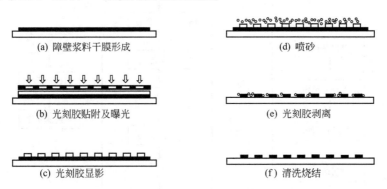

（a）障壁浆料干膜形成　　　　　　（d）喷砂

（b）光刻胶贴附及曝光　　　　　　（e）光刻胶剥离

（c）光刻胶显影　　　　　　　　　（f）清洗烧结

图 10-60　障壁制作喷砂法工艺流程

（3）LCD 衬垫料制作

LCD 显示器是将液晶注入间距为 $5\sim7\mu m$ 的一对玻璃间，为防止玻璃基板间隙的变化，需要在显示区内均匀散布衬垫料。目前 LCD 面板散布衬垫料工艺主要采用经过表面处理的球状树脂粉作为衬垫料，散布在 LCD 面板间，经加热固定在玻璃基板上的方法。

现在一种新的衬垫料制作技术正在研制和应用中，这就是通过光刻技术制作柱形衬垫料。将负性光刻胶在定位区域涂膜，用光刻工艺制成间隔柱。该工艺要求形成衬垫物的光刻胶不仅有精确的分辨率，还应有好的机械强度，足以支撑液晶盒的压力。固化后的衬垫物的耐久性和可靠性相当重要，保证在显示器寿命期间衬垫物不发生变化，不能对液晶材料产生不利的影响。

（4）彩色滤光片制作

彩色滤光片是 LCD 显示器彩色化的关键组件，其作用是实现 LCD 面板的彩色显示。液晶显示器是非主动发光显示，背光模块及外部入射光提供光源，通过驱动电路与液晶来控制光线形成灰阶显示，产生黑、白两色的显示画面。彩色画面的显示要靠光线透过彩色滤光片的红、绿、蓝彩色层后形成，因而含有红、绿、蓝三色滤光层的彩色滤光片成为液晶显示面板的关键部件。

彩色滤光片基本结构是由玻璃基板、黑色矩阵、彩色层、保护层和 ITO 导电组成，其结构如图 10-61 所示。

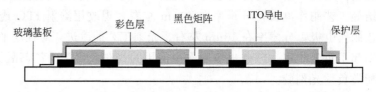

图 10-61　彩色滤光片结构示意

彩色滤光片制作有染色法、染料分散法、颜料分散法、电着法、印刷法等多种，染色法、颜料分散法和电着法均需用光刻技术。染料分散法滤光片制造是将分散有染料的树脂涂布于已有黑色矩阵的玻璃基板上，再涂布一层正性光刻胶，经掩模曝光，碱水显影，剥离光刻保护层，如此反复三次完成红、绿、蓝滤光层。再涂布保护层及 ITO 透明电极，即得到彩色滤光片（图 10-62）。

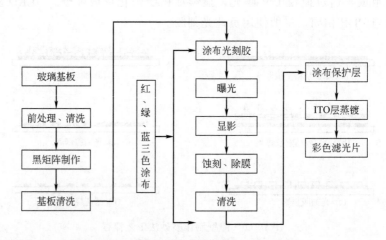

图 10-62　彩色滤色片制作流程（染料分散法）

10.13.3　光固化胶黏剂在平板显示器制造中的应用

在平板显示器制造中，大量使用多种光固化胶黏剂，从 LCD 显示器封口胶、封框胶，到 OLED 边框密封，装配连接和层压都离不开光固化胶黏剂。

（1）LCD 封口胶及封框胶

LCD 显示器的液晶盒是由两块 ITO 玻璃用胶黏剂封框制成，第一代～第四代 LCD 所用的封框胶主要是热固化环氧胶，经点胶划线形成边框并留出液晶滴入口，两块玻璃基片对应压合通过预留口真空灌注液晶。注入液晶后，为防止外渗和水分进入，再用光固化胶黏剂对注入孔进行封口。所用光固化胶黏剂必须对液晶材料无侵蚀性，对玻璃基片和封框胶有很好的黏合性、耐久性以及适宜的机械强度。

第五代 LCD 生产线在液晶灌注上采用液晶预滴新技术。液晶预滴技术是在玻璃基板上点胶划线为全封闭封框，不再预留封口，封框胶采用光固化胶黏剂，然后将液晶滴入封框至全部充满，再将另一块玻璃基板对位压合，UV 光照使光固化胶黏剂固化制成液晶盒（图 10-63）。液晶预滴技术优点为液晶利用率高，同时大大缩短了液晶灌注时间，生产效率提高 20 倍。液晶预滴技术所用的光固化胶黏剂可以是自由基光固化型、阳离子光固化型或双重固化型胶黏剂。同样要求光固化胶黏剂必须对液晶材料无侵蚀性，对玻璃基片和封框胶有很好的黏合性、耐久性以及适宜的机械强度。

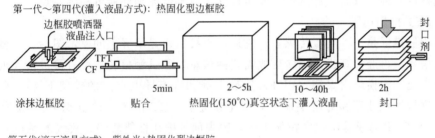

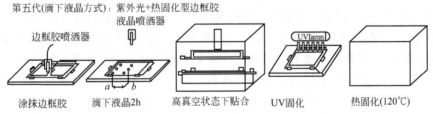

图 10-63　边框胶应用工艺

（2）OLED 边框密封

有机发光显示器是继 LCD 和 PDP 之后可产业化的平板显示器，虽然目前市场占有率还较小，但其发光亮度和发光效率高、响应速率快、功耗低等优点而受到人们的关注，开发和应用不断加快。有机发光材料的一个特性是对湿气敏感，空气中的氧和可能渗入的水分子可使发光层有机物氧化，从而破坏有机色素的分子结构，降低色素的发光强度和产品寿命。为避免使用中湿气对有机发光材料的损坏，保证显示画面品质，OLED 封装显得更为重要。有机发光材料制备成显色层后，显示器的边缘要贴附干燥剂，并对边框进行密封，而光固化胶黏剂是能够较好满足密封边框的胶黏剂，尤其是带—NCO 光固化胶黏剂具有可湿气固化的性能，是 OLED 封边用胶黏剂最好的选择。

（3）装配和层压应用

平板显示器制造工序均采用自动化流水生产线方式，而光固化胶黏剂具有无溶剂、100％固含量、单组分、室温固化、固化速率快等特点，是最适合在线生产装配的胶黏剂品种，在装配工艺中既便于操作，又可得到性能可靠的组件连接。因此在显示屏电路引脚通过各向异性导电带与集成电路或印制电路及驱动电路的贴装连接，已广泛使用光固化胶黏剂。另外显示盒外不同功能性膜的复合、LCD中偏振膜及保护膜的粘接都可使用光固化胶黏剂。

10.13.4　光学功能膜材料

从图10-56液晶显示屏构造中看到，液晶组件中有多种光学功能薄膜，如偏光片及增大视角功能的广视角膜，改善视觉性能的防眩光膜和防反射膜，增加LCD显示亮度的增亮膜等。在背光组件中除用冷阴极荧光灯作光源外，需要使用棱镜片、扩散片等光学薄膜来调制背光源的发射，使显示器得到均匀的光线和亮度，满足人们的视觉需要。

早期光学功能膜的制作，主要以材料中添加功能作用的物料成膜或以溅射、蒸镀、电化学沉积等工艺制造，工艺复杂，成品率低，成本高，不适宜规模化连续生产。2000年以后，光学功能膜的湿法涂布技术逐渐成熟，使得光学薄膜生产简化，成本降低，并满足了大屏幕对光学功能膜的需要。光学功能膜的湿法涂布技术有多种类型，其中光固化技术是近年来出现的较成熟的一种，具有生产方便、安全环保、成本低廉和性能可靠等特点。

（1）PET抗划伤膜

显示用触摸屏是一种位置传感器，它通过直接触摸显示屏上的显示图标，将触摸点的位置变成电信号，再经计算机处理转变成需要的信息，通过触摸功能可直接进行人机对话，应用越来越广泛。触摸屏由聚酯（PET）膜软上屏和含有导电点阵的玻璃下屏组成，PET膜软上屏需进行硬化处理和导电层制作，导电层是在PET薄膜一侧沉积ITO膜形成的（图10-64）由于PET薄膜是由双向拉伸生产，膜表面抗擦伤性能较弱，故膜的触摸面极易被刮擦产生痕迹，对此必须对PET膜表面进行硬化处理。光固化硬涂层具有高透明性和抗刮擦性，最适合显示触摸屏PET膜的硬化处理。因触摸屏所用PET膜是柔性薄膜材料，要求硬涂层有好的柔韧性、附着力、透光性、防水和附化学药品性及表面硬度。所以光固化硬涂层配方上大多选用多官能团聚氨酯丙烯酸酯和环氧丙烯酸酯，合理的组合使涂层获得优异的附着力、耐擦伤性。加入纳米二氧化硅或氧化铝填料提高耐磨抗划伤性；添加有机硅助剂使涂层获得滑爽性，也有利于抗划伤性提高。为了提高附着力，往往对PET膜进行电晕、腐蚀等处理。

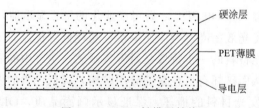

图 10-64　PET触摸屏结构

（2）防反射膜

显示器的显示画面在被周围的光线如阳光或外界灯光照射时，会有镜面反射作用而产生映入的现象，造成显示图像质量的劣化，影响显示画面的观赏效果。克服这种现象的方法一般是对显示屏进行防反射处理或在屏幕外侧使用防反射膜。防反射膜的功能是减少入射光的反射量，保证屏幕画面的观赏质量。2000年以前防反射膜的生产主要采用溅射或化学气相沉淀的干法加工工艺，成本高，工艺条件复杂，特别因耐热性问题，不适用在一些塑料基材薄膜上制作，从而研究开发了湿法涂布技术来制作防反射膜。湿法涂布技术制作防反射膜一般至少要有四个涂层组成，基材选用三乙酸纤维素（也用商品名为三醋酸纤维素）薄膜或聚酯薄膜，自下而上依次是硬涂层、高折射率层、低折射率层和防污抗划伤层，根据需要在透明基材背面涂布压敏胶和隔离膜（图 10-65）。各涂层的成膜方法可以是催化固化、热固化或光固化，而光固化涂层是最佳选择。高折射率涂层和低折射率涂层是通过涂料中添加高折射率和低折射率物质，分散在涂料成膜树脂中，经涂布在基材薄膜硬涂层上，形成具有特定折射率的膜材料。当光线穿过防反射涂层时，由于涂层中不同折射率的层面产生光的干扰作用，达到防止外界光的反射作用。低折射率物质有氟化物和含氟的丙烯酸酯共聚物，它们的折射率一般在1.3～1.5之间，二氧化硅也是折射率较低的物质（1.45）。高折射率物质为一些金属氧化物，如二氧化钛（2.35）、二氧化锆（2.05）、氧化锌（2.01）、氧化铪（1.95）等，它们的折射率一般在1.9～2.4之间。通过将具有不同折射率的光固化涂料依次涂布并固化在聚酯基材硬涂层上，形成多层防反射结构，起防反射作用。

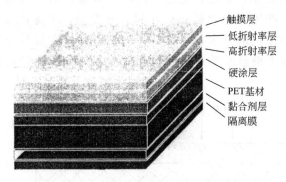

触摸层
低折射率层
高折射率层
硬涂层
PET基材
黏合剂层
隔离膜

图 10-65　湿法涂布反射（AR）膜结构

（3）防眩光膜

眩光是一种过强的光线照射，它可以引起头晕目眩，伤害人的眼睛，使被照者视力下降，因此眩光是一种光污染。在显示器使用时产生眩光有两个方面：一是显示器自身发光闪烁产生；二是室内照明及户外光线投射到显示屏后产生的反射眩光。这种眩光使显示器使用者眼睛不适，长时间使用造成眼睛疲劳。为了克服眩光的影响，必须对显示屏进行眩光消除。消除眩光的有效办法是采用防眩光膜，这是在光学薄膜内掺杂或表面镀上一层或数层光学折射材料，这些光学折射材料可以对光线产生散射现象，使得外界光线经过防眩光膜后发生散射变得柔和，不产生眩光。所以防眩光膜能显著减少显示屏玻璃表面对可见光的反射眩光，提高了画面的清晰度。防眩光膜一般是与偏光片一同用于 LCD 显示器，主要用于笔记本电脑和大型监视器等液晶显示屏。防眩光膜基材大多采用双折射性小的三乙酸纤维素薄膜；其生产方法有将抗眩光的无机材料混入薄膜树脂中，使薄膜自身有一定的光散射性能；或在薄膜成型过程中使用压花辊，在薄膜表面造成凹凸不平引起光线的散射；还可以用电化学沉积或溅射方法，将金属氧化物沉积在薄膜表面，形成不同折射率的透明薄层，对光线发生散射，而起到眩光作用。目前采用的液态涂布法适合大尺寸和连续化生产的要求，它是在薄膜基材上涂布一层或两层含有抗眩光物质经固化干燥后就形成防眩光膜，抗眩光物质可以是纳米无机氧化物和高分子微球（图 10-66）。

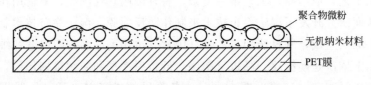

图 10-66　光聚合层防眩光膜示意

（4）其他

还有许多材料和涂层的制造可采用光固化技术。液晶（LCD）显示器中偏光板所用的离型膜，可利用光固化聚硅氧烷离型剂涂覆在 PET 膜上制成，无溶剂挥发，不污染环境，室温固化，能耗小。LCD 显示器中背光源的棱镜片，可采用光固化浇注成型（图 10-67）或光固化压制成型（图 10-68）。LCD 显示器中背光源的扩散片，可将粒径 $10\mu m$ 的聚甲基丙烯酸甲酯中空微球分散在光固化涂料中，经挤压涂布、网纹涂布或辊涂方式涂布于 $100\mu m$ 的白色 PET 薄膜上，UV 固化制得（图 10-69）。此外如导光板底部的反射面上的反射点，也可使用 UV 油墨印刷来制作。总之，上述介绍的平板显示器中所用的光固化材料大多已经工业化生产，还有一些光固化材料正处在研究开发中。光固化技术的发展和应用，解决了平板显示器制造中存在的许多技术瓶颈，对平板显示器规模化生产和产品的普及应用起到了推动作用。而平板显示器产业的快速发展也为光固化技术的进步和应用提供了场所和发展机遇。

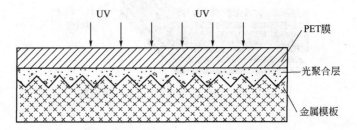

图 10-67　紫外固化浇注成型制造棱镜片

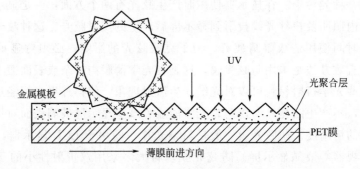

图 10-68　紫外固化压制成型制造棱镜片

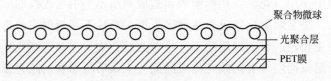

图 10-69　光聚合扩散片

10.14　印刷电子和印制电子

10.14.1　印刷电子

印刷电子是将特定功能性材料配制成液态油墨，根据电子器件和产品性能设计要求，全部或部分通过印刷（或涂布）工艺技术，实现以大面积、柔性化、薄膜轻质化、卷对卷为特征的电子元器件和系统产品的生产。这些具有特定光、电特性的功能性材料，包括无机类和有机类材料，例如具有特定电导性能的金属氧化物、金属纳米粒子、碳纳米管、石墨烯以及导电聚合物和有机小分子材料等。

印刷电子是基于印刷方法制作电子器件的总称。严格讲是印刷方法和可浆料化电器功能化材料组合的结果，也可以看成印刷方法在电子器件制造领域的应用。

与传统的使用无机电器功能材料，通过真空蒸镀、气相化学沉积和光刻等制备方法来制造电子器件（如硅半导体）不同，印刷电子使用的电器功能材料必须是可浆料化的材料，既可以是功能材料的高分子分散体系，也可以是功能材料的高分子溶液，都属于有机电子材料的范畴，制备方法既可是传统的有版印刷方法，也可以是喷墨等的无版数字印刷方法。因此与传统的电子器件制造相比，印刷电子具有成本低、可在常温常压和大气环境下制备，生产工艺简单，可连续生产，卷对卷的生产，生产效率高，大面积化生产容易，还可以使用不同的基材，特别可使用塑料等柔性基材进行生产的特点和优势。相同面积的印刷电子器件的成本只有传统电子器件的 $1/10\sim1/1000$，低成本已经成为印刷电子发展最强劲的推动力。有机电子材料和印刷技术被认为是制造大面积"低成本"柔性电子器件的基础，也是继以单晶硅为代表的无机半导体和以液晶、等离子体为代表的平板显示器之后，在电子学技术领域掀起的第三轮技术浪潮，显示出强劲的发展势头和广阔的应用前景。目前印刷电子已经在柔性显示器、有机发光器件、太阳能电池、印制电路、智能标签、射频识别标签等领域发挥作用。

印刷电子是采用印制工艺，把功能化的油墨/浆料快速地印刷在有机/无机基材上，形成电子元器件/电子线路。因此，印刷电子既是一种关于电子产品制造的技术通称，也是电子学学科的一个新分支。它主要包含了 5 种类型的电子产品的制造，即柔性电子（薄膜电子）、有机电子（小分子电子）、塑料电子（聚合物电子/高分子电子）、大面积电子和可印制电子。其研究内容涉及与电子产品制造有关的材料、设计、化学、工艺、器件、设备，以及产品的检测、分析和可靠性评价等，但核心内容是关于一类密度小、质量轻、功能化的有机小分子材料和聚合物材料的合成和制备，也包括了一些金属纳米材料、无机纳米材料及纳米复合材料的合成和制备。从制造工艺上看，印刷电子是一种加成法工艺，具有环保节能、绿色生产的特点，它涵盖了包括喷印、凹印、柔印、网印、压印、凸印、胶印及喷涂等 8 种印制工艺。最具代表性的印制方式就是在柔性的有机薄膜基材上，高容量地印刷出电子元器件/电子线路，实现卷对卷的这种卷进卷出的高速连续印制。因而，印刷电子的主要技术特征是电子产品制造的低成本化、结构大面积化和外形柔性化。此外，它还能方便地印刷出各种标记字符、阻焊层、蚀刻剂、钎焊料及其他功能化涂层，实现电子元器件的表面贴装和互连，完成电子产品的组装和封装。

10.14.2 印制电子

印制电子（printed electronics）是指采用各种印制技术，把导电聚合物、纳米金属墨水或纳米无机墨水印制成电子元件和线路结合的电子电路，也可译为全印制电子或印制电子技术。这个崭新的技术术语是从 2003 年才流行起来的。在我国第三届全国印刷电子技术研讨会上经专家学者讨论一致确认全印制电子技术（print full eletronic technology）是指用快速、高效的数字喷墨打印技术，在基板上形成导电线路和图形，或形成整个印制电路板的过程。

印制电子涉及的材料主要是一类密度小、重量轻的有机材料，即聚合物塑料或高分子材料，也包括一些纳米级金属颗粒或无机颗粒，以及纳米尺度的金属薄膜或无机薄膜。

印制电子技术主要用于一次性使用的电子产品和人们生活中常见的各种中低端电子产品的开发，诸如 RFID（电子标签）、smart label（智能标牌）、OLED（有机发光二极管）、display（显示屏）、memory（存储器）、transistor（晶体管）、sensor（传感器）、FPC（挠性印制电路）、battery & solar cell（电池和太阳能电池）、encapsulation（电子封装）等等。因而，它的应用领域极为广泛，前景看好。

印制电子是用印制技术制造电子电路，即在基材上直接印制形成电子电路。此"印制"的含义不仅包括印刷，也包含喷印、压印、光致成像等工艺。

印制电子产品成本低是它的最大优势，轻、薄、短、小是它的第二个优势，但并不表明它不能制造大面积的产品，而是能大能小。第三个优势就是它的柔性化，适用于更多的产品。

现在印制电子应用涉及范围和特点如表 10-29 所示。

表 10-29　印制电子产品和特点

产品应用领域	印制电子产品	产品特点
半导体器件	薄膜晶体管（TFT） RFID 系统 逻辑电路、存储器	比硅基 IC 重量轻、体积小、适于挠曲和低温装配，比硅基半导体成本低
显示	有机光电显示管（OLED） 有机光电广告屏 电子纸	改善平板显示器强度，可设计成卷曲的新产品，适于成卷高效生产
照明	有机发光二极管（OLED）	消耗电量少节能，可分散、卷曲排列灯光，成本低，适于成卷生产
电源	薄膜太阳能电池 光伏	新颖环保、低成本电源，重量轻、体积小，可卷曲
传感	接触压力感应器 光电感应器 温度感应器等	重量轻、体积小、成本低，能用于生物产品中，能挠曲与纤维织物结合
其他	薄膜开关 印制电子电路板	重量轻、体积小、绿色生产、低成本化

10.14.3　全印制电子生产 PCB

随着科技的发展，特别是喷印头的进步和发展，可以采用数字（从 CAD/CAM 中得到）

喷墨打印机直接在基板（无铜箔的"在制板"）上喷印纳米金属颗粒（Ag/Cu 等）油墨形成导电图（线）形，经过热处理，即烧结——除去有机保护层使金属纳米颗粒之间接触形成导电线路。然后，喷印介质层油墨（留出连接盘位置），再在介质（绝缘）层上喷印纳米金属颗粒油墨形成第二层的导电图（线）形，再在连接盘上喷印纳米金属颗粒油墨，经过热处理，即烧结——除去有机保护层使金属纳米颗粒之间接触形成导电线路，形成连接盘，反复多次，在连接盘是形成层间连接的金属——连接柱。如此反复进行，可形成多层的 PCB 板。在此过程中，还可以喷印有关材料形成嵌入薄膜电阻/电容或电感，甚至可喷印嵌入薄膜集成电路等，实现全印制电子产品的生产。

在全印制电子产品的生产过程中，由于全部是采用加成法制造，除了 UV 固化和烧结过程的溶剂和有机保护物形成气体挥发外，根本不存在着有污染的废水（有害金属、有机物——COD、氨氮等）处理问题。同时，由于生产过程极大地缩短，昂贵设备大量减少，消除各种材料和化学品等。当然，既大大地减少用电量，又明显地节省大量的资源（包括人力方面）。所以，当 PCB 实现全印制电子生产时候，便可摘掉"用电大户""用水大户"和"污染大户"的帽子，使 PCB 生产达到"三个极大""两个明显"：极大地缩短生产过程、极大地达到节能减排、极大地节省生产成本、明显地改善图形位置度和可靠性、明显地提高产品高密度化，真正使 PCB 工业实现走上绿色/清洁的可持续发展的道路。

总之，传统 PCB 生产技术在"节能减排"和"制造极限"的挑战下，已经走到非进行技术革命不可的地步！而从目前和今后 PCB 发展的一段时间内来看，采用喷墨打印技术来生产 PCB 产品是最有希望的生产工艺技术。

传统的 PCB 制造法是通过蚀刻减成法制备的。其缺点是生产工序多、材料消耗大、废液排放高、环保压力重，而且每层基板的制作都需要用预制的不同掩模来实现导电图形的转移以及随后的光阻材料的剥离；就多层和积层 PCB 而言，重复加工工作量很大，而且每层均涉及到十几道工序，故效率低、浪费大、污染重、成本高。而采用喷墨印制加成法制造 PCB 时，其生产工序段大为减少，一般只需四道工序就行了，即基板布图、表面处理、喷墨印制、固化成型。因此，喷墨印制 PCB 的优点相当明显。主要优点是：

① 工序少，生产成本低、产品耗能小。

② 无蚀刻，环境友好，不产生污染。

③ 无掩模，可灵活应用于各种结构型式的刚性 PCB 和 FPC。

④ 多功能，能实现电子元器件在基质上的一次性集成和封装，效能更齐全。

这种新的制造方法完全符合我国当今倡导的"节能、减排、降耗、增效"的产业政策所鼓励的发展方向。

如果再把其他一些印制工艺如胶印印制、凹版印制、挠性印制、卷对卷印制、丝网印制等开发出来，可赋予 PCB 更多的市场价值链，实现 PCB 的产品多功能化和下游配套产品的一体化制造，并可高容量、高产率地大规模印制。

由于喷墨打印机（Inkjet printer）可以直接采用常规的数据格式（如 Gerber）、CAD/CAM 的数据进行喷墨形成所需要的抗蚀线路和图形、直接形成导电图形与线路以及埋嵌无源元件等，避免了传统的图形转移等一系列的设备和工艺过程，不仅是"非接触式"形成线路和图形，而且明显提高了位置精度，既达到快速、低成本化，又有利于降污减排的环境保护，符合"绿色生产"的要求。特别是对于样品、多品种和低批量的 PCB 产品的生产是十分理想的。

在初始阶段，由于大多采用办公用喷墨打印技术形成的导线，只能勉强生产 $100\mu m/$ $100\mu m$ 的线宽/间距，速度慢，满足不了规模化生产的要求，加上油墨类型、性能和控制等存在的问题，同时，激光直接成像的技术不断成熟，所以，十多年来，在 PCB 工业中，喷墨打印技术的推广应用仍然十分有限。

近两三年来，由于喷墨数字打印技术的进步，特别是专用（产业化）的和"超级喷墨"（super inkjet）技术的出现、喷射用的打印头和专用油墨（特别是纳米级油墨的出现）的明显改进和突破，现在可以得到 $3\sim5\mu m$ 的线宽/间距。这些技术、工艺和应用条件的不断成熟，为喷墨打印技术在 PCB 领域中的推广应用，提供了基础和保证。

从目前和今后应用和发展的前景来看，喷墨打印技术在 PCB 中的应用主要表现在以下三个方面：①在图形转移中的应用；②在埋嵌无源元件中的应用；③在直接形成线路和连接的全印制电子（含封装方面）中的应用。

（1）喷墨打印在图形转移中的应用

采用数字（直接从 CAM 或 CAD 得到）喷墨打印机直接把抗蚀剂（抗蚀刻油墨）喷印到内层在制板（panels）上，经过 UV 光固化后，便可进行蚀刻而得到内层的线路图形。同理，把阻焊性油墨直接喷印到成品的 PCB 表面形成阻焊的图形，经过 UV 光固化后，便可得到阻焊图形（也可得到所需要的字符等）。采用数字喷墨打印技术与工艺，既消除了照相底片的制作过程与设备，又避免了曝光和显影的过程与设备，其节省了场地与空间、明显减少材料消耗（特别是底片等），缩短了产品生产周期，减少了环境污染，降低了成本。同时，最重要的是明显提高了图形的位置度和层间对位度（特别是消除了底片的尺寸变化和曝光对位等带来的尺寸偏差），对于多层 PCB 板改善质量和提高产品合格率，是极其有利的。它可以缩短 PCB 生产流程（周期，特别是表现在图形转移工序上）和提高产品质量方面，是 PCB 工业技术的重要改革与进步，而且比激光直接成像（LDI）技术优越，避免显影过程与设备，生产成本更低，如表 10-30 所示。

表 10-30　各种图形转移方法所需的工序

传统底片的图形转移	激光直接的图形转移	数字喷墨打印的图形转移
CAD/CAM;PCB 设计	CAD/CAM;PCB 设计	CAD/CAM;PCB 设计
矢量/光栅转换,光绘机	矢量/光栅转换,激光机	矢量/光栅转换,喷墨打印机
底片进行光绘成像,光绘机	—	—
底片(Film)显影,显影机	—	—
底片稳定化,温、湿度控制	—	—
底片检验,缺陷与尺寸检查	—	—
底片冲制(定位孔)	—	—
底片保存、检查(缺陷与尺寸)	—	—
光致抗蚀剂,贴膜机或涂布机	光致抗蚀剂,贴膜或涂布机	—
紫外线曝光,曝光机	激光扫描成橡	—
显影,显影机	显影,显影机	数字喷墨打印,喷墨打印机
化学蚀刻	需要	需要
除去抗蚀剂	需要	需要

从表 10-30 中可清楚地看出，采用数字喷墨打印的图形转移技术，其加工工序最少，所

用设备最少，耗用材料最少，生产周期最短，环境污染和成本也最低。

值得一提的是：喷墨打印技术在挠性印制板中的前景是非常大的，由于不用照相底片，加工工序又大为减少，简化了生产管理，可明显提高挠性产品的制造精确度和合格率，特别是在卷式生产（roll-to-roll）中，既简化了加工过程（直接由喷墨打印机喷墨形成抗蚀图形）和管理（维护与检查），又消除了采用底片的温湿度、安装和曝光以及显影等带来的尺寸变化而引起产品精确度和合格率等问题，对于提高挠性印制板高密度化和产品质量是不难理解的。当然，若把抗蚀油墨改变成为阻焊油墨或字符油墨等，则可实现喷墨打印阻焊层（膜）或喷墨打印字符等。

（2）喷墨打印在埋嵌无源元件中的应用

① 喷墨打印在埋嵌无源元件　这是指喷墨打印机直接把用作"无源元件"的导电油墨喷印到 PCB 内部设定的位置上，从而形成埋嵌无源元件的 PCB 产品。这里所说的"无源元件"是指电阻、电容和电感（现在已经发展到埋嵌"有源元件"，如系统封装）。由于电子的高密度化和高频化等的发展，为了尽量降低串扰（感抗、容抗）等带来的失真、噪音等，需要越来越多的"无源元件"。同时，由于"无源元件"数量越来越多，不仅占领面积比例越来越大，而且其焊接点也越来越多，已经形成电子产品故障率的最大因素，加上表面安装"无源元件"形成的回路而产生的"二次干扰"等，这些因素越来越大地威胁着电子产品的可靠性。因此，在 PCB 中埋嵌"无源元件"来提高电气性能和降低故障率，已经上升成为 PCB 生产的主流产品之一。

② 关于在 PCB 中埋嵌"无源元件"的原理与方法　一般来说，埋嵌电阻、电容和电感的"无源元件"，除了"公共电容"放在电/地之间外，其他大多是放在多层 PCB 的第 2 层和 $(n-1)$ 层上。利用喷墨打印设备将用作电阻的电阻导电胶（油墨）（如碳墨、含银的电阻性油墨等）喷印到 PCB 的内层片（已蚀刻过）已设定的位置上，其底部的两端有蚀刻的导线连接着，经过烘烤、检测，然后压入 PCB 板内，即成。同理，利用喷墨打印设备将用作电容（主要是旁路电容）的电容导电胶（油墨）（如 $\varepsilon_r=10\sim2000$ 的不同高介电常数的电容性油墨等）喷印到预置位置的铜箔上，烘干和/或烧结，再喷印上一层含银等导电油墨，再烘干和/或烧结，然后层压（倒置过来）、蚀刻，既形成电容，又形成内层线路。在电子产品和电子设备中，使用电感器的数量，比起电阻和电容来要少得多。同理，利用喷墨打印机把导电性油墨（形成中心电极）、电感性材料（铁磁性材料，如 Ni-Zn 铁氧体、Mn-Mg 铁氧体等）油墨（形成高电感性介质层）在高电感性介质层上喷印形成线圈即成。

（3）喷墨打印在直接形成线路和全印制电子中的应用

喷墨打印直接形成线路是指喷墨打印机直接采用导电油墨而喷印在基板（无铜箔）上面形成的导电线路和图形。全印制电子技术是指整个印制电路板的形成过程全部是用喷墨打印技术来完成的。

全印制电子技术，由于明显提高了 PCB 设计和制造的自由度，极大缩短和简化制造工艺过程，很大地降低了成本，非常符合"节能减排"的环境友好的要求，因此将会在 PCB 工业中迅速地推广应用开来。目前，喷墨打印技术的主要方向是：开发产业（规模化生产）用的先进喷墨打印机和"超级"喷墨打印设备；开发产业用的先进喷印油墨，特别是各种各样的金属纳米级油墨，如银、铜和金等的纳米级油墨。

（1）开发先进的喷墨打印机（设备）

喷墨打印机（设备）方面主要是喷墨打印头和生产率（力）两个方面。喷墨打印机喷印的分辨率为 300～600dpi，喷射墨滴量最小为 30pL，线宽处在 80～150μm 之间，只能满足一般线路密度的要求。对于抗蚀油墨而言，必须开发更小的喷射墨滴量、更高的喷印的分辨率，才能获得更小的线宽，如喷印的分辨率为 1200～2400dpi，喷射墨滴量最小为 3～6pL，则线宽可达到 5～20μm 之间。而对于金属纳米级油墨来说，必须开发具有开发出喷射更小的墨滴（如小于 1pL 或亚皮升级）的喷射头的喷墨打印机，才能满足直接形成 5μm 以下的线宽的要求。

（2）开发先进的金属纳米级油墨

金属纳米油墨是指油墨中所含（分散）的金属颗粒尺寸等级是在 1nm 左右的产品。因此，我们必须很好了解和掌握金属纳米级油墨的性能。

金属纳米颗粒的特性，主要有以下三种：

① 金属的熔点会降低到室温水平（与颗粒尺寸有关）。这样一来，金属纳米颗粒之间的熔融连接，便可在室温或在基板可耐温的条件下进行烧结来形成。在金属纳米级油墨经直接喷墨打印成线路和图形后，通过烘干除去溶剂（挥发）或烧结热分解（破"络"除去有机物等）使金属的纳米颗粒互相接触并在表面发生熔化，便可获得微米结构的导电的金属烧结体（导线或图形）。如采用银纳米颗粒的油墨在喷射 1～2pL（微微升）墨滴所形成的导线，经过 230℃/40min 以下进行烧结，便可得到电阻率为 3$\mu\Omega$·cm 的导体，接近于纯银（电阻率为 1.6$\mu\Omega$·cm）和纯铜（电阻率 1.7$\mu\Omega$·cm）的电阻率，因而可形成优良的导体。

② 金属的纳米颗粒在溶液（如水溶液或溶剂，当然是以具有极性的络合物而存在的）中是不会产生凝聚而沉降现象。这是因为金属的纳米颗粒在有极性的有机溶剂中形成络合作用，呈现出不会凝聚的稳定分散状态。试验表明，金属的纳米颗粒分散的稳定性比一般的胶体的分散的稳定性还要好，因此，在油墨中的分散状态的金属纳米颗粒是非常有利于进行保存和使用的。同时，可通过改变金属的纳米颗粒的浓度来改变金属纳米颗粒的黏度和触变性，以有利于更好地控制喷墨打印的图形精确度（含厚度）。

③ 金属的纳米颗粒质量微小，因而不会产生减缓金属纳米级油墨墨滴的喷射速度，这是非常重要的。否则，就会影响喷墨打印的（位置和尺寸）精确度。

金属纳米油墨的制造实际上是金属纳米颗粒的制造方法问题。目前，金属纳米颗粒制造方法可分为物理方法与化学方法两大类型。

① 物理制造方法　采用真空蒸发方法，即加热金属熔融、蒸发，并在惰性气体中一起蒸发和凝固成金属纳米颗粒，然后收集于有极性的有机溶剂的分散体系中而成。

② 化学制造方法　可分为气相反应和液相反应的方法。目前大多数是采用液相反应来直接制造金属纳米络合体，因为它是在稳定的胶体的体系中转换而成的，从而避免纳米颗粒粗大化。液相反应的方法可能是今后生产金属纳米颗粒和油墨的重要方法和主要途径。目前采用此种方法生产的银纳米油墨和金纳米油墨等已开始市场化了。

目前，正在开发着：利用喷墨打印技术来生产多层印制电路板、系统封装（SIP），如采用日本产业技术综合研究所开发的超级喷墨设备和银纳米油墨等技术，直接形成多层电路板。其过程是利用超级喷墨打印机，把银纳米油墨喷印到无铜箔的基板上，形成平面的线路层，然后在这个层平面上喷印连接凸块，用于层间连接，再形成层间的绝缘层，然后再在绝缘层上形成第二层的线路，依次类推，便可形成所需要的层数的多层线路板，即全印制电子的 PCB。

全印制电子 PCB 工艺流程有如下两种方法，但严格说来，第二种不是全印制电子产品。

从两个工艺流程可看出，比传统制造 PCB 的要简单而优越得多了。

第一种：基板准备→喷印金属纳米油墨（线路与图形）→烘干/烧结→喷印层间连接凸块→喷涂绝缘油墨（UV 照射/烘烤）→喷印金属纳米油墨（线路与图形）→依次类推形成所需要的多层板→喷涂表面焊接盘（含烧结）→喷涂阻焊剂和字符。

第二种：基板准备→喷印金属纳米油墨（线路与图形）→烘干/烧结→喷涂绝缘油墨（UV 照射/烘烤）→喷印金属纳米油墨（线路与图形）→依次类推形成所需要的多层板→激光蚀孔→喷墨填孔→喷涂表面焊接盘（含烧结）→喷涂阻焊剂和字符。

① 基板准备　实质是基板表面清洁和活性处理。一般来说，大多采用化学或物理的方法来完成。经过表面处理的要求是既要达到好的黏结力，又要达到喷印的油墨不发生湿润扩展，保持好的陡直的线边（图形）侧壁。这就要求基板表面与喷印的油墨之间保持一定的接触角，或者说要求油墨本身也要有一定大小的表面张力才能做到。

② 喷印金属纳米级油墨（线路与图形）　按照规定的黏度和触变性等要求的金属纳米级油墨喷印到基板上，形成所需要的线路和图形。金属纳米级油墨大多是采用有机溶剂性的，在确定的油墨性能（如组分、黏度和触变性等）下，金属纳米级油墨喷射的液滴大小将决定着线宽和厚度，如喷射的墨滴为 $3\sim6\text{pL}$ 时，可得到线宽为 $30\sim50\mu m$，而喷射的墨滴为 $1\sim2\text{pL}$，可得到线宽为 $12\sim15\mu m$，喷涂一次的导线或图形（如连接盘等），经烧结后的厚度可达 $5\sim7\mu m$（与油墨组分和性能有关）。

③ 烘烤/烧结　喷印的金属纳米级油墨线条和图形，由于含有大量（大约 20％重量）的溶剂和有机络合物，必须通过烘烤和烧结除去。烘烤是在低温度下挥发除去溶剂组分（控制黏度、触变性等），而烧结是为了分解除去有机络合物，使纳米级金属颗粒接触熔化成整体金属。烧结温度/时间是由金属类型及其颗粒的纳米级程度来决定的，如银纳米级的烧结制度为 $230℃/40\text{min}$，便可获得接近纯银一样的电阻率。

④ 喷印层间连接凸块　在烧结过的连接表面喷印上金属纳米级油墨，经烘烤/烧结，使之形成所要求的节距、直径和高度的连接凸块，显然这些参数是与喷墨打印机等级和金属纳米油墨组分、性能密切相关。如采用"超级喷墨打印机"喷射的墨滴，可获得节距为 $50\mu m$、直径约为 $6\mu m$ 和高度为 $15\mu m$ 的连接凸块。

⑤ 喷涂绝缘油墨（UV/烘烤）　这里是采用绝缘油墨（大多采用环氧树脂材料或聚酰亚胺材料）喷涂到已经烧结过的导电图形上，经过 UV 照射固化，必要时可加热烘烤达到完全固化，形成 PCB 板的介质（绝缘）层。有必要时，可采用刷磨使表面平整和显露连接凸块顶端面。重复②～⑤的过程，达到所要求的 PCB 层数。

⑥ 喷涂表面焊接盘　这相当于传统工艺中的表面涂（镀）覆层。如果表面的焊盘是纳米银形成的焊盘，经处理后即可进行阻焊剂和字符处理，而纳米铜所形成的表面，为了达到可焊性和可靠性的焊接或某些特定的要求（如 WB 焊接等），则要求有涂（镀）覆金层，因此必须喷涂金纳米级油墨来形成金表面焊接盘。形成金层焊盘的原理是与银纳米级油墨的工艺过程是一样的，只要把银纳米纳米级油墨换成金纳米级油墨，再经过烘烤/烧结就可以了。

⑦ 喷涂阻焊剂和字符　采用阻焊油墨或字符油墨先后进行喷涂到所要求的位置上，然后进行 UV 照射/烘烤便可完成。

喷墨打印金属纳米级油墨技术，不仅能够用于制造多层封装基板，而且还能够在系统安装（SIP、SOP）、立体（三维）封装等方面得到应用，其特点是在芯片与基板（或模塑基板）之间可自由地进行连接，即使是同样功能，却更易达到小型化。如在 SIP 中的芯片之间的连接，采用喷印技术自由度大（可随时修正坐标），就不必担心发生偏位，加上喷墨的高位置度和墨滴的量与高度的控制等，明显地减轻管理的严密度。

由于喷墨打印技术，与传统PCB加工生产过程比起来，具有诸多显著优点，如极大缩短了PCB加工生产过程，微小型化、周期短、成本低、环境友好等的优势，因而决定了喷墨打印技术必然有着美好的未来！虽然现在还处于开发和试用阶段，但是它会迅速发展壮大起来，总有一天会成为PCB工业生产的主流之一。从目前的喷墨打印技术的设备和工艺水平以及发展过程来看，在PCB工业生产中的应用将从局部应用起来，再逐步发展到全部采用的过程，这是一切新生事物发展与应用的必然过程。因此，喷墨打印技术在PCB产品生产中，最先使用应该是在图形转移方面，其条件应该是比传统生产工艺有较大的优越性，成本低，并且能够满足生产率的要求。目前的喷墨打印技术（设备和工艺）已经能够满足这些条件的要求，因此在制造多层板的内层片上是具有明显优势的。然后随着喷墨打印技术的持续开发与发展以及工艺趋于成熟、优势更加明显和低成本化，成为全印制电子化的喷墨打印技术将会在PCB工业，甚至封装行业（特别是系统封装方面）得到迅速地推广应用起来！

10.15　光刻胶的合成方法实例

（1）聚乙烯醇肉桂酸酯的合成（一）

将11g聚乙烯醇放到100mL吡啶中，在水浴上加热使其溶解，补加100mL吡啶，将温度降到50℃以下，慢慢滴加50g肉桂酸酰氯，加毕在50℃继续反应4h，生成的黏稠块状物溶于四倍丙酮中，过滤后注入水中析出聚乙烯醇肉桂酸酯，过滤，水洗，暗处晾干，得31g聚乙烯醇肉桂酸酯。

（2）聚乙烯醇肉桂酸酯的合成（二）

将精制的聚乙烯醇（聚合度1700±50，分子量分布指数1.8）放入95～100℃溶剂吡啶中膨润，在50℃时，滴加肉桂酰氯［聚乙烯醇：肉桂酰氯摩尔比为1：（1.2～1.3）］，加毕，继续反应5h，再加丙酮稀释，在水中沉淀、洗净、干燥得到聚乙烯醇肉桂酸酯。

（3）聚乙烯醇肉桂酸酯的合成（三）

将精制的聚乙烯醇（聚合度1700±50，分子量分布指数1.8）溶于温水中，加入氢氧化钠水溶液冷却至0℃，成为碱溶液。在0℃剧烈搅拌下滴加溶解在丁酮中的肉桂酰氯（与聚乙烯醇摩尔比为1.3：1），加毕继续在0℃反应1.5h，反应完毕，在0℃下静置，生成的聚乙烯醇肉桂酸酯溶于上层溶液中，分出上层溶液在汽油中沉析，过滤、脱水、干燥得到聚乙烯醇肉桂酸酯。

（4）聚乙烯醇肉桂酸酯的合成（四）

将100mL浓度1mol/L（按羟基计）的聚乙烯醇溶液和100mL 4mol/L的氢氧化钾溶液混合，加入100mL丁酮，在搅拌下加入24mL甲苯和116mL溶有1.2mol肉桂酰氯的丁酮溶液，在0～5℃反应2h，反应结束静置，将上层有机层滴入甲醇中，即可析出产物聚乙烯醇肉桂酸酯，产率几乎是100%。

（5）聚乙烯醇肉桂酸酯的合成（五）

在三口烧瓶中加入精制的聚乙烯醇44g（1mol）、无水吡啶400mL，隔绝水汽下100℃溶胀24h。再加入3.5mL二氧六环，冷到45℃，滴加200g（1.2mol）肉桂酰氯和50mL二氧六环混合液，在 50~55℃ 用 1~1.5h 加毕，继续搅拌 3h，再加入少量乙酸酐继续反应 1h。冷却加丙酮稀释，过滤除去吡啶盐后，滤液沉析于大量去离子水中，过滤洗至无氯根，再用乙醇浸泡过夜，过滤产物在 60℃ 下干燥，得到固体产物为聚乙烯醇肉桂酸酯，得率约 90%。

（6）聚乙烯氧乙醇肉桂酸酯的合成

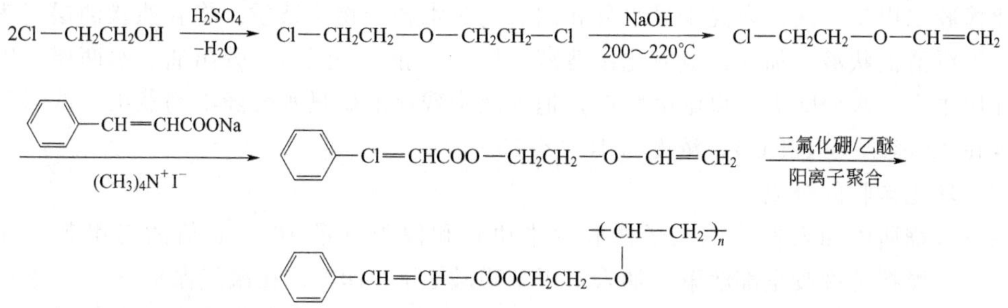

$$2Cl-CH_2CH_2OH \xrightarrow[-H_2O]{H_2SO_4} Cl-CH_2CH_2-O-CH_2CH_2-Cl \xrightarrow[200\sim220℃]{NaOH} Cl-CH_2CH_2-O-CH=CH_2$$

将两分子氯乙醇在浓硫酸作用下脱水生成 2,2'-二氯二乙基醚。

2,2'-二氯二乙基醚在氢氧化钠作用下，加热至 200~220℃，制得 2-氯乙基乙烯基醚。

用 2-氯乙基乙烯基醚和肉桂酸钠在四甲基碘化铵存在下，回流反应 4h，得到单体乙烯氧基肉桂酸乙酯。经精制后，在三氟化硼-乙醚催化剂作用下，于低温 -178℃ 进行阳离子聚合，得到聚乙烯氧乙醇肉桂酸酯。

（7）聚肉桂亚丙二酸酯的合成

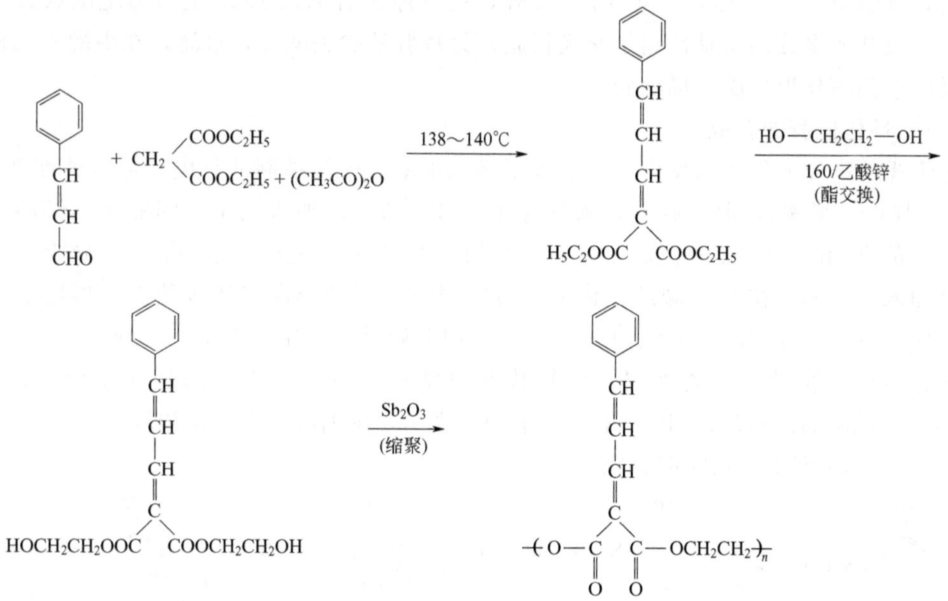

将肉桂醛、丙二酸二乙酯、醋酐按一定摩尔比例加入，升温至 138~140℃，回流反应 6h，蒸馏除去乙酸，再减压蒸馏，收集在 1~4mmHg（1mmHg=133.32Pa）下 182~200℃ 馏分，为肉桂酸亚丙二酸二乙酯。

将肉桂酸亚丙二酸二乙酯与乙二醇按 1:(2.1~2.2) 的摩尔比加入三口烧瓶中，再加入适量催化剂乙酸锌，升温至 160℃ 通氮气进行酯交换反应，得到肉桂亚丙二酸乙二醇酯。加入催化剂氧化亚锑（Sb₂O₃）进行缩聚反应，减压蒸馏除去乙二醇，得到聚肉桂亚丙二酸酯。

（8）环化橡胶的合成

在三口烧瓶中加入聚异戊二烯［分子量 (1~3)×10⁵］和 8~10 倍胶重的二甲苯，升温搅拌至80～90℃，使橡胶全部溶解。升温至90～95℃，加入5％的四氯化锡催化剂，反应3h。反应过程中取样测定黏度和不饱和度（碘值法），到所需要求时，降温，加入与溶剂等量的水，使四氯化锡水解从而中止反应，搅拌30min，以充分洗涤。静置后反应物分为三层、乳浊状油层、中间不明显的过渡层、水-催化剂水解物层。乳浊状油层大部分是反应所得环化橡胶二甲苯溶液，内混少量水分和四氯化锡水解产物等杂质。将乳浊状油层高速离心分离，得澄清油状液，加入稀氢氧化铵溶液，搅拌、静置一天后，分出油、水两层，用离心法将油层中少量水分除去，再浓缩胶液，把胶液中残存的微量水分随溶剂蒸出，浓缩至反应液黏度在42mPa·s（25℃），浓度为10％～15％。

（9）环化橡胶的合成

在三口烧瓶中加入聚异戊二烯橡胶（小块）和橡胶重量16～30倍的二甲苯，升温至80～90℃，搅拌至橡胶全部溶解。加入对甲苯磺酸3％～10％，在氮气保护下，升温至90～100℃，反应2～5h，反应过程中取样测不饱和度（碘值法），待符合要求时，降温冷却至室温，加入水或碳酸钙充分搅拌。用高速离心分离反应液，上层为透明澄清的环化橡胶二甲苯溶液。加入大量丙酮，析出环化橡胶，真空干燥即得到环化聚异戊二烯橡胶。

（10）环化橡胶的合成

在三口烧瓶中加入聚异戊二烯橡胶（小块）和橡胶重量15～30倍的二甲苯，升温80～90℃，搅拌至橡胶全部溶解。加入0.17～0.46mol/L对甲苯磺酸和0.80～2.13mol/L苯酚，通氮气，升温至125～130℃，反应2～2.5h，反应停止后加入2606型乙烯吡啶叔胺离子交换树脂（或其他多孔性弱碱性离子交换树脂）处理胶液除去酸性，过滤，在甲醇中沉析，真空干燥即得到环化聚异戊二烯橡胶。

（11）环化橡胶的合成

用干燥的高纯氮气通入反应器，加入干燥二甲苯、干燥精制的异戊二烯（纯度99.2％，含0.8％异戊二烯胺），混合后内含水分应小于3×10^{-6}。加入正丁基锂的正己烷溶液，在30～85℃反应1h，加入2,6-二叔丁基对甲酚的二甲苯溶液终止反应，有99％异戊二烯已聚合。再加入二甲苯，在80℃减压，将未反应的异戊二烯和异戊二烯胺蒸出。再用干燥的高纯氮气使反应器恢复常压。升温80℃，加入对甲苯磺酸的二甲苯溶液，反应3.5h后，加蒸馏水充分搅拌，静置后分去水层，反复数次清洗后，高速离心除去悬浮水分。在80℃、50mmHg（1mmHg＝133.32Pa）下蒸去溶剂二甲苯，浓缩酸液至一定浓度。

（12）2,1,5-型重氮萘醌的合成

在三口烧瓶中加入1-萘酚-5-磺酸270g和450mL水调成浆状，加22.5g氢氧化钠，使其全部溶解。加入101mL乙酸，在25℃下缓慢加入137mL 30％的亚硝酸钠溶液，搅拌反应 2h，溶液变为红棕色稠体。过滤，用饱和食盐水洗数次，得滤饼 A 400g。

在烧杯中加入上述 A 400g 和 900mL 水搅匀，再加 360mL 40％的氢氧化钠，搅拌 0.5h，在 32℃下加保险粉（$Na_2S_2O_4$）187g（用保险粉试纸检查呈蓝色为适量），使 pH 值为 9～10。升温至 60～65℃，搅拌反应 2h，过滤，滤液降至室温，加盐酸 563mL，有大量灰白色沉淀析出，再搅拌 10min，溶液 pH 值为 2～3，抽滤，用 0.3％的盐酸溶液洗数次，抽滤，在 60℃干燥，得 B 90g。

在三口烧瓶中加 90g B，冰水 450mL，8g 硫酸铜（溶于 50mL 水中），置冰盐浴中，在 0～5℃下缓慢滴入 70mL 30％的亚硝酸钠溶液，使 pH 值保持在 5～6，搅拌反应 1.5h，加入盐酸 225mL，使 pH 值为 1～2，溶液由黄绿色变成橙黄色后，再搅拌 0.5h，加食盐 60g，析出黄绿色晶体，抽滤，55℃干燥，得 C。

在三口烧瓶中加入 320mL 氯磺酸，缓慢加入 80g C，40～45℃保温 0.5h，升温至 55～60℃，反应 5h，降至室温放置过夜，次日滴入冰水中，析出黄色细颗粒，反复水洗过滤至中性时抽干，40℃下风干，得黄色邻重氮萘醌-2,1,5-磺酸氯（D）。

（13）三羟基二苯甲酮-2-重氮萘醌-2,1,5-磺酸酯的合成

在三口烧瓶中加入焦性没食子酸 660g 和 90％的乙醇 1500mL，加热搅拌至沸腾，在回流下滴加 1332g 三氯甲苯，控制滴加速率使保持回流平稳。加毕继续回流反应 2h，然后趁热倒入沸水中，冷却析出结晶。未溶物继续用沸水溶解至不再溶解为止。获得粗品再用水（或苯-乙醇）重结晶一次，得到黄色针状结晶三羟基二苯甲酮，熔点为 138～140℃。

将 23g 三羟基二苯甲酮、54g 重氮萘醌-2,1,5-磺酰氯室温搅拌下溶解于 500mL 二氧六环中，于 30～40℃下滴加碳酸钠至溶液为中性后，仍在 30～40℃搅拌反应 1h，将反应物倒入稀盐酸溶液中，析出橙黄色固体，水洗至中性，于 40℃真空干燥即得三羟二苯甲酮-2-重氮萘醌-2,1,5-磺酸酯。

（14）2,1,4-感光性树脂的合成

在三口烧瓶中加入 67mL 氯磺酸（相对密度 1.75），搅拌下，40℃慢慢将 25g 4,2,1-酸氧体加入，升温至 72℃±1℃反应 2h，降温至 40℃以下，缓慢滴加 29.3mL 氯化亚砜，加毕升温至 72℃±1℃搅拌反应 2h，降温放置过夜。次日将反应液滴加到搅拌的冰水中，析出大量黄色固体分散物，滴毕过滤，用冰水反复洗至中性，抽滤，在 40℃热风中干燥得 A 21.3g，产率 80%，熔点 102~104℃。

在三口烧瓶中加入 25.1g 间-甲酚醛树脂（黏度 $170\times10^{-3}Pa\cdot s$）、100.4mL 二氧六环，搅拌溶解，加入 42.7g A（溶于 214mL 二氧六环中），充分搅拌下缓慢滴加 10%的碳酸氢钠 300mL（至 pH=7~8），搅拌反应 2h，静置 0.5h，分去上层清液，在大量清水中捣碎黏稠物，反复水洗过滤，滤饼在 60℃热风中干燥，得深黄色细粉末状 2,1,4-型感光性树脂 B，47.5g，收率约 70.4%。

（15）2,1,5-型感光性树脂的合成

在三口烧瓶中加入 49.6g 聚苯酚树脂、80g 邻重氮萘醌 2,1,5-磺酰氯、192mL 丙酮，搅拌溶解，缓慢滴加约 190mL 10%的碳酸钠溶液（反应液 pH=7~8 为宜），搅拌反应 1h，静置 0.5h，分去清液，将黏稠物倒入 2000mL 清水中，捣碎过滤，多次水洗至中性，抽滤，滤饼在 50℃下烘干，得黄色粉末状产物 2,1,5-型感光性树脂 104g。

（16）2,1,5-型感光性树脂的合成

在三口烧瓶中加入 1mol 3,3′,5,5′-四溴双酚 A、2.5mol 邻重氮萘醌-2,1,5-磺酰氯和适量溶剂，再加入 3g 碳酸钠，升温至 62~65℃反应 3h，蒸去溶剂，在大量水中沉出捣碎，再用清水洗至中性，抽滤，滤饼在 50℃烘干，得到黄色（或深黄色）固体，2-重氮-1-萘醌-5-磺酰(3,3′,5,5′)-四溴双酚 A 酯光敏剂。

（17）线型酚醛树脂的重氮萘醌-2,1,5-磺酸酯的合成

在三口烧瓶中加入 70g 氯磺酸，边搅拌边升温至 45℃，将 10g 重氮萘醌-2,1,5-磺酸慢慢加入，因反应放热，注意冷却不使温度升得过高，加毕在 55~60℃搅拌反应 5h，降温至 20~25℃，将反应液注入冰水中，使之结晶析出，过滤，用少量水洗，在暗处真空干燥，得黄色固体重氮醌-2,1,5-磺酰氯。

将 10.8g 重氮萘醌-2,1,5-磺酰氯和 4.4g 线型酚醛树脂溶于 90g 二氧六环中，在 40℃边搅拌慢慢加入 40g 10%的碳酸钠水溶液，立刻生成白色沉淀，继续搅拌 2h，则变成黏性油状物，倾去上层清液，加入大约 10 倍的水猛烈搅拌，油状物变为粉末，过滤、沉

淀，用甲醇充分洗涤，40～50℃下干燥，得到 10.3g 线型酚醛树脂的重氮萘醌-2,1,5-磺酸酯。

（18）酚醛树脂-2-重氮萘醌-2,1,5-磺酸酯的合成

在三口烧瓶中加入 40g 酚醛树脂、54g 2-重氮萘醌-2,1,5-磺酰氯和 500mL 二氧六环，搅拌下溶解，溶解完后于 30～40℃下滴加碳酸钠饱和溶液至中性再搅拌 1h 后，倒入稀盐酸水溶液中析出橙黄色固体，水洗，40℃下真空干燥即得酚醛树脂-2-重氮萘醌-2,1,5-磺酸酯。

（19）叠氮型感光性树脂的合成

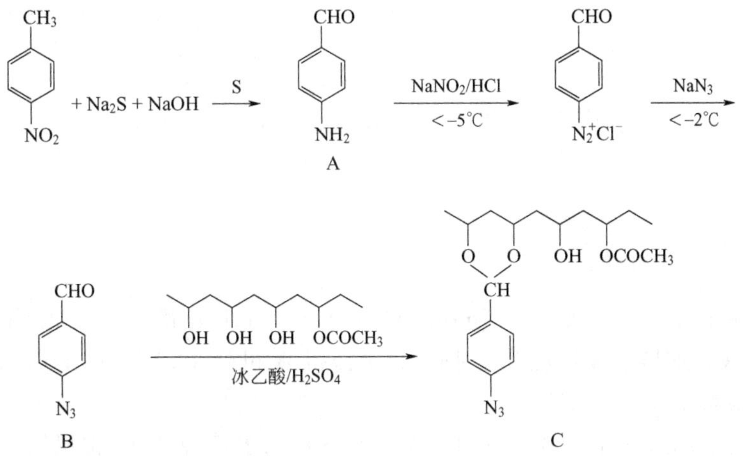

在三口烧瓶中加入 75g（0.54mol）对硝基甲苯和 450mL 95% 的乙醇，用氮气排除瓶内空气，加热使对硝基甲苯溶解。

将 900mL 蒸馏水用烧杯加热，并往水中通入氮气以排除水中的二氧化碳和氧气。再加入 34g 氢氧化钠、45g 硫化钠（$Na_2S \cdot 9H_2O$）和 19g 升华硫，搅拌 10min 溶液呈橘红色，趁热将此溶液加入到上述三口烧瓶中（未溶解的升华硫同时加入）。在氮气保护下 100℃±1℃ 回流 3h，马上进行水蒸气蒸馏，蒸毕，冷却，有红色油状物出现，剧烈摇动，析出金黄色结晶对氨基苯甲醛（A），冷却 2h 后过滤，用 0℃ 水分多次洗涤，干燥至恒重，得 A 31.7g，产率 47.5%，熔点 68～70℃。

在三口烧瓶中加入 18.3g A，用冰盐水冷却，加入 60mL 冰水和 75mL 浓盐酸，当内温冷至 −5℃ 以下时，将 16.7g 亚硝酸钠溶于 64.2mL 水，滴入三口烧瓶中搅拌反应 30min，过滤除去少量不溶物，滤液转至干净的三口烧瓶中，冷至 −2℃，搅拌下滴加 14.9g 的叠氮化钠（溶于 64.2mL 水中），加毕在 −2℃ 下继续反应 30min，静止过夜，红棕色油状对叠氮苯甲醛（B）出现在溶液底层，分离出产物。用乙醚多次萃取悬浮于水层中的 B，并与分离产物合并，多次用水清洗，分出油层用无水硫酸钠干燥，过滤，蒸出乙醚，得 19.8g B，产率 89%，20℃ 下折射率为 1.6225。

在三口烧瓶中加入部分皂化的聚乙烯醇 5g 和 50mL 冰乙酸，使其溶解。加入 B 2.5g，以浓硫酸为催化剂，55～60℃ 搅拌反应 3h，降至室温，加入 40mL 丙酮稀释反应液，将其冲入水中析出纤维状树脂，充分水洗，室温风干，得 5g C，即为叠氮型感光性树脂——聚乙烯醇缩对叠氮苯甲醛。

（20）2,2-双-(3,4-重氮苯醌)-丙烷的合成

在三口烧瓶中加入 34.2g（0.15mol）双酚 A、100mL 乙酸，在 20℃滴加 24mL，$d=1.4g/mL$ 的硝酸，加毕继续反应 2h，抽滤、洗涤得 A 粗品 36.5g，产率 76%，用乙醇重结晶，得精品，熔点 130.5～131℃。

在三口烧瓶中加入 6.4g（0.02mol）A、190mL 无水乙醇和 1g 雷尼镍，通入氢气常压催化还原。当吸氢停止后，加热 70℃，过滤浓缩得淡灰色 B 4.6g，产率 90%。

在三口烧瓶中依次加入 3.9g B（0.015mol）、5.5mL 乙酸、3g 乙酸钠（溶于 5mL 水中）、1g 硫酸铜（溶于 5mL 水中），在冰盐浴中 0℃时滴加 2.7g 亚硝酸钠溶液，进行醌氮化，提取醌氮化产物得到红色固体 C 2.5g，即为 2,2-双-(3,4-叠氮苯醌)-丙烷，产率 60%。

（21）氯甲基化聚苯乙烯的合成

在三口烧瓶中加入 6mL 二氯乙烷和 5.2g 聚苯乙烯（M_w 为 9.2×10^4）放置过夜，加入甲缩醛 12.3mL，搅拌下使聚苯乙烯溶解，滴加氯化硫酰 28.5mL，1～1.5h 内加完，温度保持 25℃±2℃，搅拌 1h，加入催化剂 1.3g 氯化锌，反应 4～6h，反应液黏度略增大，将反应液倒入盛有碎冰的蒸馏水中，氯甲基化聚苯乙烯呈膜状物析出。用冷蒸馏水洗 3～5 次，用冷甲醇浸泡洗涤 3～4 次，洗去未反应的甲缩醛以及氯化硫酰的分解产物，得白色海绵状产品氯甲基化聚苯乙烯，于 45℃真空干燥 8h，得产品为负性电子束抗蚀剂。

（22）氯甲基化聚苯乙烯的合成

在三口烧瓶中加入 600g（18.75mol）甲醇、24mL 浓盐酸，在冰浴中于 40min 内分批量逐渐加入 400g 粉状无水氯化钙，放热，不要让温度超过 20℃。滴加 400g 甲醛（37%，4.9mol）于 2h 内加完。随着甲醛加入氯化钙逐渐溶解，当甲醛加毕，于 45℃加热 15min 使反应完全。冷却转移分液漏斗中，放置 6h 以上，有机层用无水氯化钙干燥，蒸馏收集 42～46℃馏分，得到 370～400mL 甲醇缩甲醛，收率为 80%。

在三口烧瓶中加入 40g 聚苯乙烯（$M_w=8000～27000$，$d=1.03～2.20g/cm^3$）、150mL 甲醇缩甲醛、450mL 氯仿和 100mL 氯化亚砜，搅拌 30min，滴加四氯化锡溶液（7mL 四氯化锡溶于 50mL 氯仿中），反应 10h。将反应液冲入 2500mL 无水乙醇中，过滤、洗涤、干

燥，得到氯甲基化聚苯乙烯 45g，是一种高性能负性电子束光刻胶。

（23）氯甲基化聚苯乙烯的合成

在三口烧瓶中加入 5.4g（60mmol）三聚甲醛、20mL（180mmol）一氯三甲基硅烷和 40mL 氯仿，搅拌 2h 后，加入 6g 可溶性聚苯乙烯。在 3℃下滴加四氯化锡溶液（1.5mL 四氯化锡溶于 5mL 氯仿），反应混合物颜色逐渐加深，由无色至红色。反应完毕，将反应液倒入 300mL 乙醇中，过滤、洗涤、干燥，得到氯甲基化聚苯乙烯，其中氯甲基化比例达 36%。

（24）苯乙烯-叠氮甲基苯乙烯抗蚀剂的合成

在三口烧瓶中加入 10g（0.066mol）对一氯甲基苯乙烯，7g（0.11mol）叠氮钠，100mL 二甲基酰胺，室温下，搅拌 2h 反应。生成物用乙醚萃取提纯，得到叠氮甲基苯乙烯。

将 1mol 叠氮甲基苯乙烯和 4mol 苯乙烯加入三口烧瓶中，加入适量苯作溶剂、偶氮二异丁腈（1%单体中量）通氮气，升温至回流温度反应 8h，得苯乙烯-叠氮甲基苯乙烯，是一种耐干蚀剂的光致抗蚀剂。

（25）聚降冰片烯-5-羧酸-(8-乙基三环癸基) 酯的合成

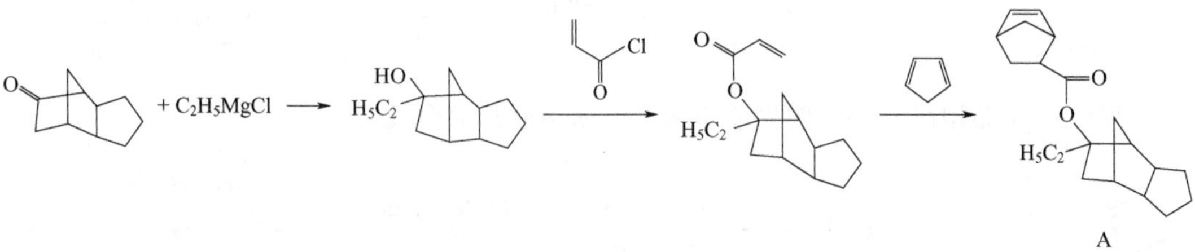

安装具有氮气导入管、温度计、搅拌和橡胶隔片的四口烧瓶，通过双针头管向瓶内压入 400g 含 25%无水氯化镁的四氢呋喃溶液，用干冰冷至−25～−30℃。用氮气向瓶内压入 153.6g 三环癸烷-8-酮和 480g 无水四氢呋喃，用时 2h，压完后移去冷槽，搅拌反应 2h，再把反应液冷至−25～−30℃，滴加 108g 丙烯酰氯，1～1.5h 滴完，升温至室温搅拌过夜，从琥珀色透明溶液中出现白色沉淀。再滴加 75g 新裂解的环戊二烯，滴完升温至 50℃反应 68h，变成带白色沉淀的橙色液体。冷至室温，加去离子水至所有的盐均溶解并分成两层，上层有机层用 500mL 饱和碳酸钠洗，再用 2×500mL 去离子水洗后，用无水硫酸镁干燥、过滤蒸去四氢呋喃，得橙色油 300g，减压蒸馏（158℃/5mmHg，1mmHg＝133.32Pa）得 189g 纯降冰片烯-5-羧酸-(8-乙基三环癸基) 酯（A）。

将 A 用四氢呋喃溶解，充氮气保护，加热回流下滴加偶氮二异丁腈-四氢呋喃溶液，回流反应过夜，反应液倒入正己烷中，析出聚合物，再用四氢呋喃溶解，用正己烷析出，得聚合物粉末，真空干燥得纯品为聚降冰片烯-5-羧酸-(8-乙基三环癸基) 酯，是一种 193nm 光刻胶。

（26）聚羟基苯乙烯的合成

A：

①

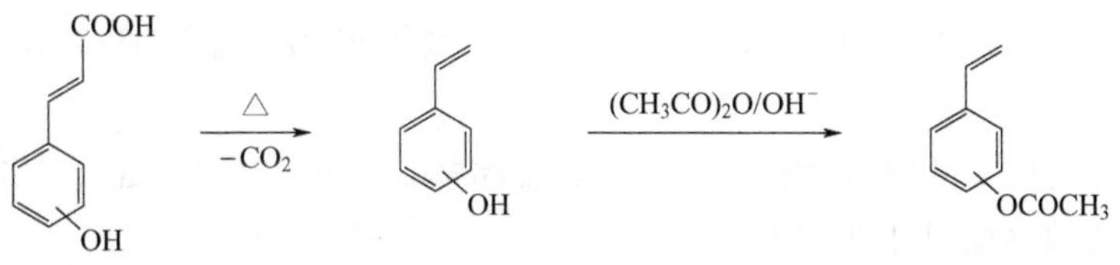

②

（结构反应式图）

③

（结构反应式图）

B：

（结构反应式图）

（27）S-(4-萘甲酰）甲基四氢噻吩鎓对甲苯磺酸盐的合成

（反应式图）

在避光条件下，将 α-溴代-2-萘乙酮 20g、100mL 丙酮加入三口烧瓶中，在 0℃时加入 4.8mL 水，搅拌下缓慢滴加四氢噻吩 14mL，加毕 0℃搅拌 1h，产生沉淀后，室温下继续搅拌 1h，滤出固体，用无水乙醇重结晶两次，得淡粉色晶体 S-(2-萘甲酰）甲基四氢噻吩鎓溴化物 21.1g，产率 78%，熔点 136～137℃。

将 3.6g 上述溴化物、150mL 乙腈加入三口烧瓶中，避光操作，搅拌下缓慢滴加 3g 对甲苯磺酸银的 70mL 乙腈溶液，室温反应 24h，滤出不溶物，浓缩滤液，将浓缩滤液倾入大量无水乙醚中，滤出固体用乙腈溶解，重复上述操作三次，得到纯的白色晶体 S-(-2-萘甲酰）甲基四氢噻吩鎓对甲苯磺酸盐 4.3g，产率 94%，熔点 146～147℃。

将 8.6g 对甲苯磺酸、5.1g 氧化银加入三口烧瓶中，加 120mL 乙腈，避光操作，搅拌 5～8h，滤出不溶物，滤液旋蒸至干得到白色固体，用丙酮洗三次，得白色对甲苯磺酸银固体 12.3g，产率 97%。

用同样方法制得亮白色的甲磺酸银，产率 65%。

用三氟甲磺酸鎓代替对甲苯磺酸银，合成三氟甲磺酸鎓盐，产率 84%，熔点 158～159℃。

用甲磺酸银代替对甲苯磺酸银合成甲磺酸鎓盐，产率 88%，熔点 182～183℃（λ＝193nm）。硫鎓盐的性能见表 10-31。

表 10-31　硫鎓盐的性能

硫鎓盐	分解温度/℃	峰值温度/℃	$\varepsilon(\lambda=193\mathrm{nm})/[\mathrm{L/(mol \cdot cm)}]$
对甲苯磺酸盐	249～288	270	6.8×10^4
三氟甲磺酸盐	241～250	246	0.78×10^4
甲磺酸盐	224～276	253	0.78×10^4

这三种硫鎓盐适用于 193nm 光刻胶产酸剂。

（28）三嗪类光产酸剂合成

将 3.3g（10mmol）2-甲基-4,6-双（三氯甲基）-1,3,5-三嗪（Ⅰ）、1.6g（12mmol）4-甲氧基苯甲醛溶于 30mL 甲苯中依次加入 0.4g 冰乙酸、0.2g 哌啶，加热回流分水，40min 后冷至室温，减压蒸出甲苯，加入乙酸沉淀，过滤、干燥得棕黄色固体，用乙醇重结晶得产物，熔点 191℃，产率 18%。

将 1.1g（3.3mmol）Ⅰ、1.2g（4.3mmol）4-（N,N-二苯氨基）苯甲醛，溶于 30mL 甲苯中同上反应，用乙醇重结晶得 0.8g 产物，产率 41%，熔点 181.1～182.7℃。

用 1.1g（3.3mmol）Ⅰ、0.8g（0.45mmol）4-二乙氨基苯甲醛溶于 20mL 甲苯中，同上反应，用四氢呋喃/乙醇重结晶，得 1.22g 产物，产率 74%，熔点 180.9℃。

用 1.1g（3.3mmol）Ⅰ、1.0g（0.44mmol）N-乙基咔唑-3-醛，溶于 30mL 甲苯中，同上反应，用二氯甲烷/乙醇重结晶，得 1.1g 产物，产率 64%，熔点 192.7～193.3℃。

以上几种三嗪类化合物均为光产酸剂。

（29）三嗪类光产酸剂的合成

在三口烧瓶中加入 9.9g（0.03mol）2-甲基-4,6-双-（三氯甲基）三嗪、对硝基苯甲醛 5.4g（0.036mol）和 30mL 无水乙醇，搅拌、升温至 30～40℃，约半小时后加入哌啶（固体反应物质量的 5%～10%）和等物质的量的冰乙酸，恒温反应 6h，再常温搅拌过夜，次日将析出固体抽滤，40℃烘干，得乳黄色粉末 4.9g，产率 35%，熔点 78.5℃，$\lambda_{max}=337\mathrm{nm}$ [ε 为 32000L/(mol·cm)]。

（30）三嗪类光产酸剂的合成

在三口烧瓶中加入冰乙酸和等物质的量的哌啶（为固体反应物质量的 5%～10%）搅拌，再加入 9.9g（0.036mol）2-甲基-4,6 双-（三氯甲基）三嗪、5.9g（0.036mol）对乙酰氨基苯甲醛和 30mL 无水乙醇，升温 40℃，恒温 1h，常温搅拌 48h，得到黄色粉末 9.9g，产率 70%，熔点 272.4～273.8℃，$\lambda_{max}=380nm$ [ε 为 40500L/(mol·cm)]。

（31）三嗪类光产酸剂的合成（一）

在三口烧瓶中加入哌啶（固体反应物质量的 5%～10%）、2-甲基-4,6-双三氯甲基三嗪 9.9g（0.03mol）、4.3g（0.036mol）间甲苯甲醛和 30mL 无水乙醇，搅拌升温至 40℃，恒温反应 1h，常温搅拌 24h，得到乳黄色粉末 7.3g，产量 56.2%，熔点 144.5℃，$\lambda_{max}=345nm$ [ε 为 33000L/(mol·cm)]。

（32）三嗪类光产酸剂的合成（二）

在三口烧瓶中加入哌啶（为固体反应物质量的 5%～10%）9.9g（0.03mol）、2-甲基-4,6-双三氯甲基三嗪、4.3g（0.036mol）邻甲基苯甲醛和 30mL 无水乙醇，搅拌升温至 40℃，恒温 1h，常温搅拌 24h，得乳黄色粉末 6.6g，产率 51%，熔点 127.3～129.7℃，$\lambda_{max}=345nm$ [ε 为 38900L/(mol·cm)]。

（33）硫鎓盐类光产酸剂的合成（一）

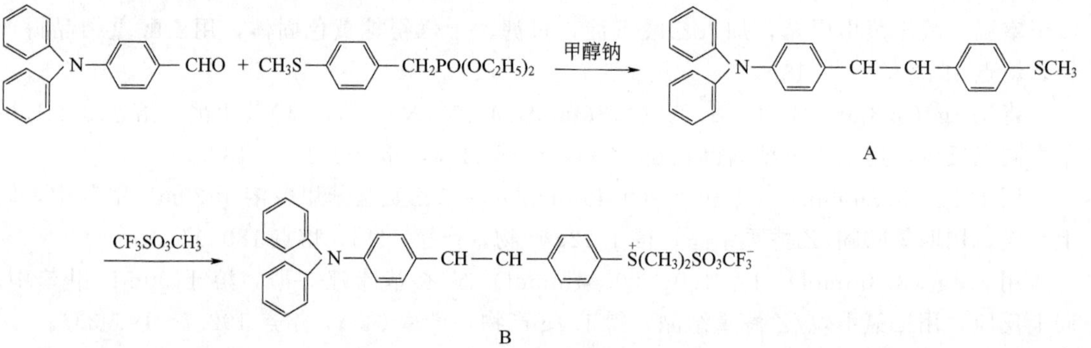

将 4-(N,N-二苯胺)、苯甲醛、磷叶立德试剂（摩尔比为 4.4:29）和二甲基甲酰胺加入三口烧瓶中，氮气保护，冰浴冷至 0℃，加入甲醇钠，0℃搅拌 30min，室温搅拌 24h，用甲醇沉淀、过滤，用二氯甲烷/乙醇重结晶，得黄色固体 A，为 4-[4-(甲硫基)苯乙烯基]-N,N-二苯基苯胺，产率 70%，熔点 185.4～187.2℃，$\lambda_{max}=368.5nm$。

将 A 溶解于 80mL 干燥二氯甲烷中，加入三氟甲基磺酸甲酯（摩尔比为 5.1:6.1），室温避光搅拌，蒸出溶剂，在乙醇中沉淀，得黄色固体 B，为 4-[4-(N,N-二苯氨基)苯乙烯基]苯基二甲基硫鎓三氟甲基磺酸盐，$\lambda_{max}=393nm$，光分解量子产率 0.17，光产酸率 0.05。

（34）硫鎓盐类光产酸剂的合成（二）

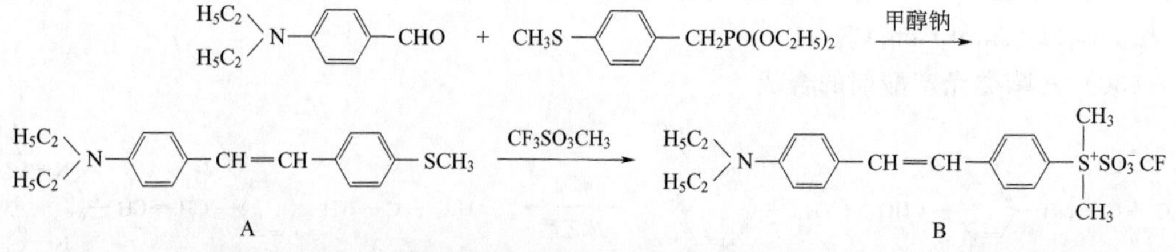

将 4-(二乙基氨基)苯甲醛、磷叶立德试剂（摩尔比为 4.4:2.9）和二甲基甲酰胺加入三口烧瓶中，氮气保护，冰浴冷至 0℃，加入甲醇钠，0℃搅拌 30min，室温搅拌 24h，用甲醇沉淀、过滤，用二氯甲烷/乙醇重结晶，得黄绿色固体 A，为 4-[4-(甲硫基)苯乙烯基]-

N,N-二乙基苯胺,产率 30%,熔点 143.5～144.7℃,λ_{max}＝368nm。

将 A 溶解在 80mL 干燥的二氯甲烷中,加入三氟甲基磺酸甲酯(摩尔比为 5.1∶6.1),室温避光搅拌,蒸出溶剂,在乙醇中沉淀,用乙腈/乙醚重结晶得浅黄色固体 B,为 4-[4-(二乙基氨基)苯乙烯]苯基,二甲基硫鎓三氟甲基磺酸盐,产率 40%,λ_{max}＝402nm,光分解量子产率 0.3,光产酸效率 0.08。

(35) 光产酸剂-对乙氧基蒽磺酸酯的合成

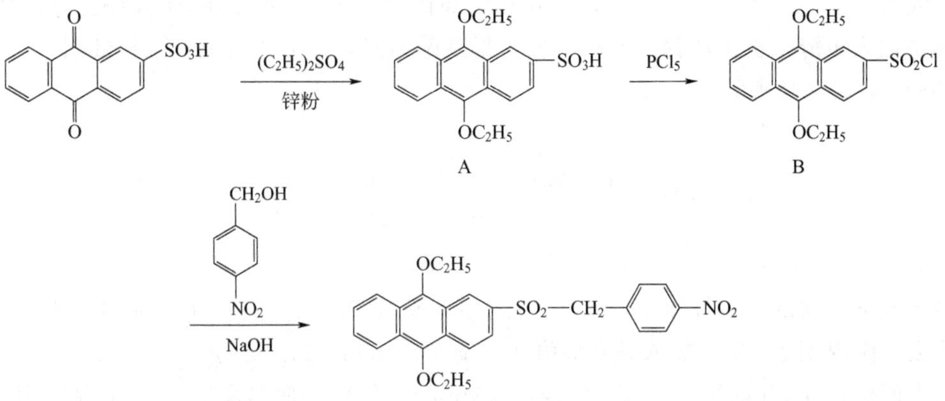

在三口烧瓶中加入锌粉 40g、乙醇 300mL、蒽醌-2-磺酸钠 200g,搅拌升温至回流,反应 1h,滴加硫酸二乙酯 500mL,2h 加完,再保温反应 3h。冷至室温过滤,滤饼用亚硫酸氢钠溶液洗几次,把滤饼溶在 2000mL 热水中,趁热过滤,滤液冷至室温后过滤,得黄绿色结晶状固体 A,为对乙氧基蒽-2-磺酸钠,产率 73%。

在三口烧瓶中加入 100g A、苯 400mL,搅拌分散 10min,室温下加入 150g 五氯化磷,反应半小时,过滤,滤液用水洗至 pH 值为中性或弱酸性,用分液漏斗分出苯层,用无水氯化钙干燥,再过滤,液减压蒸去溶剂,得黏稠状棕红色液体 B,为对乙氧基蒽-2-磺酰氯,产率 51%。

在三口烧瓶中加入 80g B、30g 4-硝基苯甲醇、250mL 四氢呋喃搅拌溶解,在冰盐浴中降温 10℃以下,滴加氢氧化钠溶液,半小时滴完,再反应 3h,加入大量的水搅拌半小时,过滤,滤饼用水和甲醇依次洗涤,然后在 30℃以下干燥,得深黄色颗粒状固体 C,为 4-硝基苯基对乙氧基蒽-2-磺酸酯,是一种磺酸酯类光产酸剂,产率 83%。

(36) 化学增幅抗蚀剂叔丁酚酚醛树脂的合成

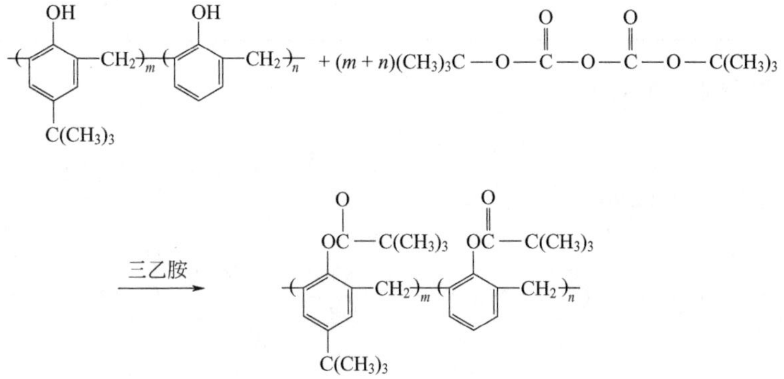

在三口烧瓶中加入 1.3g 叔丁酚醛树脂（含 0.01mol 酚羟基）、40mL 二氧六环，搅拌溶解后加入 2.2g（0.01mol）叔丁氧碳酸酐、催化剂 0.2～0.3g 三乙胺（或三乙醇胺），缓慢升温至 80℃，在 80～100℃回流 3～5h，冷至 5℃得橙色液体，倒入 1000mL 热蒸馏水中，析出淡黄色固体，用蒸馏水热洗数次，干燥至恒重得产物 A，软化点 81℃左右，产率 85%。

（37）分子玻璃光抗蚀剂酯缩醛的合成

将甲基丙烯酸和二乙烯基醚按摩尔比 2∶1 加入烧瓶中，用适量二甲苯作溶剂，电磁搅拌下升温至 120～130℃反应 3～5h，直到乙烯基在 1610cm^{-1} 处红外吸收消失。然后将反应混合物中加入甲醇，析出产物，真空干燥，得到酯缩醛，为分子玻璃光致抗蚀剂。

（38）N-烷基马来酰亚胺的合成

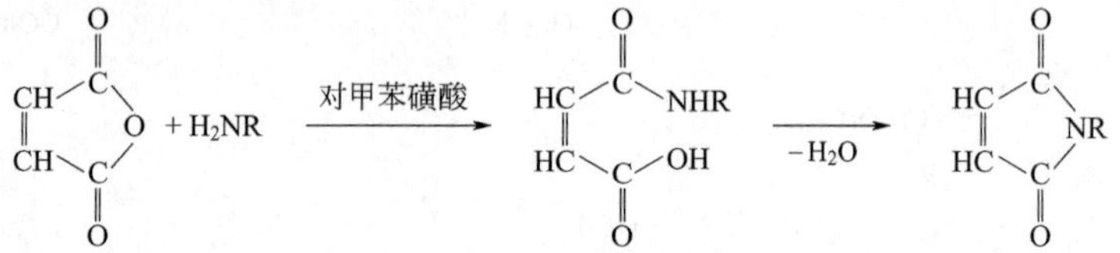

在装有分水器的三口烧瓶中加入 7.7g 对甲苯磺酸和 70mL 二甲苯，加热至 155～160℃将水除去，降温至 100℃，加入马来酸酐 19.6g（0.2mol）、乙酸 5g 和 0.01g 2,6-二叔丁基对甲酚。回流，在 3h 内滴加苄胺 21.4g（0.2mol）。加毕，保温反应 2h。降温至 75℃，加蒸馏水 30g，用分液漏斗分出油层，减压蒸馏除去溶剂，得到产物，用环己烷重结晶，减压下于 40～50℃烘干，得到 N-苄基马来酰亚胺（BeMI）20.6g，收率 55.3%。

采用相同的合成方法，滴加对应的胺，得到不同的 N-取代马来酰亚胺，N-丁基马来酰亚铵（n-BuMI）、N-异丁基马来酰亚胺（i-BuMI）、N-环己基马来酰亚铵（CMI）、N-异丙基马来酰亚胺（i-PMI）和 N-烯丙基马来酰亚胺（AMI）。

不同 MI 的性能见表 10-32。

表 10-32　不同 MI 的性能

MI	外观	熔点/℃
BeMI	白色晶体	66.9～68.8
CMI	白色晶体	86.0～89.0
n-BuMI	无色液体	
i-BuMI	白色晶体	44.0～46.0
i-PMI	无色液体	
AMI	白色晶体	42.0～44.0

（39）光敏聚酰亚胺的合成

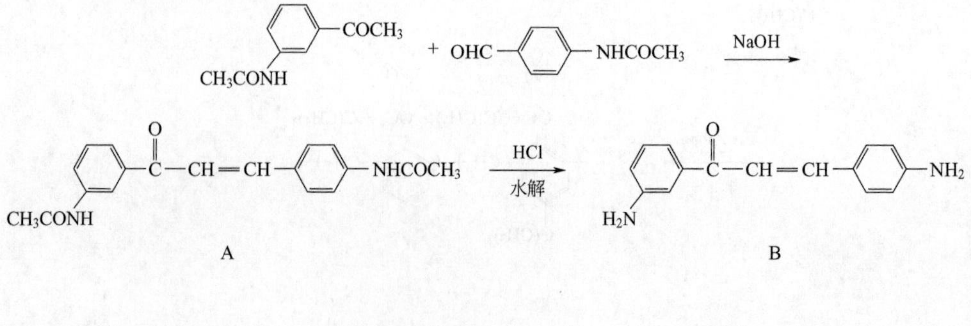

A

B

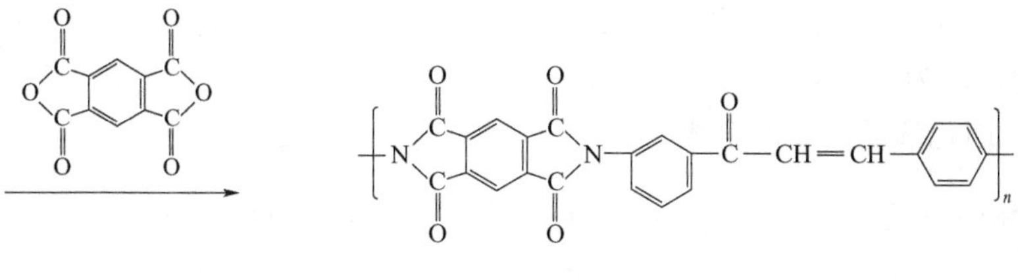

C

将 3.36g 对乙酰氨基苯甲醛溶于 50mL 乙醇中，滴加到 3.74g 间乙酰氨基苯乙酮、20mL 乙醇、20mL 4％的氢氧化钠水溶液的混合液中，在冰浴下搅拌 3h，抽滤得到黄色固体（A）6.12g，产率为 86.2％。

将 3.31g（A）加到 150mL 5％的盐酸溶液中，加热回流 3h，冷却抽滤得到红色固体，用去离子水重结晶得到红色固体（B）1.85g，产率为 71.9％。

将 0.476g（B）加入到三口烧瓶中，在氮气保护下，滴入 6mL 经蒸馏并用分子筛处理后的二甲基乙酰胺，搅拌溶解后加入 0.436g 均苯四甲酸二酐，室温搅拌 48h，再加入 3mL 等摩尔比的乙酸酐和吡啶混合液，80℃下保温 5h，随反应进行，体系黏度明显增大，搅拌变得困难，说明聚酰亚胺高分子形成。将反应液倒入大量冰水中，聚酰亚胺以丝状沉淀析出，抽滤后得深黄色固体，用乙醇洗涤，70℃下真空干燥 8h，得黄色固体粉末即为光敏聚酰亚胺（C）耐热 400℃以上，紫外吸收 $\lambda_{max}=365nm$。

（40）光敏二胺的合成

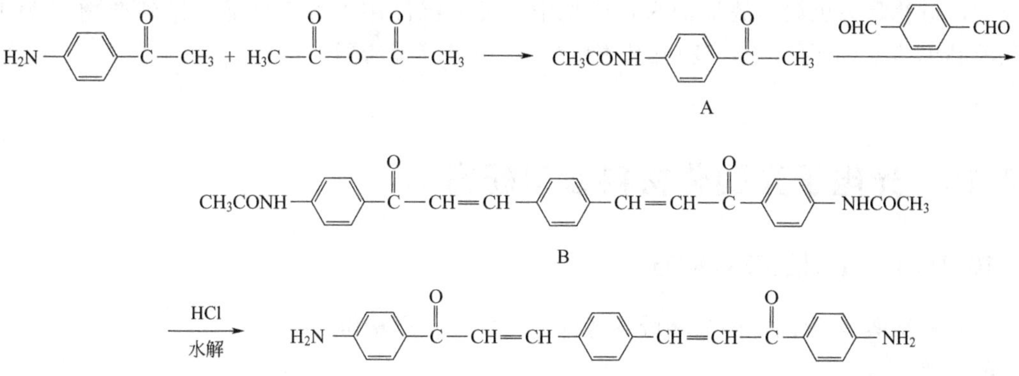

在三口烧瓶中加入 6.75g（0.05mol）对氨基苯乙酮和 30mL 苯，加热溶解，滴加 6mL 醋酸酐，回流 2.5h，冷却，抽滤，滤液静置析出固体，用乙醇和水混合液（体积比 1∶3）重结晶，真空干燥，得 A，为对乙酰氨基苯乙酮。

将 50mL 氢氧化钠的醇溶液、25mL 乙醇及 7.0g（0.04mol）A 加入三口烧瓶中，加热搅拌至溶解，降至室温，剧烈搅拌下滴加 2.7g（0.02mol）溶解于 50mL 乙醇的对苯二甲醛溶液，在冰浴中搅拌反应，反应完后放置冰箱中冷却，析出固体抽滤，得到 B。

将 B 加入 150mL 7％的盐酸溶液，加热回流 3h，用 5％的氢氧化钠水溶液中和，调 pH 值至 8，析出大量固体，抽滤，用去离子水重结晶，干燥，得产物 C，为 1,4-二[2-(4-氨基苯甲酰)乙烯基]苯，纯度 96％，熔点 293～295℃，为光敏二胺，是合成光敏聚酰亚胺的原料。

（41）UV 固化液晶单体的合成

在三口烧瓶中加入 4.60g 胆甾醇氯甲酸酯、4.55g 二乙氧基甲基丙烯酸羟乙酯

（CD570）、0.83g 吡啶及适量甲苯，常温搅拌 12h，滤去沉淀，倒入大量甲醇中沉淀，过滤得乳白色产物，即为可 UV 固化液晶单体。

（42）UV 固化液晶单体的合成

$$HO \text{—}\!\!\bigcirc\!\!\text{—} COOH + Cl\text{—}(CH_2)_5\text{—}OH \xrightarrow{KOH} HO\text{—}(CH_2)_6\text{—}O\text{—}\!\!\bigcirc\!\!\text{—}COOH$$
A

$$\xrightarrow[\text{三乙胺}]{H_2C=CHCOCl} CH_2=CHCOO(CH_2)_6\text{—}O\text{—}\!\!\bigcirc\!\!\text{—}COOH$$
B

$$\xrightarrow{HO\text{—}\!\!\bigcirc\!\!\text{—}OCH_3} CH_2=CHC\text{—}O\text{—}(CH_2)_6\text{—}O\text{—}\!\!\bigcirc\!\!\text{—}C\text{—}O\text{—}\!\!\bigcirc\!\!\text{—}OCH_3$$
C

在三口烧瓶中加入 17.8g 氢氧化钾、169.57g 对羟基苯甲酸及一定量的碘化钾溶于适量乙醇和去离子水的混合溶液，冷却后，升温至 78℃，滴加 22.5g 氯乙醇，加毕回流 20h，停止反应，酸化至弱酸性滤出沉淀，用乙醇重结晶，真空干燥得 19.44g A。

将 6.0g A 及 3g 三乙胺溶于适量 1,4-二氧六环中，搅拌下滴加丙烯酰氯，常温搅拌 24h，反应结束后，倒入水中沉淀，滤出沉淀，用乙醇重结晶，真空干燥，得到 5.89g B。

将 4.72g B、2.41g 4-甲氧基酚及一定量 DCC 和 DMAP，溶于适量二氯甲烷中，常温搅拌 2 天，过滤除去沉淀，滤液倒入正己烷中沉淀，沉淀用乙醇重结晶，得到产物 C 为 UV 固化液晶单体 4-(6-丙烯酰氧基)五基苯甲酸-4′-甲氧基苯酚酯。

10.16 光电子光固化材料参考配方

10.16.1 光刻胶参考配方

（1）重铬酸盐-聚乙烯醇光刻胶参考配方（单位：质量份）

配方 A：

| 高分子量聚乙烯醇 | 2 | 染料 | 适量 |
| 低分子量聚乙烯醇 | 10 | | |

配方 B：

| 重铬酸铵 | 20 | | |

按 A∶B=3∶1（质量比）混合后立即使用。

（2）聚乙烯醇肉桂酸酯光刻胶参考配方（单位：g）

| 聚乙烯醇肉桂酸酯 | 10 | 环己酮 | 100 |
| 5-硝基苊 | 0.07 | 添加剂 | 适量 |

光刻胶感光区波长 350～470nm，分辨率 2～4μm。

（3）聚乙烯氧乙醇肉桂酸酯光刻胶参考配方（单位：g）

| 聚乙烯氧乙醇肉桂酸酯 | 15 | 环己酮 | 85 |
| 5-硝基苊 | 0.75 | 乙二醇乙醚乙酸酯 | 适量 |

光刻胶感光区波长 350～450nm，分辨率≤1μm。

（4）聚肉桂亚丙二酸乙二醇酯光刻胶参考配方

| 聚肉桂亚丙二酸乙二醇酯 | 12g | 环己酮 | 100mL |
| 5-硝基苊 | 0.3g | | |

光刻胶感光区波长 350～470nm，分辨率 1～2μm。

（5）环化橡胶光刻胶参考配方（单位：质量份）

环化聚异戊二烯	15.0	2,6-二叔丁基对甲苯酚	适量
2,6-双(4'-叠氮亚苄基)-4-甲基环己酮	0.4	N-苯基-α-萘胺	适量
1,8-二硝基苊	0.1	二甲苯	100
染料	0.3		

光刻胶感光区波长 300～450nm，分辨率 1μm。

（6）邻重氮萘醌正性光刻胶参考配方（单位：质量份）

酚醛树脂-2-重氮萘醌-2,1,5-磺酸酯	10	乙二醇乙醚乙酸酯	90
线型甲酚醛树脂	3.5	二甲苯	5
硫脲	适量	乙酸正丁酯	5
染料	适量		

光刻胶感光区波长 300～450nm，分辨率≤1μm。

（7）负型水性化学增幅抗蚀剂参考配方

邻甲酚醛树脂	100g	吩噻嗪	8g
六甲氧基甲基三聚氰胺	32g	乙二醇乙醚乙酸酯	400mL
对甲苯磺酸二苯基碘鎓盐	10g		

（8）光敏聚酰亚胺光刻胶参考配方（单位：质量份）

光敏聚酰亚胺	30	N-甲基吡咯烷酮	80
米蚩酮	2	环己酮	20
流平剂	适量		

（9）化学增幅型光刻胶参考配方

邻甲酚醛树脂	100g	增感剂吩噻嗪	8g
六甲氧基甲基三聚氰胺	35g	乙二醇乙醚乙酸酯	400mL
二苯基碘鎓六氟磷酸盐	10g		

（10）化学增幅抗蚀剂参考配方（单位：质量份）

| 叔丁氧碳酰改性叔丁酚酚醛树脂 | 10 | 乙二醇独甲醚 | 100 |
| 光产酸剂三溴甲基苯基砜 | 2 | | |

10.16.2　UV 纳米压印光刻胶参考配方

以下配方中单位为质量份。

（1）UV 纳米压印光刻胶参考配方（一）

| 2,5-二甲基-2,5-正己二醇二甲基丙烯酸酯 | 98 | 651 | 2 |

UV 纳米压印刻蚀后能得到 130nm 线宽的图形。

（2）UV 纳米压印光刻胶参考配方（二）

| 3-丙烯酰氧丙基三甲基硅氧硅烷 | 44 | 丙烯酸叔丁酯 | 37 |
| EGDA | 15 | 1173 | 4 |

UV 纳米压印刻蚀后得到 100nm 左右线宽的图案。

（3）UV 纳米压印光刻胶参考配方（三）

BVMDSD	60	PAG	2
CHDVE	16	FA	2
TEGDVE	20		

此光刻胶用于 UV 纳米压印蚀刻后可以成功得到 30nm 线宽图形。

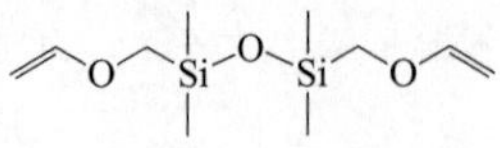

BVMDSO 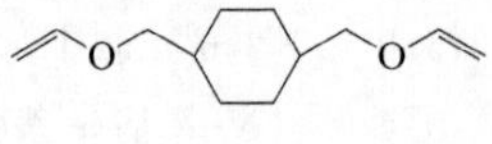   CHDVE 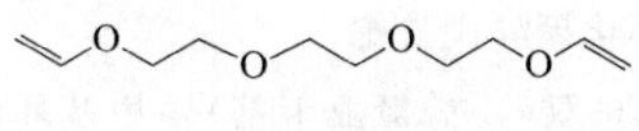   TEGDVE

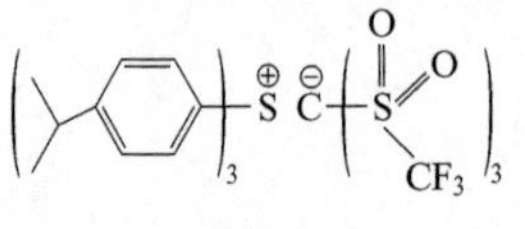

PAG 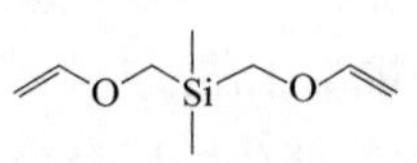   BVMS 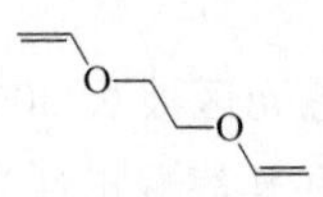   EGDVE

用 BVMDSO/EGDVE/PAG＝60/38/2（质量比）组成的光刻胶用于 UV 纳米压印图案精度 150nm。

用 BVMS/EGDVE/PAG＝80/18/2（质量比）组成的光刻胶用于 UV 纳米压印图案精度 70nm。

用 DVMDSO/EGDVE/PAG＝60/38/2（质量比）组成的光刻胶用于 UV 纳米压印图案精度 60nm。

用 BVMS/t-PVE/PAG＝80/18/2（质量比）组成的光刻胶用于 UV 纳米压印图案精度 40nm。

（4）UV 纳米压印光刻胶参考配方（四）

甲基丙烯酸苄基酯	67	3-丙烯酰氧丙基三(三甲基硅氧烷)硅烷	10
聚二甲基硅烷	20	184	3

UV 纳米压印刻蚀后得到 50nm 左右线宽的图案。

（5）UV 纳米压印光刻胶参考配方（五）

环氧硅酮低聚物(a)	94	产酸剂	1
交联物(b)	5		

UV 纳米压印刻蚀后能得到精度为 20nm 的图案。

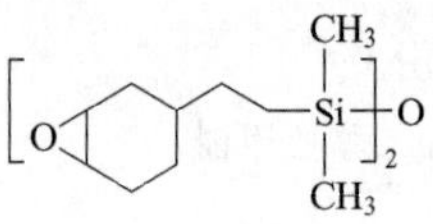

(a) 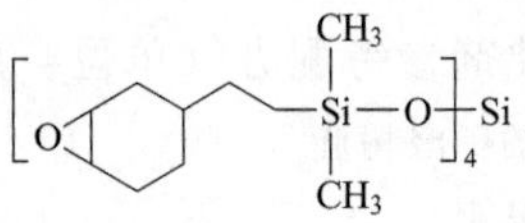   (b)

（6）导电的纳米压印光刻胶参考配方

I-M-PET3A(季铵盐型离子液体的化合物)	64	N,N-二甲基乙醇胺	1
丙烯酸羟丙酯	32	黏度/mPa·s	530
二苯甲酮	3	导电性能/(μs/cm)	33.98

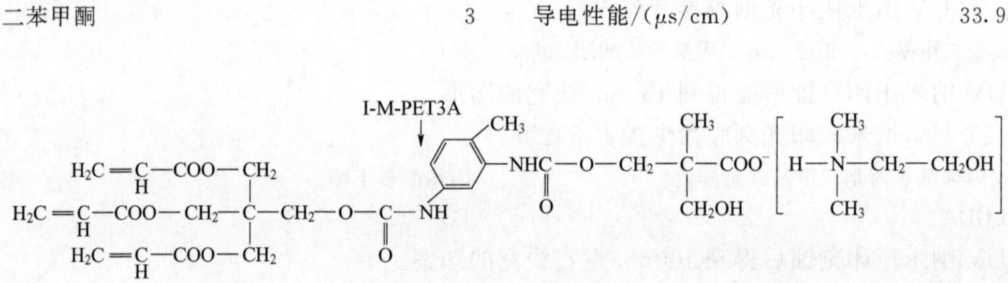

I-M-PET3A

（7）巯基-烯点击化学 UV 纳米压印光刻胶参考配方（一）

POSS-SH	50	907	1
甲基丙烯酸苄酯 BMA	30	黏度/mPa·s	17.5
TMPTMA	10	体积收缩率/%	5.3

UV 纳米压印刻蚀后得到 100nm 线宽的图案。

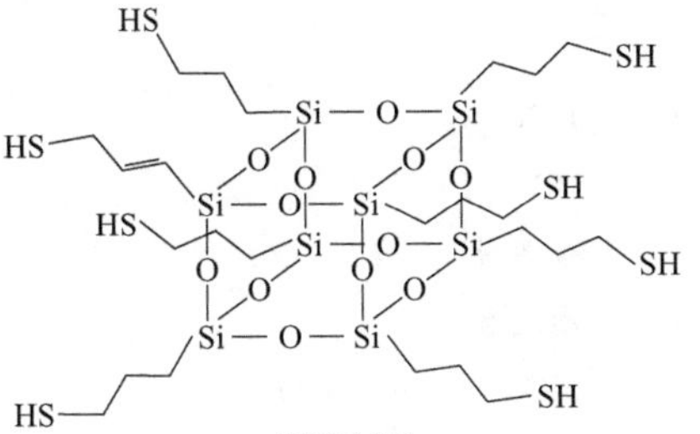

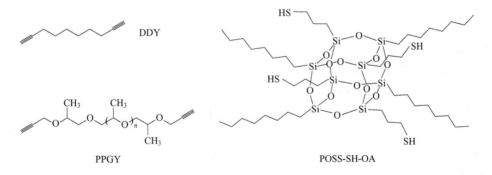

POSS-SH

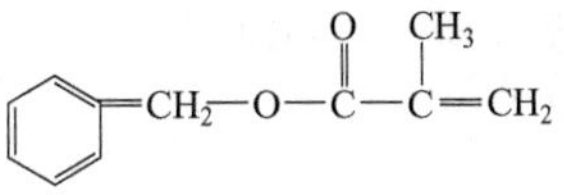

BMA

（8）巯基-烯点击化学 UV 纳米压印光刻胶参考配方（二）

| PMMS | 60 | BPADMA | 10 |
| TAC | 40 | 651 | 1 |

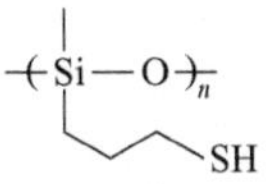

PMMS

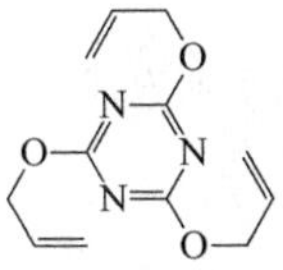

TAC

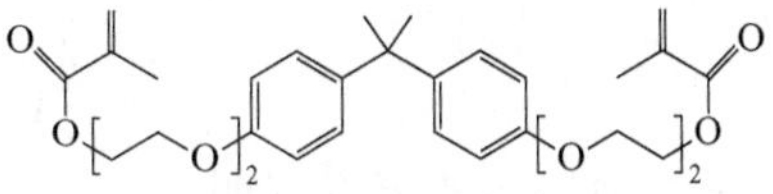

BPADMA

（9）巯基-烯点击化学 UV 纳米压印光刻胶参考配方（三）

POSS-SH-OA	49.5	表面能/(mN/m)	29.7
DDY	24.75	黏度/mPa·s	158
PPGY	24.75	体积收缩率/%	1.4
907	1.0		

压印刻蚀后得到 100nm 线宽的图案。

DDY

PPGY

POSS-SH-OA

10.16.3 UV-PCB 油墨和干膜参考配方

以下配方中单位为质量份。

（一）UV 抗蚀油墨

（1）UV 抗蚀油墨参考配方（一）

芳香酸甲基丙烯酸丰酯	34.8	ITX	1.0
[SB500,含50％(EO)₃TMPTA]		酞菁蓝	0.2
(EO)₃T MPTA	21.0	SiO₂	3.0
HEMA	21.0	滑石粉	14.0
651	2.0	流平剂(SR012)	1.0
BP	2.0		

（2）UV 抗蚀油墨参考配方（二）

芳香酸甲基丙烯酸半酯	45.0	ITX	1.0
[SB500,50％(EO)₃TMPTA]		BP	1.0
附着力增强型 EA(CN142)	5.0	酞菁蓝	0.2
(EO)₃TMPTA	10.0	滑石粉	14.0
HEMA	17.0	SiO₂(Acrosil 200)	3.0
651	2.0	非硅流平剂(SR012)	1.0

（3）UV 抗蚀油墨参考配方（三）

酸酐改性 EA	40	SiO₂	3
TMPTA	10	2-EA	2
HEMA	10	651	1
滑石粉	28	流平消泡剂	1
BaSO₄	4		

（4）UV 抗蚀油墨参考配方（四）

马来酸酐共聚物	36	BaSO₄	4
TMPTA	10	SiO₂	3
HEMA	12	酞菁蓝	1
附着力增强低聚物	5	2-EA	2
滑石粉	26	651	1

（5）UV 抗蚀油墨参考配方（五）

高酸值 PEA	50	滑石粉	20
TPGDA	20	SiO₂	4
651	4	流平剂	1
酞菁蓝	1		

（6）UV 抗蚀油墨参考配方（六）

酸酐改性邻甲酚环氧丙烯酸酯	40	硫酸钡	10
HEA	23	分散剂	0.5
907	6	流平剂	0.5
钛菁蓝	1	消泡剂	0.2
滑石粉	20		

（7）UV 抗电镀油墨参考配方

高酸值 PEA	38.5	酞菁蓝	0.5
EA	10.0	滑石粉	20.0
TPGDA	20.0	SiO₂	6.0
651	4.0	流平剂	1.0

（8）UV 抗蚀刻喷墨油墨参考配方

EA	10.30	369	2.00
丙烯酸壬基苯氧基乙酯	1.40	ITX	1.00
四乙氧基双酚 A 二丙烯酸酯	3.40	LiNO₃	0.30
(PO)₃TMPTA	1.00	FC-430	0.05
(PO)₂NPGDA	5.10	甲氧基苯酚	0.04
含羧基丙烯酸酯	14.80	甲醇	52.96
Rad Cure	5.10	丁酮	2.55

（二）UV 阻焊油墨

（1）UV 阻焊油墨参考配方（一）

EA	25.0	滑石粉	30.0
TMPTA	30.0	SiO₂	1.0
HEMA	10.0	附着力促进剂	0.5
2-EA	1.0	流平剂	2.0
酞菁绿	0.5		

（2）UV 阻焊油墨参考配方（二）

附着力增强型 EA(CN144)	24.0	ITX	0.5
TMPTA	14.0	BP	2.0
(EO)₃TMPTA	10.0	酞菁绿	0.5
IBOA	7.0	滑石粉	19.0
HEMA	17.0	SiO₂(Aerosil 200)	3.0
651	2.0	非硅流平剂(SR 012)	1.0

（3）UV 阻焊油墨参考配方（三）

附着力增强型 EA(CN142)	30.0	BP	2.0
TMPTA	24.0	酞菁绿	0.2
HEMA	20.0	滑石粉	17.3
651	2.0	SiO₂(Aerosil 200)	3.0
ITX	0.5	非硅流平剂(SR012)	1.0

（4）UV 阻焊油墨参考配方（四）

EA	45	酞菁绿	1
TMPTA	18	BaSO₄	25
BP	6	表面活性剂和助剂	3
DEMK	2		

（5）UV 阻焊油墨参考配方（五）

FA	20	滑石粉	25
EA	10	SiO₂	3
TMPTA	13	2-EA	3
DPHA	3	651	1
HEMA	18	流平消泡剂	1
BaSO₄	2	酞菁绿	1

（6）UV 阻焊油墨参考配方（六）

FA	24	滑石粉	19
TMPTA	14	酞菁绿	0.5
EO-TMPTA	8	651	2
IBOA	12	BP	2
HEMA	17	ITX	0.5

（7）UV-3D 打印阻焊油墨参考配方

双酚 A 环氧二丙烯酸酯 Photomer3015	10.3	甲醇	52.96
壬基酚乙氧化单丙烯酸酯 Photomer4003	31.4	甲乙酮	2.55
乙氧化双酚 A 环氧二丙烯酸酯 Photomer4028		369	2.0
	3.4	ITX	1.0
丙氧化三羟甲基三丙烯酸酯 Photomer4072	1.0	表面活性剂 FC-430	0.05
乙氧化新戊二醇二丙烯酸酯 Photomer4160		阻聚剂 MEHQ	0.04
	5.1	UV 防老刘	0.3
TMPTA	5.1		

（三）UV 字符油墨

（1）UV 字符油墨参考配方（一）

EA	41.3	184	4.0
TMPTA	17.0	TiO_2	10.0
NPGDA	8.5	滑石粉	17.0
TPO	2.0	有机硅助剂	0.2

（2）UV 字符油墨参考配方（二）

EA	25.0	滑石粉	30.2
TMPTA	14.0	附着力促进剂 PM-2	1.0
HEMA	13.0	$CaCO_3$	2.0
ITX	3.0	硅消泡剂	0.1
对二甲氨基苯甲酸异戊酯	1.5	对甲氧基苯酚	0.2
TiO_2	10.0		

（3）UV 字符油墨参考配方（三）

FA	30	TiO_2	10
TMPTA	30	滑石粉	11
HEMA	10	SiO_2	3
TPO	1	流平剂	2
184	3		

（4）UV 字符喷墨油墨参考配方

三官能团脂肪族 PUA(CN945B85)	20.0	819	1.0
HDDA	15.0	184	2.0
$(EO)_4 PET_4 A$	19.0	TiO_2	20.0
THFA	10.0	BYK-LPN 7057	1.0
双官能团胺助引发剂(CN386)	2.0	BYK 333	0.5

（四）光成像抗蚀油墨

（1）光成像抗蚀油墨参考配方（一）

马来酸酐聚合物	40	ITX	1
DPHA	6	907	4
HEMA	10	酞菁蓝	1
滑石粉	25	助剂	1
SiO$_2$	2	溶剂	10

（2）光成像抗蚀油墨参考配方（二）

改性苯乙烯/马来酸酐树脂	64.50	附着力促进剂	0.17
TMPTA	20.60	染料	0.13
四乙二醇二丙烯酸酯	10.30	抗氧剂	0.11
BP	3.62	流平剂	0.17
米蚩酮	0.50		

（3）光成像抗蚀油墨参考配方（三）

高酸值感光树脂[①]	40.0	滑石粉	20.0
TPGDA	28.0	SiO$_2$	4.5
651	5.0	流平剂	2.0
酞菁蓝	0.5		

① 可为高酸值 PEA 或苯乙烯-马来酸酐树脂。

（五）光成像阻焊油墨

（1）光成像阻焊油墨参考配方（一）

酸酐改性 FA	40.0	滑石粉	8.0
PETA	10.0	硫酸钡	10.0
ITX	2.0	SiO$_2$	0.8
651	3.0	异氰酸三缩水甘油酯	15.0
对二甲氨基苯甲酸乙酯	2.0	乙基溶纤剂	7.0
酞菁绿	0.7	热固化剂	1.5

（2）光成像阻焊油墨参考配方（二）

酸酐改性 FA	40.0	酞菁绿	0.8
双酚 A 环氧树脂	5.0	ITX	2.0
乙基溶纤剂	5.0	907	2.0
PETA	8.0	对二甲胺基苯甲酸乙酯	1.0
HEMA	9.0	双氰胺	1.0
滑石粉	15.0	流平消泡剂	1.2
硫酸钡	10.0		

（3）光成像阻焊油墨参考配方（三）

酸酐改性 FA	50.0	滑石粉	11.4
DPHA	5.0	651	2.0
HEMA	10.0	ITX	1.5
异氰酸三缩水甘油酯	5.0	907	1.5
酞菁绿	0.5	双氰胺	1.0
硫酸钡	10	乙基溶纤剂	2.0

（4）光成像阻焊油墨参考配方（四）

酸酐改性 FA	32.0	651	2.0
环氧树脂	6.0	ITX	1.0
TMPTA	8.0	907	2.0
HEMA	10.0	EDAB	1.0
溶剂	10.0	酞菁绿	0.5
滑石粉	20.0	消泡剂	0.5
SiO_2	5.0	流平剂	0.5
咪唑	1.5		

（5）光成像阻焊油墨参考配方（五）

液态感光阻焊油墨主剂配方：

四氢苯酐改性邻甲酚醛 EA	420	分散剂 AT204	5
酞菁绿	9	流平剂 354	6
三聚氰胺	20	二价酸酯 DBE	10
ITX	5	四甲苯	20
TPO	10	气相二氧化硅 974	12
907	20	硫酸钡	213

液态感光阻焊油墨固化剂配方：

酚醛环氧树脂 F-51	102	硫酸钡	32
DPHA	50	气相二氧化硅	6
异氰尿酸三缩水甘油酯	50	二价酸酯 DBE	10

将 750 份主剂加 250 份固化剂在使用前混合搅拌均匀，配成液态感光阻焊油墨。

（6）多层板用光成像油墨参考配方

A 组分：

六氢苯酐改性 EA	55.0	SiO_2	14.0
TPGDA	12.0	酞菁绿	0.5
三羟甲基丙烷二烯丙基醚	15.0	消泡剂 BYK 361	1.0
双氰胺	2.0	流平剂 BYK 346	0.5

B 组分：

甲酚醛环氧树脂	55.0	184	6.0
双甲基丙烯酸丁二酯	25.0	三羟甲基丙烷二烯丙基醚	8.5
907	5.0	流平剂 BYK 346	0.5

A：B＝3：1 混合搅匀后使用。

（六）抗蚀干膜参考配方

（1）抗蚀干膜参考配方（一）

聚甲基丙烯酸丁酯（M_w＝200000）	6.0	二苯甲酮	1.6
氯化聚异戊二烯（M_w＝19000）	12.0	米蚩酮	0.84
氯化聚丙烯（M_w＝62000）	6.0	维多利亚绿染料	0.06
三乙二醇二癸酸酯/三乙二醇	3.0	无色染料	0.5
二辛酸酯混合物		氯甲烷	150.0
PETA	20.0		

（2）抗蚀干膜参考配方（二）

甲基丙烯酸甲酯/丙烯酰胺(97/3)共聚物	54.0	酸敏变色染料	0.3
TMPTA	38.5	聚己二酸丙二醇酯	3.5
二乙烯基亚乙基脲	1.5	N-亚硝基二苯胺	0.025
BP	2.5	硅油	0.3
1,4-双(二氯甲基)苯	1.5	乙酸乙酯	140.0
结晶紫	0.011		

（3）抗蚀干膜参考配方（三）

甲基丙烯酸(23)-甲基丙烯酸甲酯(66)-丙烯酸丁酯(11)共聚物	40.0	增黏剂苯并三唑	0.05
		增黏剂羟基苯并三唑	0.05
苯氧基聚乙二醇单丙烯酸酯	10.0	抗氧剂甲基氢醌	0.15
EO-TMPTA	24.0	偶氮染料	0.75
9-苯基吖啶	0.20	染料 Flexoblue 680	0.45

加入适量增塑剂，用丁酮/异丙醇稀释，涂于 PET 膜上，干燥，得干膜。

（4）抗蚀干膜参考配方（四）

丙烯酸(10)-甲基丙烯酸(15)-甲基丙烯酸甲酯(60)-丙烯酸异辛酯(15)共聚物	50	钻石绿	0.5
		单体 9G	10.0
二苯甲酮	2.0	单体 APG-400	10.0
4,4-二乙氨基二苯甲酮	1.0	单体 BPE-500	10.0
结晶紫	3.0	丁酮	13.0
对甲苯磺酸-水化物	0.5		

（5）抗蚀干膜参考配方（五）

苯乙烯-甲基丙烯酸(7:3)共聚物	40	对-二甲氨基苯甲酸异戊酯	9
TMPTA	40	对苯二酚	0.04
ITX	9	β-甲氧基醋酸酯	900

（6）抗蚀干膜参考配方（六）

甲基丙烯酸甲酯-丙烯腈-丙烯酸缩水甘油共聚物(摩尔比 65:10:25)	1196.0	叔丁基蒽醌	142.0
		2,6-二叔丁基苯酚	34.5
甲基丙烯酸甲酯-丙烯酸羟乙酯共聚物(摩尔比 90:10)	557.0	乙基紫	2.5
		丁酮	8800.0
TEGDA	262.0		

（7）抗蚀干膜参考配方（七）

丙烯酸羟乙酯改性苯乙烯-马来酸酐共聚物	68.5	二缩三乙二醇二乙酸酯	6.0
		苯并三氮唑	0.3
PETA	22.0	亚甲基蓝	0.5
651	2.5	丁酮	300.0
对甲氧基苯酚	0.2		

（8）抗蚀干膜参考配方（八）

甲基丙烯酸甲酯-丙烯酸共聚物	56.0	无色结晶紫染料	0.5
TMPTA	18.5	二乙二醇二乙酸酯	6.5
双酚 A 二乙二醇二丙烯酸酯	16.5	乙酸乙酯	250.0
651	2.0		

（9）抗蚀干膜参考配方（九）

甲基丙烯酸甲酯-甲基丙烯酸丁酯-甲基丙烯酸羟丙酯共聚物（1：1：1）	15.00	叔丁基蒽醌	1.41
		三氯乙烯	106.25
TEGDA	2.34		

（10）抗蚀干膜参考配方（十）

聚氯乙烯树脂	100.0	对-二甲氨基苯甲酸异戊酯	1.0
甲基丙烯酸甲酯低聚物	40.0	对甲氧基苯酚	0.1
TEGDA	20.0	结晶紫	0.3
丁二酸单-β-甲基丙烯酸氧乙酯	70.0	甲基乙基酮	300.0
DETX	3.0		

（七）其他参考配方

（1）全息图软模压复制用光固化材料参考配方

EA	100.0	邻苯二甲酸二丁酯	9.0
DEGDA	15.0	651	2.0
MMA	9.0	流平剂	1.0
St	9.5		

（2）UV彩色点阵黑墨参考配方

Cabot Regal 400R	25.0	369	1.5
NPGDA	25.0	CPTX	0.5
NPGDMA	10.0	炭黑（CAB551-0.1）	10.0
丙氧基甘油三丙烯酸酯（OTA-480）	10.0	分散剂（Solsperse 24000）	5.0
TPO	3.0		

（3）UV彩色点阵蓝墨参考配方

芳香酸甲基丙烯酸半酯（SB 500-E50）	5.4	Irganox 1035	2.3
DPET/PA（SR-399）	40.8	CPTX	0.3
(EO)$_6$TMPTA（SR-499）	15.2	蓝颜料（Lionel Blue ES）	11.5
I 1850	1.0	分散剂BYK 161（30% SR399）	3.5

（4）UV彩色点阵红墨参考配方

芳香酸甲基丙烯酸半酯（SB520 E35）	7.9	Irganox 1035	2.1
DPE T/PA（SR399）	16.0	CPTX	0.6
(EO)$_3$TMPTA（SR454）	20.0	红颜料（Irgagin Red A$_2$BN）	13.0
SR802	5.0	黄颜料（Paliotol Yellow D1819）	5.0
I 1850	1.9	分散剂BYK161（30% SR399）	8.0

（5）UV彩色点阵绿墨参考配方

芳香酸甲基丙烯酸半酯（SR500 E50）	14.0	CPTX	0.7
DPE T/PA（SR399）	45.1	绿颜料（Holiogen Green L9361）	15.2
(EO)$_6$TMPTA（SR-499）	13.7	黄颜料（Polio Tol Yellow D1819）	3.5
Irganox 1035	2.15	分散剂BYK 161（30% SR399）	3.5
369	2.15		

（6）光致全息材料参考配方

原料	份数	原料	份数
超支化聚酯（折射率 1.586，由偏苯三酸酐和环氧氯丙烷反应苯甲酰氯封端）	100.0	TPGDA	20.0
		光引发剂 784	1.2
丙烯酸四氟丙酯（折射率 1.387）	20.0	二氯甲烷	100.0

10.16.4　UV 光纤油墨参考配方

以下配方中单位为质量份。

（1）UV 光纤着色油墨参考配方（一）

原料	红	黄	绿
有机硅环氧安息香酸丙烯酸酯	60	60	60
脂环族环氧丙烯酸酯	40	40	40
光引发剂 BK	5	5	5
增感剂	3	3	3
稳定剂	0.1	0.1	0.1
分散红氨基甲酸酯丙烯酸酯（RUA）	2		
分散兰氨基甲酸酯丙烯酸酯（BUA）			0.44
吖啶黄氨基甲酸酯丙烯酸酯（YUA）		2	1.56
密度/(g/cm³)	1.17	1.12	1.15
黏度/mPa·s	9210	8850	9720
折射率 n_d^{25}	1.51	1.51	1.51
固化时间/s	5	2	4
抗张强度/MPa	5.79	9.92	9.32
断裂伸长率/%	1.92	23.1	22.9
模量/MPa	26.5	43.8	40.0
吸水率(25℃/24h)/%	4.5	3.6	4.2
T_g/℃	−82	−82	−82

（2）UV 光纤着色油墨参考配方（二）

原料		原料		原料	
改性 EA	40	369			2
脂肪族 PUA	20	819			2
IBOA	3	TPO			3
TPGDA	20	184			3
DPEPA	10	颜料			1.5

颜料：酞菁蓝、联苯胺橘黄、酞菁绿、炭黑、二氧化钛、永固红、联苯胺黄、永固紫八种及复配成棕、灰、桃红、湖兰等四种颜料，共十二色。

10.16.5　UV 光盘油墨参考配方

（1）UV 白色网印光盘油墨参考配方（一）

原料	份数	原料	份数
PEA(EB525)	20	TPO	2.5
丙烯酸树脂(EB1710)	20	184	2.5
EO-TMPTA	15	SiO₂ (Aerosil 200)	3.0
TPGDA	10	消泡剂 (Airex 900)	2.0
TiO₂	25		

（2）UV 白色网印光盘油墨参考配方（二）

脂肪族 PUA(CN961E80)	20.0	光引发剂(SR1113)	8.0
TPGDA	20.0	TiO_2	23.0
EO-TMPTA	20.8	润湿剂(SR022)	0.2
DPEPA	8.0		

（3）UV 黑色网印光盘油墨参考配方

脂肪族 PUA(CN961E80)	26.8	907	4.5
TPGDA	20.0	ITX	0.5
EO-TMPTA	28.0	炭黑	6.0
DPEPA	10.0	润湿剂(SR022)	0.2
光引发剂(SR1111)	4.0		

10.16.6　UV 导光油墨参考配方

（1）UV 导光油墨参考配方（一）

取 45g 丙烯酸树脂、8g 硬脂酸溶入 30g 的甲苯和丁酮的混合溶剂中，高速搅拌，搅拌速度 2000，搅拌 20min；然后加入 4g 耐划伤助剂聚四氟乙烯微粉、8g 的纳米导光粉氧化铝和钛酸钡、5g 光引发剂 651，继续搅拌 20min，即制得可 UV 固化的导光油墨。

（2）UV 导光油墨参考配方（二）

25g 丙烯酸树脂、10g 硬脂酸溶入 42g 的甲苯和丁酮的混合溶剂中，高速搅拌，搅拌速度 1500，搅拌 10min；然后加入 2g 耐划伤助剂蜜蜡、18g 的纳米导光粉氧化钛和氧化锆、3g 光引发剂 651，继续搅拌 10min，即制得可 UV 固化的导光油墨。

（3）UV 导光板油墨参考配方

材料	1	2	3	4
CN9178	5	4	6	5
EB294/25	10	8		
6154B80	43	38		
IRR590			11	12
6148T-15			35	36
HEMA	10	10	11	12
HDDA	7	7	7	8
PETA	3	3	4	4
1173	5	5		
184			4	3
MBF			0.5	0.5
TPO	1	1	1	1
促进剂 CN704	8	6	5	5.5
无机光功能填料	6	4	4	5
有机光扩散粒子		5	4	
分散剂	0.5	0.5	0.5	0.5

流平剂	0.5	0.5	0.5	0.5
消泡剂	1	1	1	1
有机无机杂化材料 601Q35		7		
有机无机杂化材料 601B35			6	6

10.16.7 UV 导电油墨参考配方

① 超细玻璃粉制备　以 75 份氧化铅、5 份二氧化硅、20 份硼酸和 5 份氧化锌为原料，用马弗炉 600℃进样，在 980℃温度下熔制 2h，然后将熔制好的 PbO-SiO-B$_2$O$_3$-ZnO 系玻璃液淬于冷水中，用纯净水冲洗二次，烘干，并用球磨机研磨成超细玻璃粉。球磨的最佳工艺为球磨时间 18h，球料重量比 2∶1，球磨机转速 425r/min，水料重量比 0.8∶1，球级配 1∶3，所制得的超细玻璃粉平均粒径为 500nm。

② 镀银超细玻璃粉制备　取 10g AgNO$_3$ 充分溶解于 22.5mL 蒸馏水中，不断搅拌银液，缓慢加入氨水，直至生成褐色沉淀物，再加入氨水到沉淀物完全溶解。加 3g 氢氧化钠溶解于 20mL 水中，配制成氢氧化钠溶液，在 22.5mL 硝酸银溶液中添加 7.5mL 氢氧化钠溶液，再滴加入氨水，使溶液成透明制得银氨溶液。称取 8.25g 葡萄糖、酒石酸 4g 溶解于 200mL 蒸馏水中，煮沸 10min 后冷却至常温，加入 25mL 乙醇制成还原液。将银氨溶液和还原液按容积比 1∶1 混合，称取 5g 超细玻璃粉倒入溶液中，经超声波振荡，直至用盐酸检测无白色沉淀时结束反应。静置，将析出固体粉末洗涤、烘干后制备了表面镀银超细玻璃粉，银镀层约为 50nm 厚。

③ 有机载体制备　将 85 份混合溶剂（由 55 份松油醇、21 份丁基卡必醇和 16 份柠檬酸三丁酯组成）、8 份羟丙基纤维素、5 份邻苯二甲酸二辛酯、1 份硅烷偶联剂和 1 份卵磷脂置于烧杯中，在 80～90℃水浴中搅拌至羟丙基纤维素全部溶解，保温 1h，冷至室温。

④ 光敏银浆用超细银粉制备　将 50mLOP 乳化剂和 30mL 助表面活性剂混合，在磁力搅拌器上搅拌 5min，然后分成两份，一份加入 10mL 的 5% AgNO$_3$ 水溶液和 25mL 环己烷，调节 pH 值为 8；另一份加入 3mL 的 3% H$_2$O$_2$ 溶液和 25mL 环己烷，搅拌 30min 后，各用超声波处理 10min，分别制得均匀、透明的 AgNO$_3$ 和 H$_2$O$_2$ 微乳液，将 H$_2$O$_2$ 的微乳液缓缓倒入 AgNO$_3$ 的微乳液中，反应 40min 后停止搅拌，放置 24h 后，将反应后的溶液减压抽滤，所得固体各用去离子水和无水乙醇洗涤 3 遍，于 60℃下真空干燥，得球形银粉，平均粒径为 450nm。

⑤ 光敏树脂制备配方

双季戊四醇六丙烯酸酯	90	907	10

⑥ 光敏银浆配方

原料	（一）	（二）
超细银粉	65	55
超细玻璃粉	5	
银包裹超细玻璃粉		13
有机载体	13.5	17
光敏树脂	16.5	15

⑦ 光敏银浆配制　将制备好的超细银粉、超细玻璃粉或银包覆的玻璃粉、有机载体、光敏树脂按照光敏银浆配方（一）和（二）的配比，称量好后置于研钵中研磨混合均匀，制成光敏银浆。用400目尼龙丝网印刷光敏银浆，将清洁干净的导电玻璃基片置于平板基底上，将丝网平放在导电基片上，滴加适量的光敏银浆于丝网表面，用软质刮刀从丝网表面迅速刮过，得到一层薄膜。室温下水平放置10min，然后在150℃干燥10min，用马弗炉烧结，在温度为550℃时烧30min，冷却至室温。

第11章　感光性树脂印刷版

光固化产品在印刷上主要用于制版，是应用历史最早、使用最广泛的一个领域。利用光固化产品可以制得各种印刷版材（图11-1）。

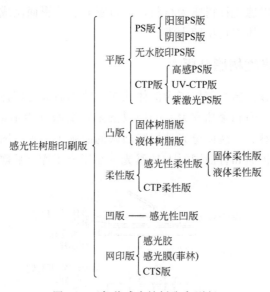

图 11-1　各种感光性树脂印刷版

早在 1826 年，法国化学家尼普斯（Niepce）就利用沥青的光固化特性，发明了照相术。几年后，尼普斯发现了沥青固化膜具有抗酸耐蚀性，他将沥青照相术应用到印刷业的制版过程中，从而发明了照相制版术。1850 年美国人塔尔博特（Talbot）将重铬酸盐与明胶混合后，涂在钢板上制作照相凹版获得成功。由于重铬酸盐的感光度比沥青高得多，所以重铬酸盐被陆续应用到平版与凸版的制版过程中，使照相制版术得到了迅速的发展和广泛的应用。

1934 年德国卡勒（Kalle）公司的施密特（Schmidt）发表了用重氮盐作感光剂的 PS 版专利，因第二次世界大战的干扰，第一块 PS 版在 1946 年正式投放市场。1954 年德国卡勒公司用重氮萘醌化合物作感光剂制得印刷用 PS 版感光层，制作阳图 PS 版。同年美国柯达公司明斯克（Minsk）等人将聚乙烯醇肉桂酸酯在紫外光照射下发生光二聚反应，从而用作光刻胶制造半导体和印制线路板，20 世纪 60 年代初并应用于印刷制版制作阴图 PS 版。1970 年美国杜邦公司率先推出感光性柔性版 Cyrel。

计算机直接制版（computer-to-plate，简称 CTP）是 20 世纪 70 年代国外就开始研究利用的电子和激光进行直接制版技术；1982 年银盐涂布的聚酯版开始用于单色、套准精度较低的商业印刷；1990 年杜邦公司和爱克发公司发布了银盐 CTP 版材，用于四色套印的商业印刷，不久富士公司和爱克发公司开发出光聚合 CTP 版；1995 年在德国杜塞尔多夫举行的 Drupa1995 印刷展上，有 42 家厂商推出了与 CTP 技术相关的设备和器材，柯达公司还推出了热敏 CTP 版材，标志着 CTP 技术在印刷业进入发展新时期；在 Drupa 2000 印刷展上又推出了紫激光（405～410mm）制版机，为光聚合 CTP 版提供了新的光源和制版设备，同时还出现了利用紫外光源和常规 PS 版进行直接制版的 UV-CTP 技术。CTP 技术的出现，标志印刷进入了一个崭新的时代——数字化印刷时代，可望实现"按需印刷""可变信息印刷""远程异地印刷"的梦想。

11.1 感光性树脂凸版

感光性树脂凸版是以感光性树脂为材料，通过曝光、显影而制成的光聚合型凸版。感光性树脂凸版分固体型和液体固化型两大类。

11.1.1 液体感光性树脂凸版

液体感光性树脂凸版指感光前树脂为液体状态，感光后成为固体的树脂凸版。液体树脂版的感光性树脂主要有不饱和聚酯和聚氨酯丙烯酸酯，交联剂为不饱和双烯或烯类化合物，光引发剂主要用安息香醚类。液体感光性树脂凸版的制版工艺为（图 11-2）：

涂覆感光性树脂→正面和背面同时 UV 曝光→显影→干燥→后曝光→印版。

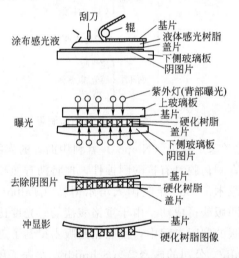

图 11-2　液体感光性树脂凸版制版过程示意

在制版机玻璃板上安放阴图底片，覆盖聚酯薄膜，浇注液体感光性树脂至一定厚度，放上聚酯片基，然后用紫外灯上下同时曝光。下侧正面曝光，使见光部分树脂交联固化形成图文部分，上侧背面曝光，使图片部分黏附于聚酯片基上。曝光完毕，回收未曝光树脂，取出版材，经显影、干燥，再次 UV 充分曝光，使细小的图文部分彻底固化，制成印版。

11.1.2 固体感光性树脂凸版

固体感光性树脂凸版采用固体高分子材料预制的感光性树脂版，其结构如图 11-3 所示。

固体树脂版是由饱和聚合物、交联剂和光引发剂组成。饱和聚合物采用聚乙烯醇衍生物、纤维素衍生物和聚酰胺三大类；交联剂为二乙烯基化合物，光引发剂主要用安息香醚类或蒽醌类。将上述各组分混合均匀后，涂布到带有防光晕层的聚酯片基或铝基上，干燥后即制成固体感光性树脂凸版。也有将固体树脂版组分共混后，经挤出成型而制得。

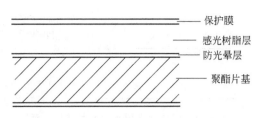

图 11-3　固体感光性树脂凸版结构示意

固体感光性树脂凸版制版工艺：

揭去固体树脂版保护膜→覆盖阴图底片→UV 曝光→显影→干燥→后曝光→印版。

固体树脂版揭去聚乙烯保护膜后，将阴图底片和感光树脂层真空贴合，UV 曝光，见光部分交联固化形成图文部分，不见光部分在显影时除去，经干燥，二次 UV 充分曝光，使版材彻底固化，以提高印版硬度和强度，制成印版。

固体感光性树脂凸版和液体感光性树脂凸版在 20 世纪 70～90 年代曾在新闻报刊印刷、标签、包装纸、信纸印刷上广泛使用，但由于印版分辨率低、耐印力低、印刷质量也差，因此逐渐被胶印和柔印所代替，退出印刷历史舞台。

11.2　感光性柔性版

感光性柔性版其光固化作用与感光性树脂凸版一样，不同的是版材除了有一定硬度外，还具备橡胶的弹性。柔性树脂版分固体感光树脂版和液体感光树脂版。按技术方式不同分普通版、数字版、热敏柔性版、激光雕刻版、无接缝套筒版等。按版材厚度不同分为厚版（>3.94mm）和薄版（0.76mm/1.14mm/1.70mm）等。目前所谓的 CTP 柔性树脂版是指在 3.94mm/2.84mm/1.70mm/1.14mm 等普通版材上覆盖一层可激光烧蚀的黑膜，替代原先使用的阴图软片，利于网点还原、提高制版质量等。CTP 柔性树脂版主要用于瓦楞纸直接印刷、软包装、薄膜印刷、商标标签、手提袋、折叠纸盒、饮料包装等。

柔性版印刷，由于柔印设备投资比胶印、凹印设备低；制版工艺简单，耐印力高，装版迅速；随着印刷技术发展，印刷质量和精度不断提高；大量使用环保型水墨和 UV 油墨，因此在包装印刷上正在逐步替代胶印和凹印，特别是塑料印刷和纸版印刷。

11.2.1　固体感光性树脂柔性版

固体感光性树脂柔性版组成主要是使用本身有弹性的合成树脂如聚丁二烯、聚异戊二烯、聚丁二烯-苯乙烯共聚物、聚氨酯、聚乙烯-乙酸乙烯共聚物等；交联剂为丙烯酸多官能团单体，如季戊四醇三/四丙烯酸酯、三羟甲基丙烷三丙烯酸酯；光引发剂为安息香醚类、蒽醌类、二苯甲酮类。版材结构如图 11-4 所示，版基为聚酯片基，上面是感光树脂层，再覆盖一层可剥离的聚乙烯保护膜。感光树脂层大多采用将橡胶类树脂、交联单体、光引发剂、阻聚剂等共混合挤出成型。固体感光性树脂柔性版制版过程：

背面曝光→安置底片→正面曝光→显影→干燥→后曝光→防粘处理→印版。

版材首先是背面 UV 预曝光，其目的是为了增加版基的厚度，曝光时间越长，版基越厚。再揭去保护膜，放上阴图底片，正面 UV 曝光，见光部分发生光交联固化形成图像部

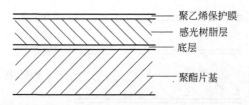

聚乙烯保护膜
感光树脂层
底层
聚酯片基

图 11-4　固体感光树脂柔性版结构示意

分；显影时未见光部分被溶解除去，经干燥后，为了使印版中单体完全固化，再进行后曝光，用紫外灯对版面全面曝光，经防粘处理后，制成印版。

11.2.2　液体感光性树脂柔性版

液体感光性树脂柔性版与固体感光性树脂柔性版基本组成一样，只是制成液体树脂，即时制版。其制版过程为：

铺流→背面曝光→形成图文的正面曝光→背面全面曝光→回收未固化树脂→显影→干燥→后曝光→印版。

在曝光成型机中，在下玻璃板上铺上阴图底片，覆盖聚酯薄膜，涂覆液体感光树脂到所需厚度，覆盖聚酯片基，压好上玻璃板。再背面 UV 曝光，然后正面 UV 曝光，见光部分发生光交联固化，与背面曝光固化部分连接一起形成图文，接着背面全面 UV 曝光，形成版基，回收未固化的感光树脂后，再经显影、水洗、干燥，最后用紫外灯对版面全面曝光，制成印版（图 11-5）。

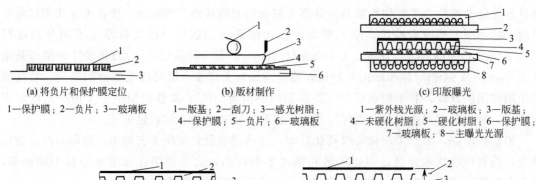

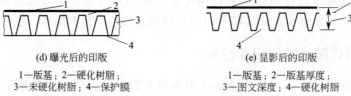

图 11-5　液体感光树脂柔性版制版工艺

11.2.3　CTP 柔性版

20 世纪末，美国杜邦公司率先推出的一种与计算机直接制版技术接轨，用先进的数字成像与柔印版制版技术相结合的柔性版数字成像系统和直接制版用柔性版（CTP 柔性版）。CTP 柔性版是复合结构版材，即在原杜邦感光性树脂柔性版 Cyrel 版材上涂有一层黑膜（图 11-6），此层黑膜在受到激光束扫描时，能气化而露出 Cyrel 版。经激光扫描后，

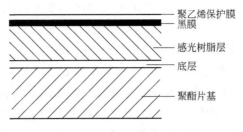

图 11-6　CTP 柔性版结构示意

黑膜即成为底片，再按常规 Cyrel 制版工艺，经曝光显影后制得印版。所以 CTP 柔性版制版过程为：

图文输入计算机→计算机控制激光烧蚀版材上黑膜形成底片→背面曝光→正面曝光→显影→干燥→后曝光→防粘处理→印版。

采用 CTP 柔性版，不用银盐胶片制作底片，省去了银盐胶片制作的设备、材料和时间；无需真空吸版，故无漫射，网点扩大小、分辨率高；印刷质量提高，可与胶印媲美。CTP 柔性版技术是数字化制作柔性版，它代表了柔性版的发展方向。从版材上看，成本增加不大，主要是制版设备投资增加较大，这就影响了 CTP 柔性版技术的推广应用。

进入 21 世纪，由于喷墨技术的发展，在柔性版制版上得到应用，直接在感光性柔性版材上喷上阻挡紫外光的墨水，经 UV 曝光和显影后就完成制版，也不用感光胶片，更方便，成本更低。

上述三种技术进行制版：柔性版传统胶片制版技术、激光 CTP 柔性版直接制版技术和喷墨 CTP 柔性版直接制版技术，它们的工艺流程对比见图 11-7。

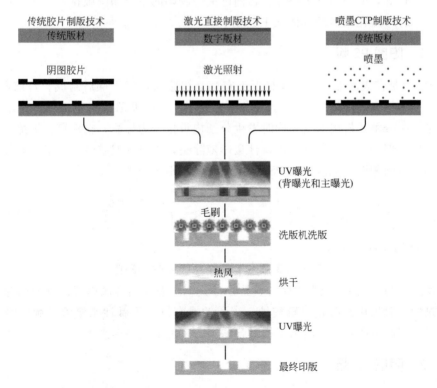

图 11-7　柔性版传统制版、CTP 直接制版和喷墨 CTP 制版工艺流程

从图 11-7 中可以看出，这三种制版技术最大的区别在于成像方式不同，传统柔性版制版采用的是胶片曝光成像方式，目前常见的柔性版 CTP 直接制版方式采用的是激光烧蚀黑膜成像方式，而喷墨 CTP 制版系统采用的是喷墨成像方式。

与传统柔性版制版方式相比，喷墨 CTP 制版技术省去了输出胶片及用胶片在版材上曝光成像的步骤，同样是采用低成本的传统模拟版材，制版质量却有了大幅提升；与目前常见的柔性版 CTP 直接制版方式相比，喷墨 CTP 制版技术无需采用价格较高的数字版材，且无需昂贵的激光烧蚀黑膜成像设备，成本优势非常明显。

喷墨 CTP 制版系统也存在一些的不足之处，特别突出的一点就是：输出印版的幅面较小，且可用版材的厚度也有限制，因此适应的产品范围就有一定的局限性。就目前来看，该系统针对的目标市场，更多的应当是标签印刷领域，但其制版质量却达不到标签印刷，特别是高档标签印刷的要求，这也是其在推广中面临的难题。

由于银和石化产品等原材料国际价格的持续上涨，胶片的价格也在不断上调，省去胶片的数字化直接制版方式将是柔性版制版的未来发展方向。因此，如果今后柔性版喷墨 CTP 制版技术，在输出幅面和制版质量上能够有较大突破的话，将可能拥有较大的市场空间。

11.3 预涂感光平版

预涂感光平版（presensitiged plate，PS 版）。是在铝基版上预先涂覆感光层，加工后贮备，随时用于晒版的胶印版。具有商品化贮存性（保存期在一年左右）；使用简便；分辨力高，印刷适应性好，耐印力高等特点，目前已成为胶印的主要印刷版材。

PS 版一般分为阳图 PS 版和阴图 PS 版两种。

11.3.1 阳图 PS 版

阳图 PS 版是在表面处理的铝基材上涂布感光树脂层，经干燥后制成。目前阳图 PS 版感光树脂层多采用光降解型邻-重氮萘醌类作感光剂，与线型酚醛树脂组成。在紫外光照射下，重氮基发生分解，析出氮气，同时发生分子内重排变为烯酮，在水存在下烯酮水解变为羧基。因为感光部分产生了羧基，用碱性显影液除去，露出的铝基亲水。不感光部分形成的图文亲油墨，得到阳图。我国目前 PS 版主要用的是阳图 PS 版。

阳图 PS 版的制过程：

$$曝光 \rightarrow 显影 \rightarrow 干燥 \rightarrow 修版涂胶 \rightarrow 印版$$

将阳图底片与阳图 PS 版真空贴合，紫外曝光，一般采用金属卤素灯（如碘镓灯）或中压汞灯。显影一般采用硅酸钠、磷酸钠、碳酸钠或有机胺等碱性水溶液。版面经除脏、修版、干燥后，即制成印版。有时为了提高耐印力，还可采用高温烤版。

11.3.2 阴图 PS 版

阴图 PS 版与阳图 PS 版一样，是在表面处理的铝基材上涂布感光树脂层，经干燥后制成。只是阴图 PS 版所用感光树脂是采用光聚合型感光性树脂。常见的有重氮树脂与碱溶性树脂体系、带叠氮基的高分子体系和带肉桂酸基团的高分子体系，它们感光度比阳图 PS 版高，但有一部分是溶剂显影，成本高，对人体有害，也污染环境。在紫外光照射下，见光部分发生聚合交联，形成图文部分亲油墨，不见光部分显影时除去，露出铝基材亲水，得到阴图。

阴图 PS 版的制版过程为：

$$曝光 \rightarrow 显影 \rightarrow 干燥 \rightarrow 修版 \rightarrow 涂胶 \rightarrow 印版$$

将阴图底片与阴图 PS 版真空贴合，紫外曝光，一般采用金属卤素灯（碘镓灯）或中压汞灯。显影一部分是用稀碱液如碳酸钠，还有一部分是要用溶剂。版面经除脏、修补、干燥后，即成印版。

11.3.3　无水胶印 PS 版

无水胶印是用斥墨的硅橡胶层作为印版空白部分，不利用水、油相斥原理，当接触墨辊时不会受墨，在印刷时不用水或润版液，可以在版面干燥状态下进行印

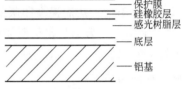

图 11-8　无水胶印 PS 版结构示意

刷。由于印刷时不用润版液，不会造成纸张变形，无需考虑水墨平衡问题；印版耐印力高；制版方法简单；但成本比一般 PS 版高。

无水胶印 PS 版结构如图 11-8 所示。在铝基板上有底涂层，再涂上感光树脂层和硅橡胶层，上面覆盖保护膜。

无水胶印 PS 版制版工艺：

$$曝光晒版 \rightarrow 剥离保护膜 \rightarrow 显影 \rightarrow 后处理 \rightarrow 印版$$

将底片直接置于版材上，抽真空贴合，UV 曝光（金属卤素灯或中压汞灯），剥离保护膜。由于 UV 曝光时见光部分感光树脂发生光交联并与上层硅橡胶产生光黏结，使感光树脂层与硅橡胶黏结在一起，组成非图文部分，不亲油墨，显影时，显影液对未感光部分的硅橡胶有较强显影能力而除去，露出树脂形成图文部分，亲油墨，得到阳图。

11.4　计算机直接制版 PS 版

计算机直接制版技术是 20 世纪 80 年代开发的数字化制版技术。由于设备制造厂商与印刷厂、感光材料生产厂密切合作，进入 20 世纪 90 年代 CTP 技术日渐成熟，代表了印刷技术最新的发展方向。

CTP 技术是使用数字化数据通过激光制版机将图像、文字直接复制到印刷版上的技术。采用 CTP 工艺制版与传统胶印制版工艺相比，不需要银盐分色胶片，还可省去多道制版工序。CTP 工艺和传统制版工艺比较如图 11-9 所示。

11.4.1　CTP 版的性能要求

CTP 直接将数字化图文传递到印版上。因此对 CTP 版要求有如下性能。

① 着墨性　印版影像部分有良好的着墨性，印刷时不会产生飞墨影响印刷效率。

② 亲水性　印版非影像区有良好的亲水性。现在使用的 CTP 版基多为铝基版，其表面

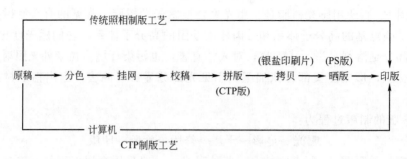

图 11-9　CTP 工艺和传统制版工艺比较

经磨版和阳极氧化处理，具有优越的亲水性。而且表面处理后的铝基也有利于改进感光层和铝版基的黏附性，从而提高印版的耐印力。

③ 耐印力　为单张印版所能印出的印品最多印数。为了提高印版的耐印力，常加热至230～250℃烤版 1～2min，进一步除去溶剂以提高影像区成膜树脂的交联程度，使影像更加牢固，提高耐印力。

④ 分辨率　指印版成像的精细和准确程度。常规的 PS 版可得到 175 线，2%～98% 的网点；而 CTP 版可得到 175 线，1%～98% 的网点。

⑤ 感光度　常规的 PS 版感光度在 $10～100mJ/cm^2$。CTP 版中银盐扩散转移版感光度最高为 $1～100\mu J/cm^2$，光聚合版在 $100～250\mu J/cm^2$，热敏版在 $100～200mJ/cm^2$。

⑥ 曝光光源　常规 PS 版用 UV 曝光，主要用金属卤素灯和汞灯。CTP 版用激光光源曝光，一般情况下光聚合版用紫激光（405～410nm）、氩离子激光（488nm）和 FD-YAG 激光（532nm）；银盐扩散转移版用紫激光（405～410nm）、FD-YAG 激光（532nm）和 Red-LD 激光（630nm）；热敏版用 IR-ID 激光（830nm）和 YAG 激光（1064nm）；UV-CTP 版用紫外光（365nm、375nm）。

⑦ 显影　显影可使版材曝光部分和未曝光部分区分开来，形成影像。对不同 CTP 版材，显影方法也不同：银盐 CTP 版都用银盐扩散转印显影方式；光聚合 CTP 版一般用碱水显影；热敏 CTP 版因不同版材显影方法也各不相同；UV-CTP 版则用常规 PS 版显影液显影；银盐复合 CTP 版则先要经银盐显影，然后用 PS 版显影液显影。

11. 4. 2　CTP 版材的类型

CTP 制版系统因结构不同，所选光源不同，所用的 CTP 版材也不同。目前主要有六种不同 CTP 版材：高感光聚合版、银盐复合版、银盐扩散转移版、热敏版、紫激光版以及 UV-CTP 版，但主要为高感光聚合版、银盐扩散转移版和热敏版，它们的版材结构、成像机理和性能不尽相同，各有特点（表 11-1）。

表 11-1　常见三种类型 CTP 版材性能对照表

性能	高感光聚合版	银盐扩散转移版	热敏版
曝光光源	紫激光(410nm) 氩离子激光(488nm) FD-YAG 激光(523nm)	紫激光(410nm) 氩离子激光(488nm) FD-YAG 激光(523nm) RED-LD 激光(630nm)	IR-LD 激光(830nm) YAG 激光(1046nm)
版材感光度	$100～200\mu J/cm^2$	约 $1\mu J/cm^2$	$100～200mJ/cm^2$

性能	高感光聚合版	银盐扩散转移版	热敏版
影像形成	感光聚合物的光聚合交联反应	银盐扩散转移方式	酚醛树脂的热交联反应
显影	碱显影	银盐扩散显影处理	热强化交联后显影
分辨力	175 线,2%～98%网点再现	同银盐片解像力	175 线,1%～98%网点再现
印刷适性	同 PS 版	不如 PS 版	同 PS 版
曝光后的潜影稳定性	曝光后潜影继续,经显影前预热处理停止	同银盐片	曝光而未显影的版材可长时间保存
耐印性	10 万～20 万印烤版可印 100 万印	中印程以下	10 万～20 万印,烤版可印 100 万印
作业条件	黄灯	暗室	明室

由于激光技术的发展，开发了紫激光（405～410nm），2000 年紫激光器功率还只有 5mW；2002 年为 30mW；2004 年 Drupa 展会上，紫激光器已普遍为 60mW；而 2008 年 Drupa 展会上，紫激光器功率已出现 120mW，正在开发功率 150mW、200mW 甚至 250mW 的紫激光器。由于紫激光 CTP 版材成像所需的紫激光器功率 60mW 足够用，因此更高功率的紫激光器开发，无疑使紫激光 CTP 技术如虎添翼，紫激光 CTP 技术进展将更为迅速。

CTP 技术的另一个进展是免化学处理 CTP 印版的出现。各种 CTP 版材都需经显影加工处一理，需用显影液、水冲洗，带来大量的废水，污染环境。因此从环保上看，免化学处理 CTP 印版的开发完全适应当前绿色生产需要和持续发展的需求，也为印刷行业一直难以克服的环境污染开辟了一条新路。目前免化学处理 CTP 印版实际上还是水显影和上胶，即不需用化学显影药剂，降低制版成本；水洗经循环使用，没有废液排放，更为环保；缩短制版周期，提高生产效率。

11.4.3　UV-CTP 版

UV-CTP 是指利用 UV 光或 UV 激光在传统 PS 版上进行计算机直接制版的一种方式，最早也称为 CTcP。UV-CTP 最大的特色是采用常规的 PS 版和显影液，价格低，综合成本低；而且制版机激光头寿命较长（3000～20000h），价格低，维护成本也较低。UV-CTP 与热敏 CTP、紫激光 CTP 有关性能对比见表 11-2。

表 11-2　UV-CTP 与热敏 CTP、紫激光 CTP 有关性能对比

项目	UV-CTP	热敏 CTP	紫激光 CTP
光源	紫外光	红外激光	紫激光
波长/nm	365、375	830	405、410
激光头功率/mW	100	4×10^4	60
感度/(mJ/cm^2)	20～100	100～200	50～100
制版速度/(4 开张/h)	—	200	350

UV-CTP 版材与 PS 版一样，有阴图型和阳图型两种。

① 阴图型 UV-CTP 版　为光聚合/光交联型版，成像原理是利用感光层见光部分发生聚合/交联，形成图文部分，亲油墨，用于印刷；不曝光部分在显影时除去，形成非图文区，亲水，达到水墨平衡。阴图型 UV-CTP 版的制版速率较快，比同样感光度的阳图型版材高出 30％以上，因此阴图型更适合于 UV-CTP 制版。其耐印力较高，适合于商业包装印刷。

② 阳图型 UV-CTP 版　为光分解型版，成像原理是利用感光层见光部分解，在显影时除去，形成非图文区，亲水；不曝光部分形成图文区，亲油墨，用于印刷。因需除去的面积较大，就需较长的曝光时间，制版速率较慢。但因具有网点还原性好和显影加工适应性宽等优势，常应用于商业印刷和报业印刷。

11.5　网印制版感光材料

网印制版通常有四种方法，即直接法、间接法、直-间接混合法和计算机直接制版法。直接法是直接涂布感光胶制版；间接法是用感光膜制版，而感光膜是用感光胶涂布到聚酯薄膜上制成；直-间接混合法，制版时既要用感光胶，也要用感光膜；计算机直接制版法也要用感光胶。不同的是，前三种方法都要用底片制版，而计算机直接制版法不需要底片，只要将图像符号等资料先输入计算机，然后利用计算机在已涂布感光胶的网版上制版。相同的是，无论哪种制版方法都要应用感光胶。

11.5.1　网印感光胶

网印制版用感光胶主要有四大类：重铬酸盐系感光胶、醇溶性尼龙系感光胶、重氮树脂系感光胶和有机苯乙烯基吡啶盐树脂系感光胶。

① 重铬酸盐系感光胶　是利用重铬酸盐的光敏性，与一些有机胶体（明胶、鱼胶、阿拉伯树胶、聚乙烯醇等）混合制成感光胶。但它只能现用现配，使用寿命短，有暗反应，解像力低，特别是铬盐毒性大，既损害人体健康，又污染环境，现在已不使用。

② 醇溶性尼龙系感光胶　多采用安息香及其衍生物作光引发剂，但因这类感光胶制版后不能去膜，网版无法重复使用，现在也已不使用。

③ 重氮树脂系感光胶　多采用聚乙烯醇与非水溶性高分子乳液（聚醋酸乙烯乳液、醋-丙乳液等）；感光剂为重氮化合物，常用的有双重氮盐、重氮树脂或复合重氮树脂等配成。由于具有分辨率高、解像力好、感光速率快、耐磨性、耐水性和耐溶剂性都很好，又是用水显影，以及易去膜等突出优点，目前已成为应用最广泛的感光胶。

④ 有机苯乙烯基吡啶盐树脂系感光胶　又叫 SBQ 感光胶，是日本村上丝网株式会社研制成功的一种单液型感光胶，它是利用苯乙烯基吡啶盐受紫外光照射发生光二聚反应，生成带四元环结构的不溶于水的二聚物，用水显影时留在丝网上形成图文。SBQ 感光胶热稳定性好；感光度高，比重氮感光胶高 4～5 倍，感光光谱在 315～430nm，最大吸收峰在 370nm；分辨率高，图像清晰，印件质量高；显影性能好，用水显影；版膜与丝网黏结性能好，耐印率高；废旧版膜容易脱膜，有利于网版的回收再利用。主要缺点是成本比重氮感光胶高，影响推广使用。

此外还有光聚合体系的感光胶，也是单液型碱水显影。

用感光胶来制作丝网印版制版过程：

$$绷网 \rightarrow 涂覆感光胶 \rightarrow 晒版曝光 \rightarrow 显影 \rightarrow 干燥 \rightarrow 印版$$

将选好一定目数的丝网（有尼龙、聚酯、不锈钢、铜、镍丝网等）在木框或铝框上绷紧，用绷网胶粘在网框上，使其具有一定的张力。再涂覆感光胶，在 $40℃ \pm 5℃$ 烘箱中干燥。一般要涂两遍，最多三遍。放上底片，真空吸片；因网印感光胶吸收 400nm 左右的紫外光。采用制版荧光灯或金属卤素灯曝光。经用水显影后，干燥，修版，制成印版。丝网印版使用完后，还可以脱膜回收，使用脱膜液，除去感光胶后，丝网可重复使用。

11.5.2　网印感光膜

感光膜又称感光菲林或菲林，是将丝网感光胶均匀地涂布在聚酯片基上，经干燥后卷存，即开即用，省时快捷。使用感光膜制版能保证网版印刷面光滑，并能容易控制网版厚度，精密耐用。使用感光膜的制版过程与感光胶一样：

$$绷网 \rightarrow 粘贴感光膜 \rightarrow 晒版曝光 \rightarrow 显影 \rightarrow 干燥 \rightarrow 印版$$

由于制作感光膜时使用不同的感光胶，因此得到不同的感光膜，用重氮感光胶制得重氮菲林，用 SBQ 感光胶则制得 SBQ 菲林。

11.5.3　计算机直接制作网印版

计算机直接制网印版（CTS）是由计算机把输入的图像和文字直接输出到网印网版上，经显影处理后形成网印版。目前有两种途径可实现 CTS：喷墨直接制版（jet screen）和直接曝光制版（direct light processing，DLP）。

① 喷墨直接制版　将网版涂布感光胶并干燥，或贴上菲林，通过喷墨系统把阻光的油墨喷涂在感光层上，待油墨干燥后用紫外光对网版进行全面曝光，未喷油墨的地方见光固化，而喷有油墨的部分，则在显影时被显影液（通常为水）除去，形成网版的图文。

② 直接曝光制版　同样需将网版涂布感光胶并干燥或贴上菲林，通过计算机控制 UV 光源或激光光源直接对网版进行曝光，见光的部分感光胶发生交联固化，未见光的部分，则在显影时被显影液（通常为水）除去，形成网版的图文。

两种 CTS 系统都需要有较大的设备投资，这就影响了 CTS 的推广应用。

现在 CTS 进一步发展为丝网印版不用涂感光胶，即通过电脑直接喷涂一种涂料，在模版上形成图像之后，经晒版显影就可得到网版的技术。这种在模版上直接成像的制版方法是今后网印的发展方向。

此外，还有一种直接成像制版的方法是在一种特制的金属合金膜上，直接用计算机进行激光扫描蚀刻成像，这种制版方法制作的模版具有不变形、对位准、印刷精度高的特点，它的应用使网印能印刷高质量的印品。

CTS 作为数字化的网版制造技术，不仅减少了制版工序，节省了时间；还不用胶片，免除了银盐胶片冲洗加工，减少了"三废"；印刷信息保存方便，修改容易，还可以远程传送；多版套印时，数字化网版定位，减小了人为误差；可以通过网络与客户交流印刷信息，省时省力；对丝网目数没有要求，对网框无特别要求，感光胶也无需专用感光胶，网点形状和网点大小可设定，也无特别的暗房要求。CTS 系统的上述优点，势必为网版印刷开拓更广阔的市场。随着数字化技术在印刷行业应用的深入发展，CTS 系统也将与 CTP 一样逐步推广，引领着网版印刷的发展方向，代表着网版印刷发展趋势，给传统的丝网印刷制版工艺带来了根本性的变化，标志着丝网制版技术已进入到数字化的新阶段。

11.6 感光性树脂和感光剂的合成方法实例

（1）对重氮二苯胺氯化锌复盐的合成

将 18.4g（0.1mol）对氨基二苯胺溶于 5% 的盐酸溶液，冷至 0℃，搅拌下慢慢滴加 6.9g（0.1mol）亚硝酸钠的浓水溶液，保持 0～5℃，加毕，继续搅拌 0.5h。加入 6.8g（0.2mol）理论量稍过量的氯化锌结晶，充分振荡后放置，析出对重氮二苯胺氯化锌复盐结晶，过滤后自然晾干，产率 90% 以上。

（2）3-甲氧基-4-吗啉基苯基重氮四氯化锡复盐的合成

将 9.4g（0.05mol）2-氯-5-硝基苯甲醚和 11.5g（0.13mol）吗啉充分混合，升温至 155℃，搅拌反应 9h，减压蒸馏除去未反应的吗啉，冷却加入 40mL 水，析出固体，捣碎、抽滤，滤渣用 40mL 6mol/L 硫酸加热溶解，冷却，在 <15℃ 放置过夜，此时未反应完全的原料 2-氯-5-硝基苯甲醚以固相析出，过滤，滤渣回收，滤液用浓氨水中和至 pH=7～8，析出黄色沉淀，冷却抽滤，水洗两次，真空干燥，得黄色固体产品 2-N-(2-甲氧基-4-硝基苯基) 吗啉（A）8.8g，产率 82.2%，熔点 102.5～103.5℃。

将 13.7g（0.06mol）二氯化锡（$SnCl_2 \cdot 2H_2O$）溶于 35mL 浓盐酸中，在剧烈搅拌下加入 3.57g（0.015mol）A，用冷水浴冷却，控制反应温度 <70℃，约几分钟后，硝基化合物全部溶解，反应温度开始下降，同时析出大量白色不溶物，70℃ 反应 2.5h，冷至室温，置冰水水浴中静置 1.5h，充分沉淀，抽滤，白色滤渣用 20mL 水溶解，用 30% 的氢氧化钠溶液中和，直至所生成 $Sn(OH)_4$ 全部溶解，冷却抽滤，水洗至弱碱性，真空干燥，用 1:3.5 的乙醇水溶液重结晶，得白色产品 3-甲氧基-4-吗啉基苯胺（B）2.85g，收率 88.8%，熔点 130～130.5℃。

将 2.08g B 溶于 10mL 6mol/L 盐酸中，用冰水浴冷至 0℃ 后滴加 0.85g（0.012mol）亚硝酸钠和 2mL 水配成的溶液，控制滴加速率，使反应温度在 2～4℃，加毕搅拌 15min，用淀粉 KI 试纸检验显蓝色，剧烈搅拌，滴加由 2.5g（0.007mol）$SnCl_4 \cdot 5H_2O$ 和 35mL 水所配成的溶液，很快析出黄色沉淀，在 0℃ 放置 15min 充分沉淀，迅速抽滤，立即真空干燥，得产品 3-甲氧基-4-吗啉基苯基重氮四氯化锡复盐（C）3.8g，收率 99%，该重氮盐紫外光谱吸收波长为 320～480nm，$\lambda_{max}=408nm$。

（3）重氮感光性树脂的合成

在三口烧瓶中加入 7.5g 干燥的对重氮二苯胺的氯化锌复盐和 12.5mL 98% 的浓硫酸，搅拌至重氮二苯胺的氯化锌复盐溶解，再加入 1g 聚甲醛，10℃ 下搅拌反应 3h。反应完毕，将反应液倒至 100mL 乙醇中，立即有沉淀析出，过滤，用乙醇多次洗涤，再过滤得固体物于暗处风干，得约 5.8g 黄绿色粉末状重氮树脂。

（4）带叔氨基的聚乙烯醇系感光性树脂的合成

在三口烧瓶中加入 10g 聚乙烯醇（05-88）、5g 对二甲氨基苯甲醛、100g 冰乙酸和 0.3g 催化剂对甲苯磺酸，升温至 80～100℃，反应 2h，加入 5g 马来酸酐、0.01g 对苯二酚，升温至 100～115℃反应 2h，减压蒸馏除去溶剂，提纯，得到产物为聚乙烯醇环缩二甲基苯甲醛的马来酸酯，具有感光性。

（5）双醌氮型感光剂 2,2-双(3,4-叠氮苯醌)丙烷的合成

在三口烧瓶中加入 34.2g（0.15mol）双酚 A、100mL 乙酸，在 20℃滴加 24mL（$d = 1.4g/mL$，0.36mol）硝酸，加毕继续反应 2h，抽滤洗涤，得粗品 36.5g，产率 76%，粗品用乙醇重结晶得纯品 A [2,2-双-(3-硝基-4-羟基苯基)丙烷]，熔点 130.5～131℃。

将 6.4g（0.02mol）A 溶于 190mL 无水乙醇中，加入 1g 雷尼镍，在常压下通氢气催化

还原。当吸氢停止后，加热到 70℃，过滤、浓缩，得白色至淡灰色的产物 B 4.6g，产率 96%。

在烧杯中依次加入 3.9g（0.015mol）B、5.5mL 乙酸、3g 乙酸钠溶于 5mL 水的溶液、1g 硫酸钠溶于 5mL 水的溶液，置于冰浴中，在 0℃时滴加 2.7g 亚硝酸钠的溶液，进行醌氮化，提取醌氮化合物得紫红色固体 C 2.5g，产率为 60%，产品为 2,2-双（3,4-叠氮苯醌）丙烷，$\lambda_{max}=373nm$。

（6）重氮萘醌感光剂的合成

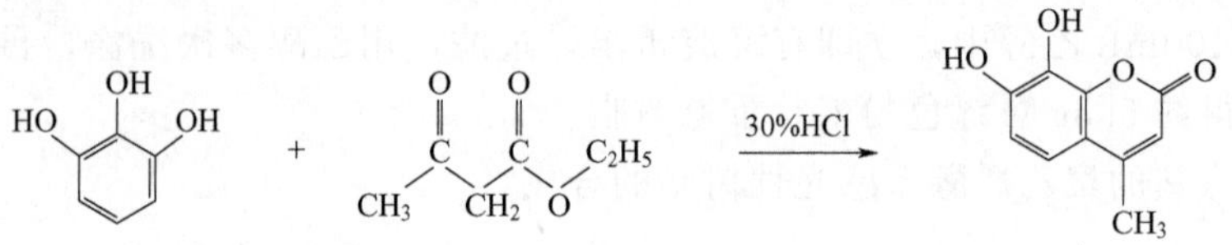

将 6.3g（0.05mol）连苯三酚溶于 10.5mL（0.1mol）30% 的盐酸溶液中，搅拌，加热到 80℃，使连苯三酚全部溶解，再降温至 55℃，缓慢滴加 6.5g（0.05mol）乙酰乙酸乙酯，滴加完缓慢升温至有棕黄色物质析出，停止反应，抽滤水洗，再用乙酸乙酯洗，抽滤，50℃干燥，用乙醇重结晶，得 A（7,8-二羟基-4-甲基香豆素）。

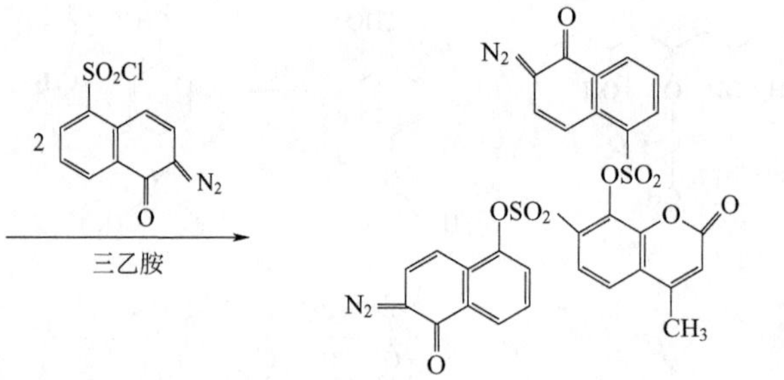

将 2,1,5-重氮萘醌磺酰氯（或 2,1,4-重氮萘醌磺酰氯）与 A 以摩尔比 2∶1 溶解在丙酮中，恒温 40℃，搅拌下 2h 内滴加 2mol 三乙胺，加毕再反应 2~3h，将反应液倒入十倍蒸馏水中洗涤，过滤水洗，40℃干燥至恒重，得到 B，为重氮萘醌感光剂，整个过程避光。

（7）聚氨酯叠氮萘醌磺酸酯的合成

在三口烧瓶中加入 11.0g（0.10mol）对苯二酚、60mL 丙酮搅拌溶解，升温，滴加 8.0g（0.045mol）甲苯二异氰酸，回流反应 2.5h。冷却，倒入适量去离子水中，析出白色沉淀，抽滤，固体真空干燥，得产物 A 16g，产率 88.9%。熔点 194~196℃。

在三口烧瓶中加入 16g A 和 30mL 二氧六环，搅拌溶解，滴加 5.4g 1,2-萘醌二叠氮-5-磺酰氯和 20mL 二氧六环混合液，再加入 2.5g 碳酸钠固体和 5mL 去离子水，搅拌、升温至 60℃反应 1.5h，65℃反应 1h，冷却后倒入盐酸水溶液中析出黄色沉淀，抽滤，用去离子水洗至中性，真空干燥，得产物 7g，为聚氨酯叠氮萘醌磺酸酯，λ_{max} 为 346nm 和 395nm。

（8）光产酸剂硫鎓盐的合成（一）

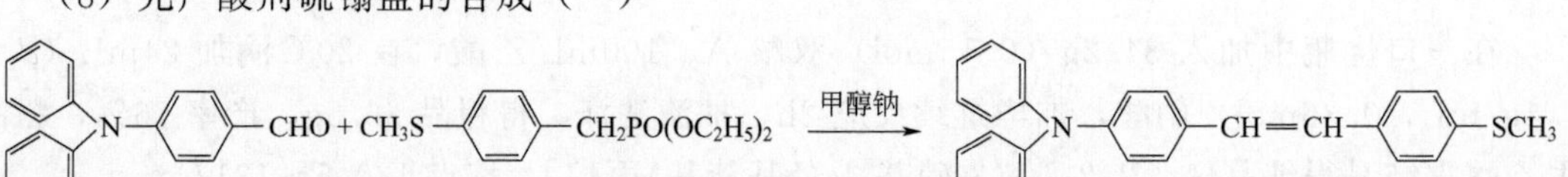

$$CF_3SO_3CH_3 \longrightarrow$$

B

将（4-N,N-二苯氨基）-苯甲醛和磷叶立德试剂（摩尔比为 1.5:1）和适量二甲基甲酰胺加入三口烧瓶中，通氮气，冰浴冷至 0℃，加入等物质的量的甲醇钠，0℃搅拌 30min，室温搅拌 24h，用甲醇沉淀，过滤，用二氯甲烷/乙醇重结晶，得黄色固体 A 为 4-[4-(甲硫基)苯乙烯基]-N,N-二苯基苯胺，产率 70%，熔点 185.4~187.2℃。

将 A 溶解在 80mL 干燥的二氯甲烷中，加入三氟磺酸甲酯（摩尔比为 5.1:6.1）。室温避光搅拌反应 4h，蒸出溶剂后，用乙醇沉淀，得黄绿色固体 B，产率 70%，熔点 151.2~159.5℃，λ_{max}=393nm，为硫鎓盐光产酸剂。

（9）光产酸剂硫鎓盐的合成（二）

$$\text{H}_5\text{C}_2\text{N}\cdots\text{CHO} + \text{CH}_3\text{S}\cdots\text{CH}_2\text{PO}(\text{OC}_2\text{H}_5)_2 \xrightarrow{\text{甲醇钠}}$$

A

$$CF_3SO_3CH_3 \longrightarrow$$

B

将 4-二乙氨基苯甲醛、磷叶立德试剂（摩尔比为 1.5:1）和溶剂二甲基甲酰胺加入三口烧瓶中，通氮气，冰浴冷至 0℃，加入等物质的量的甲醇钠，0℃搅拌 30min，室温搅拌 24h，用甲醇沉淀、过滤，滤饼用二氯甲烷/乙醇重结晶，得黄绿色固体 A 为 4-[4-(甲硫基)苯乙烯基]-N,N-二乙基苯胺，产率 30%，熔点 143.5~144.7℃，λ_{max}=368nm。

将 A 溶解在 80mL 干燥二氯甲烷中，加入三氟磺酸甲酯（摩尔比为 5.1:6.1），室温避光搅拌反应 4h，蒸出溶剂，在乙醇中沉淀，乙腈/乙醚重结晶得浅黄色固 B 产率 40%，λ_{max}=402nm，为硫鎓盐光产胶剂。

（10）光热敏微胶囊的制备

将取 1.5g 黑染料 ODB-2、10g TMPTA、10g TPGDA 和 4g (PO)$_2$NPGDA，搅拌加热溶解，冷至室温，加入 60g D-110N，在安全灯下加入光引发剂 184 溶液 1.5mL（50% 的乙酸乙酯）和 8g 乙酸乙酯得油相。

用 400mL、4.5% 的聚乙烯醇 PVA224 和 20mL 80g/L 的十二烷基磺酸钠混匀得水相。

在安全灯下，用高速剪切 9000r/min 搅拌速度下，将油相缓慢加入水相中，分散 10min。加入去离子水 300mL，四乙烯五胺 8g，在 800r/min 搅拌速度下，60℃恒温反应 3h，得到光热敏微胶囊。

（11）光敏微胶囊的制备

在三口烧瓶中加入一定量的乙氧基化季戊四醇（PP50）和丙烯酸（摩尔比为 1:2）、0.5%（质量分数）对甲苯磺酸、0.5%（质量分数）对甲氧基苯酚和适量甲苯，升温至 97℃反应 8h，得到含有双键的聚酯丙烯酸酯（A-PP50）。

取 4.75g A-PP50，加入到含 2.50g 甲苯二异氰酸酯的环己酮溶液中，加入 0.1mL 的二月桂酸二丁基锡，60℃反应 4h，得到含双键壁材预聚物的环己酮溶液。

　　在含 18g 预聚物的环己酮溶液中加入 0.5g 光引发剂 1173 和 2.0g 黑染料 ODB-2 作为油相，投入到 80mL 1%的聚乙烯醇 PVA1788 水溶液中，滴加 0.1mL 的二月桂酸二丁基锡，室温搅拌反应 8h，得到以 ODB-2 的环己酮溶液为芯材，含双键的聚氨酯丙烯酸酯为壁材的光敏微胶囊悬浮液，用 30%的乙醇溶液洗涤悬浮液，除去未被包覆的油相，滤出微胶囊，室温干燥 24h。

11.7　感光性树脂印刷版参考配方

　　以下配方中没注明的单位为质量份。

（1）重铬酸盐聚乙烯醇丝网感光液参考配方

| 聚乙烯醇(聚合度 1750)/g | 500 | 磺酸钠 | 少量 |
| 水/mL | 8000 | 重铬酸钠/g | 50 |

（2）丝网感光胶参考配方

皂化度 40%的醋酸乙烯-甲基丙烯酸	80	安息香甲醚	4
(97:3)共聚物的甲醇水溶液(40%)		甲醇	40
PETA	40	水	80

（3）液体感光性树脂凸版参考配方（一）

偏苯三酸酐/马来酐/乙二醇(46/24/30)	70.0	苯偶姻	0.7
不饱和聚酯		对苯二酚	0.01
丙烯酰胺	30.0	丙酮	20.0

（4）液体感光性树脂凸版参考配方（二）

改性不饱和聚酯	100.0	安息香异丁醚	3.2
HEA	30.0	2,6-二叔丁基对甲苯酚	0.1
DEGDMA	30.0		

（5）固体感光性树脂凸版参考配方

醇溶性聚酰胺	70.0	安息香甲醚	0.7
TEGDA	7.0	对甲氧基苯酚	0.1
间-二甲苯双丙烯酰胺	14.0	甲醇	300.0
N-羧甲基丙烯酰胺-双乙二醇醚	8.2		

（6）感光性树脂凸版参考配方

醇溶性聚酰胺	100	顺丁烯二酸酐	1
对-苯二亚甲基双丙烯酰胺	32	安息香甲醚	1
六次甲基双丙烯酰胺	21	对苯二酚	0.002
TEGDA	10	甲醇	500
丙烯酸丁二醇酯	3		

（7）碱水显影感光性树脂凸版参考配方

不饱和聚酯	70	安息香甲醚	2
DEGDA	15	对叔丁基邻苯二酚	0.1
丙烯酰胺	15		

（8）水溶性感光树脂凸版参考配方

聚乙烯醇(皂化度 80.5％,聚合度 500)	70.0	安息香异丙醚	2.5
聚乙烯醇(皂化度 88.5％,聚合度 500)	30.0	对甲氧基苯酚	0.2
HEMA	100	二碘曙红 5％水溶液	0.5
乙二醇双甲基丙烯酸酯	5.0	水	80.0

（9）感光柔性版参考配方（一）

苯乙烯-异戊二烯-苯乙烯嵌段共聚物	90.16	乙基蒽醌	0.55
TMPTA	9.23	对甲氧基苯酚	0.06

（10）感光柔性版参考配方（二）

苯乙烯-异戊二烯-苯乙烯嵌段共聚物	82.3	651	1.4
2-甲基苯乙烯-乙烯基甲基醚共聚物	6.0	2,6-二叔丁基对甲苯酚	0.166
乙二醇二丙烯酸酯	5.3	对苯二酚	0.001
乙二醇二甲基丙烯酸酯	3.7	红染料	0.003
HEMA	0.13	微晶蜡	1.0

（11）感光柔性版参考配方（三）

苯乙烯-丁二嵌段共聚物	100	651	2
TMPTA	15	阻聚剂	适量
季戊四醇-β-巯基丙烯酸酯	2		

（12）水显影感光柔性版参考配方

水溶性乙烯-乙烯醇共聚物	100	1173	3
DEGDA	25	阻聚剂	适量
HEMA	10		

（13）平凹版感光液参考配方

聚乙烯醇/g	75	十二烷基磺酸钠(8°Bé)/mL	3
重铬酸铵(16°Bé)/mL	125	水溶性紫染料(15％)/mL	10
麦芽糖/g	1	水/mL	1000

（14）阳图 PS 版感光液参考配方

2,1,5-邻重氮萘醌磺酸酯/g	25	双酚 A	0.3
间甲酚醛树脂/g	25	乙二醇单乙醚/mL	250
碱性艳蓝/g	0.5	乙酸丁酯/mL	250

（15）阴图 PS 版感光液参考配方（一）

重氮树脂	0.65	乙二醇单甲醚	95.00
丙烯酸共聚树脂	5.00	二甲基甲酰胺	10.00
醇溶蓝	0.25		

（16）阴图 PS 版感光液参考配方（二）

甲基丙烯酸烯丙酯-甲基丙烯酸共聚物	50.0	油性蓝 603	1.0
TMPTA	20.0	二十二碳酸	1.5
4-重氮二苯胺-甲醛缩合物六氟化磷盐	3.0	乙二醇独甲醚	500.0
2,4-二乙基-硫杂蒽酮	2.0	甲醇	150.0
2,4-二(三氯甲基)-6-(4-甲氧基) 1,3,5 均三嗪	2.0	甲基乙基酮	300.0

（17）阴图 PS 版感光液参考配方（三）

苯乙烯-马来酸酐共聚物	5.5	651	2.2
丙烯酸乙酯/甲基丙烯酸甲酸/	5.3	三氯甲烷	80.0
丙烯酸共聚物		甲醇	6.0
TEGDMA	2.3		

（18）光敏 CTP 版参考配方

线型酚醛树脂	15.0	三嗪类光产酸剂（溶于四氢呋喃）	5.4
交联剂（双酚 A/甲醛树脂）	5.0	1%的四溴酚蓝乙二醇独甲醚溶液	1 滴
乙二醇独甲醚	80.0		

（19）紫激光 CTP 版材参考配方（一）

聚氧乙烯接枝共聚物	58.7	2,4,5-三芳基咪唑	2.0
DPET/PA	24.4	Tolyi leuco Violet	4.5
ITX	3.0	Leuco Propyl Violet	0.5
2-甲基-4,6-二(三氯甲基)二均三嗪	4.0	BYK 336	2.9

混合溶剂：正丁醇：水：戊酮＝60：20：20，70℃干燥 75s 涂层干重 0.75g/m^2。

（20）紫激光 CTP 版材参考配方（二）

丙烯酸低聚物（UR3447）	35.0	巯基三氮唑	6.1
聚氧乙烯接枝共聚物	32.4	2-苯乙烯基-4,6-二(三氯甲基)均三嗪	3.3
DTMPT$_4$A	9.0	BYK 307	0.2
2,4,5-三芳基咪唑	14.0		

混合溶剂：正丁醇：水：戊酮＝60：20：20，涂层 70℃干燥 75s 涂层干重 1.60g/m^2。

（21）紫激光 CTP 版材参考配方（三）

PUA（EB8301）	3.59	ITX	2.00
甲基丙烯酸聚合物（WS-96）	18.07	2,4,6-三(三氯甲基)-均三嗪	2.00
聚丙氧基-乙氧基嵌段共聚物	4.79	Tolyl leuco Violet	2.00
（Pluruhic L43）		荧光结晶紫	1.30
甲基丙烯酸甲酯聚合物（Acryloid All）	11.97	抗氧剂（BHT）	0.15
DPETA（SR399）	24.94	Irgamox 1035	0.21
PETA 衍生物（UR3447）	28.93		

混合溶剂：1-甲氧基-2 丙醇：甲苯：甲乙酮：乙酸甲氧基丙酯＝58.9：25：15：1.1。

第 **12** 章 光固化材料在其他领域的应用

12.1 光固化软模压复制技术

软模压复制技术是 20 世纪 90 年代出现的一种新型复制技术。它通过光固化型或热固化型胶态状高分子材料为信息受体，在适当的机械力和光或热引发作用下，对表面浮雕型模版进行复制而获得复制图像。软模压复制技术最早应用于全息复制，能在塑料片材、玻璃、陶瓷、木材和金属等各种不同质地的基材上完成全息图的精密复制，成为光子产业的一个重要组成部分。近年来，软模压复制技术与印刷技术结合，进入了"软印刷技术"之一的纳米图像印刷技术领域，发展成为一种制作纳米/微米结构的新技术，在纳米电子器件、纳米光学元件、纳米生物传感器及其他具有纳米结构的功能图形制作方面，将显现出其独特的技术优势，为微电子产业、生物与生命科学、环境与新能源技术等领域的加速发展带来重大的影响。光固化软模压技术由于操作方便，固化速率快，无环境污染，加工精度高等特点，受到人们的关注，成为精细加工的一种新方法、新手段。

12.1.1 光固化软模压全息复制技术

软模压全息复制要求光固化材料具有以下的性能：
① 较低的黏度，一般控制在 $(2.0 \pm 0.5) Pa \cdot s (25 ℃)$；
② 较快的固化时间，控制在 $<60 s$；
③ 粘接选择性，对基材有较强的附着力，但对全息模版容易脱模；
④ 较高的透光率，一般要求透光率 $\geqslant 93\%$，以保证复制的全息图的光学性能和利于加工。

软模压全息复制技术首先用光致抗蚀剂制作金属母版：利用两束相干激光，相互成一定夹角，在光致抗蚀剂上相干形成全息图，制得表面浮雕型全息图，利用光致抗蚀剂表面的变化存储全息图像信息。再经光致抗蚀剂表面上电铸，制得金属母版。

全息金属母版通常由金属镍制成，其表面为浮雕全息图。将全息金属母版对热塑性塑料薄膜或片材进行压印，全息图通过全息金属母版转印到塑料薄膜或片材上，可以大量复制全息图。再利用带有全息图的薄膜，覆盖到涂有光固化树脂的基材上，UV 曝光固化，固化的光固化树脂记录了薄膜上的全息图信息。

通过光固化软模压全息复制技术，不仅可以大量复制全息图，而且可以制作镭射（即激光）玻璃、镭射装饰板等新型装饰材料。以镭射玻璃制作为例（图 12-1）：将玻璃清洗、干燥后，涂覆一层光固化树脂；再用上述带有全息图的薄膜覆贴到涂有光固化树脂的玻璃上，紫外光透过玻璃照射到光固化树脂使固化，记录全息图信息；取下薄膜，为了美观和装饰目的，在玻璃上丝印各种图案；再在形成浮雕型全息图的光固化树脂上真空镀铝，使玻璃板具有反射能力，产生反射全息图；最后铝表面涂一层 UV 光固化涂料作保护膜，制得了五光十色、色彩缤纷的镭射玻璃。

图 12-1　制作镭射玻璃的步骤

12.1.2　光软刻技术

软刻技术是近年来发展起来的一种制作纳/微米结构的新方法。该方法利用弹性体材料聚二甲基硅氧烷等作为软印章或软模板，通过聚合物等材料的铸模、模塑、印刷等方式来制备各种微结构。而光软刻技术则结合了光固化技术发展成熟和应用广泛的优势及软刻技术的便捷、高效等特点，可以复制得到高质量的微结构。

光软刻技术应用的实例是制备具有仿荷叶表面结构的超疏水表面（图 12-2）。将聚二甲基硅氧烷的预聚物和交联剂混合均匀，静置 20min 后浇注到平整的新鲜荷叶表面，在 40℃烘箱中反应 4h，固化后将聚二甲基硅氧烷弹性体与荷叶分离，得到复制有荷叶表面微结构的阴模软模板。将经真空避光排除气泡的光固化树脂涂覆在基板（玻璃片或硅片）上，盖上复制有荷叶表面结构的软模板，在 UV 灯下曝光，最后揭起软模板，并将样品放在 40℃烘箱中 5h，制得的仿荷叶表面结构的超疏水表面。扫描电镜观察到样品表面具有大量微乳突，类似于荷叶表面微结构特征，乳突的平均直径为 $7\sim12\mu m$，高度为 $10\sim18\mu m$。样品表面与水的接触角测量可高达 157°，滚动角 2°；而超疏水的标志为接触角大于 150°，滚动角小于 3°，因此用光软刻技术复制的仿荷叶表面可以实现表面超疏水性。

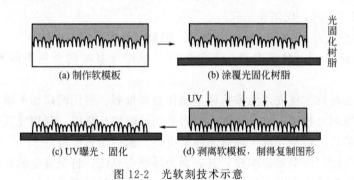

(a) 制作软模板　　(b) 涂覆光固化树脂

(c) UV曝光、固化　　(d) 剥离软模板，制得复制图形

图 12-2　光软刻技术示意

12.2　光固化牙科修复树脂

12.2.1　牙科修复树脂

牙科的治疗与一般疾病的治疗不同，除了使用药物以外，不少情况下是为了修复牙齿的缺损和充填牙齿的龋洞，因此牙科用的修复材料是非常重要的医用材料。

牙科修复材料品种很多，用于修复因龋齿、外伤等原因造成牙体缺损的修复材料主要有三类：合金材料、烤瓷和复合树脂。银汞合金作为牙科充填材料已有 160 多年历史，现仍作为后牙充填的常用材料。但银汞合金与牙色匹配性差，易发生电化学腐蚀和蠕变，特别是在生产和使用环节中汞对环境造成严重污染以及对人体不安全，许多发达国家已经限制和禁用银汞合金进行牙齿修复。20 世纪 60 年代，复合树脂作为一种美容修复材料，因其操作简便、色泽选择灵活性大、理化性能优越等特点，极大地满足了临床医生和患者对牙齿美容修复的要求，而且弥补了以前树脂材料在硬度和耐磨性方面的不足，又能够与牙釉质及牙本质产生牢固的化学结合，减少了牙体切割，最大限度地保存了天然牙体硬组织，现已成为牙体缺损修复治疗必不可少的重要材料。

牙科修复用的复合树脂是一种由有机树脂基质和经过表面处理的无机填料以及引发体系组合而成的材料，由于应用于人体口腔中，使用环境比较特殊，因此其性能必须要符合：

① 无毒，对牙齿组织及口腔黏膜没有危害；

② 化学稳定性好，不受唾液、食物、细菌、酶等影响发生分解；

③ 耐水性好，不易老化，不溶解渗出有害物质；

④ 使用方便，固化迅速；

⑤ 固化后有较好的物理力学性能，如耐磨、硬度等。

牙科修复用的复合树脂，按照固化方式不同可分为化学固化型、光固化型和光-化学双重固化型，而光固化型又分为紫外光固化型和可见光固化型。

化学固化型复合树脂是双组分，由于固化过程中产热较高，固化后体积收缩率较大，双组分混合后，操作时间短，不宜在患者口内直接修复，需要间接制作，给临床带来不便，因而被光固化型复合树脂所取代。光固化型复合树脂为单组分，具有固化速率快、使用方便、固化后树脂性能优异等特点。特别是随着新树脂和新型填料的开发和应用，湿性粘接技术的发展，牙科修复用光固化复合树脂的物理力学性能得到很大改善，在某些方面已经超过了传统的银汞合金修复材料，已替代银汞合金材料用于前后牙牙科缺损修复。此外，它还可以用作防龋齿的窝沟封闭剂、修复体与牙体间的胶黏剂、假牙基托材料以及牙冠外形重建的桩核树脂材料等。由于皮肤、黏膜和眼睛长时间被紫外光照射会引起光致癌、光过敏反应以及组织烧伤等危险，为了避免紫外光对患者口腔组织的伤害和减少紫外光对医生眼睛的损伤，光固化型复合树脂由紫外光固化型发展为可见光固化型。目前，可见光固化技术已经替代紫外光固化技术应用于牙科修复复合树脂的临床应用，包括牙科胶黏剂的固化。这三种复合树脂固化方式比较见表 12-1。

表 12-1　牙科修复用复合树脂固化方式比较

项目	化学固化	UV 固化	可见光固化
光源	无	金属卤素灯、中压汞灯	LED、金属卤素灯
波长/nm	—	$250 \sim 380$	$380 \sim 540$
λ_{max}/nm	—	365	470
光透过性	—	较差,固化深度浅	优于 UV 固化,固化深度深
引发体系	氧化还原体系	安息香醚、二苯甲酮/叔胺	樟脑醌/叔胺
可操作时间	短	长	长
固化时间	几分钟	几秒至几十秒	几秒至几十秒
组分	双组分	单组分	单组分
安全性	安全	对皮肤、眼睛、黏膜有害	安全

12.2.2 可见光牙科修复树脂的组成

可见光牙科修复用复合树脂是一种无机颗粒增强型聚合物复合材料，由美国学者 Bowen 于 1962 年最早提出。它是由有机树脂和经过处理的无机填料组成的非均相混合物。有机相中含有树脂基质、光引发剂、阻聚剂、稳定剂等；无机相为经过特殊表面处理的粉状无机填料，均匀分散于有机基质中，以增强树脂的强度和模量。在牙齿修复过程中，有机树脂基质作为复合树脂的连续相，将颗粒状的无机填料（分散相）包裹黏结在一起，于室温下以及在可见光照射下，较短时间内固化成型，并赋予材料一定的强度和形状。

① 树脂基质（resin matrix） 树脂基质由低聚物和活性稀释剂组成。目前低聚物均为双甲基丙烯酸树脂，使用最普遍的是双酚 A 双甲基丙烯酸缩水甘油酯（bis-GMA）。bis-GMA 分子量较大，有效地降低了一定体积内参加聚合反应的双键浓度，从而减小了反应造成体积收缩；分子中双键能在光固化时形成高度交联的三维网络结构，使材料的力学性能和耐化学药品性大大提高。为了降低树脂的黏度，增加聚合度，还采用氨基甲酸双甲基丙烯酸酯（UDMA）作为基础树脂。为了获得较好的临床可操作性和较高的填料装载量，还要在基础树脂中添加活性稀释剂降低体系的黏度，最常用的活性稀释剂为二缩三乙二醇双甲基丙烯酸酯（TEGDMA）。

<figure>
bis-GMA

UDMA

TEGDMA
</figure>

② 樟脑醌/叔胺可见光引发体系 樟脑醌（CQ）又称莰菠酮，为双羰基化合物，作为可见光引发剂，属于夺氢型光引发剂，其最大吸收波长在 470nm；具有毒性低、生物相容性好等优点，与叔胺助引发剂配合使用，在光固化牙科材料中成为首选的光引发剂。虽然其在 470nm 处消光系数 ε 只有 $20\sim50\text{mol}/(\text{L}\cdot\text{cm})$，但系间窜跃量子效率可高达 0.92 以上，产生激发三线态的概率较高，并且樟脑醌在发生光化学反应后，其长波吸收性能消失，具有光漂白功能，因此非常适合填充体系和厚层材料的光固化。与樟脑醌配合使用的叔胺助引发剂最常用的是甲基丙烯酸二甲胺基乙酯（DMAEM）。樟脑醌吸收可见光能后，由基态跃迁到激发态，在激发态樟脑醌与叔胺助引发剂发生电子转移、夺氢历程，产生胺烷基自由基引发聚合。产生的羰基自由基可以偶合形成频哪醇，也可经夺氢反应生成醇。

③ 无机填料 无机填料在复合树脂中作为复合材料的分散相可以增强材料的力学性能，特别是耐磨性和刚性，增加 X 射线的阻射性能，减少膨胀系数，又能减少有机树脂基体的含量，降低树脂固化收缩率和成本。增强型无机填料第一代使用石英粉，第二代为胶体二氧化硅，第三代为钡、锶、锆、玻璃粉和陶瓷粉。无机填料需经过偶联剂处理，最常用的偶联剂为有机硅偶联剂 KH570（γ-甲基丙烯酰氧丙基三甲氧基硅烷），它能与无机填料表面的羟

基反应，形成硅氧键，还因分子中含有甲基丙烯酰氧双键，可与树脂基质发生共聚合作用；将有机、无机两个相界面结合在一起，防止水分子沿填料与树脂间的界面渗入，提高水解稳定性，同时增强材料的力学性能。

12. 2. 3　牙科修复树脂的种类

目前牙科修复材料临床应用根据所加填料颗粒大小不同，将复合树脂分为如下几种。

① 传统型复合树脂　填料粒度 $1 \sim 100 \mu m$，平均 $8 \sim 12 \mu m$，属于第一代复合树脂。由于填料颗粒粒度大，树脂表面不易抛光，现已基本不用。

② 小颗粒型复合树脂　填料平均粒度 $1 \sim 5 \mu m$。

③ 超微型复合树脂　填料为粒径 $0.04 \sim 0.4 \mu m$ 的气相二氧化硅，具有良好的抛光性和持久的美观性能。但是，由于超微填料二氧化硅平均粒径较小，具有较大的比表面积，需更多的树脂才能润湿颗粒，因此，填料装载量受到限制。

④ 混合型复合树脂　由质量分数为 $10 \% \sim 20 \%$ 的超微填料（$0.04 \sim 0.4 \mu m$）和平均粒径为 $1 \sim 5 \mu m$ 的玻璃粉一起组成的填料总质量分数可达 $75 \% \sim 80 \%$ 的复合树脂，具有比超微型复合树脂更宽的颜色范围、较小的线膨胀系数、较小的边缘应力和较高的强度，是目前最流行的品种。但是，抛光性稍差。

⑤ 新型复合树脂　又称为理想颗粒型复合树脂，介于超微型和混合型复合树脂之间，通过对填料颗粒大小优化，使其同时具有超微型复合树脂的抛光性能和混合型复合树脂的物理力学性能。

近年来，混合型复合树脂根据牙科修复的不同用途又细分为如下几种：

① 可流动型复合树脂　这是一种较低黏度的复合树脂，主要组成与混合型复合树脂相似，只是填料含量较低，只占材料总体积的 $42 \% \sim 53 \%$，因此聚合体积收缩率较大，物理力学性能也较差。但黏度小，在聚合时，处于复合树脂和胶黏剂之间的低黏度材料能缓解材料在聚合时产生的收缩应力，在一定程度上减小了边缘缝隙形成的概率。低黏度和流动性好；使其对非常小的龋齿空洞充填、较深的沟窝封闭操作非常方便和有效。此外，树脂具有较低填料含量和较高韧性的特点，也可作为其他类型复合树脂直接充填物的调衬应用，对缓冲应力非常有效。

② 可压缩型复合树脂　又称为后牙复合树脂，是探索替代银汞合金的复合树脂，固化深度可达 5mm，临床操作上可压缩充填，可雕刻，但尚未达到能像银汞合金一样，还有一定的技术难度。其无机填料为纤维状或多孔状及具有特殊表面微细结构的颗粒，填料含量占材料总体积的 $60 \% \sim 70 \%$。由于填料之间的相互作用，造成复合树脂具有可压缩性。其树脂采用三个以上功能基团的甲基丙烯酸酯，在固化后具有更高的交联密度，材料具有更大的刚性。可压缩型复合树脂具有固化深度高、体积收缩小、低磨耗等特点，适用于多种类型齿洞的充填修复。临床操作时可用流动型复合树脂进行调衬，使用分层充填技术，在抛光调磨后，表面严格隔湿、酸蚀、干燥，再涂一层封闭剂，完成修复。

③ 间接修复用复合树脂　是指口腔外环境中用复合树脂完成嵌体、贴面、冠桥等修复体，故又称做"冠桥树脂"。作为间接修复体，与金属、瓷修复体相比，其优点是对颌面的磨损较少，制作简单。间接修复用复合树脂因其聚合在口腔外进行，不受口腔条件的限制，一般采用双重固化，在初次光固化后，再采用热固化、光固化或热压聚合等二次固化，提高转化率，可接近 100%。其填料的种类、颗粒大小设计更合理，并采用有机纤维或无机纤维

（晶须）加强结构，使其物理力学性能大为改善，耐磨性能提高，固化收缩减少。

④ 桩核复合树脂　是为了修复牙冠的缺损，为最终修复体提供足够的固位性和抗力性而采用的复合树脂。桩的主要作用就是把桩核复合体固位于根管，核可看作是桩向龈上的延伸部分，为修复体提供固位和传递最终修复体的应力。因此要选择与牙体组织具有相似力学性能和最大固位力的根桩体系，最大限度地保留牙体组织，选用与牙体、材料都有很强黏结力的复合树脂胶黏剂。桩核复合树脂采用纤维增强，具有与牙体组织相似的力学性能，并有优良传递和吸收应力的性能，可以最大限度地分散缓冲牙根的应力，而且美观性也较好，特别适合于全瓷修复体。同时新型双重固化树脂胶黏剂作为桩核体系的重要组成部分，不仅与牙体、金属、瓷有较强的黏合能力，还具有优良的操作性能，外露部分可直接光照20～40s快速固化，减少了水分的影响，不能光照部分则通过化学聚合完成固化。

牙齿的修复需要经过磨蚀、酸蚀、清洗、干燥、涂抹光固化牙用胶黏剂、固化和涂抹光固化牙用修复树脂、固化和抛光等多个步骤，以保证牙用修复树脂能牢固地与牙体黏合。以下是龋齿修复的操作流程：

龋齿孔内磨蚀→冲洗吹干→37％磷酸酸蚀(15s)→冲洗(15s)轻吹空气干燥(5～10s)→涂抹光固化牙用胶黏剂(10s)→空气轻吹(5s)低功率光固化(10s)→光固化牙用树脂涂薄层→光固化(20s)→涂光固化牙用复合树脂→LED光固化(30s)→涂光固化纳米树脂→LED光固化(20s)→抛光→完成龋齿修补。

12.3　光固化医用导电压敏胶

医用导电压敏胶是医疗器械行业中应用的一种新型的UV胶，它既是压敏型的，又具有导电性，在无溶剂存在下通过指压而活动的始终保持黏性的黏弹性材料。在用力较轻的指压条件下，胶面即可瞬间与人体皮肤表面相粘，与医疗专用设备组合后，能很好地传递电流信号。由于其具有良好的内聚力和不干性，使用结束可方便地与皮肤剥离，且在皮肤表面不留下残留物。

医用导电压敏胶除了有良好的导电性和压敏性外，还要求它与人体皮肤接触后，不会产生刺激和过敏等不良反应。按国家标准规定，医用导电压敏胶必须满足以下生物学性能要求：①细胞毒性≤1级；②原发性皮肤刺激无或轻微；③致敏≤1级。同时，国家标准还规定了卫生指标：要求产品的污染菌数≤100cfu/g。

采用UV固化技术生产医用导电压敏胶，用于制备各种医用电极、理疗电极、一次性使用心电电极、高频电刀用板电极等。

① 理疗电极　理疗仪是一种保健治疗仪，对颈椎病、肩周炎、腰腿病、关节炎和软组织损伤等病症有较好的辅助治疗效果。它是以传统的针灸理论为基础，将低频脉冲与经络、神经理论相结合，采用皮肤电极对人体穴位进行电流刺激，达到激活经络机能、治疗疾病的目的。早期的理疗仪电极主要是用铜片外包绒布，使用时必须用水润湿绒布使其导电，并要在电极外用橡皮膏固定。而使用导电压敏胶型电极，由于电极上敷有压敏导电胶，可紧密地黏附于身体皮肤，使用方便、舒适，还可以反复使用。

② 一次性使用心电电极　是一种能与各种心电监护设备配套使用的电极，适用于医院临床对心脏病患者的心电检查及心电动/静态监护。早期心电电极采用的导电胶由含电解质

的凝胶构成，主要成分为明胶、琼脂等生物胶，存在粘接力差、易发霉、易失水变干、丧失电性能等问题。现用 UV 固化导电压敏胶制作心电电极，有良好黏附性，也不会干涸和发霉，可长期贮存，使心电电极产品上一个新台阶，得到更新换代。

③ 高频电刀用板电极　高频电刀是一种取代机械手术刀进行组织切割的外科器械，它具有切割速度快、止血效果好、操作简便、安全方便的优点，已广泛应用在各种手术中。高频电刀使用时，需要配置与患者身体连接的面积比较大的电极，以提供低电流密度的高频电流回流，避免在人体组织中产生灼伤等有害的物理效应。高频电刀用的极板，称为板电极，早期使用的电刀板极为钢板，使用时用绷带把钢板电极绑在大腿或臀部，易发生灼伤人体的弊病。而采用 UV 固化导电压敏胶制成的电刀板电极，具有良好黏附性并且轻、薄和柔软的特性，确保与皮肤紧密粘贴，优越的导热效应，使病人免遭皮肤灼伤的痛苦，一次性使用，无交叉感染，安全可靠。

UV 固化医用导电压敏胶是以一定配比的高分子单体、交联剂、光引发剂经 UV 光照聚合交联形成的凝胶状物质。通常选用丙烯酸与极性丙烯酸单体，丙烯酸经碱中和为羧酸盐就具有导电性。极性丙烯酸单体如丙烯酸羟基酯、甲基丙烯酸羟基酯，极性基团可改善共聚物本体的力学性质，如提高玻璃化转变温度、增加弹性模量、内聚强度和本体黏度等，从而影响压敏胶的剥离力和持黏性能。交联剂可选用双官能团或三官能团丙烯酸酯，交联可提高共聚物的分子量和压敏胶的持黏力，还可提高压敏胶的使用温度，增强其耐溶剂能力和抗老化性能。但压敏胶自身的黏弹性及其对被粘材料表面良好的润湿性，是使其具有对压力敏感的黏合特性的主要原因。从而决定了压敏胶的交联必须是轻度的，若交联度过大，便会失去其压敏特性。一般控制交联剂用量在 1% 之内，通过交联，使压敏胶的内聚力、初黏力和剥离强度三者保持平衡。光引发剂可用安息香醚类、α-羟基酮类，为了减少光引发剂的残留，在保证光固化反应有效进行的前提下，光引发剂用量尽量少，以增加压敏胶贮存稳定性。压敏胶最终需用氢氧化钾中和。随着中和度增加，初黏力变化不大，持黏力增加，电极的交流阻抗呈线性下降，导电性增加。

UV 固化医用导电压敏胶开发，是光固化材料在医疗应用上又一个成功例子，为光固化材料应用开辟了一个新的领域。

12.4　光聚合水凝胶

12.4.1　光聚合水凝胶的特点

水凝胶是一种亲水性聚合物网络，能够在水中溶胀，吸收并保持大量水分而又不溶解于水，具有优良的生物相溶性和渗透性，其物理性质接近软组织，是生物医药领域中一类重要的生物材料。水凝胶可用于药物控释载体、活性酶的固定、组织工程支架、人造肌肉组织、隐形眼镜、生物传感器等。

光聚合提供了一种快速可控形成水凝胶的方法。光聚合水凝胶是指借助光引发剂，通过可见光或紫外光引发聚合而形成的水凝胶。

通过光聚合方法制备水凝胶，与其他聚合方法相比有如下优点：①产物几何形状易于控制；②在室温或生理温度下，反应时间短；③反应条件温和；④较低的反应热；⑤特别是可在体外或体内生理条件下，光聚合制备水凝胶。

因此可借助腹腔镜、导管或通过皮下注射方法，可在体内原位用光聚合技术形成水凝胶，从而减少病人创伤和痛苦，而且形成的凝胶结构形状类似缺损组织，贴附性好。

光聚合反应合成水凝胶，通常用本体光聚合和界面光聚合。

① 本体光聚合　是将光引发剂溶于水凝胶前驱体溶液（单体或大分子单体）中，在适当的光照条件下，前驱体溶液经聚合、交联转化为水凝胶状态。本体光聚合会在组织表面形成较厚的水凝胶膜，可以防止术后粘连或作为药物控释载体。

② 界面光聚合　是将光引发剂附着于细胞或组织表面，然后与水凝胶前驱体溶液接触，在适当波长的光照射下，在光引发剂和溶液界面就会形成水凝胶薄膜（<100μm）。通过界面光聚合所形成的水凝胶薄膜对营养物质传输的阻力较小，因而细胞成活率和包埋效率较高。通过界面光聚合可在胰腺细胞表面形成水凝胶薄膜，既提供了免疫隔离，又保证了营养物质和胰岛素的快速扩散；在血管表面形成水凝胶薄膜，可防止血栓和血管再狭窄的形成，同时也可用于血管内的药物释放系统。

12. 4. 2　光聚合水凝胶所用单体

许多单体在可见光或紫外光辐照条件下可发生光聚合反应，但大多数单体由于具有细胞毒性而不能用于生物医药领域。用于生物医药领域的光聚合水凝胶通常由大分子水凝胶前驱体产生，这些大分子单体能溶于水，含有两个或多个反应基团，同时具有良好的生物相容性，对生物体无毒无害。常用于光聚合水凝胶的大分子单体可分为化学合成大分子和天然高分子两类。

① 化学合成光活性大分子单体　主要有聚乙二醇丙烯酸酯衍生物、聚乙二醇甲基丙烯酸酯衍生物、聚乙烯醇衍生物、聚氮取代丙烯酰胺衍生物、聚乳酸丙烯酸酯衍生物等，这些大分子单体末端含有光活性基团——（甲基）丙烯酰氧基，在 UV 光照下发生聚合交联，制备水凝胶。如图 12-3 所示是聚乙二醇/聚 α-羟基酸双丙烯酸酯大分子单体的合成、光聚合和降解过程。通过改变共聚物中 α-羟基酸链段的长度和位置可控制其降解速率，通过大分子单体的浓度和聚乙二醇链段的长度控制水凝胶的渗透性和力学性能。

② 光活性天然高分子　光活性天然高分子单体是将含有反应活性基团的多糖类天然高分子通过酰化反应，制得相应的丙烯酸酯或丙烯酰胺衍生物，再通过光交联反应即可制得天然高分子光聚合水凝胶。常用的天然高分子单体为透明质酸衍生物、葡聚糖衍生物和壳聚糖衍生物等。透明质酸具有黏弹性和低剪切力，可用作药物、蛋白质和肽的转载系统，在组织工程中用于骨缺损的修复、伤口的愈合和软骨组织扩增。利用透明质酸与联乙烯砜交联而制得水凝胶，已在美国用来作为整容的皮下植入材料。通过透明质酸与甲基丙烯酸酐反应制得的具有光聚合活性的甲基丙烯酸透明质酸酯，经光聚合制得了透明质酸水凝胶，可作为生物活性载体。壳聚糖和葡聚糖具有良好的生物相容性、抗血栓性，能刺激宿主抵御病毒和细菌感染的免疫系统，促进创伤愈合以及软组织和硬组织重建。将壳聚糖两端引入叠氮基团和乳糖基团，经光交联形成水凝胶，具有上述性能。

12. 4. 3　光聚合水凝胶的应用

光聚合水凝胶在生物医药领域应用极广，主要有下列应用。

① 药物及生长因子释放体系载体　细胞的增殖和分化需要各种生长因子和细胞因子的

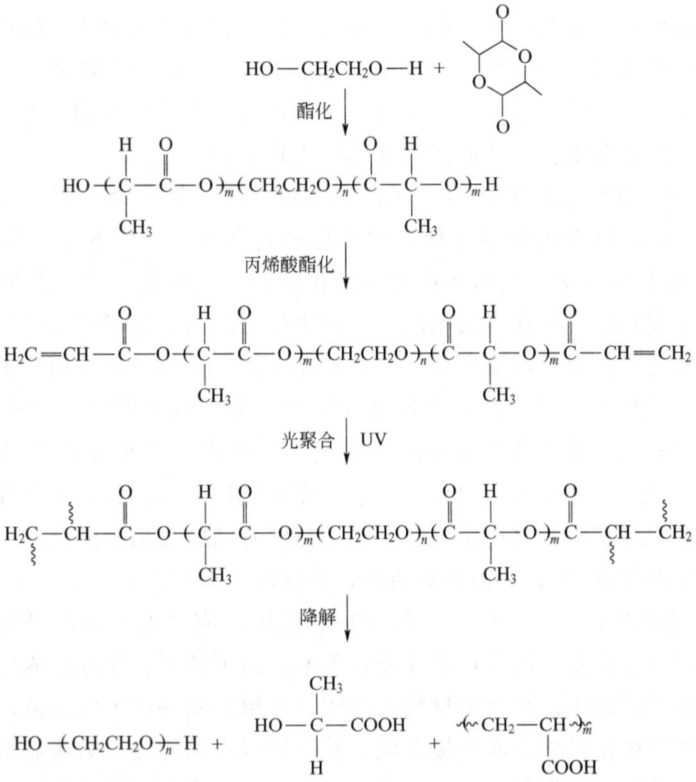

图 12-3　基于聚乙二醇/聚 α-羟基酸双丙烯酸酯的大分子单体的
水凝胶的合成、光聚合、降解过程

调节。生长因子在组织缺失部位的持续释放，才能刺激细胞生长，促进新组织形成，所以生长因子的应用有赖于开发适用的释放系统。光聚合水凝胶与许多生物活性分子有良好的相容性，并且通过改变溶胀比、交联密度和降解速率可以较好地控制其释放行为，从而使活性分子在需要的时间间隔内释放并防止其失活。将睫状神经营养因子与聚乳酸-聚乙二醇-聚乳酸双丙烯酸酯水溶液混合，在 UV 光照后形成 PLA-PEG-PLA 水凝胶，并将睫状神经营养因子包埋其中，用于视网膜移植治疗过程研究，发现长出的神经突的数量明显提高，显然这是水凝胶缓释睫状神经营养因子的缘故。

②　组织工程支架材料　光聚合水凝胶的前驱体具有良好的流动性，因而可用于异型修复材料的制备，成为当前组织工程支架材料的研究热点。如受损的软骨由于缺少血管很难自身修复，目前，较常用的治疗方法是移植同源软骨细胞，但这种方法要通过外科手术移植健康的软骨，并且受到软骨形状的限制。而软骨组织工程技术可以将软骨细胞包埋于具有生物相容性、可生物降解的由水凝胶组成的支架中，以完成软骨细胞的移植。用甲基丙烯酸缩水甘油酯与硫酸软骨素反应，制得硫酸软骨素的甲基丙烯酰衍生物，在 UV 光照下，与聚乙二醇丙烯酸酯共聚合，制得聚乙二醇-硫酸软骨素水凝胶用作组织工程支架材料，结果发现，由于硫酸软骨素引入，使包埋其中的软骨细胞具有更高的活性，可望用于软骨组织工程。

③　细胞的受控生长　通过模仿体内细胞与其周围环境的相互作用，进而引导细胞的分化和组织的形成。通过光聚合方法，可以将调节细胞功能的生物大分子按特定分布方式固定在材料表面，从而实现材料表面性能对细胞功能影响的可视性以及对细胞间微观组织的空间

调控。将聚乙二醇或聚乙烯醇与多种短肽进行复合，可以用于不同类型细胞的受控组装。用光聚合技术制得的聚乙二醇双丙烯酸酯水凝胶为基材，以短肽基聚乙二醇单丙烯酸酯为肽载体，通过光印刷技术实现生物活性大分子肽在 PEG-DA 表面的图案化。因聚乙二醇具有抗蛋白质吸附及细胞黏附功能，若图案化的肽为纤连蛋白中重要的黏附系列，则可实现真皮或纤维细胞的区域化黏附及生长，从而控制细胞的生长方向。

④ 细胞微囊化，起免疫隔离作用　通常患者在经历了移植手术后，仍需花费一生的时间进行免疫抑制治疗，以对抗免疫排斥这种人体的自然反应，因此对于同种异体或异体细胞/器官移植中免疫排斥成为当前医疗中亟待解决的问题。目前一个有发展前景的解决方案是将外源性的细胞或器官包埋在半透明的人工膜中进行隔离，然后再移植至体内，使之避免植入细胞或器官与免疫细胞和体液直接接触，从而起到免疫隔离的作用。由于细胞具有生物活性，易受损伤，因此人工膜的制备条件必须温和，避免细胞的包埋材料形成人工膜凝胶时，出现温度和 pH 过高或过低造成对细胞的破坏。而光聚合水凝胶却因其温和的聚合条件、反应放热小等特点，在细胞微包囊过程中，充分发挥作用。将猪胰岛细胞分散于聚乙二醇双丙烯酸酯前驱体溶液中，通过光聚合形成了包埋有猪胰岛细胞的聚乙二醇双丙烯酸酯水凝胶，在注射到鼠体内 30 天后，仍具有活性，并释放胰岛素。

⑤ 原位可注射水凝胶　利用组织工程原理，使用预成型支架可以把细胞"种植"在患者体内，从而起到治疗作用，但治疗需要外科手术。而可注射且能原位成型的水凝胶，借助针管注射技术，手术创口小；其初始材料为液体，可填充到特定形状部位，形成精确外形的聚合物水凝胶；聚合物在组织表面直接形成，其与周围组织的黏合力明显增强。因此，原位可注射水凝胶在医学领域得到了较为广泛的应用。利用可注射水凝胶的透皮光聚合技术，将牛关节软骨细胞悬浮于聚乙二醇双丙烯酸酯与聚乙二醇组成的水溶液中，再皮下注射于鼠背上，在体外用 UV 光照射 30min 聚合，经四周后取出，发现有新生类软骨结构形成，实现

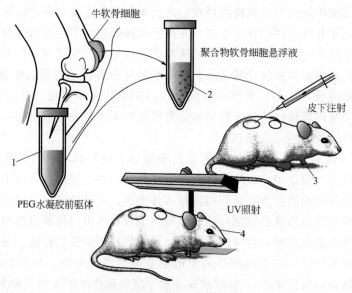

图 12-4　利用透皮光聚合技术，软骨组织的异位形成

1—牛软骨细胞的分离，及其与 PEG 可注射水凝胶前驱体水溶液的混合；

2—聚合物软骨细胞悬浮液；3—在鼠背部皮下注射；

4—将老鼠置于 UV 灯下照射 30min

了软骨的异位形成（图 12-4）。

综上所述，由于有较好的生物相容性、渗透性和物理特性，光聚合水凝胶作为生物材料在医学领域和组织工程中具有良好的应用前景。但在应用过程中需注意以下几点。

① 控制光聚合水凝胶的强度　光聚合水凝胶可以应用于组织工程、生物膜、药物释放体系等不同领域，它们对水凝胶的力学性能有不同要求。可通过改变原料配比、交联密度等以控制光聚合水凝胶的强度等性能。

② 提高聚乙二醇类水凝胶生物活性　聚乙二醇类水凝胶是光聚合水凝胶的主要品种之一，但 PEG 本身缺乏生物活性点。可将其与多肽类生物活性分子复合，在一定程度上提高其生物活性。

③ 光化学活性有待提高　光聚合水凝胶多应用于生物体内，对反应条件有较高要求。如何进一步控制反应热，减少光照时间是光聚合水凝胶的一个发展方向。

④ 仿生、天然光聚合水凝胶的开发　与化学合成水凝胶相比，天然仿生光聚合水凝胶具有无毒、生物相容性好、易降解等特点，更具有发展潜力。

第13章 光聚合和光接枝

13.1 光聚合

一般的聚合反应以热引发为主，也有用 γ 射线引发，而现今人们研究采用紫外光引发聚合，发现紫外光聚合可以在较低温度下进行；聚合反应速率快，故反应时间短；设备简单，投资少；实用性强。但紫外光聚合通常用于透明或半透明体系，如水溶液、微乳液、反相微乳液以及分散体系等。光引发聚合是由于光引发剂对紫外光的吸收及反应介质的散射效应，光强沿着辐射路径下降，使得体系光激发产生的活性中心浓度在各介质层的分布不均匀，形成浓度梯度，各部分聚合速率不同，故光引发聚合比热引发聚合复杂。光聚合可分为溶液聚合、乳液聚合、反相乳液聚合和分散聚合等。

13.1.1 光引发溶液聚合

对光引发丙烯酸溶液聚合的动力学研究，得到光聚合反应活化能 $E=9.53\text{kJ/mol}$，即 $E=2.28\text{kcal/mol}$，而丙烯酸热引发聚合反应活化能需 9.2kcal/mol，氧化-还原聚合反应活化能也需 6.68kcal/mol，显然丙烯酸光引发聚合反应活化能低得多，这也反映了光引发聚合可在较低温度或室温下进行，体现了光引发聚合的特点。

用光引发溶液聚合合成高吸水性树脂，以丙烯酸为原料，用氢氧化钠水溶液中和，N,N'-亚甲基双丙烯酰胺为交联剂，651 为光引发剂，混合后在 UV 灯下光照 10min 后，交联率即可达 90% 以上。当丙烯酸含量在 40%~50%（质量分数），中和度 80%，交联剂用量 0.01%（摩尔分数），651 用量 0.1%（质量分数），光照 10min 后，得到的高吸水性树脂的吸水率可达到 1500mL/g。很显然用光引发溶液聚合方法具有工艺简单、反应时间短、容易操作等特点，为合成丙烯酸系高吸水性树脂开辟了一条新的途径。

13.1.2 光引发分散聚合

分散聚合具有反应体系黏度低、传热方便、产物易于分离等特点。一般分散聚合以热引发为主，也可用 γ 射线引发，而采用光引发则可在较低温度下进行，聚合反应速率快、设备简单、实用性强。

对丙烯酰胺光引发分散聚合研究，丙烯酰胺浓度 100g/L，分散剂聚丙烯酸接枝壬基酚聚氧乙烯浓度 10g/L，光引发剂 651（$1.56\times10^{-5}\text{mol/L}$），溶剂叔丁醇/水（70/30，体积比），充氮除氧 30min，在氮气保护下，UV 光照，聚合体系光照前是透明的均相溶液，光照 60~90s 后体系开始出现浑浊，随着反应的进行，体系逐渐发白，最终得到白色乳状液。光照 40min 时，转化率接近 90%。相比通常丙烯酰胺热引发分散聚合转化率 90% 需用 6~10h，γ 辐射引发也需 2h，显然光引发效率比前两者优越得多。同时聚丙烯酰胺的分子量也可达到 6.5×10^{6}。

13.1.3　光引发反相乳液聚合

反相乳液聚合具有反应体系黏度低、散热容易、反应平稳、反应速率快和聚合物分子量比较高等优点。但热引发时一般反应时间较长，反应温度较高；而辐射引发设备又比较复杂。若采用光引发聚合可在较低温度下进行，反应时间大大缩短，设备简单，实用方便。但考虑光的传播和光能的有效利用，UV 光引发聚合通常用于透明溶液体系或透明/半透明的微乳液体系，一般不用于反相乳液这种不透明的非均相体系。反相乳液体系，由于分散相和分散介质的折射率不同，入射光在反相乳液粒子表面可发生反射、折射和散射。一般反相乳液粒子粒径在微米级，反相乳液对可见光（400～800nm）和 UV 光（200～400nm）主要发生反射。因此在反相乳液聚合过程中辅以适当的搅拌，使反相乳液各部分都能均等暴露在 UV 光下。对丙烯酰胺光引发反相乳液聚合研究表明，体系中光引发剂可以吸收 UV 光引发聚合，约光照 20min，聚合转化率即可接近 100%，分子量高达 10^7。这充分说明了 UV 光引发反相乳液聚合的可行性，为水溶性聚合物的制备提供了一种快速、简便的新方法。

上述各种光引发聚合中，由于 UV 光照射到反应体系中，会产生反射、折射、散射和吸收，光强很快衰减，因此实验中反应液厚度仅在 30mm 左右。

13.1.4　表面光引发聚合

表面引发聚合反应是近年来发展起来的一种用来在纳米粒子表面接枝聚合物的接枝方法。在纳米粒子表面引入引发基团，引发单体聚合从而接枝在纳米粒子表面。由于接枝聚合反应从纳米粒子表面引发，因此可以制备高键合密度和高接枝率的聚合物接枝层，并且可以用于制备结构可控、设计有序的有机/无机纳米复合材料。纳米粒子表面若引入偶氮类化合物、过氧化基团等热引发剂基团，可通过热聚合来实现纳米粒子的表面引发接枝聚合。由于热聚合需要较高的引发聚合温度，因此生成副产物和均聚物的反应较难控制，反应时间较长，接枝率和接枝效率较低。而纳米粒子表面引入光引发基团，通过光聚合可实现纳米粒子的表面引发接枝聚合。由于光聚合可在室温条件下进行，操作方便、反应快捷，可得到较高的接枝率和接枝效率，因此表面光引发聚合是纳米粒子表面接枝改性的一种新的方法。例如纳米二氧化硅是目前聚合物改性中应用最为广泛的无机纳米材料之一，但是，由于它尺寸较小，表面能大，很容易团聚成聚集态而失去原有的各种特殊性能，与聚合物复合时，难以达到纳米尺寸的均匀分散。对纳米二氧化硅表面进行有机化处理，如进行表面光引发接枝改性，大大提高了纳米二氧化硅与聚合物的相容性，使其在聚合物基体中均匀分散。

13.2　光交联

光交联是 20 世纪 80 年代瑞典皇家工学院 Ranby 教授等人提出的在光引发剂和交联剂存在下，用 UV 光进行辐照引发，对高分子材料进行交联改性的一种新方法。与高能辐射法（γ 射线或电子束）和化学交联法相比，紫外光交联的突出特点是：①辐射能量低，不影响高分子材料本体性能；②照射装置成本低，投资小；③反应速率快，时间短，生产效率高；④能耗低，不污染环境。

近年来，高分子材料的紫外光交联技术发展迅速，已成为聚合物科学的一个新的研究领域。通过对热塑性聚合物、热塑性弹性体、聚烯烃纤维等高分子材料的光交联改性研究发现，光交联改性后耐热性得到提高，物理力学性能得到改善，特别是耐抗性有较大提高。因此光交联是高分子改性的又一重要方法，并取得了实际应用。由中国科技大学自主研制、拥有自主知识产权的紫外光交联聚烯烃绝缘电线电缆生产新技术已投入生产。目前电线电缆的聚合物绝缘层或护层的交联方法主要有过氧化物交联法、高能辐射交联法、硅烷交联法和紫外光交联法。过氧化物法一般需要在高温高压、体积庞大的连续硫化管及其配套厂房和设备中进行，能耗高，生产效率低；高能辐射法的设备复杂，造价高，一次性投资大，需要专用厂房和配套设施以及严格的防护措施；而硅烷法存在交联时间长、工艺操作较为复杂、产品耐温、耐压等级不高等缺陷。过去光交联设备采用中压汞灯为紫外光源，其紫外光光强较低，仅在 $100\sim450mW/cm^2$，只能光交联厚度小于 3mm 的聚烯烃材料，而绝大多数中、高压交联电缆的绝缘厚度在 3mm 以上，因此只能生产 $\leqslant1kV$ 的低压交联聚烯烃绝缘电线电缆，不能生产绝缘厚度在 3mm 以上的中、高压电缆。同时也很难使混有色母料的电线电缆达到满意的交联度，因此只能生产本色的低压交联聚烯烃绝缘电线电缆，不能生产分色的低压交联聚烯烃绝缘电线电缆。改进后的紫外光辐照交联设备，优选 3～12 支微波激发的紫外光强在 $1800mW/cm^2$ 以上的无极灯模块单元，沿待交联电线电缆中心轴线方向依次排列，距中心轴线 40～80mm 距离的 360°空间圆周上均匀分布组合而成。由于光强在 $1800mW/cm^2$ 以上，对光交联材料的穿透能力极大提高，本色聚烯烃绝缘材料均匀交联的厚度从原先 3mm 以下提高到 15mm 以上，混有色母料的低压电线电缆的聚烯烃绝缘材料也能实现均匀光交联。与此同时，聚烯烃光交联速率也极大地提高，达到满意交联度的紫外光辐照时间从原先的 8～10s 缩短到 0.5～2s。新的光交联工艺采用了"2+1"挤出光照交联工艺，先在导电线芯上熔融双层共挤包覆内屏蔽层和绝缘层，随即进行绝缘层的紫外光交联，然后在光交联绝缘层上再挤出包覆一层外屏蔽层，从而避免了带有炭黑的黑色外屏蔽层吸收紫外光能量而阻碍绝缘层中的光引发剂吸收紫外光引发交联反应，可实现绝缘层厚度在 3～15mm、具有内外屏蔽层的 10～66kV 中、高压光交联聚烯烃绝缘电压的生产；也可根据需要在聚烯烃绝缘料中添加不同颜色的色母料后，实现分色低压光交联聚烯烃绝缘电线电缆的生产。

光交联聚烯烃绝缘电线电缆的基料为各种类型聚乙烯：低密度聚乙烯、中密度聚乙烯、高密度聚乙烯、线型低密度聚乙烯、超低密度聚乙烯、乙烯与丙烯共聚物及接枝改性聚乙烯等；其中优选为低密度聚乙烯、线型低密度聚乙烯、高密度聚乙烯，乙烯与乙烯-乙酸乙酯共聚物或乙烯-丙烯-二烯烃三元共聚物的共混物（共混比例优选为70/30）。光引发剂为安息香双甲醚、二烷氧基苯乙酮、硫杂蒽酮、蒽醌、芴酮、二苯甲酮及其带有长链取代基的大分子型二苯甲酮衍生物；优选的是 4-十二烷基二苯甲酮，4-十六烷氧基二苯甲酮、$4'$-氯-4-十六烷氧基二苯甲酮，用量 0.7%～2.0%（以 100 质量份聚烯烃为基准）。由于带有长碳链基团的大分子型二苯甲酮衍生物与聚烯烃相容性好，迁移速率低、挥发损失少，光交联聚烯烃电缆绝缘料的贮存期大大延长，加工过程中光引发剂的挥发也大大降低，既延长了 UV 灯管的寿命，也减少了对环境的污染。光交联剂为三聚氰酸三烯丙酯（TAC）、三聚异氰酸三烯丙酯（TAIC）、三羟甲基丙烷三（甲基）丙烯酸酯、三羟甲基丙烷三烯丙醚、季戊四醇三烯丙醚、季戊四醇四烯丙醚或三甘醇甲基丙烯酸酯或上述两种或两种以上交联剂的混合物；优选为 TAC 或 TAIC，用量为 0.8%～3.0%。复合抗氧剂由两种或两种以上的酚类、亚磷酸酯类、磷酸酯或含硫酯类抗氧剂组成；以酚类抗氧剂与亚磷酸酯类、含硫酯类为优选配合，以四[亚甲基-3-($3'$,$5'$-二叔丁基-$4'$-羟基苯基)丙酸]季戊四醇酯（抗氧剂 1010）与亚磷酸三苯酯（TPP）、亚磷酸三(2,4-二叔丁基苯基)酯(抗氧剂 168) 或硫代二丙酸二月桂酯的配合尤佳，两者优选比为 1∶1，用量 0.3%～0.8%。色母料包括红、黄、蓝、绿、白在内的各色母料，根据交联电缆产品的需要，可在光交联电缆料配方中加入不同色母料；优选用量为 0.2%～0.6%。由于采用无极灯紫外光辐照交联设备，生产紫外光交联聚烯烃绝缘电线电缆，具有设备结构独特、简单、工艺新颖、投资少、易于维护操作、交联效率高、产品成本低、质量好等优点，开创了光交联实用先例，取得了极大的社会影响和经济效益。

2008 年中国科技大学再接再厉，又开发了紫外光交联膨胀型磷氮类阻燃聚烯烃绝缘电线电缆。该光交联聚烯烃绝缘电缆采用聚乙烯或接枝聚乙烯等为基料，加入光引发剂、多官能团交联剂、抗氧剂，再以膨胀型磷氮类无卤阻燃剂，配合阻燃增效剂、消烟剂和加工助剂，挤出造粒成光交联阻燃电缆料；然后在电缆导电线芯上熔融挤出包覆该阻燃料成绝缘层或护套层，随即对该绝缘层或护套层进行紫外光辐照交联。经检测，该绝缘层或护套层材料的氧指数大于 30%，垂直燃烧实验通过 UL-94 V0 级，拉伸强度大于 12MPa，断裂伸长率大于 350%，体积电阻率大于 $8 \times 10^{14} \Omega \cdot cm$。紫外光交联无卤阻燃聚烯烃绝缘电线电缆的开发是光交联技术在高分子材料改性上取得的又一个成功的例子，预示了光交联技术在高分子材料改性领域可大有作为，前景辉煌。

13.3 光引发前线聚合

前线聚合（frontal polymerigation）是一种以自身反应热为推动力，通过反应区域连续移动，并最终实现整体聚合转化的聚合反应模式。早在 1967 年苏联化学物理研究所的 Merzhanov 和 Borovinskaya 首次发现了自蔓延高温合成反应，并在陶瓷、金属间化合物合成方面获得了成功应用。1972 年 Chechilo 和 Enikolopyan 研究了在高压下甲基丙烯酸甲酯的前线聚合，1991 年美国南密西西比大学 Pojman 教授研究了常压下甲基丙烯酸甲酯的前线聚合。

前线聚合研究的经典方法是将单体和引发剂注入反应器中，在反应器一端加热引发聚合反应，临近加热面的单体开始聚合，并放出足够的热量引发下一层的引发剂分解，进而引发该薄层内单体聚合。聚合前线不断自发向前推进，直到整个容器内的单体聚合完全。前线聚合所需的外供能量是短暂一次性的，聚合启动后即可停止供热，在聚合反应过程中不需要外加热源来维持整个体系的聚合，具有可控性，且聚合反应时间较短、节能、无污染，是一种新型的聚合手段，近年来逐渐应用到工业化生产，显示出较高的应用价值。

前线聚合作为一种新型聚合反应模式，如何获得稳定的聚合推进，如何提高完整前线的推进速率是人们所关注的基础问题。已发现合适的体系主要是丙烯酸酯类单体的热自由基聚合，当然并不局限于自由基聚合体系。实验研究揭示了与前线推进有关的因素：

① 单体必须具有高于前线温度的沸点，这样可以抑制由于挥发而引起的热损失；

② 放热速率必须大于热损失速率，具有较高聚合热焓的单体通常有利于前线聚合反应的进行，具有绝热或隔热性质的反应容器可降低热损失，也有利于前线聚合持续推进；

③ 反应容器的尺寸对前线聚合反应有很重要的影响，若体积对表面积比值太小，聚合前线界面的规整性可能被破坏，甚至前线推进受阻；

④ 聚合反应速率在起始温度必须尽可能小，但是在前线温度下快速增大。

目前前线聚合研究和应用中最广泛的单体为乙烯基单体或乙烯基官能化的大单体；此外，环氧树脂交联固化、聚氨酯合成交联等反应体系也可以进行前线聚合。

光引发前线聚合是刚刚开始研究的前线聚合新领域，由于前线光聚合无需高压、高温条件，对单体的聚合热焓没有特别要求，聚合前线伴随着光引发剂的逐层光漂白而逐渐向前推进，聚合过程无高温现象伴随，突破了传统光聚合只适用于薄层体系的局限性，可实现厚涂层的光固化。光引发前线聚合的固化体系必须要满足下列条件：

① 光固化体系有高的光吸收，特别是光引发剂对紫外光有高的吸收，即高的摩尔消光系数，才能有高的光分解作用，产生更多的活性基，引发光聚合反应。

② 光引发剂为光漂白性光引发剂，光引发剂吸收某波长紫外光后，发生光分解反应，产生活性基。该波段紫外光吸收逐渐降低，向短波长移动，露出透光窗口，起到光漂白作用，使该波段紫外光向体系深层穿透，利于光引发剂吸收和光解，使聚合前线逐渐向样品深层移动。

③ 增加光强可以显著提高前线速率，因此使用高光强和高功率的紫外光源，也是实现光引发前线聚合一个重要条件。

中山大学高分子研究所对光引发前线聚合进行了初步研究，用 TPO 为光漂白性光引发剂，光引发前线聚合可以使 2cm 厚的丙烯酸酯类样品在几分钟内得到完全固化。

光引发前线聚合有许多明显的和潜在的优势，例如可在常温下进行，不必像热引发前线聚合那样需剧烈的高温过程，热对流倾向降低，有利于提高产物的均匀性，也便于过程的可控性提高；可实现厚涂层材料的交联固化，扩大光固化技术的应用领域。预计光引发前线聚合将在梯度材料、原位杂化材料、非线性材料、厚尺寸水凝胶制造等方面有潜在的应用价值。

13.4 双光子光聚合

13.4.1 双光子光聚合的特点

双光子光聚合的机理与普通光聚合的机理基本相同，只是第一步光引发剂吸收光子的过程不同。普通光聚合单光子吸收时，光引发剂只吸收一个波长为 λ_1 的光子就可以从基态 s_0 激发到激发态 s_1；而发生双光子光聚合时，光引发剂同时吸收两个波长相同或波长不同的 λ_2 和 λ_3 光子才能激发到激发态 s_1、s_2、s_n，再经过无辐射跃迁到激发态 s_1，然后与单光子过程一样通过激发态 s_1 发生电子转移或能量转移发生反应（图 13-1）。一般单光子的吸收截面为 $10^{-18} \sim 10^{-17} \mathrm{cm}^2 \cdot \mathrm{s/photon}$，而双光子的吸收截面一般为 $10^{-50} \sim 10^{-46} \mathrm{cm}^4 \cdot \mathrm{s/photon}$，因此单光子吸收对光密度要求小，即使弱光也可发生，而双光子吸收只有在光强足够大的地方才可能发生。也就是说普通光聚合（单光子聚合）在光线通过的地方都会发生光聚合反应，是整体或面上的聚合；而在双光子光聚合体系中，光引发剂只有在激光光强足够强的地方，一般在两束光聚焦的焦点处（可有双光子双光束聚合和双光子单光束聚合，如图 13-2 与图 13-3 所示），才能同时吸收两个光子，引发聚合反应，是发生在空间一点的聚合。由此可见，双光子光聚合具有空间选择"点"聚合能力。而且发生双光子吸收可采用长波长激光，因此穿透能力好，可以完成物质体内的定点操控，其聚合加工精度取决于焦点直径的大小，空间分辨率高。

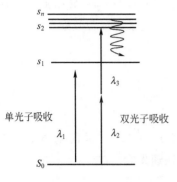

图 13-1 双光子吸收与
单光子吸收的区别

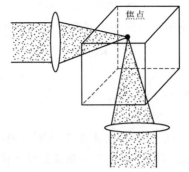

图 13-2 双光子双光束聚合

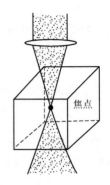

图 13-3 双光子单光束聚合

13.4.2 双光子光聚合的光引发体系

从双光子光聚合机理中可见，其核心是双光子光聚合的光引发体系。双光子光聚合的光引发剂有两类：一类是本身具有双光子吸收的性质且可以直接引发聚合，在聚合反应中起光引发剂的作用；另一类是有机分子虽然具有双光子吸收的性质，但本身不能引发聚合，需要将能量转移给光引发剂从而实现光聚合，在光聚合反应中只起光敏剂的作用。

（1）可直接引发双光子光聚合的光引发剂

此类双光子光引发剂分子结构中含有较大双光子吸收截面的基团，如连续的双键或连续的苯乙烯组成；结构中还含有能够产生高效引发聚合反应的部分，如含有 UV 光引发剂结构；分子受激发后易活化，发生电子转移或能量转移。如下面结构的双光子光引发剂：

$n = 0 \sim 4, R = 烷基、烷氧基$

但由于这些光引发剂合成十分复杂，成本较高，因此限制了它们广泛应用和实用化进程。

（2）由光敏剂和光引发剂组成的双光子光引发体系

由于双光子光引发剂的引发效率与双光子吸收截面及其内部电子转移速度是相关的，可以互补。因此近年来，人们正在寻找双光子吸收截面不是很大，但具有很高的光引发效率的紫外光引发体系。这类光引发体系合成简单，有的已经商品化，这样可大大降低成本，加快双光子光聚合技术的应用。目前主要有香豆素类、荧光酮类和氧杂蒽类。

① 香豆素类 如 3-苯并咪唑-7-N,N-二乙基氨基香豆素（DEDC）与六氟磷酸二苯基碘鎓盐（DIHP）双光子引发体系，对甲基丙烯酸甲酯有很好的双光子光聚合效率。

DEDC   DIHP

② 荧光酮类 如 5,7-二碘-3-正丁氧基-6-荧光酮（FILU）与 2,5-二异丙基-N,N-二甲基苯胺（BENA）双光子引发体系，可引发甲基丙烯酸甲酯快速聚合。

FILU   BENA

③ 氧杂蒽类 如四碘四氯荧光素、藻红和四溴荧光素与三乙醇胺组成双光子引发体系，可引发丙烯酰胺的聚合。

13.4.3 双光子光聚合技术的应用

① 双光子三维光存贮 双光子光聚合由于是点聚合，空间分辨率高，可以进行空间多层排布，有可能应用于双光子三维光存贮，其存贮的容量理论上可达 1.2×10^{14} bits/cm^3，而现在二维光存贮材料的容量，在 200nm 波长下，理论值仅为 2.5×10^9 bits/cm^2。

② 双光子三维微细加工 双光子光聚合仅在两束光焦点内聚合，因此具有空间调制的特征，可以通过计算机辅助设计，进行精细的主体复杂结构的微细加工，空间分辨率达到微米级，甚至可进入纳米级。

③ 光子晶体的加工 双光子光聚合可以提供规律性很好的周期性的结构，可以成为光子晶体制造的有效方法；同时，双光子光聚合点的大小取决于聚焦的技术和所使用的光的波长，因此完全可以人为地控制晶体中点阵的形状和大小，制造出所需要的光子晶体。

④ 在生物材料和医疗中应用 若采用无毒无味的双光子光引发体系，就有可能用于光交联医用材料，可实现生物体内涂层光固化；同时由于双光子光聚合具有亚微米甚至纳米级水平的空间准确定位，也有可能用于某些肿瘤的光疗。

由于现有材料的双光子吸收截面及引发效率距离实用化还有一定的差距，因此继续设计合成既具有较大的双光子吸收截面又具有较高的引发效率的新材料，是今后研究的重点。随着新的聚合材料的研究和不断发展，双光子光聚合技术不断完善，它的实际应用必将很快实现，前景极其广阔。

13.5 表面光接枝

13.5.1 表面光接枝原理

表面光接枝的研究最早见于 1957 年美国 Öster 等人的工作，他们首先将光引发剂与聚乙烯混合制片，然后在片材的表面实现光接枝聚合。

表面光接枝基本原理是用紫外光照射涂有光引发剂和活性单体的有机材料制品表面，使其产生表面自由基从而引发表面接枝聚合（图 13-4）。

图 13-4　表面光接枝原理

表面光接枝的首要条件是生成表面引发中心——表面自由基，依据产生方式不同，可分为三种方法。

（1）含光敏基聚合物辐照分解法

对于一些含光敏基（如羰基），特别是侧链含光敏基的聚合物，当 UV 光照射其表面时，会发生 Norrish-Ⅰ 裂解，产生表面自由基。

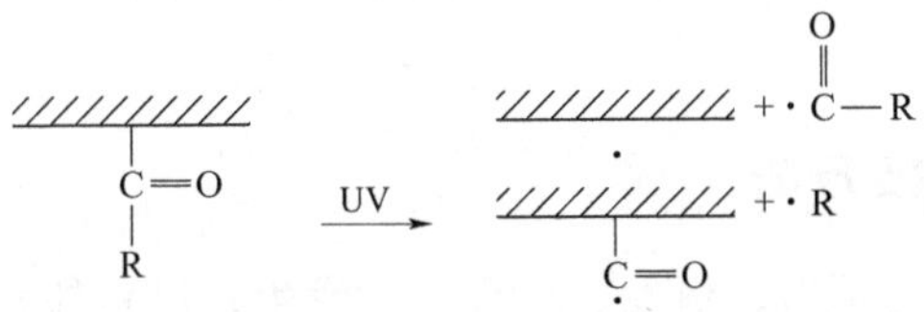

这些自由基能引发乙烯基单体聚合，可同时生成接枝聚合物和均聚物。

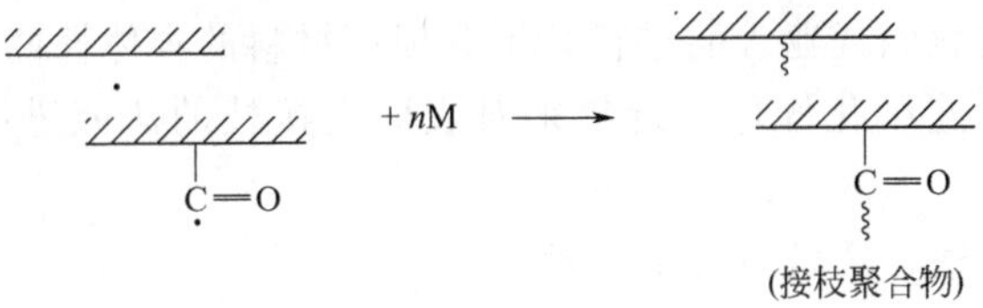

（2）自由基链转移法

光引光剂在 UV 照射下发生均裂，产生两种自由基，以 651 为例：

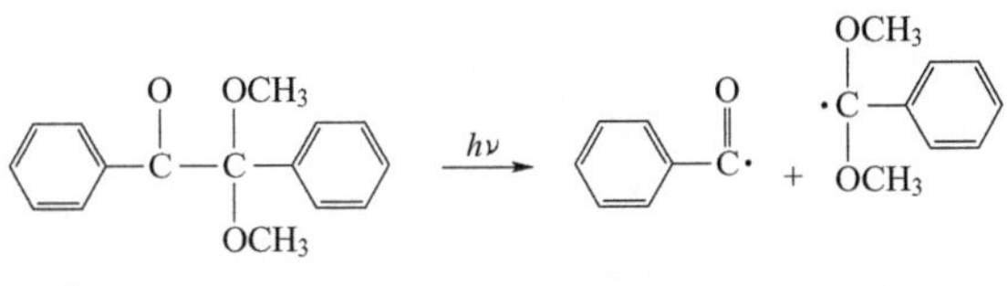

在单体浓度很低的条件下，两个自由基均会向聚合物表面转移，产生表面自由基，引发单体聚合而生成表面接枝聚合物。

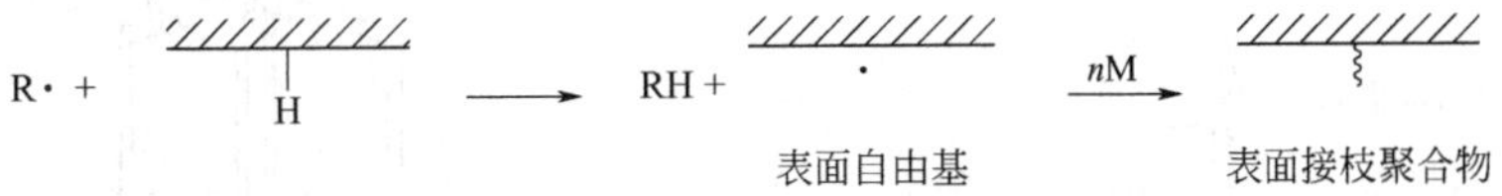

但这两个自由基也能引发单体生成均聚物，故表面接枝聚合物和均聚物能同时生成。只有在单体浓度很低、表面自由基浓度很大时才是一种有效的表面光接枝方法。

（3）氢消除反应法

芳香酮及衍生物在吸收 UV 光后被激发到单线态，然后迅速回复到三线态，当聚合物表面氢为给予体时，该羰基夺取氢而被还原成羟基，同时也生成了一个表面自由基，引发单体聚合而生成表面接枝聚合物。

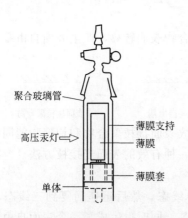

氢消除反应法具有下列优点：

① 光还原反应可以定量进行，一个二苯甲酮分子可以夺取一个氢原子产生一个表面自由基，容易控制；

② 表面自由基的活性远远高于半频哪醇自由基，因此接枝效率高；

③ 因为引发反应起自于光引发剂和碳-氢键的反应，故本方法可适用于所有有机材料的表面接枝。

13.5.2　表面光接枝方法

光聚合反应的特点是光辐射、引发、聚合同时发生。以紫外光引发的表面接枝聚合（表面光接枝）具有两个突出的优点：①紫外光与高能辐射相比对材料的穿透力差，故接枝聚合可严格地限定在材料的表面或亚表面进行，不会损坏材料的本体性能；②紫外辐射的光源和设备投资成本低，易于连续化操作。近年来对表面光接枝的研究进展较快，极具工业应用前景。

表面光接枝实施方法，大致有以下三种。

（1）气相法（图13-5）

聚合物、单体和光引发剂置于一个密闭的玻璃容器中，加热使溶液蒸发，从而聚合物在单体和光引发剂的气氛中进行表面光接枝。光引发剂可以被加热成蒸气，也可以被预先涂在聚合物的表面。气相法表面光接枝有两个优点：①由于单体和光引发剂以蒸气状态存在，自屏蔽效应小；②聚合物表面的单体浓度极低，故光接枝效率高。缺点是反应慢，UV光照时间长。

（2）液相法（图13-6）

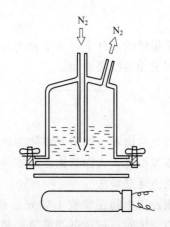

图 13-5　气相表面光接枝反应装置　　　　图 13-6　液相表面光接枝反应装置

把光引发剂、单体与其他助剂配成溶液，直接将聚合物样品置于溶液中进行光接枝聚合；也可先将光引发剂涂到聚合物样品表面，再放入溶液中进行光接枝。液相法光接枝的缺点是均聚物难以避免，也不易实现连续化作业。

（3）连续液相法（图 13-7）

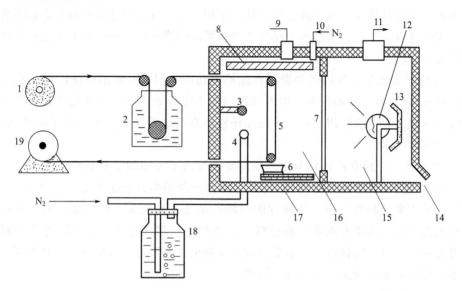

图 13-7　连续液相法表面光接枝装置

1—纤维进料辊；2—预浸液；3—热电偶；4—反应液蒸气入口；5—运输辊；
6—盛单体的容器；7—石英窗；8—冷却水管道；9—出气口；10—氮气进气口；
11—空气出气口；12—紫外光灯；13—抛物面反射镜；14—空气进气口；15—灯匣；
16—反应室；17—电子加热器；18—反应溶液；19—带驱动机的输出辊

这是 1986 年 Ranby 教授等发明的表面光接枝方法。聚合物基材可为单股纤维、多股丝束或柔性薄膜，绕在转辊上，先通氮气进反应腔内以除去空气，在电机牵引下，聚合物基体经溶有光引发剂和单体的预浸液槽进入反应腔，UV 光透过石英窗对其进行辐照。反应腔内除有饱和氮气外还有氮气鼓泡带出的光引发剂、单体的蒸气。光接枝聚合完毕后，用合适的溶剂除去基材上剩余的单体、光引发剂及均聚物，经丙酮清洗，置于空气中干燥并收卷。该法有两大优点：①基材通过预浸液后形成一层极薄的液层表面，因此自屏蔽效应最小；②实现了对纤维和薄膜的连续化光接枝反应，利于工业推广。

13.5.3　表面光接枝应用

表面光接枝聚合是在有机材料的表面附加上一层由接枝聚合物形成的新表面，这样可以在原基材性能不变的情况下，通过接枝单体的选择而对新表面进行设计与合成，从而实现表面改性、表面功能化和光接枝层合等应用。

（1）表面改性

表面光接枝聚合主要是用来进行有机材料的表面改性。表面改性是指在保持材料的原性能前提下，赋予其表面新的性能。

① 亲水性　大多数聚合物表面都为疏水性，因此利用表面光接枝对聚合物表面经亲水

性单体接枝形成一层亲水层，使疏水性变为亲水性。

② 印刷性　聚合物材料的印刷性能不佳一直是包装印刷行业急需解决的一个难题。目前工业包装用的聚乙烯、聚丙烯、聚酯、聚氯乙烯薄膜，大多在印刷前要经电晕或火焰处理，或加涂一层底层涂料，才能印刷。但电晕或火焰处理耐久性不好，必须处理后立即印刷。采用表面光接枝技术可以将极性基团接上薄膜表面，并且由于接枝链与薄膜以化学键相连，该新表面具有持久性，从根本上改善塑料薄膜的印刷适性，所以表面光接枝处理的薄膜直接可以进行印刷。

③ 染色性　聚乙烯、聚丙烯和聚酯都能抽丝纺织，但只有聚酯纤维能作纺织布料，即涤纶（的确良），而聚乙烯和聚丙烯均因染色问题不能商业化，由于染色性差，较大地限制了聚烯烃在纺织工业上的使用。而用表面光接枝处理后的纤维，大大改善了纤维的染色性，也可改善纤维的吸水性。

④ 光稳定性　导致有机材料老化、使用寿命短的主要原因是材料吸收紫外光，引起光老化，为此常用加入紫外光稳定剂——紫外吸收剂或受阻胺来减缓老化。一般是以一定比例的光稳定剂混入聚合物材料中，这种方法的缺点是加入量较大，而且会影响聚合物材料性能。因此用表面光接枝技术在聚合物材料表面接枝上一层光稳定剂是一种经济和有效的方法，既可有效保护聚合物材料本体不受侵害，又能由于光稳定剂以化学键形式和聚合物表面相连，不会出现光稳定剂流失和迁移的问题。

（2）表面功能化

表面光接枝技术除了用于进行材料表面改性外，近年来又向更高层次发展，即材料的表面高性能化或表面功能化。

① 生物活性　以生物用途为目的材料表面功能化是近年来研究的热点之一。通过表面光接枝可将具有疏水性表面的聚合物变为亲水性，以改善其生物相容性。还可以把一些具有生物活性的功能团通过直接或间接的方法接在聚合物材料的表面，使材料具有生物活性。

② 催化性　利用聚合物纤维、薄膜作为载体，通过表面光接枝直接或间接方法接枝上反应催化基团，制成大分子催化剂，接枝上功能基团，制成功能膜，如吸附膜、分离膜等。

（3）光接枝层合

复合膜是通过特殊方法把具有不同材质和不同性能的薄膜层合在一起的多层膜，是塑料薄膜的一种发展趋势，目前已广泛应用于包装行业，特别是食品包装上。复合膜目前主要有两种生产方法：一种是共挤出技术，即由几台挤出机同时挤出并吹塑成膜，该技术一次性投资大，技术复杂，而且要求被挤出材料不仅能热熔，还要熔点相近、流变性能相吻合，故使产品种类受到很大限制；另一种方法是黏合技术，这是一种传统工艺，包括涂抹胶黏剂、溶剂挥发、压合、干燥或固化等步骤，污染环境，能耗大，发达国家已逐渐淘汰这种技术。这两种方法对聚烯烃（聚乙烯、聚丙烯等）与其他极性聚合物（如纤维素、聚酯、尼龙等）和无机及金属材料（如玻璃、铝箔等）很难粘接层合。而采用光接枝层合技术，就可以克服上述难题，制成各种类型的层合膜。

光接枝层合把光固化胶黏剂涂于两个待层合薄膜之间，压紧压匀，UV照射，光固化胶黏剂中光引发剂与两薄膜表面作用产生大量自由基，引发胶黏剂固化，固化反应和表面接枝反应同时进行，因此两薄膜与固化层之间靠化学键相接，无明显的界面，大大提高了剥离强度（图13-8和表13-1）。

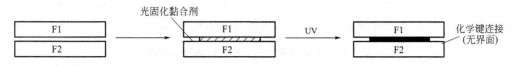

图 13-8　光接枝层合示意

表 13-1　复合膜的剥离强度

接枝层类型	层厚/mm	层合时间/s	破坏层	T-剥离强度/(N/m)
LDPE/LDPE	0.188/0.188	25	LDPE	1050
LDPE/LDPE	0.083/0.083	15	LDPE	520
PP/PP	0.10/0.10	45	PP	2310
HDPE/HDPE	0.04/0.04	100	HDPE	290
LDPE/PET	0.188/0.256	15	LDPE	1050
HDPE/PET	0.04/0.256	30	HDPE	530
PP/PET	0.10/0.256	20	PP	1580
OPP/PET	0.018/0.256	50	OPP	630
LDPE/Nylon66	0.188/0.12	10	LDPE	1340

　　用光接枝层合技术可以合成多种有机复合膜，如 PET/LDPE 隔氧阻水复合膜，LDPE/PVDC 高隔氧复合膜，LDPE/PVA/LDPE 超级隔氧阻水复合膜，正在研究制备纸/塑复合膜、铝/塑复合膜及玻璃/塑料复合体等复合材料。

13.6　光接枝与光聚合合成方法实例

13.6.1　光接枝合成方法

（1）聚乙烯膜感光接枝丙烯酸

将抽提过的聚乙烯膜浸入二苯甲酮/氯仿溶液中（5～10min），取出晾干，再真空干燥至恒重（为使二苯甲酮牢固地覆在聚乙烯膜上，二苯甲酮/氯仿溶液中加少量聚苯乙烯）。将该聚乙烯膜置于盛有丙烯酸（含 0.1% 的阻聚剂）的石英容器中，用玻璃片压实，置于 40W 紫外光源下（灯距 10cm）光照接枝反应。反应完，用温水充分洗涤，再用氯仿充分洗涤，干燥至恒重。聚乙烯膜感光接枝丙烯酸接枝率见表 13-2。

表 13-2　聚乙烯膜感光接枝丙烯酸接枝率

时间/min	60	90	180
接枝率/%	8.4	18.1	23.6

注：二苯甲酮浓度 1%，丙烯酸浓度 30%。

（2）低密度聚乙烯光接枝丙烯酸

低密度聚乙烯（60μm 厚，$M_n = 17000$，$M_w = 180000$，表观结晶度 32%）经丙酮抽提5h，涂上二苯甲酮的丙烯酸溶液 5.5μm 厚，盖上反应活性低的聚丙烯膜，夹入两块石英玻璃中，氮气保护，在紫外灯下光照一定时间，反应完用沸水除去均聚物和未反应单体、光引发剂，烘干，称重。低密度聚乙烯光接枝丙烯酸接枝率见表13-3。

表13-3　低密度聚乙烯光接枝丙烯酸接枝率

光照时间/min	1	8
丙烯酸接枝率/%	2.2	6.22

注：二苯甲酮浓度1.0%。

（3）低密度聚乙烯光接枝醋酸乙烯酯

取两片低密聚乙烯膜，用微型注射器将 $20\mu L$ 一定浓度光引发剂/醋酸乙烯酯溶液（预充氮气以除氧）注射到两片膜中间轻压膜使反应液均匀铺开，盖上石英玻璃片，在预定温度下用紫外光（1kW高压汞灯）照射，反应结束后，将膜取出，烘干除去未反应的单体，用丙酮抽提8h以除去均聚物和未反应光引发剂，将膜烘干称重。不同光引发剂的光接枝率见表13-4。

表13-4　不同光引发剂的光接枝率　　　　　　　单位：%

辐照时间/s	光引发剂				
	BP	651	184	ITX	氧杂蒽酮
90	39.9	10.8	9.9	25.6	25.0
120	59.9	25.3	19.7	28.9	27.3
150	70.4	26.9	25.3	36.3	29.0
180	76.9	27.7	26.7	41.9	33.5
210	77.4	30.6	27.8	45.1	34.9
240	78.3	31.3	29.4	39.1	35.7

注：温度60℃，光强50.10W/m²，光引发剂浓度3%。

（4）低密度聚乙烯-丙烯酸酯光接枝及光交联

低密度聚乙烯膜（厚63μm，$M_w=1.8\times10^5$，$M_n=1.7\times10^4$，对紫外光 $\lambda=254$nm 透过率为75%）经丙酮提抽5h。

将引发剂BP直接溶于单体丙烯腈（AN）、丙烯酸甲酯（MA）、丙烯酸丁酯（BA）、丙烯酸（AA）、甲基丙烯酸甲酯（MMA）、甲基丙烯酸（MAA）中，BP与单体质量比为1:100；单体丙烯酰胺（AAM），以丙酮为溶剂配成2mol/L，BP与AAM质量比为1:100。所有单体溶液反应前均通入氮气，以除去溶液中氧气。

取两片低密度聚乙烯膜，用微型注射器将 $20\mu L$ 上述BP单体溶液注射到两片膜中间，轻压膜使反应液均匀铺开，盖上石英玻璃片，在预定温度下，用1kW高压汞灯照射，反应结束，将膜烘干除去未反应单体，用丙酮抽提8h，以除去均聚物和未反应的光引发剂，将膜烘干称量。

不同单体的转化率见表13-5，不同单体样品接枝效率见表13-6，膜的交联度见表13-7。

表13-5　不同单体的转化率　　　　　　　单位：%

辐照时间/s	AN	AA	BA	MMA	AAM	MA	AAM
90	22.4	56.7	36.1	3.7	6.6	45.8	35.3
120	36.0	69.0	47.8	4.3	9.4	50.0	36.6

续表

辐照时间/s	AN	AA	BA	MMA	AAM	MA	AAM
150	45.3	78.6	60.6	9.6	18.5	58.9	38.1
180	52.2	84.3	65.0	12.2	28.7	65.8	41.6
210	54.1	84.9	66.1	17.0	33.9	66.3	42.5
240	53.0	84.0	64.9	17.3	33.0	64.2	45.0

表 13-6　不同单体样品接枝效率　　　　　　单位：%

辐照时间/s	AN	AA	BA	MMA	AAM	MA	AAM
90	56.7	85.8	53.8	0	84.7	87.4	47.8
120	69.3	89.6	72.7	0	91.7	90.6	53.6
150	72.4	92.3	73.6	0	93.2	92.9	57.0
180	80.3	93.6	85.7	0	94.7	94.4	57.8
210	81.5	94.2	94.2	0	95.8	96.0	58.6
240	81.9	94.5	96.1	0	95.4	95.4	59.0

表 13-7　膜的交联度

辐照时间/s	AN	AA	BA	MMA	AAM	MA	AAM
90	13.4	12.4	1.8	0.8	2.7	21.2	13.0
120	19.2	20.7	2.8	1.1	5.1	25.1	19.1
150	20.1	27.9	7.7	2.2	7.2	27.3	24.0
180	30.2	29.2	9.2	3.2	12.3	28.4	29.9
210	34.3	32.4	10.9	3.8	15.1	29.5	35.1
240	37.5	36.4	12.2	4.4	16.8	30.9	38.0

（5）低密度聚乙烯光接枝含氟丙烯酸酯

将低密度聚乙烯膜置于一定浓度的二苯甲酮和丙烯酸 2,2,3,3,4,4,5,5,6,6,7,7-十二氟庚酯的丁酮溶液中，在一定温度、于氮气保护下，经紫外灯（1kW 高压汞灯）照射一定时间，反应完毕，取出膜，用丁酮抽提 12h 以充分除去均聚物，烘干称量。低密度聚乙烯光接枝含氟丙烯酸酯的接枝率见表 13-8。

表 13-8　低密度聚乙烯光接枝含氟丙烯酸酯的接枝率

UV 光强/(mW/cm^2)	18.6	21.4	28.6
接枝率/(mg/cm^2)	1.76	4.95	8.58

注：含氟丙烯酸酯浓度 0.4mol/L，二苯甲酮 0.05mol/L，70℃，光照 30min。

（6）聚丙烯光接枝 N-异丙基丙烯酰胺

将聚丙烯膜浸泡于氧杂蒽酮与聚乙酸乙烯酯的丙酮溶液中（0.3% 氧杂蒽酮、0.5% 乙酸乙烯酯），经一定时间后取出，干燥，置于 N-异丙基丙烯酰胺与 N,N-亚甲基双丙烯酰胺的水溶液中，通氮气 10min，开启紫外光源（1kW 高压汞灯），照射一定时间，反应后的膜以清水洗净后置于去离子水中搅拌 12h，再用丙酮抽提 12h，以除去单体、光引发剂和均聚物，烘干，称重。聚丙烯光接枝 N-异丙基丙烯酰胺的接枝率见表 13-9。

表 13-9　聚丙烯光接枝 N-异丙基丙烯酰胺的接枝率

UV 光强/(mW/cm²)	7	11	18	23
接枝率/(mg/cm²)	0.28	0.37	0.66	0.92

注：N-异丙基丙烯酰胺浓度 0.18mol/L，N,N-亚甲基丙烯酰胺为 N-异丙基丙烯酰胺重量的 5%，60℃光照 20min。

（7）聚丙烯通过休眠基方式光接枝 N-异丙基丙烯酰胺

在两片待接枝的聚丙烯膜中间，注入适量的丙烯酸和二苯甲酮的丙酮溶液（丙烯酸 2mol/L，二苯甲酮 0.2mol/L），压紧并置于紫外灯下（1kW 高压汞灯）照射一定时间后，两片膜适度粘连，小心分开，以丙酮漂洗，除去粘在膜上的聚丙烯酸均聚物，室温下晾干待用，因在聚丙烯膜上接枝丙烯酸量非常少，不能通过称重方式测出。

将上述预接枝膜置于一定浓度的 N-异丙基丙烯酰胺水溶液中，通氮 10min 后，开启紫外光源，在氮气保护下照射一定时间，反应后膜以清水洗净后置于去离子水中搅拌 12h，再用丙酮抽提 12h，以充分除去未反应单晶体和均聚物，烘干、称重。聚丙烯通过休眠基方式接枝 N-异丙基丙烯酰胺的接枝量见表 13-10。

表 13-10　聚丙烯通过休眠基方式接枝 N-异丙基丙烯酰胺的接枝量

光照时间/min	15	30	40
休眠基方式光接枝/(mg/cm²)	0.36	0.70	0.86
一般光接枝/(mg/cm²)	0.30	0.50	0.62

注：N-异丙基丙烯酰胺浓度 0.18mol/L，UV 光强 17.6mW/cm²，光照 15min。

（8）聚丙烯粉料固相光接枝马来酸酐

将马来酸酐、二苯甲酮加入丙酮（或乙酸乙酯）中配成一定浓度的浸渍液，投入定量聚丙烯粉，50℃浸渍一定时间取出，待溶剂挥发后，加入沸腾床式光反应器中，在高纯氮吹动下进悬浮紫外辐照（400W），光照后的聚丙烯粉用丙酮抽提 10h，用化学滴定法测量接枝率（接枝马来酸酐占聚丙烯的质量分数），见表 13-11。

表 13-11　固相接枝率

二苯甲酮浓度/%	5	10	15	20	25	30
接枝率/%	0.28	0.71	0.69	0.59	0.57	0.50

注：马来酸酐浓度 30%，浸渍 40min，光照 5min。

固相光接枝的接枝率随二苯甲酮浓度增大而呈下降趋势，与溶液光接枝不同。

（9）UV 辐射引发聚丙烯接枝马来酸酐-苯乙烯

将 100g 聚丙烯和 0.6g 二苯甲酮在转矩流变仪中于 190℃条件下共混 3min，再加入 4g 马来酸酐和 4g 苯乙烯，继续共混 2min，所得共混物用平板硫化仪在 180℃压制成 80mm× 80mm×30mm 片材，加热使其透明，立即置于 2kW 高压汞灯（灯距 150mm）下，照射 30s，进行接枝反应，接枝率可达 1.58%。

（10）聚丙烯薄膜气相光接枝

聚丙烯薄膜使用前用丙酮萃取 1h。将丙烯酸、甲基丙烯酸、丙烯酰胺和二苯甲酮、联苯甲酰、安息香与丙酮配成不同单体和光引发剂的接枝液（单体浓度 2.0mol，光引发剂

0.2mol)。

　　将接枝液盛于烧杯中,并将烧杯置于一个气密性良好的铝质反应器中,反应器顶部装配一块石英玻璃,反应器放在50℃恒温水浴中,待接枝的聚丙烯薄膜放于石英玻璃下方,与之平行。在接枝液中不断通入氮气除去氧气,并使接枝液鼓泡,以便使接枝单体、光引发剂进入气相。接枝后薄膜在0.1mol/L NaOH溶液中、80℃下浸泡20min以除去表面均聚物。再用0.05mol/L的盐酸溶液浸泡20min,再用蒸馏水充分漂洗后晾干,测定接枝率、水接触角和染色程度,见表13-12~表13-14。

表 13-12　不同单体的接枝结果

项目	丙烯酸		甲基丙烯酸		丙烯酰胺	
光照时间/min	15	60	15	60	15	60
接枝率/%	15.6	36.7	4.06	28.3	1.04	9.10
水接触角/(°)	60.5	53.0	73.0	65.0	81.0	68.0
染色程度	5.5	14.4	3.4	12.5	2.5	10.4

表 13-13　不同光引发剂的接枝结果

项目	二苯甲酮		安息香		联苯甲酰	
光照时间/min	15	60	15	60	15	60
接枝率/%	15.6	36.7	4.59	21.1	6.3	32.0
水接触角/(°)	60.5	53.0	75.0	59.0	71.0	55.0
染色程度	5.5	14.4	3.8	11.2	4.3	13.8

表 13-14　接枝膜稳定性

试验	接枝率/%	水接触角/(°)
接枝后(室温)	21.68	57
接枝后室温放置2个月	26.31	58
接枝后(曝晒)	36.71	53
接枝后日光曝晒16h	37.51	53

　　(11) 聚酯薄膜光接枝马来酸酐/苯乙烯

　　将马来酸酐在丙酮/乙醇混合溶剂中,配成1mol/L溶液,加入苯乙烯(马来酸酐重的20%)和光引发剂二苯甲酮(浓度3%)配好接枝单体溶液。

　　将双向拉伸聚酯膜夹在两个载玻片之间,用微量注射器注入接枝溶液,轻压载玻片使其均匀分布,用1kW高压汞灯(照度为7.0mW/cm²)辐照60s,使马来酸酐/苯乙烯交替共聚物接枝在聚酯膜表面,接枝后将聚酯薄膜浸泡在丙酮中,以除去未反应的单体和均聚物,再用蒸馏水充分漂洗、晾干。接枝后聚酯薄膜接枝率67%,表面张力由原38mN/m提高到67mN/m。

　　(12) 聚酯核孔膜光接枝丙烯酸

　　聚对苯二甲酸乙二酯核孔膜(孔密度$1×10^8$cm^{-2},膜厚10μm,孔径0.4μm,)浸入一定浓度的丙烯酸和二苯甲酮的混合水溶液中,膜上保持一定的液层厚度,在氮气保护下,紫外光照(1kW高压汞灯)一定时间后取出,在索氏提取器中用水抽提15h,以除去未反应单体和均聚物，60℃真空干燥至恒重。聚酯核孔膜光接枝丙烯酸的接枝率见表 13-15。

表 13-15　聚酯核孔膜光接枝丙烯酸的接枝率

光照时间/s	20	40	60	90
接枝率/%	0.6	1.2	2.5	2.8

注：丙烯酸浓度 7mol/L，二苯甲酮浓度 0.05mol/L。接枝层主要核孔膜的光照正面，膜的背面和孔内无接枝物。

（13）聚酯核孔膜本体光接枝 *N*-异丙基丙烯酰胺

聚酯核孔膜（孔径 $0.2\mu m$ 膜厚 $10\mu m$，孔密度 $1\times10^8 cm^{-2}$）经丙酮抽提后，浸入 *N*-异丙基丙烯酰胺和二苯甲酮溶液中 5min，取出在空气中室温干燥，然后夹在两片 BOPP 膜中间，用塑封机热辊在 80℃碾压处理（辊速 1cm/s），使混合物熔化，在核孔膜表面形成均匀的混合物薄层，同时将 BOPP 膜中间的空气排出。置于紫外灯下（1kW 高压汞灯）并于一定温度下反应，反应后的膜用乙醇抽提 20h，除去未反应的单体、光引发剂和均聚物，60℃下真空干燥至恒重。

50℃下光照 2min 后膜的接枝率见表 13-16。

表 13-16　50℃下光照 2min 后膜的接枝率

二苯甲酮/*N*-二异丙基丙烯酰胺	0.02/1	0.05/1	0.08/1	0.12/1
接枝率/%	0	0.1	0.8	1.2

注：光接枝聚酯核孔膜正面可接枝 *N*-异丙基烯酰胺，膜的反面和膜孔内没有接枝。

（14）聚酯纤维非织造布光表面接枝

聚酯纤维非织造布（100g/m²）经丙酮清洗后，再烘干，浸渍在单体和引发剂配成的预浸液中，取出放入紫外光反应器中，夹入两块石英玻璃片中，用 50W 高压汞灯进行两面紫外接枝处理，灯距 20cm，照射时间 10min、烘干，浸于苯丙胶乳，干燥，进行力学性能测试，见表 13-17～表 13-19。

表 13-17　不同单体对接枝率和力学性能影响

单体	接枝率/%	横向拉伸强度/N	横向撕裂强度/N
AM	23.60	114.00	37.0
St：MMA：BA=1：1：1	5.71	65.00	38.0
AA	5.71	56.50	39.5
AN	4.76	66.25	39.5

注：引发剂为安息香，浓度 0.1mol/L，溶剂为丙酮：水=2：1。

表 13-18　不同引发剂对接枝率、力学性能影响

引发剂	接枝率/%	横向拉伸强度/N	横向撕裂强度/N
二苯甲酮	5.71	68.25	35.5
安息香	23.80	114.0	37.0
联苯甲酰	6.20	55.62	36.0

注：单体为丙烯酰胺，浓度 1mol/L，溶剂为丙酮：水=2：1。

表 13-19 不同溶剂对接枝率、力学性能影响

单体	溶剂	接枝率/%	横向拉伸强度/N	横向撕裂强度/N
AM	丙酮：水＝2：1	8.75	66.75	39.75
AM	乙醇	2.27	49.12	36.50
St：MMA：BA=1：1：1	丙酮：水＝1：1	7.60	66.00	33.00
St：MMA：BA=1：1：1	乙醇	2.27	59.00	35.75

注：单体浓度 1mol/L，引发剂 BP 浓度 0.1mol/L，照射时间 5min。

（15）尼龙-6 纤维光接枝丙烯酸改性

将切短为 2cm 长的尼龙-6 纤维用 5％的氢氧化钠煮 1h，除去油污和杂质，用蒸馏水清洗干净后烘干，在氮气保护下，用紫外光照一定时间。

在三口烧瓶中加入一定量六水合硫酸铁（Ⅱ）铵盐（0.05％，质量分数）、硫酸 0.01mol 和水 100mL，通氮气，水浴加热，将称重好的经辐照的尼龙-6 纤维加入，通氮气，70～73℃滴加丙烯酸 15g，搅拌反应 4h，将接枝后的尼龙-6 纤维取出冲洗干净，用蒸馏水煮沸除去丙烯酸均聚物，烘干称重，尼龙-6 接枝丙烯酸可达 64.39％，吸水率为 53.94％（未接枝的尼龙-6 吸水率几乎为 0），但拉伸强度从 150MPa 下降为 125MPa，断裂伸长率由 217％提高到 309％。

（16）聚氨酯光接枝乙烯吡咯烷酮

将医用聚氨酯薄膜浸泡在含有少量核黄素的 N-乙烯吡咯烷酮中，24h 后取出，在氮气保护下用紫外灯照射，接枝反应完放入 100℃水中煮 24h（每 2h 换 1 次水）取出烘干，称量，计算接枝密度（表 13-20），医用聚氨酯膜接枝改性后，提高了吸水性，降低了摩擦系数。

表 13-20 接枝密度

光照时间/min	40	60	80
接枝密度/(mg/cm²)	2.8	4.5	6.5

注：N-乙烯吡咯烷酮浓度 5mol/L。

（17）丝绸的光接枝丙烯酸羟丙酯

真丝双绉用甲醇提取 24h，以去除残留丝胶和表面油污与杂质。按浴比 1：40，将丝绸样品在一定浓度的丙烯酸羟丙酯单体中浸泡一定时间，取出后轧液，称量，计量浸轧率，保持浸轧率在 100％±1％，采用气密性良好的反应器，反应器顶部配有石英玻璃，样品平行置放于石英玻璃下方。在反应器中不断通入氮气以除去氧气，用直管型碘镓灯（3kW）照射样品，样品距光源 30cm，光照完毕，用去离子水充分洗涤，用丙酮提取 24h，以除去样品表面吸附的单体和均聚物，再用去离子水充分洗涤，低温真空干燥至恒重。不同溶剂的接枝率见表 13-21。

表 13-21 不同溶剂的接枝率　　　　　　　　　　　　单位：%

丙烯酸羟丙酯浓度/(mol/L)	水	乙醇	丙酮
0.20	4.0	2.5	1.5
0.65	12.0	8.0	2.0
1.30	18.5	7.5	1.8
2.00	21.0	3.0	1.6

（18）丝绸的低压汞灯接枝丙烯酸羟丙酯

02 练白双绉用甲醇抽提 12h，以去除表面的油污和杂质。按浴比 1∶40 将双绉置于一定浓度的丙烯酸羟丙酯的乙醇溶液中浸泡一定时间，取出、轧液、称量、计算浸轧率，使浸轧率在 100％±1％，置于上下为石英玻璃板，两端有通气孔的辐照池中，不断通入氮气去除氧气，在四根直管形低压汞灯（每根功率 20W，发射光谱主要为 185nm 和 254nm）距离 5cm 下照射 20min 进行光接枝。接枝后，双绉用大量去离子水充分洗涤，用丙酮索氏抽提 24h，以除去吸附在双绉表面的未反应单体和均聚物，用去离子水充分洗涤，在真空烘箱中低温烘干至恒重。丝绸的低压汞灯接枝丙烯酸羟丙酯的接枝率见表 13-22。

表 13-22　丝绸的低压汞灯接枝丙烯酸羟丙酯的接枝率

丙烯酸羟丙酯浓度/(mol/L)	接枝率/％
0.65	11.5
1.30	20.8
1.63	27.0

（19）玉米淀粉光接枝丙烯腈

将 1g 玉米淀粉用氢氧化钠糊化加水至 50mL，使氢氧化钠浓度为 0.185mol/L，搅拌通氮气 30min，加酸中和，加入 3.28g 丙烯腈，光引发剂为安息香乙醚（$18.9×10^{-4}$ mol/L），置于石英玻璃反应器，30℃通氮气 5min，用紫外光（2×125W）照射 1h，得到产物，用二甲基甲酰胺萃取均聚物和未反应单体，再加入盐酸回流 2.5h，将淀粉骨架水解、过滤，用水和甲醇洗涤，得接枝聚丙烯腈，接枝率为 38.8％，接枝效率为 46.7％。

（20）光引发淀粉反相乳液接枝聚合

将玉米淀粉用氢氧化钠水溶液糊化，调节 pH 为中性，配成淀粉水溶液，单体丙烯酰胺配成水溶液，将单体溶液与糊化淀粉溶液混合均匀成水相（淀粉浓度 3.7％，单体浓度 11.9％）。将乳化剂失水山梨醇单油酸酯（斯盘-80）和壬基酚聚氧乙烯醚（OP-10）溶于煤油中，配成 9.3％浓度，成为油相。将上述水相滴加于油相中，搅拌乳化 60min，配成反相乳液，其中质量浓度(水∶油)=1∶1.44，HLB=6.34，取定量上述配制好的反相乳液于石英玻璃反应器中，液面高 1.7cm，通氮气 30min，加入光引发剂置于 250W 高压汞灯下室温反应 30min，反应液面光强 60.5W/m²。反应完后，产物用 60∶40（体积比）冰乙酸-乙二醇混合溶剂抽提 24h，剩余物用甲醇沉淀、丙酮洗涤后过滤、烘干得接枝物。不同光引发剂的淀粉接枝聚合物见表 13-23。

表 13-23　不同光引发剂的淀粉接枝聚合物

光引发剂[①]	单体转化率/％	淀粉接枝率/％	单体接枝效率/％
BP	16.31	13.03	24.63
651	94.56	31.73	10.59
907	78.49	83.05	32.59
2959	59.26	23.54	12.23
184	88.55	92.03	31.99

光引发剂[1]	单体转化率/%	淀粉接枝率/%	单体接枝效率/%
819	90.04	52.19	17.84
TPO	77.70	36.32	14.39
184+819	93.79	76.12	25.16
184+TPO	93.28	33.82	11.15

[1] 光引发剂浓度为 $5.36 \times 10^{-4} mol/L$。

（21）聚砜与丙烯酸的紫外光辐射接枝共聚

将 10.0g 聚砜、0.8g 二苯甲酮和 2.0g 丙烯酸溶解于 100mL 四氢呋喃后装入石英器中，用 1000W 高压汞灯光照距离 20cm，充氮气 10min 后，光照一定时间，将光照后溶液倒入过量无水乙醚中沉淀，再用热水洗去均聚物，过滤烘干至恒重，得聚砜接枝丙烯酸。接枝率与水的接触角见表 13-24。

表 13-24　接枝率与水的接触角

接枝率/%	水的接触角/(°)	接枝率/%	水的接触角/(°)
0	68±1	4.61	39±1
2.12	54±1	8.79	32±1

（22）纳米二氧化硅锚固光引发剂光接枝甲基丙烯酸甲酯

在三口烧瓶中加入真空干燥 12h 的纳米二氧化硅（平均粒径 15～20nm）、70mL 氯化亚砜、70mL 苯超声分散 5min，磁力搅拌回流 50h，在反应温度下蒸出剩余的溶剂和氯化亚砜，在 90℃下真空干燥，得到表面氯化的纳米二氧化硅粒子 A。

将 5g A、5g 光引发剂 2959、0.2g 碳酸氢钠和 100mL 二甲基甲酰胺加入锥形瓶中，超声分散 5min，室温搅拌反应 12h，高速离心分离除去未反应的光引发剂 2959 和二甲基甲酰胺，再次分散到乙醇中离心分离，反复多次彻底除去表面吸附的光引发剂。50℃真空干燥 12h，得到表面锚固了光引发剂的纳米二氧化硅粒子 B，低温避光保存。

将 0.3g B、5mL 甲基丙烯酸甲酯和 5mL 甲苯加入到石英反应器中，超声分散 5min，在磁力搅拌下向悬浮液通氮气以除氧 10min，在氮气保护和搅拌下用紫外光照射（光强 10.9mW/cm² ）180min 关闭光源后，产物用少量甲醇沉淀，减压抽滤，在 50℃下真空干燥 12h。将产物超声分散到四氢呋喃中，高速离心分离，弃去上层清液，得到固体，经超声分散到四氢呋喃中，再次离心分离，反复进行数次，直到分离的上层清液中没有聚合物，在 50℃下真空干燥 12h，得 C，为纳米二氧化硅光接枝甲基丙烯酸甲酯。

在搅拌条件下接枝率可高达 110%（180min）。

（23）光接枝法制备季铵盐抗菌聚乙烯膜

在两片待接枝的聚乙烯膜中间，注入丙烯酸和二苯甲酮丙酮溶液（丙烯酸 2mol/L，二苯甲酮 0.2mol/L）压紧后，置于紫外灯下照射 1min 后，将两片聚乙烯膜分开，以丙酮漂洗除去粘在膜上的聚丙烯酸均聚物，室温晾干。

将上述聚乙烯膜置于浓度 1.6mol/L 的甲基丙烯酰氧乙基-苄基-二甲基氯化铵水溶液中，通氮气 10min 后，在氮气保护下，用紫外灯照射 20min，反应完毕，取出膜，以清水清洗净，置于去离子水中搅拌 12h，再用丙酮抽提 12h，以充分除去均聚物，烘干，称重，用扫描电镜观察接枝层厚度估计约几微米。

（24）本体光接枝制备温敏核孔膜

将 N-异丙基丙烯酰胺和二苯甲酮（10:1，摩尔比）配成丙酮溶液，将聚酯核孔膜（孔径 $0.2\mu m$，膜厚 $10\mu m$，孔密度 $1\times10^8 cm^{-2}$）浸入溶液中 5min，取出在空气中室温干燥，然后夹在两片聚丙烯薄膜中，用塑封机热辊在 80℃碾压处理（辊速约 1cm/s），使混合物熔化在核孔膜表面形成均匀的混合物薄层，同时将聚丙烯膜中间的空气排出，在紫外灯下（1kW 高压汞灯）及一定温度和光强下，光照 180s，反应后的膜用乙醇抽提 20h，以除去未反应的单体和均聚物，然后 60℃真空干燥至恒重。水通量测试表明，接枝膜具有温敏性能。

（25）光接枝制备亲水性纳滤膜

将酚酞基聚芳醚酮超滤膜〔水通量在 0.2MPa 时为 160L/（$m^2 \cdot h$），截留分子量为 10000 左右，膜对 Na_2SO_4 溶液不截留〕置于反应器底部，加入接枝单体苯乙烯磺酸钠（质量分数 10%）和丙烯酸（质量分数 5%）混合液 10mL，在反应器上部放置饱和硫酸铜溶液，液面高度约 1cm，用于滤去波长 300nm 以下的 UV 光以抑制单体的均聚。通氮 5min 除去单体溶液中的氧，在氮气氛中用紫外灯照射 20min（光强 8.7mW/cm^2，365nm）。反应结束取出接枝膜，放入乙醇/水溶液中，超声洗涤 15min，重复 3 次，以除去未反应单体和黏附在膜表面及孔径内的均聚物，再用质量分数为 5%的硫酸钠溶液浸泡 2h 进行离子交换，使其皂化，然后用蒸馏水清洗，获得接枝膜对二价盐离子的截留率＞90%，其通量达 $23.3L/（m^2 \cdot h）$。

（26）Ce^{3+}/H^+ 光催化引发糖类在聚丙烯膜表面偶合改性

双向拉伸聚丙烯（BOPP 厚 $30\mu m$），用三级水抽提 24h，再用丙酮抽提 36h，用丙酮进行表面擦洗，除去 BOPP 表面杂质，50℃烘干。

将三氯化铈（$CeCl_3 \cdot 7H_2O$）与糖类分子溶于稀盐酸中配制成改性溶液，均现用现配，用 pH 计测 pH，改性溶液先通氮气 10min 除去溶解氧，然后取 $50\mu L$ 改性溶液注入两片 BOPP 膜中间，压成薄且均匀的液膜，两端用石英玻璃夹住，放在高压汞灯下辐照反应，因 Ce^{3+} 吸收峰 $\lambda=253nm$，实验中采用波长 $\lambda=254nm$ 的紫外光强度计量。

光照结束后将两片基材分开，用大量水冲洗表面，再浸泡到盛有三级水烧杯中搅拌洗涤 $3\times 20min$，最后用丙酮冲洗除掉 BOPP 表面的水，通风放置晾干，再测接触角，见表 13-25。

表 13-25　不同情况下的接触角

项目	空白 BOPP	D-果糖改性	L-山梨糖改性	D-葡萄糖改性	D-半乳糖改性
接触角/(°)	107.8	43.6	47.4	66.9	66.3
条件	0.2mol/L	[Ce^{3+}]0.4mol/L	pH＝0.00	光强 12.0mW/cm^2	光照 12.5min

13.6.2　光聚合合成方法

（1）聚乙烯纤维光交联

将聚乙烯纤维在正庚烷中浸泡 24h，取出后用丙酮洗涤多次，真空干燥至恒重，浸泡于不同浓度、不同溶剂的反应液中（反应液预先通氮气 10min）24h，吸干后放入紫外光交联反应器中，用紫外光（500W 高压汞灯）照射一定时间，再用二甲苯抽提 24h。交联度用凝胶含量来表示。不同光照时间和不同交联剂浓度的交联度见表 13-26 和表 13-27。

表 13-26　不同光照时间的交联度

光照时间/min	1	2	4	6	8
凝胶时间/%	4.83	8.67	11.35	21.40	21.23

表 13-27　不同交联剂浓度的交联度

TMPTA 浓度/%	10	20	50
凝胶含量/%	8.47	11.35	23.83

注：辐照时间 4min。

（2）光交联法制备乙烯-乙酸乙烯纳米复合材料

将乙烯-乙酸乙烯共聚物（EVA260 法国 ATOFINA 公司）95g、有机蒙脱土（经十六烷基三甲基氯化铵有机化处理）3g、二苯甲酮 1g 和三羟甲基丙烷三丙烯酸酯 1g 在转矩流变仪中共混 10min，所得共混物用平板硫化仪在 130℃下压制成 1mm 厚片材，加热 100℃熔融后立即置于高压汞灯下（距离 150mm）光照 2min，使样品整体均匀交联。交联样品装入 120 目的钢丝网包内，用二甲苯回流提取 12h，再更换二甲苯继续回流 12h，取出网包，红外干燥至恒重，测定凝胶含量可达 95%。

（3）SBS 热塑性弹性体的光交联

将 SBS 热塑性弹性体（SBS1301-1，苯乙烯：丁二烯＝30：70，质量比）、3%光引发剂安息香乙醚配成甲苯溶液，浇铸得膜厚 20μm 的 SBS 膜，在紫外光照射 10min，光照后 SBS 膜试样浸泡在甲苯中 12h，反复过滤洗涤，60℃下干燥至恒重，计算凝胶含量与溶胀比，9min 光照后，凝胶含量可达 100%，溶胀比可达 10.0，T_g 由原－45℃提高到－15℃。

（4）光聚合法合成聚丙烯酸-聚氧乙烯水凝胶

用丙烯酸溶解光引发剂安息香异丙醚，配成 0.0025g/mL 的溶液，取 50mL。将称量好的聚氧乙烯（分子量 150 万，用量占单体质量的 1%）以适量的热水溶解，加入到上述丙烯酸-光引发剂溶液中。搅匀，再往其中加入氢氧化钠溶液（用量按中和度 60%计算）搅拌中和冷却后，加入交联剂 N,N-亚甲基双丙烯酰胺 5mL（0.0042g/mL 溶液），搅匀，将反应液倒入 1000mL 烧杯中，置于黑光灯箱中静置聚合，主产物不粘手时取出，将产物剪碎、烘干，即为聚丙烯酸-聚氧乙烯水凝胶。

（5）光聚合法合成聚（N,N-二甲基丙烯酰胺/N-异丙基丙烯酰胺）水凝胶

将一定量的光引发剂 2959 及交联剂 N,N'-丙甲基双丙烯酰胺溶于一定体积的水/N,N-二甲基丙烯酰胺（DMAA）/N-异丙基丙烯酰胺（NipAm）的混合溶液中，搅拌 30min，把样品装入 4.5cm×4.5cm×0.5cm 的透明石英反应器中，充氮 5min 后密封，分别在 50℃和 28℃将样品液置于紫外光源下（光强 2.5mW/cm²）灯距 20cm，反应完全，取凝胶并切块，用蒸馏水浸泡一周，每隔 10h 换水一次，以除去未反应的小分子化合物，洗涤后，将凝胶于 60℃真空干燥得到干凝胶，50℃下制备的水凝胶具有较为疏松的网络结构和相对较快的溶胀速度及温度响应性。

（6）光聚合法合成聚甲基丙烯酸-N,N-二甲氨基乙酯水凝胶

将甲基丙烯酸-N,N-二甲氨基乙酯配成 25%的水溶液，加入 0.15%的交联剂 N,N-亚甲基双丙烯酰胺，光引发剂 20mmol/L 过氧化氢，混合均匀后加入内径为 18mm 的石英试管中，通氮气 10min，封管，室温下用 500W 中压汞灯辐照 3h，制得凝胶切碎后，真空干燥，再用甲醇回流提取，干燥，得聚甲基丙烯酸-N,N-二甲氨基乙酯水凝胶，具有温度及

pH 敏感性。

（7）光聚合合成甲基丙烯酸羟乙酯/邻羟基环己基甲基丙烯酸酯水凝胶

将甲基丙烯酸羟乙酯（HEMA）与邻羟基环己基甲基丙烯酸酯（HCMA）按 6∶1 的摩尔配成水溶液，水的质量分数为 40%，加入交联剂 N,N-亚甲基丙烯酰胺（为单体摩尔比的 1/200）和质量分数的 1% 的光引发剂 2959 置于 1kW 高压汞灯下进行光聚合反应，光照 180s 停止（有 20s 诱导期），获得 HEMA/HCMA 水凝胶，双键转化率约 60%。

（8）光聚合合成 N-羧乙基壳聚糖/甲基丙烯酸羟乙酯水凝胶

将 2.0g 壳聚糖（相当于含有 10mmol NH₂）加入到含有 1.40mL 丙烯酸的 100mL 水中，在 50℃ 下持续搅拌 2 天。在反应液中加入 1mol/L 的氢氧化钠溶液，使 pH＝10～12，使所有羧酸全部转化为钠盐，将混合液在丙酮中沉淀，透析（透析膜截取分子量为 8000～12000）两天后晾干得到 N-羧乙基壳聚糖（CECS）。

混合 1.0% N-羧乙基壳聚糖水溶液、含有 1.0% 三丙二醇二甲基丙烯酸酯和 0.5% 光引发剂 2959（相对于甲基丙烯酸羟乙酯）的甲基丙烯酸羟乙酯单体溶液（质量分数），混合溶液注入两片载玻片所夹的带孔橡胶垫的图形孔中，室温下用光强为 15mW/cm² 的紫外灯照射 10～30min 进行光聚合，得到水凝胶用去离子水冲洗 3 次，60℃ 真空干燥 48h，制得 N-羧乙基壳聚糖/甲基丙烯酸羟乙酯水凝胶，见表 13-28。

表 13-28　光聚合合成 N-羧乙基壳聚糖/甲基丙烯酸羟乙酯水凝胶

项目	1	2	3
CECS∶HEMA（质量比）	0.5∶100	1∶100	2∶100
CECS 溶液/%	33.3	50.0	66.7
HEMA/%	65.7	49.3	32.5
TEGDMA/%	0.67	0.50	0.33
2959/%	0.33	0.25	0.17

（9）光交联合成聚丙烯酸羟丙酯-N-肉桂酰氧甲基丙烯酰胺水凝胶

在三口烧瓶中按一定量加入丙烯酸羟丙酯与 N-肉桂酰氧甲基丙烯酰胺（97%～99%，3∶1，摩尔比）、适量氯仿和 5% 的过氧化苯甲酰，搅拌均匀后，65℃ 避光通风干燥 30min，在 40℃ 烘箱干燥 10h，将此共聚物置于 300W 高压汞灯下（距离 20cm）照射 10min，发生光交联，将交联体浸泡于无水乙醇中，经数次溶胀退胀处理后，干燥得透明聚丙烯酸羟乙酯-N-肉桂酰氧甲基丙烯酰胺水凝胶，有较灵敏的温敏行为。

（10）光交联法合成聚 N-肉桂酰氧甲基丙烯酰胺-丙烯酸水凝胶

在三口烧瓶中按一定量加入 N-肉桂酰氧甲基丙烯酰胺和丙烯酸（5∶95，摩尔比），用氯仿作溶剂，避光升温 70℃，反应 12h 后，升温 1h，冷至室温，抽滤，固体用甲醇洗数次，再用二氯乙烷洗数次，除去未反应单体和丙烯酸均聚物，真空干燥得到共聚物，溶于一定体积水中，共聚物水溶液流延在洁净载玻片上，通风干燥 30min，40℃ 烘箱干燥 10h，然后置于 300W 高压汞灯下光照 10min 发生光交联，用蒸馏水浸泡洗涤，得聚 N-肉桂酰氧甲基丙烯酰胺-丙烯酸水凝胶。

（11）光聚合法合成聚丙烯酸-丙烯酸钠高吸水性树脂

将一定量丙烯酸用氢氧化钠水溶液中和至 80%，单体浓度在 40%～50%，加入交联剂 0.01% N,N′-亚甲基双丙烯酰胺（摩尔分数）和光引发剂 0.1% 的 651（质量分数），混合后放在 UV 灯下照射 10min，烘干、粉碎后，得到聚丙烯酸-丙烯酸钠高吸水性树脂，吸水率可达到 1500mL/g。

（12）光聚合法合成聚丙烯酸钠高吸水性树脂

将一定量的丙烯酸用氢氧化钠水溶液中和至 $60\%\sim65\%$，单体浓度在 $33\%\sim40\%$，加入交联剂 0.07% N,N-亚甲基双丙烯酰胺和光引发剂 0.1% 安息香异丙醚，搅拌下混合后，放在 UV 灯下照射至反应物表面不粘手时取出，得聚丙烯酸钠高吸水性树脂，吸水率可达 1300g/g。

（13）光聚合法合成聚丙烯酸-丙烯酸铵高吸水性树脂

用氨水将丙烯酸中和至 72%，加入交联剂 N,N'-亚甲基丙烯酰胺 0.005%，光引发剂 1700（25% 的 819 与 75% 的 1173）0.1%，配成 75% 浓度水溶液，置于高压汞灯下，光照强度 $1.1\mathrm{mW/cm^2}$，照射 20min，取出后烘干、粉碎，得到聚丙烯酸-丙烯酸铵高吸水性树脂，最高吸水率达 835mL/g，交联率可达 94.5%。

（14）光引发三羟甲基丙烷三丙烯酸酯溶液聚合制备微凝胶

在一个带通气口的直管反应瓶中，将定量光引发剂二苯甲酮溶于丁酮中（浓度 1%），然后加入三羟甲基丙烷三丙烯酸酯（在丁酮溶液中浓度 35%），混合均匀后取 10mL 反应溶液，液面高度为 1cm，用聚丙烯膜封口通氮气 10min，置于 1kW 高压汞灯下，光强 $100\mathrm{mW/cm^2}$，光照 3min，光照时持续通氮气，得到浅黄色透明澄清溶液，为稳定的凝胶分散液。

（15）紫外光引发丙烯酰胺分散聚合

将 1g 分散剂聚丙烯酸接枝壬基酚聚氧乙烯加到 100mL 叔丁醇/水（70/30，体积比）混合溶剂中，待溶解完后再加入 10g 丙烯酰胺至完全溶解，将反应液加入到硬质玻璃反应瓶中，用微量注射器加入光引发剂 651 的叔丁醇溶液（$10^{-5}\mathrm{mol/L}$）1.56mL，通氮气 30min，在 25℃照射 40min，得白色乳状液，所得产物用大量乙醇洗涤，离心分离 30min 后于 50℃下烘干，得聚丙烯酰胺，平均粒径 223nm，平均分子量 4.1×10^6。

（16）紫外光引发丙烯酰胺反相乳液聚合

在三口烧瓶中加入定量煤油和乳化剂 OP-10，搅拌溶解配成 4.18% 浓度乳化剂溶液，通氮气 $15\sim20$min。将定量丙烯酰胺和适量乙酸钠、乙二胺四乙酸二钠溶于水中，搅拌溶解配成 4.22mol/L 浓度单体水溶液，通氮气 $15\sim20$min。将水相滴加入油相，搅拌乳化 30min，配成乳液。

硬质玻璃光聚合反应器，用双层聚丙烯膜封口，通氮气 10min，注入 50mL 配好的乳液，加入 $2.5\times10^{-6}\mathrm{mol/L}$ 的 651 煤油溶液，在 250W 直管中压汞灯下照射 20min，20℃时在甲醇中沉淀，以丙酮洗涤数次后，于 $40\sim50$℃下真空干燥，得聚丙烯酰胺，转化率 90%，分子量 8.0×10^6。

（17）紫外光引发醋酸乙烯酯溶液聚合

在干净的反应瓶中加入 0.005g 光引发剂二苯甲酮，用注射器加入经减压蒸馏的醋酸乙烯 5g 和溶剂 5g（四氢呋喃），再用微量注射器加入三乙胺 0.001g，用橡皮筋在反应瓶口紧固上双层聚丙烯薄膜（反应所需紫外光可以全部透过），在反应瓶侧管通氮气 15min，以排出氧气，在紫外灯下光照 50min，将反应产物取出后，用去离子水进行沉淀，再将产物真空干燥恒重。

（18）光聚合法制备胺基磁性纳米凝胶

在三口石英烧瓶中加入含有 $50\mu L$ 烯丙基胺和 $5mg$ N,N-亚甲基双丙烯酰胺的 $58mL$ 双蒸水，快速搅拌下通氮气 $30min$，加入超声 $1min$ 的四氧化三铁磁流体 $2mL$（固含量为 $7.3mg$，平均粒径 $8nm\pm1nm$），分散均匀后，搅拌下通氮气，用紫外光辐照（2 支 8W 低压汞灯，254nm 主波长）$3min$ 后，滴加含有 $550\mu L$ 烯丙基胺的水溶液 $10mL$，$8min$ 加完，继续光照 $2min$ 后停止反应。所得液体作磁分离，洗涤数次后加 $5mL$ 三蒸水超声重新分散，得到纯净的聚烯丙基胺-磁性纳米凝胶，平均粒径 $21nm\pm5nm$，其饱和磁化强度为 $50emu/g$，具有超顺磁性和具有确定的生物素结合能力。

（19）光聚合法制备二苯甲酰-L-酒石酸手性分子印迹聚合物

称取 $1mol$ 二苯甲酰-L-酒石酸于玻璃试管中，加入 $4mmol$ 丙烯酸和适量溶剂乙腈超声使其溶解，作用 $2h$ 后加入 $10mmol$ 三羟甲基丙烷三丙烯酸酯、光引发剂二苯甲酮（总重量的 0.6%）和助引发剂三乙胺（总重量的 1%）混合均匀，充氮气 $2min$，然后抽真空并密封置于冰水浴中，用紫外光照射 $1.5h$，将所得块状产物取出后粉碎、研磨，用甲醇/乙醇真空干燥得到二苯甲酰-L-酒石酸手性分子印迹聚合物，对二苯甲酰-L-酒石酸有很好的识别性，其分离因子可达 5.41。

（20）光固化制备超疏水表面

将聚二甲基硅氧烷（Sylgard184，道康宁）原料预聚物和交联剂按质量比 $10:1$ 混合均匀，静置 $20min$ 后，浇注到平整的新鲜荷叶表面，放在 $40℃$ 烘箱中反应 $4h$，固化后将聚二甲基硅氧烷弹性体与母版剥离，得到复制有荷叶表面微结构的阴模软模板。

将质量分数 68% 的聚氨酯丙烯酸酯（沙多玛 CN990）、20% 的双季戊四醇五丙烯酸酯、10% 的丙烯酸异冰片酯和 2% 的光引发剂 651 混合均匀，于 $0.085MPa$ 真空烘箱中避光静置排除气泡，然后将溶液平铺在玻璃基板上，盖上复制有荷叶表面结构的软模板，置于紫外灯下曝光 $15min$，揭起软模板，将样品在 $40℃$ 烘箱中干燥 $5h$，样品表面微结构与荷叶表面微结构十分类似，有大量微乳类，平均直径 $7\sim12\mu m$，高度为 $10\sim18\mu m$，与水的接触角高达 $150°$。

13.7　硫醇和烯类单体的光聚合反应

硫醇和烯类单体紫外光聚合反应属于光聚合反应的一种，是指含有两个以上巯基（—SH）的硫醇化合物与含有碳碳双键（—C=C—）的烯类单体之间的自由基逐步加成聚合反应[1]。

1905 年，Posner 等最早研究了硫醇和烯类单体反应，发现了巯基和烯烃可以发生迈克尔（Michael）加成反应。1938 年 Kharasch 等人提出了巯基-烯烃反应的聚合机理，发现巯基-烯烃体系光聚合反应体系中，烯烃之间的均聚与双键及巯基间发生链转移反应为竞争关系。1950~1970 年期间，巯基-烯烃体系的研究开始从理论研究延伸到了应用领域，格雷斯公司的 Morgan、Ketley 等人利用此反应，使得巯基-烯烃反应体系开始应用于凸版印刷板的制作和电子封装材料；接着 Armstrong 利用巯基-烯烃光固化材料发展了瓷砖地板耐磨涂

---

❶ 该处烯类单体指含碳碳双键的有机化合物，非规范性命名方式，但为行业内惯用语，故保留。

料。1974 年，Wiley 出版了巯基官能团化学反应方面的评述，总结了 1970 年以来巯基官能团反应的进展。1993 年 Jacobine 等人较为全面的综述了巯基-烯烃反应的机理和应用。进入 21 世纪，巯基-烯烃光聚合体系的理论和应用研究有大量的论文和专利发表。人们发现硫醇和烯类单体紫外光聚合反应是属于一类常见的以碳碳多键（双键或三键）加成为主的点击反应。

点击反应（click reaction）的概念是由诺贝尔化学奖获得者美国化学家 Sharpless 在 2001 年首次提出的一类高效和高选择性的化学新方法。它是通过小单元的拼接，在特定的区域和官能团间反应形成形形色色分子的化学反应。其核心是开辟以碳—杂原子键（C—X—C）合成为基础的组合化学新方法，并借助点击反应来简单高效地获得分子多样性和新型聚合物的模块化制备。

点击反应因其具有原料易得，反应操作简单，对氧气和水不敏感，收率高，立体选择性好、应用范围广等特点，正逐渐成为药物合成、生物技术、聚合物化学和材料等多个科学领域的研究热点。点击反应主要有四种类型：环加成反应，特别是铜催化的叠氮-炔基 Husigen 环加成反应和烯烃间的 Diels-Alder 点击反应；亲核开环反应；非醇醛的羰基化学；碳碳多键的加成反应。

由于紫外光固化过程中使用的主要是含碳碳双键的丙烯酸酯，这一点击反应有效结合了紫外光固化过程的优点和传统点击反应的优点，是以光引发剂裂解的自由基为催化介质，在巯基和丙烯酸酯基团之间进行的高选择性化学反应，并且可以和其他多种化学合成手段交互使用，以改善紫外光固化产品的综合性能。近年来，随着紫外光固化技术的发展和点击反应研究的兴起，紫外光引发的巯基-双键之间的点击反应正逐渐成为一个新的研究热点。也正是由于二者相结合后具有的固化速率快、转化率高、反应条件温和、能量消耗低、无副反应、收缩率和收缩应力小、涂膜质量高、氧阻聚效应低、反应原料来源广等独特的优势，目前，这一技术已经在微型陶瓷器件制造、光学元件、生物医学材料多种基材表面的涂饰得到使用，也可用来制备紫外光固化胶黏剂、功能性聚合物和高玻璃化转变温度的网状聚合物等多种功能高分子材料，但是由于硫醇存在气味大、价格贵、稳定性差等问题，在实际应用中仍有很大的障碍。

13.7.1　硫醇和烯类单体的光聚合反应机理

关于硫醇和烯类单体的光聚合反应，目前公认的有两种反应机理，分别为两者之间的自由基加成反应机理和催化作用下迈克尔加成反应机理。相比之下，两者之间的自由基加成反应机理更为普遍，具体的过程一般是直接在紫外光固化丙烯酸酯体系中加入小分子巯基化合物。在紫外光照射下，小分子巯基化合物通过与碳碳双键加成或与碳自由基中间体夺氢反应生成具有活性的新的硫自由基，见图 13-9。

第一步为引发反应。在第一步中，若体系添加了紫外光引发剂，那么紫外光激发光引发剂裂解产生自由基，之后巯基自由基的形成是因为巯基上的一个氢原子被激发产生的自由基夺取；在没有光引发剂的条件下，紫外光激发硫醇本身产生巯基自由基。

第二步和第三步分别为链增长反应和链转移反应。链增长反应是巯基自由基随后以反马尔科夫尼科夫规则进攻不饱和碳碳双键，活性中心转移，产生烷基自由基。链转移反应是第二步产生的烷基自由基夺取巯基化合物中的巯基上的氢原子，产生巯基自由基，活性中心被转移，如此这样循环产生烷基自由基和巯基自由基，保证链增长的不断进行。

链终止反应形式多样，巯基自由基、烷基自由基互相复合，使链式反应终止。

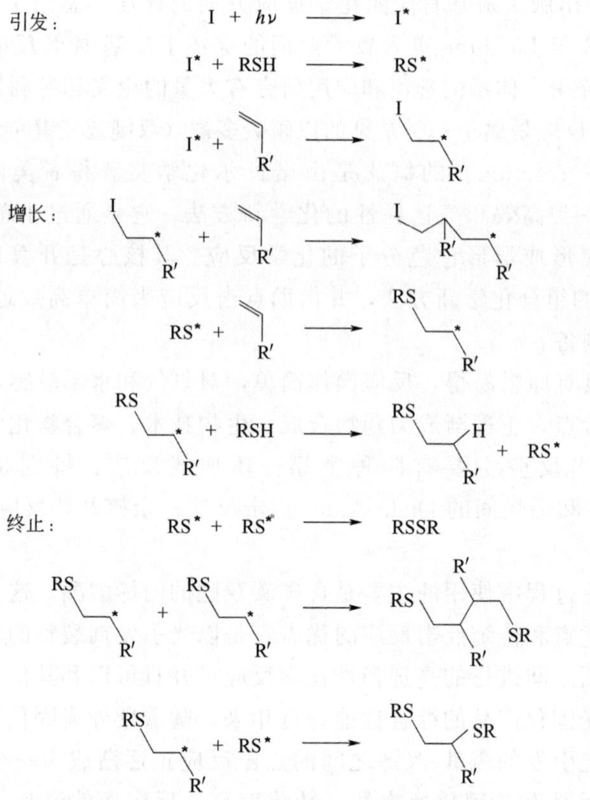

引发：

$$I + h\nu \longrightarrow I^*$$

$$I^* + RSH \longrightarrow RS^*$$

增长：

终止：

图 13-9　硫醇和烯类单体的光聚合反应自由基加成机理

另一种反应机理为硫醇和烯类单体的迈克尔加成反应机理。在胺的催化作用下形成具有亲核性的硫醇阴离子，之后按照迈克尔加成机理反应进行，如图 13-10 所示。

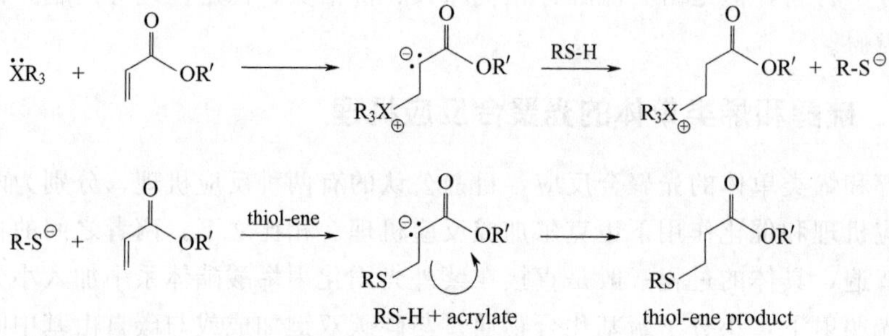

图 13-10　硫醇和烯类单体的光聚合反应迈克尔加成机理

13.7.2　硫醇和烯类单体光聚合反应特点

相对于传统的紫外光固化自由基聚合反应，硫醇和烯类单体的光聚合反应具有如下一些优点：

（1）氧阻聚效应小

传统的紫外光固化过程中的氧阻聚效应会给光固化产品带来诸多不便，不仅延长光固化时间，而且光固化涂层表面硬度、耐磨性和抗划伤性都会受到影响。氧阻聚作用主要体现在形成的过氧自由基没有引发活性，最终降低光引发剂的效率和自由基的活性。而在硫醇和烯烃单体的光聚合反应体系中，添加了巯基化合物，产生的过氧自由基能夺取巯基上的氢原子，产生具有活性的巯基自由基，保证了聚合反应的持续进行。所以，氧气对于巯基-烯烃体系的光聚合反应过程的阻聚作用并不明显，固化时不需要惰性气体保护，其抗氧阻聚作用机理如图 13-11 所示。

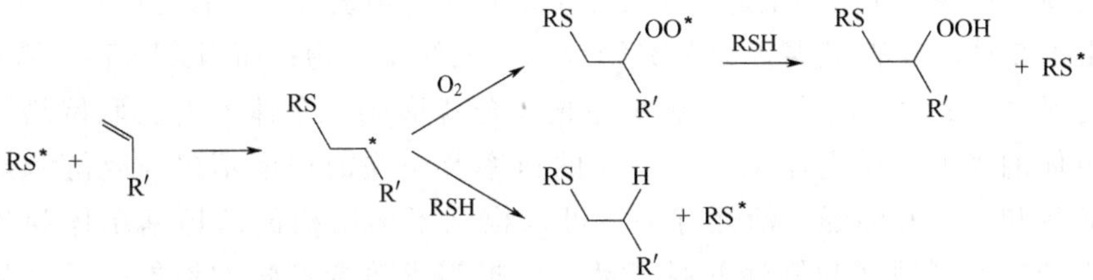

图 13-11　硫醇和烯类单体的光聚合反应过程的抗氧阻聚机理

表 13-29 也可看到硫醇化合物加入烯烃单体的光聚合反应体系中，明显地减缓氧阻聚的作用。

表 13-29　硫醇化合物减缓氧阻聚的作用

低聚物	表干时间/s	凝胶率/%
PUA 61 份	270	97.1
PUA 59 份/乙二硫醇 2 份	170	92
5％乙二硫醇改性 PUA 5 份/PUA 56 份	170	92
5％乙二硫醇改性 PUA 61 份	20	98.7

（2）减少光引发剂的用量

由于没有氧阻聚效应，硫醇和烯类单体的光聚合反应体系可以在少量光引发剂甚至没有光引发剂的条件下完成固化过程，因此大大降低了光固化产品中成本较高的光引发剂的使用，在相同光引发剂的用量下，光引发效率大大提高，利于深层固化和较厚涂层的制备。同时，由光引发剂引起的光固化涂层中小分子碎片残留和黄变等现象也可以极大地避免。从而可实现紫外光固化产品在食品、药品包装上应用。

（3）延迟凝胶现象

含有碳碳双键的烯类单体，如丙烯酸、甲基丙烯酸、乙烯基醚、烯丙基醚等，可在紫外光照射下进行自由基链式自聚反应，容易产生凝胶现象，故而碳碳双键的转化率不高。当反应超过凝胶点，体系黏度很大，影响未反应小分子的流动继续反应，易将聚合时产生的热应力储存在体系中，使产物的力学性能下降。硫醇和烯类单体光聚合反应因为分子链是逐步增长的，分子量和聚合程度逐步增加，这样黏度不会短时间内增加很多，延迟了凝胶现象的发生，与传统的丙烯酸类单体聚合相比，巯基-烯烃体系在双键转化率较高时才发生凝胶现象。巯基-烯烃体系使体系的凝胶点延迟，所以增加了体系内单体的转化率，三官能团硫醇和烯烃聚合反应体系中，当硫醇和烯烃的转化率为 50％时出现凝胶现象，而四官能团硫醇和烯烃聚合体系中，当两者转化率为 33％时体系出现凝胶。由于分子量和聚合程度逐步增加，易于释放收缩应力，从而使产物的内应力大大减小，体积收缩小，不会引起产品的起皱和翘曲。

（4）紫外光固化涂层性能的改善

硫醇和烯类单体的光聚合反应体系中，巯基参与聚合过程形成硫醚键，硫醚键在交联网状结构中旋转位垒较低，使得产物具有相当好的韧性和黏结性，高的折射率，耐热性，抗氧性和低的吸水性。通过选择硫基的种类及乙烯基单体的种类可以使紫外光固化涂层在很大范围内变化。

相比于丙烯酸酯类的自由基链式增长机理，硫基/乙烯基紫外光聚合具有独特的自由基逐步增长机理，硫基单体实际上起到了交联剂的作用。当硫基单体和乙烯基单体各自的平均官能度都小于 2 时，硫基/乙烯基紫外光聚合就形成线型产物；而当硫基和乙烯基单体各自平均官能度都大于 1 时，硫基/乙烯基紫外光聚合就形成一个体型的交联网络结构。在硫醇和烯类单体的光聚合反应体系中，反应的速率及交联的程度不仅与硫醇和烯烃的浓度有关系，而且和硫醇和烯烃的活性有关。可以根据不同结构的乙烯基单体和硫基化合物来控制，生产出不同硬度和韧性的膜产品，根据需求改变产物的性能。硫基化合物官能度越高，其紫外光聚合反应速率越快，体系中提高硫基官能团的配比有利于提高双键的转化率。

尽管硫基-乙烯基紫外光固化反应具有以上这些优点，但是，它的缺点也是显而易见的，主要是硫基化合物味道较为难闻，价格高，而且硫醇和烯类单体的光聚合反应体系的保存期较短，这些缺点阻碍了硫醇和烯类单体的光聚合反应的工业化应用。

13.7.3 硫醇和烯类单体光聚合体系单体

（1）硫醇化合物

硫醇和烯类单体光聚合体系，无论自由基反应还是迈克尔加成反应，都会受到硫醇结构的影响，该体系聚合速率不仅与硫醇和烯烃的浓度有关系，而且与硫醇和烯烃的活性有关。最常用的硫醇包括烷基硫醇、芳香族硫醇、硫基丙酸酯、硫基乙酸酯等四类，如图 13-12 所示。硫基化合物的结构对紫外光固化硫基/乙烯基共聚体系固化行为的影响，在相同的反应条件下，苯硫酚的反应活性明显低于硫醇的反应活性；硫基羧酸酯中硫基上的氢与酯键上的羰基形成氢键弱化了硫氢键，使它具有更高的反应活性；硫基化合物中吸电子基团（羰基）使 S 上的净电荷减少，其与 H 的共价键键长缩短，吸电子基团（羰基）会使反应活性降低；推电子基团（亚丙基）的作用则相反，而推电子基团（亚丙基）会使反应活性提高。据报道 3-硫基丙烯酸与 α-烯烃的反应速率是 1-戊硫醇与 α-烯烃反应速率的 6 倍，因此，硫基烯烃体系中硫基化合物的活性顺序：

烷基硫醇＞硫基乙酸酯＞硫基丙酸酯＞芳香族硫醇

R⌇SH   R-O-C(=O)-CH₂-SH   R-O-C(=O)-CH₂-SH   Ph-SH

烷基硫醇   硫基乙酸酯   硫基丙酸酯   芳香族硫醇

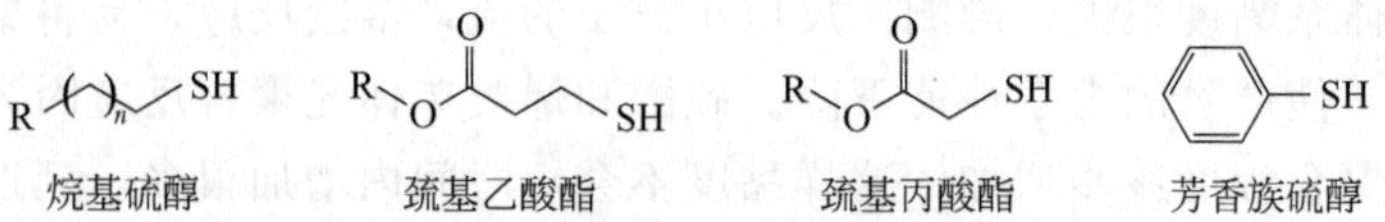

图 13-12　四类硫基化合物的结构

硫基化合物的反应活性与其溶解性和极性基团的吸电子诱导效应有关，具体的反应活性顺序为

$$HSCH_2COOH > HSCH_2COOCH_3 > HSCH_2CH_2COOH > HSCH_2CH_2COOCH_3 >$$
$$HSCH_2CH(OH)CH_2OH > HSCH_2CH_2OH > HSCH_2CH_2NH_2 。$$

对于多元硫醇，其反应速率主要受硫基官能度以及硫醇自身的分子微结构的影响，官能度高的多元硫醇，往往具有更高的反应速率，通过硫基-烯烃反应制备的聚合物具有更高的交联密度，玻璃化转变温度也较高。在硫醇中引入柔性的乙氧单元，使聚合物的链段易于运动，与多元烯反应制得的聚合物与不含乙氧单元的聚合物相比具有较低的玻璃化转变温度，聚合物的柔性得到改善。

　　为了能在硫醇/烯烃单体光聚合体系内部形成交联网络体系，通常使用多官能度的巯基化合物。根据实际需要，人们合成了不同多官能团的巯基化合物，其官能度从 3 到 16，可以满足合成不同性能材料的要求。目前商品化的巯基化合物主要为三巯基和四巯基化合物，见图 13-13。

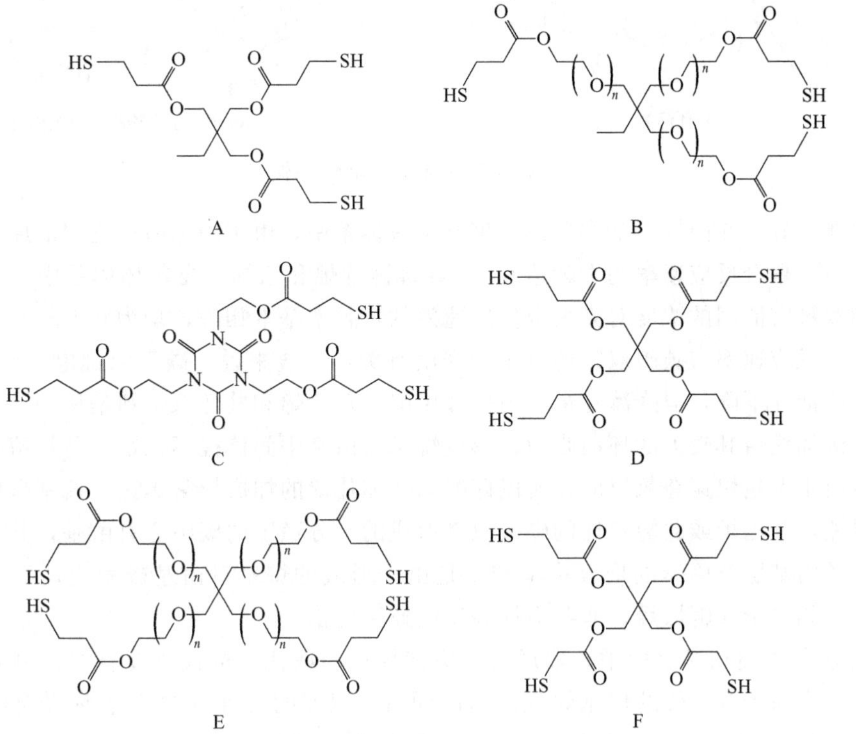

图 13-13　商品化的三巯基和四巯基化合物

（2）烯烃单体

　　用于硫醇和烯类单体聚合的烯类单体种类非常多，聚合速率及聚合物性能都与单体结构的不同而产生差异。常用的烯类单体见图 13-14。

　　烯类单体的结构同样影响巯基-烯烃光聚合过程的反应速率，主要是烯烃类、丙烯酸酯类单体、烯醚类单体、降冰片烯等环类烯、烯丙基三嗪及其衍生物类等。甲基丙烯酸酯及其酯类单体由于有甲基的存在，使得双键的聚合位阻和活性下降，所以在巯基-烯烃光聚合体系体系中丙烯酸酯类单体的活性明显高于甲基丙烯酸酯类单体。烯醚类单体中由于双键直接和氧相连，使得烯醚具有很高的活性，既可以发生自由基聚合，也可以发生阳离子聚合，但是其阳离子聚合的趋势大于自由基聚合趋势，由巯基烯的反应机理来看，该反应是自由基反应，所以巯基烯光聚合反应体系中烯醚类单体使用较少。降冰片烯中双键具有较大的环张力，与巯基自由基加成后环张力大大减小，而且降冰片烯的烷基自由基对巯基上的氢原子具有强烈的吸引作用，所以降冰片烯与巯基化合物的反应速率很高，并且生成的聚合物中含有刚性的五元环，故生成的聚合物有较高的玻璃化转变温度和较大的刚性，与巯基光聚合形成

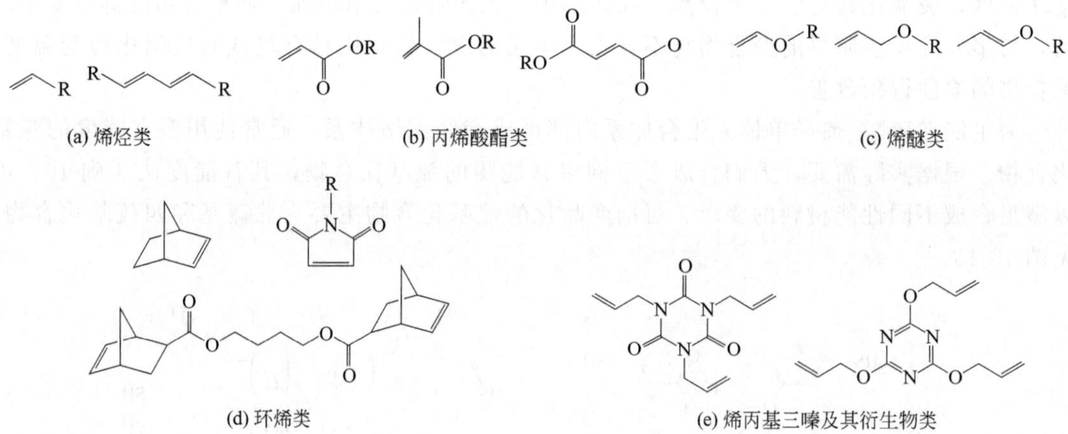

图 13-14　常见的烯类单体

(a) 烯烃类　　(b) 丙烯酸酯类　　(c) 烯醚类

(d) 环烯类　　(e) 烯丙基三嗪及其衍生物类

的材料性能较好。在丙烯酸酯类单体光聚合反应体系中，由于丙烯酸酯均聚的原因，双键官能团浓度对光聚合反应速率的贡献达 0.6；在降冰片烯和乙烯基醚单体体系中，巯基官能团的浓度和双键官能团的浓度对光聚合反应速率的贡献率基本相等，均为 0.5。

烯类的反应速率与碳碳双键的电子云密度有关，一般来说，碳碳双键电子云密度下降，烯类的反应活性下降，但降冰片烯、丙烯酸甲酯、苯乙烯和共轭双烯却是例外。由于巯基与冰片烯双键加成后其较大的环内张力，形成烷基自由基中间体极不稳定，并且巯基自由基与碳中心自由基发生快速夺氢反应，所以硫醇同降冰片烯的加成异常迅速。巯基自由基加成到丙烯酸甲酯，苯乙烯或共轭双烯的碳碳双键形成的十分稳定的碳中心自由基，其夺氢速率常数很低。烯丙基醚类单体的聚合速率较小是由于形成的烷基自由基较稳定，不易发生链传递。此外，相对于共轭烯烃，非共轭烯烃反应速率更快。

在硫醇-烯类自由基反应中，烯烃的反应活性还与取代基取代程度有关，单取代的烷基烯烃反应速率高于多取代的烷基烯烃。与此同时，双键的位置也对硫醇-烯烃自由基反应影响很大，巯基-烯烃光聚合反应中双键的反应活性为末端双键＞中间双键＞环上的双键。所以，当硫醇与烯烃按摩尔比 1∶1 的混合反应时，1-己烯活性是 2-己烯的 8 倍，是 3-己烯的 13 倍。后两种烯烃的双键均位于烷基链中间，这表明在硫醇-烯烃自由基反应中，其反应速率受空间位阻的影响。

双键的顺反构象也会影响聚合反应速率，当巯基加成到顺式双键时，会发生快速可逆的异构化作用，使顺式结构的反应活性降低，而巯基与反式结构的双键为不可逆的过程，因而具有较快的反应速率，但没有末端的双键反应速率快。因此，要想获得较快反应速率，就必须让双键的位置处于末端。故而下列各种含碳碳双键的单体与巯基化合物的反应速率顺序为：

降冰片烯＞乙烯基醚＞丙烯基醚＞烯烃≈乙烯基酯＞N-乙烯基酰胺＞烯丙基醚≈烯丙基三异氰酸酯≈烯丙基三嗪＞丙烯酸酯＞不饱和聚酯＞N-取代马来酰亚胺＞丙烯腈≈甲基丙烯酸酯＞苯乙烯＞共轭二烯。

13.7.4　二级硫醇系列产品 KarenzMT™

以上介绍的硫醇是位于伯碳原子的一级硫醇，虽然活性高，但气味大，稳定性差，影响实用。昭和电工株式会社开发了位于仲碳原子的二级硫醇系列产品 KarenzMT^{TM}（图 13-15）。

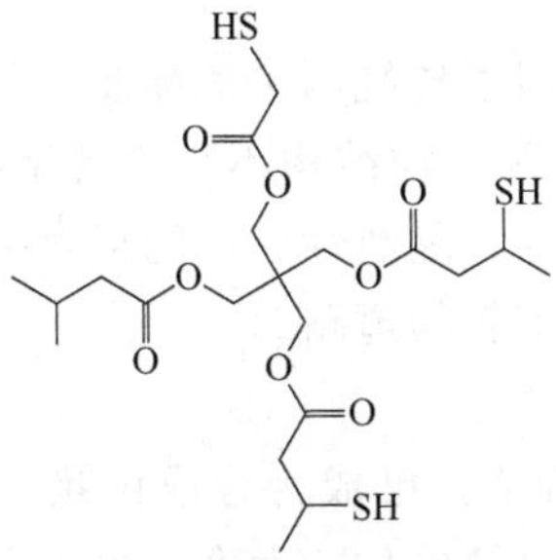

KarenzMT^{TM}PE1

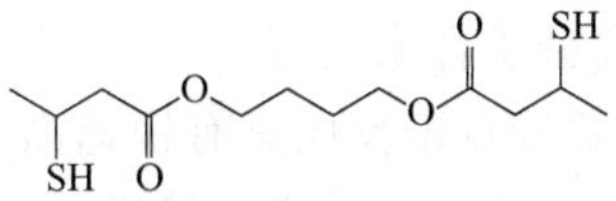

KarenzMT^{TM}BD1

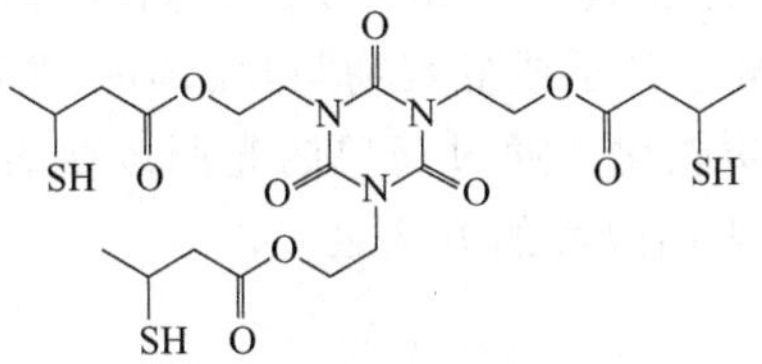

KarenzMT^{TM}NR1

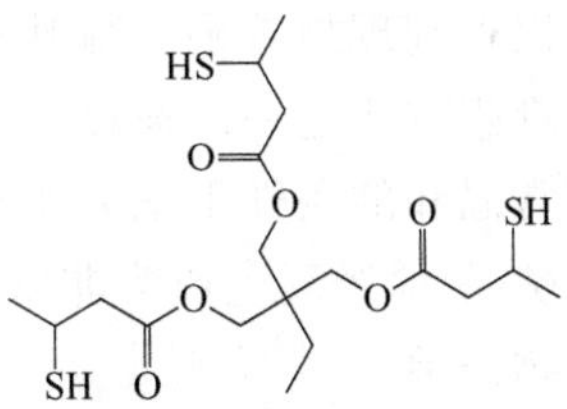

KarenzMT^{TM}TPMB

图 13-15　KarenzMT^{TM}系列产品

KarenzMT^{TM}系列产品的特点：①臭味低；②活性与稳定性兼顾。这是因为 KarenzMT^{TM}系列产品中硫醇位于仲碳原子，邻位的甲基为疏水性基团，抑制加水分解，故气味低，耐水性好。同时，甲基的立体位阻，抑制—SH 基团的反应活性，提高了使用的稳定性。

KarenzMT^{TM}系列产品用途如下。

（1）丙烯酸酯体系作 UV 固化助剂

① 作为自由基链转移剂，提高深部固化和暗部固化；

② 抑制氧阻聚；

③ 提高感光度，特别适合 UV-LED 固化；

④ 降低固化体积收缩率，提高与基材的附着力；

⑤ 稳定性好，延长适用期。

（2）硫醇-烯烃体系作 UV 固化剂

① 高透明性，高柔软性；

② 不受氧阻聚影响；

③ 降低固化体积收缩，提高与基材的附着力；

④ UV-LED 固化活性高；

⑤ 稳定性好，延长适用期。

（3）环氧树脂体系作 UV 固化剂或固化助剂

① 降低固化温度，加速固化；

② 产物耐水性好；

③ 强度和韧性兼顾；

④ 稳定性好，延长适用期。

13.7.5 硫醇和烯类单体光聚合应用领域

硫醇和烯类光聚合以其独特的逐步增长机理，克服了传统丙烯酸酯及甲基丙烯酸酯聚合存在氧阻聚、体积收缩大、凝胶点转化率较低、所得聚合物结构不规整等诸多缺陷。巯基-烯烃单体的光聚合反应形成的聚合物具有优良的粘接性、隔热性、高的折射率、氧化惰性和耐水解性等优异的性能，为高分子的合成与应用开辟了新的道路。

（1）高分子合成应用

巯基/烯烃点击反应具有快速高效，定量反应的特征，已成为合成树状聚合物和聚硫醚树枝状大分子的有效手段，将复杂的树状分子合成变得简单化，大大缩短了合成时间，使完全支化大分子合成变得简单。传统的高分子改性方法，存在反应时间长、效率低、副反应多等缺陷，难以达到理想效果。巯基/烯烃点击反应方法具有温和、快速、高效的特点，是聚合物改性的理想方法之一。通过功能性单官能硫醇小分子或低聚物与含乙烯基聚合物的点击反应，在非常温和的条件下就能实现对聚合物的功能化。通过简单的光照改变表面的性质，这一模式使巯基-烯烃反应成为非常受欢迎的材料表面改性的方法之一。

（2）生物医学

硫醇和烯类单体光聚合在生物医学上的应用很广泛，如齿科修复材料、药物缓释、基因检测、智能凝胶制备等。硫醇和烯类单体之间的偶联反应可以让聚合物侧链实现官能团化，这个应用可以在聚合物侧链上接上生物官能团，合成各种生物杂化体和分子嵌合体。巯基烯烃体系光聚合反应形成的聚合物收缩率相对较小，而且由于巯基的加入，使得烯烃的凝胶点延迟，烯烃的收缩应力减小。结果发现巯基/烯烃低聚物与传统的二甲基丙烯酸类单体为基质的补牙材料相比收缩应力减小 92％，说明了巯基-烯烃单体的低聚物是较为理想的下一代齿科修复材料。

（3）光固化涂料和胶黏剂

聚氨酯基的巯基-烯烃 UV 光固化胶黏剂，以固化速率快、粘接强度高、耐候性好等优点，在航空航天、机械电子、精密仪器等高技术领域广泛的使用。巯基-烯烃光聚合反应形成的聚合物折射率接近光学玻璃的折射率，因此，近几年来巯基/烯烃光聚合反应多应用于光纤涂层、电子音像制品、全息照相等领域。将聚乙二醇做成亲水性水凝胶涂层，改变PEG 长度、末端烯基和巯基交联剂，构造出具有不同结构的水凝胶，应用于海洋防污漆。

（4）光电子材料

利用巯基-烯烃为基质的光聚合反应形成的光栅展现出独特的光学和电光学性质及更好的稳定性，用于制造液晶聚合物中的全息反射光栅。巯基烯类聚合物（SMPs）表现出优异的形状稳定性和快速的形状驱使效应，力学性能又能满足使用要求，且密度低，在材料性能调节上有很大的灵活性，因此是一种很好的形状记忆材料。

13.7.6 硫醇化合物合成方法实例

（1）二硫醇化合物 3,16-二甲氨基-5,14-二羟基-7,12-二氧杂-1,18-二硫醇的合成先向 250mL 三口烧瓶中加入 80mL 无水乙醇，通入 N_2 30min。然后称取 7.71g（0.1mol）β-巯基乙胺加入瓶中继续通氮气搅拌，使之充分溶解。之后将三口烧瓶移入冰浴中，控制体系温度在 10℃ 左右。将 20mL 溶有 6.07g（0.03mol）1,4-丁二醇二缩水甘油醚的丙酮溶液恒压滴加到三口烧瓶中，约 2h 滴加完毕，在 10℃ 左右温度下搅拌反应，当 FTIR 表明 910cm^{-1} 处的环氧峰消失以后停止反应。旋转蒸发掉溶剂，静置析出过量未反应的 β-巯基乙胺以后，得到无色透明液体。利用三氯甲烷/丙酮（3/1，体积比）为洗脱剂对合成的产品进行柱色谱分离，即可得到所需要的纯化产物 3,16-二甲氨基-5,14-二羟基-7,12-二氧杂-1,18-二硫醇，收率为 80%。

（2）季戊四醇四巯基羧酸酯的合成

在装有机械搅拌、温度计、回流冷凝管和分水器的 500mL 三口瓶中，加入季戊四醇 34.8g（0.25mol），3-巯基丙酸 117.0g（1.1mol）、70%甲基磺酸水溶液 2.8g、环己烷 80g，油浴加热，80～110℃ 回流分水，达到理论出水量后停止反应，降温。将反应后的混合物置于分液漏斗中，静置分层，回收上层清液环己烷（可重复利用）；下层粗产物每次用 100mL 无水乙醇萃取，萃取三次，萃取相合并。将萃余相减压蒸馏脱去残余的少量乙醇，得无色透明的季戊四醇四（3-巯基丙酸）酯 112.2g，收率 92%。

（3）三羟乙基异氰脲酸三巯基羧酸酯的合成

在装有机械搅拌、温度计、分水器及回流冷凝管的 1000mL 三口瓶中，加入三羟乙基异氰脲酸酯 131.1g（0.5mol）、3-巯基丙酸 175.1g（1.65mol）、70%甲基磺酸水溶液 6.1g、甲苯 120g，在 95～130℃ 回流分水，达到理论出水量后停止反应。减压蒸馏回收甲苯，得粗产物。将粗产物转入分液漏斗，每次用 200mL 无水甲醇萃取，萃取三次，萃取相合并。将萃余相减压蒸馏脱去残余的少量甲醇，得无色透明的三羟乙基异氰脲酸酯三（3-巯基丙酸）酯 251.0g，收率 95%。

（4）三羟甲基丙烷三（3-巯基丙酸）酯的合成

将三羟甲基丙烷 33.54g（0.25mol）、3-巯基丙酸 111.45g（1.05mol）、70%甲基磺酸 2.9g、甲苯 64.54g 加入 500mL 装有搅拌器、温度计、回流冷凝管和分水器的三口烧瓶中，加热回流。达到理论分水量降温冷却，加入 100g 甲苯稀释，将稀释后的反应粗产物置于 1000mL 分液漏斗中，用饱和 $NaHCO_3$ 溶液洗三次，每次 150mL，再用饱和 NaCl 溶液洗三次，每次 100mL，最后用蒸馏水洗三次，每次 100mL，有机相用无水硫酸镁干燥过夜，过滤，减压脱去溶剂甲苯即得到无色透明的液体三羟甲基丙烷三（3-巯基丙酸）酯 81.7g，收率 82%。

（5）乙氧化三羟甲基丙烷三（3-巯基丙酸）酯的合成

将乙氧化三羟甲基丙烷（66.5g，0.25mol）、3-巯基丙酸（111.5g，1.05mol），70%甲

基磺酸 3.56g、甲苯 70.5g 加入 500mL 装有搅拌器、温度计、回流冷凝管和分水器的三口烧瓶中，加热回流。达到理论分水量降温冷却，加入 100g 甲苯稀释，将稀释后的反应粗产物置于 1000mL 分液漏斗中，用饱和 NaHCO₃ 溶液洗三次，每次 150mL，再用饱和的 NaCl 溶液洗三次，每次 100mL，最后用蒸馏水洗三次，每次 100mL，有机相用无水硫酸镁干燥过夜，过滤，减压脱去溶剂甲苯即得到无色透明的液体乙氧化三羟甲基丙烷三（3-巯基丙酸）酯 103.4g，收率 78%。

（6）多官能巯基或双键封端的低聚物制备

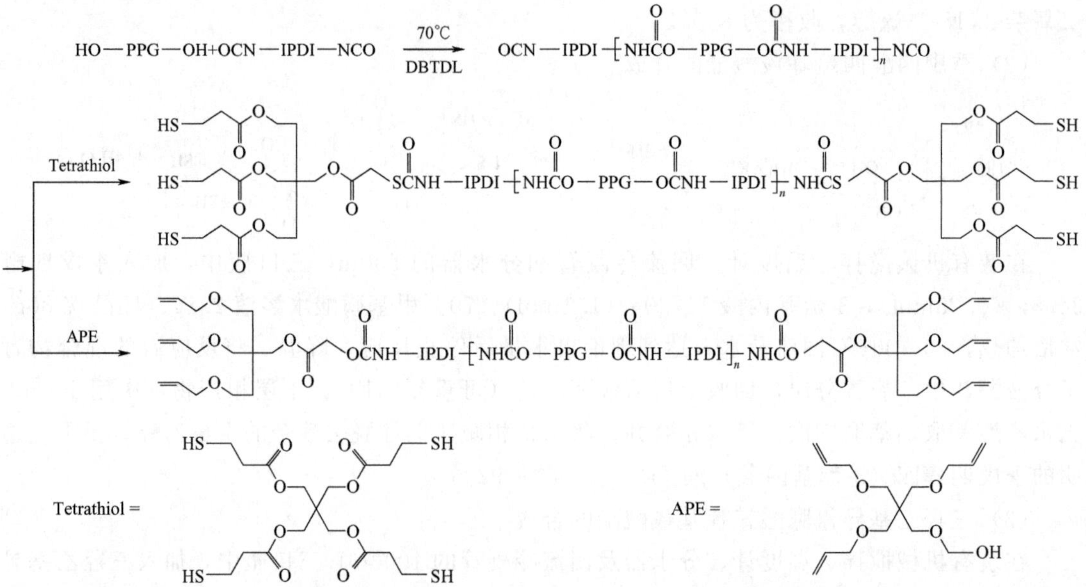

在装有温度计、机械搅拌和回流冷凝器的 250mL 四口烧瓶中加入重均分子量为 1000 聚醚二元醇（50.0g，0.05mol），升温至 110℃ 真空脱水 1h。降温至 50～60℃ 后，加入 22.2g（0.1mol）IPDI 和一滴二月桂酸二丁基锡，升温至 70℃ 反应之异氰酸基团含量达到理论值附近（质量分数 5.8%）即得到异氰酸基团封端的聚氨酯结构。

制备好的异氰酸基团封端的聚氨酯（72.2g，0.1mol）在室温条件下向 48.9g（0.1mol）Tetrathiol 中滴加，10min 左右滴加完，同时加入一滴三乙胺作为巯基和异氰酸酯反应的催化剂。之后将混合体系在 60℃ 下搅拌 1h，利用红外光谱监测其体系中的 2250cm⁻¹ 附近异氰酸基的特征峰，至该特征峰消失为止。至此，得到的聚合物即为多官能巯基封端的低聚物。

在 70℃ 的温度下，将 25.6g（0.1mol）APE 向上述制备好的异氰酸基封端的聚氨酯（72.2g，0.1mol）中滴加，并滴加一滴 DBTDL 作为羟基和异氰酸酯之间反应的催化剂。将反应体系在 70℃ 继续反应到异氰酸基特征峰消失为止，即得到多官能丙烯酸酯封端的低聚物。

（7）蓖麻油基巯基丙酸酯的合成

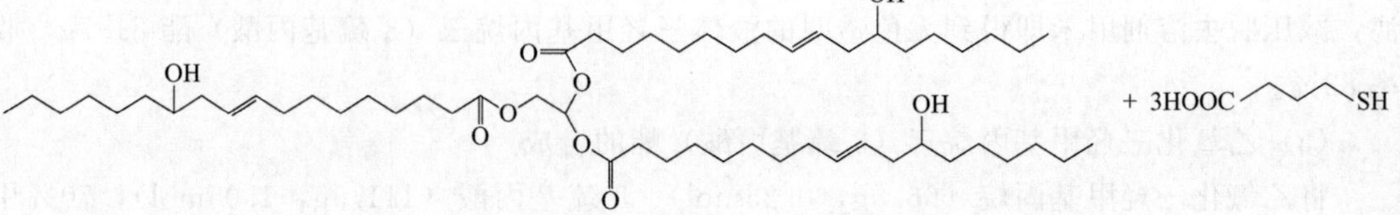

将 1mol 蓖麻油、对甲苯磺酸（4%蓖麻油和巯基丙酸重）和甲苯依次加入到装有分水器、回流冷凝管和温度计的三口烧瓶中，升温至 125℃，以保证携水剂甲苯不断回流；待携水剂回流稳定时，滴加 1.1mol 巯基丙酸，待分水器中的水不再增多时停止反应（约 3h），出料。将上述反应液移至梨形分液漏斗中，加入无水碳酸钠以除去未反应的巯基丙酸。待分液漏斗中气泡不再产生时，加入适量二氯甲烷静置分层，取中间澄清溶液经减压蒸馏除去携水剂甲苯和萃取剂二氯甲烷，得到蓖麻油基巯基丙酸酯。

（8）含巯基光引发剂的合成

将 111.0g（0.5mol）IPDI 和 5 滴二月桂酸二丁基锡加入装有温度计、回流冷凝管和搅拌器的四口瓶中，以乙酸乙酯为反应溶剂。在避光的条件下向升温至 70℃的四口瓶中缓慢滴加 82.1g（0.5mol）光引发剂 1173，控制在 0.5h 内滴加完毕，之后在 65℃反应至理论异氰酸值附近。加入 62.1g（0.5mol）二巯基丙醇和 5 滴二月桂酸二丁基锡在 65℃反应至—NCO 特征峰完全消失，减压蒸馏除去乙酸乙酯溶剂，得含巯基光引发剂。

第14章 UV-LED 固化

UV-LED（紫外发光二极管）是一种半导体发光的 UV 新光源，可直接将电能转化为光和辐射能。UV-LED 与汞弧灯、微波无极灯等传统的 UV 光源比较，具有寿命长、效率高、低电压、低温、安全性好、运行费用低和不含汞、无臭氧产生等许多优点，成为新的 UV 光源，已开始在 UV 胶黏剂、UV 油墨、UV 涂料和 3D 打印等领域获得广泛应用，对光固化技术节能降耗、环保减污起到了推动作用，为光固化行业带来了革命性变化。

14.1 LED 发光的原理

发光二极管是由元素周期表中 Ⅲ～Ⅳ族元素化合物，如 GaAs（砷化镓）、GaP（磷化镓）、GaAsP（磷砷化镓）等半导体制成的。发光二极管的核心部分是芯片，由以空穴为主的 P 型半导体和以电子为主的 N 型半导体结合而成，在这两部分之间有一个过渡层，称为 PN 结（图 14-1）。

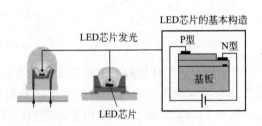

图 14-1　LED 结构示意

LED 发光的原理为：在正向电压下，电子由 N 区注入 P 区，在 P 区里电子跟空穴复合时，以光子的形式把多余的能量释放，此时 LED 就会发光。光的波长或者光的颜色，与形成 PN 结的材料相关，不同的半导体材料发出不同色光。自 20 世纪 60 年代，最早采用镓、砷的磷化物（GaAs P），开发出红光 LED（650nm）后，又在半导体材料中引入铟（In）和氮（N）等元素，陆续开发出绿光（555nm）、黄光（590nm）、橙光（610nm）LED，特别是镓铟氮化物（GaInN）开发成功，制成蓝光 LED。而将蓝光与红光、绿光混合，便产生白光 LED，从而使 LED 发光覆盖整个可见光波段。2014 年，蓝光 LED 发明人赤崎勇与天野浩、中村修二共同获得了诺贝尔物理学奖，以表彰他们"发明了高效的蓝色发光二极管"，让明亮且节能的白色光源成为可能。近年来，产生短波长的半导体材料氮化铝（AlN）、氮化镓（GaN）、铟镓氮化物（InGaN）、铝镓氮化物（AlGaN）和铝铟镓氮化物（AlInGaN）相继开发，制成了发射紫外光谱的 UV-LED 光源（405nm、395nm、385nm、375nm、365nm 等），成为新的 UV 光源，并开始应用于光固化领域（表 14-1、图 14-2）。

表 14-1　LED 半导体材料与发光波长

色	素材	发光波长/nm
赤	GaAlAs	660
黄	AlInGaP	610～650
橙	AlInGaP	595
绿	InGaN	520
青	InGaN	450～475
近紫外	InGaN	382～400
紫外	AlInGaN	360～371
疑似白色	InGaN 青＋黄色荧光体	465,560
3 波长白色	近紫外＋RGB 荧光体	465,530,612～640

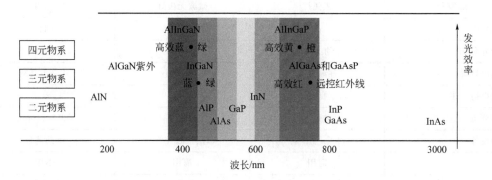

图 14-2　不同化合物半导体得到的光的波长

1997 年，日亚化学成功研发世界首个发光波长为 371nm 的 GaN 基 UV-LED。1998 年，在美国 Sandia 国家实验室研制出来 InGaN/AlInGaN 结构的 UV-LED 芯片，该芯片辐射峰值波长为 386nm，开创了 UV-LED 的制造和应用的新纪元。

目前市场上光固化领域主要使用的是 405nm、395nm、385nm、375nm、365nm 的 UV-LED。随着 LED 半导体制造技术的进展，正在开发波长＜350nm 以及 250～280nm 的深紫外 LED。

14.2　UV-LED 与汞弧灯性能比较

UV-LED 与传统的汞弧灯发出的连续光谱不同，它的光谱分布集中在一个狭窄的谱带上，带宽在 10～40nm，没有 UVB（280～315nm）和 UVC（200～280nm）的输出（图 14-4），与汞弧灯的发射光谱（图 14-3）明显不同。

UV-LED 作为半导体发光光源，与传统的汞弧灯、微波无极灯等 UV 光源比较（表 14-2），具有体积小、重量轻、运行费用低，同时低电压、发热低、寿命长、效率高、安全性好，特别它不用汞，无汞的污染，又无臭氧产生，因此是一种既是节能型、又是环保型的 UV 光源，特别符合国家关于减污减排的绿色经济政策和节能降耗的低碳经济政策。

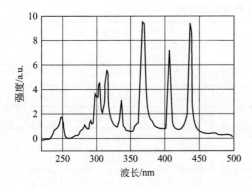

图 14-3 汞弧灯的发射光谱

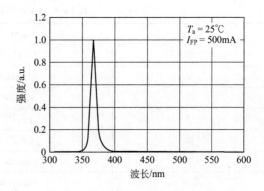

图 14-4 UV-LED 的发射光谱

表 14-2 UV-LED、汞弧灯、微波无极灯三种 UV 光源性能比较

比较项目	汞弧灯	微波无极灯	UV-LED 灯
运行费用	高	高	低
光源寿命/h	约 1000	8000	20000
光输出衰减	逐渐衰减	衰减较小	几乎不衰减
光输出均一性	良好	良好	优
光谱分布	谱带宽	谱带宽	谱带窄（40nm）
光源设备	灯管、变压器	灯管、磁控管	平面薄板
汞	需用	需用	不用
电压	高电压	高电压	低电压
臭氧	有	有	无
冷却	空气或水	空气或水	空气或水
光源热效应	高	较高	低
启动	启动慢	较诀	快
关闭后启动	需冷却 10min 才能启动	10s 内启动	随时启动
输出功率	不可调	不可调	可调

  表 14-3 比较了几种紫外光源的效率、功率密度等参数。从表 14-3 中可以明显看出，UV-LED 的整个系统能效具有无可比拟的竞争优势，其紫外辐射效率是中高压汞灯的 3 倍左右，系统能效是中高压汞灯的 4~5 倍，而且是可以满足大功率应用要求的。

表 14-3 几种主要紫外光源的参数比较

类型	光谱特性	辐射效率 （200~400nm）/%	灯具效率	电源效率	能效/%	功率密度 /(kW/m)
低压汞灯	线光谱,254nm 为主	60	0.6	0.9	32	<0.2
中高压汞灯	线光谱,主峰 365nm	12	0.6	0.85	6.1	3~15
氙灯	连续光谱	3	0.6	0.85	1.5	0.1~20
准分子灯	带光谱,带宽 2~3nm	4~10	0.6	0.8	1.9~4.8	1
UV-LED	带光谱,带宽达 10nm	30~40	0.9	0.9	24~32	10

14.3　UV-LED 光源的特点

① 寿命长：常用的 395nm、385nmUV-LED 灯可在 2×10^4h 以上，365nm UV-LED 灯也有 1×10^4h 以上；而汞弧灯寿命仅 $800 \sim 1000$h，微波无极灯也只有 $6000 \sim 8000$h。UV-LED 灯主波峰狭窄单一，90% 以上光输出集中在主波峰附近 ± 10nm 范围内；能量集中，98% 以上的光输出都在紫外波段，能量转化效率高（表 14-4）。

表 14-4　常用 UV-LED 的性能

波长/nm	面固化（水冷）/(W/cm²)	面固化（空气冷却）/(W/cm²)	光能/mW	效率/%	寿命/h
405	>16	4	550	45	$>2 \times 10^4$
395	16	4	550	45	$>2 \times 10^4$
385	12	4	500	40	$>2 \times 10^4$
365	8	2	350	25	1×10^4

② 工作温度低：灯体温度 100℃ 以下，灯表温度 60℃ 左右，工作面温度只升温 5℃ 左右。无红外热辐射，不会引起工件热应力及热变形，特别适合对热敏感的材料的固化加工。而汞弧灯灯体表面温度可高达 600℃，工作面温度也可达 80℃ 左右，不适用对热敏感的材料的固化加工。

③ 瞬间出光：UV-LED 的响应时间为微秒级，不需要预热时间。开闭次数不影响使用寿命，不需要快门。而汞弧灯开灯后，需 $5 \sim 10$min 才能达到完整的光谱输出；关灯后，不能立刻启动，要等 $5 \sim 10$min 冷却后，才能重新启动，而且开闭次数还影响使用寿命。

④ UV-LED 为固体发光，直流低压（220V）驱动，较汞气体发光易于控制，在发光强度、均匀性、稳定性方面都优于汞灯。UV-LED 的输出功率与驱动电流的关系稳定，可以通过调节电流精确调节 UV 输出功率，调节精度可以达到 1% 以下。而汞弧灯需高电压（380V）和整流器，不能调节输出功率。

⑤ 无汞污染，不产生臭氧。汞弧灯生产时需用汞，灯管失效后还需回收处理，容易产生汞的污染。2013 年开始，一项关于汞的禁止条约在全球 140 多个国家和地区达成共识，并由联合国环境规划署主持签订《水俣公约》，限定各行业对汞使用的控制和排量计划，目的在于尽量减少汞对人类身体和全球环境的威胁。而 UV-LED 不使用汞，无汞污染的环保优势非常显著，同时无臭氧产生，所以采用新型的节能环保的 UV-LED 紫外光源替代传统汞弧灯紫外光源已势在必行。

UV-LED 体积仅为 0.1cm³，配置灵活，直流低压驱动，制作成点光源固化机，发出的紫外光线，经过 UV 波段优化设计透镜组，整理成均匀的圆形光斑，光斑大小为：$\phi 3 \sim 20$mm；可使用矩形照射头，形成矩形的照射范围；也可使用线束照射头，形成一条细长的线型光束，具有较广的照射范围；还可将照射头偏斜 45°，或将照射头侧面发出光线，在工业生产中，极大地节省了空间，为生产提高了自由度，适于狭窄空间使用。

将 UV-LED 经排列组合制作成线光源固化机和面光源固化机，线光源固化机的长度从

20～2000mm，面光源固化机可以根据发光区域的形状、大小来定制；面光源的照射均匀性好：边缘和中心的照射强度变化可以达到 3%，一致性极佳；而且 UV-LED 光源瞬间点亮，即刻达到 100% 功率紫外输出，使用寿命不受开闭次数影响，能量高，光输出稳定，照射均匀效果好，提高了生产效率，这是汞弧灯无法比拟的。

目前，UV-LED 固化光源提高辐照度有 2 种途径：

① 在单管 UV-LED 发光面前添加会聚效果的透镜，将 UV-LED 发散的辐射能量集中；

② 增加 UV-LED 的数量，采用空间阵列系统设计，实现了多管 UV-LED 辐射能量的定向控制和空间累积，使光源的辐照度达到固化需要，从而实现多种应用场合下的点、线、面的 UV 固化。

UV-LED 光源最早以点光源应用形式出现，通过空间阵列组合途径开发出 UV-LED 线光源和面光源，使 UV-LED 光源真正应用在各种光固化产品上。另外，针对辐射波长单一的缺点，采用在一个模块中进行 UV-LED 不同数组间的排列，达到不同波长的输出，满足 UV 配方中不同种类光引发剂的需求。可以在一个模块中，用 5 种不同波长的 UV-LED：365nm、375nm、385nm、395nm 和 405nm 组合成一个新的光源波长区域，达到应用于不同的 UV 配方产品。

14.4　UV-LED 光源存在的问题

① 成本较高：目前 UV-LED 点光源的售价已经与汞弧灯方式点光源持平甚至略低，但采用了大量 UV-LED 阵列组合的面光源成本就居高不下，制约了 UV-LED 面光源的推广应用。UV-LED 售价高的原因不单单是 UV-LED 制造成本高，更是上游厂家技术垄断的结果，由于受专利保护，致使价格居高不下。但随着半导体制造技术的发展，国内 UV-LED 封装技术的进步，UV-LED 价格的下降是必然趋势，制约 UV-LED 光源广泛应用的瓶颈必将得到缓解。

② UV-LED 的波长单一，与现有的光引发剂不完全匹配。目前常用的 UV-LED 光源为 405nm、395nm、385nm、375nm、365nm 长波段紫外光，由于 UV-LED 发射的紫外光波峰窄，90% 以上光输出集中在主波峰附近 ±10nm 范围内，能量几乎全部分布在 UVA 波段，缺乏 UVC、UVB 波段的紫外光线，与常用的光引发剂的吸收光谱不匹配，严重影响光引发剂的引发效率。尽管 UV-LED 的深层固化效果优秀，但表面干燥效果欠佳。

③ 单颗 UV-LED 功率仍不够大，输出功率较小，克服氧阻聚能力差，影响表面固化，这是 UV-LED 光源在实际应用中存在的一个较大的问题。

④ UV-LED 在使用中，散热不好、温度上升会加快光衰速率，而且是不可恢复的，对使用寿命有很大影响。所以 UV-LED 的散热不容忽视，现都采用水冷或风冷来降温。同时，对环境温度有要求，UV-LED 的结点温度不能耐受 120℃ 以上的温度，要求使用环境温度低于 35℃。对于工业上使用，有时因为环境温度过高而不能应用 UV-LED 固化机。

⑤ UV-LED 在光固化领域应用还只有 10 多年历史，适用于 UV-LED 的光引发剂正在逐步开发中；同时，针对 UV-LED 特性而应用的 UV 油墨、UV 涂料和 UV 胶黏剂品种也较少，急待开发。

14.5　UV-LED 产品配方设计

14.5.1　用于 UV-LED 的活性稀释剂

随着 UV-LED 光源的广泛应用，为配合 UV-LED 而开发适用于 UV-LED 的活性稀释剂，见表 14-5。

表 14-5　部分适用于 UV-LED 的活性稀释剂

公司	商品名	产品组成	官能度	黏度（25℃）/mPa·s	性能特点
广东昊辉	HU0037	特殊功能丙烯酸酯		90～130	低黏度,各种基材附着力佳,可 LED 固化
江门恒光	HQ105A	新型合成单体	2	10～15	低黏度,低气味,低皮肤刺激性,良好附着力,高固化速率,耐磨性优,高耐热性,用于指甲油
	HQ303	自引发功能单体		100～150	表干快,抗氧阻聚,用于指甲油,LED 固化涂料

14.5.2　用于 UV-LED 的低聚物

开发固化速率快、氧阻聚影响小的适用于 UV-LED 的低聚物是当务之急。表 14-6 介绍了部分用于 UV-LED 的低聚物产品。

表 14-6　部分用于 UV-LED 的低聚物生产企业和产品

公司	商品名	产品组成	官能度	黏度（25℃）/mPa·s	特性
沙多玛	CN2204 NS	EA	4	200～500	低黏度,高光泽,可用于 UV-LED
	CN551 NS	胺改性聚醚丙烯酸酯	4	400～1000	快速固化,可用于 UV-LED
	CN2302	PEA	16	300	低黏度,快速固化,附着力好,可用于 UV-LED
RAHN	GENOMER 7302	特殊树脂	3	110	低黏度,低气味,低氧阻聚,提升表面固化,适用 UV-LED
湛新	ADDITOLLED 01	巯基改性 PEA		210	用于 UV-LED
	ADDITOLLED 03	胺改性丙烯酸酯	2	450	用于 UV-LED
中山千佑	UV7600	含四氢呋喃 PEA	4	1200	低黏度,快速固化,低能量,用于柔印、凹印油墨,UV-LED 固化
	UV7600-1	PEA	2	800	柔韧性、润湿性好,用于柔印、凹印、丝印油墨,UV-LED 固化
广东昊辉	HU0037	特殊功能丙烯酸酯		90～130	低黏度,各种基材附着力佳,可用于 LED 固化
	HP6220	脂肪族 PUA	2	3000～8000（60℃）	耐候性好,拉伸强度高,高伸长率,可用于 LED 固化

公司	商品名	产品组成	官能度	黏度(25℃)/mPa·s	特性
开平姿彩	ZC7601	功能丙烯酸酯	2	1500～3000	低能量固化，柔韧性好，干燥速率快，可用于 LED 固化
	ZC7610	功能丙烯酸酯	2	500～2000	对指甲、各类基材附着优异，可用于 LED 固化
	ZC7620	功能丙烯酸酯	2	2000～3000	冷光源固化，干燥快，柔韧，光泽高，耐刮，可用于 LED 固化
湖南赢创未来	LED1131	LED 固化丙烯酸酯	3	10000±1000	固化快，漆膜柔软有弹性，附着力好，可使用 LED 固化的木器、塑料、金属及各种涂装方式的涂料、光油、油墨
	LED1151	LED 固化丙烯酸酯	5	20000±5000	固化快，漆膜硬，耐刮耐磨，气味小，附着好，流平性、丰满度很好，可使用 LED 固化的木器、塑料、金属及各种涂装方式的涂料、光油、油墨
	LED1161	LED 固化丙烯酸酯	6	20000±5000	固化快，漆膜硬，耐刮耐磨，气味小，附着好，可使用 LED 固化的木器、塑料、金属及各种涂装方式的涂料、光油、油墨
顺德本诺	3223	PEA	2	2000±1000	固化快，坚韧性好，润湿流平性好，光泽高，用于 UV 或 LED 固化涂料、油墨
	1680	脂肪族 NCO 改性 EA	6	50000±10000	深层深色固化好，高硬度，附着力好，高光泽，用于 LED 固化涂料、油墨
	2639	脂肪族 PUA	6	30000～50000	高硬度，低能量，固化快，耐黄变，耐水、耐化学品性好，用于 LED 涂料、油墨
润奥	FSP8672	脂肪族 PUA	2	3500(60℃)	快速固化，坚韧性，良好耐水性，可用于 UV-LED 涂料
	FSP7336	胺改性 PUA	3	1500	高反应活性，优异的流平性，对塑料、木器附着力好，用于 LED 涂料
	FSP7814	改性 PEA	4	2500	固化速率快，优异的耐水性、坚韧性，用于 LED 涂料、油墨
深圳众邦	UVR9218	特种改性丙烯酸酯	2	5000～7000	LED 固化好，附着力佳，拉伸弹性好，用于 UV-LED 转印胶底油
	UVR9228	特种改性丙烯酸酯	2	1500～2000	LED 固化好，附着力佳，拉伸弹性好，用于 UV-LED 转印胶面油
	UVR9220	特种改性丙烯酸酯	2	6000～8000	LED 固化好，附着力佳，拉伸弹性好，用于 UV-LED 转印胶底油
肇庆宝骏	2810A	脂肪族 PUA	5	3500	低能量固化快，表干好，光泽高，附着力、柔韧性好，用于 LED 光油、指甲油免洗封层
	2266	巯基改性丙烯酸酯	4	350	促进表面固化，抗氧阻聚，不黄变，储存稳定性好，用于 LED 光油、涂料、油墨、胶黏剂
	6950	改性 PEA	4	2000	反应快，柔韧性、流平性、颜料润湿性好，用于 LED 光油、木器漆

指甲油作为美容化妆品经历了从溶剂挥发到 UV 固化，现在发展为 UV-LED 固化，是 UV-LED 固化推广应用较快和成功的一个例子。为此，一些低聚物生产企业开发了适用于 UV-LED 指甲油的低聚物见表 14-7。

表 14-7　部分用于 UV 指甲油的低聚物生产企业和产品

公司	商品名	产品组成	官能度	黏度(25℃)/mPa·s	特性
Bomar	XR741MS	聚酯 PUMA	2	8000(70℃)	提升粘接力，硬度高且柔韧性好，无黄变，对皮肤刺激性低
	BR742M	聚酯 PUMA	2	100000(50℃)	高硬度，可形成透明、无黄变的保护性涂层，对皮肤刺激性小，耐化学品
	BR952	聚酯 PUA	2	7800	低色度，无黄变，不含双酚 A，增强韧性，高光泽
	BR541S	聚醚 PUA	2	3000(60℃)	颜色稳定性好，光泽高，高透明度，耐候性好，提升粘接力
	BR541MB	聚醚 PUMA	2	6775(60℃)	拉伸强度高，高光学透明度，对皮肤刺激性低
	BR543MB	聚醚 PUMA	2	13000(60℃)	拉伸强度高，高光学透明度，抗油性好，对皮肤刺激性小，提高抗冲击力和粘接力，抗水解稳定性好
	BR443D	疏水 PUA	2	20000(50)	低吸水率，耐候性好，耐碱，耐磨损，无黄变，光泽高，疏水
	BRC-843D	疏水 PUA	2	90000	低吸水率，耐候性好，耐碱，耐磨损，无黄变，光泽高，疏水
	BR-744BT	聚酯 PUA	2	44500(60℃)	耐候性好，无黄变，可提升粘接力、抗冲击，增强柔韧性
	PE250	EMA	2	3700(60℃)	良好的耐韧性
美源	PU217	脂肪 PUA（含 20％TPGDA）	2	75000	良好的户外耐久性和韧性
	PU256	脂肪 PUA（含 5％HDDA）	2	65000	良好的流平性和柔韧性，用于增韧
	PU2012NT	脂肪 PUA（含 10％TPGDA）	2	6000(60℃)	无毒，良好的附着力和柔韧性
	PU3280NT	脂肪族 PUA	3	16000(60℃)	无毒，良好的韧性和耐磨性
	PU2421NT	脂肪族 PUMA	2	9000	良好的附着力，高光泽
长兴	DR-U120	脂肪族 PUA	4	4000～7000(60℃)	柔韧性佳，固化速率快，耐黄变性佳
	DR-U212	脂肪族 PUA	2	14000～18000(60℃)	光泽保持性佳，耐黄变性佳，与色兼容性佳
	DR-U240	脂肪族 PUA	2	18000～22000(60℃)	柔韧性佳，固化速率快，烫金性佳，耐化学品性佳
	DR-U317	脂肪族 PUA	2	1500～2200(60℃)	柔韧性佳，固化速率快，耐黄变佳，亲水性，光泽度高

公司	商品名	产品组成	官能度	黏度(25℃)/mPa·s	特性
双键	5232	脂肪族 PUA	2	50000~100000	柔韧性好,不黄变
	5433H	脂肪族 PUA	2	45000~75000(60℃)	柔韧性好,附着力好,耐化学品性好
广东昊辉	HU0037	特殊功能丙烯酸酯		90~130	低黏度,各种基材附着力佳,可 LED 固化
	HE3204	改性 EA	2	15~255s(涂-4 杯)	抗折叠,抗爆,固化快,光泽好,柔韧性好,低黏度
	HE3215	改性 EA	2	4000~7000(70℃)	高附着力,柔韧性好
	HE3216	改性 EA	2	4000~7000(70℃)	高附着力,柔韧性好,环境友好
	HP1300	脂肪族 PUA	2	45000~75000(60℃)	耐高温,润湿性好,较高弹性,优异的上镀性能
	HP6303	脂肪族 PUA	3	13000~20000(60℃)	韧性好,附着好,耐磨好,耐高温
	HP6220	脂肪族 PUA	2	3000~8000(60℃)	耐候性好,拉伸强度高,高伸长率,LED 固化
上海三酮	ST882	脂肪族 PUA	2	12000~18000	柔韧性佳,固化速率快,低收缩,低气味
	SP281	改性 PEA	4	100	低黏度,在低光能下仍有较高反应活性
开平姿彩	ZC7601	功能丙烯酸酯	2	1500~3000	低能量固化,柔韧性好,干燥速率快,用于指甲油封层
	ZC7605	功能丙烯酸酯	2	18000~30000	固化快,耐黄变,颜料润湿性好,展色能力强,用于指甲油彩胶
	ZC7608	功能丙烯酸酯	2	10000~30000(60℃)	柔韧性好,干燥快,展色力强,用于指甲油和彩胶
	ZC7610	功能丙烯酸酯	2	500~2000	指甲、各类基材附着优异,用于指甲油底胶
	ZC7620	功能丙烯酸酯	2	2000~3000	冷光源固化,干燥快,柔韧,光泽高,耐刮,用于指甲油封层
	ZC7621	功能丙烯酸酯	2	2000~3000	冷光源固化,干燥快,柔韧,光泽高,耐刮,用于指甲油封层
广州五行	W100	脂肪族 PUA	2	5000~8000	耐水性、柔韧性佳,玻璃和陶瓷附着力佳
	W2513	脂肪族 PUA	3	25000~35000	对塑料基材附着力佳,耐水煮性、耐热性、耐候性佳,有良好的韧性和弹性
	W2612	脂肪族 PUA	2	1600024000(60℃)	耐水煮、耐热性、硬度和坚韧性佳,良好的光泽保持性
	W2630	脂肪族 PUA	3	15000~30000	低色数,耐候性佳,坚韧性佳,光泽保持性佳
	LED9100	脂肪族 PUA	2	30000~55000(60℃)	固化速率快,柔韧性佳,对指甲附着力佳,用于指甲油底胶
	LED9200	脂肪族 PUA	2	10000~30000(60℃)	固化速率快,透明性高,耐黄变,良好的光泽保持性,用于指甲油封层

公司	商品名	产品组成	官能度	黏度(25℃)/mPa·s	特性
广州五行	LED9300	脂肪族 PUA	2	10000～30000(60℃)	加色效果好,耐折延展性佳,有较好的防沉效果,用于指甲油
	LED9301	脂肪族 PUA	2	10000～30000(60℃)	固化速率快,柔韧性佳,加色效果好,用于指甲油
	LED9900	脂肪族 PUA	10	10000～30000(60℃)	固化速率快,发热低,光泽度高,耐刮性好,用于指甲油封层
江门恒光	7290	脂肪族 PUA	2	3000～5000(60℃)	弹性伸长率极佳,柔韧性极好,不黄变,耐候性好,附着力佳,用于指甲油
	7293	脂肪族 PUA	2	4000～6000(60℃)	固化速率快,硬度高,高交联密度,耐化学品性好,用于指甲油
	7296	脂肪族 PUA	2	5500～7500(60℃)	超高速固化,耐极性溶剂与酸碱,高耐磨,抗反向冲击,用于指甲油
	7296-1	脂肪族 PUA	2	30000±2000	超高速固化,耐极性溶剂与酸碱,耐磨性好,抗冲击,用于指甲油
	HQ105A	新型合成单体	2	10～15	低黏度,低气味,低皮肤刺激性,良好附着力,高固化速率,耐磨性优,高耐热性,用于指甲油
	HQ303	自引发功能单体		100～150	表干快,抗氧阻聚,用于指甲油,LED 固化涂料

14.5.3　用于 UV-LED 的光引发剂

为了配合 UV-LED 的应用,积极开发适用于 UV-LED 的新光引发剂是最主要的任务。目前可以用于 UV-LED 的光引发剂主要有下列几种,它们的紫外摩尔消光系数见表 14-8:①ITX (紫外吸收 382nm);②DETX (紫外吸收 380nm);③TEPO (紫外吸收 380nm);④TPO (紫外吸收 379nm、393nm);⑤819 (紫外吸收 370nm、405nm)。

表 14-8　部分光引发剂在 365nm、405nm 的摩尔消光系数

光引发剂	365nm	405nm
369	7.858×10^3	2.800×10^3
651	3.613×10^2	
784	2.613×10^3	1.197×10^5
819	2.309×10^3	8.990×10^2
907	4.665×10^2	
DETX	3.300×10^3(360nm)	1.800×10^3
CTX	3.350×10^3(360nm)	1.780×10^3

由于品种较少,而且这些光引发剂价格相对较贵,影响了 UV-LED 的推广应用。为此国内外各光引发剂生产企业都在努力开发适用于 UV-LED 的光引发剂:一类是采用组合复配现有的光引发剂,使其紫外吸收与 UV-LED 比较匹配,适合 UV-LED 光固化应用;还有一类在已有的光引发剂结构上,引入紫外吸收可向长波方向延伸的基团,使其紫外吸收达到

360～400nm 范围，适合 UV-LED 光固化应用；再有采用增感方法，合成与光引发剂配合使用的增感剂，使复合使用的光引发体系的紫外吸收进入 360～400nm 范围，适合 UV-LED 光固化应用。

国内外光引发剂生产企业已开发生产的适用于 UV-LED 的光引发剂，目前有：

① 天津久日新材料股份公司推出了四款复配型用于 UV-LED 的光引发剂

JRcure-2766 是一款新型的复配光引发剂产品，光引发速率快，外观：浅黄色粉末，λ_{max} 在 260nm、306nm、384nm，感光范围广，最大吸收波长可达 430nm，在 380～410nm 有很强的吸收，适用于 UV-LED 光固化。

JRcure-2776 也是一款新型的复配光引发剂产品，光引发速率快，外观：浅黄色粉末，λ_{max} 在 248nm、308nm、380nm，感光范围广，最大吸收波长可达 430nm，在 380～410nm 有很强的吸收，适用于 UV-LED 光固化。

JRcure-2777 也是一款新型的复配光引发剂产品，光引发速率快，外观：浅黄色粉末，λ_{max} 在 306nm、386nm，感光范围广，最大吸收波长可达 430nm，在 380～410nm 有很强的吸收，适用于 UV-LED 光固化。

JRcure-2778 也是一款新型的复配光引发剂产品，光引发速率快，外观：浅黄色粉末，λ_{max} 在 302nm、390nm，感光范围广，最大吸收波长可达 430nm，在 380～410nm 有很强的吸收，适用于 UV-LED 光固化。

该系列新产品具有高活性、低气味、可操作性强、相容性好。适用于有色厚涂层丙烯酸酯类光固化体系，可直接添加使用，表干/实干效果好，适当增加用量也可以使薄涂层达到很好的固化效果；可广泛应用于电子产品、木器产品、建筑装饰、印刷涂料/油墨、光学胶、PCB 等领域。但产品曝光后有黄变现象，不建议在清漆及白色光固化体系中应用。

② 深圳有为化学技术公司生产的三款适用于 UV-LED 的光引发剂

API-410 是专用于 UV-LED 的光引发剂，有高效的克服氧阻聚和表干的促进效应，综合平衡的表干和里干的性能，优异的耐黄变性能，适用于 UV-LED 的清漆和有色体系。

API-PAG313 为非离子型化学分子结构的阳离子光产酸引发剂，对 405nm 和 365nm 波长响应灵敏，高量子产率光产酸，有良好的溶解性能，优良的耐热和化学储存稳定性，适用于 UV-LED 的阳离子光固化体系。

API-112 为一种 UV-LED 固化促进剂，室温下为液态，有良好的储存稳定性，在常规的 UV 固化树脂体系中，添加 5%～20% API-112，不仅可增加体系的交联密度，而且有高效的克服氧阻聚和表干的促进效应，成为可适用于 UV-LED 的固化体系。

③ IGM 公司生产的适用于 UV-LED 的光引发剂

Omnirad1 BL 723 为混合复配裂解型光引发剂，室温下为液体，适用于 365nm UV-LED 固化，非黄变，深层固化好，用于 UV-LED 清漆和白漆固化，也可用于可见光固化。

Omnirad1 BL 724 为混合复配裂解型光引发剂，室温下为液体，适用于 365nm UV-LED 固化，深层固化好，用于 UV-LED 有色体系固化，也可用于可见光固化。

Omnirad BL 750 是一种混合复配的光引发剂，为浅黄色液体，对于非黄变体系具有光漂白作用，主要用于 UV-LED 波长在 395nm 的清漆和白漆的固化，也可用于波长为280～450nm 的 UV 光源的固化。

Omnirad BL 751 也是一种混合复配光引发剂，为浅黄色液体，黏度 70～130mPa·s（25℃），会黄变，主要用于 UV-LED 波长在 395nm 的有色体系的固化，也可用于波长

280～450nm 的 UV 光源的固化。

Omnipol TX 为聚丁二醇 250-二（2-羧甲氧基噻吨酮）酯，分子量 790，室温下为液体，是大分子、夺氢型光引发剂，λ_{max} 在 245nm、280nm、390nm，不迁移，深层固化好，用于有色体系固化，也可用于 LED 固化。

Omnipol 3TX 为 TX 改性的三丙烯酸酯（稀释于 50% 的 EOEOEA），室温下为液体，是大分子、夺氢型光引发剂，λ_{max} 在 250nm、270nm、310nm、395nm，不迁移，深层固化好，用于有色体系固化，也可用于 LED 固化。

Omnipol BL 728 为 Omnipol TX 的低黏度混合物，室温下为液体，是大分子、夺氢型光引发剂，λ_{max} 在 250nm、270nm、310nm、397nm，不迁移，深层固化好，用于有色体系固化，也可用于 LED 固化。

Omnipol 910 为哌嗪基胺基烷基苯酮，分子量 1039，室温下为液体，是大分子、裂解型光引发剂，λ_{max} 在 230nm、325nm，不迁移，用于有色体系固化，也可用于 LED 固化。

Omnipol 9210 为哌嗪基胺基烷基苯酮，稀释于 PPTTA，分子量 1032，室温下为液体，是大分子、裂解型光引发剂，λ_{max} 在 240nm、325nm，不迁移，用于有色体系固化，也可用于 LED 固化。

Omnipol ASA 为聚乙二醇-二（对-二甲基胺基苯甲酸）酯，分子量 510，室温下为液体，是胺类促进剂，λ_{max} 在 230nm、325nm，表固和深层固化好，用于有色体系固化，也可用于 LED 固化。

聚合型磷酰氧类光引发剂 Polymeric TPO-L，$M_w>1000$，无迁移，低黄变，高引发活性，可用于 UV-LED。

光引发剂 IHT-PI 2205，λ_{max} 在 395nm，低气味，低迁移，适用于 UV-LED。

此外 369、379、IHT-PI 389 也可用于 UV-LED 固化体系。

④ 湖北固润科技股份公司生产的适用于 UV-LED 的光引发剂

GR-AOXE-2 为肟酯类光引发剂，为淡黄色粉末，低挥发、低气味，热稳定性好，溶解性好，虽然 λ_{max} 为 252nm、291nm、328nm，但有很高的光敏性，因此也可用于 UV-LED 的固化。

GR-PS-1 为一种光敏增感剂，黄色结晶粉末，热稳定性优良，λ_{max} 在 395nm，吸收光能后传递能量，提高光引发剂的灵敏性，显著提高光固化效率，可应用于 UV-LED 固化体系。

⑤ 广州广传公司开发用于 UV-LED 的光引发剂

GC-407，为浅黄色液体，是夺氢型光引发剂，不迁移，低黄变，表干速率快。

GC-405，为浅黄色液体，低迁移，耐黄变。

GC-409，为棕红色液体，不迁移，表干好。

⑥ 广州五行公司开发用于 UV-LED 的光引发剂

Wuxcure 2000F 为浅黄色液体，表干快、效果好，耐黄变，应用于 UV-LED 固化、PET 导电油墨、光学膜和薄涂 UV 涂料。

Wuxcure 329F 为黄色固体，吸收波长 470nm 以上，应用于 UV-LED 固化，牙科修复材料和指甲油固化。

⑦ 台湾双键公司开发用于 UV-LED 的光引发剂

LED2 为黄色澄清液体，λ_{max} 在 320nm、385nm，是一种用于 UV-LED 的光引发剂。

LED385 黄色粉末，是一种用于 UV-LED 的光引发剂。

⑧ 台湾奇钛公司开发用于 UV-LED 的光引发剂

Chivacure 789 为黄色粉末，裂解型光引发剂，可用于 UV-LED 固化体系。

Chivacure 1800 为黄色粉末，裂解型光引发剂，可用于 UV-LED 固化体系。

14.5.4 UV-LED 产品配方设计要点

（1）低聚物的选择

① 选用光固化速率快的低聚物。

② 选用能减缓氧阻聚的低聚物：含烯丙基醚的低聚物；含乙氧基的低聚物；叔胺改性的低聚物等。

（2）活性稀释剂的选择

① 选用光固化速率快的活性稀释剂。

② 选用能减缓氧阻聚的活性稀释剂：烯丙基醚类活性稀释剂；乙氧基化活性稀释剂；带叔胺基的活性稀释剂。

（3）添加能减缓氧阻聚的物质

① 添加提供活性氢的位阻胺和位阻酚，如抗氧剂 1076、330 和 3114；

② 添加能分解过氧化物自由基或氢过氧化物的物质，如亚膦酸酯；

③ 添加能消耗材料中的溶解氧的物质，如三苯基膦；

④ 添加能活化过氧自由基的硅偶联剂，如 KH550；

⑤ 添加能有效抑制氧阻聚效应的叔胺和活性胺；

⑥ 添加能抗氧阻聚的硫醇类物质。

（4）光引发剂的选择

① 用好现有的与 UV-LED 固化比较匹配的光引发剂：ITX（382nm）、DETX（380nm）、TEPO（380nm）、TPO（379nm、393nm）、819（370nm、405nm）。

② 对现有适用于 UV-LED 固化的光引发剂，不要单独使用一种光引发剂，而要选择多种光引发剂复配使用。

如表 14-9 为一个 UV-LED 黑色油墨配方，其中复合光引发剂为 $m(651):m(819):m(907):m(ITX):m(BP):m(EDAB)=2:1:1:1:1:2$。这六种光引发剂的吸收峰和最长吸收波长见表 14-10。在上述配方中，819、ITX 是适用于 UV-LED 的光引发剂；而 ITX 与 907 配合使用能发生能量转移，有很高的光引发活性；BP 与叔胺 EDAB 复合使用，又有很好的减缓氧阻聚作用；651 的光引发活性较优异，其紫外最大吸收达到 390nm。所以六种光引发剂复配使用，其综合光引发效果优于单一使用 819，而价格可减少一半还多。

表 14-9 UV-LED 黑色油墨配方

光引发剂	光引发剂用量	炭黑	连接料	固化速率/(m/min)
819	5	6	89	14.4
复合光引发剂	5	6	89	20.3

表 14-10 六种复合光引发剂的吸收峰

光引发剂	吸收峰/nm	最长吸收波长/nm
BP	253、345	370

续表

光引发剂	吸收峰/nm	最长吸收波长/nm
651	254、337	390
907	232、307	385
ITX	257、382	430
819	370、405	440
EDAB	315	410

③ 国内外各光引发剂生产企业都在努力开发适用于 UV-LED 的光引发剂，已经商品化的部分用于 UV-LED 固化的光引发剂，见第 4 章光引发剂 4.9 节表 4-28 和本章 14.5.3 节内容，可以根据产品性能特点和使用要求以及价格等因素，选择合适的 UV-LED 光引发剂。

14.6 氧阻聚及减缓氧阻聚

氧的阻聚又称氧的抑制。几乎所有辐射固化材料的辐射固化反应都会受到空气中氧的影响。由于表层中氧的浓度最高，氧的抑制作用常导致下层已固化、表面仍未固化而发黏。试验证明，对清漆而言，在空气中固化 $1\mu m$ 厚的涂层所消耗的能量，要比固化涂层内（距离表面 $5\mu m$）的 $1\mu m$ 厚涂层多消耗 20 倍的能量。氧的抑制作用不仅延长了辐射固化的时间，而且可能损害固化后表层的硬度、耐磨性、耐划伤性等重要性能。而 UV-LED 固化的产品由于目前所用的光引发剂与 UV-LED 光源不匹配，组合的 UV-LED 面光源光强也不够大，因此氧阻聚现象表现更为突出。

造成氧阻聚的原因是：一般物质的基态（即稳定态）是单线态，但 O_2 分子例外，它的稳定态是三线态，有两个自旋方向相同的未成对电子，因此，可认为 O_2 分子是双自由基。虽然氧本身比较稳定，在一般温度下不能直接引发丙烯酸酯聚合，但它会与自由基的聚合反应争夺，消耗自由基。

空气中的氧在 UV 固化产品表面可能发生多种反应，氧分子的阻聚作用主要表现在三个方面：第一，氧分子对于光引发剂是一种猝灭剂，它可以将活泼的激发态光引发剂猝灭，使其回到基态，失去活性，阻止活性自由基的产生。第二，氧分子可以很容易地捕获活性自由基，与其加成反应生成没有聚合作用的过氧自由基，此反应可以成为单体与活性自由基聚合反应的竞争反应。第三，氧分子还可以把已经与单体聚合的自由基氧化成过氧化物，阻止单体继续聚合。其作用机理如图 14-5 所示。

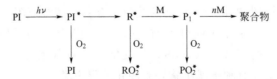

图 14-5 自由基固化过程中的氧阻聚

① 猝灭

处于基态的三线态 O_2 可以作为猝灭剂与光活化了的引发剂（I^*）反应形成配合物，从而将激发三线态的光引发剂猝灭。O_2 被激发至活泼的单线态，光引发剂则从激发态回到基态，从而阻碍活性自由基的产生。单线态氧不稳定，会迅速回复至三线态。

$$I \longrightarrow I^*$$
$$I^* + (O_2)_T \longrightarrow I + (O_2)_S$$
$$(O_2)_S \longrightarrow (O_2)_T$$

② 消耗自由基：$R \cdot + O_2 \longrightarrow ROO \cdot$

基态的 O_2 对光引发过程中产生的活性自由基 $R \cdot$ 有较强的加成活性（$k > 10^9 \, mol \cdot s$），比自由基 $R \cdot$ 与单体分子的反应速率常数大 $10^4 \sim 10^5$ 倍，形成比较稳定的过氧化自由基 $ROO \cdot$。所以，即使涂层中只存在微量的氧，亦不能忽视 $R \cdot$ 与 O_2 反应生成过氧化自由基 $ROO \cdot$。由于 $ROO \cdot$ 非常稳定，没有引发聚合反应的能力，从而 O_2 的存在消耗了活性自由基 $R \cdot$，使反应聚合速率下降，并使其显示出诱导期。由于此过程速率较快，可与活性自由基对单体的加成反应相竞争，对聚合过程的阻碍作用最显著。

③ 氧化：$P \cdot + O_2 \longrightarrow POO \cdot$

氧分子还可以把链增长过程中产生的自由基氧化成过氧化物，阻止单体的继续聚合。

由于氧气在自由基光固化中有以上作用，产生氧阻聚，阻碍光固化进行，因此，自由基光固化一项重要的任务就是想方设法来减缓氧阻聚，以提高光固化速率，改善涂层的表面性能。

减缓氧阻聚的方法很多，可分为物理法和化学法两种方式。物理方法主要是通过各种方式赶走或隔绝体系中的氧，使其不能与涂膜接触。化学方法可以在体系中添加叔胺、硫醇、膦类化合物等氧清除剂，这些化合物可以作为活泼的氢供体与过氧化物反应而使活性自由基再生。或使用对氧敏感度低的低聚物和活性稀释剂，如含烯丙基、叔胺基、醚键类的活性稀释剂和低聚物。

目前常用的减缓氧阻聚的方法如下：

(1) 使用对氧敏感度低的低聚物和活性稀释剂

① 含烯丙基醚键类的活性稀释剂对氧敏感度低。

在 N_2 气氛下，光固化转化率随着烯丙基醚含量的增大而减少，而在空气中的结果则相反，表明烯丙基醚在自由基光固化过程中具有抗氧阻聚的作用。

在 N_2 中光固化，转化率随着烯丙基醚含量的增加而减少，这是由于烯丙基单体中连在双键 α 位置上的 H 很容易被自由基所吸收而发生链转移反应，形成的烯丙基自由基受共轭稳定，活性减小。因而引起自阻聚或缓聚作用，使得转化率减小。

在空气中光固化，醚键的自动氧化反应，可抑制光固化反应中的氧阻聚现象。由于烯丙基的 α-π 超共轭效应，使醚键自动氧化反应的活化能降低，吸氧速率加快，减少自由基向氧转移，有利于提高体系的转化率。

② 提高活性稀释剂和低聚物中乙氧基的数量，有利于减缓氧阻聚。

当引发剂含量较小时，单体 TMPTA 和单体 3EO-TMPTA 光固化时受氧阻聚作用较明显。但 EO 数量在 9 以上的 TMPTA 单体，其在空气和氮气条件下光固化的差别不大，这说明单体中 EO 数量的增加有利于减小紫外光固化的氧阻聚。

提高活性稀释剂中乙氧基的数量能减小光固化过程中的氧阻聚，氧阻聚的大小与活性稀释剂中 α-H 的数量以及活性稀释剂的黏度有关。

活性稀释剂中 EO 数量的增加有利于减小紫外光固化的氧阻聚，这可能与 EO 结构中的活泼氢有关，EO 基团中的醚类结构—O—CH_2—上的 α-H 容易被氧取代，发生如下反应：

$$R{-}O{-}CH_2{-}R' + O_2 \longrightarrow R{-}O{-}\overset{\overset{\displaystyle OOH}{|}}{CH}{-}R'$$

$$R{-}O{-}CH_2{-}R' + R''OO\cdot \longrightarrow R{-}O{-}\overset{\displaystyle \cdot}{C}H{-}R' + R''OOH$$

α-H 一方面能消耗体系中部分的氧，另一方面能将自由基与氧生成的过氧化物自由基 ROO·终止，生成新的活性自由基，从而减少了氧对光固化过程的阻聚。

所以带有可提取氢的含醚键的丙烯酸酯通过提取/氧化反应消耗了氧气是醚键减缓氧阻聚的作用机理如图 14-6 所示。

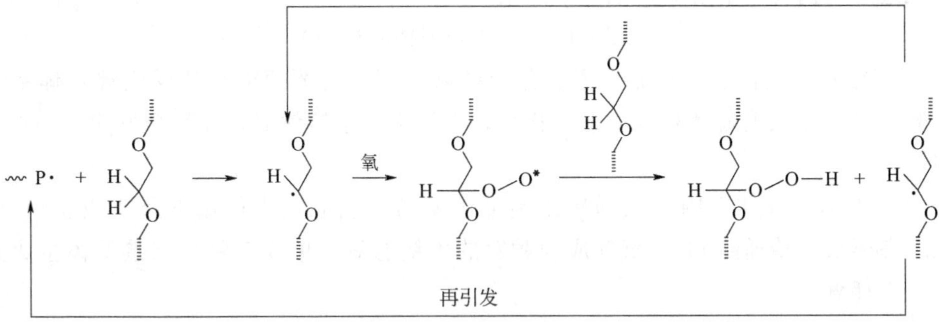

图 14-6　醚键减缓氧阻聚作用机理示意图

因此，和聚酯多元醇相比，聚醚多元醇所制备的 PUA 对氧气的敏感程度更低，在减缓氧阻聚方面发挥作用更明显，主要是聚醚多元醇中的醚键发挥了作用。

③ 采用带叔胺基的低聚物。

采用带叔胺基的低聚物有利于减缓氧阻聚。如叔胺改性的环氧丙烯酸酯、叔胺改性的聚氨酯丙烯酸酯、叔胺改性的聚酯丙烯酸酯、叔胺改性的聚醚丙烯酸酯都具有减缓氧阻聚的功能。叔胺减缓氧阻聚作用机理见后文。

(2) 添加减缓氧阻聚的物质

① 提供活性氢的位阻胺、位阻酚。

使用位阻胺或位阻酚以提供活性氢，终止过氧化自由基，使其转变为氢过氧化物。常用的位阻胺和位阻酚有抗氧剂 1076、330 和 3114 等。

氧是一个基态自由基，可与光聚合中的自由基中间体反应，形成不活泼的过氧化自由基，加入位阻胺和位阻酚等有效的供氢化合物，便可通过氢转移反应生成活性自由基，从而缓解氧阻聚作用。

② 分解过氧化物自由基或氢过氧化物的物质

a. 有机硫化物　主要包括硫代二丙酸酯、烷基（或芳基）硫化物等。其作用可表示如下：

$$(C_{18}H_{37}{-}O{-}CO{-}CH_2{-}CH_2)_2S + ROOH \longrightarrow 2C_{18}H_{37}{-}O{-}CO{-}CH_2{-}CH_3 + RH + SO_2$$

但有机硫化物在使氢过氧化物被分解的同时，涂层中有 SO_2 生成，可能会使涂层表面产生小斑点或微孔，所以本方法不理想。

b. 亚磷酸酯化合物　是有效的氧清除剂，其抗氧机理非常复杂，其中一种机理提出亚磷酸酯将过氧化物还原成醇：

$$P(OR')_3 + ROOH \longrightarrow (R'O)_3P{=}O + ROH$$

与此同时，亚磷酸酯也参与下列反应：使不具有引发活性的过氧自由基恢复成有引发活性的自由基，从而减缓氧阻聚。

$$2P(OR')_3 + ROO\cdot \longrightarrow 2(R'O)_3P{=\!=}O + R\cdot$$

③ 消耗材料中的溶解氧的物质。

a. 1,2-二苯基苯并呋喃（DPBF）　在光固化材料中加入 DPBF，有效地克服了氧抑制的问题，实现了在空气中固化，而且与惰性气体保护下的固化速率几乎一样快。

b. 三苯基膦　三苯基膦可以作为光引发剂用于引发自由基聚合反应。同时，三苯基膦也是一种氧清除剂，通过光谱分析已经得知，三苯基膦可以定量地转化为三苯基膦的氧化物，在此过程中消耗了溶解氧，减缓氧阻聚。

$$2Ph_3P + O_2 \longrightarrow 2Ph_3P{=\!=}O$$

c. 葡萄糖及其氧化酶　对加与不加葡萄糖氧化酶（含葡萄糖）的反应混合体系进行了对比试验。发现加入葡萄糖和葡萄糖氧化酶，由于消耗了溶解氧，使聚合反应速率加快，减缓氧阻聚。

d. 亚甲基蓝　在体系内加入增感染料亚甲基蓝，它能在光作用下形成激发的三线态，而其三线态能量可传递给 O_2。氧气成为激发的单线态氧，单线态氧可与接受体生成过氧化物，从而消耗氧。

可作为氧清除剂的物质还有很多，应指出的是，氧清除剂虽然可以清除溶解在材料中的氧分子，但是它也可能引起副反应，会影响材料的性能。

④ 其他。

a. 甲基丙烯酸酯　甲基丙烯酸酯远没有丙烯酸酯对氧阻聚敏感。但甲基丙烯酸酯光固化速率远低于丙烯酸酯，因此，用甲基丙烯酸酯来取代丙烯酸酯减缓氧阻聚没有太大实用意义。

b. 添加硅、锗、锡的烷类化合物　硅、锗、锡的烷类化合物（结构式如下所示）添加到光聚合体系中，也可以起到很好的减缓氧阻聚的效果。但锗和锡的化合物有毒，硅烷相容性差，故实用意义并不大。

硅烷的减缓氧阻聚作用机理是：硅烷加入光引发体系可以有效地克服氧阻聚的影响，因为硅烷可与过氧自由基反应生成新的活性自由基，继续引发单体聚合。

$$R\cdot + O_2 \longrightarrow ROO\cdot$$
$$ROO\cdot + R_3SiH \longrightarrow ROOH + R_3Si\cdot$$
$$R_3Si\cdot + O_2 \longrightarrow R_3SiOO\cdot \longrightarrow R(RO)_2Si\cdot$$

c. 加入硅偶联剂 KH550 可以有效地减缓氧阻聚　KH550 加入可以十分有效地减缓氧阻聚。这是因为 KH550 为带有胺基的硅偶联剂，能活化过氧化自由基，从而降低氧气的阻聚作用。同时烷氧基与湿气进行水解和缩合，形成稳定的 Si—O—Si 网络结构，也有助于抑制氧阻聚。

d. 乙基蒽醌的抗氧阻聚　乙基蒽醌也有抗氧阻聚作用，它吸收光能后，夺氢生成没有引发活性的酚氧自由基，酚氧自由基经双分子歧化生成 9,10-蒽二酚和乙基蒽醌，而酚氧自由基和 9,10-蒽二酚都能被 O_2 氧化，又都生成乙基蒽醌（图 14-7）。因此在有氧条件下，乙基蒽醌光引发效率比无氧时高，故乙基蒽醌对氧阻聚敏感性小。但酚氧自由基和蒽二酚都是自由基聚合的阻聚剂，会严重影响自由基聚合，不利于光聚合进行。

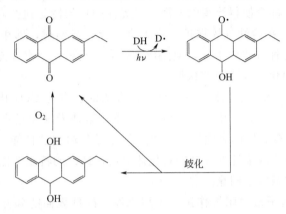

图 14-7　乙基蒽醌抗氧阻聚示意

（3）通过改变聚合反应的机理减缓氧阻聚

O_2 是双自由基结构，对阳离子聚合不敏感，只抑制自由基聚合。因此，可以通过开发阳离子聚合机理的反应体系来消除光固化反应的氧阻聚。将自由基型和阳离子型光固化结合，取长补短，可以得到具有很好协同作用的混杂型光固化体系，不仅可以有效降低 O_2 对聚合反应的阻聚作用，而且表现出更高的引发效率。

（4）通过改变辐射工艺降低氧的阻聚作用

① 提高光引发剂浓度　实现光引发剂浓度最优化，这样可使光引发剂在很短的时间内迅速产生大量的活性自由基，使氧分子向体系中扩散的时间大大降低，从而降低氧的干扰，可大大缓解氧阻聚作用。可以选用几种吸收波峰不同的引发剂，强吸收的可用来抵消氧的作用，弱吸收的光线可进入底层，使底层树脂聚合。

当光引发剂的浓度达到或者超过 5% 的时候，氧阻聚效应有明显的减弱，但是用该方法得到的固化涂层内，残留有很大比例的小分子碎片和短链聚合物，对于涂膜性能会有较大的影响。同时，残余的光引发剂和小分子碎片也可能从涂层迁移，不适合使用于生物医学、光电，尤其是食品包装中的应用。光引发剂的高价格同样限制了这种方法在实际生产中应用。

② 增加辐射剂量　增加 UV 灯的功率或数目，以提高辐射强度，使光引发剂在很短的时间内迅速产生大量的活性自由基，以消耗氧，从而降低氧的干扰，减少氧阻聚作用的影响，这是很有效的一种减缓氧阻聚的方法，但涉及光源和设备的投资和增加能耗。

③ 采用两次辐照的方法　即先用短波长（如 254nm）光源辐照涂层，因为短波长在有机涂层中穿透能力差，故光能在涂层的浅表层被吸收殆尽，使涂膜的浅表层先固化，对底层形成良好的阻氧膜。接着再用较长波长（如 313nm 和 365nm）的光源进行辐照引发，完成

聚合固化。实际生产中通过改善光源、增加辐照强度、调整辐照次数已成为克服氧阻聚的常规方法之一。

④ 添加蜡保护法　即在体系中加入蜡，涂膜固化时蜡会上浮至涂层表面形成一层薄膜，阻隔氧分子向体系中扩散，起到减缓氧阻聚作用。一般 UV 胶印油墨配方中含有蜡的组分，对减缓氧阻聚是有利的。

⑤ 覆膜法　在体系涂布完成后，紧贴覆盖一层惰性聚乙烯塑料薄膜以阻隔氧分子向体系中扩散，从而减缓氧阻聚。

但④、⑤两种方法都会使得涂膜的光泽度及光泽的均匀性受到影响。

⑥ 惰性气体保护　在惰性气体保护条件下进行紫外光照射，即用氮气吹走体系中的氧后再进行 UV 固化。此种方法效果好，但是成本很高。目前，只有在光纤制造中，UV 光纤涂料和 UV 光纤油墨固化，采用氮气保护。

还可以用 CO_2 代替 N_2 赶走体系中的氧。此方法的优点是 CO_2 比 N_2 价廉易得，而且密度比空气大，易于停留在设备中。在 CO_2 气氛下，紫外光固化过程中发现与空气环境下比较，UV 固化涂膜具有更好的表面性能，更好的光泽和耐刮擦性能；并且与 N_2 气氛下比较发现，CO_2 条件下比 N_2 条件下双键的转化速率快，最终的转化率也高。

（5）利用光引发剂减缓氧阻聚

① 含氟光引发剂有减缓氧阻聚作用　利用氟原子的低表面能和低表面张力，将含氟基团引入传统的光引发剂中，使得光引发剂具有一定的迁移性。大量的含氟光引发剂能够迁移到聚合体系的表面，这样在体系中可以形成一个光引发剂的梯度分布，表面高含量的光引发剂可以产生大量的自由基，一部分用于被氧气消耗，一部分用于进行表面的光聚合，从而减缓氧阻聚效应对光聚合的影响，而体系内少量的光引发则可以引发体系内部单体聚合，而且不会因为体系内部引发剂含量过高而引起光屏蔽效应或者剧烈的体积收缩。

② 含硅光引发剂也能减缓氧阻聚　以有机硅化合物引入光引发剂中合成了含硅光引发剂，这种光引发剂具有很好的向表面迁移的能力，可以克服氧气对聚合的不利影响，并得到很高的转化率。但含氟、含硅的光引发剂目前尚没有商品化产品。

③ BP 和叔胺体系有显著的减缓氧阻聚作用　BP 和叔胺体系对氧气不敏感，其原因是叔胺能够降低氧分子的淬灭机会，因为 BP 形成激发态后马上与叔胺形成激发态络合物，避免了向氧分子的能量转移，而且叔胺作为供氢体被自由基夺取 α-H 后，生成的 α-胺基自由基更易与三线态氧结合成过氧自由基，消耗了氧，从而减少了氧与链自由基的反应，同时，叔胺能很快终止过氧自由基，再形成有效引发单体聚合的 α-胺基自由基，达到减缓氧阻聚影响。

叔胺作为与光引发剂二苯甲酮配合使用的助引发剂，从结构上都是至少有一个 α-H，叔胺在光固化过程中，既是氢供体，又是抗氧剂，其作用机理，如图 14-8 所示。从图 14-8 中的式（1）可以看出，叔胺与激发态夺氢型光引发剂二苯甲酮作用，产生自由基，叔胺的 α-H 失去，是一种氢供体；从式（2）可以看出，叔胺也可以与自由基发生反应，生成新的自由基，也是一种氢供体；从式（3）可以看出，叔胺自由基可以与涂膜表面的氧气结合，生成过氧自由基，抑制氧与自由基的结合，叔胺体现出抗氧剂的作用；从式（4）可以看出，叔胺可以消除光固化过程中产生的过氧化自由基，产生新的自由基，此时叔胺又是氢供体。

常见的叔胺有三乙胺（TEA）、三乙醇胺（TEOA）、N,N-二甲胺基-对苯甲酸乙酯

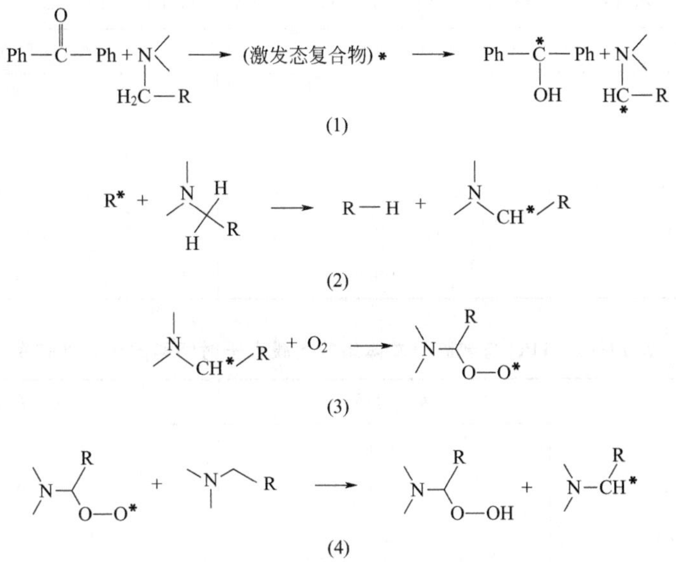

$$Ph-C-Ph+N \longrightarrow (激发态复合物)* \longrightarrow Ph-\overset{*}{C}-Ph+N$$

（1）

（2）

（3）

（4）

图 14-8　叔胺减缓氧阻聚机理示意

（EDAB）和 N,N-二甲胺基-对苯甲酸异辛酯（EHA）等，这几种叔胺的活性比较为 EHA 和 EDAB 高于 TEOA 和 TEA。从图 14-8 可知，叔胺在失去一个 α-H 后，产生的以 C 为中心的活泼的胺烷基自由基才能消耗氧，因此，活性高的叔胺既可以作为氢供体，又可以作为抗氧剂，活性低的叔胺一般只能作为氢供体。作为氢供体，可以产生新的自由基，会对固化膜的凝胶率产生影响；作为抗氧剂，能够清除涂膜表面的氧气，减缓氧阻聚，从而影响表干时间，并影响涂层的表面性能。

表 14-11～表 14-14 登录了裂解型光引发剂 651、1173、184 和 TPO 与上述四种叔胺组成的引发体系对涂膜表干时间和固化膜凝胶率影响的比较。

表 14-11　651 与叔胺引发体系的涂膜表干时间和固化膜凝胶率

引发体系	表干时间/s	经 10s 照射后凝胶率
651	270	97.1
651＋TEA	270	99.7
651＋TEOA	240	94
651＋EHA	130	99.4
651＋EDAB	110	99.8

注：光引发剂 651 用量 4％，叔胺用量 2％（以下表格光引发剂和叔胺用量相同）。

表 14-12　1173 与叔胺引发体系的涂膜表干时间和固化膜凝胶率

引发体系	表干时间/s	经 10s 照射后凝胶率
1173	290	97.4
1173＋TEA	280	97.9
1173＋TEOA	250	94.1
1173＋EHA	140	96.4
1173＋EDAB	100	97.0

表 14-13　184 与叔胺引发体系的涂膜表干时间和固化膜凝胶率

引发体系	表干时间/s	经 10s 照射后凝胶率
184	300	97.6
184＋TEA	280	97.9
184＋TEOA	260	91.8
184＋EHA	140	97.4
184＋EDAB	100	97.4

表 14-14　TPO 与叔胺引发体系的涂膜表干时间和固化膜凝胶率

引发体系	表干时间/s	经 10s 照射后凝胶率
TPO	300	94.9
TPO＋TEA	300	94.9
TPO＋TEOA	290	92.0
TPO＋EHA	210	92.4
TPO＋EDAB	200	95.5

　　从上面四张表上看到，对于裂解型光引发剂，TEA、EHA 和 EDAB 的加入主要体现出抗氧剂的能力，涂膜的表干时间有所缩短，但固化膜的凝胶率变化不大，而 TEOA 的加入还会使固化膜的凝胶率有所降低。

　　从表 14-15、表 14-16 可以看到，夺氢型光引发剂与叔胺的协同作用使得涂膜的表干时间都很短，效果更为明显，也体现出 EHA 和 EDAB 的供氢能力比 TEOA 和 TEA 强，更是优秀的抗氧剂，能使涂膜更快达到表干。在固化膜的凝胶率方面，EHA、EDAB 和 TEA 的加入影响不大，而 TEOA 的加入同样会使固化膜的凝胶率降低。

表 14-15　BMS 与叔胺引发体系的涂膜表干时间和固化膜凝胶率

引发体系	表干时间/s	经 10s 照射后凝胶率
BMS＋TEA	110	97.7
BMS＋TEOA	110	93.5
BMS＋EHA	70	96.7
BMS＋EDAB	40	96.9

表 14-16　ITX 与叔胺引发体系的涂膜表干时间和固化膜凝胶率

引发体系	表干时间/s	经 10s 照射后凝胶率
ITX＋TEA	60	96.6
ITX＋TEOA	60	90
ITX＋EHA	50	97.9
ITX＋EDAB	30	98.2

　　叔胺加入紫外光固化体系中，既可以作为氢供体，又可以作为抗氧剂，叔胺的活性大小就是其供氢能力的比较。活性高的叔胺既可以作为氢供体，又可以作为抗氧剂，活性低的叔

胺一般只能作为氢供体。作为氢供体，可以产生新的自由基，会对固化膜的凝胶率产生影响；作为抗氧剂，能够清除涂膜表面的氧气，对其表干时间产生影响。

叔胺供氢能力越强则抗氧能力越强，所以 EHA 和 EDAB 活性大于 TEA 和 TEOA。裂解型光引发剂引发体系中加入叔胺可以作为抗氧剂，夺氢型光引发剂引发体系中加入叔胺，既可以作为氢供体，又可以作为抗氧剂。

显然，胺类化合物中 α-H 的活泼程度是影响其对氧阻聚效应抑制能力的最主要因素。从三乙醇胺、三乙胺、二乙胺的结构式可以看出，三乙醇胺分子中羟基的电负性所产生的吸电子效应通过亚甲基的传递作用于 α-H 上，使之活泼，而三乙胺和二乙胺不仅无此作用，而且甲基的供电子性使 α-H 致钝，从而对氧阻聚效应的抑制甚微。所以三乙醇胺供氢能力最强，三乙胺和二乙胺几乎无供氢能力。三乙醇胺用作芳香酮类引发剂的活化剂，就是因为它容易提供氢原子形成烷氧自由基。

④ 用活性胺取代小分子叔胺　小分子叔胺虽能有效减缓氧阻聚效应，提高固化速率，但未反应的小分子胺仍残留在体系中，由于小分子的迁移性，它们最终会迁移至涂膜表面从而有损涂膜的性能。为了避免这一缺陷，引入了具有聚合活性的叔胺类化合物——活性胺，使其既能有效减缓氧阻聚效应，同时又一起参加聚合反应，成为交联膜的一部分，避免了迁移。

⑤ 硫醇-烯光聚合体系的抗氧阻聚　当硫醇-烯光聚合体系中有氧分子存在时，紫外光作用时，烷基硫醇自由基引发双键形成的自由基，易于和氧分子结合成为过氧自由基，过氧自由基从邻近的巯基化合物中提取氢，并形成新的烷基硫醇自由基，继续引发新的光聚合反应。所以氧气的阻聚作用在巯基-烯光聚合体系中表现得不明显，而且表面的交联密度与内部一致，这样就消除了氧阻聚作用导致的聚合物表面耐磨性和抗划伤性能差的问题（图 14-9）。

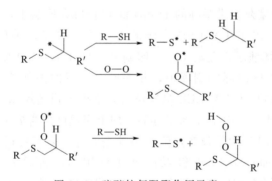

图 14-9　硫醇抗氧阻聚作用示意

在光固化体系的内部，溶解的氧的量是一定的，在光固化过程中氧对自由基的淬灭和清除的速率极快，消耗掉的氧主要靠空气中氧向体系内部的扩散来持续补充，这必将涉及氧在体系中的运动能力，而氧在体系中的运动能力又与体系的黏度有关。当体系黏度较低时，空气中的氧较容易向体系内部扩散，表现出较大的氧阻聚作用。当体系黏度增加，氧在体系中的运动能力降低，来不及补充因清除自由基而消耗掉的氧，氧阻聚减小。对于高分子材料来说，一般通过提高分子链的刚性、增加侧基的极性、增加分子量等都能提高体系的黏度。由此可以推测，通过合适的配方组成，例如引入含活泼氢的结构、增加刚性分子的比例、提高分子量等可以减小光固化氧阻聚的不利影响。

光固化过程中的减缓氧阻聚研究有以下两种发展趋势：

① 寻找更有效的对氧阻聚低敏感的材料体系；进一步研究不受氧干扰的阳离子光聚合体系，开发性能优良的阳离子光引发剂。

② 在光固化过程中，随着材料黏度的逐步增大，自由基的扩散速度逐渐降低，以致最后有自由基包埋在材料中而不能参与固化反应。离开光源辐射后，它会发生后聚合反应，自由基的后聚合效应是一个很有吸引力的研究方向。

14.7 UV-LED 应用

（1）在 UV 胶黏剂行业的应用

UV-LED 最早应用于 UV 胶黏剂的固化。由于 UV-LED 点光源固化机小巧玲珑，性能优异，使用方便，在医疗卫生行业，光电子、微电子和信息行业，光学仪器仪表、玻璃制品、工艺品、珠宝首饰行业得到广泛的应用。

在医疗用品中一次性用品成为 UV 胶黏剂用量增长最大的领域，也是使用 UV-LED 胶黏剂增长量最快的领域，如将皮下注射针头与注射器和静脉注射管粘接上，在导尿管和医用过滤器的使用，在助听器、心脏导管、输液管、内窥镜装配、生物芯片等生产中都得到了使用。

光电子、微电子和信息行业是应用 UV-LED 固化技术发展最快的行业，光纤、LCD、OLED、手机、硬盘、智能卡、传感器、半导体芯片、编码器制造、汽车电子等行业得到了广泛的应用。

UV-LED 固化在光学仪器仪表制造、玻璃制品制造得到广泛的应用，在珠宝首饰、工艺品制造中，可快速完成宝石、水晶等镶嵌、定位等。

（2）在印刷行业应用

2008 年 5 月德国杜塞尔多夫举办的 Drupa 2008 国际印刷展上，日本利优比公司、松下电子公司、日亚公司推出了 UV-LED 光源的 UV 喷绘设备，采用东洋油墨公司开发的 UV-LED 油墨进行了现场演示，轰动了整个印刷界，打开了 UV-LED 在印刷行业应用的大门。而到 2012 年的德鲁巴国际印刷展上，几乎所有参展的国外喷绘设备制造商，在展出 UV 喷绘设备同时，都展出了 UV-LED 喷绘设备，不少公司还展出 UV-LED 喷墨油墨。更可喜的是 2013 年开始到 2019 年在上海举办的七届上海国际广告展上，国内有十多家喷绘设备制造商都展出了 UV-LED 喷绘设备，除了国外企业外，多家台资企业和国内企业也展出了 UV-LED 喷绘油墨。而在 2018 年和 2019 年上海国际广告展上，UV 喷绘设备全部为 UV-LED 喷绘设备，已没有 UV 喷绘设备，所以也没有 UV 喷绘油墨，只有 UV-LED 喷绘油墨生产企业参展。短短的十年时间，在喷绘行业，UV-LED 固化已完全取代了 UV 固化，充分显示了 UV-LED 技术的优越性和先进性。

应该说，UV-LED 技术在印刷包装行业应用有很多优点：

① 省电　UV-LED 固化方式所耗电力是 UV 固化方式的 $1/4 \sim 1/5$，能实现大幅度节能。UV 汞弧灯管本身以及附带装置会散发大量热量，需要通风冷却，放置印刷机的车间必须要有大功率的空调，消耗大量电能；而 UV-LED 灯的工作热量低，能大大节约用电，对低碳排放有更大的贡献。

② 无臭氧，低油墨气味　UV-LED 固化方式使用的是不产生臭氧的 $365 \sim 405\text{nm}$ 之间长波长紫外线，所以没有传统用汞弧灯固化方式产生的臭氧。同时，UV-LED 使用的 UV-

LED 油墨同传统的 UV 油墨相比较，油墨气味低，车间里无需铺设臭氧和气味的排放管道，能进一步大幅度削减这方面的设置费用和日常管理维护的成本费用。由于不产生臭氧和使用低气味油墨，就没有必要为了消除臭味而将印刷物放置一定的时间，印刷物印后就能马上装箱出厂了。

③ 对承印物的热影响降低　传统 UV 汞弧灯管是发热的，灯管温度高达 600℃以上，灯下也有 80℃左右，造成承印物因为受热易引起变形，有可能发生套印不准，而且还不能忽视由于热影响发生的机器零部件的热劣化。而 UV-LED 发出的是单一波长，不含红外线，热量非常少，能最大限度地抑制对承印物和印刷机的热影响，可生产出高品质的印刷品。

④ 节省空间　用传统 UV 固化时，为了降低灯管的高温，需要预留一定的空间安装排气装置，以降温和排除汞弧灯产生的臭氧；而 UV-LED 固化方式，由于发热量低，只要小型的冷却箱（冷风装置）就够了，安装空间仅为原来的 1/3～1/4，施工费用也能大幅度减少。

⑤ 光源准备时间缩短　UV-LED 因为能瞬时开灯、关灯，所以只需在承印物通过时打开即可。而传统 UV 汞弧灯预热需 5～10min，降温约需 5min 的时间，因为需要等待的时间，所以效率降低了。使用时又不能关灯，还需安装快门装置，浪费电能。

⑥ 经久耐用的 UV-LED 光源　就光源寿命而言，最常用的 UV 汞弧灯为 800～1000h，LED-UV 光源约为 2×10^4 h，寿命是前者的 20 倍还多。UV-LED 开灯、关灯不影响光源寿命，且仅在需要时开灯，实际上使得寿命更长了。因此，降低了光源装置的更新频率，减少了报废光源装置而产生的含汞工业垃圾，还能大幅度削减更换维修的工时。

⑦ 按需调节的照射能量和范围　UV 汞弧灯的输出能量不能调节；而使用 UV-LED 固化方式，因为辐射能量输出可以精确调节，能通过有效控制来实现省电的目的。

⑧ 高环保性　因为 UV 汞弧灯管含有汞，是环境污染物，废弃时必须要特殊处理；而 UV-LED 灯不含汞，不会造成环境污染。同时，使用 UV-LED 不产生臭氧，不污染大气。

将 LED-UV 固化方式同以前的印刷干燥方式做比较，在环境方面的优点有省电、无臭氧、不含汞、节省空间、经久耐用等；在业务方面的优点有能满足短交货期、提高生产率、增加附加值等；对提高印刷品质也有较大贡献。

2009 年 6 月日本三菱重工开始销售 LED-UV 油墨干燥系统。该系统用于大幅面单张纸印刷机合串联翻转胶印机上。日本长野的 Mimaki 工程有限公司在 IPEX 2010 上推出一款新型的 UV LED 光固化 CTP 和胶片制版机，利用 UV LED 光固化喷墨技术生产 CTP 印版。2011 年 8 月美国丝网印刷机厂商 Empire Screen Printing 推出全新 LED 固化丝网印刷机。许多印刷设备已经 100% 使用 UV-LED 固化技术。现在国内 UV-LED 胶印油墨和 UV-LED 柔印正在积极推广应用，特别可喜的是对于印刷行业中污染最严重的凹印行业，2018 年底中山松德印刷机械公司和常州速固得感光新材料公司合作推出了无溶剂凹版印刷机和 UV-LED 双重固化凹印油墨，可同时适用于软包装、水松纸、烟包等多个领域凹版印刷。油墨 100% 的固含量，没有气味，固化完全，没有 VOC 排放，没有迁移。油墨转移稳定，印刷精度高，网点清晰，清晰度可与胶印比美，同时节能 70%，成为国内绿色环保的凹印印刷开路先锋。

（3）在 PCB 生产中应用

在印制电路板（PCB）生产中阻焊曝光工艺，一般采用汞弧灯或金属卤素灯，单支灯管功率通常达 7～10kW，寿命只有 800～1000h，加上每次使用前需先预热，因此实际有效使用时间更远低于800h。而且这种传统汞灯会产生大量的热与红外线，会破坏涂层，因此需使用较远的工作距离，进而更降低使用效率；由于大量的热与红外线导致系统热量高，需搭配冷却系统与空调设备，再加上庞大的设备体积，能耗大，寿命短，含汞，并产生臭氧等，这些都是传统曝光灯的缺点，而采用扫描式、混合波长的UV-LED面光源曝光方式，高效节能、光强分布均匀稳定、能够完全满足阻焊曝光过程对光源的指标要求，可操作性强，3kW的UV-LED灯可替代10kW金属卤素灯，节能70%（表14-17），不仅提升PCB曝光工艺的品质，又起到节能降耗作用。所以UV-LED面光源曝光机已成为PCB生产中汞弧灯曝光机理想的升级换代产品。

表 14-17 UV-LED 面光源在 PCB 阻焊曝光机性能

性能	指标	性能	指标
UV-LED 工作波长/nm	395	照度/(mW/cm²)	>120
曝光面积/mm×mm	620×690	光源功率/kW	3
均匀度(min/max)/%	>92	替代10kW金属卤素灯	可节能70%

（4）在光快速成型上应用

目前，用于光固化快速成型设备中的紫外光源分为两类：高端快速成型设备大多采用紫外激光器，低端快速成型设备采用紫外灯。

激光具有高亮度、高方向性、高单色性和高相干性等优点，是进行材料加工的理想光源。但激光系统（包括激光器、冷却器、电源和外光路）的价格及维护费用昂贵，导致快速成型设备的制造成本和使用成本过高，在一定程度上限制了紫外光固化快速成型技术的推广。另一方面，紫外灯以其价格优势占据了紫外光固化快速成型设备的低端市场。尽管紫外灯的成本较低，但其使用寿命短、光束质量差，而且对环境有一定污染。

随着UV-LED材料生长技术的发展和制备工艺的完善，商品化UV-LED的发光效率几乎每十年提高一个数量级，大功率UV-LED的开发成功，推动了UV-LED的应用发展。相对激光器和汞灯等传统光源，UV-LED具有成本低、体积小、无环境污染、耗电量低、寿命长等优点，其内在特征决定了它有较高的性价比，因而在光固化快速成型上迅速获得应用。

西安交通大学开发的以大功率UV-LED为光源的新型光固化成型系统（LED-SLA）。其UV-LED发出的紫外光通过聚焦镜汇聚到光敏树脂液面，该聚焦镜在机械式 x-y 工作台的驱动下，在树脂液面进行扫描，使液态光敏树脂固化。通过UV-LED、激光、高压汞灯3种固化光源能耗的比较实验表明，UV-LED的光固化能耗仅为激光的0.86%，汞灯的0.1%，从而证明了LED-SLA突出的节能优势（表14-18、表14-19）。

表 14-18 三种不同 SLA 的光源的比较

参数	UV-LED	Awave-355nm	紫外汞灯
波长/nm	365	355	300～500
光谱与树脂的匹配性	匹配	匹配	仅有少量光谱匹配
电压/电流	DC 3.8V/0.5A	AC 220V/3A	AC 220V/4.4A
耗电功率/W	1.9	660	970
额定光功率/mW	190	350	—

续表

参数	UV-LED	Awave-355nm	紫外汞灯
聚焦光束功率/mW	13.3	250	3.5
发热	低	高	高
光斑直径/mm	0.42	0.12	0.65
聚焦光束发散角/(°)	83	接近 0	81
开启时间	<1ms	25min	5～15min
寿命/h	10000	5000	3000
成本	最低	高	较低
尺寸	小	最大	较大

表 14-19　三种不同 SLA 制作模型测量结果和制作时间

成型机	尺寸/mm	重量/g	制作时间/h	光源工作时间/h	每千克耗能/kW·h
LED-SL		45	8.5	8.5	0.36
CPS	50×50×113	45	17.1	17.1	368.6
激光成型机		57	3.6	3.6	41.7

　　该系统的成本远低于激光成形机；与以汞弧灯为光源的 CPS 低成本成形机相比，精度和效率显著提高；而且 UV-LED 的能耗远低于激光器和汞弧灯，符合绿色制造的发展趋势。

　　但 SLA 采用点扫描方式固化速率慢，效率低，现在利用数字成像技术（DLP）等新方法，将生成的零件截面图形作为动态掩模，对光敏树脂整层曝光固化，利用视图发生器将原来点扫描光固化成型变成面曝光光固化成型，一次曝光就固化一整层，大大加快了成型速度。面成型 SLA 方式不仅具有成型速率快，缩短了固化成型时间，提高了立体成形制作速度，效率大大提高，从而降低了运行成本。而且还将光源由上置式，改成下置光源，设备更为紧凑，使用更为方便。特别固化池内光敏树脂用量大大减少，已制成的模型部分不会像原来上置光源时，长久浸泡在树脂液体中容易产生溶胀，而影响精度。

　　现在 SLA 成型技术中 UV 光源，UV-LED 正在取代汞弧灯，特别面曝光的 SLA 成型技术主要是使用 UV-LED 光源。

　　（5）在涂料行业应用

　　涂料行业也是 UV-LED 正在进军的领域。目前 UV-LED 已在纸张上光和木器涂装上获得实用。深圳有为化学技术公司率先研发用于木器装饰的水性 UV-LED 木器涂料，不仅在家具、木门、橱柜等涂装上应用，而且正在向室内装饰装修和集装箱、地铁和高铁车厢等高端领域推广使用中。

　　（6）无掩膜光刻

　　利用 UV-LED 发光技术与光纤技术相结合，进行 UV-LED 和光纤的无掩膜光刻，具有微型化、低成本、结构简单等优点，具有重要的研究意义。虽然无掩膜直接光刻技术仅仅用在比较特殊的领域，像少量的或特殊的器件制造，光刻掩膜版的制造等。但是这些领域又恰恰是有掩膜光刻技术难以完成或无法完成的。

UV-LED 光源高压汞灯相比，具有波长范围窄，驱动电压低，光源表面均一性好，不产生臭氧无污染，计算机控制方便的优点。采用 UV-LED 作为无掩膜光刻设备的曝光光源对于降低设备维护成本，满足中底端用户的需要，具有较高的实用价值。

（7）在美甲行业应用

随着生活水平的提高，人们对美的追求越来越多，而美甲就是女性唯美的一种表现，护甲也成了人们追求美丽、享受生活的一种时尚。现在采用"光疗美甲"的新技术，就是在指甲表面涂覆 UV 指甲油，在紫外光照射下固化，形成指甲表面保护涂层。传统的"光疗美甲"使用常规的汞弧灯辐照而使 UV 指甲油固化，存在操作时间长，一般需 6min 以上；汞弧灯发光伴随明显的红外放热，故在进行美甲时有明显灼热感，还可能损伤甲床。现在采用 UV-LED 光源固化，仅需 2min，UV-LED 技术提供更安全、更省时和更方便的"光疗美甲"。

14.8 UV-LED 技术的进展

（1）UV-LED 制造技术的进展

目前 UV-LED 的制备技术发展迅速，芯片性能得到了极大的提升。365nm 芯片的能效达到了 30%，385nm 芯片可达 50%，而 405nm 芯片效率高达 60%；UV-LED 的使用寿命最长已经达到 6×10^4 h。常规的 UV-LED 芯片单颗输出功率达到了瓦级，可用于树脂固化、曝光机等。目前 UV-LED 芯片研制以大功率产品为方向，365nm UV-LED 的单颗输出功率可达到 12W，395nm LED 的单颗输出功率已达到 16W，总功率已实现 30kW 以上，最高封装功率密度为 $500W/cm^2$，已超过了绝大多数的汞弧灯等气体放电光源。而这些大功率 UV-LED 的价格随着批量生产而大幅下降，真正实现实用化，可以满足工业领域紫外光固化生产的要求。

（2）深紫外 LED 的开发与应用

进入 21 世纪，经过 10 多年研究和发展，深紫外 LED 制造技术有了很大的进展。280nm 以下的深紫外 LED 的量子效率已超过 5%，对应发光功率大于 5mW，寿命达 5000h。功率的提升推动深紫外 LED 应用领域的发展。

深紫外 LED 的应用领域极其广泛，除用于 UV 固化外，还可以用于以下方面：

① 水的净化 杀灭水中的细菌和病毒，可用于饮用水净化、家庭鱼缸净化、污水降解（二噁英 dioxin）、淡水和海水养殖业等。

② 空气净化 杀灭空气中的细菌，可用于空调和加湿器、UV 光触媒净化器、化工和生物医疗空气净化等。

③ 国防与安全 紫外探测，紫外通信等。

④ 食品加工保鲜 食品、饮料以及蔬菜的包装、肉类加工、餐饮业、食品零售和冰箱存储等。

⑤ 医疗领域 皮肤病的治疗，以及切断传染途径、公共场所、学校便携式杀菌产品等。

鉴于 UV-LED 的制造和应用技术的快速发展，UV-LED 在环保和节能上的优势，引起了从事光固化行业的人们的极大关注，大家都对这项技术给予了极高的评价，普遍认为，随着 UV-LED 技术的不断推广应用，LED-UV 技术将成为未来光固化的一个主要发展方向。随着 UV-LED 的发光功率的提升和成本的下降，新的适用于 UV-LED 的光引发剂的开发，未来 UV-LED 的应用会更加广泛，UV-LED 光固化系统将以极强的竞争力，逐步取代汞弧灯应用于各种 UV 涂料、UV 油墨和 UV 胶黏剂的光固化，为光固化市场带来技术上的升级换代，具有极大的市场前景，将成为 21 世纪最具影响力的半导体产品之一。

14.9　UV-LED 涂料、油墨、胶黏剂参考配方

以下配方单位为质量份。

14.9.1　UV-LED 涂料参考配方

（1）UV-LED 涂料参考配方（一）

巯基改性聚氨酯丙烯酸树脂	43	TPO	4.5
DPGDA	22	聚醚改性聚硅氧烷	0.15
PUA	30	丙烯酸酯类流平剂	0.35

（2）UV-LED 涂料参考配方（二）

巯基改性聚氨酯丙烯酸树脂	30	TPO	4.5
DPGDA	20	聚醚改性聚硅氧烷	0.15
PUA	25	丙烯酸酯类流平剂	0.35
钛白粉	20		

（3）UV-LED 光固化不饱和聚酯涂料参考配方

原料	1	2	3	4
不饱和聚酯胶衣树脂	90	100	95	100
DPGDA	10	20	5	10
St		10	10	5
TPO	2	5	3	1
184	1	1	3	2
滑石粉	10	20	10	
分散剂		0.5	0.2	0.1
流平剂	1	2	1	0.4
消泡剂	0.1	0.1	0.1	0.1
光泽	90	85	90	115
附着力/级	0	0	0	0
硬度/H	3	3	3	4
固化收缩率/%	5.5	5.3	5.7	6.0

附：不饱和聚酯的合成方法如下。

将 5.0g 亚磷酸三苯酯、2.0g 次亚磷酸钠、424.0g 一缩二乙二醇、27.2g 季戊四醇、355.6g 邻苯二甲酸酐，依次加入装有电动搅拌、分水器、温度计、电热套加热的反应容器中，加热至 100～110℃后开始缓慢搅拌半小时，然后升温到 160℃，反应 2h，降温至 100℃加入 156.9g 顺丁烯二酸酐，苯酐和顺酐的摩尔比为 3：2，恒温反应 1h，升温至（195±

2)℃反应至酸值为 40mgKOH/g 以下时，加入 0.5g 对苯二酚，降温至（95±1）℃，缓慢滴入 98.1g 混入 0.6g 亚磷酸三苯酯、1.2g N,N'-二甲基苄胺的甲基丙烯酸缩水甘油脂进行封端，滴入完成后缓慢升温至（104±0.5）℃，反应至酸值为 10mgKOH/g 以下时，降温到 85℃ 以下时加入 320.0g 苯乙烯，搅拌均匀，过滤出料，避光保存，丙烯酸酯封端不饱和聚酯的数均分子量为 2360。

（4）UV-LED 光油参考配方（一）

EA	40	ITX	1
HDDA	25	TPO	2
TPGDA	15	流平剂	1.3
TMPTA	15	消泡剂	0.7

（5）UV-LED 光油参考配方（二）

EA	40	ITX	3
HDDA	21	BP	1
TPGDA	20	流平剂	1
TMPTA	12	消泡剂	1
EDAB	1		

（6）UV-LED 光油参考配方（三）

材料	1	2	3	4	5	6
十二官能团超支化丙烯酸树脂	50		58			60
十五官能团超支化丙烯酸树脂		55				
十八官能团超支化丙烯酸树脂				48		
二十官能团超支化丙烯酸树脂					45	
DPHA			25	21		
TPGDA	17	22	8	13	55	
TMPTA	35	32	17	17		50
184	5	3	4		2.5	3.5
TPO	5	3	4	5		3.5
651		3		5	2.5	
迪高流平剂	4	3		1	1	2
迪高消泡剂		2	3			
固化速率/(m/min)	40	55	58	48	60	50
附着力	0 级	0 级	0 级	0 级	0 级	0 级
光泽(60°)/%	90	85	90	95	95	90
柔韧性	5 级	5 级	5 级	5 级	5 级	5 级
耐磨性/4 磅	>600 次	>600 次	>600 次	>600 次	>600 次	>600 次

（7）UV-LED 木器透明修补底漆参考配方

EA	28	防沉剂	0.5
纯丙烯酸酯树脂（恒光公司 1700）	5	EFKA-4010	0.5
ADDITOL™ LED 01（湛新公司）	12	滑石粉	10
DPGDA	28	透明粉	8
TPO	8		

（8）UV-LED木器修补透明亚光面漆参考配方

PUA（长兴公司6145Q-80）	28	润湿分散剂	0.4
脂肪族环氧树脂（日本大赛璐2021P）	8	消泡剂	0.5
ADDITOL™ LED 01（湛新公司）	15	流平剂	0.5
HDDA	33	光泽（60°）/%	55
184	7	硬度/H	≥2
消光粉（德固赛OK520）	7	附着力/级	≤1
气相二氧化硅	0.6		

（9）UV-LED快速修复涂料参考配方

九官能度脂肪族PUA	15	NPAL	0.1
硅改性PUA	25	滑石粉（2500～5000目）	1.5
氟改性PUA	10	聚乙烯微粉蜡（AF 30）	0.5
HEMA	5	消泡剂Tego Foamex N	0.3
TMPTA	15	消泡剂Tego Airex 900	0.2
DPHA	5	基材润湿剂BYK UV3510	0.1
907	3	流平剂Tego 450	0.8
TPO	3	流变助剂R-972	0.1
ITX	3	超分散剂Solspers 39000	0.4
EPD	3	无机有机纳米杂化材料	9.0

（10）UV-LED涂料参考配方

原料	1	2	3	4
高官能度PUA（长兴6197）	25	23	27	25
二官能度PUA（长兴6071）	15	16	17	15
TMPTA	18	18	17	17
NPGDA	15	16	16	16
HEMA	19.5	19.5	17.5	18.5
光引发剂HABI-L	7	7	7	8
Tego920	0.2	0.2	0.2	0.2
流平剂BYK358N	0.3	0.3		
流平剂BYK055			0.3	
流平剂BYK381				0.3

（11）UV-LED砂光底漆参考配方

EA	45	气相二氧化硅	0.9
TMPTA	10	分散剂	0.3
DVE-3	20	消泡剂	0.3
氨基化TMPTA	3	附着力/级	1
TPO	3	硬度/H	1
滑石粉（1250目）	17.5	光泽/%	82

（12）UV-LED白色底漆参考配方

EA	30	钛白粉	24
PEA	10	气相二氧化硅	1
TMPTA	10	分散剂	0.3
PO-NPGDA	12	消泡剂	0.3
氨基化EA	3.4	附着力/级	2
TPO	2.5	硬度/H	2
ITX	1.5	光泽/%	85

（13）UV-LED 高光面漆参考配方

EA	37	分散剂	0.3
PUA	10	消泡剂	0.5
氨基化 PEA	3	流平剂	0.2
EO-TMPTA	20	固化速率/(m/min)	20
TPGDA	25	附着力/级	2
DETX	2	硬度/H	2
TPO	2	光泽/%	98

（14）UV-LED 亚光面漆参考配方

EA	22	消光粉	8.0
PUA	15	分散剂	0.3
EO-TMPTA	15	消泡剂	0.3
TPGDA	20	流平剂	0.4
HDDA	15	固化速率/(m/min)	20
ITX	2.5	附着力/级	2
TPO	3.5	硬度/H	2
氨基化 TPGDA	3.5	光泽/%	30~40
气相二氧化硅	0.5		

（15）UV-LED 红色面漆涂料参考配方

EA	30.0	气相二氧化硅	0.5
PUA	18.0	分散剂	0.5
EO-TMPTA	20.0	消泡剂	0.3
DPGDA	7.0	固化速率/(m/min)	20
ITX	2.0	附着力/级	2
TPO	2.5	硬度/H	2
氨基化 TMPTA	7.2	光泽/%	92
颜料红 F3RK	12.0		

14.9.2　UV-LED 印刷油墨参考配方

（1）UV-LED 丝印油墨参考配方

原料	红色	黄色	蓝色	黑色	白色
胺改性 EA	15	25	21	25	15
胺改性 PEA	25	15	21	25	20
胺改性聚醚丙烯酸酯树脂	10	5	8	5	5
2-(乙烯基乙氧基)二丙烯酸乙酯	5	10	2		
TMPTA	15	15	15		10
DPHA	5		8	15	5
819	3	2	4	4	3
TPO	3	4	2	4	3
ITX	3	2	4	3	
184					4
EPD	3	4	2	3	
ST-1	0.1	0.05	0.08	0.1	0.1

原料					
滑石粉(2500～5000目)	1.5	7.5	3	3.5	3
AF30(聚乙烯微粉蜡)	0.5	0.2	0.6	0.3	0.5
Tego Foamex N	0.3	0.5	0.4	0.3	0.3
Tego Airex 900	0.2	0.3	0.22	0.2	0.2
BYK UV3510	0.1	0.2	0.1	0.05	0.1
Tego 450	0.8	1	0.6	0.8	0.7
Solspers 24000	0.4	0.2	0.35	0.4	0.1
Solspers 22000	0.1	0.05	0.15	0.1	
气相二氧化硅 R-972		0.1	0.5	0.05	
红颜料 PR122	8				
黄颜料 PY110		8			
酞菁蓝 PB15			7		
黑颜料 PBk7				5	
钛白粉 R-706					30

(2) UV-LED 面光源光固化户外丝印油墨参考配方

原料	1	2	3	4	5
胺改性 EA	15	40		25	15
胺改性 PEA	25		40	25	35
胺改性聚醚丙烯酸酯	10	10	10		
VEEA	5	5	5	5	5
TMPTA	15	15	15	15	15
DPHA	5	5	5	5	5
819	3	3	3	3	3
TPO	3	3	3	3	3
ITX	3	3	3	3	3
固化速率/(m/min)	25	30	20	30	25

(3) UV-LED 胶印/凸版用油墨参考配方

原料	红色	蓝色	黄色	黑色	白色
Laromer UA9048	50			30	
氯化聚酯(EB436)		50	40		30
PHOTOMER3072			15	20	
L234 丙烯酸酯					10
PETA	15	15		15	
三丙二醇单甲基醚单丙烯酸酯			15		
4-苯基二苯甲酮	1	4	5		
907	4	3	5	5	5
369	5	5	5	5	5
TPO	3	2	5	5	5
819				5	5
叔丁基邻苯二酚	0.4	0.4	0.4	0.4	
ST-1					1
改性石蜡	2	2	2	2	
费托蜡					2
红颜料(R57:1)	20				

原料			
蓝颜料（B15：3）	20		
13 号黄颜料		13	
炭黑			18
金红石型钛白粉			40

（4）UV-LED 柔性版油墨参考配方

原料	红色	黑色
PHOTOMER3072	20	
氯化聚酯（EB436）		20
丙烯酸酯（BXI-100）	10	10
PO-TMPTA	30	30
907	5	5
369	5	5
TPO	5	5
819	5	5
ST-1	1	1
费托蜡	2	2
红颜料（R57：1）	20	
炭黑		18

（5）UV-LED 丝印无卤玻璃油墨参考配方

原料	红色	白色	黑色
两官能团 PEA（T-7166）		27.5	
三官能团 PEA（ACC301）	35		45.2
六官能团 PUA（CN975）	13	10.5	12.5
BA	5.4	5.2	5.4
TMPTA	15.3	14.1	17.3
TPO	2.1	2.1	2.1
819	2	2.3	2.3
907	2	0.8	2
ITX	1		1
消泡剂德涌 6800	1.1	0.8	1.1
消泡剂 920	0.8	0.8	0.8
流平剂 Rad2200N	0.3	0.3	0.3
硅烷偶联剂 Z-6040	1.8	1.5	1.8
重质碳酸钙（3000 目）		15.1	
大红色粉	5.1		
钛白粉		33.8	
炭黑			8.2
附着力	100/100	100/100	100/100
硬度/H	3	3	3
耐酒精（65％酒精浸泡 2h）	无变化	无变化	无变化
耐水（自来水浸泡 12h）	无变化	无变化	无变化
耐水煮（100℃沸水/1h）	不脱落	不脱落	不脱落

（6）UV-LED 胶印油墨参考配方

原料	红色	蓝色
巯基改性 PEA（LED01）	20	23
PUA（EB284）	23.5	21
PEA（EB546）	20	20
胺改性聚醚丙烯酸酯（PO94F）	1	1
酸改性甲基丙烯酸酯（EB168）	2	2
TMPTA		1
369	2	
1173		2
819		5
TPO	4	
聚乙烯蜡（PEW1555）	1.5	
聚丙烯蜡（LANCO1588）		2
对苯醌（UV22）	1	1
酞菁蓝		22
永固红	25	
印刷速度/（m/min）	180	180

（7）UV-LED 阻焊油墨参考配方

原料	绿色	蓝色	红色
乙二胺改性 EA	32.5	28	
丙二胺改性聚丙烯酸树脂	12.5		12.5
丁二胺改性 PUA		10	29.6
丁二胺改性 PEA		5.25	
NVP	7.5		
THFA		5.5	
TMPTA	12.5		
DTMPT4A		14.4	10.5
三乙二醇二乙烯基醚		9	13.5
1,4-丁二醇二乙烯基醚	10.5		
819	4	5	3.25
ITX	2		0.75
DETX		1.5	0.5
双十二烷基苯碘鎓盐	5		
三芳基六氟磷酸硫鎓盐		5.5	3.5
异丙苯茂铁六氟磷酸盐			2.75
费托蜡	0.2		
聚乙烯蜡		0.2	0.35
BYK-P104	0.4		
BYK-163		0.8	
BYK-154			0.2
BYK-044	0.5		

原料			
BYK-066N	0.54		
BYK-071			0.45
BYK-3550	0.4		
BYK-333			0.9
BYK-431			0.25
BYK-349		0.8	
气相二氧化硅（R972）	1.5	1.25	
碳酸钙		11.76	15.75
滑石粉	10		
酞菁绿	0.5		
酞菁蓝		0.5	
永固红			0.5
附着力/级	0	0	0
硬度/H	6	7	5
耐5%NaOH水溶液（室温30min）	无变化	无变化	无变化
耐5%HCl水溶液（室温30min）	无变化	无变化	无变化
耐三氯乙烯溶剂（6h）	无变化	无变化	无变化
耐热性（280℃×10s）	2次	3次	2次
光固化速率/(m²/h)	38～43	35～38	36～41

（8）UV-LED凹印油墨参考配方

原料	黄色	蓝色	红色
碱溶性丙烯酸树脂	30	40	40
改性EA	15	15	10
TPGDA		4	
TMPTA	10	7	13
光引发剂	2.5	3	3
聚乙烯微粉蜡	1	1	1
ST-2	0.5	0.6	0.6
有机硅流平剂		0.4	0.4
纳米碳酸钙	25		18
二氧化硅		20	
联苯胺黄1138	10		
耐晒黄10G	6		
酞菁蓝		3	
铁蓝		6	
永固红			10
立索尔宝红			4

注：光引发剂为4-(八氢嘧啶并[1,2-a]氮杂卓-1-基甲基)苯基苯甲酮结构式如下。

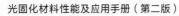

（9）UV-LED 号码印刷用油墨参考配方（一）

PEA（EB811）	25.5	磁性材料（Magnetic Pigment 340）	50
PUA（UA9033）	11	中色素黑	6
819	5	助剂（UV22）	0.5
1173	2		

（10）UV-LED 号码印刷用油墨参考配方（二）

PEA（EB830）	30	永固红	18
PUA（EB8602）	12	长波红荧光材料	30
TMPTA	1	助剂（EB16）	3
369	2	印刷速度	200m/min
TPO	4		

（11）UV-LED 指甲油底胶参考配方

脂肪族 PUA（CN965）	78	流平剂 EFKA3239	0.3
丙烯酸月桂酯	15	润湿剂 BYK348	0.2
TPGDA	5	防沉剂海明斯 BENTONE SD-1	0.5
369	1		

（12）UV-LED 红色指甲油参考配方

脂肪族 PUA（EB4858）	66	流平剂 POLYFLOW-NO7	0.2
丙烯酸-2-乙基己酯	20	润湿剂 BYK246	0.2
BP	2	防沉剂海明斯 BENGEL828	0.3
907	2	红色色浆	9.3

（13）UV-LED 粉红色指甲油参考配方

脂肪族 PUA（EB9626）	49	润湿剂 SILOK 8030	0.1
丙烯酸-2-乙基己酯	25	防沉剂 THIXOL 100	0.4
MBF	3	钛白色浆	15
TPO-L	4	红色色浆	3.3
流平剂 EFKA 3777	0.2		

（14）蓝色带珠光效果的 UV-LED 指甲油参考配方

脂肪族 PUA（帝斯曼 NeoRad U-6282）	31	流平剂 TEGO RED2500	0.3
乙氧化二缩三乙二醇二甲基丙烯酸酯	30	润湿剂 BYK340	0.1
TMPTA	15	防沉剂 BYK CERAMAT250	3
184	2	群青蓝色浆	15
369	2	金色珠光粉	1.6

（15）起保护作用和提供高光泽效果的 UV-LED 指甲封层胶参考配方

脂肪族 PUA（长兴 6113）	39	TPO-L	4
TPGDMA	30	流平剂 HX5600	0.3
HPMA	20	润湿剂 BYK348	0.1
184	3	防沉剂楠本化学 4300	0.3
651	3.3		

（16）黄色 UV-LED 指甲油参考配方

脂肪族 PUA（EB230）	71	流平剂 BYK-UV 3510	1.8
聚乙二醇二甲基丙烯酸酯	15	润湿剂 BYK-246	1.6
907	1	防沉剂 BYK-428	1.9
TPO	1	黄色色浆	1.7
184	0.5	钛白色浆	4.5

（17）黑色 UV-LED 指甲油参考配方

PUA（日本合成 UV-2750B）	78.5	润湿剂 EFKA3777	0.15
HPMA	15	防沉剂日本楠本化学 6900-20	0.1
819	1	炭黑	3
369	2.25		

（18）绿色 UV-LED 指甲油参考配方

脂肪族 PUA（沙多玛 CN9007）	52.5	流平剂共荣社 Poly flow No7	0.3
1,3- 丁二醇二丙烯酸酯	38	防沉剂台湾德谦 229	0.7
369	3.5	绿色色浆	5

（19）UV-LED 白色喷墨油墨参考配方

原料	1	2	3
6361（长兴）	3	8	6
1122（瑞士 RAHN）	7		
3364（瑞士 RAHN）		11	
5265（上海宝润）			9
EOEOEA		15	25
HDDA	15	10	10
PETA	4		
DMAA	33.8	18.2	
N-乙烯基已内酰胺			20.7
HEA	10		
TPO	11	14	11
127	5	7	4
BYK-UV3500	0.2	0.8	0.3
EFKA4800	3	5	4
颜料白 6	8	11	10

14.9.3 UV-LED 胶黏剂参考配方

（1）UV-LED 补强胶参考配方

原料	1	2	3	4	5
PC 长链改性 PUA（W2527B）	9	11	14	7	12
聚酯型 PUA（CN966J75）	75.3	66.8	63.7	70.7	65.3
IBOA	12.3	15.2	15.9	15.9	15.9
HDDA		3.1	2.6	2.6	2.6
双 2,6-二氟-3-吡咯苯基二茂铁	0.2	0.4	0.2	0.2	0.3
819	0.4		0.4	0.2	0.3
TPO	1.7	1.9	1.7	1.9	2.1
PM-2	0.5	1.6	1.5	1.5	1.5
硅烷偶联剂 6040	0.6				
黏度/mPa·s	4120	4050	4200	4140	4250
固化能量/(mJ/cm²)	500	450	450	500	500
吸水率/%	1.2	1.3	1.2	1.1	1.2

| 固化体积收缩率/% | 2.9 | 3 | 2.7 | 2.8 | 2.9 |
| 拉伸率/% | 150 | 160 | 140 | 130 | 110 |

（2）UV-LED 胶黏剂参考配方

原料	1	2
聚丁二烯丙烯酸酯	43.3	43.3
IBOA	41.3	41.3
三羟甲基丙烷三（3-巯基丙酸酯）	10	
季戊四醇四（3-巯基丁酸酯）		10
369	3.6	3.6
907	1.8	1.8

第15章 电子束固化

15.1 电子束

电子束（electron beam，缩写为 EB）是指具有一定能量（运动的）电子在空间聚集在一起沿着同一方向运动的电子流。利用电子束使液态材料变成固态材料的过程就称为电子束固化。

电子在电场中，受正电极吸引而发生向正极移动，获得移动能量，此过程称为电子加速，这是电子获得能量的过程。要想达到可利用的具有足够能量的电子束，必须提供足够高的电压以形成足够强的电场使电子加速，这类使电子加速的设备为电子加速器（electron generator 或 electron accelerator）。几种类型的低能加速器如图 15-1 所示。

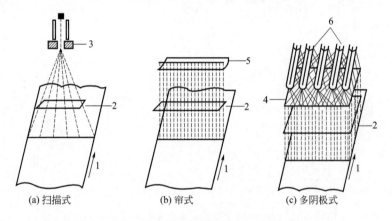

(a) 扫描式   (b) 帘式   (c) 多阴极式

图 15-1 几种类型的低能加速器

1—产品；2—窗口；3—扫描线圈；4—格栅；5—灯丝；6—灯丝和格栅

电子束的特性用电子束能量 E 和电子束强度 I 来表示：

（1）电子束能量 E 用电子伏特 eV 来表示：

$$E = eV$$

式中　e——1 个电子的电量；

　　　V——加速电场的电压。

1 电子伏特（1eV）表示一个电子通过电压差为 1V 电场时所获得的能量。常用的电子束能量单位有：

$$eV（电子伏特）= 1eV$$

$$keV（千电子伏特）= 10^3 eV$$

$$MeV（兆电子伏特）= 10^6 eV$$

$$GeV = 10^9 eV$$

$$TeV = 10^{12} eV$$

$$1eV = 0.446 \times 10^{-25} kW \cdot h（千瓦·小时）= 1.602 \times 10^{-9} J（焦耳）= 1.602 \times 10^{-6} Gy（戈瑞）$$
$$（电能）\qquad\qquad\qquad（热能）\qquad\qquad\qquad（吸收剂量）$$

这是电子伏特对应于电能、热能和吸收剂量三个关系式。

（2）电子束的另一特性为电子束强度 I，用安培 A 来表示。

$$I = Q/t$$

式中　Q——电子束的电荷，C（库仑）；

　　　t——电荷通过的时间。

当单位时间电子束流过电荷的电量为 1C 时，其电子束强度（流强）为 1A。常用电子束强度单位有：

$$A（安培）= 1A$$
$$mA（毫安）= 10^{-3} A$$
$$\mu A（微安）= 10^{-6} A$$

与电子束固化有关的还有两个物理量：吸收剂量 D 和辐射化学产额 G。

① 吸收剂量 D 表示被辐照物质单位质量吸收辐照能量的多少，单位为戈瑞（Gy）。

$$D = E/m$$
$$1Gy = 1J/kg$$

每千克物质吸收 1J 辐照能量为 1Gy。

② 辐射化学产额 G 表示被辐照的物质，每吸收 100eV 的辐照能量后，发生化学物理变化的数量，也称为化学产额。

$$G = 分子数/100eV$$

例如氢原子受辐照后产生电离需要 16eV，其 G 值为 6.25；在空气中辐照形成 1 对离子需 33.85eV，则可以说空气的 G 值约等于 3。

部分被辐照物质的化学产额见表 15-1。

表 15-1　部分被辐照物质的化学产额

辐照物质	1 个化学物理变化需吸收能量/eV	化学产额（G）	辐照物质	1 个化学物理变化需吸收能量/eV	化学产额（G）
氢	16	6.25	高分子改性		$1\sim25$
空气	33.85	2.95	乙烯基聚合		$10^4\sim10^7$

15.2　电子加速器

电子束是由电子加速器产生的，作为工业应用的电子加速器是 20 世纪 50 年代发展起来的。1957 年德国拜耳公司和意大利 Pirelli 公司发展了 2MeV 的电子加速器，用于研究和开发聚烯烃的交联技术；1967 年荷兰将绝缘芯型电子加速器用于研究涂料的固化；1973 年第一条木材表面涂层电子束固化生产线在荷兰 Svedex 公司投入运行；1978 年德国 WKP 公司率先装备了 200cm 宽的电子加速器固化系统，用于装饰制品的色漆固化；20 世纪 80 年代初出现的电子帘型加速器是一种结构紧凑、体积小巧的电子加速器，也是对辐射固化应用最理想的加速器。

在辐射加工中通常将电子加速器按其能量高低来分类，分为低能电子加速器、中能电子加速器和高能电子加速器（表15-2）。

表15-2　电子加速器的分类

项目	高能电子加速器	中能电子加速器	低能电子加速器
电子束能量/eV	10M～5M	5M～300k	＜300k
穿透能力	深	较深	浅
电流密度	小	不大	可很大
主要用途	辐射消毒，食品辐射处理	聚烯烃电线电缆的交联，制造聚烯烃热收缩材料	辐射固化

适用于电子束固化的电子加速器为低能电子加速器，有三种类型：扫描式、帘式（也叫电子帘）和多阴极式（图15-1）。

目前能生产电子束固化用的低能电子加速器仅有少数国家（表15-3）。

表15-3　用于电子束固化的低能电子加速器的性能指标

型号	国家	能量/keV	功率/kW	束宽/m
Irelec	法国	200	20	0.3～1.8
		300	22.5	0.3～1.8
Polymer Physik	德国	150～280	≤5～6	0.22～2.5
Nissin High Voltage	日本	300	7.5	0.45
		300	19.5	1.2
		300	30	1.8
Avora 2	俄罗斯	300～500	25	0.5～2.0
Eol-400	俄罗斯	14000	≤2.0	—
Electrocurtain	美国	150～300	≤100	0.5～2.0
Broad Beam	美国	150～300	≤360	0.3～2.5

15.3　电子束固化

15.3.1　电子束固化的技术优势

电子束固化是一项高效、无污染、节能的加工技术，与热固化相比，有很多的技术优势（表15-4）。

电子束固化与紫外光固化相比，除了设备投资大，需要惰性气体保护外，也有技术优势（表15-5）。

表15-4　电子束固化和热固化技术比较

项目	电子束固化	热固化
能耗	低（室温）	高（至少60～70℃，一般100℃以上）
固化速率	快（几秒）	慢（几小时）
设备占地面积	小（15～20m长）	大（30～90m长）

续表

项目	电子束固化	热固化
大气污染	无(无溶剂)	有(有溶剂)
火灾危险	小(无溶剂)	大(有溶剂)
对热敏材料	可使用	不能使用
产品质量	高	较高
生产启动和停止	方便	不方便
设备投资	大	较大
总成本核算	较低	较高

表 15-5 电子束固化与紫外光固化技术比较

项目	电子束固化	紫外光固化	项目		电子束固化	紫外光固化
能源	电子加速器	紫外光源	辐射穿透性/μm	清漆	约 500	约 130
能耗	较低	较高		色漆	约 400	约 50
引发种	高能电子	自由基、阳离子	转化率/%		95～100	约 90
聚合反应引发剂	不需要	光引发剂	设备投资		高	低
惰性气体	需要	不需要				

① 电子束固化不需用价格较贵的光引发剂,降低配方产品的成本;不会因残留光引发剂及光分解产物迁移和挥发,引起难闻的臭味,有利于材料的耐老化性能,特别适合应用于食品、医药等包装材料。

② 对油墨和色漆等有色涂层,不存在光固化因颜料对光的吸收而难以透过的问题,避免了光固化必须使用量大而价贵的光引发剂的缺点。

③ 电子束穿透深度大,故电子束固化不仅可用于薄的表面涂层,也可用于厚达数毫米甚至数厘米的复合材料的固化以及双面固化,这在光固化是比较难以做到的。

④ 电子束固化可使涂层材料与基材产生化学结合(如接枝),提高涂层与基材的附着力,这对光固化也是难以实现的。

15.3.2 电子束固化机理

电子束固化机理与紫外光固化机理有本质区别。

紫外光固化机理是光引发剂吸收紫外光后,产生自由基(或阳离子),引发带不饱和双键(或环氧基、乙烯基醚)的单体和低聚物聚合、交联,该体系中所有新键都是通过不饱和双键(或环氧基、乙烯基醚)的交联聚合而产生的。

电子束固化时,电子束在体系中随机产生自由基(包括阳离子自由基、阴离子自由基和单体、低聚物裂解自由基),引发带不饱和双键的单体和低聚物聚合交联,而且随机产生的自由基本身也可交联或进攻不饱和体系产生交联,甚至与基材发生反应(接枝),新键产生的范围更广、更复杂。

电子束固化过程可描述如下。

$$M + e^* (高能电子束) \longrightarrow M^+ \cdot (自由基阳离子) + e(M 释放低能电子)$$
$$M^+ \cdot + e \longrightarrow M^* (激发态) \longrightarrow M \cdot (自由基)$$

$$M^{+} \cdot \longrightarrow H \cdot + M^{+} \text{ 或 } H^{+} + M \cdot \text{（自由基阳离子裂解）}$$

$$M + e^* \text{（高能电子束）} \longrightarrow 2R \cdot \text{（裂解产生自由基）}$$

M·自由基和 R·自由基均能引发单体和低聚物聚合、交联。

15.3.3 电子束固化的氧阻聚

电子束固化配方绝大多数是自由基聚合体系，因此都存在氧阻聚问题，此问题在电子束固化中更加严重，而且不能像光固化中那样用加大光强或提高光引发剂浓度等办法来解决。所以电子束固化为克服氧阻聚，一般采用惰性气体保护，特别是在氮气氛下辐照，所用氮气的含氧量应少于 $0.05\% \sim 0.1\%$。由于电子束固化必须在惰性气体中进行，增加了辐照装置的复杂性及生产成本，成为制约其发展的因素之一。

15.3.4 电子束固化材料的组成

电子束固化材料的组成与紫外光固化材料的组成基本上是一样的，基本组成是低聚物、活性稀释剂、颜料和填料及其他助剂，只是电子束固化材料不用光引发剂。

15.4 电子束固化材料的应用

电子束由于能量高，所以在电子束固化材料中不用加光引发剂，而且固化时双键转化率极高（$95\% \sim 100\%$），因此不存在小分子迁移和有害的光分解产物产生，产品表面硬度和光泽度很高，有色体系涂层、不透明涂层和厚涂层都易固化，这些都是紫外光固化较难做到的，因而电子束固化在涂料、油墨、胶黏剂和复合材料等产业中有着广泛的应用。

15.4.1 电子束固化在涂料上的应用

电子束固化最早应用的地方是木器涂料，当时还是第一代木器涂料，为不饱和聚酯-苯乙烯体系（由于苯乙烯的毒性、沸点低、易挥发及刺激性，已为丙烯酸酯体系所取代）。从腻子、底漆到面漆，从高光泽到低光泽、亚光，从清漆到色漆，特别是白漆，都可用电子束固化实现。

电子束固化用在瓷砖、PVC板、中密度板、石膏板等多种建材上，用浸渍了树脂的纸作贴面装饰，经电子束固化后，不仅增强了耐刮擦性和耐磨性，还赋予装饰效果。

电子束固化用于金属涂料上，主要用于钢材，特别是卷材的涂装，包括底漆和面漆（清漆和色漆）。与紫外光固化相比，电子束固化金属涂料固化速率更快、能耗低以及具有良好的附着力。

电子束固化用于纸张上光，主要是用于包装材料的纸制品上光，由于不用光引发剂，无小分子迁移、无光分解产物和低气味，可用于食品和药品的包装，这是与紫外光固化材料比较有很大优势的地方之一。

用于磁性介质的电子束固化涂料可制造录像带、录音带、磁盘等磁性记录材料。由于这类涂料含有大量的三氧化二铁或四氧化三铁，紫外光根本无法穿透到涂层底部，而电子束则很容易穿透到底部，使涂层很好固化。但磁性记录材料作为信息记录材料的一员，已经被淘汰，电子束固化也退出这一应用领域。

15.4.2　电子束固化在印刷油墨上的应用

印刷油墨是有色体系，而电子束固化在有色体系上应用有极大优势，颜料对电子束无屏蔽作用，特别像白色或黑色颜料对紫外光有很大吸收或反射，采用电子束则很容易固化。对于四色套印的胶印、凹印和柔印，可以四色印刷、一次固化。由于电子束固化油墨不需用光引发剂，非常适用于食品包装的印刷，包括纸张包装材料、塑料薄膜和制品包装材料、金属包装材料。

电子束固化在印刷油墨上应用还有以下特点：

① 电子束固化在包装印刷中最有竞争力的一点就是固化速率快，墨层固化只需 1/200s，EB 油墨非常适合用于高速印刷包装中，可以保证较高的生产效率。

② EB 油墨具有网点扩大率小，良好的网点复制效果和遮盖力，印迹亮度好。印制的产品外观漂亮，具有很强的光泽度和立体感。

③ EB 油墨含水量不超过 0.1%，在纸张印刷中，EB 油墨对纸张含水量影响较小，从而保证纸张尺寸稳定。

④ EB 油墨的印品具有超高的耐抗性。由于 EB 油墨中的化学物质是通过交联反应形成高分子立体网状聚合物，因此，具有很强的耐化学品性能和耐摩擦性能。

⑤ EB 油墨与 UV 油墨的通用性。EB 油墨与 UV 油墨在成分上基本相似，如果在 EB 油墨中加入一定量的光引发剂，那么就可以进行紫外线固化。

2017 年 11 月 29 日，陕西北人印刷机械有限公司推出 FOE-CI 350 卫星式电子束（EB 固化）印刷机。这是我国首台智能、环保、高效、安全的卫星式电子束（EB 固化）印刷机，该机最高印刷速度 350m/min，采用 EB 油墨，可承印 PET、BOPP、CPP、OPP 等薄膜基材，对环境零排放，对食品卫生零污染，集数字化、绿色化、智能化于一体。这款 EB 印刷机的成功研制，为环保、安全、智能化和满足个性化订单提供了完美的解决方案，填补了中国国内制造的空白，是一款为食品、药品、标签、卫材、纸箱、烟标等行业提供的革命性印刷装备。

15.4.3　电子束固化在胶黏剂上的应用

电子束固化用在相同或不同的塑料薄膜的层合，如 OPP/OPP（拉伸聚丙烯）、改性OPP/改性 OPP、OPP/金属镀膜 OPP、聚酯/低密度聚乙烯。用于软包装层合，大量使用在食品包装和化妆品包装上，这也是由于电子束固化胶黏剂不用光引发剂且固化彻底。

电子束固化也应用于压敏胶和离型材料的生产上，由于固化速率快，可以大规模和低成本的生产。

15.4.4　电子束固化在复合材料上的应用

电子束可以穿透不透明材料实现固化，特别适用于复合材料的制造，这是紫外光固化难以实现的。目前用于碳纤维增强复合材料、聚酰胺纤维增强复合材料和玻璃纤维增强复合材料等复合材料的制造，是由环氧树脂为基体相、上述高级合成纤维为增强相构成，具有高比强度和比模量，质轻，抗疲劳，耐腐蚀，尺寸稳定性等特点。复合材料的密度为钢的 1/5，铝合金的 1/2，其比强度、比模量高于钢和铝合金，在航天航空、国防军工、高压容器、汽车制造、运动器材等方面得到广泛应用，已报道用电子束固化技术制造火箭发动机壳体，制造导弹的整体燃料箱和发动机进气道样件，修补 A320 飞机的整流罩等。

复合材料过去都采用热固化成型（如热压罐、热压机），工艺周期长、成本高，另外，热固化复合材料须采用毒性较大的固化剂和挥发性有机溶剂，对环境和工作人员造成危害。为解决热固化对环境和工作人员造成危害、降低成本、推广应用，必须寻求新的固化成型方法，电子束固化就是在此背景下发展起来的复合材料成型工艺。

电子束固化复合材料得以发展，与工业辐照用电子加速器技术和高分子材料的发展密切有关。碳纤维复合材料的密度一般在 $1.6g/cm^3$ 左右，10MeV 电子束的最佳射程为 2.0cm，足以对极大部分的碳纤维复合材料构件进行剂量分布均匀的电子束辐照。另一方面，高分子材料的发展使适用于电子束固化的环氧树脂、低聚物和系列配方成为可能。

复合材料采用电子束固化优越于热固化：

① 固化速率快，成型周期短　一个 10MeV，50kW 的电子加速器每小时可加工 1800kg 复合材料，是热固化的好几倍。

② 室温或低温固化　这有许多好处，如材料的固化收缩率低、有利于尺寸控制，同时也减少了残余应力、提高其抗热疲劳性能。此外，还可用低成本的模具材料替代钢模具，如木材、石膏等。

③ 适合加工大型构件　电子束固化无需热压罐，只要加速器辐照厅允许，就可加工大尺寸复合材料构件。目前，最大的电子束固化在法国的 Aerospatial 公司，可制造 5m×10m 的复合材料构件。而建造如此之大的热压罐，是不现实的。

④ 减少环境污染和工作人员危害　电子束固化所采用的树脂体系不含或含极少量的有机挥发物，也不必使用毒性较大的固化剂。

⑤ 可与几种传统工艺结合，实现连续加工　它可以与 RTM、编织、缠绕和拉挤等成型工艺结合起来，进一步降低复合材料的制造成本。EB 固化也可以对不同材料进行共固化或者共黏结。

⑥ 改善了材料的工艺操作性　常规的热固化树脂体系的室温贮存期最多只有几个月，而 EB 固化树脂体系在室温黑暗环境下可以无限期贮存。

复合材料 EB 固化成型就是应用高能电子束引发预浸料中的树脂基体发生交联反应，制造高交联密度的"热固性"树脂基复合材料。EB 固化复合材料由纤维、基体树脂和引发剂组成。玻璃纤维、碳纤维和芳纶（芳香族聚酰胺纤维）都有较高的耐辐照性能，适合于电子束固化。基体树脂的作用是把纤维粘在一起，并形成高分子网络结构。最早应用于 EB 固化的树脂是不饱和聚酯树脂体系。但是该类树脂在电子束固化中，环境中氧气和溶解于树脂中的氧气对其聚合反应具有严重的阻碍作用，因此，必须在 EB 辐射区用氮气保护。丙烯酸酯树脂是在不饱和聚酯树脂之后出现的，这类树脂的反应活性高、品种多，对氧气的阻聚作用敏感性较低，它不需用氮气保护辐射区，尤其是丙烯酸酯环氧树脂在早期的 EB 固化复合材料中应用较多。但是，EB 固化丙烯酸酯环氧树脂基复合材料的耐热性不高、收缩率大、吸湿率大，很难作为高性能复合材料应用。现主要用阳离子固化环氧树脂与阳离子稀释体系，其具有优异的存储稳定性、固化速率快、固化收缩率低、污染小等优点，而且固化产物具有耐热性好、收缩率低等优点。电子束固化阳离子环氧树脂体系的玻璃化转变温度可高达 390℃，水煮 48h 的吸湿率小于 1%，固化收缩率仅为 2.2%～3.4%。

自 1990 年法国首先实现固体发动机壳体材料 EB 固化以来，这项技术的应用领域迅速扩展。美国 Aeroplas 和 Northrop 等公司以环氧树脂为基材，对大型整体式结构材料和航天飞行器的结构材料的电子束固化进行了较为广泛深入的研究，获得了满意的结果。随着人们对 EB 固化反应研究的深入，通过 EB 固化制备高性能复合材料正在或将在以下领域得到广泛的应用。

① 航空航天领域　用于制造军事或民用航空器的结构和壳体材料，成为继铝、钢、钛之后的又一航空结构材料。复合材料在新一代战斗机、客机和直升机上的用量比例分别达机身重量的 24%、11% 和 54%，复合材料在飞机上用量及其性能已成为飞机先进性的重要标志之一。现在已应用 EB 固化技术制备导弹壳体，还用多树脂基体进行 EB 共固化，开发新的 EB 固化树脂和加工技术，用于制备飞机进气管道。另外，EB 固化采用多种单丝缠绕，可制造包括飞轮、战术导弹发动机和直升机驾驶杆。EB 固化技术还用于低温管槽和空间结构修补片。

② 交通运输领域　用于制备汽车、轮船、轨道车等交通工具的结构材料。应用 EB 固化技术研制了装甲车侧挡板，并应用于汽车部件制造。

③ 建筑及基础设施领域　用于对重量和抗腐蚀性有特殊要求的建材的制备。如电话亭，输油管道，海上钻井平台等。

④ 运动休闲领域　用于高尔夫球杆、滑雪板、网球拍等体育用品的制造。

⑤ 其他领域　如采用 EB 固化复合材料制备印刷电路板、防弹设备、轻质防护器件和潜艇机壳等。

15.4.5　电子束在高分子加工改性中的应用

低能电子束除了在上述涂料、油墨、胶黏剂和复合材料等固化上应用外，还有一个重要的应用领域就是高分子加工改性。高分子加工改性包括高分子交联改性和高分子接枝改性。

（1）高分子材料交联改性

高分子材料的电子束辐射交联，以实现工程化材料的制备，这是电子束在高分子材料加工改性的比较成熟的技术。利用通用的高分子材料、通用高分子和不同交联剂混合体系或不同种类通用高分子共混体系，经电子束辐射交联，可以制得性能优异的工程化通用塑料。

过去高分子交联改性都采用化学交联工艺，不少高分子品种难以进行交联反应，而且成本高。若采用电子束（包括 γ 射线）交联工艺，就很容易进行各种高分子交联改性（表 15-6）。

表 15-6　辐射交联与化学交联工艺比较

项目	辐射交联	化学交联	
		过氧化物	硅烷
交联方法	EB 或 γ 射线	加热（蒸汽，红外）	水
LDPE	○	○	○
HDPE	○	×	×
橡胶	○	○	×
PVC	○	×	×
氟橡胶	○	×	×
其他	○	×	×
挤压加工性	○	×	×

续表

项目	辐射交联	化学交联	
		过氧化物	硅烷
复合物寿命	○	△	×
材料	标准	昂贵	昂贵
交联	量少较贵，量大便宜	细微物较贵	接枝成本高
高频	良好	不适合	不适合
耐热变形	优	优	良
外观	优	粗糙	良
交联设备	复杂、昂贵	一般	简单

注："○"代表优秀；"△"代表一般；"×"代表较差。

电子束辐射交联是利用辐射使聚合物主链分子之间通过化学键相连接，最终形成三维网状结构。通过电子束辐射对塑料的交联改性，可实现制备具有优良力学性能和耐热性能的工程塑料。

① 聚乙烯的辐射交联　聚乙烯（PE）是一种应用非常广泛的塑料。它具有优良的电绝缘性、耐低温性、易加工成型和足够的力学性能，以及优异的化学稳定性和介电性能。然而 PE 分子链间缺乏紧密的结合力，使得整个 PE 材料在经受外力及环境温度影响时会产生变形或发生破坏，限制了其应用。因此，对其进行改性处理一直是 PE 应用和理论研究的重点，交联被认为是行之有效的方法。PE 的交联方法主要有化学交联和辐射交联，两种方法的工艺比较如表 15-6 所示。PE 的电子束辐射交联时，不用敏化剂（多官能团单体），可在室温下进行，因而可在制品成型后进行交联并可保证制品不发生变形。为了加速和强化 PE 的辐射交联，常在 PE 的辐射交联过程中加入敏化剂，这样不但能有效地降低 PE 的凝胶化剂量，在相同剂量下增大交联反应的程度，而且工艺简单，操作方便。

② 聚丙烯的辐射交联　聚丙烯（PP）辐射交联能改善其形态稳定性、耐蠕变性、提高强度和耐热性，可以缩短成型周期等。PP 经交联后，在性能上兼有热塑性、热固性树脂和硫化橡胶三者的特点，同时又具有热可塑性、硬度高、良好的耐溶剂性、高弹性和优良的耐低温性能等。PP 的交联与 PE 一样，有化学交联与辐射交联两种，为了加强其交联度，采用辐射法常加入敏化剂。

③ 聚氯乙烯的辐射交联　聚氯乙烯（PVC）经过辐射交联后，其耐热性显著提高，耐老化性、耐候性、耐磨性、耐化学品性也同步提高，综合性能大大增强。与化学交联相比，辐射交联工艺简单、能耗低、产率高、无污染，具有更广阔的工业应用前景。

高分子材料电子束辐射交联技术的应用：

① 辐射交联电线电缆与胶带　电线电缆的辐射交联是辐射加工中应用发展最快、最早、最广泛的领域之一。由于它在改善电线电缆绝缘性能方面的优越性，已成为世界经济发达国家不可忽视的高技术产业化内容，开发出了具有优良性能的电线电缆产品。工业上利用最多的是对电线包覆材料的改良，在电子设备配线电线、汽车用电线等包覆中，主要为 PE 与 PVC 交联电线电缆；此外，PE 胶带被用于电缆连接部注塑绝缘材料等，PVC 胶带具有优异的抗老化特性，被用于汽车电线束的耐热保护等。PE 和 PVC 电线辐射前后耐热性的比较见表 15-7。

表 15-7　PE 电线与 PVC 电线辐射前后耐热性的比较

材料	连续使用	短时间使用
未辐射 PE	75℃	90℃ 1min
辐射 PE	125℃	350℃ 1min
辐射 PE	125℃	200℃ 30min
未辐射 PVC	60℃	230℃ 1min 熔融
辐射 PVC	100℃	230℃ 1min 不熔融

我国最早采用电子加速器辐射电线电缆的是天津市 609 厂，为了满足国防和空间技术的要求，1960 年从英国 Mallard 公司购进非工业生产型直线加速器，于 1967 年投入使用。先后用于聚乙烯、硅橡胶电线电缆以及多路载波电缆、小同轴电缆的辐射交联，此外还用于确保恒定阻抗而焊接不变形电线的辐射交联。架空线的改造，及辐射加工架空线技术的应用，促使了电子加速器在我国的应用进入了产业化。神舟六号飞船上使用的电线电缆许多都是天津市 609 厂生产的电子束辐射电线电缆，使用的太阳能电池的耐辐射实验也是在电子加速器上进行的，这也说明了电子束辐射技术为我国的航天事业做出了很大贡献。

② 辐射交联热收缩材料　辐射交联热收缩材料具有稳定性好、热收缩率高、耐热性好等优点，因而其制品主要用在尺寸要求精确、稳定性好、耐热性能好、收缩率高的领域。聚乙烯经电子束辐射交联后，除提高机械强度和使用温度外，并产生记忆效应。记忆效应是指结晶型聚合物在其结晶熔融温度以上具有一定强度而呈弹性体，在其熔点或更高温度施以外力（如吹胀、拉伸）产生形变，在外力存在下将形变的试样加以冷却、结晶，使这种形变固定下来。以后在无外力作用下，将这种形变过的材料再加热到熔融温度以上，它将立即收缩恢复原始形状的行为。利用这一特性可制取热收缩薄膜和不同规格的热收缩管。

辐射交联聚乙烯等热收缩薄膜广泛应用在绕包电缆接头和潜水电机主绝缘层等方面；也可作为食品包装材料。辐射交联聚乙烯热收缩管可作为电线电缆接头的护套材料和电子元件的包覆材料，起到防腐防潮的作用。

③ 辐射交联发泡材料　发泡材料又称多孔材料，是指材料内部具有无数微孔性气体的材料。泡沫塑料的辐射发泡法是基于电离辐射使线性聚合物分子交联形成网状结构，而含有一定比例网状结构的聚合物有利于发泡气体的存在，从而得到理想的发泡制品。

辐射发泡法是对化学发泡法的加工改进，可以显著改善泡室尺寸均匀性、材料力学强度和耐热性。辐射交联发泡材料具有质软、无闭孔结构、表面光洁、隔热性好、尺寸稳定性高、吸湿性低、化学稳定性好、无毒、无味等优点。当前，几乎所有热固性和热塑性塑料都能制成泡沫塑料，泡沫塑料主要用于汽车天棚的隔热材料、仪表板及门上的缓冲材料，还可用于冰箱、空调及建筑的保温材料等。

（2）高分子材料接枝改性

电子束辐射接枝是采用电子束辐射高分子材料，使其产生自由基，然后自由基引发单体聚合，在高分子链上增长，形成接枝链，从而可赋予高分子材料某些特殊性能，如亲水性、抗溶剂性、离子交换性、黏合性等。通过电子束辐射，有两种方法进行高分子接枝改性。一种为预辐射接枝法，经电子束辐射，在高分子主链上生成游离基后，再与单体进行接枝反应，得到接枝改性高分子；另一种为同时辐射接枝法，在高分子与单分子共存条件下，用电子束辐照，进行接枝反应，得到接枝改性高分子。经接枝改性的高分子具有某些特殊的性能，成为功能化的通用高分子。用此接枝改性技术，可以制造如无滴膜、阻隔膜、吸附膜等功能膜。

电子束辐射接枝共聚是高分子辐射化学与辐射工艺中的一个重要领域，与传统接枝方法相比具有自己的特点：

① 可以完成化学法难以进行的接枝反应。如对固态纤维进行接枝改性时，化学引发要在固态纤维中形成均匀的引发点是困难的，而辐射可以在整个固态纤维中均匀地形成自由基，便于接枝反应的进行。

② 辐射可被物质非选择性吸收，因此比紫外线引发接枝反应更为广泛。原则上，辐射接枝技术可以应用于任何一对高分子—单体体系的接枝聚合。

③ 辐射接枝操作简单、易行，室温甚至低温下也可完成。同时，可以通过调整剂量、剂量率、单体浓度和向基材溶胀的深度来控制反应，以达到需要的接枝速度、接枝率和接枝深度（表面接枝或本体接枝）。

④ 辐射接枝反应是有电子线引发的，不需引发剂，可以得到纯净的接枝共聚物，同时还起到消毒的作用，这对医用高分子材料的合成和改性十分重要。PE 和 PP 是最常用的辐射接枝改性基材，在 PE 薄膜上辐射接枝丙烯酸（AAc）、对苯乙烯磺酸钠（SSS）等单体，可制备离子交换膜，该产品可用做电池隔膜。在环保型燃料电池的开发中，质子交换膜是具有重要作用的材料。作为纽扣电池内用的辐射接枝电池隔膜已经实现产业化生产。辐射接枝的 PE 膜也可用于废水溶液里重金属和毒性金属离子的富集浓缩、海水脱盐软化、饮用水净化等，并可具有良好的可再生性，有利于重复使用。另外，通过辐射接枝特定功能基团的 PE 可作为阻燃性 PE 材料使用。同时，辐射接枝 PE 多孔性中空纤维膜制备的聚合物刷可用于酶、蛋白质的捕获和血液透析等方面。采用辐射接枝的方法在 PP 纤维表面接枝功能性单体，可以改善 PP 纤维的染色性、黏结性、抗静电性、亲水性、阻燃性、耐光性等。

15.5　EB 涂料、油墨、黏合剂参考配方

以下配方中单位为质量份。

（1）EB 辊涂纸张上光油参考配方

EA（EB600）	15	EHA	6
TMPTA	45	聚硅氧烷丙烯酸酯	6
TPGDA	28		

（2）EB 木器腻子参考配方

EA	26	超细滑石粉	24
TMPTA	8	氧化钡	42

（3）EB 木材封闭漆参考配方

EA	7.2	滑石粉	25.1
TPGDA	67.7		

（4）EB 低光泽木器面漆参考配方

EA	25	NVP	10
HDDA	25	消光剂 SiO_2	8
TPGDA	10	二氧化钛	22

（5）EB 木器涂料参考配方

EA（含 20％TPGDA）	45.0	SiO₂ 毛面剂	10.0
四官能团 PEA	13.5	流平剂	0.5
TPGDA	31.0		

（6）EB 家具涂料参考配方

脂肪族 PUA	75	颜料	10
HDDA	15		

（7）EB 塑料涂料参考配方

PUA	10	聚硅氧烷丙烯酸酯（EB350）	10
TMPTA	45	聚乙烯蜡粉	5
HDDA	30		

（8）EB 钢材防腐底漆参考配方 （一）

EA	11.5	分散剂	0.2
PUA	11.5	二氧化钛	15.3
PEA	23.0	防腐蚀颜料	20.0
稀释剂	18.5		

（9）EB 钢材防腐底漆参考配方 （二）

脂肪族环氧树脂	20	阳离子光引发剂	5
多元醇	25	二氧化钛	15
稀释剂	15	防腐蚀颜料	20

（10）EB 钢材面漆参考配方

四官能团 PEA	52.5	二氧化钛	25.0
PEGDMA	22.5		

（11）EB 镀铬铝材涂料参考配方

EA	55	BP	3
TMPTA	20	二甲基乙醇胺	2
EHA	10	FC430	5
NVP	5		

（12）EB 磁带涂料参考配方

PEA	2.3	三氧化二铝	0.4
聚酯型 PUA	2.3	分散剂	0.7
低聚合度氯乙烯-乙酸乙烯共聚物	2.3	润滑剂	0.7
钛改性 Fe₂O₃	22.6	溶剂	67.6
炭黑	1.1		

（13）EB 阻燃涂料参考配方

氯茵酸烯丙酯（SR383）	18	三乙基烷基醚硫酸季铵盐（EMERSTAT6660）	
四溴双酚 A（RXD56843）	40		10
PETA	2	阻燃剂①（AGO-40）	30

① 40 份胶体 Sb₂O₅ 分散于 60 份聚酯树脂中。

（14）EB 涂料参考配方

亚麻油改性 PUA	50	TPGDA	23
TMPTA	12	HDDA	15

（15）EB 橙色纸箱印刷油墨参考配方

EA	30	双芳基黄	16
PEA	25	CaCO₃	2
三官能团稀释剂	20	PE 蜡	3
石玉红	4		

（16）EB 淋涂面漆参考配方

PEA	15.0	蜡	1.6
DPGDA	50.0	分散剂	0.4
HEA	4.0	毛面剂	8.0
TiO₂	19.0	消泡剂（Defoamer 1790）	0.4
滑石粉	1.6	黏度（23℃涂-4 杯）/s	49

（17）EB 油墨参考配方

EA	33.5	颜料	10
PEA	10	填料	3
TMPTA	15	分散润湿刘	2.5
TPGDA	15	蜡	1
EOEOEA	10		

（18）EB 胶印油墨参考配方

CN2203	43	射光兰	2
EB436	23	CaCO₃	5
EOTMPTA	8.9	PE 蜡	2
Solsperse2400	2	阻聚剂	0.1
炭黑 MA11	14		

（19）EB 压敏胶参考配方（一）

丙烯酸乙氧基乙酯	35	丙烯酸正丁酯	65

（20）EB 压敏胶参考配方（二）

丙烯酸正丁酯	95	辐照剂量	2.4Mrad
丙烯酸	5		

（21）EB 压敏胶参考配方（三）

丙烯酸异丁酯	92	甲基丙烯酸缩水甘油酯	5
3-甲氧基丙烯酸丙酯	3		

（22）EB 压敏胶参考配方（四）

丙烯酸 2-乙基己酯	80	丙烯腈	7
甲基丙烯酸	3	3-甲氧基丙烯酸丙酯	10

（23）EB 压敏胶参考配方（五）

2-乙氧基丙烯酸乙酯	40	甲基丙烯酸-β-羟乙酯	5
3-乙氧基丙烯酸丙酯	20	乙酸乙烯	15
丙烯酸乙酯	20		

第16章　紫外光源和设备

16.1　光化学基础

光化学是"研究光（包括紫外到红外）的化学效应的分支学科"。

光固化是一种在光的照射下进行的化学反应，为典型的光化学反应。这里所指的光主要是紫外光，也有少部分为可见光。

光化学反应为分子吸收了光能后引起的化学反应。光化学反应通常包括两个反应过程：第一个是激发过程，在此过程中，分子吸收光能从基态分子变成激发态分子；然后进入第二个化学反应过程，即激发态分子发生化学反应生成新产物，或经能量转移或电子转移生成活性物（自由基或阳离子），发生化学反应生成新产物（图16-1）。

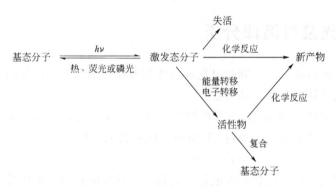

图16-1　光化学反应历程示意

光化学反应服从下面三个定律。

① 光化学反应第一定律（Gothus-Draper 定律）　"只有被分子吸收的光才能引起光化学反应"。该定律说明进行光化学反应时，必须使光源的波长与光反应物质的吸收波长相匹配，若不匹配，光不被物质吸收，是不会引起光化学反应的。

② 光化学反应第二定律（Stark-Einstein 定律）　"一个分子只吸收一个光子。"或者说"分子的激发和随后的光化学反应是吸收一个光子的结果。"该定律说明物质分子吸收光子是量子化的，只吸收一个光子而不吸收半个或 1/3 个光子的能量。但近年来，光化学技术发展，发现某些物质在激光束强光照射下，一个分子也可能吸收 2 个或 2 个以上光子的能量。

③ 光吸收定律（Beer-Lambert 定律）　"只有被物质吸收的光可引起光化学反应"。光的吸收服从光吸收定律：

$$I = I_0 10^{-\varepsilon cl}$$

式中　I_0——入射光强；

　　　I——透射光强；

　　　ε——摩尔消光系数；

　　　c——物质的摩尔浓度；

l——通过物质的光程长度。

将上式移项取对数：

$$\lg I_0/I = \varepsilon c l = A$$

式中　A——吸光度。

吸光度与消光系数及浓度成正比，而透射光强度 I 则随光程长度 l（即光透过深度）呈指数下降。因此，光在吸光物质中透过深度是有限的，所以光固化产品涂层厚度是受限的。

在光化学反应中，有时物质分子吸收一个光量子后通过连锁反应，可形成比一个多的产物分子；有时物质分子吸收一个光量子后，形成比一个少的产物分子，即需吸收几个光量子，才产生一个产物分子。把参与了预期反应的分子数（即生成产物分子数）和体系所吸收的光子数的比值定义为量子产率 Φ。

$$量子产率\ \Phi = \frac{参与预期反应的分子数（即生成产物分子数）}{吸收的光量子数}$$

光固化产品（UV 涂料、UV 油墨、UV 胶黏剂）量子产率 $\Phi > 1$，表示光化学反应存在着链式反应，发生了自由基光聚合、阳离子光聚合。

16.2　紫外光及其波段分类

光的本质是一种电磁辐射，同时呈现波动性和微粒性的特点，即光的波动-微粒二象性，光量子和光波是光两种互为依存的形态。

在微观物质世界中，能量（E）的单位常用电子伏（electronvolt，简写 eV）表示。1eV在数量上等于 1 个电子在真空中通过 1V 电位差所获得的动能：

$$1eV = 1.602176462 \times 10^{-19} J$$

将自然界所有已知的电磁辐射按能量的高低（或波长的长短）可以编制成一幅电磁辐射全谱图（图 16-2）。在电磁辐射全谱中，无线电波的波长最长（约 10^6 nm），能量最低（约 10^{-3} eV），然后依次为微波、红外线、可见光、紫外光、X 射线、γ 射线，直到宇宙射线，宇宙射线能量最高（$> 10^6$ eV），波长最短（$< 10^{-1}$ nm）。紫外光在电磁辐射全谱中位置是波长 100～400nm 一段范围，能量在 3.1～12.4eV。

紫外光根据其波长大小又可分为三个波段：

① 真空紫外光（vacuum ultraviolet，简写 VUV）　波长 100～200nm，能量在 12.4～6.2eV，真空紫外光只有在真空中才能传播，在空气中被严重吸收，故在光化学和光固化中无实际应用；

② 中紫外光　波长 200～300nm，能量在 6.2～4.1eV；

③ 近紫外光　波长 300～400nm，能量在 4.1～3.2eV。

1970 年在巴黎制定的国际照明词汇中，将中、近紫外光分为 UVA、UVB 和 UVC 三个波段。

① UVA　长波紫外光，波长 315～400nm，能量 3.9～3.2eV。这是大多数光引发剂的最大吸收光谱所处波段，因此是光固化产品最敏感的紫外光波段。常用的 UV 光源汞弧灯其发射光主波长 365nm 也在此范围。UVA 也是人类皮肤在太阳光照射下变黑的重要原因，皮肤在 UVA 下过度曝晒，也能造成损伤。

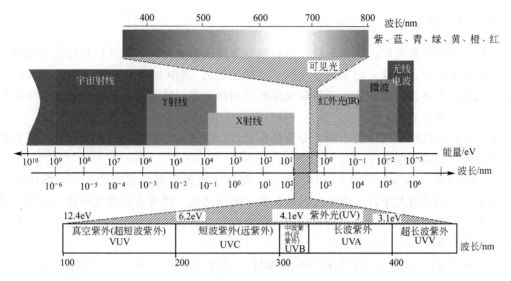

图 16-2 紫外光在电磁辐射中的波段

近紫外（UVA）—UV 固化广泛应用段；中紫外（UVB）—人类皮肤敏感段；

远紫外（UVC）—杀菌消毒；真空紫外（VUV）—臭氧产生段

② UVB 中波紫外光，波长 280～315nm，能量 4.4～3.9eV。不少光引发剂在此波段也有较大吸收，因此也是光固化产品可利用的紫外光波段。UVB 波段紫外光又是太阳光灼烧人类皮肤的主要射线成分。

③ UVC 短波紫外光，也称远紫外光、深紫外光，波长 200～280nm，能量 6.2～4.4eV。UVC 波段能量较高，易于引起分子化学键的激发，甚至发生光化学反应，部分光引发剂在此波段也有吸收，因此对光固化也有一定贡献。UVC 波段小于 240nm 紫外光，其能量（5.2eV）已超过空气中氧分子（O_2）的结合能，因而可产生强烈气味的臭氧（O_3）。UVC 波段 254nm 紫外光常用于空气和水的消毒。

为了评价和比较紫外光源功率，输出紫外光能量大小，常用下面几个物理量。

① 功率密度 也叫线功率，是指紫外光源单位长度的功率，单位为 W/cm。日常用的紫外光源其线功率为 80W/cm，已有线功率为 240W/cm 甚至更高的紫外光源。

$$线功率(功率密度) = \frac{紫外光源功率}{灯管长度}(W/cm)$$

② 光强 是指涂层单位面积获得的紫外光能量，单位为 mW/cm^2。光强可用紫外光照度计测得（某一特定波长，如 365nm、254nm 的紫外光能量）。

$$光强 = \frac{紫外光能量}{紫外光照面积}(mW/cm^2)$$

16.3 紫外光源

紫外光源目前有汞弧灯、金属卤素灯、无极灯、氙灯、UV 发光二极管、准分子紫外灯以及 UV-等离子体等。

16.3.1 汞弧灯

汞弧灯也叫汞蒸气灯，简称汞灯，是目前最常用的紫外光源。汞弧灯是封装有汞的、两端有钨电极的透明石英管，内充惰性气体（一般为氩），通电加热灯丝时，温度升高，液体汞蒸发气化，石英管内基态汞原子受到激发跃迁到激发态，再由激发态回到基态时便释放出光子，即发射紫外光。

汞弧灯因管内汞蒸气压力不同，分为低压汞灯、中压汞灯和高压汞灯三类，它们发射的紫外光也有不同的光谱。

① 低压汞灯　汞蒸气压力在 $10 \sim 10^2$ Pa，紫外区主要发射波长为254nm，低压汞灯的功率较小，一般只有几十瓦。由于发射波长短，光强又低，因此在光固化中较少使用，目前主要用于空气和水的杀菌消毒，还有在管内壁涂以荧光物质，制成荧光灯作照明用。低压汞灯的使用寿命在 2000～4000h。

② 中压汞灯（我国习惯上称其为高压汞灯）　汞蒸气压力在 10^5 Pa，约为1atm，中压汞灯结构如图16-3所示。中压汞灯在紫外区主要发射波长为365nm，其次为313nm、303nm，与大多数光引发剂的吸收波长相匹配，目前常用的光引发剂在此波长区域都有强烈的吸收，对光固化过程极有价值，所以是光固化最常用的光源。中压汞灯主要谱线的相对强度见表 16-1。

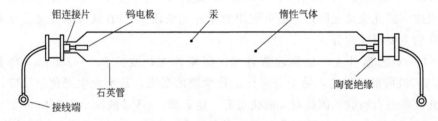

图 16-3　中压汞灯结构示意

表 16-1　中压汞灯主要谱线相对强度

波长/nm	相对强度	波长/nm	相对强度
222.4	14.0	296.7	16.6
232.0	8.0	302.2～302.8	23.9
236.0	6.0	312.6～313.2	49.9
238.0	8.6	334.1	9.3
240.0	7.3	365.0～366.3	100.0
248.2	8.6	404.5～407.8	42.2
253.7	16.6	435.8	77.5
257.1	6.0	546.0	93.0
265.2～265.5	15.3	577.0～579.0	76.5
270.0	4.0	1014.0	40.6
275.3	2.7	1128.7	12.6
280.4	9.3	1367.3	15.3
289.4	6.0		

中压汞灯的输出功率可以做到 8~10kW，其线功率也可达到 40~240W/cm，可装在不同类型的光固化设备上，用于不同材质上 UV 涂料、UV 油墨、UV 胶黏剂的固化。中压汞灯的使用寿命≤1000h。

中压汞灯发射紫外光外，还有可见光和红外线，其输出光谱的能量分布如图 16-4 所示。

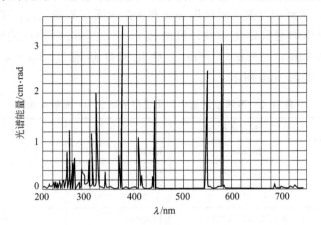

图 16-4　中压汞灯的发射光谱

从图 16-5 中可见，中压汞灯发射紫外光的效率约占 30%，而红外线和其他热辐射约占 60%，大部分输入功率转变为热能，使灯管的温度上升到 700~800℃，会对基材（特别是对热敏感的基材如塑料、薄膜、纸张）产生不利的影响。为了避免灯管和基材过热，需要冷却，主要靠风冷方式来实现，也可用水冷却。但红外辐射也能增高体系的温度，有助于促进光固化进行，从而提高固化速率。

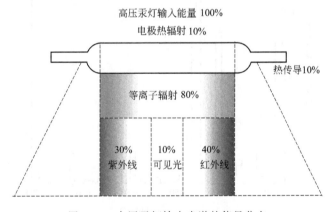

图 16-5　中压汞灯输出光谱的能量分布

中压汞灯需冷启动，灯泡通电加热，使汞在石英管内完全气化，故诱导期长，一般需10min 左右才能达到完整的光谱输出。一旦关灯后，不能立刻启动，要等 10~20min 冷却后，才能重新启动。

中压汞灯在使用时会产生臭氧，对人体有害，利用风冷排气装置把臭氧排到室外。产生的紫外光对眼睛和皮肤都有害处，眼睛直视会造成永久性的伤害，而高强度的紫外光会使皮肤"灼伤"，故灯具和光固化机上都安装光罩，以避免紫外光直接泄露到工作场所。

③ 高压汞灯（我国称为超高压汞灯）　充有汞和氙的混合物，蒸气压力在 10^5~10^6 Pa，即 1~10atm。工作温度在 800℃ 以上采用水冷却，可以很快启动。输出线功率可达 50~

1000W/cm，但使用寿命较短，约200h，在光固化领域中一般不采用。

16.3.2　金属卤素灯

利用金属卤化物（通常为碘化物）较易挥发而且化学性质不活泼的特性，加在汞中，置于汞弧灯石英管内，得到的发射光谱可以补充和加强汞弧灯的线光谱，拓宽紫外和可见光谱分布（表16-2）。如添加适量碘化亚铁，可增强350～390nm紫外区的辐射能量（358nm、372nm、374nm、382nm、386nm、388nm）碘化镓灯则增强400～430nm的辐射能量（403nm、417nm），如图16-6所示。

表 16-2　不同金属卤化物汞弧灯的特征 UV 发射波长

金属掺杂元素	特征 UV 发射波长/nm	金属掺杂元素	特征 UV 发射波长/nm
银（Ag）	328,338	铋（Bi）	228,278,290,299,307,472
镁（Mg）	280,285,309,383/4	锰（Mn）	268/9,260,280,290,323,355,357,382
镓（Ga）	403,417	铁（Fe）	358,372,374/5,382,386,388
铟（In）	304,326,410,451	钴（Co）	341,345,347,353
铅（Pb）	217,283,364,368,406	镍（Ni）	305,341,349,352
锑（Sb）	253,260,288,323,327		

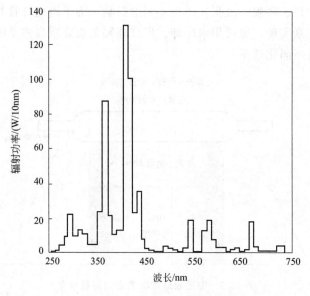

图 16-6　碘化镓灯的发射光谱

16.3.3　无极灯

无极灯也叫微波激发灯（图16-7），它与汞弧灯不同之处是灯管内无电极，其石英灯管直径较小，只有9～13mm，利用微波启动灯泡。微波由磁控管产生，并被导入由无电极灯管和反射器组成的微波腔内，微波的能量激活灯管内汞和添加物分子形成一个等离子体，有效地发射出紫外光、可见光和红外线，其中紫外光占整个辐射33%～42%，高于中压汞灯30%；可见光约25%，红外线约15%，低于中压汞灯热效应；对流热约25%。典型的无极

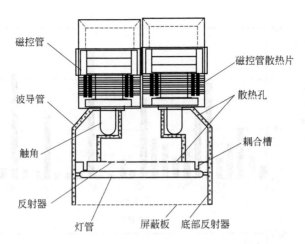

图 16-7　由磁控管激发的无极灯设备的结构

灯管长度 25cm，输出线功率可达 240W/cm，使用寿命高达 8000h，远远高于中压汞灯。

无极灯可快速启动（关灯后可在 10s 之内重新启动），而不必像中压汞灯需冷却后再可启动。无极灯输出功率稳定，一旦灯管出现故障或到使用寿命，输出就降为零。但中压汞灯使用一段时间后，输出功率逐渐下降，即使输出功率已达不到固化效果，由于灯还亮着，往往会被误认为 UV 涂料或 UV 油墨质量上出现问题而造成未固化，实质上是由于灯的输出功率过低造成的。

无极灯由于充填不同金属元素有多种型号，主要为 H 灯、D 灯和 V 灯三种，其发射光谱如图 16-8 所示。

① H 灯　为标准的无极灯，无充填物，主波段 240～320nm，适用于多种 UV 清漆的固化。

② D 灯　管内有铁的填充物，发射光谱向长波长移动，主波段为 350～400nm，适用于含颜料的 UV 色漆和 UV 油墨及厚涂层 UV 清漆的固化。

③ V 灯　管内有镓的填充物，发射光谱更向可见光蓝、紫光移动，主波段为 400～450nm，适用于含 TiO_2 的 UV 白油墨和白色底漆固化。

无极灯与中压汞灯相比，有不少优点，尤其是启动快、使用寿命长、紫外光输出效率高、红外辐射低、输出功率稳定。但由于灯管长度 25cm，对宽度大的基材光固化，需用多支灯管并排使用，目前价格较高，尽管性能上优于中压汞灯，但影响了推广使用。

16.3.4　氙灯

氙灯也是一种电弧灯，灯管内充氙气，蒸气压力为 $2 \times 10^6 Pa$，即约 20atm。氙灯的发射光谱是连续光谱，在 250～1200nm，寿命在 200～2000h。由于紫外波段输出不多，在光固化中没有应用，主要用于人工大气老化试验中，作为模拟太阳光的光源。

16.3.5　UV 发光二极管

UV-LED（紫外发光二极管）是一种半导体发光的 UV 新光源，可直接将电能转化为光和辐射能。UV-LED 与汞弧灯、微波无极灯等传统的 UV 光源比较，具有寿命长、效率高、低电压、低温、安全性好、运行费用低和不含汞、无臭氧产生等许多优点，成为新的 UV

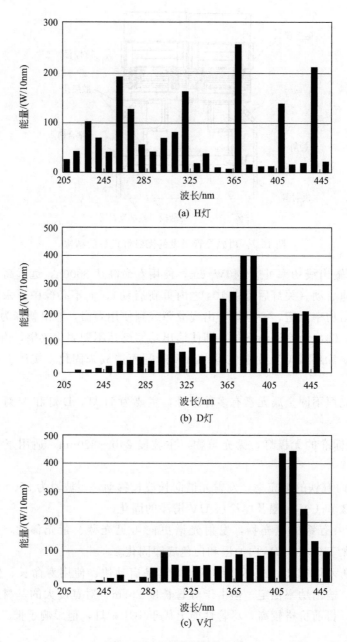

图 16-8　无极灯的发射光谱

光源，已开始在 UV 胶黏剂、UV 油墨、UV 涂料和 3D 打印等领域获得广泛应用，对光固化技术节能降耗、环保减污起到了推动作用，为光固化行业带来了革命性变化。

目前市场上光固化领域主要使用的是 405nm、395nm、385nm、375nm、365nm 的 UV-LED。随着 LED 半导体制造技术的进展，正在开发波长＜350nm 以及 250～280nm 的深紫外 LED。

UV-LED 存在的问题是：波长单一，与现有的光引发剂不完全匹配，严重影响光引发剂的引发效率。单颗 UV-LED 功率仍不够大，输出功率较小，克服氧阻聚能力差，影响表面固化，这是 UV-LED 光源在实际应用中存在的一个较大的问题。UV-LED 在使用中，散热不好、温度上升会加快光衰速度，而且是不可恢复的，对使用寿命有很大影响。要求使用环境温度低于 35℃。对于工业上使用，有时因为环境温度过高而不能应用 UV-LED 固化。另外，价格较高，也会影响推广应用。

16.3.6 准分子紫外灯

准分子（excimer 是受激二聚体 excited dimer 的缩写）是指该双原子分子不存在稳定的基态，只有在激发状态下两原子才能结合成为的分子，它是一种处于不稳定状态（受激态）的分子，寿命极短，为纳秒（ns）级，然后准分子衰变，同时释放出具有很强单色性的紫外光子，即准分子辐射。

一些稀有气体原子和卤素分子在能量大于 10eV 的电子作用下可以形成稀有气体与卤素的准分子，它极不稳定，在几纳秒之内发射光子而分解，不同稀有气体与卤化物准分子发射光谱不同，都有各自的主峰波长，都在紫外光区（表 16-3）。

表 16-3 稀有气体各种卤化物准分子的主峰波长

准分子	主峰波长/nm	准分子	主峰波长/nm
NeF	108	KrBr	207
ArF	193	KrI	190
ArCl	175	XeF	351
ArBr	165	XeCl	308[1]
KrF	248	XeBr	282[1]
KrCl	222[1]	XeI	253

① 准分子灯已商业化。

稀有气体卤化物准分子激光光源已商品化，氟化氪（KrF，248nm）、氟化氩（ArF，193nm）和氟（F_2，157nm）准分子激光光源已用于步进式曝光机，是与深紫外光刻胶配套的曝光光源。

已开发的准分子紫外灯有氙（Xe_2，172nm）、氯化氪（KrCl，222nm）和氯化氙（XeCl，308nm），它们的技术指标和主要应用见表 16-4。

表 16-4 市场供应的准分子紫外灯的技术指标

准分子	峰值波长/nm	单位灯管长度的电功率/(W/cm)	UV 辐射功率/(W/cm)	最大灯管长度/cm	主要应用
Xe_2	172	15	1~1.5[1]	175	物理消光,表面处理,臭氧产生
KrCl	222	50	5	100	UV 氧化,干法刻蚀,光化学,UV 固化,杀菌消毒
XeCl	308	50	5	100	UV 固化,光化学
KrBr[2]	282				

① 估计值。
② 正在研制。

16.3.7 UV-等离子体固化

等离子体（plasma）是物质的一种存在形式，它是由电子、离子和未电离的中性粒子组成的一种物质状态，是固态、液态、气态之外的物质第四态。固体物质通常在加热中变为液态，然后转为气态，温度极高时部分电离形成等离子体。太阳就是等离子体，宇宙空间90%以上的物质都是以等离子体的形式存在。

等离子体可以借助电能通过气体电离的方式而实现。等离子体在气体放电过程中通过原子激发而发射光子，光子能量有一定的分布，形成光谱。霓虹灯、荧光灯、氖灯、汞灯、无极灯等都是由灯管内气体在电能激励下通过放电形成等离子体并激发而发光。UV 等离子体是选用氮（N_2）和氦（He）的混合气体为放电气体，经微波放电，形成等离子体发射光子，其光谱在 200～380nm 紫外区域。

UV-等离子体固化是将涂覆 UV 涂料的物体置于等离子腔中，然后抽真空，再充放电气体（如氮和氦的混合气体），然后采用微波放电，使等离子体发射光子，输出紫外光（200～380nm），此时被固化的物体都"浸没"在等离子腔的等离子体中，实现 360°全方位的均匀的 UV 照射，不存在光照不到的阴影问题，也无氧阻聚效应，因此 UV-等离子体固化特别适用结构复杂的物体和异型基材的 UV 固化。目前 UV-等离子固化的主攻方向是汽车车身的 UV 涂装，在欧洲已完成了实验室试验，正进行中试的工程论证，一旦试验成功，意味着汽车工业的一次涂装革命。

16.4　紫外光固化设备

16.4.1　紫外光固化设备组成

常见的紫外光固化设备由五部分组成：UV 光源、反射装置、冷却系统、辅助控制装置、输送系统。

① UV 光源　为紫外光固化提供能量，是紫外光固化设备的核心。

② 反射装置　其作用是使光源产生的能量定向，提高光源的使用效率，最大限度地将紫外能量辐射到基材表面使涂层固化。

反射装置大多是由抛光成镜面的铝制成，通常有椭圆面型与抛物面型两种，如图 16-9 所示。椭圆面形反射装置将光束聚焦在基材表面上，将反射的能量集中，形成高的紫外光强度，达到最大的固化效率，适用于连续平面基材涂层的固化。抛物面型反射装置，提供平行

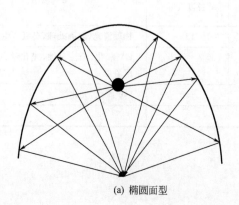

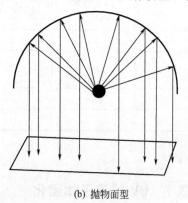

(a) 椭圆面型　　　　　　　　　　(b) 抛物面型

图 16-9　两种反射装置

的光束，紫外强度分布宽而均匀，产生的紫外光强度不如椭圆面型反射装置，适用于立体部件的涂层固化。

③ 冷却系统　中压汞灯工作时其输入能量有近 60％转变为红外辐射，灯泡温度可升到 700～800℃，灯管壁温度在 500℃左右，产生的热量如不散发出去，会对基材有损害，尤其一些对热敏感的基材（纸、木器、塑料、纺织品、皮革和电子器件等）会产生不利影响，为此在紫外光固化设备中必须装有冷却系统（图 16-10）。

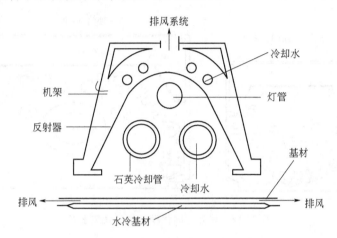

图 16-10　紫外光固化设备的冷却系统

冷却系统大多为风冷装置，一可降低光源周围温度；二为排除光源开启后产生的臭氧。对较大功率的光源还可以增加水冷装置，包括对基材采用风冷和水冷。实际上，升高温度有利于固化反应的充分进行，因此冷却系统设计时要加以考虑。

冷却系统另一种方法是使用冷镜反射器（图 16-11），冷镜反射器有分色反光镜、红外过滤镜和超级冷光镜，可不同程度降低红外辐射对基材温度的影响，见表 16-5。

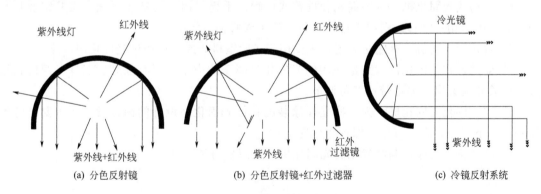

图 16-11　冷镜反射器的示意

表 16-5　三种反射器比较

项目	分色反射镜	分色反射镜＋红外过滤器	冷镜反射系统
红外线减少量/％	40	60	80
对基材温度的降低/％	25	35	48

④ 辅助控制装置　包括快门系统、光罩、变压器等。快门系统用于间断性固化，控制

紫外光辐射能量；或流水线出现故障时，不用关闭光源，避免基材一直受光源照射，温度升高而造成损害（图 16-12）。光罩是为屏蔽紫外光，避免紫外光直接泄漏到工作空间，保护现场操作人员而设。由于紫外光对人体眼睛和皮肤都有害，所以在紫外光源和紫外光固化设备中都装有光罩，不让紫外光外泄。中压汞灯是通过灯管内电极施以高电压而放电，因此都配有变压器。输送系统是为运送基材进行固化的装置，可采用金属网带或特氟纶网带，并带有变速装置，根据涂层固化能量需求，调节输送带的运行速度。

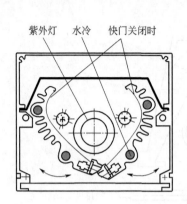
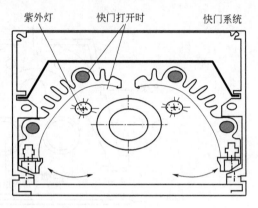

图 16-12　紫外光固化设备快门系统示意

16.4.2　紫外光固化设备类型

紫外光固化设备类型很多，大致可分为点光源固化机、移动式光固化机、台式光固化机、输送带式光固化机、立体固化光固化机、晒版机等。

①　点光源固化机　采用将紫外光聚焦经光纤管输出，由于光照面积很小，所以照射部位获得光能较大，常用于 UV 胶黏剂粘接和牙科补牙用。

②　移动式光固化机　有手提式和推移式两种。手提式用于 UV 胶黏剂、实验室及临时简单施工维修用；推移式则用于地板、石材施工或修补维修用。

③　台式光固化机　有输送装置，主要用于实验室科研或工厂小试光固化用。

④　输送带式光固化机　大量使用的光固化机属于此类型，可有双灯、三灯、四灯或更多，灯管轮流开启，输送带速度可调节。

⑤　立体固化光固化机　为一些立体涂装的物体光固化而设计的固化设备，主要是灯管排列上、下、左、右都有，以保证固化完全。

⑥　晒版机　为印刷制版专用的光固化机，光源采用碘镓灯。

16.5　分散与分散设备

涂料、油墨和胶黏剂是由树脂、稀释剂、颜料（清漆和胶黏剂不用）、填料和助剂组成的，而涂料、油墨和胶黏剂的生产过程就是把这些组分加工成涂料、油墨和胶黏剂的过程。这个加工过程就是要把颜料和填料固体组成尽可能均匀地分散在树脂、稀释剂液态组成中，这就是常说的分散过程。在整个分散过程中，颜料和填料实际上要完成润湿、粉碎和分散三次加工，为了达到这个目的，在生产时必须选用适当的分散设备，以强制手段来加速这个过程的进行。目前最常用的分散设备可包括以下四类：搅拌机、三辊研磨机、球磨机和捏和机，捏和机在 UV 涂料、UV 油墨和 UV 胶黏剂中很少使用，不作介绍。

16.5.1　搅拌机

在涂料、油墨和胶黏剂工业中使用的搅拌设备很多，在多种搅拌机上安装不同的桨叶制得不同型号的搅拌机，如行星式搅拌机、蝶形桨搅拌机、高速叶轮搅拌机和高速叶轮/蝶形桨组合搅拌机等。最常用的是高速叶轮搅拌机，也叫高速分散机，是用作涂料、油墨预分散的较理想的设备。

高速叶轮搅拌机的结构比较简单，是一根可以通过液压装置上下升降的高速转动轴，轴的下端装有一个水平放置的并随轴转动的圆片状叶轮，最普通的叶轮是锯齿形，叶轮上锯齿都是相间地向上和向下与叶轮面有一定角度。当高速叶轮搅拌机运转时，分散料（包括树脂、稀释剂、颜料和填料）顺着叶轮的离心方向猛烈前进，冲到桶壁，并上下返流到叶轮中部，形成漩涡，同时在叶轮附近形成层流和湍流，产生撞击力和剪切力，达到润湿和分散颜料和填料的目的（图 16-13）。但高速叶轮搅拌机不能提供很大的压力，比起三辊研磨机和球磨机来，分散能力小得多，它不能破碎硬的或粗颗粒的颜料，只能在低到中黏度系统中润湿和分散易分散的颜料。

16.5.2　三辊研磨机

三辊研磨机也叫三辊机，是生产油墨、特别是比较黏稠的浆状油墨和涂料的主要分散设备。三辊机通常由三个直径相同的辊筒组成，三个辊筒排列形式不同，有水平式和斜列式两种（图 16-14）。

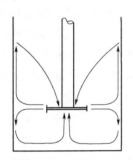

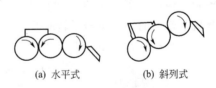

(a) 水平式　　　　(b) 斜列式

图 16-13　高速叶轮搅拌机墨料运动示意　　图 16-14　三辊机的两种主要排列形式

不管是哪一种辊筒排列形式，三个辊筒的转速都不一样，前辊转速最快，中辊转速比前辊慢一些，后辊转速最慢；三辊转动方向也不同，后辊向前转，中辊向后转，前辊也向前转。机器运转时，分散料放在相向旋转的后辊和中辊之间的夹缝内，两辊的两端装有闸板，以防止墨料受辊筒间压力而被挤出辊筒两端。在前辊筒的前方装有出墨斗，用来将研磨好的油墨从前辊上刮下并收集起来，流入承接的容器内。三辊机上三个辊筒之间的压力是通过手动或液压来调节的，用液压调整较先进。三个辊筒在一定速度和压力下运转，由于摩擦的关系温度会逐渐升高，从而使墨料黏度下降，影响研磨质量和产量。

为此三辊机都装有水冷装置，即辊筒都为空心辊，由通水管道进行水冷。三辊机还有供料装置，过去的手工用金属铲将墨料从料桶中一点一点地铲入机上，大量生产时已出现自动供料装置（图16-15），对于具有一定流动性的浆状墨料大多采用倾倒式，比较稀的墨料则采用泵送式，比较稠的墨料则可采用挤压式。

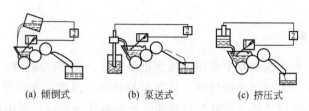

（a）倾倒式　　　　（b）泵送式　　　　（c）挤压式

图 16-15　三种自动供料装置示意

1—信号转换器；2—控制系统

　　三辊机中相邻的两个辊筒是以不同速度运转的，因此会产生压力和剪切力；当墨料进入辊筒夹缝时，受这两个力的作用，克服颜料的内聚力，使之破碎并分散。一般三辊机中三个辊筒的转速比为 1：3：9。而且三辊机辊筒直径越大，对颜料研磨所做的功也越多，研磨效果也越好，生产上常用的三辊机有 260 型（辊筒直径 260mm）、405 型（辊筒直径 405mm），还有 150 型（辊筒直径 150mm）、100 型（辊筒直径 100mm）作小试打样用，更小的 65 型（辊筒直径 65mm）是实验室用。

16.5.3　球磨设备

　　球磨设备是依靠球或砂（包括球状小珠）在不同容器和运动方式下通过对液状物料的撞击、摩擦和剪切而达到粉碎和分散作用的设备，可分球磨机和砂磨机两类。

（1）球磨机

　　球磨机有卧式球磨机和立式球磨机两种。卧式球磨机是比较老的常规球磨机，由一个水平放置并能旋转的圆筒和放在筒中的一些球组成。圆筒一般是钢制的，也有特殊需要而内衬瓷或石等材料；球有钢制和瓷制的。需要研磨的墨料连同球一起在圆筒中旋转，由于球的作用，墨料被粉碎而分散。球磨机一般适用于分散较稀的墨料。使用球磨机不用预分散，颜料、填料和树脂、稀释剂等都可以一起投入，因此操作简便，管理和生产成本也较低。同时，由于球磨机是密封的，故机器运转时几乎没有挥发物和气味外逸，不污染环境，比较安全。球磨机中一般装球量在圆筒容量 1/3～1/2 比较合适，1/2 最理想；球的直径以 1.3～1.9cm 最常见；装料量在 25%～45% 之间。

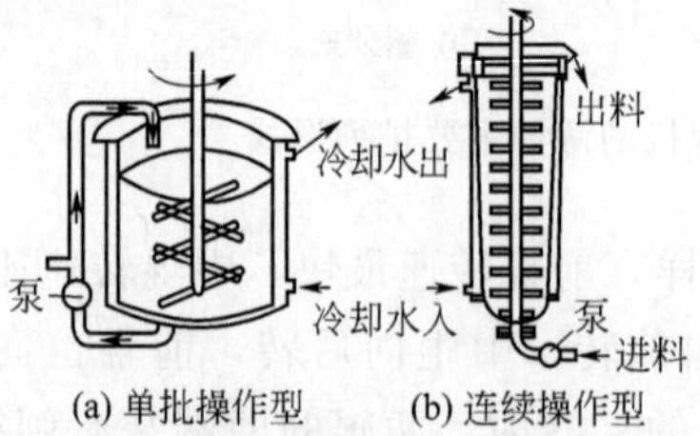

　　立式球磨机也叫搅拌球磨机，这种研磨机在一个装有横臂式搅拌器的料桶中，加入适当大小和数量的钢球，并在料桶底部装一个钢质过滤网板，用泵将墨料通过网板强制打入料桶上部作循环，墨料中的颜料在钢球被搅动时受到撞击力、摩擦力和剪切力作用而被粉碎和分散。为了避免因长时间运转使墨料温度升高，料桶都带有夹套，通水控制温度（图16-16）。立式球磨机常用

图 16-16　两种不同的立式球磨机结构示意

的球为碳钢球，要求颜色不变时可用不锈钢球，对要求颜色不变和避免金属污染时也可用陶瓷球；比较适用的球的直径范围在 3～10mm，立式球磨机搅拌的转速在 60～300r/min 范围内。因为有搅拌装置，所以立式球磨机可以加比较黏稠的墨料，并且效率比三辊机高，还可以几台机器串联起来使用。

（2）砂磨机

砂磨机是一种用来分散液体涂料和油墨的研磨机，根据它的结构分为立式开口型、立式密封型和卧式密封型三种。立式砂磨机不论开口型或密封型，其结构基本一样，是由一个直立并带有夹套的圆筒组成，筒中放入一定大小的砂或小珠，用一个垂直的装有多个叶轮的高速转轴带动砂子运动，将经过预分散的墨料用泵连续地从筒的底部送入，上升到正在转动的砂子间，逐层地在叶轮之间接受研磨，最后到达筒的上部经筛网流出筒体，筛网将砂子留住，只让经过研磨的墨料通过（图 16-17）。卧式砂磨机实际上是把立式砂磨机筒体横过来水平放置的一种砂磨机。因为转轴是水平的，所以叶轮的平面是垂直于水平面的（图 16-18）。

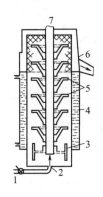

图 16-17　立式砂磨机示意

1—控制墨料流速的阀；2—送料口；3—稳定轮；
4—夹套；5—叶轮；6—搅拌轴；7—出料口

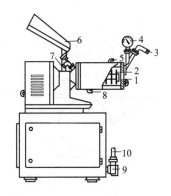

图 16-18　卧式密封砂磨机示意

1—主机；2—叶轮；3—墨料入口；4—压力表；
5—冷却水出口；6—电器及仪表箱；7—墨料出口；
8—冷却水入口；9—送料泵；10—送料泵出口

砂磨机中最早使用的研磨介质是天然砂子，现在有多种材料。一般砂子以球形或接近球形最好，直径在 0.3～3.0mm 范围内，实际上很少使用直径在 0.6mm 以下的砂子。由于砂磨机的研磨作用是以撞击力和剪切力为主，因此砂子密度大，所产生的撞击力和剪切力也大，研磨效果就更好，表 16-6 列出了几种用作研磨砂子的材料密度。砂子的用量常常为砂子体积量占筒体容积 50% 稍多一些，卧式砂磨机可达 80%。砂磨机的搅拌速度可在旋转叶轮的圆周速度 480～900m/min 范围内，推荐使用 600m/min 的叶轮圆周速度。

表 16-6　常用研磨介质的相对密度

研磨介质	相对密度	研磨介质	相对密度
钢球	5.0	磁球（高铝含量）	2.0
燧石	1.7	磁球（冻石型）	1.5
高硬度球	10.0	玻璃球	1.6

砂磨机的分散效率很高，产量大，还可连续生产，并能确保分散质量均匀。但进入砂磨机的墨料必须经过良好的预分散，这样才能发挥砂磨机的工作效率。

16.6　涂装与涂装设备

选择施工涂装方式是 UV 涂料固化过程的重要环节。涂装方式包括刷涂、刮涂、辊涂、浸涂、淋涂、甩涂、喷涂和静电喷涂。液态 UV 涂料通常采用辊涂、淋涂、喷涂的涂装工艺，UV 粉末涂料则用静电喷涂涂装工艺。

16.6.1 辊涂及辊涂机

辊涂又称滚涂，它是 UV 涂料应用最为广泛的涂装方法，适用于黏度较大的涂料，特别适用卷材和平面基材的高速涂布。由于辊涂机辊子转动方向不同而分为同向和逆向两类。

① 同向辊涂机涂漆辊的转动方向与被涂物的前进方向一致，其被涂物因施加有辊的压力，涂料呈挤压状态分布，涂布量少，涂层也薄（图 16-19）。

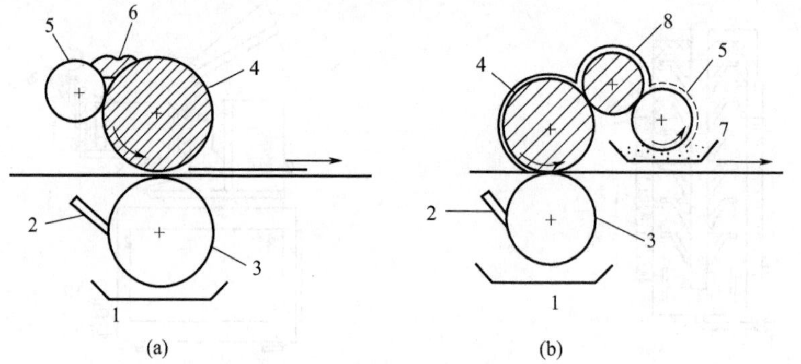

图 16-19　同向辊涂机工作示意

1—收集涂料盘；2—刮板；3—背撑辊；4—涂漆辊（橡胶）；5—供料辊（钢制）；6—涂料；7—涂料盘；8—修整辊（橡胶）

② 逆向辊涂机的涂漆辊转动方向与被涂物的前进方向相反，被涂物面没有辊的压力，涂料呈自由状态分布，涂布量大，所得涂层厚（图 16-20）。

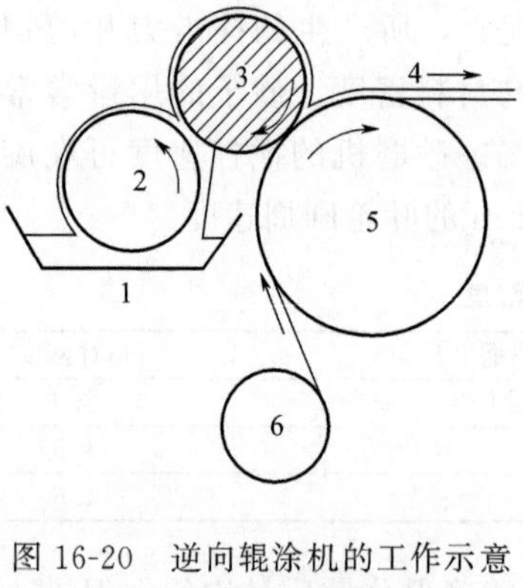

图 16-20　逆向辊涂机的工作示意

1—涂料盘；2—供料辊（钢制）；3—涂漆辊（橡胶）；4—背撑辊；5—金属带；6—导向辊（钢制）

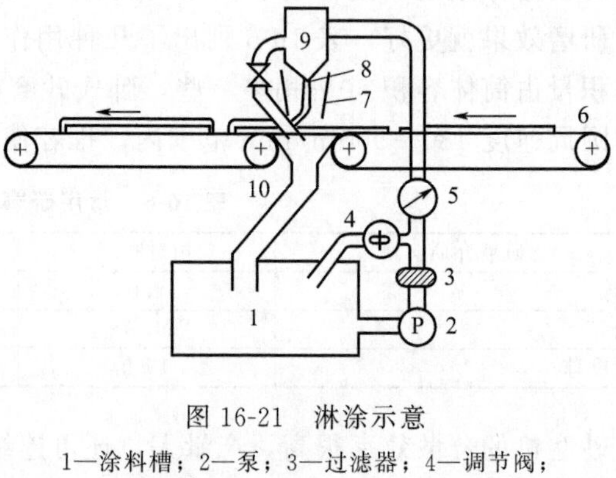

图 16-21　淋涂示意

1—涂料槽；2—泵；3—过滤器；4—调节阀；5—压力表；6—输送机；7—防风玻璃；8—狭缝；9—淋涂头；10—涂料接收器

辊涂法所用涂料黏度在 40～150s（涂-4 杯）。辊涂法具有涂装效率高，涂膜外观质量较好，涂层厚度控制容易，适合流水线连续化生产，污染小，涂料不浪费，特别适用于大面积板材和带材的涂装，如纸张上光、木地板涂装、橱柜板材涂装、PVC 扣板涂装、板式家具涂装、金属板材涂装等。辊涂不能涂装立体工件，不适合厚涂层涂装。

16.6.2　淋涂及淋涂机

淋涂也叫帘涂，它是一种非接触式的涂布方法，适用于黏度较小的 UV 涂料。涂料通过喷嘴或窄缝从上淋下，涂布到下方通过传动装置的被涂物上，多余的涂料进入回收容器，再泵送到高位槽循环使用（图 16-21）。

淋涂具有生产效率高、作业性好、在工艺参数稳定时涂膜外观优良丰满、可涂装较厚涂层、涂料损失很小等特点，适用于大批量生产的板材和带材的涂装，如竹木地板面漆涂装、彩涂钢板涂装、橱柜板材涂装、塑料板材涂装等。淋涂也不能涂装结构复杂的部件，不适用多品种、小批量的涂装。

16.6.3　喷涂及喷涂设备

喷涂也是一种非接触式的涂布方法，适用于涂装结构复杂的部件。喷涂有空气喷涂和无空气喷涂两种。

（1）空气喷涂

空气喷涂是利用压缩空气的气流使涂料雾化成雾状，并在气流带动下涂到被涂物表面的一种涂装方式。一套比较完整的空气喷涂装置应包括空气压缩机、输气管、空气油水分离器、贮气罐、喷枪、涂料槽、喷漆室等。空气压缩机用来产生压缩空气；输气管是用来连接空气压缩机到喷枪各个设备之间的管道；空气油水分离器用于分离压缩空气中的水分、油分及其他杂质，以保证涂膜质量；贮气罐用于贮存压缩空气，可通过压力控制阀调节贮气罐的压力，以消除压力波动。

喷枪是空气喷涂的关键设备，常用空气喷枪有吸上式、重力式和压送式三种（图16-22～图16-24），吸上式喷枪是现今应用最广泛的间歇式喷枪，这种喷枪的喷出量受涂料黏度和密度的影响较大，涂料杯中残存漆液会造成一定损失，但涂料喷出的雾化程度较好。重力式喷枪

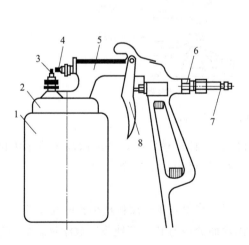

图 16-22　吸上式喷枪结构示意

1—漆罐；2—罐盖；3—涂料喷嘴；

4—空气喷嘴；5—枪体；6—空气密封螺栓；

7—空气接头；8—枪机

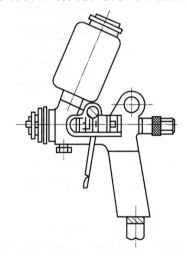

图 16-23　重力式喷枪结构示意

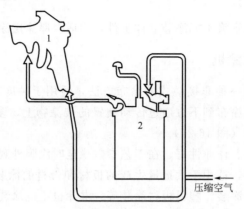

图 16-24　压送式喷枪工作原理示意
1—喷枪；2—涂料增压箱

是将涂料杯安装在喷枪的斜上部，喷出量比吸上式大，但雾化程度不如吸上式。当涂装量大时，可将涂料杯换成高位槽，用胶管与喷枪连接，可实现连续操作。压送式喷枪依靠另外设置的增压箱供给涂料，它适用生产流水线涂装和自动涂装，增大增压箱压力，可供几支喷枪工作，涂装效率高。

常用喷枪一般由喷头、调节部件和枪身三部分组成。枪身为便于操作，做成能手握的形状；调节部分是用于调节涂料和空气喷出量的装置。喷头由喷嘴、空气帽和针阀组成，由它决定涂料的雾化、喷流图样的变化。喷嘴是喷枪的关键的部件，现在绝大多数喷枪采用涂料和空气在喷嘴外部混合方式，喷嘴有一个涂料出口和多个空气出口，使喷出的空气量和压力较均衡，涂料喷雾较细，分布均匀，喷涂幅度较宽（图 16-25）。喷嘴口径在 0.5～5mm，以适应不同黏度和不同种类的涂料。喷嘴口径大，可用于黏度大的涂料，而且涂料喷出量也多。涂料黏度对喷涂影响极大，黏度过大，涂料雾化困难；黏度过小，则易发生流挂。一般空气喷涂适宜的黏度在 16～30s（涂-4 杯）之间的涂料。

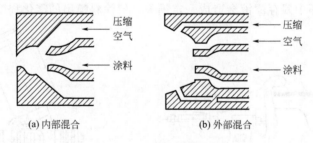

(a) 内部混合　　　　　　　　(b) 外部混合

图 16-25　喷嘴结构示意

空气喷涂法的优点是几乎可适用于任一种涂料和任何被涂物，并能涂装出质量优良的涂膜；不足之处是喷涂过程涂料飞散损失太大，污染环境而且不安全。

（2）无空气喷涂

无空气喷涂是靠密闭容器内的高压泵压送涂料，获得高压的涂料从小孔中高速喷出，随着压力急剧下降，涂料体积骤然膨胀，溶剂迅速挥发而分散雾化，高速飞向被涂物。由于它是利用高液压而不是空气流速使涂料雾化喷出，所以又叫高压无气喷涂。无空气喷涂是涂料涂装的一项新工艺，它可解决高黏度涂料涂装困难、空气喷涂涂料损失大、飞散漆雾污染严重等弊病。

高压无气喷涂装置是由动力源、高压无气喷涂机、涂料槽、输漆高压软管、喷枪等组成（图 16-26）。高压无气喷涂机的工作原理是在泵的上部有气动推动器或油压推进器的加压用活塞，推动泵下部的涂料活塞，加压活塞面积和涂料活塞面积之比越大，所产生的涂料压力也就越高。最常用的是气动式高压无气喷涂机，其体积小、重量轻、安全可靠。高压无气喷涂用喷枪与普通空气喷枪不同，没有压缩空气通道，由枪身、喷嘴、过滤网和连接部件组成，但对枪的强度和密封性要求更高（图 16-27）。喷嘴口径在 0.17~1.80mm 之间，涂料黏度越大，需用喷嘴口径也大。涂料黏度不同，所需喷涂压力也不同。表 16-7 介绍不同涂料黏度与所需喷涂压力之间的关系。

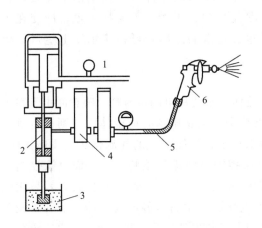

图 16-26　高压无气喷涂装置示意

1—动力泵；2—柱塞泵；3—涂料容器；

4—蓄压器；5—输漆管；6—喷枪

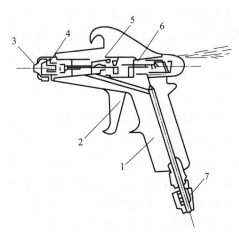

图 16-27　高压无气喷涂用喷枪示意

1—枪身；2—扳机；3—喷嘴；4—过滤网；

5—衬垫；6—顶针；7—自由接头

表 16-7　涂料黏度与喷涂压力的关系

涂料黏度/Pa·s	喷涂压力/MPa	涂料黏度/Pa·s	喷涂压力/MPa
0.05	4	1.1	10
0.7	8		

除一些水性涂料和黏度过小的涂料外，高压无气喷涂几乎适合所有涂料的涂装，特别适用黏度比较高的厚涂层涂料、防污涂料、阻尼涂料的涂装，也适用建筑、船舶等大面积涂装和一次成膜厚度大的工件涂装。高压无气喷涂涂装效率高，几乎是空气喷涂的 3 倍；涂料压力高，能与基材形成极好的附着力；漆流中没有空气，可消除水分、油分或其他杂质带来的弊病；喷雾分散少，减少了空气污染；一次涂装涂层厚。其缺点是涂膜外观质量不如空气喷涂好；喷出涂料压力太高，一旦伤人会造成严重后果；操作时喷雾幅度与喷出量不能调节，必须更换喷嘴。

16.6.4　静电喷涂及喷涂设备

UV 粉末涂料多采用静电喷涂进行涂装，对于导电性基材，使用传统的电晕喷枪喷涂；对于非导电性基材，应使用摩擦起电喷枪喷涂；对于特别不导电基材，则要使被涂物表面带上与喷枪相反的电荷，以利于涂装。静电喷涂有高压静电喷涂和摩擦静电喷涂两种。

（1）高压静电喷涂

高压静电是由高压静电发生器供给的，工件在喷涂时应先接地，在净化的压缩空气的作用下，粉末涂料由供粉器通过输粉管进入静电喷粉枪。喷枪头部装有端部具有尖锐边缘的金属环或极针作为电极，当电极接通高压静电后，尖端产生电晕放电，在电极附近产生了密集的负电荷。粉末从静电喷粉枪头部喷出时，捕获电荷成为带电粉末，在气流和电场作用下飞向接地工件，并吸附于工件表面上，完成涂装。高压静电喷涂的喷涂电压一般控制在 60～80kV 之间，喷粉量掌握在 100～300g/min 较为合适。粉末涂料在静电喷涂过程中，工件的上粉率在 50%～70%左右，约有 30%～50%的粉末飞扬，因此喷涂必须在喷粉柜（又称粉末喷涂室）中进行。同时要设置回收装置来搜集未涂装的粉末，经重新筛选后，送回供粉桶备用，减少浪费和对环境的污染。高压静电喷涂的工件可以在室温下涂装；粉末的利用率高，可达 95%以上；涂膜质量高，薄而均匀、平滑、无流挂现象，即使在工件尖锐的边缘和粗糙的表面亦能形成连续、平整、光滑的涂膜；可在流水线上生产，效率高。

（2）摩擦静电喷涂

摩擦静电喷涂不需要高压静电发生器，喷枪枪体通常使用电阴极材料，喷粉时由于粉末粒子之间碰撞以及粉末与枪体之间摩擦，使粉末粒子带上正电荷，而枪体内壁则产生负电荷，此负电荷经接地电缆引入大地。带正电的粉末粒子在压缩空气的气流作用下飞向工件，并被吸附在工件表面上，完成涂装（图 16-28）。摩擦静电喷涂的喷粉量，平面喷涂控制在 80～100g/min，管道内壁喷涂时控制在 100～250g/min；上粉率一般小于 60%，若采用摩擦静电热喷涂，上粉率可达 80%～85%。摩擦静电喷涂不用高压静电发生器，节约了设备投资；摩擦静电喷枪无金属电极，喷涂中不会出现电极与工件短路引起的火花放电，消除了引起粉尘燃烧、爆炸的隐患，安全可靠；操作简捷，适用范围广，可喷涂较厚的涂层；可在流水线生产，效率高。但对摩擦带电效果差的粉末（如聚乙烯），喷涂效果不理想。同时，摩擦静电喷涂工艺对环境、气源的要求严格，限制了它的应用范围；与高压静电喷涂相比，粉末摩擦带电不充足，影响粉末对基材的吸附能力。

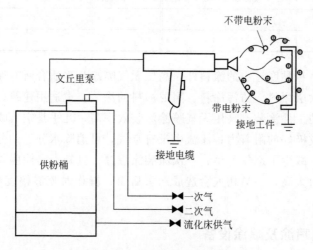

图 16-28　摩擦静电喷涂原理

参 考 文 献

[1] 魏杰，金养智．光固化涂料．北京：化学工业出版社，2005，4.

[2] 杨建文，曾兆华，陈用烈．光固化涂料及应用．北京：化学工业出版社，2005，1.

[3] 陈用烈，曾兆华，杨建文．辐射固化材料及其应用．北京：化学工业出版社，2003，10.

[4] 王德海，江棂．紫外光固化材料——理论和应用．北京：科学出版社，2001，8.

[5] 霍尔曼 R，奥尔德林 P．印刷油墨、涂料、色漆紫外光和电子束固化配方．徐茂均等译．北京：原子能出版社，1994，8.

[6] 聂俊，肖鸣，等．光聚合技术与应用．北京：化学工业出版社，2009，1.

[7] 李善君，纪才圭，等．高分子光化学原理及应用．上海：复旦大学出版社，1993，1.

[8] 邓莉莉，程康英，金银河．非银盐感光材料．北京：印刷工业出版社，1993，7.

[9] 大森英三．丙烯酸酯及其聚合物．朱传棨译．北京：化学工业出版社，1985，3.

[10] 大森英三．功能性丙烯酸树脂．张育川，朱传棨，余尚先，等译．北京：化学工业出版社，1993，12.

[11] 罗菲 C G．光聚合高分子材料及应用．黄毓礼，王平，庞美珍，裴照耀译．北京：科学技术文献出版社，1990，2.

[12] 金养智，魏杰，刁振刚，等．信息记录材料．北京：化学工业出版社，2003，5.

[13] 金关泰．高分子化学的理论和应用进展．北京：中国石化出版社，1995，7.

[14] 山下晋三，金子车助．交联剂手册．纪奎江，刘世平，竺玉书译．北京：化学工业出版社，1990，5.

[15] 王德中．功能高分子材料．北京：中国物资出版社，1998，8.

[16] 周学良，刘廷栋，刘京，等．功能高分子材料．北京：化学工业出版社，2002，4.

[17] 永松元太郎，乾英夫．感光性高分子．丁一，余尚先，金昱泰译．北京：科学出版社，1984，5.

[18] 马庆麟．涂料工业手册．北京：化学工业出版社，2001，5.

[19] 虞兆年．涂料工艺（增订本）．北京：化学工业出版社，1996，3.

[20] 洪啸吟，冯汉保．涂料化学．北京：科学出版社，1997，5.

[21] 张学敏，郑化，魏铭．涂料与涂装技术．北京：化学工业出版社，2006，1.

[22] 钱逢麟，竺玉书．涂料助剂品种和性能手册．北京：化学工业出版社，1990，11.

[23] 李荣兴．油墨．北京：印刷工业出版社，1988，5.

[24] 钱军浩．油墨配方设计与印刷手册．北京：中国轻工业出版社，2004，5.

[25] 周震．印刷油墨．第2版．北京：化学工业出版社，2006，8.

[26] 阎素斋，李文信．特种印刷油墨．北京：化学工业出版社，2004，5.

[27] 朱梅生，程冠清．印刷品上光技术．北京：化学工业出版社，2005，3.

[28] 张国瑞，刘漪．印刷应用 UV（紫外线）固化技术．北京：化学工业出版社，2006，3.

[29] 张国瑞．印刷应用 UV 固化技术问答．北京：印刷工业出版社，2001，12.

[30] 程时远，李盛彪，黄世强．胶黏剂．北京：化学工业出版社，2000，8.

[31] 肖卫东，何培新，张刚升，等．电子电器用胶黏剂．北京：化学工业出版社，2004，4.

[32] 陆企亭．快固型胶粘剂．北京：科学出版社，1992，6.

[33] 孙忠贤．电子化学品．北京：化学工业出版社，2001，3.

[34] 金鸿，陈森．印制电路技术．北京：化学工业出版社，2003，12.

[35] 莫健华，等．液态树脂光固化增材制造技术．武汉：华中科技大学出版社，2013，6.

[36] 赵树海．数字喷墨与应用．北京：化学工业出版社，2014，6.

[37] 谭惠民，罗运军．超支化聚合物．北京：化学工业出版社，2005，3.

[38] 谢宜风，刘军英，李宇航，等．光学功能薄膜的制造与应用．北京：化学工业出版社，2012，10.

[39] 魏杰，金养智．光固化涂料．第2版．北京：化学工业出版社，2013，9.

[40] 金养智．光固化油墨．北京：化学工业出版社，2018，7.

[41] 刘晓暄，廖正福，崔艳艳，等．高分子光化学原理与光固化技术．北京：科学出版社，2019，1.

[42] Lowe C et al. Chemistry and Technology for UV and EB Formulation for Coatings, Inks and Paints. London：UK，1997.

[43] Fouassier J P, Rabek J F. Radiation Curing in Polymer Science and Technology. London：UK，1993.

［44］ 中国感光学会辐射固化专业委员会．面向 21 世纪中国辐射固化技术和市场研讨会论文集．威海，2000，10.

［45］ 中国感光学会辐射固化专业委员会．2002 全国辐射固化技术研讨会论文集．上饶，2002，4.

［46］ 中国感光学会辐射固化专业委员会．2004 全国辐射固化技术研讨会论文集．重庆，2004，5.

［47］ 中国感光学会辐射固化专业委员会．2005 第六届 中国辐射固化年会论文集．上海，2005，5.

［48］ 中国感光学会辐射固化专业委员会．2006 第七届 中国辐射固化年会论文集．西安，2006，5.

［49］ 中国感光学会辐射固化专业委员会．2007 第八届 中国辐射固化年会论文集．上海，2007，5.

［50］ 中国感光学会辐射固化专业委员会．2008 第九届 中国辐射固化年会论文集．杭州，2008，4.

［51］ 中国感光学会辐射固化专业委员会．2009 第十届 中国辐射固化年会论文集．东莞，2009，3.

［52］ 中国感光学会辐射固化专业委员会．2010 第十一届 中国辐射固化年会论文集．北海，2010，4.

［53］ 中国感光学会辐射固化专业委员会．2011 第十二届 中国辐射固化年会论文集．东莞，2011，4.

［54］ 中国感光学会辐射固化专业委员会．2012 第十三届 中国辐射固化年会论文集．贵阳，2012，5.

［55］ 中国感光学会辐射固化专业委员会．2013 第十四届 中国辐射固化年会论文集．上海，2013，5.

［56］ 中国感光学会辐射固化专业委员会．2014 第十五届 中国辐射固化年会论文集．成都，2014，5.

［57］ 中国感光学会辐射固化专业委员会．2015 第十六届 中国辐射固化年会论文集．广州，2015，9.

［58］ 中国感光学会辐射固化专业委员会．2016 第十七届 中国辐射固化年会论文集．安庆，2016，9.

［59］ 中国感光学会辐射固化专业委员会．2017 第十八届 中国辐射固化年会论文集．烟台，2017，9.

［60］ 中国感光学会辐射固化专业委员会．2018 第十九届 中国辐射固化年会论文集．长沙，2018，9.

［61］ Rad Tech Asia，Conference Proceedings 2001. Kunming，China. 2001，5.

［62］ Rad Tech Asia，Conference Proceedings 2003. Yok hama，Japan. 2003，12.

［63］ Rad Tech Asia，Conference Proceedings 2005. Shanghai，China，2005，5.

［64］ Rad Tech Asia，Conference Proceedings 2007. Kuantan，Malaysia. 2007，9.

［65］ Rad Tech Asia，Conference Proceedings 2016. Tokyo，Japan. 2016，10.

［66］ Rad Tech Europe，Conference Proceedings 2001. Basle，Switzland. 2001，10.

［67］ Rad Tech Europe，Conference Proceedings 2003. Berlin，Germany. 2003，11.

［68］ Rad Tech Europe，Conference Proceedings 2005. Spain. 2005，10.

［69］ Rad Tech Europe，Conference Proceedings 2007. Vienna，Austria. 2007，11.

［70］ Technical Conference Proceedings，Rad Tech 2002. Indianapolis，USA. 2002，4.

［71］ Technical Conference Proceedings，Rad Tech 2004. Charlatte，USA. 2004，5.

［72］ Technical Conference Proceedings，Rad Tech 2006. Chicago，USA. 2006，4.

［73］ Technical Conference Proceedings，Rad Tech 2008. Chicago，USA. 2008，5.

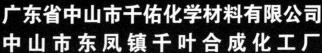

广东省中山市千佑化学材料有限公司
中山市东凤镇千叶合成化工厂

广东省中山市千佑化学材料有限公司（简称"千佑化学"）创建于 1998 年，前身是中山市东凤镇千叶合成化工厂。千佑化学于 2011 年注册成立，位于民众镇沙仔综合化工集聚区，占地面积约 35000 平方米，专注研发、生产及销售辐射固化材料、水性材料等。公司现已建成并投入使用的厂房、仓库及办公场所约 12000 平方米，标准化实验室 13 间，具有甲类化学品生产、储存资质。另外，千佑公司将在 2019 年再投资建设生产车间及仓库约 13000 平方米，以满足同步发展的需要。

千佑化学于 2017 年已被评定为国家高新技术企业，中山市工程技术中心，并和华南理工大学联合建设了广东省博士后创新实践基地。为充分利用资源，我们真诚期待与拥有项目、市场、技术或资金的个人或企业合作，共同创造更好的未来。

UV 树脂及单体

本公司生产各类不同用途的 UV 树脂及单体，已用于以下领域：

◆ 印刷行业　胶印（塑胶、纸张、印铁）油墨、柔印及凹印油墨、丝网印刷、水性油墨等

◆ 涂料行业　罩光清漆、光油、水性涂料、木器涂料（底、中、面）、光学涂层、纺织物涂料、脱模涂料、各类金属涂料、皮革及人造革涂饰剂、非极性和极性塑料用涂料、玻璃装饰涂料、真空电镀底面漆、保形涂层

◆ 功能性树脂　制备防雾、防静电、抗菌特殊功能材料、玻璃保护、亲水涂层、干膜及湿膜用材料等

◆ 粘合剂　水胶、OCA、CCA 胶用、厌氧粘合剂、结构粘合剂、层压粘合剂、牙科用聚合物、电子密封胶、PCB 及光刻胶、压敏胶等

◆ 其他领域　制备化学中间体、氟－硅类抗油污产品、抗指纹涂饰剂、指甲油、高分子改性及液态金属涂料、弹性体、尿不湿材料、酸变性及碱变性涂层、触变性材料等

地址：中国广东省中山市民众镇沙仔综合集聚区新展路 8 号
地址：中国广东省中山市东凤镇同安工业区莺歌咀路
邮编：528441

电话：760-89926108、89926106
传真：760-22601576、89926108
E-mail:gdqianye61@163.com

技术服务热线：苏生 18028306988，杨生：18028306927

专注 UV 树脂创新应用

广东恒之光环保新材料有限公司

广东恒之光环保新材料有限公司成立于 2006 年，致力于供应优质的 UV 光固化树脂，是集研发、生产、销售、服务于一体的国家级高新技术企业。应业务的迅猛发展需求，公司建立新生产基地——恒之光（云浮）环保新材料有限公司，投资建设占地 40000 余平方米，一期年产能逾 2 万吨，产品广泛应用于木器、油墨、塑胶、胶粘制品、化妆品、真空电镀等领域，并可根据客户需求提供专项支持和整体解决方案。

产品体系

- 环氧丙烯酸酯低聚物
- 脂肪族聚氨酯丙烯酸酯低聚物
- 活性胺
- 改性丙烯酸酯单体

- 聚酯丙烯酸酯低聚物
- 氨基丙烯酸酯低聚物
- 超支化丙烯酸酯低聚物
- 水性 UV 聚氨酯丙烯酸酯低聚物

- 芳香族聚氨酯丙烯酸酯低聚物
- 特殊官能基丙烯酸酯低聚物
- 纯丙烯酸酯低聚物

应用领域

| 油墨光油 | 喷墨 | 木器涂料 | PVC 地板 | 塑料 /3C 涂料 | 真空电镀 | 胶黏剂 | 甲油胶 |

联系方式

办公地址：广东省江门市蓬江区丰乐路奥园广场 B 座写字楼 12 楼
工厂地址：广东省江门市新会区睦洲镇梅大冲南央围工业区
　　　　　广东省云浮市郁南县大湾镇大湾工业园区
联系电话：0750-3389775 / 3380698

广州市邦沃电子科技有限公司
BANGWO(GUANGZHOU)ELEC.TECHNOLOGIES CO.,LTD.

FUWO®

广州市富沃自动化设备有限公司 & 广州市邦沃电子科技有限公司分别成立于 2006 年和 2008 年, 总部设在广州, 公司是一家集研发、生产、销售、服务于一体的市科技创新小巨人、国家级高新技术的综合型高科技企业。公司依托科研机构雄厚的科研和技术力量, 并与日本著名株式会社（涉谷光学）进行技术交流与合作。

公司拥有一支由多名中国及日本的光、机、电、软件领域专家组成的研发团队, 联合研发出具有国际水平的光电装置, 产品有: UV-LED 固化装置（点/线/面光源型 UV-LED 固化装置/ LED-UV 固化箱）, SMT 接驳台型和隧道式无极灯 UV 固化装置和 UV-LED 固化装置, 自动化点胶 UV 固化一体装置, 各种印刷用途 UV-LED 固化装置, 半自动定芯胶合偏心仪, LED 荧光检测光源装置等, 以及为客户客制化 UV 固化装置及自动化专用设备。邦沃科技始终保持与世界科技的同步发展, 注重于技术的优化与整合, 以创新、优质为主线, 始终站在行业技术的前列。

邦沃科技经历 10 多年技术沉淀, 严格执行 IS09001-2015 质量管理体系, 多年来除了拥有几十项发明专利和实用型专利外, 还荣获广州市科技创新小巨人企业称号、国家级高新技术企业称号。邦沃科技坚持以"技术为先导, 以服务为载体, 以服务企业, 造福社会为己任", 始终坚持传播绿色环保的技术, 保障质量的同时, 不断的加强技术的优化与整合, 为广大用户提供优质、专业、高效的服务, 致力成为国际优质固化设备解决方案提供商。

企业发展史 HISTORY OF ENTERPRISE DEVELOPMENT

FUWO UV 固化装置是我司与日本著名光电株式会社（日本涉谷光学）及国家科研院所联合研发的具有国际水平的 UV-LED 光固化装置和无极灯固化系统, 采用中日光电技术, 联合多名中国和日本的光学、机械及电子, 软件, 热量处理方面的专家团队。

2005
11 月第一代 UV-LED 光固化装置诞生

2008
引进德国光学技术, 通过德国、日本及专家级研发团队共同研制, 研发出满足国内客户在研发时的数据分析及量产检测应用及为光学透镜、棱镜及镜头模组的检测及评价高精度光电检测设备

2009
成为 FOXCONN 合格供应商; 产品通过 CE 认证并出口德国

2011
产品出口台湾地区、韩国、泰国、马来西亚、越南等地

2012
研发无极灯固化系统, 成为 APPLE 合格供应商

2016
获得国家级高新技术企业（证号: GR201644003062）; 并获得"广州市科技创新小巨人企业"称号

2017
发明专利及实用型专利, 再增加近 20 项

2018
顺利通过 IS09001-2015 质量管理体系; 多项产品荣获荣誉称号; 并引进真空回流焊设备, 成为业界采用该类生产设备企业

2019
企业专利接近 50 项; 成为特斯拉供应商; 设备出口菲律宾

2020
无极灯 UV 固化设备出口墨西哥, 台湾

产品简介 PRODUCT INTRODUCTION

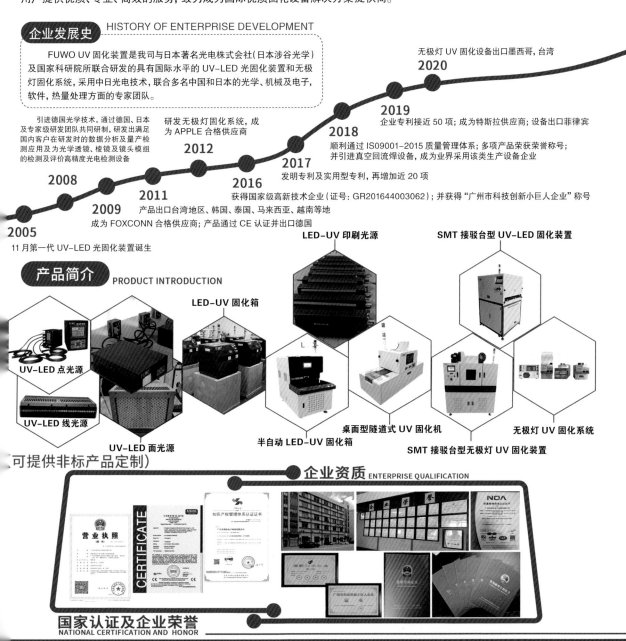

UV-LED 点光源

UV-LED 线光源

UV-LED 面光源

LED-UV 固化箱

LED-UV 印刷光源

SMT 接驳台型 UV-LED 固化装置

半自动 LED-UV 固化箱

桌面型隧道式 UV 固化机

SMT 接驳台型无极灯 UV 固化装置

无极灯 UV 固化系统

（可提供非标产品定制）

企业资质 ENTERPRISE QUALIFICATION

营业执照
CERTIFICATE
NOA

国家认证及企业荣誉
NATIONAL CERTIFICATION AND HONOR

地址: 广州市番禺区禺山西路大板工业区一街22号（伟发高新科技园）2栋3楼东　E-mail:sales@gzfuwo.com
电话:020-39259619　13538899292

廣東深展實業有限公司

深展 SHEN ZHAN

■ 企业简介

广东深展实业有限公司创建于 1997 年，国家高新技术企业和广东省创新型企业，国内真空镀膜涂料制造的企业，设有真空镀膜涂料省级企业技术中心和省级工程技术研究开发中心，技术力量雄厚。

公司掌握真空镀膜涂料核心制造技术，S2-97 真空镀膜涂料产品；我国真空镀膜涂料水性化研究，成功开发国内首个水性真空镀膜涂料产品；紫外光固化涂料拥有自主知识产权；深展牌镜背漆、玻璃漆已被广泛应用于各种镜片及装饰玻璃。公司产品性能优异，价格适中，深受用户喜爱。公司是目前国内承接真空镀膜涂料国家高技术产业化示范工程项目的企业，牵头制订了《真空镀膜涂料》行业标准，对我国真空镀膜涂料行业的发展做出了贡献。

公司通过了 ISO 9001 国际质量管理体系认证，自 2001 年起连续 20 年被广东省工商管理局授予"守合同重信用企业"。先后被授予"中国优秀民营科技企业"、"广东省知识产权优势企业"、"广东十大诚信提名企业"、"广东省五一劳动奖状"等荣誉称号。

■ 荣誉证书

国家高技术产业化示范工程

行业标准《真空镀膜涂料》荣誉证书

国家高新技术企业 (2017-11-9)

地址：广东省揭阳市榕城区梅云街道中路口
电话：0663-8882369（3 线）
传真：0663-8882068　　邮箱：sz@shenzhan.com